U0358773

采矿工程设计手册

（中　册）

张荣立　何国纬　李　铎　主编

煤 炭 工 业 出 版 社

目　录

上　册

第一篇　常用技术资料

第一章　常用数学公式、力学
　　公式 ………………………… 2
　第一节　常用数学公式 ………………… 2
　　一、代　数 ……………………………… 2
　　二、平面三角函数、反三角函数与
　　　　双曲函数 ………………………… 15
　　三、微　分 ……………………………… 20
　　四、积　分 ……………………………… 26
　　五、几　何 ……………………………… 38
　　六、概率论与数理统计 ………………… 58
　　七、线性规划及网络技术 ……………… 92
　第二节　常用力学公式 ………………… 121
　　一、静力学、运动学、动力学 ………… 121
　　二、工程力学 ………………………… 127
　　三、强度校核理论 …………………… 150
　　四、各种形状截面的几何特性 ……… 152

第二章　常用符号、计量单位及
　　换算 ……………………… 157
　第一节　字母表 ………………………… 157
　第二节　常用计量单位及换算 ………… 158
　　一、中华人民共和国法定计量单位 … 158
　　二、中华人民共和国法定计量单位
　　　　名词解释 ………………………… 162
　　三、中华人民共和国法定计量单位
　　　　使用方法 ………………………… 163
　　四、计量单位换算 …………………… 167

第三章　采矿制图与图纸编号 …… 171
　第一节　制图一般规定 ………………… 171
　　一、图纸幅面尺寸 …………………… 171
　　二、图框格式 ………………………… 172
　　三、标题栏 …………………………… 173
　第二节　比　例 ………………………… 174
　第三节　字母代号 ……………………… 175

　第四节　图线及画法 …………………… 176
　　一、图　线 …………………………… 176
　　二、图线的画法 ……………………… 176
　第五节　剖面（断面）符号及画法 …… 178
　第六节　尺寸标注方法 ………………… 179
　　一、基本规则 ………………………… 179
　　二、尺寸数字、尺寸线和尺寸界线 … 179
　　三、标注尺寸的符号 ………………… 183
　　四、简化注法 ………………………… 184
　第七节　平面直角坐标、提升方位角
　　　　　及标高的标注 ………………… 186
　　一、平面直角坐标的标注 …………… 186
　　二、井口方位角的标注 ……………… 188
　　三、井口标高的标注 ………………… 190
　　四、井口坐标、提升方位角及标高的
　　　　联合标注 ………………………… 192
　第八节　编号、代号及文字说明
　　　　　标注 …………………………… 192
　第九节　采矿图形符号 ………………… 193
　　一、对采矿图形符号的几点要求 …… 193
　　二、采矿图形符号规定 ……………… 194
　　三、常用地质图例 …………………… 209
　第十节　设计图纸分类及符号 ………… 217
　　一、设计图纸的分类 ………………… 217
　　二、各类图纸的符号及代号 ………… 218
　　三、图号组成 ………………………… 218
　第十一节　固定图号 …………………… 221
　　一、矿井设计固定图号 ……………… 221
　　二、矿井设计采矿专业固定
　　　　图号 ……………………………… 222

第四章　岩石性质与围岩分类 …… 224
　第一节　岩石和岩体的性质 …………… 224
　　一、岩石的物理力学性质 …………… 224

二、岩石的物理力学性质指标 …………… 228
三、岩石的抗拉强度、抗剪强度和
抗弯强度与抗压强度之间的
经验关系 …………………………… 232
四、几种岩石力学强度的经验数据 …… 232
五、松软岩石的某些力学特性 ………… 233
六、松碎岩石、松软岩石同松软
膨胀岩石的关系 …………………… 234
七、岩体的工程性质 …………………… 234
第二节　土的物理力学性质 ……………… 241
一、土的物理力学性质指标 …………… 241
二、土的物理力学性质指标的应用 …… 242
三、有关土的物理力学性质的经验
数据 ………………………………… 244
四、边坡稳定性指标 …………………… 249
第三节　围岩分类 ………………………… 251
一、锚喷围岩分类 ……………………… 251
二、普氏岩石分类 ……………………… 254
三、铁路、公路隧道围岩分类 ………… 255
四、缓倾斜、倾斜煤层回采巷道
围岩分类 …………………………… 257
五、工程岩体分级标准 ………………… 258
六、国外巷道围岩分类 ………………… 262
第四节　煤层及其顶、底板分类 ………… 264
一、煤层分类 …………………………… 264
二、煤层构造分类 ……………………… 265
三、煤层结构分类 ……………………… 265
四、采煤工作面顶、底板分类 ………… 265

第五章　煤的性质、分类及
用途 …………………………… 271
第一节　煤的性质 ………………………… 271
一、煤的物理性质 ……………………… 271
二、煤的化学性质 ……………………… 271
三、煤的工艺性质 ……………………… 274
四、煤的工业分析及元素分析 ………… 276
五、中国不同牌号煤的主要指标 ……… 288
第二节　煤的分类及用途 ………………… 289
一、中国煤炭分类 ……………………… 289
二、国际煤炭分类 ……………………… 291
三、主要煤质指标的分级及可选性、
可浮性等级 ………………………… 294
四、煤的特性及用途 …………………… 301

第三节　各种工业用煤的技术
要求 …………………………… 306
一、炼焦用煤的质量要求 ……………… 306
二、动力用煤的质量要求 ……………… 308
三、气化用煤的质量要求 ……………… 309
四、高炉喷吹用煤的质量要求 ………… 312
五、其他工业用煤的质量要求 ………… 312

第六章　矿井开采抗震设计资料 ……… 314
第一节　概述 ……………………………… 314
一、地震烈度 …………………………… 314
二、震级与震中烈度之间的关系 ……… 315
三、岩石性质对地震烈度的影响 ……… 316
四、水文地质条件对地震烈度的
影响 ………………………………… 316
五、地震时砂土液化的地质特征 ……… 316
六、地形地质条件对地震烈度的
影响 ………………………………… 317
七、建筑抗震设防分类及标准 ………… 317
八、建筑地震破坏等级 ………………… 318
九、我国煤矿区地震烈度划分 ………… 318
十、煤炭生产建筑设防等级 …………… 319
十一、名词术语含义 …………………… 319
第二节　井巷工程震害与采矿抗震
设计的有关规定 …………… 320
一、地震对井巷工程的影响 …………… 320
二、采矿抗震设计的有关规定 ………… 321
第三节　新建工程抗震设防有关
规定 …………………………… 322

第七章　保护煤柱留设 …………………… 324
第一节　基本概念 ………………………… 324
第二节　保护煤柱的留设方法 …………… 330
一、保护煤柱的设计原则 ……………… 330
二、保护煤柱的设计方法 ……………… 333
第三节　保护煤柱设计实例 ……………… 340
一、立井井筒保护煤柱的设计 ………… 340
二、急倾斜煤层群立井井筒保护
煤柱设计 …………………………… 341
三、斜井井筒保护煤柱设计 …………… 342
四、反斜井井筒及工业场地保护
煤柱设计 …………………………… 343
五、工业场地保护煤柱设计 …………… 344
六、长方形工业场地保护煤柱设计 …… 345

七、铁路保护煤柱设计 …………… 346
八、铁路立交桥保护煤柱设计 …… 347
九、水体安全保护煤柱设计 ……… 350

第八章 常用工程材料 …………… 352
第一节 钢铁材料 ………………… 352
一、各种型钢的型号、规格尺寸、
重量及有关参数 …………… 352
二、常用钢板规格尺寸、重量及
有关参数 …………………… 378
三、钢 管 …………………… 386
四、矿用钢 …………………… 406
五、钢轨及附件 ……………… 415
六、钢丝绳及绳具 …………… 420
第二节 石、砂材料 ……………… 430
一、石 料 …………………… 430
二、石 子 …………………… 431
三、砂 ………………………… 433
第三节 水泥及水泥砂浆 ………… 435
一、水 泥 …………………… 435
二、水泥砂浆 ………………… 437
第四节 混凝土及钢筋混凝土 …… 441
一、混凝土 …………………… 441
二、钢筋化学成分 …………… 442
三、钢筋力学性能 …………… 443
四、混凝土与钢筋应用要求 … 447
五、混凝土保护层最小厚度 … 448
六、钢筋混凝土构件纵向钢筋最小
配筋百分率 ………………… 449
七、常用混凝土配合比参考表 … 449
八、常用混凝土外掺剂及其配方 … 451
九、矿用菱镁混凝土制品 …… 453
十、铁钢砂混凝土 …………… 456
十一、喷射混凝土 …………… 457
十二、冻结井壁低温早强高强硅粉
混凝土 …………………… 458
十三、混凝土标号与强度等级换算表
以及钢筋常用数据表 …… 460
第五节 注浆材料 ………………… 464
一、一般概念 ………………… 464
二、无机系浆液 ……………… 465
三、有机化学浆液材料 ……… 471
四、注浆材料的选择 ………… 474

第六节 其他材料 ………………… 475
一、铸 石 …………………… 475
二、树 脂 …………………… 477
三、树脂锚杆锚固剂 ………… 478
四、胶 管 …………………… 480
五、塑料制品 ………………… 482
六、保温隔热材料 …………… 484
七、煤矿假顶用菱形金属网 … 485
八、煤矿用风筒 ……………… 487
九、煤矿用隔爆水槽和隔爆水袋 … 488
十、玻璃钢及其复合材料 …… 489
十一、液压支架用乳化油 …… 492

**第九章 采掘设备及部分煤矿
专用设备** ……………… 495
第一节 采煤机械 ………………… 495
一、滚筒式采煤机 …………… 495
二、刨煤机 …………………… 525
三、连续采煤机 ……………… 526
第二节 煤矿支护设备 …………… 532
一、液压支架 ………………… 532
二、单体支柱 ………………… 551
三、其他支护设备 …………… 563
第三节 综采工作面配套设备 …… 567
一、破碎机 …………………… 567
二、乳化液泵站 ……………… 569
三、喷雾泵站 ………………… 572
第四节 综合机械化采煤工作面配套
设备实例 ………………… 574
第五节 掘进、装载机械 ………… 577
一、掘进机 …………………… 577
二、全液压双臂履带掘进钻车 … 580
三、全液压钻车 ……………… 580
四、全液压钻装锚机 ………… 581
五、双臂液压钻装机 ………… 582
六、凿岩机组 ………………… 582
七、矿用隔爆支腿式电动凿岩机 … 584
八、气腿式凿岩机 …………… 584
九、旋转式岩石电钻 ………… 585
十、煤电钻 …………………… 585
十一、风 镐 ………………… 587
十二、耙斗装岩机 …………… 587
十三、铲斗装岩机 …………… 591

十四、立爪装岩机 …………………… 593
十五、蟹爪式装煤机 ………………… 594
十六、煤巷装运机 …………………… 594
十七、水仓清理机 …………………… 595
第六节 综合机械化掘进设备配套
　　　实例 ……………………… 596
第七节 煤矿井巷工程设备 ………… 597
一、单体锚杆钻机 …………………… 597
二、台车式锚杆打眼安装机 ………… 598
三、MFC 系列风动单体锚杆钻机 … 599
四、锚杆拉力计 ……………………… 599
五、干式混凝土喷射机 ……………… 600
六、潮（湿）式混凝土喷射机 ……… 601
七、螺旋式混凝土搅拌机 …………… 602
八、蜗浆式混凝土搅拌机 …………… 603
九、喷射混凝土液压机械手 ………… 603
十、矿用滑片移动式空气压缩机 …… 604
十一、发爆器 ………………………… 604
十二、激光指向仪 …………………… 605
第八节 矿井小绞车 ………………… 606
一、滚筒式提升绞车 ………………… 606
二、调度绞车 ………………………… 610
三、回柱绞车 ………………………… 611
四、风动回柱绞车 …………………… 612
五、慢速绞车 ………………………… 612
六、双速多用绞车 …………………… 613
七、无极绳绞车 ……………………… 614

八、乘人器运输绞车 ………………… 614
九、液压安全绞车 …………………… 615
第九节 工业泵 ……………………… 615
一、采掘工作面小水泵 ……………… 615
二、污水泵 …………………………… 616
三、风动潜水泵 ……………………… 618
四、煤水泵 …………………………… 619
五、煤层注水泵 ……………………… 619
六、清仓泵 …………………………… 620
七、YD 系列煤矿井下移动式瓦斯
　　抽放泵 ……………………… 620
第十节 通风、除尘设备 …………… 621
一、矿用隔爆型局部通风机 ………… 621
二、斜流式通风机 …………………… 622
三、对旋轴流式局部通风机 ………… 622
四、矿用建井风机 …………………… 622
五、湿式除尘风机 …………………… 624
第十一节 钻机 ……………………… 625
一、TXU 钻机 ……………………… 625
二、MYZ 钻机 ……………………… 625
三、MAZ－200 钻机 ………………… 626
四、反井钻机 ………………………… 627
第十章 有关法律、法规及标准 … 628
第一节 有关法律、法规目录 ……… 628
第二节 有关规程规范目录 ………… 629
第三节 有关采矿专业设计标准目录 … 630
主要参考资料 …………………………… 632

第二篇 矿区开发和井田开拓

第一章 矿区、矿井设计程序、
　　　依据及内容 ………… 636
第一节 矿区设计程序、依据及
　　　内容 ……………………… 636
一、矿区设计程序 …………………… 636
二、矿区综合开发规划 ……………… 637
第二节 矿井设计程序、依据及
　　　内容 ……………………… 640
一、矿井设计程序 …………………… 640
二、矿井设计依据及内容 …………… 640

第二章 矿区、矿井地质资料分析
　　　评价与现场调查研究 ……… 650
第一节 矿区、矿井地质资料分析
　　　评价 ……………………… 650
一、地质报告的重要性及设计与
　　地质的配合 ………………… 650
二、地质报告分析评价内容及
　　方法 ……………………… 651
第二节 现场调查研究 ……………… 660
一、矿区内现有生产、在建矿井

（露天矿）情况 ·············· 660
二、邻近矿区生产建设的基本
情况 ·········· 660

第三章 矿区开发 ············ 661
第一节 矿区开发设计原则 ······ 661
第二节 井田划分 ············ 661
一、井田划分考虑的主要因素 ···· 662
二、井田划分方法 ·········· 667
三、井田尺寸 ············ 676
四、井田划分与矿井设计生产能力
方案比较方法 ·········· 678
五、井田划分实例 ·········· 679
第三节 矿井设计生产能力 ······ 695
一、矿井井型分类 ·········· 695
二、确定矿井设计生产能力的主要
因素 ·············· 696
第四节 矿区建设规模与均衡生产
年限 ·············· 700
一、矿区建设规模 ·········· 700
二、矿区均衡生产年限 ········ 701
第五节 矿区建设顺序 ·········· 703
一、编制矿区、矿井建设顺序的
原则 ·············· 703
二、编制矿井建设顺序的依据 ···· 704
第六节 煤炭工业环境保护 ······ 704
一、煤炭工业环境保护的原则 ···· 704
二、煤炭工业建设项目环境管理 ·· 705
三、矿区环境治理 ·········· 706
四、环境监测 ············ 707

第四章 井田开拓 ············ 709
第一节 开拓方式 ············ 709
一、开拓方式分类 ·········· 709
二、主要开拓方式的选择 ······ 713
第二节 井口位置和数量 ········ 762
一、井口位置 ············ 762
二、井筒数量 ············ 763
三、井口坐标计算、提升方位角及
井筒方位角 ············ 767
四、井口标高及洪水位标高 ···· 775
第三节 开拓水平划分及上、下山
开采 ·············· 777

一、上、下山开采 ·········· 777
二、水平（或阶段）垂高 ······ 778
三、水平的设置 ············ 781
第四节 主要巷道布置 ·········· 784
一、主要运输大巷布置 ········ 784
二、总回风巷道布置 ·········· 786
第五节 采区划分与接替计划 ···· 788
一、采区划分的原则 ·········· 788
二、开采顺序和接替计划 ······ 789
三、实例 ·············· 790
第六节 改扩建矿井开拓 ········ 792
一、改扩建的条件和要求 ······ 792
二、改扩建矿井井田开拓系统的
主要类型 ············ 794
三、矿井改扩建开拓实例 ······ 805

第五章 井田开拓方案比较 ···· 814
第一节 方案编制步骤及技术分析 814
一、方案编制步骤 ·········· 814
二、技术分析 ············ 814
第二节 设计方案的经济比较 ···· 817
一、方案比较的原则及注意事项 ·· 817
二、设计方案的经济比较方法 ···· 817
三、参数的选取计算 ·········· 824
第三节 井田开拓方案比较内容 ·· 826
一、矿井设计生产能力方案比较
内容 ·············· 826
二、井筒（平硐）形式和井口位置
方案比较内容 ·········· 827
三、水平划分方案比较内容 ···· 830
四、运输大巷布置方案比较内容 ·· 830
五、总回风道布置方案比较内容 ·· 831
第四节 井田开拓方案比较实例 ·· 831
一、概况 ·············· 831
二、矿井设计生产能力 ········ 832
三、井田开拓方案比较 ········ 833

附录一 煤田地质 ············ 848
附录二 煤、泥炭地质勘查规范 ·· 887
附录三 固体矿产资源/储量分类 ·· 926
附录四 煤炭工业环境保护设计规范及
条文说明（煤矿、选煤厂）·· 939
主要参考资料 ·············· 958

第三篇　采煤方法和采区巷道布置

第一章　采区布置及主要参数 ……… 960
　第一节　采区布置设计依据及要求 … 960
　　一、采区布置设计依据 ………… 960
　　二、采区布置要求 ……………… 960
　第二节　采煤工作面长度 …………… 962
　　一、采煤工作面长度的确定 …… 962
　　二、影响采煤工作面长度的因素 … 962
　　三、确定采煤工作面长度参考资料 … 963
　　四、区段长度 …………………… 964
　　五、工作面连续推进长度 ……… 964
　　六、同时回采工作面错距 ……… 967
　　七、上行开采层间距 …………… 968
　第三节　采区尺寸 …………………… 969
　　一、采区尺寸范围 ……………… 969
　　二、影响采区尺寸的因素 ……… 970
　　三、采区走向长度的优化 ……… 971
　　四、采区尺寸设计参考资料 …… 971
　第四节　采区生产能力 ……………… 972
　　一、影响采区生产能力的因素 … 972
　　二、确定采区生产能力的方法 … 972
　　三、确定采煤工作面生产能力参考
　　　资料 ………………………… 975
　第五节　采区煤柱及回采率 ………… 990
　　一、采区煤柱 …………………… 990
　　二、工作面回采率 ……………… 991
　　三、采区储量损失 ……………… 992
　　四、采区回采率（采出率） …… 992
第二章　采煤方法 …………………… 993
　第一节　采煤方法、工艺及设备
　　　选择 ………………………… 993
　　一、采煤方法分类及其选择 …… 993
　　二、长壁采煤工艺特征及适用条件 … 993
　　三、综合机械化采煤设备的选型 … 994
　　四、普通机械化采煤设备的选型 … 1015
　　五、爆破落煤采煤设备的选型 … 1017
　第二节　缓及倾斜煤层长壁垮落
　　　采煤法 ……………………… 1018
　　一、薄及中厚煤层采煤法 ……… 1018

　　二、厚煤层采煤法 ……………… 1038
　第三节　放顶煤采煤法 ……………… 1058
　　一、综采放顶煤采煤法 ………… 1059
　　二、普采放顶煤采煤法 ………… 1105
　　三、炮采放顶煤采煤法 ………… 1110
　　四、放顶煤开采安全技术 ……… 1111
　　五、放顶煤开采中顶煤冒放性评价
　　　方法及步骤 ………………… 1113
　第四节　急倾斜煤层采煤法 ………… 1115
　　一、急倾斜特厚煤层水平分段
　　　放顶煤采煤法 ……………… 1115
　　二、急倾斜煤层走向长壁采煤法 … 1116
　　三、伪倾斜柔性掩护支架采煤法 … 1117
　　四、急倾斜煤层其他采煤法 …… 1120
　第五节　充填采煤法 ………………… 1129
　　一、水力充填采煤法 …………… 1129
　　二、风力充填采煤法 …………… 1132
　第六节　连续采煤机房柱式采煤法 … 1135
　　一、适用条件 …………………… 1136
　　二、巷道布置及盘区准备 ……… 1136
　　三、连续采煤机配套设备 ……… 1136
　　四、采煤工艺 …………………… 1137
　　五、劳动组织及技术指标 ……… 1140
　　六、连续采煤机房柱式采煤应用
　　　实例 ………………………… 1140
　　七、连续采煤机高效短壁柱式采
　　　煤法——旺格维利采煤法在
　　　神东矿区的应用实践 ……… 1148
第三章　采（盘）区巷道布置 ……… 1156
　第一节　采煤工作面与采区巷道矿山
　　　压力显现规律及应用 ……… 1156
　　一、采煤工作面采动后压力显现的
　　　状况 ………………………… 1156
　　二、采区巷道受压后的一般状态 … 1158
　　三、采区巷道矿山压力显现规律
　　　及巷道维护措施 …………… 1160
　　四、无煤柱开采沿空留巷 ……… 1165
　第二节　煤层群分组开采和采区巷道
　　　联合布置 …………………… 1169

一、煤层群分组的主要依据 ·········· 1170

二、采区巷道联合布置的适用范围 ····· 1171

三、采区巷道联合布置实例 ·········· 1176

第三节　倾斜、缓倾斜及近水平煤层

采（盘）区巷道布置 ········· 1183

一、采区（盘区）巷道布置 ········· 1183

二、倾斜长壁开采巷道布置 ········· 1193

三、综采采区巷道布置 ·········· 1200

第四节　急倾斜煤层采区巷道布置 ····· 1208

一、急倾斜煤层采区巷道布置的

特点 ·········· 1208

二、急倾斜煤层采区巷道布置

方式 ·········· 1209

第五节　有煤（岩）与瓦斯（二氧化碳）

突出危险煤层的采区巷道

布置 ·········· 1218

一、有煤与瓦斯突出危险煤层

开采的有关规定 ·········· 1218

二、开采保护层 ·········· 1219

三、井下瓦斯抽放巷道布置方式 ····· 1223

四、采区巷道布置 ·········· 1228

第四章　采掘关系 ·········· 1229

第一节　配采 ·········· 1229

一、配采计划 ·········· 1229

二、编制配采计划的方法和步骤 ····· 1229

三、编制配采计划时的原则及应

注意的问题 ·········· 1230

第二节　巷道掘进工程排队 ·········· 1230

一、接替时间要求和巷道掘进速度 ··· 1230

二、巷道掘进工程排队和进度图表

编制 ·········· 1234

第三节　采掘关系的有关指标 ········ 1235

一、采掘面比 ·········· 1235

二、掘进率 ·········· 1235

三、采掘面比和掘进率的参考

资料 ·········· 1236

第四节　采掘机械配备 ·········· 1237

第五章　建（构）筑物、铁路和

水体压煤开采 ·········· 1239

第一节　岩层与地表移动的一般

特征 ·········· 1239

一、上覆岩层移动的一般特征 ········ 1239

二、地表移动的一般特征 ·········· 1241

第二节　地表移动和变形的预计 ········ 1242

一、地表移动和变形的基本概念 ····· 1242

二、地表移动和变形的主要参数 ····· 1244

三、地表移动和变形的预计方法 ····· 1250

第三节　建（构）筑物压煤开采 ········ 1259

一、地表移动和变形对建（构）

筑物的影响 ·········· 1259

二、建（构）筑物的保护 ·········· 1260

三、建筑物下安全开采条件的确定 ··· 1263

四、建（构）筑物下采煤设计 ········ 1264

五、减少地表移动和变形的开采

措施 ·········· 1265

六、建（构）筑物的地面加固保护

措施 ·········· 1270

七、建（构）筑物下采煤实例 ········ 1270

第四节　铁路压煤开采 ·········· 1276

一、铁路压煤开采的特点和要求 ····· 1276

二、地表移动对线路的影响 ········· 1276

三、铁路压煤安全开采条件的确定 ··· 1277

四、铁路压煤开采设计 ·········· 1278

五、开采技术措施 ·········· 1279

六、铁路压煤开采的线路维修措施 ··· 1280

七、铁路压煤开采实例 ·········· 1280

第五节　水体压煤开采 ·········· 1285

一、影响水体下采煤的地质及水文

地质因素 ·········· 1285

二、水体压煤开采的一般途径 ········ 1287

三、覆岩破坏的基本特征及分布

形态 ·········· 1287

四、水体压煤安全开采条件的确定 ··· 1288

五、水体压煤开采设计 ·········· 1290

六、水体下采煤的开采技术措施 ····· 1295

七、水体下采煤实例 ·········· 1297

第六节　堤（坝）压煤开采 ·········· 1298

一、采动地表变形引起地表及堤

（坝）开裂的规律 ·········· 1299

二、解决堤（坝）压煤开采的

一般途径 ·········· 1299

三、堤（坝）压煤开采措施 ········· 1300

四、堤（坝）压煤开采实例 ········· 1301

第七节 井筒及工业场地保护煤柱的
　　　开采 …………………… 1301
　一、立井保护煤柱开采对立井
　　　井筒的影响 …………… 1302
　二、井筒变形预计 …………… 1302
　三、井筒保护煤柱回收设计 … 1303
　四、立井煤柱回收的技术措施 … 1304
　五、斜井井筒保护煤柱的回收 … 1306
　六、回收井筒煤柱的观测工作 … 1307
第八节 石灰岩承压含水层上带压
　　　开采 …………………… 1307
　一、石灰岩承压含水层上采煤防治
　　　水途径及技术应用特点 … 1307
　二、石灰岩承压含水层上带压开采的
　　　技术条件及影响因素 …… 1308
　三、石灰岩承压含水层上带压开采的
　　　适用条件及技术措施 …… 1309
　四、石灰岩承压含水层上带压开采
　　　实例 …………………… 1310

第六章 水力采煤 ……………… 1311

第一节 水采适用条件与生产工艺 …… 1311
　一、中国现有水采矿井、采区概况 …… 1311
　二、水力采煤的适用条件 …… 1313
　三、水力采煤生产工艺 …… 1317
第二节 采煤方法及巷道布置 … 1321
　一、水力落煤及短壁无支护采煤法 … 1321
　二、采掘工作面供水工艺、设备及
　　　管道 …………………… 1334
　三、水力采煤巷道布置 …… 1341
第三节 大巷运输与提升 ……… 1351
　一、大巷运输与提升方式 … 1351
　二、煤水管道运输 ………… 1357
第四节 煤水制备储运硐室 …… 1370
　一、工艺分类及硐室组成 … 1370
　二、筛机硐室 ……………… 1373
　三、块煤破碎工艺及硐室 … 1381
　四、煤水仓 ………………… 1383
　五、污水储集与浓缩硐室 … 1396
　六、煤水泵房 ……………… 1402
主要参考资料 ………………… 1407

中 册

第四篇　井筒及相关硐室

第一章 立井井筒平面布置 ……… 1410
第一节 概述 …………………… 1410
　一、井筒断面形状 ………… 1410
　二、井筒名称 ……………… 1410
第二节 井筒平面布置 ………… 1412
　一、井筒平面布置设计依据和要求 … 1412
　二、井筒平面布置形式 …… 1412
　三、立井提升容器布置形式 … 1414
第三节 井筒断面的确定 ……… 1427
　一、井筒断面确定步骤 …… 1428
　二、刚性罐道的井筒断面确定 … 1428
　三、钢丝绳罐道的井筒断面确定 … 1433
　四、风井井筒断面确定 …… 1433
　五、井筒断面积计算 ……… 1434

六、井筒断面布置实例 …… 1434
第二章 立井井筒装备 ………… 1440
第一节 钢丝绳罐道 …………… 1440
　一、概述 …………………… 1440
　二、钢丝绳罐道布置原则及形式 … 1441
　三、钢丝绳罐道安全间隙的确定 … 1442
　四、钢丝绳罐道使用实例 … 1443
第二节 刚性罐道 ……………… 1448
　一、概述 …………………… 1448
　二、罐道梁 ………………… 1448
　三、罐道 …………………… 1452
　四、罐道布置形式 ………… 1460
　五、罐道梁固定方式 ……… 1460
　六、树脂锚杆 ……………… 1465

七、托　架 …………………………… 1466

第三节　刚性罐道的计算 …………… 1473

一、荷载分析 ……………………… 1473

二、罐道、罐道梁上的荷载计算 …… 1474

三、断绳制动荷载为主时罐道、

罐道梁的计算 ……………… 1478

四、水平运行荷载为主时罐道、

罐道梁的计算 ……………… 1482

五、悬臂式罐道梁计算 …………… 1483

六、罐道梁层间距的确定 ………… 1484

七、计算实例 ……………………… 1485

第四节　罐道与罐道、罐道与罐道

梁的连接 ………………… 1496

一、罐道接头 ……………………… 1496

二、钢罐道梁接头 ………………… 1501

三、罐道与罐道梁的连接 ………… 1502

第五节　管路敷设及梯子间 ………… 1508

一、管路布置及管子梁的选择 …… 1508

二、电缆布置与敷设 ……………… 1511

三、梯子间 ………………………… 1511

第六节　井筒装备的防腐 …………… 1519

一、井筒中钢材构件的防腐 ……… 1520

二、井筒中木质构件的处理 ……… 1525

三、老矿井井筒装备防腐 ………… 1525

第七节　井筒装备材料消耗 ………… 1526

第八节　立井垂直胶带提升系统 …… 1531

第三章　立井井筒支护 ……………… 1533

第一节　支护类型、材料及施工

方法 ……………………… 1533

一、井壁支护设计依据及要求 …… 1533

二、支护类型及支护材料 ………… 1533

三、立井施工方法 ………………… 1538

第二节　井筒支护设计参数和常用

资料 ……………………… 1539

一、立井地压计算 ………………… 1539

二、井壁厚度及圆环内力计算 …… 1543

三、混凝土、钢筋混凝土构件及

计算 ……………………… 1549

四、砖石构件（砂浆砌体）的强度

计算 ……………………… 1554

第三节　基岩井筒支护 ……………… 1558

一、一般基岩井壁厚度的确定 …… 1558

二、井筒过煤层措施 ……………… 1558

三、深井（千米立井）井筒支护 … 1559

第四节　井筒锚喷临时支护 ………… 1560

一、支护参数的选择 ……………… 1560

二、立井锚喷支护计算 …………… 1564

第五节　井筒注浆 …………………… 1570

一、注浆法的分类及适用条件 …… 1570

二、浆液注入量的计算 …………… 1572

三、常用的注浆材料 ……………… 1572

四、地面预注浆 …………………… 1573

五、工作面注浆 …………………… 1573

六、设计计算实例 ………………… 1577

第六节　壁座设计和梁窝计算 ……… 1578

一、壁座设计 ……………………… 1578

二、梁窝尺寸计算 ………………… 1581

第四章　冻结法凿井井壁设计 ……… 1586

第一节　概　述 ……………………… 1586

第二节　冻结深度及壁座位置的

选择 ……………………… 1592

一、冻结深度的确定 ……………… 1592

二、壁座（或内外壁整体浇筑段）

位置的选择 ………………… 1592

第三节　设计荷载 …………………… 1592

一、冻结井壁受力的一般规律 …… 1592

二、地　压 ………………………… 1593

三、不均匀地压 …………………… 1594

四、冻结压力 ……………………… 1594

五、纵向力和负摩擦力 …………… 1599

六、冻结井壁的温度应力 ………… 1600

七、基岩交界面剪力及纵向弯矩 … 1604

第四节　混凝土及钢筋混凝土井壁

设计 ……………………… 1605

一、井壁安全度的确定 …………… 1605

二、混凝土井壁的设计计算 ……… 1606

三、钢筋混凝土井壁的设计计算 … 1610

四、冻结井筒混凝土井壁强度增长

特点及对策 ………………… 1617

五、混凝土外加剂 ………………… 1620

第五节　复合井壁 …………………… 1624

一、复合井壁的类型 ……………… 1624

二、复合井壁的材料及使用条件 … 1626

三、复合井壁的组成和作用 …………… 1644

四、复合井壁的设计计算 ………… 1651

五、壁座设计 ………………… 1673

第六节 井塔荷载作用下的井壁结构

计算 ………………………… 1676

一、概 述 …………………… 1676

二、井塔基础不与井筒相联时井壁

圆环受力计算 ……………… 1677

三、井塔直接支承在井筒上时井壁

结构设计计算 ……………… 1678

第七节 冻结法井壁设计计算实例 …… 1695

一、计算原则 ………………… 1696

二、确定井壁厚度 …………… 1696

三、井壁环向稳定性验算 …… 1697

四、按冻胀力对外层井壁环向

配筋的计算 ………………… 1699

五、内层井壁按承受静水压力的

环向配筋计算 ……………… 1700

六、把内外层井壁看作整体结构,

按共同承受水土压力校核 …… 1701

七、按吊挂力计算外层井壁坚向

钢筋及抗裂验算 …………… 1704

八、井壁竖向荷载计算 ……… 1706

九、壁座设计计算 …………… 1707

十、基岩与表土交界面处井壁

设计计算 …………………… 1709

第五章 立井钻井法井壁结构

设计 ………………………… 1712

第一节 概 述 ………………… 1712

一、钻井法凿井特点 ………… 1712

二、井壁结构的一般形式和要求 … 1713

三、煤炭系统钻井法凿井施工情况 … 1714

四、国内外立井钻机主要技术

特征 ………………………… 1714

第二节 钻井井壁设计基本参数的

确定 ………………………… 1717

一、钻井法施工井筒直径的确定 … 1717

二、井壁厚度的确定及限量 …… 1718

三、荷载计算 ………………… 1719

四、结构安全度的确定 ……… 1722

第三节 预制钢筋混凝土井壁的设计

计算 ………………………… 1722

一、井壁内力及配筋计算 …… 1722

二、井壁稳定性验算 ………… 1725

三、施工过程井壁强度验算 …… 1728

四、壁后补注浆井壁强度校核 …… 1730

五、井壁接头设计 …………… 1731

第四节 钢板混凝土复合井壁的设计

计算 ………………………… 1736

一、钢板混凝土复合井壁设计一般

要求 ………………………… 1736

二、井壁内力计算 …………… 1737

三、井壁内层钢板锚卡设计 …… 1739

四、井壁接头设计 …………… 1740

五、节间注浆孔的留设 ……… 1741

六、钢板防腐 ………………… 1743

第五节 井壁底的设计 ………… 1743

一、浅碟式井壁底 …………… 1743

二、截锥式井壁底 …………… 1747

三、半球和削球式井壁底 …… 1748

四、半椭圆回转扁球壳井壁底 …… 1750

五、回转椭圆扁球壳井壁底的计算

实例 ………………………… 1757

第六节 使用小型钻机时的井壁结构

形式 ………………………… 1767

一、钻井机类型 ……………… 1767

二、井壁结构形式 …………… 1768

第六章 立井沉井法结构设计 … 1769

第一节 概 述 ………………… 1769

一、沉井法分类 ……………… 1770

二、沉井法的适用条件 ……… 1770

三、国内煤矿沉井技术特征 …… 1771

第二节 沉井井壁结构设计 …… 1779

一、设计依据及所需资料 …… 1779

二、设计步骤 ………………… 1779

三、沉井井筒设计 …………… 1779

第三节 沉井刃脚设计 ………… 1790

一、刃脚的作用及形状 ……… 1790

二、刃脚受力计算 …………… 1792

三、刃脚的配筋计算 ………… 1794

四、刃脚钢靴钢板厚度的计算 …… 1795

五、刃脚基座的设置 ………… 1796

第四节 沉井构造要求 ………… 1796

第五节 套井结构设计 ………… 1797

一、套井尺寸的确定 ……………… 1797
二、套井结构型式及特点 ………… 1799
第六节　沉井结构计算实例 ………… 1800
一、地质情况 …………………… 1800
二、沉井井筒尺寸确定 ………… 1800
三、按下沉条件验算井壁厚度 …… 1802
四、井壁环向配筋计算 ………… 1803
五、竖向钢筋计算 ……………… 1804
六、联系钢筋 …………………… 1805
七、沉井的刃脚计算 …………… 1805

第七章　立井混凝土帷幕 …………… 1809
第一节　概　述 ……………………… 1809
一、帷幕法的工艺流程和特点 …… 1809
二、帷幕法适用条件和一般要求 …… 1811
三、常用的造孔设备 …………… 1811
四、国内帷幕法施工简况 ……… 1813
第二节　混凝土帷幕设计 …………… 1816
一、帷幕深度的确定 …………… 1816
二、帷幕厚度的确定 …………… 1816
三、钻孔容许最大偏斜率 ……… 1817
四、混凝土帷幕槽孔段数的划分 …… 1817
五、立井混凝土帷幕内套砌井壁
　　厚度的确定 ………………… 1817
六、壁座设计 …………………… 1818
第三节　混凝土帷幕的结构及建造
　　　　要求 ………………………… 1818
一、护　井 ……………………… 1818
二、混凝土帷幕 ………………… 1819
第四节　井筒掘砌设计应注意的
　　　　问题 ………………………… 1825
一、井筒掘砌 …………………… 1825
二、帷幕底部壁座的施工 ……… 1825
三、帷幕内表面与套壁结合面的
　　处理 ………………………… 1825

第八章　立井井筒相关硐室设计 ……… 1826
第一节　罐笼立井井筒与井底车场
　　　　连接处 ……………………… 1826
一、设计依据 …………………… 1826
二、连接处形式 ………………… 1826
三、连接处尺寸的确定 ………… 1827
四、连接处断面形状及支护 …… 1831
五、连接处附属硐室及行人通道 …… 1831

六、其他要求 …………………… 1833
七、部分矿井副井连接处设计
　　索引 ………………………… 1833
第二节　罐笼立井底水窝 …………… 1842
一、设计依据 …………………… 1842
二、井底水窝分类 ……………… 1842
三、井底水窝深度的确定 ……… 1842
四、井底水窝结构及支护 ……… 1847
五、井底水窝梯子间及平台梁 …… 1847
六、井底水窝清理及排水方式 …… 1847
七、副井井底清理斜巷及排水硐室
　　通用设计索引 ……………… 1850
第三节　休息硐室 …………………… 1851
一、设计依据 …………………… 1851
二、休息硐室的布置 …………… 1851
三、断面及支护 ………………… 1852
第四节　井底煤仓及箕斗装载硐室 …… 1852
一、设计依据 …………………… 1852
二、井底煤仓与装载硐室布置 …… 1853
三、井底煤仓 …………………… 1855
四、箕斗装载硐室 ……………… 1879
五、装载带式输送机巷及机头、
　　给煤机、贮气罐硐室 ……… 1885
六、配煤带式输送机巷 ………… 1890
七、井底煤仓、箕斗装载硐室设计
　　索引 ………………………… 1890
第五节　箕斗立井底清理撒煤硐室
　　　　及水窝泵房 ………………… 1899
一、设计依据 …………………… 1899
二、箕斗立井底清理撒煤系统
　　布置方式 …………………… 1899
三、井底受煤漏斗、挡煤器及撒煤
　　溜道 ………………………… 1899
四、沉淀池硐室及水仓、水窝泵房 …… 1906
五、清理斜巷及绞车房 ………… 1910
六、索引及实例 ………………… 1914
第六节　立风井井口及井底车场 …… 1918
一、设计依据 …………………… 1918
二、井口布置 …………………… 1919
三、立风井井底车场 …………… 1926
四、风井井底连接处通用设计索引 …… 1930

第九章　斜井井筒分类、断面形状

及主要设计原则 …………… 1935
第一节　斜井井筒分类 ………… 1935
　一、按用途分类 ………………… 1935
　二、按提升方式分类 …………… 1935
第二节　斜井井筒断面形状 …… 1937
　一、断面形状及适用范围 ……… 1937
　二、国内斜井井筒断面形状及支护
　　　实例 …………………………… 1938
第三节　斜井穿过松软土层和流砂
　　　层的施工方法 ……………… 1939
　一、简易施工方法 ……………… 1939
　二、特殊施工方法 ……………… 1941
第四节　设计中考虑的主要原则 ……… 1943

第十章　斜井井筒浅部地压和支护
　　　计算 …………………………… 1944
第一节　斜井井筒浅部地压估算 …… 1944
第二节　斜井井筒浅部支护计算 …… 1945
　一、支护要求 …………………… 1945
　二、支护厚度的确定 …………… 1946

第十一章　斜井井筒装备、设施
　　　及斜风井 ……………………… 1947
第一节　轨　道 ………………… 1947
　一、轨型选择 …………………… 1947
　二、轨道固定形式 ……………… 1947
　三、轨道防滑 …………………… 1947
　四、铺轨及轨道布置 …………… 1955
第二节　水沟及排水斜井 ……… 1956
　一、水沟设置原则 ……………… 1956
　二、水沟布置形式 ……………… 1957
　三、排水斜井 …………………… 1958
第三节　人行台阶与扶手 ……… 1958
　一、设置原则 …………………… 1958
　二、布置形式 …………………… 1959
　三、台阶踏步尺寸的确定 ……… 1959
　四、台阶材料消耗 ……………… 1959
　五、扶　手 ……………………… 1962
第四节　管线敷设 ……………… 1963
　一、敷设要求 …………………… 1963
　二、管路敷设形式 ……………… 1964
　三、电缆敷设形式 ……………… 1966
第五节　斜风井 ………………… 1968

　一、斜风井井筒布置一般规定 …… 1968
　二、回风斜井 …………………… 1969
　三、进风斜井 …………………… 1974

第十二章　带式输送机斜井井筒
　　　及硐室 ……………………… 1975
第一节　普通带式输送机斜井井筒
　　　及硐室 ……………………… 1975
　一、井筒断面布置 ……………… 1975
　二、普通带式输送机系统 ……… 1977
　三、硐　室 ……………………… 1978
第二节　钢绳芯带式输送机斜井井筒
　　　及硐室 ……………………… 1983
　一、井筒断面布置 ……………… 1983
　二、钢绳芯带式输送机系统 …… 1983
　三、硐　室 ……………………… 1986
第三节　钢丝绳牵引带式输送机斜井
　　　井筒及硐室 ………………… 2004
　一、井筒断面 …………………… 2004
　二、钢丝绳牵引带式输送机系统 …… 2004
　三、硐　室 ……………………… 2009
第四节　大倾角带式输送机斜井井筒
　　　及硐室 ……………………… 2042
　一、井筒断面的布置 …………… 2042
　二、大倾角带式输送机 ………… 2043
　三、硐　室 ……………………… 2049

第十三章　串车斜井井筒及硐室 ……… 2051
第一节　井筒断面及线路布置 …… 2051
　一、井筒断面布置 ……………… 2051
　二、线路布置 …………………… 2060
第二节　斜井井筒内人员运送 …… 2060
　一、人员运送的要求 …………… 2060
　二、斜井人车类型 ……………… 2060
第三节　硐　室 ………………… 2060
　一、乘人车场 …………………… 2060
　二、人车存车场 ………………… 2061
　三、等候室 ……………………… 2061
　四、信号硐室 …………………… 2061
　五、躲避硐室 …………………… 2062
第四节　斜井井筒跑车防护装置 …… 2062
　一、绳压式跑车防护装置 ……… 2062
　二、主提升机控制式跑车防护装置 …… 2063

第十四章　箕斗斜井井筒及硐室 ……… 2065
　第一节　井筒断面及线路布置 ……… 2065
　　一、井筒断面布置 ……………… 2065
　　二、线路布置 …………………… 2068
　第二节　硐　室 ………………… 2069

一、装载硐室及煤仓 ……………… 2069
二、信号硐室 ……………………… 2076
三、躲避硐室 ……………………… 2082
四、清理撒煤硐室 ………………… 2082
主要参考资料 ……………………… 2086

第五篇　井底车场及硐室

第一章　窄轨铁路道岔与线路
　　　　联接 …………………… 2090
　第一节　窄轨铁路道岔 ………… 2090
　　一、窄轨铁路道岔的类型和系列 … 2090
　　二、窄轨铁路道岔选用说明 …… 2108
　　三、1996 年以来新增标准设计道岔
　　　　系列品种及主要参数 …… 2110
　　四、警冲标 ……………………… 2112
　　五、低合金钢整体铸造式辙叉 … 2112
　　六、异型鱼尾板 ………………… 2113
　　七、扳道器的布置 ……………… 2114
　第二节　窄轨铁路道岔线路联接 … 2122
　　一、单开道岔非平行线路联接 … 2122
　　二、单开道岔平行线路联接 …… 2122
　　三、对称道岔线路联接 ………… 2123
　　四、渡线道岔线路联接 ………… 2123
　　五、三角道岔线路联接 ………… 2123
　　六、对称组合道岔线路联接 …… 2127
　　七、四轨套线道岔线路联接 …… 2128
　　八、道岔与曲线间插入直线段的
　　　　长度 ………………………… 2128
　　九、双轨线路的分岔 …………… 2129
　第三节　窄轨曲线道岔及线路联接 … 2132
　　一、概　况 ……………………… 2132
　　二、曲线道岔的特点 …………… 2132
　　三、曲线道岔的类型和系列 …… 2132
　　四、主要部件结构概述 ………… 2134
　　五、曲线道岔经济效益分析 …… 2135
　　六、使用范围及应用前景 ……… 2138
　　七、单开曲线道岔非平行线路联接 … 2138
　　八、同侧双边曲线道岔线路联接 … 2138
　　九、对称三开曲线道岔线路联接 … 2140
第二章　井底车场设计依据及
　　　　分类 …………………… 2141

第一节　井底车场设计依据及要求 … 2141
　一、设计依据 …………………… 2141
　二、设计要求 …………………… 2142
第二节　井底车场类型及形式选择 … 2143
　一、井底车场类型 ……………… 2143
　二、井底车场形式选择 ………… 2144
第三章　井底车场的平面布置 …… 2147
　第一节　线路平面布置的基本要求 … 2147
　第二节　井底车场的平面布置 …… 2147
　　一、井底车场线路布置 ………… 2147
　　二、井底车场硐室布置 ………… 2152
　第三节　井底车场调车方式 …… 2153
　　一、固定式矿车的列车调车方式 … 2153
　　二、底纵（侧）卸式矿车的列车
　　　　调车方式 …………………… 2156
　第四节　井底车场巷道断面 …… 2158
　　一、断面设计的要求 …………… 2158
　　二、主要线路断面的选择 ……… 2158
　第五节　带式输送机立井井底车场的
　　　　布置 ………………………… 2159
　　一、概述 ………………………… 2159
　　二、车场及硐室设计依据和一般
　　　　要求 ………………………… 2160
　　三、车场及硐室的组成 ………… 2160
　　四、车场的布置方式 …………… 2160
　　五、带式输送机车场与辅助井底
　　　　车场联络方式 ……………… 2161
　　六、实例 ………………………… 2162
第四章　井底车场线路坡度设计 … 2167
　第一节　设计要求 ……………… 2167
　第二节　线路坡度的确定 ……… 2168
　　一、矿车运行阻力系数 ………… 2169
　　二、坡度计算的基本公式 ……… 2171

三、不设摇台双罐笼井筒与井底车场
　　连接处矿车自动滑行计算 ……… 2172
四、线路坡度闭合计算 …………… 2174
第三节　斜井井底甩车场坡度及
　　　　双钩串车提升时的游车
　　　　操车方法 ………………… 2174
一、斜井井底单、双钩甩车场坡度
　　计算 ………………………… 2174
二、双钩串车提升时的游车操车
　　方法 ………………………… 2174
三、斜井双钩提升地面车场 …… 2175
第四节　双钩提升暗斜井上部平
　　　　车场 …………………… 2176
一、车场线路布置型式及坡度选择 …… 2176
二、车场平面尺寸设计计算 …… 2182
三、暗斜井上部平车场设计示例 …… 2185

第五章　井底车场通过能力 …… 2188
第一节　井底车场通过能力的确定
　　　　方法 …………………… 2188
一、机车在井底车场内运行图表的
　　编制 ………………………… 2188
二、井底车场调度图表的编制 … 2193
第二节　通过能力计算 ………… 2195
一、井底车场通过能力计算 …… 2195
二、提高井底车场通过能力的
　　措施 ………………………… 2197

第六章　井底车场设计实例 …… 2199
第一节　设计实例简图 ………… 2199
第二节　设计示例 ……………… 2231
一、例一 ………………………… 2231
二、例二 ………………………… 2238
三、例三 ………………………… 2244
四、例四 ………………………… 2248
第三节　国外部分煤矿矿井井底
　　　　车场布置 ……………… 2253
一、采用矿车运煤的井底车场布置 …… 2253
二、采用带式输送机运煤的井底
　　车场布置 …………………… 2257

第七章　主排水系统硐室 ……… 2259
第一节　吸入式主排水泵硐室 … 2259
一、一般规定和要求 …………… 2259

二、主排水泵硐室布置 ………… 2260
三、主排水泵硐室尺寸 ………… 2262
四、水泵基础尺寸 ……………… 2262
五、D型、MD型和PJ型水泵
　　特征 ………………………… 2264
六、不同规格硐室断面特征 …… 2273
七、吸入式主排水泵硐室设计
　　实例 ………………………… 2275
第二节　压入式主排水泵硐室 … 2279
一、水泵硐室布置特点 ………… 2279
二、一般规定和要求 …………… 2279
三、水泵硐室有关的安全措施 … 2279
四、压入式水泵硐室布置实例 … 2279
第三节　潜水泵主排水泵硐室 … 2283
第四节　管子道 ………………… 2284
一、一般规定和要求 …………… 2284
二、管子道布置 ………………… 2284
三、不同规格管子道断面特征 … 2285
四、管子道的设计实例 ………… 2286
第五节　排水钻孔 ……………… 2287
一、设计时应注意的问题 ……… 2287
二、排水钻孔平面布置实例 …… 2289
第六节　水　仓 ………………… 2289
一、一般规定和要求 …………… 2289
二、水仓及清仓绞车房布置 …… 2290
三、水仓设计 …………………… 2291
四、提高水仓利用率的措施 …… 2292
五、水仓清理 …………………… 2294
六、沉淀池的布置、计算和清理 …… 2296

第八章　水砂充填矿井水仓的
　　　　沉淀和清理 ………… 2299
第一节　水仓的沉淀方式 ……… 2299
一、流水沉淀及计算 …………… 2299
二、静水沉淀及水仓数量 ……… 2299
第二节　水仓清理 ……………… 2299
一、射流泵清理、泥浆泵排泥 … 2300
二、压气罐清理、密闭泥仓排泥 … 2300
三、两种清理方式的优缺点 …… 2305
第三节　排水系统巷道布置 …… 2305
一、巷道布置特点 ……………… 2305
二、排水系统巷道布置实例 …… 2306

第九章　主变电所 ……………… 2309

一、一般规定及要求 ············ 2309
二、设计依据 ················ 2309
三、主变电所设计应注意的问题 ··· 2310
四、主变电所布置 ············ 2310
五、动力变压器技术特征 ········ 2311
六、不同规格硐室断面特征 ······ 2312
七、设计实例 ················ 2312

第十章　运输硐室 ············ 2315
第一节　井下机车修理间、变流室
　　　　及其他硐室 ············ 2315
一、一般规定及要求 ·········· 2315
二、井下架线式电机车修理间及
　　变流室 ················ 2317
三、井下蓄电池式电机车修理间、
　　变流室及充电室 ·········· 2321
四、井下防爆柴油机机车修理间、
　　加油站及加水站 ·········· 2336
五、硐室断面形状及支护 ········ 2337
第二节　推车机及翻车机硐室 ······ 2341
一、概述 ·················· 2341
二、一般规定及要求 ·········· 2341
三、设计基础资料 ············ 2342
四、硐室的布置形式 ·········· 2342
五、硐室尺寸的确定 ·········· 2351
六、硐室断面形状及支护 ········ 2363
七、实例 ·················· 2363
第三节　自卸式矿车卸载站硐室 ····· 2363
一、概述 ·················· 2363
二、一般规定及要求 ·········· 2363
三、设计的基础资料 ·········· 2364
四、底卸式矿车的类型、特征及
　　卸载站硐室的布置形式 ······ 2364
五、卸载站硐室与煤仓上口的联接
　　布置 ·················· 2383
六、边梁 ·················· 2388
七、硐室尺寸的确定 ·········· 2397
八、硐室断面形状及支护 ········ 2398
九、实例 ·················· 2398
第四节　带式输送机机头硐室 ······ 2400
一、概述 ·················· 2400
二、一般规定及要求 ·········· 2400
三、设计的基础资料 ·········· 2400

四、机头硐室的组成及布置形式 ··· 2400
五、硐室尺寸的确定 ·········· 2400
六、硐室断面形状及支护 ········ 2402
七、实例 ·················· 2402
第五节　暗井提升系统硐室 ········ 2406
一、概述 ·················· 2406
二、一般规定及要求 ·········· 2406
三、设计基础资料 ············ 2406
四、绞车硐室布置 ············ 2408
五、绳道及天轮硐室布置 ········ 2423
六、绞车硐室尺寸确定 ·········· 2434
七、绞车硐室断面形状及支护 ····· 2437
八、绞车硐室支护计算 ·········· 2438
九、绞车基础验算 ············ 2460
十、实例 ·················· 2462
第六节　井下调度室 ············ 2462
一、一般规定及要求 ·········· 2462
二、硐室的布置形式 ·········· 2463
三、硐室尺寸的确定 ·········· 2463
四、实例 ·················· 2463

**第十一章　井下爆炸材料库及
　　　　　　爆炸材料发放硐室** ··· 2468
第一节　井下爆炸材料库 ········· 2468
一、一般规定及要求 ·········· 2468
二、设计依据 ················ 2469
三、井下爆炸材料库布置形式和
　　殉爆安全距离 ············ 2469
四、库容量及库房布置 ·········· 2475
五、硐室的断面形状及支护方式 ··· 2481
六　使用中存在的问题 ·········· 2481
第二节　井下爆炸材料发放硐室 ····· 2481
一、一般规定及要求 ·········· 2481
二、硐室的布置形式 ·········· 2483

第十二章　安全设施硐室 ········ 2484
第一节　井下消防材料库 ········· 2484
一、一般规定及要求 ·········· 2484
二、设计依据 ················ 2484
三、井下消防材料库材料种类、
　　数量 ·················· 2485
四、井下消防列车的装备 ········ 2485
五、硐室的布置形式及尺寸确定 ··· 2486
六、井下消防材料库设计实例 ····· 2486

第二节 防水闸门硐室 …………………… 2493
　　一、一般规定及要求 ……………… 2493
　　二、设计依据 ……………………… 2493
　　三、结构形式 ……………………… 2494
　　四、设计参数的确定 ……………… 2494
　　五、防水闸门硐室墙体长度计算
　　　　公式及适用范围 ……………… 2496
　　六、防水闸门硐室泄水方式的选择 …… 2496
　　七、防水闸门设计的其他技术问题 …… 2500
　　八、实例 …………………………… 2507
　　九、计算实例 ……………………… 2507
第三节 井下密闭门硐室 ……………… 2514
　　一、一般规定及要求 ……………… 2514
　　二、密闭门硐室设计所需资料 …… 2515
　　三、硐室尺寸参数 ………………… 2515
　　四、实例 …………………………… 2515
第四节 井下防火门、防火栅栏
　　　　两用门硐室 ………………… 2521
　　一、一般规定及要求 ……………… 2521
　　二、实例 …………………………… 2522

第五节 抗冲击波活门、抗冲击波
　　　　密闭门硐室 ………………… 2528
　　一、一般规定及要求 ……………… 2528
　　二、结构与功能 …………………… 2529
　　三、硐室尺寸参数 ………………… 2531
　　四、实例 …………………………… 2532
第十三章 其他硐室 ……………………… 2540
第一节 井下急救站 …………………… 2540
　　一、一般规定及要求 ……………… 2540
　　二、井下急救站平面布置形式 …… 2540
　　三、井下急救站主要技术特征 …… 2541
第二节 井下等候室 …………………… 2541
　　一、一般规定及要求 ……………… 2541
　　二、井下等候室平面布置形式 …… 2541
　　三、硐室尺寸确定 ………………… 2541
　　四、设计实例 ……………………… 2543
第三节 井下工具备品保管室 ………… 2545
　　一、一般规定及要求 ……………… 2545
　　二、实例 …………………………… 2546
主要参考资料 ……………………………… 2547

下　册

第六篇　巷道及采区车场

第一章 巷道断面设计 ………………… 2550
第一节 巷道断面设计的依据及
　　　　要求 ………………………… 2550
　　一、巷道断面设计所需资料 ……… 2550
　　二、有关规定 ……………………… 2550
第二节 巷道断面 ……………………… 2552
　　一、巷道断面形状的选择 ………… 2552
　　二、拱形、梯形及矩形巷道断面
　　　　尺寸的确定 …………………… 2553
　　三、封闭拱形巷道断面的计算 …… 2564
　　四、曲线巷道 ……………………… 2565
　　五、水　沟 ………………………… 2568
　　六、巷道管线布置 ………………… 2578
　　七、轨道铺设 ……………………… 2579

第三节 巷道矿山压力计算、测试
　　　　和控制 ……………………… 2589
　　一、巷道矿山压力计算 …………… 2589
　　二、巷道矿山压力的测试 ………… 2596
　　三、巷道矿山压力控制 …………… 2608
第四节 巷道支护 ……………………… 2611
　　一、巷道支护的分类及选型要求 …… 2611
　　二、刚性支护 ……………………… 2616
　　三、巷道锚杆及锚喷支护 ………… 2662
　　四、可缩性金属支架支护 ………… 2692
　　五、煤柱护巷 ……………………… 2724
　　六、沿空巷道的护巷 ……………… 2728
　　七、软岩巷道支护 ………………… 2742
第二章 平巷交岔点 …………………… 2758

第一节　交岔点分类及计算 ……………… 2758
　一、交岔点分类 ……………… 2758
　二、交岔点平面尺寸的确定 ……… 2759
　三、交岔点柱墙、墙高及斜率 …… 2766
第二节　交岔点支护 ……………………… 2767
　一、交岔点支护的一般原则 ……… 2767
　二、交岔点矿压计算特点 ………… 2767
　三、交岔点混凝土（料石）砌碹
　　　支护 …………………………… 2768
　四、交岔点金属支架 ……………… 2774
　五、交岔点锚杆及其组合支架 …… 2779
第三节　交岔点工程量及材料
　　　　消耗量 …………………… 2784

第三章　采区车场 …………………… 2787
第一节　采区车场设计依据与要求 …… 2787
　一、有关规定 ……………………… 2787
　二、设计依据 ……………………… 2788
　三、设计要求 ……………………… 2789
第二节　采区上部车场 ………………… 2789
　一、上部车场形式 ………………… 2789
　二、上部车场线路布置和上部车场
　　　线路坡度 …………………… 2790
　三、上部车场有关尺寸的确定 …… 2791
　四、采区上部车场实例 …………… 2794
第三节　采区中部车场 ………………… 2797
　一、中部车场形式 ………………… 2797
　二、甩车场设计主要参数的选择 … 2799
　三、甩车场线路设计 ……………… 2803
　四、甩车场交岔点设计 …………… 2819
　五、采区中部甩车场实例 ………… 2823
　六、接力车场设计 ………………… 2831
　七、吊桥式车场 …………………… 2833
　八、甩车道吊桥式车场设计 ……… 2844
第四节　采区下部车场 ………………… 2845
　一、下部车场基本形式 …………… 2845
　二、采区装车站设计 ……………… 2847
　三、下部车场设计 ………………… 2852
　四、采区下部车场实例 …………… 2859

第五节　乘人车场、人车存车场 ………… 2869
　一、一般规定 ……………………… 2869
　二、乘人车场设计 ………………… 2869
　三、人车存车场设计 ……………… 2870
第六节　无极绳运输车场 ………………… 2870
　一、无极绳运输车场形式 ………… 2870
　二、无极绳运输车场设计 ………… 2871
　三、下绳式无极绳运输车场的曲线
　　　设计 …………………………… 2876

第四章　采区硐室 …………………… 2877
第一节　采区煤仓 ………………………… 2877
　一、一般规定及要求 ……………… 2877
　二、煤仓布置形式 ………………… 2877
　三、煤仓容量 ……………………… 2877
　四、煤仓的尺寸及仓口布置 ……… 2880
　五、采区煤仓实例 ………………… 2885
第二节　采区绞车房 ……………………… 2891
　一、一般规定及要求 ……………… 2891
　二、绞车房布置形式 ……………… 2892
　三、绞车房尺寸的确定 …………… 2892
　四、绞车房断面形状及支护 ……… 2896
　五、设备基础 ……………………… 2896
　六、采区绞车房实例 ……………… 2896
第三节　采区变电所 ……………………… 2898
　一、一般规定及要求 ……………… 2898
　二、变电所布置形式 ……………… 2899
　三、变电所尺寸的确定 …………… 2899
　四、变电所断面形状及支护 ……… 2900
　五、采区变电所实例 ……………… 2902
第四节　井下空气压缩机硐室 ………… 2902
　一、一般规定及要求 ……………… 2902
　二、空气压缩机硐室布置形式 …… 2903
　三、空气压缩机硐室尺寸的确定 … 2903
　四、空气压缩机硐室断面形状及
　　　支护 …………………………… 2904
　五、水池、地沟及基础 …………… 2906
　六、空气压缩机硐室实例 ………… 2906
主要参考资料 ……………………………… 2907

第七篇　井　下　运　输

第一章　井下运输设计技术原则 ········ 2910
　一、设计技术原则 ············· 2910
　二、选择矿井运输方式和设备应
　　满足的要求 ·············· 2910
第二章　大巷煤炭运输 ··········· 2913
　第一节　大巷煤炭运输方式 ······· 2913
　　一、输送机运输 ············ 2913
　　二、轨道运输 ············· 2914
　　三、水力运输 ············· 2914
　第二节　大巷煤炭运输方式的选择 ··· 2915
　　一、概　述 ·············· 2915
　　二、选择原则 ············· 2915
　　三、大巷煤炭运输方式的适用
　　　条件和优缺点 ··········· 2916
　　四、各类运输方式的运输能力 ··· 2921
　第三节　大巷运输方案技术经济
　　　比较内容和实例 ········ 2926
　第四节　大巷煤炭运输设备选型
　　　设计 ·············· 2929
　　一、带式输送机运输 ········· 2929
　　二、架线式电机车运输 ······· 2934
　　三、蓄电池电机车运输 ······· 2943
　　四、柴油机车运输 ·········· 2946
　　五、无极绳运输 ··········· 2949
　第五节　矿井车辆配备及井巷铺轨 ··· 2955
　　一、矿车配备 ············· 2955
　　二、井巷铺轨 ············· 2968
　附录　运输辅助设备 ··········· 2969
　　一、井下放料闸门 ·········· 2969
　　二、振动放煤机 ··········· 2971
　　三、板式给料机 ··········· 2971
　　四、给料机 ·············· 2972
　　五、料仓振动装置 ·········· 2991
　　六、破碎机 ·············· 2991
　　七、翻车机 ·············· 2995
　　八、推车机 ·············· 2996
　　九、阻车器 ·············· 2996
　　十、限速器 ·············· 3001
　　十一、高度补偿器 ·········· 3001

　　十二、矿车清理设备 ········· 3001
　　十三、窄轨转盘 ··········· 3004
　　十四、矿车卸载站 ·········· 3005
　　十五、脱轨复位器 ·········· 3005
　　十六、轨道衡 ············· 3006
　　十七、除铁器 ············· 3006
　　十八、胶带秤 ············· 3006
　　十九、胶带硫化器 ·········· 3009
　　二十、输送带捕捉器 ········· 3009
　　二十一、斜井防跑车装置 ······ 3009
第三章　采区煤炭运输 ··········· 3012
　第一节　煤炭运输方式的选择 ····· 3012
　　一、设计技术原则 ·········· 3012
　　二、采区上、下山煤炭运输方式 ·· 3013
　第二节　回采工作面运输设备的
　　　选型 ·············· 3014
　　一、工作面输送机能力的确定 ··· 3014
　　二、工作面运输巷设备选型 ···· 3015
　第三节　采区上、下山煤炭运输
　　　设备选型 ··········· 3023
　　一、普通带式输送机选型 ······ 3023
　　二、上链式输送机选型 ······· 3024
　　三、大倾角带式输送机选型 ···· 3040
　　四、铸石溜槽和搪瓷溜槽选型 ·· 3054
　　五、提升绞车选型 ·········· 3058
　第四节　采区掘进煤的处理 ······ 3077
　　一、一般处理方式 ·········· 3077
　　二、混入回采煤流处理方式 ···· 3077
第四章　井下辅助运输 ··········· 3080
　第一节　辅助运输方式 ········· 3080
　　一、概　述 ·············· 3080
　　二、辅助运输现状 ·········· 3082
　第二节　辅助运输方式选择 ······ 3084
　　一、辅助运输的要求和规定 ···· 3084
　　二、辅助运输方式选择 ······· 3085
　　三、辅助运输系统设计 ······· 3087
　　四、改扩建矿井辅助运输系统
　　　设计 ·············· 3089
　　五、辅助运输系统设计举例 ····· 3090

第三节　单轨吊 ……………………………… 3094
　　一、概　述 …………………………………… 3094
　　二、防爆柴油机单轨吊 ………………………… 3095
　　三、防爆蓄电池单轨吊 ………………………… 3101
　　四、绳牵引单轨吊 ……………………………… 3102
　　五、风动单轨吊 ………………………………… 3102
　　六、单轨吊配套设备 …………………………… 3104
　　七、单轨吊轨道系统 …………………………… 3105
　　八、单轨吊运输能力计算 ……………………… 3108
　　九、单轨吊巷道断面 …………………………… 3115
　　十、单轨吊硐室 ………………………………… 3116
　　十一、单轨吊应用举例 ………………………… 3119
第四节　卡轨车 ……………………………… 3124
　　一、概　述 …………………………………… 3124
　　二、防爆柴油机卡轨车 ………………………… 3125
　　三、绳牵引卡轨车 ……………………………… 3125
　　四、卡轨车配套设备 …………………………… 3129
　　五、卡轨车轨道系统 …………………………… 3129
　　六、卡轨车运输能力计算 ……………………… 3133
　　七、卡轨车硐室 ………………………………… 3137
　　八、卡轨车应用举例 …………………………… 3138
第五节　齿轨车、齿轨卡轨车 …………… 3140
　　一、概　述 …………………………………… 3140
　　二、柴油机齿轨卡轨车 ………………………… 3141
　　三、齿轨车轨道系统 …………………………… 3144

　　四、齿轨机车运输能力计算 …………………… 3147
　　五、齿轨车硐室设计 …………………………… 3150
　　六、齿轨车应用举例 …………………………… 3151
第六节　无轨胶轮车 ……………………… 3153
　　一、概　述 …………………………………… 3153
　　二、柴油机无轨胶轮车 ………………………… 3153
　　三、蓄电池无轨胶轮车 ………………………… 3162
　　四、无轨胶轮车巷道断面设计 ………………… 3162
　　五、无轨胶轮车道路设计 ……………………… 3166
　　六、无轨胶轮车硐室 …………………………… 3167
　　七、无轨胶轮车运输能力计算 ………………… 3168
　　八、无轨胶轮车应用举例 ……………………… 3170
第七节　胶套轮机车 ……………………… 3175
　　一、概　述 …………………………………… 3175
　　二、柴油机胶套轮机车 ………………………… 3175
　　三、蓄电池胶套轮机车 ………………………… 3178
　　四、胶套轮机车运输能力计算 ………………… 3178
第八节　井下索道架空人车 ……………… 3179
　　一、概　述 …………………………………… 3179
　　二、结构特点 …………………………………… 3180
　　三、索道架空人车的有关规定 ………………… 3180
　　四、架空人车托梁及驱动装置的
　　　　布置 ……………………………………… 3180
　　五、架空人车运输能力计算 …………………… 3181
主要参考资料 ………………………………… 3184

第八篇　通风与安全

第一章　井下空气 ………………………… 3186
第一节　井下空气的成分、特征与
　　　　安全浓度 ……………………… 3186
　　一、地面空气 …………………………………… 3186
　　二、井下空气 …………………………………… 3186
　　三、井下空气的安全浓度 ……………………… 3187
第二节　矿井瓦斯 ………………………… 3190
　　一、瓦斯成分 …………………………………… 3190
　　二、瓦斯参数 …………………………………… 3190
　　三、瓦斯的爆炸性 ……………………………… 3192
　　四、矿井瓦斯等级 ……………………………… 3196
　　五、瓦斯气体常数计算 ………………………… 3196
第三节　矿井粉尘 ………………………… 3198
　　一、粉尘及其危害 ……………………………… 3198

　　二、煤尘的爆炸性 ……………………………… 3200
第四节　井下气候条件 …………………… 3202
　　一、井下气候条件的规定及评价 ……………… 3202
　　二、井下空气的温度 …………………………… 3204
　　三、井下空气的湿度 …………………………… 3204
第二章　矿井通风 ………………………… 3206
第一节　矿井通风设计依据及主要
　　　　内容 …………………………… 3206
　　一、矿井通风设计依据 ………………………… 3206
　　二、矿井通风设计的主要步骤及
　　　　内容 ……………………………………… 3206
第二节　矿井通风系统 …………………… 3207
　　一、选择矿井通风系统的主要原则 …………… 3207
　　二、通风系统 …………………………………… 3207

三、通风方式 …………… 3211
四、采区通风系统 ……… 3212
五、掘进通风 …………… 3217
六、矿井通风系统图 …… 3223
第三节　井下通风构筑物 …… 3223

第三章　矿井风量计算及分配 … 3226
第一节　风量计算 …………… 3226
一、风量计算的标准及原则 … 3226
二、矿井风量计算 ………… 3226
第二节　矿井总风量分配 …… 3236
一、风量分配方法及原则 … 3236
二、风量分配后的风速校核 … 3236

第四章　矿井通风阻力计算 …… 3238
第一节　摩擦阻力 …………… 3238
一、摩擦阻力计算 ………… 3238
二、摩擦阻力系数 α 及其与空气
　　容重 γ 和达西系数 λ 的关系 … 3238
第二节　局部阻力 …………… 3242
一、局部阻力计算 ………… 3242
二、局部阻力系数 ξ ……… 3242
第三节　自然风压 …………… 3245
一、自然风压的产生 ……… 3245
二、影响自然风压的因素 … 3245
三、自然风压的计算 ……… 3246
第四节　井巷通风总阻力 …… 3249
一、井巷通风总阻力计算 … 3249
二、井巷通风总阻力计算注意事项 … 3251
三、矿井等积孔 …………… 3252

第五章　通风网络解算及通风
　　　　系统图绘制 …………… 3254
第一节　通风网络中风流的一般规律 … 3254
一、通风网络中风流的基本规律 … 3254
二、通风网络中风流的特殊规律 … 3254
三、通讯网络中角联巷道的风向
　　变化规律 …………… 3255
第二节　复杂通风网络的解算 … 3260
一、复杂通风网络的人工解算 … 3260
二、复杂通风网络的电子计算机
　　解算 ………………… 3265
第三节　矿井通风系统图绘制 … 3271
第六章　开采煤与瓦斯突出煤层

防突措施 ……………………… 3274
第一节　突出矿井设计要点 … 3274
一、突出矿井设计有关规定 … 3274
二、突出矿井特点 ………… 3274
三、突出矿井防突设计要点 … 3275
第二节　防突措施 …………… 3276
一、开采保护层 …………… 3276
二、其他防突措施 ………… 3284
三、煤与瓦斯突出预测仪器 … 3311
四、避灾硐室设计 ………… 3311
第三节　开采冲击地压煤层群的防治
　　　　措施 ………………… 3318
一、煤层冲击地压倾向性 … 3318
二、设计程序与设计内容 … 3319
三、防治措施 ……………… 3320
四、开采技术措施 ………… 3321
五、煤体注水工程设计 …… 3321
六、煤层钻孔爆破卸压工程设计 … 3324
七、冲击地压预测仪器 …… 3326

第七章　矿井抽放瓦斯 ………… 3327
第一节　矿井抽放瓦斯设计依据及
　　　　内容 ………………… 3327
一、设计依据 ……………… 3327
二、设计内容 ……………… 3327
第二节　建立瓦斯抽放系统的条件
　　　　和指标 ……………… 3327
一、回采工作面瓦斯涌出量参考
　　指标 ………………… 3328
二、邻近层瓦斯涌出量参考指标 … 3330
三、矿井抽放瓦斯参考指标 … 3331
四、本煤层瓦斯抽放参考指标
　　(W_{OB}) ………………… 3331
五、抽放瓦斯难易程度参考指标 … 3331
第三节　煤层瓦斯基础参数测算 … 3332
一、瓦斯风化带 …………… 3332
二、瓦斯压力计算及测定 … 3334
三、煤层瓦斯含量计算 …… 3339
四、瓦斯储量计算 ………… 3350
五、瓦斯涌出量计算 ……… 3350
六、煤层透气性系数 ……… 3359
七、百米钻孔瓦斯流量衰减系数 … 3362
八、瓦斯抽放率和可抽量计算 … 3362

第四节　抽放瓦斯系统 ················· 3364
　一、选择抽放瓦斯系统的一般原则 ······ 3364
　二、井下临时抽放系统 ··············· 3364
　三、矿井集中抽放系统 ··············· 3373
　四、地面钻孔抽放系统 ··············· 3373
第五节　抽放瓦斯方法及钻场布置 ······· 3387
　一、抽放方法分类 ··················· 3387
　二、抽放方法选择 ··················· 3389
　三、抽放钻场布置 ··················· 3407
　四、抽放钻孔封孔方法 ··············· 3415
第六节　瓦斯管路布置及选择 ··········· 3415
　一、瓦斯管路的布置及敷设 ··········· 3415
　二、管路选择 ······················· 3416
第七节　瓦斯泵及附属装置选择 ········· 3422
　一、瓦斯泵选择 ····················· 3422
　二、瓦斯抽放泵房设备布置 ··········· 3426
　三、瓦斯管路系统附属装置的选择 ····· 3437
　四、瓦斯抽放监测系统 ··············· 3449
第八节　地面钻孔生产设备及设施 ······· 3450
　一、产出水的收集、计量及处理 ······· 3450
　二、瓦斯的收集及计量 ··············· 3451
　三、气体压缩机 ····················· 3451
　四、气体脱水设备 ··················· 3452
　五、地面其他生产设施选择 ··········· 3452

第八章　煤层自燃及其预防 ·········· 3453
第一节　煤层自燃及其预防措施 ········· 3453
　一、煤层自燃的因素与特征 ··········· 3453
　二、煤层自燃的阶段及征兆 ··········· 3454
　三、煤层自燃倾向性等级及其早期
　　　识别 ··························· 3454
　四、煤层自燃预防措施 ··············· 3457
第二节　预防性灌浆 ··················· 3460
　一、设计依据及主要内容 ············· 3460
　二、灌浆系统及方法 ················· 3460
　三、灌浆参数计算及选择 ············· 3463
　四、灌浆材料 ······················· 3467
　五、泥浆的制备 ····················· 3472
　六、灌浆管道和泥浆泵选择 ··········· 3480
第三节　氮气防灭火 ··················· 3487
　一、设计技术要求 ··················· 3487
　二、设计依据及内容 ················· 3487
　三、注氮工艺、设备和方法 ··········· 3488

　四、参数计算 ······················· 3492
第四节　阻化剂防灭火 ················· 3494
　一、设计技术要求 ··················· 3494
　二、设计依据及内容 ················· 3494
　三、材料及工艺 ····················· 3495
　四、参数计算 ······················· 3501
　五、阻化剂喷洒压注配套设备 ········· 3503
　六、阻化汽雾防火工艺系统及设备 ····· 3503
　七、实　例 ························· 3506
第五节　均压防灭火 ··················· 3507
　一、设计技术要求 ··················· 3507
　二、设计依据及主要内容 ············· 3507
　三、均压方式和均压措施 ············· 3508
　四、压能图绘制 ····················· 3508
　五、风窗、辅助通风机及风窗与
　　　辅助通风机均压设计 ············· 3512
　六、均压气室设计 ··················· 3518
第六节　束管监测系统 ················· 3523
　一、建立束管监测系统的规定 ········· 3523
　二、束管监测系统的种类及应用 ······· 3524
　三、井下采样点设置原则 ············· 3527

第九章　井下防尘、防爆及隔爆 ······ 3529
第一节　防治技术措施 ················· 3529
　一、防尘措施 ······················· 3529
　二、防爆措施 ······················· 3532
　三、隔爆措施 ······················· 3534
第二节　煤层注水防尘 ················· 3535
　一、设计基础资料和主要内容 ········· 3535
　二、注水方式及其选择 ··············· 3536
　三、注水工艺及参数确定 ············· 3540
　四、煤层注水的效果 ················· 3555
　五、煤层注水设备 ··················· 3560
第三节　灌水防尘 ····················· 3560
　一、灌水方法分类 ··················· 3560
　二、技术效果 ······················· 3560
　三、存在问题 ······················· 3563
第四节　隔爆水棚 ····················· 3563
　一、结构与布置 ····················· 3563
　二、水棚计算 ······················· 3567

第十章　矿井水害防治 ·············· 3568
第一节　矿井突水预测 ················· 3568
　一、突水征兆 ······················· 3568

二、突水水源分析 …………… 3568
三、影响底板突水的主要因素 …… 3570
第二节　防水煤（岩）柱的留设 …… 3571
一、防水煤（岩）柱的种类 …… 3571
二、防水煤（岩）柱的留设原则 …… 3571
三、防水煤（岩）柱的留设方法
及宽度计算 …………… 3571
第三节　井下探放水 …………… 3581
一、探水原则 …………… 3581
二、探放水方法的确定 …… 3582
第四节　疏干降压 …………… 3587
一、疏干方式 …………… 3587
二、疏干工程 …………… 3588
第五节　注浆堵水 …………… 3589
一、注浆堵水方法及工艺 …… 3589
二、注浆参数选择 …………… 3593
三、注浆堵水材料 …………… 3594
四、注浆设备 …………… 3600
第六节　井下防排水设施及设备 …… 3602
一、强行排水 …………… 3602
二、防水闸门硐室及水闸墙 …… 3616
三、排水设备 …………… 3625
第十一章　矿井气象条件预测及
热害防治 …………… 3628
第一节　矿井气象条件预测 …… 3628
一、矿井气象条件预测基础资料 …… 3628
二、矿井气象条件预测内容 …… 3639
三、矿井气象条件预测方法 …… 3640
四、矿井气象参数预测程序 …… 3646
五、计算实例 …………… 3646
第二节　矿井热害防治 …………… 3654
一、非人工制冷降温措施 …… 3654
二、人工制冷降温措施 …… 3657

三、矿井热害防治设计程序 …… 3666
四、矿井降温工程设计实例 …… 3670
第十二章　矿井集中安全监测 …… 3672
第一节　设计依据及内容 …… 3672
一、主要设计原则 …………… 3672
二、设计依据 …………… 3672
三、设计内容 …………… 3672
第二节　监测地点、内容和参数 …… 3673
一、回采工作面 …………… 3673
二、掘进工作面 …………… 3675
三、串联通风的工作面 …… 3676
四、其他地点 …………… 3677
第三节　井下传感器装备量 …… 3681
一、井下传感器装备水平 …… 3681
二、井下传感器装备量 …… 3681
三、传感器备用量 …………… 3687
第十三章　矿井通风安全装备及
矿山救护队 …………… 3689
第一节　矿井主要通风安全设备 …… 3689
一、通风检测设备 …………… 3689
二、瓦斯及其他气体检测 …… 3690
三、粉尘检测 …………… 3694
四、矿山压力及地质测量 …… 3694
五、矿山救护 …………… 3694
六、火灾检测及防灭火 …… 3731
第二节　通风安全设备装备参考
标准 …………… 3731
一、通风安全设备装备依据和内容 …… 3731
二、装备标准 …………… 3738
第三节　矿山救护队的设置及装备 …… 3742
一、矿山救护队的设置 …… 3742
二、矿山救护队装备 …………… 3744
主要参考资料 …………… 3748

第九篇　计　算　机　应　用

第一章　计算机软件开发 …… 3752
第一节　软件开发过程 …………… 3752
一、软件工程 …………… 3752
二、软件开发的阶段划分 …… 3753
三、可行性研究 …………… 3754

四、需求分析 …………… 3756
五、概要设计 …………… 3757
六、详细设计 …………… 3758
七、编码及单元测试 …………… 3759
八、总体测试 …………… 3760
九、软件维护 …………… 3760

第二节　计算机辅助设计软件 ·············· 3760
一、AutoCAD 开发平台·············· 3761
二、Minescape 开发平台 ·············· 3768

**第二章　采矿计算机优化（优选）
软件开发** ·············· 3774
第一节　采矿计算机优化（优选）
软件开发方法 ·············· 3774
一、采矿优化设计及软件开发的
特点 ·············· 3774
二、采矿优化设计软件开发步骤 ·············· 3774
三、采矿优化设计数学模型及其
类型 ·············· 3775
四、数学模型的构成要素及表达式 ·············· 3775
五、采矿优化软件开发应注意的
问题 ·············· 3778
第二节　煤矿采矿设计软件包 ·············· 3779
一、采矿设计软件包开发 ·············· 3779
二、软件包系统组成及系统流程 ·············· 3780
三、各系统功能及数据流程 ·············· 3780

**第三章　采矿施工图计算机辅助
设计软件开发** ·············· 3793
第一节　采矿施工图计算机辅助设计
软件的开发方法 ·············· 3793

一、参数化绘图软件开发 ·············· 3793
二、智能型交互式绘图软件开发 ·············· 3793
三、图形数据库软件开发 ·············· 3794
四、专用工具软件包 ·············· 3794
第二节　立井井筒设计软件 ·············· 3795
一、钻井法井壁结构设计软件 ·············· 3795
二、主副井井筒装备零构件设计
软件 ·············· 3795
三、风井井筒装备软件 ·············· 3795
第三节　井底车场设计软件 ·············· 3797
一、巷道断面设计软件 ·············· 3797
二、交岔点设计软件 ·············· 3797
三、井底车场设计软件 ·············· 3798
第四节　采区车场设计软件 ·············· 3801
一、软件功能 ·············· 3801
二、系统流程 ·············· 3802
第五节　硐室设计软件 ·············· 3802
一、爆破材料库设计软件 ·············· 3802
二、井底水仓设计软件 ·············· 3802
三、井下中央变电所设计软件 ·············· 3804
四、采区煤仓及区段溜煤眼设计
软件 ·············· 3805
主要参考资料 ·············· 3806

第十篇　矿井技术经济

第一章　矿井建设工程造价 ·············· 3808
第一节　矿井建设项目的划分与费用
构成 ·············· 3808
一、矿井建设项目的划分 ·············· 3808
二、矿井投资范围及划分 ·············· 3809
三、矿井建设单位工程名称及划分 ······ 3810
四、矿井建设项目工程造价费用
构成 ·············· 3823
五、建筑安装工程费用构成 ·············· 3824
第二节　投资估算 ·············· 3827
一、投资估算的作用 ·············· 3827
二、投资估算的依据 ·············· 3827
三、投资估算方法 ·············· 3827
四、估算书的组成 ·············· 3828
第三节　设计概算 ·············· 3835

一、概算的作用 ·············· 3835
二、编制依据 ·············· 3835
三、编制方法 ·············· 3835
四、概算书的组成及表格 ·············· 3839
第四节　施工图预算 ·············· 3846
一、施工图预算的作用 ·············· 3846
二、编制依据 ·············· 3846
三、编制方法 ·············· 3846
四、预算书的组成 ·············· 3847
第五节　附　录 ·············· 3857
一、编制说明 ·············· 3857
二、井巷工程投资指标 ·············· 3857
三、工作面设备及安装费 ·············· 3861
四、采区工作面主要机械设备费
汇总表 ·············· 3862

五、矿井概算投资汇总表 …… 3868
六、矿井生产环节概算投资比例 …… 3870

第二章　原煤成本计算方法 …… 3872
第一节　原煤成本的构成 …… 3872
一、现行原煤成本的项目划分 …… 3872
二、原煤成本的费用要素划分 …… 3872
三、原煤制造成本和有关费用与
　　费用要素的相互关系 …… 3873
第二节　原煤成本的费用要素计算
　　　　方法 …… 3873
一、材　料 …… 3873
二、动　力 …… 3875
三、工　资 …… 3875
四、职工福利费 …… 3876
五、修理费 …… 3876
六、地面塌陷赔偿费 …… 3877
七、其他支出 …… 3877
八、折旧费 …… 3878
九、井巷工程费 …… 3879
十、摊销费 …… 3879
十一、利息支出 …… 3880
十二、原煤成本计算需注意的
　　　问题 …… 3881
第三节　达产前逐年成本计算 …… 3881
一、固定成本与可变成本 …… 3881
二、达产前逐年经营成本 …… 3882
三、达产前逐年总成本 …… 3882
第四节　原煤成本计算实例 …… 3883
一、原煤成本计算 …… 3883
二、固定成本与可变成本计算 …… 3885
三、达产前逐年单位经营成本
　　计算 …… 3885
四、达产前逐年单位成本计算 …… 3886
第五节　附　录 …… 3887
一、劳动定员 …… 3887
二、劳动生产率 …… 3888

第三章　煤炭产品出厂定价方法 …… 3889
第一节　需求导向定价法 …… 3889
一、煤炭出厂价格的确定准则 …… 3889
二、煤炭出厂价格的定价方法 …… 3889
三、煤炭产品比价表 …… 3892
第二节　实　例 …… 3898

一、实例1 …… 3898
二、实例2 …… 3899

第四章　建设项目经济分析与
　　　　评价 …… 3901
第一节　资金时间价值的常用计算
　　　　公式 …… 3901
一、资金时间价值的概念 …… 3901
二、资金时间价值的计算 …… 3901
第二节　经济评价的几种价格 …… 3902
一、世界银行推荐的几种价格的
　　概念 …… 3902
二、时价的计算方法 …… 3902
三、实价的计算方法 …… 3903
四、应用举例 …… 3903
五、关于价格的有关规定 …… 3905
第三节　流动资金 …… 3906
一、流动资金的估算方法 …… 3906
二、流动资金的处理规定 …… 3906
三、流动资金借款利息计算 …… 3906
第四节　资金筹措 …… 3907
一、资金总额的构成 …… 3907
二、资金筹措规划 …… 3908
三、企业自有资金筹措 …… 3908
四、国内债务资金筹措 …… 3908
五、国外债务资金筹措 …… 3909
六、BOT 融资 …… 3910
七、ABS 融资 …… 3910
第五节　税金计算 …… 3911
一、固定资产投资中的税金计算 …… 3911
二、销售成本中的税金计算 …… 3912
三、销售收入中的税金计算 …… 3913
四、利润中的税金计算 …… 3914
第六节　财务评价 …… 3914
一、财务评价的概念及作用 …… 3914
二、财务评价方法及指标 …… 3915
三、财务评价的步骤 …… 3919
第七节　国民经济评价 …… 3920
一、国民经济评价与财务评价的
　　关系 …… 3920
二、国民经济评价方法及指标 …… 3920
三、影子价格的确定 …… 3923
四、国民经济评价的步骤 …… 3925

第八节　财务评价与国民经济评价

　　　　基本报表及辅助报表格式 ……… 3926

　一、财务评价基本报表及辅助报表

　　　格式 ………………………………… 3926

　二、国民经济评价基本报表及辅助

　　　报表格式 …………………………… 3935

第九节　改扩建项目经济评价 ………… 3939

　一、改扩建项目经济评价的特点 ……… 3939

　二、改扩建项目经济评价方法 ………… 3939

　三、改扩建项目经济评价基本报表

　　　及辅助报表 ………………………… 3942

第十节　不确定性分析 ………………… 3943

　一、盈亏平衡分析 ……………………… 3943

　二、敏感性分析 ………………………… 3943

　三、概率分析 …………………………… 3944

第十一节　矿井财务评价实例 ………… 3944

　一、工程概况 …………………………… 3944

　二、基础数据 …………………………… 3945

　三、财务盈利能力分析 ………………… 3946

　四、财务清偿能力分析 ………………… 3946

　五、不确定性分析 ……………………… 3946

　六、财务评价其他报表 ………………… 3957

第十二节　矿井国民经济评价实例 …… 3957

　一、费用效益值调整 …………………… 3957

　二、经济盈利能力分析 ………………… 3959

　三、敏感性分析 ………………………… 3959

第五章　矿井技术经济附录 ………… 3960

　第一节　市场调查提纲 ………………… 3960

　一、矿井建设工程造价计算调查

　　　提纲 ………………………………… 3960

　二、矿井原煤设计成本计算调查

　　　提纲 ………………………………… 3960

　三、煤炭产品价格计算调查提纲 ……… 3961

第二节　世界银行贷款项目财务分析

　　　　特点与处理方法简介 ………… 3961

　一、世行贷款分软、硬贷款 …………… 3961

　二、主要特点 …………………………… 3962

　三、投资估算 …………………………… 3962

　四、经营及生产成本 …………………… 3964

　五、产品销售及价格 …………………… 3964

　六、财务分析 …………………………… 3965

　七、集团项目费用及销售量汇总 ……… 3966

　八、设计阶段及优化 …………………… 3968

第三节　中国造价工程师执业

　　　　资格制度简介 ………………… 3968

　一、中国造价工程师执业资格制度的

　　　基本概念及其特征 ………………… 3968

　二、造价工程师的任务和业务范围 …… 3969

　三、建立中国造价工程师执业资格

　　　制度的作用和意义 ………………… 3970

第四节　世界部分国家工程造价

　　　　管理简况 ……………………… 3971

　一、美国 ………………………………… 3971

　二、英国 ………………………………… 3974

　三、澳大利亚 …………………………… 3976

主要参考资料 ………………………… 3981

第四篇

井筒及相关硐室

编 写 单 位　煤炭工业部合肥设计研究院

主　　　编　杨裕官

副 主 编　闫红新　徐向荣　赵治泉

编 写 人　徐向荣（第一、二章）

　　　　　　吴　祥（第三、四章）

　　　　　　秦　勇（第五章）

　　　　　　赵治泉（第六、七章）

　　　　　　吴本勇（第八章）

　　　　　　赵本忠（第九、十、十一章）

　　　　　　江选友（第十二章）

　　　　　　朱兆全（第十三、十四章）

第 四 篇

井 筒 及 相 关 硐 室

第一章　立井井筒平面布置

第一节　概　　述

一、井筒断面形状

立井井筒断面形状主要根据井筒的用途、服务年限、井筒穿过的岩层性质及涌水情况、选择的支护方式及施工方法等因素确定。

在中国的煤矿中，井筒有矩形、圆形等形式。一般都采用素混凝土、钢筋混凝土、喷射混凝土、料石或预制砌块砌壁的圆形断面。它具有服务年限长、承受地压性能好、通风阻力小、维护费用少以及便于施工等优点；其主要缺点是断面利用率较低。

二、井筒名称

立井井筒名称，见表4-1-1。

表4-1-1　井 筒 名 称

名称	图　　示	用　　途	提升容器及装备	备　　注
主井	见图4-1-1	提　煤	箕斗（小型矿井装备罐笼）	一般不设梯子间；目前在设计中，一般不考虑留设延深间
副井	见图4-1-2	升降人员、设备、材料及提升矸石等，并兼作通风、排水	罐笼；排水、压风、洒水、电缆等管线及梯子间	
风井	见图4-1-3	进风、回风或兼作矿井的安全出口	梯子间及管路、电缆等	有的矿井根据需要还设有提升设备
混合井	见图4-1-4	兼作主、副井之用	箕斗、罐笼；排水、压风、洒水、电缆等管线及梯子间	常用于老矿井改建

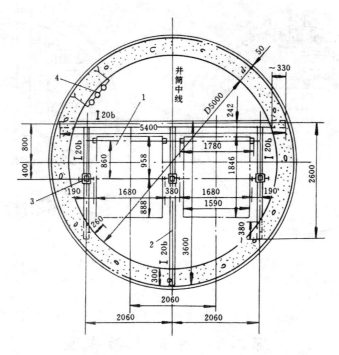

图 4—1—1 主井井筒断面

1—箕斗；2—金属罐道梁；3—钢轨罐道；4—电缆架

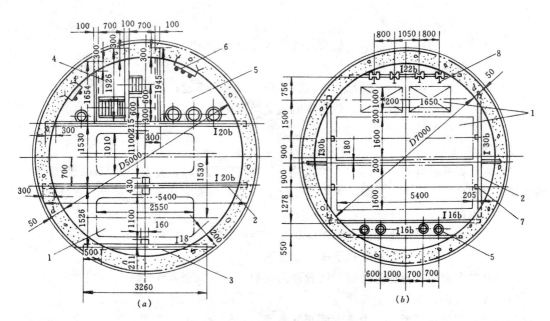

图 4—1—2 副井井筒断面

1—罐笼（或检修小罐）；2—金属罐道梁；3—木罐道；4—梯子间；
5—管子间；6—电缆架；7—矩形罐道；8—钢轨罐道

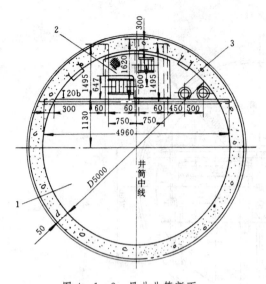

图 4—1—3　风井井筒断面

1—通风间；2—梯子间；3—管子间

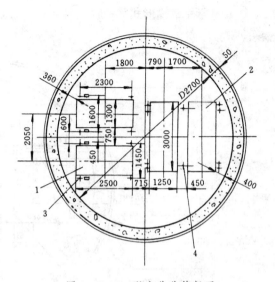

图 4—1—4　混合井井筒断面

1—箕斗；2—罐笼；3—钢丝绳罐道；4—防撞钢丝绳

第二节　井筒平面布置

一、井筒平面布置设计依据和要求

（一）设计依据

（1）提升容器的种类、数量、最大的外形尺寸；

（2）井筒装备的类型和规格；

（3）梯子间的平面尺寸、管路及电缆的规格、数量和布置；

（4）提升容器与井筒装备、井壁之间的安全间隙；

（5）井筒通过的风量。

（二）布置要求

（1）箕斗提升的井筒一般不宜兼作风井。如兼作回风井时，井上下装、卸载装置和井塔都必须有完善的封闭措施，其漏风率不得超过 15％，并应有可靠的降尘措施，保证粉尘浓度符合工业卫生标准。

（2）作为安全出口的立井井筒，当井深超过 300m 时，宜每隔 200m 左右设置一休息点。休息点可在井壁上开凿一硐室与梯子平台相连通。

（3）井筒平面内布置提升容器时所允许的间隙，必须符合表 4—1—2 规定。

（4）井筒容许最大风速不得超过表 4—1—3 所列的最高风速。

（5）合理利用井筒断面，力求做到布置紧凑、投资少、施工方便、生产安全可靠。

二、井筒平面布置形式

根据提升容器和井筒装备的不同，井筒平面布置有多种不同形式。我国煤矿中圆形井筒断面常用的几种布置形式见表4-1-4。

表4-1-2　立井内提升容器间及提升容器最突出部分与
井壁、罐道梁、井梁间的最小间隙值　　　　　mm

罐道和井梁布置	间隙类别	容器与容器之间	容器与井壁之间	容器与罐道梁之间	容器与井梁之间	备　注
罐道布置在容器一侧		200	150	40	150	罐耳和罐道卡子之间为20
罐道布置在容器两侧	木罐道	—	200	50	200	有卸载滑轮的容器滑轮和罐道梁间隙增加25
	钢罐道	—	150	40	150	
罐道布置在容器正面	木罐道	200	200	50	200	
	钢罐道	200	150	40	150	
钢丝绳罐道		500	350		350	设防撞绳时，容器之间最小间隙为200

表4-1-3　井筒容许最大风速

井筒名称	容许最大风速（m/s）
无提升设备的风井	15
专为升降物料的井筒	12
升降人员和物料的井筒	8
设非封闭梯子间的井筒	8
修理井筒时	8

表4-1-4　井筒平面布置形式

序号	井筒净直径（m）	图示	提升容器	井筒装备
1	4.5 5.0 5.5	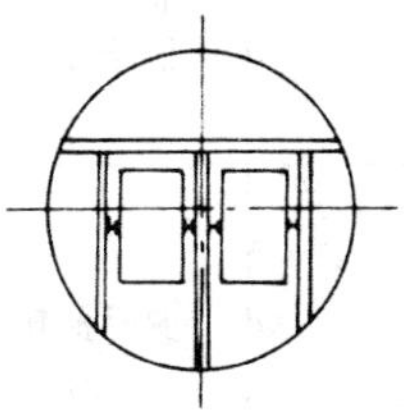	一对4、6、8t箕斗	金属罐道梁、钢轨罐道，双侧布置；除小型矿井外，一般均不设梯子间
2	6.0 6.5	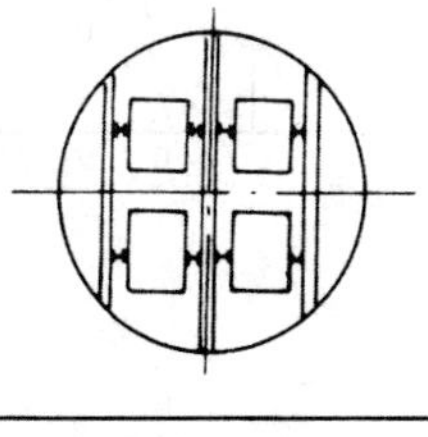	两对4、6、8t箕斗	金属罐道梁、钢轨罐道，双侧布置

续表

序号	井筒净直径 (m)	图　示	提升容器	井筒装备
3	6.5		两对12t长箕斗	金属罐道梁、方钢罐道、型钢组合罐道，端面布置
4	5.0 6.5		一对1、3t矿车单、双层单车普通罐笼	金属罐道梁、金属或木罐道，双侧布置；设梯子间、管子间
5	5.0 6.5		一对1、3t矿车单、双层单车普通罐笼； 一对1t矿车单层双车普通罐笼	金属罐道梁、单侧布置钢轨罐道；设梯子间、管子间
6	5.0 6.0 6.5		一对1、3t矿车单、双层单车普通罐笼	金属罐道梁、金属或木罐道，端面布置；设梯子间、管子间
7	7.5 8.0		一对1.5t矿车双层四车多绳罐笼（窄型）、一个带平衡锤的1.5t矿车双层4车多绳罐笼（宽型）	金属罐道梁、型钢组合罐道，方钢罐道，端面布置；设梯子间、管子间
8	7.5 8.0		一对4、6、8t箕斗和一对1t矿车单、双层单车普通罐笼	箕斗提升为双侧布置钢轨罐道；罐笼提升为单侧布置钢轨罐道，金属罐道梁

三、立井提升容器布置形式

（一）罐　笼

表 4—1—5　立井单绳罐笼主要技术特征

名　称	装载矿车数（辆）	进出车方式	罐道布置方式	罐道规格	间距(mm) C	间距(mm) E	间距(mm) F	主要尺寸(mm) A	B	D	G	罐笼自重(t)	允许乘载人数（个）	最大终端荷载(t)	型号	图号	编制单位
1t矿车单层单罐普通笼	1	双侧	双侧木罐道	180×160mm	1100			2550	1010			2.140（包括捕绳器）	12	~4.5	GM1—1	TS0301(1)—301—00	原华东院
1t矿车双层单罐普通笼	2	双侧	双侧木罐道	180×160mm	1100			2550	1010			3.654（包括捕绳器）	（两层）24	6.844	GM1—2	TS0301(2)—301—00	原华东院
1t矿车单层普通单罐笼	1	双侧	单侧钢绳罐道	38kg/m钢轨	1550			2550	1010	625	565	3.630（包括捕绳器）	12		GG1—1	标66—301(3)—00	原华东院
1t矿车双层普通单罐笼	2	双侧	单侧钢绳罐道	38kg/m钢轨	1550			2550	1010	625	565	4.352（包括捕绳器）	（两层）24		GG1—2	标66—301(4)—00	原华东院
1t矿车单层普通单罐笼	1	双侧	四角绳罐道	直径32mm		2040	1106	2550	1010	601	561	3.160（包括捕绳器）	12		GS1—1	标66—301(3)A—00	规划院
1t矿车双层普通单罐笼	2	双侧	四角绳罐道	直径32mm		2040	1106	2550	1010	601	561	4.438（包括捕绳器）	（两层）24		GS1—2	标66—301(4)A—00	规划院
1t双层二车单绳罐笼	2	双侧	四绳罐道	38kg/m钢轨								3.428（包括捕绳器）	（两层）22	8.5	GLG—1×2/2	B77—302·2	武双院

续表

名称	装载矿车数(辆)	进出车方式	罐道 布置方式	罐道 规格	罐道 间距(mm) C	罐道 间距(mm) E	罐道 间距(mm) F	主要尺寸(mm) A	主要尺寸(mm) B	主要尺寸(mm) D	主要尺寸(mm) G	罐笼自重(t)	允许乘载人数(个)	最大终端荷载(t)	型号	图号	编制单位
1.5t矿车双层二层罐笼	2	同侧	端面钢罐道		3070			2800	1200			5.471 (包括捕绳器)	(两层)34	12.311	GLG-1.5 ×2/2	B77-302· 5-00	武汉院
3t矿车单层单罐笼	1	双侧	单侧钢罐道	38kg/m钢轨	2400			4000	1460	860	795	4.127	28	~12.475	GG3-1	T74-301· 1-00	规划院
3t矿车双层普通罐笼	1	双侧	单侧钢罐道	38kg/m钢轨	2400			4000	1460	860	795	5.808	(两层)56	15.2	GG3-3	T74-301· 3-00	规划院
3t矿车单层普通罐笼	1	双侧	双侧钢罐道	38kg/m钢轨	1590			4000	1460			4.123	28	~12.475	GG3-2	T74-301· 2-00	规划院
3t矿车双层普通罐笼	1	双侧	双侧钢罐道	38kg/m钢轨	1590			4000	1460			5.808	(两层)56	15.2	GG3-4	T74-301· 4-00	规划院

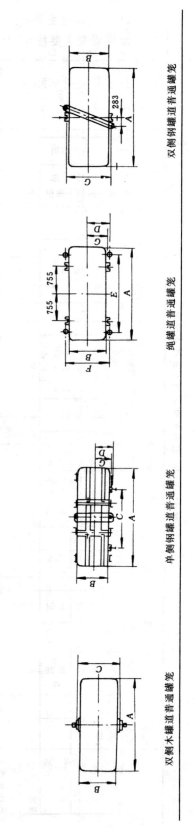

双侧钢罐道普通罐笼

绳罐道普通罐笼

单侧钢罐道普通罐笼

双侧木罐道普通罐笼

1. 立井单绳罐笼主要技术特征

立井单绳罐笼主要技术特征见表4—1—5。

2. 立井多绳罐笼主要技术特征

（1）1t 矿车立井多绳罐笼见表4—1—6。

表4—1—6 1t 矿车立井多绳罐笼

罐笼型号	矿车型号	乘人面积		乘人数	乘车辆数	罐笼总载重	罐体自重	最大终端载荷	罐笼长和宽 A×B	钢罐道 C	绳罐道 E	绳罐道 F	组合钢罐道宽度	绳罐道直径	编制单位
		一层面积	总面积												
		m²	m²	人	辆	t	t	kN	mm	mm	mm	mm	mm	mm	
GDG1/6/1/2	MG1.1—6B	4.14		23	2	4.37	4.656	157 / 279	4750×1024	4500			180		武汉院
GDG1/6/1/2K		6.84		38			5.803	275	4750×1704						
GDS1/6/1/2		4.41		23			4.656	157 / 279	4750×1024		3460	1124		32～50	
GDS1/6/1/2K		6.84		38			5.803	275	4750×1704			1804			
GDG1/6/2/2		1.8	3.6	20			4.281	158 / 267	2550×1024	2300			180		
GDG1/6/2/2K		2.52	5.04	28			4.911	275	2550×1504						
GDS1/6/2/2		1.3	3.6	20			4.281	158 / 267	2550×1024		1530	1124		32～50	
GDS1/6/2/2K		2.52	5.04	28			4.911	275	2550×1504			1604			
GDG1/6/2/4	MG1.1—6A	4.14	8.28	46	4	8.74	7.959 (8.05)	282 / 381 / 559	4750×1024	4500			180		
GDG1/6/2/4K		6.84	13.68	76			9.281 (9.34)	276 / 378 / 547	4750×1704						

续表

罐笼型号	矿车型号	乘人面积		乘人数	乘车辆	罐笼总载重	罐体自重	最大终端载荷	罐笼长和宽 $A \times B$	钢罐道 C	绳罐道		组合钢罐道宽度	绳罐道直径	编制单位
		一层面积	总面积								E	F			
		m²		人	辆	t		kN	mm	mm	mm	mm	mm	mm	
GDS1/6/2/4	MG1.1—6A	4.14	8.28	46	4	8.74	8.067 (8.09)	282 / 381 / 559	4750×1024		3460	1124		32~50	武汉院
GDS1/6/2/4K		6.84	13.68	76			9.28 (9.36)	276 / 378 / 547	4750×1704			1804			

型号编制示例：

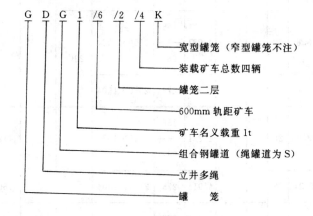

- 宽型罐笼（窄型罐笼不注）
- 装载矿车总数四辆
- 罐笼二层
- 600mm 轨距矿车
- 矿车名义载重 1t
- 组合钢罐道（绳罐道为 S）
- 立井多绳
- 罐 笼

G D G 1 /6 /2 /4 K

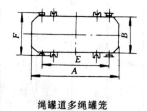

绳罐道多绳罐笼

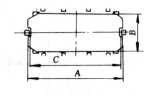

刚性罐道多绳罐笼

（2）1.5t 矿车立井多绳罐笼见表 4—1—7。

表 4-1-7　1.5t 矿车立井多绳罐笼

罐笼型号	矿车型号	乘人面积		乘人数	乘车辆	罐笼总载重	罐体自重	最大终端载荷	罐笼长和宽 $A \times B$	钢罐道 C	组合钢罐道宽度	编制单位
		一层面积	总面积									
		m²	m²	人	辆	t	t	kN	mm	mm	mm	
GDG1.5/6/2/2	MGC1.7-6	2.9	5.8	32	2	6.84	6.56	280	3010×1204	2900	180	南京院
GDG1.5/6/2/2K		4	8	44			7.58	290	3010×1674			
GDG1.5/6/2/4		5.5	11	60		13.68	10.78	550	5290×1204	5100		
GDG1.5/9/2/4	MGC1.7-9	5.8	11.6	64		14.68	10.93	570	5290×1274			
GDG1.5/6/2/4K	MGC1.7-6	7.6	15.2	84		13.68	11.91	560	5290×1674			
GDG1.5/9/2/4K	MGC1.7-9	7.6	15.2	84	4	14.68	11.88	580 / 570				
GDG1.5/6/3/4	MGC1.7-6	5.5	16.5	90		13.68	12.57	580 / 570	5290×1204			
GDG1.5/9/3/4	MGC1.7-9	5.8	17.4	96		14.68	12.77	610	5290×1274			
GDG1.5/6/3/4K	MGC1.7-6	7.6	22.8	126		13.68	13.93		5290×1674			
GDG1.5/9/3/4K	MGC1.7-9	7.6	22.8	126		14.68	13.98	620				

型号编制示例：

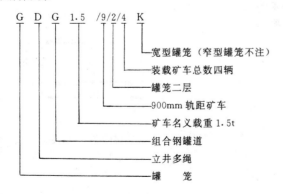

G D G 1.5 /9/2/4 K
- 宽型罐笼（窄型罐笼不注）
- 装载矿车总数四辆
- 罐笼二层
- 900mm 轨距矿车
- 矿车名义载重 1.5t
- 组合钢罐道
- 立井多绳
- 罐笼

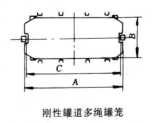

刚性罐道多绳罐笼

（3）3t 矿车立井多绳罐笼见表 4-1-8。

表4-1-8　3t矿车立井多绳罐笼

罐笼型号	矿车型号	乘人面积		乘人数	乘车辆	罐笼总载重	罐体自重	最大终端载荷	罐笼长和宽 $A \times B$	钢罐道 C	组合钢罐道宽度	编制单位
		一层面积	总面积									
		m²		人	辆	t		kN	mm	mm	mm	
GDG3/9/1/1			5.95	33	1	6.62	8.35	354.4				
							8.41	386.9				
GDG3/9/2/2		5.95	11.90	66	2	13.23	11.35	554.3	4750×1474			
	MGC3.8—9						11.37	567.8				
GDG3/9/3/2			17.85	99	2	13.23	13.45	574.9		4500	180	邯郸院
							13.47	588.4				
GDG3/9/1/1K			6.89	38	1	11.00	8.70	460.0				
							8.75	481.0				
GDG3/9/2/2K		6.89	13.78	76	2	13.23	12.14	590.9	4750×1704			
							12.16	594.4				
GDG3/9/3/2K			20.67	114	2	13.23	14.35	583.7				
							14.37	597.2				

型号编制示例：

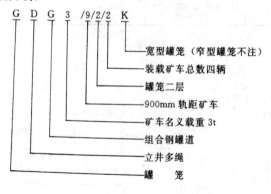

- G D G 3 /9/2/2 K
- 宽型罐笼（窄型罐笼不注）
- 装载矿车总数四辆
- 罐笼二层
- 900mm轨距矿车
- 矿车名义载重3t
- 组合钢罐道
- 立井多绳
- 罐　笼

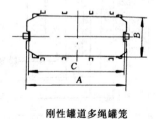

刚性罐道多绳罐笼

（二）箕斗

1. 立井单绳箕斗主要技术特征

（1）JLG系列立井单绳提煤箕斗主要技术特征，见表4-1-9。

表4—1—9　JLG系列立井单绳提煤箕斗

箕斗型号		JLG—3	JLG—4	JLG—6	JLG—8
名义载重量（t）		3	4	6	8
有效容积（m³）		3.6	4.7	7.1	9.4
斗箱断面外形尺寸 $A \times B$（mm）		1350×1700	1590×1846		
罐道距离（mm）		1430	1680		
提升钢丝绳楔形绳环处容许最大负荷（×10N）		8000	11000	14000	17000
箕斗架底梁处容许最大负荷（×10N）		1550	2500	2750	3000
最大提升高度（带尾绳时）（m）		450	500	500	450
提升钢丝绳直径（mm）		25～35	27.5～37	31～45	31～45
罐道型式		38kg/m 或 43kg/m 钢轨			
滚动罐耳直径（mm）		250			
箕斗自重（×10N）		3515	4489	5401	6013
主要尺寸（mm）	斗箱卸煤口断面	1130×650	1300×870		
	A	1350	1590		
	B	1700	1846		
	C	1540	1780		
	D	750	860		
	M	900	958		
	N	800	888		

型号编制示例：

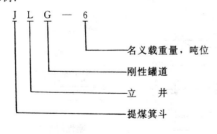

J L G — 6
　　　　　└ 名义载重量，吨位
　　　└ 刚性罐道
　　└ 立　井
　└ 提煤箕斗

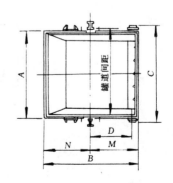

（2）绳罐道立井单绳提煤箕斗主要技术特征，见表4—1—10。

表4—1—10　绳罐道立井单绳提煤箕斗主要技术特征

箕斗型号	箕斗名义载重 (t)	箕斗有效容积 (m³)	主要尺寸（mm）				钢丝绳罐道			稳罐道（钢轨）	提升绳最大终端载荷 (t)	尾绳最大终端载荷 (t)	最大提升高度 (m)	箕斗自重 (t)	图号	编制单位
			A	B	C	D	直径 (mm)	数量 (根)	间距 E×F (mm)							
JL—3	3	4	2000	1100	1300		32		1800×1200		8	2	3.795		71·316·3T₁	
JL—4	4	5									10	2	4.352		71·316·4T₁	规划院
								4		38kg/m						
JL—6	6	6.6	2200	1100	1350	800	32~50		2000×1250		11		700	5.01	T77—316·6T	

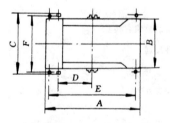

JL型单绳提煤箕斗

2. 立井多绳箕斗主要技术特征

（1）刚性罐道立井多绳箕斗，见表4—1—11。

表4-1-11　刚性罐道立井多绳箕斗

型号图号（同侧装卸式）	型号图号（异侧装卸式）	名义载煤量(t)	有效容积(m³)	最大终绳悬挂装置最大允许载荷(kN)	尾绳悬挂装置最大允许载荷(kN)	最大提升高度(m)	箕斗自重(t)	A	B	C	D	b	b₁	K₁	K₂	编制单位
JDG4/55×4　B74-316.21	JDG4/55×4Y　B74-316.31	4	4.4	220	120	1300	7.0	2200	1100	1400	800	180	160	1220	2300	沈阳院
JDG6/75×4　B74-316.22	JDG4/55×4Y　B74-316.32					1000	7.3									
JDG6/75×4　B74-316.23	JDG6/75×4Y　B74-316.33	6	6.6	300	160	1200	7.9									
JDG9/110×4Y　B74-316.24	JDG9/110×4Y　B74-316.34	9	10	440	220	1300	11.6	2300	1300	1600	830	180	180	1430	2400	
JDG12/110×4　B74-316.25	JDG12/110×4Y　B74-316.35	12	13.2	540	330	1100	12.4									
JDG12/90×6　B74-316.26	JDG12/90×6Y　B74-316.36					1400	13.3									
JDG16/150×4　B74-316.27	JDG16/150×4Y　B74-316.37	16	17.6	600	300	1000	17.8	2400	1550	1850	850	180	200	1690	2500	

注（主要尺寸 A、B、C、D 及断面宽度 b、b_1，间距 K_1、K_2 单位均为 mm）。

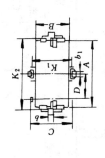

JDG型多绳箕斗

型号编制示例：

$$J\ D\ G\ 12\ /\ 100\ \times\ 4\ Y$$

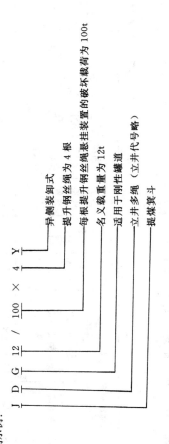

- Y——异侧装卸式
- 4——提升钢丝绳为4根
- 100——每根提升钢丝绳悬挂装置的破坏载荷为100t
- 12——名义载重量为12t
- G——适用于刚性罐道
- D——立井多绳（立井代号略）
- J——提煤箕斗

注：K_1 为井上下稳罐用；K_2 为井筒中导向用。

（2）绳罐道立井多绳箕斗，见表4—1—12。

表4—1—12　绳罐道立井多绳箕斗

项目	同侧装卸式 型号 图号	异侧装卸式 型号 图号	名义载煤量 (t)	有效容积 (m³)	最大终端载荷 (kN)	尾绳悬挂装置最大允许载荷 (kN)	最大提升高度 (m)	箕斗自重 (t)	主要尺寸 (mm) A	B	C	D	钢丝绳罐道 直径 (mm)	数量 (根)	间距 E×F (mm)	刚性罐道 断面宽度 b₁ (mm)	间距 K₁ (mm)	编制单位
	JDS4/55×4 B74—316.1	JDS4/55×4Y B74—316.11	4	4.4	220	120	1300	6.5	2200	1100	1400	800	32～35	4	2000×1250	160	1220	沈阳院
	JDS6/55×4 B74—316.2	JDS6/55×4Y B74—316.12	6	6.6	220	120	1000	6.9	2200	1100	1400	800	32～35	4	2000×1250	160	1220	
	JDS6/75×4 B74—316.3	JDS6/75×4Y B74—316.13	6	6.6	300	160	1200	7.5	2200	1100	1400	800	32～50	4	2000×1250	160	1220	
	JDS9/110×4 B74—316.4	JDS9/110×4Y B74—316.14	9	10	300	160	1300	10.7	2200	1100	1400	800	32～50	4	2000×1250	160	1220	
	JDS12/110×4 B74—316.5	JDS12/110×4Y B74—316.15	12	13.2	440	220	1200	11.5	2300	1300	1600	830	32～50	4	2100×1450	180	1430	
	JDS12/90×6 B74—316.6	JDS12/90×6Y B74—316.16	12	13.2	440	220	1200	12.5	2300	1300	1600	830	32～50	4	2100×1450	180	1430	
	JDS16/150×4 B74—316.7	JDS16/150×4Y B74—316.17	16	17.6	600	300	1000	16.9	2400	1550	1850	850	32～50	4	2200×1700	200	1690	

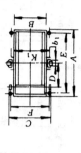

JDSY 型多绳提煤箕斗

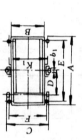

JDS 型多绳提煤箕斗

注：K₁ 为井上下稳罐用。

型号编制示例：

J D S 12 / 110 × 4 Y

- Y——异侧装卸式
- 4——提升钢丝绳为4根；每根提升钢丝绳悬挂装置的破坏载荷为100t
- 110——每根提升钢丝绳重量为12t
- 12——名义载量为12t
- S——适用于钢丝绳罐道
- D——立井多绳
- J——提煤箕斗

（3）JL 系列立井大型多绳箕斗，见表 4—1—13。

表 4—1—13　JL 系列立井大型多绳箕斗

| 箕斗型号 | | 名义载煤量 (t) | 有效容积 (m³) | 最大终端载荷 (kN) | 尾绳悬挂装置最大允许载荷 (kN) | 最大提升高度 (m) | 主要尺寸（mm） | | | | | | | 编制单位 |
同侧装卸式	异侧装卸式						A	B	A₁	A₂	B₁	B₂	K	
JL20/126A	JLY20/126A	20	21.0	700	250	800	3080	1260	2660	3460	1320	1420	3200	合肥院
JL25/126A	JLY25/126A	25	26.3	860	300		3080	1260	2660	3460	1320	1420	3200	
JL20/140A	JLY20/140A	20	21.0	700	250		3200	1400	2780	3580	1460	1560	3320	
JL25/140A	JLY25/140A	25	26.3	860	300		3200	1400	2780	3580	1460	1560	3320	
JL20/170A	JLY20/170A	20	21.0	700	250		3200	1700	2780	3580	1760	1860	3320	
JL25/170A	JLY25/170A	25	26.3	860	300		3200	1700	2780	3580	1760	1860	3320	
JL32/190A	JLY32/190A	32	33.6	1100	380		3400	1900	2980	3800	1960	2060	3530	
JL40/190A	JLY40/190A	40	42.0	1400	500		3400	1900	2980	3800	1960	2060	3530	
JL50/200A	JLY50/200A	50	52.5	1730	600		3950	2000	3530	4350	2060	2160	4080	
JL20/126B	JLY20/126B	20	21.0	900	420	1100	3080	1260	2660	3460	1320	1420	3200	
JL25/126B	JLY25/126B	25	26.3	1000	450		3080	1260	2660	3460	1320	1420	3200	
JL20/140B	JLY20/140B	20	21.0	900	420		3200	1400	2780	3580	1460	1560	3320	
JL25/140B	JLY25/140B	25	26.3	1000	450		3200	1400	2780	3580	1460	1560	3320	
JL20/170B	JLY20/170B	20	21.0	900	420		3200	1700	2780	3580	1760	1860	3320	
JL25/170B	JLY25/170B	25	26.3	1000	450		3200	1700	2780	3580	1760	1860	3320	
JL32/190B	JLY32/190B	32	33.6	1360	620		3400	1900	2980	3800	1960	2060	3530	
JL40/190B	JLY40/190B	40	42.0	1650	750		3400	1900	2980	3800	1960	2060	3530	
JL50/200B	JLY50/200B	50	52.5				3950	2000	3530	4350	2060	2160	4080	

型号编制示例：

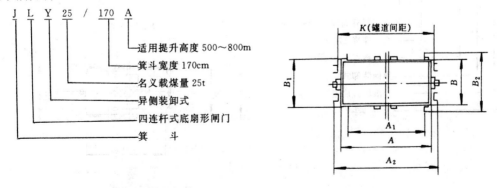

（4）JG系列立井大型多绳箕斗，见表 4—1—14。

表 4-1-14　JG 系列立井大型多绳箕斗

| 箕斗型号 | | 名义载煤量 (t) | 有效容积 (m³) | 最大终端载荷 (kN) | 尾绳悬挂装置最大允许载荷 (kN) | 最大提升高度 (m) | 主要尺寸（mm） | | | | | 编制单位 |
同侧装卸式	异侧装卸式						A	B	B_1	B_2	K	
JG20/150A	JGY20/150A	20	21.0	665	215		2870	1500	1860	1800	3000	
JG25/150A	JGY25/150A	25	26.3	820	265		2870	1500	1860	1800	3000	
JG25/170A	JGY25/170A	25	26.3	820	265		3170	1700	2060	2000	3300	
JG32/170A	JGY32/170A	32	33.6	1030	325		3170	1700	2060	2000	3300	
JG32/190A	JGY32/190A	32	33.6	1030	325	800	3370	1900	2260	2200	3500	
JG40/190A	JGY40/190A	40	42.0	1285	410		3370	1900	2260	2200	3500	
JG50/190A	JGY50/190A	50	52.5	1590	505		3370	1900	2260	2200	3500	
JG40/210A	JGY40/210A	40	42.0	1285	410		3670	2100	2460	2400	3800	南京院
JG50/210A	JGY50/210A	50	52.5	1590	505		3670	2100	2460	2400	3800	
JG20/150B	JGY20/150B	20	21.0	780	335		2870	1500	1860	1800	3000	
JG25/150B	JGY25/150B	25	26.3	980	430		2870	1500	1860	1800	3000	
JG25/170B	JGY25/170B	25	26.3	980	430		3170	1700	2060	2000	3300	
JG32/170B	JGY32/170B	32	33.6	1260	560		3170	1700	2060	2000	3300	
JG32/190B	JGY32/190B	32	33.6	1260	560	1100	3370	1900	2260	2200	3500	
JG40/190B	JGY40/190B	40	42.0	1540	670		3370	1900	2260	2200	3500	
JG50/190B	JGY50/190B	50	52.5	1900	820		3370	1900	2260	2200	3500	
JG40/210B	JGY40/210B	40	42.0	1540	670		3670	2100	2460	2400	3800	
JG50/210B	JGY50/210B	50	52.5	1900	820		3670	2100	2460	2400	3800	

型号编制示例：

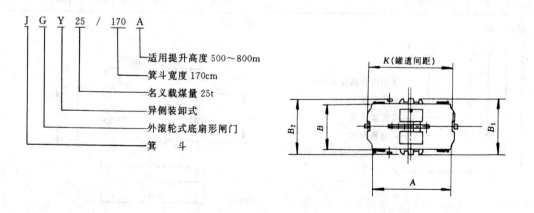

```
J  G  Y  25 / 170  A
                    └── 适用提升高度 500～800m
                └────── 箕斗宽度 170cm
            └────────── 名义载煤量 25t
         └───────────── 异侧装卸式
      └──────────────── 外滚轮式底扇形闸门
   └─────────────────── 箕　斗
```

（5）JC 系列立井大型多绳箕斗，见表 4-1-15。

表 4—1—15 JC 系列立井大型多绳箕斗

箕斗型号		名义载煤量 (t)	有效容积 (m³)	最大终端载荷 (kN)	尾绳悬挂装置最大允许载荷 (kN)	最大提升高度 (m)	主要尺寸（mm）				编制单位
同侧装卸式	异侧装卸式						A	B	B₁	K	
JC20/126A	JCY20/126A	20	21.0	665	215	800	3080	1260	1400	3200	南京院
JC25/126A	JCY25/126A	25	26.3	820	265						
JC20/150A	JCY20/150A	20	21.0	665	215		2870	1500	1640	3000	
JC25/150A	JCY25/150A	25	26.3	820	265						
JC25/170A	JCY25/170A	25	26.3	820	265		3170	1700	1840	3300	
JC32/170A	JCY32/170A	32	33.6	1030	325						
JC32/190A	JCY32/190A	32	33.6	1030	325		3370	1900	2040	3500	
JC40/190A	JCY40/190A	40	42.0	1285	410						
JC20/126B	JCY20/126B	20	21.0	780	335	1100	3080	1260	1400	3200	
JC25/126B	JCY25/126B	25	26.3	980	430						
JC20/150B	JCY20/150B	20	21.0	780	335		2870	1500	1640	3000	
JC25/150B	JCY25/150B	25	26.3	980	430						
JC25/170B	JCY25/170B	25	26.3	980	430		3170	1700	1840	3300	
JC32/170B	JCY32/170B	32	33.6	1260	560						
JC32/190B	JCY32/190B	32	33.6	1260	560		3370	1900	2040	3500	
JC40/190B	JCY40/190B	40	42.0	1540	670						

型号编制示例：

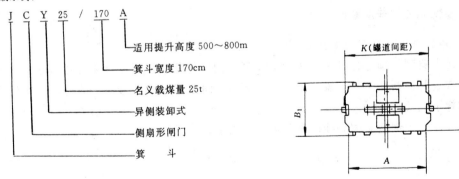

第三节 井筒断面的确定

　　井筒断面尺寸应满足提升和通风安全的要求。选择合理的井筒装备和断面布置形式，力求选择合理的井筒断面，以达到最大的经济效果。

一、井筒断面确定步骤

（一）采用刚性罐道井筒断面确定步骤

（1）根据井筒的用途和所采用的提升设备，选择井筒装备的类型，确定井筒断面布置形式。

（2）根据经验数据，初步选定罐道梁型号、罐道截面尺寸，并按《煤矿安全规程》规定，确定间隙尺寸。

（3）根据提升间、梯子间、管路、电缆占用面积和罐道梁宽度、罐道厚度以及规定的间隙，用图解法、解析法或简便计算法求出井筒近似直径，当井筒净直径小于 6.5m 时，通常按 0.5m 进级；大于 6.5m 以上的井筒和采用钻井法施工的井筒，因采用 0.5m 进级井筒工程量大且不经济，可根据实际需要确定，一般按 0.2m 进级。

（4）根据已确定的井筒直径，验算罐道梁型号及罐道规格。

（5）根据验算后确定的井筒直径和罐道梁、罐道规格，重新作图核算，检查断面内的安全间隙，并作必要的调整。

（6）根据通风要求，核算井筒断面，如不能满足通风要求，则最后按通风要求确定井筒断面。

（二）采用钢丝绳罐道井筒断面确定的步骤

（1）根据井筒的用途和选用的提升容器确定井筒断面布置形式，罐道绳的根数及布置方式。

（2）选择罐道钢丝绳的类型和直径，计算罐道绳的拉紧力。

（3）确定井筒断面内的间隙尺寸。

（4）用图解法或解析法求出井筒近似直径，也按规定进级，根据通风要求，核算井筒断面，确定井筒直径。

（5）根据已确定的井筒直径，调整安全间隙，作出断面图。

二、刚性罐道的井筒断面确定

（一）罐笼井井筒断面确定方法

以煤矿中典型的罐笼提升带梯子间的井筒为例，其断面布置及有关尺寸如图 4—1—5 所示。初步选定井筒断面布置，罐笼规格以及罐道、罐道梁尺寸型号后，即可计算井筒断面内提升间和梯子间尺寸。

图 4—1—5 中罐道梁中心线的间距可由下式求得：

$$L = a + 2 (h - \Delta) + \frac{b_1}{2} + \frac{b_2}{2} \tag{4-1-1}$$

$$L_1 = a + 2 (h - \Delta) + \frac{b_1}{2} + \frac{b_3}{2} \tag{4-1-2}$$

式中　　　L——1、2 号罐道梁中心线间距，mm；

　　　　　L_1——1、3 号罐道梁中心线间距，mm；

　　　　　a——两侧罐道中间距离，mm；

　　　　　h——木罐道厚度，mm；

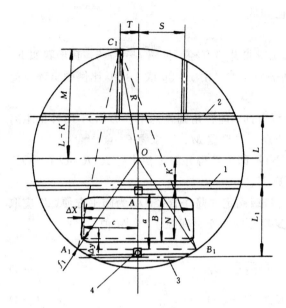

图 4—1—5　普通罐笼井筒断面计算

1、2、3—金属罐道梁；4—木罐道

$\triangle$——钢罐道梁卡入木罐道深度，mm；

b_1、b_2、b_3——1、2、3 号罐道梁的宽度，mm，根据经验数据预选。

梯子间尺寸 M、S、T 根据梯子间和管子间的布置和结构尺寸，按下列公式计算：

$$M=600+600+m+\frac{b_2}{2}$$

$$(4-1-3)$$

式中　M——梯子间最长边梁和 2 号梁中心线距离，mm；

　　　600——两梯子的中心距，mm；

　　　600——梯子中心到壁板距离加另一梯子中心到井壁距离，mm；

　　　m——梯子间壁板总厚度，根据梯子间壁板结构确定，一般木梯子间 $m=50$mm；金属梯子间 $m=77$mm；玻璃钢梯子间 $m=30$mm。

梯子孔前后长度一般不小于 700mm，加上梯子梁宽度 100mm，故一般取 $S+T=2$（700+100）=1600mm。如图 4—1—5 所示，右侧布置梯子间，左侧布置管路，一般取 $T=300\sim400$mm，因此 $S=1600-T=1300\sim1200$mm。

根据以上所求得的提升间和梯子间布置尺寸，用解析法、图解法或简便计算法确定井筒近似直径和罐笼在井筒中的位置。

1. 解析法

由图 4—1—5，可列二次联立方程式如下：

$$(L-K+M)^2+T^2=R^2$$

$$(K+N)^2+C^2=(R-f_1)^2 \qquad (4-1-4)$$

$$N=\frac{a}{2}+(h-\triangle)+\frac{b_1}{2}+\left(\frac{B}{2}-\triangle y\right)$$

$$C=\frac{A}{2}-\triangle x$$

式中　R——井筒净半径，mm；

　　　K——1 号罐道梁中心线与井筒中线的距离，K 值可确定罐笼在井筒中的位置，mm；

　　　A、B——罐笼的长和宽，mm；

　　　$\triangle x$、$\triangle y$——罐笼转角的收缩尺寸，其转角为圆角（图 4—1—6），

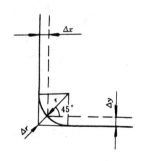

图 4—1—6　罐笼转角

$$\triangle x=\triangle y=r\cos 45°=r-r\cos 45°=0.293r$$

$$r=(\sqrt{2}-1)r=0.414r$$

f_1——罐笼与井壁之间的安全间隙，按表 $4-1-2$ 规定，一般取 $f_1=200$mm。

公式（$4-1-4$）中，除 R、K 外，均为已知数。

2. 图解法

解析法计算较烦琐，为方便可直接用图解法求得井筒直径，见图 $4-1-5$，其步骤如下：

（1）根据计算求得的井筒提升间和梯子间平面尺寸，用 $1:20$ 或 $1:50$ 比例画出罐笼提升间和梯子间布置图。

（2）从靠近井壁的两个罐笼转角延角平分线方向（即转角圆弧的半径方向），向外量距离 $200-\Delta r$（Δr 为罐笼转角收缩值）得 A_1、B_1 两点，再根据 M、T 求得 C_1 点。

（3）作 $\triangle A_1B_1C_1$ 的外接圆，可求得井筒中心 O，即可量得井筒近似半径 R（$R=OA_1=OB_1=OC_1$）以及井筒中线距 1 号罐道梁中心线距离 K。

用解析法或图解法求得 R 和 K 后，按规定进级确定井筒净直径 D。为施工方便，K 应取整数，并根据公式（$4-1-4$）核算和修正罐笼与井壁的安全间隙 f_1 及 M 值。

由公式（$4-1-4$）得：

$$f_1=R-\sqrt{(k+N)^2+C^2}\geqslant 200 \qquad (4-1-5)$$

$$M=\sqrt{R^2-T^2}-L+K\geqslant 600+600+m+\frac{b_2}{2} \qquad (4-1-6)$$

如不能满足要求，则应适当修正 K 值，然后再按上式核算和修正 f 及 M，最后用风量校核，若不能满足，则需按风量要求加大井筒直径，重新调整 f 和 M。

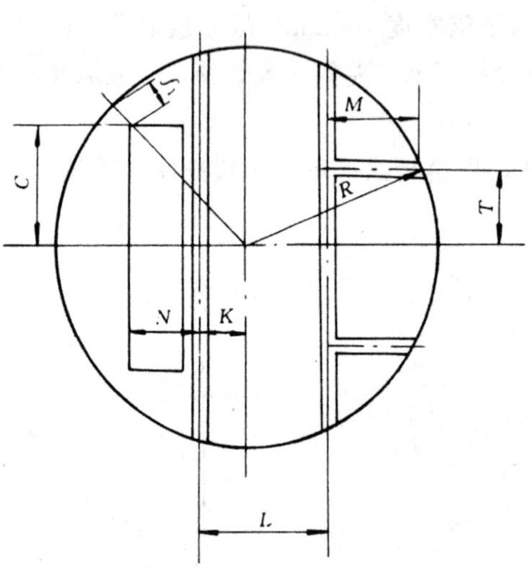

图 $4-1-7$ 罐笼井筒断面简便计算

3. 简便计算法

图解法精度差，数值法计算复杂。而采用非线性方程牛顿解析法求算井筒近似直径即可达到设计精度要求，计算又简便。

由图 $4-1-7$ 列方程组：

$$(L-K+M)^2+T^2-R^2=0$$
$$(K+N)^2+C^2-(R-f_1)^2=0$$
$$K^0=L/3;\ R^0=(L-K^0+M)$$

$$(4-1-7)$$

式中 R^0——未知数 R 的近似值；

K^0——未知数 K 的近似值。

令 $a_1=2(L-K^0+M)$

$b_1=2R^0$；$C_1=(L-K^0+M)^2+T^2-(R^0)^2$

$a_2=2(K^0+N)$

$b_2=-2(R^0-f_1)$

$$C_2=-\left[(K^0+N)^2+C^2-(R^0-f_1)^2\right]$$

$$\Delta=a_1b_2-a_2b_1$$

$$\Delta K=C_1b_2-C_2b_1$$

$$\Delta R=a_1C_2-a_2C_1$$

$$\mathrm{d}k=\Delta k/\Delta;\ \mathrm{d}R=\Delta R/\Delta$$

$$K = K^0 + \mathrm{d}K$$
$$R = R^0 + \mathrm{d}R$$

由于井筒净直径一般以 0.5m 进级来确定的，以上结果已满足设计精度要求，不必重复计算，若对此精度还感到不满意，可将上述计算求得的 K 与 R 之值，作为新的初始假定值重复以上计算，即可求得更精确的结果。

例题：设 $L=1.96\mathrm{m}$，$M=1.44\mathrm{m}$，$T=0.75\mathrm{m}$；$N=1.64\mathrm{m}$，$C=2.375\mathrm{m}$，$f_1=0.2\mathrm{m}$

解：

$$K^0 = L/3 = 1.96/3 = 0.65$$
$$R^0 = 1.96 - 0.65 + 1.44 = 2.75$$
$$a_1 = 2\,(L - K^0 + M)$$
$$= 2\,(1.96 - 0.65 + 1.44)$$
$$= 5.5$$
$$b_1 = 2R^0 = 5.5$$
$$C_1 = (L - K^0 + M)^2 + T^2 - (R^0)^2$$
$$= (1.96 - 0.65 + 1.44)^2 + 0.75^2 - 2.75^2$$
$$= 0.5625$$
$$a_2 = 2\,(K^0 + N)$$
$$= 2\,(0.65 + 1.64)$$
$$= 4.58$$
$$b_2 = -2\,(R^0 - f_1)$$
$$= -2\,(2.75 - 0.2)$$
$$= -5.1$$
$$C_2 = -\left[(K^0 + N)^2 + C^2 - (R^0 - f_1)^2\right]$$
$$= -\left[(0.65 + 1.64)^2 + 2.375^2 - (2.75 - 0.2)^2\right]$$
$$= -4.382$$
$$\Delta = a_1 b_2 - a_2 b_1 = -53.24$$
$$\Delta K = C_1 b_2 - C_2 b_1 = 21.232$$
$$\Delta R = a_1 C_2 - a_2 C_1 = -26.677$$
$$K = K^0 + \mathrm{d}K = 0.65 - 0.399 = 0.251$$
$$R = R^0 + \mathrm{d}R = 2.75 + 0.501 = 3.251$$

将所求 R 与 K 之值代入式（4-1-7）验证误差。

$$(1.96 - 0.25 + 1.44)^2 + 0.75^2 - 3.25^2 = -0.0775$$
$$(0.25 + 1.64)^2 + 2.375^2 - (3.25 - 0.2)^2 = -0.089$$

（二）箕斗井井筒断面确定方法

以煤矿中典型的箕斗井井筒为例，其断面布置及有关尺寸如图 4-1-8 所示。根据选定的井筒断面布置，箕斗规格以及罐道、罐道梁尺寸型号，即可按下法计算井筒断面内提升间和梯子间尺寸。

图 4-1-8 中，罐道梁中心线间距可由下式求得：

$$L_1 = a + 2h + S_0 \tag{4-1-8}$$

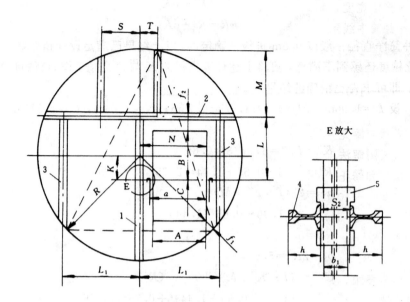

图 4—1—8　箕斗井筒断面计算

1、2、3—金属罐道梁；4—钢轨罐道；5—连接垫板

式中　L_1——1、3 号罐道梁中心线间距，mm；

　　　a——两侧罐道中间的距离，mm；

　　　h——钢轨罐道的高度，mm；

　　　S_0——罐道与罐道梁联接垫板凹槽处宽度，4、6、8t 箕斗立井罐道梁一般多采用 I20b，
　　　　　$S_0 = 112$mm。

　　罐道中心线与 2 号罐道梁中心线之间的距离，可由下式求得：

$$L = B + f_2 + \frac{b_2}{2} \qquad (4-1-9)$$

式中　B——罐道中心线到箕斗一侧距离，mm；

　　　f_2——箕斗与 2 号罐道梁之间的间隙，按表 4—1—2 规定，对于钢罐道 $f_2 \geqslant 150$mm，一
　　　　　般采用 $f = 200$mm；

　　　b_2——2 号罐道梁宽度，mm。

　　图 4—1—8 中，M、S、T 与罐笼井筒一样，也可用解析法、图解法或简便计算法求得井
筒直径及箕斗在井筒中的位置。

　　1. 解析法

　　由图 4—1—7 可列二次联立方程式如下：

$$\left. \begin{array}{l} \left(M + \dfrac{b_2}{2} + f_2 + B - K\right)^2 + T^2 = R^2 \\[2mm] N^2 + (K + C)^2 = (R - f_1)^2 \\[2mm] N = A + \dfrac{a - A}{2} + h + \dfrac{S_0}{2} \end{array} \right\} \qquad (4-1-10)$$

式中 A——箕斗宽度，mm；

K——井筒中线到罐道中心线的距离，mm，K 值可确定箕斗在井筒中的位置；

C——罐道中心线到箕斗另一侧的距离，mm；

其他符号同前。

公式（4—1—10）中，除 R、K 外均为已知数。

2. 图解法

图解法步骤与罐笼井井筒相似，从略。

用解析法或图解法求得 R 和 K 后，同样按规定进级确定井筒净直径 D，并取 K 值为整数，然后再核算和修正 f_1 及 f_2

由公式（4—1—10）得：

$$f_1 = R - \sqrt{N^2 + (K+C)^2} \geqslant 200 \qquad (4-1-11)$$

$$f_2 = \sqrt{R^2 - T^2} - \left(M + \frac{b_2}{2} + B - K\right) \geqslant 200 \qquad (4-1-12)$$

如不能满足要求，则应适当修正 K 值，再重新核算和修正 f_1 和 f_2，直到满足为止。

3. 简便计算法

箕斗井井筒断面计算图如图 4—1—9 所示。可采用罐笼井井筒断面相同的简便计算方法求得一套近似的计算公式。主要公式如下：

$$K^0 = L/3$$

$$R^0 = M + f_2 + B - K^0 = t - K$$

$$a_1 = 2(t - K^0), \quad b_1 = 2R^0$$

$$C_1 = (t - K^0)^2 + T^2 - (R^0)^2$$

$$a_2 = 2(K^0 + C)$$

$$b_2 = -2(R^0 - f_1)$$

$$C_2 = -\left[(N + K^0)^2 + C^2 - (R^0 - f_1)^2\right]$$

计算方法同罐笼井井筒。

三、钢丝绳罐道的井筒断面确定

可参见本篇第二章第一节有关井筒布置原则、布置形式和有关安全间隙等规定。仿照刚性罐道确定井筒断面的计算方法确定。

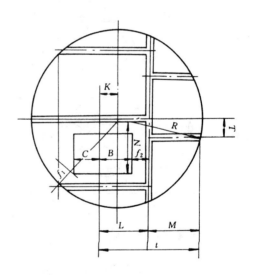

图 4—1—9 箕斗井井筒断面简便计算

四、风井井筒断面确定

风井井筒断面尺寸主要根据所需通过的风量来确定。设有梯子间的风井断面布置形式如图 4—1—3 所示。其有效净断面积为：

$$S_0 = \frac{Q}{V} \qquad (4-1-13)$$

式中 S_0——有效净断面积，m，设梯子间时，$S_0 = S - A$，其中 S 为井筒净断面积，A 为梯子间所占面积，目前一般取 $A = 2.0 \sim 2.5 \mathrm{m^2}$；不设梯子间时，$S_0 = (0.9 \sim$

　　　　0.95）S；

　　Q——井筒所需通过的风量，m^3/s；

　　V——允许最大风速，按表 4-1-3 规定，设普通梯子间的风井 $V \leqslant 8m/s$；不设梯子
　　　　　间又无提升设备的风井 $V \leqslant 15m/s$。

由公式（4-1-13）化简可得风井井筒净直径（按 $V=8m/s$ 计）：

设梯子间时
$$D \geqslant \sqrt{\frac{Q}{6.28} + 2.55}$$

不设梯子间时
$$D >= (0.41 \sim 0.43) \sqrt{Q}$$

五、井筒断面积计算

井筒断面积计算公式见表 4-1-16。

表 4-1-16　井 筒 断 面 积 计 算 公 式

井壁材料	图　示	井筒断面积（m^2）		符号注释
		净	设计掘进	
料石、预制混凝土块	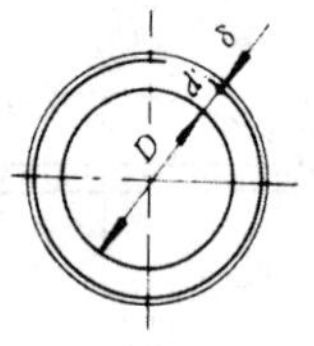	$\frac{\pi}{4} D^2$	$\frac{\pi}{4} (D+2d+2\delta)^2$	D—井筒净直径，m；d—井壁厚度，mm；δ—壁后充填厚度，100mm
混凝土、锚喷混凝土	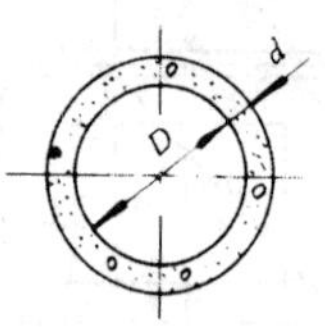	$\frac{\pi}{4} D^2$	$\frac{\pi}{4} (D+2d)^2$	

六、井筒断面布置实例

下面列举一些立井井筒断面布置实例，供参考。

（1）滕南蒋庄矿副井井筒断面布置（图 4-1-10）；

（2）红阳一井副井井筒断面布置（图 4-1-11）；

（3）宿县海孜矿主井井筒断面布置（图 4-1-12）；

（4）铁法大兴矿副井井筒断面布置（图 4-1-13）；

（5）开滦钱家营矿主井井筒断面布置（图 4-1-14）；

（6）开滦钱家营矿副井井筒断面布置（图 4-1-15）；

（7）开滦范各庄矿副井井筒断面布置（图 4-1-16）；

（8）石炭井陶思沟矿混合井井筒断面布置（图 4-1-17）；

（9）平顶山八矿副井井筒断面布置（图 4-1-18）；

（10）兖州东滩矿主井井筒断面布置（图 4-1-19）。

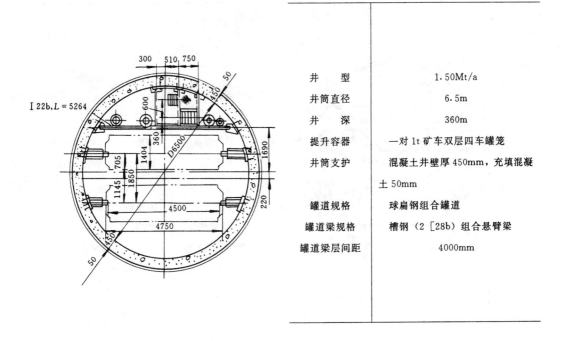

井　筒　特　征	
井　　型	1.50Mt/a
井筒直径	6.5m
井　深	360m
提升容器	一对1t矿车双层四车罐笼
井筒支护	混凝土井壁厚450mm，充填混凝土50mm
罐道规格	球扁钢组合罐道
罐道梁规格	槽钢（2［28b）组合悬臂梁
罐道梁层间距	4000mm

图 4—1—10　滕南蒋庄矿副井井筒断面布置

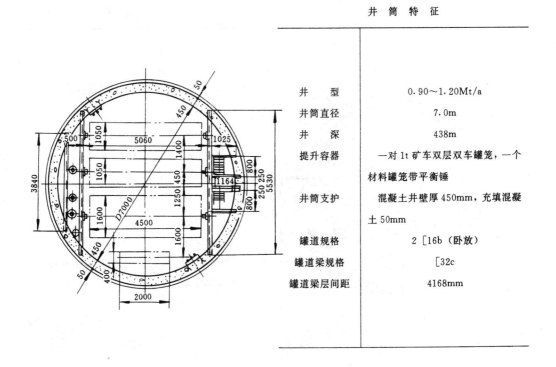

井　筒　特　征	
井　　型	0.90～1.20Mt/a
井筒直径	7.0m
井　深	438m
提升容器	一对1t矿车双层双车罐笼，一个材料罐笼带平衡锤
井筒支护	混凝土井壁厚450mm，充填混凝土50mm
罐道规格	2［16b（卧放）
罐道梁规格	［32c
罐道梁层间距	4168mm

图 4—1—11　红阳一井副井井筒断面布置

井 筒 特 征

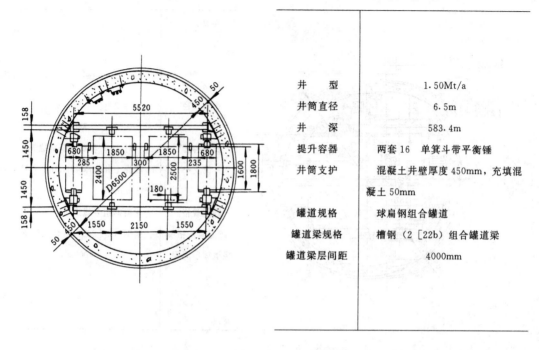

井 型	1.50Mt/a
井筒直径	6.5m
井深	583.4m
提升容器	两套 16 单箕斗带平衡锤
井筒支护	混凝土井壁厚度450mm，充填混凝土 50mm
罐道规格	球扁钢组合罐道
罐道梁规格	槽钢（2 [22b）组合罐道梁
罐道梁层间距	4000mm

图 4—1—12 宿县海孜矿主井井筒断面布置

井 筒 特 征

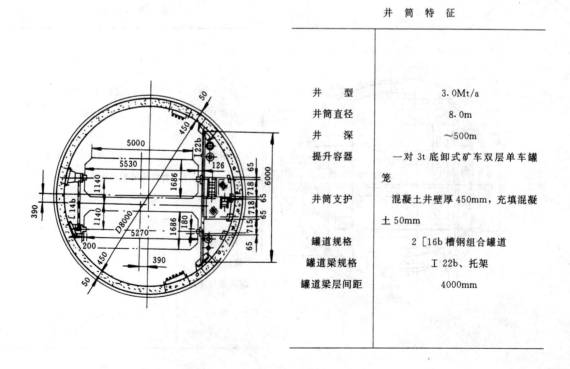

井 型	3.0Mt/a
井筒直径	8.0m
井深	~500m
提升容器	一对 3t 底卸式矿车双层单车罐笼
井筒支护	混凝土井壁厚 450mm，充填混凝土 50mm
罐道规格	2 [16b 槽钢组合罐道
罐道梁规格	工 22b、托架
罐道梁层间距	4000mm

图 4—1—13 铁法大兴矿副井井筒断面布置

井　筒　特　征

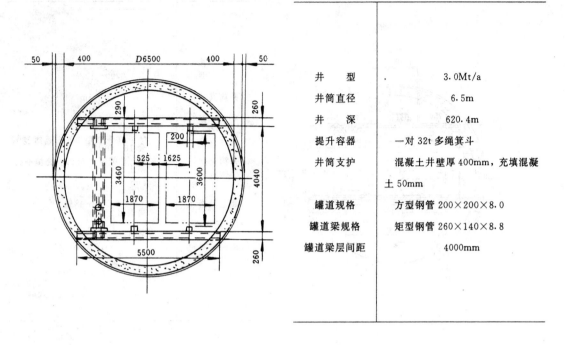

井　型	3.0Mt/a
井筒直径	6.5m
井　深	620.4m
提升容器	一对 32t 多绳箕斗
井筒支护	混凝土井壁厚 400mm，充填混凝土 50mm
罐道规格	方型钢管 200×200×8.0
罐道梁规格	矩型钢管 260×140×8.8
罐道梁层间距	4000mm

图 4—1—14　开滦钱家营矿主井井筒断面布置

井　筒　特　征

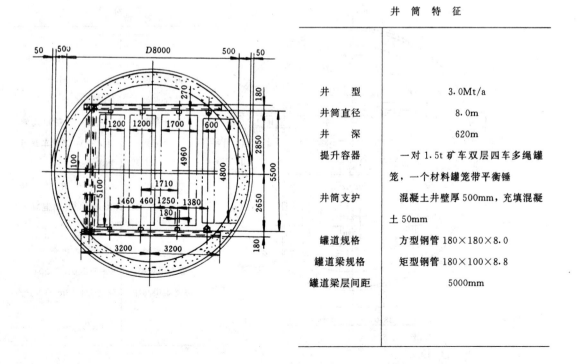

井　型	3.0Mt/a
井筒直径	8.0m
井　深	620m
提升容器	一对 1.5t 矿车双层四车多绳罐笼，一个材料罐笼带平衡锤
井筒支护	混凝土井壁厚 500mm，充填混凝土 50mm
罐道规格	方型钢管 180×180×8.0
罐道梁规格	矩型钢管 180×100×8.8
罐道梁层间距	5000mm

图 4—1—15　开滦钱家营矿副井井筒断面布置

井 筒 特 征

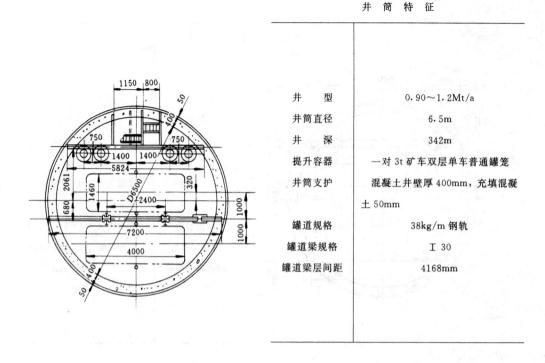

井　　型	$0.90\sim1.2$Mt/a
井筒直径	6.5m
井　　深	342m
提升容器	一对 3t 矿车双层单车普通罐笼
井筒支护	混凝土井壁厚 400mm，充填混凝土 50mm
罐道规格	38kg/m 钢轨
罐道梁规格	Ⅰ30
罐道梁层间距	4168mm

图 4—1—16　开滦范各庄矿副井井筒断面布置

井 筒 特 征

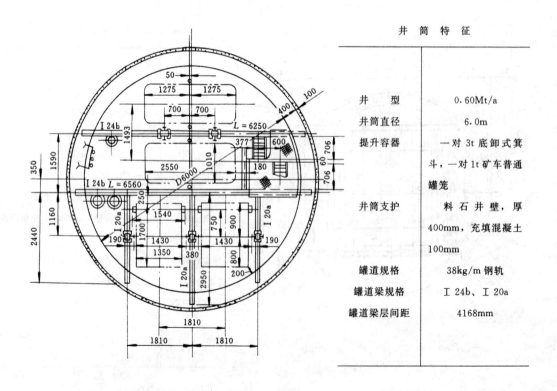

井　　型	0.60Mt/a
井筒直径	6.0m
提升容器	一对 3t 底卸式箕斗，一对 1t 矿车普通罐笼
井筒支护	料石井壁，厚 400mm，充填混凝土 100mm
罐道规格	38kg/m 钢轨
罐道梁规格	Ⅰ24b、Ⅰ20a
罐道梁层间距	4168mm

图 4—1—17　石炭井陶思沟矿混合井断面布置

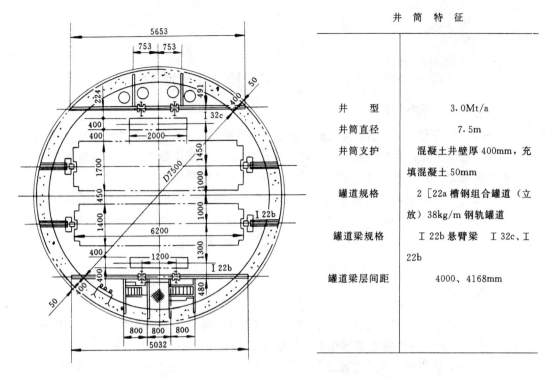

井 筒 特 征

井 型	3.0Mt/a
井筒直径	7.5m
井筒支护	混凝土井壁厚400mm，充填混凝土50mm
罐道规格	2〔22a槽钢组合罐道（立放）38kg/m钢轨罐道
罐道梁规格	I22b悬臂梁 I32c、I22b
罐道梁层间距	4000、4168mm

图4—1—18 平顶山八矿副井井筒断面布置

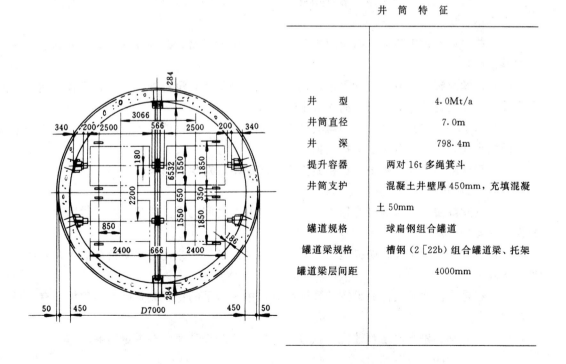

井 筒 特 征

井 型	4.0Mt/a
井筒直径	7.0m
井 深	798.4m
提升容器	两对16t多绳箕斗
井筒支护	混凝土井壁厚450mm，充填混凝土50mm
罐道规格	球扁钢组合罐道
罐道梁规格	槽钢（2〔22b）组合罐道梁、托架
罐道梁层间距	4000mm

图4—1—19 兖州东滩矿主井井筒断面布置

第二章　立井井筒装备

　　立井井筒装备包括：罐道、罐道梁、梯子间、管路、电缆、井口和井底金属支承结构，以及托管梁、电缆支架、过卷装置等（一般通称井筒装备）。其中罐道、罐道梁是立井井筒装备的主要组成部分，是保证提升容器高速、安全运行的导向设施。

　　井筒装备按罐道结构形式的不同，有柔性罐道（即钢丝绳罐道）和刚性罐道两种。

第一节　钢丝绳罐道

一、概　述

　　钢丝绳罐道是利用钢丝绳作提升容器运行的罐道，罐道绳的两端在井上和井底用专用装置固定和拉紧，井筒内不需设置罐道梁。钢丝绳罐道主要包括：罐道钢丝绳、防撞钢丝绳、罐道绳的固定和拉紧装置、提升容器上的导向装置、井口及井底进出车水平的刚性罐道以及中间水平的稳罐装置等。

　　（一）钢丝绳罐道与刚性罐道比较的优点

　　（1）结构简单、安装方便、节省钢材、施工期短，安装时只需要固定和拉紧罐道绳，安装工作量小、速度快。

　　（2）井筒内不设罐道梁，减小通风阻力，井壁不凿梁窝，减轻井壁负荷，有利于提高井壁的整体性和防水性能。

　　（3）钢丝绳罐道具有一定的柔性，提升容器运行平稳，没有冲击碰撞和噪音，在正常段允许采用较高的提升速度，减少断绳、卡罐事故。

　　（4）每条钢丝绳独自摆动而不与其他钢丝绳相联系，这就消除了钢丝绳摆动与提升容器摆动的同步性，因而也避免了共振现象。

　　（5）钢丝绳罐道便于维护，更换钢丝绳也较简单，对生产影响较小。

　　（二）钢丝绳罐道与刚性罐道比较的缺点

　　（1）钢丝绳罐道要求提升容器之间和容器与井壁之间的安全间隙比刚性罐道大，故井筒断面一般要相应加大。

　　（2）由于悬挂罐道绳、防撞绳、防坠器制动绳以及拉紧重锤使井架负荷加大，井底水窝也要求较深。

　　（3）在进出车水平还需另设刚性罐道稳罐，中间水平的稳罐装置尚不够理想，有待进一步解决。

　　（4）在启动和停车时运行速度不宜过大，故对全井提升速度有一定影响。

二、钢丝绳罐道布置原则及形式

（一）钢丝绳罐道布置原则

1. 布置钢丝绳罐道时应考虑的条件

（1）应尽可能使罐道绳远离提升容器的回转中心，以增大罐道绳的抗扭力矩，减少提升容器在运行中摆动和扭转；

（2）应尽可能增加容器之间及容器与井壁之间的间隙尺寸；

（3）应便于在井口、井底设置稳罐的刚性罐道和罐道梁，并保证罐耳通过时有足够的间隙；

（4）应便于布置和安装罐道绳的固定及拉紧装置；

（5）尽可能对称于提升容器布置，使各罐道绳受力均匀。

2. 采用钢丝绳罐道时应符合的要求

（1）单绳提升人员的罐笼必须装备可靠的断绳保险器。

（2）罐笼绳宜采用密封或半密封式钢丝绳，对提升终端荷载不大，服务年限较短矿井，也可采用 6 股 7 丝普通钢丝绳。

（3）每个提升容器的罐道宜采用四角布置，因受条件限制也可用于四绳单侧布置。对提升终端荷载不大的浅井，可采用两绳或三绳对角或三角布置。

（4）罐道绳张紧装置宜采用井架液压拉紧或螺杆拉紧方式，也可采用井底重锤拉紧方式。每根罐道绳的百米拉紧力为 $8 \sim 12kN$。

（5）同一提升容器的各罐道绳的张力可考虑相差 $5\% \sim 10\%$。

（二）钢丝绳罐道布置形式

钢丝绳罐道的布置形式一般有对角（二根）、三角（三根）、四角（四根）等几种，如表 4—2—1 所示。在深井中，国外还有设六根罐道绳的。

表 4—2—1 钢 丝 绳 罐 道 布 置 形 式

布置方式	图 示	罐道绳数目（根）	适用条件与优缺点
对 角	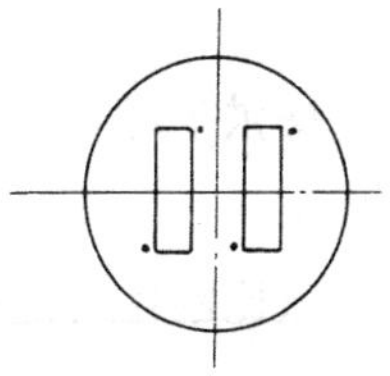	2	适用于浅井和提升终端荷载不大的小型矿井
三 角	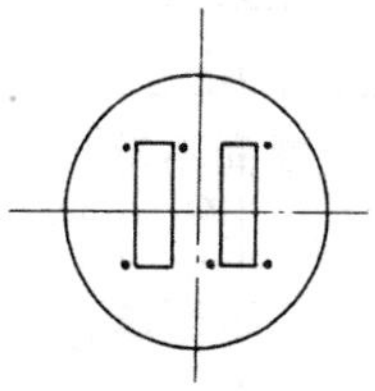	3	适用于提升终端荷载不大的中、小型矿井

续表

布置方式	图　示	罐道绳数目（根）	适用条件与优缺点
三　角	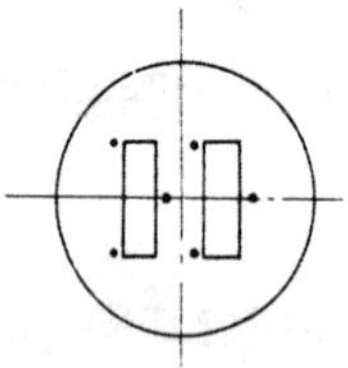	3	适用于提升终端荷载不大的中、小型矿井
四　角	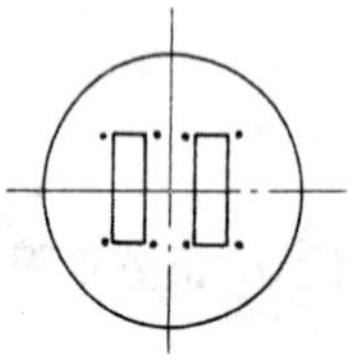	4	适用于提升终端荷载较大的深井和大中型矿井。提升容器运行较平稳，是我国煤矿常用的布置形式
单　侧	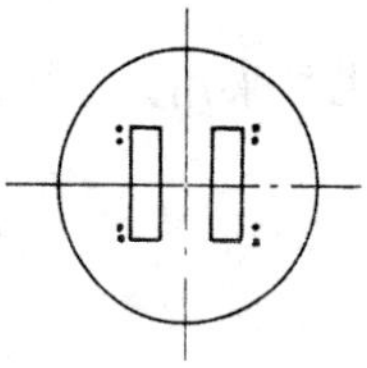	4	适用于提升终端荷载较大的深井和大中型矿井，与四角布置比较，提升容器运行平稳，有利于增大容器之间的间隙，便于布置防撞绳及大型设备升降

三、钢丝绳罐道安全间隙的确定

钢丝绳罐道井筒中提升容器之间，容器与井壁之间的安全间隙，直接影响井筒断面的大小，确定合理的安全间隙，即可保证安全生产，又能使井筒断面布置紧凑。

钢丝绳罐道井筒中容器安全间隙必须符合表 4－1－2 规定。

钢丝绳罐道井筒安全间隙计算公式如表 4－2－2 所列的几种，仅供参考。

表 4－2－2　钢丝绳罐道安全间隙计算公式

公式来源	计　算　公　式				符号注释
	单绳提升		多绳提升		
	一套提升设备	二套提升设备	一套提升设备	两套提升设备	
原《煤矿安全生产试行规程》规定	$\Delta_1 = 250 + Q \times \sqrt{H}$ $\Delta_2 = 0.8\Delta_1$	$\Delta_1 = 250 + \dfrac{Q_1 + Q_2}{2}\sqrt{H}$ $\Delta_2 = 0.8\Delta_1$			Q、Q_1、Q_2—提升最大终端载荷，t； H—提升高度，m；

续表

公式来源	计算公式				符号注释
	单绳提升		多绳提升		
	一套提升设备	二套提升设备	一套提升设备	两套提升设备	
苏联"别雷依"公式	$\Delta_1 = 250 + 1.2Qv$ $\Delta_2 = 0.8\Delta_1$	$\Delta_1 = 250 + 0.6 \times (Q_1v_1 + Q_2v_2)$ $\Delta_2 = 0.8\Delta_1$	$\Delta_1 = 150 + Qv$ $\Delta_2 = 0.8\Delta_1$	$\Delta_1 = 150 + 0.5 \times (Q_1v_1 + Q_2v_2)$ $\Delta_2 = 0.8\Delta_1$	v、v_1、v_2—提升最大速度，m/s; Δ_1—容器之间的间隙，mm; Δ_2—容器与井壁之间的间隙，mm; n—罐道绳根数; K—罐道绳最小刚性系数
沈阳煤矿设计院推荐的公式	$\Delta_1 = (100 \sim 200) + \dfrac{1000}{nK}Qv$ $\Delta_2 = 0.8\Delta_1$		$\Delta_1 = (100 \sim 200) + \dfrac{110}{nK}Qv$ $\Delta_2 = 0.8\Delta_1$		

四、钢丝绳罐道使用实例

国内部分矿井使用钢丝绳罐道情况，见表 4-2-3。

表 4-2-3　国内部分矿井使用钢丝绳罐道情况

矿井 技术特征	长广白龙江矿	长广广兴矿	淄博龙泉二号井
图　示			
井　型（Mt/a）	0.03	0.03	0.30
井筒直径（m）	3.8	4.0	4.0
井　深（m）	130	316	80
提升绞车型号	2JT1600×800	2JT1600×800	单筒1.6
提升速度（m/s）	2.5	2.5	3.0
提升容器	0.7t 矿车单层单车罐笼	0.75t 矿车单层单车罐笼	1t 矿车单层单车罐笼
终端荷载（kN）	32	48	39
间隙（mm）　容器之间	520（270）	470（200）	350（200）
间隙（mm）　容器与井壁之间	270（240）	450（370）	250（200）
罐道钢丝绳　规格	6×7-φ22.5	6×19-φ24.5	密封绳 φ28
罐道钢丝绳　布置方式	对角布置（两根）	三角布置（三根）	三角布置（三根）
罐道钢丝绳　拉紧力(t)			
罐道钢丝绳　拉紧方式	井架螺杆（甲型）、井底绳卡	井架螺杆（甲型）、井底正反螺杆	井架螺杆（甲型）、井底绳卡

技术特征＼矿井	长广白龙江矿	长广广兴矿	淄博龙泉二号井
防撞绳使用情况	6×7－φ22.4（两根）	6×19－φ26.5（两根）	无

技术特征＼矿井	萍乡青山矿暗井	南票大窑沟矿	辽宁红透山铜矿
图　示			
井　型（Mt/a）	0.50	0.30	0.55
井筒直径（m）	4.5	5.0	5.5
井　深（m）	116	312/670	216
提升绞车型号	KJ2×3×1.5	KJ2×3×1.5	KJM2.25×4
提升速度（m/s）	5.6	5.6	7.85
提升容器	1.5t矿车单层单车罐笼	1t矿车双层单车罐笼	一对2.1m³翻转箕斗；一个0.55m³单层双车罐笼
终端荷载（kN）	76	70	箕：128 罐：93
间隙（mm） 容器之间	590（280）	560（460）	箕：464 罐：490
间隙（mm） 容器与井壁之间	320（210）	380（120）	箕：150 罐：200
罐道钢丝绳 规格	6×19－φ40	6×7－φ32	6×7－φ32
罐道钢丝绳 布置方式	四角布置（四根）	单侧布置（四根）	四角布置 箕：（四根） 罐：（六根）
罐道钢丝绳 拉紧力(t)	1.5	4.5	5.0
罐道钢丝绳 拉紧方式	井架绳卡、井底重锤	井架弹簧螺杆（甲型）井底绳卡	井架楔铁座，井底重锤
防撞绳	6×19－φ40（两根）	6×7－φ32（两根）6×19－φ31	无
使用情况		1963年起使用情况良好	1966年起使用情况良好

续表

矿井\技术特征	北票立新主井	开滦唐家庄新井	大屯姚桥矿副井
图示	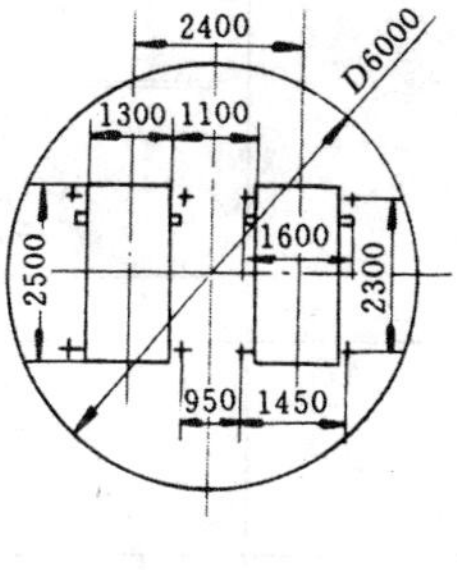	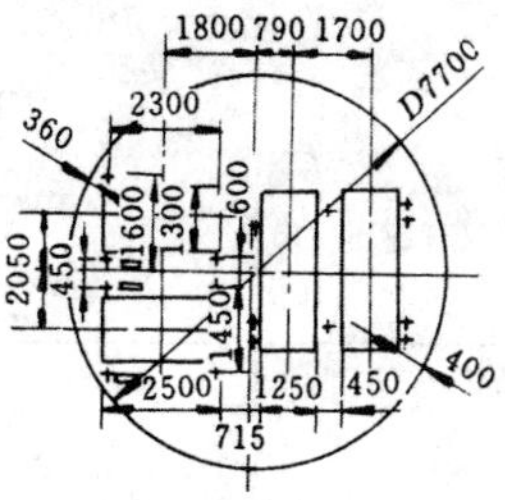	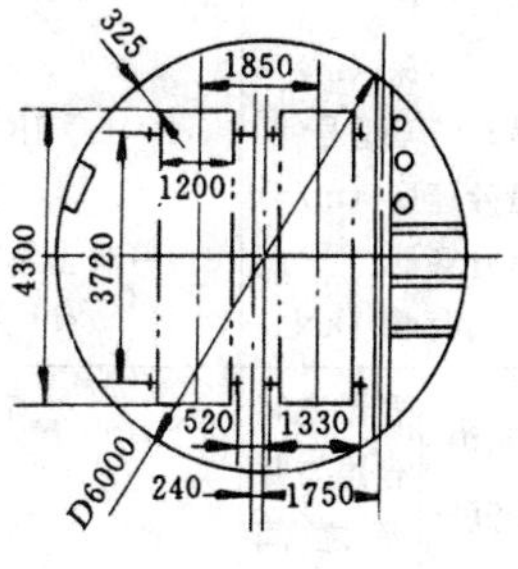
井型（Mt/a）	0.60		1.20
井筒直径（m）	6.0	7.7	6.0
井深（m）	775/925	600	465
提升绞车型号	JKM2.8×4	JKM2.8×4	JKM1.85×4
提升速度（m/s）	10.4	9.35	7.8
提升容器	一对9t底卸式箕斗	一对9t底卸式箕斗；一对1.7t矿车三层单车罐笼	一对1t矿车单层双车罐笼
终端荷载（kN）	161	箕：161	104
间隙(mm) 容器之间	1100（800）	箕：330 罐：400	520（420）
容器与井壁之间		箕：360 罐：400	325
罐道钢丝绳 规格	密封绳φ38.5	密封绳φ40.5	6×19—φ40.5
布置方式	四角布置（四根）	箕：四角布置（四根） 罐：单侧布置（四根）	四角布置（四根）
拉紧力(t)	10.5		
拉紧方式	重锤	重锤	重锤
防撞绳 使用情况	无 1972年起使用情况良好	密封绳φ40.5（两根）	无 1976年12月起使用情况良好

矿井\技术特征	大屯孔庄矿副井	大屯姚桥矿主井	大屯孔庄矿主井
图示	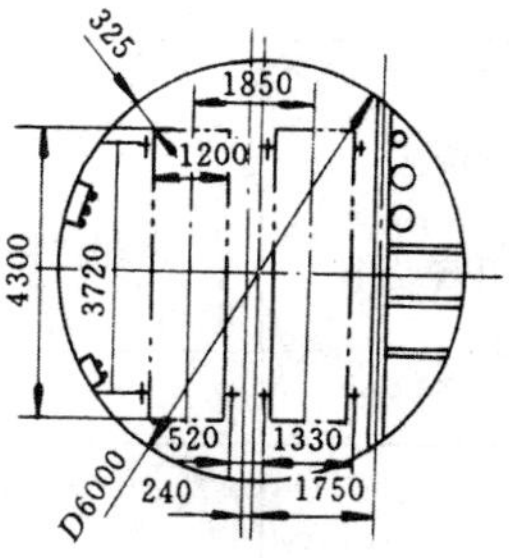	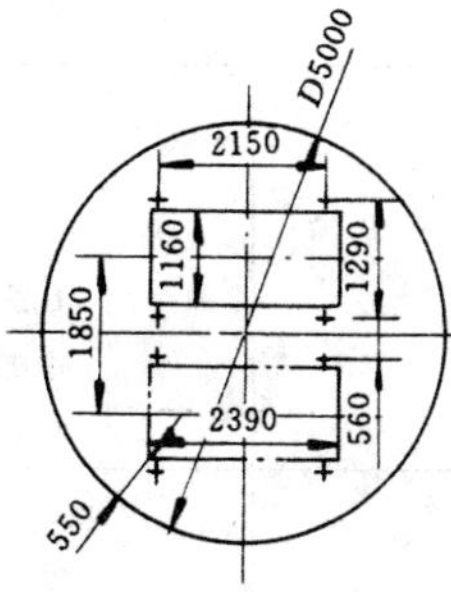	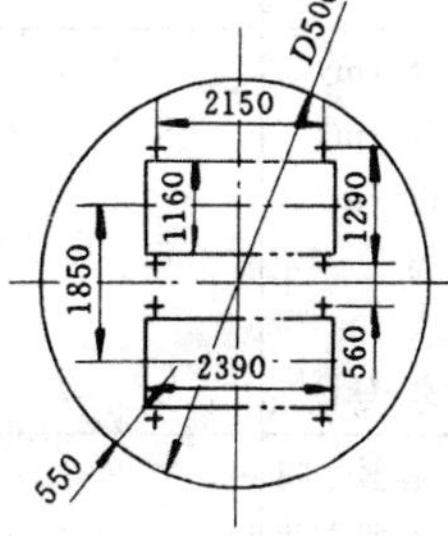

续表

技术特征＼矿井	大屯孔庄矿副井	大屯姚桥矿主井	大屯孔庄矿主井
井　型（Mt/a）	0.60	1.20	0.60
井筒直径（m）	6.0	5.0	5.0
井　深（m）	476	440	500
提升绞车型号	JKM1.85×4	JKM2.8×4	JKM1.85×4
提升速度（m/s）	7.8	9.7	6.5
提升容器	一对1t矿车单层双车罐笼	一对9t箕斗	一对6t箕斗
终端荷载（kN）	104	240	160
间隙（mm）容器之间	520（420）	560	400
间隙（mm）容器与井壁之间		550	
罐道钢丝绳　规　格	6×19-ϕ40.5	密封绳ϕ40.5	密封绳ϕ40.5
罐道钢丝绳　布置方式	四角布置（四根）	四角布置（四根）	四角布置（四根）
罐道钢丝绳　拉紧力			
罐道钢丝绳　拉紧方式	重锤	重锤	重锤
防撞绳	无	无	无
使用情况	1976年2月起使用情况良好	1976年12月起使用情况良好	1977年7月起使用情况良好

国外部分矿井使用钢丝绳罐道情况，见表4-2-4。

表4-2-4　国外使用钢丝绳罐道情况

技术特征＼矿井	弗尔敏矿（法）	库别谢夫矿11号井（原苏联）	弗利克列哥1号井（英）
图　示			
井筒直径（m）	6.25	6.1	7.02
井　深（m）		707	606
提升速度（m/s）			19
提升容器		一对7t底卸式箕斗配一个紧急罐笼	
终端荷载（kt）			63.2
间隙（mm）容器之间			432
间隙（mm）容器与井壁之间			540

续表

矿井\技术特征	弗尔敏矿（法）	库别谢夫矿11号井（苏）	弗利克列哥1号井（英）
罐道钢丝绳 规格	半封闭φ37	密封绳φ45	
罐道钢丝绳 布置方式	对角布置（两根）	四角布置（四根）	四角布置（四根）
罐道钢丝绳 拉紧力(kN)		38	91.3
罐道钢丝绳 拉紧方式		井下重锤	井下重锤
防撞绳	无	无	（两根）

矿井\技术特征	布劳德苏欧尔特矿（英）	克拉文15号井（南非）	纽－马德捷尔凡钦矿1号井（南非）
图示	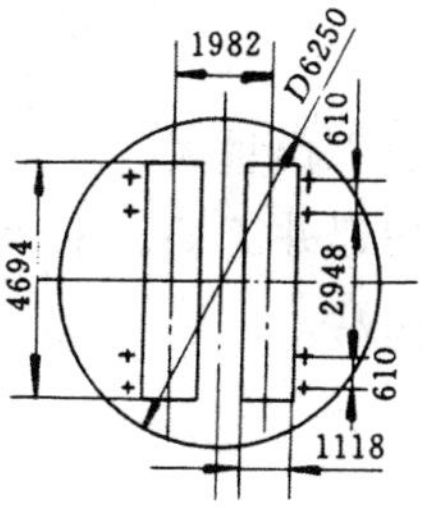	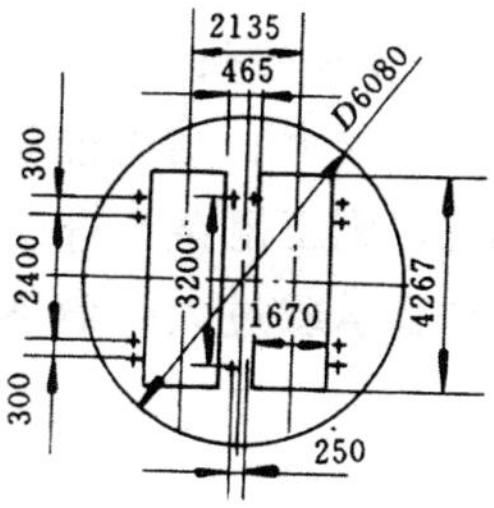	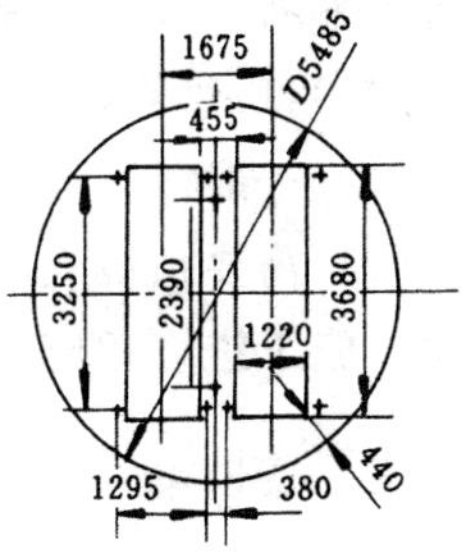
井筒直径（m）	6.25	6.08	5.485
井深（m）	544	1061	685
提升速度（m/s）	20	15/17.5	15.2/20.3
提升容器		一对双层罐笼（每罐可载100人）	一对双层普通罐笼
终端荷载（kN）		150	150
间隙（mm）容器之间	864	458	455
间隙（mm）容器与井壁之间	340	345	440
罐道钢丝绳 规格		半封闭φ44.5	半封闭φ44.5
罐道钢丝绳 布置方式	单侧布置（四根）	单侧布置（四根）	四角布置（四根）
罐道钢丝绳 拉紧力(kN)	61	罐：109 防：116	罐：72.6 防：54.4
罐道钢丝绳 拉紧方式		井下杠杆重锤	井下重锤
防撞绳使用情况	无	半封闭φ50.8（四根）	半封闭φ44.5～φ50.8（两根）

第二节   刚   性   罐   道

一、概   述

刚性罐道由罐道和罐道梁互相刚性地连接在一起，沿井筒全深度设置，作为提升容器安全运行的导向。当提升钢丝绳断裂或过卷时，阻止容器坠落并使其安全制动。

（一）刚性罐道与钢丝绳罐道比较的优点

（1）井筒布置按间隙要求，其直径一般比钢丝绳罐道布置时要小一级，井筒深度也相应减少。

（2）中间水平稳罐设置可使容器全速通过，有利于多水平提升，总体运行速度较大。

（3）目前广泛采用端面罐道，配以胶轮滚动罐耳，罐道磨损量小、使用寿命长、提升容器运行平稳，有利于提高运行速度。

（二）刚性罐道与钢丝绳罐道比较的缺点

（1）一般情况下，钢材消耗量较大、结构较复杂、安装工作量大。

（2）需要预留或现凿梁窝时，施工复杂、进度慢、影响建井工期。采用树脂锚杆固定罐道梁，施工进度相应加快。但对于承载过大的梁仍需施工梁窝。

二、罐道梁

沿井筒纵向，按一定距离（一般采用等距离），为固定罐道而设置的水平梁称罐道梁。

（一）罐道梁的材料与截面形式

罐道梁所用材料一般都采用金属的，在鹤壁、淮南等矿区曾使用过钢筋混凝土及预应力钢筋混凝土梁，个别小型煤矿矩性断面的井筒中也有采用木罐道梁。

金属罐道梁的截面形式，国内常用的有工字钢、槽钢、型钢组合（槽钢或角钢）焊成封闭形空心罐道梁，目前国内已投入生产的冷弯矩管罐道梁，其截面形式及技术特征见表4-2-5。国外有采用特殊加工整体轧制或卷制的封闭形空心罐道梁。封闭形罐道梁的截面形式及技术特征见表4-2-6。

表 4-2-5   冷弯矩管罐道梁截面技术特征表

规格尺寸 $A \times B \times t - R$ (mm)	截面面积 (cm²)	理论重量 (kg/m)	惯性矩（cm⁴）		截面系数（cm³）	
			J_x	J_y	W_x	W_y
200×120×8-20	46.4	36.5	2386	1079	239	180
200×120×10-30	55.7	43.7	2717	1230	272	205
200×140×10-30	63.7	50.0	3910	1945	355	278
250×150×10-30	71.7	56.3	5687	2584	455	345

表 4-2-6　封闭形罐道梁截面形式及技术特征

序号	图示	名称	钢材型号	技术特征								
				H (mm)	B (mm)	δ (mm)	F (cm²)	P (kg/m)	I_x (cm⁴)	I_y (cm⁴)	W_x (cm³)	W_y (cm³)
1	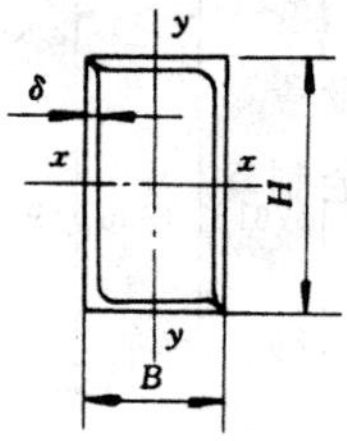	两角钢组合梁	2∟ 12.5/8	125	80	10	39.4	31.0	800	371	128	93
			2∟ 14/9	140	90	10	44.5	35.0	1148	544	164	121
			2∟ 16/10	160	100	10	50.6	39.7	1638	702	205	140
			2∟ 18/11	180	110	10	56.7	44.5	2454	1082	273	197
2	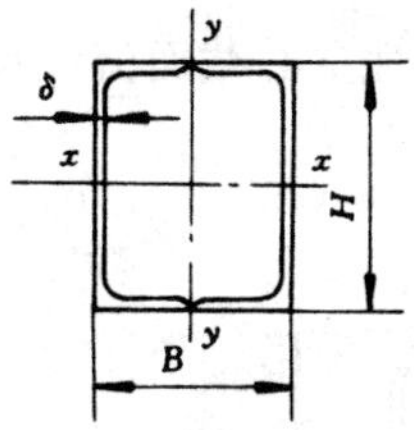	两轻型槽钢组合梁	2[16a	160	136	5	39.0	30.6	1646	1056	206	155
			2[20	200	152	5.2	46.8	36.8	3040	1655	304	218
			2[20a	200	160	5.2	50.4	39.6	3340	1926	334	240
			2[24	240	180	5.6	61.2	48.0	5800	3066	483	341
3	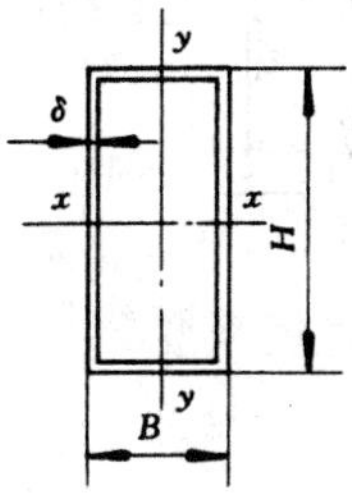	矩形钢管（轧制）		125	100	10	32.2		857	593	137	118
				150	100	10	36.0		1350	695	180	139
				180	80	10	37.6		1825	480	203	120
				180	100	10	40.7		2130	816	237	163
				200	100	10	43.9		2780	898	278	179
				250	100	10	51.8		4890	1100	391	220
				300	100	10	59.5		7880	1300	525	260
				360	125	10	73.0		14310	2580	796	412
4	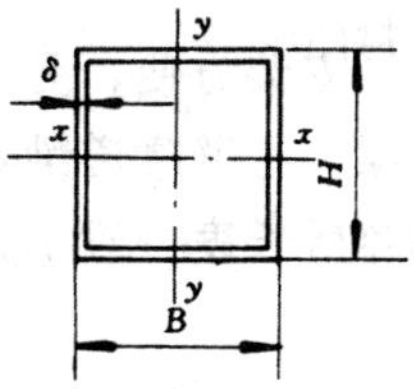	正方形钢管（轧制）		100	100	8	22.5		418.4	418.4	83.9	83.9
				110	110	6	27.8		623	623	113.3	113.3
5	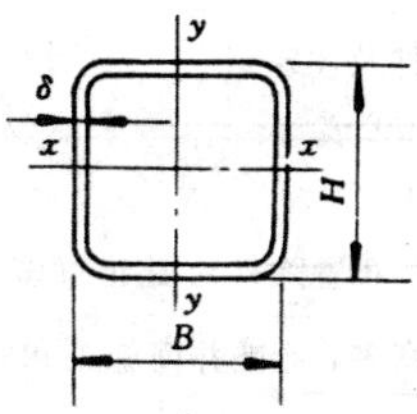	正方形钢管（卷制）		140	140	12	48.2		1690	1690	242	242
				160	160	12	55.8		2610	2610	326	326

续表

序号	图示	名称	钢材型号	技术特征								
				H (mm)	B (mm)	δ (mm)	F (cm²)	P (kg/m)	I_x (cm⁴)	I_y (cm⁴)	W_x (cm³)	W_y (cm³)
6		槽钢钢板组合梁		360	100	13	119.2	93.4	17613	1906	978	387

在国外一些深井中，为减少井筒的通风阻力，也有采用特制的异性空心截面流线型罐道梁，其截面形式如图4－2－1。

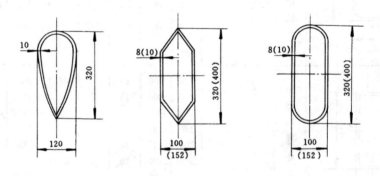

图4－2－1 流线型罐道梁截面形式

（二）罐道梁的布置形式

罐道梁的布置形式可采用简支梁或连续梁，简支梁具有结构简单、安装方便、受力条件好等优点，但材料消耗及通风阻力大。在条件允许时宜采用悬臂罐道梁，悬臂罐道梁具有构件小、节省钢材、井筒通风阻力小等优点，但结构受力性能差，所用悬臂长度一般不宜超过700mm。罐道梁的布置形式见表4－2－7。

表4－2－7 罐道梁布置形式

布置形式	图号	特征	适用条件及优缺点
通梁式	图4－2－2a、b、c	罐道梁两端均固定于井壁的单跨或多跨连续梁	在罐笼井筒中广泛采用；布置比较复杂（罐道单侧布置除外），罐道梁多，钢材用量大、通风阻力大、梁窝多，影响井筒施工和安装速度

布置形式	图　号	特　征	适用条件及优缺点
"山"形式	图4-2-2d	主罐道梁采用通梁式,副罐道梁一端固定于井壁;另一端与主罐道梁相连接呈"山"形	多用在箕斗井筒中; 罐道梁多、布置复杂、钢材用量大、梁窝较多,影响井筒施工和安装速度
悬臂式	图4-2-3	改双侧布置罐道时的两根边梁为悬臂梁或悬臂支座架	与以上两种形式比较有布置简单,罐道梁少,钢材消耗小、构件尺寸小,通风阻力小,可相应减小井筒直径等优点; 缺点是安装要求严格,梁窝必须充填密实,不易确保施工和安装质量。目前一般配合树脂锚杆使用,情况有所改善
无罐道梁式	图4-2-4	罐道直接固定在罐道托架或悬臂支座架上,取消井筒罐道梁	一般适用于长条形罐笼井筒中; 布置简单、省钢材、降低通风阻力、有利于加快井筒施工和安装速度

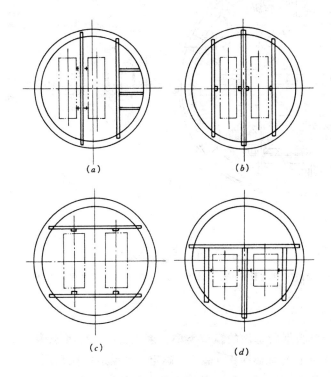

图4-2-2　常见的罐道梁布置形式

a、b、c—通梁式;d—"山"形式

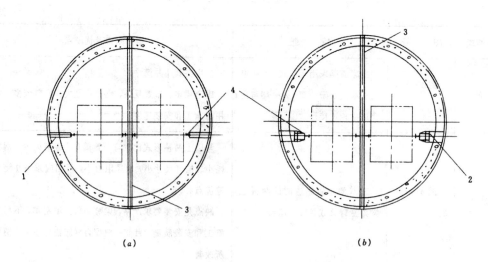

图4-2-3　悬臂式罐道梁布置形式

1—工字钢悬臂梁；2—钢筋混凝土悬臂梁；3—中间罐道梁；4—钢轨罐道

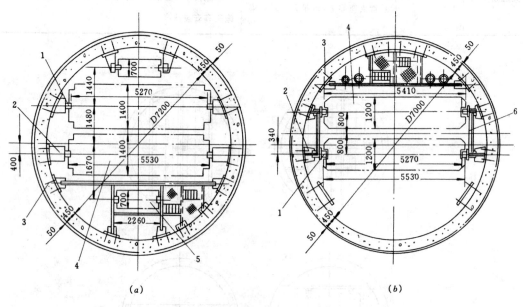

图4-2-4　无罐道梁布置形式

1—罐道；2—罐道托架；3—树脂锚杆；4—罐笼；5—平衡锤；6—槽钢拉杆

（三）罐道导向层间距

罐道导向层间距应根据所选用的罐道类型、罐道长度，并考虑罐道接头方便确定，并根据提升容器作用在罐道上的荷载计算（验算）确定。木罐道一般采用2m；钢轨罐道一般采用4.168m或6.252m；矩形钢罐道、钢—玻璃钢复合罐道一般采用4m、5m或6m。

三、罐　道

罐道是提升容器在井筒中上下运行的导向装置。根据提升容器的要求，终端荷载和提升速度大小，刚性罐道可选用木质矩形罐道、钢轨罐道、型钢组合罐道（包括球扁钢罐道）、方管型钢罐道、钢－玻璃钢复合罐道和整体热轧异性钢罐道。

（一）木罐道

木罐道有比较安全可靠的断绳防坠器，在我国煤矿罐笼井筒中以前被广泛采用。使用的木材多为木质致密、强度较大的松木或杉木制作。木罐道断面尺寸：1t 矿车罐笼（单层单车或双层单车）180mm×160mm；3t 矿车普通罐笼（单层单车）200mm×180mm。木罐道应进行防腐处理。

（二）钢轨罐道

钢轨罐道强度大，使用期限较长，适用于提升终端荷载较大的井筒中。我国煤矿一般多采用 38kg/m、43kg/m 钢轨作罐道。

（三）型钢组合罐道

型钢组合罐道也叫空心矩形金属罐道，可采用球扁钢组合罐道或槽钢组合罐道。球扁钢组合罐道采用球扁钢和扁钢组合焊成，断面尺寸 180mm×188mm、200mm×188mm，如图 4－2－5 所示。槽钢组合罐道一般是用两根 16 号或 18 号槽钢和扁钢焊接而成，故又称槽钢组合罐道。断面尺寸一般为 180mm×160mm、180mm×180mm、200mm×200mm。如图 4－2－6 所示。型钢组合罐道的侧向弯曲和扭转阻力大、刚性强、截面系数大，配合使用摩擦系数小的胶轮滚动罐耳，容器运行平稳、罐

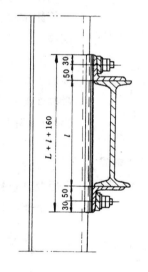

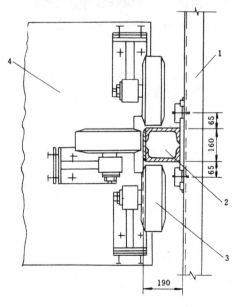

图 4－2－5　槽钢组合罐道，胶轮滚动罐耳示意图

1—槽钢罐道梁；2—槽钢组合罐道；

3—胶轮滚动罐耳；4—罐笼

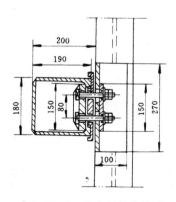

图 4－2－6　球扁钢组合罐道

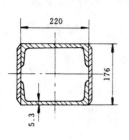

(a) 22号槽钢制成罐道

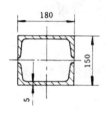

(b) 18号槽钢制成罐道

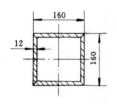

(c) 等边角钢制成罐道

图 4—2—7　国外采用的
组合罐道形式

道与罐耳磨损小、使用年限长，是一种比较好的刚性罐道。国内型钢组合罐道使用情况见表 4—2—8；常用的槽钢组合罐道截面形式及技术特征见表 4—2—9。

在国外，如波兰、前联邦德国和前苏联多采用 18、22 号槽钢或用等边角钢焊制成组合罐道，如图 4—2—7 所示。

槽钢组合罐道形式，按槽钢放置方向不同，有立放（槽钢腹板垂直于罐道梁布置）和卧放（槽钢腹板平行于罐道梁）两种。两槽钢之间为焊接方便，一般不留间隙；为增大罐道截面系数，也有留间隙的，见表 4—2—9。在端面布置罐道的多绳提升井筒中，采用立放形式，有利于承受罐笼长轴方向传来的最大水平力，此时 $W_x > W_y$，罐道受力条件较好，为大多数井筒所采用。

（四）整体冷弯方管罐道

冷弯方管罐道是冷弯方形空心型钢罐道的简称。DF 系列冷弯方管罐道是适用于在树脂锚杆固定托架上安设罐道梁的井筒罐道。该罐道是我国近几年由大型连续辊式冷弯机组按《立井罐道用冷弯方形空心型钢》行业标准生产的，它解决了型钢组合罐道的大量焊接加工与加工后质量的控制问题。冷弯方管罐道比同样长度同样抗弯抗变形能力的槽钢组合罐道减轻重量四分之一，节省材料费、加工费、防腐费及其安装费。其截面为封闭形，并将两端头封闭，提高了抗腐蚀寿命。成为型钢组合罐道的更新换代产品。

设计中，每节冷弯方管罐道构件都是由一节方管和二组固定用钢板及其连接用螺栓、螺母和垫圈组成。一组钢板与方管焊接、另一组备作与罐道梁焊接。具体结构如图 4—2—8 所示。如果罐道直

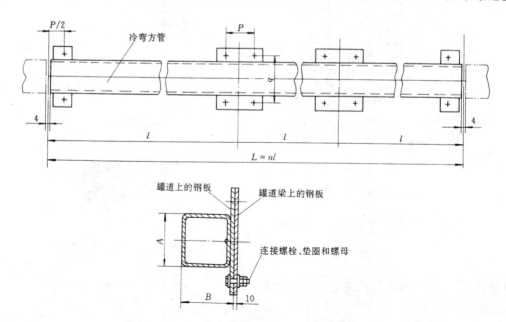

图 4—2—8　冷弯方管罐道平面和截面图

表4—2—8　国内部分矿井型钢组合罐道使用情况

项目名称	淮北朱仙庄副井	皖北刘桥二号井副井	淮南市新集矿副井	徐州庞庄矿新副井	铁法大隆矿副井	开滦范各庄矿新井	兖州兴隆庄矿副井	淮南潘集二号井副井	淮南潘集三号井副井	兖州东滩矿副井
井筒直径 (m)	5.8~6.5	6.0	6.5	6.5	7.0	7.8	7.5	8.0	8.0	8.0
井型 (Mt/a)	1.20	0.60	0.90	1.20	0.90	3.6	3.0	3.0	3.0	4.0
井深 (m)	482.6	461	476.5	434.241	449			586.4	712.2	735.77
提升容器	一对3.0t矿车双层单车罐笼	一对1.0t矿车单层2车罐笼	一对1.0t矿车单层双车罐笼	一对1.0t矿车双层四车罐笼	一对1.5t矿车单层双车罐笼及一对双层人罐	一对3.0t矿车三层单车罐笼及一个18t箕斗	一对1.5t矿车双层四车罐笼及一个5.0t矿车罐笼带平衡锤	一套1.5t双层四车罐笼一套5.0t矿车双层两车罐笼带平衡锤	一对5.0t矿车双层两车罐笼	1.5t矿车双层四车罐笼一套容罐一套宽罐带平衡锤
罐道梁层间距 (m)	4.0	4.0	6.0	4.0	4.168	3.5	4.0	4.0	4.0	4.0
提升速度 (m/s)		7.9	9.6	6.21	7.11	12.14	7.85	10.5	10.5	12.0
组合钢罐道	2 [18	2 [18	2 [18	2 [16	2 [16	2 [16	球扁钢组合罐道	球扁钢组合罐道	球扁钢组合罐道	球扁钢组合罐道
槽钢放置方向	立放	立放	立放	立放	立放	立放				
罐道梁型号	I 28	悬臂式	悬臂式	[16	[30b	[36c	I 32c	[18	[16b	I 32c

表4-2-9　国内部分矿井钢槽组合罐道截面形式及技术特征

项目名称 \ 矿井名称	南屯矿主井	荆各庄副井（吕家坨主井）	红阳一、二矿副井	大隆矿副井	台吉矿副井	林南仓副井
图示	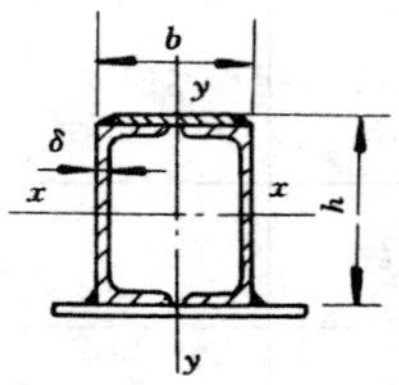	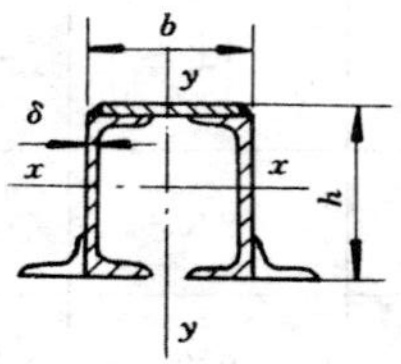	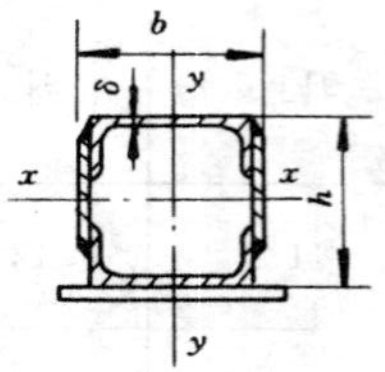	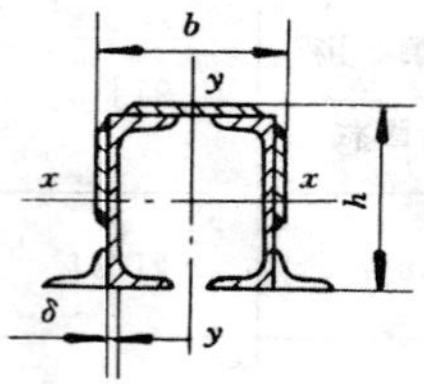	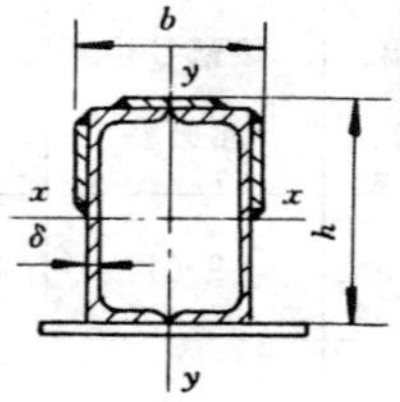	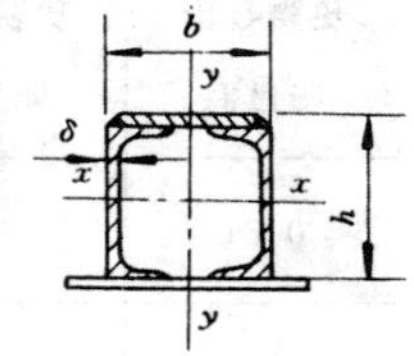
尺寸(mm) $\dfrac{N_0}{b \times h \times \delta}$	$\dfrac{2\,[14b}{120\times146\times8}$	$\dfrac{2\,[16}{160\times170\times8.5}$	$\dfrac{2\,[16}{180\times170\times8.5}$	$\dfrac{2\,[16}{160\times170\times8.5}$	$\dfrac{2\,[16}{150\times170\times8.5}$	$\dfrac{2\,[16}{160\times170\times8.5}$
形式	立放	立放	卧放	立放	立放	立放
W_x (cm³)	179	327	314	~360	354	327
W_y (cm³)	159.8	294 (284.2)	400	~254	225	294
长度 (m)	12.5	12.5	12.5	12.5	11.996	11.998
单重 (kg/m)	39.6	55.7 (52)	59.7	~67	52.6	55.7
罐道梁型号	[28a	[28a（[33）	[32c	[30b	[30c	[32c
罐道与罐道梁固定方式	压板	螺栓	压板	螺栓	压板	压板

表 4-2-10　DF 系列冷弯方管罐道构件主要技术规格表

冷弯方管罐道型号	主要尺寸（mm）						螺栓规格	每节罐道重量（kg）			图　号
	A	B	L	l	P	q		P=210	P=290	P=370	
DF16$_a$/12/4	160	186	12000	4000	P=210	280	M20	372.33	380.90	389.46	T94—388·11（暂未出图）
DF16$_a$/12/6			12000	6000	P=290			360.91	366.62	372.33	
DF16$_a$/10/5			10000	5000	P=370			304.31	310.02	315.73	
DF16/12/4			12000	4000	P=210			470.69	479.26	487.82	
DF16/12/6			12000	6000	P=290			459.27	464.98	470.69	
DF16/10/5			10000	5000	P=370			386.27	391.98	397.69	
	A	B	L	l	P	q		P=230	P=310	P=410	
DF18/12/4	180	190	12000	4000	P=230	270	M20	526.30	533.27	541.98	T94—388·12
DF18/12/6			12000	6000	P=310			516.42	521.07	526.88	
DF18/10/5			10000	5000	P=410			433.42	438.07	443.88	
DF18$_b$/12/4			12000	4000	P=230			628.26	635.24	643.95	
DF18$_b$/12/6			12000	6000	P=310			618.39	623.04	628.85	
DF18$_b$/10/5			10000	5000	P=410			518.39	523.04	528.85	
	A	B	L	l	P	q		P=260	P=360	P=430	
DF20/12/4	200	210	12000	4000	P=260	290	M24	593.30	602.72	609.31	T94—388·13
DF20/12/6			12000	6000	P=360			581.05	587.33	591.73	
DF20/10/5			10000	5000	P=430			488.05	494.33	498.73	
DF20$_b$/12/4			12000	4000	P=260			710.86	720.28	726.87	
DF20$_b$/12/6			12000	6000	P=360			698.61	704.89	709.29	
DF20$_b$/10/5			10000	5000	P=430			586.01	592.29	596.69	
	A	B	L	l	P	q		P=260	P=360	P=430	
DF22$_b$/12/4	220	230	12000	4000	P=260	310	M24	788.21	798.10	805.02	T94—388·14
DF22$_b$/12/6			12000	6000	P=360			775.35	781.94	786.56	
DF22$_b$/10/5			10000	5000	P=430			650.15	656.74	661.36	
DF22$_c$/12/4			12000	4000	P=260			951.35	961.24	960.17	
DF22$_c$/12/6			12000	6000	P=360			938.49	945.09	949.70	
DF22$_c$/10/5			10000	5000	P=430			786.09	792.69	797.30	

型号标记示例及说明

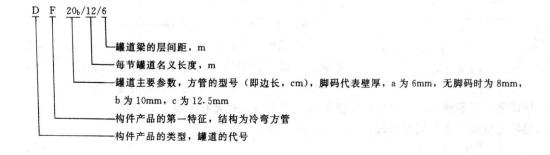

D F 20$_b$/12/6

罐道梁的层间距，m
每节罐道名义长度，m
罐道主要参数，方管的型号（即边长，cm），脚码代表壁厚，a 为 6mm，无脚码时为 8mm，
b 为 10mm，c 为 12.5mm
构件产品的第一特征，结构为冷弯方管
构件产品的类型，罐道的代号

接与托架连接，用作与罐道梁焊接的钢板即为上托架的立板；如果在罐道梁的上下安设角钢，也可用角钢代替该钢板。DF 系列冷弯方管罐道构件主要技术规格如表 4－2－10。表中每节罐道重量均未含后一组钢板和连接螺栓等重量。常用的几种截面参数见表 4－2－11。

表 4－2－11　冷弯方管型钢罐道断面参数

规格尺寸 $A \times B \times t - R$ (mm)	截面面积 (mm^2)	理论重量 (g/m)	惯性矩 $I_x = I_y$ (mm^4)	截面系数 $W_x = W_y$ (mm^3)
160×160×6－15	35.7×10^2	28×10^3	1385×10^4	173×10^3
160×160×8－20	46.4×10^2	36.5×10^3	1741×10^4	218×10^3
180×180×8－20	52.8×10^2	41.5×10^3	2546×10^4	283×10^3
200×200×8－20	59.2×10^2	46.5×10^3	3566×10^4	357×10^3
220×220×8－20	65.6×10^2	51.5×10^3	4028×10^4	439×10^3
220×220×10－30	79.7×10^2	62.6×10^3	5675×10^4	516×10^3

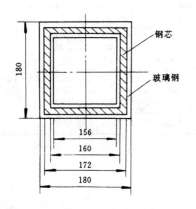

图 4－2－9　钢－玻璃钢复合材料
罐道截面形式

（五）钢－玻璃钢复合罐道

钢－玻璃钢复合罐道采用内衬钢芯、外包玻璃钢经模压热固化处理制成。它具有成型误差小、耐腐蚀、使用年限长等优点，并可根据强度要求，选择内衬钢芯的厚度。但内衬钢芯与玻璃钢的粘结强度等性能必须符合有关技术规定。其断面尺寸一般为 180mm×180mm、200mm×200mm，内衬钢芯厚度不宜小于 6mm，外包玻璃钢厚度不宜小于 4mm，如图 4－2－9 所示。

目前，该罐道已应用于邯郸郭二庄马项副井、枣庄副村煤矿和徐州矿务局张小楼煤矿千米新副井等井筒。

（六）整体热轧异形钢罐道

因槽钢组合罐道制作加工费用高，加工时易引起罐道变形，虽然校正其误差仍较大，影响安装质量。整体轧制罐道不仅能克服上述缺点，同时还减轻罐道自身重量，保证罐道安装质量，在国外被广泛采用。其截面形式及技术特征，见表 4－2－12。目前国内热轧方管型钢尚在试制阶段。

表4-2-12 整体热轧异形钢罐道截面形式及技术特征

名称	图示	b (mm)	h (mm)	S (mm)	δ (δ′) (mm)	J_x (cm⁴)	W_x (cm³)	J_y (cm⁴)	W_y (cm³)	P (kg/m)
正方形钢管罐道	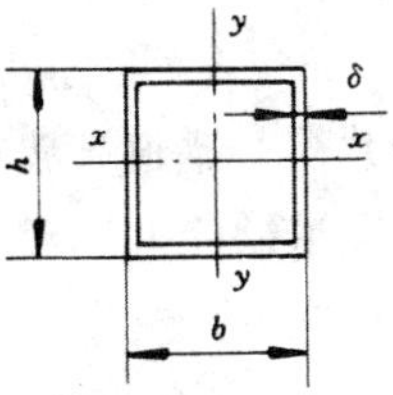	160	160		10	2280	285	2280	285	47
		160	160		12	2610	326	2610	326	55.8
		170	170		10	2750	324	2750	324	50.2
		170	170		12	3220	379	3220	370	53.5
		180	180		10	3340	379	3340	370	53.5
		180	180		12	3900	434	3900	434	63.3
		200	200		10	4580	458	4580	458	59.6
		200	200		12	5330	533	5330	533	71.6
盆形罐道	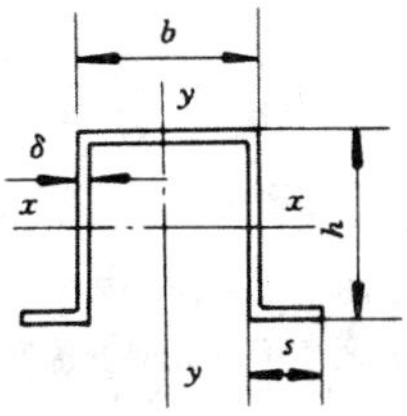	160	160	60	10	2041	255	3874	298	44
		160	160	60	12	2318	290	4650	358	52
		180	180	60	10	2854	316	5166	369	48.6
		180	180	60	12	3204	357	6200	442	57.5
		200	200	70	10	4032	403	7625	476	55
		200	200	70	12	4590	459	8700	544	65
内弯形罐道	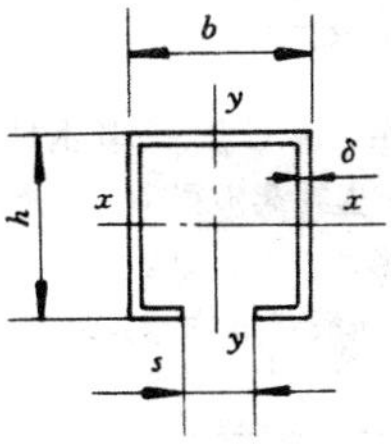	180	180	55	10	2888	320	3255	362	45.7
		180	180	55	12	3268	363	3718	413	53.8
		200	200	65	10	3967	396.7	4553	455.3	50.8
		200	200	65	12	4533	453	5265	526.5	61.3
		220	220	75	10	5385	490	6176	560	58.4
		220	220	75	12	6091	552	7186	563	69
□形罐道	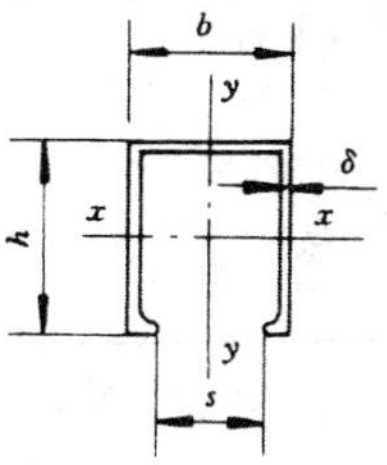	160	160	100	10					
		160	160	100	12					
		170	170	100	10					
		170	170	100	12					
		180	180	110	10					
		180	180	110	12					
		200	200	120	10					
		200	200	120	12					
顶帽形罐道	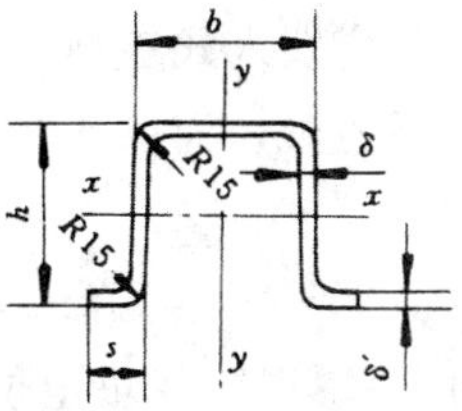	150	150	60	10 (15)	1970		2268		41
		160	160	60	10 (15)	2447		2711		43.4
		180	180	60	12 (15)	4550		4510		57.7
		200	200	60	15 (15)	8290		7600		79.2

四、罐道布置形式

井筒内刚性罐道布置形式有单侧罐道、双侧罐道和端面罐道三种，并应符合下列规定：

(1) 对提升速度低、终端荷载小的罐笼，可采用木罐道双侧布置。

(2) 对提升速度低、终端荷载小的罐笼或箕斗，可采用钢轨罐道单侧或双侧布置。

(3) 对提升速度高、终端荷载大的罐笼或箕斗。单水平提升的井筒，可采用矩形钢罐道或钢－玻璃钢复合罐道端面布置。

罐道布置在容器一侧，一般适用于钢轨罐道长条形罐笼提升的井筒；罐道布置在容器两侧，一般适用于提升容器长宽比不大，采用钢轨罐道的箕斗井或木罐道罐笼井；罐道布置在容器两端，一般适用于提升速度高、终端荷载大、长条形容器的井筒中。

根据罐道与提升容器在井筒中相对位置，常见的罐道布置形式见表4－2－13。

表4－2－13   刚性罐道布置形式

布置形式		图 号	适用条件	优 缺 点
罐道布置在容器一侧	单侧	图4－2－2a	适用于钢轨罐道长条形罐笼提升井筒	优点： 井筒装备简单、罐道梁少、省钢材、容器运行平稳、通风阻力小、便于下放大型设备 缺点： 闭口滑动罐耳磨损严重，改用刚性滚动罐耳，磨损可减小
罐道布置在容器两侧	双侧	图4－2－2b、d	适用于提升容器长宽比不大，采用钢轨罐道的箕斗井或木罐道的罐笼井	缺点： 井筒装备比较复杂、罐道梁多、耗钢材、通风阻力相应加大、罐道布置在罐道梁中心，罐道承受弯矩大，容器运行平稳性差，摆动大 图4－2－2b有钢轨罐道和木罐道两种，现一般均不采用
罐道布置在容器两端	端面	图4－2－2c	适用于提升速度高、终端荷载大，长条形容器的单水平提升；近年来多用于多绳提升、型钢组合罐道和胶轮滚动罐耳的井筒中	优点： 井筒装备简单、容器布置紧凑、断面利用率高、有利于降低通风阻力、容器摆动小、运行平稳 缺点： 井上、下进出车水平须改设四角（或双侧）稳罐设备，使套架相应变得复杂，并须降低提升速度，不利于多水平提升

五、罐道梁固定方式

井筒中各种梁与井壁固定方式，宜采用树脂锚杆、预埋钢板和梁窝埋入式三种。一般情况下，应优先采用树脂锚杆固定方式。当井筒处于不稳定含水表土层内时，为保证井壁强度和整体性，防止井壁漏水，该段井筒内不应采用梁窝固定罐道梁。

（一）梁端埋入井壁的固定方式

这种固定方式是将罐道梁两端均插入井壁预留或现凿的梁窝内，待罐道梁找正定位后，再用混凝土将梁窝充填密实。罐道梁插入井壁的深度不应超过单层井壁厚度的3/5，双层井壁不应超过内层井壁的 4/5，或罐道梁高度，一般为 300～500mm。

这种固定方式主要缺点为：

（1）梁窝数量多、费工、劳动强度大，且不宜按设计要求准确预留；

（2）不利于井壁的完整性、影响井壁强度、不宜保证梁窝的充填质量而引起井壁漏水；

（3）不利于滑模施工、影响建井工期。

（二）井壁内预埋钢板

预埋钢板一般在井筒表土冻结段和钻井法施工的预制井壁中，用于固定罐道梁（或罐道），它是在砌壁同时，将钢板（在钢板一面焊有生根钢筋）按设计要求位置埋设在井壁内，在进行井筒装备时，再将罐道梁托架焊接在预埋钢板上。根据托架与罐道梁的相对位置，有平行和斜交两种形式，如图 4—2—10 所示。

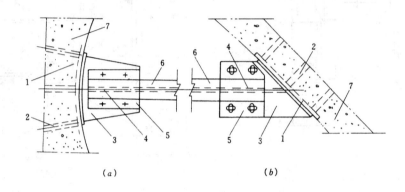

图 4—2—10 预埋钢板及罐道梁托架形式

a—平行式；b—斜交式

1—预埋钢板；2—钢筋；3—罐道梁托板；4—加强筋板；5—垫板；6—罐道梁；7—钢筋混凝土井壁

1．优 点

（1）不留设梁窝、不打锚杆、不切断钢筋、不影响井壁强度，有利于保证井壁的完整性和封水性能；

（2）安装罐道梁托架时调整位置比较方便。

2．缺 点

（1）冻结井筒预埋钢板施工比较麻烦，不利于滑模施工，预埋时难于达到设计要求的准确位置；

（2）钻井井筒由于漂浮下沉井壁后易引起预留钢板位置的偏移，给罐道梁安装带来困难；

（3）钢材耗量大、构件节点复杂，安装时焊接工作量大，在淋水大的井筒，焊接尤为困难，并影响施工质量；

（4）焊接时温度较高，产生内应力，钢板容易变形而不宜校正。

（三）锚杆固定罐道梁

1．砂浆锚杆固定罐道梁

早在 1967 年 2 月贵州水城矿区老鹰山矿副井安装时，最先采用砂浆锚杆固定罐道梁。这种固定方式是将罐道梁的端头用螺栓和 U 型卡连接在三块角钢连接板上（二块垂直，一块水平角钢），角钢连接板用 4 根 Φ22 或 25mm，长 400mm 的倒楔砂浆锚杆固定在井壁上。运行多年，虽钢轨罐道已更换一次，但罐道梁与井壁的固定未发生故障或松动现象，实践证明用普通砂浆锚杆固定罐道梁是可行的。

　　2. 树脂锚杆固定罐道梁

　　树脂锚杆固定井筒装备是用凝固快、锚固力大的树脂锚杆把托架（俗称牛腿）固定在井壁上，然后再在托架上固定罐道梁（或罐道），托架与井壁之间的空隙用树脂胶泥充填，保证结合严实。树脂锚杆固定罐道梁托架如图 4−2−11 所示；树脂锚杆固定罐道托架如图 4−2−12 所示。

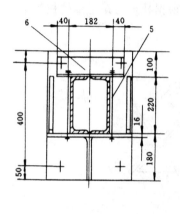
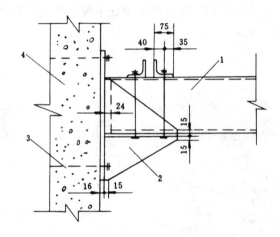
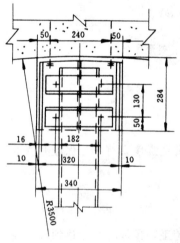

图 4−2−11　树脂锚杆固定罐道梁托架

1—槽钢组合罐道梁；2—托架；3—树脂锚杆；4—混凝土井壁；5—罐道梁与托架连接螺栓；6—连接角钢

　　树脂锚杆固定井筒装备（罐道梁、罐道、电缆支架等），自 1976 年首先在铁法大明二矿新主井推广使用，井筒断面布置如图 4−2−13 所示。

　　国内部分矿井使用树脂锚杆固定井筒装备情况见表 4−2−14。

　　树脂锚杆固定井筒装备的主要优缺点：

　　1）优点

　　（1）不打梁窝、不破坏井壁、不影响井壁强度，保证了井壁的完整性，消除了凿梁窝可

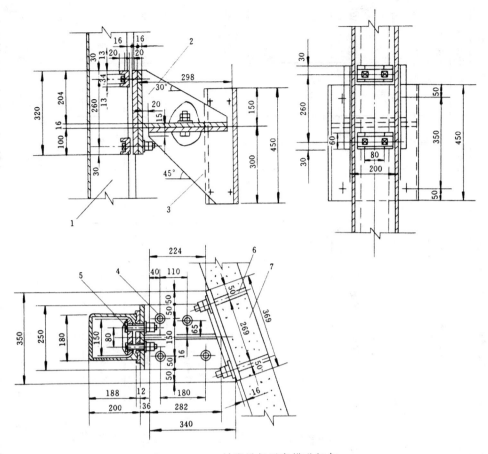

图 4—2—12　树脂锚杆固定罐道托架

1—球扁钢组合罐道；2—上托架；3—下托架；4—上、下托架连接螺栓；
5—上托架与罐道连接螺栓；6—树脂锚杆；7—混凝土井壁

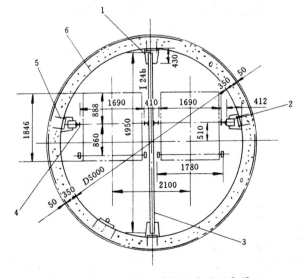

图 4—2—13　大明二矿新主井平面布置

1—罐道梁托架；2—罐道托架；3—罐道梁；4—钢轨罐道；5—树脂锚杆；6—混凝土井壁

表4-2-14　国内部分矿井树脂锚杆固定井筒装备使用情况

矿井名称	井筒直径 (m)	井筒深度 (m)	井型 (Mt/a)	井壁		固定的内容	罐道梁层间距 (m)	固定装备量		树脂锚杆	
				材料	厚度 (mm)			层数 (层)	每层锚杆数 (根)	树脂型号	锚杆结构 M×L
铁法大明二井新主井	5.0	260	0.90	C20混凝土	400	罐道梁、罐道、电缆架	4.168	56	16	307-2	M27×400
淮南市花家湖矿副井	6.0	575.3	1.50	钢筋混凝土	400~700	罐道梁、梯子间、电缆架	4.0	143	30	M76-1	M27×350
淮南李一矿副井	6.0	348	0.90	锚喷	200		5.0	20	8	115-2	M24
淮北朱仙庄副井	6.5	461	1.20	C25混凝土	400	罐道梁、梯子间、电缆架	4.0	28	22	115	M27×380
淮南市新集矿副井	6.5	476.5	0.90	钢筋混凝土	500~1200	罐道梁、梯子间、卡管梁	6.0	82	30	M76-1	M27×450
淮南潘集三号井东风井	6.5	450	3.00	钢筋混凝土	500~1200	封闭梯子间	4.0	111	16	M76-1	M27×450
红阳一井副井	7.0	478	0.90	C20混凝土	400	罐道梁、梯子间、管子梁	4.168	115	28	307-2	M27×400
兖州兴隆庄矿副井	7.5	502	3.00	钢筋混凝土	550	罐道梁、罐道、托架	4.0	128	48	763	M26
淮南潘集三号井副井	8.0	712.2	3.00	钢筋混凝土	550~1600	罐道梁、梯子间、管子梁	4.0	218	28	M76-1	M27×450
淮南谢桥矿副井	8.0	782.0	4.00	钢筋混凝土	550~1800	罐道梁、梯子间、管子梁	4.0	187	34	M76-1	M27×450

能引起井壁漏水的隐患，特别在第四系表土层、含水砂层中穿过井筒的井壁，更具有重要意义；

（2）安装操作简单、减轻劳动强度，改善作业条件，提高工效，加快井筒施工安装速度，缩短建井工期，有利于滑模施工，保证井壁质量；

（3）采用树脂锚杆固定方式，能在短时间内，即可承受很大的荷载（一般安装后5~10min固化，经1h后锚固力达10t以上），可随时安装罐道、罐道梁，确保井筒装备一次安装完毕；

（4）锚固力大，安全可靠。

2）缺点

（1）安装工艺比较复杂，锚杆安装位置要求准确，允许施工误差小，调整范围小，与凿梁窝方式比较钢材用量较大；

（2）部件加工量大，螺栓连接件多，准备工作量大；

（3）对于钢筋混凝土井壁，若钢筋布置较密，锚杆孔位不好选择，钻眼时受阻于钢筋而被迫更换锚杆孔位或切断钢筋。

六、树脂锚杆

树脂锚杆是用不饱和聚酯树脂为本体的锚固剂，把锚杆杆体与孔壁混凝土胶结为整体的一种锚杆。树脂锚杆的设计内容应包括锚杆杆体和采用的锚固剂两个方面。

（一）树脂锚杆设计要求

（1）树脂锚杆固定的立井井筒装备主要有：罐道梁、罐道、梯子梁、管子梁的托架和管子、电缆卡等。

（2）对于井筒中受力较大的钢梁（如管座梁、楔形罐道梁、防撞梁等），若采用树脂锚杆固定时，必须进行单独设计，以确保锚固的可靠性。

（3）树脂锚杆固定立井井筒装备，可用于钢筋混凝土、混凝土井壁，混凝土强度等级应不低于C25。对其它结构的井壁，要根据围岩情况、涌水量大小等慎重考虑后采用。为防止树脂锚杆穿透井壁，造成井壁漏水，规定井壁厚度（双层井壁的内壁）应大于锚杆的锚固长度80mm。

（4）井筒淋水量应控制在施工验收标准范围之内。井筒淋水大或孔眼有集中涌水影响锚固力时，必须采取有效的防水、封水措施。

（二）锚杆的杆体结构

固定井筒装备的锚杆采用全部锚固式。锚杆杆体直径根据用途，通过计算确定，一般选用22~32mm。锚杆杆体材质宜采用16锰钢，也可采用3号钢。

锚杆全长一般为400mm，锚杆锚固段长度为杆体直径的12倍以上。进入钻孔锚固长度约为320~330mm。

锚杆头部一般采用左旋180°麻花结构，麻花段沿杆体横向逐渐展开，其截面积不得小于杆体毛截面积的80%。锚杆顶部宽38mm为开叉左旋单麻花。为防止锚固剂外流，保证有效锚固长度，麻花下部应焊上挡圈；杆体尾部应加工一段80~100mm长的普通公制螺纹，按杆体直径不同，分别采用M18、M20、M24、M27。安装时用双螺母锁紧。树脂锚杆的杆体结构如图4—2—14。

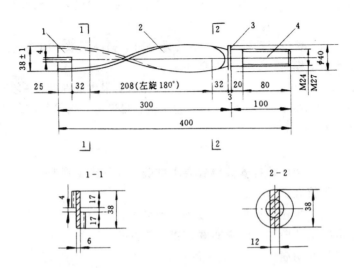

图4—2—14　树脂锚杆的杆体结构

1—锚杆顶部；2—麻花杆体；3—挡圈；4—杆体部尾

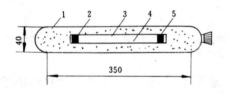

图4—2—15　树脂药包结构

1—聚乙烯薄膜塑料袋；2—不饱和聚酯、

加速剂与填料；3—玻璃小管；

4—固化剂及填料；5—堵头

（三）锚固剂

锚固剂所用原材料（树脂、加速剂、固化剂、填料）均应符合原材料各自技术标准与条件，树脂储存日期不宜超过一个月。

目前常用袋装115、307—2不饱和聚酯树脂为本体的锚固剂。树脂药包结构如图4—2—15所示。药包尺寸，可根据具体情况选定。

树脂锚固剂配方比例见表4—2—15。

（四）眼孔及支承托架

（1）各种锚杆所需配合的眼孔直径，应根据杆体的直径确定，一般采用$d42$mm的眼孔。为减少锚固剂消耗量，设计与施工单位协商，也可采用$d38$、$d40$的眼孔。两眼孔之间的距离不得小于180mm。若小于180mm时，必须对两锚杆之间的混凝土剪切破坏进行验算。

（2）锚杆眼应与井筒径向轴线相平行。

（3）应尽量减少托架的悬臂长度，一般不得超过600mm。

（4）固定托架的锚杆根数，应根据计算决定，一般不少于二根。

（5）支承托架底板与井壁之间应尽量贴紧，空隙应考虑用树脂胶泥或高标号水泥、水玻璃的混合物充填密实。

七、托　架

（一）托架的结构形式

托架是固定井筒装备（罐道梁、罐道、梯子间等）的支承结构，承受由罐道传来的水平和垂直荷载。托架一般由壁板、托板和筋板焊接组成。按加强筋板的个数，有单筋和双筋两

表4－2－15　76型树脂锚固剂配合比

（重　量）

序　号	名 称 与 规 格	锚固剂	胶　泥
1	111－2号、115－3号 307－2号 不饱和聚酯树脂	1	1
2	50%过氧化苯甲酰滑石粉或50%过氧化环己酮二丁酯糊	0.04～0.08	0.01～0.04
3	20%二甲基苯胺；苯乙烯溶液； 20%环烷酸钴苯乙烯溶液	0.04～0.10	0.015～0.02
4	白云石粉40目：80目 ＝60：40	5.4～6.3	3.7～6.3
5	触变剂	适　量	适　量

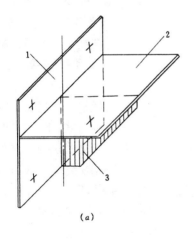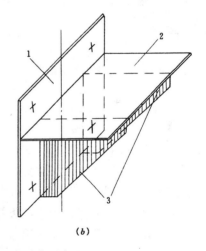

（a）　　　　　　　　　　（b）

图4－2－16　罐道梁托架结构形式

a—单筋托架；b—双筋托架

1—壁板；2—托板；3—筋板

种形式，如图4－2－16所示。

　　组成托架的各构件尺寸，主要根据荷载的大小、井筒装备的类型与它的截面尺寸、连接方式和托架在井筒内的相对位置等因素确定。

　　1. 罐道梁与托架的连接

　　罐道梁与托架一般直接用螺栓连接，工字钢（工32C）罐道梁与托架的连接节点，如图4－2－17所示；槽钢组合（2［18）罐道梁与托架的连接节点，如图4－2－18所示。

　　为适应井筒施工和安装误差的要求，一般常采用长孔连接，其缺点是加大了托架结构尺寸，增加钢材消耗，还削弱螺栓连接结构的强度。兖州鲍店矿副井设计的托架，在托板上钻

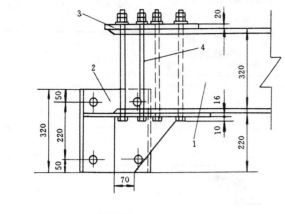

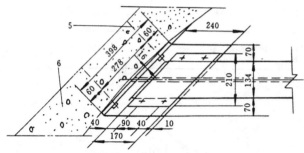

图 4—2—17　工字钢罐道梁与托架连接

1—工字钢罐道梁；2—单筋托架；3—连接板；
4—连接螺栓；5—树脂锚杆；6—混凝土井壁

圆孔，托板的长度和宽度以能布置两排螺孔为准（见图 4—2—17），这就给减小托架尺寸创造有利条件，其优点是壁板尺寸小，设计为平面板加工简单、板与井壁间间隙小，可不充填或少量充填树脂胶泥，托架悬臂长度仅 240mm，受力状态好，托架重量轻，节省钢材，方便安装。图 4—2—18 是采用十字形交错长孔调整节点，这种连接方式调整范围大，连接比较可靠。淮北朱仙庄矿副井将 T 形托架改为在工字钢罐道梁上下翼板上固定 L160×14 角钢的节点结构，如图 4—2—19 所示。这种连接方式简化了托架与梁的结构，减少了加工量，并将长孔放长到 114mm，增大了调整范围。

2．罐道与托架的连接

罐道与托架（悬臂式罐道梁固定罐道）必须利用连接构件（称上托架）将罐道与托架（即下托架）连接在一起，罐道与上托架的连接有螺栓或压板两种方式；上下托架的连接，考虑井筒施工和安装误差，一般采用十字形长孔螺栓连接，这种连接方式虽给安装提供了方便条件，但是削弱了螺栓连接结构的强度。钢轨罐道与托架的连接如图 4—2—20 所示。根据罐道与托架连接方向的不同，有正面固定和侧面固定罐道两种，图 4—2—21 所示为整体轧制罐道与托架连接的两种固定方式。当上、下托架用十字形长孔螺栓连接及罐道安装好后，为防止井筒提升期间上、下托架产生相对位移，上、下托架应采用焊接补强。

3．梯子间小梁与托架的连接

梯子间小梁与托架一般直接用螺栓连接，也有将梯子小梁直接焊接在角钢托架上，其连接的节点如图 4—2—22 所示。

4．用树脂锚杆固定井筒电缆架

井筒电缆架的固定，见图 4—2—23。

（二）托架的计算

1．托架的强度计算

托架的受力情况，如图 4—2—24 所示。

P_x、P_y 和 P_v 是由罐道传来的水平荷载和垂直荷载，N。

由于水平力 P_x 产生的弯矩为：

$$M_x = P_x (a+b)$$

由于垂直力 P_v 产生的弯矩为：

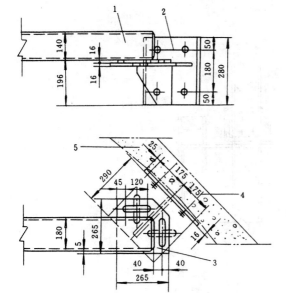

图 4-2-18　槽钢组合罐道梁与托架连接

1—槽钢组合罐道梁；2—单筋托架；

3—连接板；4—树脂锚杆；5—混凝土井壁

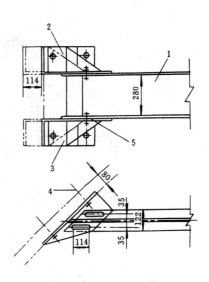

图 4-2-19　工字钢罐道梁与角钢托架连接

1—工字钢罐道梁；2—上角钢托架；

3—下角钢托架；4—树脂锚杆；5—连接螺栓

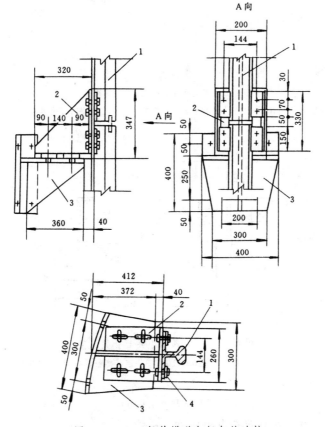

图 4-2-20　钢轨罐道与托架的连接

1—43kg/m 钢轨罐道；2—上托架；3—下托架（罐道支承座）；4—罐道固定压板

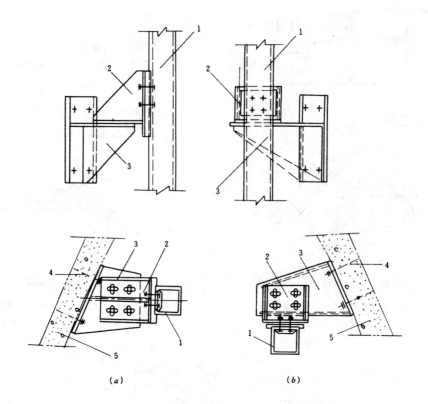

图 4—2—21 整体轧制罐道与托架连接

a—正面固定罐道；b—侧面固定罐道

1—整体轧制罐道；2—上托架；3—下托架；4—树脂锚杆；5—混凝土井壁

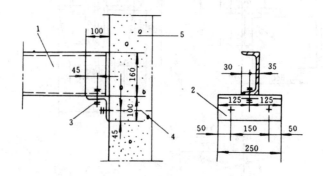

图 4—2—22 梯子小梁与托架连接

1—梯子小梁（［16）；2—角钢托架（∟100×10）；3—连接螺栓；4—树脂锚杆；5—混凝土井壁

$$M_v = P_v (a+b)$$

式中 a——罐道与上托架连接处到井壁距离，mm；

b——可取组合罐道高度的一半，mm。

托架截面的几何尺寸，可按下列公式计算（见图 4—2—25）。

托架截面的形心至边缘距离 L_1 和 L_2 为：

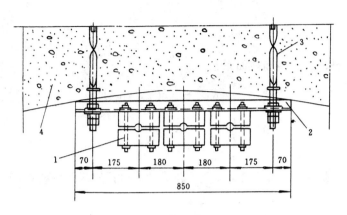

图 4—2—23 树脂锚杆固定电缆架

1—电缆卡子；2—角钢（∟63×40×7）；3—树脂锚杆；4—混凝土井壁

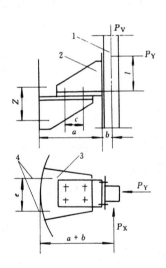

图 4—2—24 托架受力情况

1—罐道；2—上托架；

3—下托架；4—树脂锚杆

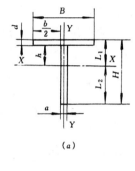

(a)

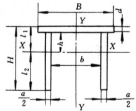

图 4—2—25 托架截面尺寸

a—单筋托架；b—双筋托架

$$
\left.
\begin{aligned}
L_1 &= \frac{aH^2 + bd^2}{2\,(aH + bd)} \\
L_2 &= H - L_1
\end{aligned}
\right\}
\qquad (4-2-1)
$$

托架截面对 X 轴的惯性矩和截面系数为

$$
\left.\begin{array}{l}
I_x = \dfrac{1}{3}\ (BL_1^3 + aL_2^3 - bh^3) \\[2mm]
W_{x1} = \dfrac{I_x}{L_1} \\[2mm]
W_{x2} = \dfrac{I_x}{L_2}
\end{array}\right\} \tag{4-2-2}
$$

托架截面对 Y 轴的惯性矩和截面系数为：

$$
\left.\begin{array}{l}
I_y = \dfrac{1}{12}\left[dB^3 + (H-d)\ a^3\right] \\[2mm]
W_y = \dfrac{I_y}{\dfrac{B}{2}}
\end{array}\right\} \tag{4-2-3}
$$

根据预选的托架截面形状和尺寸，按上述公式计算出托架截面系数 W_x 和 W_y 后，可校核托架的强度，即

$$
\sigma = \frac{M_x}{W_y} + \frac{M_v}{W_x} \leqslant f \tag{4-2-4}
$$

2. 上下托架的连接计算

固定罐道的上下托架通常用螺栓连接，为便于安装，上下构件均采用长孔十字交叉。以下分别按连接螺栓的抗拉力和防松电焊补强进行验算。

(1) 上下托架连接螺栓的防松验算：在水平力 P_y 作用下，两个螺栓同时受力时产生的拉力不应超过螺栓的抗拉容许承载力，即

$$
\frac{P_y \cdot L}{C} < \frac{\pi d_0^2}{4} f_t^b \times 2 \tag{4-2-5}
$$

式中　C——连接螺栓的距离，mm；

　　　　L——偏心距，mm；

　　　　d_0——螺栓螺纹处的内径，mm；

　　　　f_t^b——螺栓的抗拉强度设计值，对于 3 号钢，一般 $f_t^b = 170\mathrm{N/mm^2}$。

(2) 上下托架防松电焊补强验算：为了防止长孔连接螺栓在受力的情况下产生错动，引起托架变位，需要电焊补强。为此，使贴角焊缝承受的剪力大于外加的作用力 P_y，其验算公式如下：

$$
\tau_f = h_e L_w f_f^w > P_y \tag{4-2-6}
$$

式中　τ_f——按焊缝有效截面计算，沿焊缝长度方向的剪应力，N；

　　　　h_e——角焊缝的有效厚度，对直角角焊缝等于 $0.7h_f$，h_f 为较小焊脚尺寸，mm；

　　　　L_w——角焊缝的计算长度，对每条焊缝取其实际长度减去 10mm，mm；

　　　　f_f^w——角焊缝的强度设计值，对于 3 号钢 $f_f^w = 160\mathrm{N/mm^2}$。

3. 托架与井壁的连接计算

用树脂锚杆固定托架，需要对锚杆的受力、树脂锚杆的锚固力进行验算。

(1) 锚杆受力验算：固定托架的锚杆，由于拧紧螺母，在一般情况下有足够的锁紧力，托架壁板与井壁之间有树脂胶泥充填，故托架不会相对滑动，锚杆主要承受拉力。但为了提高锚杆工作的可靠性，以最不利的情况进行计算，即假设托架与井壁间有滑动，此时在外力作

用下，锚杆同时承受拉力和剪力。

每根锚杆承受的剪力：

$$f_Q = \frac{\sqrt{P_x^2 + P_v^2}}{n} \tag{4-2-7}$$

式中　f_Q——每根锚杆所承受的剪力，N；

n——支承托架上的锚杆数，个。

每根锚杆承受的拉力为：

$$P_0 = \frac{P_x \ (a+b)}{\frac{n}{2} \cdot e} + \frac{P_v \ (a+b)}{\frac{n}{2} \cdot Z} \tag{4-2-8}$$

式中　P_0——每根锚杆所承受的拉力，N；

e、Z——锚杆之间距离，mm。

锚杆在外力作用下，所承受的剪力与拉力的合力，不应超过锚杆的抗拉容许承载力，即

$$P_合 = \sqrt{P_0^2 + 3f_Q^2} < A_g \ [\sigma_B] \tag{4-2-9}$$

式中　A_g——每根锚杆杆体的截面积，mm；

$[\sigma_B]$——锚杆的抗拉屈服力，对于 3 号钢，$[\sigma_B] = 240 \text{N/mm}^2$。

（2）树脂锚杆的锚固力验算：树脂锚杆的锚固力是由树脂锚固剂与混凝土孔壁的粘结力决定，即在锚杆杆体的容许承载条件下，树脂胶泥与混凝土的最大粘结力。

$$P_n = \pi d L \ [\tau] \tag{4-2-10}$$

式中　P_n——每根树脂锚杆的锚固力，N；

d——锚杆杆体直径，mm；

L——锚固长度，约为锚杆直径的 12 倍，一般为 320～330mm；

$[\tau]$——胶泥与混凝土的容许粘结力，计算时一般取 $[\tau] = 2.5 \text{N/mm}^2$。

第三节　刚性罐道的计算

一、荷载分析

罐道与罐道梁组成的空间结构，其作用是消除提升容器上下运行时的横向摆动，保证提升容器快速、安全运行。

作用在罐道、罐道梁上的荷载有固定荷载和临时荷载两种。固定荷载主要是罐道、罐道梁的自重（即静荷载）；临时荷载包括提升容器传来的荷载、围岩变形或位移产生的荷载以及安装和温度变化所引起的荷载。提升容器作用于罐道、罐道梁的荷载（即动荷载）又可分为断绳制动荷载和运行荷载两种，是计算罐道、罐道梁的主要荷载，其他荷载均属次要，计算时可省略或在主要荷载计算结果上乘以 1.1 超载系数。

作用于罐道、罐道梁上的荷载，按其作用方向有垂直荷载 P_v 和水平荷载 P_H；水平荷载按作用于罐道面的方向不同又有正面水平荷载 P_Y 和侧面水平荷载 P_X，如图 4－2－26 所示。

断绳荷载是在装有断绳保险器罐笼的提升钢丝绳断裂时，防坠器刹住罐道所产生的制动阻力，其大小与防坠器的结构和罐道类型有关，其方向为垂直。在装有木罐道防坠器的罐笼

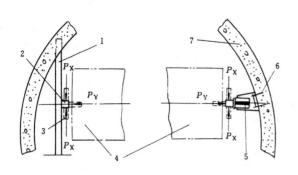

图4-2-26　水平荷载作用图

1—罐道梁；2—罐道；3—胶轮滚动罐耳；4—罐笼；

5—罐道托架；6—树脂锚杆；7—混凝土井壁

中，罐道、罐道梁一般按断绳垂直荷载进行计算。

（1）运行荷载是提升容器在运行过程中与罐道、罐道梁相互作用而产生的水平力，容器运行时发生的动力过程十分复杂，影响水平运行荷载的因素主要有下列几点：

1）提升容器在井筒内运行的速度；

2）提升容器终端荷载的大小；

3）罐道梁层间距大小；

4）罐道和罐道梁在井筒内的安装质量和精确程度；

5）罐道的规格、布置、接头平滑程度和磨损情况；

6）罐耳的类型、罐耳与罐道的间隙大小；

7）提升容器的类型、提升方式以及容器在运行中摆动量的大小，提升钢丝绳的松捻力等。

（2）采用单绳提升时，提升容器的速度和绳端荷载都比较小，罐道变形值一般不显著，提升容器对罐道产生的水平力主要依据罐耳与罐道接触面间隙大小、罐道安装的垂直程度，以及罐道接头处的误差等确定，其值甚小，设计中多采用钢轨罐道和工字钢罐道梁。随着提升容器的速度和终端荷载的增大，容器横向摆动相当激烈，甚至发生运行失稳现象，在这种情况下，水平运行荷载便成为选择计算罐道、罐道梁截面的主要根据。按以上分析，确定井筒装备计算荷载的结论如下：

1）在提升容器装有断绳防坠器的情况下，提升钢丝绳断裂，防坠器刹住罐道时，罐道、罐道梁上的计算荷载，主要根据制动产生的垂直力（即断绳荷载）计算，正常运行时的水平作用力可作校核计算。

2）在提升容器不设防坠器或采用钢丝绳断绳防坠器，以及在采用多绳提升的情况下，罐道、罐道梁上的计算荷载，主要根据容器在运行过程中与罐道相互作用而产生的水平力的计算。

二、罐道、罐道梁上的荷载计算

当井筒中提升容器装有断绳防坠器的情况下，在提升钢丝绳断绳时，防坠器刹住罐道，绳端荷重由断绳防坠器传至罐道、罐道梁，其荷载一般按动力法计算。

罐道、罐道梁所受的断绳荷载按提升容器以正常速度下放时，提升绳突然断裂，绳端荷载冲击力靠断绳防坠器制动爪插入木罐道滑动所产生的制动力来抵消。其过程为：从断绳到防坠器起作用，中间有一段时间 t（其值取决于制动爪与罐道之间的间隙、防坠器工作状况等）在这段时间内提升容器自由降落。设提升绳断绳时，容器以速度 v_0 下放，自由降落 t 秒后最大速度为 $v = v_0 + gt$。从防坠器开始起作用到提升容器完全制动，这段滑动距离叫制动距离 S，其速度由 v 变到零，根据能量守恒原理，容器坠落的动能 $\left(\dfrac{mv^2}{2}\right)$ 消失和位能（QS）的减少，应等于防坠器刹住罐道所产生制动阻力（W）所作的功，即：

$$\frac{Qv^2}{2g} + QS = WS$$

制动力 W，即断绳制动时容器作用于罐道的力，由上式可得：

$$W = \frac{Qv^2}{2gS} + Q \qquad (4-2-11)$$

制动距离 S，可从初速度为 V，末速度等于零的匀减速运动公式知：

$$S = \frac{v^2}{2j}$$

将 S 式代入（4—2—11）得：

$$W = \frac{Qv^2 \cdot 2j}{2g \cdot v^2} + Q = Q\left(\frac{j}{g} + 1\right) \qquad (4-2-12)$$

式中　W——作用于罐道的制动力，N；

　　　Q——提升绳端荷重，N；

　　　g——自由落体重力加速度，$g = 9.81\text{m/s}^2$；

　　　j——制动时的加速度，m/s^2，为保证罐笼内人员的安全和有足够的制动力，一般取 $j \leqslant 3g$；当绳端荷载最小时，即罐笼乘人最少（1人）近似空罐，为保证人员安全，制动减速度 j 不应超过 $5g$；当绳端荷载最大时，即罐笼装载最重，为保证有足够的制动力，其速度 j 应不小于重力加速度 g。

因此设计井筒装备时，罐道、罐道梁所受的断绳制动荷载可按下式计算：

当绳端荷载最小时：　　　　　　$W = 6Q_空$

当绳端荷载最大时：　　　　　　$W = 2Q_重$

当罐笼完全载人时：　　　　　　$W = 4Q$

式中　$Q_空$——空罐重加一人重量，N；

　　　$Q_重$——罐笼自重、矿车重、矿物或矸石重量之和，N；

　　　Q——罐笼重加满载人员的重量，N。

在井筒中提升容器不设防坠器或采用钢丝绳防坠器（提升绳断绳，防坠器的制动不作用于罐道）以及采用多绳提升的情况下，由于多种原因引起容器的横向摆动，产生作用于罐道和罐道梁的水平力和垂直力，经过实际测定，以水平力为主这已有公论。计算井筒装备时，罐道、罐道梁上的计算荷载主要按容器运行过程中与罐道相互作用而产生的水平力计算。

近年来，刚性井筒装备在提升容器高速、重载运行情况下出现罐道变形、罐道梁开裂、梁窝松旷和运行失稳等损坏现象，如淮北芦岭矿主井，在提升终端荷载 148kN，提升速度 13.5m/s 运行数年后，罐道变形 532 处，罐道梁开裂 30 处，梁窝松旷 54 处。井筒装备的这些损坏现象，在国内外都有发生，也并非偶然，其主要原因是在井筒装备的设计中水平力确定有误，结果装备选型不当。实践表明，过去用于浅井的刚性井筒装备的计算依据和方法，已不能满足深井高速、重载情况的需要。

多年来，在多绳提升立井刚性井筒装备结构的设计计算中，设计的主要荷载一般采用原联邦德国水平力经验公式确定。近 20 年来，国内对近 20 个井筒的井筒装备水平力进行了现场测试，取得了大量数据，并研究得出了水平力的计算方法，这对刚性井筒装备的设计研究，起到了重要作用。现将国内外有关水平力的计算方法介绍如下：

1. 经验公式计算法

（1）原联邦德国《采矿规程》（1957 年多特蒙德市出版）规定的有关水平作用力计算公式

$$P_H = \frac{1}{n}QK \qquad (4-2-13)$$

式中　P_H——提升容器运行时的水平作用力，N；

Q——提升终端荷重，N；

K——罐道梁层间距换算系数，

$$K = 1 + 0.5\frac{H-1500}{1500} \qquad (4-2-14)$$

H——设计采用的罐道梁层间距，mm；

1500——标准罐道梁层间距，mm；

n——与提升速度有关的系数，可按表 4-2-16 确定。

表 4-2-16　n 值

提升速度（m/s）	<6	6~8	8~10	10~12	12~14	14~16	>16
n	22	19	17	15	13	12	11

提升容器对罐道、罐道梁所产生的垂直荷载为其水平力的 1/4，即：

$$P_v = 0.5 \cdot P \qquad (4-2-15)$$

（2）前苏联"矿井建设"1962 年第三期介绍的有关水平力的计算公式

$$P_H = C \cdot Q \qquad (4-2-16)$$

式中　C——与提升速度有关的系数，

$$C = 0.004V + 0.026 \qquad (4-2-17)$$

V——提升速度，适用在 6~16m/s 的范围内，当 $V > 16$m/s 时，取 $C = 0.09$。

当罐道梁层间距大于 1500mm 时，每增加 500mm，系数 C 相应地增加 10%。

（3）原联邦德国《竖井与斜井装备的技术规程》（1977 年多特蒙德市出版）规定的有关水平力的简化计算公式

对罐道与罐道梁正面的水平力 P_Y 为：

$$P_Y = \frac{Q}{12} \qquad (4-2-18)$$

对罐道与罐道梁侧面水平力 P_X 为：

$$P_X = 0.8 \cdot P_Y \qquad (4-2-19)$$

对罐道与罐道梁的垂直力 P_v 为：

$$P_v = 0.25 \cdot P_Y \qquad (4-2-20)$$

经验公式计算法考虑了产生水平荷载的主要因素，参数少、公式简便易记，多年来在我国和国外的工程设计中被广泛采用。

由于目前井筒运行情况与德国公式产生的历史背景和适用条件已不相同，对中国煤矿井筒实测证明，用德国公式求得的水平力值比现场实测值及工程设计值大 1~2.5 倍。

部分矿井水平荷载按经验公式计算结果见表 4-2-17。

2. 分析确定法

表 4－2－17 国内外部分矿井水平荷载计算

井 筒 名 称	绳端荷重 Q (kg)	提升速度 v (m/s)	罐道梁层间距 L (m)	罐耳与罐道间隙 δ (mm)	水平荷载 (P_H) 计算值 (kg)	水平荷载 (P_H) 占 Q 的百分比 (%)	计 算 公 式
开滦吕家坨矿主井	23000		3.0	20	2880	12.5	$P_H=\frac{1}{12}Qf$
开滦吕家坨矿副井	23090		3.0		2886	12.5	$P_H=\frac{1}{12}Qf$（按提物计算）
开滦吕家坨矿副井	18360		3.0		2295	12.5	$P_H=\frac{1}{12}Qf$（按提人计算）
开滦范各庄新主井	41000	12～14	3.5		5258	12.8	$P_H=\frac{1}{12}Qf$
开滦范各庄新副井	28100	12～14	3.5		3604	12.5	$P_H=\frac{1}{12}Qf$
兖州兴隆庄主井	20000	10～12	4.168		2520	12.5	$P_H=\frac{1}{15}Qf$
兖州兴隆庄副井	21850	7.85	4.168		1850	8.5	$P_H=\frac{Q}{g}\frac{v^2}{R}$
台吉副井	17700	8.75	4.0		2000	11.3	$P_H=\sqrt{\frac{Q}{g}(va)^2\frac{1}{c}}$
铁法晓南副井	39000	8.15	4.168		4336	11.1	$P_H=\frac{1}{n}Qf$（Q包括绳重）
平顶山十三矿副井	29084	11	4.0		3554	12.2	$P_H=\frac{1}{15}Qf\left(Q$包括$\frac{1}{2}$绳重$\right)$
开滦钱家营主井	711225 (N)	15	4.0		59269 (N)	8.3	$P_H=\frac{Q}{12}$
开滦钱家营副井	252110 (N)	10	5.0		21009 (N)	8.3	$P_H=\frac{Q}{12}$
联邦德国《立井与斜井装备技术规程》计算示例	360000 (N)	10～12	5.0		30000 (N)	8.4	$P_H=\frac{1}{12}Q$（正面水平力）
					24000	6.72	$P_H=0.8\times\frac{Q}{12}$（侧面水平力）
前苏联克里沃巴斯（巨型深井）	90000	8.8	4.0	10	13100	14.6	$P_H=\frac{2mv^2\pi^2\delta}{h^2}$

煤炭工业部沈阳设计院和兖州设计院根据现场实测数据，通过回归分析提出的水平力计算公式，见表 4－2－18（1990年煤炭工业部鉴定通过）。

罐道水平力最大值为：

$$F=（6600～9400）+3F_d \qquad (4-2-21)$$

动态罐道水平力为：

$$F_d=125v-0.00037vmF_j-\frac{2990}{m}+\frac{135400v}{mF_j}-87 \qquad (4-2-22)$$

式中　F_d——动态罐道水平力，N；

　　　v——提升速度，m/s；

　　　m——终端荷载，t；

　　　F_j——滚轮静压力，$F_j=1500～2500N$。

表 4－2－18 罐道水平力设计推荐值

提升速度（m/s）	≤6	8	10	12
水平力推荐值（kN）	8.0	10.0	13.0	16.0

罐道水平力设计推荐值使用条件：

（1）提升速度不大于 12m/s；

（2）滚轮预压力小于 6.6kN；

（3）终端质量（不包括尾绳质量）不大于 350kN；

（4）罐道安装质量符合煤炭工业部部颁验收标准。

该研究成果适用于罐笼井和 16t 以下的箕斗井井筒装备。

3. 工程计算法

工程计算法是中国矿业大学在运用相对运动原理所建立的刚性井筒装备水平力模拟实验台上，从工程使用的角度考虑，对影响水平力的三个主要因素（提升终端荷载、提升速度、罐道梁层间距）按正交设计进行了大量实验，取得了在各种情况下提升容器（胶轮滚动罐耳）沿矩形截面罐道运行所产生的水平力数据，在对实验数据进行回归分析的基础上，提出了水平力工程计算公式，即：

$$P_H = 0.132 Q^{0.425} V^{0.9596} H^{-0.0345} \tag{4－2－23}$$

式中　P_H——水平作用力，kN；

　　　Q——提升终端荷载（提升容器重量与提升物料重量之和），kN；

　　　V——提升速度，s/m；

　　　H——罐道梁（或托架）层间距，m。

工程计算公式（4－2－23）求得的水平力值，大于现场实测最大值 5.53%（东滩煤矿主、副井筒）。

三、断绳制动荷载为主时罐道、罐道梁的计算

断绳荷载是垂直作用力，是计算木罐道和钢罐道梁的主要依据。

（一）木罐道

断绳时，防坠器作用于木罐道上的断绳制动荷载是由提升容器两侧的两根木罐道承受。计算木罐道时，一般按稳定性考虑，即把两层罐道梁之间的一段罐道看成是两端铰接的细长柱，中心受压杆件考虑，根据欧拉公式，木罐道的惯性矩为：

$$J = \frac{WH^2 n}{2\pi^2 E} \tag{4－2－24}$$

式中　J——木罐道的惯性矩，矩形断面 $J = \frac{bh^3}{12}$（mm⁴）；

　　　W——计算荷载，一般按 $W = 4Q$ 考虑；

　　　H——罐道梁层间距，mm；

　　　n——安全系数，一般取 $n = 8$；

　　　E——罐道木顺纹弹性模量，$E = 7500\mathrm{N/mm^2}$。

设矩形截面木罐道的宽度为 b，则高度 h 为：

$$h=\sqrt[3]{\frac{12J}{b}} \qquad (4-2-25)$$

正方形截面木罐道的边长为：

$$a=\sqrt[4]{12J} \qquad (4-2-26)$$

上述公式是按两端绞结轴心受压假设，按稳定性考虑的，实际上木罐道在连接处是连续的，且防坠器的制动爪中心与木罐道中心并不重合，因此还应按偏心受压构件进行验算，即

$$\sigma_c=\frac{P}{F}+\frac{M}{W}\leqslant [\sigma_c] \qquad (4-2-27)$$

式中　σ_c——压弯构件（木罐道）在弯矩作用平面内的最大应力值，N/mm^2；

P——作用在一根木罐道上的断绳制动力，$P=\dfrac{W}{2}$，N；

F——木罐道截面积，mm^2；

M——由于制动爪偏心作用而产生的弯曲力矩，N·mm；

W——木罐道截面抵抗拒，对于矩形截面 $W=\dfrac{bh^2}{6}$，正方形截面 $W=\dfrac{a^3}{6}$，mm；

ε——附加力矩系数，可按下式计算：

$$\varepsilon=1-\frac{\lambda^2\sigma'_c}{3100\,[\sigma_c]} \qquad (4-2-28)$$

λ——罐道的细长比，$\lambda=\dfrac{H}{r}$；

H——罐道梁层间距，mm；

r——最小惯性半径，矩形截面 $r=\dfrac{h}{\sqrt{12}}$，正方形截面 $r=\dfrac{a}{\sqrt{12}}$，mm；

$$\sigma'_c=\frac{P}{F}，\text{N/mm}^2；$$

$[\sigma_c]$——木材顺纹容许压应力，

$$[\sigma_c]=[\sigma_u]K_1K_2K_3 \qquad (4-2-29)$$

$[\sigma_u]$——木材的容许弯曲应力，对于松木和云杉木 $[\sigma_u]=13\text{N/mm}^2$；

K_1——树种换算系数，采用红松时 $K_1=0.9$，杉木时 $K_1=0.8$，落叶松时 $K_1=1.2$；

K_2——特殊荷载系数，$K_2=1.4$；

K_3——受潮湿程度系数，$K_3=0.75\sim0.8$。

木罐道的断面在强度上能否满足要求，应验算罐道最弱的断面，如罐道梁和木罐道的连接处，并考虑最不利条件。根据《煤矿安全规程》有关规定："木罐道任一侧磨损量超过15mm，或其总间隙超过40mm时必须更换"。

（二）钢罐道梁

断绳防坠器制动时，作用在罐道上的垂直力，由木罐道传给各层罐道梁上，计算时一般均假设断绳荷载（W）均匀分布在容器两侧木罐道长度内的几层罐道梁上，故每根罐道梁承受的荷载为：

$$P=\frac{W}{n\times\dfrac{L_0}{H}} \qquad (4-2-30)$$

式中　W——计算荷载，荷载的设计值为荷载乘以荷载系数 γ，荷载系数一般取 $\gamma = 1.4$；

$\quad\quad L_0$——每根木罐道长度，一般 $L_0 = 6\text{m}$；

$\quad\quad H$——罐道梁层间距，一般 $H = 2\text{m}$；

$\quad\quad n$——容器两侧的罐道数，$n = 2$。

罐道梁在集中荷载 P 和自重作用下的最大弯矩为：

$$M_u = \frac{PL}{4} + \frac{5qL^2}{4} \tag{4-2-31}$$

式中　M_u——罐道梁承受的最大弯矩，N·mm，可根据荷载作用情况，从表 4-2-19 查得计算公式；

$\quad\quad L$——罐道梁的计算跨度，取 1.05 倍净跨，mm；

$\quad\quad q$——罐道梁单位长度自重，N/mm。

表 4-2-19　简单荷载作用下等截面梁的支座反力、弯矩和变形计算公式

支承及荷载作用情况	支座反力		最大弯矩	挠曲轴线方程	最大挠度
	R_A	R_B			
	$\dfrac{P}{2}$	$\dfrac{P}{2}$	$M_c = \dfrac{1}{4}pl$	$y = -\dfrac{Px}{12EI}\left(\dfrac{3}{4}l^2 - x^2\right)$ $0 \leqslant x \leqslant \dfrac{l}{2}$	$f_c = \dfrac{Pl^3}{48EI}$
	$\dfrac{Pb}{l}$	$\dfrac{Pa}{l}$	$M_c = \dfrac{Pab}{l}$	$y = -\dfrac{Pbx}{6lEI}(l^2 - x^2 - b^2)$ $0 \leqslant x \leqslant a$ $y = -\dfrac{Pa(l-x)}{6lEI}(2lx - x^2 - a^2)$ $a \leqslant x \leqslant l$	$f_{\max} = -\dfrac{\sqrt{3}\,Pb}{27lEI}(l^2 - b^2)^{\frac{3}{2}}$ 在 $x = \sqrt{(l^2 - h^2)}/3$ 处 $f_{x=\frac{1}{2}l} = -\dfrac{Pb}{48EI}(3l^2 - 4b^2)$
	P	P	$M_c = \dfrac{1}{3}Pl$	$y = -\dfrac{Pl^3}{18EI}\left(2 - 3\dfrac{x^i}{l^2}\right)\dfrac{x}{l}$ $0 \leqslant x \leqslant \dfrac{l}{3}$ $y = -\dfrac{Pl^3}{162EI} \times$ $\left[27\dfrac{x}{l}\left(1 - \dfrac{x}{l}\right) - 1\right]$ $\dfrac{1}{3}l \leqslant x \leqslant \dfrac{2}{3}l$	$f_{\max} = -\dfrac{23}{648}\dfrac{Pl^3}{EI}$ 在 $x = \dfrac{1}{2}l$ 处 $f_{x=\frac{1}{3}l} = -\dfrac{5}{162}\dfrac{Pl^3}{EI}$
	$\dfrac{m}{l}$	$-\dfrac{m}{l}$	$M_A = m$	$y = -\dfrac{mx}{6lEI}(l-x)(2l-x)$	$f_{\max} = -\dfrac{ml^2}{9\sqrt{3}\,EI}$ 在 $x = (1 - 1/\sqrt{3})l$ 处 $f_{x=\frac{1}{2}l} = -\dfrac{ml^2}{16EI}$
	$-\dfrac{m}{l}$	$\dfrac{m}{l}$	$M_B = m$	$y = -\dfrac{mx}{6lEI}(l^2 - x^2)$	$f_{\max} = -\dfrac{ml^2}{9\sqrt{3}\,EI}$ 在 $x = l/\sqrt{3}$ 处 $f_{x=\frac{1}{2}} = -\dfrac{ml^2}{16EI}$

续表

支承及荷载作用情况	支座反力 R_A	支座反力 R_B	最大弯矩	挠曲轴线方程	最大挠度
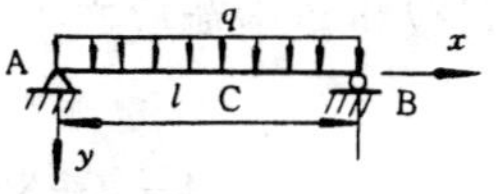	$\frac{ql}{2}$	$\frac{ql}{2}$	$M_c=\frac{1}{8}ql^2$	$y=-\frac{qx}{24EI}(l^3-2lx^2+x^3)$	$f_c=-\frac{5ql^4}{384EI}$
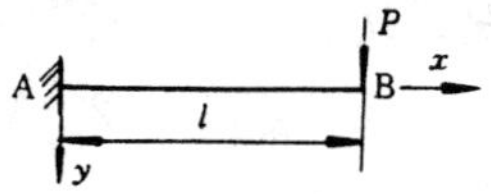	P		$M_A=-Pl$	$y=-\frac{Px^2}{6EI}(3l-x)$	$f_B=-\frac{Pl^3}{3EI}$
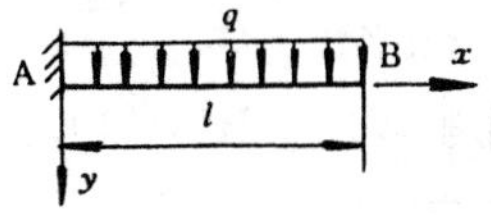	ql		$M_A=-\frac{ql^2}{2}$	$y=-\frac{qx^2}{24EI}(x^2+6l^2-4lx)$	$f_B=-\frac{ql^4}{8EI}$
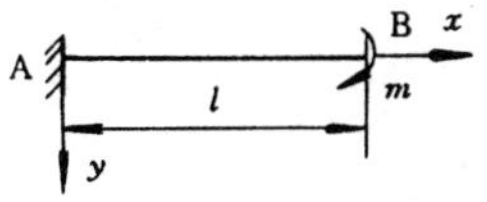	0		$M_A=-m$	$y=-\frac{mx^2}{2EI}$	$f_{max}=-\frac{ml^2}{2EI}$
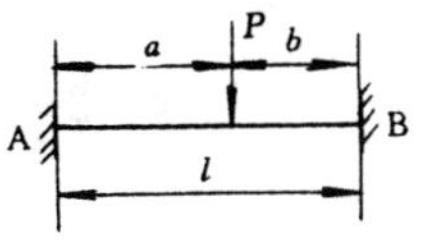	固端反力：$R_A=\frac{Pb^2}{l^3}(3a+b)$　$R_B=\frac{Pa^2}{l^3}(a+3b)$ 固端弯矩：$M_A=-\frac{pab^2}{l^2}$　$M_B=\frac{Pa^2b}{l^2}$				
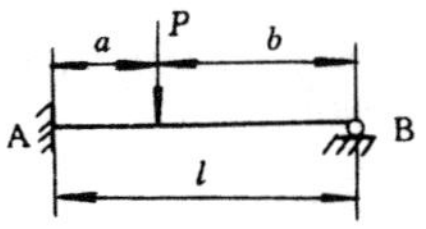	固端反力：$R_A=\frac{Pb}{2l^3}(3l^2-b^2)$；　$R_B=\frac{Pa^2}{2l^3}(3l-a)$ 固端弯矩：$M_A=-\frac{Pb}{2l^2}(l^2-b^2)$；　$M_B=0$				

罐道固定在罐道梁的侧面，实际上罐道梁除承受弯矩外，还承受扭矩，扭矩的力臂长为：

$$t=\frac{a+h}{2}-\Delta \qquad (4-2-32)$$

式中 t——扭臂为罐道梁中心至制动爪中心间距，如图 4－2－27 所示，若制动爪中心不好确定，可用公式（4－2－32）计算；

Δ——罐道梁卡入木罐道的深度，mm；

a——罐道梁截面宽度，mm；

h——木罐道截面高度，mm。

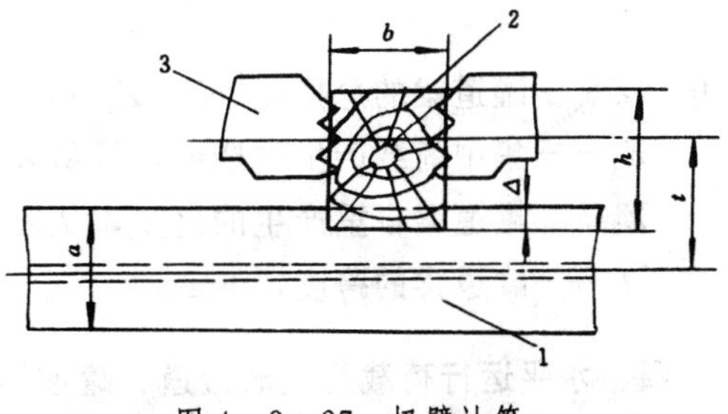

图 4－2－27 扭臂计算

1—罐道梁；2—木罐道；3—保险爪

则罐道梁承受的扭矩为：

$$M_k=Pt \qquad (4-2-33)$$

罐道梁实际承受的力矩，是弯矩和扭矩的联合力矩，即

$$M_{max}=0.35M_u+0.65\sqrt{M_u^2+(K_0\alpha_0M_k)^2} \qquad (4-2-34)$$

式中　M_{max}——联合力矩，N·mm；

　　　K_0——罐道梁截面形状系数，对于矩形截面 $K_0 = \dfrac{3}{2}$，对于工字形截面 $K_0 = 3$；

　　　α_0——罐道梁材料系数，对于钢材 $\alpha_0 = 1$，对于钢筋混凝土 $\alpha_0 = 1$。

如果用来初步估计罐道梁型号，可先不考虑罐道梁的自重和扭矩，仅将集中荷载产生的弯矩乘以 1.05 系数，即

$$M'_{max} = 1.05 M_u \qquad (4-2-35)$$

罐道梁所需的截面抵抗矩：

$$W_x = \frac{M'_{max}}{f} \qquad (4-2-36)$$

式中　W_x——罐道梁截面抵抗矩，mm^3；

　　　f——罐道梁材料的抗弯强度设计值，对于 Q235 钢 $f = 215 N/mm^2$。

罐道梁无钉孔削弱时，所需毛截面抵抗拒 $W = W_x$；罐道梁有钉孔削弱时，$W = (1.1 \sim 1.15) W_x$。

根据断面抵抗矩 W_x，从型钢表中选取所需的钢罐道梁规格。

验算罐道梁的弯曲强度和剪应力：

$$\sigma = \frac{M_{max}}{W_x} \leqslant f \qquad (4-2-37)$$

$$\tau = \frac{V S_x}{I_x t_w} \leqslant f_v \qquad (4-2-38)$$

式中　V——罐道梁承受最大的剪力，N；

　　　I_x——型钢的净截面抵抗矩，mm^4；

　　　S_x——计算剪应力处以上毛截面对中和轴的面积矩，mm^3；

　　　t_w——I20a 腹板厚度，$\delta = 7mm$；

　　　f_v——钢材抗剪强度设计值，Q235 钢 $f_v = 125 N/mm^2$。

根据强度确定罐道梁断面后，还应对其挠度进行验算。当提升容器被制动时，因罐道梁自重及集中荷载而产生的挠度应满足下面的条件：

$$\frac{Z}{L} \leqslant \frac{1}{400} \qquad (4-2-39)$$

式中　Z——罐道梁的总挠度，$Z = Z_1 + Z_2$；

　　　Z_1——集中荷载产生的挠度，可从表 4-2-19 查得；

　　　Z_2——罐道梁自重产生的挠度，从表 4-2-19 查得；

　　　L——罐道梁的跨度，mm。

四、水平运行荷载为主时罐道、罐道梁的计算

在多绳提升或不设防坠器的深立井中，水平作用力是计算刚性井筒装备的主要依据。

（一）罐　道

装备构件一般在失去支承能力的情况下，提升容器与装备才出现极限工作状态，发生运行失稳现象。为保证稳定运行，罐道截面应根据强度条件选择，再按刚度条件校核。

按照计算的最大弯矩和变形确定罐道截面，罐道所需的截面抗矩为：

$$W_x = \frac{M_x}{f} \tag{4-2-40}$$

$$W_y = \frac{M_y}{f} \tag{4-2-41}$$

式中 M_x——在正面水平力作用下罐道的最大弯矩，N/mm^2；

M_y——在侧面水平力作用下罐道的最大弯矩，N/mm^2；

W_x、W_y——对 X 轴和 Y 轴的净截面抵抗矩，mm^3；

f——材料的抗弯强度设计值，N/mm^2。

荷载的设计值为荷载乘以荷载系数 γ，荷载系数一般取 $\gamma = 1.4$。

根据《钢结构设计规范》（GBJ 17—88），罐道的强度应满足以下要求：

$$\frac{M_x}{W_x} + \frac{M_y}{W_y} \leqslant f \tag{4-2-42}$$

罐道除满足上述强度条件以防止构件发生破坏外，还应满足刚度条件，使其变形不超过一定的限度，以免影响提升容器沿罐道正常运行。一般要求罐道在水平荷载作用下的最大变形不超过规范规定的容许挠度，即

$$\frac{Z}{L} \leqslant \frac{1}{400} \tag{4-2-43}$$

式中 Z——罐道的挠度，可参照表 4—2—19 对应的公式算出；

L——罐道的跨度，mm。

（二）罐道梁

罐道梁根据联合力矩，确定截面尺寸，验算截面强度、刚度。若验算不符合要求，则需对所选的截面尺寸进行调整。

罐道梁的强度应满足以下要求：

$$\frac{M_x}{W_x} + \frac{M_y}{W_y} \leqslant f \tag{4-2-44}$$

式中 M_x、M_y——绕 X 轴和 Y 轴的弯矩，N/mm^2（对工字钢截面：X 轴为强轴，Y 轴为弱轴）；

W_x、W_y——对 X 轴和 Y 轴的净截面抗矩，mm^3；

f——材料的抗弯强度设计值，N/mm^2。

由罐道梁自重及集中荷载而产生的挠度应满足下面的条件：

$$\frac{Z}{L} \leqslant \frac{1}{400} \tag{4-2-45}$$

式中 Z——罐道梁的总挠度，$Z = Z_1 + Z_2$；

Z_1——集中荷载产生的挠度，可参照表 4—2—19 对应的公式算出；

Z_2——罐道梁自重产生的挠度，可参照 4—2—19 对应的公式算出；

L——罐道梁的跨度，mm。

五、悬臂式罐道梁计算

悬臂罐道梁是固定罐道的支承结构，通常一端固定在井壁上，另一端与罐道相连接，罐道梁悬出井壁的长度，一般介于 $350 \sim 500mm$ 之间。悬臂罐道梁的梁端荷载，一般按等强度

换算法求之，即根据井筒直径和提升容器的型号，按经验选用的边梁型号，求出该边梁所允许承受的集中荷载，再移此荷载于悬臂梁的自由端，然后作悬臂梁的选型计算，其步骤如下：

设某矿根据经验选用某型号工字钢边梁（按简支梁考虑），根据该边梁的最大跨度及集中荷载（图 4—2—28），作钢悬臂梁的选型计算。

计算边梁的容许弯矩：

$$M_u = f_u W_x \tag{4-2-46}$$

式中 M_u ——某型号工字钢边梁的容许弯矩，$N \cdot mm$；

   f_u ——工字钢的抗弯强度设计值，对于 Q235 钢，$f_u = 215 N/mm^2$；

   W_x ——某型号工字钢的截面抵抗矩，mm^3。

由图 4—2—28 可求出该边梁的最大弯矩：

$$M_{max} = \frac{P \times a \times b}{L} \tag{4-2-47}$$

式中 P ——边梁承受的集中荷载，N；

   a、b ——分别为集中荷载作用点到两端的距离，mm；

   L ——边梁的跨度，mm。

根据该边梁所受的最大弯矩应小于或等于容许弯矩，即 $M_{max} \leqslant M_u$，可求出该边梁所受的集中荷载，即

$$P \leqslant \frac{L f_u W_x}{2b} \tag{4-2-48}$$

把等同的集中荷载 P，看为作用在悬臂梁自由端的荷载，设悬臂梁的长度如图 4—2—29 所示。按悬臂梁承受的最大弯矩求其截面抵抗矩。

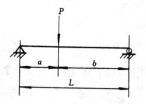

图 4—2—28 边梁受力计算

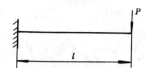

图 4—2—29 悬臂梁受力计算

$$M'_{max} = P \cdot L$$

$$W'_x = \frac{M'_{max}}{f_u} = \frac{P \cdot L}{f_u} \tag{4-2-49}$$

根据求出的截面抵抗矩 W'_x 查型钢表，选出相应的悬臂梁的型号。

六、罐道梁层间距的确定

在采用木罐道时，每根罐道长 6m，布置三层罐道梁，层间距为 2m；采用钢轨罐道时，每根罐道长 12.5m，布置三层罐道梁，考虑到钢轨的膨胀，层间距 H 为：

$$H = \frac{L_0 (1 + \Delta ta)}{n}$$

$$= \frac{12500 (1 + 30 \times 0.000012)}{3} = 4168mm$$

式中 H——罐道梁层间距，mm；

L_0——钢轨罐道长度，mm；

Δt——井筒内温度变化，一般按 30℃ 考虑；

a——钢轨的膨胀系数，一般 $a = 0.000012$；

n——支承每根罐道的罐道数，$n = 3$。

根据罐道、罐道梁受力分析，罐道梁层间距除考虑罐道类型和长度外，还必须考虑提升容器终端荷载和提升速度的大小，即必须考虑罐道、罐道梁上承受水平荷载的大小以及罐道梁截面形状。

根据国内一些矿井生产实践，如开滦矿区，采用 0.45~0.75t 矿车双层或三层多车罐笼，提升终端荷载约 20t，提升速度 7~16m/s，采用 38kg/m 钢轨罐道，罐道梁层间距加大到 4.5 或 5.0m；抚顺矿区木罐道罐笼井筒，采用 1.5t 矿车双层双车，罐道梁层间距由 2.0m 提高到 3.0m，已使用多年，并承受过断绳荷载的考验，证明适当加大罐道梁层间距是可行的。

近年来采用组合钢罐道，罐道梁层间距一般采用 4.0m。根据国外对槽钢组合罐道的提升运行试验和我国对部分井筒装备的现场测试认为：影响罐道水平力的主要因素是井筒装备的安装质量和容器偏载运行，其次是提升速度、导向装置的刚度和终端荷载；在保证安装质量，终端载荷小于 300kN、提升速度不大于 12m/s 的正

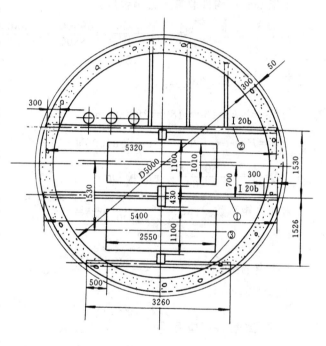

图 4-2-30 罐笼井筒断面布置

常提升情况下，罐道所受的水平力一般小于 10.0kN；在井筒原装备的条件下，罐道梁（或托架）层间距 4.0m 可加大到 6.0m。为降低井筒装备的钢材消耗，减少安装工程量和费用，加快建井速度，根据井筒装备所承受水平力的大小，改善罐道梁截面形状，合理地确定罐道梁层间距，仍需进一步研究。

七、计算实例

（一）断绳制动荷载作用下罐道、罐道梁计算实例

某矿副井井筒净直径 5.0m，采用一对 1t 矿车单层单车普通罐笼，木罐道双侧布置，工字钢罐道梁，木罐道长 6.0m，罐道梁层间距 2.0m，井筒用于提升矸石、人员，下放材料，为防止断绳事故，设有防坠器，其断面布置如图 4-2-30 所示。

1. 木罐道计算

1t 矿车单层单车普通罐笼自重为 21400N，罐笼可载 12 人，每人按 700N 计算，故罐道、

罐道梁上的断绳荷载按公式：

$$W = 4Q = 4 \ (21400 + 12 \times 700)$$
$$= 119200\text{N}$$

木罐道的惯性矩应为：

$$J = \frac{WL^2 n}{2\pi^2 E} = \frac{119200 \times 2000^2 \times 8}{2 \times \pi^2 \times 7500} = 25765302\text{mm}^4$$

假设罐道断面为正方形，则边长为：

$$a = \sqrt[4]{12J} = \sqrt[4]{12 \times 25765302} = 132.6\text{mm}$$

考虑到罐道的磨损要求，取宽度 $b = 160\text{mm}$，厚度 $h = 180\text{mm}$

按偏心受压构件验算木罐道强度：

$$\sigma_c = \frac{P}{F} + \frac{M}{W_x \varepsilon} = \frac{59600}{28800} + \frac{5364000}{864000 \times 0.92}$$
$$= 8.818\text{N/mm}^2 < 12.3\text{N/mm}^2$$

式中　$P = \dfrac{W}{2} = \dfrac{119200}{2} = 59600\text{N}$

　　　　$F = b \times h = 160 \times 180 = 28800\text{mm}^2$

　　　　$M = P \times \dfrac{h}{2} = 59600 \times 90 = 5364000\text{N} \cdot \text{mm}$

　　　　$W_x = \dfrac{bh^2}{6} = \dfrac{160 \times 180^2}{6} = 864000\text{mm}^3$

附加力矩系数　　$\varepsilon = 1 - \dfrac{\lambda^2 \sigma'_c}{3100 \ [\sigma_c]} = 1 - \dfrac{38.5^2 \times 2.07}{3100 \times 12.3}$
$$= 0.92$$

木罐道的细长比　$\lambda = \dfrac{L}{r} = \dfrac{2000 \times \sqrt{12}}{180} = 38.5$

　　　　$\sigma'_c = \dfrac{P}{F} = \dfrac{59600}{28800} = 2.07\text{N/mm}^2$

木材顺纹容许压应力　$[\sigma_c] = [\sigma_u] K_1 K_2 K_3$
$$= 13 \times 0.9 \times 1.4 \times 0.75$$
$$= 12.3\text{N/mm}^2$$

根据强度验算，木罐道 $160\text{mm} \times 180\text{mm}$ 能满足要求。

2. 罐道梁计算

计算一根罐道梁上的荷载：

标准值：　　　　　　$P = \dfrac{W}{n \times \dfrac{L_0}{L}} = \dfrac{119200}{2 \times \dfrac{6}{2}} = 19867\text{N}$

设计值：　　　　　　$P = \gamma P = 1.4 \times 19867 = 27813\text{N}$

预选 1 号罐道梁，其计算长度　$L = 1.05 \times (5400 - 2 \times 300) = 5040\text{mm}$

求弯矩的近似值：

$$M'_{max} = 1.05 M_u = 1.05 \times \frac{PL}{4}$$
$$= 1.05 \times \frac{27813 \times 5040}{4} = 36796599\text{N} \cdot \text{mm}$$

1 号罐道梁所需的截面抵抗拒计算为：

$$W_x = \frac{M'_{max}}{f} = \frac{36796599}{215} = 171147 mm^3 = 171.15 cm^3$$

考虑到罐道梁与罐道连接的螺栓孔，故所需的毛截面抵抗矩为：

$$W = 1.1 W_x = 1.1 \times 171.15 = 188.27 cm^3$$

查型钢表，选用 20a 号工字钢，其截面抵抗矩 $W_x = 237 > 188.27 cm^3$，腹板厚度 $\delta = 7.0 mm$，梁宽 $a = 100 mm$，自重 $q = 27.9 kg/m = 0.279 N/mm$，$I_x = 2370 cm^4$，$K = I_x/S_x = 172 mm$。

罐道梁最大弯矩为：

$$M_u = \frac{PL}{4} + \frac{qL^2}{8} = \frac{27813 \times 5040}{4} + \frac{0.279 \times 5040^2}{8}$$
$$= 35930261 N \cdot mm$$

罐道梁所受的扭矩计算：

$$M_k = Pt = P\left(\frac{a+h}{2} - \Delta\right)$$
$$= 27813 \times \left(\frac{100+200}{2} - 16\right)$$
$$= 3726942 N \cdot mm$$

罐道梁所受的弯矩和扭矩的联合力矩为：

$$M_{max} = 0.35 M_u + 0.65 \sqrt{M_u^2 + 9 M_k^2}$$
$$= 0.35 \times 35930261 + 0.65 \sqrt{35930261^2 + 9 \times 3726942^2}$$
$$= 37034898 N \cdot mm$$

验算 1 号罐道梁的弯曲应力：

$$\sigma = \frac{M_{max}}{W_x} = \frac{37034898}{237000}$$
$$= 156.27 N/mm^2 < f = 215 N/mm^2$$

验算剪应力：

$$\tau = \frac{V S_x}{I_x t_w} = \frac{V}{K t_w} = \frac{14610}{172 \times 7}$$
$$= 12.1 N/mm^2 < f_v = 125 N/mm^2$$

式中 V——罐道梁承受最大的剪力。

$$V = \frac{P + qL}{2} = \frac{27813 + 0.279 \times 5040}{2}$$
$$= 14610 N$$

验算刚度：

集中荷载作用下的挠度为：

$$Z_1 = \frac{pL^3}{48 E I_x} = \frac{19867 \times 5040^3}{48 \times 2.06 \times 10^5 \times 23700000}$$
$$= 10.85 mm$$

因自重产生的挠度为：

$$Z_2 = \frac{5qL^4}{384 E I_x} = \frac{5 \times 0.279 \times 5040^4}{384 \times 2.06 \times 10^5 \times 23700000} = 0.48 mm$$

则 $\qquad Z=Z_1+Z_2=10.85+0.48=11.33\text{mm}$

$$Z/L=11.33/5040=1/444.8<1/400$$

2 号罐道梁与 1 号罐道梁跨度相差甚微,荷载也相同,故也选 20a 工字钢。3 号罐道梁因跨度较小,选用 18 号工字钢,不另行验算。

(二)水平运行荷载为主时井筒装备计算举例

1. 设计条件

某矿井一混合井筒,净直径 $D=7.8\text{m}$,井筒内布置有:

(1)一对 18t 箕斗;

(2)一对 3t 矿车三层单车罐笼,提矸时只两层装载;

(3)直径 $d=450\text{mm}$ 排水管 6 条;

(4)金属梯子间以及动力、信号电缆若干条。

井筒断面布置如图 4—2—31 所示。采用多绳提升,槽钢罐道梁,槽钢组合刚度配合胶轮滚动罐耳,端面布置,罐道梁层间距 4.0m,提升速度 12～14m/s。

2. 计算基础

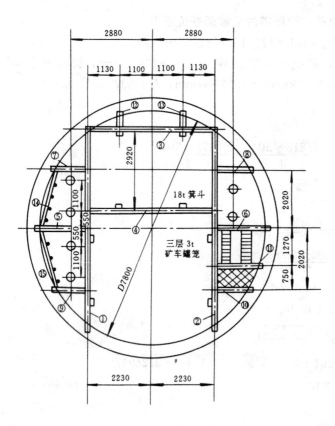

图 4—2—31 混合井筒断面布置

(1)罐笼提矸时绳端荷重:

罐笼及钢绳悬挂装置总重 138000N;

3t 矿车自重 $2\times15500=31000\text{N}$;

矸石荷重 $2\times30000\times1.8=108000\text{N}$;

则 $\qquad\qquad \Sigma Q_{\text{罐}}=138000+31000+108000=277000\text{N}$

(2)箕斗提煤时绳端荷重:

箕斗净重(包括连接及悬挂装置)230000N;

煤重 180000N;

则 $\qquad\qquad \Sigma Q_{\text{箕}}=230000+180000=410000\text{N}$

(3)罐道梁层间距换算系数 K:

罐道梁层间距 4.0m

$$K=1+0.5\times\frac{4000-1500}{1500}=1.833$$

(4) n 值:

按 $v=12\sim14\text{m/s}$ 查表 4—2—17,则 $n=13$。

3. 提升容器对罐道、罐道梁作用力计算

罐笼对罐道、罐道梁的水平作用力为：

标准值： $P_{罐}^H = \frac{1}{n}\Sigma Q_{罐} K = \frac{1}{13} \times 277000 \times 1.833 = 39057N$

设计值： $P_{罐}^H = 39057 \times 1.4 = 54680N$

提煤箕斗对罐道、罐道梁的水平作用力为：

标准值： $P_{箕}^H = \frac{1}{13} \times 410000 \times 1.833 = 57810N$

设计值： $P_{箕}^H = 57810 \times 1.4 = 80934N$

空箕斗对罐道、罐道梁的水平作用力为：

标准值： $P_{箕}^{H0} = \frac{1}{13} \times 230000 \times 1.833 = 32430N$

设计值： $P_{箕}^{H0} = 32430 \times 1.4 = 45402N$

提升容器对罐道、罐道梁的垂直力为水平作用力的 1/4，即罐笼提矸时：

标准值： $P_{罐}^V = 0.25 P_{罐}^H = 0.25 \times 39057 = 9764N$

设计值： $P_{罐}^V = 9764 \times 1.4 = 13670N$

箕斗提煤时：

标准值： $P_{箕}^V = 0.25 \times 57810 = 14453N$

设计值： $P_{箕}^V = 14453 \times 1.4 = 20234N$

空箕斗时：

标准值： $P_{箕}^{V0} = 0.25 \times 32430 = 8108N$

设计值： $P_{箕}^{V0} = 8108 \times 1.4 = 11351N$

4. 罐道梁长度计算

按照井筒断面布置（图4-2-30）计算各罐道梁长度，并将全部计算汇总列入表4-2-20。

表4-2-20 罐道梁长度计算　　　　　　mm

梁 号	计 算 公 式 或 依 据	罐道梁埋入井壁深度	罐道梁总长
①、②	$\frac{l}{2} = \sqrt{\left(\frac{7800}{2}\right)^2 - 2230^2} = 3200,\ l = 6400$	预选罐道梁［36 2×360×1.25	7300
③、④	根据井筒布置 $l = 2 \times 2230 = 4460$		4460
⑤、⑥	$l = \frac{7800}{2} - (2236 + 13) = 1000$	300	1960
⑦、⑧、⑨、⑩	$l = \sqrt{\left(\frac{7800}{2}\right)^2 - 2020^2} - (2230 + 13) = 1100$	300	1400
⑪	$l = \sqrt{3900^2 - 1270^2} - (2230 + 13) = 1440$	300	1740
⑫、⑬	$l = \sqrt{3900^2 - 1100^2} - \left(2020 + \frac{2920}{2} + 13\right) = 250$	300	550
⑭、⑮	此电缆梁卡于⑤、⑦、⑨号梁上方，取 $l = 2100$		2100

5. 支承梁作用力计算

在一个井筒内，两套提升容器同时运行，为提高①、②号梁刚度，在该梁背面增设附加支承梁，结合排水管布置，此附加支承梁除加强①、②号梁外，还作为排水管的卡管梁用。排水管外径 $d=450\text{mm}$，壁厚 16mm，管重 $171.25\text{kg/m}=1.71\text{N/mm}$，排水管卡间距按 8.0m 计算，则每道卡间距内的管重为 $171.25\times8.0=1370\text{kg}=13700\text{N}$，考虑螺栓、法兰盘等重量约 $150\text{kg}=1500\text{N}$，则每道卡间距内总重量为 $13700+1500=15200\text{N}$，荷重设计值：$15200\times1.4=21280\text{N}$。

选择支承梁截面：

⑤号支承梁计算图如图 4-2-32 所示。

$$R_c=\frac{21280\times1310}{1960}=14223\text{N}$$

$$M_{max}=\frac{21280\times1310\times650}{1960}$$
$$=9244857\text{N}\cdot\text{mm}$$

⑦号支承梁计算图如图 4-2-33 所示。

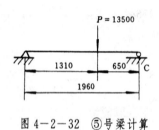

图 4-2-32　⑤号梁计算

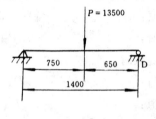

图 4-2-33　⑦号梁计算

$$R_D=\frac{21280\times750}{1400}=11400\text{N}$$

$$M_{max}=\frac{21280\times750\times650}{1400}$$
$$=7410000\text{N}\cdot\text{mm}$$

由上可知，最大弯矩为⑤号梁，$M_{max}=9244857\text{N}\cdot\text{mm}$，排水管中心至梁中心距离 $t=550\text{mm}$，则⑤号梁的扭矩为：

$$M_k=Pt=21280\times550=11704000\text{N}\cdot\text{mm}，$$

弯矩与扭矩联合作用力矩计算为：

$$M=0.35M_u+0.65\sqrt{M_u^2+(K_0\alpha_0 M_k)^2}$$
$$=0.35\times9244857+0.65\sqrt{9244857^2+9\times11704000^2}$$
$$=26836339\text{N}\cdot\text{mm}$$

⑤号梁所需的截面抵抗拒为：

$$W_x=\frac{M}{f}=\frac{26836339}{215}=124820\text{mm}^3=124.82\text{cm}^3$$

查表选用 [18，$W_x=152.2\text{cm}^3$，$F=29.29\text{cm}^2$，每米重量 22.99kg，⑤号梁的两边交错卡排水管，为便于固定垫木，⑤号支承梁改选用 I18（180×94×6.5），⑥号梁仍选用 [18（180×70×9），其余支承梁⑦、⑧、⑨、⑩号的受力情况相似，梁的跨度、弯矩、扭矩都比⑤号梁小，⑪、⑫、⑬号梁受力都较小，为统一尺寸均选用 [18（180×70×9）槽钢梁。

6. ④号梁作用力计算

④号梁主要支承箕斗传来的荷载,按重箕斗上提,空箕斗下放同时作用到罐道梁的最不利条件进行计算。④号梁上荷载作用情况,如图4－2－34所示。

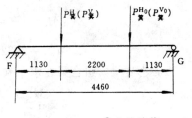

图4－2－34　④号梁计算

④号梁上垂直荷载有:

$$P_{箕}^{V} = 20234N$$

$$P_{箕}^{V0} = 11351N$$

$$R_{F}^{V} = \frac{20234 \times 3330 + 11351 \times 1130}{4460} = 17983N$$

$$R_{G}^{V} = 13602N$$

$$M_{max}^{V} = 17983 \times 1130 = 20320790N \cdot mm$$

$$W_{x} = \frac{M_{max}^{V}}{f} = \frac{20320790}{215} = 94515mm^{3} = 94.52cm^{3}$$

④号梁上水平荷载有:

$$P_{箕}^{H} = 80934N, \quad P_{箕}^{H0} = 45402N$$

$$R_{F}^{H} = \frac{80934 \times 3330 + 45402 \times 1130}{4600} = 69742N$$

$$R_{G}^{H} = 56594N$$

$$M_{max}^{H} = 69742 \times 1130 = 78808460N \cdot mm$$

$$W_{y} = \frac{M_{max}^{H}}{f} = \frac{78808460}{215} = 366551mm^{3} = 366.55cm^{3}$$

计算结果表明,④号梁所需的 W_x 值小,W_y 值大,为充分发挥材料作用,将型钢卧放使用较为合理,但为罐道连接方便,决定采用[18b 和厚12mm 钢板焊接的槽钢组合罐道梁,如图4－2－35 所示。

计算槽钢组合罐道梁的惯性矩和截面抵抗矩:

槽钢 [18b 的截面 $F_1 = 29.29cm^2$,$I_{x1} = 1370cm^4$,$I_{y1} = 111cm^4$,单位重量 $p_1 = 22.99kg/m$;钢板厚1.2cm,宽16cm,$F_2 = 1.2 \times 16 = 19.2cm^2$,单位重量 $p_2 = 15.07kg/m$,组合梁每米重量 $p = 2 \times (22.99 + 15.07) = 76.12kg/m = 0.761N/mm$。

$$I_{x2} = \frac{16 \times 1.2^3}{12} = 2.30cm^4, \quad I_{y2} = \frac{1.2 \times 16^3}{12} = 409.6cm^4$$

组合梁在 $X-X$ 轴上的惯性矩为:

$$I_{x组} = 2(1370 + 2.3 + 9.6^2 \times 1.2 \times 16) = 6283.544cm^4$$

组合梁在 $X-X$ 轴上的截面抵抗矩为:

$$W_{x组} = \frac{6283.544}{11} = 571.231cm^3 = 571231mm^3$$

组合梁在 $Y-Y$ 轴上的惯性矩为:

$$I_{y组} = 2 \times [111 + 29.29 \times (9 - 1.84)^2 + 409.6] = 4044.339cm^4$$

组合梁在 $Y-Y$ 轴上的截面抵抗拒为:

$$W_{y组} = \frac{4044.339}{9} = 449.37cm^3 = 449370mm^3$$

组合梁自重 $q=0.761\text{N/mm}$。

$$M_q=\frac{qL^2}{8}=\frac{0.761\times4460^2}{8}=1892188\text{N}\cdot\text{mm}$$

$$M^V_{max}=20320790+1892188=22212978\text{N}\cdot\text{mm}$$

检验④号梁，组合梁在水平和垂直平面内的边缘应力为：

$$\sigma=\frac{M^V_{max}}{W_{x组}}+\frac{M^H_{max}}{W_{y组}}=\frac{22212978}{571231}+\frac{78808460}{449370}$$

$$=214.26\text{N/mm}^2<f=215\text{N/mm}^2$$

故④号梁采用 [18b 与厚 12mm 钢板焊成的槽钢组合罐道梁符合要求。

对于③号梁，因在罐道梁背面增加支撑梁⑫和⑬，已无水平弯矩，受力状况有很大的改善。故不作计算，为统一规格仍选用 [18b 和厚 12mm 钢板焊接的槽钢组合罐道梁。

7. ①号梁作用力计算

①号梁上垂直荷载的作用情况如图 4—2—36 所示。

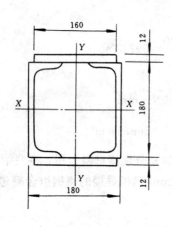

图 4—2—35　槽钢—钢板组合罐道梁截面
槽钢 [18b（180×70×9）；钢板（160×12）

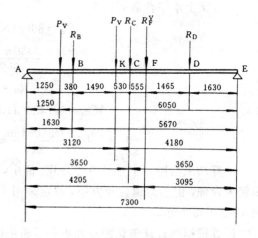

图 4—2—36　①号梁垂直荷载布置图

图中　$P_V=13670\text{N}$，罐笼传给罐道梁的垂直力；

$R_B=R_D=11400\text{N}$，⑦、⑨号梁传来的垂直力；

$R_C=14223\text{N}$，⑤号梁传来的垂直力；

$R^V_F=17983\text{N}$，箕斗通过④号梁传来的垂直力。

A、E 支座反力：

$$R_E=\frac{13670（1250+3120）+14223\times3650+11400（1630+5670）+17983\times4205}{7300}$$

$$=37053\text{N}$$

$$R_A=13670\times2+11400\times2+14223+17983-37053=45293\text{N}$$

垂直弯矩：

$$M_D=1630R_E=1630\times37053=60396390\text{N}\cdot\text{mm}$$

$$M_F=3095R_E-(3095-1630)R_D$$

$$=3095\times37053-(3095-1630)\times11400$$

$$= 97978035\text{N} \cdot \text{mm}$$

$$M_{\text{C}} = 3650R_{\text{E}} - (3650 - 1630)R_{\text{D}} - (3650 - 3095)R_{\text{F}}^{\text{V}}$$

$$= 3650 \times 37053 - 2020 \times 11400 - 555 \times 17983$$

$$= 102234890\text{N} \cdot \text{mm}$$

$$M_{\text{K}} = 4180R_{\text{E}} - (4180 - 1630)R_{\text{D}} - (4180 - 3095)R_{\text{F}}^{\text{V}} - (4180 - 3650)R_{\text{C}}$$

$$= 4180 \times 37053 - 2550 \times 11400 - 1085 \times 17983 - 530 \times 14223$$

$$= 98761795\text{N} \cdot \text{mm}$$

$$M_{\text{B}} = 5670R_{\text{E}} - (5670 - 4180)P_{\text{V}} - (5670 - 3650)R_{\text{C}} - (5670 - 3095)R_{\text{F}}^{\text{V}} -$$

$$(5670 - 1630)R_{\text{D}}$$

$$= 5670 \times 37053 - 1490 \times 13670 - 2020 \times 14223 - 2575 \times 17983 - 4040 \times 11400$$

$$= 68629525\text{N} \cdot \text{mm}$$

$$M = R_{\text{A}} \times 1250 = 45293 \times 1250 = 56616250\text{N} \cdot \text{mm}$$

最大垂直弯矩在 C 点作用处, 即

$$M_{\text{max}} = M_{\text{C}} = 102234890\text{N} \cdot \text{mm}$$

在垂直荷载作用下①号梁所需的截面抵抗矩为:

$$W_{\text{x}} = \frac{M_{\text{max}}}{f} = \frac{102234890}{215} = 475511\text{mm}^3 = 475.51\text{cm}^3$$

①号梁在水平荷载作用下的计算图,
如图 4—2—37 所示。

按单跨简支梁计算:

在 AB 跨内的最大弯矩为:

$$M_{\text{AB}} = \frac{54680 \times 1250 \times 380}{1630}$$

$$= 15934356\text{N} \cdot \text{mm}$$

在 BC 跨内的最大弯矩为:

$$M_{\text{BC}} = \frac{54680 \times 1490 \times 530}{2020}$$

$$= 21376632\text{N} \cdot \text{mm}$$

按单跨梁计算①号梁所需的截面抵抗

矩:

$$W_{\text{y}} = \frac{M_{\text{BC}}}{f} = \frac{21376632}{215}$$

$$= 99426\text{mm}^3 = 99.43\text{cm}^3$$

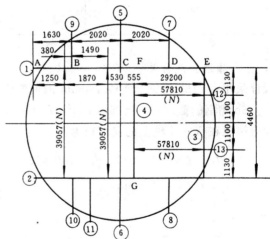

图 4—2—37 ①号梁在水平荷载作用下计算

按上述计算结果, 为统一规格, 减少型材品种, 选用 [18b 与钢板焊接的槽钢组合罐道梁,
如图 4—2—35 所示。

验算①号梁:

在最大水平弯矩 $M_{\text{BC}} = 21376632\text{N} \cdot \text{mm}$, 平面内的垂直弯矩为 $M_{\text{K}} = 98761795\text{N} \cdot \text{mm}$;
在最大垂直弯矩 $M_{\text{C}} = 97254885\text{N} \cdot \text{mm}$ 处, 平面内之水平弯矩为 0, 故只须验算 M_{BC} 和 M_{K} 平
面内的边缘强度, 即:

$$\sigma = \frac{M_{\text{K}}}{W_{\text{x组}}} + \frac{M_{\text{BC}}}{W_{\text{y组}}} = \frac{98761795}{571231} + \frac{21376632}{449370}$$

$$=220.46\text{N/mm}^2 > f = 215\text{N/mm}^2$$

$$\frac{\sigma}{f} = \frac{220.46}{215} = 1.025 < 1.05 \text{ 不超过 } 5\%。$$

以上水平弯矩计算系一种偏于安全的简化计算法，精确计算应按多跨连续梁计算，才能反映①号梁的真实受力情况，并能节省钢材用量。

①号梁采用[18b 和钢板焊成的槽钢组合罐道梁符合要求。②号梁上的荷载情况和①号梁相似，不再进行计算，也选用与①号梁相同的组合梁。

8. 罐道梁计算结果汇总（表 4—2—21）

表 4—2—21　罐道梁计算结果汇总

梁　号	长 度 (mm)	计 算 需 要		设 计 选 取		选用的罐道梁截面
		W_X (cm³)	W_Y (cm³)	W_X (cm³)	W_Y (cm³)	
①、②	7300	475.51	94.69	571.231	449.370	组合梁[18b 与钢板（厚 12 宽 160mm）
③	4460					组合梁[18b 与钢板
④	4460	900.15	349.1	571.231	449.370	组合梁[18b 与钢板
⑤	1960	124.82		185	26	工 18(180×94×6.5)
⑥	1960			152.2	21.52	[18b(180×70×9)
⑦、⑧、⑨、⑩	1400			152.2	21.52	[18b(180×70×9)
⑪、	1740			152.2	21.52	[18b(180×70×9)
⑫、⑬	550			152.2	21.52	

9. 组合罐道强度验算

设计采用由[16b 槽钢和 10×140mm 钢板焊接而成的组合罐道，截面形式如图 4—2—38 所示。[16b 槽钢的截面积 $F = 25.15\text{cm}^2$，$I_x = 934.5\text{cm}^4$，$W_x = 116.8\text{cm}^3$。

组合罐道在 $X-X$ 轴上的惯性矩为：

$$I_x = 2 \times \left(9345000 + \frac{1}{12} \times 140 \times 10^3 + 140 \times 10 \times 85^2 \right)$$
$$= 38943333\text{mm}^4$$

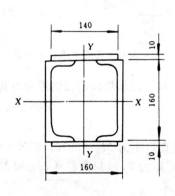

图 4—2—38　组合罐道截面

槽钢 [16 (160×65×8.5)；钢板 (140×10)

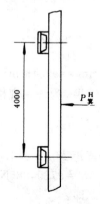

图 4—2—39　按单跨简支梁验算罐道

组合罐道在 $X-X$ 轴上的截面抵抗矩为：

$$W_x = \frac{I_x}{y_组} = \frac{38943333}{90} = 432704 \text{mm}^3$$

（1）按单跨间支梁验算组合罐道（见图 4—2—39）：

作用于罐道上的最大水平力为 $P_箕^H = 80934\text{N}$，则：

$$M_{max} = \frac{1}{4} P_箕^H = \frac{80934 \times 4000}{4}$$
$$= 80934000 \text{N} \cdot \text{mm}$$

$$\sigma = \frac{M_{max}}{W_x} = \frac{80934000}{432704}$$
$$= 187.04 \text{N/mm}^2 < f = 215 \text{N/mm}^2$$

组合罐道的挠度按下式计算：

$$Z = \frac{P_箕^H L^3}{48 E I_x} = \frac{57810 \times 4000^3}{48 \times 2.06 \times 10^5 \times 38943333}$$
$$= 9.61 \text{mm} < \frac{L}{400} = \frac{4000}{400} = 10 \text{mm}$$

表 4—2—22 水平力工程公式计算与现场实测结果对比

井筒名称	层间距 H (m)	终端荷载 Q (kN)	提升速度 V (m/s)	水 平 力 值	
				工程公式计算值 P_H (kN)	现场实测最大值 P_c (kN)
东滩矿 副 井	4	150	8	7.63	6.92
			10	9.45	8.87
			12	11.26	10.26
		280	8	9.85	9.20
			10	12.29	10.66
			12	14.64	12.22
		300	8	10.22	10.19
			10	12.66	12.50
			12	15.08	14.90
东滩矿 主 井	6	180	10	10.11	9.87
			12	12.05	10.59
			14	13.97	13.30
		322	10	12.86	11.68
			12	15.32	14.92
			14	17.76	17.04
淮北芦岭 矿主井	4.168	160	10	9.70	9.65
			12	11.55	11.40
			13.5	12.94	12.60

（2）按三跨连续梁验算组合罐道：

一根罐道支承在三层罐道梁，故按三跨连续梁验算组合罐道，由以下公式求三跨连续梁上最大弯矩：

$$M_{max} = \frac{1}{5} P_箕^H L = \frac{1}{5} \times 80932 \times 4000$$

$$=64747200\text{N}\cdot\text{mm}$$

$$\sigma=\frac{M_{\max}}{W_x}=\frac{64747200}{432704}$$

$$=149.64\text{N/mm}^2<f=215\text{N/mm}^2$$

组合罐道按三跨连续梁计算时最大挠度按下式求得：

$$Z=\frac{P_桨^H L^3}{68EI_x}=\frac{57810\times4000^3}{68\times2.06\times10^5\times38943333}$$

$$=6.78\text{mm}<\frac{L}{400}=\frac{4000}{400}=10\text{mm}$$

按上述计算结果说明：用两块［16b 和 10×140mm 钢板焊接的槽钢组合罐道，能满足强度和刚度条件的要求，罐道梁层间距采用 4.0m 是可行的。

（三）工程计算法水平力的对比分析举例

（1）按工程计算法计算的水平力值与兖州东滩主、副井筒和淮北芦岭主井井筒装备水平力现场实测结果比较见表 4－2－22。

（2）在提升速度为定值时（V＝12m/s）工程计算法水平力计算值与经验公式（$P_y=Q/12$）计算和现场实测结果见表 4－2－23。

表 4－2－23 V＝12m/s 时工程计算与经验计算和现场实测结果

井筒名称	层间距 H (m)	终端荷载 Q (kN)	提升速度 V (m/s)	工程公式计算值 P_H (kN)	经验公式计算值 P_y (kN)	现场实测值 P_c (kN)	备注
东滩副井	4	150	12	11.26	12.5	10.26	
		280	12	14.64	23.33	12.20	
		300	12	15.08	25.00	14.90	
东滩主井	6	182	12	12.05	15.17	10.59	
		322	12	15.30	26.83	14.92	
芦岭主井	4.168	160	12	11.55	13.33	11.40	
范各庄新井箕斗	3.5	410	12	17.27	34.17		
范各庄新井罐笼	3.5	281	12	14.73	23.42		
兴隆庄主井	1.468	200	12	12.691	16.67		

第四节 罐道与罐道、罐道与罐道梁的连接

一、罐道接头

罐道接头处要求有足够的强度和刚度，接头处还应平滑，使容器畅通无阻，减少振动。根据煤矿安装工程质量检验评定标准要求："同一提升容器的两罐道接头位置，严禁位于同层梁上"。另外，罐道接头之间应留 2～4mm 伸缩缝。

（一）木罐道接头

罐道接头应保证罐笼断绳制动时，工作正常。接头处常将罐道木三面削成长 100～150mm，厚 3mm 的梢头，以减少罐笼经过时的振动，连接螺栓埋入木罐道的净深不小于

15mm。

1. 木罐道接头形式

按罐道接头位置不同有两种方式，即木罐道的接头布置在罐道梁上，或布置在两层罐道梁之间；按罐道接头方式不同，可分为简易接头、斜榫和公母榫接头等几种，见表4-2-24。

表4-2-24 木罐道接头布置形式

接头布置形式		图 示	说 明
接头布置在罐道梁上	简易接头	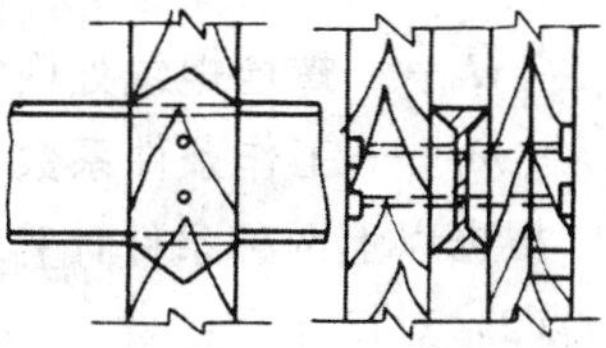	搭接接头形式之一。构造简单，安装方便，接头设在罐道梁上，牢固，可靠
	斜榫接头	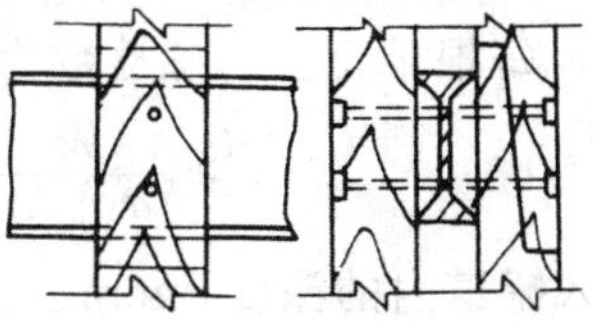	搭接接头形式之一。构造简单，安装方便；接头设在罐道梁上，牢固、可靠
接头布置在两层罐道梁之间	公母榫接头	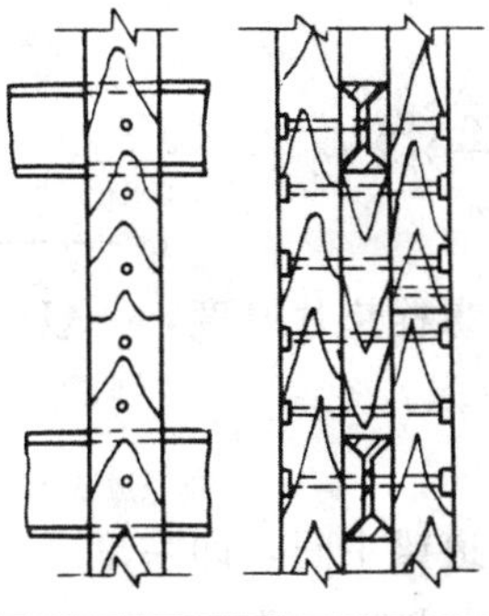	对接接头形式。构造较复杂，安装较麻烦，接头部分需用罐道接头木，消耗木材多；接头处强度较大，井筒淋水不易积聚在接头缝隙之间；减少接头处腐朽，延长使用期限

2. 木罐道接头计算

(1) 搭接计算：

其搭接方法如图4-2-40a所示。

按挤压条件，每根罐道上的螺栓数为：

$$n \geqslant \frac{W}{[\sigma_C]\left(\dfrac{h}{2} - \Delta\right)d} \qquad (4-2-50)$$

式中 n ——每根罐道的螺栓数，个；

W ——计算荷载，N；

$[\sigma_C]$ ——罐道木顺纹抗压容许应力，N/mm²；

h ——木罐道厚度，mm；

Δ ——螺帽陷入罐道的深度，mm；

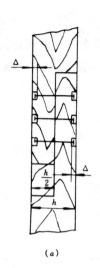 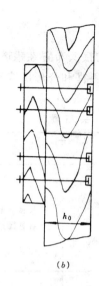

d——螺栓直径，一般取 $16\sim22$mm。

按剪切条件，每根罐道上的螺栓数为：

$$n\geqslant\frac{W}{\frac{\pi d_0^2}{4}f_v m_c}\qquad(4-2-51)$$

式中　W——计算荷载，荷载设计值为荷载乘以
荷载系数 γ，$\gamma=1.4$，N；

　　　f_v——螺栓抗剪强度设计值，Q235 钢普通
C 级螺栓 $f_v=135$N/mm²；

　　　d_0——螺栓螺纹处内径，mm；

　　　m_c——工作条件系数，一般取 $m_c=0.8$。

根据以上两种条件计算结果，取其最大值。

（2）对接计算：

其对接方法如图 $4-2-40b$ 所示。按挤压条
件，每根罐道上的螺栓数为：

$$n\geqslant\frac{W}{[\sigma_C]\,h_0 d}\times2\qquad(4-2-52)$$

图 4—2—40　木罐道接头计算示意图

a—搭接接头；b—对接接头

式中　h_0——托木厚度或罐道厚度减去螺帽陷入罐道内的深度，mm；

　　　2——对接时螺栓数加倍。

按剪切条件，每根罐道上所需的螺栓数为：

$$n\geqslant\frac{W}{\frac{\pi d_0^2}{4}f_v m_c}\times2\qquad(4-2-53)$$

根据以上两种条件计算结果，取其最大值。螺栓垫片厚度，一般设计中不计算，螺栓垫
片的直径或边长不小于 $3.3d$，厚度不小于 $0.25d$。

（二）钢轨罐道接头

钢轨罐道接头形式一般有：接头设在一根罐道梁中间，即在罐道与罐道梁连接处；接头
设在两层罐道梁之间以及接头设在罐道梁上面等几种，见表 4—2—25。

为增加钢轨罐道在单侧布置时的刚性，减少提升速度较大时的振动，有些矿采用在两层
罐道梁中间增加一副罐道卡，罐道间安设铁卡芯，如图 4—2—41 所示。每副罐道卡有螺栓两
个，其中一个长螺栓外套铁管，连接和支承同一侧的两根罐道，以保证罐道不发生位移。有
的矿井未加拉杆螺栓，仅将缺口板由厚 10mm 增加到 16mm，运转也较正常，罐道未见有位移
现象。

罐道接头在一根罐道梁中间或两层罐道梁中间，两罐道的连接方法，采用普通接头方法
和铁夹子接头，如图 4—2—42 所示。铁夹子接头具有足够的强度，检修时更换调整方便，使
用效果很好。

（三）钢罐道及钢—玻璃钢复合罐道接头

型钢组合罐道和钢—玻璃钢复合罐道的接头，一般设在罐道与罐道梁联接的位置上，即
设在罐道梁中间。接头方式主要有扁钢销子、磨小罐道头、斜面接头及导向板等几种，见表
4—2—26。

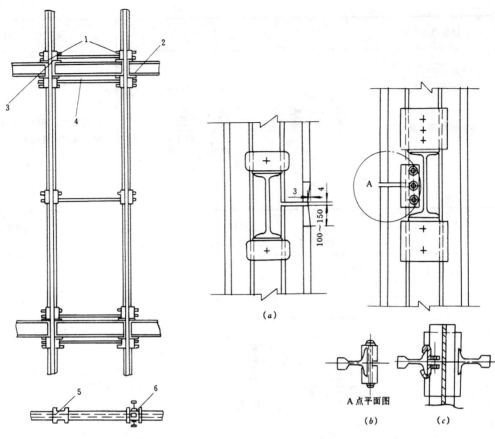

图 4—2—41 加强钢轨罐道刚性的罐道卡布置

1—罐道卡；2—罐道梁；3—钢轨罐道；

4—支管及螺栓；5—缺口板；6—铁芯

图 4—2—42 钢轨罐道接头

a—普通接头；b—锻制的铁夹子接头；

c—厚 10mm 钢板制作的铁夹子接头

表 4—2—25 钢轨罐道接头布置形式

接头布置形式	图 示	说 明
接头设在一根罐道梁中间（即设在罐道与罐道梁连接的地方）		结构较复杂，需在罐道梁上、下设两副罐道卡，钢材消耗大，因固定长度较大，罐道刚性较好
接头设在两层罐道梁之间		

续表

接头布置形式	图　　示	说　　明
接头设在罐道梁上面	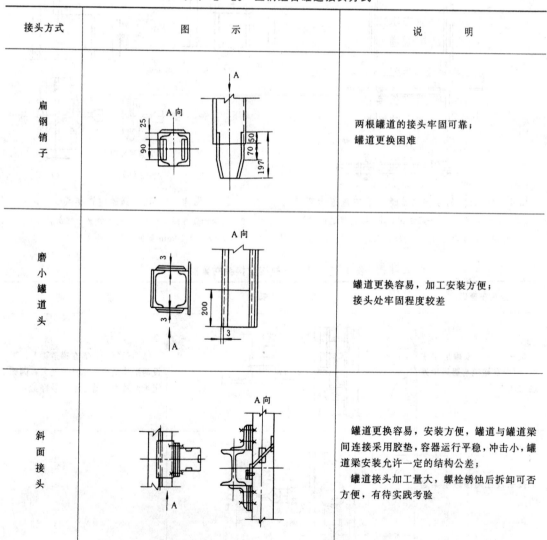	结构简单，减少一副罐道卡，省钢材，罐道刚性较差

表 4-2-26　型钢组合罐道接头方式

接头方式	图　　示	说　　明
扁钢销子		两根罐道的接头牢固可靠；罐道更换困难
磨小罐道头		罐道更换容易，加工安装方便；接头处牢固程度较差
斜面接头		罐道更换容易，安装方便，罐道与罐道梁间连接采用胶垫，容器运行平稳，冲击小，罐道梁安装允许一定的结构公差； 罐道接头加工量大，螺栓锈蚀后拆卸可否方便，有待实践考验

续表

接头方式	图　　示	说　　明
导向板	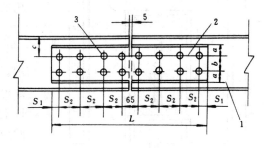	接头处牢固可靠，罐道更换容易，安装简便； 导向板加工要求高

二、钢罐道梁接头

井筒中钢罐道梁应力求没有接头，当罐道梁必须由两节组成时，其接头位置应设在弯矩较小的地方，且上下层罐道梁接头处应错开布置。短节罐道梁长度按下式求得：

$$L_0=a+\frac{L}{2}+（200\sim300）\qquad(4-2-54)$$

式中　L_0——短节罐道梁长度，mm；

　　　a——罐道梁插入井壁的深度，mm；

　　　L——连接夹板长度，mm；

200~300——安装用的附加长度，mm。

两节工字钢罐道梁接头之间一般采用夹板焊接或螺栓连接，连接夹板一般为型号较小的槽钢或用厚10mm钢板压制成槽形板，如图4-2-43所示。连接夹板尺寸及螺栓直径和数量以保证与罐道梁等强度即可，一般按经验选取，工字钢罐道梁接头常用尺寸和连接件数量，见表4-2-27。

图4-2-43　工字钢罐道梁接头

1—工字钢罐道梁；2—槽钢夹板；3—螺栓

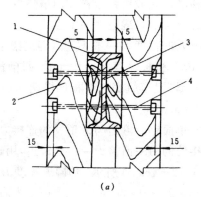 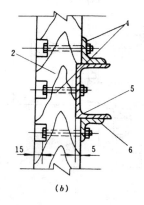

(a)　　　　　　　　　　(b)

图4-2-44　木罐道与钢罐道梁的连接

a—木罐道与工字钢罐道梁连接；b—木罐道与槽钢罐道梁连接

1—工字钢罐道梁；2—木罐道；3—垫木；4—螺栓；5—槽钢罐道梁；6—角钢

表 4-2-27　工字钢罐道梁接头常用尺寸和连接件数量

罐道梁型号	槽　钢		螺　栓			型钢各孔关系尺寸（mm）				
	型　号	长度(mm)	直径(mm)	数量(个)	长度(mm)	S_1	S_2	a	b	c
20^a_b	14^a_b	605	20	16	50	30	80	40	60	70
22^a_b	16a	605	20	16	50	30	80	45	70	75
25^a_b	18^a_b	605	20	16	55	30	80	50	80	85
28^a_b	20^a_b	605	20	16	55	30	80	50	100	90
32^a_b	25^a_b	605	20	20	55	30	80	60	130	95
36^a_b	28^a_b	765	20	20	55	30	80	70	140	110

注：上表所列、一般 $S_1=2\sim4d$；$S_2=3.5d$；$a=1.5\sim2d$；$b=3.5\sim8d$；d 为螺栓孔径。

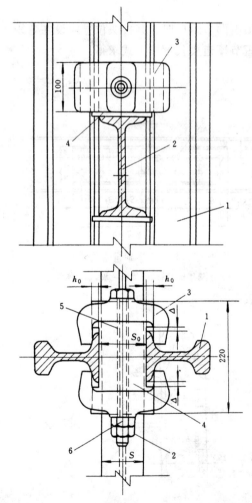

图 4-2-45　钢轨罐道与工字钢罐道梁连接
1—钢轨罐道；2—工字钢罐道梁；3—罐道卡子；
4—凹槽垫板；5—螺栓；6—螺母

三、罐道与罐道梁的连接

罐道与罐道梁的连接，其接头是否稳定牢固，直接影响提升工作能否正常进行，故在选择连接方式时，除保证有足够的强度和刚度外，还必须要求构造简单，安装和维修方便。

（一）木罐道与钢罐道梁的连接

木罐道与钢罐道梁的连接，如图 4-2-44 所示。联接螺栓头应埋入木罐道面净深 15mm，为防止罐道沿垂直方向移动，罐道梁应卡入木罐道 4mm 以上。当罐道梁采用工字钢梁时，罐道梁与罐道之间应垫入垫木。

（二）钢轨罐道与钢罐道梁的连接

钢轨罐道一般用特制的罐道卡和螺栓固定在罐道梁上，如图 4-2-45 所示。为防止罐道在罐道梁上移动，一般用钢板作成凹槽垫板（即缺口板）焊在罐道梁上，罐道轨底卡在垫板的凹槽内。垫板在凹槽处的宽度 S 一般不超过罐道梁梁面宽度的 6～10mm，垫板厚度 $d\geq10mm$，凹槽深度为 $h=6\sim12mm$，罐道轨底与垫板凹槽两侧边的间隙不应大于 2mm。

单面钢轨罐道与罐道梁的连接方法，一般是在联接处的另一面需设一段伪罐道，用罐道卡固定，如图 4-2-46a、b 所示。伪罐道长度 $L=h+2h_1+2d_0+80\times2$，一般为 540～600mm。为防止伪罐道松动和安装方便，在伪罐道上下各焊一短节角钢或用螺栓与罐道梁连接住。伪罐道不宜割去轨头，以整轨

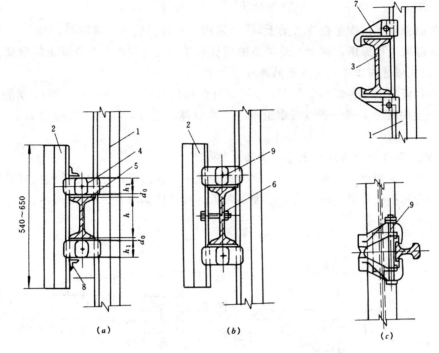

图 4-2-46 单面钢轨罐道与工字钢罐道梁连接

a—普通的；b—带螺栓的；c—用单面罐道卡

1—钢轨罐道；2—伪罐道；3—工字钢罐道梁；4—罐道卡子；

5—凹槽垫板；6—螺栓；7—单面罐道卡；8—角钢；9—螺栓

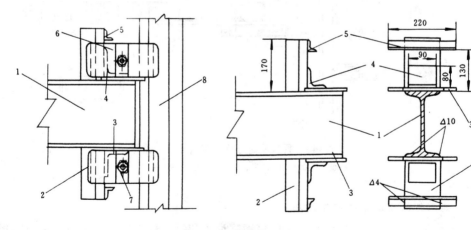

图 4-2-47 钢轨罐道与工字钢悬臂梁连接

1—悬臂梁（Ⅰ20b）；2—伪罐道；3—垫板（220×130× 10）；4—角钢（∟80×10）；5—角钢（∟25×4）；6—罐道卡子；7—螺栓（M24×500）；8—钢轨罐道（38kg/m）

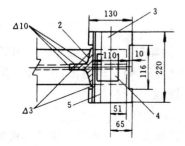

为好。

为把单面钢轨罐道固定在罐道梁上,国外采用一种带钩的单面罐道卡,如图4—2—46c 所示。这样即可取消伪罐道,减少井筒装备的钢材消耗,又可省去安装伪罐道的麻烦。

(三)钢轨罐道与工字钢悬臂梁的连接

在梁的悬臂端上下各焊一个角钢,在角钢外侧加伪罐道(靠近井壁一侧),梁的上、下各有一根,分别用罐道卡将伪罐道与罐道卡住,再以螺栓连接,其连接结构如图4—2—47 所示。

(四)钢轨罐道与钢筋混凝土悬臂梁的连接

在梁的悬臂端预埋入四根钢筋,在钢筋靠井壁一侧放挡板,在钢筋外侧放缺口板,用钩头螺栓将罐道和挡板扭紧,在钩头螺栓外加侧板,其结构如图4—2—48 所示。

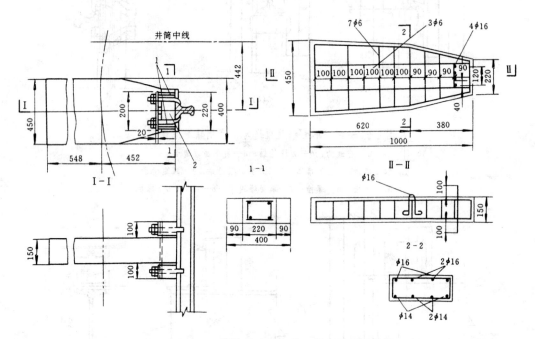

图4—2—48 钢轨罐道与钢筋混凝土悬臂梁连接

1—挡板(120×100×10);2—缺口板(200×100×7)

(五)矩形钢罐道与钢罐道梁连接

矩形钢罐道(包括型钢组合罐道及球扁钢罐道)和钢—玻璃钢复合罐道与钢罐道梁连接方式,主要有螺栓连接和压板连接两种。

1. 螺栓连接方式

如图4—2—49a 所示,在组合罐道靠近罐道梁的一侧焊有连接钢板或角钢,用螺栓直接将罐道与罐道梁连接起来。这种连接方式的优点是连接牢固可靠,罐道不会下滑;其缺点是罐道和罐道梁的加工与安装要求精度较高,罐道梁层间距必须严格保证。

2. 压板连接方式

如图4—2—49b 所示,在罐道梁或连接角钢上钻孔并预留垫板,通过压板及压板螺栓,将

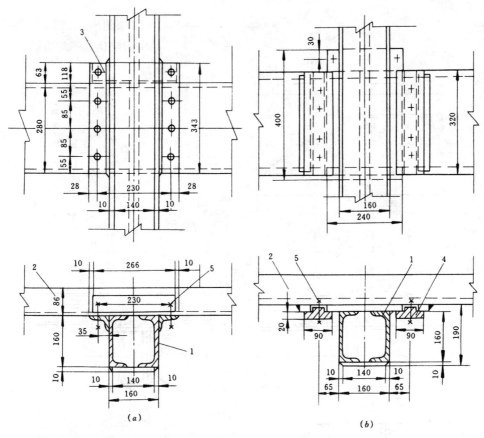

图 4—2—49　型钢组合罐道与钢罐道梁连接

a—螺栓连接方式；*b*—压板连接方式

1—槽钢组合罐道；2—槽钢罐道梁；3—角钢连接板；4—凸形压板；5—螺栓

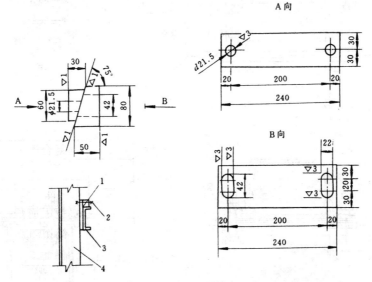

图 4—2—50　防滑块结构

1—防滑块；2—螺栓；3—罐道梁；4—组合罐道

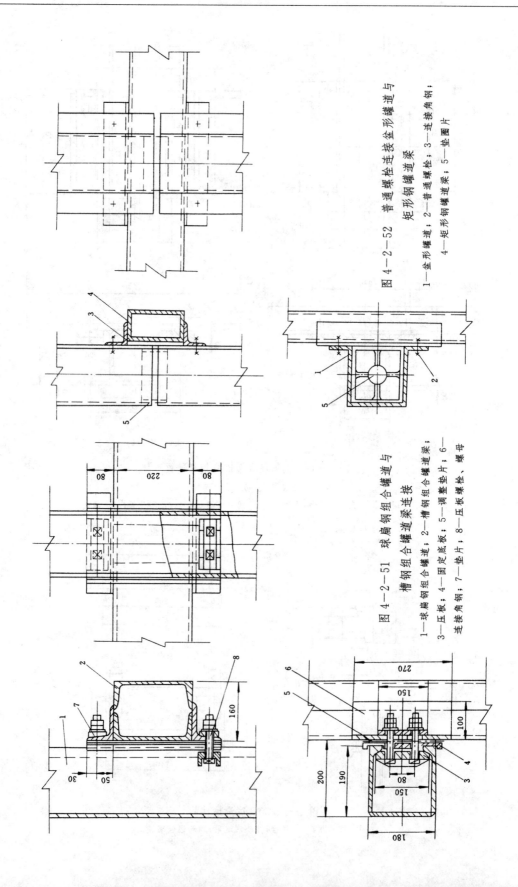

图 4—2—52   普通螺栓连接盆形罐道与
矩形钢罐道梁

1—盆形罐道；2—普通螺栓；3—连接角钢；
4—矩形钢罐道梁；5—垫圈片

图 4—2—51   球扁钢组合罐道与
槽钢组合罐道梁连接

1—球扁钢组合罐道；2—槽钢组合罐道梁；
3—压板；4—固定底板；5—调整垫片；6—
连接角钢；7—垫片；8—压板螺栓、螺母

罐道连接钢板压紧,依靠压板与罐道连接钢板的摩擦力,把罐道与罐道梁连接起来。这种连接方式,允许罐道与罐道梁上下左右有一定范围的调整余地,安装比较方便;但每根罐道的上半截,紧靠罐道梁面上,再焊接防滑角钢,使罐道与罐道梁连接更加牢固。

天津林南仓副井组合罐道设计中采用防滑块来防止罐道下滑位移,如图4—2—50所示。

防滑块的两个楔形块中间有孔,一块的孔径为21.5mm,另一块的孔径长轴42mm,利用两孔的差距容许罐道和罐道梁在安装时有一定的调整余地,避免在井筒中进行焊接麻烦。

3. 球扁钢组合罐道与槽钢组合罐道梁采用压板连接方式

如图4—2—51所示,依靠压板与球扁钢的摩擦力,将罐道与罐道梁连接起来。

4. 整体轧制罐道与闭合形罐道梁的连接

主要有普通螺栓连接、T形螺栓连接和压板连接等几种。用普通螺栓连接盆形罐道与矩形钢罐道梁的结构,如图4—2—52所示。T形螺栓连接整体轧制罐道与闭合形钢罐道梁结构,如图4—2—53所示。压板式连接盆形罐道与矩形钢罐道梁结构,如图4—2—54所示。

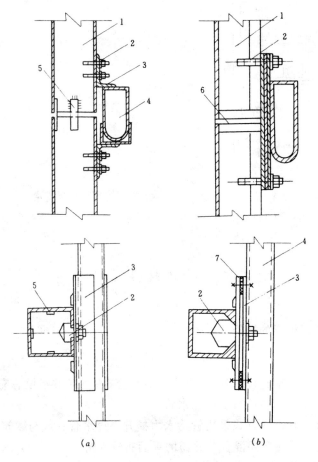

(a) (b)

图4—2—53 T形螺栓连接整体轧制罐道与闭合形钢罐道梁

a—内弯形罐道与罐道梁连接;b—□形罐道与罐道梁连接

1—罐道;2—T形螺栓;3—连接角钢或连接钢板;4—闭
合形钢罐道梁;5—扁钢销子;6—垫圈片;7—橡胶垫

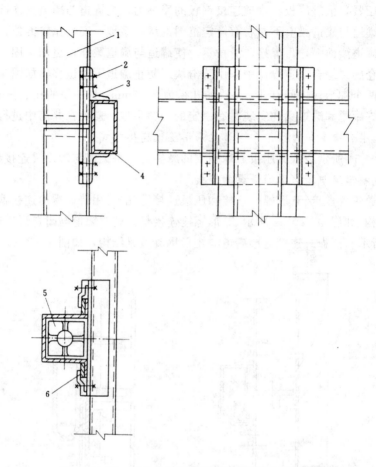

图 4—2—54　压板式连接盆形罐道与矩形钢罐道梁

1—盆形罐道；2—压板螺栓；3—连接角钢；4—矩形钢罐道梁；5—垫圈片；6—压板

第五节　管路敷设及梯子间

一、管路布置及管子梁的选择

（一）管路布置

　　井筒中的管路设施包括有排水管、压风管、洒水管，有的矿井还设有充填管和泥浆管。对于水力采煤的矿井，在井筒内还布置有煤水管。

　　水力采煤的矿井，其提煤方式采用管路水力提升，煤水管一般与罐笼布置在同一个井筒中。山东滕南矿区付村矿高庄井混合井井筒的平面布置（图 4—2—55）即是这种提煤方式的一个实例。

　　管路布置应考虑安装、检修和更换方便，尽可能集中在一侧布置，以利于用同一托管梁。在设有梯子间的井筒中，管路应尽量靠近梯子间主梁或罐道梁，并与罐笼长边平行布置。两管路之间、管路与井壁之间以及管路与容器之间要有足够的安全间隙，根据矿井实际要求还

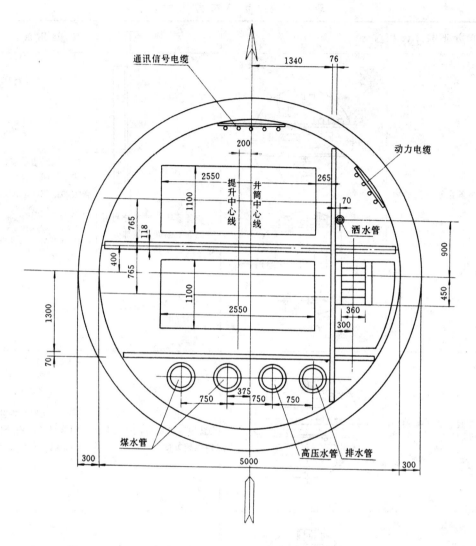

图4-2-55 山东省滕南矿区付村矿高庄井混合井井筒装备平面图

必须考虑留有增设管路的余地。

根据管路与管子梁相对位置,一般有表4-2-28所列的几种布置形式。

（二）管子梁的选择

管子梁主要起导向及固定管路的作用,防止管路工作过程中由于震动而引起的横向位移。管子梁应利用罐道梁或梯子梁,其层间距一般和罐道梁或梯子梁层间距相一致,或选择与管子自然长度相接近的距离。管子梁规格大小可按经验选取或由罐道梁兼作。

（三）托管梁的选择与布置

为承担管路重量及考虑"水锤"所产生的冲击力,必须设置支承管路的托管梁。托管梁的规格大小,由机电专业根据排水管路长度、管径大小,通过计算确定,一般采用大型工字钢、组合型钢或桁架结构。上下两层托管梁间距,一般按100～150m考虑,井筒内最上面的托管梁,一般布置在距井口50m处左右。

表 4-2-28 管 路 布 置 形 式

布 置 形 式	图 示	优 缺 点	适 用 条 件
管路布置在管子梁的内侧	 I II	I式： 节省钢材、便于安装、检修与更换 II式： 布置紧凑、能充分利用井筒有效断面；但部分管路安装、检修不便	I式： 适于在罐道梁兼作管子梁或梯子间与井壁之间有较大的空隙时应用，是常用的布置形式 II式： 常用于两套提升设备的大型矿井
管路布置在管子梁的外侧		管子梁跨度小，受力情况较好，省钢材，安装、检修也较方便	适于在管路与提升容器之间有足够的安全间隙，又不影响其它布置时采用
管路布置在两根管子梁之间		钢材消耗量大、安装、检修不便	一般不采用
悬臂式布置		能充分利用井筒有效断面，省钢材、管子梁跨度小、受力情况好；但安装、检修不便	

二、电缆布置与敷设

井筒内电缆一般都敷设在电缆支架上，如图4－2－56所示。电缆布置应考虑进线、出线简单，安装检修方便。根据《煤矿安全规程》有关规定："在立井井筒内电缆应用夹子、卡箍或其它夹持装置进行敷设，夹持装置应能承担电缆重量，并不得损坏电缆"。"电缆悬挂点间距：在立井井筒内不得超过 6m"。"井筒和巷道内的电话和信号电缆，应同电力电缆分挂在井巷的两侧。如果受条件所限：在井筒内，应敷设在距电力电缆 0.3m 以外的地方"。各类电缆卡设计时应留有备用量。

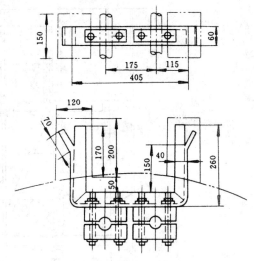

图 4－2－56 井筒内电缆敷设

三、梯子间

根据《煤矿安全规程》有关规定：作为矿井安全出口的立井，必须设置梯子间。梯子间主要作为停电和井下发生突然事故时的安全出口，也可以利用它来检修井筒装备和处理卡罐事故。梯子间由梯子、梯子梁、梯子平台和梯子间壁网所组成，如图4－2－57所示。当井深超过 300m 的井筒，一般每隔 200m 左右设置一休息点。休息硐室一般采用拱形断面，宽一般为 1.5m，长一般为 2.0m。休息硐室不应设在不稳定含水表土层段井筒内。

（一）梯子间布置形式和设计要求

梯子间布置应与管路、电缆一并考虑，尽量相互靠近布置，以便检修管路、电缆，一般梯子间布置在与罐笼长轴平行的一侧。

梯子间布置一般有顺向和交错（即折返式）两种形式，如图4－2－58所示。在条件允许的情况下，应优先采用折返式梯子间。

梯子间的布置应符合下列要求：

（1）安装的梯子斜度不得大于 80°。

（2）梯子间相邻两个平台的垂直距离不得大于 8.0m。

（3）平台上梯子孔大小，依人员通过方向确定，左右宽度不应小于 600mm，前后长度不应小于 700mm。

（4）梯子宽度不应小于 400mm，梯子阶间距不大于 400mm，每架梯子上端必须伸出平台不应小于 1000mm，梯子正面下端距井壁不应小于 600mm。

（5）在有提升设备的井筒内，有条件时宜利用罐道梁作梯子主梁，且梯子间相邻两平台层间距与罐道梁（或托架）层间距一致。

梯子间根据构件制作材料的不同，有木、钢筋混凝土、金属和钢－玻璃钢复合材料梯子间。

木梯子间除梯子梁和金属梯子外，其余均为木材，由于木材在井筒中容易变形腐朽，使用期短，维修工作量和木材消耗量较大，一般不再采用。从梯子间大、小梁到平台板以及壁板均为钢筋混凝土构件的梯子间，由于混凝土构件重量大，搬运安装困难，而且构件预留孔多，构件加工复杂，井筒中也已极少使用。目前，使用较为普遍的是金属和玻璃钢梯子间。在

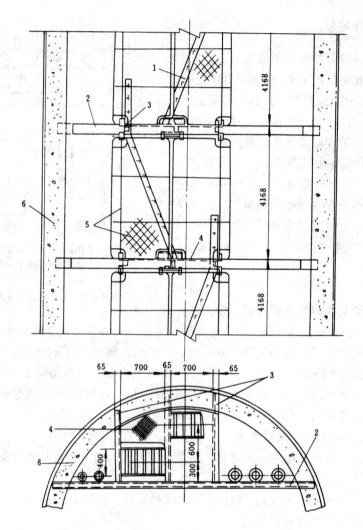

图 4—2—57　金属梯子间

1—金属梯子；2—梯子梁；3—梯子小梁；4—金属平台；5—金属网；6—混凝土井壁

提升井中，梯子平台层间距一般与罐道梁层间距相吻合，梯子间层间距通常布置为 4.0m 和 6.0m 两种。无提升设备井筒，梯子间平台层间距最大可为 8.0m。

（二）金属梯子间

1. 梯子架

一般采用扁钢作梯子架，角钢作梯子阶。梯子架与踏板焊在一起，用螺栓与梯子梁固定。当梯子梁层间距为 4m 时，一架金属梯子所需的材料见表 4—2—29。

2. 梯子梁

梯子主梁一般采用 18～20 号槽钢或工字钢。梯子小梁一般选用 14～16 号槽钢，梯子小梁一端与井壁固定，另一端与梯子大梁用角钢螺栓连接。提升井井筒采用双侧木罐道或金属罐道时，梯子大梁又作为罐道梁，其规格根据罐道梁的要求决定；当采用单侧钢轨罐道时，梯子大梁仅兼作管子梁，一般选用 20～22 号槽钢（或工字钢）。

3. 金属壁板

金属壁板多采用金属网，一般用煤气钢管作框梁，用直径 3～4mm 铁丝编织成金属网，网孔 50mm×50mm，为便于装卸，金属网板四角有挂钩孔，分别伸入梯子梁托挂钩上。

4. 梯子平台

梯子平台一般采用花纹钢板，板厚 6mm，花纹高 1.5mm，也可用普通钢板，在上面冲出 $\phi10$mm 不透的凸肚，凸肚间距 70mm，交错布置，这样既能满足防滑要求，也容易加工。

5. 梯子梁托架

梯子大梁托架一般采用 ⌊180×14 或 ⌊200×14 的角钢加筋板制成；梯子小梁托架一般采用 ⌊180×125×4 的角钢加筋板制成。

（三）玻璃钢梯子间

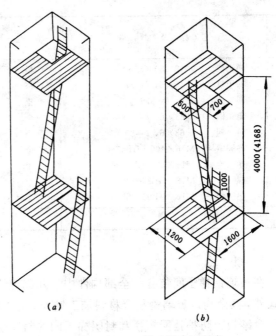

图 4-2-58 梯子间布置形式

a—顺向布置；b—交错布置

表 4-2-29 一架金属梯子所需的材料

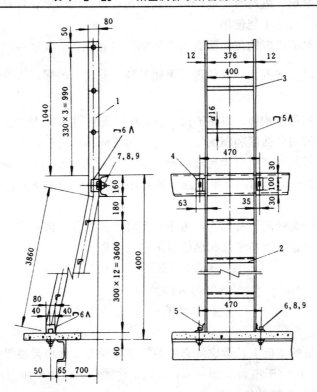

续表

| 序号 | 名　称　及　规　格 | 单　位 | 数　量 | 重量（kg） | | 材　料 |
				单　个	合　计	
1	梯子架　□12×80×5060	根	2	38.16	76.32	A₃
2	梯子阶　∟40×5，l＝376	根	13	1.11	14.43	A₃
3	圆　钢　d16，l＝376	根	3	0.592	1.78	A₃
4	角　钢　∟63×6，l＝100	个	2	0.57	1.14	A₃
5	角　钢　∟63×6，l＝80	个	2	0.46	0.92	A₃
6	梯脚螺栓　M16×100 GB5780	个	2	0.185	0.37	A₃
7	螺　栓　M16×50　GB5780	个	2	0.108	0.22	A₃
8	螺　母　M16 GB39—88	个	4	0.032	0.13	A₃
9	垫　圈　M16 GB95—85	个	4	0.013	0.05	A₃
	总　　　重				95.36	

1. 概　述

在玻璃钢梯子间装备的全部构件中，除固定锚杆、螺栓、螺母、垫圈等为金属镀锌结构形式外，其余均以玻璃钢复合材料加工制作。对承载不大的构件完全采用全玻璃钢取代金属，像平台踏板、防护挂网栅栏和封闭梯子间的封闭壁板；对承载较大的梁系构件，则以金属结构作为骨架（以增大构件的刚度），在其外表面敷贴上适当厚度的玻璃钢作防腐层，如梯子大梁、梯子小梁、梯子架，另外梯子大小梁的托架及栅栏的挂、拉钩也以钢材作骨架。

根据《关于慎重选用玻璃钢制品用于煤矿井下的通知》有关规定，强调选用玻璃钢制品要对结构强度、抗静电、阻燃等性能严格控制，各单位选用的复合材料制品，必须是取得有关部门鉴定的产品，否则不能使用。

玻璃钢复合材料的内嵌钢芯一般选用3号钢、16锰钢等。其规格尺寸及质量应符合设计要求和有关质量标准。内嵌钢芯必须进行除锈处理，并达到国际通用的瑞典标准 $S_a2\frac{1}{2}$ 级。

2. 平台踏板

对于承载较大的梁系构件（如梯子大、小梁和梯子），主要还是以金属结构承受载荷，外敷玻璃钢仅作为防腐层，强度和刚度仍应按金属梯子间结构进行计算。

而梯子平台踏板的计算则应满足玻璃钢的强度和刚度要求。按6.0m层间距梯子间考虑，梯子小梁跨距一般为1100mm，则平台踏板可看作1100mm的简支梁进行计算。

1）容许应力：

聚酯玻璃钢在干态强度的基础上，考虑湿态时的折减量，再考虑3.0的安全系数，即得设计用容许应力。干态强度参考江苏煤研所测定的数据。

$$[\sigma_b]_弯 = \sigma_{b拉}（干态）\times 50\%/3.0$$
$$= 25.4 \times 50\%/3.0$$
$$= 42.3 N/mm^2$$

2）弹性模量：

在干态弹性模量的基础上，考虑湿态时的折减量即得设计用弹性模量。

$$E_b = E_b（干态）\times 80\% = 1.4 \times 10^4 \times 80\% = 1.12 \times 10^4 N/mm^2$$

3）平台踏板截面参数计算：

如图 4-2-59，初选面板厚 6mm，从面板中取出一个单位宽度（这里取 1cm）作为简支梁来进行计算。面板的截面面积、惯性矩和最大弯矩处力臂长为：

$$A = 60mm^2, \quad J_x = 180mm^4, \quad y_{bmax} = 3mm。$$

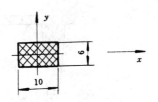

图 4-2-59　平台踏板截面图

4）平台踏板的强度及刚度校核：

对于平台板一般按均布荷载进行计算。其均布荷载由两部分组成，一为踏板的自重，二为踏板的活荷载。每平方米的平台板按容纳 3 人计算，每人的重量平均按 90kg，则踏板的活荷载为 270kg/m²。另外，玻璃钢比重一般为 1800kg/m³。

$$q_{自重} = 0.00108N/mm^2$$

$$q_{活} = 0.027N/mm^2$$

$$q = q_{自重} + q_{活} = 0.00108 + 0.027 = 0.028N/mm^2$$

（1）强度校核：

最大弯矩为：

$$M_{max} = \frac{1}{8}ql^2 = \frac{1}{8} \times 0.028 \times 1100^2 = 4235N \cdot mm$$

$$\sigma_{bmax} = \frac{M_{max}}{J_x}y_{bmax} = \frac{4235}{180} \times 3 = 70.58N/mm^2$$

$$\sigma_{bmax} > [\sigma_b] = 42.3N/mm^2$$

不能满足强度要求。

（2）刚度校核：

最大挠度为：

$$Z_{max} = \frac{5ql^4}{384E_bJ_x}$$
$$= \frac{5 \times 0.028 \times 1100^4}{384 \times 1.12 \times 10^4 \times 180}$$
$$= 265mm$$

而

$$[Z] = \frac{l}{250} = \frac{1100}{250} = 4.04mm$$

$$Z_{max} > [Z]$$

不能满足刚度要求。

从以上计算可见，板厚 6.0mm 不能满足强度和刚度要求。如单纯用增加板厚来解决，则材料增加过多。因而，在板厚不变的情况下，在板的下面增设加强肋板的方法来解决强度和刚度问题。肋板间距为 200mm，截面见图 4-2-60。

5）增设肋板后踏板的强度和刚度校核：

（1）肋板的截面面积、惯性矩和最大弯矩处力臂长为：

$$A = 459mm^2, \quad J_x = 44035mm^4, \quad y_{bmax} = 17mm$$

（2）强度校核：

最大弯矩为：

$$M_{max} = \frac{1}{8}ql^2 = \frac{1}{8} \times 0.028 \times 200^2 = 140N \cdot mm$$

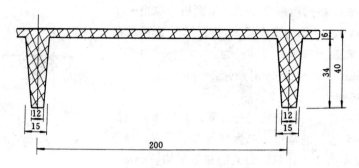

图 4-2-60 平台踏板加强肋板截面图

$$\sigma_{bmax}=\frac{M_{max}}{J_x}y_{bmax}=\frac{140}{180}\times3=2.3N/mm^2$$

$$\sigma_{bmax}<[\sigma_b]=42.3N/mm^2$$

满足强度要求。

（3）刚度校核：

最大挠度为：

$$Z_{max}=\frac{5ql^4}{384E_bJ_x}$$

$$=\frac{5\times0.028\times200^4}{384\times1.12\times10^4\times180}$$

$$=0.28mm$$

而

$$[Z]=\frac{1}{250}=\frac{200}{250}=0.8mm$$

$$Z_{max}<[Z]$$

满足刚度要求。

6）肋板的强度及刚度校核

（1）强度校核：

最大弯距为：

$$M_{max}=\frac{1}{8}ql^2=\frac{1}{8}\times0.028\times1100^2=4235N\cdot mm$$

$$y_{bmax}=\frac{15+2\times12}{3(15+12)}\times34$$

$$=16.34mm$$

$$\sigma_{bmax}=\frac{M_{max}}{J_x}y_{bmax}=\frac{4235}{44035}\times16.34=1.57N/mm^2$$

所以

$$\sigma_{bmax}<[\sigma_b]=42.3N/mm^2$$

满足强度要求。

（2）刚度校核：

最大挠度为：

$$Z_{max}=\frac{5ql^4}{384E_bJ_x}$$

$$= \frac{5 \times 0.028 \times 1100^4}{384 \times 1.12 \times 10^4 \times 44035} = 1.09\text{mm}$$

而 $$[Z] = \frac{l}{250} = \frac{1100}{250} = 4.4\text{mm}$$

所以 $$Z_{\max} < [Z]$$

满足刚度要求。

考虑增加踏板的刚度及整体性，一般在其面板内衬 3mm 厚扁钢。

平台踏板结构见图 4-2-61。

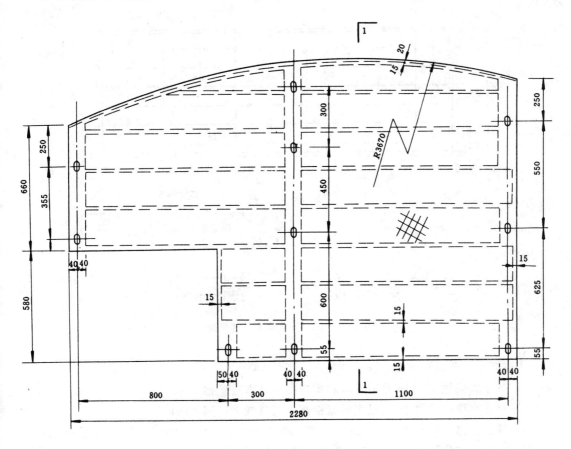

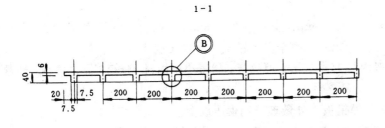

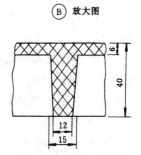

图 4-2-61 平台踏板结构图

3. 玻璃钢栅栏

栅栏结构如图 4—2—62 所示，栅栏长度 A 为 2385～5795mm，宽度 B 为 570～1450mm，长和宽中间均按 55mm 进级。图中 165mm×330mm 为栅栏的基本网格尺寸，而在栅栏的一端和一侧有非标准网格，以满足栅栏在长度和宽度上按 55mm 进级的需要。图中 110mm×220mm 尺寸的网格，为拉钩或挂钩位置的最小网格。为增大栅栏刚度，设计中常在栅栏周圈加扁钢（20mm×3mm）。

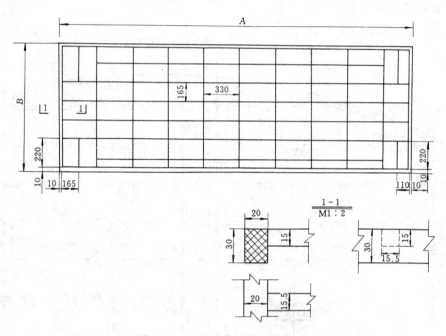

图 4—2—62　玻璃钢栅栏结构图

4. 玻璃钢梯子间设计应符合下列规定

（1）梯子大梁用 16～18 号槽钢或扁钢焊接后外敷玻璃钢模压成型。

（2）梯子小梁一般用 14 号槽钢或扁钢焊接后外敷玻璃钢模压成型。

（3）梯子：梯子梁内衬 6～8mm 厚扁钢，梯子阶内衬 4mm 厚扁钢，扶手内衬 d12 圆钢，所有内衬金属件应焊接成型，然后外敷玻璃钢。模压制成。

（4）栅栏网边框内衬 3mm 厚扁钢，外敷玻璃钢。框内栅栏格条用玻璃钢制成，整片栅栏一次模压制成。

（5）梯子平台踏板一般厚 40～50mm，其中面板厚 6mm，内衬 3mm 厚扁钢。支承肋板厚 34～44mm，肋板间隔不大于 200mm，整个平台踏板一次模压制成。

（6）梯子大梁托架一般内衬 12～16mm 厚钢板；梯子小梁内衬 14～16 等边角钢，外敷玻璃钢一次模压成型。

（7）挂、拉钩内衬 6mm 厚钢板，外敷玻璃钢模压成型。

（8）玻璃钢梯子间所有构件，金属夹芯外敷的玻璃钢层厚应不小于 3mm。

（四）封闭梯子间

根据《煤矿安全规程》有关规定：设有梯子间的井筒，风速不得超过 8m/s；如果梯子间四周经封闭后,无提升设备的风井最高允许风速为15m/s。梯子间封闭后,由于提高井筒风速,在总通风量不变时即可减小井筒断面。

按梯子间在井筒断面内所占面积为2.5m²,梯子间未封闭时井筒内允许极限风速为8m/s,一般设计采用的经济风速为6~7m/s,梯子间封闭后井筒内允许极限风速为15m/s,一般采用的经济风速为10~12m/s,几种不同直径的井筒梯子间封闭与否对直径的影响情况见表4-2-30、表4-2-31。

表 4-2-30　按极限风速 8m/s 与 15m/s 比较

序　号	梯子间未封闭时井筒直径	梯子间封闭后井筒直径	两者比差值
1	4.0m	3.17m	0.83m
2	4.5m	3.51m	0.99m
3	5.0m	3.85m	1.15m
4	5.5m	4.20m	1.30m
5	6.0m	4.55m	1.45m
6	6.5m	4.90m	1.60m
7	7.0m	5.26m	1.74m
8	7.5m	5.61m	1.89m
9	8.0m	5.97m	2.03m

表 4-2-31　按经济风速 6m/s 与 10m/s 比较

序　号	梯子间未封闭时井筒直径	梯子间封闭后井筒直径	两者比差值
1	4.0m	3.30m	0.70m
2	4.5m	3.66m	0.84m
3	5.0m	4.03m	0.97m
4	5.5m	4.11m	1.09m
5	6.0m	4.78m	1.22m
6	6.5m	5.16m	1.34m
7	7.0m	5.54m	1.45m
8	7.5m	5.92m	1.58m
9	8.0m	6.30m	1.70m

井筒净直径减小后,可大幅度降低掘砌费用,加快建井速度,还可减少支护工程量,这对在深厚表土地带采用特殊方法建井的矿区意义尤其重大。

目前,立井风井井筒普遍采用玻璃钢材料制作封闭式梯子间。所有构件包括封闭壁板均为玻璃钢材料。

第六节　井筒装备的防腐

根据《煤矿立井井筒装备防腐蚀技术规范》(MT/T5017-96),设计时必须明确提出井筒装备内的罐道(不包括钢轨罐道及钢丝绳罐道)、罐道梁、梯子间、各种管路及连接件所应采取的防腐措施,或选用玻璃钢制品。

防腐设计的内容包括：选用防腐材料、确定施工工艺和编制工程防腐预算。

一、井筒中钢材构件的防腐

（一）防腐涂装前的表面处理

煤矿井筒装备和井下设备在防腐涂装前必须进行认真的表面处理，彻底清除钢铁表面的锈蚀、氧化皮及各种污物，并达到规定的要求。钢铁表面的处理状况对涂层的附着力、涂层的耐久性和防护效果都有重要影响。当前，国内外都非常重视矿山井筒装备的表面处理工作。

1. 除锈质量等级的划分

当前，我国还没有制定统一的钢铁表面除锈质量等级标准。在实际应用中主要参考瑞典标准化委员会（SIS）等单位制定的《SIS055900—1967标准》，和美国钢结构涂装委员会（SSPC，USA）制定的美国《SSPC表面预处理规范》，这是当前国际上比较通用的表面处理质量等级划分标准。

《SIS055900—1967标准》与《SSPC表面预处理规范》的对应关系见表4-2-32。

表 4-2-32　钢铁表面除锈质量等级对照表

除锈方法	除锈等级		表面处理质量要求
	SIS055900	SSPC	
手工或动力工具除锈	St_2	SP_2	除去松动的氧化皮，疏松的铁锈和其他污物
手工或动力工具除锈	St_3	SP_3	除去松动的氧化皮，疏松的铁锈和其他污物，表面呈现出明显的金属光泽
喷射除锈（清扫级）	Sa_1	SP_7	轻度喷射，除去疏松的氧化皮、锈斑和疏松的涂层，露出大量均匀散布的基体金属斑点
喷射除锈（工业级）	Sa_2	SP_6	除去几乎所有氧化皮、铁锈及其他污物，表面稍呈灰色
喷射除锈（接近出白级）	$Sa_2\frac{1}{2}$	SP_{10}	表面呈银白色，仅允许残留轻微的点状或纹状锈蚀痕迹
喷射除锈（出白级）	Sa_3	SP_6	完全除去表面污迹，显露出纯粹的金属表面
酸洗除锈		SP_8	完全除去铁锈和氧化皮。酸洗后要及时进行中和、钝化或磷化处理
火焰除锈		SP_4	适用于新钢材，主要用来脱除表面的氧化皮、油脂、旧漆膜等
溶剂清洗		SP_1	用溶剂、蒸汽、碱或乳剂清洗，除去油脂、灰尘、泥土、盐类和污物
风蚀继以喷射除锈		SP_0	风蚀除去部分氧化皮，继之喷射除锈，达到上述标准中的某一等级

2. 常用的表面处理方法

煤矿井筒装备在进行防腐涂装和维护处理前可采用的表面除锈方法有喷砂（丸）除锈、高压水除锈、酸洗除锈、机械除锈、手工除锈、火焰除锈、钝化处理、磷化处理、带锈底漆等。不同表面处理方法的主要特点及应用范围见表4-2-33。

表 4-2-33 钢铁表面处理方法比较

表面处理方法	主 要 优 点	缺 点	应 用 范 围	施 工 要 点
手工除锈（包括使用砂纸、刮刀、钢丝刷等工具）	施工方法简单，工具容易解决	劳动强度大，工效低，质量差	用于防腐质量要求不高的油漆施工	要尽量除去松动的氧化皮、疏松的铁锈及其他污物
工具除锈（使用风动、电动除锈工具）	工效及质量都优于手工除锈	劳动条件差	用于设备死角除锈、除毛刺、焊缝打光等	同手工除锈
喷砂除锈	工作效率高，除锈质量好，粗糙面均匀	劳动条件差，环境污染严重	大面积除锈、除氧化皮、除旧漆膜，用于衬里和高质量防腐涂装	使用 0.4~0.6MPa 的压缩空气，喷嘴内径 8~12mm，喷砂后，将粉尘吹扫干净，8h 内涂刷第一遍底漆
湿喷砂除锈	粉尘小，工作条件比干法好	湿砂回收困难，冬季不能施工，不能用于金属喷涂	用于油漆施工和衬里施工，但表面必须干燥	0.5%~1.0%的亚硝酸钠水溶液与干砂在喷嘴处混合喷出，砂罐压力 0.5MPa，水罐压力 0.35MPa，砂粒直径 0.5~1.5mm，砂、水比 2：1
封闭式喷砂除锈	劳动条件好，除锈质量高	一次性投资大，适用于规则工件和连续作业	适用于高质量的钢铁除锈	同喷砂除锈
抛丸除锈	效率高，能提高金属表面的疲劳强度	对工件冲击大，对薄壁钢铁设备不宜采用	适用于大型钢铁设备的连续流水作业	钢丸直径 0.5~3mm，利用高速旋转的抛丸机叶轮将钢丸以 170m/s 的速度抛向工件表面
高压水磨料射流除锈	固体废物少，工作效率高	冬季不宜施工	用于安装后的井筒装备和其他固定设备除锈、除污	先将砂、水按 1：1 混合后由空气压入喷枪，再用 5~20MPa 的高压水喷射到物面上，砂粒直径 0.5~2.0mm
火焰除锈	工作效率高，可趁热涂漆、干燥快	能耗大，除锈、除氧化皮不彻底，工件易变形	适用于大型设备涂漆前的表面处理	用氧-乙炔焰喷烧设备表面，（达 3000℃），氧化皮受热崩裂，旧漆膜碳化，用钢丝刷清除残迹
酸洗除锈（化学除锈）	速度快、效率高、成本低、质量均匀	酸对钢铁有腐蚀和渗氢作用	适用于钢铁设备除锈、除氧化皮	酸浓度以 20%为宜，要加入缓蚀剂防止氢脆，酸洗后要及时钝化或磷化处理
带锈底漆	对铁锈有转化、稳定作用，表面处理要求低	对氧化皮、旧漆膜、油污等无效	适用于旧设备防腐维护前的表面处理	要尽量除去设备表面的锈层、尘埃及其他污物，表面宜残存适量浮锈，外面要罩防护漆

（1）喷砂（丸）除锈：

喷砂（丸）除锈是利用压缩空气作动力，将砂石或金属弹丸等磨料以每秒钟数十米的速度抛向物体表面，利用磨料的冲击和摩擦作用将工件表面的锈层、氧化皮、焊渣、型砂、旧漆膜等污物除去。

（2）高压水除锈：

高压水除锈是利用高压水柱的冲击力来除去钢铁表面的锈蚀、氧化皮和其他污物。高压水中添加适量的砂子作磨料可提高除锈效果，又称高压水磨料射流除锈。

用于高压水除锈的水压一般大于 15MPa，可用高压水枪直接喷射构件的表面，清除表面的锈蚀、氧化皮及其他污物。用于高压水磨料射流的水压一般为 5～15MPa，先将砂、水按1：1混合后，压入喷枪，再用 5～15MPa 的高压水喷射到工件表面，砂、水总的重量比约为1：20，砂粒直径为 0.5～2.0mm。

(3) 手工除锈：

手工除锈是最简单的除锈方法。主要使用刮刀、铲、锤、凿、钢丝刷、砂布等工具靠手工敲打、刷扫、搓擦等方式来除去钢铁表面松动的氧化皮、疏松的铁锈和其他污物。

(4) 机械除锈：

机械除锈是靠机械的冲击和摩擦作用来除去金属表面松动的氧化皮、疏松的铁锈和其他污物。

(5) 火焰除锈：

火焰除锈是利用钢铁和表面氧化皮热膨胀系数的差异，通过高温火焰喷射，使钢铁急剧升温。由于钢铁的热膨胀系数远大于氧化皮的热膨胀系数，因而氧化皮发生崩裂，继而用强动力钢丝刷可除去大部分松动的氧化皮、疏松的铁锈、烧焦的旧漆膜及其他污物，然后用压缩空气清洗表面。

(6) 酸洗除锈：

酸洗除锈又称化学除锈，它是利用酸溶液与金属氧化物发生化学反应而将锈蚀除去。

(二) 防腐方法

1. 涂料防腐

我国煤矿井筒装备防腐蚀主要采用涂层防护，其中又以涂料防护为主。正确选择防护涂层，对延长设备使用寿命具有重要意义。防腐涂层的选择包括防腐材料和施工方法两个方面。不同使用环境对防腐材料和施工条件有不同的要求。为了使井筒装备达到长效防护的目的，一般应根据矿井淋水的酸碱度和施工温度对防腐涂层进行认真的选择。

(1) 在 pH 值为 6 以上的中、碱性淋水的矿井中，井筒装备防腐蚀应选择具有阴极保护作用的富锌涂料作底漆，有条件的矿井选择锌、铝等金属防护层则效果更好。富锌底漆的干膜厚度不小于 $50\mu m$，锌、铝等金属镀层的厚度不小于 $80\mu m$。

(2) 富锌底漆或金属镀层的外面必须涂装适当厚度的涂料防护层。应优先选用厚浆型环氧沥青涂料或氯化橡胶系列防腐涂料，涂层的干膜总厚度不小于 $250\mu m$。

(3) 在矿井淋水的 pH 值为 6 以下的酸性水的矿井中，一般不选用富锌底漆或锌、铝等金属防护层。防护涂料应选择氯化橡胶系列防腐涂料、聚氨酯类防腐涂料，也可选择油溶性酚醛防腐涂料和过氯乙烯防腐涂料。涂料中的颜料应尽量选用耐酸性好的玻璃鳞片、片状云母氧化铁等，尽量提高涂层的封闭性能，延长设备的使用寿命。涂层的总厚度必须大于 $250\mu m$。

(4) 大多数防腐涂料在低温下施工困难。在冬季施工 (5℃以下)，最好选择氯化 (氯丁) 橡胶系列防腐涂料，也可选用低温固化环氧涂料，若使用普通环氧沥青系列防腐涂料或聚氨酯等其他涂料，最有效的办法是提高施工环境的温度。

(5) 选择适合本矿区使用的防腐涂料，一般选择环氧富锌底漆、氯化 (氯丁) 橡胶富锌底漆或无机富锌底漆之一作涂层的底漆，涂刷 1～2 道，漆膜厚度 30～70μm。防护面漆选用相应的环氧 (沥青) 类防腐涂料或氯化 (氯丁) 橡胶类防腐涂料，至少涂刷 3 道，漆膜总厚度不小于 $200\mu m$，漆膜附着力不低于 80%。

(6) 井筒安装时，用于漆膜损坏部位的修补，应选择 GS—841 干湿两用防锈漆，用于井筒装备的日常维护，先使用 GS—861 干湿两用带锈底漆，外部再涂刷 GS—841 干湿两用防锈漆，涂层总厚度不小于 $150\mu m$。

推荐使用的矿山防腐蚀涂料见表 4—2—34。

表 4—2—34 推荐使用的矿山防腐蚀涂料

种 类	涂 料 名 称	色 泽	防腐蚀性能	适 用 条 件
底漆	环氧富锌底漆	银灰	优良	适用于中、碱性水质的矿井，5℃以上的气温条件施工
	氯化橡胶富锌底漆			各种水质的矿井，−20℃以上的气温条件施工
	无机富锌底漆			各种水质的矿井，10℃以上的气温条件施工，须喷砂除锈
防护涂料	环氧沥青厚浆型防腐涂料 环氧玻璃鳞片防腐涂料	黑色及深褐色	优	中、碱性水质的矿井中使用，5℃以上的气温条件施工
	低温固化环氧（沥青）涂料			适用于中、碱性水质，−5℃以上的气温条件施工
	氯化橡胶系列防腐涂料	黑色、深褐色及其他颜色	良	在各种淋水的矿井中均可使用，−20℃以上的气温条件下施工
维护修补涂料	干湿两用系列防腐涂料	棕褐色及其他颜色	优良	在潮湿、有水的现场使用

2. 金属镀层

（1）热喷镀：

热喷镀是利用某种热能（燃烧热或电能）将金属喷镀材料（线材、棒材或粉末）加热到熔化状态，通过高速气流将其雾化成极细的微粒，以较高的速度喷射到工件表面上而形成金属镀层的方法。

煤矿井筒装备防腐蚀主要采取热喷镀锌，防腐蚀效果比较突出，也可采取热喷镀铝及其合金，效果也较好。优良的热喷镀金属覆盖层应该是镀层均匀，在使用中不脱落、不剥落。为了满足这一要求，金属热喷镀层施工时，应严格按照施工规程进行。

金属喷镀过程可分为工件表面预处理、金属喷镀材料的溶化与雾化，液态金属微粒的飞行和金属颗粒的粘附四个阶段。

（2）热浸镀锌：

热浸镀锌是在熔融的锌液中进行的。经助镀剂处理的钢铁构件放入熔融的锌锅内，钢件被熔融的锌液所浸润，并与之反应生成锌－铁合金层。当工件从锌锅取出时，合金层的外面还要粘附一层纯的熔融锌，冷却后形成均匀的金属锌保护层。

热镀锌的质量与锌锅的温度控制、加热方式及锌锅材料的选择等有密切关系。

井筒装备均是大型构件，其长度和厚度都超过常规热镀锌件，应根据实际情况设计锌锅，其技术参数也应与常规有所不同。

由于建井周期长，可镀工件的数量有限。除非采取集中防腐，一般应采用造价低、施工方便的双侧加热的镀锌锅。以煤作燃料，在两头设燃烧室，采用两侧加热，最后经炉底部火道进入烟道。锌材应选 0 号或 1 号锌，锌温控制在 $450 \sim 470℃$，严禁超过 $480℃$。

3. 重防腐涂层

重防腐涂层又称复合防护系统。它是指在特殊情况下使用的钢铁设备采用金属锌、铝进行防护后，又在金属镀层上涂装有机涂料防护层进行补充的长效防护体系。国内外采矿业采用重防腐涂层对矿山井筒装备进行防护的矿井越来越多，其防腐效果得到公认。

大多数矿井的金属防护层采用热喷镀锌和热浸镀锌层，也有采用浸或喷锌－铝合金层的，个别矿井采用金属铝防护层。与锌、铝等金属防护层配套的有机涂料防护层的选择应根据矿井水质 pH 值和施工季节来决定。

井筒装备防腐蚀金属锌镀层的厚度一般控制在 $100 \sim 120 \mu m$，即镀锌量为 $700 \sim 850 g/m^2$，有机涂层的厚度控制在 $200 \mu m$ 左右，重防腐涂层的总厚度不低于 $300 \mu m$。

推荐使用的防腐蚀施工工艺见表 4-2-35。

表 4-2-35　推荐使用的防腐蚀施工工艺

涂层名称	表面处理方法	底部涂层				防护涂层				涂层总厚度(μm)	涂装时间间隔(h)	施工环境
		涂层	涂装方法	涂装遍数	涂层厚度(μm)	涂料	涂装方法	涂装遍数	涂层厚度(μm)			
有机涂层	酸洗除锈、钝化处理或喷砂除锈	富锌底漆	刷涂	1~2	30~70	氯化橡胶系列防腐涂料	刷涂或喷涂	3~4	150~180	≯200	>6	-20℃以上的气温条件下施工
						环氧沥青厚浆型防腐涂料		3	180~220	≯250	8~24	5℃以上气温条件下施工
						低温固化环氧沥青涂料		3	180~220	≯250	24	-5℃以上的气温条件下施工
金属镀层	喷砂除锈	热喷镀锌	热喷	1~2	100~200	氯化橡胶类涂料	刷涂或喷涂	2	—	—	>6	-20℃以上的气温条件下施工
						环氧类涂料		2	—	—	>8	5℃以上气温条件下施工
	酸洗除锈	热浸镀锌	热浸	1	60~100	—						
复合涂层	喷砂除锈	热喷镀锌	热喷	1~2	100~200	氯化橡胶类涂料	刷涂或喷涂	3	150~200	≯250	>6	-20℃以上的气温条件下施工
						环氧沥青类涂料		3	150~200	≯250	>8	5℃以上气温条件下施工
复合涂层	酸洗除锈	热浸镀锌	热浸	1	60~100	磷化底漆环氧沥青涂料	刷涂	1	10~20	≯250	8~24	5℃以上气温条件下施工
								2~3	150~200			
						低温固化环氧沥青涂料	刷涂或喷涂	2~3	150~200	≯250	24	5℃以上气温条件下施工
焊缝或漆膜损坏部位修补						干湿两用系列防腐涂料	刷涂	2	>150		>6	淋水或干燥环境均可

4. 玻璃钢防腐

玻璃钢是一种新型复合材料。它的全称是玻璃纤维增强塑料，缩写为 GRP 或 FRP。玻璃钢质轻强度高，与普通塑料、钢铁材料相比，它具有许多优点和特性。

矿井井筒是从1978年前后开始使用玻璃钢材料的，最早用它加工矿井梯子间的栅栏。由于它具有重量轻、耐腐蚀性好等突出优点，应用效果很好，从而促进了矿用玻璃钢工业的发展。现在矿用玻璃钢制品已发展到玻璃钢风筒、压风管、水管、梯子、踏板、栅栏、罐道梁、罐道等设备，个别煤矿的风井实现了全井筒玻璃钢化。玻璃钢制品的产量逐年增加。

根据煤炭工业部规定，矿用玻璃钢制品的阻燃性能和抗静电性能必须符合《煤矿立井井筒装备防腐蚀技术规范》规定，物理机械性能必须达到矿用玻璃钢制品的技术要求，见表4—2—36。

表4—2—36 玻璃钢制品的机械安全性能指标

项目			单位	指标		试验方法
				优 良	合 格	
机械性能	抗拉强度	玻纤纱	MPa	140	120	GB3354
		玻纤布		160	130	GB1447
	抗压强度	玻纤纱		50	35	GB1448
		玻纤布		60	40	GB1448
	弯曲强度	玻纤纱		90	70	GB3356
		玻纤布		100	80	GB1449
安全性能	表面电阻		Ω	$\leqslant 3 \times 10^8$		MT113
	酒精喷灯火焰燃烧试验	有焰燃烧时间	s	当酒精喷灯移走后，每组6条试件的有焰燃烧时间总和不得超过18，其中任何试件的续燃时间不得超过10		MT113试件置于酒精喷灯火焰中燃烧时间为30
		无焰燃烧时间		当酒精喷灯移走后，每组6条试件的无焰燃烧时间总和不得超过120，其中任何一条试件的续燃时间不得超过60		

矿用玻璃钢制品的阻燃性和强度是关系到矿山安全的大问题，已引起各方面的关注。要保证玻璃钢制品符合矿用要求，必须从结构设计、原材料选择、成型工艺及其他有关方面采取措施。

二、井筒中木质构件的处理

木罐道在井筒中主要问题是变形与磨损，腐蚀是第二位的，在井筒中没有淋水或风速较大的情况下，木罐道变形很大，并产生裂纹，原木不经处理，加工变形也大，故一般在构件加工前，用水煮或盐水烧煮的方法有一定的效果，经煮后使木质收缩致密，增加韧性，能减小腐蚀、变形和劈裂，加工成型后再涂刷沥青。

三、老矿井井筒装备防腐

目前我国还有2000多对在安装时对井筒装备没有进行认真防腐处理的老矿井，现在已严重锈蚀。按照《煤矿立井井筒防腐蚀技术规范》，在现场对这些已严重锈蚀的井筒装备重新进行防腐处理是困难的。这是因为井筒环境中不能像在地面那样进行高质量的表明处理，喷砂

（丸）除锈在井筒中不能使用，酸洗除锈在井筒中更无法进行。另外，一般矿山涂料和其他常规涂料在井筒这种高湿度、大淋水的环境中也无法涂刷、固化。

　　江苏省煤矿研究所根据老矿井井筒装备防腐蚀维护的需要，以及煤矿井筒的环境特点和现场防腐施工的要求，研制了 GS 系列干湿两用防腐涂料和井筒装备防腐维护施工工艺。GS 系列干湿两用防腐涂料，包括 GS—861 两用带锈底漆和二道 GS—841 干湿两用防锈漆。该工艺要求在涂料之前采用人工机械除锈和水冲洗相结合的表明处理方法，然后再涂刷一道 GS—861 带锈底漆和二道 GS—841 防锈漆，获得了较好的防腐蚀效果，一次涂装，可在 3～5 年内起到较好的防护作用。

　　GS 系列干湿两用防腐涂料的主要特点是能在潮湿、有水、有锈的钢铁表面涂刷，对表面处理后仍紧紧贴附在钢铁表面的残存铁锈起到较好的转化、稳定作用，在潮湿的钢铁表面也能涂刷、固化。较好地解决了煤矿井筒装备和井下设备在现场进行防腐蚀维护的问题。

第七节　井筒装备材料消耗

百米井筒装备材料消耗见表 4—2—37。

表 4—2—37　百米井筒装备材料消耗

序　号		1	2	3
井筒平面布置				
断面特征	井筒直径　（m）	4.0	6.0	4.5
	净断面　　（m²）	12.6	19.6	15.9
	掘进断面　（m²）	17.3	26.4	22.1
	砌壁厚度（mm）	300	350	350
	充填厚度（mm）	50	50	50
提升容器		3t 箕斗一对	4、6、8t 箕斗一对	3t 箕斗一对
有无梯子间		无	无	有
井筒装备	罐道、罐道梁类型	双侧钢轨罐道、工字钢罐道梁，钢悬臂罐道梁	双侧钢轨罐道、工字钢罐道梁，钢悬臂罐道梁	双侧钢轨罐道、工字钢罐道梁
	规格型号　罐道（kg/m）	38	38	38
	主　梁	Ⅰ 20b	Ⅰ 20b	Ⅰ 20b
	次　梁			Ⅰ 20b

续表

序　号	1	2	3
每100m井筒装备材料消耗量 钢材(t)	24.7	26.3	金属梯子间:40.46 木梯子间:33.16 无梯子间:28.38
木材(m³)			12.43
混凝土 砌壁(m³)	405	590	533
充填(m³)	148	182	166

序　号	4	5	6
井筒平面布置			
断面特征 井筒直径　(m)	5.0	5.0	5.0
净断面　(m²)	19.6	19.6	28.3
掘进断面　(m²)	26.4	26.4	37.4
砌壁厚度　(mm)	350	350	400
充填厚度　(mm)	50	50	50
提升容器	4、6、8t箕斗一对	一对1t矿车单、双层单车普通罐笼	一对1t矿车单层双车普通罐笼
有无梯子间	有	有	有
井筒装备 罐道、罐道梁类型	双侧钢轨罐道、工字钢罐道梁	单侧钢轨罐道、工字钢罐道梁	单侧钢轨罐道、工字钢罐道梁
规格型号 罐道(kg/m)	38	38	38
主　梁	Ⅰ20b	单层罐笼:Ⅰ20b,双层罐笼Ⅰ22b	Ⅰ22b
次　梁	Ⅰ20b	Ⅰ20a	Ⅰ20a
每100m井筒装备材料消耗量 钢材(t)	金属梯子间:43.13 木梯子间:35.0 无梯子间:30.2	单层罐笼金属/木梯子间: 37.4/30 双层罐笼金属/木梯子间: 38.1/30.1	金属梯子间:39.4 木梯子间:32.1
木材(m³)	13.1	13.1	13.37
混凝土 砌壁(m³)	590	590	804
充填(m³)	182	182	217

续表

序　号	7	8	9
井筒平面布置			

断面特征	井筒直径　（m）	5.0	6.5	4.5
	净断面　（m²）	19.6	33.2	15.9
	掘进断面　（m²）	26.4	44.2	22.1
	砌壁厚度　（mm）	350	450	350
	充填厚度　（mm）	50	50	50
提升容器		一对1t矿车双层单车普通罐笼	一对8t矿车单、双层单车普通罐笼	一对12t箕斗
有无梯子间		有	有	无
井筒装备	罐道、罐道梁类型	双侧钢轨罐道、工字钢罐道梁	单侧钢轨罐道，工字钢罐道梁	球扁钢组合罐道端面布置，槽钢组合悬臂罐道梁
	规格型号 罐道(kg/m)	43	38	2[28c
	主梁	I 24b	单层罐笼I 25b 双层罐笼I 28b	
	次梁	I 20b	[22a	
每100m井筒装备材料消耗量	钢材(t)	金属梯子间:42.6 木梯子间:35.0	单层罐笼金属/木梯子间:42.9/34.6 双层罐笼金属/木梯子间:43.9/35.6	36.19
	木材(m³)	12.45	14.53	
	混凝土 砌壁(m³)	590	982	533
	充填(m³)	182	236	166

序　号	10	11	12
井筒平面布置			

续表

	序　号	10	11	12
断面特征	井筒直径　（m）	6.5	6.5	7.0
	净断面　（m²）	33.2	33.2	38.5
	掘进断面　（m²）	44.2	44.2	50.2
	砌壁厚度　（mm）	450	450	450
	充填厚度　（mm）	50	50	50
	提升容器	两对16t单箕斗带平衡锤	两对12t长箕斗	两对16t箕斗
	有无梯子间	无	无	无
井筒装备	罐道、罐道梁类型	球扁钢组合罐道端面布置，槽钢组合罐道梁，托架	槽钢组合罐道端面布置，槽钢组合罐道梁	球扁钢组合罐道端面布置，槽钢组合罐道梁
	规格型号 罐道(kg/m)		2[16	
	主　梁	[22b	2[22b	2[22b
	次　梁			
每100m井筒装备材料消耗量	钢材(t)	72.84	72.99	57.45
	木材(m³)			
	混凝土 砌壁(m³)	982	982	1053
	充填(m³)	236	236	251

	序　号	13	14	15
	井筒平面布置			
断面特征	井筒直径　（m）	6.5	7.0	7.2
	净断面　（m²）	33.2	38.5	40.7
	掘进断面　（m²）	43.0	50.2	54.1
	砌壁厚度　（mm）	400	450	500
	充填厚度　（mm）	50	50	50
	提升容器	一对1t矿车双层四车多绳罐笼(宽罐)	一对1t矿车双层四车多绳罐笼(宽罐)	一对1t矿车双层四车多绳罐笼(窄罐)，一个1t矿车双层四车罐笼(宽罐)带平衡锤
	有无梯子间	有	有	有

序　号			13	14	15
井筒装备	罐道、罐道梁类型		槽钢组合罐道端面布置,罐道托架	槽钢组合罐道端面布置,槽钢罐道梁,托架	球扁钢组合罐道端面布置,工字钢罐道梁,托架
	规格型号	罐道(kg/m)	2[18a	2[18b	Ⅰ 32c
		主梁		[32c	
		次梁	[22a	[22b	
每100m井筒装备材料消耗量	钢材(t)		52.30	68.34	76.81
	木材(m³)				
	混凝土	砌壁(m³)	867	1053	1209
		充填(m³)	232	251	261

序　号			16	17	18
井筒平面布置					
断面特征	井筒直径　(m)		8.0	7.5	8.0
	净断面　(m²)		50.2	44.2	50.2
	掘进断面　(m²)		66.4	59.4	65.0
	砌壁厚度　(mm)		550	550	500
	充填厚度　(mm)		50	50	50
提升容器			一对 1.5t 矿车双层四车多绳罐笼(窄罐),一个 5t 矿车双层单车多绳罐笼(宽罐)带平衡锤	一对 1.5t 矿车双层四车罐笼(窄罐),一个 5t 矿车双层单车车罐笼(宽罐)带平衡锤	一对 1.5t 矿车双层四车多绳罐笼(窄罐),一个 1.5t 矿车双层四车多绳罐笼(宽罐)带平衡锤
有无梯子间			有	有	有
井筒装备	罐道、罐道梁类型		槽钢组合罐道端面布置,槽钢组合罐道梁	槽钢组合罐道端面布置,槽钢罐道梁	球扁钢组合罐道端面布置,工字钢罐道梁,托架
	规格型号	罐道(kg/m)	2[16b	2[16	Ⅰ 32c
		主梁	2[16b	[32c	
		次梁		[20	Ⅰ 25b

续表

序　号		16	17	18
每100m井筒装备材料消耗量	钢材(t)	84.73	80.48	78.13
	木材(m³)			
	混凝土 砌壁(m³)	1477	1390	1335
	充填(m³)	289	273	286

第八节　立井垂直胶带提升系统

垂直提升胶带机及其系统在煤矿主提升井和地面生产系统中应用，对提升运输系统以及井田开拓和工业广场布局产生巨大影响。它以波纹挡边胶带取代绞车、箕斗、钢丝绳等设备，与绞车、箕斗提升系统相比；井筒直径减小，井下装载储煤仓和清理撒煤系统得以简化，提煤、运输可实现连续化、系统化；地面上可以取消井塔，减少工业广场占地，原煤生产系统更简单、工业场地布置更紧凑。但该项技术要求难度大，胶带机的强度、刚度要求高，驱动功率大，设备费用高。国外工业发达国家近些年有较快发展，国内这项技术研制起步较晚，提升高度受到限制，目前仅限于地面试用。煤矿提升系统中选用时必须作技术和经济论证。

垂直带式输送机目前有卷筒、压带式及波纹挡板式三种。早在60年代德国汉诺威大学就对垂直胶带提升作了模拟试验。1982年制造，1984年即在煤矿井筒中使用。波纹挡边垂直提升胶带机在煤矿立井装备使用已经十几年，美国1984年，即在伊州埃里科哈特(Elkhart)一号矿主井安装运行一台带宽1600mm，295kW，提升高度107m，小时能力600t的垂直提升胶带机。到1993年已经达到提升高度203m，小时能力305t（在新几内亚）；提升高度91m最大小时能力1400t（在芝加哥），并有多台千吨进米的机组投入运行。

美国湖滨矿业公司生产的波纹挡边带式输送机，其机械和电气部分由该公司设计，胶带由德国弗莱克斯威尔工厂配套，该机在美国和世界各地均有应用，且使用情况良好，已经开始在立井井筒中提升物料。如加拿大某矿井，由该公司提供的垂直带式输送机提升高度467m、带度1m、带强4500N/mm、提升速度4.5m/s、运量250t/h、电机功率250kW、提升物料块度150mm、比重1.46t/m³、水分8%。

该公司生产的垂直带式输送机受胶带强度限制，其布置形式有两种，其一提升高度小于250m时，一般采用Z型布置，为水平上料，水平段重力自落卸料，带速小于3m/s，其详情见图4—2—63。

在提升高度大于250m时，由于空边胶带强度达不到设计要求，可以采用L型布置。L型布置为水平上料，在垂直提升机头卸料，卸料是靠离心力，其速度要求在4.5m/s以上，同时在卸料段要加挡料设施，防止卸载物料飞溅，其布置见图4—2—64。

从图4—2—63、图4—2—64可以看出，垂直带式输送机的机械结构比较简单，由机头、机尾两大部分组成，中间没有支承设施和转动部分，只有空重两边胶带悬挂于机头与机尾之间，故井筒内无装备，安装简便，维修量小；且在井口的空载水平设有变向装置和转向轮，因此可在180°内改变卸料方向，有利于地面布置；加之还设有震动轮，可将粘在胶带上的煤震落，所以井底内撒煤量很小。

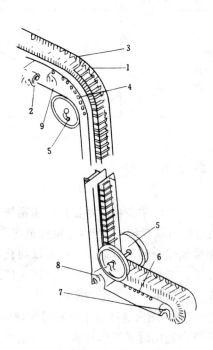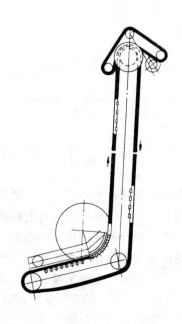

图 4—2—63

1—胶带；2—驱动装置；3—传送托辊；

4—变向装置；5—转向轮；6—缓冲托辊；

7—拉紧滑车；8—改向滑轮；9—振动轮

图 4—2—64　垂直带式输送机 L 型布置图

　　国内波纹挡边胶带机 80 年代以来各行业也有近千台投入使用，但垂直提升的极少，均在地面提高 40m 以内。煤炭工业部济南设计院设计，1988 年投入运煤的为一台提升高度 38.7m，70°倾角，提各项能力 130t/h 胶带机（在青岛）；交通部研制出垂直提高 37.65m 小时能力 300t 的胶带机（在湛江）。

　　提升高度主要技术参数是带强和比压。钢芯胶带目前德、英等国生产实用已达 st4500～6000。

　　国内钢芯胶带系列与国外相同。在常规强力胶带机上使用 st2000～3500 左右，还没有用它做波纹挡边胶带。经尼龙、聚酯帆布为芯的胶带做为基带生产波纹挡边胶带已有生产，强度 200N/mm，地面系统可以使用。

第三章 立井井筒支护

第一节 支护类型、材料及施工方法

一、井壁支护设计依据及要求

（一）井筒特征及装备情况

1）井筒特征：包括井筒断面特征、井口标高、装备形式、罐道梁固定方式等。井筒装备应执行国家标准《矿山井巷工程施工及验收规范 GBJ213—90》第 4.1.4 条规定："特殊法施工的井筒，不得预留梁窝或后凿梁窝，井梁的安装应采用树脂或水泥锚杆固定。单层井壁的锚杆深度不应超过井壁厚度的 3/5，双层井壁的锚杆深度，不应超过内层井壁厚度的 4/5。"

2）锁口标高、锁口深度，井口附近构筑物的位置及特征，井塔基础的结构形式及基础与井筒的关系等。

3）水平标高，水窝深度，井筒后期是否延深。

4）设计风井井壁时，应了解风硐口及安全出口布置方式和位置。

（二）地质及水文地质资料

通常由井筒检查钻孔和矿井地质报告取得下列资料作为井壁设计依据：

1）沿井筒中心线的完整的地质柱状图。

2）井筒通过的岩（土）层的层序、厚度、物理力学性质、埋藏条件和断层破碎带，老空、溶洞、裂隙的特征，以及松散层典型土层状态下的力学性能试验资料。

3）水文地质条件，包括含水层（组）数量、埋藏条件、静水位与水头压力、涌水量、渗透系数、水质（含浸蚀性）、水温、含水层间及与地表水的水力联系、地下水的流向及流速等。应特别注意是否存在松散层底部含水层及该含水层与其他含水层的水力联系。

4）松散层应分层取样，以取得土工试验及冻土试验资料。

5）明确基岩风化带的起止标高及导水情况、裂隙发育程度等；掌握风化带下壁座（或整体浇筑段）位置及井筒与井底车场连接处（马头门）位置的岩石抗压、抗拉、抗剪强度等物理力学指标。

6）井筒附近地区的地震资料。

（三）其他资料

若井筒采用冻结法施工，应获取经有关上级批准的冻结设计正式文件。

二、支护类型及支护材料

（一）支护类型（表 4—3—1）

（二）支护材料（表 4—3—2）

表 4-3-1 支　护　类　型
（按井壁结构分）

类型名称	采用材料	使用情况	优缺点
砌筑式 （砂浆砌体）	砂浆、料石、混凝土预制块	取材方便的普通法凿井井筒使用，前些年冻结法井筒在膨胀粘土层作临时支护用（现已基本不用）	1. 砌筑后能立即承受压力； 2. 砌体强度较低； 3. 整体受力及防水性差
整体式　整体灌注式	混凝土	井筒各种施工方法广泛采用	1. 整体性好，强度较高； 2. 防水性能较好； 3. 便于机械化，施工方便，劳动强度低
整体式　锚喷混凝土	混凝土（锚杆、金属网等）	在岩层较稳定的井筒作临时支护用	1. 掘进工程量较小，施工进度较快，效率较高； 2. 喷射过程中回弹率高，粉尘多； 3. 井筒采用时受多种条件限制（见本章第四节）
整体预制式、预制装配式	大型配筋砌块、丘宾筒及地面整体浇注、预制钢筋混凝土井筒	用于钻井法、沉井法施工时，需地面预制的井筒；在地压大的深井井筒中，常采用丘宾筒、组合钢板等支护结构	1. 丘宾筒、地面预制混凝土构件强度高； 2. 丘宾筒、混凝土砌块在深流砂层中，必须与防水材料配套使用

表 4-3-2 支护材料分类

材料名称		材料基本规格	基本要求
料石	料石	细加工，六面平，接触面凹凸深度不超过 2mm。高度和宽度不少于 200mm，且不少于长度的 $\frac{1}{3}$，常用规格：300mm×250mm×150mm；350mm×250mm×150mm 特殊规格见表 4-3-3	取材为石灰岩（酸性不宜用）、花岗岩或硬岩，抗压强度不低于 30N/mm²，一般为 50～100N/mm²
料石	荒料石	规格同细料石，接触面凹凸深度不大于 2cm	
混凝土预制块	小型预制块	见表 4-3-3	强度≥30N/mm²，一般 40～50N/mm²
混凝土预制块	大型配筋预制块	见表 4-3-3	强度≥40N/mm²
混凝土及钢筋混凝土		配料为水泥、粗骨料（碎石）、细骨料（砂）、水，喷射混凝土需掺入速凝剂，强度等级不得低于 C20	材料要求及规格见表 4-3-4～表 4-3-6 钢筋规格及等级见本章第二节
混凝土外加剂		早强剂、防冻剂、减水剂等，见第四章第四节	
锚杆金属网		见本章第四节	
铸铁、丘宾筒、钢板、聚乙烯防水层、可压缩垫板、沥青、聚苯乙烯泡沫塑料等，见第四章第五节			

表4-3-3　砌　块　规　格

类　别		图　示	规格尺寸（mm）				重　量（kg）
			a	b	c	d	
小型砌块	料　石		325	300	150 200	400 （300）	50±
	混凝土块		270	250	160 180	400 （300）	50±
	德国 AV 型标准井壁的外层井壁砌块		213±3	200±3	200±3	300±3 400±3	40～50±
大型配筋砌块			1500～ 2000	按曲率半径推算	400	250～450	600～ 1000±

（三）混凝土配料

1．水　泥

1）水泥的种类及标号。

水泥的种类有普通硅酸盐水泥、矿渣水泥、火山灰水泥等。配制 C60 以上的高强度混凝土时，可采用明矾石高强水泥和膨胀性明矾石水泥。

常用水泥标号有 325、425、525 号等。

2）常用水泥（表4-3-4）。

3）浸蚀性水作用下的混凝土，还应根据环境水对混凝土浸蚀性的判定方法及标准来选用水泥种类。

环境水对混凝土的浸蚀性应分别按下列规定进行判定：

（1）结晶性浸蚀

A．当不具有下列环境地质条件时，一般判定为无结晶性浸蚀。

a．地层中含有石膏（如纤维状、透镜状、碎屑状、层状及结核状石膏）；

b．盐湖、盐田、盐渍化土和其他含盐（如岩盐、芒硝、光卤石等）地区以及海水和海水渗入的地区；

c．硫化矿及煤矿矿井水渗入的地区；

d．工业废水（酸性、含有大量硫酸盐、镁盐及铵盐）渗入的地区；

e．使水矿化富集的地形、地貌条件。

B．在弱透水土层（粉砂及颗粒小于粉砂的土层）中，当水的 pH＞6.5，并不具有下列任一物理风化条件时，按表4-3-5进行判定。

a．冻融交替，年冻融循环大于 50 次，最冷月月平均温度低于−8℃；

b．干湿交替，气候干旱，温差大；

c．混凝土一个侧面受有静水压力，最大作用水头与混凝土壁厚之比大于5，另一个侧面暴露于大气之中；

d. 受水力冲刷，冰流机械磨蚀。

C. 当水的 pH≤6.5 或具有上述任一物理风化条件时，按表 4-3-6 进行判定。

（2）分解性浸蚀。

A. 凡符合下列条件之一时的环境水，判定为无分解性浸蚀。

表 4-3-4　常　用　水　泥

混凝土工程特点或所处环境条件		优先选用	可以使用	备　注
普通混凝土（包括钢筋）和预应力混凝土	在普通气候环境中的混凝土	普通水泥	矿渣水泥 火山灰质水泥	
	在干燥环境中的混凝土	普通水泥	矿渣水泥	不宜使用火山灰质水泥
	在高湿度或永远处于水下的混凝土	矿渣水泥 火山灰水泥	普通水泥	
	厚大体积的混凝土	矿渣水泥 火山灰水泥	普通水泥	
喷射混凝土	在岩体稳定的无水工作面喷射混凝土	普通水泥 标号≥325 号	矿渣水泥 标号≥325 号	采用碱性速凝剂时不得用矾土水泥
	在特殊地质条件下喷射混凝土	普通水泥 标号≥425 号	快硬水泥 高级水泥	
有特殊要求的混凝土	要求快硬高强大于 C30 混凝土	普通水泥 快硬水泥	高级水泥	
	C50 或 C50 以上的混凝土	高级水泥	普通水泥 快硬水泥	
	严寒地区露天混凝土或水位升降范围的混凝土	普通水泥≥325 号	矿渣水泥≥325 号	不得使用火山灰水泥
	严寒地区水位升降区的混凝土	普通水泥≥425 号		不得使用矿渣水泥、火山灰水泥
	有抗渗要求的混凝土	普通水泥，火山灰质水泥		不宜用矿渣水泥
	有耐磨要求的混凝土	普通水泥＞325 号		不得使用火山灰质水泥

表 4-3-5　结晶性侵蚀判定标准（1）

结晶性侵蚀指标 SO_4^{2-} （mg/L）	结晶性侵蚀判定	宜采用的水泥品种
＜1500	无侵蚀	
1500～2500	弱侵蚀	普通硅酸盐水泥（水泥标号不低于 425 号，水灰比不大于 0.60，C_3A 小于 8%）
2500～5000	中等侵蚀	普通抗硫酸盐水泥
5000～20000	强侵蚀	高抗硫酸盐水泥

表 4－3－6 结晶性侵蚀判定标准（2）

结晶性侵蚀指标 SO_4^{2-}（mg/L）	结晶性侵蚀判定	宜采用的水泥品种
<500	无侵蚀	
500～1500	弱侵蚀	普通硅酸盐水泥（水泥标号不低于 425 号，水灰比不大于 0.55，C_3A 小于 8%）
1500～2500	中等侵蚀	普通抗硫酸盐水泥
2500～10000	强侵蚀	高抗硫酸盐水泥

　　a．在强透水土层中，水的补给来源无硫化矿及煤矿矿水渗入，无工业废水渗入，无泥炭、淤泥及含有大量有机质土层内的水渗入；

　　b．水的补给来源系含有碳酸盐类岩石、贝壳或钙质结核的土层中的水体；

　　c．城镇及居民区（包括拟兴建的）无酸性的工业废水渗入。

　　B．在强透水土层中，分解性浸蚀按表 4－3－7 进行判定。

表 4－3－7 分解性侵蚀判定标准

HCO_3^- （mg 当量/L）	分解性侵蚀指标 pH 值及侵蚀性 CO_2（mg/L）	分解性侵蚀判定
<1.0	pH≤6.5 或侵蚀性 CO_2>15	有 侵 蚀
1.0～3.0	pH≤6.0	有 侵 蚀
>3.0	pH≤5.5	有 侵 蚀

　　C．在弱透水土层中，在无硫化矿和煤矿矿水及工业废水渗入的情况下，应判定为无分解性浸蚀；当水的 pH≤4.0 时，应判定为有分解性浸蚀。具有分解性浸蚀的水质，且具有上述物理风化条件之一时，宜采用不低于 425 号的水泥；当 pH≤4.0 时，宜在混凝土表面涂敷沥青或采用其他防护措施。

　　（3）结晶分解复合性浸蚀。

　　a．当不具有上述"结晶性浸蚀" A 中的 a、b、d、e 项时，应判定为无结晶分解复合性浸蚀。

　　b．当水质具有结晶分解复合性浸蚀时，通常具有强结晶性浸蚀；当水中含有大量的镁盐和铵盐不属硫酸盐类时，其浸蚀性应进行专门试验和判定。

　　2．细骨料与粗骨料

　　1）细骨料（砂）。

　　混凝土用砂分类见表 4－3－8。

　　2）粗骨料（卵石、碎石）。

　　3．混凝土用水

　　水质要求见表 4－3－9。

表 4-3-8　混凝土用砂分类表

种　类	按细度模量分类 M_k	按平均粒径分类 C_d（mm）
粗　砂	3.7～3.1	不小于 0.5
中　砂	3.0～2.3	0.35～0.5
细　砂	2.2～1.6	0.25～0.35
特细砂	1.5～0.7	＜0.3

表 4-3-9　拌制混凝土用水标准

可　用　水	不　可　用　水
一般饮用水均适用拌制混凝土，如用其他水则需符合下列规定： 1. pH＞4； 2. 硫酸盐含量按 SO_4 计算，不得超过水重 1%	1. 含盐量大于 3.5% 的海水； 2. 皮革厂、化工厂的废水； 3. 含糖水； 4. 含有油、酸及有机物的水

三、立井施工方法

（一）常用的几种施工方法

常用的立井井筒施工方法见表 4-3-10。

表 4-3-10　常用的立井井筒施工方法

施工方法		适　用　条　件	优　缺　点
一般方法	普通法	基岩段井筒和表土层较薄且不含水或弱含水的井筒	工艺简单，设备少，成本低，工期短
	注浆法	在裂隙含水岩层及浅薄砂层中可用来堵水或加固，并可用于处理岩溶及断层破碎带 可作为钻井法、沉井法施工时固结井壁和封堵刃脚的工艺措施	1. 设备少、工艺简单； 2. 能形成永久性封水帷幕，可改善支护工作条件
特殊方法	冻结法	广泛适用于各种复杂的地质和水文地质情况下的地下工程	优点：技术成熟，适用范围广，深度已达 400 余米 缺点：准备时间长，设备多，成本高
	钻井法	1. 以表土层为主的井筒施工，煤系岩层约占全井深度的 1/4 左右； 2. 地质条件复杂（流砂层、粘土层厚，岩层涌水量大）	优点：1. 地质条件复杂的表土层技术经济效果好 　　　2. 机械化程度最高，工程质量好，工人劳动条件优越 缺点：成井净径受限制，钻硬岩技术经济指标不够理想
	沉井法	1. 无承压水； 2. 深度目前小于 200m； 3. 穿过密实粘土层、砂姜、砾石、卵石层时需要提高水枪压力或辅以抓斗取石	优点：1. 设备简单，工艺简易； 　　　2. 工人不下井，作业安全； 　　　3. 成本较低； 　　　4. 井壁质量较好 缺点：1. 进度不易控制； 　　　2. 偏斜难控制； 　　　3. 井壁较厚； 　　　4. 下沉深度受限制
	帷幕法	含水不稳定表土层厚度不超过 60m 均可使用	优点：施工方法简单，适应性强，成本低，工期短，施工过程对周围环境影响小 缺点：造孔机械不敷要求，易偏斜
	井点法	适用于深度几十米以内的浅表土	优点：设备少，工艺简单，成本低，工期短。 缺点：深度受限制

（二）井筒施工方法选择的一般原则

选择井筒施工方法要依据井位处的地质和水文地质情况，井筒本身的技术特征和质量要求，国家的技术政策和规范，施工队伍的技术情况等进行综合分析，把客观的必要性和主观的可能性结合起来，充分考虑技术的先进可行性、施工的安全可靠性和经济的合理性，以及技术条件和设备供应状况等因素。

一般情况下，井位处松散层较薄，地层以基岩为主，且不含水或弱含水，则采用普通法施工，若井筒通过的岩层涌水量大于 $10m^3/h$ 时，应采取注浆堵水等治水措施。

井点法（降低水位法）适用于在表土较浅（30m 以内）的含水松散地层中建井。国内朔里煤矿、大屯煤矿风井及卜弋桥斜井曾采用此法。由于使用范围的局限性，一般很少采用，只是在基础工程（如井塔基础、高层建筑深基基础）及地铁工程中还经常使用。

帷幕法和沉井法在地方煤矿建井中多有采用，到目前为止能穿过含水的不稳定岩层厚度分别不超过 60m 和 200m。由于进度、质量的可靠度和沉井的偏斜不易控制，故它们的推广也有一定的局限性。

冻结法凿井自 1955 年在开滦林西风井首次采用以来，已成功建成了 400 多座井筒，总长约 67.0km，穿过的松散层最大厚度 383m，井筒最大净直径 8.0m，最大冻结深度为 435m。

钻井法凿井自 1969 年在淮北朔里南风井采用，首次钻成一座井筒以来，已钻凿了 50 余座井筒，累计长度近 13km，穿过不稳定冲积层最大厚度 440.8m，最大钻井直径 9.3m，最大成井净直径 7.0m，最大钻井深度 508.2m。

在松散层较深厚的地区建井，较为可靠而又行之有效的方法是冻结法和钻井法。冻结法稳妥可靠，450m 深度以内冻结技术成熟，但相对而言井筒掘砌工程量较大，费用较高，准备期较长。钻井法机械化程度高，准备期较短，但深井钻井偏斜度难以控制，基岩钻进刀具损耗大费用高，钻井泥浆量大占用场地较大。故在较深厚松散层建井时可按以下方面考虑选择建井方法：

1）当松散层厚大于 400m 时，目前采用冻结法施工尚无先例，钻井法施工已超过 440m，选择施工方法时应综合考虑。

2）目前钻井直径极限为 9.3m，最大成井净直径 7.0m，当井筒直径大于 7.0m 时，应优先考虑采用冻结法施工。

3）风井井筒应优先考虑采用钻井法，对主副井应采取慎重态度，除了考虑工期、造价外，还需考虑工厂布置、环境问题和工序转换等。

4）对于直径小于 5m、基岩厚度不大的井筒，钻井速度快，成本低，应充分发挥钻井法的作用。

第二节　井筒支护设计参数和常用资料

一、立井地压计算

立井地压计算见表 4—3—11。

平面挡土墙公式计算的地压值与井筒深度成正比；而圆筒形挡土墙公式计算的地压值在浅部变化明显，随深度增加，地压增长率越来越小，在极限深度（300m 左右）后土压力达到

表4-3-11　立井地压计算

公式类型	公式名称	图示	公式	符号注释	基本假定	公式使用说明
平面挡土墙地压公式	普氏公式	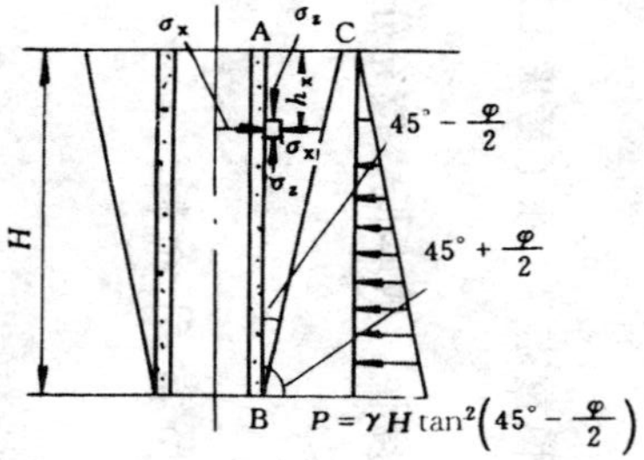	$P = \gamma H \tan^2\left(45° - \dfrac{\varphi}{2}\right)$	P—作用于井壁上侧压力，MPa；γ—土层的容重，MN/m³；H—计算处深度，m；φ—土层内摩擦角，(°)，φ 可查表4-3-21	计算结果地压与深度成正比呈三角形分布规律，本式设有考虑地下水压力，只适用于不含水或弱含水的单一岩层，由于地层分布不均匀而能单一而使用不普遍	假设井壁为平面挡土墙，围岩为松散体，粘结力 $C=0$
	秦氏公式	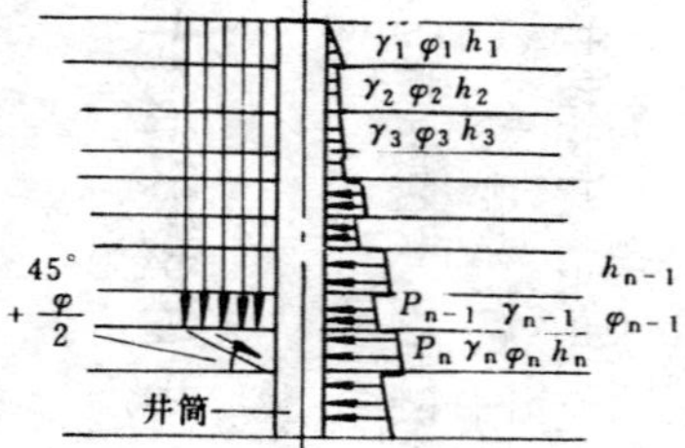	$P_n^{上} = (\gamma_1 h_1 + \gamma_2 h_2 + \cdots + \gamma_{n-1} h_{n-1}) A_n$ $P_n^{下} = (\gamma_1 h_1 + \gamma_2 h_2 + \cdots + \gamma_{n-1} h_{n-1} + \gamma_n h_n) A_n$	$P_n^{上}, P_n^{下}$—第 n 层顶底板作用于井壁上的侧压力，MPa；$\gamma_1, \gamma_2, \gamma_3 \cdots \gamma_n$—各岩层容重，MN/m³；$h_1, h_2 \cdots h_n$—各岩层厚度，m；$A_n$—$n$ 岩层的侧压力系数，见表4；$A_n = \tan^2\left(45° - \dfrac{\varphi}{2}\right)$	本式未考虑地层中水压力，但给定了相应加大的侧压力系数，无形中等于考虑了地下水的影响。采用秦氏公式时，必须采用秦氏给定的侧压力系数，见表4-3-20不含水或弱含水的砂层及粘土层普遍采用此式	在普氏公式基础上提出分层计算，假设井筒周围每一岩层受破坏成滑动棱柱体而将其覆盖层视为均布荷载作用其上，此滑动棱柱体施于井壁的主动侧土压力即为井筒侧压力
	修正的秦氏公式	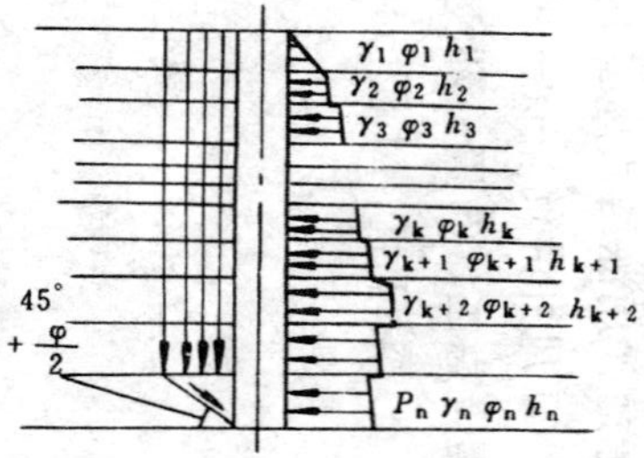	$P_n^{上} = (\gamma_{k+1} h_{k+1} + \gamma_{k+2} h_{k+2} + \cdots + \gamma_{n-1} h_{n-1}) A_n$ $P_n^{下} = (\gamma_{k+1} h_{k+1} + \gamma_{k+2} h_{k+2} + \cdots \gamma_{n-1} h_{n-1} + \gamma_n h_n) A_n$	$\gamma_{k+1}, \gamma_{k+2} \cdots \gamma_n$—岩层容重，MN/m³；$h_{k+1}, h_{k+2} \cdots h_n$—岩层厚度，m；$P_n^{上}, P_n^{下}, A_n$ 同秦氏公式	适用于厚度较大且坚硬稳定的岩层覆盖下的弱软土层的地压计算	认为井筒中间有较厚的坚硬稳定岩层时，其坚硬岩层以上的岩层压力对深部岩层压力的影响可忽略不计

续表

公式类型	公式名称	图 示	公 式	符 号 注 释	基 本 假 定	公式使用说明
平面挡土墙地压公式	悬浮理论(索柯洛夫)公式	(图：$\gamma_1 h_1 \varphi_1$,$\gamma_n h_n \varphi_n$,φ_{n-1},$\gamma_1 h'_1 \varphi'_1$,φ_{n-1},P_{n-1},$P_n h_n \varphi_n$,$\gamma'_n h'_n \varphi'_n$,$P_n^{下}$,静水位,井筒,$H$)	$P_n^{上} = (\Sigma\gamma_n h_n + \Sigma\gamma'_{n-1} h'_{n-1} H_{n-1})A_n$ $P_n^{下} = (\Sigma\gamma_n h_n + \gamma'_n h'_n + \gamma_0 H_n)A_n$ $\gamma'_n = \dfrac{\Delta+\gamma_0}{1+\epsilon}$	$\Sigma\gamma_n h_n$—地下水位以上各土层容重与层厚乘积之总和,MN/m²; $\Sigma\gamma'_n h'_n$—地下水位以下计算深度以上各土层悬浮容重与厚度乘积之总和,MN/m²; γ'_n—土层悬浮容重,MN/m³; Δ—土层干容重,MN/m³; ϵ—土层孔隙比; γ_0—水容重,0.01MN/m³; H_{n-1},H_n—第 n 层顶底部至地下水位高度(水头高度),m;	本式理论上较严密,但参数多且欠准确(难以获得原状土的土工试验资料)使得计算结果与实际有一定误差	含水丰富的表土层,地压包括悬浮土体的土压力和静水压力两部分。其土压力仍按索柯洛夫氏公式计算,但地下水位以下的土层应采用悬浮容重 γ'_0。另外再加上静水压力。此式是根据索氏公式演变过来的
	重液公式	(图：H,$P=0.013H$)	$P = 1.3\gamma_0 H$	γ_0—水容重,0.01MN/m³; $1.3\gamma_0$—水、土混合容重,MN/m³; H—计算处深度,m; P—计算处地压,MPa;	当地下水位与地表接近,同时把土层容重近似取 1.3γ_0,合容重近似取 1.3γ_0,悬浮理论公式就变成重液公式,此式首先由德国人摩尔所提出	此式安全可靠,在流砂层、近年来多的井筒普遍采用。实测的数字表明,重液压力与深度成正比增加呈三角形分布合容重有差别,合容重随深度增加而折减的公式: 当 $H\leq100m$ 时,$P=1.3\gamma_0 H$; $100m<H\leq200m$ 时,$P=1.2\gamma_0 H$; $200m<H\leq300m$ 时,$P=1.17\gamma_0 H$; $H>300m$ 时,$P=1.07\gamma_0 H$; 由于实测不充分,且缺乏实践,没有普遍使用

续表

公式类型	公式名称	图示	公 式	符 号 注 释	基 本 假 定	公式使用说明
平面挡土墙地压公式	哈·林克公式		$P=P_w+P_g$ $P_w=\gamma_w\dfrac{h}{100}$ $P_g=\lambda_g\times\left(\gamma_{gw}\dfrac{h}{100}+\gamma_g\times\dfrac{H-h}{100}\right)$ $\lambda_g=\dfrac{2(1-\sin\varphi)}{1+\tan^2\left(45°-\dfrac{\varphi}{2}\right)}$ $\gamma_{gw}=\gamma_g-(1-n_p)\gamma_w$	P_w——水压力，MPa; P_g——土压力，MPa; γ_{gw}——悬浮容重，t/m³; γ_w——水容重，t/m³; γ_g——土层干容重，t/m³; H——计算处高度，m; h——水头高度，m; n_p——土层孔隙比（与悬浮理论公式中的ε相同）; λ_g——林克侧压力系数; φ——土层内摩擦角，°。	哈·林克公式与悬浮公式相似，他利用挡土墙理论同时把水、土压力分算，但哈·林克推荐的侧压力系数 λ_g 比一般采用的 Λ_n 值小 10%～30%	此式在西德表土层中广泛应用，因 λ_g 比重比求出 Λ_n 值所以计算结果比重液理论和悬浮理论要小。当取 γ_g=1.85, γ_w=1.0, n_p=0.3 则 λ_g=0.26（称为标准值相当 φ=30°）φ 不为标准值时 φ 与 λ_g 关系如下: 表： φ：20° 25° 30° 35° 40° 45° λ_g：0.43 0.33 0.25 0.18 0.13 0.09
圆筒形挡土墙地压公式	别列赞采夫公式	（图示：标注 q, O, P_x, R_b, R_0, H, $45°+\dfrac{\varphi}{2}$, q）	①$P=\gamma R_0\dfrac{\tan\left(45°-\dfrac{\varphi}{2}\right)}{\lambda-1}\times\left[1-\left(\dfrac{R_0}{R_b}\right)^{\lambda-1}\right]$ ②$P_{max}=\gamma_0 R_0\dfrac{\tan\left(45°-\dfrac{\varphi}{2}\right)}{\lambda-1}$ ③$P=\gamma R_0\tan\left(45°-\dfrac{\varphi}{2}\right)\times\ln\dfrac{R_b}{R_0}$ $R_b=R_0+H\tan\left(45°+\dfrac{\varphi}{2}\right)$ $\lambda=2\tan\varphi\tan\left(45°+\dfrac{\varphi}{2}\right)$	R_0——井筒掘进半径，m; R_b——土体滑动线与地面交点的横坐标，m; λ——简化系数; γ——土容重，MN/m³; $\ln$——自然对数符号;	别氏假定围土移动时形成空心滑动圆锥体，且土层的位移是向心的，故形成楔形环效应，挤压土体对井壁的压力，并减少对井壁的理论比平面挡土墙进进了一步，揭示了地压随深度不是直线增长的规律，见图4-3-1	1. 当地面无荷载，土层不含水时用式①，取各表土层的摩擦角加权平均求出 φ 值，此式不适用 $\varphi=19°30'$，即 $\lambda=1$; 2. 当 $\varphi=19°30'$ 时，可用式②求地压 P; 3. 当 $\varphi\neq19°30'$，且 $H>300m$ 时，P 为极限值，用式③ 4. 对含水岩层，式①、②、③均应加静水压力; 5. 在 φ 为 19°～20°范围内加静水压力后地压很大，此式②、③不适用

最大值而几乎不再增加，如图4—3—1所示。

各类岩石的普氏系数 f 及其相应的 φ 值见第一篇有关章节。

秦氏公式给定的侧压力系数见表4—3—12；土层内摩擦角数值见表4—3—13。

永久地压实测数据，见表4—3—14～表4—3—17。

二、井壁厚度及圆环内力计算

(一) 井壁厚度计算

1. 薄壁圆筒公式

$$h=\frac{\nu_k PR}{f_c} \qquad (4-3-1)$$

以 $R=h+r$ 代入上式得：

$$h=\frac{\nu_k pr}{f_c-\nu_k P} \qquad (4-3-2)$$

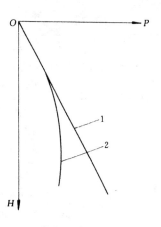

图4—3—1 地压曲线
1—平面挡土墙地压曲线；
2—圆筒形挡土墙地压曲线

式中 h——井壁厚度，mm；

R——井壁外半径，mm；

r——井筒净半径，mm；

P——地压，MPa；

f_c——井壁材料的设计强度，N/mm²；

ν_k——结构计算荷载系数，按有关规定采用。

表4—3—12 秦氏水平侧压力系数 A_n 值

秦氏岩石分类	物理机械特性					水平侧压力系数	
	抗压强度 (MPa)	内摩擦角 φ		内阻力角 φ[①]		最大～最小	平均
		最小～最大	平均	最小～最大	平均		
流 砂		0°～18°	9°			1.0～0.64	0.757
松散岩石		18°～26°34′	22°15′			0.64～0.5	0.526
软地层		26°34′～50°	38°15′			0.5～0.3	0.387
弱岩层	2～10			50°～70°	60°	0.3～0.031	0.164
中 硬	10～40			70°～80°	75°	0.031～0.008	0.017

①围岩的内阻力角也可称内摩擦角。

表4—3—13 松散土及结构土单位重量及内摩擦角数值

土 的 名 称			干 土		润 土		湿 土	
			γ (t/m³)	φ	γ (t/m³)	φ	γ (t/m³)	φ
松散层	砂壤土	松	1.4～1.6	22°	1.6～1.7	20°	1.8～1.85	15°
		中等密实	1.6～1.8	25°	1.7～1.9	22°	1.85～2.05	17°
		密 实	1.8～1.95	27°	1.9～2.05	25°	2.05～2.15	18°

土 的 名 称			干 土		润 土		湿 土	
			γ (t/m³)	φ	γ (t/m³)	φ	γ (t/m³)	φ
松 散 层	粉砂、砂壤土	松	1.5～1.6	27°	1.7～1.8	22°	1.85～1.9	18°
		中等密实	1.6～1.8	30°	1.8～1.9	25°	1.9～2.0	20°
		密 实	1.8～2.0	33°	1.9～2.05	25°	2.0～2.15	22°
	细 砂	松	1.5～1.6	27°	1.68～1.75	25°	1.85～1.9	22°
		中等密实	1.6～1.75	30°	1.75～1.9	27°	1.9～2.0	25°
		密 实	1.75～1.9	33°	1.9～2.0	30°	2.0～2.1	28°
	中粒砂	松	1.6～1.7	30°	1.7～1.85	27°	1.9～2.0	25°
		中等密实	1.7～1.8	33°	1.85～1.95	30°	2.0～2.05	28°
		密 实	1.8～1.95	33°	1.96～2.05	30°	2.05～2.15	28°
	粗砂、砾岩砂	松	1.85～1.9	33°	1.95～2.0	30°	2.05～2.10	30°
		中等密实	1.9～2.0	35°	2.0～2.1	33°	2.1～2.2	33°
		密 实	2.0～2.1	37°	2.1～2.15	35°	2.2～2.25	35°
	砾石卵石	中等密实	2.0～2.05	40°	2.05～2.1	40°	2.15～2.3	40°
		密 实	2.05～2.1	40°	2.1～2.2	40°	2.2～2.25	40°
结 构 类 土	粉状土	淤 泥	1.5	30°	1.6	18°	1.8	10°
		淤 泥 土	1.5	30°	1.6	20°	1.8	12°
		黄 土	1.5	—	1.6	30°	1.8	25°
		黄土状粘壤土	1.5	—	1.6	30°	1.8	25°
	有机土	泥 炭 土	1.0	30°	1.3	20°	1.6	15°
		松种植土（泥土层）	1.5	40°	1.5	33°	—	—
		密实凝结种植土	1.7	40°	1.8	33°	—	—

表 4-3-14 红阳一号副井永久地压值

岩 层	土层性质	深 度 (m)	实测地压 (MPa)	为 $P=1.3\gamma_0 H$ 的 百分率（%）
表 土 层	粗 砂	61	0.53	67
	亚 砂 土	67	0.72	83
	粘 土	74	0.71	74
	砂	80	0.77	74
	砂 砾	88	0.81	71
	粘 土	90	0.79	68
风化基岩	砂 砾 层	94	0.72	59
	砂 砾 层	100	0.68	52

表4-3-15 兖州兴隆庄主井永久地压值

土层性质	垂 深 (m)	实测地压 (MPa)	为 $P=1.3\gamma_0 H$ 的百分率（%）
松 土	88.5	1.06	92
砂 砾	118	1.04	68
细 砂	142.5	1.40	76
粘 土	151	1.40	71
砂质粘土	168.5	1.23	56

表4-3-16 蔡园主井永久地压值

序 号	测点深度 (m)	实测地压值 (MPa)	为 $P=1.3\gamma_0 H$ 的百分率（%）
1	26	0.24	71
2	32	0.38	91
3	38	0.35	71
4	48	0.53	85
5	49.4	0.54	84
6	54	0.52	74
7	56	0.55	76
8	59	0.63	82
9	63.5	0.68	82
10	66	0.68	79
11	73.5	0.75	78
12	83	0.85	79
13	86	0.89	80
14	87	0.89	79

表4-3-17 国内外部分矿井永久地压值

井筒名称	施工方法	最大实测深度 (m)	实测地压 (MPa)	为 $P=1.3\gamma_0 H$ 的百分率（%）
红阳一号副井	冻 结	90	0.79	68
兴隆庄主井	冻 结	168.5	1.23	56
蔡园主井	沉 井	87	0.89	79
九江大桥墩基沉井	沉 井	40	0.44～0.52	85～100
日本三池新开立井	沉 井	85	0.85	77
日本三池新开立井	沉 井	101	1.01	77
日本三池有明立井	沉 井	148	1.628～1.776	85～92
加拿大赤伯一号立井	冻 结	380	3.42	70
德国雅科巴立井	钻 井	412	4.532	85
红阳一号西风井	钻 井	93	1.116	92
各国钻井实践	钻 井		泥浆比重1.1～1.2	85～92

2. 厚壁圆筒公式

1）拉麦公式。

$$h=r\left[\sqrt{\frac{f_c}{f_c-2\nu_k P}}-1\right] \qquad (4-3-3)$$

2）能量强度理论（古别拉）公式。

$$h=r\left[\sqrt{\frac{f_c}{f_c-\sqrt{3}\nu_k P}}-1\right] \qquad (4-3-4)$$

应该指出，此公式是应用形状改变比能原理，令泊松比 $\mu=0.5$ 推导出来的，对混凝土这样的脆性材料来说不尽合理。波兰在设计井壁时常采用此公式。

（二）圆环内力计算

1. 均匀侧压力作用下圆环内力计算

1）薄壁圆环内力计算公式（当 $h<\dfrac{r}{10}$ 时采用）。

井壁上只受轴向压力（见图 4-3-2）

$$N_A=N_B=PR \qquad (4-3-5)$$

式中　N_A、N_B——A、B 截面的轴向压力，N。

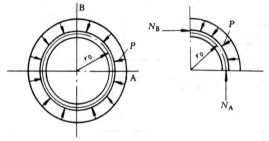

图 4-3-2　薄壁圆环受力分析

当验算井壁强度时，需满足下式

$$N=\nu_k PR\leqslant f_c h\varphi \qquad (4-3-6)$$

式中　φ——按换算长度计算的纵向弯曲系数（不同材料选用不同的 φ 值），混凝土构件、钢筋混凝土构件可分别查表 4-3-18 及表 4-3-19；

　　　ν_k——结构计算荷载系数，混凝土井壁取 $\nu_k=1.5$，钢筋混凝土井壁取 $\nu_k=1.4$。

2）厚壁圆环内力计算公式（当 $h>\dfrac{r}{10}$ 时采用）。

（1）拉麦公式。

$$\sigma_r=\frac{R^2 P}{R^2-r^2}\left(1-\frac{r^2}{r_x^2}\right) \qquad (4-3-7)$$

$$\sigma_t=\frac{R^2 P}{R^2-r^2}\left(1+\frac{r^2}{r_x^2}\right)$$

式中　σ_r——圆环的径向应力，MPa；

　　　σ_t——圆环的切向（环向）应力，MPa；

　　　r_x——计算点半径，mm。

当计算点半径 $r_x=R$ 时，σ_r 及 σ_t 即为井壁外缘处的应力。

表 4-3-18　混凝土构件的纵向弯曲系数 φ

L_0/h	<4		4	6	8	10	12	14
L_0/d	<3.5		3.5	5	7	8.5	10.5	12
L_0/r_w	<14		14	21	28	35	42	49
φ	1.00		0.98	0.96	0.91	0.86	0.82	0.77
L_0/h	16	18	20	22	24	26	28	30
L_0/d	14	15.5	17	19	21	22.5	24	26
L_0/r_w	56	63	70	76	83	90	97	104
φ	0.72	0.68	0.63	0.59	0.55	0.51	0.47	0.44

注：表中 d 为圆形截面直径，h 为矩形截面短边尺寸，r_w 为截面回转半径，$r_w = \sqrt{\dfrac{I}{A}}$。

表 4-3-19　钢筋混凝土轴心受压构件的稳定系数 φ

L_0/b	≤8	10	12	14	16	18	20	22	24	26	28
L_0/d	≤7	8.5	10.5	12	14	15.5	17	19	21	22.5	24
L_0/i	≤28	35	42	48	55	62	69	76	83	90	97
φ	1.0	0.98	0.95	0.92	0.87	0.81	0.75	0.70	0.65	0.60	0.56
L_0/b	30	32	34	36	38	40	42	44	46	48	50
L_0/d	26	28	29.5	31	33	34.5	36.5	38	40	41.5	43
L_0/i	104	111	118	125	132	139	146	153	160	167	174
φ	0.52	0.48	0.44	0.40	0.36	0.32	0.29	0.26	0.23	0.21	0.19

注：表中 L_0 为构件计算长度；b 为矩形截面的短边尺寸；d 为圆形截面的直径；i 为截面最小回转半径。

$$\sigma_r = P$$

$$\sigma_t = \frac{R^2 + r^2}{R^2 - r^2} P$$

当 $r_x = r$ 时，σ_r 及 σ_t 即为井壁内缘处的应力。

$$\sigma_r = 0$$

$$\sigma_t = \frac{2R^2 P}{R^2 - r^2}$$

最大的切向应力发生在圆环内缘，如图 4-3-3 所示。可按下式进行截面强度验算：

$$\sigma_t = \frac{2\nu_k R^2 P}{R^2 - r^2} \leqslant f_c \qquad (4-3-8)$$

（2）能量强度理论（古别拉）公式。

计算半径为 r_x 时的切向应力

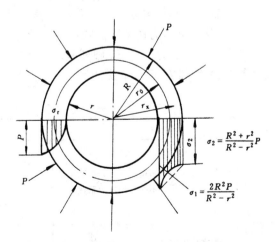

图 4-3-3　厚壁圆环应力分布

$$\sigma_x = \sqrt{3} \left[\frac{R^2 r^2}{(R^2 - r^2) \, r_x^2} \right] P \qquad (4-3-9)$$

井壁内缘切向应力

$$\sigma_t = \frac{\sqrt{3}\, R^2 P}{R^2 - r^2} \qquad (4-3-10)$$

井壁外缘切向应力

$$\sigma_t = \frac{\sqrt{3}\, r^2 P}{R^2 - r^2} \qquad (4-3-11)$$

用下式验算井壁强度

$$\sigma_t = \frac{\sqrt{3}\, \nu_k R^2 P}{R^2 - r^2} \leqslant f_c \qquad (4-3-12)$$

理论研究和建井实践证明：就圆筒井壁而言，在一定压力作用下，增加井壁厚度对提高井壁承载能力作用不明显，提高井壁材料强度对提高井壁强度才更为有效。

2. 不均匀侧压力及圆环内力计算

1）不均匀侧压力的计算。

实践证明，由于岩层的特性、井筒围岩的破碎或施工方法不同等都将造成井筒四周的压力呈不均匀分布状态，如图4—3—4所示。不均匀侧压力及不均匀侧压力系数按表4—3—20计算。

目前普遍采用表中第一种方法计算。对表土层可根据不同的施工方法选用不均

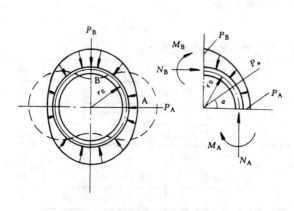

图4—3—4　受不均匀侧压力圆环内力分布

匀侧压力系数，见表4—3—21。

对于岩石，不均匀侧压力系数可按表4—3—22选用。

2）不均匀侧压力作用下的圆环内力计算。

在不均匀侧压力作用下，圆环截面产生轴向力和弯矩共同作用，在单位高度圆环A、B截面上的内力 N 和 M 可按下式计算：

表4—3—20　不均匀地压计算方法

序号	假定条件	公式	符号注释
1	最小地压等于水压加土压，最大地压为最小地压乘以不均匀侧压力系数	$P_A = P_水 + P_土$ $P_B = P_A(1+\beta)$ $\beta = \dfrac{\tan^2\left(45° - \dfrac{\varphi - 3°}{2}\right)}{\tan^2\left(45° + \dfrac{\varphi + 3°}{2}\right)}$	$P_水$—水压； $P_土$—土压； P_A—最小地压；
2	最大地压按水土压力总和计算，最小地压取最大地压减去0.5倍土压	$P_A = (P_水 + P_土) - 0.5P_土$ $= P_水 + 0.5P_土$ $P_B = P_水 + P_土$	P_B—最大地压； β—不均匀侧压力系数； φ—土层内摩擦角
3	假设水压沿四周均匀分布，只有土压呈不均匀分布	$P_A = P_水 + P_土$ $P_B = P_水 + P_土(1+\beta)$	

表 4-3-21　表土层特殊施工法的不均匀侧压力系数 β 经验值

井筒施工方法	冻　结　法	钻　井　法	沉　井　法
不均匀侧压力系数	0.2～0.3	0.1～0.15	0.2～0.3

表 4-3-22　岩石侧压力不均匀系数 β

岩层倾角	≤55°	≤65°	≤75°	≤85°
不均匀侧压力系数	0.2	0.3	0.4	0.5

在 A 截面（$\alpha=0°$时）

$$\left.\begin{array}{l} N_A=P_A r_0 \ (1+0.785\beta) \\ M_A=-0.149\beta P_A r_0^2 \end{array}\right\} \qquad (4-3-13)$$

在 B 截面（$\alpha=90°$时）

$$\left.\begin{array}{l} N_B=P_B r_0 \ (1+0.5\beta) \\ M_B=0.137\beta P_B r_0^2 \end{array}\right\} \qquad (4-3-14)$$

式中　N_A、N_B——A、B 截面的轴向力，N；

M_A、M_B——A、B 截面的弯矩，N·mm；

r_0——井壁中心半径，mm；

P_B、P_A——最大及最小地压，MPa；

β——不均匀侧压力系数。

三、混凝土、钢筋混凝土构件及计算

（一）混凝土、钢筋的强度及参数

1. 混凝土强度等级

1）按《混凝土结构设计规范　GBJ10-89》规定，混凝土强度等级为 C7.5、C10、C15、C20、C25、C30、C35、C40、C45、C50、C55、C60 等 12 种。

2）混凝土强度。

混凝土强度标准值见表 4-3-23。

混凝土强度设计值见表 4-3-24。

表 4-3-23　混凝土强度标准值　　　　　N/mm²

强度种类	符　　号	混　凝　土　强　度　等　级											
		C7.5	C10	C15	C20	C25	C30	C35	C40	C45	C50	C55	C60
轴心抗压	f_{ck}	5	6.7	10	13.5	17	20	23.5	27	29.5	32	34	36
弯曲抗压	f_{cmk}	5.5	7.5	11	15	18.5	22	26	29.5	32.5	35	37.5	39.5
抗　拉	f_{tk}	0.75	0.9	1.2	1.5	1.75	2	2.25	2.45	2.6	2.75	2.85	2.95

表 4—3—24　混 凝 土 强 度 设 计 值　　　　　　　N/mm²

强度种类	符　号	混 凝 土 强 度 等 级											
		C7.5	C10	C15	C20	C25	C30	C35	C40	C45	C50	C55	C60
轴心抗压	f_c	3.7	5	7.5	10	12.5	15	17.5	19.5	21.5	23.5	25	26.5
夸曲抗压	f_{cm}	4.1	5.5	8.5	11	13.5	16.5	19	21.5	23.5	26	27.5	29
抗　拉	f_t	0.55	0.65	0.9	1.1	1.3	1.5	1.65	1.8	1.9	2	2.1	2.2

注：1. 计算现浇钢筋混凝土轴心受压及偏心受压构件时，如截面的长边或直径小于 300mm，则表中混凝土的强度设计值应乘以系数 0.8；当构件质量（如混凝土成型、截面和轴线尺寸等）确有保证时，可不受此限；
　　2. 离心混凝土的强度设计值应按有关专门规定取用。

　　3）钢筋混凝土有关规定。

　　采用钢筋混凝土时，混凝土的强度等级不宜低于 C15；当采用 Ⅱ 级钢筋时，混凝土强度等级不宜低于 C20；当采用 Ⅲ 级钢筋以及对承受重复荷载的构件，混凝土强度等级不得低于 C20。

　　预应力混凝土结构的混凝土强度等级不宜低于 C30；当采用碳素钢丝、钢绞线、热处理钢筋作预应力钢筋时，混凝土强度等级不宜低于 C40。

　　2. 混凝土的弹性模量及其他

　　1）混凝土的弹性模量。

　　混凝土受压或受拉时的弹性模量 E_c 应按表 4—3—25 采用。

表 4—3—25　混 凝 土 弹 性 模 量 E_c　　　　　　　N/mm²

混凝土强度等级	弹 性 模 量	混凝土强度等级	弹 性 模 量
C7.5	1.45×10^4	C35	3.15×10^4
C10	1.75×10^4	C40	3.25×10^4
C15	2.20×10^4	C45	3.35×10^4
C20	2.55×10^4	C50	3.45×10^4
C25	2.80×10^4	C55	3.55×10^4
C30	3.00×10^4	C60	3.60×10^4

　　2）混凝土的收缩与膨胀。

　　混凝土的收缩变形在结硬初期第一年内最快，一般试验求得单位长度的收缩变形在 3×10^{-4} 以上。混凝土的臌胀变形较收缩为小，且常属于有利方面，在计算中不予考虑。

　　3）混凝土的温度变形。

　　当温度在 0℃ 到 100℃ 范围内时，混凝土线膨胀系数 α_c 可采用 1×10^{-5}（以每摄氏度计）。大体积的混凝土温度变化应进行专门计算（见第四章冻结法凿井井壁设计）。

　　4）混凝土的密度。

　　以石灰岩或砂岩为粗骨料的混凝土相对密度，不经震捣的为 2.3，经震捣的为 2.4。

　　花岗岩、玄武岩等火成岩为骨料的混凝土相对密度为 2.5。

　　钢筋混凝土的密度为混凝土的相对密度加上每立方米混凝土内钢筋重的 2/3，一般钢筋混凝土结构设计采用的相对密度近似为 2.5。

5）混凝土的泊松比。

混凝土泊松比可采用 $\nu_c=0.2$。

6）混凝土一般配合比。

混凝土一般配合比及喷射混凝土的材料组成均可见第一篇有关章节。

3. 钢　筋

1）钢筋种类、强度、弹性模量。

钢筋形状有光圆、螺纹、人字纹及竹节纹形。热轧钢筋和冷拉钢筋各分为四级，另外还有热处理钢筋。钢筋种类、强度及弹性模量见表 4-3-26 和表 4-3-27。

2）钢筋的接头和搭接。

钢筋接头一般应采用焊接接头，其形式见表 4-3-28。

纵向受拉钢筋的最小锚固长度见表 4-3-29。

表 4-3-26　钢 筋 强 度 设 计 值　　　　　N/mm²

	种　　　类	f_y 或 f_{Py}	f_y' 或 f_{Py}'
热轧钢筋	Ⅰ级（A₃、AY₃）	210	210
	Ⅱ级（20MnSi、20MnN_{b(b)}） $d\leqslant25$ $d=28\sim40$	310 290	310 290
	Ⅲ级（25MnSi）	340	340
	Ⅳ级（40Si2MnV、45SiMnV、45Si2MnTi）	500	400
冷拉钢筋	Ⅰ级（$d\leqslant12$）	250	210
	Ⅱ级 $d\leqslant25$ $d=28\sim40$	380 360	310 290
	Ⅲ级	420	340
	Ⅳ级	580	400
热处理钢筋	40Si2Mn（$d=6$） 48Si2Mn（$d=8.2$） 45Si2Cr（$d=10$）	1000	400

注：1. 在钢筋混凝土结构中，轴心受拉和小偏心受拉构件的钢筋抗拉强度设计值大于 310N/mm² 时，仍应按 310N/mm² 取用；其他构件的钢筋抗拉强度设计值大于 340N/mm² 时，仍应按 340N/mm² 取用；对于直径大于 12mm 的 Ⅰ 级钢筋，如经冷拉，不得利用冷拉后的强度；

2. 当钢筋混凝土结构的混凝土强度等级为 C10 时，光面钢筋的强度设计值应按 190N/mm² 取用，变形钢筋（包括月牙纹钢筋和螺纹钢筋）的强度设计值应按 230N/mm² 取用；

3. 构件中配有不同种类的钢筋时，每种钢筋根据其受力情况应采用各自的强度设计值。

表 4-3-27　钢 筋 弹 性 模 量 E_s　　　　　N/mm²

种　　　类	E_s
Ⅰ级钢筋、冷拉 Ⅰ 级钢筋	2.1×10^5
Ⅱ级钢筋、Ⅲ级钢筋、Ⅳ级钢筋、热处理钢筋、碳素钢丝、冷拔低碳钢丝	2.0×10^5
冷拉 Ⅱ 级钢筋、冷拉 Ⅲ 级钢筋、冷拉 Ⅳ 级钢筋、刻痕钢丝、钢绞线	1.8×10^5

表4-3-28　钢　筋　焊　接　接　头

焊接接头名称	钢筋等级及直径 （mm）	焊接型式	备　注
对头接触电焊	I、II、III级钢筋 6～40		对头接触电焊在钢筋焊接中宜优先采用
两条贴角焊缝钢筋搭接电弧焊	I、II、III级钢筋 6～40	(4d) 5d d	在电弧焊接中宜优先采用钢筋搭接电弧焊
一条贴角焊缝钢筋搭接电弧焊	I、II、III级钢筋 6～40	(8d) 10d d	不得已时才采用这种形式
四条贴角焊缝绑条电弧焊	I、II、III级钢筋 6～40	(4d) 5d ≥2mm及0.5d	当钢筋搭接电弧焊难以施工时，采用绑条电弧焊，绑条面积应为受力钢筋面积的1.2倍（I级钢筋）、1.5倍（II、III级钢筋）
两条贴角焊缝绑条电弧焊	I、II、III级钢筋 6～40	10d(8d) ≥2mm及≤0.5d	不得已时才采用这种形式

注：1. d为圆钢筋直径或螺纹钢筋的计算直径；

　2. 当有两条不同直径的钢筋连接时，应取直径较小的确定搭接长度，焊接后钢筋强度亦取较小的直径进行验算。

　3. 在焊接形式一项括弧内的数值，仅用于I级钢筋。

表4-3-29　纵向受拉钢筋的最小锚固长度 L_a　　　　　mm

钢筋类型		混凝土强度等级			
		C15	C20	C25	≥C30
I级钢筋		40d	30d	25d	20d
月牙纹	II级钢筋	50d	40d	35d	30d
	III级钢筋	—	45d	40d	35d
冷拔低碳钢丝		250			

注：1. 当月牙纹钢筋直径 $d>25$mm时，其锚固长度应按表中数值增加5d采用；

　2. 当螺纹钢筋直径 $d\leqslant25$mm时，其锚固长度应按表中数值减少5d采用；

　3. 当混凝土在凝固过程中易受扰动时（如滑模施工），受力钢筋的锚固长度宜适当增加；

　4. 在任何情况下，纵向受拉钢筋的锚固长度不应小于250mm。

绑扎接头的搭接长度：受拉钢筋不应小于 $1.2L_a$（L_a 按表4-3-29的规定采用），且不应小于300mm；受压钢筋不应小于 $0.85L_a$，且不应小于200mm。

受力钢筋接头的位置应相互错开，有接头的受力钢筋截面面积占受力钢筋总截面面积的百分率应符合表4-3-30的规定。

3）弯钩。

螺纹钢筋不加弯钩，光圆钢筋须设弯钩，受压构件采用直钩，受弯及受拉构件采用半圆弯钩。弯钩的理论长度按 $6.25d$ 计算（d为钢筋直径）。

表 4-3-30　接头区段内受力钢筋接头面积的允许百分率　　　　%

接 头 形 式	受 拉 区	受 压 区
绑扎骨架和绑扎网中钢筋的搭接接头	25	50
焊接骨架和焊接网的搭接接头	50	50
受力钢筋的焊接接头	50	不限制
预应力钢筋的对焊接头	25	不限制

注：1. 接头位置宜设置在受力较小处，在同一根钢筋上应尽量少设接头；
　　2. 装配式构件连接处的受力钢筋焊接接头和后张法预应力混凝土构件的螺丝端杆接头，可不受上表的限制；
　　3. 采用绑扎骨架的现浇柱，在柱中及柱与基础交接处，如采用搭接接头时，其接头面积允许百分率，可根据设计经验适当放宽；
　　4. 承受均布荷载作用的屋面板、楼板、檩条等简支受弯构件，如在受拉区内配置少于3根受力钢筋时，可在跨度两端各四分之一跨度范围内设置一个焊接接头；
　　5. 如有保证焊接质量的可靠措施时，预应力钢筋对焊接头在受拉区内的接头面积允许百分率可放宽至50%。

4．钢筋与混凝土的结合、混凝土的收缩及徐变

1）钢筋与混凝土结合产生粘结力。

粘结力由三部分组成：

（1）水泥浆凝固与钢筋表面发生胶着力；

（2）混凝土收缩将钢筋压紧产生摩擦力；

（3）钢筋表面凹凸不平（螺纹钢筋）与混凝土之间发生机械衔接力。

试验得出，混凝土强度等级为C15～C20时，光面钢筋与混凝土的平均粘着力为2.5～4.0MPa。

2）混凝土收缩对钢筋混凝土结构的影响。

钢筋会阻止混凝土的收缩，因而引起收缩内应力，有钢筋存在时，混凝土的收缩可减少一半。

图4-3-5中，假如柱端能自由收缩，且柱中未配钢筋，则混凝土将自由收缩 ΔL，而没有任何内力发生。若混凝土内设置了钢筋，则钢筋将阻止混凝土自由收缩，结果柱只收缩了 ΔX，而混凝土相应受拉伸 $\Delta \lambda$，$\Delta \lambda = \Delta L - \Delta X$，亦即钢筋受到压应力而混凝土受到拉应力。因此配过量的钢筋可能对混凝土结构起不良的作用。钢筋混凝土构件单位长度的收缩量约为 1.5×10^{-4}，相当温度下降 15℃ 的收缩量。

3）混凝土徐变对钢筋混凝土结构的影响。

国外一些井壁设计往往考虑混凝土的徐变。配筋构件的徐变与收缩一样，比无筋混凝土的收缩来得小，中等配筋率时约小40%～50%。构件开始承受荷载时，其总荷载等于混凝土承担的内力与钢筋承担的内力之和。此时混凝土尚未发生徐变，钢筋与混凝土看作弹性体以不同弹性模量比例分别承担内力。当荷载持久作用后，混凝土发生徐变（好像混凝土变软了），导致内力重新分配，混凝土应力减小而钢筋应力增大，因此对于钢筋混凝土井壁，由于徐变使后期弹性模量比变化，需进行强度验算（见第四

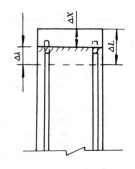

图 4-3-5　钢筋对混凝土收缩的影响

章第五节复合井壁设计)。

(二) 混凝土、钢筋混凝土构件计算

有关井壁设计所需的混凝土、钢筋混凝土构件计算方法,将分别在各章节中介绍。

四、砖石构件 (砂浆砌体) 的强度计算

砖石井壁施工方便,便于就地取材,20 世纪 50 年代在基岩支护中普遍采用。由于砌体对膨胀性土层初期来压和粘土层的蠕变有一定的抵抗作用,20 世纪 70 年代和 80 年代前期,冻结井筒外壁也有采用砌体砌筑,但砌体整体强度较低。另外井口的预留风道口及临时锁口,也多用砌体砌筑,以便后期拆除。

(一) 砌体强度

按国标《砌体结构设计规范　GBJ3-88》有关条文规定,块体和砂浆的强度等级应按下列规定采用:

烧结普通砖、非烧结硅酸盐砖和承重粘土空心砖等的强度等级:MU30、MU25、MU20、MU15、MU10 和 MU7.5。

砌块的强度等级:MU15、MU10、MU7.5、MU5 和 MU3.5。

石材的强度等级:MU100、MU80、MU60、MU50、MU40、MU30、MU20、MU15 和 MU10。

砂浆的强度等级:M15、M10、M7.5、M5、M2.5、M1 和 M0.4。另外尚未硬化和施工后即受冻而处于冻结状态的砂浆,其强度视为 0。早期遭受冻结的砂浆,其强度等级应降低一级使用。

砖砌体、中型砌块砌体、毛料石砌体、毛石砌体的抗压强度设计值分别见表 4-3-31、表 4-3-32、表 4-3-33、表 4-3-34。

石材按其加工后的外形规则程度,可分为料石和毛石。

细料石:通过细加工,外形规则,叠砌面凹入深度不应大于 10mm,截面的宽度、高度不应小于 200mm,且不应小于长度的 1/4。

半细料石:规格尺寸同细料石,但叠砌面凹入深度不应大于 15mm。

粗料石:规格尺寸同细料石,但叠砌面凹入深度不应大于 20mm。

表 4-3-31　砖砌体的抗压强度设计值　　　　　　　　　　　MPa

砖强度等级	砂　浆　强　度　等　级							砂浆强度
	M15	M10	M7.5	M5	M2.5	M1	M0.4	0
MU30 (300)	4.16	3.45	3.10	2.74	2.39	2.17	1.58	1.22
MU25 (250)	3.80	3.15	2.83	2.50	2.18	1.98	1.45	1.11
MU20 (200)	3.40	2.82	2.53	2.24	1.95	1.77	1.29	1.00
MU15 (150)	2.94	2.44	2.19	1.94	1.69	1.54	1.12	0.86
MU10 (100)	2.40	1.99	1.79	1.58	1.38	1.26	0.91	0.70
MU7.5 (75)	—	1.73	1.55	1.37	1.19	1.09	0.79	0.61

注:灰砂砖砌体的抗压强度设计值,应根据试验确定。

表 4-3-32 **中型砌块砌体的抗压强度设计值** MPa

砌块强度等级	砂 浆 强 度 等 级				砂浆强度
	M10	M7.5	M5	M2.5	0
MU15	4.89	4.77	4.57	3.98	3.38
MU10	3.26	3.18	3.04	2.65	2.26
MU7.5	2.44	2.39	2.28	1.99	1.69
MU5	—	1.59	1.52	1.32	1.13
MU3.5	—	—	1.06	0.93	0.79

注:1. 对错孔砌筑的单排方孔空心砌块砌体,当空心率 $\delta > 0.4$ 时,应按表中数值乘以系数 Φ_2, $\Phi_2 = 1 - 1.25 \times (\delta - 0.4)$;

2. 对用不低于砌块材料强度的混凝土灌实的砌体,可按表中数值乘以系数 Φ_1, $\Phi_1 = [0.8/(1-\delta)] \leqslant 1.5$, δ 为砌块空心率。

表 4-3-33 **毛料石砌体的抗压强度设计值** MPa

石材强度等级	砂 浆 强 度 等 级				砂浆强度
	M7.5	M5	M2.5	M1	0
MU100	5.78	5.12	4.46	4.06	2.28
MU80	5.17	4.58	3.98	3.63	2.04
MU60	4.48	3.96	3.45	3.14	1.76
MU50	4.09	3.62	3.15	2.87	1.61
MU40	3.66	3.24	2.82	2.57	1.44
MU30	3.17	2.80	2.44	2.22	1.25
MU20	2.59	2.29	1.99	1.81	1.02
MU15	2.24	1.98	1.72	1.57	0.88
MU10	1.83	1.62	1.41	1.28	0.72

注:1. 对下列各类料石砌体,应按表中数值分别乘以系数;

2. 细料石砌体 1.5;半细料石砌体 1.3;粗料石砌体 1.2;周边密缝石砌体 0.8。

表 4-3-34 **毛石砌体的抗压强度设计值** MPa

石材强度等级	砂 浆 强 度 等 级					砂浆强度
	M7.5	M5	M2.5	M1	M0.4	0
MU100	1.35	1.20	1.04	0.61	0.45	0.36
MU80	1.21	1.07	0.93	0.54	0.40	0.32
MU60	1.05	0.93	0.81	0.47	0.35	0.28
MU50	0.96	0.85	0.74	0.43	0.32	0.25
MU40	0.86	0.76	0.66	0.38	0.29	0.22
MU30	0.74	0.66	0.57	0.33	0.25	0.19
MU20	0.60	0.54	0.47	0.27	0.20	0.16
MU15	0.52	0.46	0.40	0.24	0.18	0.14
MU10	0.43	0.38	0.33	0.19	0.14	0.11

毛料石:外形大致方正,一般不加工或仅稍加修整,高度不应小于 200mm,叠砌面凹入

深度不应大于25mm。

　　毛石：形状不规则，中部厚度不应小于200mm。

　　石材的强度等级，可用边长为70mm的立方体试块的抗压强度表示。试件也可采用表4-3-35所列边长尺寸的立方体，但应对其试验结果乘以相应的换算系数后方可作为石材的强度等级。

表4-3-35　石材强度等级的换算系数

立方体边长（mm）	200	150	100	70	50
换算系数	1.43	1.28	1.14	1	0.86

　　砌体抗压强度设计值表未列入，可按表4-3-36由强度平均值（f_m）、强度标准值（f_k）、强度设计值（f）间的换算关系及各类砌体轴心抗压强度平均值（表4-3-37）计算公式计算出砌体抗压强度设计值。

表4-3-36　f_k、f 和 f_m 的关系

f_k	抗　　压	一般砌体	$0.72f_m$
		毛石砌体	$0.6f_m$
	抗　拉　等	一般砌体	$0.67f_m$
		毛石砌体	$0.57f_m$
f	抗　　压	一般砌体	$0.48f_m$
		毛石砌体	$0.4f_m$
	抗　拉　等	一般砌体	$0.45f_m$
		毛石砌体	$0.38f_m$

表4-3-37　轴心抗压强度平均值 f_m　　　　　MPa

序　号	砌　体　种　类	$f_m = k_1 f_1^a (1+0.07f_2) k_2$		
		k_1	a	k_2
1	粘土砖、空心砖、非烧结硅酸盐砖	0.78	0.5	当 $f_2<1$ 时，$k_2=0.6+0.4f_2$
2	1砖厚空斗	0.13	1.0	当 $f_2=0$ 时，$k_2=0.8$
3	混凝土小型空心砌块	0.46	0.9	当 $f_2=0$ 时，$k_2=0.8$
4	中型砌块	0.47	1.0	当 $f_2>5$ 时，$k_2=1.15-0.03f_2$
5	毛料石	0.79	0.5	当 $f_2<1$ 时，$k_2=0.6+0.4f_2$
6	毛石	0.22	0.5	当 $f_2<2.5$ 时，$k_2=0.4+0.24f_2$

注：1. k_2 在表列条件以外时均等于1；

　　2. 式中 f_1 为块体（砖、石、砌块）抗压强度平均值；f_2 为砂浆抗压强度平均值，单位均以MPa计。

　　（二）圆环砌体承载力的验算

　　查表求出砌体的强度后，可验算圆环的承载力，当强度不能满足时，可增加圆环厚度及材料强度等级。

1）当圆环厚度（井壁厚度）$h < \frac{r}{10}$ 时，用薄壁筒公式（4－3－6）验算。

$$N = \nu_k PR \leqslant fh\varphi$$

式中 ν_k——结构计算荷载系数，查表4－3－38；

N——轴向力计算值，N（牛顿）；

P——井筒侧压力，MPa；

R——井筒外半径，mm；

h——圆环厚度（井壁厚度），mm；

f——砌体抗压强度设计值，MPa；

φ——轴心受压构件的稳定系数，按下式计算：

$$\varphi = \frac{1}{1 + \alpha \beta^2} \qquad (4-3-15)$$

表4－3－38　水工砖石结构荷载系数

计 算 情 况	力 与 荷 载 的 组 合	
	基 本 的	特 殊 的
按抗压极限强度计算	2.4	2.0
按抗拉、抗弯和抗剪强度计算	3.3	2.6
滑移稳定计算	1.2	1.1

注：若井壁为外井壁临时支护时，ν_k 可取 1.2～1.4。

当砂浆强度等级大于或等于M5时，$\alpha = 0.0015$；等于M2.5时，$\alpha = 0.002$；等于M1时，$\alpha = 0.003$；等于M0.4时，$\alpha = 0.0045$；砂浆强度为0时，$\alpha = 0.009$。

当采用材料为混凝土块和料石时，α 还应乘以 0.72 的系数；

式中 β——构件高厚比，对于混凝土砌块、料石、毛料石砌体，$\beta = 0.85 \frac{L_0}{h}$，砖砌体，$\beta = \frac{L_0}{h}$；

L_0——圆环计算长度，根据圆环砌体约束条件按双铰拱计算，$L_0 = 0.54S$；

S——拱轴线长度，mm，$S = \pi r_0$，r_0 为井壁中心半径，mm。

2）当 $h > \frac{r}{10}$ 时，按公式（4－3－8）计算（同时考虑砌体纵向弯曲系数 φ）。

$$\sigma = \frac{2\nu_k R^2 P}{(R^2 - r^2)} \varphi \leqslant f_c$$

（三）计算实例

某主井采用冻结法施工，井筒净直径6.5m，内层井壁按静水压力计算强度，其厚度需650mm，外层井壁采用二层组合筒，即最外层为400mm厚的砂浆混凝土块（砌体），然后在砌体内缘套300mm厚的钢筋混凝土，二层共同承受冻结压力。根据以上条件，计算最外层的砌体在套300mm钢筋混凝土前，砌体单独能够承受的最大压力值。

圆环砌体的内半径　　　　$r = 6500/2 + 650 + 300 = 4200mm$

圆环砌体的外半径　　　　$R = 6500/2 + 650 + 300 + 400 = 4600mm$

圆环砌体的中心半径　　　$r_0 = 4200 + 400/2 = 4400mm$

$h = 400mm < \dfrac{r}{10} = 420mm$，故用薄壁筒公式计算。

$$\nu_k PR \leqslant \varphi f h$$

式中　ν_k——结构计算荷载系数，按表4—3—38注选取 $\nu_k = 1.2$；

　　　h——井壁厚度，$h = 400mm$。

采用 MU80 的粗料石，M15 砂浆，其轴心抗压强度平均值按表4—3—37的计算公式为：

$$\begin{aligned}
f_m &= k_1 f_1^a (1 + 0.07 f_2) k_2 \\
&= 0.79 \times 80^{0.5} \times (1 + 0.07 \times 15) \\
&= 14.5MPa
\end{aligned}$$

据表4—3—36中 f_k、f 和 f_m 的关系，其轴心抗压强度设计值 $f = 0.48 f_m = 0.48 \times 14.5 = 6.96MPa$。另据表4—3—33注，得粗料石轴心抗压强度设计值 $f' = 1.2f = 1.2 \times 6.96 = 8.352MPa$。

粗料石规格如表4—3—3，$a = 325mm$，$b = 300mm$，$c = 200mm$，$d = 400mm$，c 即为每皮高度 h_2，d 即为井壁厚度 h。

求构件稳定系数　　　　$\varphi = \dfrac{1}{1 + \alpha \beta^2}$

$$\alpha = 0.0015 \times 0.72$$

$$L_0 = 0.54S = 0.54\pi r_0 = 0.54\pi \times 4400 = 7464mm$$

$$\beta = 0.85 \dfrac{L_0}{h} = 0.85 \times \dfrac{7464}{400} = 15.861$$

$$\varphi = \dfrac{1}{1 + 0.0015 \times 0.72 \times 15.861^2} = 0.79$$

由公式（4—3—6）得

$$P \leqslant \dfrac{f' h \varphi}{\nu_k R} = \dfrac{8.352 \times 400 \times 0.79}{1.2 \times 4600} = 0.478MPa$$

砌体在套300mm厚钢筋混凝土之前能够承受的侧压力 P 为 0.478MPa，说明砂浆砌体是不能单独抵抗较大的冻胀力的。国外有的冻结井，其外壁是采用楔形砌块砌成的，砌体不是用砂浆勾缝，而是块与块之间夹木屑板垒砌，但要求冻土壁的强度要高。

第三节　基岩井筒支护

一、一般基岩井壁厚度的确定

立井基岩井壁（不包括含水基岩、破碎基岩）的厚度，一般按类比法确定或采用表4—3—39推荐的经验数值。有条件时，也可按本章第二节推荐的公式计算确定。

二、井筒过煤层措施

井筒穿过有煤与瓦斯突出危险的煤层，施工前必须完成下列准备工作：

表 4—3—39　基岩井壁厚度经验数值

井筒直径 (m)	井　壁　厚　度　（mm）				壁后充填厚度（mm）
	混凝土	料　石	混凝土砖	缸　砖	
3.0～4.5	300	300～350	400	425	混凝土砖、料石及缸砖井壁的壁后充填为100mm 现浇混凝土为零
4.5～5.0	300～350	350～400	400	475	
5.0～6.0	350～400	400～450	500	515	
6.0～7.0	400～450	450～500	500	550	
7.0～8.0	450～500	500	600	600	

注：1. 本表厚度不包括壁后充填；
　　2. 混凝土强度等级不低于 C15；
　　3. 本表适用 $f=4$ 的岩层。

1）井口棚及井下各种机电设备必须防爆，并应安设漏电保护装置；
2）必须设置瓦斯监测系统；
3）井下应采用不延燃橡胶电缆和抗静电、阻燃风筒；
4）对有煤与瓦斯突出危险的煤层，必须采取卸压措施；
5）过煤层时必须采用封闭支护砌筑永久井壁，可根据需要注黄泥浆封闭。
在无水的井筒中，掘进有煤尘爆炸危险的煤层时，必须考虑采取喷雾洒水措施。
在支护方面，当井筒穿过中厚煤层时，可视煤层情况采用井圈或锚杆钢筋网喷射混凝土等临时支护。临时支护必须紧靠工作面，应严密加固，并及时进行永久支护，可根据煤层及瓦斯压力情况适当加大永久支护厚度。

三、深井（千米立井）井筒支护

深井包括千米立井井筒支护，建议按下述方法估算井壁压力，并结合工程类比进行井壁结构设计。

深井基岩中井筒开挖后，在其周围形成塑性破裂区，该区域内岩体易失稳滑动，假定滑动岩体呈圆柱状，滑动岩体的下沉力所产生的侧压力即为井壁的侧压力。

若井筒穿过 n 层岩体（第一层为表土及风化带），第 i（$i=2, 3, 4 \cdots\cdots n$）层基岩对井壁的侧向压力为：

第 i 层顶压为　　　　　　　　　　　　$q_{1(i)}=Q_{i-1}M_i$

第 i 层底压为　　　　　　　　　　　　$q_{2(i)}=Q_i M_i$

式中　M_i——第 i 层岩柱体的侧压力系数，

$$M_i=\frac{1}{1+2\tan^2\varphi_i}$$

φ_i——第 i 岩层体的内摩擦角；

Q_i——第 i 层岩柱体传递到第 $i+1$ 层岩柱体的垂直压力，MPa；

Q_{i-1}——第 $i-1$ 层岩柱体传递到第 i 层岩柱体的垂直压力，MPa。

$$Q_i=\frac{\gamma_i\left(R_{pi}^2-R_0^2\right)}{2P_{pi}M_i\tan\varphi_i}-\left[\frac{\gamma_i\left(R_{pi}^2-R_0^2\right)}{2R_{pi}M_i\tan\varphi_i}-Q_{i-1}\right]e^{\frac{2R_{pi}M_i\tan\varphi_i}{R_{pi}^2-R_0^2}Z_i}$$

当 $Z_i \geqslant \dfrac{3\ (R_{pi}^2 - R_0^2)}{2R_{pi}M_i\tan\varphi_i}$ 时，

$$Q_i = \frac{\gamma_i\ (R_{pi}^2 - R_0^2)}{2R_{pi}M_i\tan\varphi_i}$$

式中　γ_i——第 i 层岩体的容重，MN/m^3；

　　　R_{pi}——第 i 层岩体破裂圈半径，m；

　　　R_0——井筒掘进半径，m；

　　　Z_i——第 i 层岩体的厚度，m。

当原岩侧应力系数 $\lambda = 1$ 时，破裂圈半径为：

$$R_{pi} = R_0\left[\frac{(P_{0i} + K_i\cot\varphi_i)\ (1 - \sin\varphi_i)}{K_i\cot\varphi_i}\right]^{\frac{1-\sin\varphi_i}{2\sin\varphi_i}}$$

式中　P_{0i}——第 i 层以上覆盖岩层的自重，MPa；

　　　K_i——第 i 层岩体的粘结力，MPa。

对于急倾斜岩层，$\alpha > 45°$ 时，可采用 $(1.2 \sim 1.5)q$ 作为倾斜方向的井壁压力，以 q 为走向方向的井壁压力，按不均匀压力计算。

第四节　井筒锚喷临时支护

锚喷临时支护，必须与光面爆破结合进行，且在爆破时应尽量减少炸药用量，在支护设计中，一般应以锚为主进行设计，辅以喷射混凝土、钢筋网喷射混凝土。在井筒围岩变形稳定后，再浇筑混凝土井壁。

一、支护参数的选择

1. 围岩分类
围岩分类参见第一篇有关章节。

2. 立井井筒锚喷支护参数
立井井筒锚喷支护参数见表 4-3-40。

表 4-3-40　立井井筒锚喷支护参数　　　　　　　　　　　　　mm

围岩分类		锚 喷 支 护 参 数											
		净直径>4.5m						净直径<4.5m					
		岩层倾角<30°			岩层倾角>30°			岩层倾角<30°			岩层倾角>30°		
类别	名称	喷混凝土厚度	锚杆		喷混凝土厚度	锚杆		喷混凝土厚度	锚杆		喷混凝土厚度	锚杆	
			锚深	间距		锚深	间距		锚深	间距		锚深	间距
I	稳定岩层	50 ~ 100			50 ~ 100			50			50		
II	稳定性较好岩层	100 ~ 150			100 ~ 150	1460 ~ 1600	800 ~ 1000	100			100	1400	800 ~ 1000

续表

围岩分类		锚喷支护参数											
		净直径>4.5m						净直径<4.5m					
		岩层倾角<30°			岩层倾角>30°			岩层倾角<30°			岩层倾角>30°		
类别	名称	喷混凝土厚度	锚杆锚深	锚杆间距	喷混凝土厚度	锚杆锚深	锚杆间距	喷混凝土厚度	锚杆锚深	锚杆间距	喷混凝土厚度	锚杆锚深	锚杆间距
Ⅲ	中等稳定岩层	100~150	1400~1600	800~1000	100~150	1600~1800	600~800	100~150			100~150	1600	800~1000
Ⅳ	稳定性较差岩层	150~200	1600~1800	600~800	150~200 加金属网	1600~1800	600~800	150~200	1400~1600	800~1000	150~200	1600~1800	600~800
Ⅴ	不稳定岩层	150~200 加金属网	1600~1800	600~800	200 加金属网	1600~1800	600	150~200 加金属网	1600~1800	600~800	150~200 加金属网	1600~1800	600~800

3. 主要锚杆种类及适用范围

参见表4—3—41。

4. 国内锚喷支护实例

参见表4—3—42。

表4—3—41 主要锚杆种类及适用范围

锚杆种类		规格（mm）	设计锚固力（kN）	使用范围
木锚杆	普通木锚杆	$d=38$ $L=1200\sim1600$	>10	不防腐可使用1年，经防腐后可用于2年内的采区巷道，如顺槽、中间巷、联络巷
	压缩木锚杆	$d=38$ $L=1530\sim1730$	>20	不喷浆用于2~5年的巷道，配合喷浆可用于5~10年的巷道
金属锚杆	金属楔缝式锚杆	$d=18\sim22$ $L=1400\sim2000$	>40	
	金属倒楔式锚杆	$d=12\sim16$ $L=1400\sim2300$	>40	用于井下永久性工程或采区主要巷道或硐室
砂浆锚杆	钢丝绳砂浆锚杆	$d=10\sim14$ $L=1200\sim2300$	>50	
	钢筋砂浆锚杆	$d=10\sim16$ $L=1200\sim2300$	>50	
树脂锚杆	杆体 木	$d=34\sim36$ $L=1200\sim1600$	30~60①	同普通木锚杆（头部两侧削尖）
	杆体 钢	$d=16\sim18$ $L=1400\sim1800$	65~90①	同金属锚杆（头部加工成反麻花形）
	药包 761（原M-1-1）	$d=35$ $L=370$ （重660g）	>60	在井下常温情况下，药包搅拌时间为30s，10℃以下，时间可延长到45~60s
	药包 762（原M-1-2）	$d=35$ $L=240$ （重400g）	>30	

①数值为杆体的抗拉力，kN。

表 4—3—42　锚 喷 支 护 井 壁 实 例

施工矿井	矿井生产能力（万 t/a）	井筒有效直径（m）	井筒深度（m）	地质条件	衬砌结构	施工时间	备注
湖南青山立井	15	5.2	323	长兴灰岩和大冶灰岩，倾角 47°～48°，岩石较稳定，但节理褶曲发育，$f=6\sim8$，深 200m 处遇不整合破碎带 20 多米，涌水<1t/h	金属倒楔式锚杆，排间距 0.9×1.1m，喷混凝土厚 100～150mm，每 10m 设壁圈一道	1969	
湖南恩口三号立井	15	5.5	321.5	同青山立井	金属倒楔式锚杆，排间距 0.9×1.1m，喷混凝土厚 100～150mm，每 10m 设壁圈一道	1970	
湖南斗笠山黄港立井	21	5.5	268.63	同青山立井	90m 以下不设壁圈	1970	
湖南桥头二号井	20	5.5	293	全部为大冶灰岩，岩性倾角同青山立井	喷混凝土 100～150mm	1973	
湖南邓子山矿扩建主井	21	5.5	366	同青山立井	喷混凝土 100～150mm，每 10m 筑壁圈一道	1976	
湖南洪山矿红旗主井		5.5	390	长兴灰岩和煤系岩层同青山立井	喷混凝土 150mm	1976	
广东梅田主井		4.2	180	花斑泥岩，中间夹二断层，厚 14m 破碎遇水膨胀，砂岩粉砂岩，中间夹 2、6 号煤层，泥岩，炭质泥岩薄层构造复杂，不稳定，倾角 7°～81°。涌水不大	1. 在中硬稳定岩层，喷混凝土 150mm；2. 松散稳定较差岩层，金属锚杆喷混凝土厚 150mm；3. 断层破碎带，煤层中锚、喷、网 200mm	1975	该矿副井也用锚喷支护
浙江长广七号立井		5.6	926	井深 700m 以上，青龙灰岩坚硬稳定，以下为煤系粘土页岩，砂岩涌水<1m³/h	井筒喷混凝土厚 100～150mm（100m 以下）	1975	
平顶山大庄矿孙岭风井	60	3.5	282	岩石中等硬度，施工中见断层，有风化粘泥和片帮，80m 以下岩石结构松散，气孔多，易风化。涌水 1m³/h	井深 117～161m，锚喷 100mm 厚，243～282m 喷混凝土厚 150mm	1969	
邯邢陶庄二矿风井		4.2	276	砂岩砂页岩互层，f 4～6 赋存稳定，层理发育，涌水 12.5～118m³/h	井深 72m 以下采用喷混凝土厚 150mm，共喷 188m	1975	

续表

施工矿井	矿井生产能力（万 t/a）	井筒有效直径（m）	井筒深度（m）	地质条件	衬砌结构	施工时间	备　注
邯邢陶庄二矿主井		5.5	418	同陶庄二矿风井	井深 56m 以下采用喷混凝土厚 200mm	1975	
邯邢陶庄二矿副井		6.5	438	同陶庄二矿风井	井深 70m 以下采用喷混凝土厚 150mm	1975	
焦作西风井	45	4.0	187	井筒涌水 250m³/h	井深 94m 以下采用喷混凝土厚 150mm	1975	
内蒙乌达五虎山主风井		4.3	108	砂岩、砂页岩，煤七层，岩层倾角 6°～10°，井筒涌水量 1.6～4.28m³/h	金属倒楔式锚杆，排间距 0.8×1.0，锚孔注砂浆。锚杆加金属网，水泥砂浆1：3厚 20～30mm	1966	井筒服务年限107年
南京梅山铁矿立井		5.5		石英安山岩，岩石坚硬，致密，裂隙一般 $f>8$	喷混凝土 100～150mm，局部地段用钢筋砂浆锚杆加固，共支护 80m	1967	
南京梅山铁矿措施井		3.2	125	高岭土化安山岩，上部岩层强烈风化，裂隙发育，裂隙充填泥质物，下部裂隙中等发育，易风化，遇水膨胀 $f=3～4$	喷混凝土平均厚 50mm	1965	
铜陵凤凰山铜矿混合井		5.5		大理岩和角砾岩，部分裂隙发育，局部地段破碎，$f=5～8$	喷射混凝土加金属锚杆，喷厚 50～100mm，每 10m 设壁圈	1966	
铜陵铜山新大井		5.5		井筒穿过风化闪长岩，大理岩233m，花岗闪长岩，稳定性差，揭露后易风化，涌水极小	采用锚杆1.2×1.0m排间距，喷混凝土厚 150mm，加金属网	1975	
辽宁红透山铜矿混合井		5.5	220	黑云母片麻岩，岩石较致密稳定，抗水性能较好，无涌水	喷混凝土厚 100～150mm	1969	掘进采用光爆
烟台香夼铅锌矿方井	2.36×3.3		154	岩石为花岗岩，节理中等 $f=10$	喷混凝土厚 30～50mm，局部地段加楔缝式锚杆金属网	1970	
山西东风矿罐笼井筒		4.0		岩层稳固 $f>6$	喷射混凝土厚 100～150mm		支护200m
山东招远矿方井	2.5×3.3			石英岩花岗岩，岩层比较稳定	喷射混凝土厚 30～120mm		支护50m

续表

施工矿井	矿井生产能力（万 t/a）	井筒有效直径（m）	井筒深度（m）	地质条件	衬砌结构	施工时间	备注
焦作王封矿排水井	130	4.3	170	井筒通过采煤塌陷区，煤层采空 7m 厚粉砂岩、石英砂岩、泥岩 $f=3\sim4$	井深 40m 以下采用喷混凝土厚 200mm	1977	
淮南潘集一号风井		净 7.5 毛 8.5	637	一般涌水 30m³/h	370m 起～598m，喷混凝土厚 50～100mm，段高 156m	1976	喷射混凝土作临时支护
淮南潘集一号主井		净 6.5 毛 7.5	407	一般涌水 30m³/h	最大段高 196m，喷混凝土厚 50～100mm		喷射混凝土作临时支护
焦作大陆		6.0	315	表土冻结施工，红土夹砾石层	段高 19m，喷混凝土厚 50～100mm	1977	喷射混凝土作临时支护

二、立井锚喷支护计算

（一）地　压

含泥质胶结的岩层，按塑性岩层静水压力作用考虑

$$P = \gamma_{岩} \cdot H \qquad (4-3-16)$$

稳定或中等稳定的坚硬岩层按弹性应力状态考虑

$$P = \gamma_{岩} \cdot H \cdot K_0$$

式中　$\gamma_{岩}$——岩石容重，MN/m³；

　　　H——计算深度，m；

　　　K_0——静止侧压力系数，取 0.24～0.4，一般约为 0.3。

（二）岩体容许强度及经锚杆加固后的岩体强度

1. 岩体容许抗压强度

$$[f_c] = \overline{f}_c \cdot K_e \qquad (4-3-17)$$

式中　$[f_c]$——岩体容许抗压强度，MPa；

　　　$\overline{f}_c$——岩石单向极限平均抗压强度，MPa；

　　　K_e——自然条件影响系数，

$$K_e = K_c \cdot K_p \cdot \zeta$$

　　　K_c——岩体结构削弱系数，见表 4-3-43；

　　　ζ——长时强度影响系数；

　　　K_p——岩石含水软化系数。

在缺乏资料情况下可取 $K_e = 0.5\sim0.6$。

对脆性破坏的岩石，如花岗岩、石英岩、砂岩等 ζ 可取 1～0.7，塑性岩石，如砂质的和含炭质的页岩以及中等坚固的石灰岩，ζ 可取 0.7～0.5。对临时支护，ζ 取 1。

岩石含水软化系数 K_p 可取下列近似数值：

石英砂质一类岩石 K_p 取 0.94～0.96；

石灰岩类 K_p 取 0.15～0.5；

泥质页岩 K_p 取 0.45～0.6。

表 4－3－43 K_c 值
（全苏矿山测量科学研究院提出近似值）

岩石削弱程度	层 厚（m）	节理组数量	节理组间距	系数 K_c
未削弱的岩石	1	1	$>R_1$[①]	1
中等削弱	0.5～1	$\leqslant 2$	$\geqslant 0.5R_1$	0.7
严重削弱	0.5	3	$\geqslant 0.5R_1$	0.3
极度削弱	～	$\geqslant 3$	$\leqslant 0.5R_1$	无法检查其稳定性

①R_1 为井筒半径。

2. 锚杆加固后的岩体强度估算

$$[\sigma_{kn}] = 1.48 [f_c] V_T^{0.27} \tag{4-3-18}$$

$$V_T = \frac{T}{10abh} \tag{4-3-19}$$

式中 $[\sigma_{kn}]$——岩石与锚杆支护体系的容许应力，MPa；

$\quad\quad V_T$——强度容积系数；

$\quad\quad T$——锚杆初始拉力，kN；

$\quad\quad h$——锚杆有效长度，m；

$\quad\quad a$——锚杆水平间距，m；

$\quad\quad b$——锚杆垂直间距，m。

3. 根据岩体试验的包络线确定岩体的强度

在具备岩体包络线（图 4－3－6）的情况下，可用公式（4－3－21）确定锚杆加固提高以后的岩体强度。

假设采用锚杆支护之后，井筒周围形成一个由锚杆加固之后的承载环（图 4－3－7）。

加固环内锚杆产生的径向应力

$$\sigma_{ra} = \frac{T}{ab} \tag{4-3-20}$$

式中 σ_{ra}——加固环内锚杆产生的径向应力，MPa；

$\quad\quad T$——锚杆拉力，N。

从莫尔包络线（图 4－3－6）中可以看出，承载环中的岩石强度得到提高。

$$\sigma_\theta = f_c + \tan^2\left(45° + \frac{\varphi}{2}\right) \cdot \frac{T}{ba} \tag{4-3-21}$$

式中 σ_θ——加固后的岩石强度，MPa；

$\quad\quad f_c$——岩石单轴试验抗压强度，MPa；

$\quad\quad \varphi$——岩石的内摩擦角，(°)。

加固后的围岩容许抗压强度

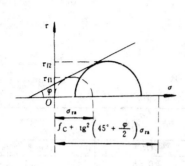

图 4-3-6　莫尔包络线

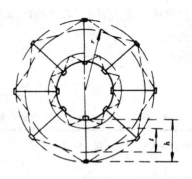

图 4-3-7　锚杆加固带承载环

$$[\sigma_\theta] = \frac{\sigma_\theta}{\nu_k} \qquad\qquad (4-3-22)$$

式中　　$[\sigma_\theta]$——加固后的围岩容许抗压强度，MPa；

ν_k——荷载系数，$\nu_k = 1.5 \sim 2.0$。

锚杆加固之后的环形均匀压缩带厚度 t 值，可根据锚杆长度与锚间距比同 t 值的关系从表 4-3-44 查得，或者根据作图确定。内侧锚杆加固岩石的压力锥面倾角近似按 45°。

表 4-3-44　均匀压缩带 t 与锚杆长度的比值

锚杆长度/锚杆间距	3	2	1.33
均匀压缩带厚度（最小值）/（锚杆长度）	$\frac{2}{3}$	$\frac{1}{3}$	$\frac{1}{10}$

（三）锚喷支护计算方法

1. 巷道周围岩体进入塑性状态的计算方法

岩体进入塑性状态，锚喷支护的计算先应确定塑性变形区的宽度，选择锚喷支护的参数，建立岩石锚杆体系的支承能力与外荷载之间的平衡关系。塑性变形区的宽度可以按公式（4-3-23）计算，式中卡氏系数（非弹性变形范围系数，计算公式从略）直接从表 4-3-45 中查用。

$$b_L = R_1 b_L^0 \qquad\qquad (4-3-23)$$

式中　　b_L——塑性变形带宽度，mm；

R_1——巷道掘进半径，mm；

b_L^0——卡氏系数，查表 4-3-45。

作用在塑性变形区的荷载

$$P_{max} = \frac{\gamma_{岩}\, b_L}{2\tan\varphi K_e} \qquad\qquad (4-3-24)$$

式中　　P_{max}——作用于塑性区荷载，MPa；

$\gamma_{岩}$——岩石容重，MN/m³；

K_e——自然条件影响系数；

φ——岩石的内摩擦角，(°)。

表 4-3-45 卡 察 乌 洛 夫 系 数

地表起计算深度 (m)	不同 $\frac{f_c}{f_t}$ 时，卡氏系数 $b l$							
	粘 土 质 页 岩						砂 岩	
	$\frac{20}{4}$	$\frac{30}{5}$	$\frac{40}{8}$	$\frac{47}{8}$	$\frac{50}{7}$	$\frac{60}{8}$	$\frac{80}{10}$	$\frac{100}{20}$
400	0.3							
500	0.38	0.23						
600	0.46	0.23	0.20					
700	0.54	0.32	0.24	0.20				
800	0.60	0.36	0.28	0.23	0.20			
1000	0.70	0.44	0.36	0.30	0.25	0.22		
1200	0.78	0.50	0.44	0.35	0.29	0.26	0.20	
1500	0.90	0.57	0.54	0.44	0.35	0.31	0.24	0.19

注：当 $bl \leqslant 0.2$ 时，取 $bl = 0.20$。

$$\tan\varphi = \frac{1}{2}\sqrt{\frac{f_c}{f_t} - 3}$$

式中 f_c——岩石单向抗压强度，MPa；

f_t——岩石抗拉强度，MPa。

由岩石锚杆支护体系容许承受的应力 $[\sigma_{kn}]$ 得出的岩石锚杆支护体系的支承能力 P'

$$P' = 0.25 [\sigma_{kn}] \left[1 - \left(\frac{R_B}{R_B + h_0}\right)^2\right] \tag{4-3-25}$$

式中 h_0——岩石锚杆体系的工作厚度，mm，

$$h_0 = h - 2r';$$

h——锚杆有效长度，mm；

r'——锚杆之间岩石拱高度，一般取 $0.2 \sim 0.5$m。

$R_B = R_1 + r'$。

支护体系的支承能力必须大于外荷载，即满足下式：

$$P_{max} \leqslant P' \tag{4-3-26}$$

计算时，可先假定锚杆长度及锚杆间距，确定强度容积系数 V，算出 $[\sigma_{kn}]$，核算公式（4-3-26）直到满足为止。

2. 把加固后的岩体当作均匀受压的支承环进行计算

设支承环的外半径为 R，支承厚度为 t，地压为 P（图 4-3-7），加固带内的切向力为 N：

$$N = PR \tag{4-3-27}$$

式中 R——支承环外半径，mm，

$$R = \frac{a}{2} + t + R_1$$

R_1——掘进半径，mm；

　　a——锚杆间的垂直间距，mm。

　　加固带内的切向应力

$$\sigma'_\theta = \frac{N}{t} \tag{4-3-28}$$

　　再选定锚杆长度，布置间距 a、b，由表 4-3-44 查出均匀压缩带宽度 t 的比值，根据提供的岩体力学参数 f_c 及 φ，计算出 $[\sigma_\theta]$，根据安全条件校核并满足下式要求

$$\sigma'_\theta \leqslant [\sigma_\theta] \tag{4-3-29}$$

　　（四）锚喷支护计算算例

　　1. 围岩计算参数的选择

　　井筒周围塑性变形区的岩体是经过开拓巷道之后，受重新分布的应力破坏了的岩体，它的强度与单轴试验获得的岩块强度以及原岩体强度都有区别。岩体强度除按前述前全苏矿山测量科学研究院提出的自然影响系数 K_e 调整的方法之外，还有许多经验估计的方式。在国内水工及建工系统施工的地下工程中，根据硐室岩体试验积累的资料，对于坚硬岩石、整体性良好的岩体，用岩石的许可抗压强度来表示：

　　无裂隙的坚硬围岩取 $[f_c] = 0.6 f_c$；

　　有裂隙的坚硬围岩取 $[f_c] = 0.5 f_c$。

　　在具备弹性波速测试资料时，因为岩体中裂隙愈多，弹性波传播速度相应减低，因此，可以用弹性波速在岩石试件和岩体中的平方比来表示：

$$K_1 = \left(\frac{V}{v}\right)^2$$

　　式中　K_1——龟裂系数，一般来说，完整性岩体 $K_1 > 0.75$，块状岩体 $K_1 = 0.45 \sim 0.75$，碎裂状岩体 $K_1 < 0.45$；

　　　　　V——岩体中弹性波传播速度，m/s；

　　　　　v——岩石试件中弹性波传播速度，m/s。

　　标准岩体抗压强度表示为：

$$f_{mc} = K_1 f_c$$

　　$[f_c]$ 以及 f_{mc} 可以作为估计围岩是否处于稳定状态的依据，埋藏不很深的坚硬岩层，整体性良好，围岩稳定的条件是：

$$\sigma_\theta = \sigma_{max} = \frac{2\mu}{1-\mu} \gamma_岩 H < [f_c]$$

　　式中　σ_θ——井筒掘进半径位置围岩中的切向应力，MPa；

　　　　　μ——泊松系数，一般取 $0.2 \sim 0.3$，软弱岩层取 0.5。

　　稳定状态的岩体，考虑安全系数之后，锚杆支护参数可以按构造要求设计。

　　塑性区中的松动围岩，岩体的凝聚力 C 和内摩擦系数 $tg\varphi$ 降低很多，可按经验选用。

　　1）内摩擦角：

　　岩体裂隙无充填时

$$\varphi_0 = 0.9\varphi$$

　　岩体裂隙有泥质充填物时

$$\varphi_0 = 0.7\varphi$$

2）内聚力：

$$C_0 = (0.2 \sim 0.25)\ C, \quad (C\ 为岩体试验的凝聚力)$$

含水岩层或井筒支护回填不密实时，应不考虑凝聚力的作用，$C_0 = 0$，这时支护方式应当重新选择，或按注浆之后的围岩考虑。

采用岩石锚杆支护体系的容许应力$[\sigma_{kn}]$进行支承环的计算，对中等以下强度的岩层（例如泥质岩层）计算比较方便，但这时$[f_c]$应当取用塑性带中松动以后的岩体容许强度代入公式（4-3-18）中，强度数值可参照表4-3-46选用，表中数值与毛石砂浆砌体强度相近。

表4-3-46 塑性带中松动围岩容许强度

岩石强度 (N/mm²)	岩体凝聚力 (N/mm²)						
	10	7.5	5.0	2.5	1.0	0.4	0.2
30	3.3	3.0	2.8	2.5	2.2	1.8	1.7
20	2.7	2.5	2.2	1.8	1.6	1.4	1.3
15	2.2	2.0	1.8	1.5	1.3	1.2	1.0

2. 计算例题

例1 井筒净直径7m，泥质页岩的抗压强度$f_c = 20\text{N/mm}^2$、抗拉强度$f_t = 4\text{N/mm}^2$、最小凝聚力$C = 0.2\text{N/mm}^2$、松动范围内的岩石内摩擦角$\varphi = 30°$、岩石容重$\gamma_岩 = 0.025\text{MN/m}^3$、最小岩块尺寸0.6m、岩层倾角<30°、井深700m。

塑性变形带宽度：

$$b_L = R_1 \cdot b_L^0 = (3.5 + 0.15) \times 0.54 = 1.971\text{m}$$

作用于塑性变形带上的荷载：

$$P_{max} = \frac{\gamma_岩 \cdot b_L}{2 \cdot \tan\varphi \cdot K_e} = \frac{0.025 \times 1.971}{2 \times 0.58 \times 0.5} = 0.085\text{MPa}$$

由表4-3-40参考选定喷混凝土层厚度150mm，锚杆长度应大于0.8倍的塑性带宽度，且锚杆间距不大于1.5~2.0倍最小岩块尺寸，并小于锚杆长度的一半。

选择锚杆长度$h = 1.6\text{m}$，间距$a = 0.8\text{m}$，单根锚杆锚固力大于40kN，锚杆加固后的岩体强度

$$[\sigma_{kn}] = 1.48\ [f_c]\ V_T^{0.27}$$

$$V_T^{0.27} = \left(\frac{T}{10abh}\right)^{0.27} = \left(\frac{40}{10 \times 0.8 \times 0.8 \times 1.6}\right)^{0.27} = 1.44$$

查表4-3-46，$C = 0.2\text{N/mm}^2$，$f_c = 20\text{N/mm}^2$，$[f_c] = 1.3\text{N/mm}^2$。

$$[\sigma_{kn}] = 1.48 \times 1.3 \times 1.44 = 2.77\text{N/mm}^2$$

r'取0.3m $\quad h_0 = h - 2r' = 1.6 - 2 \times 0.3 = 1.0\text{m}$

$$P' = 0.25\ [\sigma_{kn}] \cdot \left[1 - \left(\frac{R_B}{R_B + h_0}\right)^2\right]$$

$$P' = 0.25 \times 2.77 \cdot \left[1 - \left(\frac{3.65 + 0.3}{3.65 + 0.3 + 1.6 - 2 \times 0.3}\right)^2\right]$$

$$= 0.252\text{MPa} > 0.085\text{MPa}\ （稳定）$$

例2 井筒净直径7m，岩石强度$f_c = 60\text{N/mm}^2$，内摩擦角$\varphi = 40°$，岩层倾角<30°，岩石

容重 $\gamma_{岩}=0.025\text{MN/m}^3$，井深 600m。

选择锚杆长度 $h=1.6\text{m}$，锚杆布置 $0.8\text{m}\times0.8\text{m}$，锚杆直径 $\Phi25$。

压缩带宽度：　　　　　$t=1/3\times1.6=0.533\text{m}$

支承环外半径：　　　　$R=a/2+t+R_1$

$$=0.8/2+0.533+3.5+0.15$$
$$=4.583\text{m}$$

加固带内的切向力：$N=PR=\gamma_{岩}H\cdot R\cdot K_0$

$$N=25\times600\times4.583\times0.25=17186\text{kN}$$

加固带内的切向应力

$$\sigma'_\theta=\frac{N}{t}=\frac{17186}{0.533}=32244\text{kN/m}^2=32.244\text{MPa}$$

支承环加固后岩体的强度

$$\sigma_\theta=f_c+\tan^2\left(45°+\frac{\varphi}{2}\right)\cdot\frac{T}{b\cdot a}$$

$$=60+\tan^2\left(45°+\frac{40°}{2}\right)\cdot\frac{490\times235}{800\times800}=60.83\text{MPa}$$

上式中锚杆拉力 $T=a_g\cdot f_{yk}$，锚杆直径 25mm，截面积 $a_g=490\text{mm}^2$，锚杆强度标准值 $f_{yk}=235\text{N/mm}^2$

荷载系数取用 $1.5\sim2$

$$\frac{\sigma_\theta}{1.5\sim2}>\sigma\qquad（稳定）$$

若用 φ_0 及 $[f_c]$ 进行计算，锚杆容许应力 $[T]$ 取荷载系数 $2\sim3$，$[T]=40\text{kN/根}$，则：

$$\sigma_{\theta0}=[f_c]+\tan^2\left(45°+\frac{\varphi}{2}\right)\cdot\frac{[T]}{0.8\times0.8}$$

$$=60\times0.6+\tan^2\left(45°+\frac{40\times0.9}{2}\right)\cdot\frac{4\times10^4}{800\times800}$$

$$=36.24\text{MPa}>32.244\qquad（稳定）$$

第五节　井　筒　注　浆

注浆法的实质是利用泵压，通过注浆孔将配制好的、具有充塞胶结性能的浆液灌注到地层的裂隙、孔隙和空洞中，浆液经扩散、凝固硬化后，使地层具有较高的强度、密实性和不透水性。

注浆法施工设备少、工艺简单，能形成永久性封闭帷幕，可改善支护工作条件，在裂隙含水岩层及浅薄砂层中均可用来堵水或加固，并可用于处理岩溶及断层破碎带，还可作为钻井法、沉井法施工时固结井壁和封堵刃脚的工艺措施。

一、注浆法的分类及适用条件

按注浆工作与井筒掘砌工序的先后时间次序，注浆法可分为预注浆法和后注浆法。预注浆法又依其施工地点的不同分为地面预注浆和工作面预注浆。注浆法的详细分类及适用条件见表 4—3—47。

表 4－3－47　注浆法分类及适用条件

注浆法分类			适用条件			可用浆液材料	优缺点
分类名称	图　示	工艺特征	工程	地层特征			
				岩性	赋存情况		
预注浆 — 地面预注浆	1—拟开凿的井筒；2—注浆孔；3—裂隙含水岩层；4—隔水岩层	通常在建井准备期，由地面钻孔注浆。在井筒开挖轮廓线之外，形成一个封闭的隔水帷幕，然后进行井筒施工	立井井	1. 裂隙含水岩层或岩溶溶洞，裂隙宽大于 0.15～0.2mm；2. 含水砂砾层；3. 中、粗砂层；4. 细砂、流砂层	1. 含水层距地表较浅、较厚，或含水层虽薄，但分层距离较近，注浆深度一般为 500m 左右；2. 含水砂层埋深小于 50m，层厚 10m 左右	单液水泥浆水泥—水玻璃双液浆水泥—水玻璃浆；同上，或化学浆液	1. 可在施工准备期进行，有利于缩短建井工期；2. 作业条件好、安全；3. 注浆深度大，要求钻孔技术较高，需分段止浆，工艺较复杂；4. 孔深，需要大型钻机设备
预注浆 — 工作面预注浆	1—井筒工作面；2—预留注浆带或混凝土止浆垫；3—含水岩层；4—注浆孔；5—隔水层	井筒掘进至含水层以上 10m 左右停止掘进，钻超前钻孔探明水压、涌水量及含水层准确位置。按设计要求预留止浆岩帽或浇筑混凝土止浆垫，然后从工作面钻孔注浆，形成帷幕，然后进行井筒施工	立井斜井平巷	1. 裂隙含水岩层或岩溶溶洞，裂隙宽大于 0.15～0.2mm；2. 含水砂砾层；3. 中、粗砂层；4. 细砂、流砂层	含水层埋藏较深，或分层间距较大，有良好隔水层	单液水泥浆水泥—水玻璃双液浆水泥—水玻璃浆；同上，或化学浆液	1. 可使用轻便钻机，移、设方便；2. 分层注浆时，注浆段较小孔偏斜易控制；可不必分段止浆，简化了工艺；3. 注浆施工需占用建井工期，作业条件不如地面好，有高压水时，需有防护装置
后注浆 — 壁后注浆	1—井壁；2—注浆管；3—充填混凝土；4—围岩	在井壁上钻孔埋管、注浆，孔深一般大于壁厚 1.5～2m 或深浅孔结合	立井斜井平巷硐室	壁后围岩为基岩或卵砾层	壁后有空洞，围岩有裂隙冒水	水泥—水玻璃浆；单液水泥浆	
后注浆 — 壁内注浆	1—双层井壁；2—注浆孔；3—埋设注浆管	在井壁上钻孔埋管、注浆，孔深等于或稍大于内层井壁厚度	立井井壁防渗或加固	壁后为砂层或松散软弱地层	井壁施工质量不良	同上及化学浆	
后注浆 — 裸体井巷注浆	1—裂隙；2—注浆孔；3—注浆管；4—糊缝	对准出水点，钻孔埋管注浆，封堵裂隙或集中出水点	各种井巷工程堵水	裂隙或集中出水的基岩	已被揭露的井巷围岩暴露面	单液水泥浆；水泥—水玻璃浆或化学浆	

二、浆液注入量的计算

浆液注入量可按下式计算:

$$Q = A\pi R^2 HnB/m$$

式中 A——浆液消耗系数,为 $1.2 \sim 1.5$;

R——以井筒中心为基点的浆液有效扩散半径,m;

H——注浆段高,m;

n——岩层平均裂隙率,为 $0.01 \sim 0.05$;

B——浆液充填系数,为 $0.9 \sim 0.95$;

m——浆液结石率,为 0.85。

计算举例:

某井筒净直径 $6.0m$,表土段冻结,基岩段因含水层较多故采用地面预注浆。为使注浆孔尽量靠近井筒中心且不影响掘砌,将 4 个注浆孔等距布置在以井筒中心为圆心,直径 $10m$ 的圆周上;注浆段高 $H=362m$,按浆液消耗系数 $A=1.4$,单孔浆液有效扩散半径 $7m$,岩层平均裂隙率 $n=0.03$,浆液充填系数 $B=0.95$,浆液结石率 $m=0.85$,计算浆液注入量。

以井筒中心为基点的浆液有效扩散半径:

$$R = 10/2 + 7 = 12m$$

浆液注入量:

$$Q = A\pi R^2 HnB/m = 1.4\pi \times 12^2 \times 362 \times 0.03 \times 0.95/0.85$$
$$= 7687m^3$$

需要说明的是,有的工程曾采用单孔浆液注入量乘以注浆孔数来计算总浆液注入量,这是不妥的,因为这样计算所需浆液有许多重复计算处。

三、常用的注浆材料

(一)注浆材料的分类

按注浆材料的主剂进行分类,见表 $4-3-48$。

表 $4-3-48$ 注浆材料分类表

注浆材料	无 机 系	单液水泥类
		水泥粘土类
		水泥—水玻璃类
		水玻璃类
	有 机 系	丙烯酰胺类
		铬木素类
		脲醛树酯类
		聚氨酯类
		糠醛树脂类
		其他类

（二）对理想注浆材料的要求

1）浆液是溶液，而不是悬浊液，浆液粘度低，流动性好、可注性好，能进入细小裂隙和粉细砂层。

2）浆液凝胶时间可以从几秒至几小时范围内随意调节，并能准确地控制。浆液一经发生凝胶就在瞬间完成。

3）浆液的稳定性好，在常温常压下长期存放不改变性质、不发生其他化学反应。

4）浆液无毒、无嗅，对环境不污染，对人体无害。非易燃、易爆之物品。

5）浆液对注浆设备、管路、混凝土结构物、橡胶制品等无腐蚀性，并且容易清洗。

6）浆液固化时无收缩现象，固化后与岩石、混凝土、砂子等有一定的粘结性。

7）浆液结石体有一定抗压、抗拉强度，不龟裂，抗渗性能好，防冲刷性能好。

8）结石体耐老化性能好，能长期耐酸、碱、盐、生物细菌等腐蚀，并且不受温度、湿度变化的影响。

9）材料来源丰富，价格便宜。

10）浆液配制方便，容易掌握。

（三）对注浆原材料的规格要求

对注浆原材料的规格要求见表4－3－49。

表4－3－49 对注浆原材料的规格要求

原 料	规 格 要 求
水 泥	不过期及未变质的325号或425号普通硅酸盐水泥或矿渣硅酸盐水泥
水玻璃	模数2.4～3.4，浓度50Be以上
纸浆废液	酸法木浆废液（浓度40%以上）或其干粉
其他化学药品	工业品或试剂

四、地面预注浆

国家标准《矿山井巷工程施工及验收规范 GBJ213－90》第3.1.2条规定："立井井筒施工，当通过涌水量大于$10m^3/h$的含水岩层时，应采取注浆堵水等治水措施"。

距地表小于700m的含水岩层，其层数多、层间距又不大时，宜采用地面预注浆法施工。地面预注浆多在凿井准备期进行。

预注浆孔的数量宜为每个井筒3～6孔，可布置在井筒内或距井筒荒经外0～1.5m范围内。为保证两相邻孔间能形成一定厚度的注浆壁，注浆孔间距一般可为1.3～1.5倍的浆液扩散半径。浆液的有效扩散半径为6～8m。

注浆孔的深度，应超过所注含水层底板以下10m。若井筒底部位于含水层中，终孔的深度应超过井筒底部10m。

五、工作面注浆

井筒穿过的基岩含水层赋存较深，或含水层间距较大，中间有良好隔水层，宜采用工作面注浆法施工。工作面预注浆可根据裂隙发育情况分层处理，布孔灵活，有利于提高堵水效果。

工作面预注浆的段高宜为 30~50m，钻孔数宜为 8~12 个，钻孔应沿井筒周边布置，并应与岩层节理、裂隙相交。

工作面预注浆前，应对被注的含水层钻超前检查孔，核实含水层实际厚度与含水量。

工作面预注浆应在含水层上方预先浇筑混凝土止浆垫。含水层上方岩石致密，可预留岩帽做止浆垫。

（一）混凝土止浆垫的结构形式及厚度计算

1. 球面形止浆垫（见图 4—3—8）

需要计算的内容：止浆垫厚度 B，球面矢高 h，混凝土允许抗压强度 $[\sigma]$，边界线夹角 α，球面内半径 R。

计算公式：

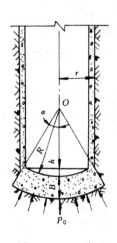

图 4—3—8　球面
形止浆垫

$$B=\frac{P_0\ (r^2+h^2)^2}{4r^2h\ [\sigma]}\approx\frac{P_0 r}{[\sigma]}\ （当\ h=0.3r\ 时）$$

$$[\sigma]=\frac{f_{3-7}}{\nu_k}$$

$$\alpha=\sin^{-1}\frac{2hr}{r^2+h^2},\ （°）$$

$$R=\frac{r^2+h^2}{2h},\ m$$

式中　P_0——注浆终压，MPa；

r——井筒掘进半径，m；

h——球面矢高，m；

$[\sigma]$——混凝土的允许抗压强度，MPa；

f_{3-7}——混凝土 3~7 天的极限抗压强度，N/mm²；一般取 28 天强度的 2/3，或按试件实测数据采用；

ν_k——荷载系数，一般取 $\nu_k=2\sim3$。

尚需说明的是：

1）止浆垫的材料应采用 C25 以上的高强快凝混凝土。

2）当计算 $B\leqslant2.5m$ 时，可取计算值；当计算 $B>2.5m$ 时，可取 $B=2.5m$，但需加固垫底岩石，共同承受注浆压力。

3）加固段注浆压力取孔口静水压力的 1.3~1.5 倍。

2. 平底型止浆垫（见图 4—3—9）

计算公式：

$$B_n=\frac{P_0 r}{[\sigma]}+0.3$$

式中　B_n——平底型止浆垫厚度，m。

3. 止浆垫与岩柱联合结构（见图 4—3—10）

1）混凝土垫体部分厚度。

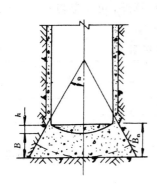

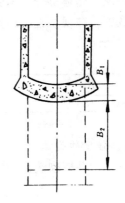

图4-3-9 平底型止浆垫   图4-3-10 止浆垫与岩柱联合结构

构筑在硬岩层中：

$$B_1 = \frac{P_1 r}{[\sigma]}$$

构筑在软岩层中：

$$B_1 = \frac{\lambda P_1 D_0}{(4C + r D_0)}$$

2）岩柱部分厚度。

$$B_2 = \frac{\lambda (P_0 - P_1) D_0}{4 [\tau]}$$

式中　P_1——滤水层注浆压力，MPa；

　　　r——井筒掘进半径，m；

　　　B_1——混凝土垫体厚度，m；

　　　λ——超载系数，取 $\lambda = 1.1 \sim 1.2$；

　　　D_0——井筒净直径，m；

　　　C——混凝土允许抗剪强度，MPa，

$$C = \frac{f_j}{\nu_k}, \quad f_i = 0.75 \sqrt{f_c f_t}$$

　　　f_j——混凝土抗剪强度设计值，MPa；

　　　ν_k——抗剪荷载系数，取 $\nu_k = 2.85$；

　　　f_c——混凝土轴心抗压强度设计值，MPa；

　　　f_t——混凝土抗拉强度设计值，MPa；

　　　$[\tau]$——岩柱的允许抗剪强度，MPa，见表4-3-51；

　　　P_0——注浆终压，MPa。

需说明的是：

（1）当不具备单独采用岩柱止浆或在止浆垫计算厚度太大时，可采用联合结构止浆。

（2）混凝土部分浇筑后，必要时可先对岩柱注浆加固，以起到联合抵抗注浆压力的作用。

（3）混凝土垫体部分所承受的压力 P_1 应不小于滤水层注浆时的压力。

根据我国以往现场施工经验，止浆垫厚度确定，除计算外，可参考表 4-3-50 的经验值。

表 4-3-50　止浆垫厚度经验值

注浆压力（MPa）	<2	2~5	5~7.5
止浆垫厚度（m）	1.0	1.0~2.0	2.0~3.0

4. 井壁强度的验算

当止浆垫与井壁砌筑在一起，止浆垫靠井壁支承时，可用下式对井壁的强度进行验算。

$$\sigma = \frac{P_0\left[(D_0+2E)^2+4h^2\right]}{4E\,(D_0+E)} \leqslant [\sigma]$$

式中　σ——注浆过程中井壁承受的压应力，MPa；

　　　P_0——注浆终压（采用滤水层或加固段注浆时，用滤水层注浆的压力），MPa；

　　　D_0——井筒净直径，m；

　　　E——井壁厚度，m；

　　　h——球面矢高，m；

　　　$[\sigma]$——井壁材料的允许抗压强度，MPa。

（二）止浆岩帽厚度计算

在注浆岩层上部预留"岩帽"的方法，不需工料，简易可行，应予优先考虑，尽量采用。"岩帽"厚度根据岩石性质及强度，一般在 2~6m 内选取。也可按岩石受剪情况（如图 4-3-11）用下式计算。

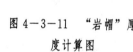

图 4-3-11　"岩帽"厚度计算图

$$B = \frac{P_0 D_0}{4\,[\tau]}$$

式中　B——预留岩帽厚度，m；

　　　D_0——井筒净直径，m；

　　　P_0——注浆终压，MPa；

　　　$[\tau]$——岩石的允许抗剪强度，MPa，见表 4-3-51。

表 4-3-51　岩石的抗压、抗剪强度

岩石名称	极限抗压强度（MPa）	允许抗压强度（MPa）	允许抗剪强度（MPa）
坚硬致密石英岩	300	60	6
坚硬细粒花岗岩、辉绿岩、闪长岩	180~240	44~48	4.4~4.8
玄武岩、斑岩、长石砂岩、角砾岩	180~200	36~50	3.6~5
片麻岩、正长岩、斑岩	140~180	32~36	3.2~3.6
坚硬灰岩、砂岩和粗粒花岗岩	140~160	28~32	2.8~3.2
中硬砂岩、灰岩和菱铁矿	100~140	24~28	2.4~2.8
大理岩、白云岩、菱镁石、千枚岩	80~100	16~20	1.6~2
坚硬砂质页岩、层状砂岩	40~60	8~12	0.8~1.2
坚硬粘土质页岩和泥灰岩	20~40	5~8	0.5~0.8

六、设计计算实例

例 1　某井筒净直径 6.0m，掘进直径 6.8m，工作面预注浆施工，设计注浆压力 4.0MPa。若止浆垫与井壁修筑在一起，混凝土强度等级为 C35。试确定球面止浆垫的厚度并校核井壁强度。

1. 止浆垫厚度

$$B = \frac{P_0 r}{[\sigma]}$$

止浆垫材料（C35 混凝土）允许抗压强度：

$$[\sigma] = \frac{f_{3-7}}{\nu_k} = 23.5 \times 2/3 \div 2 = 7.83 \text{MPa}$$

注浆压力：　　　　　　　　$P_0 = 4.0 \text{MPa}$

井筒掘进半径：　　　　　　$r = 3.4 \text{m}$

故：$B = \dfrac{4.0 \times 3.4}{7.83} = 1.737 \text{m}$，取 $B = 1.8 \text{m}$。

2. 校核井壁强度

注浆过程中井壁承受的压应力：

$$\sigma = \frac{P_0 [(D_0 + 2E)^2 + 4h^2]}{4E(D_0 + E)}$$

井筒净直径：　　　$D_0 = 6.0 \text{m}$

井壁厚度：　　　　$E = (6.8 - 6.0) \div 2 = 0.4 \text{m}$

球面矢高：　　　　$h = 0.3r = 0.3 \times 3.4 = 1.02 \text{m}$

$$\sigma = \frac{4.0 \times [(6.0 + 2 \times 0.4)^2 + 4 \times 1.02^2]}{4 \times 0.4 \times (6.0 + 0.4)} = 19.688 \text{MPa}$$

$$\sigma > [\sigma] = 7.83 \text{MPa}$$

因此，如图 4-3-12 所示需把联接处井壁厚度增大到 E'。

$$
\begin{aligned}
E' &= \frac{\sqrt{D_0^2([\sigma] - P_0)^2 + P_0([\sigma] - P_0)(D_0^2 + 4h^2)}}{2([\sigma] - P_0)} - \frac{D_0}{2} \\
&= \frac{\sqrt{6^2 \times (7.83 - 4)^2 + 4 \times (7.83 - 4) \times (6^2 + 4 \times 1.02^2)}}{2 \times (7.83 - 4)} - \frac{6}{2} \\
&= 1.414 \text{m}
\end{aligned}
$$

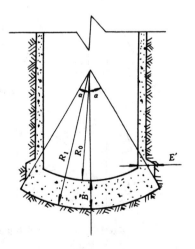

图 4-3-12　止浆垫与联接处井壁结构

3. 止浆垫与联接处井壁结构（见图 4-3-12）

其中 $\alpha = \sin^{-1} \dfrac{2hr}{r^2 + h^2} = \sin^{-1} \dfrac{2 \times 1.02 \times 3.4}{3.4^2 + 1.02^2} = \sin^{-1} 0.55 = 33°$，止浆垫球面内半径 $R_0 = \dfrac{r^2 + h^2}{2h} = \dfrac{3.4^2 + 1.02^2}{2 \times 1.02} = 6.18 \text{m}$，球面外半径 $R_1 = R_0 + B = 6.18 + 1.8 = 7.98 \text{m}$。

例 2　某井筒净直径 $D6.5 \text{m}$，壁厚 0.45m，在井深 300～320m 段遇一含水层，现决定进行工作面预注浆堵水。已知在该含水层上方，井深 280～300m 为一中硬粉砂岩，岩层较完整，若注浆压力设计为 7.0MPa，试进行注浆岩帽设计。

预留止浆岩帽厚度：
$$B = \frac{P_0 D_0}{4 \, [\tau]}$$

注浆压力： $P_0 = 7.0 \text{MPa}$

井筒净直径： $D_0 = 6.5 \text{m}$

查表 4-3-51，中硬粉砂岩的允许抗剪强度为，$[\tau] = 2.4 \text{MPa}$

故 $B = \dfrac{7.0 \times 6.5}{4 \times 2.4} = 4.74 \text{m}$，取 $B = 5.0 \text{m}$。

第六节   壁座设计和梁窝计算

一、壁座设计

井筒通过表土层进入完整基岩后，需设生根壁座。生根壁座主要起承托井筒重量的作用，因此以井筒重量作为设计壁座的主要依据。

（一）壁座的结构形式

壁座的结构形式见图 4-3-13。

德国多采用多边形或近似矩形壁座，加拿大和波兰有的采用复双锥形，我国多采用双锥形壁座。

（二）壁座的设计

单锥形和双锥形壁座计算方法相似，这里只计算双锥形壁座，单锥形壁座可采用双锥形计算公式，只是把夹角 $\beta = 0$ 代入公式即可，计算简图见图 4-3-14。

1. 确定壁座宽度 b

壁座的竖向荷载：

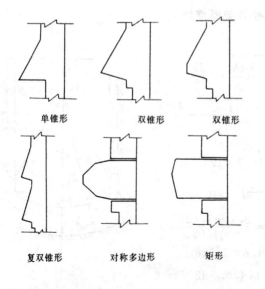

单锥形   双锥形   双锥形

复双锥形   对称多边形   矩形

图 4-3-13   壁座结构形式

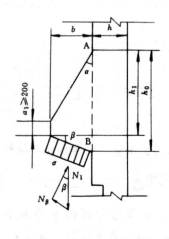

图 4-3-14   壁座受力情况

$$N = Q_1 + Q_2$$

式中　Q_1——壁座自重的四分之一，MN；

　　　Q_2——壁座以上全部井筒重量（包括与井筒连接的井塔及基础）的四分之一，MN。

为计算方便，沿井壁外周长取单位弧长（1m 弧长），求每米弧长受到的压力 N_1。

$$N_1 = \frac{N}{2\pi R} = \frac{Q_1 + Q_2}{2\pi R}$$

式中　N_1——每米弧长受到的垂直压力，MN/m；

　　　R——井壁外半径，m。

壁座承压面的法向压力为 N_β：

$$N_\beta = N_1 \cos\beta$$

式中　β——壁座承压面与水平面夹角，(°)。

单位弧长壁座的承压面面积　$A = \dfrac{b}{\cos\beta}$

根据强度条件，必须满足

$$\sigma = \frac{N_\beta}{A} = \frac{N_1 \cos^2\beta}{b} \leqslant [\sigma]$$

$$b \geqslant \frac{N_1 \cos^2\beta}{[\sigma]} \tag{4-3-30}$$

式中　b——壁座宽度，m；

　　　σ——壁座承压面的法向压应力，MPa；

　　　$[\sigma]$——壁座支承面的围岩容许压应力，MPa，坚硬致密的岩石 $[\sigma] = 3 \sim 3.5$MPa，中硬
　　　　　　岩石 $[\sigma] = 2.5$MPa，软岩 $[\sigma] = 2$MPa；

　　　β——壁座承压面与水平面夹角，一般按下值选用：

　　　　松散地层　　　　　　　　　$\beta = 50° \sim 60°$

　　　　中硬岩层　　　　　　　　　$\beta = 25° \sim 45°$

　　　　坚硬岩层　　　　　　　　　$\beta = 0° \sim 15°$

2. 确定壁座高度 h_0

1）按抗弯（沿 A—B 面）计算壁座抗弯高度。

垂直于壁座承压面的法向压力：　　　$N_\beta = \dfrac{\sigma b}{\cos\beta}$

与井筒轴线平行的压力：　　　　　　$N_1 = \dfrac{N_\beta}{\cos\beta} = \dfrac{\sigma b}{\cos^2\beta}$

壁座单位弧长沿 A—B 截面系数：　　$W = \dfrac{h_0^2}{6}$

作用于 A—B 截面的弯矩：　　　　　$M = \dfrac{N_1 b}{2} = \dfrac{\sigma b^2}{2\cos^2\beta}$

计算时，不考虑钢筋受力，壁座作为悬臂梁抗弯时，应以受拉区混凝土的抗拉设计强度
f_t 控制计算，因此要求 $M \leqslant W f_t$，即：

$$\frac{\sigma b^2}{2\cos^2\beta} \leqslant \frac{h_0^2 f_t}{6}$$

以 $[\sigma] = \sigma$ 代入得

$$h_0 \geqslant \frac{b}{\cos\beta}\sqrt{\frac{3\,[\sigma]}{f_t}} \tag{4-3-31}$$

式中　f_t——混凝土抗拉强度设计值，MPa。

2）按抗剪（沿 A—B 面）计算壁座高度。

一般以壁座承压面的承压能力作为剪切力进行验算，即承压面和剪切面（沿 A—B 面）同时得到强度安全保证，作用于承压面上的力为：

$$N_\beta = \frac{\pi b\,(2R+b)\,\sigma}{\cos\beta}$$

作用于剪切面（沿 A—B 面）上的力为：

$$N = \frac{N_\beta}{\cos\beta} = \frac{\pi b\,(2R+b)\,\sigma}{\cos^2\beta}$$

根据强度条件

$$\tau = \frac{KN}{A} = \frac{K\pi b\,(2R+b)\,\sigma}{2\pi R h_0 \cos^2\beta} \leqslant f_j$$

$$h_0 \geqslant \frac{K\,(2Rb+b^2)\,\sigma}{2R f_j \cos^2\beta} \tag{4-3-32}$$

式中　K——抗剪安全系数，取 $K=2.85$；

R——井筒外半径，m；

σ——壁座承压面的压应力，计算时按支承壁座的岩层容许压应力取用，MPa；

f_j——混凝土抗剪强度设计值，MPa，

$$f_j = 0.75\sqrt{f_c f_t}$$

f_c、f_t——混凝土轴心抗压、抗拉强度设计值，MPa；

A——壁座抗剪面积，m^2。

壁座的高度 h_0 按抗弯和抗剪计算，选用较大值。壁座尺寸确定后，可进行构造配筋，见图 4—3—15。

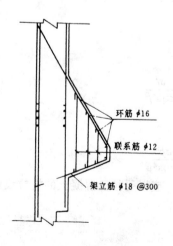

图 4—3—15　壁座构造配筋

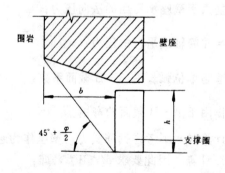

图 4—3—16　壁座下支撑圈计算简图

二、梁窝尺寸计算

立井井筒的井梁固定方式虽然大多已由梁窝埋入式固定改为锚杆固定，但是部分受力大的井梁（如井下过卷防撞梁、支管梁等）仍采用梁窝固定。关于立井井梁梁窝的布置及设计计算在煤矿设计的有关手册和教科书中已有论述，并将井梁安装划分为沿井筒垂直方向由上向下插入梁窝——即整梁安装（$L>D$）和沿井筒水平方向插入梁窝（$1<L<D$）两种方法，其梁窝不带斜度的矩形梁窝。设计和施工实践证明，矩形梁窝的施工、装备安装不便，并且影响施工速度和质量。

立井井梁梁窝的设计计算，按照井梁在井内的布置形式，分为两大类：整梁安装梁窝（Ⅰ类）和接头梁安装梁窝（Ⅱ类）。如图4-3-17。

Ⅰ类整梁安装是指梁的长度大于井筒直径，梁的两端均埋入梁窝内。为安装的需要，其梁窝在平面凿成一侧带斜度的楔形梁窝，两端梁窝的深度为一深一浅。当梁的计算长度L大于井筒净直径D时，深梁窝除在平面上为楔形外，在立面上亦成楔形结构。

Ⅱ类接头梁安装是指梁的一端安装在梁窝内，另一端则安装在Ⅰ类梁上。由于通常是先安装Ⅰ类梁，再安装Ⅱ类梁。只在一个方向有斜度的称单斜梁窝，立面、平面均带有斜度的称双斜度梁窝。

1. 单、双斜楔形梁窝计算方法

1）Ⅰ类梁梁窝计算。

（1）计算参数的确定。

已知 R D L_1 H_1 l d m

首先确定 Δ_L，Δ_1，Δ_2，c（一般 $\Delta_L=50\sim100$，$\Delta_1=60\sim70$，$\Delta_2=50$，$c=50\sim60$）。

计算　L_0、b、h：

Ⅰ类梁的长度与梁在井筒中的位置有直接关系，设梁中心线到与之平行的井筒中心线的距离为d，井筒净半径为R，梁的长度l，则d、R、l间有下列关系：

$$l=2\sqrt{R^2-d^2}$$
$$=2R\sqrt{1-\Phi^2}$$

其中判别系数 $\Phi=d/R$。

按照判别系数 $\Phi=d/R$ 值大小确定梁窝参数；

设 $\Phi=\Phi_0$ 为临界值；

当 $\Phi\leqslant\Phi_0$ 时，用第一种方法计算；

当 $\Phi>\Phi_0$ 时，用第二种方法计算。

Φ_0 及 $\Phi=\Phi_0$ 时的（$D-L$）值见表4-3-52。

表4-3-52　Φ_0及$\Phi=\Phi_0$时的（$D-L$）值计算表　　　　单位：mm

D	4000	4500	5000	5500	6000	6500	7000	7500	8000
Φ_0	0.65	0.65	0.60	0.60	0.55	0.55	0.55	0.50	0.50
（$D-L$）	960	1080	1000	1100	989	1071	1154	1005	1071

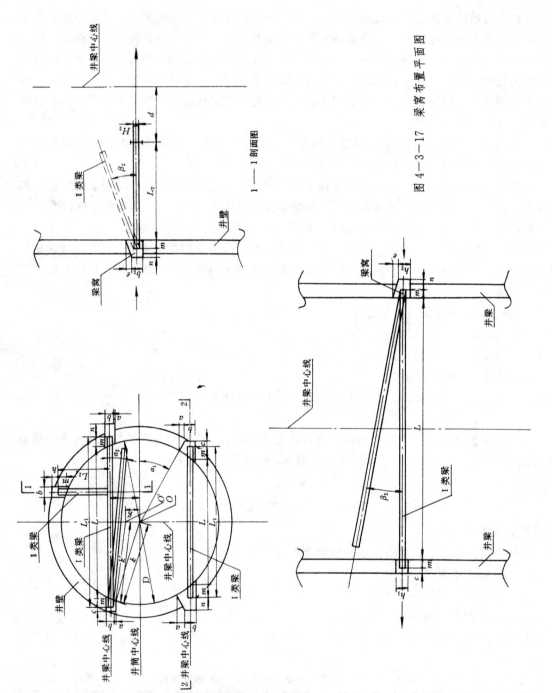

图 4—3—17　梁窝布置平面图

（2）计算公式。

第一种梁窝平面尺寸计算公式：

$$\alpha_1 = \arctan \ (d - b/2) \ / \ (L_1/2 + C)$$

$$f = R\cos\alpha_1 - L/2$$

$$a = d - b/2 - R\sin\alpha_1$$

$$n = \ (L_0^2 - \ (a + b - B_1)^2)^{1/2} - \ (L + m + f)$$

第二种梁窝平面尺寸计算公式：

$$\alpha_2 = \arcsin L_0/2R - \arcsin L/2R$$

$$g = d - b/2 \ (L_1 + C) \ \tan\alpha_2$$

$$\gamma = \arcsin \ (g/R\cos\alpha_2)$$

$$R' = R\cos \ (\alpha_2 + \gamma) \ /\cos\alpha_2$$

$$f = R'\cos\alpha_2 - L/2$$

$$a = d - b/2 - R'\sin\alpha_2 - g$$

$$n = \ (L_0^2 - \ (a + b - B_1)^2)^{1/2} - \ (L + m + f)$$

第一、二种梁窝立面斜度计算公式：

$$\beta_1 = \arccos D/L_0$$

$$e = \ (m + n) \ \text{tg}\beta_1$$

2）Ⅱ类梁梁窝计算。

计算公式如下：

$$\beta_2 = \arcsin H_2/ \ (d - B_2/2)$$

$$n = \ (L_0 + B_1/2) \ - \ (d + m)$$

$$e = \ (m + n) \ \tan\beta_2$$

$$b_2 = B + 2\Delta_2$$

计算公式符号含义：

L_1、B_1、H_1——Ⅰ类梁的长度、宽度、高度；

L_2、B_2、H_2——Ⅱ类梁的长度、宽度、高度，Ⅰ、Ⅱ类梁通用计算公式中用 L、B、H 表示，其中 L 包括梁的埋设深度，m；

L_0——梁的计算长度，$L_0 = L + \Delta_L$；其中 Δ_L 为梁的加工长度误差及井筒直径施工误差引起的梁长变化值；

d——Ⅰ类梁中心线至与其平行的井筒中心线的距离；

R、D——井筒的净半径、净直径；

b——梁窝端头宽度，$b = B + 2\Delta_1$，其中 Δ_1 为宽度方向的安装间隙；

h——梁窝端头高度，$h = H + 2\Delta_2$，其中 Δ_2 为高度方向的安装间隙；

a、e——梁开口处加宽、加高值；

m——梁的埋设深度（由梁的中心与井筒内壁交点算起）；

n——深梁窝深度方向的安装间隙；

c——浅梁窝深度方向的安装间隙；

f——梁窝平面带斜度侧开口点与梁中心线和井筒内壁之交点间沿梁长方向的距离；

α_1、α_2——梁窝平面斜度角，脚注分别表示第一、二种计算方法值；

β_1、β_2——梁窝立面斜度，脚注分别表示第一、二种计算方法值；

　　O——井筒中心点；

　　O'——第二种计算方法浅梁窝斜度线延长线与垂直于梁中心线的井筒中心线之交点；

　　g——OO'长度；

　　R'——O'点和梁窝带斜度侧开口点的距离；

　　γ——梁窝带斜度侧开口点至井筒中心点连线与梁窝斜度线之夹角（锐角）；

　　l——同一梁端两梁窝口的间距；

　　Ⅰ、Ⅱ类梁的安装形式、梁窝位置尺寸见图4-3-17的剖面图。

2. 矩形梁窝

矩形梁窝结构及计算公式见表4-3-53。

表4-3-53　梁窝尺寸计算

项目	1	2
图示	梁沿井筒垂直方向由上向下插入梁窝时	
	整梁安装（$L>D$）	接头梁安装（$L<D$）
	A 放大	
计算公式	$\alpha=\cos^{-1}\sqrt[3]{\dfrac{M}{L}}$ $h=\dfrac{h_0}{\cos\alpha}+L\sin\alpha-M\tan\alpha+K$	$h=h_0+K$
	$T=b+2K$	$T=b+2K$
	$C_1=L-M+K$；$C=n+K$	$C=n+K$

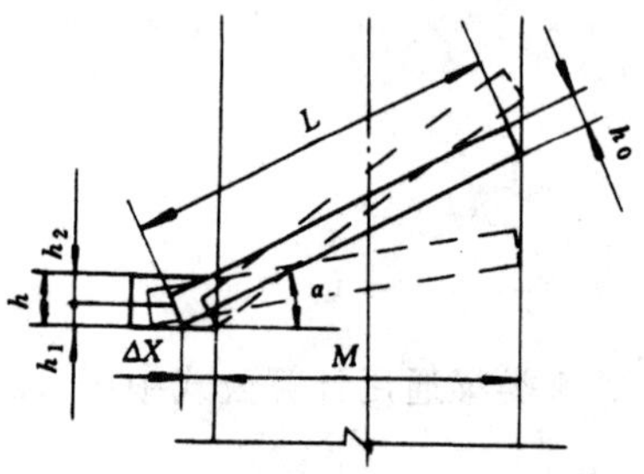

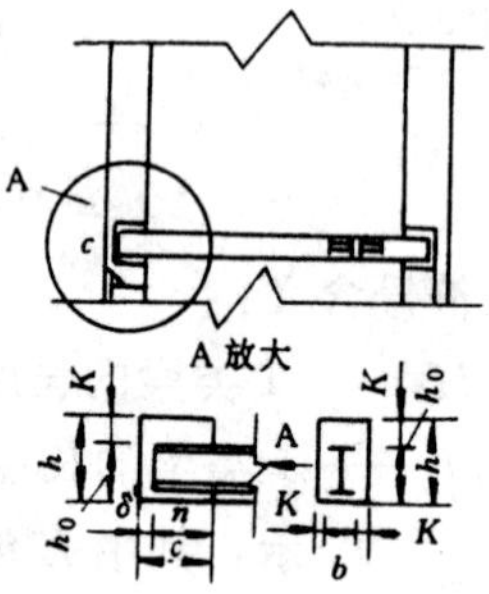

续表

项目	3	4
	梁一端插入井壁另一端与其他梁连接时	梁沿井筒水平方向插入梁窝时（$M<L<D$）
图示	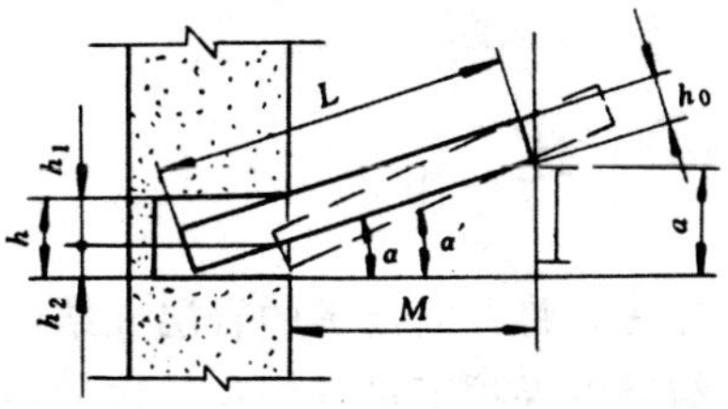	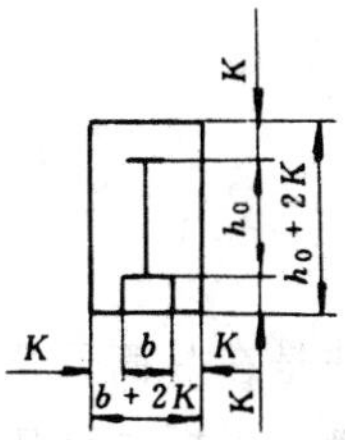
计算公式	$\alpha=\sin^{-1}\dfrac{a}{L}$ $h=\dfrac{h_0}{\cos\alpha}+(L\cos\alpha-M)\tan\alpha+K$ $T=b+2K$ $C=n+K$	$h=h_0+K+50$ $T=b+2K$ $C_1=L-M+K$；$C=n+K$

注：1、2、3 类梁窝计算的高度 h 小于第四类的 h 时，应以第四类的 h 为准。

h—梁窝需要高度，mm；h_0—梁的高度，mm；n—梁埋入梁窝的尺寸，mm；K—施工误差调整尺寸，取 $K=100$mm；T—梁窝宽度，mm；b—梁的宽度，mm；M—两梁窝口的间距尺寸，mm；C_1—长梁窝深度，mm；C—短梁窝深度，mm；L—梁的长度，mm；D—井筒直径，mm；α—当 h 为最大值时，梁与水平的夹角，(°)。

第四章 冻结法凿井井壁设计

第一节 概 述

冻结法凿井是在井筒开凿之前，用人工制冷的方法，将井筒周围的岩层冻结形成封闭的圆筒——冻结壁，以抵抗地压，隔绝地下水，在冻结壁的保护下进行掘砌工作的一种特殊凿井方法。

冻结法凿井是目前国内外穿过厚含水松散层建井所采用的主要特殊施工方法之一，1883年起源于德国，后在德国、比利时、英国、波兰、前苏联、法国、加拿大、中国等国家得到普遍应用。冻结法凿井最大冻结深度达 930m（英国），不少井筒冻结深度超过 600m。

冻结法凿井在煤矿特殊法建井中具有明显的优势，既能用于不稳定的含水层，又可用于基岩含水层，既可应用于立井，又可应用于斜井及风道口工程，适应性强，安全可靠，经济合理，工期有保证。我国自 1955 年首次采用冻结法建成开滦林西风井以来，据不完全统计，40 多年全国煤矿系统采用冻结法共建成立井井筒约 410 个，累计井筒总长度达 67.0km，井筒最大净直径 8.0m，穿过冲积层厚度 383m，最大冻结深度 435m。1955～1994 年中国煤矿冻结法凿井井筒按年代统计见表 4－4－1，部分冻结法凿井井筒主要技术特征见表 4－4－2。冻结法凿井井壁类型及特点见表4－4－3。

表 4－4－1 1955～1994 年中国煤矿采用冻结法凿井井筒统计表

年 份	1955～1994	其 中				
		1955～1959	1960～1969	1970～1979	1980～1989	1990～1994
立井井筒个数，个	392	18	43	115	130	86
其中冻结深度 ＜100m，个	112	11	25	26	34	16
100～200m，个	150	7	11	44	50	38
200～300m，个	81	—	6	35	26	14
300～400m，个	45	—	1	9	18	17
＞400m，个	4	—	—	1	2	1
最大冻结深度，m	435	160 荆各庄主井	330 平八东风井	415 潘三东风井	435 陈四楼副井	410 元氏副井

表4—4—2　中国煤矿冻结法凿井主要技术特征表

序号	井筒名称	净直径(m)	表土层厚度(m)	井壁结构	厚度(m) 外壁	厚度(m) 内壁	冻结深度(m)	冻结孔 布置圈径(m)	冻结孔 孔数(个)	冻结管规格(mm)	主要工期(年·月·日) 打冻结孔 起	打冻结孔 止	冻结运转 起	冻结运转 止	冻结段掘砌 起	冻结段掘砌 止	备注
1	林西风井	5.0	65	单砖混凝土	0.87		105	9	26＋15	φ141	1955. 1.11				1956. 9.14	1957. 3.18	我国第一个冻结井筒
2	唐家庄风井	5.0	56.31	单混凝土	0.5		60.0	8.4	26	φ146	1956. 7.8				1956. 11.4	1957. 2.10	我国自己设计、施工的第一个冻结井
3	唐山风井	5.0	148	单混凝土	0.60		153	11	31	φ146	1958. 2.10				1957. 11.25	1958. 4.30	"单混凝土"即单层混凝土井壁(以下同)
4	范各庄风井	4.6	90.3	单混凝土	0.60		154/93	8.5	23	φ140	1959					1960.7	差异冻结、长腿/短腿(以下同)
5	孔集主井	5.5	20.9	单混凝土	0.5		26	8.0	21	φ141	1959.3					1959.9	安徽省第一个冻结井筒
6	孔集副井	6.5	20.9	单混凝土	0.6		25.5	9.0	24	φ141	1959.4					1960. 2.21	无盐水冻结
7	孔集风井	4.0	25.5	单混凝土	0.5		28.0	6.2	18	φ133	1960.2					1960.5	首次应用局部冻结
8	柴里副井	5.5	83.2	单混凝土	0.6		89	8.5	28	φ141	1961					1962.6	山东省第一个冻结井
9	杨庄西风井	3.5	68.3	单混凝土	0.4		75	7.1	21	φ159	1963. 6.15	1963. 7.14	1963. 8.16	1963. 11.30	1963. 10.3	1963. 12.1	首次应用单双级制冷
10	朔里副井	5.0	59.8	双混凝土	0.30	0.40	65	10	26	φ168	1966. 8.18	1966. 9.29	1966. 10.19	1966. 12.21	1966.11		塑料夹层
11	徐家楼新井	7.7	98	双混凝土	0.40	0.55	110	14	40	φ168	1969.8				1969. 10.23	1970. 4.11	"双混凝土"即双层混凝土井壁(以下同)
12	邢台主井	5.0	237.6	双混凝土	0.40	0.50	260	13	35	φ146						1965. 1.31	首次采用双混凝土井壁
13	红阳一矿主井	6.0	93.2	双混凝土	0.40	0.50	112.0	12.5	35	φ159	1970. 6.18					1970. 12.20	井壁与基岩段掘砌平行作业
14	平八东风井	5.0	324.4	双混凝土	0.30	0.45	330/210	13.4	35＋2	φ141	1968. 4.24	1968. 10.25	1969. 2.16	1970. 8.21		1970. 11.5	

续表

序号	井筒名称	净直径 (m)	表土层厚度 (m)	井壁结构	厚度 外壁 (m)	厚度 内壁 (m)	冻结深度 (m)	冻结孔 布置圈径 (m)	冻结孔 孔数 (个)	冻结管 规格 (mm)	打冻结孔 起	打冻结孔 止	冻结运转 起	冻结运转 止	冻结段漏砌 起	冻结段漏砌 止	备注
15	钱家营主井	6.5	212.7	双混凝土	0.40	0.60	242/105	15/10.5	36/18	φ127					1978.10.1	1979.5.23	外壁月成井183.34m
16	钱家营副井	8.0	226.9	双混凝土	0.40	0.60	245/137	17/13	46/23	φ159			1979.9.16		1979.12.3	1980.3.21	
17	钱家营东风井	6.5	261.2	双混凝土	0.40	0.55	324/275	14.8	36	φ159					1977.8.8	1978.4.26	
18	朱仙庄主井	5.5 (4.9)	257	双混凝土	0.60	0.6+0.3	284	14	38	φ127	1975.5.1	1975.10.22	1975.11.5	1976.6.29	1976.12.26	1976.7.28	套壁处理漏水后直直径(下同)
19	朱仙庄副井	6.5 (5.8)	256	双混凝土	0.60	0.55+0.35	284	16	42	φ127	1975.12.25	1976.11.15	1976.11.26	1977.7.2	1977.3.10	1977.8.26	外壁月成井121m
20	临涣主井	7.2 (6.5)	238	双混凝土	0.65	0.55+0.35	275	16	40	φ159	1976.5.1	1976.11.16	1977.2.18	1978.3.17	1977.6.8	1978.9.1	
21	临涣副井	7.2	235.1	双混凝土	0.55	0.9	282/255	16	40	φ159	1977.3.7	1978.1.22	1978.2.4		1978.9.8	1979.2.9	
22	海孜主井	6.5	240	复合	0.4+0.65	2×1.5,0.65	285	14	36	φ159	1978.3.17	1978.8.25	1978.10.15	1980.1.13	1979.2.16	1980.2.19	2×1.5为双层厚1.5mm塑料夹层(以下同)
23	海孜副井	7.2	240	复合	0.4+0.75	1×1.5,0.70	285	15.5	44	φ159	1978.9.11	1979.5.11	1979.8.3	1981.8.15	1979.11.25	1981.11.26	
24	潘一主井	7.5	159.4	双混凝土	0.55	0.50	200	16.3	46	φ127	1972.11.5	1973.4.2	1973.8.8	1974.11.18	1973.11.1	1975.1.15	
25	潘一副井	8.0	154.4	双混凝土	0.60	0.55	200	17	42	φ127	1973.9.6	1974.3.18	1974.8.19	1975.8.28	1975.1.18	1975.9.14	
26	潘二主井	7.5 (6.6)	265	双混凝土	0.65	0.55+0.45	325/290	17	42	φ127	1975.12.26	1976.10.25	1976.12.10	1978.2.24	1977.4.6	1978.12.28	
27	潘二副井	8.0	257.8	复合	0.4+0.6	2×1.5,0.75	325/280	17.5	44	φ159	1976.12.10	1978.4.16	1978.5.3	1980.4.16	1978.10.13	1980.5.9	
28	潘二西风井	6.5	285.9	复合	0.3+0.65	2×1.5,0.75	320/310	16	44	φ159	1976.12.10	1977.11.17	1977.12.12	1979.12.9	1978.6.25	1980.3.19	首批采用复合井壁

续表

序号	井筒名称	净直径 (m)	表土层厚度 (m)	井壁结构	井壁厚度 外壁 (m)	井壁厚度 内壁 (m)	冻结深度 (m)	冻结孔布置圈径 (m)	冻结孔孔数 (个)	冻结管规格 (mm)	打冻结孔 起	打冻结孔 止	冻结运转 起	冻结运转 止	冻结段掘砌 起	冻结段掘砌 止	备注
29	潘二南风井	7.0	275.5	复合	0.3+0.65	2×1.5、0.85	320/300	16	38	φ159	1977.12.6	1978.7.17	1978.9.25	1980.8.13	1979.3.9	1980.9.25	
30	潘三主井	7.5	210.4	复合	0.3+0.5	2×1.5、0.7	280/267	14.5	38	φ159	1978.4.2	1978.10.18	1978.11.16	1980.8.7	1979.6.10	1980.9.17	
31	潘三副井	8.0	200.6	复合	0.3+0.5	2×1.5、0.75	280/267	15	40	φ159	1978.7.26	1979.3.20	1979.7.1	1980.12.18	1979.12.10	1981.1.18	
32	潘三东风井	6.5	358.5	复合	0.4+0.5	1×1.5、1.1	415	17	42	φ139.7	1979.8.10	1981.4.6	1981.5.28	1983.2.20	1981.11.19	1983.1.15	
33	鲍店副井	8.0	145.5	双混凝土	0.60		240/200	16	42	φ127	1977.8.4	1977.12.4	1977.12.27	1978.9.3	1978.4.1	1978.9.4	外壁掘砌平行作业,月成井161.54m
34	鲍店北风井	5.0	196.4	双混凝土	0.50		230	12	30	φ140	1978.7.1	1978.8.11	1978.10.19	1979.5.27	1978.12.26	1979.6.4	首次应用柔性井壁
35	孔集西风井	4.5	65.5	柔性	总1.13		112	10.0	26				1983.11.18	1984.2	1985.7		冻结段与德国公司合作
36	东欢坨副井	8.0	167.59	柔性	总1.36		195	15.5	40				1985.9.21		1987.9.21	1989.2.15	
37	任楼主井	5.0	278.4	复合	0.50	1×1.5、0.6	353/318	13	32	φ139.7	1985.4.13	1985.7.11	1985.8.10	1986.10.15	1985.11.23	1986.11.3	
38	任楼副井	7.2	277.2	复合	0.65	1×1.5、0.8	350/318	17	42	φ139.7	1985.6.11	1985.9.27	1985.11.23	1987.5.23	1986.4.4	1987.6.25	
39	潘一补风井	7.0	291.76	复合	0.8	1×1.5、0.9	325/240	17/13.5	46/12	φ139.7	1989.6.22	1989.12.28	1990.2.7	1991.8.2	1990.8.6	1991.8.22	
40	谢桥主井	7.8	291.4	复合	0.85	2×1.5、0.9	357	17	42	φ139.7	1983.11.10	1984.7.27	1984.9.1	1986.9.10	1984.12.4	1986.11.13	
41	谢桥副井	8.0	298.7	复合			360	20/17	30/20	φ139.7	1982.12.1 / 1985.2.2	1983.12 / 1985.7.7	1984.2.24 / 1985.9.12	1984.12.21 / 1986.9.18	1984.5.23 / 1986.12.3	1986.8.26	淹井重冻

续表

序号	井筒名称	净直径 (m)	表土层厚度 (m)	井壁			冻结深度 (m)	冻结孔			主要工期(年.月.日)						备注
				结构	外壁 厚度(m)	内壁 厚度(m)		布置圈径 (m)	孔数 (个)	冻结管规格 (mm)	打冻结孔 起	打冻结孔 止	冻结运转 起	冻结运转 止	冻结段掘砌 起	冻结段掘砌 止	
42	谢桥矸石井	6.6	246	双混凝土	0.50	0.80	330/205	14	36	φ139.7	1982. 10.21	1983. 7.14	1983. 8.24	1984. 4.9	1983. 11.18	1984. 6.6	
43	新集主井	5.5	155.17	双混凝土、沥青板	0.40	沥青板 0.1+0.6	250/235	10.6	28	φ139.7	1989. 7.8	1989. 9.14	1989. 10.16	1990. 10.8	1989. 12.26	1990. 10.10	
44	新集副井	6.5	155.13	双混凝土、沥青板	0.50	0.1+0.7	255/235	12	32	φ139.7	1989. 10.14	1990. 1.2	1990. 1.19	1991. 2.10	1990. 5.1	1991. 2.15	
45	陈四楼主井	5.0	369	复合	0.7	1×1.5, 0.7	423/400	15.3	37	φ139.7	1989. 8.13	1989. 12.14	1990. 2.19	1991. 7.2	1990. 7.26	1991. 7.22	
46	陈四楼副井	6.5	374.5	复合	0.7	1×1.5, 0.9	435/405	18.2	44	φ139.7	1989. 12.10	1990. 5.19	1990. 7.16	1991. 12.24	1991. 2.1	1992. 1.28	专用冻结管
47	济宁二号副井	8.0	173.93	双混凝土	0.5	0.55	235/190	16	40	φ140	1988. 2.5	1989. 7.27	1990. 4.1	1991. 1.30	1990. 7.26	1991. 2.5	
48	元氏主井	5.0	321.2	双混凝土	0.50	0.60	375	13.9/9.1	34/12	φ138.7	1992. 4.10	1992. 9.22	1993. 5.28				首批应用高效冷凝器
49	元氏副井	6.0	360.7	双混凝土	0.70	0.70	410	17.2/10.7	42/14	φ139.7	1992. 6.4	1993. 4.21	1993. 10.5				
50	祁南主井	5.5	329.2	双混凝土、沥青板	0.5	0.08+0.7	380/347	16	39	φ139.7	1992. 2.16	1992. 6.24	1992. 8.10	1992. 10.26	1992. 11.15	1993. 12.28	
51	祁南副井	7.5	329.9	双混凝土、沥青板	0.55	0.08+0.85	372/339	19.4	47	φ139.7	1992. 6.9	1992. 9.6	1992. 12.8		1993. 8.12	1995.7	
52	祁南西风井	5.0	326.6	双混凝土、沥青板	0.45~0.5	0.08+0.63	366/334	16.0	40.0	φ139.7			1992. 10.22		1993. 2.1		首批应用高效冷凝器

表 4－4－3　井壁结构主要类型及特点

结构类型	图　示	优缺点	适用条件	备　注
单层井壁（砌块）	混凝土或料石砌块 100　100～500	1. 施工工艺简单； 2. 水化热少，壁后冻土融化范围小； 3. 砌壁后即可承受地压； 4. 整体抗压强度差； 5. 封水性能差； 6. 手工操作，劳动量大	砂层埋深小于 50m	林西风井冲积层厚 65m，采用缸砖井壁漏水量为 100m³/h，经三次注浆，漏水量仍有 10m³/h
单层钢筋混凝土或井壁	塑料止水带	1. 施工工艺简单、速度快、一次成井； 2. 分段施工，井壁易产生裂缝漏水； 3. 混凝土浇筑初期强度低，容易被较大的冻结压力压坏	1. 混凝土井壁适用于砂层埋深小于 50m 的小直径井筒； 2. 钢筋混凝土井壁适用于砂层埋深为 100m 左右的井筒	1. 在冻结壁强度允许的条件下尽可能加大段高，减少接缝； 2. 采用台阶或双斜面接缝加塑料止水带防水效果较好
双层钢筋混凝土或井壁	内层井壁　外层井壁	1. 内层自下而上连续浇筑，施工条件好，质量易保证，封水性好； 2. 内外层两次浇筑，整体受力没有单层好； 3. 外层厚不小于 300～350mm	1. 砂层埋深 100～300m； 2. 150m 以下有较厚膨胀性粘土层时，外层井壁应尽量局部采用砌块筑壁	双层钢筋混凝土井壁是我国原有冻结井筒井壁结构的主要型式（70年代和80年代前期），浅井目前仍在采用
双层钢筋混凝土井壁中夹防水层外设泡塑板	泡塑板　内壁　外壁　塑料夹层	1. 塑料滑动层使两层井壁不能结合，减少内壁所受的约束，内壁的整体性、封水性得到保证； 2. 泡沫塑料板隔温缓压，改善了外壁早期养护条件	松散层厚 100～400m 均适用	双层钢筋混凝土井壁中夹滑动防水层外设泡沫塑料板是我国现有冻结井筒井壁结构的主要型式，只要精心施工，可以做到内壁不裂不漏
复合井壁	见　本　章　第　五　节			

第二节　冻结深度及壁座位置的选择

一、冻结深度的确定

冻结深度确定合理，可节省冻结费用，保证井壁质量，加快建井速度，同时能防止涌水冒砂事故，做到安全可靠，对井壁设计及施工都很重要。冻结深度确定原则如下：

(1) 冻结深度必须穿过风化基岩，深入不透水的稳定岩层10m以上。

(2) 若基岩风化带裂隙发育，且风化带以下基岩破碎，富水性强或有断层及断层破碎带时，冻结深度应考虑穿过破碎基岩。

(3) 距离风化带30m左右及30m以内的含水基岩岩层，应与松散层一起冻结，并宜采用差异冻结法施工。

(4) 应兼顾冻结段支护设计深度。冻结深度一般必须大于表土段井壁支护深度。

二、壁座（或内外壁整体浇筑段）位置的选择

近年来，为了减小冻结孔圈径和冻结壁厚度，许多冻结井筒都不再采用如第三章第六节所描述的壁座，而在壁座位置处将内、外层井壁间的夹层取消，改为整体浇筑，用内外层整体浇筑段井壁和基岩井壁的收台来代替大壁座。整体浇筑段位置或设置壁座位置应按下列原则确定：

(1) 壁座（或整体浇筑段）必须设在坚硬稳定岩层中，避免设置在破碎带和断层附近。

(2) 壁座（或整体浇筑段）底部应比井筒的冻结深度浅5～8m。

(3) 壁座（或整体浇筑段）尽可能设在基岩浅部，使壁座真正承托井筒重量，同时减小冻结段的井壁深度，节省材料，加快施工进度，减少建井费用。

第三节　设　计　荷　载

一、冻结井壁受力的一般规律

井壁受力一般分五个阶段，如兴隆庄矿主井垂深141m粘土层处井壁压力盒实测曲线所示，见图4－4－1。

井壁受力变化的几个阶段，是井壁设计时必须考虑的因素。井壁混凝土强度是按28天龄期设计的，井筒开挖后几天之内冻结压力增长迅速，且混凝土有较大的温度应力，致使外层井壁往往出现较多的环向裂缝，这是冻结井壁设计中值得注意的问题。

为了减缓冻结压力，目前在设计中采取下述措施，收到了较好的效果，即在深厚膨胀粘土层里，广泛采用现浇钢筋混凝土外壁与井帮冻土间铺设厚25～75mm的聚苯乙烯泡沫塑料板结构。塑料板单层厚度为25mm，尺寸为500mm×1200mm，其抗压强度0.15MPa，抗弯强度0.15MPa，吸水率小于1%，导热系数0.126～0.167kJ/m·h·℃，使用温度－40～80℃，泡沫塑料板的作用：

(1) 防止粘土层迅速增长的初期冻结压力对井壁的破坏，起到缓卸压作用，表4－4－4

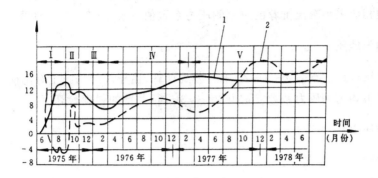

图4-4-1　井壁外力显现的一般规律

1—压力曲线；2—温度曲线

Ⅰ—冻结压力上升阶段；Ⅱ—套内壁时压力变化阶段；Ⅲ—自然解冻压力下降阶段；
Ⅳ—冻结压力向永久地压过渡阶段；Ⅴ—冻结壁完全解冻出现永久地压阶段

是皖北任楼主井深178m铺设不同厚度泡沫塑料板条件下的实测冻结压力值。无泡沫塑料板时，砌壁后第10天，压力达2.11MPa；而铺设厚25、50、75mm泡沫塑料板时，冻结压力分别为1.23、0.32、0.21MPa，初期冻结压力显著下降。谢桥矿矸石井-237m粘土层处的观测，铺设50mm的泡沫塑料板，外壁混凝土浇筑3天内，冻结壁变形很快，塑料板总压缩量达40mm，而冻结压力甚小，仅有0.65MPa。到第7d，总压缩量达44mm，冻结压力达到3.8MPa。实测表明，冻结压力可延缓3～4d，可降低50%的初期冻结压力。对混凝土井壁养护增强十分有利，避免由于混凝土早期强度不足而遭受破坏。泡沫塑料板的弹性和可压缩性在一定程度上也可以减小不均匀压力，改善了外壁的受力状态。

表4-4-4　皖北任楼矿主井铺设不同层厚泡沫塑料板时的冻结压力测值表　　　MPa

时间（d）	3	4	10	14	28	40	55	60
三层板（厚75mm）	0.10	0.16	0.21	0.44	1.04	1.35	1.79	1.85
二层板（厚50mm）	0.18	0.23	0.32	0.63	1.47	1.82	1.99	1.94
一层板（厚25mm）	0.16	0.81	1.23	1.72	2.41	2.46	2.16	2.06
无　板	1.80	1.99	2.11	2.31	2.61	2.67	2.33	2.21

　　（2）泡沫塑料板的导热系数很小，起到了隔热保温作用，减少冻土对井壁混凝土的影响，改善了混凝土井壁的养护温度。任楼主井外壁厚0.5m，井帮冻土温度-6℃，铺75mm厚泡沫塑料板后，经过40d，井壁外表面温度仍在0℃以上，大于4℃的时间达19d。同时还可防止因混凝土早期水化热传至冻土而削弱冻结壁的强度。因此在铺设了泡沫塑料板的冻结井壁的外力显现一般规律中，早期井壁所受压力的上升和温度的下降都比较平缓。

　　二、地　压

　　冻结井筒的地压计算，原则上按本篇第三章第二节提出的地压公式计算。在一般设计中，对流砂层常用重液公式（$P = 1.3\gamma_0 H$）计算，对粘土层或固结粘土层居多的井筒常用秦氏公式，但在计算时须相应采用秦氏推荐的一套侧压力系数值（表4-3-12）计算。

三、不均匀地压

不均匀地压按第三章表4-3-20中的公式计算。由于冻结法施工有可能造成较大的不均匀压力，一般不均匀侧压力系数 β 取 0.2～0.3 进行井壁的强度验算。

四、冻结压力

（一）冻结压力的形成

冻结施工期间，冻结壁作用于井壁上的侧压力称为冻结压力。它是由土层的原始应力、土层中水结冰时体积膨胀、粘土吸湿后体积膨胀以及冻土的蠕变等因素形成。

（二）影响冻结压力的主要因素

（1）土性：由蒙脱石、伊利石和高岭石等颗粒组成的粘土冻结压力最大，砂性土次之，砾石和粗砂最小；

（2）深度：同类土性，深度越大，冻结压力越大；

（3）冻结温度：冻结温度越低，冻结壁自身强度越高，对井壁的冻结压力越小；

（4）冻结壁厚度：相同温度，相同深度，冻结壁越厚，冻结压力越小；

（5）施工工艺：段高越大，井帮暴露时间越长，在冻结壁允许变形范围内，作用于外层井壁的初期冻结压力可以减小，但若变形较大，易引起冻结管断裂。

另外，冻结压力沿整个施工段高分布是不均匀的（图4-4-2），段高两头位移小而压力大，离上刃脚1/3段高处，施工过程中位移最大而冻结压力最小，但后期冻结压力仍趋于一致。

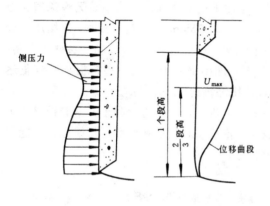

图4-4-2　1个段高内冻结压力与位移分布

（三）计算冻结压力的经验公式及实测数据

1. 冻结压力经验公式一

$$P_d = K_t K_d (1.38 \lg H - 1.26) \qquad (4-4-1)$$

式中　P_d——冻结压力，MPa；

K_t——温度影响系数，由井帮温度 t 确定，当 $t > -5℃～-6℃$ 时，K_t 取 0.9～1；$t < -7℃～-8℃$ 时，K_t 取 1～1.15；

K_d——土性影响系数，对于粘土，K_d 取 1.0；砂质粘土取 0.9～1.1；钙质等冻胀和膨胀粘土取 1.05～1.15；

H——计算处深度，m。

在一般设计中，不能确定井帮温度时，根据国内冻结井筒施工情况，对 K_t 建议采用下值：100m 以内，K_t 取 0.9～1；

100～150m，K_t 取 1～1.1；

150m 以下，K_t 取 1.15。

公式（4-4-1）的特点是考虑了深度、温度和土性对冻结压力的影响。

2. 冻结压力经验公式二

当松散层厚度 $H \leqslant 100\text{m}$ 时，

$$P_d = 1.74 \times (1 - e^{-0.02H}) \tag{4-4-2}$$

当 $H > 100\text{m}$ 时，

$$P_d = 0.005H + 1.0 \tag{4-4-3}$$

式中符号意义同前。

3. 冻结压力的实测数值

不同地区、不同土层的冻结压力及其不均匀系数的实测数值见表4-4-5～表4-4-11。

不同地区、同样土层同样测深，冻结压力却差别很大，有的甚至于相差数倍。因此在设计取用冻结压力值时，还应参考本地区的实测成果，结合实际地层和冻结情况，做到计算与实际相结合，合理选取设计数据。

根据国内外冻结井筒实际情况，汇总了不同深度粘土层冻结压力值列于表4-4-12中，供设计时参考选用。

表 4-4-5　立井冻结压力实测数值

矿井名称	土层名称	冻结深度（m）	测点深度（m）	最大冻结压力（MPa）
芦岭南风井	粘土	240	35.7	1.12
兴隆庄主井	粘土	220	59.0	1.2～1.39
红阳一井新副井	粘土	116	74.0	1.56
兴隆庄主井	粘土	220	88.5	1.23～1.34
红阳一井新副井	粘土	116	90.0	1.63
芦岭西风井	粘土	240	96.5	1.58～1.66
潘一东风井	粘土	320	137	1.8～2.42
兴隆庄主井	粘土	220	151.0	1.45～1.84
芦岭西风井	砂质粘土	240	78.3	2.06
潘一东风井	砂质粘土	320	110	1.6～2.07
邢台主井	砂质粘土	260	114.7	2.49
邢台主井	砂质粘土	260	137.0	2.29
邢台主井	砂质粘土	260	149.0	2.56
邢台主井	砂质粘土	260	165.0	2.06
潘一东风井	砂质粘土	320	168.5	0.83～1.83
潘一东风井	砂质粘土	320	170.0	1.08～2.55
芦岭西风井	砂质粘土	240	176.0	2.26

续表

矿井名称	土层名称	冻结深度 (m)	测点深度 (m)	最大冻结压力 (MPa)
邢台主井	砂质粘土	260	177.2	2.0
芦岭西风井	砂质粘土	240	179.0	2.24
邢台主井	砂质粘土	260	188.4	1.97
邢台主井	砂质粘土	260	204.3	1.06～1.61
邢台主井	砂质粘土	260	221.4	1.51
红阳一井新副井	亚砂土	116	67.0	0.19
邢台主井	砂土	260	89.0	0.52
芦岭西风井	土质砂	240	24.2	0.62
芦岭西风井	土质砂	240	45.0	1.0
芦岭西风井	土质砂	240	108.5	0.86
芦岭西风井	土质砂	240	121.0	2.53
兴隆庄主井	粘土质细砂	220	142.5	1.4～1.63
芦岭西风井	细砂	240	67.2	0.26～0.46
邢台主井	细砂	260	129.0	1.68
芦岭西风井	细砂	240	148.5	0.82
芦岭西风井	细砂	240	155.4	0.63～0.86
邢台主井	砂层	260	214.2	0.45
潘一东风井	粗中砂	320	10.0	0.04～0.23
潘一东风井	粗中砂	320	70.0	0.44～1.09
潘一东风井	粗中砂	320	220.0	0.73～2.49
红阳一井新副井	粘土粗砂	116	80.0	1.34
红阳一号新副井	粗砂	116	61.0	0.02
兴隆庄主井	粗砂	220	74.0	1.08～1.17
红阳一井新副井	砂砾	116	82.0	0.12
兴隆庄主井	砂砾	220	118.0	0.75～1.42
兴隆庄主井	砂砾	220	185.5	1.13～1.61
潘一东风井	砂砾	320	278.0	1.89～3.61
邢台主井	河卵石	260	231.7	0.35
邢台主井	页岩	260	280.0	0.05
芦岭西风井	泥灰岩	240	159.0	0.77
潘一东风井	风化泥质粉砂岩	320	290.0	0.6～3.05
红阳一井新副井	风化砂砾岩	116	94.0	1.72
红阳一井新副井	风化砂砾岩	116	100.0	1.92
芦岭西风井	风化基岩	240	215.4	0.19

注：最大冻结压力指同一测试水平中各个压力盒的最大值范围。

表 4-4-6　兴隆庄主井冻结压力与地压实测数值

土层名称	测点深度 (m)	冻结压力 (MPa)		实测永久地压值 (MPa)	
		最大值	平均值	最大值	平均值
粘土	59	1.39	1.295		
粗砂	74	1.17	1.12		
粘土	88.5	1.34	1.3	1.13	1.06
砂砾	118	1.42	1.085	1.16	1.04
粘土质细砂	142.5	1.63	1.52	1.39	1.39
粘土	151	1.84	1.65	1.45	1.45
砂质粘土	168.5	1.83	1.57	1.19	1.19
粘质砂砾	185.5	1.61	1.39		

表 4-4-7　临涣主井冻结压力实测数值

土层名称	垂深 (m)	最大压力 (MPa)	砌壁后前七天压力 (MPa)	埋设压力盒时井帮温度 (℃)
钙质粘土	131.09	1.63	0.54	-1
	131.79	1.58	0.72	-1
	132.49	1.64	0.79	-1
	132.84	1.93	1.03	-1
	133.04	1.98	0.98	-1
	133.04	1.81	0.95	-1
钙质粘土	134.69	2.11	1.29	-1
	136.14	1.95	1.17	-1
砂质粘土	137.69	1.94	1.05	-1
粘土	142.72	1.78	1.26	-1.5
	142.80	1.74	1.13	-1.5
粘土	216.85	2.24	0.7	-7～-8
	216.85	2.16	0.5	-7～-8
粗砂	233.65	2.4		-9
	233.75	2.33		-9
	233.75	2.0		-9

表 4-4-8　潘三东风井冻结压力主要数据综合表

水平	埋深 (m)	土性	井帮温度 (℃)	外壁结构	压力盒编号	冻结压力 (MPa)			套壁后压力 (MPa)		备注
						最大值	平均	天数	最大	平均	
一	192.0	细砂	-4.5	现浇钢筋混凝土	A₁-1	1.95	2.05	230	2.12	2.06	用A₁-1、A₁-2所测数据
					A₁-2	2.15		175	2.0		
					A₁-3	0.9		200	1.08		
二	250.0	中砂	-5.5	现浇钢筋混凝土	A₂-3	1.39	1.32		1.0	1.21	
					A₂-4	1.04			1.42		
					A₂-6	1.53					

续表

水平	埋深 (m)	土性	井帮温度 (℃)	外壁结构	压力盒编号	冻结压力 (MPa)			套壁后压力 (MPa)		备注
						最大值	平均	天数	最大	平均	
三	263.0	粘土	−5.5	混凝土块砌体 ＋现浇混凝土	A₃−1 A₃−3 A₃−4	2.62 3.15 3.3	3.23	160 280 190			用A₃−3、A₃−4数据
四	278.6	粘土	−10.8	混凝土块砌体 ＋现浇钢筋混凝土	A₄−1 A₄−2 A₄−3 A₄−4 A₄−5	2.88 4.5 3.32 3.57 3.4	3.49	20 230 245 245 57		3.75	用A₄−3、A₄−4、A₄−5数据
五	328.5	粘土	−17.0	混凝土块砌体 ＋现浇混凝土	A₅−1 A₅−2 A₅−3	3.4 4.27 4.2	3.96	165 62 165	3.7 4.7	4.2	
六	330.5	细粉砂	−18.0	现浇钢筋混凝土	A₆−1 A₆−4	3.85 3.14	3.49	160 160	4.05 3.35	3.7	
七	355.6	砂砾	−17.0	现浇混凝土	A₇−2	3.14	3.14	31	3.4	3.4	

表4−4−9　兴隆庄主井不同深度的冻结压力值

实测压力（MPa）	深　　度　（m）		
	＜100	100～150	150～200
最　大　值	1.39	1.63	1.84
平　均　值	1.24	1.31	1.54

表4−4−10　兴隆庄主井不同土层的冻结压力值

项　　目	实　测　压　力　（MPa）				
	粘　土	砂质粘土	粘质砂土	粗　砂	砂　砾
最　大　值	1.84	1.83	1.63	1.17	1.61
平　均　值	1.46	1.57	1.52	1.12	1.21

表4−4−11　兴隆庄主井冻结压力不均匀系数 β 值

土　层	粘　　土								细　砂			粗　砂	
埋设水平	一		三		六				五			二	
压力盒	1	2	1	2	3	1	2	3	4	1	2	3	1	2
最大压力（MPa）	1.39	1.2	1.34	1.33	1.23	1.71	1.6	1.45	1.84	1.63	1.4	1.54	1.17	1.08
平均压力（MPa）	1.295		1.3			1.65				1.52			1.12	
β	0.16		0.09			0.27				0.16			0.09	

表 4-4-12　不同深度粘土层的冻结压力值

表土深度（m）	100	150	200	250	300	>300~400
冻结压力（MPa）	1.2	1.6	2.0	2.3	2.7	2.8~3.5

应该说明，个别特殊地层，冻结压力可能超过此值，可根据经验适当提高，或在施工中采取局部措施解决。

五、纵向力和负摩擦力

井壁的纵向作用力包括：井壁的自重、井筒装备的重量以及直接支承在井筒上的井塔及其基础的重量。

井壁负摩擦力是指由于地层疏水、土体压密，致使地层对于井筒作相对运动而产生摩擦力，该摩擦力被称为井壁的负摩擦力。

1987 年以来，淮北、大屯、兖州等矿区先后有 20 多个采用冻结法施工的井筒，在表土与基岩交界面上下遭受严重破坏。这些井筒在水文地质方面有一些共同特点，松散层厚为 100 余米至 250m，都可分为数层含水层，各含水层间都有隔水性能良好的隔水层，各层间基本都无水力联系，底部为含水砂砾层且直接覆盖在煤系地层上。井筒建成后，在开拓开采过程中，伴随煤系含水的疏排，松散层底部含水层的水下渗且无补给，底部含水层水位逐步下降，承压能力降低，而作用在该层上的荷载不变。底部含水层水位下降到一定程度，该地层就会固结、压缩，其上覆地层将发生沉降，这样地层对于井筒作相对运动，使井筒受到沿纵向向下的摩擦力。许多学者专家认为这种摩擦力是井壁破坏的主要原因，并称其为井壁负摩擦力。负摩擦力的大小与松散层的厚度、松散层的构成、组成松散层物质（砂、土等）的性质、井壁外表面的形状和光滑程度以及松散层下沉的速度有关，各地区甚至各个井筒都有所不同。中国矿业大学根据试验提出祁南副井井壁外缘单位面积负摩擦力平均值为 50kPa，而煤科总院北京建井所则提出其设计标准值淮北矿区为 61.5kPa，大屯、徐州矿区 56.4kPa，其他矿区 62.1kPa。

在地压（或冻结压力）及纵向力和负摩擦力作用下，井壁三向受压，可用下式校核井壁强度

$$\sigma_{xd} = \sqrt{\sigma_r^2 + \sigma_t^2 + \sigma_z^2 - \sigma_r\sigma_t - \sigma_t\sigma_z - \sigma_z\sigma_r} \leqslant f_c$$

式中　σ_{xd}——三向压应力作用的计算相当应力，N/mm²；

　　　σ_r——井壁径向计算应力，N/mm²；

　　　σ_t——井壁切向计算应力，N/mm²；

　　　σ_z——井壁竖向计算应力，N/mm²，

$$\sigma_z = \gamma H + \frac{P_f + F_z}{A}$$

　　　γ——井壁材料的密度，MN/m³；

　　　H——计算处深度，m；

　　　P_f——井筒负摩擦力，MN；

　　　F_z——井筒装备重力，MN；

A——井筒横截面面积，m^2；

f_c——井壁材料的设计强度值，N/mm^2。

六、冻结井壁的温度应力

冻结井筒，钢筋混凝土井壁在施工期间，温度变化较大，内外壁面温差 $10\sim20℃$，而水化热升温至降温的温差更大，有时达到 $30\sim40℃$，必然引起井壁内部结构产生温度应力。实测资料说明内层井壁竖向钢筋受拉，井壁有时出现环向裂缝，而不冻结的井壁裂缝少见，这是温度应力作用引起的结果。

对冻结井壁来说，温度应力主要有结构自身的温度应力以及由于温差引起外界对井壁的约束应力两种。

（一）结构自身的温度应力

由于内外壁面的温差，井壁各部分受热不均，从而产生不均匀的膨胀（或收缩），井壁内部各部分彼此干涉约束，产生了自身的温度应力。假若井筒能自由伸缩（没有外部约束），根据弹性力学原理可导出井筒各向的应力为：

当 $T_i-T_0=\Delta T$

$$\sigma_r=\frac{E\alpha\Delta T}{2\ (1-\mu)\ \ln\dfrac{b}{a}}\left[-\ln\frac{b}{r}-\frac{a^2}{b^2-a^2}\left(1-\frac{b^2}{r^2}\right)\ln\frac{b}{a}\right] \tag{4—4—4}$$

$$\sigma_\theta=\frac{E\alpha\Delta T}{2\ (1-\mu)\ \ln\dfrac{b}{a}}\left[1-\ln\frac{b}{r}-\frac{a^2}{b^2-a^2}\left(1+\frac{b^2}{r^2}\right)\ln\frac{b}{a}\right] \tag{4—4—5}$$

$$\sigma_z=\frac{E\alpha\Delta T}{2\ (1-\mu)\ \ln\dfrac{b}{a}}\left(1-2\ln\frac{b}{r}-\frac{2a^2}{b^2-a^2}\ln\frac{b}{a}\right) \tag{4—4—6}$$

式中 T_i——井筒内缘温度，$℃$；

T_0——井筒外缘温度，$℃$；

σ_r——径向温度应力，MPa；

σ_θ——切向温度应力，MPa；

σ_z——轴向温度应力，MPa；

E——混凝土弹性模量，N/mm^2；

α——混凝土线膨胀系数，$\alpha=1\times10^{-5}$；

μ——混凝土的泊桑比，$\mu=0.2$；

a——井筒内半径，mm；

b——井筒外半径，mm；

r——圆环内任一计算点半径，mm。

上式计算结果，正值为拉应力，负值为压应力。井壁最大应力发生在圆筒的内、外壁面。

当 $r=a$（圆筒内缘）时，代入公式（4—4—5）得

$$(\sigma_\theta)_{r=a}=\frac{E\alpha\Delta T}{2\ (1-\mu)\ \ln\dfrac{b}{a}}\left(1-\frac{2b^2}{b^2-a^2}\ln\frac{b}{a}\right) \tag{4—4—7}$$

当 $r=b$（圆环外缘）时，代入公式（4—4—5）得

$$(\sigma_\theta)_{r=b} = \frac{E\alpha\Delta T}{2\ (1-\mu)\ \ln\dfrac{b}{a}}\left(1-\frac{2a^2}{b^2-a^2}\ln\frac{b}{a}\right) \tag{4-4-7'}$$

轴向应力

当 $r=a$ 时，代入公式（4-4-6）得

$$(\sigma_z)_{r=a} = (\sigma_\theta)_{r=a} = \frac{E\alpha\Delta T}{2\ (1-\mu)\ \ln\dfrac{b}{a}}\left(1-\frac{2b^2}{b^2-a^2}\ln\frac{b}{a}\right) \tag{4-4-8}$$

当 $r=b$ 时，代入公式（4-4-6）得

$$(\sigma_z)_{r=b} = (\sigma_\theta)_{r=b} = \frac{E\alpha\Delta T}{2\ (1-\mu)\ \ln\dfrac{b}{a}}\left(1-\frac{2a^2}{b^2-a^2}\ln\frac{b}{a}\right) \tag{4-4-8'}$$

从公式（4-4-7）～公式（4-4-8'）可知，圆筒外缘的轴向应力与切向应力相等，圆筒内缘的轴向应力与切向应力相等。

圆筒的温度应力分布如图 4-4-3 所示。

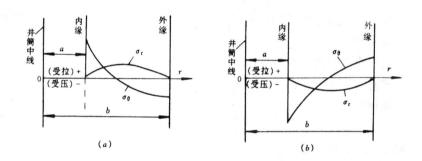

图 4-4-3　沿横截面温度应力分布

a—T_i-T_0 为负值时；b—T_i-T_0 为正值时

当 T_i-T_0 为正值时（图 4-4-3b），径向应力为负值（即压应力），切向应力内缘为负值（受压），外缘为正值（受拉），裂缝可能在外缘先发生。

当 $T_i-T_0=\Delta T$ 为负值时（图 4-4-3a），情况与上述正相反（冻结井筒不出现此情况）。

（二）温度引起的外部对井壁的约束应力（约束温度应力）

计算约束温度应力时，假设井筒有一平均温度，随时间变化，井筒由一高的平均温度 t_1 降至另一低的平均温度 t_2，使井筒各部分产生均匀收缩，同时把土层或外层井壁看作为被加强了的地基，对井壁进行约束（土层对外层井壁、外层井壁对内层井壁的约束），使井壁不能自由收缩，称为约束温度应力。

轴向约束温度应力：假设外层井壁与冻土（或内层井壁与外层井壁）间的约束剪力 τ 与变形 u 成正比，如图 4-4-4 所示。

根据弹性力学理论可导得轴向温度应力为

$$\sigma'_z = \alpha E\Delta T'\left(1-\frac{10}{L\mathrm{ch}\beta}\right) \tag{4-4-9}$$

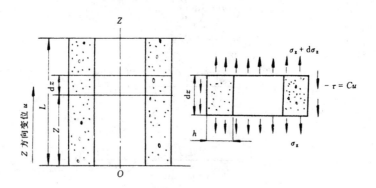

图 4—4—4　外部约束纵向约束应力计算简图

$$\beta=\sqrt{\frac{C}{hE}}$$

式中　σ'_z——轴向约束温度应力，MPa；

　　　　β——计算系数；

　　　　ch——双曲线余弦函数表示符号；

　　　　$\Delta T'$——井壁降温的温差，$\Delta T'=t_1-t_2$，℃；

　　　　h——井壁厚度，mm；

　　　　L——井筒深度，mm；

　　　　α——混凝土线膨胀系数；

　　　　E——混凝土弹性模量，N/mm²；

　　　　C——粘结力系数，见表 4—4—13。

表 4—4—13　粘 结 力 系 数 C

系　　数	约　　束　　状　　况			
	软土对混凝土	混凝土对坚硬土	混凝土对混凝土	岩石对混凝土
C	1～3	6～10	60～100	150 以上

　　径向约束的温度应力：井壁降温，不但纵向收缩，径向也同时产生收缩。

$$\Delta b=\alpha b\ (t_1-t_2)$$

式中　Δb——井壁温度由 t_1 降到 t_2 时外壁面收缩量，mm；

　　　　b——井壁外半径，mm；

　　　　α——混凝土线膨胀系数。

　　井壁径向收缩受外界约束，相当外壁面作用一个均布的拉力 P_t，由弹性理论得：

$$\Delta b=\frac{P_t b}{E}\left(\frac{b^2+a^2}{b^2-a^2}-\mu\right)$$

$$P_\mathrm{t} = \frac{\Delta b}{\dfrac{b}{E}\left(\dfrac{b^2+a^2}{b^2-a^2}-\mu\right)} = \frac{\alpha E\Delta T'}{\left(\dfrac{b^2+a^2}{b^2-a^2}-\mu\right)} \quad (\mathrm{MPa})$$

径向约束引起的切向约束温度应力

当 $r=a$（内缘）

$$(\sigma_\theta')_\mathrm{r=a} = \frac{2P_\mathrm{t}b^2}{b^2-a^2} \tag{4-4-10}$$

当 $r=b$（外缘）

$$(\sigma_\theta')_\mathrm{r=b} = \frac{P_\mathrm{t}b^2}{b^2-a^2}\left(1+\frac{a^2}{b^2}\right) \tag{4-4-10'}$$

对于表土层，由于土层蠕变向内变形与 P_t 相一致，因此 P_t 值很小，可忽略不计。在计算内层井壁时，因外壁对内壁有较大的约束，应按公式（4-4-10）及公式（4-4-10'）计算切向约束温度应力。

如果计算温度应力与地压引起的应力共同作用，可按材料力学平面假设来确定井筒横断面应力分布，用下式计算井壁的复合应力

$$\sigma_{复合} = \sigma_\theta + \sigma'_\theta - \frac{N}{A} + \frac{M}{W} \tag{4-4-11}$$

式中　$\sigma_{复合}$——温度与外荷载共同作用下的应力，MPa；

　　　σ_θ——自身温度（切向）应力，按公式（4-4-7）及公式（4-4-7'）计算，MPa；

　　　σ'_θ——约束温度（切向）应力，按公式（4-4-10）及公式（4-4-10'）计算，MPa；

　　　N——井壁在不均匀地压作用下承受的轴向压力，N；

　　　M——井壁在不均匀地压作用下承受的截面弯矩，N·mm；

　　　A——井壁纵截面积，$A=bh$，mm²；

　　　b——单位计算高度，取 $b=1000$mm；

　　　h——井壁厚度，mm；

　　　W——井壁的纵截面模量，$W=bh^2/6$，mm³。

在复合应力作用下的配筋计算

当 $\sigma_{复合}$ 为正值时（受拉）

$$\frac{f_\mathrm{y}'\mu}{\nu_\mathrm{k}} \geqslant \sigma_{复合} \tag{4-4-12}$$

式中　μ——井壁配筋率，%；

　　　ν_k——抗裂安全系数，$\nu_\mathrm{k}=1.3$；

　　　f'_y——受拉钢筋强度，N/mm²。

轴向应力：

$$\sigma_{z总} = \sigma_z + \sigma'_z \tag{4-4-13}$$

式中　$\sigma_{z总}$——轴向总应力，MPa；

　　　σ_z——轴向自身温度应力，MPa；用公式（4-4-8）计算；

　　　σ'_z——轴向约束温度应力，MPa；用公式（4-4-9）计算。

如果内、外层井壁之间铺设塑料薄板滑动层，可认为内层井壁没有约束温度应力，公式（4-4-11）中的 σ'_θ 为零，公式（4-4-13）中的 σ'_z 为零。

在计算自身温度应力和约束温度应力时，应注意内壁面只能与内壁面的应力相叠加，外壁面只能与外壁面的应力相叠加。

当考虑约束温度应力时，计算结果拉应力值一般大于混凝土的抗拉强度，配筋只能改善和减少混凝土的温度裂缝，最有效的办法是减少外部对井壁的约束，如两淮地区的深井冻结井筒中内、外层井壁之间铺设塑料滑动层，实践证明是减少井壁温度应力及裂缝的有效方法。

温度应力是一个很复杂的问题，为简化计算采用以上叠加的方法，但应注意以下几个问题：

（1）自由状态的内、外壁面的温差应力与约束应力（恒温降温造成的约束温度应力）的峰值不一定同时出现，同时选取井壁内、外壁面的温度应该是井壁混凝土表面的温度，而不是内壁面的空气温度和外壁面冻结壁内的温度；

（2）外层井壁对内层井壁的表面约束应力是与两层井壁的结合状态密切相关的，应根据两层井壁的结合状况来确定约束应力是否存在；

（3）计算温度应力时，是取混凝土达到设计强度时的弹性模量，实际上混凝土的弹性模量是随龄期而变化的。

因此以上的叠加计算只是一种估算的方法。

七、基岩交界面剪力及纵向弯矩

井筒受到的均匀外荷载沿环向轴对称，沿纵向随深度增加而增大，至松散层与基岩交界处达到最大值，井筒进入基岩，围岩压力突然减小并趋于零。井壁受到外力作用则产生径向位移，且位移与外力大小有关，基岩中位移近似为零。在松散层与基岩交界处，为满足变形连续条件，基岩段井壁对表土段井壁形成了一种约束，从而产生应力集中现象，在该部位出现剪力及纵向弯矩。

冻结井井筒一般均为厚壁筒，按弹性地基梁理论推导，得出基岩交界面处纵向弯矩 M 剪力 Q 分别为：

$$M = \frac{P_0}{6} \sqrt{\frac{3abh^2}{1-\mu^2}} e^{-\lambda x} \sin\lambda x$$

$$Q = \frac{P_0}{6} \sqrt[4]{\frac{27abh^2}{1-\mu^2}} e^{-\lambda x} (\cos\lambda x - \sin\lambda x)$$

当 $x_1 = \pi/4\lambda$ 时，$e^{-\lambda x}\sin\lambda x$ 达到最大值 0.3224，

$$M_{max} = \frac{P_0}{6} \sqrt{\frac{3abh^2}{1-\mu^2}} \times 0.3224 = 0.093 P_0 \sqrt{\frac{abh^2}{1-\mu^2}} \tag{4-4-14}$$

当 $x_2 = 0$ 时，$e^{-\lambda x}(\cos\lambda x - \sin\lambda x)$ 达到最大值 1，

$$Q_{max} = \frac{P_0}{6} \sqrt[4]{\frac{27abh^2}{1-\mu^2}} = 0.38 P_0 \sqrt[4]{\frac{abh^2}{1-\mu^2}} \tag{4-4-15}$$

式中　M、M_{max}——交界面附近纵向弯矩、最大纵向弯矩，N·mm/mm；

Q、Q_{max}——交界面附近剪力、最大剪力，N/mm；

P_0——交界面处井壁侧向地压，MPa；

λ——常数，1/mm，$\lambda = \sqrt[4]{\dfrac{3(1-\mu^2)}{abh^2}}$；

μ——混凝土泊松比；

h——井壁厚度，mm；

a——井壁内半径，mm；

b——井壁外半径，mm。

验算井壁强度时，可根据各冻结井筒的水文地质条件和施工情况，来确定是按纯弯计算配筋，还是考虑井壁自重按压弯计算，或者考虑表土层可能下沉按自重、负摩擦力和最大纵向弯矩组合计算。若按纯弯计算，可参照钻井井壁的类似情况，配筋长度取界面上下各一个波长，内外缘配筋相同。$l\lambda=2\pi$，l为配筋长度。

在验算井壁强度时，还应验算最大剪力处的抗剪强度，即

$$\nu_k Q_{max} \leqslant 0.25 f_c bh_0$$

第四节 混凝土及钢筋混凝土井壁设计

一、井壁安全度的确定

1984年版《煤矿矿井采矿设计手册》中，混凝土、钢筋混凝土井壁计算方法以1974年版《钢筋混凝土结构设计规范 TJ10—74》（试行）为依据，参照《水工钢筋混凝土结构设计规范 SDJ20—78》（试行）确定的。由于井壁是位于水位以下的重要矿井地下结构物，同时施工条件比较差，当时混凝土及钢筋混凝土井壁结构安全系数建议按表4—4—14及表4—4—15选用。

表4—4—14 混凝土（井壁）结构强度安全系数

受 力 特 征	符 号	荷 载 组 合	
		水压＋土压	水压＋土压＋不均压力
按抗压强度计算的受压构件局部承压	K	1.80	1.55
按抗拉强度计算的受压、受弯、受拉构件	K_L	2.80	2.25

表4—4—15 钢筋混凝土（井壁）结构强度安全系数

受 力 特 征	符 号	当荷载组合考虑下列荷载作用时				
		水压＋土压	水压＋土压＋不均匀压力	吊 挂	稳定性验算	冻结压力
轴心受压、偏心受压构件、局部承压、斜截面受剪受扭	K	1.7	1.3		2.5	1.1
轴心受拉、受弯、偏心受拉构件	K_L	1.6	1.4	1.5		
要求不出现裂缝的钢筋混凝土构件正截面抗裂设计	K_f	1.25	1.2	1.3		

现在新的国家标准《混凝土结构设计规范》（GBJ10—89）早已施行，《钢筋混凝土结构设计规范 TJ10—74》（试行）也已废止。旧规范采用的安全保证是单一安全系数表达的极限状态设计方法，新规范取消了单一安全系数，而代之以多元的分项系数，即结构构件重要性系数

ν_0、永久荷载分项系数 ν_G、可变荷载分项系数 ν_{Qi}、可变荷载的组合系数 ψ 等，且一般情况下 $\nu_G=1.2$，$\nu_{Qi}=1.4$。这与以前井壁结构设计中所采用的安全系数差别较大。此外，在材料强度方面，新旧规范对比也有较大的变动，旧规范的混凝土标准试件为 200mm×200mm×200mm，新规范则改为 150mm×150mm×150mm，由于尺寸效应的影响，材料强度也有一定差异；同时由于新旧规范所取的保证率不同及计算方法的改变，设计强度的取值也有所不同。

井壁结构设计具有一定的特殊性，如井壁承受的荷载除上一节所述的荷载外，还有上部井塔传下的荷载，地震附加力以及短段掘砌的井壁吊挂力等。这些荷载很难简单地归结为永久荷载或可变荷载，因此使用新规范中的分项系数就比较困难。井壁结构设计既要适应新规范的规定，又要保证不低于原来的井壁设计安全度，并考虑到井壁结构设计计算上的方便，建议可以将新规范中的"荷载分项系数"和"结构构件重要性系数"调整合并成系数 ν_k，代替旧规范中的安全系数 K，这样在形式上就统一到新规范中了。

根据新规范第 2.1.1 条注及附录一规定：

(1) 原规范的混凝土标号与新规范的混凝土强度等级的换算关系可按表 4－4－16 采用。

表 4－4－16　原规范混凝土标号与新规范混凝土强度等级换算表

原规范混凝土标号	100	150	200	250	300	400	500	600
新规范混凝土强度等级	C8	C13	C18	C23	C28	C38	C48	C58

(2) 将原规范混凝土标号换算成新规范的混凝土强度等级后，其强度标准值及各项设计指标，可按新规范第二章表 2.1.3、表 2.1.4、表 2.1.5 及表 2.1.7 中的数值按线性插入法求得，且仍应符合表 2.1.4 注中的有关规定。

新旧规范混凝土强度设计值对比见表 4－4－17。

由表 4－4－17 可以看出，混凝土强度设计值新规范分别降低到老规范的：轴心抗压 0.73～0.82，弯曲抗压 0.63～0.71，抗拉 0.71～0.82。钢筋强度设计值也降低到：Ⅰ级 0.875，Ⅱ级 0.85～0.91，Ⅲ级 0.89。

以前井壁结构设计中，抗压强度计算的安全系数混凝土结构 $K=1.8$，钢筋混凝土结构 $K=1.7$。按新规范取强度设计值后，为达到等效代用的目的，混凝土结构 $\nu_k=0.73\times1.8\sim0.81\times1.8=1.314\sim1.46$，钢筋混凝土结构 $\nu_k=0.73\times1.7\sim0.81\times1.7=1.241\sim1.38$。为保证不低于以前的井壁设计安全度，建议 ν_k 值均取上限，即混凝土结构 $\nu_k=1.5$，钢筋混凝土结构 $\nu_k=1.4$。其余系数均按同样的方法类推。执行国家标准《混凝土结构设计规范》(GBJ10—89)，混凝土和钢筋混凝土井壁结构强度计算中，建议荷载系数（已包括结构构件重要性系数）按表 4－4－18 和表 4－4－19 采用。

二、混凝土井壁的设计计算

（一）井壁厚度的确定

1. 薄壁筒公式（式 4－3－2）

$$h=\frac{\nu_k Pr}{f_c-\nu_k P}$$

式中　h——井壁厚度，mm；

P——地压，MPa；

r——井筒净半径，mm；

f_c——混凝土强度设计值，N/mm²；

ν_k——设计荷载系数，查表 4-4-18、表 4-4-19。

表 4-4-17　新旧规范混凝土强度设计值对比表

强度种类	符　号	混凝土强度等级或混凝土标号							
		C8(100)	C13(150)	C18(200)	C23(250)	C28(300)	C38(400)	C48(500)	C58(600)
轴心抗压	f_c(N/mm²)	4	6.5	9	11.5	14	18.7	22.7	25.9
	R_a(N/mm²)	5.5	8.5	11	14.5	17.5	23	28.5	32.5
	f_c/R_a	0.73	0.76	0.82	0.79	0.80	0.81	0.80	0.80
弯曲抗压	f_{cm}(N/mm²)	4.4	7.3	10	12.5	15.3	20.5	25	28.4
	R_w(N/mm²)	7	10.5	14	18	22	29	35.5	40.5
	f_{cm}/R_w	0.63	0.70	0.71	0.69	0.70	0.71	0.70	0.70
抗拉	f_t(N/mm²)	0.57	0.8	1.02	1.22	1.42	1.74	1.96	2.16
	R_1(N/mm²)	0.8	1.05	1.3	1.55	1.75	2.15	2.45	2.65
	f_t/R_1	0.71	0.76	0.78	0.79	0.81	0.81	0.80	0.82

注：表中 f_c、f_{cm}、f_t 的值是由新规范表 2.1.4 按线性插入法求得。

表 4-4-18　混凝土（井壁）结构强度荷载系数

受　力　特　征	符　号	荷　载　组　合	
		土压+水压	土压+水压+不均匀压力
按抗压强度计算的受压构件、局部承压	ν_k	1.5	1.3
按抗拉强度计算的受压、受弯、受拉构件	ν_L	2.3	2.0

表 4-4-19　钢筋混凝土（井壁）结构强度荷载系数

受　力　特　征	符　号	当荷载组合考虑下列荷载作用时				
		土压+水压	土压+水压+不均匀压力	吊挂	稳定验算	冻胀力
轴心受压、偏心受压构件，局部承压、斜截面受剪、受扭	ν_k	1.4	1.1		1.4	1.05~1.10
轴心受拉、受弯、偏心受拉构件	ν_L	1.4	1.2	1.3		
要求不出现裂缝的钢筋混凝土构件正截面抗裂设计	ν_f	1.1	1.1	1.1		

2. 厚壁筒公式（式 4-3-3）

$$h = r\left[\sqrt{\frac{f_c}{f_c - 2\nu_k P}} - 1\right]$$

井壁厚度 h 计算之前，不能判别 h 与 $r/10$ 的关系，无法直接选用薄壁筒或厚壁筒公式计算井壁厚度，设计中，一般先选用厚壁圆筒公式计算，在强度验算时，根据 h 与 $r/10$ 的关系，选用薄壁筒与厚壁筒公式进行应力计算及强度校核。

（二）井壁稳定性的验算

保证圆环稳定的基本条件：

对混凝土 $L_0/h \leqslant 24$

对钢筋混凝土 $L_0/h \leqslant 30$

式中 h——井壁厚度，mm；

$\quad\quad L_0$——井壁圆环的换算长度，mm，若假定井壁圆环为三铰拱结构，则 $L_0 = 1.814r_0$，若视井壁圆环为无铰拱结构，则 $L_0 = 1.13r_0$；

$\quad\quad r_0$——井壁中心半径，mm。

验算井壁环向稳定性时，截取井筒单位高度的圆环按平面问题考虑，当圆环失稳时，均匀径向临界压力为

$$P_k = \frac{3EI}{r_0^3(1-\nu_c^2)}$$

式中 P_k——圆环失稳的临界压力，MPa；

$\quad\quad E$——井壁材料弹性模量，N/mm²；

$\quad\quad I$——井壁纵截面惯性矩，mm⁴，$I = bh^3/12$

$\quad\quad b$——截面单位高度，取 $b = 1$mm；

$\quad\quad \nu_c$——混凝土泊松比。

保证圆环稳定性的验算必须符合下式

$$P_k = \frac{3EI}{r_0^3(1-\nu_c^2)} \geqslant \nu_k P \tag{4-4-16}$$

式中 ν_k——稳定性计算安全系数，$\nu_k = 1.4$；

$\quad\quad P$——计算深度处的井壁侧压力，MPa。

（三）混凝土井壁的强度验算

1. 受均匀侧压力时的强度验算

1）$h < r/10$ 时，按薄壁筒计算：

井壁只有轴心压力 N，井壁截面强度按下式计算

$$N = \nu_k PR \leqslant f_c h\varphi$$

2）当 $h \geqslant r/10$ 时，用厚壁筒公式计算：

按厚壁筒公式验算混凝土井壁强度时，截面最大应力发生在井壁的内缘，最大内缘切向压应力

$$\sigma_{max} = \frac{2\nu_k R^2 P}{R^2 - r^2} \leqslant f_c$$

井壁的应力计算及强度验算，严格地说，所有的井壁都应按厚壁圆筒计算才是准确的。以往在设计中，为了简化计算，当 $h < r/10$ 时，均按薄壁圆筒公式计算应力，其误差一般小于5%，工程上认为是允许的，但随着松散层厚度不断增加，地压越来越大，且采用较高强度等级的混凝土，采用薄壁圆筒公式计算的结果，应力值绝对误差较大，因此建议今后井壁设计应尽量采用厚壁圆筒公式计算。

2. 受不均匀压力作用时的强度验算

根据第三章第二节，井壁在不均匀压力作用下，在圆环某一截面上有轴向力 N 和弯矩 M 共同作用，井壁圆环应按偏心受压构件验算。试验得出，当偏心矩 $e_0 = M/N < 0.225h$ 时，井壁可能全部受压，也可能出现局部受拉区，但拉力较小，可不必对混凝土构件进行抗拉强度验算，只用下式作强度验算：

$$\nu_k N \leqslant 0.95 \varphi f_c b \ (h - 2e_0) \tag{4-4-17}$$

式中　ν_k——混凝土构件荷载系数，取 $\nu_k = 1.5$；

　　　N——轴向力，N（牛顿）；

　　　φ——混凝土构件纵向弯曲系数，查表 4-3-18；

　　　f_c——混凝土轴心抗压强度设计值，N/mm^2；

　　　e_0——偏心距，$e_0 = M/N$，mm；

　　　M——弯矩，$N \cdot mm$。

当 $e_0 = M/N \geqslant 0.225h$ 时，受拉区出现较大的拉应力，除满足上式外，同时应用下式对受拉区混凝土抗拉强度进行验算：

$$\nu_L N \leqslant \varphi \frac{1.05 f_t bh}{\dfrac{6e_0}{h} - 1} \tag{4-4-18}$$

式中　ν_L——混凝土抗拉强度荷载系数，查表 4-4-18；

　　　f_t——混凝土抗拉强度设计值。

（四）受纵向偏心压力作用下圆环截面验算

当井壁某一深度处受轴向压力 V 和横向弯矩 M 作用（如由井塔锁口盘基础传来的作用力），采用混凝土结构时，圆环截面强度可按下列公式验算。

截面控制在受压区时，边缘最大压应力应满足下式要求：

$$\sigma = \frac{V}{A} + \frac{0.9M}{W} \leqslant \frac{\varphi f_c}{\nu_k} \tag{4-4-19}$$

截面控制在受拉区时，边缘最大拉应力应满足下式要求：

$$\sigma_L = \frac{V}{A} - \frac{M}{W} \leqslant \frac{\varphi m f_t}{\nu_L} \tag{4-4-20}$$

式中　σ——截面边缘最大压应力，N/mm^2；

　　　σ_L——截面边缘最大拉应力，N/mm^2；

　　　A——井壁圆环截面面积，mm^2，

$$A = \pi \ (R^2 - r^2)$$

　　　W——圆环截面模数，mm^3，

$$W = \frac{\pi \ (R^2 - r^2) \ r_0 h}{2R} \quad , \quad r_0 = \frac{R + r}{2} ;$$

　　　m——系数，

$$m = \frac{16}{3\pi} \left(1 - \frac{1}{n^3 + n^2 + n + 1} \right), \quad n = \frac{R}{r} ;$$

0.9——将弯曲压应力 M/W 按 $f_c/f_{cm} = 0.9$ 的关系折算为轴向压应力。

三、钢筋混凝土井壁的设计计算

冻结法凿井井壁，除复合井壁、临时井壁和近年试验采用的素混凝土井壁外，一般都采用钢筋混凝土井壁。它可分为单层和双层两大类型，见表4—4—3。

双层井壁的施工，外层井壁自上而下短段掘砌，内层井壁自下而上一次浇筑；单层井壁的施工自上而下分段浇筑，其强度必须承受永久地压，同时还必须承受冻结压力，单层井壁一般在松散层较浅的井筒中使用。冻结不理想的井筒，冻结压力往往大于永久地压，但考虑是临时荷载，故在井壁设计中，永久地压作用下的构件荷载系数取 $\nu_k = 1.4$，冻结压力作用下的构件荷载系数取 $\nu_k = 1.05 \sim 1.10$。单层井壁的设计计算与双层井壁整体计算方法相同。

（一）双层钢筋混凝土井壁的两种设计假定

1. 内、外层井壁结合为整体共同承受永久地压的假定

首先以永久地压为外力确定井壁全厚，然后再以冻结压力作为外力直接计算外层井壁厚度，或者按经验确定外层井壁厚度，再进行强度验算。井壁全厚减去外层井壁厚度即为内层井壁厚度。这种方法在60年代及70年代前期的表土较浅井筒的设计中普遍采用。由于表土较浅，冻结压力较小，内层井壁厚度分配尚能满足要求。但必须注意，为了满足施工要求和井梁固定，内层井壁厚度一般不宜小于300mm。

2. 内、外层井壁分开的受力假定

表土较深（一般超过200m）、流砂层分布多的井筒，水压较大，假设内、外层井壁不能结合为整体，水可能进入内、外层井壁的间隙，使内层井壁直接承受水压，因此内层井壁按静水压力计算厚度，外层井壁在内、外水压作用下平衡，仅承受悬浮土压，但外层井壁仍应按冻结压力计算厚度。

20世纪70年代后期开始，两淮地区及其他一些矿区在深厚表土层冻结井筒的设计中采用分层受力的设计假定，其主要根据是内、外层井壁间铺设了塑料滑动层（两层井壁不能结合且有间隙，并可能充满水），这是切合实际的。对一般双层钢筋混凝土井壁，应根据水文地质情况，施工条件和施工技术水平，进行较全面的考虑和分析，选择比较切合实际的设计方法。

（二）计算方法

根据以上两种受力假定，双层钢筋混凝土井壁相应有两种计算方法。

1. 内、外层井壁按结合成整体共同承受永久地压的井壁设计

1）井壁全厚的确定：

$$h = r \left[\sqrt{\frac{f_{cz}}{f_{cz} - 2\nu_k P}} - 1 \right]$$

$$f_{cz} = f_c + \mu_{min} f_y$$

式中　h——井壁全厚，mm；

　　　P——作用于井壁外表面的水土压力，MPa；

　　f_{cz}——混凝土与钢筋的综合强度，N/mm²；

　　ν_k——钢筋混凝土受压构件荷载系数，$\nu_k = 1.4$；

　μ_{min}——最小含钢率，$\mu_{min} = 0.2\%$（估算井壁厚度时取用）；

　　　r——井壁净半径，mm；

f_c——混凝土轴心抗压强度设计值，N/mm^2；

f_y——钢筋强度设计值，N/mm^2。

2）井壁环向稳定性验算，见本节二混凝土井壁设计计算有关部分。

3）外层井壁的设计：

（1）直接计算，先确定沿井筒不同垂深的冻结压力值 P_d，然后用下式计算外层井壁厚度 h_2。

$$h_2 = R \left[1 - \sqrt{\frac{f_{cz} - 2\nu_k P_d}{f_{cz}}} \right]$$

$$f_{cz} = f_c + \mu_{min} f_y$$

式中　h_2——外层井壁厚度，mm；

$\quad\quad R$——井壁外半径，$R = r + h$，mm；

$\quad\quad h$——已计算出的井壁全厚，mm；

$\quad\quad \nu_k$——临时荷载（冻结压力）作用下的荷载系数，取 $\nu_k = 1.05$；

$\quad\quad P_d$——井筒冻结压力，MPa。

按上式计算得 h_2 后，若 $h_2 < (R - h_2)/10$，即 $1.1h_2 < R/10$ 时，可用下式进行强度验算

$$\nu_k P_d R \leqslant f_{cz} h_2 \varphi$$

式中　φ——钢筋混凝土纵向弯曲系数，查表 4-3-19。

当计算结果不能满足时，可适当提高 f_c、μ（含钢率）或加大外壁厚度 h_2。

（2）按经验确定外壁厚度，再进行强度验算。有一定设计实践时，采用这种方法比较简便，厚、薄壁筒的界限明确，有时可稍多于最小含钢率而不需增加井壁厚度，使配筋计算较为灵活。

根据井筒各段垂深的冻结压力值，按工程类比经验选取外层井壁厚度 h_2。

当 $h_2 < \dfrac{R - h_2}{10}$ 时，用下式验算其强度

$$\nu_k P_d R \leqslant f_c h_2 \varphi$$

上式满足时

$$A_g = \mu_{min} b h_2$$

不能满足时

$$A_g = \frac{\dfrac{\nu_k P_d R b}{\varphi} - f_c b h_2}{f_y}$$

式中　A_g——钢筋面积，mm^2；

$\quad\quad b$——计算单位宽度，取 $b = 1000mm$。

当 $h_2 > (R - h_2)/10$ 时，用下式计算钢筋面积 A_g

$$A_g = \mu b h_2$$

$$\mu = \frac{\sigma_t - f_c}{f_y}$$

$$\sigma_t = \frac{2\nu_k R^2 P_d}{R^2 - r_1^2}$$

$$r_1 = R - h_2$$

式中　μ——含钢率，%；

σ_t——外层井壁内缘切向应力，MPa；

r_1——外壁内半径，mm。

$\mu < \mu_{min}$时，按 $\mu = \mu_{min}$计算。

4）井壁结构设计中的最小含钢率及构造配筋

按照《混凝土结构设计规范》（GBJ10—89）的构造要求，根据以往井壁结构设计和施工实践，井壁截面最小配筋量应满足：

（1）全截面配筋率不小于0.2%；

（2）截面单侧配筋率不小于0.15%，当混凝土的实际设计计算强度等级为C40～C60时不小于0.2%；

（3）除上述两条要求外，井壁构造布置钢筋还应符合表4—4—20。

表4—4—20　井　壁　构　造　配　筋

井筒深度（m）	钢筋直径 ϕ（mm）	最大钢筋间距（mm）
100	16	300～330
200	18	300
300	20	300

5）按均匀侧压力（水压＋土压）计算内外层井壁的钢筋

确定内、外层井壁厚度后，求出内外层井壁界面位置的切向应力 σ_x，内层最大切向应力 σ_1，按轴心受压构件分别核算内层和外层井壁的强度和计算需要的配筋量。

（1）计算各界面的切向应力：

$$\sigma_1 = \frac{2\nu_k R^2 P}{R^2 - r^2}$$

$$\sigma_x = \frac{\nu_k (r_x^2 + r^2) R^2 P}{(R^2 - r^2) r_x^2}$$

$$\sigma_2 = \frac{\nu_k (R^2 + r^2) P}{R^2 - r^2}$$

式中　σ_1——内层井壁内缘切向应力，MPa；

σ_2——外层井壁外缘切向应力，MPa；

σ_x——计算半径为 r_x 时的切向应力，MPa；

r_x——内、外层井壁界面半径，mm；

ν_k——荷载系数，取 $\nu_k = 1.4$；

R——井壁外半径，mm；

r——井筒净半径，mm；

P——井筒计算处地压，MPa。

以上各切向应力见图4—4—5。

当 $\sigma_1 \leqslant f_c$ 时，混凝土本身强度能够承受水、土压力，可按构造要求配置环向钢筋。

当 $\sigma_1 > f_c$，$\sigma_2 > f_c$ 时，需对整个截面进行强度验算，取1m高井壁按下式计算环向配筋：

$$\mu=\frac{\sigma_1-f_c}{f_y}, \quad A_g=\mu bh=1000\mu h \quad (\text{mm}^2)$$

$\mu<\mu_{min}$ 时，按 $A_g=1000\mu_{min}h$ 计算，计算出的钢筋量可平均分配在内外壁两侧（对称布置），但外壁还应满足冻结压力作用下计算的钢筋量。

当 $\sigma_1>f_c$，$\sigma_2<f_c$ 时，内层井壁环向钢筋按下式计算：

$$\mu_1=\frac{\sigma_1-f_c}{f_y}, \quad A_g=\mu_1 bh_1=1000\mu_1 h_1 \quad (\text{mm}^2)$$

式中　μ_1——内层井壁的含钢率，%；

　　　h_1——内层井壁厚度，mm。

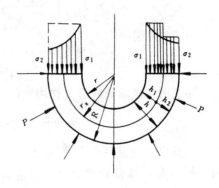

图 4-4-5　双层井壁应力计算简图

外层井壁的环向钢筋按下式计算：

$$\mu_2=\frac{\sigma_x-f_c}{f_y}, \quad A_g=\mu_2 bh_2=1000\mu_2 h_2 \quad (\text{mm}^2)$$

式中　μ_2——外层井壁的含钢率，%；

　　　h_2——外层井壁厚度，mm；

　　　σ_x——外层井壁内缘切向应力，MPa。

当 $\sigma_x\leq f_c$ 时，可按构造要求配筋，但同时应满足冻结压力作用下计算的配筋量。

（2）内、外层井壁不同混凝土强度等级时的配筋计算：

在厚表土层的井筒中，外层井壁养护条件较差，混凝土难以达到较高的强度等级，就可能出现内、外层井壁混凝土强度等级不同的情况，而设计过程中常常忽略。为了简化计算，可参照图 4-4-5 求出各界面切向应力。

若 f_{c1} 为内层井壁混凝土强度设计值，f_{c2} 为外层井壁混凝土强度设计值，用上述计算各界面切向应力的方法求出井壁内缘应力 σ_1 及外层井壁的内缘应力 σ_x。

当 $\sigma_1\leq f_{c1}$ 时，内层井壁按构造要求配筋。

当 $\sigma_x\leq f_{c2}$ 时，外层井壁按构造要求配筋，同时应满足冻结压力作用下计算的要求。

当 $\sigma_1>f_{c1}$ 时，内层井壁配筋按下式计算：

$$\mu_1=\frac{\sigma_1-f_{c1}}{f_y}, \quad Ag_1=\mu_1 bh_1=1000\mu_1 h_1 \quad (\text{mm}^2)$$

$\mu_1<\mu_{min}$ 时，按 $\mu_1=\mu_{min}$ 计算。

当 $\sigma_x>f_{c2}$ 时，外层井壁配筋按下式计算：

$$\mu_2=\frac{\sigma_x-f_{c2}}{f_y}, \quad Ag_2=1000\mu_2 h_2 \quad (\text{mm}^2)$$

A_{g2} 还必须满足冻结力作用下计算要求和构造配筋的要求。

（3）在均匀侧压力作用下也可按偏心受压构件计算井壁环向配筋。计算简图见图 4-4-6。

井壁圆环截面轴向合力 N 可由切向应力 σ_t 积分求得，即

$$N=\int_r^R \sigma_t \mathrm{d}x=\int_r^R \frac{PR^2}{R^2-r^2}\left(1+\frac{r^2}{x^2}\right)\mathrm{d}x=RP$$

井壁圆环截面轴向合力作用点半径为 r_e，则

$$r_e N = \int_r^R \sigma_t \cdot x \mathrm{d}x = \int_r^R \frac{PR^2}{R^2-r^2}\left(1+\frac{r^2}{x_2}\right) \cdot x \mathrm{d}x = \frac{PR^2}{R^2-r^2}\left(\frac{R^2-r^2}{2}+r^2\ln\frac{R}{r}\right)$$

两式相除得

$$r_e = \frac{R}{R^2-r^2}\left(\frac{R^2-r^2}{2}+r^2\ln\frac{R}{r}\right)$$

井壁圆环截面轴向合力作用点偏心距为：

$$e_0 = r_0 - r_e = r_0 - \frac{R}{R^2-r^2}\left(\frac{R^2-r^2}{2}+r^2\ln\frac{R}{r}\right)$$

计算出井壁圆环截面轴向合力 N 和轴向合力作用点偏心距 e_0 后，按偏心受压构件计算方法计算井壁环向配筋。

6）不均匀侧压力作用下井壁的配筋计算

井壁在不均匀侧压力作用下，圆环截面同时作用有轴向力 N 和弯矩 M（图 4—3—4），应按偏心受压构件计算（见图 4—4—7）。在井壁结构设计中一般配置对称环向钢筋，按国家标准《混凝土结构设计规范 GBJ10—89》第 4.1.15 条矩形截面偏心受压构件正截面受压承载力计算方法计算井壁承载力和环向配筋。即

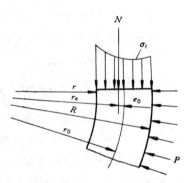

图 4—4—6　井壁圆环截面
受压内力计算简图

$$N \leqslant f_{cm}bx + f'_y A'_g - \sigma_s A_g$$

$$Ne \leqslant f_{cm}bx\left(h_0 - \frac{x}{2}\right) + f'_y A'_g\ (h_0 - a'_s)$$

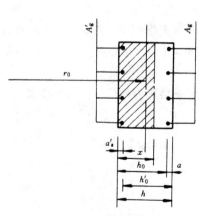

图 4—4—7　井壁截面偏心受压钢筋
配置计算图示

$$e = \eta e_i + \frac{h}{2} - a$$

$$e_i = e_0 + e_a$$

$$e_a = 0.12\ (0.3h_0 - e_0)$$

$$e_0 = \frac{M}{N}$$

$$\eta = 1 + \frac{1}{1400 e_i/h_0}\left(\frac{l_0}{h}\right)^2 \xi_1 \xi_2$$

$$\xi_1 = \frac{0.5 f_c A}{N}$$

$$\xi_2 = 1.15 - 0.01\frac{l_0}{h}$$

受拉边或受压较小边的钢筋应力 σ_s 可按下列情况计算：

（1）当 $\xi_x \leqslant \xi_b$ 时为大偏心受压构件，取 $\sigma_s = f_y$。此处相对受压区高度 $\xi_x = \frac{x}{h_0}$（令 $N = f_{cm}bx$ 即可求得 x 值）。

（2）当 $\xi_x > \xi_b$ 时为小偏心受压构件，σ_s 可按下式计算：

$$\sigma_s = \frac{f_y}{\xi_b - 0.8}\left(\frac{x}{h_0} - 0.8\right)$$

受拉钢筋和受压区混凝土同时达到强度设计值时的相对界限受压区高度 ξ_b 应按下式计算：

$$\xi_b = \frac{0.8}{1 + \dfrac{f_y}{0.0033E_s}}$$

由于井壁一般采用双侧对称配筋，若计算判断为小偏心受压构件，可按下列近似公式计算钢筋截面面积：

$$A'_g = A_g = \frac{Ne - \xi(1 - 0.5\xi)f_{cm}bh_0^2}{f'_y(h_0 - a'_s)}$$

此处，相对受压区高度可按下式计算：

$$\xi = \frac{N - \xi_b f_{cm}bh_0}{\dfrac{Ne - 0.45f_{cm}bh_0^2}{(0.8 - \xi_b)(h_0 - a'_s)} + f_{cm}bh_0} + \xi_b$$

上列各式中：

x——混凝土受压区高度，m；

h、h_0——井壁厚度、井壁截面有效厚度，m；

a、a'_s——受拉、受压钢筋的合力点至构件截面边缘的距离，m；

e——轴向力作用点至受拉钢筋的合力点之间的距离，m；

e_i、e_a——初始偏心距、附加偏心距，m；

l_0——井壁圆环计算长度，按 $l_0 = 1.814r_0$ 计算，m；

η——偏心受压构件考虑挠曲影响的轴向力偏心距增大系数，当构件长细比 $l_0/h \leqslant 8$ 时，取 $\eta = 1$；

ξ_1——偏心受压构件的截面曲率修正系数，当 $\xi_1 > 1$ 时，取 $\xi_1 = 1$；

ξ_2——考虑构件长细比对截面曲率的影响系数，当 $l_0/h < 15$ 时，取 $\xi_2 = 1$。

M、N 可按第三章第二节式（4—3—13）和式（4—3—14）求得。以上计算结果，A_g 及 A'_g 必须满足构造配筋要求，外层井壁环向钢筋还要满足冻结压力作用下计算的钢筋数量。

7）外层井壁竖向钢筋的计算：

外层井壁竖向钢筋按吊挂力计算。外层井壁自上而下短段掘砌，由于混凝土入模温度较高及水泥水化热的影响，使井壁外围的冻土融化。融化段高内的井壁自重产生吊挂力，吊挂段高取决于冻土融化高度，而融化高度又与冻结壁温度、一次浇筑壁厚、入模温度、掘砌速度等因素有关。在无确切资料时，一般设计中根据经验，可取吊挂段高 $H = 15 \sim 20$m。

$$A_g = \nu_L N / f_y$$
$$N = \pi\gamma H(R^2 - r_1^2)$$

式中　A_g——外层井壁吊挂钢筋面积，mm²；

f_y——吊挂钢筋强度设计值，N/mm²；

ν_L——吊挂荷载系数，取 $\nu_L = 1.3$；

N——一个吊挂段高的重力，N（牛顿）；

γ——钢筋混凝土容重，25000N/m³；

H——一个吊挂段高的高度，取 $H = 15 \sim 20$m；

R——井壁外半径，m；

r_1——外层井壁内半径，m。

计算出的钢筋面积，若小于表 4—4—20 要求，应按表中规定配筋。竖向钢筋在施工期间起吊挂作用，解冻后承受井帮的轴向不均匀应力，起分散应力的作用。

求出 A_g 后，还应算出钢筋根数及间距。

$$n = \frac{A_g}{a_g}$$

$$@ = \frac{2\pi\,(R-a)}{n}$$

式中　n——钢筋根数，根；

　　a_g——单根钢筋面积，mm^2；

　　$@$——钢筋间距，mm；

　　a——钢筋中心至外壁外边缘距离，mm；

　　R——井壁外半径，mm。

对于井塔基础影响的一段井筒应按第四章第六节在 $y=4/\alpha$ 的范围内计算出的钢筋，两者取较大值配筋。

8）井壁的抗裂计算：

外壁竖向钢筋选定后，还应对井壁进行抗裂验算。受拉抗裂验算按下式计算：

$$\nu_f N \leqslant f_t\,(A_h + 2nA_g)$$

式中　ν_f——抗裂设计荷载系数，取 $\nu_f = 1.1$；

　　N——混凝土轴向拉力，N（牛顿）；

　　f_t——混凝土抗拉强度设计值，N/mm^2；

　　A_h——混凝土受拉截面积，mm^2；

　　n——钢筋与混凝土弹性模量比值，

$$n = E_s/E_c;$$

　E_s、E_c——分别为钢筋和混凝土的弹性模量，N/mm^2；

　　A_g——抗裂钢筋的面积，mm^2。

内层井壁的施工不存在吊挂力，但原则上与外层井壁对称配筋。内层井壁竖向钢筋的作用主要是承受温度应力，同时在井筒解冻后承受纵向不均匀压力。

9）壁座设计：

（1）混凝土及钢筋混凝土井壁的一般壁座计算方法见第三章第六节。

（2）用内外层整体浇筑井壁替代的壁座及与井壁脱离（壁座与井壁不整体浇筑或有隔层隔开时）的壁座设计见本章第五节。

2．内、外层井壁分别承受水压和土压的井壁设计

内层井壁厚度：

$$h_1 = r\left[\sqrt{\frac{f_{cz}}{f_{cz} - 2\nu_k P_{\text{水}}}} - 1\right]$$

外层井壁厚度：

$$h_2 = (r + h_1)\left[\sqrt{\frac{f_{cz}}{f_{cz} - 2\nu_k P_d}} - 1\right]$$

$$f_{cz}=f_c+\mu f_y$$

式中　$P_水$——井筒计算深度处的水压，MPa；

　　r——井筒净半径，mm；

　　h_1——内层井壁厚度，mm；

　　P_d——井筒计算深度处的冻结压力，MPa；

　　μ——井壁设计中选定的含钢率，%；

　　f_c——混凝土轴心抗压强度设计值，N/mm²；

　　f_y——钢筋强度设计值，N/mm²；

　　f_{cz}——钢筋与混凝土综合强度计算值，N/mm²；

　　ν_k——设计荷载系数，计算内层井壁时取 $\nu_k=1.4$，按冻结压力计算外层井壁时取 $\nu_k=1.05$。

外层井壁设计，在表土厚度超过 300m 时，选取冻结压力值一般大于 2.5MPa，而土压力一般只有 0.3 倍的静水压力。

$$P_土=0.3\gamma_0 H$$

式中　$P_土$——井筒的土压力，MPa；

　　γ_0——水的容重，0.01MN/m³；

　　H——计算处深度，m。

一般情况下，$\nu_{k1}P_冻>\nu_{k2}P_土$，即 $1.05P_冻>1.4P_土$，因此外层井壁只计算在冻结压力作用下的厚度，不用再验算土压力作用下的强度。

井壁在不均匀压力作用下按偏心受压构件计算，与双层井壁整体受力的计算方法相同。

两层井壁分开受力，内层承受水压，若外层承受土压，则井壁全厚要比双层整体受力计算的井壁薄一些。但外层井壁是以冻结压力计算厚度的，这就使分层计算的井壁总厚度一般比整体受力计算的井壁厚度稍厚些。为稳妥起见，尚需按内外层井壁共同承受水土压力校核井壁总厚度。

分开受力计算的内层井壁厚度较大，为了控制内层井壁的裂缝和增加强度，表土段井筒在 150m 以下地段的内层井壁可考虑配双排钢筋网。

四、冻结井筒混凝土井壁强度增长特点及对策

（一）井壁初期强度与外压力的关系

在没有铺设泡沫塑料板的情况下，井筒开挖后冻结压力在 7d 之内可达 70%～80%，有时达 90%，但外层井壁在负温条件下混凝土的强度只有设计强度的 30%～40%，这就使外层井壁的强度与冻结压力的增长不相适应，往往使外层井壁遭受破坏，这是现浇混凝土外层井壁的弱点。

在土层与外层井壁之间铺设适当厚度的泡沫塑料板后，上述情况将有较大改善。

正常养护条件下不同龄期混凝土强度的推算公式见表 4-4-21。

（二）混凝土低温条件下对强度的影响

根据黑龙江低温研究所的实验资料，混凝土早期受冻对强度的影响明显，见表 4-4-22。

从表 4-4-22 中可知，浇筑后的混凝土，5～7d 后降至 0℃，抗压强度基本无损失，一旦温度回升后，其强度仍能缓缓增长至设计强度。

表 4-4-21　不同龄期混凝土强度的推算公式

（普通水泥）

已知条件	推算公式	符号注释	备注
f_{28}	$f_n = f_{28} \dfrac{\lg n}{\lg 28}$	f_n—$n(n>3)$d 龄期混凝土抗压强度，N/mm^2； f_{28}—28d 龄期混凝土抗压强度，N/mm^2；	表中计算公式只适用于未掺外加剂的一般混凝土
f_7	$f_{28} = f_7 + K\sqrt{f_7}$	$\lg n$、$\lg 28$—nd、28d 的常用对数； f_7—7d 龄期混凝土抗压强度，N/mm^2； K—系数，高标号水泥 $K=4$，混合水泥和低热水泥 $K=12$，普通水泥 $K=6$；	
f_7、f_{14}	$f_{28} = f_7 + 1.87(f_{14} - f_7)$	f_{14}—14d 混凝土抗压强度，N/mm^2；	因影响混凝土初期强度的因素较多，计算结果仅供参考
f_7、R_c、$\dfrac{c}{W}$	$f_{28} = f_7 + 0.08 R_c \times \dfrac{c}{W}$	R_c—水泥标号； $\dfrac{c}{W}$—灰水比	

在没有铺设泡沫塑料板的情况下，冻结井筒外层井壁浇筑后，头几个小时受井帮低温和井筒气温的影响，混凝土出现降温，随着水化热作用使混凝土呈现升温期，然后转入稳定的降温过程直至 0℃ 以下，混凝土在降至 0℃ 以前有一定的正温养护期，见表 4-4-23。

混凝土井壁的强度直接受井帮温度和岩性的影响，井帮温度低，混凝土降温快，在卵石中混凝土降温最快，砂层次之，粘性土层最慢。井壁厚度大，混凝土升温期长，井壁与井帮界面降至 0℃ 的时间愈长。从表 4-4-23 中可知，只要井壁厚度超过 300mm，入模温度达到 20～25℃，井壁与井帮界面降到 0℃ 的时间都达到 5 天以上，很多实测资料表明，只要外壁厚度 350mm，入模温度 15℃ 左右，混凝土都不会受冻而破坏强度，而只是混凝土早期强度低。过去认为外层井壁存在 300mm 厚的牺牲层是没有必要的。

井壁与井帮界面混凝土的温度较井壁横截面其他部位的温度低，强度增长慢，1～3d 井壁与井帮界面部位的混凝土强度相当于井壁横截面平均强度的 35%～50%；7、14、28d 的强度分别为井壁横截面平均强度的 60%、70% 和 90%，井壁愈薄，井帮温度愈低，混凝土强度增长愈慢。混凝土强度增长与温度的关系见表 4-4-24。

当外层（或单层）井壁厚度为 300～500mm 时，井帮部位的混凝土温度降至 0℃ 约为 7d，在未掺外加剂情况下，混凝土强度为设计强度的 33%～37%，28d 的强度为 69%～72%，刃脚部位混凝土温度降至 0℃ 需 5d，此时强度为设计强度的 24%～28%，而膨胀粘土层的冻结压力往往达到 70%～80%，显然井壁的早期强度抵挡不住外压力而可能遭受破坏，为此必须采取早强措施。

表 4-4-22　混凝土早期受冻对强度的影响

浇筑后降至 0℃ 的时间	抗压强度的损失	原　因	要　求
3～6h	>50%	当混凝土降至 0℃ 以下时，水泥水化作用基本停止，混凝土早期冻结，游离水冻胀（水结冰，体积膨胀 9%），使混凝土出现裂缝，强度降低，抗水性能严重下降	1. 受冻前混凝土强度须达到设计强度的 40% 以上，并不得低于 $5N/mm^2$。
2～3d	15%～20%		
5～7d	影响较小		2. 混凝土早期强度增长要比冻结压力来压速度快

表 4-4-23 混凝土井壁温度降至 0℃的时间

井壁名称	冻 土	井帮温度（℃）	混凝土强度等级	井壁厚度（mm）	入模温度（℃）	灌注后降至 0℃的时间（d）		
						井壁横断面	井壁与井帮交界面	井壁下部接茬刃脚
外层及单层井壁	砂层及砂质粘土	−5～−10	C20～C25	300～400	20～25	6～7	5～6	3～4
				500～600	15～20	12	10～11	8～9
				850～900	10～15	30	16～18	14～16
双层井壁	砂层砂质粘土	−5～−10	C20～C25	400～500	15～20	＞30		

表 4-4-24 混凝土强度增长与温度关系

水泥品种	混凝土硬化期（d）	混凝土的平均温度（℃）							
		1	5	10	15	20	25	30	35
		混凝土强度为正常条件硬化 28 天强度百分率（%）							
普通水泥	3	17	22	29	34	42	47	52	56
	5	26	34	40	47	57	64	69	73
	7	35	43	52	61	68	75	78	83
	10	46	55	65	75	82	87	91	95
	15	57	70	80	89	99	—	—	—
	28	75	86	95	100	—	—	—	—

（三）混凝土的早强及配制高强度混凝土

为了使混凝土在降至 0℃以前有足够的强度，冻结井筒井壁混凝土浇筑时要采取可靠的措施来提高混凝土的早期强度，确保终期强度，以适应冻结井筒井壁受力的特点。

1. 掺低温早强剂

井壁混凝土掺入早强剂后，早期强度增长迅速，前三天提高一倍左右，见表 4-4-25。

表 4-4-25 掺入早强剂与未掺的井壁强度比较

井壁厚度（mm）	部位及外加剂掺量		混凝土强度增长率（%）						
			1d	3d	7d	14d	21d	28d	60d
300～400	井壁横截面	未掺	11	28.2	46	—	—	73	—
		掺①	15.1	46	63	81	97	97	109
	井壁与井帮界面	未掺	4	17	33	—	—	69	—
		掺	8	40	65	99	107	109	106
400～600	井壁横截面	未掺	11.5	37	60	70.8	—	74.8	—
		掺	28	60	77	89	91	99	114
	井壁与井帮界面	未掺	8	20	37	—	—	72	—
		掺	6	34	64	84	98	100	122
600～900	井壁横截面	未掺	6.8	32	72	97.2	—	109	—
		掺	18	54	85	95	—	106	—
	井壁与井帮界面	未掺	7	25	53	69	74	83	—
		掺	9	49	82	96	104	110	108

①掺入三乙醇胺早强复合剂。

2. 掺入减水剂

配制高强混凝土的主要手段之一是掺入减水剂以降低水灰比，增加密实性，从而提高混凝土早期强度和后期强度，但外加剂要对混凝土无腐蚀作用。

冻结井筒砌壁过程中掺入减水剂，能大幅度降低混凝土的用水量，提高流动性，拌和料易从吊桶卸出，不易离析，容易震捣。常用减水剂种类、掺量及使用效果。

3. 配制高强混凝土（>C50）的途径

（1）使用高标号水泥（一般不采用矿碴水泥）；

（2）增加水泥用量，每立方米混凝土的水泥用量增加到 500kg 以上；

（3）用高强度的骨料，如花岗岩、优质石灰岩、中粒砂岩等；

（4）采用质量优良的减水剂（如 NF），掺量适当，以使水灰比降到 0.3 或 0.3 以下。

五、混凝土外加剂

为了改善混凝土的和易性，提高混凝土的强度和耐久性，在混凝土拌和过程中掺入的，并能按要求改善混凝土性能的材料，称作混凝土外加剂。通常混凝土外加剂掺量不超过水泥重量的 5%。

混凝土外加剂种类繁多，按其化合物类别可分为无机外加剂和有机外加剂两大类；按掺入外加剂所起作用可分为减水剂、早强剂、加气剂、缓凝剂、速凝剂、消泡剂、阻锈剂、防冻剂和防水剂等。在冻结法凿井井壁结构中使用较普遍的混凝土外加剂为早强剂和减水剂。

（一）早强剂

为加速混凝土硬化过程，提高其早期强度的外加剂叫早强剂。使用比较广泛的混凝土早强剂有四类：氯盐类（如氯化钙、氯化钠等）、硫酸盐类（如硫酸钠、硫化硫酸钠等）、有机胺类（如三乙醇胺、三异丙醇胺等）、其他（如甲酸盐等）。

常用的早强剂类型、掺量、应用条件及优缺点见表 4－4－26。

表 4－4－26　早 强 剂 类 型 及 掺 量

早强剂类型	掺量（占水泥重百分数）（%）					效果及优缺点	应用条件
	氯化钙	三乙醇胺	硫酸钠	亚硝酸钠	氯化钠		
氯化钙	2～3	—	—	—	—	促凝早强、防冻、在低温条件下早强作用显著，但对钢筋有腐蚀作用	冻结井筒素混凝土井壁
氯化钙复合早强剂	2～3	—	—	1～2	1～2	促凝早强、防冻、在低温条件下早强作用显著，亚硝酸钠还能起防止钢筋腐蚀作用	冻结井筒素混凝土井壁
三乙醇胺早强复合剂	—	0.5	—	1	0.5～1	混凝土早期强度提高一倍，28d 强度提高 10%；对钢筋腐蚀强度比不掺者轻，抗冻抗渗性能加强，混凝土干缩加大一倍左右	冻结井筒钢筋混凝土井壁要求潮湿条件养护
硫酸钠早强复合剂	—	—	2	2	1	早强作用基本同三乙醇胺早强复合剂	冻结井筒钢筋混凝土井壁

（二）减水剂

能使混凝土显著地减少拌合用水且提高流动性的外加剂叫减水剂。减水剂过去又称水泥分散剂、塑化剂。混凝土工程中常用的减水剂有：木质素磺酸盐类、多环芳香族磺酸盐类、水溶性树脂磺酸盐类、其他如腐植酸等。

常用减水剂种类、掺量及使用效果见表4-4-27。

表4-4-27　常用减水剂种类、掺量及使用效果

减水剂种类	性　　质	掺量（%）	减水率（%）	使用效果
糖蜜减水剂	成分为己糖二酸钙、糖厂废蜜加入定量的水稀释，然后加入适量生石灰、充分混合，停放若干天后再使用	0.25	5~8	28d强度提高15%~20%，有缓凝现象，掺0.2%时，缓凝2h属缓凝型减水剂
NNO	主要成分为亚甲基二萘酸钠 pH=7~9，是棕色粉末，无毒、不燃、易溶于水	0.5~1.0	10~20	28d强度提高15%~20%，搅拌时间>2~2.5分，加气量少、价高、原料缺
MF	主要成分为甲基萘磺酸钠 pH=7~9，褐色粉状物，易溶于水，有一定的吸潮性，无毒、不燃	0.5~1.0	15~22	28d强度提高8%~30%，原料来源广，有加气性，需用高频震捣
建工减水剂	性能和MF相似，但优于MF	0.5~1.5	15~21	效果与MF类似
NF减水剂	粉状，比MF、NNO能提高混凝土强度等级C10	0.5~1.5	>20	不加气，适于制备高强混凝土
NNO复合减水剂	配加气剂、塑化剂（纸浆废液）早强剂（三乙醇胺、元明粉、海波）复合而成	NNO为0.5%~1%，三乙醇胺0.05%，亚硝酸钠1.0%	>20	28d强度提高30%~50%
NF复合减水剂	加入消泡剂（有机硅乳液、磷酸三丁酯），早强剂（三乙醇胺、海波、氯化钙），塑化剂（木质磺酸盐）	MF0.5%，三乙醇胺0.05%，亚硝酸钠1.0%	>20	28d抗压强度提高30%~50%

注：在减水剂或复合减水剂中加入消泡剂和其他塑化剂，能使混凝土28d强度再提高10%以上。

冻结井筒井壁掺外加剂的混凝土强度增长情况，见表4-4-28。

有些减水剂掺入后有加气性，致使混凝土构件内出现很多小气泡，影响混凝土的强度，因而应掺入消泡剂一同震捣，以消除混凝土的充气含量。

消泡剂的种类及掺量，见表4-4-29。

（三）几种近年常用的混凝土外加剂

1. NF减水剂

1）掺量为1%时，其减水率可达20%左右，强度增长可达15%~30%（对425号硅酸盐水泥强度提高30%左右，火山灰水泥可提高15%左右）；

表 4—4—28　冻结井筒低温、早强高强混凝土试验强度增长情况

水泥品种	配合比	外加剂掺量（%）						水灰比(%)	塌落度(cm)	减水率(%)	抗压强度									
		磷酸三丁酯	NNO	MF	三乙醇胺	亚硝酸钠	氯化钠				1d		2d		7d		14d		28d	
											N/mm²	增长率(%)	N/mm²	增长率(%)	N/mm²	增长率(%)	N/mm²	增长率(%)	N/mm²	增长率(%)
525号普通水泥	1:1.42:2.79							45	4		9.37	20.4	24.1	53	32.5	71	37.4	82	46.0	100
	1:1.42:2.79				0.15	1	1	45	4		13.8	30	29.8	65	36.0	78	40.3	88	45.9	100
	1:1.48:2.99			0.5				38	8	15.5	12.1	26	29.6	64.5	40.0	87	43.7	95	52.9	114
	1:1.48:2.99	0.13		0.5				38	4	15.5	12.5	29	38.3	72	42.7	93	44.8	98	57.8	126
	1:1.47:2.88			0.5				39	15	13.2			29.1	63	37.1	81	41.0	89	50.8	110

表 4—4—29　消泡剂种类及掺量

消泡剂种类	性质	掺量
有机硅乳化液 CXP—101 CXP—103	白色乳状液,略有酸味,无毒,聚羟基硅氧烷乳液,小乳液微粒直径小于100μm,一般为20μm,有效物约40%,粒度<1000厘泊,不能直接掺入料浆中,必须稀释100倍,(有效物)边搅边慢加入	0.02%~0.08% (即20~80ppm)
磷酸三丁酯或磷酸三甲烷	无色透明	0.03%
硅乳剂 SP—169	主要成分为高级醇聚氯乙烯,pH中性可溶于水	20ppm

2）掺 NF 比不掺可节约水泥 15％以上；

3）有明显的早强效果，7d 强度可达 85％左右，一年后强度可增长 30％左右；

4）抗拉及抗折强度增长较少，抗拉强度为抗压的 1/15～1/18；抗折强度为抗压强度的 1/8～1/10；

5）密实性好，有更好的抗冻和抗渗性能，而且自然条件下的收缩率少；

6）掺 NF 减水剂对钢筋无腐蚀；

7）NF 减水剂，当其掺量为 1％，用 525 号硅酸盐水泥 550kg 时，最高可达 C80 左右混凝土；当其掺量为 1.5％用 525 号硅酸盐水泥（经磨细比表面积达 6000cm^2/g 左右）600kg，可达 C100 混凝土。

2. BR 型系列增强防水剂

BR 型增强防水剂是根据建设大型地下工程中防治水及治理泄水、涌、淋、渗漏水等问题研制、生产的无机质刚性防水剂。BR 型系列增强防水剂产品型号及应用范围见表 4－4－30。

表 4－4－30　BR 系列增强防水剂产品型号及应用范围

序号	类　别	产品型号	应用工程范围
1	封堵泄水	BR－1 型、K 型	抢险干法迎水封堵压力泄水
2	喷射混凝土	BR－2 型	治水支护、压治涌水
3	自防水混凝土	BR－3 型、4 型	自防水混凝土和砂浆、缓凝型混凝土
4	泵送自防水混凝土	BR－5 型、5B 型	泵送自防水基础混凝土、自防水混凝土
5	注　浆	BR－CA 型	注浆封水和填充工程
	注　浆	BR－CE 型	注浆封水和填充工程
	堵水注浆	BR－CF 型	迎水注浆法堵漏
	固　管	固管型	注浆动水中固管

BR 系列增强防水剂掺量均较高，BR－1、BR－K 掺量达 16％～20％，BR－2 掺量 9％～17.5％，BR－3、BR－4 掺量 8％～16％，BR－5、BR－5B 掺量 6％，BR－CA、BR－CE 掺量达 11％～22％。

BR－5B 型自防水混凝土特性：

掺 BR－5B 型增强防水剂配制的混凝土，在坍落度相同的条件下，减水率 10％，和易性良好，强度提高 20％～30％，在不需要提高强度时，可减少水泥用量 10％，抗渗标号大于 S12。

3. JQ 型混凝土防裂密实剂

JQ 型防裂密实剂是一种多功能的混凝土外加剂，能大幅度提高混凝土密实性，避免或减少混凝土裂缝，提高混凝土抗渗性，具有早强、增强作用，对钢筋无锈蚀。

当 JQ 防裂密实剂内掺量为 8％～12％时，减水率 11.8％～13.7％，混凝土的泌水率等于零；缩短混凝土的初、终凝时间；混凝土 1 天的平均强度提高 50％～200％，28 天的平均强度提高 12％～28％；比不掺防裂密实剂的混凝土的抗渗标号提高 1.2～3.0 倍。

4. 防裂型 FS 系列混凝土防水剂

FS 型混凝土防水剂性能与 JQ 型混凝土防裂密实剂性能相似。防裂型 FS 系列混凝土防水剂有普通型、早强抗冻型、缓凝型，掺量均为水泥重量的 6%～8%。

普通型（FS）：减水率 5%～10%，泌水率 0，抗压强度 1d 强度可提高 50%，28d 强度可提高 20%，抗渗性能掺量为 6% 时抗渗标号 S35 以上，掺量为 8% 时抗渗标号 S40 以上。

早强抗冻型（FS—D）：减水率 18.2%，抗压强度 1d 强度提高 150%、3d 强度提高 113%、7d 强度提高 57%、28d 强度提高 24%、90d 强度提高 18%，施工环境允许下限温度－10℃，抗渗标号大于等于 S20，掺量为水泥用量的 8%。

缓凝型（FS—H）：减水率 15%～19%，初凝 320min，终凝 505min，抗压强度 1d 强度提高 2%、3d 强度提高 60%、7d 强度提高 53%、28d 强度提高 26%，抗渗标号大于等于 S20，抗冻融大于等于 D200，掺量为水泥重量的 8%。

FS—D、FS—H 是为三峡工程研制的新型混凝土外加剂。

5. 硅 粉

硅粉是超细无定形的二氧化硅微粒，是一种优质高活性的混凝土掺和料。硅粉是冶炼工业硅或硅铁合金时，从高温电炉中排出的一种工业尘埃，由收尘器捕集而得。

硅粉的比重约为 2.1～2.2，为普通硅酸盐水泥的 2/3，松散容重为 200～300kg/m³，为普通硅酸盐水泥的 1/16～1/4。

在混凝土中掺入水泥重量 7% 的硅粉并复合高效减水剂（如 NF），可用配 C40～C45 普通混凝土的水泥用量，一般砂石材料和常规施工工艺，配制出 C50～C70 硅粉高强混凝土。

硅粉混凝土不仅高强，还有很好的早强性能，一般 1d 强度为 28d 强度的 30%～40%，3d 强度为 28d 强度的 60%～70%，7d 强度能达到 28d 强度的 80% 以上。

由于硅粉掺入改变了混凝土的微孔结构，混凝土孔隙率降低，孔径变细，密实度提高，因此硅粉混凝土在抗渗、抗碳化等耐久性方面均优于普通混凝土。

硅粉高强混凝土在济宁二号矿井风井进行了工业性试验，并在祁南矿井等处井筒中得到实际应用。

6. 混凝土复合液 BS Ⅱ

混凝土复合液是以无机铝盐为主体，与糖钙等多种材料复合而成的溶液。其外观为淡黄色透明液体，有微量杂质及沉淀物。它以防水功能为主，同时兼有微膨胀、减水和缓凝功能，对钢筋没有腐蚀性，寿命长（与混凝土同等寿命），施工简便，工程造价较低，是较理想的钢筋混凝土结构自身防水材料，适用于混凝土结构的地下室、屋面、水池、水塔、桥梁、隧道、码头、堤坝等新建工程的结构自身防水。

混凝土复合液掺量占水泥重量 3% 时的混凝土凝结时间，初凝大于等于 4h，终凝小于等于 10h，不透水性提高 50% 以上，抗压强度提高超过 10%。

第五节　复　合　井　壁

一、复合井壁的类型

复合井壁是指由不同材料、不同性能、不同功用的两层以上构筑物组成的复合体，起到联合支护井筒围岩的作用。

　　20 世纪 60 年代和 70 年代，国内冻结凿井永久支护普遍采用单层或双层钢筋混凝土井壁。但是现浇钢筋混凝土井壁在松散地层较深厚的情况下，不容易根本解决由于施工方法引起的温度应力、混凝土冻害、粘性土层的巨大膨胀压力对井壁的损害以及解冻之后冻土的重新固结压密等影响，许多井筒出现裂缝漏水现象，有些井筒经过注浆也不能见效，甚至被迫重新套壁。

　　随着煤炭工业的发展，许多松散地层深厚的矿区相继开发。井筒承受着深厚松散层施加的巨大压力，混凝土的强度已远远不能适应，必须借助于铸铁、铸钢、钢板等高强材料。此外，充分利用宝贵的能源资源，减小井筒安全煤柱已日益得到重视。在采煤过程中，地层会产生小量移动，要保证井筒正常使用，井筒就得允许一定的弯曲，并且在弯曲的情况下，仍旧可以防水。德国提出了标准的 AV 型井壁（见图 4－4－8m），作为解决这一问题的良好手段。AV 型井壁就是复合井壁的一种类型。20 世纪 80 年代初以来，根据国情，借鉴国外技术，国内研制成功的塑料夹层复合井壁，也在井筒防裂防漏水方面取得了进展，得到了推广应用。

　　复合井壁是满足上述防水、高强、可滑动等要求的井壁结构形式。随着设计要求的侧重点不同，结构层次的结合及采用的材料也不相同。复合井壁的几种主要组合类型，如图 4－4－8 所示。

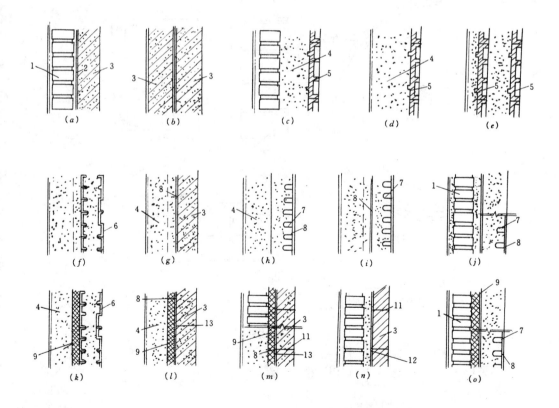

图 4－4－8　复合井壁组合类型

1—预制砌块；2—塑料板；3—钢筋混凝土；4—混凝土；5—铸铁丘宾块；6—组合型钢；

7—锚拉环；8—钢板；9—沥青；10—钢筋混凝土；11—柔性环垫层；12—柔性密封环；13—涂沥青层

二、复合井壁的材料及使用条件

(一) 井壁砌体

井壁砌体分水泥砂浆砌体、干茬缝砌体、砌块之间夹塑料垫板（或木屑板）干砌的砌体三种。一般都采用混凝土预制砌块，形状、规格以适合人工搬运为准，通常不大于35kg/块，强度等级不小于C30。在具备机械化施工条件时，大型砌块重量0.6～1t/块。砌体井壁，尤其是夹塑料垫板的干砌砌体井壁适用于冻土变形比较大的情况下，用作外层井壁的支护结构，如图4—4—9所示。

压缩木屑板在国内各地早有生产，其产品质量性能与国外同类产品相当，见表4—4—31、表4—4—32和图4—4—10。

由于承受挤压的要求，木屑板应当是采用水平加压成材加工。加工过程中，采用尿醛树脂胶结，掺加石蜡防水。施加的加工压力，按板材厚度不同，为2～8MPa。板材的厚度可以根据用户要求确定。

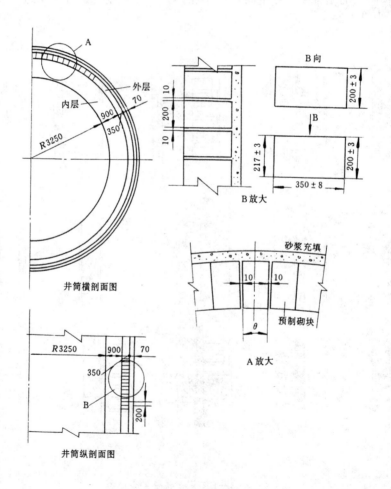

图4—4—9a 潘集二号井西风井砌块井壁

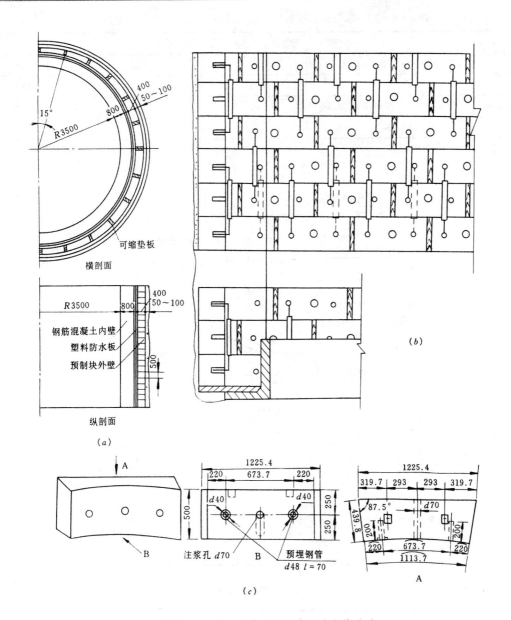

图4-4-9b　潘集二号井南风井砌块井壁

a—井壁横剖面，纵剖面；b—井筒掘进工作面预制砌块拼装；c—预制砌块

表4-4-31　厚18mm，面积40mm×40mm木屑板试块加载变形 mm

试块条件	荷　　　载　(10kN)								
	1	2	3	4	5	6	7	8	10
干	0.92	2.70	4.01	4.97	5.66	6.17	6.59	6.91	7.41
浸水 4d	2.76	4.83	5.64	6.78	7.28	7.66	7.97	8.25	8.66
浸水 11d	4.01	5.84	6.87	7.60	8.09	8.44	8.76	9.02	9.49
浸水 29d	4.55	6.51	7.63	8.35	8.83	9.22	9.513	9.77	10.20

表 4-4-32　厚 8mm，面积 40mm×40mm 木屑板试块加载变形　　　　　mm

试块条件	荷　　　　载　　　（10kN）								
	1	2	3	4	5	6	7	8	10
干	0.45	1.4	1.85	2.11	2.32	2.53	2.72	2.85	3.08
浸水 4d	2.53	3.33	3.83	3.97	4.1	4.3	4.43	4.51	4.6
浸水 11d	2.46	3.5	3.91	4.28	4.57	4.81	5.02	5.16	5.3

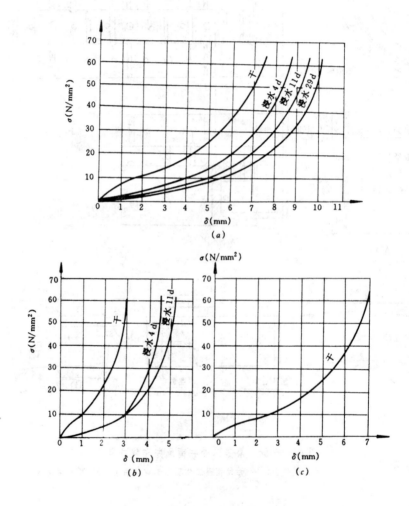

图 4-4-10　木屑板压缩曲线

a—18mm 厚的木屑板应力变形；b—8mm 厚的木屑板应力变形；c—德国 15mm 厚的木屑板应力变形

　　国内采用水平加压成材加工的工厂主要有北京、西安、沈阳、柳州、长沙、福州等地的木材加工厂。对北京、柳州等地木屑板，经合肥工业大学试验结果，以北京木材厂生产的 18mm 厚木屑板为例，干木板极限抗压强度 93N/mm²，浸水 29d 后强度减少到 68～75N/mm²。29d 之后强度基本稳定，能够满足要求。但干与湿二种状况下的变形量相差比较多，例如，当荷载达到混凝土砌块强度等级 C48 时，干木板的变形量 7mm，而 29d 浸水的木板变形量达 10mm。因此，外井壁设计变形量应当以浸水之后的变形曲线进行计算。

调整含蜡量或改变胶的性质，用酚醛胶代替，都可以提高板材的抗水性及强度。

（二）塑料防水板

塑料防水板敷设于内、外层井壁之间，通常为双层。国内常用的塑料板厚1.5mm，幅宽1150mm。双层塑料板之间摩擦系数小，能保证钢筋混凝土内层井壁在温度差作用下的纵向自由变形，解除外层井壁对内壁的约束，减少温度裂缝。

塑料防水板常用的卷材是低密度高压聚乙烯材料，它具有质软、耐水、耐磨、耐寒及化学稳定性好等特点。密度 $0.92g/cm^3$，熔点 $120℃～130℃$，脆化温度 $-70℃$，抗拉强度 $7～24N/mm^2$，抗弯强度 $25～29N/mm^2$，弹性模量 $0.12×10^3～0.95×10^3N/mm^2$，线膨胀系数 $17.6×10^{-5}～18×10^{-5}/℃$，一般使用温度 $-40℃～60℃$。

（三）钢 板

钢板无特殊要求，德国常用的井壁结构，其钢板大多是普通结构钢。当采用德国计算标准时，钢号 St37 相当于国内 Q235－A，St52（本钢种 1960 年以前鞍钢生产）目前可用 16Mn代替。仅用于井筒防水的钢板，厚度常不小于 8mm，大多采用 10mm，有的国家也曾使用过6mm。

钢板及铸钢的强度设计值见表 4－4－33 和表 4－4－34。

表 4－4－33 钢 材 的 强 度 设 计 值 　　　　　N/mm²

钢　　　材		厚度或直径 (mm)	抗拉、抗压和抗弯 f	抗 剪 f_v	端面承压（刨平顶紧）f_{ce}
钢　号	组　别				
Q235－A	第1组	—	215	125	320
	第2组	—	200	115	320
	第3组	—	190	110	320
16Mn钢、16Mnq钢	—	≤16	315	185	445
	—	17～25	300	175	425
	—	26～36	290	170	410
15MnV钢、15MnVq钢	—	≤16	350	205	450
	—	17～25	335	195	435
	—	26～36	320	185	415

注：3 号镇静钢钢材的抗拉、抗压、抗弯和抗剪强度设计值，可按表中的数值增加 5%。

表 4－4－34 钢 铸 件 的 强 度 设 计 值 　　　　　N/mm²

钢　号	抗拉、抗压和抗弯 f	抗 剪 f_v	端面承压（刨平顶紧）f_{ce}
ZG200－400	155	90	260
ZG230－450	180	105	290
ZG270－500	210	120	325
ZG310－570	240	140	370

仅用于防水的钢板必须要有一定厚度的主要原因是，保证井下施工时不产生大的组装变形和焊接变形，多设置于内层井壁的外缘。作为主要支承结构使用的钢板，可以在内层井壁的内外层同时设置。为了充分发挥材料强度，结合厚壁筒截面应力的分布特征，内缘钢板应当偏厚。如德国乌尔芬井（见图4—4—11），井筒净直径7.3m，井深264m处，井壁内层钢板厚度35mm。英国波尔培钾盐矿在井深944m处47mm，外层41mm。钢板过厚时井下焊接十分困难，特别是自动焊接还不能成为厚钢板的主要焊接手段的情况下，只能采取工厂成型地面整体焊接的方式。如维尔特风井，净直径6.0m的井筒，双层钢板，外层平均厚度为8mm，整体焊接，而内层是8～80mm，由工厂直接做成二个半圆，在井口对焊，每节3m，直接下放至井下组装，不再焊接。

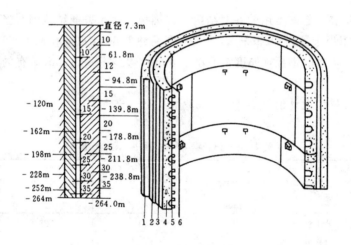

图4—4—11 乌尔芬冻结井筒双层钢板井壁结构尺寸

1—外层井壁；2—沥青；3—外层钢板；4—充填混凝土；5—锚拉环；6—内层钢板

钢板应采用防腐效果较好的方法进行防腐处理。若只作简单防腐或不作防腐处理，则应采用加厚钢板，预留锈蚀层的办法来解决。

（四）铸铁与铸钢丘宾块

铸铁丘宾筒常常用作冻结法施工井壁的内层高强度支护层。

丘宾块用螺栓联结，块间接缝用2～3mm（1/8英寸）的铅板防水，螺栓使用特制的铅垫圈。以往每隔25～40m为一个段高，每一个段高之下都设有一圈特制的圈梁，圈梁的任务是用以承受这一段高的丘宾筒重量，或者把这些重量传递到围岩中。又可以把它作为含水层密封的隔水圈，阻隔含水层的水通过支护与其他含水层和相邻段高的井壁产生水力联系。因此，圈梁与岩壁之间，常用木楔密封环或化学材料密封环密封。见图4—4—12丘宾块螺栓连接，图4—4—13丘宾块支护井筒。

德国、英国、前苏联的丘宾块标准尺寸列于表和图中供设计参考，见表4—4—35～表4—4—37，图4—4—14～图4—4—16。

表 4-4-35　英 国 常 用 丘 宾 块 标 准

项目	单位	1 3/4 英寸	1 7/8 英寸	2 英寸	2 1/8 英寸	2 1/4 英寸	2 3/8 英寸	2 1/2 英寸	2 5/8 英寸	2 3/4 英寸	2 7/8 英寸	3 英寸	3 1/8 英寸	3 1/4 英寸	3 3/8 英寸	3 1/2 英寸	3 5/8 英寸	3 3/4 英寸	3 7/8 英寸	4 英寸	4 1/8 英寸	4 1/4 英寸
a	英寸	1 3/4	1 7/8	2	2 1/8	2 1/4	2 3/8	2 1/2	2 5/8	2 3/4	2 7/8	3	3 1/8	3 1/4	3 3/8	3 1/2	3 5/8	3 3/4	3 7/8	4	4 1/8	4 1/4
b	英寸	6	6	6	6	6	6	6	6	6	6	6	6	6	6	6	6	6	6	6	6	6
c	英寸	9/16	11/16	13/16	15/16	1 1/16	1 3/16	1 5/16	1 7/16	1 9/16	1 11/16	1 13/16	1 15/16	2 1/16	2 3/16	2 5/16	2 7/16	2 9/16	2 11/16	2 13/16	2 13/16	2 13/16
d	英寸	7 3/4	7 7/8	8	8 1/8	8 1/4	8 3/8	8 1/2	8 5/8	8 3/4	8 7/8	9	9 1/8	9 1/4	9 3/8	9 1/2	9 5/8	9 3/4	9 7/8	10	10 1/8	10 1/4
A	英寸	2	2 1/8	2 1/4	2 3/8	2 1/2	2 5/8	2 3/4	2 7/8	3	3 1/8	3 1/4	3 3/8	3 1/2	3 5/8	3 3/4	3 7/8	4	4 1/8	4 1/4	4 3/8	4 1/2
B	英寸	2 5/16	2 7/16	2 9/16	2 11/16	2 13/16	2 15/16	3 1/16	3 3/16	3 5/16	3 7/16	3 9/16	3 11/16	3 13/16	3 15/16	4 1/16	4 3/16	4 5/16	4 7/16	4 9/16	4 11/16	4 13/16
C	英寸	1 5/8	1 3/4	1 7/8	2	2 1/8	2 1/4	2 3/8	2 1/2	2 5/8	2 3/4	2 7/8	3	3 1/8	3 1/4	3 3/8	3 1/2	3 5/8	3 3/4	3 7/8	4	4 1/8
D	英寸	2	2 1/8	2 1/4	2 3/8	2 1/2	2 5/8	2 3/4	2 7/8	3	3 1/8	3 1/4	3 3/8	3 1/2	3 5/8	3 3/4	3 7/8	4	4 1/8	4 1/4	4 3/8	4 1/2
E	英寸	1 1/8	1 1/4	1 3/8	1 1/2	1 5/8	1 3/4	1 7/8	2	2 1/8	2 1/4	2 3/8	2 1/2	2 5/8	2 3/4	2 7/8	3	3 1/8	3 1/4	3 3/8	3 1/2	3 5/8
F	英寸	2 1/8	2 1/4	2 3/8	2 1/2	2 5/8	2 3/4	2 7/8	3	3 1/8	3 1/4	3 3/8	3 1/2	3 5/8	3 3/4	3 7/8	4	4 1/8	4 1/4	4 3/8	4 1/2	4 5/8
G	英寸	7 1/8	7 1/8	7 1/8	7 1/8	7 1/8	7 1/8	7 1/8	7 1/8	7 1/8	7 1/8	7 1/8	7 1/8	7 1/8	7 1/8	7 1/8	7 1/8	7 1/8	7 1/8	7 1/8	7 1/8	7 1/8
H	英寸	60	60	60	60	60	60	60	60	60	60	60	60	60	60	60	60	60	60	60	60	60
N	英寸	3	3	3	3	3	3	3	3	3	3	3	3	3	3	3	3	3	3	3	3	3
A_y	英寸²	172.05	179.55	187.05	194.55	202.05	209.55	217.05	225.9	237.6	249.3	261.0	272.7	284.4	297.2	309.9	322.7	335.4	348.2	360.9	372.6	384.3
I_{yy}	英寸⁴	855	888	921	962.5	1004	1048	1092	1175	1291	1408	1526	1643	1760	1944	2128	2312	2497	2681	2865	3040	3216
e_1	英寸	5.700	5.792	5.883	5.973	6.062	6.148	6.233	6.333	6.401	6.470	6.539	6.607	6.676	6.757	6.836	6.919	7.000	7.082	7.163	7.222	7.281
i^2	英寸²	4.968	4.945	4.923	4.946	4.969	5.000	5.031	5.201	5.434	5.649	5.847	6.025	6.188	6.541	6.867	7.165	7.445	7.700	7.836	8.159	8.368

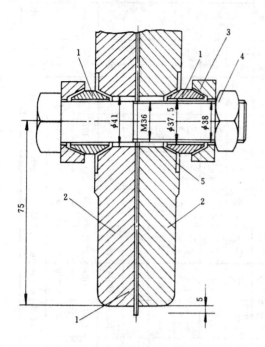

图 4-4-12　丘宾块螺栓连接

1—铅垫；2—丘宾块；3—环形螺栓垫圈；

4—螺栓；5—垫圈

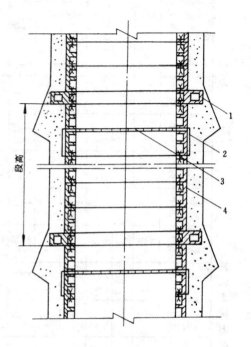

图 4-4-13　丘宾块支护井筒

（由下向上拼装）

1—丘宾块支承环；2—压注不收缩水泥砂浆；

3—木楔环；4—丘宾块

表 4-4-36　德 国 丘 宾 块 标 准

S (cm)	X_c (cm)	F (cm²/cm)	I (cm⁴/cm)	i^2 (cm²)	i (cm)
3	3.14	3.87	51.18	13.55	3.68
3.5	3.44	4.50	63.19	14.02	3.74
4	3.73	5.13	76.36	14.88	3.86
4.5	4.03	5.76	91.00	15.78	3.97
5	4.32	6.39	107.09	16.75	4.09
5.5	4.62	7.02	124.74	17.76	4.22
6	4.92	7.65	144.44	18.87	4.35
6.5	5.22	8.28	165.85	20.03	4.48
7	5.52	8.91	189.32	21.24	4.61
7.5	5.81	9.54	214.45	22.48	4.74

S (cm)	X_c (cm)	F (cm²/cm)	I (cm⁴/cm)	i^2 (cm²)	i (cm)
8	6.11	10.16	242.08	23.81	4.88
8.5	6.35	10.72	263.07	24.55	4.96
9	6.56	11.22	287.83	25.63	5.06
9.5	6.81	11.77	314.55	26.71	5.17
10	7.05	12.32	343.18	27.85	5.28
10.5	7.31	12.86	373.81	29.05	5.39
11	7.56	13.41	406.00	30.27	5.50
11.5	7.81	13.96	441.11	31.59	5.62
12	8.06	14.51	478.3	32.96	5.74
12.5	8.29	15.01	511.50	34.07	5.84
13	8.51	15.51	546.55	35.23	5.94
13.5	8.74	16.01	583.79	36.46	6.04
14	8.96	16.51	622.89	37.72	6.14
14.5	9.19	17.01	664.36	39.05	6.25
15	9.42	17.51	707.93	40.43	6.35

表 4—4—37　前 苏 联 丘 宾 块 标 准

$2R_0$ 净直径 (m)	d 腹板厚度 (mm)	R_1 (m)	R_2 (m)	R_3 (m)	a 水平肋总高度 (cm)	a' 外表面水平肋总高度 (cm)	一圈内弧板块数 (块)	弧板重量 (kg)
4.0	20	2.135	2.155	2.200	9.4	6	8	704
	30		2.165	2.210	13.4	9		992
	40		2.175	2.220	17.4	12		1280
	50		2.185	2.230	21.4	15		1568
	60		2.195	2.240	25.4	18		1853
	70		2.205	2.250	29.4	21		2139
	80		2.215	2.260	33.4	24		2424
4.5	20	2.385	2.405	2.450	9.4	6	9	701
	30		2.415	2.460	13.4	9		987
	40		2.425	2.470	17.4	12		1273
	50		2.435	2.480	21.4	15		1559
	60		2.445	2.490	25.4	18		1842
	70		2.455	2.500	29.4	21		2125
	80		2.465	2.510	33.4	24		2408

续表

$2R_0$ 净直径 (m)	d 腹板厚度 (mm)	R_1 (m)	R_2 (m)	R_3 (m)	a 水平肋总高度 (cm)	a' 外表面水平 肋总高度 (cm)	一圈内弧 板块数 (块)	弧板重量 (kg)
5.0	20	2.635	2.655	2.700	9.4	6	10	698
	30		2.665	2.710	13.4	9		983
	40		2.675	2.720	17.4	12		1288
	50		2.685	2.730	21.4	15		1552
	60		2.695	2.740	25.4	18		1833
	70		2.705	2.750	29.4	21		2115
	80		2.715	2.760	33.4	24		2396
5.5	20	2.885	2.905	2.950	9.4	6	10	753
	30		2.915	2.960	13.4	9		1061
	40		2.925	2.970	17.4	12		1370
	50		2.935	2.980	21.4	15		1678
	60		2.945	2.990	25.4	18		1984
	70		2.955	3.000	29.4	21		2290
	80		2.965	3.010	33.4	24		2595
6.0	20	3.135	3.155	3.200	9.4	6	11	745
	30		3.165	3.210	13.4	9		1051
	40		3.175	3.220	17.4	12		1356
	50		3.185	3.230	21.4	15		1661
	60		3.195	3.240	25.4	18		1963
	70		3.205	3.250	29.4	21		2265
	80		3.215	3.260	33.4	24		2566
6.5	20	3.385	3.405	3.450	9.4	6	12	738
	30		3.415	3.460	13.4	9		1045
	40		3.425	3.470	17.4	12		1342
	50		3.435	3.480	21.4	15		1649
	60		3.445	3.490	25.4	18		1945
	70		3.455	3.500	29.4	21		2242
	80		3.465	3.510	33.4	24		2539
7.0	20	3.635	3.655	3.70	9.4	6	13	735
	30		3.665	3.71	13.4	9		1055
	40		3.675	3.72	17.4	12		1347
	50		3.685	3.73	21.4	15		1658
	60		3.695	3.74	25.4	18		1955
	70		3.705	3.75	29.4	21		2267
	80		3.715	3.76	33.4	24		2591
7.5	20	3.89	3.91	3.955	9.4	6	14	747
	30		3.92	3.965	13.4	9		1040
	40		3.93	3.975	17.4	12		1330
	50		3.94	3.985	21.4	15		1632
	60		3.95	3.995	25.4	18		1930
	70		3.96	4.005	29.4	21		2240
	80		3.97	4.015	33.4	24		2585

续表

$2R_0$ 净直径 (m)	d 腹板厚度 (mm)	R_1 (m)	R_2 (m)	R_3 (m)	a 水平肋总高度 (cm)	a' 外表面水平肋总高度 (cm)	一圈内弧板块数 (块)	弧板重量 (kg)
8.0	20	4.15	4.17	4.215	9.4	6	15	762
	30		4.18	4.225	13.4	9		1060
	40		4.19	4.235	17.4	12		1345
	50		4.20	4.245	21.4	15		1645
	60		4.21	4.255	25.4	18		1947
	70		4.22	4.265	29.4	21		2265
	80		4.23	4.275	33.4	24		2635
8.5	20	4.41	4.43	4.475	9.4	6	16	778
	30		4.44	4.485	13.4	9		1090
	40		4.45	4.495	17.4	12		1370
	50		4.46	4.505	21.4	15		1661
	60		4.47	4.515	25.4	18		1961
	70		4.48	4.525	29.4	21		2280
	80		4.49	4.535	33.4	24		2687
9.0	20	4.67	4.69	4.735	9.4	6	17	793
	30		4.70	4.745	13.4	9		1100
	40		4.71	4.755	17.4	12		1390
	50		4.72	4.765	21.4	15		1680
	60		4.73	4.775	25.4	18		1990
	70		4.74	4.785	29.4	21		2300
	80		4.75	4.795	33.4	24		2739

　　早期施工的铸铁丘宾筒井壁因为加工安装，冻结壁温度以及岩层移动的影响，漏水情况比较严重，其中加工精度安装质量造成的井壁漏水量差异很大。大约 200m 深的井中，井壁漏水量可以由 3～5L/h，至 200～300m³/d。因此在使用过程中还必须对井壁进行定期维修，如拧紧螺栓及填塞铅缝。

　　丘宾块所用的材料及加工的主要要求是：

　　1. 化学成分

　　硫含量不超过 0.12%，磷含量允许 0.8%。

　　2. 机械强度

　　常用的铸铁抗压强度 750N/mm²，抗拉强度 180N/mm²，弯曲抗拉强度是抗拉强度的 2 倍。井壁承受荷载的情况下，主要用到的是弯曲抗拉强度。以上要求大约相当于我国旧标准 HT20－40 及 HT25－47。德国使用的是 GG20 及 GG22，对前一种材料用 30mm 试棒试验时，抗拉强度 200N/mm²，弯曲抗拉强度 400N/mm²，抗压强度 750～800N/mm²。如果发现对强度有影响的铸件缺陷，应当重新浇铸二块，假如重铸的二块中，有一块不能满足要求，一整圈（一批铸件）报废。

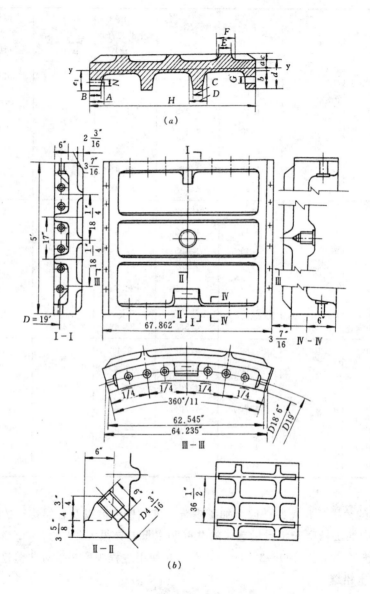

图 4—4—14　英国丘宾块标准尺寸

a—标准块尺寸；*b*—加拿大钾盐矿实际使用尺寸

3. 重量误差

1）铸件的重量误差小于 5%。

2）丘宾块在加工之后的重量误差：丘宾块的理论重量必须达到 $7.25t/m^3$，腹板厚度等于或大于 60mm 时，重量误差允许 ±3%，重量误差下限大于 3% 时不予验收。

4. 螺栓

德国标准（按 DIN70 及 DIN267，参数等级 4）：

1）井壁腹板厚度小于 80mm 时，最小螺栓采用 M39；

2）井壁腹板厚度大于80mm时，最小螺栓采用M42。

5. 垫　圈

常用Q_{235-A}及A5（德国标准St37及St60），垫圈内径比螺栓大2mm。

6. 铅　垫

铅垫板厚度2～3mm，厚度允许偏差±0.2mm，含锑量小于0.6%。

7. 螺栓孔

螺栓孔的直径常取比螺栓直径大3mm，螺栓孔铅垫内径应比螺栓直径大1mm。

8. 加工精度

德国标准（DIN·21051摘）：

1）必须加工▽精度，保证互换性；

2）丘宾块高度，长度允许偏差±1mm；

3）螺栓孔间距误差±1mm；

4）螺栓孔与法兰盘内边缘之间距离允许误差$_{-3}^{+5}$mm；

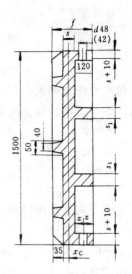

图4—4—15　德国丘宾块标准尺寸

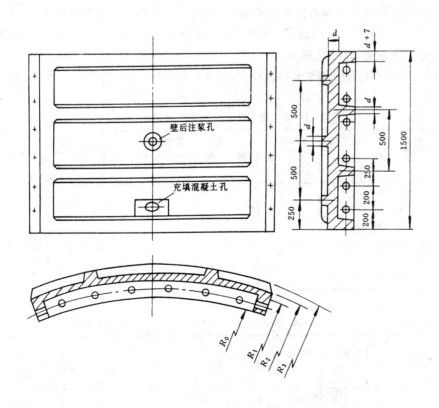

图4—4—16　前苏联丘宾块标准尺寸

5）丘宾块厚度允许误差：

腹板厚度	允许下偏差
30～60mm	－3mm
60～90mm	－4mm
90mm 以上	－5mm

上偏差无规定要求。

前苏联丘宾块的截面允许误差：

边肋高度	±3mm
边肋处弧板高度	±0.2mm
弧板长度（弦长）	±0.4mm
螺栓孔中心偏差	±0.5mm

以下用表列出德国铸铁丘宾块的铸铁强度及化学成分，见表 4－4－38 及表 4－4－39。

联邦德国在 20 世纪 50 年代后半期，由于解决井筒防水遇到的困难，以及适应回采时引起地层变形的要求，在冻结法施工的井筒中，淘汰了一贯采用的丘宾筒井壁。英国仍然继续大量采用。他们发展了丘宾筒使用的铸铁材料，特别是在深井井筒中，如赛尔比新矿井，推广使用了球墨铸铁。这种铸铁是在严格的冶金技术控制下，对金属添加了镁合金，导致了金相的明显变化，同时，基本成分和金属基质仍保持不变。球状石墨取代了片状，增加了金属的韧性，提高了铸铁的抗拉强度，同时还保持了灰铸铁的耐磨性。井筒支护所承受的荷载是使丘宾筒内出现压缩应力和弯曲应力的组合。球墨铸铁和钢材具有类似的应力和应变曲线。所不同的，仅只是没有明显的屈服点。英国使用的主要牌号有：Bs2789、500/7、600/3 和 700/2，它们的力学性能主要指标，见表 4－4－40。

我国常用的球墨铸铁件、灰铸铁件及可锻铸铁标准见表 4－4－41、表 4－4－42、表 4－4－43。

表 4－4－38　德国矿井井筒铸铁丘宾块的铸铁强度

井　筒名　称	寿　命(a)	平均抗拉强度(N/mm²)	最小抗拉强度(N/mm²)	平均抗压强度(N/mm²)	最小抗压强度(N/mm²)	弹性模量		GG18在压力下平均弹性模量
						$E_拉$(N/mm²)	$E_压$(N/mm²)	
梯汤尼亚	58	61.6		381		6510	10290	
乌兰努斯	48	37.6		320		6840	8720	
埃利大尼	43	80.4	180	496	750	8830	12010	10000
斯考学拔	44	104.6		479		5249	8320	
苏吐尔思	56	83.7		283		7480	8690	
R	45	97.0		401				

表 4－4－39　德国矿井井筒铸铁丘宾块的铸铁化学成分

井筒位置	建设日期(a)	颗粒直径(cm)	碳			硅(%)	锰(%)	磷(%)	硫(%)
			总的 C(%)	化合的 C(%)	石墨 C(%)				
威得尔矿井	1872	27	2.88	—	—	2.88	0.47	1.56	0.17
砂实尔矿井	1899	36	3.56	0.26	3.30	2.59	1.02	0.120	0.028

续表

井筒位置	建设日期 (a)	颗粒直径 (cm)	碳			硅 (%)	锰 (%)	磷 (%)	硫 (%)
			总的 C (%)	化合的 C (%)	石墨 C (%)				
梯太尼亚矿井	1899	80	3.33	0.27	3.06	1.66	0.42	0.92	0.081
0 矿井	1890	30~50	2.86	0.38	2.48	1.56	0.35	0.96	0.14
12 矿井	1808	102	3.51	0.70	2.81	1.36	0.73	0.103	0.096
乌兰努斯矿井	1909	45~85	3.59	0.33	3.26	1.71	0.56	0.308	0.092
斯特尔皮吊矿井	1911	35~50	2.74	0.57	2.17	1.62	0.55	0.62	1.01
埃里达尼矿井	1911	40~90	3.35	0.43	2.92	1.82	0.34	0.84	0.123
麦尔库尔矿井	1914	96	3.57	1.04	2.53	1.10	0.42	0.348	0.058
埃里达里矿井	1927	125	3.08	0.34	2.74	1.52	0.36	0.48	0.083
埃里达里矿井	1930	125	2.96	0.84	2.12	1.87	0.25	0.71	0.121
标准丘宾筒铸铁		35	3.26	0.65	2.61	1.54	0.77	0.43	0.079

表 4-4-40 英国丘宾筒所用球墨铸铁力学性能

牌 号	抗拉强度最小值 (N/mm²)	0.2%屈服应力最小值 (N/mm²)	延伸率最小值 (%)
500/7	500	310	7
600/3	600	350	3
700/2	700	400	2

（五）沥 青

使井壁产生密封、防腐及滑移能力的沥青滑动层,是一种硬化而且增加了容重的混合料（例如国外常用的配比:沥青 87.5% 和白云石粉 12.5%,混合以后的比重约 1.1kg/cm³）。用这种沥青混合料作为支护,由于它是流动的,经过较长的时间之后,沥青混合料仍然可以沿细裂隙流失［例如国外色瓦（SAWA）井筒,在开始时,沥青液面下降 15.46m,每天下降 0.4cm,第一年中补充注入了 53m³ 沥青］。因此,就有必要在滑动井壁沥青滑动层的底部设置封闭圈。密封圈始终要保持可塑性,以便在沥青荷载作用下,随井壁的变形而变化,防止形成环形间隙。密闭圈的高度至少 1m,它是由砂子和 B80~B150（德国标准）的沥青混合而成。砂子要经过筛选,其粒径 2~4mm,比重 2.65t/m³,孔隙率达 45%。沥青的掺加量要比砂子孔隙率稍大一些,一般占体积 48%~50%,沥青混合物的可塑性是与砂子的粒度,孔隙比和掺加量有关。一般需要通过试验找到沥青和砂子的适当配比。假如用手感来鉴定,可以在温度约 15℃ 的情况下用手指按压,稍有一点变形即可。砂沥青混合物在井下热浇筑温度一般为 80℃。

作为滑动层浇灌的沥青,最好按 15℃ 时,1.3t/m³ 的容重配制,可以按每立方米 B300 级沥青 850kg,掺石灰石粉 450kg,大约比率为 65% 比 35%,一般认为在 100 年之内不会产生老化。

表4-4-41 球 墨 铸 铁 件 (GB1348—88)

	牌号	铸件壁厚(mm)	σb	σ0.2 (N/mm² 最小值)	δ(%) 最小值	HB	主要金相组织	用途
单铸试块	QT400—18		400	250	18	130~180	铁素体(100%)	有较好的塑性与韧性,焊接性与切削性也较好,用于制造农机具,犁铧、耙片、收割机、割草机等;汽车、拖拉机的轮毂、驱动桥壳体、离合器壳体、电机机壳、铁路钢轨垫板,1.6~6.5MPa阀门的阀体、阀盖、压缩机气缸、铁路轨枕等
	QT400—15		400	250	15	130~180	铁素体(100%)	
	QT450—10		450	310	10	160~210	铁素体(≥80%)	
	QT500—7		500	320	7	170~230	铁素体+珠光体(<80%~50%)	强度与塑性中等,用于制造内燃机机油泵齿轮、汽轮机中温气缸隔板、机车车辆轴瓦、飞轮等
	QT600—3		600	370	3	190~270	珠光体+铁素体(<80%~10%)	强度和耐磨性较好,塑性韧性较低,用于制造内燃机的曲轴、连杆等;农机具犁铧负荷齿轮等;部分磨床、铣床、车床的主轴;空压机、冷冻机、制氧机、泵的曲轴、缸体、缸套等;球磨机齿轮、凸轮、水轮机主轴等
	QT700—2		700	420	2	225~305	珠光体	具有高的强度和耐磨性,用于内燃机曲轴、凸轮轴、汽车上的圆锥齿轮、转向节、传动轴;各种磨床、铣床、车床的主轴;拖拉机减速齿轮
	QT800—2		800	480	2	245~335	珠光体或回火索氏体组织	
	QT900—2		900	600	2	280~360	贝氏体或回火马氏体	
附铸试块	QT400—18A	>30~60	390	250	18	130~180	铁素体	特性与用途与上面相应牌号相同
		>60~200	370	240	12			
	QT400—15A	>30~60	390	250	15	130~180	铁素体	
		>60~200	370	240	12			
	QT500—7A	>30~60	450	300	7	170~240	铁素体+珠光体	
		>60~200	420	290	5			
	QT600—3A	>30~60	600	360	3	180~270	珠光体+铁素体	
		>60~200	550	340	1			
	QT700—2A	>30~60	700	400	2	220~320	珠光体	
		>60~200	650	380	1			

V型缺口试样的冲击值

	牌号	铸件壁厚(mm)	最小冲击值 αKV(J/cm²)			
			室温 23±5℃		低温 -20±2℃	
			三个试样平均值	个别值	三个试样平均值	个别值
单铸试块	QT400—18		14	11	—	—
	QT400—18L		—	—	12	9
附铸试块	QT400—18A	>30~60	14	11	—	—
		>60~200	12	9		
	QT400—18AL	>30~60			12	9
		>60~200			10	7

注:1. 本标准适用于砂型或导热性与砂型相当的铸型中铸造的普通和低合金球墨铸铁件;
2. 本标准不适用于球铁管件和连续铸造的球铁件;
3. 牌号后面的字母 A 表示在附铸试块上测定的力学性能以区别单铸试块,当铸件质量≥2000kg且壁厚在30~200mm内时,采用附铸试块优于单铸试块,字母 L 表示低温时应具有表列冲击值;
4. 力学性能以抗拉强度和延伸率两个指标作为验收依据,HB值和主要金相组织仅供参考,其他供需双方商定;
5. 如需方要进行金相组织检验时,可按 GB9441—88 的规定进行球化级别、球化率不得低于4级;
6. 在特殊情况下,供需双方同意允许根据铸件本体所测得的硬度规定球铁硬度牌号(见本标准附录A),其硬度值与单铸试块参考硬度相同。

表4—4—42　灰　铸　铁
（GB9439—88）

牌号	铸件预计力学性能参考值			附铸试棒（块）的力学性能							与旧标准GB976—67靠近的牌号	特性和用途
	铸件壁厚（mm） ≥	≤	σb(≥N/mm²)	铸件壁厚（mm） ≥	≤	附铸试棒 φ30mm	φ50mm	附铸试块 R15mm	R25mm	铸件（参考值）		
HT100 铁素体	2.5	10	130							120		外罩、手把、手轮、底板、重锤等形状简单，对强度无要求的零件
	10	20	100							105		铸造应力小，不用人工时效处理，减振性优良，铸造性能好
	20	30	90							90		
	30	50	80							80		
HT150 珠光体＋铁素体（20%）	2.5	10	175	20	40	130		[120]		120	HT15—33	用于强度要求不高的一般铸件，如端盖、汽轮泵体、轴承座、阀壳、管子及管路附件、手轮、一般机床底座、床身及其他复杂零件、滑座、工作台等；圆周速度为6~12m/s的皮带轮。不用人工时效，有良好的减振性，铸造性能好
	10	20	145	40	80	115	[115]	110		105		
	20	30	130	80	150		105		100	90		
	30	50	120	150	300		100		90	80		
HT200 珠光体	2.5	10	220	20	40	180	[155]	[170]		165	HT20—40	用于强度、耐磨性能要求较高的较重要的零件，如汽缸、齿轮、底架、机体、飞轮、齿轮、冻条、衬筒；一般机床铸有导轨的床身及中等压力（800N/cm²以下）液压筒、液压泵和阀门的壳体等；圆周速度>12~20m/s的带轮。有较好的耐热性和良好的减振性，铸造性较好，需进行人工时效处理
	10	20	195	40	80	160	[155]	150		145		
	20	30	170	80	150		145		140	130		
	30	50	160	150	300		135		130	120		
HT250 珠光体	4.0	10	270	20	40	220	[190]	[210]		205	HT25—47	基本性能同HT200，但强度较高，用于阀壳、油缸、汽缸、联轴器、机体、齿轮、齿轮箱外壳、飞轮、衬筒、凸轮、轴承座等
	10	20	240	40	80	200	180	190		180		
	20	30	220	80	150		165		170	165		
	30	50	200	150	300				160	150		
HT300 100%珠光体	10	20	290	20	40	260	[230]	[250]		245	HT30—54	用于要求高强度、高耐磨性的重要铸件，如齿轮、凸轮、车床卡盘、剪床、压力机的机身、导板、六角、自动车床及其它重负荷机床铸有导轨的床身及高压液压筒、液压泵和滑阀的壳体等；圆周速度>20~25m/s的带轮。白口倾向大，铸造性差，需进行人工时效处理和孕育处理
	20	30	250	40	80	235	225	225		215		
	30	50	230	80	150	210	210		200	195		
				150	300	195	195		185	180		

续表

牌号	铸件预计力学性能参考值			附铸试棒（块）的力学性能							与旧标准 GB976—67 靠近的牌号	特性和用途
	铸件壁厚(mm)		σb(≥) N/mm²	铸件壁厚(mm)		σb(≥N/mm²)						
	>	≤		>	≤	附铸试棒		附铸试块		铸件(参考值)		
						φ30mm	φ50mm	R15mm	R25mm			
HT350 100% 珠光体	10	20	340	20	40	300		[290]		285	HT35—61	齿轮、凸轮、车床卡盘、剪床、压力机的机身；导板、六角、自动车床及其他重负荷机床铸有导轨机床的床身；高压液压筒、液压泵和滑阀的壳体等
	20	30	290	40	80	270	[265]	260		255		
	30	50	260	80	150		240		230	225		
				150	300		215		210	205		

注：1. 本标准适用于砂型或导热性与砂型相当的铸型铸造的灰铸铁件；

2. 本标准根据直径30mm单铸试棒加工成试棒所测定的抗拉强度，将灰铸铁分为6个牌号，牌号中的数值表示试棒的最小抗拉强度；

3. 当一定牌号的铸铁水浇注壁厚均匀而形状简单的铸件时，铸件设计应根据本表所列出不同壁厚处的大致抗拉强度值进行；当铸件壁厚不均匀或有型芯时，本表仅近似地给出参考数据；当铸件壁厚有导轨机床铸有导轨机床的床身，其结果比单铸试棒更接近铸件材质的性能；

4. 当铸件壁厚超过20mm而重量又超过200kg，并有特殊要求时，经供需双方协商，也可采用附铸试棒（块）加工成试棒来测定抗拉强度，其结果比单铸试棒更接近铸件材质的性能，但应符合表中规定；

5. 力学性能系铸态下的力学性能。方括号内的数值仅适用于铸件壁厚大于试样直径的场合；

6. 如需方要求以硬度作为检验在铁铸件材质的力学性能时，则应符合铸件材质的硬度牌号的规定，见下表：

硬度分级	H145	H175	H195	H215	H235	H255
铸件上的硬度范围 HB	最大不超过170	150～200	170～220	190～240	210～260	230～280

7. 硬度和抗拉强度之间的关系，也可采用本标准附录 B（参考件）中的经验关系。

灰铸铁的硬度和抗拉强度之间，存在一定的对应关系，其经验关系式为：

当 $\sigma_b \geq 196N/mm^2$ 时，$HB = RH(100 + 0.438\sigma_b)$；

当 $\sigma_b < 196N/mm^2$ 时，$HB = RH(44 + 0.724\sigma_b)$；

式中 RH 称为相对硬度，其数值由原材料、熔化工艺、处理工艺及铸件的冷却速度所确定，其变化范围为 0.8～1.2 之间。通过测定单铸试棒（或铸件）的 σ_b 和 HB，由上式计算出 RH，这样测出了 RH 以后，就可根据在铸件上实测得到的 HB，由上式计算出 σ_b，参见本标准附录 B。

8. 铸件的热处理规范，请查阅《机械工程材料手册》，黑色金属材料，第四版，机工出版社，1991年。

表 4—4—43　可 锻 铸 铁　(GB9440—88)

	牌号		试样直径 d (mm)	力学性能				特性和用途
	A	B		σ_b N/mm² ≥	$\sigma_{0.2}$ N/mm² ≥	$\delta(\%)$ ($L_0=3d$) ≥	HB	
黑心	KTH300—06		12 或 15	300	—	6	≤150	有一定的韧性和强度，气密性好，适用于承受低动载荷及静载荷，要求气密性好的工作零件，如管道配件、中低压阀门等
	KTH330—08			330	—	8		有一定的韧性和强度，用于承受中等动负荷和静负荷的工作零件，如机床车轮壳、机床扳手和钢绳轧头等
	KTH350—10		12 或 15	350	200	10		有较高的韧性和强度，用于承受较高动负荷的冲击、振动及扭转负荷下工作的零件，如汽车、拖拉机上的前后轮壳、差速器壳、转向节壳、制动器等、犁刀、犁柱、铁道零件、运输机、纺织机零件、升降机、纺织机零件等
	KTH370—12			370	—	12		
珠光体	KTZ450—06		12 或 15	450	270	6	150~200	韧性较低，但强度大，耐磨性好，且加工性良好，可用来代替低碳、中碳、低合金钢及有色合金制造较高强度和耐磨性的重要零件，如曲轴、连杆、齿轮、摇臂凸轮轴、活塞环、轴承、犁铧、耙片、闸、万向接头、棘轮、扳手、矿车轮及车工用零件，是近代机械工业中得到广泛应用及有发展前途的结构材料
	KTZ550—04			550	340	4	180~230	
	KTZ650—02			650	430	2	210~260	
	KTZ700—02			700	530	2	240~290	
白心	KTB350—04		9 / 12 / 15	340 / 350 / 360	— / — / —	5 / 4 / 3	≤230	白心可锻铸铁的特点是：①薄壁铸件仍有较好的韧性；②有非常优良的焊接性，可与钢钎焊；③可切削性好。但工艺复杂，生产周期长，强度及耐磨性较差，在机械工业中少用，适用于制作厚度在15mm以下的薄壁铸件和焊后不需进行热处理的零件
	KTB380—12		9 / 12 / 15	320 / 380 / 400	170 / 200 / 210	15 / 12 / 8	≤200	
	KTB400—05		9 / 12 / 15	360 / 400 / 420	200 / 220 / 230	8 / 5 / 4	≤220	
	KTB450—07		9 / 12 / 15	400 / 450 / 480	230 / 260 / 280	10 / 7 / 4	≤220	

注：

1. 本标准适用于砂型或型号热性与之相仿的铸型铸造的可锻铸铁件，其他铸型铸造的可锻铸铁件也可参考使用；

2. 牌号中"H"表示黑心；"Z"表示珠光体；"B"表示白心。第一组数字表示抗拉强度值；第二组数字表示延伸率值；

3. 当需方对屈服强度和硬度有要求时，经供需双方协议才测定并测定符合要求；

4. 未经需方同意，铸件不允许进行任何形式的修补；

5. 牌号 KTH300—06 适用于气密性零件，牌号 B 系列为过渡牌号；

6. 黑心和珠光体的试样直径 12mm 只适用于铸件主要壁厚小于 10mm 的铸件。白心铸件主要壁厚薄厚 10mm 的铸件，应尽可能与铸件的主要壁厚相近。

B300 级沥青的主要指标：

25℃时渗透性	250～320
软化点（球环试验）	27～37℃
断裂点（根据 Fraas）	−20℃
最大矿物质含量，占重量百分比	0.5%
25℃延伸性（最小值）	100cm
不溶性物质（最低折算物质）	占重量百分最大 0.5%
石　蜡	占重量百分最大 2.0%
燃　　点	220℃以上
沥青/水；密度比	1.01～1.04
加热后球环软点上升	10℃
加热后断裂点（Fraas）	最高 −10℃
加热后渗透性下降	最大 60%
根据温度，其密度 γ	15℃　1.02g/cm³
	100℃　0.97g/cm³
	140℃　0.95g/cm³
在 15～200℃范围内，体积膨胀系数	0.6～0.62×10⁻³

石灰石粉标准：

细　度	0.09mm
筛　过	4900 目
最小占	80%；$\gamma = 2700$kg/m³
容　重	1200～1400kg/m³
水　分	0.2%以下

在施工过程中，沥青滑动层的石灰岩粉是由专用的储罐车运到井口，装入立式储灰罐，经螺旋输送器送入沥青搅拌罐上方定量装置，然后漏入搅拌罐内。沥青在工厂加热到 200℃，用保温储罐车送到井口，直接装入沥青搅拌罐。热沥青和石灰岩粉在罐内充分混合均匀，混合过程中加入 3～5ppm 硅油消泡，经沥青泵装入井筒滑动层内，见图 4—4—17。混合后的沥青，应保持在 150～160℃，否则应当在井口加热，或者选用附有专用喷油加热装置的沥青泵。假如井下环形间隙存水时，则充填温度应降至 115℃，并注入硅油消泡，灌注沥青滑动层时，用电缆悬吊的传感器控制充填高度。

三、复合井壁的组成和作用

（一）双层钢筋混凝土复合井壁

双层钢筋混凝土复合井壁是在原有的双层钢筋混凝土井壁基础上，在内外层井壁之间，随着内层井壁套壁施工同时敷设双层塑料薄板复合而成。在松散地层较深厚的冻结凿井井筒的外层井壁与冻土之间，一般还铺设 25～75mm 厚泡沫塑料板。

1. 复合层的组成和作用

中间塑料层是利用双层塑料薄板减少双层钢筋混凝土井壁之间的摩擦力，减少先期施工的外层井壁对后套的内层井壁的混凝土在凝结中的摩阻约束，使内层井壁在温度变化的影响下变形时处于接近自由的状态，减少温度应力对井壁的影响，减少裂缝的产生，提高混凝土自身的抗渗等级，达到防水的目的。国外的立足点是利用塑料板起隔水作用，即将渗透外壁的水隔绝在塑料板之外，因此对塑料板密封要求严格，一般用热焊的方法将塑料板的接头焊牢。

外层井壁在冻结施工期间承载冻结压力，解冻后仅要求承担悬浮土压力。根据经验，浅部或含砂土层较多的地层，都可以考虑素混凝土或钢筋混凝土井壁。深部或含粘土较多的地层，特别是较厚的含膨胀性粘土的地层，应设可塑层，以往多为可塑性砌块井壁，近年来大多在外层井壁与冻土之间视土层情况铺设 25～75mm 厚泡沫塑料板。

内层井壁应当完全满足承受全水压的要求。由于混凝土井壁在受温度及结硬影响过程中，内壁的外表面解除了约束，处于自由状态，因此，井壁的上部不宜嵌固。即使浅部多绳轮井塔影响范围之内，要使内外层联成整体，也应当在塑料板位置的顶部，预留接缝，释放变形能量。接缝可留止水带或待井壁变形稳定之后用砂浆填实。

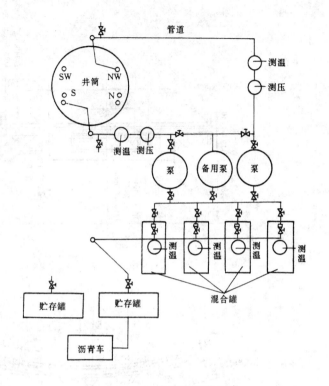

图 4－4－17 地面灌注热沥青
混合料滑动层工艺系统

2. 设计中应注意的几个问题

1）原则上应当是壁座（或整体浇筑段）以上随即加夹塑料板，塑料板加到哪里，井壁承受全水压作用的位置就应当计算到那里。内层井壁需按最大水压来计算，这势必增加了井壁的总厚度。因此，往往在基岩风化带处井壁很厚。若风化带裂隙导水不十分严重，事后注浆又存在可能的情况下，可以考虑塑料板只夹到第四系底部，以下由双层钢筋混凝土井壁承受地压。如下部井壁出现裂缝漏水，可采取注浆措施。

2）一般认为壁座（或整体浇筑段）承担内层井壁的全部重量以及外层井壁重量的 1/4 左右；在冻结壁刚解冻尚未完全融化时，冻结压力已消失而水土压力尚未显现，地层对井筒的围抱力近似为零，在这种情况下，壁座（或整体浇筑段）承担着其上部全部内、外层井壁的重量；若松散层底部为含水砂砾层，尚需考虑可能出现的负摩擦力作用，在这种特定的情况下，壁座（或整体浇筑段）不仅承担其上部全部井壁重量、井筒装备的重量，还承载全部负摩擦力。因此壁座（或整体浇筑段）位置的选择必须十分审慎，以免井壁下沉。

3）为了保证全井防水，防止松散层各含水层的地下水通过收缩缝串通和提高井壁整体承载能力，在塑料板隔层的下部、上部及井壁变断面处设置注浆管是完全必要的，在内层井壁套筑完毕并达一定强度后，冻结壁解冻前，从下到上对隔层注浆。

4）在含有酸性侵蚀性地下水的地层中建井，硫酸盐和碳酸盐侵蚀性地下水对混凝土井壁的影响是混凝土井壁长期使用效果的重要威胁，在这种情况下必须采用抗侵蚀混凝土。

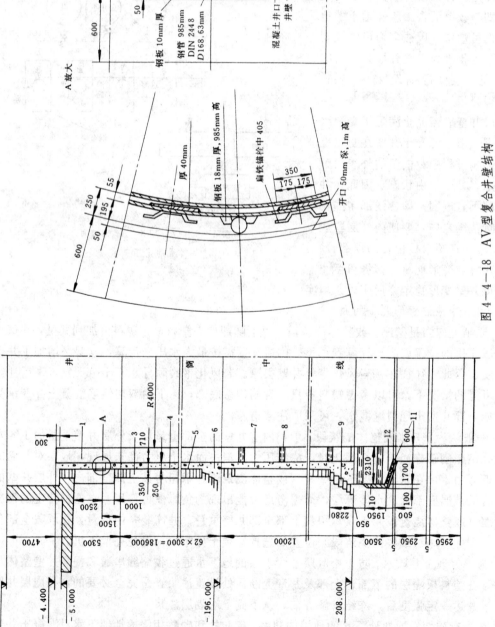

图 4－4－18　AV 型复合井壁结构

1—钢筋混凝土圈；2—导向装置；3—混凝土砌块，水平垫板 8mm，垂直垫板 10mm；4—钢板，10mm；5—沥青充填层，$\gamma' = 1.3 t/m^3$；6—沥青和砂混合物充填；7—充填混凝土；8—注浆管；9—混凝土关砌体（刚性）；10—沥青板；11—塑性充填材料，50mm；12—壁座

5）内外层井壁的强度计算与双层钢筋混凝土井壁内、外层分别承受水压和土压（或冻结压力）的设计计算相同。

（二）钢板滑动井壁

滑动井壁是由滑动层即沥青层、外层井壁、内层井壁、导向系统以及壁座环和壁座以下加强圈组成，见图4—4—18。

外层井壁都是夹可塑性板的砌块井壁，在冻结压力迅速增高的时候，可以避免现浇混凝土井壁强度增长缓慢的弱点。因为，混凝土在初凝阶段，过早地承受挤压，会在混凝土内部造成不可重塑的微小裂缝，导致大幅度地降低井壁强度。由于用砌块砌筑的井壁具有可塑性，它可以充分发挥冻结壁支承能力，又可以给冻结壁变形作一定限制。另一个特点是，在不均匀的冻结压力作用下，根据最小功原理，柔性的砌块外井壁变形过程中，外层井壁的形状将自动地调整，直至砌体圆周中心线趋于最佳状态。同时，对于滑动井壁来说，也可以适应地层移动，不至于使内层井壁承担过分大的地层变形荷载。例如，在软硬交替的岩层中，岩层的弯曲，有可能引起对井筒有害的剪切应力及变形。根据巴赫斯特劳姆观测，松散岩层，不对称回采产生的剪切位移可达5cm。因此外层井壁厚度与沥青层厚度的最终确定，除了根据井筒弯曲计算（见复合井壁计算）之外，还应当结合采动模型试验来估计。例如，联邦德国哈尔德井，估计回采引起的直径收缩约5～10cm，这一数值还不包括冻结壁压力作用下外层井壁的径向收缩。

壁座以上的一段底部井筒，一般取大约1.5倍的净直径高度，在这段范围内滑动层位置充填砂浆，外层井壁用砂浆砌块，不夹塑料板，内层钢板表面也不涂沥青，使井筒的端部形成刚性固端。随着井筒弯曲计算的假定不同，端部构造措施也不相同，端部结构当作为铰接计算的假设时，常常在井壁与壁座之间加设铅垫层，如果壁座附近有强含水层，结构的形式往往更趋复杂，如图4—4—19所示。

双层钢板充填混凝土结构作内层井壁时，混凝土和钢板都不分段。

单层钢板仅作为防水钢板处理的内层井壁，钢板都放在外缘，混凝土支承环逐段分开，每段之间钢筋网也断开，防水钢板的内表面涂刷沥青，这样就可使井壁在弯曲时分段之间形成β角，见图4—4—20，钢板与混凝土接触面由于有沥青层存在不再产生剪力。这种结构形式，又称AV型井壁结构。

厚钢板接头也有另一种连接形式，如图4—4—21所示，使用这种连接形式可以避免井下厚钢板的横向焊接。

1984年至1985年施工的淮南孔集矿西风井是国内建成的第一座钢板滑动井壁，该井采用冻结法施工，冻结深度112m。其结构是：外壁为300mm厚混凝土预制块，块间夹木屑板，干垒；为加大掘进段高，冻结壁上挂网喷150mm厚混凝土作为临时支护；内壁为400mm厚钢筋混凝土；内、外

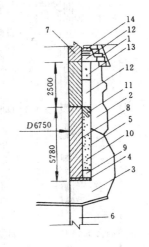

图4—4—19　含水层中壁座防水构造

1—砌块外井壁；2—加固外井壁；3—壁座；4—砂浆和基础钢板；5—薄钢板防水层；6—混凝土圈埋注浆管；7—钢筋混凝土井壁；8—钢板井壁；9—下部密封圈；10—充填碎石和注入水泥浆的空间；11—钢筋混凝土井壁堵头；12—上部密封圈；13—碎石过滤带；14—沥青层

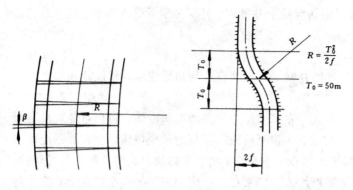

图 4—4—20 岩层相对水平错动引起的井壁纵向弯曲

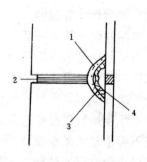

图 4—4—21 厚钢板带有柔性的连接
1—柔性材料；2—井壁间带有弹性的垫板；3—用钢板做的带有弹性的连接环可塑率 2%～3%；4—焊缝

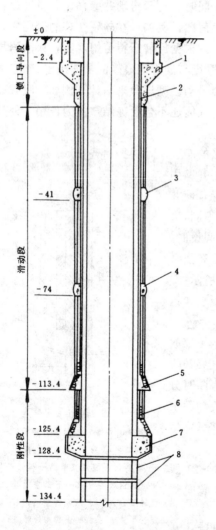

图 4—4—22 孔集西风井井筒纵剖面图
1—锁口；2—导向装置；3、4—砌块壁座；5—密封圈；6—刚性井壁；7—大壁座；8—支撑圈

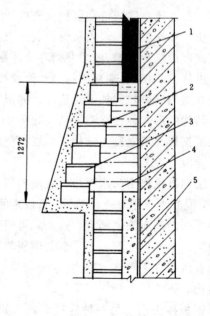

图 4—4—23 密封圈与井壁结构
1—沥青混合料；2—水平木屑板；3—混凝土砌块；4—密封圈；5—钢板

壁之间有 8mm 厚钢板层及 200mm 厚沥青层。井壁分滑动井壁段、刚性井壁段和锁口导向段。井壁分段情况见图 4—4—22，密封圈与井壁结构见图 4—4—23。

1989 年施工完毕的开滦东欢坨矿副井是中德合作方式建成的又一座钢板滑动井壁。该井净直径 8.0m，穿过的冲积层厚 167m，风化岩层约 30m。冲积层段井壁全深 208.2m，井深 13.2m 以上为井颈部分，包括锁口及导向环；井深 4.5m～200.8m 是柔性滑动防水井壁的主体；井深 200.8m～208.8m 为壁座及其支撑圈，其中 200.8m～204m 为壁座。井壁主体部分结构见图 4—4—24。

井壁主体部分共 5 层，由井中向外分别是：750mm 厚 B35、B45 钢筋混凝土，8mm 厚钢板（钢板与混凝土的接触面均涂不小于 0.5mm 厚的沥青漆），250mm 厚的沥青、石粉玛琋脂层（用 200 号液体石油沥青和细度相当于 425 号水泥的石灰石粉，加温至 185℃搅拌成比重为 1.3t/m³ 的液态物灌注充满于内外井壁之间），楔形混凝土（B35）预制块夹专门加工的 15mm 厚木垫板形成的砌体井壁，在砌体与冻土之间用 1：5 的砂浆充填空隙，设计井壁全厚 1.37m。

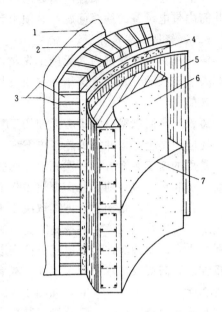

图 4—4—24　东欢坨副井柔性复合井壁结构
1—围岩；2—灰浆；
3—用可塑性木垫板接缝的混凝土砌块；
4—沥青层；5—焊接密封的钢板套；
6—钢筋混凝土；7—机油隔层

内层 750mm 厚的钢筋混凝土井壁是冲积层的主要承压部分，设计考虑永久地压直接作用在外层井壁上，外壁由于沥青层的存在，压力处于平衡状态，内层井壁则承受 1.3H 的全部沥青层压力。

钢板和被施工缝隔成一段一段的钢筋混凝土内壁，以及钢板与混凝土之间自由滑动面的设计，则是针对回采井筒周围的煤柱时，考虑地层不均匀沉降而引起井筒一定的纵向弯曲而实施的。在这种情况下，延展度较好的钢井壁将仍可保证内壁不透水，而混凝土井壁分节断开的结构及与钢井壁的无约束性质使其具有一定柔性。

中间的沥青层呈粘滞状态，作用在井壁上的长时剪切力较小，因此围岩和外层井壁沉降时的轴向作用力不会传至内层井壁上，能保障井筒的安全使用。类似液体的沥青近似地具有液体内部同一深度压强均等的性质，只要外层井壁及围岩与内层井壁的外表面没有直接接触，内层井壁承受的将一直是沿圆周均布的沥青荷载，这无疑使内层井壁处于一种良好的工作状态。其次，由于沥青的憎水性，沥青层还对保护钢板和整个井筒的防水起非常可靠的保障作用。

外层的预制块夹木垫板的砌体井壁及其与冻土间的砂浆充填层一般只承担冻结施工临时荷载，一经沥青浇入，外层井壁就处于压力平衡状态。

钢板过去使用很好，德国有一个使用了 58 年的老井筒，在光滑的钢井壁表面，仅形成了 0.16mm 的锈蚀深度。钢对于自然通风条件下缝隙的锈蚀比较敏感。在井筒中结构伸出的地方，例如焊缝、铆钉联接的型钢、安装的悬臂梁，每年将达 0.2～0.3mm。

以上所述侵蚀不包括漏电引起的侵蚀。在漏电的情况下，钢被侵蚀比铸铁更加明显，因此井筒内带电设备的绝缘问题，必须引起特别注意。

（三）铸铁丘宾筒井壁

铸铁丘宾筒井壁国内尚无施工先例，但国外如德国、英国、前苏联早就普遍使用。随着深厚表土矿区的开发，深冻结井井筒支护将越来越困难，在国内采用铸铁丘宾筒井壁的前景是乐观的。

铸铁丘宾筒井壁通常不考虑使用于对井筒有弯曲要求的井筒，除了前述材料特征要求之外，还应当结合考虑井筒的施工方案。

常用的施工方案有：一次完成井筒掘进，然后由下向上拼装丘宾块；分段掘进，分段自下而上拼装丘宾块；随着井筒掘进工作面下延，随掘随拼逐圈安装三种。

丘宾筒井壁的结构设计方案取决于冻结壁的安全可靠性，以及是否设计外层井壁。最好的施工方式应当是在外层井壁施工完成之后，然后由下向上逐圈拼装，并且在丘宾筒之后充填混凝土，以便减少连接每段丘宾筒安装的接缝。因为分段施工往往必须设置壁座，而且每段接茬位置需要设置木楔圈来填满，或者要根据井下实际量测的数字，通知工厂现加工。每段拼装高度一般为 20～30m，如图 4-4-13 所示。

在不采用外层井壁，且分段拼装丘宾筒期间，冻结壁在承受地压作用下不能保证自身的稳定性时，那么，由上向下逐圈拼装就是唯一可以选择的方式。这种方式在地层条件恶劣的情况下比较安全，不存在分段接茬问题，但充填混凝土接茬比较多，整体性及防水性都比较差。例如，加拿大柯明克钾盐矿二个井筒，在通过白雷摩尔层时，就是采用这种方案。

在地层中具有腐蚀性或高压含水层的情况下，应使用丘宾筒密封环使地下水封闭于丘宾块支护段范围之内。密封环一般可设于丘宾筒支承环和岩壁之间，用大量楔形硬木块分圈楔紧，或者采用膨胀性树脂混合材料密封。

丘宾块在设计过程中，其支护厚度主要是受压强度控制，但实际破坏却往往是由受拉应力引起。因此，设计中应减少丘宾块本身的拉应力集中，同时保证一定的支护刚度，减少稳定计算中出现的拉应力。

丘宾筒的稳定性与壁后充填混凝土厚度有密切的关系，特别是在淤泥及其他弱地层的粘性土壤中更为如此。1925 年费朗茨 2 号立井以及 1927 年的维克多利亚 2 号立井，都曾因壁后充填层薄弱而出现井壁塌裂事故。

单层丘宾筒的壁后混凝土充填厚度不得小于 400mm，当直径大于 5.0m 的情况下应适当增加，建议不小于 650mm。

铸铁丘宾筒处于矿井气体与干湿交替的环境中，铸铁中的氧化铁产生较大的体积膨胀，这种膨胀的体积在正常的铁表面，是以鳞片状形式剥落。锈蚀层的厚度绝大部分相当于被锈蚀铁的十分之一，并且时常造成很大的破坏。铸铁中的磷，在铸铁腐蚀过程中，形成磷化物，能保护磷化物下铸铁不致进一步侵蚀。随着时间的推移，腐蚀的速度逐渐减慢。

丘宾筒的腐蚀，其内表面比外表面大。外表面一般与充填混凝土紧贴，腐蚀比较困难，表面侵蚀速度在煤矿中，每年总计为 0.1mm，内表面侵蚀总计达 92%，而外表面仅占 8%，见表 4-4-44。

在采用双层丘宾筒支护的井筒中，外圆筒侵蚀总计为内圆筒侵蚀总计的 19%。外圆筒侵蚀速度约为 0.008～0.010mm/a。

由下表列出的数值可见，煤矿中 50 年后的侵蚀总计 5mm。这一数值对静力计算还没有明显影响，特别是目前生产的铸铁，比 50 年以前的质量也大有改善。

表 4—4—44　鲁尔矿区的煤矿井筒丘宾筒侵蚀速度

项　目	内　圆　筒			外　圆　筒		
	内　面	外　面	合　计	内　面	外　面	合　计
46 年中的锈蚀（mm）	4.06	0.41	4.47	0.46	0.39	0.85
每年锈蚀速度（mm/a）	0.088	0.009	0.097	0.01	0.008	0.018
内外圆筒的锈蚀速度（%）	100	10		11	9.6	

四、复合井壁的设计计算

（一）基本假定

1）混凝土被认为是透水的。

2）按两种荷载作用状态验算井壁：

（1）按全部水压作用于不透水复合层面，悬浮的岩土压力作用于井壁的外表面；

（2）全部悬浮的岩土压力和水压力，作用于井筒外表面。

3）考虑不均匀荷载作用。

4）只考虑承受均匀水压作用下的内层不透水层结构的稳定性。

5）钢材和混凝土弹性模量比 n，按两种比值进行计算：

$n=10$ 正常状况；

$n=15$ 考虑混凝土结硬初期弹性模量变化，以及蠕变影响。

复合井壁的计算都是在经验或工程类比确定各部分尺寸的基础上，根据上述受力假设而进行的复核验算。开始复核计算之前，首先应列表进行不同深度的地层压力计算，绘出沿井筒深度表示的地层压力图，按不同类型复合井壁的受力特征估计井壁厚度。例如：

钢筋混凝土复合井壁：根据确定的最大冻结压力估算外层井壁的厚度。用均匀径向受压的井壁切向内应力公式、工程类比的配筋率以及壁座以上最大静水压力、估计内层井壁厚度。逐项进行应力验算，调整井壁厚度、混凝土标号和配筋率。

铸铁丘宾筒井壁：由承受的最大水压力按薄壁公式估计需要的铸铁丘宾块型号，或者需要设计的丘宾块等效厚度。选择充填混凝土层厚度，验算复合井壁是否满足全部土压及水压作用于井壁外表面需要的强度，逐项进行稳定性验算及其他项目的内应力分析，调整铸铁丘宾块的型号或丘宾块各部分尺寸。

滑动井壁：按 1.3t/m³ 沥青层容重利用重液公式确定最深部的内层滑动井壁的最大压力，借用厚壁筒计算公式，采用内壁充填混凝土强度估计混凝土井壁厚度。利用选择的钢板厚度，钢和混凝土的弹性模量比折减混凝土厚度，分别把钢板布置在内层井壁的内缘或外缘。考虑到不均匀压力和弯曲应力的计算，适当加厚充填层厚度 5～10cm 作为初步选定的井壁计算尺寸，逐项进行复核验算，调整钢号，充填混凝土强度以及钢板或充填层厚度，满足受力要求。

钢板厚度的选择，应以国内加工、施工安装以及焊接能力为依据。

（二）无滑动层的复合井壁计算

按组合厚壁筒进行内力计算。

1. 一般公式

根据弹性力学，组合圆筒是由多层不同材料组成。以 5 层为例，受力简图如图 4-4-25 所示。当内层内表面的压力 $P_{01}=0$，各层接触面上，层间相互作用的径向压力分别表示为 P_{12}，P_{23}，P_{34}，P_{45}，P_{56}。P_{56} 即为组合筒的外压力。

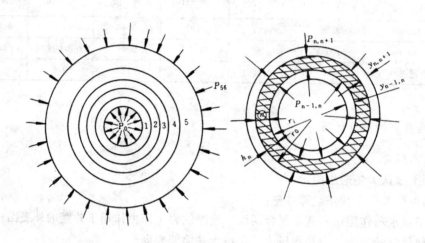

图 4-4-25　组合筒计算简图

第 n 层内表面压力 $P_{n-1,n}$，径向位移 $y_{n-1,n}$，

第 n 层外表面压力 $P_{n,n+1}$，径向位移 $y_{n,n+1}$，

$$y_{n-1,n}=f_{ii}^{(n)}P_{n-1,n}-f_{io}^{(n)}P_{n,n+1} \tag{4-4-21}$$

$$y_{n,n+1}=f_{oi}^{(n)}P_{n-1,n}-f_{oo}^{(n)}P_{n,n+1} \tag{4-4-22}$$

式中 $f_{ii}^{(n)}$，$f_{io}^{(n)}$，$f_{oi}^{(n)}$，$f_{oo}^{(n)}$ 为第 n 层支护的四个常数。物理意义为，当内外压力 $P_{n-1,n}$，$P_{n,n+1}$ 分别等于 1 时所引起的第 n 层圆筒内外半径处的位移，并且以脚标 i 代表内，o 代表外。

例如 $f_{io}^{(n)}$ 表示第 n 层外表面作用单位荷载压力强度的压力时，所引起的第 n 层内表面径向位移，其余符号类同。

$$f_{ii}^{(n)}=(1+\mu)\left(\frac{t^2+1-2\mu}{t^2-1}\right)\frac{r_i}{E} \tag{4-4-23}$$

$$f_{oi}^{(n)}=(1+\mu)\left(\frac{2t(1-\mu)}{t^2-1}\right)\frac{r_i}{E} \tag{4-4-24}$$

$$f_{io}^{(n)}=(1+\mu)\left(\frac{2t(1-\mu)}{t^2-1}\right)\frac{r_0}{E} \tag{4-4-25}$$

$$f_{oo}^{(n)}=(1+\mu)\left(\frac{1+t^2-2\mu t^2}{t^2-1}\right)\frac{r_0}{E} \tag{4-4-26}$$

式中　r_i、r_0——分别代表该层支护的内、外半径，$t=r_0/r_i$；

E、μ——分别代表该层支护材料的弹性模量和泊松比。

假如支护很薄，$t\leqslant 1.1$ 时，支护圆环最大应力 σ_{max} 只比最小应力 σ_{min} 大 10.5%，我们可以假设截面应力沿径向均匀分布，$r_i\approx r_0\approx r$，4 个常数就变为 1 个。

$$f^{(n)} = \frac{r^2}{CE} \tag{4-4-27}$$

式中　r——平均半径，mm；

　　　C——支护厚度，mm；

　　　E——弹性模数，N/mm^2。

薄层支护内外表面的径向位移可以表达为

$$y_{n-1,n} = y_{n,n-1} = f^{(n)} \ (P_{n-1,n} - P_{n,n+1}) \tag{4-4-28}$$

厚壁组合筒，各组合层支护界面的径向位移可以列出

$$\left. \begin{aligned} y_{01} &= f_{ii}^{(1)} P_{01} - f_{io}^{(1)} P_{12} \\ y_{12} &= f_{oi}^{(1)} P_{01} - f_{oo}^{(1)} P_{12} = f_{ii}^{(2)} P_{12} - f_{io}^{(2)} P_{23} \\ y_{23} &= f_{oi}^{(2)} P_{12} - f_{oo}^{(2)} P_{23} = f_{ii}^{(3)} P_{23} - f_{io}^{(3)} P_{34} \\ y_{34} &= f_{oi}^{(3)} P_{23} - f_{oo}^{(3)} P_{34} = f_{ii}^{(4)} P_{34} - f_{io}^{(4)} P_{45} \\ y_{45} &= f_{oi}^{(4)} P_{34} - f_{oo}^{(4)} P_{45} = f_{ii}^{(5)} P_{45} - f_{io}^{(5)} P_{56} \\ y_{56} &= f_{oi}^{(5)} P_{45} - f_{oo}^{(5)} P_{56} \end{aligned} \right\} \tag{4-4-29}$$

由上式中界面径向位移 y_{12}，y_{23}，y_{34}，y_{45}可解出

$$\left. \begin{aligned} P_{01} &= \frac{1}{f_{oi}^{(1)}} \ \left[\ (f_{oo}^{(1)} + f_{ii}^{(2)}) \ P_{12} - f_{io}^{(2)} P_{23} \right] \\ P_{12} &= \frac{1}{f_{oo}^{(2)}} \ \left[\ (f_{oo}^{(2)} + f_{ii}^{(3)}) \ P_{23} - f_{io}^{(3)} P_{34} \right] \\ P_{23} &= \frac{1}{f_{oi}^{(3)}} \ \left[\ (f_{oo}^{(3)} + f_{ii}^{(4)}) \ P_{34} - f_{io}^{(4)} P_{45} \right] \\ P_{34} &= \frac{1}{f_{oi}^{(4)}} \ \left[\ (f_{oo}^{(4)} + f_{ii}^{(5)}) \ P_{45} - f_{io}^{(5)} P_{56} \right] \end{aligned} \right\} \tag{4-4-30}$$

P_{45}也可以直接由外边界压力 P_{56}作用下，由 y_{45}位移方程求得：

$$P_{45} = \frac{1}{f_{oo}^{(4)} + f_{ii}^{(5)}} \ (f_{oi}^{(4)} P_{34} + f_{io}^{(5)} P_{56}) \tag{4-4-31}$$

由连续代入法逐个求解各层面压力。在获得各分层内力之后，就可以根据厚壁筒或薄壁筒公式求得各层井筒的内应力。

厚壁筒

$$\left. \begin{aligned} \sigma &- \frac{r^2 + r_0^2}{r^2 \ (t^2-1)} P_i - \frac{(r^2 + r_i^2) \ t^2}{r^2 \ (t^2-1)} P_0 \\ \\ \sigma' &= \frac{2 \ (P_i r_i - P_0 r_0)}{r_0 - r_i} \end{aligned} \right\} \tag{4-4-32}$$

薄壁筒

式中　σ——环向内应力，N/mm^2；

　　　σ'——环向平均应力，N/mm^2；

　　　r——任意计算位置半径，mm；

　r_i，r_0——该层支护的内、外半径，mm；

　　　t——井壁外半径与井壁内半径的比值，$t = r_0/r_i$；

P_i，P_0——作用于内外壁的均匀径向压力即层间界面压力，MPa。

当组合层采用钢筋混凝土结构时,钢筋截面的配置可以按普通钢筋混凝土结构构件计算。

2. 算 例

井筒净直径 6.0m,采用冻结法施工,冻结深度 400m,由里向外第一层井壁采用 25mm 钢板,第二层为 700mm 厚 C40 充填混凝土,第三层为 10mm 厚钢板,第四层为 150mm 厚 C20 充填细石混凝土,第五层为混凝土块砂浆砌体,井壁承受最大压力 5MPa,计算井壁各层间内压力以及井壁内缘应力:

钢板弹性模量　　　　　　　　$E = 2.1 \times 10^5 \mathrm{N/mm^2}$

C40 混凝土弹性模量　　　　　$E_h = 3.25 \times 10^4 \mathrm{N/mm^2}$

C20 混凝土弹性模量　　　　　$E_n = 2.55 \times 10^4 \mathrm{N/mm^2}$

混凝土块砂浆砌体　　　　　　$E_o = 2.15 \times 10^4 \mathrm{N/mm^2}$

泊松比钢 $\mu = 0.3$;混凝土 $\mu = 0.2$

$r_{1i} = 3000\mathrm{mm}$; $r_{10} = 3025\mathrm{mm}$; $r_{2i} = 3025\mathrm{mm}$; $r_{20} = 3725\mathrm{mm}$

$r_{3i} = 3725\mathrm{mm}$; $r_{30} = 3735\mathrm{mm}$; $r_{4i} = 3735\mathrm{mm}$; $r_{40} = 3885\mathrm{mm}$

$r_{5i} = 3885\mathrm{mm}$; $r_{50} = 4285\mathrm{mm}$

由公式(4-4-29)得

$$\begin{cases} f_{oi}^{(1)} P_{01} - f_{oo}^{(1)} P_{12} = f_{ii}^{(2)} P_{12} - f_{io}^{(2)} P_{23} \\ f_{oi}^{(2)} P_{12} - f_{oo}^{(2)} P_{23} = f_{ii}^{(3)} P_{23} - f_{io}^{(3)} P_{34} \\ f_{oi}^{(3)} P_{23} - f_{oo}^{(3)} P_{34} = f_{ii}^{(4)} P_{34} - f_{io}^{(4)} P_{45} \\ f_{oi}^{(4)} P_{34} - f_{oo}^{(4)} P_{45} = f_{ii}^{(5)} P_{45} - f_{io}^{(5)} P_{56} \end{cases}$$

式中 $f_{oi}^{(1)} P_{01} = 0$; $P_{56} = 5\mathrm{MPa}$

$$t_1 = \frac{r_{10}}{r_{1i}} = \frac{3025}{3000} = 1.0083; \qquad t_2 = \frac{r_{20}}{r_{2i}} = \frac{3725}{3025} = 1.2314$$

$$t_3 = \frac{r_{30}}{r_{3i}} = \frac{3735}{3725} = 1.0027; \qquad t_4 = \frac{r_{40}}{r_{4i}} = \frac{3885}{3735} = 1.0402$$

$$t_5 = \frac{r_{50}}{r_{5i}} = \frac{4285}{3885} = 1.1030$$

1)求系数:$f_{oo}^{(1)}$、$f_{ii}^{(2)}$、$f_{io}^{(2)}$、$f_{oi}^{(2)}$、$f_{oo}^{(2)}$、$f_{ii}^{(3)}$、$f_{io}^{(3)}$、$f_{oi}^{(3)}$、$f_{oo}^{(3)}$、$f_{ii}^{(4)}$、$f_{io}^{(4)}$、$f_{oi}^{(4)}$、$f_{oo}^{(4)}$、$f_{ii}^{(5)}$、$f_{io}^{(5)}$。

$$\begin{aligned} f_{oo}^{(1)} &= (1+\mu)\left(\frac{1 + t_1^2 - 2\mu t_1^2}{t_1^2 - 1}\right)\frac{r_{10}}{E} \\ &= (1+0.3)\left(\frac{1 + 1.0083^2 - 2 \times 0.3 \times 1.0083^2}{1.0083^2 - 1}\right)\frac{3025}{2.1 \times 10^5} \\ &= 1.58 \end{aligned}$$

$$\begin{aligned} f_{ii}^{(2)} &= (1+\mu)\left(\frac{t_2^2 + 1 - 2\mu}{t_2^2 - 1}\right)\frac{r_{2i}}{E_h} \\ &= (1+0.2)\left(\frac{1.2314^2 + 1 - 2 \times 0.2}{1.2314^2 - 1}\right)\frac{3025}{3.25 \times 10^4} \\ &= 0.458 \end{aligned}$$

$$\begin{aligned} f_{io}^{(2)} &= (1+\mu)\left(\frac{2 t_2 (1-\mu)}{t_2^2 - 1}\right)\frac{r_{20}}{E_h} \\ &= (1+0.2)\left(\frac{2 \times 1.2314 (1-0.2)}{1.2314^2 - 1}\right)\frac{3725}{3.25 \times 10^4} \end{aligned}$$

$$=0.525$$

$$f_{oi}^{(2)} = (1+\mu) \left[\frac{2t_2 \ (1-\mu)}{t_2^2-1} \right] \frac{r_{2i}}{E_h}$$

$$= (1+0.2) \left[\frac{2 \times 1.2314 \ (1-0.2)}{1.2314^2-1} \right] \frac{3025}{3.25 \times 10^4}$$

$$=0.426$$

$$f_{oo}^{(2)} = (1+\mu) \left(\frac{1+t_2^2-2\mu t_2^2}{t_2^2-1} \right) \frac{r_{2o}}{E_h}$$

$$= (1+0.2) \left(\frac{1+1.2314^2-2 \times 0.2 \times 1.2314^2}{1.2314^2-1} \right) \frac{3725}{3.25 \times 10^4}$$

$$=0.509$$

$$f_{ii}^{(3)} = (1+\mu) \left(\frac{t_3^2+1-2\mu}{t_3^2-1} \right) \frac{r_{3i}}{E}$$

$$= (1+0.3) \left(\frac{1.0027^2+1-2 \times 0.3}{1.0027^2-1} \right) \frac{3725}{2.1 \times 10^5}$$

$$=5.99$$

$$f_{io}^{(3)} = (1+\mu) \left[\frac{2t_3 \ (1-\mu)}{t_3^2-1} \right] \frac{r_{3o}}{E}$$

$$= (1+0.3) \left[\frac{2 \times 1.0027 \times \ (1-0.3)}{1.0027^2-1} \right] \frac{3735}{2.1 \times 10^5}$$

$$=6.003$$

$$f_{oi}^{(3)} = (1+\mu) \left[\frac{2t_3 \ (1-\mu)}{t_3^2-1} \right] \frac{r_{3i}}{E}$$

$$= (1+0.3) \left[\frac{2 \times 1.0027 \times \ (1-0.3)}{1.0027^2-1} \right] \frac{3725}{2.1 \times 10^5}$$

$$=5.986$$

$$f_{oo}^{(3)} = (1+\mu) \left(\frac{1+t_3^2-2\mu t_3^2}{t_3^2-1} \right) \frac{r_{3o}}{E}$$

$$= (1+0.3) \left(\frac{1+1.0027^2-2 \times 0.3 \times 1.0027^2}{1.0027^2-1} \right) \frac{3735}{2.1 \times 10^5}$$

$$=5.996$$

$$f_{ii}^{(4)} = (1+\mu) \left(\frac{t_4^2+1-2\mu}{t_4^2-1} \right) \frac{r_{4i}}{E_n}$$

$$= (1+0.2) \left(\frac{1.0402^2+1-2 \times 0.2}{1.0402^2-1} \right) \frac{3735}{2.55 \times 10^4}$$

$$=3.605$$

$$f_{io}^{(4)} = (1+\mu) \left[\frac{2t_4 \ (1-\mu)}{t_4^2-1} \right] \frac{r_{4o}}{E_n}$$

$$= (1+0.2) \left[\frac{2 \times 1.0402 \times \ (1-0.2)}{1.0402^2-1} \right] \frac{3885}{2.55 \times 10^4}$$

$$=3.710$$

$$f_{oi}^{(4)} = (1+\mu) \left[\frac{2t_4 \ (1-\mu)}{t_4^2-1} \right] \frac{r_{4i}}{E_n}$$

$$= (1+0.2) \left[\frac{2 \times 1.0402 \times \ (1-0.2)}{1.0402^2-1} \right] \frac{3735}{2.55 \times 10^4}$$

$$=3.567$$

$$f_{\infty}^{(4)} = (1+\mu)\left(\frac{1+t_4^2-2\mu t_4^2}{t_4^2-1}\right)\frac{r_{40}}{E_n}$$

$$= (1+0.2)\left(\frac{1+1.0402^2-2\times0.2\times1.0402^2}{1.0402^2-1}\right)\frac{3885}{2.55\times10^4}$$

$$=3.676$$

$$f_{ii}^{(5)} = (1+\mu)\left(\frac{t_5^2+1-2\mu}{t_5^2-1}\cdot\right)\frac{r_{5i}}{E_o}$$

$$= (1+0.2)\left(\frac{1.1030^2+1-2\times0.2}{1.1030^2-1}\right)\frac{3885}{2.15\times10^4}$$

$$=1.819$$

$$f_{io}^{(5)} = (1+\mu)\left(\frac{2t_5(1-\mu)}{t_5^2-1}\right)\frac{r_{50}}{E_o}$$

$$= (1+0.2)\left(\frac{2\times1.1030(1-0.2)}{1.1030^2-1}\right)\frac{4285}{2.15\times10^4}$$

$$=1.949$$

2）计算各层间的压力：

$$P_{12}=\frac{f_{io}^{(2)}P_{23}}{f_{\infty}^{(1)}+f_{ii}^{(2)}}=\frac{0.525P_{23}}{1.58+0.458}=0.2576P_{23}$$

$$P_{23}=\frac{f_{io}^{(3)}\cdot P_{34}}{f_{ii}^{(3)}+f_{\infty}^{(2)}-\dfrac{f_{oi}^{(2)}\cdot f_{io}^{(2)}}{f_{\infty}^{(1)}+f_{ii}^{(2)}}}=\frac{f_{io}^{(3)}\cdot P_{34}}{f_{ii}^{(3)}+f_{\infty}^{(2)}-0.2576\times f_{oi}^{(2)}}$$

$$=\frac{6.003P_{34}}{5.99+0.509-0.2576\times0.426}$$

$$=0.9395P_{34}$$

$$P_{34}=\frac{f_{io}^{(4)}P_{45}}{f_{ii}^{(4)}+f_{\infty}^{(3)}-\dfrac{f_{oi}^{(3)}f_{io}^{(3)}}{f_{ii}^{(3)}+f_{\infty}^{(2)}-\dfrac{f_{oi}^{(2)}\cdot f_{io}^{(2)}}{f_{\infty}^{(1)}+f_{ii}^{(2)}}}}$$

$$=\frac{f_{io}^{(4)}\cdot P_{45}}{f_{ii}^{(4)}+f_{\infty}^{(3)}-f_{oi}^{(3)}\times0.9395}=\frac{3.710P_{45}}{3.605+5.996-0.9395\times5.986}$$

$$=0.9328P_{45}$$

$$P_{45}=\frac{f_{io}^{(5)}\cdot P_{56}}{f_{ii}^{(5)}+f_{\infty}^{(4)}-\dfrac{f_{oi}^{(4)}\cdot f_{io}^{(4)}}{f_{ii}^{(4)}+f_{\infty}^{(3)}-\dfrac{f_{oi}^{(3)}\cdot f_{io}^{(3)}}{f_{ii}^{(3)}+f_{\infty}^{(2)}-\dfrac{f_{oi}^{(2)}\cdot f_{io}^{(2)}}{f_{\infty}^{(1)}+f_{ii}^{(2)}}}}}$$

$$=\frac{f_{io}^{(5)}\cdot P_{56}}{f_{ii}^{(5)}+f_{\infty}^{(4)}-0.9328\times f_{oi}^{(4)}}$$

$$=\frac{1.949P_{56}}{1.819+3.676-3.567\times0.9328}$$

$$=0.8991P_{56}$$

∴　　　$$P_{45}=0.8991P_{56}=0.8991\times5=4.496\text{MPa}$$

$$P_{34}=0.9328P_{45}=0.9328\times4.496$$

$$=4.194\text{MPa}$$

$$P_{23}=0.9395P_{34}=0.9395\times 4.194$$
$$=3.940\text{MPa}$$
$$P_{12}=0.2576P_{23}=0.2576\times 3.940$$
$$=1.015\text{MPa}$$

核算　$f_{oi}^{(1)}P_{01}-f_{oo}^{(1)}P_{12}=f_{ii}^{(2)}P_{12}-f_{io}^{(2)}p_{23}$；由于 $f_{oi}^{(1)}P_{01}=0$ 故

$$P_{12}\ (f_{oo}^{(1)}+f_{ii}^{(2)})=f_{io}^{(2)}P_{23}$$
$$1.015\times\ (1.58+0.458)\approx 0.525\times 3.940$$
$$2.06857\approx 2.06850$$

3）计算一、二层的井壁最大应力：

$$\sigma_{1max}=\sigma_{i1}=\frac{r_{1i}^2+r_{1o}^2}{r_{1i}^2\ (t_1^2-1)}P_{01}-\frac{(r_{1i}^2+r_{1i}^2)\ t_1^2}{r_{1i}^2\ (t_1^2-1)}P_{12}$$
$$=-\frac{3000^2\times 2\times 1.0083^2}{3000^2\times\ (1.0083^2-1)}\times 1.015$$
$$=-123.814\text{N/mm}^2$$

$$\sigma_{2max}=\sigma_{i2}=\frac{r_{2i}^2+r_{2o}^2}{r_{2i}^2\ (t_2^2-1)}P_{12}-\frac{(r_{2i}^2+r_{2i}^2)\ t_2^2}{r_{2i}^2\ (t_2^2-1)}P_{23}$$
$$=\frac{3025^2+3725^2}{3025^2\times\ (1.2314^2-1)}\times 1.015-\frac{3025^2\times 1.2314^2\times 2}{3025^2\times\ (1.2314^2-1)}\times 3.940$$
$$=-18.195\text{N/mm}^2$$

（三）铸铁丘宾筒与混凝土复合井壁的计算

1. 丘宾筒与混凝土复合井壁的内力计算

在只有单层丘宾筒的情况下，可以直接采用下面的公式进行计算，需先求出充填混凝土与铸铁丘宾筒界面的内应力。

铸铁丘宾筒按等效截面计算，等效截面的面积等于丘宾筒块的横截面积，它不等于丘宾块的法兰厚度所构成的矩形面积。等效截面的重心。仍应根据实际丘宾筒的截面重心进行计算，见图 4—4—26。

1）界面压力：

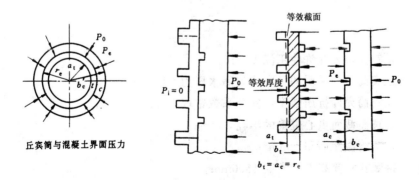

图 4—4—26　丘宾筒井壁计算简图
c—表示混凝土；t—表示铸铁

$$P_e = \frac{2P_0 \cdot b_c^2}{E_c \ (b_c^2 - r_e^2)} \cdot \frac{1}{\left\{ \dfrac{1}{E_t}\left[\dfrac{(a_t^2 + r_e^2)}{r_e^2 - a_t^2} - \mu_t \right] + \dfrac{(1 - \mu_c) \ r_e^2 + \ (1 + \mu_c) \ b_c^2}{E_c \ (b_c^2 - r_e^2)} \right\}} \qquad (4-4-33)$$

式中 r_e——混凝土和铸铁丘宾筒界面的半径，mm；

      P_e——混凝土和铸铁界面的挤压力，MPa；

      P_0——地压，MPa；

      μ——泊松比；

      E——弹性模量，N/mm²；

      a——内半径，mm（根据不同的计算对象附加脚标，如丘宾筒用 a_t，充填混凝土层用 a_c，外半径的表达方式相同）；

      b——外半径，mm。

2）各层横截面应力：

混凝土层内缘切向应力

$$\sigma_{ti} = \frac{1}{b_c^2 - r_e^2} \left[P_e \ (r_e^2 + b_c^2) \ - 2P_0 b_c^2 \right] \qquad (4-4-34)$$

混凝土层外缘切向应力

$$\sigma_{to} = \frac{1}{b_c^2 - r_e^2} \left[2P_e r_e^2 - P_0 \ (r_e^2 + b_c^2) \right] \qquad (4-4-35)$$

内缘径向应力 $\sigma_{ri} = P_e$

外缘径向应力 $\sigma_{ro} = P_0$

丘宾筒层内缘切向应力 $\sigma_{ti} = -\dfrac{2P_e r_e^2}{r_e^2 - a_t^2} \qquad (4-4-36)$

丘宾筒层外缘切向应力 $\sigma_{to} = -\dfrac{P_e \ (r_e^2 + a_t^2)}{r_e^2 - a_t^2} \qquad (4-4-37)$

内缘径向应力 $\sigma_{ri} = 0$；外缘径向应力 $\sigma_{ro} = P_e$

3）静水压直接作用于丘宾筒表面时，丘宾筒最大允许使用深度：

$$H = \frac{P}{0.01} \qquad (4-4-38)$$

$$P = \frac{[\sigma_a] \ A}{1500R}$$

式中 H——丘宾筒最大允许使用深度，m；

      P——丘宾筒允许承受的径向均匀静水压力，MPa；

   $[\sigma_a]$——丘宾筒允许抗压强度，安全系数常取 3.5；

      R——丘宾筒截面重心位置的半径，mm；

      A——丘宾筒截面面积，mm²；

   1500——每圈丘宾筒高度，常取 1500mm。

2．丘宾筒的稳定性计算

1）德国铸铁丘宾筒支护稳定计算常用的计算公式：

假设铸铁丘宾筒与充填混凝土脱裂，在临界压力——均匀水压力作用下，失稳时侧向变形受充填混凝土的限制。

$$P_k = \frac{8EI}{10r_0^3} \left[1 + 0.0029 (375 - h)\right] \tag{4-4-39}$$

计算深度 $h = 50 \sim 375m$ 范围之内，用实际深度代入，

$$h < 50m \quad h = 50m \text{ 代入}$$
$$h > 375m \quad h = 375m \text{ 代入}$$

式中　P_k——临界压力，MPa；

　　　E——铸铁的弹性模量，考虑铅垫层折减影响，计算时应乘以 0.9 的折减系数，N/mm²；

　　　r_0——丘宾筒截面形心位置的半径，mm；

　　　I——丘宾筒截面的惯性矩，mm⁴。

在 $50 \sim 375m$ 范围之内，用这一简化公式已足够精确，这时稳定安全系数：

$$\text{当 } P_k/P_w \geqslant 1.8 \sim 2 \text{ (稳定)}$$

式中　P_w——静水压力（指计算深度位置），MPa。

　　2）赫特力奇计算式：

$$\sigma_K = \sigma_N \left(1 - \frac{r_0}{e} \cdot \frac{\sigma_F - \sigma_N}{C_3 E K_f}\right) \tag{4-4-40}$$

$$P_k = \frac{\sigma_k F_e}{r_a} \tag{4-4-41}$$

$$\sigma_N \left[1 + \frac{r_0^2}{i^2} \cdot \frac{\sigma_N}{E K_f}\right]^{3/2}$$
$$= C_1 \frac{r_0}{e} \cdot \frac{\sigma_F - \sigma_N}{K_f} \left(1 - C_2 \frac{r_0}{e} \cdot \frac{\sigma_F - \sigma_N}{E K_f}\right) \tag{4-4-42}$$

式中　σ_N——丘宾圆筒的切向应力，MPa；

　　　σ_K——临界状态应力（弯曲应力），MPa；

　　　σ_F——在弯曲受压时的破断应力（铸铁可代入弯曲抗压强度极限，钢为流限），MPa；

　　　E——铸铁弹性模量，常取 $1 \times 10^5 N/mm^2$；

　　　r_0——丘宾筒横截面重心半径，mm；

　　　i——丘宾筒横截面惯性半径，$i = \sqrt{I/F_e}$；

　　　F_e——丘宾筒横截面面积，mm²；

　　　K_f——考虑铅板连接的法兰影响因素，$K_f = 0.9$；

　　　r_a——丘宾圆环的外半径，mm；

　　$P_k/P_w \geqslant 1.8 \sim 2$（稳定）计算不考虑由于圆环不符合正圆而引起的影响；

　　　P_w——围岩的水压力，MPa；

C_1、C_2、C_3——计算系数。

当 $e_i/e_0 \leqslant 1.5$　　　　　　$e_i/e_0 > 1.5$

$e = e_0$　　　　　　　　　$e = e_i$

$C_1 = 1.68$　　　　　　　$C_1 = 2.59$

$C_2 = 0.25$　　　　　　　$C_2 = 0.389$

$C_3 = 5.712 = \frac{3}{2}\pi + 1$　　　$C_3 = 3.712 = \frac{3}{2}\pi - 1$

在进行上述计算时，首先由平衡方程用渐近法确定轴应力，然后再计算临界切向应力 σ_k，一般认为只有在丘宾筒比较薄时才需要进行验算，考虑到混凝土与丘宾筒的复合，整个复合井壁的失稳破坏是次要的。

e_i 丘宾筒截面重心至丘宾块截面最内缘距离；

e_o 丘宾筒截面重心至丘宾块截面最外缘距离；

$e_i/e_o \geqslant 1.5$，弯曲的最大压应力发生在内缘；

$e_i/e_o < 1.5$，弯曲的最大压应力发生在外缘。

3）算例：

井筒净直径 4.5m，$I=12640.64 \times 10^4 \text{mm}^4$，$F=40560 \text{mm}^2$，$i=311.65 \text{mm}$，$e_i=151 \text{mm}$，$e_o=47.9 \text{mm}$，$K_f=0.9$，$E=1 \times 10^5 \text{N/mm}^2$，$h=1000 \text{mm}$，$r_o=2405 \text{mm}$，$e_i/e_o=3.2 > 1.5$，$\sigma_F=180 \text{N/mm}^2$。

计算丘宾筒井壁的临界应力

将公式（4-4-42）中包含 σ_N 的平衡方程改写成以下形式，并代入已知条件。

$$\sigma_N = -\left\{ \frac{\sigma_N\left[1+\frac{r_0^2}{i^2}\cdot\frac{\sigma_N}{EK_f}\right]^{3/2}}{C_1\frac{r_0}{e}\cdot\frac{1}{K_f}\left(1-C_2\frac{r_0}{e}\cdot\frac{\sigma_F-\sigma_N}{EK_f}\right)} - \sigma_F \right\}$$

$$= -\left\{ \frac{\sigma_N\left(1+6.617\times10^{-4}\sigma_N\right)^{3/2}}{45.835\left[1-6.884\times10^{-6}\left(180-\sigma_N\right)\right]} - 180 \right\}$$

迭代计算时，先从右边开始，取 $\sigma_N=(0.6\sim0.7)\sigma_F$ 作为第一次近似值代入等式右边得 σ'_N，重新以 $\sigma'_N=\sigma_N$ 代入等式右边，连续运算，直至前后二次计算结果相近为止。

取第一次近似值 $\sigma_N=120 \text{N/mm}^2$，循序连续计算。

σ_N	120	177.1	175.4	175.5
σ'_N	177.1	175.4	175.5	175.5

$$\sigma_N \approx \sigma'_N = 175.5 \text{N/mm}^2$$

$$\sigma_K = \sigma_N\left(1-\frac{r_0}{e}\cdot\frac{\sigma_F-\sigma_N}{C_3\cdot E\cdot K_f}\right)$$

$$= 175.5\times\left(1-\frac{2405}{151}\cdot\frac{180-175.5}{3.712\times1\times10^5\times0.9}\right) = 175.46$$

$$P_k = \frac{\sigma_K F_e}{r_s h} = \frac{175.46\times40560}{(2405+47.9)\times1000} = 2.9 \text{N/mm}^2$$

按稳定计算容许承受的最大荷载

$$P_w = 2.9/2 = 1.45 \text{N/mm}^2$$

3. 不均匀荷载作用下的丘宾筒井壁计算

欧洲一些国家大多采用不均匀荷载分布按 $\cos2\varphi$ 分布的图式，丘宾筒不同位置的切向应力：

当 $\varphi=0°$ 时

$$\sigma_{t,\varphi=0°} = -\sigma_0\frac{r_s}{r}\left\{1+\frac{\omega}{2}\left[0.666+\frac{r_s X}{3i^2-\varepsilon_0 r_s^2}\right]\right\} \tag{4-4-43a}$$

当 $\varphi=90°$ 时

$$\sigma_{t,\varphi=90°} = -\sigma_0 \frac{r_s}{r} \left\{ 1 + \frac{\omega}{2} \left[1.333 - \frac{r_s X}{3i^2 - \varepsilon_0 r_s^2} \right] \right\} \qquad (4-4-43b)$$

式中 σ_t ——丘宾筒不同截面位置的切向应力，N/mm^2；

σ_0 ——均匀荷载引起的丘宾筒截面的切向应力，N/mm^2；

ω ——不均匀系数 常取 $\omega \geqslant 0.05 \sim 0.1$（冻结法施工的井筒建议取大值）；

X ——以截面形心计算，向井中心方向为负，背离井中心方向为正，mm；

i ——截面惯性半径 $i = \sqrt{\dfrac{I}{F}}$，mm；

ε_0 ——均匀荷载作用下丘宾块的应变，

$$\varepsilon_0 = \sigma_0 / E;$$

r ——应力计算位置的半径，mm；

r_s ——支护截面形心半径，mm。

井壁截面最大应力出现在截面的外边缘及内边缘。

4. 丘宾筒外表面与混凝土交界面处的剪切应力

不均匀荷载作用下，丘宾筒与混凝土界面出现的最大剪应力位置是在 $\varphi=45°$ 处。

截面重心剪应力
$$\left. \begin{aligned} \tau_s &= \frac{\sigma_0 S_s \omega_s}{3i^2 - \varepsilon_0 r_s^2} \\[2mm] \tau_g &= \frac{\sigma_0 S_g \omega_g}{3i^2 - \varepsilon_0 r_s^2} \end{aligned} \right\} \qquad (4-4-44)$$
界面剪应力

式中 S_s ——从外边缘到断面重心位置之间截面面积对整个截面重心轴的静距，mm^3；

S_g ——界面以上截面对整个截面重心轴的静矩，mm^3；

ω_s ——在截面重心线上关于剪切应力的不均匀系数；

ω_g ——在混凝土和铸铁圆筒界面关于剪切应力的不均匀系数。

ω_s、ω_g 是与组合断面有关的系数，无实验资料时近似取 1，通常不控制设计。

以上计算分析中，除了稳定计算仅考虑铸铁丘宾筒表面承受均匀水压力引起的稳定问题以外，其余都考虑混凝土复合，以假想截面进行计算。

界面剪切应力是由混凝土与铸铁之间的粘结抗剪强度来承担，并且也可以由丘宾筒表面的肋或锚件来承担。静矩计算要计及混凝土截面面积，并按材料弹性模量比值 n 折减。

无滑动层的复合井壁如仅由两种不同材料构成的 $2 \sim 3$ 层复合体，铸铁丘宾筒与混凝土复合井壁，它们均可按德国哈·林克等的"不稳定岩层的井壁计算原则"进行设计计算，按弹性模量比将两种材料折算成一种，再验算强度和稳定性，详见下一部分中（与围岩相结合的井壁）有关内容。

（四）滑动井壁的计算

德国滑动井壁的全部计算，都是根据"不稳定岩层的井壁计算原则"进行，以下介绍计算步骤，供设计中参考。

滑动井壁作为抵抗采动影响的结构形式，已有了近 40 年的历史。可以说，采用设有滑动层的手段来减少井筒受采动岩层的影响是有效的，但目前所进行的设计计算，还只是作为设计中的主要参考依据，设计所取用的参数，应当通过采动过程中对井壁的监测来检验，以保证井筒的有效使用。

1. 设计荷载

均匀水平压力 $\qquad\qquad\qquad P_0 = \gamma_f \dfrac{h_f}{100}$ $\qquad\qquad\qquad\qquad$ (4-4-45)

式中　P_0——均匀水平压力，MPa；

$\qquad$ h_f——滑动井壁中壁后充填物的高度，m；

$\qquad$ γ_f——滑动井壁中壁后充填物的容重，t/m³。

通常情况下，充填物所产生的侧向压力要大于岩土压力，$\gamma_f h_f \geqslant \gamma_\omega h + P_g$，$P_0$ 作用于最外密封层。在采用双层钢板充填混凝土井壁时，外层钢板常常假设为不可靠的隔水层，滑动层的压力直接作用于内层钢板表面。因此，双层钢板井壁计算按正常情况和滑动层压力作用于内层钢板表面的特殊情况，二种状态分别计算分析。显然这是很偏于安全的假设。

2. 外层砌块井壁

一般以两种方式考虑：

1）经验选取：

德国在冻结深度约 200m 左右，掘进荒径 D10m 左右，通常采用 C53 混凝土，300mm 厚的预制砌块，块与块之间夹 16mm 厚木屑板，所以一般情况下不进行计算。值得注意的是鲁尔矿区冻结法施工的井筒，井筒穿过的地层大多是岩性地层，而不是第四系地层。

2）计算确定：

外荷载按均匀受压考虑，以选定的冻结压力以及悬浮土压作为两种不同的计算荷载分别计算，冻结压力参见第四章第四节。

悬浮土压

$$P_g = \lambda_g \left[\gamma_{gw} \frac{h}{100} + \gamma_g \frac{H-h}{100} \right] \qquad\qquad (4-4-46)$$

$$\gamma_{gw} = \gamma_g - (1-n_p) \gamma_w$$

$$\lambda_g = \frac{2 (1-\sin\varphi)}{1 + \tan^2\left(45° + \dfrac{\varphi}{2}\right)}$$

（一般情况下 $\gamma_g = 1.85$，$\gamma_w = 1.0$，$n_p = 0.3$，$\lambda_g = 0.26$）

式中　P_g——悬浮土压力，MPa；

$\qquad$ λ_g——岩石侧压力系数；

$\qquad$ γ_w——水的容重，t/m³；

$\qquad$ γ_g——岩石的干容重，t/m³；

$\qquad$ H——井筒计算位置的深度，m；

$\qquad$ γ_{gw}——岩石悬浮容重，t/m³；

$\qquad$ n_p——单位体积岩石的孔隙率；

$\qquad$ h——水柱高度，m；

$\qquad$ φ——岩石内摩擦角。

资料不足时可取

$$P_g = \frac{0.3H}{100}$$

砌壁能够承受的极限荷载

$$P_{\sigma D}=-\frac{RF}{r_{a}\left(1+\dfrac{d}{2r_{s}}\right)}\;;\quad P_{\sigma D}\geqslant KP_{g}\text{ 或 }KP_{冻} \qquad (4-4-47)$$

式中　$P_{\sigma D}$——砌壁能够承受的极限荷载，N/mm^{2}；

　　　R——混凝土块砌体受压极限强度，N/mm^{2}；

　　　F——外层井壁单位高度的横截面面积，mm^{2}；

　　　d——砌块井壁厚度，mm；

　　　r_{a}——砌块井壁的外半径，mm；

　　　r_{s}——砌块井壁的重心到井筒中心的半径，mm；

　　　K——安全系数，取 1.1。

　　木屑板的强度极限值是以木屑板在材料试验时，极限压缩量 40% 时的压应力作为标准，这时木屑板不应当出现裂纹或横向挤凸的现象。为了保证砌体有效地工作，木屑板的强度极限应当大于混凝土块受压极限强度。据淮南矿业学院对砌体整环试验结果，C53 混凝土块夹木屑板的整环砌体受压极限强度仅 $20\sim25N/mm^{2}$。

　　砌块井壁外缘充填砂浆厚度不少于 50mm。

　　滑动层的厚度一般取 $15\sim25cm$。为了保证滑动井壁的可滑动层厚度，尽可能地释放冻结壁的变形能量，设计应当要求施工部门对冻结壁的变形进行监测，以便确定外层井壁开始砌筑的时间。因为，过早地砌筑外层井壁，会使设计允许的变形不能充分利用，致使滑动层厚度不足。

　　3. 井壁的纵向弯曲稳定

　　1）井筒的纵向弯曲

　　在岩层受采动影响变形的过程中，围岩相对下沉速度按 20mm/d，井筒要求承受 1.5‰ 的压缩和 0.1‰ 的伸长变形，滑动井壁利用滑动层避免了这种影响。设计时，只计算与允许井筒偏移量（即滑动层厚度）有关的曲率半径。

　　井筒弯曲的曲率半径（图 4-4-20）：

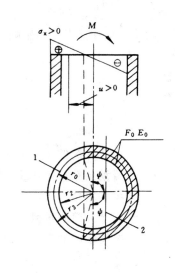

图 4-4-27　井筒的纵向
强度计算简图

1—混凝土拉力破断区；
2—扣除混凝土受拉区后的断面重心线

$$R=\frac{l^{2}}{\dfrac{l^{2}}{5000}-2a} \qquad (4-4-48)$$

式中　R——井筒弯曲的曲率半径，m；

　　　l——井筒长度，当 $L\geqslant100m$，

$$l=100m,\quad L<100m；$$

　　　a——滑动层厚度，m。

　　井筒的计算曲率半径一般应大于 3000m，否则就需要调整滑动层厚度，井筒的纵向弯曲强度校验也要满足弯曲半径 3000m 的要求，见图 4-4-27。

　　井筒的纵向弯曲强度校验，首先应计算使混凝土产生裂缝的截面受压区分布角 ψ 与井筒弯曲半径 R 之间的平衡关系，然后再计算截面上任一位置 u 钢板中的纵向应力。平衡方程如

下：假设 ψ 计算 R，试算至方程平衡。

$$R \cdot \frac{G}{E_e} = \frac{2}{3n} (r_3^2 - r_2^2) \sin\psi - \left[F_e + \frac{1}{n} (r_3^2 - r_2^2) \psi \right] r_0 \sin\psi$$

$$\sigma_x = \frac{E_e}{R} (u + r_0 \cos\psi) \tag{4-4-49}$$

式中　σ_x——井筒截面 u 线位置上的应力，$\sigma_x > 0$ 拉力，$\sigma_x < 0$ 压力；

　　　G——井壁自重，kN；

　　　R——井筒弯曲半径，m；

　　　F_e——井壁横截面中钢的有效面积；

　　　n——钢的弹性模量与混凝土弹性模量的比，$n = E_e/E_b$。

采动以后，壁座变形也容易引起井筒弯曲，沥青滑动层阻止弯曲，井壁自重增加弯曲，计算时忽略了自重和沥青浮力影响，假设每米井壁的重量与每米井壁排开滑动层粘滞体的重量相等（即 $\gamma F = g$）。

$$y = \frac{\alpha x}{2} \left[1 - \left(\frac{x}{l} \right)^2 \right] \tag{4-4-50}$$

$$y_{\max} = \frac{\alpha l}{3\sqrt{3}}$$

式中　y——由于井筒壁座的变形而引起的井壁横向变形，m；

　　　γ——滑动层粘滞体比重，kN/m³；

　　　F——滑动层粘滞体中的井筒横截面积，m²；

　　　g——每米井筒的重量，kN；

　　　α——井筒壁座的变形（以弧度计算）。

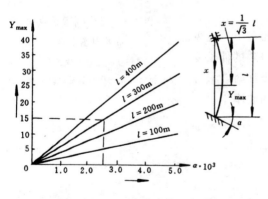

图 4-4-28　滑动井壁的弯曲

由图 4-4-28 可知，当 $\alpha = 2.5 \times 10^{-3}$、$l = 300$m 时，井筒横向变形仅 15cm。因此，壁座变形的影响只作为变形的计算检查，应力验算可以忽略。

2）位于沥青滑动层中井筒的纵向稳定：

根据位于液体中直杆稳定公式校验，见表 4-4-45。

$$t = \frac{L^3}{EI} (g - \gamma F) \leqslant t_k \tag{4-4-51}$$

式中　t——液体中直杆本身自重作用下的稳定计算参数；

　　　L——杆长，可直接代入井筒导向圈至嵌固位置的长度，m；

　　　EI——井筒横截面抗弯计算刚度，kN·m²；

　　　γF——每米直杆排开液体的重量，kN/m；

　　　g——每米井筒的重量，kN/m。

4. 内层井壁的强度计算及横向稳定性计算

表 4-4-45　位于液体中直杆本身自重产生的弯曲临界值（t_K）

弯曲情况	直杆二端约束状况		临界数值 t_k
	下　　端	上　　端	
1	固　　定	自　　由	7.84
2	铰　　接	铰　　接	18.58
3	铰　　接	固　　定	30.01
4	固　　定	铰　　接	52.50
5	固　　定	固　　定	74.62

钢板与混凝土复合井壁的计算是将混凝土断面按弹性模数折算成钢板截面积，然后代入近似的简化的厚壁筒计算公式中进行。近似计算公式假设截面上的圆环切向应力按线性分布。

应变：$\varepsilon = \dfrac{\sigma_e}{E_e} = \dfrac{\sigma_b}{E_b}$　则　　　　　$\sigma_e = \dfrac{E_e}{E_b} \cdot \sigma_b$　　　　　　（4-4-52）

令 $n = \dfrac{E_e}{E_b}$　则　　　　　　$\sigma_b = \dfrac{1}{n} \sigma_e$

在进行钢板混凝土复合井壁应力计算时，考虑到蠕变影响，混凝土弹性模数将减小，这种影响往往要经过 4 年时间才能趋于稳定。而且 n 值的增加并不意味着安全性的增加。所以 n 值常取 $n=10$，$n=15$ 两种状态计算。

计算内容包括：稳定性计算、均匀和非均匀水平压力作用下的井壁应力验算〔①均匀水平荷载 P_0 作用下的应力；②全部均匀和非均匀荷载的组合（P_0+P_1），75% 均匀荷载与全部非均匀荷载的组合（$0.75P_0+P_1$）〕和井筒受采动影响时，井壁附加应力验算。

不管是否考虑采动影响，井壁的基本尺寸（厚度），主要取决于前两种计算荷载，按以上两种荷载组合设计的壁厚，都能满足采动影响的要求，往往只是局部调整材料强度。

1）稳定性计算：

假定总压力 P_0 作用在井壁外表面，井壁细长比按下式计算：

$$\lambda = \frac{1.8135 r_s}{i} \tag{4-4-53}$$

式中　λ——井壁细长比；

　　　r_s——井壁断面的重心半径，mm，以折算成同种材料的截面计算，常常折算成钢材，当 AV 型井壁外层钢板仅作为防水层的情况下，计算中也可以忽略；

　　　i——井壁断面的惯性半径，$i = \sqrt{\dfrac{I}{F}}$，mm；

　　　I——井壁截面惯性矩，mm⁴。

（1）当井壁长细比 $\lambda \leqslant 50$ 时，井壁抗弯稳定性应满足。

安全系数：

$$\nu_k = \frac{P_k}{P_0} = \frac{\Sigma(F\sigma_K)}{P_0 r_a} \cdot \frac{r_a + r_i}{2r_a} \geqslant K_{kerf} \tag{4-4-54}$$

$$K_{kerf} \geqslant 1.5 + \frac{\lambda}{100}$$

式中　ν_k——安全系数；

F——各种井壁的有效断面积；

σ_K——临界弯曲应力根据材料性质确定；

r_a——复合井壁井筒外半径，mm；

r_i——复合井壁井筒内半径，mm；

K_{kerf}——考虑随细长比的增加而增大的测量误差对抗弯强度的影响。

St37 号钢	$\sigma_k = 235\text{N/mm}^2$
St52 号钢	$\sigma_k = 350\text{N/mm}^2$
铸　　铁	$\sigma_k = 180\text{N/mm}^2$
Bn250 混凝土	$\sigma_k = 24\text{N/mm}^2$
Bn350 混凝土	$\sigma_k = 32\text{N/mm}^2$
Bn450 混凝土	$\sigma_k = 38\text{N/mm}^2$
Bn550 混凝土	$\sigma_k = 42\text{N/mm}^2$
承载井壁仅由铸铁构成	$\sigma_K = 325\text{N/mm}^2$

（2）当井壁长细比 $\lambda > 50$，安全系数仍应满足：

$$\nu_k = \frac{P_k}{P_0} = \frac{F}{P_0 r_a} \cdot \sigma_K \geqslant K_{kerf} \qquad (4-4-55)$$

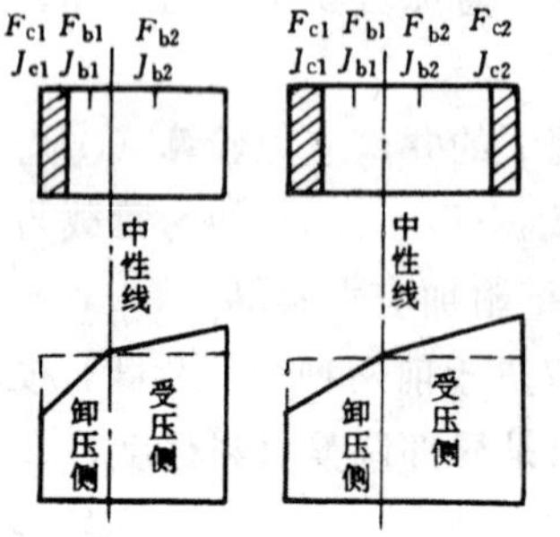

这时圆环尺寸的不准确性，将使临界荷载大大减小，因此，安全系数也应当随着 λ 的增大而增大。$\lambda > 50$ 之后，稳定性计算比较复杂。临界弯曲应力受截面中性轴位置，以及钢和混凝土在不同应力状态下弹性模量变化的影响，因此，表达临界弯曲应力和中性轴位置的方程要同时获得满足（图 4-4-29）。

A. 对称布置内外层钢板复合井壁的临界弯曲应力计算：

图 4-4-29 组合断面计算

（a）临界弯曲应力：

$$\sigma_K = 3\frac{E_{e0}(I_{e1} + C_e I_{e2}) + E_{b0}(I_{b1} + C_b I_{b2})}{F r_s^2} \qquad (4-4-56)$$

式中　E_{e0}——钢的标准弹性模数，$2.1 \times 10^5 \text{N/mm}^2$；

E_{b0}——混凝土应力 $\sigma = 0$ 时的弹性模数，N/mm²，见表 4-4-47；

I_{e1}、I_{b1}——井壁截面卸压侧钢的有效面积 F_{e1} 和混凝土的有效面积 F_{b1} 对井壁截面中性轴的惯矩，mm⁴（计算以前先应按公式（4-4-57）确定中性轴位置）；

I_{e2}、I_{b2}——井壁截面受压侧钢的有效面积 F_{e2} 及混凝土的有效面积 F_{b2} 对井壁截面中性轴的惯矩，mm⁴；

C_e——处于应力 $\sigma \neq 0$ 状态下的钢的弹性模数与钢的标准弹性模数比值，见公式（4-4-56a）；

C_b——处于应力 $\sigma \neq 0$ 状态下的混凝土弹性模数与混凝土应力 $\sigma = 0$ 时的弹性模数比值，见公式（4-4-56b）；

F——用混凝土面积表示的总面积，mm²，见式（4-4-56c）；

r_s——井壁断面的形心半径，mm。

$$C_e = \frac{E_{e\sigma}}{E_{e0}} \tag{4-4-56a}$$

式中　$E_{e\sigma}$——钢处于应力状态下 $\sigma \neq 0$ 时的弹性模量，N/mm^2；因为 $E_{e\sigma}$ 不能直接进行计算，C_e 根据三种条件确定：

当 $n_\sigma \sigma_K \leqslant \sigma_P$ 　　　　　$C_e = 1.0$

$\sigma_p \leqslant n_\sigma \sigma_k \leqslant \sigma_F$ 　　　　　$C_e = 1 - \dfrac{n_\sigma \sigma_K - \sigma_K}{\sigma_F - \sigma_P}$

$n_\sigma \sigma_K \geqslant \sigma_F$ 　　　　　$C_e = 0$

当采用 St37 号钢时　　　　　$\sigma_P = 192 \dfrac{r_a + r_i}{2r_a}$

　　　　　　　　　　　　　　$\sigma_F = 240 \dfrac{r_a + r_i}{2r_a}$

采用 St52 号钢时

$$\sigma_P = 288 \frac{r_a + r_i}{2r_a} \qquad \sigma_F = 360 \frac{r_a + r_i}{2r_a}$$

式中　r_a——复合井壁的外半径；

　　　r_i——复合井壁的内半径；

　　　n_σ——钢板复合井壁稳定性计算 $\sigma \neq 0$ 时取用的钢和混凝土弹性模数比值，见表 4-4-46；

　　　σ_F——钢的屈服极限，N/mm^2；

　　　σ_P——钢的比例极限，N/mm^2。

$$C_b = \frac{E_{b\sigma}}{E_{b0}} \tag{4-4-56b}$$

如果 $\sigma_K \leqslant K_b \cdot \dfrac{r_a + r_i}{2r_a}$，则　　　　　$C_b = 1 - \dfrac{\sigma_K}{W}$

式中　$E_{b\sigma}$——混凝土处于应力状态下 $\sigma \neq 0$ 时的弹性模量，N/mm^2，

$$E_{b\sigma} = E_{bo}\left(1 - \frac{\sigma}{W}\right);$$

　　　σ——混凝土截面的正应力，N/mm^2；

　　　W——混凝土立方体抗压强度，N/mm^2，见表 4-4-47；

　　　K_b——混凝土棱柱体抗压强度，N/mm^2，见表 4-4-47。

$$F = F_b + n_\sigma F_e \tag{4-4-56c}$$

式中　F_e——复合井壁中钢板的截面面积，mm^2。

　　（b）中性轴位置按下列关系确定：

$$\left.\begin{array}{l} e = -A + \sqrt{A^2 + B} \\[2mm] A = \dfrac{n_0 \ (F_{e1} + C_e F_{e2}) \ - d_{e1} + C_b \ (d - d_{e2})}{1 - C_b} \\[3mm] B = \dfrac{2n_0 \ (F_{e1}e_1 + C_e F_{e2}e_2) \ - d_{e1} + C_b \ (d - d_{e2})^2}{1 - C_b} \end{array}\right\} \tag{4-4-57}$$

式中　e——偏心距；

　A，B——确定截面中性轴位置的计算系数；

n_0——当 $\sigma = 0$ 时，钢和混凝土弹性模量的比值，见表 4-4-46；

F_{e1}，F_{e2}——井壁卸压侧和受压侧钢板的截面积，mm^2；

d_{e1}，d_{e2}——井壁卸压侧和受压侧钢板的厚度，mm；

　　d——复合井壁厚度，mm；

e_1，e_2——钢板截面形心位置。

表 4-4-46　钢板复合井壁稳定性计算 n_σ 值及 n_0 值

混凝土标号	n_σ		n_0
	有蠕变影响	没有蠕变影响	
Bn250		7.0	6.2
Bn350	15	6.5	5.6
Bn450		5.8	5.2
Bn550		5.4	5.0

表 4-4-47　各种混凝土标号的 E_{b0}，K_b，W 值

混凝土标号	E_{b0} (N/mm²)	K_b (N/mm²)	W (N/mm²)
Bn250	35000	24	25
Bn350	38000	32	35
Bn450	39500	38	45
Bn550	40500	42	55

B. 对称布置内外层钢板复合井壁的临界弯曲应力计算步骤：

(a) 假定 $C_e = 1.0$，$C_b = 0.2$ 求 e 及 σ_K。

(b) 当钢筒应力小于比例极限，即 $n_\sigma \sigma_K < \sigma_P$。

情况 1：计算出来的 $\sigma_K \geqslant K_b \cdot (r_a + r_i)/2r_a$，将 σ_K 直接代入 $\lambda > 50$ 的校验公式计算。

情况 2：计算出来的 $\sigma_K < K_b \cdot (r_a + r_i)/2r_a$，这时将 σ_K 代入 $C_b = 1 - \sigma_K/W$ 计算式，算出 C_b 重新计算 σ_K，直至前后二次算出的 σ_K 十分接近为止。

(c) 当钢筒应力大于比例极限，即 $n_\sigma \sigma_K > \sigma_P$：

情况 1：计算出来的 $\sigma_K \geqslant K_b \cdot \dfrac{r_a + r_i}{2r_a}$，且 $\sigma_K \geqslant \dfrac{\sigma_F}{n_\sigma}$

令 $\sigma_K = K_b \cdot \dfrac{r_a + r_i}{2r_a}$ 和 $\sigma_K = \dfrac{\sigma_F}{n_\sigma}$；二者之间选一个较小的 σ_K，重新代入计算 C_e 及 C_b，反复进行迭代计算直至二次计算的 σ_K 接近为止。

情况 2：计算出来的 $\sigma_K \geqslant K_b \cdot \dfrac{r_a + r_i}{2r_a}$；$\sigma_K < \dfrac{\sigma_F}{n_\sigma}$

令 $\sigma_K = K_b \cdot \dfrac{r_a + r_i}{2r_a}$ 重新计算 C_e、C_b，再计算 σ_K，反复进行迭代计算，直至二次计算的 σ_K 接近为止。

情况 3：计算出来的 $\sigma_K < K_b \cdot \dfrac{r_a + r_i}{2r_a}$；$\sigma_K \geqslant \dfrac{\sigma_F}{n_\sigma}$

令 $\sigma_K=\dfrac{\sigma_F}{n_\sigma}$ 重新计算 C_e、C_b，再计算 σ_K，反复进行迭代计算，直至二次计算的 σ_K 接近为止。

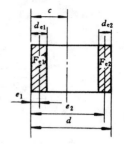

情况 4：$\sigma_K<K_b\cdot\dfrac{r_a+r_i}{2r_a}$；$\sigma_K<\dfrac{\sigma_F}{n_\sigma}$ 直接采用计算值重复迭代计算，直至二次计算结果接近为止。

C. 不对称布置内外层钢板复合井壁的临界应力计算。对于不对称布置钢板的复合井壁（图 4-4-30），由于截面所受的弯曲方向不同，可以算出两种不同的 e 值，相应就有两种不同的 σ_K。假如计算结果 $\sigma_{K1}>\sigma_{K2}$，实际作用的纵向弯曲应力值近似于

$$\sigma_K=\alpha\cdot\sigma_{K1} \qquad (4-4-58)$$

图 4-4-30　组合断面计算
　　　　　　－不对称布置

式中　σ_K——不对称布置内外层钢板的临界弯曲应力，N/mm^2；

α——计算系数，根据 $æ=\dfrac{\sigma_{K1}+\sigma_{K2}}{\sigma_{K1}-\sigma_{K2}}$ 在图 4-4-31 中查得。

2）均匀和非均匀水平压力作用下的井壁应力验算：

（1）均匀水平压力作用下井壁中产生的应力：

在均匀水平压力作用下，按钢板和钢筋混凝土两种材料组合厚壁筒结构计算。均匀水平压力 P_0 作用在井壁的外表面。

$$\left.\begin{array}{l}\sigma_t=-\dfrac{P_0 r_a}{F}\left(1+\dfrac{Y}{r_s}\right)\\[2mm]\sigma_r=-\dfrac{P_0 r_a}{r}\cdot\dfrac{F_i}{F}\left(1+\dfrac{Y_i}{r_s}\right)\end{array}\right\} \qquad (4-4-59)$$

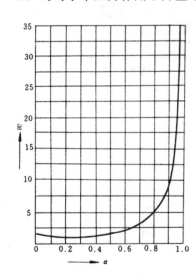

图 4-4-31　$\alpha-æ$ 关系

式中　σ_t，σ_r——均匀水平压力作用下，井壁中产生的切向应力和径向应力，N/mm^2；

r_a——井壁外半径，mm；

r_s——井壁截面形心半径，mm；

Y——换算成同一种材料的井壁截面重心位置到计算位置的距离，Y 的方向以指向井筒中心为正，求得正数为拉应力，负数为压应力；

Y_i——井壁截面形心至 F_i 形心的距离，mm；

r——井壁截面中应力计算位置的半径，mm；

F——井壁截面积（计算复合井壁时，指换算成同一种材料的总面积），mm^2；

F_i——井壁内缘 r_i 至应力计算位置 r 之间的截面积，mm^2。

因为结构轴对称，荷载轴对称，所以剪切应力 $\tau=0$。

非滑动段与围岩相结合的井壁，以及用沥青充填的滑动井壁，由于水或沥青作用在复合井壁不透水层面位置的不同，以上二个基本计算公式表达的形式也略有变化，见图 4-4-32。

A. 与围岩相结合的井壁，水压 P_w 作用于密封层表面，悬浮土压力作用于井壁外表面，见图 4-4-32。

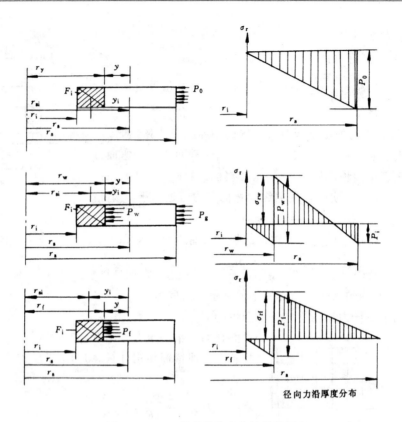

图 4—4—32   复合井壁内力计算简图

切向应力
$$\sigma_t = \frac{P_w r_w + P_g r_a}{F}\left(1 + \frac{Y}{r_s}\right) \tag{4-4-60}$$

径向应力当 $r_i \leqslant r < r_w$ 时

$$\left.\begin{array}{l}\sigma_r = -\dfrac{P_w r_w + P_g r_a}{r} \cdot \dfrac{F_i}{F}\left(1 + \dfrac{Y_i}{r_s}\right) \\[2mm] r_w \leqslant r \leqslant r_a \\[2mm] \sigma_r = P_w \cdot \dfrac{r_w}{r} - \dfrac{P_w r_w + P_g r_a}{r} \cdot \dfrac{F_i}{F}\left(1 + \dfrac{Y_i}{r_s}\right) \\[2mm] r = r_w \\[2mm] \sigma_{rw} = P_w - \left(P_w + P_g \cdot \dfrac{r_a}{r_w}\right) \cdot \dfrac{F_i}{F}\left(1 + \dfrac{Y_i}{r_s}\right)\end{array}\right\} \tag{4-4-61}$$

剪应力 $\tau = 0$

式中 σ_t, σ_r——与围岩相结合的井壁, P_w 作用于密封层表面,悬浮土压力 P_g 作用于井壁外表面,在井壁中产生的切向和径向应力,N/mm^2;

τ——井壁中的剪应力,N/mm^2;

σ_{rw}——密封层表面的径向应力,N/mm^2;

r_w——密封层界面半径,mm。

B. 滑动井壁充填物压力 P_f 作用于密封层外表面,见图 4—4—32。

切向应力 $\qquad\qquad\qquad\qquad\sigma_t = -\dfrac{P_f r_f}{F}\left(1+\dfrac{Y}{r_s}\right)$ $\qquad\qquad$ (4-4-62)

径向应力，

当 $r_i \leqslant r \leqslant r_f$ 时

$$\sigma_r = -P_f\,\frac{r_f}{r}\cdot\frac{F_i}{F}\left(1+\frac{Y_i}{r_s}\right)$$

当 $r_f \leqslant r \leqslant r_a$ 时

$$\sigma_r = P_f\,\frac{r_f}{r}\left[1-\frac{F_i}{F}\left(1+\frac{Y_i}{r_s}\right)\right]$$ $\qquad$ (4-4-63)

当 $r=r_f$ 时

$$\sigma_{rf} = P_f\left[1-\frac{F_i}{F}\left(1+\frac{Y_i}{r_s}\right)\right]$$

式中　σ_t, σ_r——滑动井壁充填物压力 P_f 作用于密封层外表面时，在井壁中产生的切向应力和
　　　　　　　径向应力，N/mm^2；

　　　　σ_{rf}——密封层界面的径向应力，N/mm^2；

　　　　r_f——密封层界面的半径，mm。

拉应力 σ_{rw} 及 σ_{rf} 要采取二层井壁之间的机械锚拉措施来解决，这一应力也是设置二层井壁的锚钩截面的主要依据。

(2) 不均匀水平压力作用下井壁中产生的应力：

不均匀水平压力的最大值 $\qquad P_z = 0.13H/100$ $\qquad\qquad\qquad$ (4-4-64)

不均匀水平压力 $\qquad\qquad P_1 = P_z\,(1+\cos2\varphi)\,/2$ $\qquad\qquad$ (4-4-65)

A. 切向应力，

当 $\varphi=0°$ 时

$$\sigma_t = -\frac{1}{2}\cdot\frac{P_z\cdot r_a}{F}\left[\left(1+\frac{Y}{r_s}\right)-\frac{1}{3}\left(1+\frac{r_s Y}{i^2}\right)\cdot\frac{\nu}{\nu-1}\right]$$

当 $\varphi=90°$ 时

$$\sigma_t = -\frac{1}{2}\cdot\frac{P_z\cdot r_a}{F}\left[\left(1+\frac{Y}{r_s}\right)+\frac{1}{3}\left(1+\frac{r_s Y}{i^2}\right)\cdot\frac{\nu}{\nu-1}\right]$$ $\quad$ (4-4-66)

$$\nu = \frac{3EI}{P_0\cdot r_a\cdot r_s^2}$$

式中　P_z——不均匀水平压力的最大值，MPa；

　　　　P_1——随转角 φ 而变化的作用于井壁外表面的压力强度，MPa；

　　　　σ_t——P_z 作用下井壁断面上产生的切向正应力，N/mm^2；

　　　　i——单位高度井壁截面的惯性半径，mm；

　　　　EI——单位高度井壁截面的抗弯刚度；

　　　　ν——计算系数；

　　　　H——井筒深度，m；

　　　　P_0——均匀水平压力，MPa。

B. 最大剪切应力和相应位置断面上的径向应力：

在 $\varphi=45°$ 位置处剪切应力最大，当半径为 r_w，最外密封层的井壁外表面上的剪切应力为：

$$\tau_{\mathrm{w}} = \frac{1}{3} P_z \cdot \frac{r_a r_{\mathrm{si}}}{r_{\mathrm{w}}^2} \cdot \frac{F_i}{F} \left[\left(1 + \frac{r_s Y_i}{i^2} \right) - \frac{r_s i_i^2}{r_{\mathrm{si}} i^2} \right] \cdot \frac{\nu}{\nu - 1} \sin 2\varphi \qquad (4-4-67)$$

当半径为 r_{w}，最外密封层的井壁外表面上径向正应力：

$$\sigma_{\mathrm{rw}} = -\frac{1}{2} P_z \cdot \frac{r_a}{r_{\mathrm{w}}} \cdot \frac{F_i}{F} \left\{ \left(1 + \frac{Y_i}{r_s} \right) + \left[\left(1 + \frac{r_s \cdot Y_i}{i^2} \right) \times \left(1 - \frac{4}{3} \cdot \frac{r_{\mathrm{si}}}{r_{\mathrm{w}}} \right) \right. \right.$$

$$\left. \left. + \frac{4 r_s}{3 r_{\mathrm{w}}} \cdot \frac{i_i^2}{i^2} - \left(1 + \frac{Y_i}{r_s} \right) \cdot \frac{1}{\nu} \right] \cdot \frac{\nu}{\nu - 1} \cos 2\varphi \right\} \qquad (4-4-68)$$

式中 r_{si}——F_i 面积形心位置的半径，mm；

i_i——F_i 面积的惯性半径，mm。

τ_{w} 和 σ_{rw} 是分界面上的应力检验值，不均匀荷载引起的井壁内力和均匀荷载计算引起的内力按前述规定叠加。

5. 井筒受采动影响时，井壁附加应力的验算

1）剪切应力验算：

由于井壁和岩石之间隔离层是粘稠状液体，通过滑动层在井壁的每一点上传递的剪切应力：

$$\tau = \eta \frac{v}{a} \qquad (4-4-69)$$

式中 a——滑动层厚度，cm；

η——滑动层的粘度，kg·s/cm² （1kg·s/cm²=0.981×10⁶ 泊）；

v——岩层相对下沉速度，2cm/d。

本项内容因为数值甚小，一般可以不算。

2）井筒建成后岩层移动对井壁产生的影响：

由于井壁的纵向弯曲而产生的井壁径向变形以及与此相应的环向弯曲应力不必验算。

与围岩结合的井壁，由于岩层产生弯曲变形，岩层剪切变形角 β，则在井筒中将产生的剪切应力为：

$$\tau = G\beta \qquad (4-4-70)$$

$$G = \frac{Em}{2\,(1+m)}$$

式中 τ——井壁中的剪切应力，N/mm²；

G——剪切模数，N/mm²；

E——弹性模数，N/mm²；

m——系数，钢 $m=3$，混凝土 $m=6$；

β——岩层剪切变形角，弧度。

β 值由采矿设计提供。在采用滑动井壁时，岩层的错动变形仅直接作用在井壁下部壁座上。

3）井壁分层之间连接件的计算：

采用锚拉杆连接，锚拉杆与井壁壁面布置成 α 角，若作用于井壁壁面的应力角为 δ，锚杆传递拉力所需要的断面积：

当 $\sigma_r > 0$，且 $\alpha < \delta$

$$f_A = \frac{F_A}{2\,[\sigma_A]}\left(\frac{\tau}{\cos\alpha}+\frac{\sigma_r}{\sin\alpha}\right)$$

若 $\sigma_r>0$ 和 $\alpha>\delta$ 或 $\sigma_r<0$ $\qquad\qquad$ (4—4—71)

$$f_A = \frac{F_A}{[\sigma_A]}\cdot\frac{\tau+\mu'\sigma_r}{\cos\alpha+\mu'\sin\alpha}$$

式中　f_A——一根锚杆的断面积，mm^2；

$\quad F_A$——在井壁上一根锚杆所占的面积，mm^2；

$\quad [\sigma_A]$——锚杆材质的容许应力，N/mm^2；

$\quad \delta$——作用于井壁应力的角度，

$$\tan\delta = \frac{\sigma_r}{\tau};$$

$\quad \sigma_r$——径向应力，N/mm^2；

$\quad \tau$——剪切应力，N/mm^2；

$\quad \mu'$——摩擦系数，混凝土井壁中 $\mu'=1.0$，混凝土和钢，铸铁的复合井壁中 $\mu'=0.5$。

采用销子或加筋条来承受剪切应力时，销子的作用力

$$D = \tau\cdot F_A \qquad\qquad (4—4—72)$$

销子在钢井壁中引起的弯曲力矩

$$M_D = D\cdot\frac{h+d}{2} \qquad\qquad (4—4—73)$$

式中　M_D——销子在钢井壁中引起的弯矩，$N\cdot mm$；

$\quad h$——销子的高度，mm；

$\quad d$——钢井壁的厚度，mm。

铸铁丘宾筒井壁在国内还未推广使用，钢板混凝土复合滑动井壁也仅建成两座，均为引进或借用德国技术和经验。因此借用其他国家一些经验时，尽量保持原计算公式的符号。材料的强度标准可以结合国内生产的材料性能代换。

前苏联在不稳定含水地层中的井筒，大量地采用铸铁丘宾筒井壁，他们也曾研究了许多种考虑不均匀荷载作用和稳定性计算的方法，但表达的公式形式大多比较复杂。因而，赫特力奇验算丘宾筒稳定性的方法仍然被前苏联和西欧国家广泛地在工程实践中引用。

至于多层井壁在不均匀荷载作用下的计算，要想确定各层之间应有的结合强度，德国工程师林克的计算方法，在铸铁丘宾筒复合井壁设计过程中也可以采用。这一计算方法存在的主要缺陷是，没有考虑井壁与围岩接触面上的剪应力。它要求假定井壁断面上切向应力的分布正比于各层材料弹性模量比，同时，各层材料弹性模量间的比值，符合材料单向抗压强度极限间的比值。国外实际模型试验得出，三层井壁中混凝土承载能力，要比棱柱强度平均提高约 60%。我国淮南潘集、谢桥矿区采用的双层钢板充填混凝土井壁，经大型试坑中加载试验和模拟试验，总承载能力比按混凝土棱柱强度推算有相当数量的提高，提高数量与结构复合的形式及混凝土充填的质量密切相关。对于滑动井壁在承受由于地层移动致使砌块井壁挤压内层井壁而产生的不均匀压力作用来说，计算中的假设是偏于安全的。

五、壁座设计

一般情况下，将壁座与井壁设计成整体，这类壁座见第三章第六节。

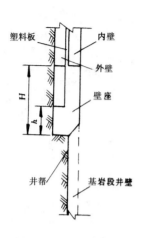

图 4-4-33　壁座设计
计算示意图

近年国内冻结井筒较常见的双层钢筋混凝土复合井壁的壁座，为确保冻结管安全与方便掘砌施工，已基本上取消了大壁座，而以内外壁整体浇筑段代之。

（一）双层钢筋混凝土复合井壁的壁座设计

1. 壁座砌筑高度计算

如前所述，在冻结井筒刚解冻冻结壁尚未完全融化之际，冻结压力已消失而水土压力尚未显现，同时考虑采用普通法施工的基岩段砌壁又未达壁座时，壁座承受着其上部全部内、外层井壁的重量和壁座的自重，若不考虑井筒纵向附加力的作用，这种情况是壁座的最不利荷载情况。

壁座由其下部台阶围岩的承载力和其侧面围岩与壁座外缘混凝土的粘结力来承载，根据平衡条件可计算出壁座高度（计算示意图见图 4-4-33）。

$$H \geqslant \frac{\nu_k G - F_f - \pi\,(R_b^2 - R_j^2)\,[\sigma]}{\pi\,[2R_b\sigma_n - \nu_k\,(R_b^2 - r_b^2)\,\gamma]}$$

式中　H——设于稳定基岩中的壁座高度，m；

ν_k——荷载系数，取 $\nu_k = 1.3$；

G——壁座以上井筒内、外壁的重量，MN；

r_b、R_b——壁座内、外半径，m；

R_j——普通凿井法施工的基岩段井壁外半径，m；

$[\sigma]$——壁座下部围岩容许压应力，坚硬致密的岩石 $[\sigma] = 3 \sim 3.5\text{MPa}$，中硬岩石 $[\sigma] = 2.5\text{MPa}$，软岩 $[\sigma] = 2\text{MPa}$；

σ_n——壁座外缘与围岩的粘结强度，与壁座的混凝土强度等级、围岩岩性有关，$\sigma_n = 0.5 \sim 2\text{MPa}$，混凝土强度等级高、围岩岩性好取上限值，反之取下限值；

γ——钢筋混凝土容重，$\gamma = 0.025\text{MN/m}^3$；

F_f——在水土重液作用下，表土段外层井壁所受到的浮力，MN（兆牛顿），$F_f = 0.01V_w$；

V_w——表土段井筒外层井壁体积，m³。

若考虑负摩擦力的作用，采用普通法施工的基岩段井壁应已达壁座且混凝土已达标准强度，这种情况下壁座高度应为：

$$H \geqslant \frac{\nu_k(G + P_f) - F_f - \pi(R_b^2 - R_j^2)[\sigma] - \pi(R_j^2 - r_b^2)f_c}{\pi[2R_b\sigma_n - \nu_k(R_b^2 - r_b^2)\gamma]}$$

式中　P_f——壁座以上井筒所受到的负摩擦力，MN；

f_c——混凝土轴心抗压强度设计值，N/mm²。

2. 壁座中内外壁整体浇筑段高度计算

冻结井筒双层井壁的内、外壁间多夹塑料板，套壁结束后，冻土解冻初期即进行壁内注浆充填壁间间隙。按施工最不利情况考虑，整体浇筑段除承托内壁自重外，还要求能承受注浆压力。

按整体浇筑段的抗剪力与内层井壁重量相平衡考虑，可计算出整体浇筑段高度 h_1。

$$h_1 \geqslant \frac{G_\mathrm{n} + \dfrac{\pi}{4}\,(D_\mathrm{b}^2 - d_\mathrm{b}^2)\,H\gamma}{\pi D_\mathrm{b}\,[f_\mathrm{j}]}$$

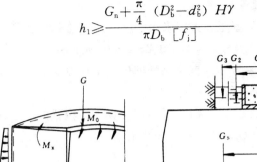

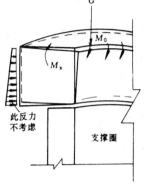

图 4-4-34　壁座受力计算简图

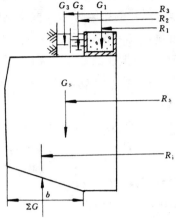

　　按封浆考虑，根据国内注浆现场施工经验，当注浆压力为 2～5MPa 时，止浆垫厚度一般为 1～2m；注浆压力为 5～7.5MPa 时，止浆垫厚度为 2～3m；取为 2.5m。

　　因此壁座中内外壁整体浇筑段高度为 $h \geqslant h_1 + 2.5$，即

$$h \geqslant \frac{G_\mathrm{n} + \dfrac{\pi}{4}\,(D_\mathrm{b}^2 - d_\mathrm{b}^2)\,H\gamma}{\pi D_\mathrm{b}\,[f_\mathrm{j}]} + 2.5$$

式中　h_1——按承受内层井壁重量计算的内外壁整体浇筑段高度，m；

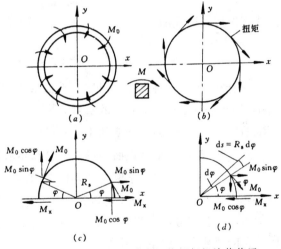

图 4-4-35　壁座环截面扭矩计算简图

　　　　G_n——壁座以上内层井壁重量，MN；

　d_b，D_b——壁座中内、外壁分开施工段内层井壁的内、外直径，m；

　　　　$[f_\mathrm{j}]$——混凝土的容许抗剪强度，N/m^2，按表 4-4-48 选用。

表 4-4-48　混凝土容许抗剪强度

混凝土强度等级	C30	C35	C40	C45	C50	C55	C60
$[f_\mathrm{j}]$ (MN/m^2)	1.10	1.22	1.34	1.44	1.54	1.64	1.74

　　计算结果，若 H、h 相差不很大，可取同一数值，但在满足最不利荷载的条件下，宜尽量缩短壁座中内、外壁整体浇筑段高度 h，以降低施工难度。

（二）钢板复合井壁的壁座设计

国外设计的钢板复合井壁的壁座，大多采用壁座与井壁脱离的形式，井壁与壁座之间用铅板或砂浆隔开，计算简图如图 4—4—34、图 4—4—35 所示。

设壁座圆环单位周长的扭矩为 M_0，壁座圆环的中心半径为 R_s，壁座横截面的弯矩为 M_x，由积分计算结果可得，$M_x=M_0 \cdot R_s$。

计算 M_x 之前先假设壁座的宽度和高度，确定横截面形心位置的半径 R_s，然后按各项已知值 M_1、M_2……M_i，G_1、G_2……G_i，R_1、R_2……R_i 计算 M_x。

壁座承受的扭矩

$$
\begin{aligned}
M &= M_1+M_2+M_3 \cdots\cdots+M_i \\
&= G_1(R_s-R_1)+G_2(R_s-R_2)+G_3(R_s-R_3)+\cdots\cdots+G_i(R_s-R_i) \\
&= \sum_1^i G_i(R_s-R_i)
\end{aligned}
$$

沿每米圆周长度分布的扭矩

$$
M_0=\frac{1}{2\pi R_s}\sum_1^i G_i \ (R_s-R_i)
$$

作用于壁座圆环截面的弯矩

$$
M_x=R_s M_0=\frac{1}{2\pi}\sum_1^i G_i \ (R_s-R_i)
$$

式中　　M_1、M_2……M_i——各层井壁对壁座截面形心的扭矩，N·m；

　　　　G_1、G_2……G_i——各层井壁的重量，N；

　　　　R_1、R_2……R_i——各层井壁的重心至井筒中心的半径，m；

　　　　　　　　　R_s——壁座截面的形心至井筒中心的半径，m；

　　　　　　　　　M_x——作用于壁座圆环横截面的弯矩，N·m。

壁座圆环横截面承受弯矩 M_x，可以按普通钢筋混凝土受弯构件配筋，壁座的岩石支承面还需按一般的强度验算方法进行验算（见第三章第六节），要求岩石受力小于岩石容许抗压强度。壁座承受的荷载中不包括壁后岩柱重量。

壁座下支撑圈高度计算详见第三章第六节。

第六节　井塔荷载作用下的井壁结构计算

一、概　述

多绳摩擦轮井塔基础的支承形式有两种。一种形式是支承在井筒以外的天然地基上，井塔重量通过基础向下部土层扩散，在一定深度内对井壁产生侧压力。井塔基础支承在井筒以外的优点是，当出现地震等外力时，对井筒自身影响不大，缺点是容易发生偏斜，而且一旦偏斜对井塔的纠偏相当困难。另一种支承形式是井塔直接支承在井筒上，井筒的上部锁口即为井塔的基座，井筒作为单根桩基承载。这种支承形式因和井筒连接在一起，塔身不易发生偏斜，但在出现地震等外力时，对井筒上部的影响较大。

二、井塔基础不与井筒相联时井壁圆环受力计算

(一) 侧压力计算

井塔基础布置于井筒以外，井塔荷载通过基础向下部土层扩散，扩散的竖向压力和侧压力随深度加大而逐渐减小，到一定深度后影响甚微，可忽略不计。井塔作用于井壁上的侧压力大小，与基础重量大小及形状有关。侧压力主要作用于井口一段井壁（井颈部分），如图 4—4—36 所示。

1. 带形基础

在基础底下 h 深处井壁所受侧压力为：

$$P_h = \frac{VA_n}{(L+0.5A+h)(B+2h)}$$

井壁受到的最大侧压力出现在基础底下 $h = L - \dfrac{A}{2}$ 处

$$P_{max} = \frac{VA_n}{2L(2L-A+B)}$$

2. 环形基础

$$P_h = \frac{VA_n}{\pi\left[(R+L+0.5A+h)^2 - R^2\right]}$$

井壁受到的最大侧压力出现在基础底下 $h = L - \dfrac{A}{2}$ 处

$$P_{max} = \frac{VA_n}{\pi\left[(R+2L)^2 - R^2\right]}$$

式中　V——井口构筑物基础上部结构总重（包括基础自重），MN；

　　　A_n——土层侧压力系数，

$$A_n = \tan^2\left(45° - \frac{\varphi}{2}\right);$$

　　　L——基础中心至井壁外缘的距离，m；

　　　A——带形或环形基础宽度，m；

　　　B——带形基础的长度，m；

　　　h——从基础底至计算深度距离，m；

　　　R——井筒外半径，m。

(二) 井口构筑物作用下井壁圆环内力的计算

1. 带形基础两边侧压力作用下的圆环内力 (图 4—4—37)

A、B 两截面上的内力

$$N_A = Pr_0$$

$$M_A = -\frac{1}{4}Pr_0^2$$

$$N_B = 0$$

$$M_B = \frac{1}{4}Pr_0^2$$

如果井口仅一侧有建筑物，井壁产生的内力仍用上式计算。

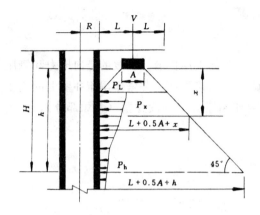

图 4—4—36   地面构筑物引起井壁侧压力分布   图 4—4—37   圆环受两边侧压力的内力分布

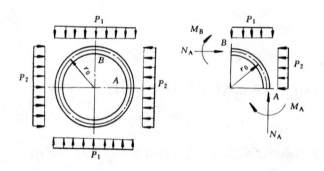

图 4—4—38   圆环受四边侧压力的内力分布

2. 四边侧压力作用下的圆环内力 (图 4—4—38)

作用在 A、B 截面上的内力

$$N_A = P_1 r_0$$
$$M_A = -\frac{1}{4}(P_1 - P_2) r_0^2$$
$$N_B = P_2 r_0$$
$$M_B = \frac{1}{4}(P_1 - P_2) r_0^2$$

三、井塔直接支承在井筒上时井壁结构设计计算

(一)"m"法

锁口盘按"深埋弹性基础"计算。

1. "m"法简介

井塔基础下的井筒可以看作深埋在土层中的单根管桩，这样就可以借助弹性桩基理论"m"法进行计算，一般基础深度在 8～12m 左右，这部分基础的施工采用大开挖，原有土层

组织被破坏，计算时部分土壤的弹性抗力可以不考虑，所以计算嵌固水平定在锁口盘基础底与井筒交界处。

如图 4-4-39 所示，井塔受到水平力的作用（风荷、地震惯性力等），在嵌固地面处产生水平力 Q_0、弯矩 M_0 及横向位移 x_0 和转角 φ_0，横向位移 x_0 顺 O_{-x} 轴正方向为正；转角 φ_0 逆时针方向为正，弯矩 M 当左侧受拉为正，横向力 Q_0 顺 O_{-x} 轴正方向为正，图中 M_0、Q_0、x_0 均为正值 φ_0 为负值。

井筒受到 Q_0 及 M_0 的作用，在井筒的右侧产生土层的反力（即土的弹性抗力），等于井筒沿 O_{-y} 轴各点的横

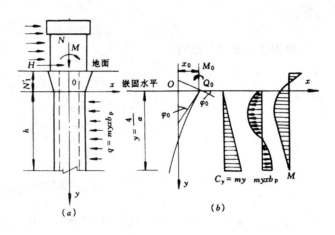

图 4-4-39　"m"法计算简图

向位移 x 与该点处土层地基系数 C_y 的乘积，由于 C_y 随深度 y 按直线变化，即 $C_y = my$，所以任一深度处土层作用于井壁上的反力为 $q = myxb_p$，这里 q 为作用于井壁的反力，m 代表地基系数随深度变化的比例系数，y 为井筒受上部荷载影响深度，x 为横向位移，b_p 为井筒计算宽度。按以上方法来计算弹性桩基，通常称为"m"法。

弹性桩基"m"法计算的基本假设：

1）将土层看作为弹性变形介质，它具有随深度成正比增长的地基系数；

2）基础与土层之间的粘着力和摩擦力均不考虑；

3）在水平压力和垂直压力作用下，任何深度处土壤的压缩均用地基系数来表示；

4）当基础置于嵌固水平以下的深度 $h \leqslant \dfrac{2.5}{\alpha}$ 时，认为基础具有无穷大的刚度，$h > \dfrac{2.5}{\alpha}$ 时，按弹性基础考虑。井筒一般深度较大，多按弹性桩基考虑。

基础变形系数 α 可用下式求出：

$$\alpha = \sqrt[5]{\dfrac{mb_p}{1000EI}} \qquad (4-4-74)$$

式中　α——基础变形系数；

　　　m——地基系数随深度变化的比例系数，kN/m^4，查表 4-4-53；

　　　b_p——基础（此处为井筒）的计算宽度，

$$b_p = 0.9(D+1)\ m;$$

　　　D——井筒外直径，m；

　　　EI——基础（井筒）的横截面抗弯刚度；

　　　E——混凝土的弹性模量，N/mm^2；

　　　I——井筒横截面惯性矩，m^4。

2. 计算公式及图表的应用

井筒在井塔作用下的弹性管桩，根据弹性地基梁原理得出这种弹性桩的弹性曲线微分方程式

$$EI\frac{\mathrm{d}^4x}{\mathrm{d}y^4}=-myxb_\mathrm{p} \tag{4-4-75}$$

$$q=-myxb_\mathrm{p} \tag{4-4-76}$$

根据边界条件可以写出：

$$x\Big|_{y=0}=x_0 \tag{4-4-77}$$

$$\frac{\mathrm{d}x}{\mathrm{d}y}\Big|_{y=0}=\varphi_0 \tag{4-4-78}$$

$$EI\frac{\mathrm{d}^2x}{\mathrm{d}y^2}\Big|_{y=0}=M_0 \tag{4-4-79}$$

$$EI\frac{\mathrm{d}^3x}{\mathrm{d}y^3}\Big|_{y=0}=Q_0 \tag{4-4-80}$$

对公式（4-4-75）取一般解，然后对一般解取各阶导数，得出：

$$x=x_0A_1+\frac{\varphi_0}{\alpha}B_1+\frac{M_0}{\alpha^2EI}C_1+\frac{Q_0}{\alpha^3EI}D_1 \tag{4-4-81}$$

$$\frac{\varphi}{\alpha}=x_0A_2+\frac{\varphi_0}{\alpha}B_2+\frac{M_0}{\alpha^2EI}C_2+\frac{Q_0}{\alpha^3EI}D_2 \tag{4-4-82}$$

$$\frac{M}{\alpha^2EI}=x_0A_3+\frac{\varphi_0}{\alpha}B_3+\frac{M_0}{\alpha^2EI}C_3+\frac{Q_0}{\alpha^3EI}D_3 \tag{4-4-83}$$

$$\frac{Q}{\alpha^3EI}=x_0A_4+\frac{\varphi_0}{\alpha}B_4+\frac{M_0}{\alpha^2EI}C_4+\frac{Q_0}{\alpha^3EI}D_4 \tag{4-4-84}$$

$$x_0=Q_0\delta_\mathrm{QQ}+M_0\delta_\mathrm{QM} \tag{4-4-85}$$

$$\varphi_0=-(Q_0\delta_\mathrm{MQ}+M_0\delta_\mathrm{MM}) \tag{4-4-86}$$

$$\delta_\mathrm{QQ}=\frac{1}{\alpha^3EI}\quad\frac{(B_3D_4-B_4D_3)}{(A_3B_4-A_4B_3)} \tag{4-4-87}$$

$$\delta_\mathrm{MQ}=\frac{1}{\alpha^2EI}\quad\frac{(A_3D_4-A_4D_3)}{(A_3B_4-A_4B_3)} \tag{4-4-88}$$

$$\delta_\mathrm{QM}=\frac{1}{\alpha^2EI}\quad\frac{(B_3C_4-B_4C_3)}{(A_3B_4-A_4B_3)} \tag{4-4-89}$$

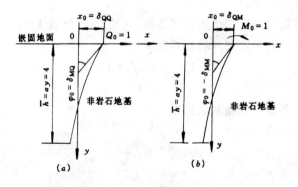

图 4-4-40　位移和转角计算简图

$$\delta_{MM}=\frac{1}{\alpha EI}\ \frac{(A_3C_4-A_4C_3)}{(A_3B_4-A_4B_3)} \tag{4-4-90}$$

式中系数 A_1、B_1、C_1、D_1，A_2B_2……C_4D_4……见表 4-4-49～表 4-4-52。

根据不同的换算深度 $\overline{h}=\alpha y$ 列于表 4-4-49～表 4-4-52 中，δ_{QQ}，δ_{MQ} 是在 $M_0=0$，$Q_0=1$ 时，求得位移和转角（图 4-4-40a），系数按 $\overline{h}=\alpha y=4$ 时在表中查出。

δ_{QM}，δ_{MM} 是在 $Q_0=0$，$M_0=1$ 时求得位移和转角（图 4-4-40b）中，系数按 $\overline{h}=\alpha y=4$ 时在表中查出。

井塔所受的 M_0、Q_0 由井塔设计单位供给资料。

表 4-4-49　A、B、C、D 各 系 数 值

换算深度 $\overline{h}=\alpha y$	A_1	B_1	C_1	D_1	A_2	B_2	C_2	D_2
0	1.00000	0.00000	0.00000	0.00000	0.00000	1.00000	0.00000	0.00000
0.1	1.00000	0.10000	0.00500	0.00017	−0.00000	1.00000	0.10000	0.00500
0.2	1.00000	0.20000	0.02000	0.00133	−0.00007	1.00000	0.20000	0.02000
0.3	0.99998	0.30000	0.04500	0.00450	−0.00034	0.99996	0.30000	0.04500
0.4	0.99991	0.39999	0.08000	0.01067	−0.00107	0.99983	0.39998	0.08000
0.5	0.99974	0.49996	0.12500	0.02083	−0.00260	0.99948	0.49994	0.12499
0.6	0.99935	0.59987	0.17998	0.03600	−0.00540	0.99870	0.59981	0.17998
0.7	0.99860	0.69967	0.24495	0.05716	−0.01000	0.99720	0.69951	0.24494
0.8	0.99727	0.79927	0.31988	0.08532	−0.01707	0.99454	0.79891	0.31983
0.9	0.99508	0.89852	0.40472	0.12146	−0.02733	0.99016	0.89779	0.40462
1.0	0.99167	0.99722	0.49941	0.16657	−0.04167	0.98333	0.99583	0.49921
1.1	0.98658	1.09508	0.60384	0.22163	−0.06096	0.97317	1.09262	0.60346
1.2	0.97927	1.19171	0.71787	0.28758	−0.08632	0.95855	1.18756	0.71716
1.3	0.96908	1.28660	0.84127	0.36536	−0.11883	0.93817	1.27990	0.84002
1.4	0.95523	1.37910	0.97373	0.45588	−0.15973	0.91047	1.36865	0.97163
1.5	0.93681	1.46839	1.11484	0.55997	−0.21030	0.87365	1.45259	1.11145
1.6	0.91280	1.55346	1.26403	0.67842	−0.27194	0.82565	1.53020	1.25872
1.7	0.88201	1.63307	1.42061	0.81193	−0.34604	0.76413	1.59963	1.41247
1.8	0.84313	1.70575	1.58362	0.96109	−0.43412	0.68645	1.65867	1.57150
1.9	0.79467	1.76972	1.75190	1.12637	−0.53768	0.58967	1.70468	1.73422
2.0	0.73502	1.82294	1.92402	1.30801	−0.65822	0.47061	1.73457	1.89872
2.2	0.57491	1.88709	2.27217	1.72042	−0.95616	0.15127	1.73110	2.22299
2.4	0.34691	1.87450	2.60882	2.19535	−1.33889	−0.30273	1.61286	2.51874

续表

换算深度 $\bar{h}=\alpha y$	A_1	B_1	C_1	D_1	A_2	B_2	C_2	D_2
2.6	0.03315	1.75473	2.90670	2.72365	−1.81479	−0.92602	1.33485	2.74972
2.8	−0.38548	1.49037	3.12843	3.28769	−2.38756	−1.75483	0.84177	2.86653
3.0	−0.92809	1.03679	3.22471	3.85838	−3.05319	−2.82410	0.06837	2.80406
3.5	−2.92799	−1.27172	2.46304	4.97982	−4.98062	−6.70806	−3.58647	1.27018
4.0	−5.85333	−5.94097	−0.92677	4.54780	−6.53316	−12.15810	−10.60840	−3.76647

表 4−4−50　A、B、C、D 各 系 数 值

换算深度 $\bar{h}=\alpha y$	A_3	B_3	C_3	D_3	A_4	B_4	C_4	D_4
0	0.00000	0.00000	1.00000	0.00000	0.00000	0.00000	0.00000	1.00000
0.1	−0.00017	−0.00001	1.00000	0.10000	−0.00500	−0.00033	−0.00001	1.00000
0.2	−0.00133	−0.00013	0.99999	0.20000	−0.02000	−0.00267	−0.00020	0.99999
0.3	−0.00450	−0.00067	0.99994	0.30000	−0.04500	−0.00900	−0.00101	0.99992
0.4	−0.01067	−0.00213	0.99974	0.39998	−0.08000	−0.02133	−0.00320	0.99966
0.5	−0.02083	−0.00521	0.99922	0.49991	−0.12499	−0.04167	−0.00781	0.99896
0.6	−0.03600	−0.01080	0.99806	0.59974	−0.17997	−0.07199	−0.01620	0.99741
0.7	−0.05716	−0.02001	0.99580	0.69935	−0.24490	−0.11433	−0.03001	0.99440
0.8	−0.08532	−0.03412	0.99181	0.79854	−0.31975	−0.17060	−0.05120	0.98908
0.9	−0.12144	−0.05466	0.98524	0.89705	−0.40443	−0.24284	−0.08198	0.98032
1.0	−0.16652	−0.08329	0.97501	0.99445	−0.49881	−0.33298	−0.12493	0.96667
1.1	−0.22152	−0.12192	0.95975	1.09016	−0.60268	−0.44292	−0.18285	0.94634
1.2	−0.28737	−0.17260	0.93783	1.18342	−0.71573	−0.57450	−0.26886	0.91712
1.3	−0.36496	−0.23760	0.90727	1.27320	−0.83753	−0.72950	−0.35631	0.87638
1.4	−0.45515	−0.31933	0.86573	1.35821	−0.96746	−0.90954	−0.47883	0.82102
1.5	−0.55870	−0.42039	0.81054	1.43680	−1.10468	−1.11609	−0.63027	0.74745
1.6	−0.67629	−0.54348	0.73859	1.50695	−1.24808	−1.35042	−0.81466	0.65156
1.7	−0.80848	−0.69144	0.64637	1.56621	−1.39623	−1.61346	−1.03616	0.52871
1.8	−0.95564	−0.86715	0.52997	1.61162	−1.54728	−1.90577	−1.29909	0.37368
1.9	−1.11796	−1.07357	0.38503	1.63969	−1.69889	−2.22745	−1.60770	0.18071
2.0	−1.29535	−1.31361	0.20676	1.64628	−1.84818	−2.57798	−1.96620	−0.05652
2.2	−1.69334	−1.90567	−0.27087	1.57538	−2.12481	−3.35952	−2.84858	−0.69158

续表

换算深度 $\bar{h}=\alpha y$	A_3	B_3	C_3	D_3	A_4	B_4	C_4	D_4
2.4	-2.14117	-2.66329	-0.94885	1.35201	-2.33901	-4.22811	-3.97323	-1.59151
2.6	-2.62126	-3.59987	-1.87734	0.91679	-2.43695	-5.14023	-5.35541	-2.82106
2.8	-3.10341	-4.71748	-3.10791	0.19729	-2.34558	-6.02299	-6.99007	-4.44491
3.0	-3.54058	-5.99979	-4.68788	-0.89126	-1.96928	-6.76460	-8.84029	-6.51972
3.5	-3.91921	-9.54367	-10.34040	-5.85402	1.07408	-6.78895	-13.69240	-13.82610
4.0	-1.61428	-11.73070	-17.91860	-15.07550	9.24368	-0.35762	-15.61050	-23.14040

表 4—4—51　A、B、C、D 各系数计算值

换算深度 $\bar{h}=\alpha y$	$B_3D_4-B_4D_3$	$A_3B_4-A_4B_3$	$B_2D_4-B_4D_2$	$A_2B_4-A_4B_2$	$A_3D_4-A_4D_3$	$A_2D_4-A_4D_2$	$A_3C_4-A_4C_3$
0	0.00000	0.00000	1.00000	0.00000	0.00000	0.00000	0.00000
0.1	0.00002	0.00000	1.00000	0.00500	0.00033	0.00003	0.00500
0.2	0.00040	0.00000	1.00004	0.02000	0.00267	0.00033	0.02000
0.3	0.00203	0.00001	1.00029	0.04500	0.00900	0.00169	0.04500
0.4	0.00640	0.00006	1.00120	0.07999	0.02133	0.00533	0.08001
0.5	0.01563	0.00022	1.00365	0.12504	0.04167	0.01303	0.12505
0.6	0.03240	0.00065	1.00917	0.18013	0.07203	0.02701	0.18020
0.7	0.06006	0.00163	1.01962	0.22535	0.11443	0.05004	0.24559
0.8	0.10248	0.00365	1.03824	0.32091	0.17094	0.08539	0.32150
0.9	0.16426	0.00738	1.06893	0.40709	0.24374	0.13685	0.40842
1.0	0.25062	0.01390	1.11679	0.50436	0.33507	0.20873	0.50714
1.1	0.36747	0.02464	1.18823	0.61351	0.44739	0.30600	0.61893
1.2	0.52158	0.04156	1.29111	0.73565	0.58346	0.43412	0.74562
1.3	0.72057	0.06724	1.43498	0.87244	0.74650	0.59940	0.88991
1.4	0.97317	0.10504	1.63125	1.02612	0.94032	0.80887	1.05550
1.5	1.28938	0.15916	1.89349	1.19981	1.16960	1.07061	1.24752
1.6	1.68091	0.23497	2.23776	1.39771	1.44015	1.39379	1.47277
1.7	2.16145	0.33904	2.68296	1.62522	1.75934	1.78918	1.74019
1.8	2.74734	0.47951	3.25143	1.88946	2.13653	2.26933	2.06147
1.9	3.45833	0.66632	3.96945	2.19944	2.58362	2.84909	2.45147
2.0	4.31831	0.91158	4.86824	2.56664	3.11583	3.54638	2.92905

续表

换算深度 $\bar{h}=\alpha y$	$B_3D_4-B_4D_3$	$A_3B_4-A_4B_3$	$B_2D_4-B_4D_2$	$A_2B_4-A_4B_2$	$A_3D_4-A_4D_3$	$A_2D_4-A_4D_2$	$A_3C_4-A_4C_3$
2.2	6.61044	1.63962	7.36356	3.53366	4.51846	5.38469	4.24806
2.4	9.95510	2.82366	11.13130	4.95288	6.57004	8.02219	6.28800
2.6	14.86800	4.70118	16.74660	7.07178	9.62890	11.82060	9.46294
2.8	22.15710	7.62558	25.06510	10.26420	14.25710	17.33620	14.40320
3.0	33.08790	12.13530	37.38070	15.09220	21.32850	25.42750	22.06800
3.5	92.20900	36.85800	101.36900	41.01820	60.47600	67.49820	64.76960
4.0	266.06100	109.01200	279.99600	114.72200	176.70900	185.99600	190.83400

表 4-4-52　A、B、C、D 各系数计算值

换算深度 $\bar{h}=\alpha y$	$A_2C_4-A_4C_2$	$\dfrac{B_3D_4-B_4D_3}{A_3B_4-A_4B_3}$	$\dfrac{A_3D_4-A_4D_3}{A_3B_4-A_4B_3}=\dfrac{B_3C_4-B_4C_3}{A_3B_4-A_4B_3}$	$\dfrac{A_3C_4-A_4C_3}{A_3B_4-A_4B_3}$	$\dfrac{B_2D_1-B_1D_2}{A_2B_1-A_1B_2}$	$\dfrac{B_2C_1-B_1C_2}{A_2B_1-A_1B_2}=\dfrac{A_2D_1-A_1D_2}{A_2B_1-A_1B_2}$	$\dfrac{A_2C_1-A_1C_2}{A_2B_1-A_1B_2}$
0	0.00000	∞	∞	∞	0.00000	0.00000	0.00000
0.1	0.00050	3770.490	54098.4	819672.0	0.00033	0.00500	0.10000
0.2	0.00400	424.771	2807.280	21028.6	0.00269	0.02000	0.20000
0.3	0.01350	196.135	869.565	4347.97	0.00900	0.04500	0.30000
0.4	0.03200	111.936	372.930	1399.07	0.02133	0.07999	0.39996
0.5	0.06251	72.102	192.214	576.825	0.04165	0.12495	0.49988
0.6	0.10804	50.012	111.179	278.134	0.07192	0.17983	0.59962
0.7	0.17161	36.740	70.001	150.236	0.11406	0.24448	0.69902
0.8	0.25632	28.108	46.884	88.179	0.16985	0.31867	0.79783
0.9	0.36533	22.245	33.009	55.312	0.24092	0.40199	0.89562
1.0	0.50194	18.028	24.102	36.480	0.32855	0.49374	0.99179
1.1	0.66965	14.915	18.160	25.122	0.43351	0.59294	1.08560
1.2	0.87232	12.550	14.039	17.941	0.55589	0.69811	1.17605
1.3	1.11429	10.716	11.102	13.235	0.69488	0.80737	1.26199
1.4	1.40059	9.265	8.952	10.049	0.84855	0.91831	1.34213
1.5	1.73720	8.101	7.349	7.838	1.01382	1.02816	1.41516
1.6	2.13135	7.154	6.129	6.268	1.18632	1.13380	1.47990
1.7	2.59200	6.375	5.189	5.133	1.36088	1.23219	1.53540
1.8	3.13039	5.730	4.456	4.300	1.53179	1.32058	1.58115

换算深度 $\bar{h}=\alpha y$	$A_2C_4-A_4C_2$	$\dfrac{B_3D_4-B_4D_3}{A_3B_4-A_4B_3}$	$\dfrac{A_3D_4-A_4D_3}{A_3B_4-A_4B_3}=\dfrac{B_3C_4-B_4C_3}{A_3B_4-A_4B_3}$	$\dfrac{A_3C_4-A_4C_3}{A_3B_4-A_4B_3}$	$\dfrac{B_2D_1-B_1D_2}{A_2B_1-A_1B_2}$	$\dfrac{B_2C_1-B_1C_2}{A_2B_1-A_1B_2}=\dfrac{A_2D_1-A_1D_2}{A_2B_1-A_1B_2}$	$\dfrac{A_2C_1-A_1C_2}{A_2B_1-A_1B_2}$
1.9	3.76049	5.190	3.878	3.680	1.69343	1.39688	1.61718
2.0	4.49999	4.737	3.418	3.213	1.84091	1.45979	1.64405
2.2	6.40196	4.032	2.756	2.591	2.08041	1.54549	1.67490
2.4	9.09220	3.526	2.327	2.227	2.23974	1.58566	1.68520
2.6	12.97190	3.161	2.048	2.013	2.32965	1.59617	1.68665
2.8	18.66360	2.905	1.869	1.889	2.37119	1.59262	1.68717
3.0	27.12570	2.727	1.758	1.818	2.38548	1.58606	1.69051
3.5	72.04850	2.502	1.641	1.757	2.38891	1.58435	1.71100
4.0	200.04700	2.441	1.625	1.751	2.40074	1.59979	1.73218

3. 计算步骤

1）求算井筒的计算宽度：

$$b_p = 0.9\ (D+1)$$

2）选用地基系数随深度变化的比例系数 m 值（见表 4-4-53）：

表 4-4-53　推荐使用的 m 值和 K 值

土　壤　名　称	m（kN/m⁴）	K（N/cm³）
流塑性粘土、亚粘土、亚砂土、淤泥	3000～5000	100～200
软塑性的粘土、亚粘土、亚砂土、粉土、松散砂	5000～10000	200～400
硬塑性的粘土、亚砂土、亚粘土、中砂、细砂	10000～20000	450～650
硬的粘土、亚粘土、亚砂土、砂粘土、夹姜石密实粗砂	20000～30000	650～1000
砂砾、大块碎石类土	30000～85000	1000～1300
密实粗砂夹卵石、密实漂卵石	85000～180000	1300～2000

3）计算基础变形系数 α：

$$\alpha = \sqrt[5]{\dfrac{mb_p}{1000EI}}$$

4）嵌固水平的内力计算：

根据地面上部结构（井塔）计算出作用于嵌固水平的竖向力 N_0、水平力 Q_0 和弯矩 M_0（也可由上部结构设计单位供给资料）。

5）按下列公式求出在嵌固地面处（也称局部冲刷线）的横向位移 x_0 和转角 φ_0：

$$x_0 = Q_0 \delta_{QQ} + M_0 \delta_{QM}$$

$$\varphi_0 = -\ (Q_0 \delta_{MQ} + M_0 \delta_{MM})$$

6）计算嵌固地面以下任意深度 y 处构件截面上的弯矩 M_y 和侧向水平压应力 σ_x（即土层弹性抗力）：

由公式（4-4-83）和公式（4-4-81）得：

$$M_y = \alpha EI\ (\alpha x_0 A_3 + \varphi_0 B_3)\ + M_0 C_3 + \frac{Q_0}{\alpha} D_3 \qquad (4-4-91)$$

$$\sigma_x = my \left(x_0 A_1 + \frac{\varphi_0}{\alpha} B_1 + \frac{M_0}{\alpha^2 EI} C_1 + \frac{Q_0}{\alpha^3 EI} D_1 \right) \qquad (4-4-92)$$

根据计算和试验分析，井塔对井筒影响深度为 $4/\alpha$，在 $y = 4/\alpha$ 处对井壁的作用力甚微，可以认为 $M_y = 0$，$\sigma_x = 0$。

7）对井筒上部横截面的强度验算：

根据 $y = 4/\alpha$ 深度范围内的最大弯矩 M_{max} 和该点的竖向力 N（嵌固面处轴向力 N_0 与计算位置以上井壁自重之和），计算出偏心矩 $e_0 = \dfrac{M_{max}}{N}$。

计算长度（即纵向屈曲长度）L_0，当 $h < \dfrac{4}{\alpha}$ 时，$L_0 = h_1 + h$；当 $h \geqslant \dfrac{4}{\alpha}$ 时，$L_0 = h_1 + \dfrac{4}{\alpha}$，式中 h_1 为井筒上部井塔大块基础高度。

参照《混凝土结构设计规范 GBJ10-89》第 4.1.18 条规定，井壁横截面偏心受压承载力可按下列方法计算。

当 $\eta \dfrac{e_i}{r_0} > 0.4$ 时，可按大偏心受压构件计算：

$$\alpha_0 = \frac{N + f_y A_z}{f_{cm} A_0 + 2.5 f_y A_z}$$

$$\frac{N \eta e_i}{r_0} \leqslant (f_{cm} A_0 + f_y A_z)\ \frac{\sin \pi \alpha_0}{\pi} + f_y A_z \frac{\sin \pi \alpha_t}{\pi}$$

当 $\eta \dfrac{e_i}{r_0} \leqslant 0.4$ 时，可按小偏心受压构件计算：

$$\alpha_0 = \frac{N}{f_{cm} A_0 + f_y A_z}$$

$$\frac{N \eta e_i}{r_0} \leqslant (f_{cm} A_0 + f_y A_z)\ \frac{\sin \pi \alpha_0}{\pi}$$

上述各公式中的系数和偏心距应按下列公式计算：

$$\alpha_t = 1 - 1.5 \alpha_0$$

$$e_i = e_0 + e_a$$

$$e_a = 0.12\ [0.3\ (R + r_0)\ - e_0]$$

式中 α_0——受压区混凝土截面面积与全截面面积的比值；

α_t——受拉纵向钢筋截面面积与全部纵向钢筋截面面积的比值；当 $\alpha_0 > 2/3$ 时，$\alpha_t = 0$；

e_a——附加偏心距；当 $e_0 \geqslant 0.3\ (R + r_0)$ 时，取 $e_a = 0$；

η——偏心受压构件考虑挠曲影响的轴向力偏心距增大系数，计算方法与第五节相同。当构件长细比 $l_0 / d \leqslant 8$ 时，取 $\eta = 1$。

为了便捷，可按下列公式结合查表 4－4－54 先算出总纵向钢筋截面面积：

$$A_z = \beta \frac{f_{cm}}{f_y} A_0$$

$$n_1 = \frac{N}{A_0 f_{cm}}$$

$$\frac{\eta e_0}{r_g} = \frac{\eta M}{N r_g}$$

式中　A_z——纵向钢筋截面面积，m^2；

　　　A_0——井壁横截面面积，m^2；

　　　r_g——纵向钢筋所在圆周的半径，m；

　　　β——系数，可根据求得的 n_1 和 $\frac{e_0}{r_g}\eta$，查表 4－4－54 确定。

按上述方法求得圆环截面上的纵向钢筋截面面积，可按内外两排沿周圈等间距配置。

表 4－4－54　计算环形截面的 $\frac{e_0}{r_g}\eta$ 值

β	n_1								
	0.1	0.15	0.20	0.25	0.30	0.35	0.40	0.45	0.50
0.05	1.454	1.262	1.146	1.059	0.982	0.910	0.840	0.770	0.700
0.10	1.910	1.550	1.350	1.212	1.103	1.008	0.922	0.842	0.764
0.15	2.351	1.829	1.549	1.362	1.221	1.105	1.004	0.919	0.828
0.20	2.779	2.101	1.742	1.509	1.339	1.202	1.086	0.984	0.891
0.25	3.195	2.365	1.931	1.654	1.454	1.297	1.168	1.055	0.955
0.30	3.601	2.625	2.117	1.797	1.568	1.392	1.249	1.126	1.019
0.35	3.999	2.879	2.300	1.938	1.682	1.487	1.330	1.197	1.082
0.40	4.389	3.129	2.481	2.077	1.795	1.581	1.411	1.268	1.146
0.45	4.772	3.375	2.659	2.215	1.907	1.675	1.491	1.339	1.210
0.50	4.150	3.619	2.835	2.353	2.018	1.769	1.572	1.410	1.273
0.55	5.523	3.859	3.011	2.489	2.129	1.862	1.652	1.482	1.337
0.60	5.891	4.097	3.185	2.624	2.240	1.955	1.733	1.552	1.401
0.65	6.253	4.334	3.357	2.759	2.350	2.048	1.813	1.623	1.464
0.70	6.616	4.568	3.529	2.894	2.460	2.141	1.894	1.694	1.528
0.75	6.973	4.800	3.699	3.027	2.569	2.233	1.974	1.765	1.592
0.80	7.328	5.031	3.869	3.161	2.678	2.326	2.054	1.836	1.655

注：表中 $n_1 = \frac{\nu_k N}{A f_{cm}}$。

外层竖向钢筋的全部面积：

$$A_{g(外)} = \frac{r_{g(外)}}{r_{g(外)} + r_{g(内)}} A_g$$

内层竖向钢筋的全部面积：

$$A_{g(内)} = \frac{r_{g(内)}}{r_{g(外)} + r_{g(内)}} A_g$$

式中 $r_{g(外)}$——外层钢筋布置圈至井筒中心半径，m；

$r_{g(内)}$——内层钢筋布置圈至井筒中心半径，m。

在 $y = \frac{4}{\alpha}$ 深度范围内，还应以土层对井壁弹性抗力 σ_x 与水、土压力组合的最大值，对井壁的环向钢筋进行核算。

（二）"K" 法

锁口盘按"弹性地基梁"计算。

1. 基本假定

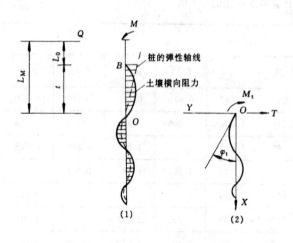

图 4—4—41 "K" 法计算简图

1) 将井筒看作井塔的深基桩，其上部受有横向力 Q 和弯矩 M 作用时（即井塔传来的荷载），考虑土壤的横向阻力，桩的弹性轴线为一消失的曲线，在其弹性轴线的第一个零点以下的弯曲变形通常很微小，因此可以认为桩身嵌固于土壤内的支点与桩的弹性轴线的第一零点相吻合，因此基桩的受挠长度 $L_M = L_0 + t$，如图 4—4—41 所示。

2) 据前苏联 Д·В·安盖尔斯基的假定，当桩的入土深度等于或大于 5m 时，土壤的弹性阻力系数 K 值与深度成正比，且直至图 4—4—41 中 O 点处（即桩弹性轴线的第一个零点）K 值不再增加而变为常数。因此可以假定地面 B 及 O 点处土壤对桩的横向阻力均等于零，两点间土壤横向阻力图为抛物线形状，在 O 点以下受力情况视为支承在弹性基础上的无限长梁。

2. 桩（井筒）埋入土中深度的判别式

按照桩的下端嵌固于土壤内的假定进行计算时，必须验算桩的入土深度是否大于 $t + \frac{\pi}{\alpha}$，如果大于此值则认为 O 点为嵌固点，O 点以下的桩身为支承于弹性基础上的无限长梁，O 点为桩的刚性嵌固连接处，否则只能将 O 点看作是铰接。

3. 桩的弹性轴线第一个零点位置 t 的计算

井塔建筑在井筒上，一般把井筒视为桩顶自由的等截面桩进行计算，而计算模式则可按桩上端铰接，下端固定考虑。此种情况下求解 t 的方程式为：

$$t^3 + 2L_0 t^2 - 6 \frac{t}{\alpha^2} - 6 \frac{\alpha L_0 + 1}{\alpha^3} = 0$$

式中　α——变形系数，$\alpha=\sqrt[4]{\dfrac{Kd}{4EI}}$

　　　d——桩径（此处为井筒外径），m；

　　　E——混凝土的弹性模量，N/mm^2；

　　　I——井筒横截面惯性矩，m^4；

　　　K——土壤弹性阻力系数，N/cm^3，见表 4—4—53；

　　　L_0——折算矩臂，m，$L_0=\dfrac{\Sigma M}{\Sigma Q}$；

　　　M——井塔作用于井筒上端的弯矩，$kN \cdot m$；

　　　Q——井塔作用于井筒上端的水平力，kN。

4．弯矩计算（如图 4—4—42 所示）

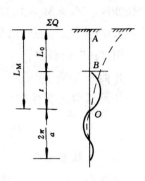

图 4—4—42　计算弯矩图

1）桩的弹性轴线第一零点处弯矩：

$$M_t=\frac{\Sigma Q}{\alpha\left(\dfrac{\alpha^2 t^2}{3}-1\right)}$$

2）桩的最大弯矩位置和最大弯矩：

最大弯矩位置 x 按下式求解：

$$\frac{2\alpha^2}{3t}x^3-\alpha^2 x^2+1=0$$

最大弯矩：

$$M_{max}=M_t\left(1+\alpha x-\frac{1}{3}\alpha^3 x^3+\frac{\alpha^3}{6t}x^4\right)$$

3）弯矩图的计算：

（1）$B\sim O$ 段桩的弯矩公式：

$$M=M_t\left(1+\alpha x-\frac{1}{3}\alpha^3 x^3+\frac{\alpha^3}{6t}x^4\right)$$

（2）O 点以下桩的弯矩公式：

$$M=M_t \cdot e^{-\alpha x}\cos(\alpha x)$$

注意此处 x 为自 O 点起始的距离，如图 4—4—41（2）所示。

当 $x=\dfrac{\pi}{2\alpha}$ 时　　　　　　　　　　　　$M=0$

当 $x=\dfrac{\pi}{\alpha}$ 时　　　　　　　　　　　　$M=-M_t e^{-\pi}$

当 $x=\dfrac{2\pi}{\alpha}$ 时　　　　　　　　　　　　$M=M_t e^{-2\pi}$

按上述公式求出桩的 M_t、M_{max} 及 M 图，再计算出相应处的竖向力 ΣN 值，即可按与"m"法相同的方法验算相应位置的井壁截面强度。

（三）井塔荷载作用下的井壁结构计算实例

例 1　某矿主井井筒净直径 7.5m，采用冻结法凿井，表土层厚 160.1m，浅部多为砂质粘土、粘质砂土、粘土和砂。自±0.000～—10.000m 为井塔的大块基础（井筒施工时，这一段高可以用砖砌临时锁口），嵌固地面定在—10.0m 水平，—10.0m 以上周围土壤弹性抗力不考虑。—10.0m 处的荷载根据上部井塔结构设计单位提供资料（图 4—4—43）为 $N_A=N_0=$

$91400kN$，$M_A = M_0 = 192000kN \cdot m$，$Q_A = Q_0 = 3650kN$。井壁材料为C30混凝土，弹性模量 $E_c = 3.0 \times 10^4 N/mm^2 = 3.0 \times 10^4 MN/m^2$。

用"m"法计算。

井筒外直径 $\qquad D = 7.5 + 2 = 9.5m$

井筒横截面惯性矩

$$I = \frac{\pi}{64}(D^4 - d^4) = \frac{\pi}{64}(9.5^4 - 7.5^4) = 244.5m^4$$

(1) 计算基础变形系数 α：

根据表 4-4-53，选用 $m = 6000kN/m^4$

$$b_p = 0.9(D+1) = 0.9 \times (9.5+1) = 9.45m$$

$$\alpha = \sqrt[5]{\frac{mb_p}{1000EI}} = \sqrt[5]{\frac{6000 \times 9.45}{1000 \times 3.0 \times 10^4 \times 244.5}} = 0.095$$

井塔基础对井筒的影响深度

$$y = \frac{4}{\alpha} = \frac{4}{0.095} = 42.1m$$

(2) 计算在 $-10.0m$ 处的位移 x_0 及转角 φ_0：

当仅有单位水平力 $Q_0 = 1$ 作用时，计算地面处（$-10.0m$）位移 $X_0 = \delta_{QQ}$，转角 $\varphi_0 = \delta_{MQ}$。

$$\delta_{QQ} = \frac{1}{\alpha^3 EI} \cdot \frac{(B_3 D_4 - B_4 D_3)}{(A_3 B_4 - A_4 B_3)}$$

$$\delta_{MQ} = \frac{1}{\alpha^2 EI} \cdot \frac{(A_3 D_4 - A_4 D_3)}{(A_3 B_4 - A_4 B_3)}$$

井筒换算长度按 $\overline{h} = \alpha y = 4$ 计算，由表 4-4-52 查得：

$$\frac{B_3 D_4 - B_4 D_3}{A_3 B_4 - A_4 B_3} = 2.441$$

$$\frac{A_3 D_4 - A_4 D_3}{A_3 B_4 - A_4 B_3} = 1.625$$

$$\alpha^3 EI = 0.095^3 \times 3.0 \times 10^4 \times 244.5 = 0.629 \times 10^4 MN \cdot m^2$$
$$= 0.629 \times 10^7 kN \cdot m^2$$

$$\alpha^2 EI = 0.095^2 \times 3.0 \times 10^4 \times 244.5 = 6.62 \times 10^4 MN \cdot m^2$$
$$= 6.62 \times 10^7 kN \cdot m^2$$

$$\delta_{QQ} = \frac{2.441}{0.629 \times 10^7} = 3.88 \times 10^{-7}$$

$$\delta_{MQ} = \frac{1.625}{6.62 \times 10^7} = 0.2455 \times 10^{-7}$$

当仅有单位弯矩 $M_0 = 1$ 作用时，位移 $X_0 = \delta_{QM}$，$\varphi_0 = \delta_{MM}$。

$$\delta_{QM} = \frac{1}{\alpha^2 EI} \cdot \frac{(B_3 C_4 - B_4 C_3)}{(A_3 B_4 - A_4 B_3)}$$

$$\delta_{MM} = \frac{1}{\alpha EI} \cdot \frac{(A_3 C_4 - A_4 C_3)}{(A_3 B_4 - A_4 B_3)}$$

当换算长度 $\overline{h} = \alpha y = 4$ 时，由表 4-4-52 得

$$\frac{B_3C_4-B_4C_3}{A_3B_4-A_4B_3}=1.625$$

$$\frac{A_3C_4-A_4C_3}{A_3B_4-A_4B_3}=1.751$$

$$\alpha EI=0.095\times3.0\times10^4\times244.5=69.7\times10^4\mathrm{MN\cdot m^2}$$
$$=69.7\times10^7\mathrm{kN\cdot m^2}$$

$$\delta_{QM}=\frac{1.625}{6.62\times10^7}=0.2455\times10^{-7}$$

$$\delta_{MM}=\frac{1.751}{69.7\times10^7}=0.0251\times10^{-7}$$

根据互等定理，$\delta_{MQ}=\delta_{QM}$，证明计算无误。

在上部结构实际荷载 $M_0=192000\mathrm{kN\cdot m}$、$Q_0=3650\mathrm{kN}$ 作用下，$-10.0\mathrm{m}$ 处（计算地面）的位移 X_0 及转角 φ_0 为：

$$X_0=Q_0\delta_{QQ}+M_0\delta_{QM}=3650\times3.88\times10^{-7}+192000\times0.2455\times10^{-7}$$
$$=0.00613$$

$$\varphi_0=-(Q_0\delta_{MQ}+M_0\delta_{MM})=-(3650\times0.2455\times10^{-7}+192000\times0.0251\times10^{-7})$$
$$=-0.000572$$

（3）计算沿井筒深度的弯矩 M_y：

$$M_y=\alpha^2EIX_0A_3+\alpha EI\varphi_0B_3+M_0C_3+\frac{Q_0}{\alpha}D_3$$

$$=6.62\times10^7\times0.00613A_3-69.7\times10^7\times0.000572B_3+192000C_3+\frac{3650}{0.095}D_3$$

$$=405806A_3-398684B_3+192000C_3+38421D_3$$

式中系数 A_3、B_3、C_3、D_3 可在表 4-4-50 查得，M_y 采用表格形式计算，其结果列于表 4-4-55，沿井筒的 M_y 分布如图 4-4-43 所示。

表 4-4-55　M_y 计算表

（$\alpha=0.095$）

$\bar{h}=\alpha y$	$y=\frac{\bar{h}}{\alpha}$ (m)	$405806A_3$	$-398684B_3$	$192000C_3$	$38421D_3$	M_y (kN·m)
0.0	0.00	0.00	0.00	192000	0.00	192000.0
0.1	1.05	−69.0	3.99	192000	3842.1	195777.1
0.2	2.11	−539.7	51.83	191998	7684.2	199194.3
0.3	3.16	−1826.1	267.12	191988	11526.3	201955.3
0.4	4.21	−4330.0	849.20	191950	15367.6	203836.8
0.5	5.26	−8452.9	2077.14	191850	19207.0	204681.2
0.6	6.32	−14609.0	4305.79	191628	23043	204367.8
0.7	7.37	−23195.9	7977.67	191194	26870	202845.8
0.8	8.42	−34623.4	13603.1	190428	30681	200088.7

续表

$\bar{h}=\alpha y$	$y=\dfrac{\bar{h}}{\alpha}$ (m)	$405806A_3$	$-398684B_3$	$192000C_3$	$38421D_3$	M_y (kN·m)
0.9	9.47	-49281.1	21792.1	189166	34466	196143.0
1.0	10.53	-67574.8	33206.4	187202	38208	191041.6
1.2	12.63	-116616.5	68812.9	180063	45468	177727.9
1.4	14.74	-184702.6	124312	166220	52184	161013.4
1.6	16.84	-274442.5	216677	141809	57899	141942.5
1.8	18.95	-387804.5	345719	101754	61920	121588.5
2.0	21.05	-525660.8	523715	39698	63252	101004.2
2.4	25.26	-868899.6	1061811	-182179	51946	62678.4
3.0	31.58	-1436788.6	2392020	-900073	-34243	20915.4
3.5	36.84	-1590438.9	3804909	-1985357	-224917	4196.1
4.0	42.11	-655084.5	4676842	-3440371	-579216	2170.5

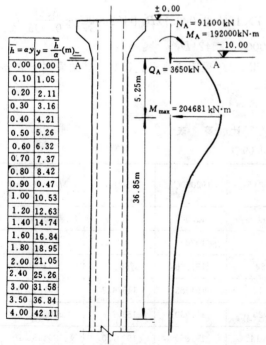

$\bar{h}=\alpha y$	$y=\dfrac{\bar{h}}{\alpha}$(m)
0.00	0.00
0.10	1.05
0.20	2.11
0.30	3.16
0.40	4.21
0.50	5.26
0.60	6.32
0.70	7.37
0.80	8.42
0.90	0.47
1.00	10.53
1.20	12.63
1.40	14.74
1.60	16.84
1.80	18.95
2.00	21.05
2.40	25.26
3.00	31.58
3.50	36.84
4.00	42.11

图 4-4-43　沿井筒的 M_y 分布

（4）对井筒横截面进行强度验算（用便捷方法）：

计算在最大弯矩处（-15.26m）荷载

井壁内半径　$r=3.75$m

井壁外半径　$R=3.75+1=4.75$m

井壁自重　$G=\pi(R^2-r^2)\gamma H$

$$=\pi\times(4.75^2-3.75^2)$$
$$\times 25\times 5.26$$
$$=3512\text{kN}$$

$$N=91400+3512\times 1.4$$
$$=96316\text{kN}$$

$$M=204681\text{kN·m}$$

$$A_0=\pi(R^2-r^2)=\pi\times(4.75^2-3.75^2)=26.7\text{m}^2$$

$$n_1=\frac{N}{A_0 f_{cm}}=\frac{96316\times 10^3}{26.7\times 10^6\times 16.5}=0.22<0.5$$

纵向计算长度　$l_0=h_1+\dfrac{4}{\alpha}=10+\dfrac{4}{0.095}$
$$=52.1\text{m}$$

$$\frac{l_0}{D}=\frac{52.1}{9.5}=5.484<8\qquad \eta=1$$

$$e_0 = \frac{M_{\max}}{N} = \frac{204681}{96316} = 2.1251\text{m}$$

$$r_g = 3750 + \frac{1000 - 100 - 70}{2} + 70 = 4235\text{mm}$$

$$\frac{e_0 \eta}{r_g} = \frac{2125.1 \times 1}{4235} = 0.502$$

$\dfrac{e_0 \eta}{r_g}$ 的值小于表 4-4-54 中的最小值，采用 $\beta = 0.05$。

纵向钢筋截面面积 $A_z = \beta \dfrac{f_{cm}}{f_y} A_0 = 0.05 \times \dfrac{16.5}{310} \times 26.7 \times 10^6 = 71056\text{mm}^2$

$$r_{g(内)} = 3750 + 70 = 3820\text{mm}$$

$$r_{g(外)} = 3750 + 1000 - 100 = 4650\text{mm}$$

内层竖向钢筋的全部面积：

$$A_{g(内)} = \frac{r_{g(内)}}{r_{g(内)} + r_{g(外)}} A_g = \frac{3820}{3820 + 4650} \times 71056 = 32047\text{mm}^2$$

外层竖向钢筋的全部面积：

$$A_{g(外)} = \frac{r_{g(外)}}{r_{g(内)} + r_{g(外)}} A_g = \frac{4650}{3820 + 4650} \times 71056 = 39009\text{mm}^2$$

选用 $\phi 22$ 钢筋，单根钢筋截面积 380.1mm^2

内层需要的根数　　　　　$32047 \div 380.1 = 84$ 根

内层钢筋间距　　　　　　$3820 \times 2\pi \div 84 = 286\text{mm}$

外层需要的根数　　　　　$39009 \div 380.1 = 103$ 根

外层钢筋间距　　　　　　$4650 \times 2\pi \div 103 = 284\text{mm}$

内、外层皆取钢筋间距@250mm。

例2　某矿主井井塔高 53.6m，作用于基础顶面即 ±0.000 标高处的外力：$N = 31000\text{kN}$，$Q = 2120\text{kN}$，$M = 79650\text{kN} \cdot \text{m}$。井筒净直径 $D = 5.0\text{m}$，外直径 $d = 6.7\text{m}$，混凝土强度等级 C15。用"K"法计算。

土壤弹性阻力系数　　　　$K = 100\text{N/m}^3$

混凝土弹性模量　　　　　$E = 2.2 \times 10^4 \text{N/mm}^2$

井筒横截面惯性矩　　　　$I = \dfrac{\pi}{64} \times (6.7^4 - 5^4) = 68.24\text{m}^4$

变形系数　　　　　　　　$\alpha = \sqrt[4]{\dfrac{Kd}{4EI}} = \sqrt[4]{\dfrac{100 \times 6.7}{4 \times 2.2 \times 10^4 \times 68.24}} = 0.103$

折算矩臂　　　　　　　　$L_0 = \dfrac{M}{Q} = \dfrac{79650}{2120} = 37.57\text{m}$

求弹性轴线第一零点位置 t，

$$t^3 + 2L_0 t^2 - \frac{6}{\alpha^2} t - \frac{6(\alpha L_0 + 1)}{\alpha^3} = 0$$

代入 α、L_0 值，

$$t^3 + 2 \times 37.57 t^2 - \frac{6}{0.103^2} t - \frac{6 \times (0.103 \times 37.57 + 1)}{0.103^3} = 0$$

$$t^3 + 75.14 t^2 - 565.56 t - 26738.85 = 0$$

用试算法解上方程式得 $t=20.0\text{m}$

弹性轴线第一零点处弯矩：

$$M_t=\frac{\Sigma Q}{\alpha\left(\dfrac{\alpha^2 t^2}{3}-1\right)}=\frac{2120}{0.103\times\left(\dfrac{0.103^2\times20^2}{3}-1\right)}$$
$$=49652\text{kN}\cdot\text{m}$$

求最大弯矩位置 x 和最大弯矩值 $M_{\max}$：

$$\frac{2\alpha^2}{3t}x^3-\alpha^2 x^2+1=0$$

$$\frac{2\times0.103^2}{3\times20}x^3-0.103^2 x^2+1=0$$

$$0.0003536x^3-0.010609x^2+1=0$$

$$x^3-30x^2+2828.1=0$$

解得　　$x=12.48\text{m}$。

$$\begin{aligned}
M_{\max}&=M_t\left(1+\alpha x-\frac{1}{3}\alpha^3 x^3+\frac{\alpha^3 x^4}{6t}\right)\\
&=49652\times\Big(1+0.103\times12.48\\
&\quad-\frac{1}{3}\times0.103^3\times12.48^3\\
&\quad+\frac{0.103^3\times12.48^4}{6\times20}\Big)\\
&=89291\text{kN}\cdot\text{m}
\end{aligned}$$

弯矩图的计算：

上段（弹性轴线 0 点以上）弯矩计算公式为：

$$M=M_t\left(1+\alpha x-\frac{1}{3}\alpha^3 x^3+\frac{\alpha^3}{6t}x^4\right)$$

下段（弹性轴线 0 点以下）弯矩计算公式为：

$$M=M_t e^{-\alpha x}\cos\alpha x$$

当 $x=\dfrac{\pi}{2\alpha}=\dfrac{\pi}{2\times0.103}=15.25\text{m}$ 时，

$$M=0$$

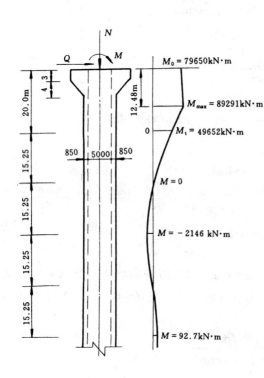

图 4—4—44　沿井筒弯矩图

当 $x=\dfrac{\pi}{\alpha}=\dfrac{\pi}{0.103}=30.50\text{m}$ 时，

$$M=49652e^{-\pi}\times(-1)=-2146\text{kN}\cdot\text{m}$$

当 $x=\dfrac{2\pi}{\alpha}=\dfrac{2\pi}{0.103}=61.0\text{m}$ 时，

$$M=49652e^{-2\pi}=92.7\text{kN}\cdot\text{m}$$

弯矩图见图 4—4—44。

验算最大弯矩截面：

计算最大弯矩处（垂深 12.48m）荷载

井壁自重

$$P = \{\pi (6.625^2 - 2.5^2) \times 3 + \pi (3.35^2 - 2.5^2) \times 5.48 + \frac{\pi}{2} [(6.625^2 - 2.5^2) + (3.35^2 - 2.5^2)] \times 4\} \times 25 = 17703\text{kN}$$

$$\Sigma N = 31000 + 17703 \times 1.4 = 55784.2\text{kN}$$

$$M_{max} = 89291\text{kN} \cdot \text{m}$$

$$A_0 = \pi (R^2 - r^2) = \pi (3.35^2 - 2.5^2) = 15.62\text{m}^2$$

$$n_1 = \frac{N}{A_0 f_{cm}} = \frac{55784.2 \times 10^3}{15.62 \times 10^6 \times 16.5} = 0.216 < 0.5$$

$$e_0 = \frac{M_{max}}{\Sigma N} = \frac{89291}{55784.2} = 1.601\text{m}$$

$$\frac{l_0}{D} = \frac{37.57}{5 + 0.85 \times 2} = 5.61 < 8 \qquad \eta = 1$$

$$r_g = 2500 + \frac{(850 - 100 - 70)}{2} + 70 = 2910\text{mm}$$

$$\frac{e_0 \eta}{r_g} = \frac{1601 \times 1}{2910} = 0.550$$

$\frac{e_0 \eta}{r_g}$ 的值小于表 4-4-54 中的最小值，采用 $\beta = 0.05$。

纵向钢筋截面　　$A_z = \beta \frac{f_{cm}}{f_y} A_0 = 0.05 \times \frac{16.5}{310} \times 15.62 \times 10^6 = 41569\text{mm}^2$

选用 $\phi 20$ 钢筋，单根钢筋截面积 314.2mm^2

需要钢筋根数　　　　　　$41569 \div 314.2 = 132$ 根

内层布置圈长度　　　　$l_内 = 2\pi \times (2500 + 70) = 16148\text{mm}$

外层布置圈长度　　　　$l_外 = 2\pi \times (2500 + 850 - 100) = 20420\text{mm}$

分配于内层的钢筋根数　　$\frac{16148}{16148 + 20420} \times 132 = 58$ 根

分配于外层的钢筋根数　　$\frac{20420}{16148 + 20420} \times 132 = 74$ 根

内层钢筋间距　　　　　　$16148 \div 58 = 278\text{mm}$

外层钢筋间距　　　　　　$20420 \div 74 = 276\text{mm}$

内、外层皆取钢筋间距@250mm。

第七节　冻结法井壁设计计算实例

某矿副井净直径 $D6.0\text{m}$，井口永久标高 $+23.5\text{m}$，采用冻结法施工，锁口预留 4m。提升设备为落地绞车，建井、生产两用钢井架，井架基础离井筒较远。根据井筒检查孔资料（柱状简图见图 4-4-45），松散层底界垂深 368.80m，基岩风化带起止深度 368.80~384.91m，厚 16.11m，其中强风化带厚 9.08m，弱风化带厚 7.03m。松散层自上而下可划分为四个含水层（组）和三个隔水层（组），垂深 204.93~234.43m 为 29.5m 厚的粘土层（中夹薄层细砂），245.88~287.26m 为厚达 41.38m 的膨胀粘土层，松散层底部为 37.36m 厚的含水砾石层，其与煤系地层间无隔水层。第一含水层（组）水位标高 17.32m，第四含水层（组）水位标高 20.71m。第一、二、三含水层（组）间均较稳定分布着有效隔水层，相互间水力联系极其微弱；第四含水层（组）之上有厚层具良好隔水性的第三隔水层分布，故第四含水层与上部第一、二、三含水层地下水及地表水无水力联系。

风化带往下为厚约 6m 的粉砂岩、细砂岩，再往下为厚度近 8m 泥岩，故冻结段井壁下部内外壁整体浇筑段底部标高 -366.5m，支撑圈高度 2m，至 -368.5m。冻结深度 398m，冻结段采用双层钢筋混凝土井壁中夹聚乙烯塑料薄板，外层井壁与冻土间铺设 25～75mm 厚聚苯乙烯泡沫塑料。

一、计算原则

（1）内层井壁按静水压力计算，外层井壁按承受冻结压力计算，全井筒按水土压力校核并适当考虑负摩擦力作用。

（2）静水压力 $P_水 = 0.01H$，MPa。

（3）冻结压力按 $P_冻 = \dfrac{0.05H + 10}{10}$，MPa 计算。

（4）水土压力按重液公式计算，即 $P = 0.013H$，MPa。以上三式中 H 均为计算处深度，单位 m。

二、确定井壁厚度

（1）垂深 145m 以上，采用 C30 混凝土，Ⅱ级钢筋。

$$P_水 = 0.01H = 0.01 \times 145 = 1.45\text{MPa}$$

$$P_冻 = \frac{0.05H + 10}{10} = \frac{0.05 \times 145 + 10}{10} = 1.725\text{MPa}$$

内层井壁钢筋与混凝土综合强度计算值

$$f_{cz} = f_c + \mu_{min} f_y = 15 + 0.002 \times 310 = 15.62\text{N/mm}^2$$

内层井壁厚度

$$h_1 = r\left[\sqrt{\frac{f_{cz}}{f_{cz} - 2\nu_k P_水}} - 1\right] = 3000 \times \left[\sqrt{\frac{15.62}{15.62 - 2 \times 1.4 \times 1.45}} - 1\right] = 487\text{mm}$$

取 $h_1 = 550$mm（可取 500mm，考虑负摩擦力作用增加 50mm，以下皆同此）。

外层井壁钢筋与混凝土综合强度计算值

$$f'_{cz} = f_c + \mu_{min} f_y = 15 + 0.002 \times 310 = 15.62\text{N/mm}^2$$

外层井壁厚度

$$h_2 = (r + h_1)\left[\sqrt{\frac{f'_{cz}}{f'_{cz} - 2\nu'_k P_冻}} - 1\right]$$
$$= (3000 + 550)$$
$$\times \left[\sqrt{\frac{15.62}{15.62 - 2 \times 1.05 \times 1.725}} - 1\right] = 500\text{mm}$$

（2）垂深 145～245m，采用 C40 混凝土，Ⅱ级钢筋。

$$P_水 = 0.01H = 0.01 \times 245 = 2.45\text{MPa}$$

$$P_冻 = \frac{0.05H + 10}{10} = \frac{0.05 \times 245 + 10}{10} = 2.225\text{MPa}$$

内层井壁

$$f_{cz}=f_c+\mu_{\min}f_y=19.5+0.002\times310=20.12\text{N/mm}^2$$

$$h_1=r\left[\sqrt{\frac{f_{cz}}{f_{cz}-2\nu_k P_{水}}}-1\right]=3000\times\left[\sqrt{\frac{20.12}{20.12-2\times1.4\times2.45}}-1\right]=695\text{mm}$$

取 $h_1=750\text{mm}$。

外层井壁

$$f'_{cz}=19.5+0.002\times310=20.12\text{N/mm}^2$$

$$h_2=(3000+750)\times\left[\sqrt{\frac{20.12}{20.12-2\times1.05\times2.225}}-1\right]=530\text{mm}$$

取 $h_2=600\text{mm}$。

由于垂深 204.93~234.43m 为厚 29.5m 的粘土层,其冻胀力可能超过常规值,为安全计,将此厚粘土层段支护改为与下段相同,即将本段支护段高改为垂深 145~210m。

(3) 垂深 210~375m,内壁 C50 混凝土,外壁 C45 混凝土,Ⅱ级钢筋。此段冻结压力按表土深度 368.8m 控制。

$$P_{水}=0.01H=0.01\times375=3.75\text{MPa}$$

$$P_{冻}=\frac{0.05H+10}{10}=\frac{0.05\times368.8+10}{10}=2.844\text{MPa}$$

内层井壁

$$f_{cz}=f_c+\mu f_y=23.5+0.004\times310=24.74\text{N/mm}^2$$

$$h_1=r\left[\sqrt{\frac{f_{cz}}{f_{cz}-2\nu_k P_{水}}}-1\right]=3000\times\left[\sqrt{\frac{24.74}{24.74-2\times1.4\times3.75}}-1\right]=954\text{mm}$$

取 $h_1=950\text{mm}$。

外层井壁

$$f'_{cz}=21.5+0.004\times310=22.74\text{N/mm}^2$$

$$h_2=(3000+950)\times\left[\sqrt{\frac{22.74}{22.74-2\times1.05\times2.844}}-1\right]=650\text{mm}$$

取 $h_2=700\text{mm}$。

经过以上计算并参照各区段地层分布情况,实际采用的外层井壁和内层井壁厚度见表 4-4-56。

三、井壁环向稳定性验算

(1) 按内、外层井壁共同承受水上压力对总壁厚为 1050mm 区段进行稳定验算

内外壁总厚度　$h=1050\text{mm}$

表 4-4-56　井壁分段厚度

分段垂深 (m)	井壁厚度 (mm)	
−4~−145	内层 550	外层 500
−145~−210	内层 750	外层 600
−210~−375	内层 950	外层 700
−375~−390	整体浇筑 1650mm	

井壁中心半径　　　　$r_0=3000+\dfrac{1050}{2}=3525\text{mm}$

计算处水土压力　　　$P=\dfrac{0.13H}{10}=\dfrac{0.13\times145}{10}=1.885\text{MPa}$

井壁截面惯性矩 $\qquad I=\dfrac{bh^3}{12}=\dfrac{1\times1050^3}{12}=9.65\times10^7\text{mm}^4$

$\dfrac{L_0}{h}=\dfrac{1.814r_0}{h}=\dfrac{1.814\times3525}{1050}=6.1<30$（长细比得到保证）

均匀径向临界压力

$$P_k=\frac{3EI}{r_0^2\ (1-\nu_c^2)}=\frac{3\times3\times10^4\times9.65\times10^7}{3525^3\times\ (1-0.2^2)}=206.548\text{MPa}$$

$$>\nu_kP=1.4\times1.885=2.639\text{MPa}$$

井壁环向稳定性得到保证。由于安全度较大，其余两段不再验算。

（2）外层井壁在冻结压力作用下稳定性验算

a. 垂深 145m 以上段

$$h_2=500\text{mm}$$

$$r_0=3000+550+\frac{500}{2}=3800\text{mm}$$

$$I=\frac{bh^3}{12}=\frac{1\times500^3}{12}=1.042\times10^7\text{mm}^4$$

$$\frac{L_0}{h}=\frac{1.814r_0}{h}=\frac{1.814\times3800}{500}=13.8<30\text{（长细比得到保证）}$$

$$P_k=\frac{3EI}{r_0^3\ (1-\nu_c^2)}=\frac{3\times3\times10^4\times1.042\times10^7}{3800^3\times\ (1-0.2^2)}=17.803\text{MPa}$$

$$>\nu_kP_\text{冻}=1.4\times1.725=2.415\text{MPa}$$

环向稳定性得到保证。

b. 垂深 145~210m 段

$$h_2=600\text{mm}$$

$$r_0=3000+750+\frac{600}{2}=4050\text{mm}$$

$$I=\frac{bh^3}{12}=\frac{1\times600^3}{12}=1.8\times10^7\text{mm}^4$$

$$\frac{L_0}{h}=\frac{1.814r_0}{h}=\frac{1.814\times4050}{600}=12.2445<30\text{（长细比得到保证）}$$

$$P_k=\frac{3EI}{r_0^2\ (1-\nu_c^2)}=\frac{3\times3.25\times10^4\times1.8\times10^7}{4050^3\times\ (1-0.2^2)}=27.52\text{MPa}$$

$$>\nu_kP_\text{冻}=1.4\times\frac{0.05\times210+10}{10}=2.87\text{MPa}$$

环向稳定性得到保证。

c. 垂深 210~375m 段

$$h_2=700\text{mm}$$

$$r_0=3000+950+\frac{700}{2}=4300\text{mm}$$

$$I=\frac{bh^3}{12}=\frac{1\times700^3}{12}=2.86\times10^7\text{mm}^4$$

$$\frac{L_0}{h}=\frac{1.814r_0}{h}=\frac{1.814\times4300}{700}=11.14<30\text{（长细比得到保证）}$$

$$P_k = \frac{3EI}{r_0^3 (1-\nu_c^2)} = \frac{3 \times 3.35 \times 10^4 \times 2.86 \times 10^7}{4300^3 \times (1-0.2^2)}$$
$$= 37.658\text{MPa} > \nu_k P_{冻} = 1.4 \times 2.844$$
$$= 3.98\text{MPa}$$

环向稳定性得到保证。

四、按冻胀力对外层井壁环向配筋的计算

1) 垂深 145m 以上的外层井壁，冻结压力按 $P_{冻} = 1.725\text{MPa}$ 计算，外壁厚 500mm，强度荷载系数 $\nu_k = 1.05$，C30 混凝土 $f_c = 15\text{N/mm}^2$。

内径 $\qquad\qquad\qquad r = 3000 + 550 = 3550\text{mm}$

外径 $\qquad\qquad\qquad R = 3000 + 550 + 500 = 4050\text{mm}$

$$\frac{r}{10} = \frac{3550}{10} = 355 < 500\text{mm}$$

按厚壁圆筒公式计算。

$$\sigma_{max} = \frac{2R^2 \nu_k P_{冻}}{R^2 - r^2} = \frac{2 \times 4050^2 \times 1.05 \times 1.725}{4050^2 - 3550^2} = 15.64\text{N/mm}^2$$
$$> f_c = 15\text{N/mm}^2$$

配筋率 $\qquad\qquad \mu = \frac{\sigma - f_c}{f_y} = \frac{15.64 - 15}{310} = 0.206\%$

$$A_g = \mu bh = 0.00206 \times 1000 \times 500 = 1032\text{mm}^2$$

采用 Φ 18@250 $\qquad\qquad A_g = 1018\text{mm}^2$

2) 垂深 145~210m 段外层井壁，冻结压力按 $P_{冻} = 2.05\text{MPa}$ 计算，外壁厚 600mm，强度荷载系数 $\nu_k = 1.05$，C40 混凝土 $f_c = 19.5\text{N/mm}^2$。

$$R = 3000 + 750 + 600 = 4350\text{mm}$$
$$r = 3000 + 750 = 3750\text{mm}$$
$$\sigma_{max} = \frac{2R^2 \nu_k P_{冻}}{R^2 - r^2} = \frac{2 \times 4350^2 \times 1.05 \times 2.05}{4350^2 - 3750^2} = 16.76\text{N/mm}^2$$
$$< f_c = 19.5\text{N/mm}^2$$

按构造要求的最小配筋率配筋

$$A_g = \mu_{min} bh = 0.002 \times 1000 \times 600 = 1200\text{mm}^2$$

选用 Φ 20@250 $\qquad\qquad A_g = 1256\text{mm}^2$

3) 垂深 210~375m 段外层井壁，按 $P_{冻} = 2.844\text{MPa}$，$h = 700\text{mm}$，$\nu_k = 1.05$，C45 混凝土 $f_c = 21.5\text{N/mm}^2$ 计算。

$$r = 3000 + 950 = 3950\text{mm}$$
$$R = 3000 + 950 + 700 = 4650\text{mm}$$
$$\sigma_{max} = \frac{2R^2 \nu_k P_{冻}}{R^2 - r^2} = \frac{2 \times 4650^2 \times 1.05 \times 2.844}{4650^2 - 3950^2} = 21.45\text{N/mm}^2$$
$$< f_c = 21.5\text{N/mm}^2$$

按构造要求的最小配筋率配筋

$$A_g = \mu_{min} bh = 0.002 \times 1000 \times 700 = 1400\text{mm}^2$$

选用 $\Phi 22@200$ $A_g = 1900mm^2$

五、内层井壁按承受静水压力的环向配筋计算

1）垂深 145m 以上的内层井壁，静水压力按 $P_水 = 1.45MPa$ 计算，内壁厚 550mm，强度荷载系数 $\nu_k = 1.4$，C30 混凝土 $f_c = 15N/mm^2$。

内径 $r = 3000mm$

外径 $R = 3000 + 550 = 3550mm$

$$\frac{r}{10} = \frac{3000}{10} = 300 < h = 550mm$$

按厚壁圆筒公式计算。

$$\sigma_{max} = \frac{2R^2\nu_k P_水}{R^2 - r^2} = \frac{2 \times 3550^2 \times 1.4 \times 1.45}{3550^2 - 3000^2} = 14.2N/mm^2 < f_c = 15N/mm^2$$

按构造要求的最小配筋率配筋

$$A_g = \mu_{min}bh = 0.002 \times 1000 \times 550 = 1100mm^2$$

选用 $\Phi 16@250$，双侧布置，$A_g = 804 \times 2 = 1608mm^2$

2）垂深 145～210m 段内层井壁，按 $P_水 = 0.01H = 0.01 \times 210 = 2.1MPa$，$h = 750mm$，$\nu_k = 1.4$，C40 混凝土 $f_c = 19.5N/mm^2$ 计算。

$r = 3000mm$

$R = 3000 + 750 = 3750mm$

$$\sigma_{max} = \frac{2R^2\nu_k P_水}{R^2 - r^2} = \frac{2 \times 3750^2 \times 1.4 \times 2.1}{3750^2 - 3000^2} = 16.33N/mm^2 < f_c = 19.5N/mm^2$$

按构造要求配筋

$$A_g = \mu_{min}bh = 0.002 \times 1000 \times 750 = 1500mm^2$$

选用 $\Phi 18@250$，双侧布置，$A_g = 1018 \times 2 = 2036mm^2$

3）垂深 210～292m 段内层井壁，按 $P_水 = 0.01H = 0.01 \times 292 = 2.92MPa$，$h = 950mm$，$\nu_k = 1.4$，C40 混凝土 $f_c = 19.5N/mm^2$ 计算。

$r = 3000mm$

$R = 3000 + 950 = 3950mm$

$$\sigma_{max} = \frac{2R^2\nu_k P_水}{R^2 - r^2} = \frac{2 \times 3950^2 \times 1.4 \times 2.92}{3950^2 - 3000^2} = 19.32N/mm^2 < f_c = 19.5N/mm^2$$

按构造要求配筋

$$A_g = \mu_{min}bh = 0.002 \times 1000 \times 950 = 1900mm^2$$

选用 $\Phi 20@250$，双侧布置，$A_g = 1256 \times 2 = 2512mm^2$

4）垂深 292～325m 段内层井壁，按 $P_水 = 0.01H = 0.01 \times 325 = 3.25MPa$，$h = 950mm$，$\nu_k = 1.4$，C45 混凝土 $f_c = 21.5N/mm^2$ 计算。

$r = 3000mm$

$R = 3000 + 950 = 3950mm$

$$\sigma_{max} = \frac{2R^2\nu_k P_水}{R^2 - r^2} = \frac{2 \times 3950^2 \times 1.4 \times 3.25}{3950^2 - 3000^2} = 21.5N/mm^2 = f_c$$

按构造要求配筋，同上选用 $\Phi 20@250$，双侧布置，$A_g = 2512mm^2$

5）垂深 325～360m 段内层井壁，按 $P_水=0.01H=0.01×360=3.6$MPa，$h=950$mm，$\nu_k=1.4$，C50 混凝土 $f_c=23.5$N/mm^2 计算。

$$\sigma_{max}=\frac{2R^2\nu_k P_水}{R^2-r^2}=\frac{2×3950^2×1.4×3.6}{3950^2-3000^2}=23.82\text{N/mm}^2>f_c=23.5\text{N/mm}^2$$

配筋率　　　　$$\mu=\frac{\sigma-f_c}{f_y}=\frac{23.82-23.5}{310}=0.103\%<\mu_{min}=0.2\%$$

按最小配筋率配筋

$$A_g=\mu_{min}bh=0.002×1000×950=1900\text{mm}^2$$

同上选用 ⌀ 20@250，双侧布置。

6）垂深 360～375m 段内层井壁，按 $P_水=0.01H=0.01×375=3.75$MPa，$h=950$mm，$\nu_k=1.4$，C50 混凝土 $f_c=23.5$N/mm^2 计算。

$$\sigma_{max}=\frac{2R^2\nu_k P_水}{R^2-r^2}=\frac{2×3950^2×1.4×3.75}{3950^2-3000^2}=24.81\text{N/mm}^2>f_c=23.5\text{N/mm}^2$$

配筋率　　　　$$\mu=\frac{\sigma-f_c}{f_y}=\frac{24.81-23.5}{310}=0.4226\%$$

$$A_g=\mu bh=0.004226×1000×950=4015\text{mm}^2$$

选用 ⌀ 25@200，双侧布置，$A_g=2454×2=4908$mm^2

六、把内外层井壁看作整体结构，按共同承受水土压力校核

全井筒可按三种不同壁厚，承受水土均匀侧压力和不均匀侧压力两种作用，分别进行计算。

内外层井壁总厚度 h 为：

垂深 4～145m	$h=550+500=1050$mm
垂深 145～210m	$h=750+600=1350$mm
垂深 210～375m	$h=950+700=1650$mm

$\frac{r}{10}=\frac{3000}{10}=300mm<h$，所有截面均按厚壁筒公式计算。

（一）垂深 145m 以上段

井壁内半径	$r=3000$mm
井壁外半径	$R=3000+1050=4050$mm
井壁中心半径	$r_0=3000+1050/2=3525$mm

C30 混凝土，轴心抗压，弯曲抗压强度设计值分别为 $f_c=15$N/mm^2，$f_{cm}=16.5$N/mm^2。

1. 在均匀侧压力作用下的计算（$\nu_k=1.4$）

$$P=0.013H=0.013×145=1.885\text{MPa}$$

$$\sigma_{max}=\frac{2R^2\nu_k P}{R^2-r^2}=\frac{2×4050^2×1.4×1.885}{4050^2-3000^2}=11.70\text{N/mm}^2<f_c=15\text{N/mm}^2$$

满足强度要求。

2. 在不均匀侧压力作用下的计算（$\nu_k=1.1$）

按土压＋水压＋不均匀压力组合考虑，采用不均匀侧压力系数 $\beta=0.2$

$$P_A=P_水+P_土=1.885\text{MPa}$$

$$P_B = P_A (1+\beta) = 1.885 \times (1+0.2) = 2.262 \text{MPa}$$

当 $\alpha = 0°$ 时

$$e_0 = \frac{M_A}{N_A} = \frac{0.149\beta P_A r_0^2}{P_A r_0 (1+0.785\beta)} = \frac{0.149\beta r_0}{1+0.785\beta} = \frac{0.149 \times 0.2 \times 3525}{1+0.785 \times 0.2} = 91 \text{mm}$$

当 $\alpha = 90°$ 时

$$e_0 = \frac{M_B}{N_B} = \frac{0.137\beta P_B r_0^2}{P_B r_0 (1+0.5\beta)} = \frac{0.137\beta r_0}{1+0.5\beta} = \frac{0.137 \times 0.2 \times 3525}{1+0.5 \times 0.2} = 88 \text{mm}$$

$\alpha = 0°$ 截面（即 A 截面）控制设计，按 1m 高圆环计算。

$$N_A = P_A r_0 (1+0.785\beta) \times 1000 = 1.885 \times 3525 \times (1+0.785 \times 0.2) \times 1000$$
$$= 7687831.1 \text{N}$$

$$h_0 = 1050 - 100 = 950 \text{mm}$$

$$\xi_b = \frac{0.8}{1+\dfrac{f_y}{0.0033E_s}} = \frac{0.8}{1+\dfrac{310}{0.0033 \times 2.0 \times 10^5}} = 0.544$$

令 $\nu_K N_A = f_{cm} bx$ $x = \dfrac{\nu_K N_A}{f_{cm} b} = \dfrac{1.1 \times 7687831.1}{16.5 \times 1000} = 512.5 \text{mm}$

$$\xi_x = \frac{x}{h_0} = \frac{512.5}{950} = 0.539 < \xi_b = 0.544$$

按大偏心受压构件计算，取 $\sigma_s = f_y = 310 \text{N/mm}^2$

$$e_a = 0.12 (0.3h_0 - e_0) = 0.12 \times (0.3 \times 950 - 88) = 23.64 \text{mm}$$

$$e_i = e_0 + e_a = 88 + 23.64 = 111.64 \text{mm}$$

$$l_0 = 1.814 r_0 = 1.814 \times 3525 = 6394.35 \text{mm}$$

$$\frac{l_0}{h} = \frac{6394.35}{1050} = 6.1 < 8 \qquad 故\ \eta = 1$$

$$e = \eta e_i + \frac{h}{2} - a = 1 \times 111.64 + \frac{1050}{2} - 100 = 536.64 \text{mm}$$

将以上计算出的数值代入偏心受压构件计算的两基本公式得：

$$1.1 \times 7687831.1 \leqslant 16.5 \times 1000 \times 512.5 + 310 A'_g - 310 A_g$$

$$1.1 \times 7687831.1 \times 536.64 \leqslant 16.5 \times 1000 \times 512.5 \times \left(950 - \frac{512.5}{2}\right) + 310 A'_g (950 - 70)$$

解得 $A'_g \geqslant -4869.4 \text{mm}^2$ 可按构造要求配筋，即分层计算的配筋满足要求。

（二）垂深 145～210m 段

$$r = 3000 \text{mm}$$
$$R = 3000 + 1350 = 4350 \text{mm}$$
$$r_0 = 3000 + 1350/2 = 3675 \text{mm}$$

C40 混凝土，$f_c = 19.5 \text{N/mm}^2$，$f_{cm} = 21.5 \text{N/mm}^2$

1. 在均匀侧压力作用下的计算（$\nu_k = 1.4$）

$$P = 0.013H = 0.013 \times 210 = 2.73 \text{MPa}$$

$$\sigma_{max} = \frac{2R^2 \nu_k P}{R^2 - r^2} = \frac{2 \times 4350^2 \times 1.4 \times 2.73}{4350^2 - 3000^2} = 14.58 \text{N/mm}^2 < f_c = 19.5 \text{N/mm}^2$$

满足强度要求。

2. 在不均匀侧压力作用下的计算（$\nu_k = 1.1$）

$$\beta = 0.2$$
$$P_A = P_水 + P_土 = 2.73\text{MPa}$$
$$P_B = P_A(1+\beta) = 2.73 \times (1+0.2) = 3.276\text{MPa}$$

$\alpha = 0°$时控制计算

$$e_0 = \frac{M_A}{N_A} = \frac{0.149\beta r_0}{1+0.785\beta} = \frac{0.149 \times 0.2 \times 3675}{1+0.785 \times 0.2} = 95\text{mm}$$

$$N_A = P_A r_0(1+0.785\beta) \times 1000 = 2.73 \times 3675 \times (1+0.785 \times 0.2) \times 1000$$
$$= 11607892\text{N}$$

$$h_0 = 1350 - 100 = 1250\text{mm}$$

令 $\nu_K N_A = f_{cm}bx$ $x = \frac{\nu_K N_A}{f_{cm}b} = \frac{1.1 \times 11607892}{21.5 \times 1000} = 593.9\text{mm}$

$$\xi_x = \frac{x}{h_0} = \frac{593.9}{1250} = 0.475 < \xi_b = 0.544$$

按大偏心受压构件计算，取 $\sigma_s = f_y = 310\text{N/mm}^2$

$$e_a = 0.12(0.3h_0 - e_0) = 0.12 \times (0.3 \times 1250 - 95) = 33.6\text{mm}$$
$$e_i = e_0 + e_a = 95 + 33.6 = 128.6\text{mm}$$
$$l_0 = 1.814r_0 = 1.814 \times 3675 = 6666.45\text{mm}$$
$$\frac{l_0}{h} = \frac{6666.45}{1350} = 4.94 < 8 \qquad 故\ \eta = 1$$
$$e = \eta e_i + \frac{h}{2} - a = 1 \times 128.6 + \frac{1350}{2} - 100 = 703.6\text{mm}$$

将以上计算出的数值代入偏心受压构件计算的两基本公式得：

$$1.1 \times 11607892 \leqslant 21.5 \times 1000 \times 593.9 + 310A'_g - 310A_g$$

$$1.1 \times 11607892 \times 703.6 \leqslant 21.5 \times 1000 \times 593.9 \times \left(1250 - \frac{593.9}{2}\right) + 310A'_g(1250 - 70)$$

解得 $A_g \geqslant -8707.8\text{mm}^2$ 可按构造要求配筋，即分层计算的配筋满足要求。

（三）垂深 210～375m 段

$$r = 3000\text{mm}$$
$$R = 3000 + 1650 = 4650\text{mm}$$
$$r_0 = 3000 + 1650/2 = 3825\text{mm}$$

内层 C50 混凝土，外壁 C45 混凝土，C50，$f_c = 23.5\text{N/mm}^2$，$f_{cm} = 26\text{N/mm}^2$；C45，$f_c = 21.5\text{N/mm}^2$，$f_{cm} = 23.5\text{N/mm}^2$。

1. 在均匀侧压力作用下的计算（$\nu_k = 1.4$，计算深度按表土厚度为 370m）

$$P = 0.013H = 0.013 \times 370 = 4.81\text{MPa}$$

$$\sigma_{max} = \frac{2R^2\nu_k P}{R^2 - r^2} = \frac{2 \times 4650^2 \times 1.4 \times 4.81}{4650^2 - 3000^2} = 23.07\text{N/mm}^2 < f_c = 23.5\text{N/mm}^2$$

内层井壁满足强度要求。

井壁外缘应力

$$\sigma = \frac{\nu'_k P(R^2 + r^2)}{R^2 - r^2} = \frac{1.4 \times 4.81 \times (4650^2 + 3000^2)}{4650^2 - 3000^2}$$

$$=16.34 \text{N/mm}^2 < f_c = 21.5 \text{N/mm}^2$$

外层井壁满足强度要求。

2. 在不均匀侧压力作用下的计算（$\nu_k = 1.1$）

$$\beta = 0.2$$

$$P_A = P_水 + P_土 = 4.81 \text{MPa}$$

$$P_B = P_A (1+\beta) = 4.81 \times (1+0.2) = 5.772 \text{MPa}$$

$\alpha = 0°$ 时控制计算：

$$e_0 = \frac{0.149\beta r_0}{1+0.785\beta} = \frac{0.149 \times 0.2 \times 3825}{1+0.785 \times 0.2} = 98.5 \text{mm}$$

$$N_A = P_A r_0 (1+0.785\beta) \times 1000$$

$$= 4.81 \times 3825 \times (1+0.785 \times 0.2) \times 1000 = 21286775 \text{N}$$

$$h_0 = 1650 - 100 = 1550 \text{mm}$$

令 $\nu_K N_A = f_{cm} b x$　$x = \dfrac{\nu_K N_A}{f_{cm} b} = \dfrac{1.1 \times 21286775}{23.5 \times 1000} = 996.4 \text{mm}$

$$\xi_x = \frac{x}{h_0} = \frac{996.4}{1550} = 0.643 > \xi_b = 0.544 \quad \text{按小偏心受压构件计算。}$$

$$e_a = 0.12 (0.3h_0 - e_0) = 0.12 \times (0.3 \times 1550 - 98.5) = 43.98 \text{mm}$$

$$e_i = e_0 + e_a = 98.5 + 43.98 = 142.48 \text{mm}$$

$$l_0 = 1.814 r_0 = 1.814 \times 3825 = 6938.55 \text{mm}$$

$$\frac{l_0}{h} = \frac{6938.55}{1650} = 4.205 < 8 \quad \text{故 } \eta = 1$$

$$e = \eta e_i + \frac{h}{2} - a = 1 \times 142.48 + \frac{1650}{2} - 100 = 867.48 \text{mm}$$

按小偏心受压构件双侧对称配筋近似公式计算钢筋截面面积。
相对受压区高度

$$\xi = \frac{N - \xi_b f_{cm} b h_0}{\dfrac{Ne - 0.45 f_{cm} b h_0^2}{(0.8 - \xi_b)(h_0 - a'_s)} + f_{cm} b h_0} + \xi_b$$

$$= \frac{1.1 \times 21286775 - 0.544 \times 23.5 \times 1000 \times 1550}{\dfrac{1.1 \times 21286775 \times 867.48 - 0.45 \times 23.5 \times 1000 \times 1550^2}{(0.8 - 0.544)(1550 - 70)} + 23.5 \times 1000 \times 1550} + 0.544$$

$$= 0.7007$$

$$A'_g = A_g = \frac{Ne - \xi (1 - 0.5\xi) f_{cm} b h_0^2}{f'_y (h_0 - a'_s)}$$

$$= \frac{1.1 \times 21286775 - 0.701 \times (1 - 0.5 \times 0.701) \times 23.5 \times 1000 \times 1550^2}{310 \times (1550 - 70)} < 0$$

可按构造要求配筋，即分层计算的配筋满足要求。

七、按吊挂力计算外层井壁竖向钢筋及抗裂验算

（一）垂深 145m 以上段

吊挂段高取 $H = 20$m。此段外层井壁厚 500mm，内径 $r = 3000 + 550 = 3550$mm，外径 $R = 4050$mm。查表 4-4-19 得结构强度荷载系数 $\nu_L = 1.3$。

一个吊挂段高重量：

$$N=\pi\ (R^2-r^2)\ \gamma H=\pi\times\ (4.05^2-3.55^2)\ \times25\times20=5969kN$$

$$A_g=\frac{\nu_L N}{f_y}=\frac{1.3\times5969\times1000}{310}=25031.3mm^2$$

采用 Φ18 钢筋，$a_g=254.5mm^2$

需要钢筋根数 25031.3/254.5＝98 根

外层井壁钢筋布置圈长度

$$L=2\pi\times\ (4050-100)\ =24819mm$$

钢筋间距 24819/98＝253mm

实际采用 Φ18@250，钢筋根数 24819/250＝99 根

$$A_g=254.5\times99=25195.5mm^2>25031.3mm^2$$

抗裂验算：

查表 4-4-19，抗裂设计荷载系数 $\nu_f=1.1$。

混凝土抗拉强度设计值　　　$f_t=1.5N/mm^2$

混凝土弹性模量　　　　　　$E_c=3.0\times10^4N/mm^2$

钢筋弹性模量　　　　　　　$E_s=2.1\times10^5N/mm^2$

混凝土受拉截面积

$$A_h=\pi\ (R^2-r^2)\ =\pi\times\ (4050^2-3550^2)\ =11938052mm^2$$

弹性模量比

$$n=\frac{E_s}{E_c}=\frac{2.1\times10^5}{3.0\times10^4}=7$$

$$f_t\ (A_h+2nA_g)\ =1.5\times\ (11938052+2\times7\times25195.5)$$
$$=18436184N>\nu_f N=1.1\times5969\times10^3=6565900N$$

抗裂要求得到满足。

（二）垂深 145～210m 段

此段外壁厚 600mm，内径 $r=3750mm$，外径 $R=4350mm$，C40 混凝土。

一个吊挂段高重量：

$$N=\pi\ (R^2-r^2)\ \gamma H=\pi\times\ (4.35^2-3.75^2)\ \times25\times20=7634.07kN$$

$$A_g=\frac{\nu_L N}{f_y}=\frac{1.3\times7634.07\times10^3}{310}=32014mm^2$$

采用 Φ20 钢筋，$a_g=314.2mm^2$

需要钢筋根数 32014/314.2＝102 根

外层井壁钢筋布置圈长度

$$L=2\pi\times\ (4350-100)\ =26704mm$$

钢筋间距 26704/102＝262mm

实际采用 Φ20@250，钢筋根数 26704/250＝107 根

$$A_g=314.2\times107=33619.4mm^2>32014mm^2$$

抗裂验算根据上一段计算安全度较大，本段可不必再进行验算。

（三）垂深 210～375m 段

此段外层井壁厚 700mm，内径 $r=3950$mm，外径 $R=4650$mm，C45 混凝土。

一个吊挂段高重量：

$$N=\pi\left(R^2-r^2\right)\gamma H=\pi\times\left(4.65^2-3.95^2\right)\times25\times20=9456.2\text{kN}$$

$$A_\text{g}=\frac{\nu_\text{L}N}{f_\text{y}}=\frac{1.3\times9456.2\times10^3}{310}=39655\text{mm}^2$$

采用 Φ 22 钢筋，$a_\text{g}=380.1\text{mm}^2$

需要钢筋根数 $\dfrac{39655}{380.1}=104$ 根

钢筋间距 $\dfrac{2\pi\times\left(4650-100\right)}{104}=275\text{mm}$

实际采用 Φ 22@250，钢筋根数 $\dfrac{2\pi\times\left(4650-100\right)}{250}=114$ 根

$$A_\text{g}=380.1\times114=43331.4\text{mm}^2>39655\text{mm}^2$$

抗裂要求验算从略。

八、井壁竖向荷载计算

（一）不考虑负摩擦力

此种情况井壁竖向荷载仅为井壁自重和井筒装备重量。其最不利荷载出现在冻结壁解冻尚未完全融化，冻结压力消失而水土压力对井壁的围抱力尚未显现，一般此时井筒尚未装备。可以用 $\sigma_z=\nu_k\gamma H$ 计算井壁竖向自重压应力。

由于井壁实际上处于三向受压状态，故需按形状改变比能理论校核其强度。井壁计算截面处内缘切向应力最大，外缘径向应力最大，内缘径向应力为零，井壁承载最不利点在内缘，故应按井壁内缘来验算井壁强度。

1. 垂深 145m 以上段

径向应力　　　　　$\sigma_r=0$

切向应力　　　　　$\sigma_t=11.70\text{N/mm}^2$

竖向应力　　　　　$\sigma_z=\nu_k\gamma H=1.4\times0.025\times145=5.075\text{N/mm}^2$

三向应力的计算相当应力为

$$\sigma_{xd}=\sqrt{\sigma_r^2+\sigma_t^2+\sigma_z^2-\sigma_r\sigma_t-\sigma_t\sigma_z-\sigma_z\sigma_r}$$

$$=\sqrt{0^2+11.70^2+5.075^2-0\times11.70-11.70\times5.075-5.075\times0}$$

$$=10.162\text{N/mm}^2<f_c=15\text{N/mm}^2$$

2. 垂深 145～210m 段

$$\sigma_r=0$$

$$\sigma_t=14.58\text{N/mm}^2$$

$$\sigma_z=1.4\times0.025\times210=7.35\text{N/mm}^2$$

$$\sigma_{xd}=\sqrt{0^2+14.58^2+7.35^2-0\times14.58-14.58\times7.35-7.35\times0}$$

$$=12.628\text{N/mm}^2<f_c=19.5\text{N/mm}^2$$

3. 垂深 210～375m 段

$$\sigma_r = 0$$

$$\sigma_t = 23.07 \text{N/mm}^2$$

$$\sigma_z = 1.4 \times 0.025 \times 375 = 13.125 \text{N/mm}^2$$

$$\sigma_{xd} = \sqrt{0^2 + 23.07^2 + 13.125^2 - 0 \times 23.07 - 23.07 \times 13.125 - 13.125 \times 0}$$

$$= 20.042 \text{N/mm}^2 < f_c = 21.5 \text{N/mm}^2$$

（二）考虑负摩擦力

此种情况井壁竖向荷载不仅为井壁全部自重和井筒装备重量，还包括负摩擦力。井筒装备重量与另两项竖向荷载相比很小，故计算时忽略不计。

由于最大负摩擦力可能出现在松散层底部含水层的上部，即垂深332m处，该处内层井壁厚950mm，C50混凝土，竖向配筋双排Φ 20@250；外层井壁厚700mm，C45混凝土，竖向配筋Φ 22@250。

若按负摩擦力平均值0.05MPa计算，则负摩擦力P_f为

$$P_f = [2\pi \times 4.05 \times (145-4) + 2\pi \times 4.35 \times (210-145) + 2\pi \times 4.65 \times (332-210)] \times 0.05 = 446.45 \text{MN}$$

$$\sigma'_z = \gamma H + \frac{P_f}{A} = 0.025 \times (332-4) + \frac{446.45}{\pi \times (4.65^2 - 3^2)}$$

$$= 19.46 \text{N/mm}^2$$

Φ 20 钢筋的根数 $3070 \times 2\pi \div 250 + (3950-70) \times 2\pi \div 250 = 175$ 根

Φ 22 钢筋的根数 $(4650-100) \times 2\pi \div 250 = 114$ 根

竖向钢筋总面积 $A_g = 314.2 \times 175 + 380.1 \times 114 = 98316.4 \text{mm}^2$

垂深332m处混凝土与钢筋综合抗压强度为

外壁
$$f_{cz} = 21.5 + \frac{310 \times 98316.4}{\pi \times (4.65^2 - 3^2) \times 10^6} = 22.27 \text{N/mm}^2$$

内壁
$$f_{cz} = 23.5 + \frac{310 \times 98316.4}{\pi \times (4.65^2 - 3^2) \times 10^6} = 24.27 \text{N/mm}^2$$

$$\sigma_z = \nu_k \sigma'_z = 1.3 \times 19.46 = 25.30 \text{N/mm}^2$$

$$\sigma_r = 0$$

$$\sigma_t = \frac{2 \times 4650^2 \times 1.4 \times (0.013 \times 332)}{4650^2 - 3000^2} = 20.70 \text{N/mm}^2$$

$$\sigma_{xd} = \sqrt{0^2 + 20.70^2 + 25.30^2 - 0 \times 20.70 - 20.70 \times 25.30 - 25.30 \times 0}$$

$$= 23.342 \text{N/mm}^2 < f_{cz} = 24.27 \text{N/mm}^2$$

以上均满足强度要求。

九、壁座设计计算

（一）不考虑井筒负摩擦力作用

这种状况下壁座的最不利荷载情况是，冻结壁刚解冻尚未完全融化，冻结压力已消失而水土压力尚未显现，同时考虑采用普通法施工的基岩段砌壁又未达壁座，这时壁座由其下部围岩的承载力和侧面围岩与壁座外缘混凝土的粘结力承受着其上部全部内、外层井壁的重量和壁座的自重。设计计算示意图见图4-4-33。

1. 计算壁座高度 H

壁座以上井筒内、外壁重量

$G = [\pi \times (4.05^2 - 3^2) \times 145 + \pi \times (4.35^2 - 3^2) \times (210 - 145) + \pi \times (4.65^2 - 3^2) \times$
$(375 - 210)] \times 0.025 = 298.53279MN$

在水土重液作用下，表土段外层井壁所受到的浮力（第一含水层水位标高 17.32m）

$F_f = [\pi \times (4.05^2 - 3.55^2) \times (145 - 6.2) + \pi \times (4.35^2 - 3.75^2) \times (210 - 145) + \pi$
$\times (4.65^2 - 3.95^2) \times (375 - 210)] \times 0.01 = 57.699747MN$

壁座内半径 $r_b = 3.0m$，外半径 $R_b = 4.65m$，基岩段井壁外半径 $R_j = 3.4m$。

壁座下部围岩为细砂岩，其容许压应力取 $[\sigma] = 3.5N/mm^2$。壁座外缘围岩为粉砂岩和泥岩，混凝土强度等级 C45，取其粘结强度 $\sigma_n = 1.5N/mm^2$。荷载系数 $\nu_k = 1.3$。

$$H \geqslant \frac{\nu_k G - F_f - \pi (R_b^2 - R_j^2) [\sigma]}{\pi [2R_b \sigma_n - \nu_k (R_b^2 - r_b^2) \gamma]}$$

$$= \frac{1.3 \times 298.53279 - 57.699747 - \pi \times (4.65^2 - 3.4^2) \times 3.5}{\pi \times [2 \times 4.65 \times 1.5 - 1.3 \times (4.65^2 - 3^2) \times 0.025]} = 5.17m$$

取 $H = 15m$

2. 计算内、外壁整体浇筑段高度 h

按整体浇筑段的抗剪力与内层井壁重量相平衡计算，同时考虑壁间注浆封浆要求。

壁座以上内层井壁重量

$G_n = [\pi \times (3.55^2 - 3^2) \times (145 - 4) + \pi \times (3.75^2 - 3^2) \times (210 - 145) + \pi \times$
$(3.95^2 - 3^2) \times (375 - 210)] \times 0.025$

$= 151.30126MN$

壁座附近内层井壁内直径 $d_b = 6.0m$，外直径 $D_b = 7.9m$。C45 混凝土的容许抗剪强度
$$[f_j] = 1.44N/mm^2$$

$$h \geqslant \frac{G_n + \frac{\pi}{4} (D_b^2 - d_b^2) H\gamma}{\pi D_b f_j} + 2.5$$

$$= \frac{151.30126 + \frac{\pi}{4} \times (7.9^2 - 6^2) \times 15 \times 0.025}{\pi \times 7.9 \times 1.44} + 2.5$$

$$= 6.951m$$

（二）考虑负摩擦力作用

这时采用普通法施工的基岩段井壁已达壁座且其混凝土已达标准强度。

壁座支撑圈混凝土为 C45，$f_c = 21.5N/mm^2$。

负摩擦力平均值按 0.05MPa 计算，最大负摩擦力可能出现在"底含层"上部，即垂深 332m处。壁座以上井筒所受到的负摩擦力为

$P_f = [2\pi \times 4.05 \times (145 - 4) + 2\pi \times 4.35 \times (210 - 145) + 2\pi \times 4.65 \times (332 - 210)]$
$\times 0.05 = 446.45173MN$

$$H \geqslant \frac{\nu_k (G + P_f) - F_f - \pi (R_b^2 - R_j^2) [\sigma] - \pi (R_j^2 - r_b^2) f_c}{\pi [2R_b \sigma_n - \nu_k (R_b^2 - r_b^2) \gamma]}$$

$$= \frac{1.3 \times (298.53279 + 446.45173) - 57.699747 - \pi (4.65^2 - 3.4^2) \times 3.5 - \pi (3.4^2 - 3^2) \times 21.5}{\pi \times [2 \times 4.65 \times 1.5 - 1.3 \times (4.65^2 - 3^2) \times 0.025]}$$

$$=14.746m$$

根据以上计算，壁座高度 H 和整体浇筑段高度 h 皆采用 15m。

（三）壁座下支撑圈高度的计算

壁座下支撑圈高度计算简图见图 4-3-16。

壁座宽度　　　　　　　　　　$b=4.65-3.4=1.25m$

围岩的内摩擦角　　　　　　　$\varphi=37°29'$

施工图中壁座底面与水平面的夹角为 30°，故支撑圈高度

$$h \geqslant \tan\left(45°+\frac{\varphi}{2}\right)b-\tan30°b$$
$$=\tan\left(45°+\frac{37°29'}{2}\right)\times1.25-\tan30°\times1.25$$
$$=1.812m$$

采用 $h=2.0m$。

十、基岩与表土交界面处井壁设计计算

在松散层与基岩交界处，井筒受到的外荷载发生突变，产生应力集中现象，在该处出现剪力及纵向弯矩。交界面附近纵向弯矩及剪力的最大值分别按式 4-4-14 及式 4-4-15 计算。

根据井筒检查孔地质资料，基岩强弱风化带界面在垂深 376m 处，井筒外荷载突变处在其附近。该处为内、外层井壁整体浇筑段，内径 $a=3000mm$，外径 $b=4650mm$，壁厚 $h=1650mm$，混凝土泊松比 $\mu=0.2$。

交界面处井壁的受力计算为：

$$P_0=0.013H=0.013\times376=4.888MPa$$

$$M_{max}=0.093P_0\sqrt{\frac{abh^2}{1-\mu^2}}$$
$$=0.093\times4.888\times\sqrt{\frac{3000\times4650\times1650^2}{1-0.2^2}}$$
$$=2859233.2N\cdot mm/mm$$

$$Q_{max}=0.38P_0\sqrt[4]{\frac{abh^2}{1-\mu^2}}$$
$$=0.38\times4.888\times\sqrt[4]{\frac{3000\times4650\times1650^2}{1-0.2^2}}$$
$$=4658.3542N/mm$$

单位宽度（1mm）混凝土井壁纵条的截面模量

$$W=\frac{1\times h^2}{6}=\frac{1\times1650^2}{6}=453750mm^3$$

交界处井壁还受到上部井壁的竖向压力作用，故应按压弯组合校核截面强度。

$$\sigma=\nu_k\left(\frac{V}{A}+\frac{0.9M}{W}\right)$$
$$=\nu_k\left(\gamma H+\frac{0.9M}{W}\right)$$

$$= 1.4 \times \left(0.025 \times 376 + \frac{0.9 \times 2859233.2}{453750} \right)$$

$$= 21.1 \mathrm{N/mm^2}$$

$$< f_c = 21.5 \mathrm{N/mm^2}$$

$$\sigma_L = \nu_k \left(\frac{V}{A} - \frac{M}{W} \right)$$

$$= \nu_k \left(\gamma H - \frac{M}{W} \right)$$

$$= 1.4 \times \left(0.025 \times 376 - \frac{2859233.2}{453750} \right)$$

$$= 4.338 \mathrm{N/mm^2}$$

$$< f_c = 21.5 \mathrm{N/mm^2}\ (\text{仍为压应力})$$

抗剪强度校核：

$$\nu_k Q_{max} = 1.4 \times 4658.3542 = 6522 \mathrm{N} < 0.25 f_c bh$$

$$= 0.25 \times 21.5 \times 1 \times 1550 = 8331 \mathrm{N}$$

满足抗剪强度要求。

根据以上计算，交界面处均可按构造要求配筋，配筋段长度为界面上下各一个波长，按 $L_\lambda = 2\pi$ 计算。

$$\lambda = \sqrt[4]{\frac{3\ (1 - \mu^2)}{abh^2}}$$

$$= \sqrt[4]{\frac{3 \times\ (1 - 0.2^2)}{3000 \times 4650 \times 1650^2}} = 5.25 \times 10^{-4}$$

$$L = \frac{2\pi}{\lambda} = \frac{2\pi}{5.25 \times 10^{-4}} = 11968 \mathrm{mm} \approx 12 \mathrm{m}$$

界面下部实际采用 $L = 14 \mathrm{m}$。

井架基础设置在天然地基上，其荷载对井筒影响甚微，计算从略。

井壁分段配筋情况见表 4—4—57。

冻结段井壁结构见图 4—4—45。

表 4—4—57　井 壁 分 段 配 筋 表

井壁分段 （垂深，m）	井壁厚度 (mm)		混凝土 强度等级		环向钢筋		竖向钢筋	
	内壁	外壁	内壁	外壁	内壁	外壁	内壁	外壁
−4～−145	550	500	C30	C30	2 Φ 16@250	Φ 18@250	2 Φ 16@250	Φ 18@250
−145～−210	750	600	C40	C40	2 Φ 18@250	Φ 20@250	2 Φ 18@250	Φ 20@250
−210～−292	950	700	C40	C40	2 Φ 20@250	Φ 22@200	2 Φ 20@250	Φ 22@250
−292～−325	950	700	C45	C40	2 Φ 20@250	Φ 22@200	2 Φ 20@250	Φ 22@250
−325～−360	950	700	C50	C45	2 Φ 20@250	Φ 22@200	2 Φ 20@250	Φ 22@250
−360～−375	950	700	C50	C45	2 Φ 25@200	Φ 22@200	2 Φ 22@250	Φ 22@250
−375～−390	1650		C45		3 Φ 25@200		3 Φ 22@250	

层厚 (m)	累深 (m)	岩层名称	柱状
6.48	6.48	砂质粘土	
18.39	24.87	粉砂	
24.09	48.96	砂质粘土	
2.94	51.90	粉砂	
19.02	71.02	粘土	
2.05	73.07	粉砂	
25.54	98.61	砂质粘土	
3.01	101.62	粉砂	
23.59	125.21	粘土砂质粘土	
79.72	204.93	砂、砂质粘 土互层	
29.50	234.43	粘土夹 薄层细砂	
11.45	245.88	粉砂	
43.48	289.36	粘土	
42.08	331.44	砂质粘土、 砂互层	
37.36	368.80	砾石	
7.39	376.19	强风化带	
8.32	384.51	弱风化带	
26.11	410.62	砂岩夹泥岩	

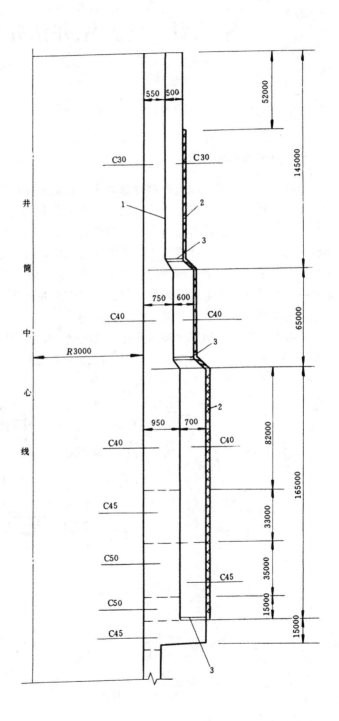

图 4-4-45 井壁结构

1—塑料薄板；2—泡沫塑料层；3—可压缩层

第五章　立井钻井法井壁结构设计

第一节　概　　述

一、钻井法凿井特点

钻井法凿井是目前国内外穿过厚含水冲积层建井所采用的主要特殊施工方法之一。是一种较先进的机械化凿井方法。该方法凿井工艺是利用钻机的钻头破碎岩石，泥浆不断循环冲洗钻头，同时，把破碎的岩屑与泥浆的混合物采用压气提升排至地面。井内的泥浆保护井帮不致坍蹋。当一个比设计直径大一些的井孔钻成之后，对井孔进行偏斜测量，然后将地面预制好的井壁底（即锅底）和井壁逐节送到井口，依次对接，借助于泥浆的浮力与井壁的自重以及井筒中注水的重量，慢慢将井壁悬浮下沉至井筒设计深度。最后，在校正井位之后，进行壁后充填固井，完成钻井井壁的立井支护。

钻井法的特点是施工全部地面化、机械化，改变了传统的井下作业方式，施工安全可靠，井壁质量能得到保证。钻井井壁悬浮下沉施工工艺见图 4－5－1。

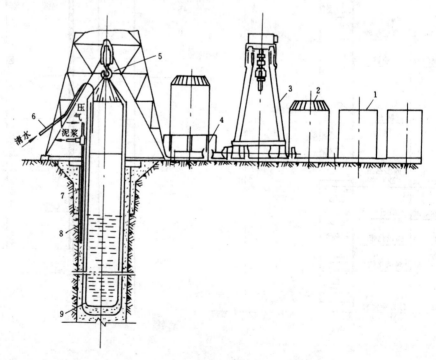

图 4－5－1　井壁悬浮下沉施工工艺图

1—井壁；2—吊帽；3—龙门吊车；4—钻台；5—大钩；6—注水管；7—导向木；8—抽浆管；9—井壁底

国内钻井法开凿井筒，大都采用分级多次扩孔，随着钻机型号及井筒直径的不同，一般扩孔3～5次，以保证钻孔垂直度，并可节省钻机动力。此外，也有采用全断面一次钻进的凿井方式，如辽宁红阳钻机以及联邦德国生产的L40/800型钻机。

按驱动钻具动力和方式的不同，钻井又可以分为液压和电力驱动的转盘式钻井法和转动钻头的动力直接安装钻头上的潜入式钻井法，如国产QZ—35型潜入式钻机。

在钻井法凿井施工中，洗井泥浆循环方式有正循环洗井，反循环洗井和正反循环混合洗井。目前，国内多数采用压气提升反循环洗井方式。

目前，国内大部分钻井法施工仅局限于表土段，当井筒的基岩段较短（如风井）时，可一次钻凿成井；个别井基岩段所占的比例较大时，则基岩部分改为普通法施工。

二、井壁结构的一般形式和要求

（一）井壁结构的一般形式

国内所采用的钻井井壁结构形式主要有钢筋混凝土井壁、单层钢板混凝土复合井壁和双层钢板混凝土复合井壁。其中，单层钢板混凝土复合井壁又分为外层钢板混凝土复合井壁和内层钢板混凝土复合井壁。钢板混凝土复合井壁均在深井的深部采用。井壁结构形式见图4—5—2。

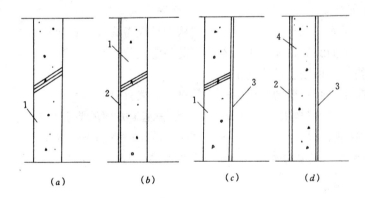

(a)　　　　(b)　　　　(c)　　　　(d)

图4—5—2　国内井壁结构形式图

a—钢筋混凝土井壁；b—外层钢板井壁；c—内层钢板井壁；d—双层钢板井壁

1—钢筋混凝土；2—外层钢板筒；3—内层钢板筒；4—混凝土

国外钻井井壁结构形式除上述之外，曾使用过铸钢丘宾筒、钢板和型钢圈与混凝土复合井壁、以及井壁外侧加设沥青层等结构形式。井壁结构形式见图4—5—3。

（二）钻井井壁的具体要求

1）井壁应具有较强的防水性能。特别是钢筋混凝土井壁在施工中绝不允许出现蜂窝、狗洞。同时，法兰盘的连接方式应作仔细考虑，以保证法兰盘在焊接之后不渗漏。

2）井壁不仅能够承受使用荷载（围岩和泥浆压力），而且也能够承受施工过程中产生的附加荷载，亦称施工荷载。

3）井壁应采用高强度材料，如高强度等级混凝土、钢板等。这样不仅能减薄井壁厚度，

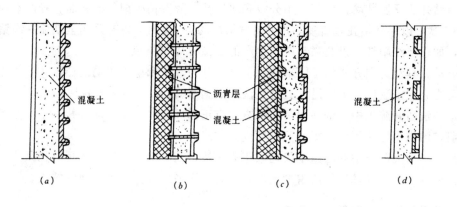

图 4—5—3　国外井壁结构形式图

a—单层型钢井壁；b—带沥青的双层钢板井壁；c—带沥青的双层型钢井壁；d—单层钢板钢圈加固井壁

而且可减小钻孔直径，节省钻井费用，加快钻进速度。同时，井壁应能满足漂浮下沉过程中在泥浆压力作用下的纵向稳定性与环向稳定性。

4）井壁的实际重量应小于提吊设备的提吊能力。每节井壁的高度应与井筒装备统一考虑，尽量减少非标准段。

5）井壁底的实际重量应小于泥浆的浮力，并有一定的安全系数，否则，应采取必要的措施，确保井壁底下沉安全。通常情况下，井壁底采用具有光滑曲线的回转形壳体结构。

6）井筒表土层底部无隔水层时，井壁结构设计应考虑井壁纵向附加力的影响。

7）钻井法施工的井筒，井壁进入不透水的稳定基岩的深度不得少于 10m。

8）井壁结构必须便于机械化施工。

9）钢板混凝土复合井壁的内层钢板必须进行防腐处理。

10）井壁结构设计需提供的基础资料与冻结法施工井筒的要求基本相同。但粘性土的膨胀性指标、矿物性质、以及 pH 值在井筒检查钻提供的资料中应补充提出。

11）井壁的预制，应按国家现行标准《矿山井巷工程施工及验收规范 GBJ213—90》有关规定执行。

三、煤炭系统钻井法凿井施工情况

我国煤炭系统采用钻井法施工的井筒，自 1969 年 1 月 1 日在淮北塑里煤矿南风井开钻至 1995 年 12 月，已钻成 48 个井筒，成井 11000m，其中表土 9000m，占 82%。钻成井筒的最大成井净直径 7.0m（谢桥西风井），钻井井孔直径 9.3m，钻井深度 464.5m（冲积层厚 405.53m）。钻成井筒的最大钻井深度 508.25m（潘三西风井），钻井井孔直径 9.0m，成井净直径 6.0m，冲积层厚 440.82m，以上两个井筒都是使用 AS—9/500 型钻机钻成。

目前，就全国 46 个钻井井筒统计：平均成井深度 235m，平均成井月速度 21.2m/月。有关各井的主要技术特征详见表 4—5—1。

四、国内外立井钻机主要技术特征

（一）我国立井钻机的主要技术特征（见表 4—5—2）。

表 4-5-1 国内钻井法施工主要技术特征表

序号	井筒名称	成井深度 (m)	表土厚度 (m)	基岩厚度 (m)	钻井直径 (m)	成井直径 (m)	月成井速度 (m/月)	钻井机型号
1	朔里南风井	90.00	64.38	28.12	4.3	3.5	17.2	ZZS-1
2	杨庄东二风井	81.00	47.24	34.76	4.3	3.5	30.9	ZZS-1
3	卜戈桥主井	118.20	109.26	8.94	5.5	4.5	13.94	MZ-Ⅱ
4	陈庄铁矿副井	146.50	91.30	54.70	4.46	3.5	9.24	ZZS-1
5	红阳一井西风井	112.78	102.99	10.55	6.2	5.0	10.6	红阳大钻
6	林南仓风井	174.95	154.35	20.15	5.7	4.5	14.58	MZ-Ⅱ (天津)
7	导墅主井	100.35	92.90	7.45	5.1	4.0	7.2	MZ-Ⅱ
8	陈庄铁矿主井	106.00	91.30	14.38	5.0	4.1	48.88	ZZS-1
9	大屯副井	176.60	153.00	23.60	7.4	6.0	8.02	ND-1
10	导墅副井	99.07	92.90	6.17	5.05	4	8.55	MZ-Ⅱ
11	百善东风井	173.00	138.80	33.50	4.4	3.5	60.66	ZZS-1
12	孤山北井主井	226.60	202.00	24.00	5.1	3.72	28.2	YZ-1
13	杨庄西风井	106.00	78.75	30.25	4.4	3.5	74.73	ZZS-1
14	姚桥西风井	224.62	187.12	37.50	6.3	4.8	8.98	ND-1
15	东庞南风井	190.00	165.25	24.75	6.3	5.0	4.9	MZ-Ⅱ (天津)
16	孤山北井风井	205.50	239.00	0.00	4.1	3	15.4	YZ-1
17	临涣西风井	308.60	244.40	64.20	7.9	6.0	9.6	SZ-9/700
18	芦岭中央风井	140.00	96.20	45.08	4.7/4.4 (表土/岩石)	3.5	13.34	ZZS-1
19	临涣东风井	240.00	214.50	25.50	6.5	5.0	13.4	BZ-1
20	马坡风井	142.25	104.21	38.29	5.1	4.0	7.9	MZ-Ⅱ
21	张双楼东风井	306.05	252.20	53.85	6.3	4.7	23	ND-1
22	孤山南井主井	185.00	183.00	2.00	4.7	4.7	9.74	YZ-1
23	沈北大桥主井	60.30	26.34	39.96	6.2	5.0	6.7	红阳-Ⅰ
24	百善西风井	178.00	146.50	32.00	4.74/4.4 (表土/岩石)	3.5	18.05	ZZS-1
25	童亭副井	300.00	229.30	70.00	8.8	6.8	17.9	SZ-9/700
26	孤山南井风井	185.00	181.00	4.00	5.3	4	22.93	YZ-1
27	龙东风井	253.82	195.60	58.22	5.7	4.2		ND-1
28	朱仙庄南风井	300.96	248.46	52.00	6.3	4.5	25.29	SZ-9/700
29	南屯南风井	111.56	82.00	28.00	6.2	5.0	2.33	QZ-3.5
30	芦岭西风井	275.00	241.60	33.40	7.1	5.0	18.71	AS-9/500
31	桃园风井	341.00	278.00	64.30	7.1	5.1	30.68	SZ-9/700
32	潘三西风井	508.20	440.82	63.70	9.0	7.0	15.7	AS-9/500
33	童亭主井	293.00	229.30	63.70	8.0	5.3	12.43	L40/800

序号	井筒名称	成井深度 (m)	表土厚度 (m)	基岩厚度 (m)	钻井直径 (m)	成井直径 (m)	月成井速度 (m/月)	钻井机型号
34	梁家风井	260.18	42.86	217.32	6.9 (7.1)	5.5	17.3	ND−1
35	谢桥东一风井	474.50	421.10	53.40	5.7	4.0	33.64	AS−9/500
36	谢桥东二风井	479.29	421.10	57.34	8.0	6.0	22.80	L40/800
37	任楼风井	351.00	281.90	68.10	8.0	6.0	22.89	SZ−9/700
38	谢桥西风井	464.5	405.53	62.88	9.3	7.0	11.02	AS−9/500
39	芦岭东风井	229.31	181.65	45.47	7.4	6.0	28.10	SZ−9/700
40	朱仙庄南二提升井	290.55	248.55	40.66	8.0	6.15	26.32	SZ−9/700
41	姚桥新风井	242.5	140.9	101.6	6.3	4.8	18.5	ND−1
42	陈四楼中央风井	416.1	360.2	53.8	7.3	5.2	22.39	AS−9/500
43	车集北风井	269.10	218.62	50.47	662	4.2	29.50	L40/800
44	车集南风井	279.44	234.55	44.89	6.2	4.0	33.92	AS−9/500
45	祁南中央风井	389.72	329.70	60.02	6.2 (7.8)	4.0	22.32	SZ−9/700
46	葛店风井	200.44	176.70	23.68		4.0	55.50	L40/800

表4−5−2　我国立井钻机的主要技术特征

钻机型号	设计钻井直径 (m)	设计钻井深度 (m)	钻井方式	转盘扭矩 (kN·m)	大钩提吊能力 (t)	设备总功率 (kW)	设备总重量 (t)
ZZS−1	4.3	150~200	分级扩孔	39.2	130	1200	510
MZ−Ⅰ	5.5	250	分级扩孔	39.2	130	1000	260
YZ−1	5.5	265	分级扩孔	39.2	130	1000	260
红阳大钻	6.2	100 (120)	表土一次 全断面	39.2	75	1000	400
QZ−3.5	4.4	250	分级扩孔	表土 57.23 基岩 254.8	130	1440	594.4
YZ−Ⅱ	7.0	350	表土一次 全断面	117.6	220	850	498.4
BZ−1	6.5	250	分级扩孔	117.6	115	1100	500
ND−1	7.4	500	分级扩孔	196	320	1800	1000
SZ−9/700	8.8 (9.0)	700	分级扩孔	279.3	300	1800	1000
AS−9/500	9.0	500	分级扩孔	294	300	872	1155

（二）国外立井钻机的主要技术特征（见表 4—5—3）

表 4—5—3　国外立井钻机的主要技术特征

指标 　　型号	YZTM—8.75 原苏联	CSD—820 美　国	L—40/800 原联邦德国	L—48 日　本
研制时间	~1964	~1970	~1980	
钻进直径（m）	8.75	4.6	8.0	4.0
钻井深度（m）	800	500	600	500
转盘扭矩（kN·m）	490.3	411.9	411.9	470.7
提升能力（kN）	4803.3	3187.0	3922.7	4707.0
钻进方式	一超三扩	一次钻进	一超一扩	一次钻进
洗井方式	压气反循环	压气反循环	压气反循环	压气反循环
总功率（kW）	3230	220（主机）	900	
总重量（t）	2250	507	389（主机）	580

第二节　钻井井壁设计基本参数的确定

一、钻井法施工井筒直径的确定

（一）井筒直径的确定

井筒直径的确定，首先要满足提升容器、安全间隙、通风及井筒装备布置所要求的最小直径。依据提升设备合理选择井筒装备布置形式，力求缩小井筒直径，以达到最大的经济效益。同时，井筒净直径的确定还应考虑钻井法施工可能产生的允许偏斜，确保井筒有效使用断面。

井筒设计净直径按下式计算：

$$D_设 = D_{有效} + H \cdot \eta \qquad\qquad (4—5—1)$$

当井筒中心的坐标不允许按成井实测位置调整时，井筒设计净直径按下式计算：

$$D_设 = D_{有效} + 2H \cdot \eta \qquad\qquad (4—5—2)$$

式中　$D_设$——井筒设计净直径，m；

　　　$D_{有效}$——井筒有效净直径，m；

　　　H——钻井井壁下沉的深度，m；

　　　η——设计采用的成井偏斜率，‰，$\eta \leqslant 0.8$‰。

钻井井筒质量标准，参见表 4—5—4。

（二）钻孔直径的确定

为了保证井壁顺利下沉及壁厚充填，钻孔最小内切圆的直径应符合下式规定：

$$D \geqslant D_1 + 2d + 0.3 \qquad\qquad (4—5—3)$$

表4－5－4　井筒质量标准表

项　目	钻　孔　及　井　壁　制　作	成　　井
钻孔偏斜率	钻进不得大于1‰	成井偏斜率不得大于0.8‰
钻井井壁	1. 井壁支护深度进入不透水的稳定基岩不得少于10m 2. 井壁的内径与厚度不得小于设计规定 3. 制作井壁的工作平台应坚固，台面的水平偏差不应超过5mm 4. 钢板圆筒机械加工形位偏差、直径不得大于0.5倍板厚，不平行度与不垂直度不得大于8mm，内外圆筒不同心度应小于6mm	

式中　D——同一圆心平面中的最小内切圆直径，m；

　　　D_1——预制井壁的最大外直径，m；

　　　d——充填管与导向卡的最大外径，m；

　　0.3——富裕系数。

二、井壁厚度的确定及限量

（一）井壁厚度的确定

井壁厚度计算之前，不能判别厚度h与$r/10$的关系，无法直接选用薄壁或厚壁圆筒公式计算井壁厚度。设计中，一般先用厚壁圆筒公式初选井壁厚度。在进行强度验算时，根据h与$r/10$的关系，选用薄壁或厚壁圆筒公式进行应力计算及强度校核。

1. 厚壁圆筒公式

拉麦公式：

$$h=r\left[\sqrt{\frac{f_z}{f_z-2\gamma P_0}}-1\right] \tag{4－5－4}$$

式中　h——井壁厚度，mm；

　　　f_z——井壁综合抗压强度设计值，$f_z=f_c+\mu f_y$，N/mm²；

　　　f_c——混凝土轴心抗压强度设计值，N/mm²；

　　　P_0——地层压力，MPa；

　　　μ——钢筋配筋率，%；

　　　γ——荷载系数；

　　　f_y——钢筋强度设计值，N/mm²；

　　　r——井筒内半径，mm。

2. 薄壁圆筒公式

计算公式：

$$h=\frac{\gamma P_0 r}{f_z-\gamma P_0}+\frac{150}{f_z} \tag{4－5－5}$$

可简化为：

$$h=\frac{\gamma P_0 r}{f_z-\gamma P_0} \tag{4－5－6}$$

式中的符号同前。

（二）井壁厚度的限量

在确定井壁厚度时，应考虑下述因素：

1) 钻井法井壁是逐节对接, 依据钻孔内泥浆浮力和井壁自重及在井筒内加水助其下沉至设计深度的。若井壁厚度较厚, 自重超过泥浆的浮力, 井壁就不能做到飘浮下沉。

2) 钻井井壁是在地面预制的, 下沉时采用提吊设备将每节井壁运至井口, 提吊设备的提吊能力制约着井壁的厚度或高度。在提吊荷载一定的情况下, 若井壁厚度增厚, 则井壁高度减小, 这样增加预制井壁的场地, 减小井壁下沉和井壁预制的速度。

3) 钻机能力限制了井壁厚度。目前我国仅能钻凿最大直径为 9.3m, 井筒净直径为 7.0m 的井筒。故欲钻凿成井 7.0m 的井筒, 最大壁厚只能限定为 700mm。因此, 根据目前我国钻井井壁的设计经验, 深井钻井井壁厚度以不大于 700mm 为宜。

4) 深井钻井井壁允许采用变径井壁, 其厚度上部薄下部厚, 一般变化范围按 150～200mm 进级 (如壁厚上部为 400mm, 下部为 600mm)。变径井壁有利于节省材料。弥补井壁偏斜, 扩大有效断面的利用率, 但井筒装备材料略有增加。

三、荷载计算

(一) 永久地压

钻井井壁受到的永久地压, 主要是指井筒使用期间表土地层作用在井壁上的压力。永久地压计算可参考第三章第二节所述的原则计算。

根据目前钻井技术, 钻井法凿井表土段井壁设计荷载一般可按重液公式计算, 即 $P_0 = 1.2H \times 10^{-2}$ (MPa)。基岩风化带井壁设计荷载, 按表土段最大压力控制。完整基岩段按 $P_0 = 1.0H \times 10^{-2}$ (MPa) 计算。式中 H (m) 为井筒计算深度。

(二) 不均匀压力

由于岩层的特性、井筒围岩的破碎或施工方法不同及壁后充填密实程度等都将导致井筒四周的压力呈不均匀分布状态。不均匀压力计算如下:

1. 按单角正弦公式计算 (见图 4—5—4)

$$P_a = P_0 (1 + \beta \sin \alpha) \tag{4—5—7}$$

式中　P_a——不均匀地压, MPa;

　　　P_0——均匀地压, MPa;

　　　β——不均匀压力系数, 取 0.1～0.20;

　　　α——角度, 取 0° 或 90°。

2. 按倍角余弦公式计算 (见图 4—5—4)

$$P_a = P_0 + \frac{\omega P_0}{2} (1 + \cos 2\theta) \tag{4—5—8}$$

式中　ω——不均匀地压系数, 取 $\omega = \beta/2$;

　　　其他符号同前。

(三) 施工荷载

钻井法凿井在井壁漂浮下沉及井壁壁后充填固井施工过程中, 均对井壁产生临时荷载。根据施工荷载产生的方式不同, 可分为提吊荷载、泥浆及平衡水综合压力和壁后充填注浆压力。井壁设计时, 其井壁必须满足施工荷载作用的要求。

1. 提吊荷载

钻井井壁漂浮下沉时, 预制好的井壁需采用提吊设备运至井口, 逐节依次对接, 因此井

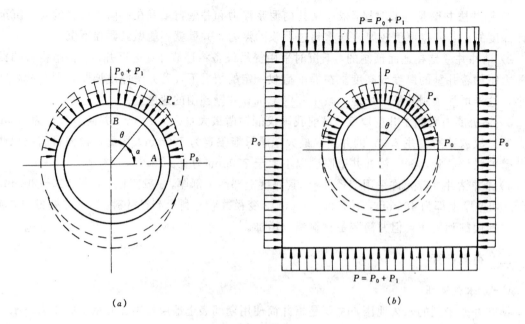

图 4—5—4　不均匀地压的分布图

P_1—不均匀压力最大值

壁在提吊过程中，其自重对井壁产生竖向向下拉力 N。根据漂浮下沉的工艺，该竖向拉力 N 有以下几种荷载组合：

1）井壁单独吊运时，竖向拉力 N 仅为一节井壁自重；

2）井壁底（锅底）下沉后，第一节井壁与井壁底对接好后，需将井壁底与第一节井壁一起提吊时，则竖向拉力 N 应为第一节井壁自重与井壁底自重和井壁底浮力之差的和，即：

$$N = Q_{节} + (Q_{底} - F_{底浮}) \qquad (4-5-9)$$

式中　N——提吊荷载，kN；

　　$Q_{节}$——第一节井壁自重，kN；

　　$Q_{底}$——井壁底自重，kN；

　　$F_{底浮}$——泥浆对井壁底的浮力，kN。

3）因纠偏或补漏等原因需要将已下沉的井壁全部提起进行处理时，一面排除平衡水以加大浮力，一面利用提吊设备来提吊井壁，这时井壁最上一节承受的提吊荷载最大。通常按提吊设备的提吊能力考虑。

2. 泥浆及平衡水综合压力

井壁漂浮下沉于泥浆中，井壁四周的泥浆液柱将对井壁产生侧向压力，井壁下沉深度越深，泥浆对井壁产生的侧压力也越大。同时，井壁下沉时，为了平衡泥浆对井壁的浮力而向井筒内注入一定数量的清水，则井筒内的水柱同样对井壁产生侧向压力，并且随注水深度的增加而增大。

井壁外的泥浆侧压力和井筒内水的侧压力同时作用在井壁上，由于方向相反，所以部分相互抵消，因此作用于井壁上的水平侧压力，决定于泥浆浆面和井筒内水面的高度，以及泥浆和水的密度（见图 4—5—5）。最大水平侧压力 P_{max} 可按下式计算：

$$P_{\max}=[h_1(\gamma_{m1}-\gamma_{m2})+\Delta h\gamma_{m2}]\times10^{-2} \qquad (4-5-10)$$

式中　$P_{\max}$——泥浆及平衡水综合作用最大压力，MPa；

　　　h_1——井壁在泥浆液柱中的高度，m；

　　　γ_{m1}——泥浆的密度，t/m³；

　　　Δh——泥浆与平衡水的深度之差，m；

　　　γ_{m2}——平衡水的密度，t/m³。

　　井筒外泥浆与井筒内平衡水的高差 Δh，可根据阿基米德原理求得，即井壁排开的泥浆重量等于井壁总重量（包括井壁底）加井筒内的平衡水重量，按下式计算：

$$\Delta h=\frac{G_{壁}+Q_{底}-h_1(A_1\gamma_{m1}-A_2\gamma_{m2})\times10}{10\cdot A_2\gamma_{m2}} \qquad (4-5-11)$$

式中　$G_{壁}$——井壁总重量，kN；

　　　A_1——井筒的外断面积，m²；

　　　A_2——井筒的内断面积，m²；

　　　其他符号同前。

　　上式计算为一近似值，是把井壁看成平底的理想正圆筒体，井壁底的形状及厚度省略不计。

　　3. 壁后充填压力

　　井壁下沉到底后，应把壁后的泥浆置换出来，自地面向壁后灌注充填材料固定井壁。在向壁后压注水泥浆的过程中，由于水泥浆比泥浆密度大，随着注浆高度的增加，对井壁所产生的浮力也将随之增加。当水泥浆充填至一定高度时，对井壁所产生的浮力可能使井壁开始上浮。因此，在井壁下沉到底之后，除向井内注一定量的清水外，还应严格控制第一段高的注浆高度。

　　第一段高的注浆高度 h_2（见图 4-5-6），可根据井壁悬浮平衡条件求得，即：

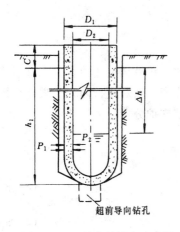 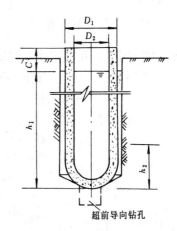

图 4-5-5　泥浆侧压力示意图　　　　图 4-5-6　第一次注浆段高度示意图

$$h_2=\frac{G_{壁}+Q_{底}+G_{水}-h_1A_1\gamma_{m1}\cdot10}{10\cdot A_1(\gamma_{m3}-\gamma_{m1})} \qquad (4-5-12)$$

　　将式（4-5-11）代入上式得：

$$h_2 = \frac{\Delta h \cdot A_2 \cdot \gamma_{m2}}{A_1 (\gamma_{m3} - \gamma_{m1})} \tag{4-5-13}$$

式中 h_2——第一段注浆高度，m；

$\quad\quad G_水$——井筒内平衡水总重，kN；

$\quad\quad \gamma_{m3}$——注入水泥浆的密度，t/m^3；一般要比泥浆密度高 0.4；

$\quad\quad$ 其他符号同前。

注浆充填对井壁产生的侧压力 $P_注$ 计算，即：

$$P_注 = [h_2(\gamma_{m3} - \gamma_{m1}) + h_1(\gamma_{m1} - \gamma_{m2})] \times 10^{-2} \tag{4-5-14}$$

将式（4-5-13）代入上式得：

$$P_注 = \left[h_1(\gamma_{m1} - \gamma_{m2}) + \Delta h \cdot \gamma_{m2} \frac{A_2}{A_1}\right] \times 10^{-2} \tag{4-5-15}$$

式中 $P_注$——注浆充填对井壁产生的压力，MPa；

$\quad\quad$ 其他符号同前。

四、结构安全度的确定

井筒是矿井的咽喉，直接影响矿井的生产和安全，因此，井筒工程的设计必须具有一定的结构安全储备，即结构安全度。对于钻井井筒，井壁是在地面预制，强度能得到保证，但考虑到井壁结构长期处于地下水中，而又要求井壁具有不渗水性。井壁承受的外部地压设计值与实际地压值存在一定的误差，且井壁施工质量也有偏差，因此，对井壁结构设计安全度应慎重取值。井壁设计安全度采用综合荷载系数的办法计算，其取值可参见第四章的第四节。

第三节   预制钢筋混凝土井壁的设计计算

一、井壁内力及配筋计算

（一）均匀侧压力作用下的内力及配筋计算

根据井筒检查孔柱状图，找出井壁结构设计控制层位，计算地层压力，再选择混凝土强度等级，由公式（4-5-4）式（4-5-5）初选井壁厚度，然后进行内力、强度校核及稳定性计算。必要时可调整混凝土强度等级、配筋量及井壁支护分段位置。

1. 内力计算可任选以下两种方法

1）拉麦公式（见图 4-5-7）。

井壁环向应力：

$$\sigma_\theta = \frac{P_0 R^2}{R^2 - r^2}\left(1 + \frac{r^2}{\rho^2}\right) \tag{4-5-16}$$

井壁径向应力：

$$\sigma_r = \frac{\gamma \rho_0 R^2}{R^2 - r^2}\left(1 - \frac{r^2}{P^2}\right) \tag{4-5-17}$$

则井壁内外缘环向应力：

$$\sigma_{1\theta} = \frac{2R^2 P_0}{R^2 - r^2} \tag{4-5-18}$$

$$\sigma_{2\theta} = \frac{R^2 + r^2}{R^2 - r^2} P_0 \tag{4-5-19}$$

式中 $\sigma_{1\theta}$、$\sigma_{2\theta}$——井壁内外缘环向应力，N/mm²；

$\qquad P_0$——井筒地层压力，MPa；

$\qquad r$、R——井壁内、外半径，mm。

2）哈·林克（联邦德国）公式：

该方法内力计算见本篇第四章第五节（4－4－59）公式。

2．井壁强度校核计算

按最大正应力理论进行强度校核：

$$\sigma_{max} = \sigma_{1\theta} \cdot \gamma \qquad (4-5-20)$$

1）当 $\sigma_{max} \leqslant f_c$ 时，井壁按构造要求配筋。

2）当 $\sigma_{max} > f_c$ 时，井壁每米高度的环向配筋按下式计算：

$$\mu = \frac{\sigma_{max} - f_c}{f_y} \qquad (4-5-21)$$

$$A_y = \mu \cdot h \times 10^3 \qquad (4-5-22)$$

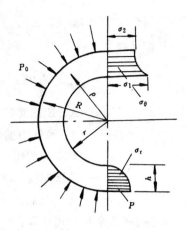

图 4－5－7 均匀压力
作用下内应力图

式中 A_y——环向钢筋截面面积，mm²；

$\qquad f_y$——钢筋抗拉强度设计值，N/mm²；

$\qquad \mu$——井壁配筋率，%；

$\qquad h$——井壁计算厚度，mm。

当 $\mu < \mu_{min}$ 时，应按 μ_{min} 要求配置钢筋，同时应满足构造要求。

（二）不均匀侧压力作用下内力及配筋计算

1．内力计算

1）按单角正弦公式计算：

井壁圆环受不均匀侧压力时内力计算见图 4－5－8，则 A、B 两截面上的内力按下式计算：

A 截面内力（$\alpha = 0°$）

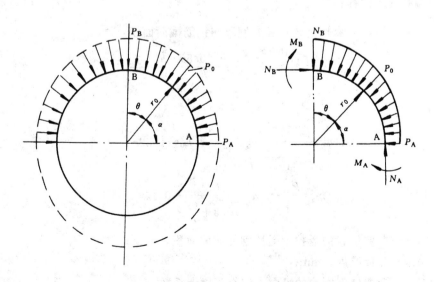

图 4－5－8 受不均匀侧压力时圆环内力计算图

$$N_A = P_A r_0 \ (1+0.785\beta) \atop M_A = -0.149\beta P_A r_0^2 \Big\} \quad (4-5-23)$$

B 截面内力（$\alpha=90°$）

$$N_B = P_B r_0 \ (1+0.5\beta) \atop M_B = 0.137\beta P_B r_0^2 \Big\} \quad (4-5-24)$$

式中　N_A、N_B——A、B 截面的轴力，N；

　　　M_A、M_B——A、B 截面的弯矩，N·m；

　　　　　β——不均匀侧压力系数，取 0.1～0.2；

　　　　　r_0——井壁厚度平均半径，mm；

　　　P_A、P_B——最小及最大不均匀地压，MPa。

2）按倍角余弦公式计算：

A、B 截面内力计算如下：

A 截面内力：

$$N_A = P_A r_0 \ (1+0.667\omega) \atop M_A = -0.167\omega P_A r_0^2 \Big\} \quad (4-5-25)$$

B 截面内力：

$$N_B = P_B r_0 (1+0.333\omega) \atop M_B = 0.167\omega P_B r_0^2 \Big\} \quad (4-5-26)$$

式中　ω——地压不均匀系数，取 $\omega=\beta/2$；

　　　其他符号同前。

2. 井壁配筋计算

井壁截面作用有轴力 N 和弯矩 M，按偏心受压计算。井壁设计中一般配置对称的环向钢筋。

1）按小偏心受压计算：

当 $\dfrac{\gamma \cdot N}{bf_{cm}} > 0.55h_0$ 时，可按下式计算井壁环向钢筋截面面积：

$$A_y = A'_y = \frac{\gamma \cdot N \cdot e - 0.5b \cdot h_0^2 \cdot f_c}{f'_y \ (h_0-a')} \quad (4-5-27)$$

$$e = \eta \cdot e_0 + \frac{h}{2} - a; \quad e_0 = \frac{M}{N}$$

$$\eta = \frac{1}{1-\dfrac{\gamma \cdot N}{10a_e \cdot E_c \cdot I}L_0^2}; \quad L_0^2 = 1.82r_0$$

$$r_0 = \frac{R+r}{2}; \quad a_e = \frac{0.1}{0.3+\dfrac{e_0}{h}} + 0.143$$

式中　A_y、A'_y——井壁配置的受拉、受压钢筋截面面积，mm²；

　　　　　h——井壁厚度，mm；

　　　　　η——考虑挠度影响的纵向力偏心距增大系数；

　　　　　a_e——与偏心距 e_0 有关的系数；

r_0——井壁厚度平均半径，mm；

f_{cm}——混凝土弯曲抗压强度设计值，N/mm²；

E_c、I——井壁混凝土弹性模量、截面惯性矩；

a、a'——受拉、受压钢筋的保护层厚度，mm。

2) 按大偏心受压计算：

当 $\dfrac{\gamma \cdot N}{b f_{cm}} \leqslant 0.55 h_0$ 时，可按下式计算，井壁环向钢筋截面面积：

$$A_y = A'_y = \frac{\gamma \cdot N}{f_y} \cdot \frac{e - h_0 \left(1 - 0.5 \dfrac{\gamma \cdot N}{b \cdot h_0 \cdot f_{cm}}\right)}{h_0 - a'} \qquad (4-5-28)$$

当 $\dfrac{\gamma \cdot N}{b \cdot f_{cm}} \leqslant 2a'$ 时，

$$A_y = A'_y = \frac{\gamma \cdot N \cdot e'}{f_y (h_0 - a')}$$

$$e' = e - h_0 + a'$$

式中符号同前。

以上计算也应满足最小配筋率和构造上的要求，同时应满足施工荷载作用下配筋要求。

二、井壁稳定性验算

(一) 环向稳定性验算

井壁环向稳定性验算时，截取井筒单位高度的圆环按平面问题考虑。当圆环失稳时，均匀径向临界压力为：

$$P_k = \frac{3 E_c I}{r_0^3 (1 - \gamma_c^2)} \qquad (4-5-29)$$

式中　P_k——圆环失稳时临界压力，MPa；

γ_c——混凝土泊松比；

其他符号同前。

为了保证圆环稳定性，井壁压力必须符合下式要求。

$$P_k \geqslant \gamma \cdot P_0 \qquad (4-5-30)$$

式中　γ——稳定性计算安全系数；

P_0——计算深度处的井壁侧压力，MPa。

目前国内钻井法采用的钢筋混凝土井壁均属厚壁筒。一般情况下，当井壁满足强度要求时，环向稳定性的要求均可满足。

(二) 竖向稳定性验算

井壁竖向稳定性可分为以下三个阶段进行分析。

1. 井壁吊装漂浮下沉阶段

井壁从漂浮下沉开始至接触孔底之前，其受力特点有稳定平衡、随机平衡和不稳定平衡三种情况，见图 4-5-9。经过实测，证明在下沉井壁过程中这三种状态都有可能出现，在下沉井壁底和前几节井壁时，由于配重水少、井壁的重心点 E 在上，浮力重心点 F 在下的情况，将会出现不稳定平衡。此时为防倾翻，在锁口与井壁之间加木楔扶正调平。约下沉三、四节井壁即可出现随机平衡状况，以后随着井壁的接长和配重水的添加，井壁即处于稳定平衡状态。

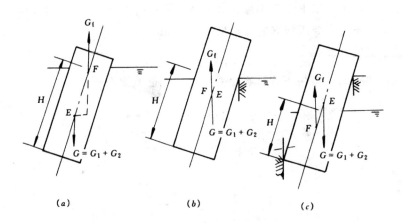

图 4—5—9　漂浮下沉井壁稳定状况图

a—稳定平衡；*b*—随遇平衡；*c*—不稳定平衡；

G_f—井壁浮力；G_1—井壁自重；G_2—平衡水重；E、F—分别为 G 和 G_f 的作用点

2. 井壁下沉至孔底但尚未进行壁后充填阶段

井壁竖向稳定性的计算一般按井筒上下两端铰接，承受自重、配重水和泥浆侧压作用下，可取以下两种方法中的一种。

1）根据压杆临界长度的能量法近似计算公式。

各种断面井壁竖向稳定临界深度计算公式见表 4—5—5。

此公式对计算变断面井壁有很好的适应能力。也适用于计算等厚井壁的井筒。

2）等厚井壁的计算公式。

$$H_{cr}=\sqrt[3]{\frac{\pi^2 E_c I}{4(0.13137-0.00766K_{cT}+0.00231K_{cT})q\times10^2}}$$

$$=\sqrt[3]{\frac{AE_c I}{q\times10^2}}\geqslant H \qquad\qquad (4-5-31)$$

$$K_{cT}=\frac{10A_1\cdot\gamma_{m1}}{q};\quad q=q_s+q_w$$

式中　H_{cr}——井壁临界深度，m；

$\quad\quad q_s$——延米井壁重量，kN/m；

$\quad\quad q_w$——延米井筒内平衡水重量，kN/m；

$\quad\quad A$——系数值，由表 4—5—6 查出；

$\quad\quad A_1$——井筒的外断面积，m^2；

其他符号同前。

3. 井壁壁后充填阶段

井壁下沉到底后，要求用水泥浆及石碴等分段进行壁后充填。由于水泥浆密度比洗井液大，所以对井壁的浮力也将增大，但由于井壁内灌入足够的配重水，不允许使其上浮，因此

表 4-5-5 井壁竖向稳定临界深度计算公式表

井壁断面规格数	井壁临界深度 H_{cr} 计算式（m）	备 注
一种断面规格（不变断面井壁）	$H_{cr}=\sqrt[3]{\dfrac{2\pi^2 EI}{q}}\cdot\dfrac{1}{1000}$	
二种断面规格（变一次断面井壁）	$H_{cr}=$ $\sqrt[3]{\dfrac{\pi^2\left[(EI_1-EI_2)\left(\dfrac{\pi}{2}\alpha_1-\dfrac{1}{4}\sin2\pi\alpha_1\right)+\dfrac{\pi}{2}EI_2\right]}{(q_1-q_2)\left(\dfrac{\pi}{4}\alpha_1^2+\dfrac{1}{8\pi}-\dfrac{1}{8\pi}\cos2\pi\alpha_1\right)+\dfrac{\pi}{4}q_2}}\cdot$ $\dfrac{1}{1000}$	
n 种断面规格（变 n-1 次断面井壁）	$H_{cr}=$ $\sqrt[3]{\dfrac{\pi^2\left[\sum\limits_{i=1}^{n-1}(EI_i-EI_{i+1})\left(\dfrac{\pi}{2}\alpha_i-\dfrac{1}{4}\sin2\pi\alpha_i\right)+\dfrac{\pi}{2}EI_n\right]}{\sum\limits_{i=1}^{n-1}(q_i-q_{i+1})\left(\dfrac{\pi}{4}\alpha_i^2-\dfrac{1}{8\pi}\cos2\pi\alpha_i\right)+(q_1-q_n)\dfrac{1}{8\pi}+\dfrac{\pi}{4}q_n}}$ $\cdot\dfrac{1}{1000}$	
一种断面规格井壁挠曲线方程为：$y=\delta_1\sin\dfrac{\pi x}{H}$ $+\delta_3\sin\dfrac{3\pi x}{H}$	$H_{cr}=\left[\sqrt[3]{\dfrac{\pi^2 EI}{q}+\sqrt{\left(\dfrac{\pi^2 EI}{q}\right)^2+\left(-\dfrac{\pi^2 r_n F}{12q}\right)^3}}\right.$ $\left.+\sqrt[3]{\dfrac{\pi^2 EI}{q}-\sqrt{\left(\dfrac{\pi^2 EI}{q}\right)^2+\left(-\dfrac{\pi^2 r_n F}{12q}\right)^3}}\right]\cdot\dfrac{1}{1000}$	$\alpha_i=\dfrac{H_i}{H}\quad(0<\alpha_i<1)$ $q_i=q_{zi}+q_{wi}$

注：q_{zi}—为第 i 种规格井壁每米重量，kN/m；q_{wi}—第 i 种规格井壁内每米水重，kN/m；I_i—第 i 种规格井壁截面模量，mm^4，$I_i=\dfrac{\pi}{4}(R_i^4-r_i^4)$；$E$—为混凝土弹性模量，N/mm^2；$R_i$、$r_i$—为第 i 种规格井壁外半径和内半径，mm；F—井壁外断面积，m^2；r_n—泥浆密度，t/m^3

表 4-5-6 系 数 A 值

K_{CT}	A	K_{CT}	A
0	18.76	0.76	19.38
0.1	18.85	0.78	19.40
0.2	18.94	0.80	19.41
0.3	19.01	0.82	19.43
0.4	19.09	0.84	19.45
0.5	19.17	0.86	19.46
0.6	19.25	0.88	19.48
0.70	19.33	0.90	19.50
0.72	19.35	1.00	19.58
0.74	19.37		

一般不会产生纵向失稳，但必须注意的是，第一段水泥浆的充填高度要严格控制，不宜过长。同时配重水最大高度不得超过下式计算值。

$$h_{cr}=\sqrt{\dfrac{5\gamma_{m1}A_1H^2-\sum\limits_{i=1}^{n}q_{si}h_i\left(\sum\limits_{i=1}^{i}h_j-\dfrac{h_i}{2}\right)-\sum\limits_{i=1}^{m}q_{wi}h_i\left(\sum\limits_{j=1}^{i}h_j-\dfrac{h_i}{2}\right)}{0.5q_{w(m+1)}}+\left(\sum\limits_{i=1}^{m}h_i\right)^2}$$

$$(4-5-32)$$

当 $m=0$，$n=1$ 时，即为不变断面井壁

$$h_{cr}=H\sqrt{\dfrac{10\gamma_{m1}A_1-q_s}{q_w}}\qquad\qquad (4-5-33)$$

式中　h_{cr}——配重水临界高度，m；

$\quad$　n——变断面个数，$m=n-1$；

$\quad$　γ_{m1}——泥浆密度，t/m³；

$\quad$　H——井筒深度，m；

$\quad$　A_1——井筒的外断面积，m²；

$\quad$　h_i——变断面井筒各段高度，m；

$\quad$　q_{si}——第 i 种规格井壁每米重量，kN/m；

$\quad$　q_{wi}——第 i 种规格井筒内每米水重量，kN/m。

其他符号同前。

三、施工过程井壁强度验算

（一）按井壁提吊计算竖向钢筋

井壁任何位置，纵向配筋率不小于 0.4%，同时，还应当满足以下要求。

1. 按正截面强度计算

预制井壁下沉提吊时，井壁竖向钢筋面积 A_{sy} 计算如下：

$$A_{sy}=\dfrac{\gamma_d\cdot\gamma\cdot N}{f_y}\qquad\qquad (4-5-34)$$

式中　γ_d——动力系数，一般取 $\gamma_d=1.5$；

$\quad$　γ——运输及吊装阶段的强度设计安全系数，一般取 $\gamma=1.5$；

$\quad$　N——起吊时井壁受到的竖向拉力，N；见第五章第二节；

$\quad$　A_{sy}——井壁竖向钢筋面积，mm²。

2. 起吊抗裂验算

井壁起吊过程中不允许出现裂缝即：

$$\gamma_d\cdot\gamma_f\cdot N\leqslant f_t\left(A_c+2n\cdot A_{sy}\right)\qquad (4-5-35)$$

式中　f_t——混凝土抗拉强度设计值，N/mm²；

$\quad$　A_c——混凝土井壁截面积，mm²；

$\quad$　γ_d——动力系数，一般取 $\gamma_d=1.5$；

$\quad$　γ_f——抗裂安全系数，一般取 $\gamma_f=1.5$；

$\quad$　n——钢筋和混凝土弹性模量的比值，$n=E_s/E_c$；

E_s——钢筋的弹性模量，N/mm^2；

E_c——混凝土的弹性模量，N/mm^2。

3. 按竖向不均匀地压计算竖向配筋

表土与基岩交界处，井壁在土层中受侧向地压，达到最大值，但井筒进入基岩，围岩压力突然减小，并趋于零。由于这种围岩压力在竖向分布的突然变化，而引起内应力的变化，出现竖向弯矩，如图 4—5—10。

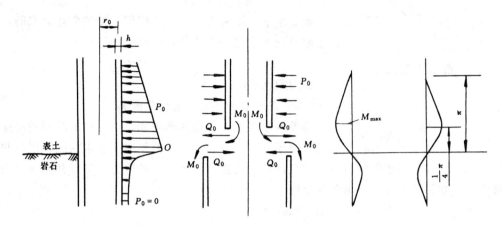

图 4—5—10　基岩与表土交界处井壁内竖向弯矩

假设井筒在 O—O 截面处断开，表土段井筒在 $P_0 = P_{max}$ 作用下，产生的井筒径向自由变形。计算公式如下：

$$\delta_1 = \frac{P_0 r_0^2}{E_c h}$$

井壁在端面剪力 Q_0 荷载作用下产生的径向变形：

$$\delta_2 = \frac{Q_0}{2\beta^3 D}$$

由于井壁厚度不变，剪力 Q_0 使 O—O 截面上下二段井壁产生相同方向的绕转，$M_0 = 0$，且 $\delta_1 = 2\delta_2$，剪力 Q_0 即可化简为：

$$Q_0 = \frac{P_0 r_0^2 \beta^2 D}{E_c h} \qquad (4-5-36)$$

$$D = \frac{E_c h^3}{12(1-\gamma_c^2)}$$

$$\beta = \sqrt[4]{\frac{3(1-\gamma_c^2)}{r_0^2 h^2}}$$

因此：

$$Q_0 = \frac{P_0}{4\beta}$$

$$M_x = \frac{Q_0}{\beta} e^{-\beta x} \sin\beta x = \frac{P_0}{4\beta^2} e^{-\beta x} \sin\beta x \qquad (4-5-37)$$

当 $\beta x = \dfrac{\pi}{4}$ 时，$e^{-\beta x} \cdot \sin\beta x$ 达到最大值 0.3224。

$$M_{max} = \frac{0.3224}{4} \cdot \frac{P_0}{\beta^2} = 0.0806 \cdot \frac{P_0}{\beta^2} \tag{4-5-38}$$

式中　M_x——x 截面的变矩，N·m；

　　　　Q_0——O—O 截面产生的剪力，N/mm；

　　　　D——壳体抗弯刚度；

　　　　β——壳体常数，1/mm；

　　　　γ_c——混凝土泊松比。

验算配筋时不考虑竖向荷载作用，按纯弯计算配筋，配筋长度取界面上下各一个波长，内外缘配筋相同。

$$L \cdot \beta = 2\pi$$

L 为配筋长度。

（二）泥浆对井壁作用的强度验算

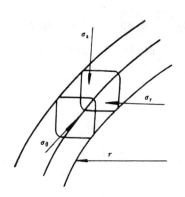

图 4—5—11　单元体应力图

随着井壁接长，自重逐渐增加，当井壁下沉到底而尚未充填时，由于井壁自重和泥浆及井筒内平衡水共同作用对井壁产生的应力，在井壁最下部锅底段的井壁内应力为最大，井壁中的应力，又以井壁中内缘应力为最大。现在井壁内缘取一单元体见图 4—5—11。

$$\left.\begin{aligned}
\sigma_r &= -(h_1 - \Delta h)\gamma_{m2} \times 10^{-2} \\
\sigma_\theta &= \frac{(h_1 - \Delta h)\gamma_{m2}(R^2 + r^2) - 2h_1\gamma_{m1} \cdot R^2}{100(R^2 - r^2)} \\
\sigma_z &= -(h_1 + c)\gamma_{mc} \times 10^{-2}
\end{aligned}\right\} \tag{4-5-39}$$

式中　γ_{mc}——混凝土密度，t/m³；

　　　　c——悬浮下沉的井壁顶面至井孔内泥浆液面差，m；见图 4—5—5。

采用能量强度理论验算：

$$\sigma_{xd} = \sqrt{\frac{1}{2}\left[(\sigma_r - \sigma_\theta)^2 + (\sigma_\theta - \sigma_z)^2 + (\sigma_z - \sigma_r)^2\right]} \tag{4-5-40}$$

$$\gamma\sigma_{xd} \leqslant f_c + \mu f_y$$

（三）壁后充填时井壁强度校核

将壁后注浆充填压力计算公式（4—5—15）与泥浆压力计算公式（4—5—10）比较，由于壁后充填时，井筒内注入的水量制约了井壁上浮，$A_2/A_1 < 1$，所以壁后注浆充填时作用在井壁的压力 $P_{注}$ 小于泥浆压力 P_{max}。即在正常的壁后充填条件下，只要在井壁内注入一定量的清水，严格按井壁不致上浮条件控制第一段充填高度，即可确保安全。所以在符合上述条件的情况下，可不必按壁后充填注浆压力对井壁进行强度验算。

四、壁后补注浆井壁强度校核

壁后充填结束后，应进行质量检查，并符合下列要求，方可开凿马头门或破井壁底掘进。

1）实际的充填量不应少于设计规定的 85%。

2）自马头门或在井壁底向上 30m 范围内，每隔 5m，沿井筒圆周等距钻检查孔 4 个，上下层的孔位应错开 45°，孔深应穿过壁后不小于 100mm。

3）经检查孔检查，无喷浆、喷水现象或检查孔有少量泥浆短暂外喷，单孔出浆量小于

$0.1m^3$，或清水量小于 $0.5m^3/h$，经 24h 水量不继续增加。

4）如检查孔的单孔出水量大于 $0.5m^3/h$，或钻孔持续喷浆，应重新补注。

如果壁后充填质量不符合上述要求，则必须进行壁后补注浆。注浆终压应满足下式要求：

$$P_c < \frac{f_{cj}\ (h^2+2rh)}{2\gamma\ (r+h)^2} \qquad (4-5-41)$$

式中　P_c——注浆终压，MPa；

h——井壁厚度，mm；

r——井筒净半径，mm；

f_{cj}——井壁材料极限抗压强度，N/mm^2；

γ——荷载系数，取 $\gamma=2$。

五、井壁接头设计

（一）接头型式

为了保证钢筋混凝土井壁节与节之间能对接成整体，通常是在井壁的端头用设置法兰盘的办法来实现的。即在每节预制井壁上、下端分别设置上、下法兰盘。井壁对接时，上、下法兰盘内缘一般采用螺栓固定，外缘采用焊接，并涂环氧沥青等防水层。钢筋混凝土井壁接头形式如图 4—5—12。

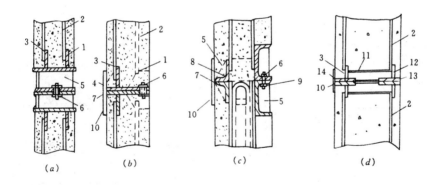

图 4—5—12　井壁法兰盘联接图

a—槽钢形法兰；b—单板形法兰；c—组合型钢法兰；d—梁板式法兰
1—焊筋板；2—钢筋；3—连接圈板；4—钢板；5—加肋板；6—螺栓；7—
焊缝；8—砂浆；9—吊钩；10—环氧沥青防水层；11—工字钢；12—内圈
焊筋板；13、14—内、外圆环钢板

（二）法兰设计及计算

1. 法兰结构形式

我国钻井井壁使用的法兰形式有：槽钢形法兰、型钢法兰、单板式法兰和梁板式法兰，见图 4—5—13～图 4—5—16。在最早钻井井壁中，曾采用过由钢板焊接而成的槽钢形法兰。实践证明，这种形式法兰不单是钢材用量大，加工工艺难，竖向强度也难保证，目前已很少采用。型钢法兰，大屯矿区多有采用，它具有节省钢材的优点，其缺点是刚度小，加工和吊运时易变形。同时，加工型钢成弧形，精度不易保证。单板式法兰结构牢固，刚度大，施工不易变形，但消耗材料量多，特别是当井壁较厚时，材料用量很可观，而且上法兰钢板要按施工要求预留孔口，以便浇灌混凝土。梁板式法兰不仅刚度大，而且省钢材，与混凝土粘结牢靠，同时加工精度能得到保证。

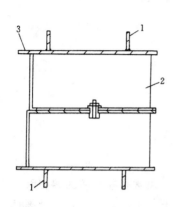

图 4—5—13 槽钢形法兰图

1—焊筋板；2—加肋板；3—圆环钢板

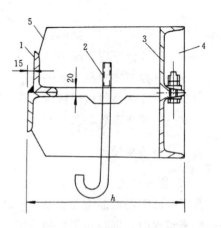

图 4—5—14 型钢法兰图

1—外圈角钢圈；2—起吊螺栓；3—内圈槽钢圈；
4—加强肋板；5—连接板

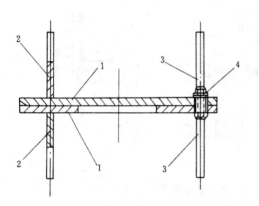

图 4—5—15 单板式法兰图

1—圆环钢板；2—外圈加固圈；
3—焊筋板；4—螺栓

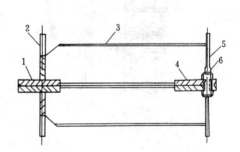

图 4—5—16 梁板式法兰图

1—外圈圆环钢板；2—外圈加固圈；3—工字钢；
4—内圈圆环钢板；5—焊筋板；6—螺栓

目前，在井壁厚度较薄的情况下，通常习惯选用单板式法兰，在井壁较厚的情况下，采用梁板式法兰。单板式和梁板式法兰平面图分别见图 4—5—17 和图 4—5—18。

2. 法兰盘结构参数设计

单板式法兰由圆环钢板，外圈加固圈（挡水圈）和内站板（焊筋板）焊接而成，见图 4—5—15。加固圈一般由钢板（$\delta=10mm$）加工成凸凹形状，高度为 160mm，见图 4—5—19。内站板选用 $\delta=10mm$ 厚的钢板，宽度 70mm（单筋），高度为 160mm。若遇有安装井筒装备梁的情况，内站板应根据梁的大小加大其尺寸。圆环钢板选用 $\delta=20mm$ 厚的钢板。

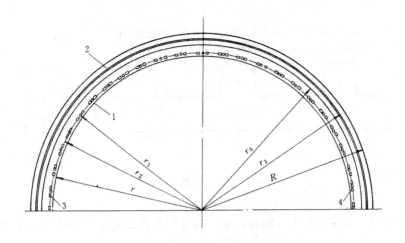

图 4-5-17　单板式法兰平面图
1—圆环钢板；2—外圈加固圈；3—焊筋板；4—螺栓孔

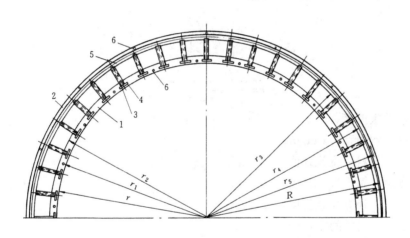

图 4-5-18　梁板式法兰平面图
1—内圈圆环钢板；2—外圈圆环钢板；3—工字钢；
4—焊筋板；5—外圈加固圈；6—螺栓孔

　　梁板式法兰由内、外圈圆环钢板分别焊上内站板（焊筋板），外圈加固圈（挡水圈），中间用工字钢焊接而成，见图 4-5-16。圆环钢板通常选用 $\delta=20mm$ 厚的钢板，宽度为 150mm，外圈加固圈同单板式法兰。内站板（焊筋板）选用 $\delta=10mm$ 厚的钢板，高度为 160mm。工字钢选用 I_{14}，呈放射状均匀布置，间距为 500mm 左右。

　　型钢法兰盘由槽钢圈和角钢圈组成，中间用连接板焊接在一起（见图 4-5-14）。槽钢一般采用 [16~ [20 型号，槽钢加劲肋板的厚度一般不少于 6mm，间距为 200~300mm。角钢一般采用肢长为 80~100mm 的等肢角钢或不等肢角钢。角钢与槽钢间的加劲肋板厚度一般不小于 10mm，间距为 200~300mm，和槽钢加劲肋板取相同的间距。

　　法兰盘各连接件之间应采用贴角焊缝焊接，焊缝高度不宜小于 8mm。

　　3. 法兰盘厚度的验算

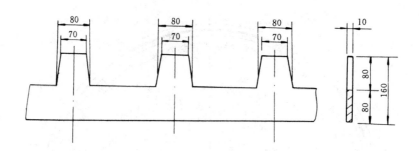

图 4—5—19 外圈加固圈图

在法兰设计时，要满足两个方面的要求，即井壁制作和悬浮下沉过程中的运输、移位以及沿井筒竖向不均匀分布的地压引起的弯曲应力。井壁的这两种工作状态，都表现为竖向受力。法兰盘厚度的验算如下：

1）井壁运移提吊受力时法兰板厚度验算

$$\delta=\sqrt{\frac{6\gamma M}{f_y}} \tag{4—5—42}$$

$$M=\beta q a^2$$

$$q=\frac{0.9\cdot\gamma_d\cdot\gamma\cdot N}{n\cdot a\cdot b}$$

式中 δ——法兰板厚度，mm；

M——计算弯距，N·m/m；

f_y——法兰材料强度设计值，N/mm²；

β——弯矩计算系数，见表 4—5—7；

q——法兰上计算荷载集度，N/mm²；

a——法兰加劲肋间距，mm；

b——法兰盘计算宽度，mm；

n——法兰提吊螺栓个数，个。

2）井壁竖向受力时法兰盘板厚度验算

以 C—C 截面验算，见图 4—5—20。

表 4—5—7 系   数 β 表

b/a	0.5	0.6	0.7	0.8	0.9	1.0	1.2	1.4	2	∞
β	0.06	0.074	0.088	0.097	0.107	0.112	0.120	0.126	0.132	0.133

注：本表摘自冶金工业出版社出版的《井巷掘进》第二分册，"竖井掘进"一书。

$$M_{c-c}=T\cdot h_1$$

$$T=\frac{M_0}{h}$$

$$\delta=\sqrt{\frac{6\gamma M_{c-c}}{f_y}} \qquad (4-5-43)$$

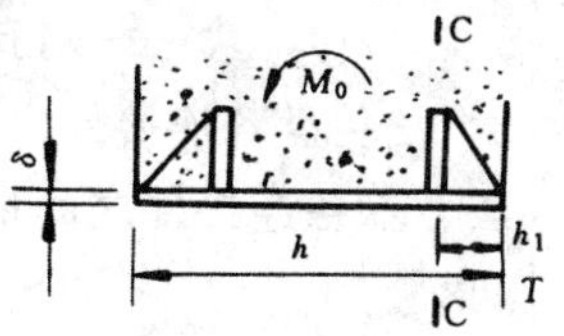

图 4-5-20　法兰盘板竖向
弯矩作用简图

式中　M_0——井壁内力矩，N·m/m；

　　　h——井壁厚度，mm；

　　　M_{c-c}——C—C 截面的内力矩，N·m/m。

（三）连接螺栓及焊缝的计算

1. 连接螺栓计算

目前钻井井壁吊运，通常采用专门设置的起吊环提吊，法兰盘内缘设置的螺栓不直接承受起吊荷载。在井壁下沉过程中，常常需要用井架大钩提吊已经沉入泥浆中的井壁，以便校正井壁的垂直度。在法兰盘外周连接焊缝焊满之后，通常能够满足校正井壁时受力要求，内缘螺栓仅为构造设置，直径为 $d18\sim d25$，螺栓的孔距为 500mm 左右。

当井壁采用吊帽吊运时，可根据安装需要，在上法兰盘预留螺栓孔，连接螺栓直径可按下式计算：

$$d_0=\sqrt{\frac{4\times0.9\cdot\gamma_d\cdot\gamma\cdot Q_{壁}}{\pi\cdot n\cdot f_t^b}} \qquad (4-5-44)$$

式中　d_0——连接螺栓直径，mm；

　　　γ——受力不均匀系数，取 $\gamma=1.5$；

　　　$Q_{壁}$——提吊井壁自重，N；

　　　n——螺栓个数，个；

　　　f_t^b——螺栓抗拉强度设计值，N/mm²。

2. 焊缝计算

对于深井钻井井壁，在表土与基岩交界面处，地压突变地段。在法兰盘外缘满焊的情况下，为了减少井壁内缘变形，采用节间注浆。同时，法兰盘内缘尽可能满焊，焊缝高度不小于 10mm。

1）井壁上、下法兰盘对接焊缝的强度验算如下：

正应力验算：

$$\sigma=\frac{\gamma\cdot N}{A_f}-\frac{\gamma\cdot M}{W_f}\leqslant f_t^w \text{ 和 } f_c^w \qquad (4-5-45)$$

剪应力验算：

$$\tau=\frac{\gamma Q S_f}{I_f\cdot h_f}\leqslant f_v^w \qquad (4-5-46)$$

式中　N、M 和 Q——验算部位井壁内产生的轴力，kN，弯矩，N·m 和剪力，N；

　　　A_f——焊缝截面面积，mm²；

　　　W_f——焊缝截面的抵抗矩，$W_f=\dfrac{L_f^2\delta}{6}$，mm³；

　　　S_f——焊缝截面中和轴以上部分（或以下部分）对中和轴的面积矩，$S_f=\dfrac{L_f^2\delta}{8}$，mm³；

　　　I_f——焊缝截面对中和轴的惯性矩，$I_f=\dfrac{\delta L_f^3}{12}$，mm⁴；

L_f——焊缝计算长度，mm；

f_t^w、f_c^w、f_v^w——对接焊缝的抗拉，抗压和抗剪容许强度设计值，N/mm²。

2）法兰盘各连接件之间焊缝计算：

法兰盘各连接件之间应采用贴角焊缝，焊缝高度计算如下：

$$h_f = \frac{0.9\gamma_d \cdot \gamma \cdot N}{0.7L_w \cdot f_t^w} \tag{4-5-47}$$

式中　h_f——角焊缝计算高度，mm；

N——计算部位作用在焊缝上的外力值，N；

f_t^w——角焊缝抗剪强度设计值，N/mm²；

L_w——角焊缝计算长度之和，mm。

（四）起吊环的计算

起吊环必须采用热轧碳素圆钢制作，严禁冷弯加工。吊环埋入井壁深度不小于 30d（d 为吊环钢筋直径），且不小于 1m。吊点不少于 8 个，同时工作系数 $\gamma_{同}$ 取 0.8。每个起吊环按两个截面计算：

$$d = \sqrt{\frac{2 \cdot \gamma_{吊} \cdot Q_{壁}}{\pi \cdot \gamma_{同} \cdot f_y \cdot n}} \tag{4-5-48}$$

式中　d——起吊环直径，mm；

$\gamma_{吊}$——吊装安全系数（包括动荷系数），$\gamma_{吊} \geqslant 3$；

n——起吊环的个数，个；

f_y——起吊环钢筋强度设计值，N/mm²；

$Q_{壁}$——起吊井壁重量，N。

第四节　钢板混凝土复合井壁的设计计算

钢筋混凝土井壁是常用的钻井井壁永久支护形式之一。随着井筒穿过的表土层深度的增加，井筒承受的表土层压力越来越大，钢筋混凝土井壁的强度已远远不能适应，必须借助于钢板等高强材料。因此，近年来钢板混凝土复合井壁在深井钻井井壁中得到了广泛的应用。钢板混凝土复合井壁结构形式有：双层钢板和单层钢板混凝土复合井壁。其中，单层钢板混凝土复合井壁又分为外层钢板混凝土复合井壁和内层钢板混凝土复合井壁。井壁结构形式见图 4-5-21。

一、钢板混凝土复合井壁设计一般要求

1）钢板材料宜采用 Q235 或 16Mn 钢，钢板厚度应不小于 8～10mm，Q235 钢不宜大于 40mm，16Mn 钢不宜大于 30mm。内层钢板厚度不宜小于外层钢板厚度。

2）钢板厚度除满足计算要求外，还应预留有 2mm 的腐蚀层。

3）内层钢板必须焊有锚卡，锚卡长度不宜小于井壁厚度的一半，每平方米钢板上布置锚卡不小于 3 个。锚卡与内层钢板的焊缝必须保证质量。

4）内层钢板必须预留泄水孔，泄水孔直径 10～20mm，间距为 2～4m，布置在井壁下部。

5）每节井壁下端应留有节间注浆孔，以备井壁对接好后注浆密封，上端应留有吊钩。

6）在目前施工条件下，为保证井壁混凝土振捣质量，每节井壁高度不宜大于 4m。

7）为防止节间漏水，在井壁下沉过程中，内外层钢板对接时均必须焊接。为加强井壁节间的强度及防水性能，可沿外层钢板节间四周采用 6～8mm 厚的钢板补焊宽 150mm 左右的钢带来封闭接头。见图 4—5—30。

8）钢材加工和焊接标准应符合《钢结构设计规范》(GBJ17—88)》、《钢结构工程施工及验收规范(GBJ205—83)》、《矿山井巷工程施工及验收规范(GBJ213—90)》以及《焊接和超声波探伤标准（JB1152—81)》。

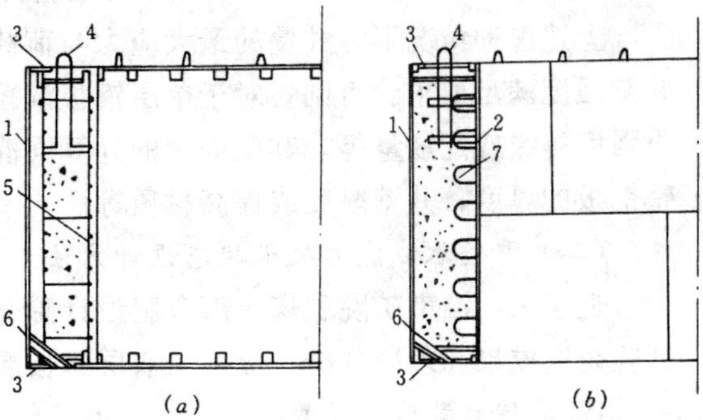

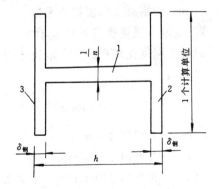

图 4—5—21 钢板复合井壁结构图

a—单层钢板复合井壁；b—双层钢板复合井壁

1—外层钢板筒；2—内层钢板筒；3—上下法兰盘或连接件；
4—起吊环；5—内外层钢筋；6—节间注浆管；7—锚卡

二、井壁内力计算

（一）哈·林克（联邦德国）计算方法

1. 均匀水平压力作用下应力计算

井壁产生的环向应力和径向正应力计算见本篇第四章第五节（4—4—59）公式，有关参数见图 4—5—22。

2. 不均匀水平压力作用下应力计算

见本篇第四章第五节（4—4—66）、（4—4—67）和（4—4—68）公式。

这里需要说明的是，钢板和混凝土是两种不同的材料。在井壁断面有关参数计算时，需将井壁换算成同一种材料断面。钢板与混凝土的弹性模数比通常取 $n=10$（根据国外计算经验），则换算后的混凝土井壁高度为 $1/n$，断面见图 4—5—23。

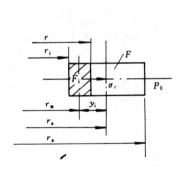

图 4—5—22 井壁断面图

图 4—5—23 换算后井壁断面图

1—混凝土井壁；2、3—内、外层钢板厚

3. 井壁强度验算

钢板混凝土复合井壁强度的验算，需验算下列三种情况下井壁的应力：

1）均匀水平压力作用下井壁产生的应力。

2）均匀水平压力和不均匀水平压力分别作用下，井壁产生的应力叠加。

3）均匀水平压力作用下产生的 75% 应力与不均匀水平压力作用下产生的应力叠加。

上述三种情况下，井壁的最大应力与荷载系数的积小于井壁材料的强度设计值，则说明井壁强度满足要求。否则，对于单层钢板混凝土复合井壁可调整钢板厚度、井壁厚度、混凝土强度等级或配筋量等，其配筋量的计算同混凝土井壁。对于双层钢板混凝土复合井壁可调整钢板的厚度、井壁厚度或提高材质等。

（二）井壁承载能力极限状态设计方法

近年来，淮南矿院和煤炭部合肥设计院合作对钢板井壁设计作了大量的科学研究。根据试验研究成果和理论分析，提出了双层钢板混凝土复合井壁承载能力计算公式如下：

1. 井壁承载能力计算

当内、外层钢板同型号时：

$$P_b = \frac{f_{gb}h_{gb} + (1+m) \cdot f_c h_c}{R} \tag{4-5-49}$$

当内、外层钢板不同型号时：

$$P_b = \frac{f_{g1}h_{g1} + f_{g2}h_{g2} + (1+m)f_c h_c}{R} \tag{4-5-50}$$

式中　P_b——井壁承载能力，M/h；

　　　f_{gb}——钢板强度设计值，N/mm^2；

f_{g1}、f_{g2}——内、外层钢板强度设计值，N/mm^2；

　　　h_{gb}——内、外层钢板总厚度，mm；

h_{g1}、h_{g2}——内、外层钢板厚度，mm；

　　　h_c——混凝土层厚度，mm；

　　　f_c——混凝土强度设计值，N/mm^2；

　　　R——井壁外半径，mm；

　　　m——混凝土强度提高系数。

2. 混凝土强度提高系数 m 计算

混凝土强度提高系数 m，取决于厚径比、钢板与混凝土强度比以及含钢率等，其值按下式计算：

$$m = 38.807 \left(\frac{h}{r}\right)^{1.6688} \left(\frac{f_{gb}}{f_{ck}}\right)^{0.85713} \left(\frac{h_{g1}}{h}\right)^{0.25847} \left(\frac{h_{g2}}{h}\right)^{0.13727} \tag{4-5-51}$$

式中　h——井壁厚度，mm；

　　　r——井壁内半径，mm；

　　　f_{ck}——边长为 200mm 立方体试块抗压强度，N/mm^2；

　　　其他符号同前。

3. 井壁承载能力极限状态设计表达式

双层钢板混凝土复合井壁承载能力极限状态设计，可按现行的《混凝土结构设计规范（GBJ10—89）》多系数分析，用单一安全系数法表达式进行，可以写成：

$$\gamma_1 P_0 \leqslant \frac{1}{\gamma_2 \gamma_3} P_b$$

即：

$$\gamma \cdot P_0 \leqslant P_b \tag{4-5-52}$$

式中　γ——井壁设计荷载系数。

三、井壁内层钢板锚卡设计

双层钢板混凝土复合井壁是在两个同心的钢板圆筒之间浇灌混凝土，使它们形成一个整体，组成一个复合结构，共同承受地压。为了增强内圈钢板与混凝土的整体性与抗剪切力，在井壁的内层钢板的外缘上焊有一定数量的"U"型锚卡。锚卡通常采用 20mm 厚的扁钢制作而成。锚卡的形状见图 4—5—24。

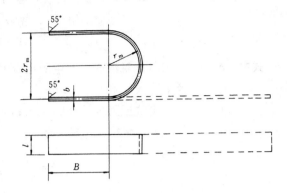

图 4—5—24　锚卡形状图

（一）锚卡断面积的计算

当 $\sigma_r > 0$ 和 $\alpha < \beta$ 时：

$$f_m = \frac{\gamma \cdot F_m}{2 f_{mg}} \left(\frac{\tau}{\cos\alpha} + \frac{\sigma_r}{\sin\alpha} \right)$$

$$(4-5-53)$$

当 $\sigma_r > 0$ 和 $\alpha > \beta$ 或 $\sigma_r < 0$ 时：

$$f_m = \frac{\gamma \cdot F_m}{f_{mg}} \frac{\tau + \mu \cdot \sigma_r}{\cos\alpha + \mu\sin\alpha} \qquad (4-5-54)$$

式中　σ_r——内层钢板外缘 $\varphi = 45°$ 方向径向应力，N/mm^2；

　　　τ——内层钢板外缘 $\varphi = 45°$ 方向剪切应力，N/mm^2；

　　　f_{mg}——锚卡钢材抗拉强度设计值，N/mm^2；

　　　α——锚杆与井壁之间的角度，取 $\alpha = 90°$；

　　　β——作用于井壁的应力的角度，

$$\tan\beta = \frac{\sigma_r}{\tau};$$

　　　f_m——一根锚卡的断面积，mm^2；

　　　μ——摩擦系数，$\mu = 0.5$；

　　　F_m——井壁上一根锚卡所占的面积，mm^2。

（二）锚卡强度校核

1. 锚卡的锚固力在锚卡截面上产生的拉应力

$$\sigma_m = \frac{\sigma_r \cdot F_m \cdot \gamma}{2 \cdot L \cdot b} \leqslant f_{mg} \qquad (4-5-55)$$

式中　σ_m——锚卡的拉应力，N/mm^2；

　　$L \cdot b$——锚卡截面的长度和宽度，mm。

2. 锚卡焊缝的拉应力

$$\sigma_{mf} = \frac{\sigma_r \cdot F_m \cdot \gamma}{2.8(L+b) \cdot h_f} \leqslant f_f^w \qquad (4-5-56)$$

式中　σ_{mf}——焊缝的拉应力，N/mm^2；

　　　f_f^w——角焊缝抗拉强度设计值，N/mm^2；

h_f——焊缝高度，mm。

3. 锚卡半圆弓形和混凝土之间所产生的压应力

$$\sigma_c = \frac{\sigma_r \cdot F_m \cdot \gamma}{2 \cdot r_m \cdot L} \leqslant f_c \tag{4-5-57}$$

式中 σ_c——锚卡弓形对混凝土产生的压应力，N/mm^2；

　　　r_m——锚卡半圆弓形半径，mm；

　　　f_c——混凝土抗压强度设计值，N/mm^2。

4. 锚卡在混凝土中产生的剪应力

$$\tau = \frac{\sigma_r \cdot F_m \cdot \gamma}{4r_m \cdot B + r_m^2 \pi} \leqslant f_{ct} \tag{4-5-58}$$

式中 τ——锚卡对混凝土产生的剪应力，N/mm^2；

　　　B——锚卡直线段长度，mm；

　　　f_{ct}——混凝土抗剪强度设计值，

$$f_{ct} = 0.75\sqrt{f_c \cdot f_t}, \ N/mm^2。 \tag{4-5-59}$$

混凝土抗剪强度设计值也可按哈·林克计算方法中剪应力公式计算：

$$f_{ct} = (\tau_0 + \mu\sigma) \cdot \gamma \tag{4-5-60}$$

式中 τ_0——混凝土内剪应力，按表4-5-8选取；

　　　σ——在剪切面中被检验的压应力，拉应力中 $\sigma = 0$；

　　　μ——摩擦系数，在混凝土中内部 $\mu = 1.0$；混凝土和钢的分界处取 $\mu = 0.5$。

表4-5-8 混凝土内剪应力取值表

混凝土强度等级	τ_0	
	切线方向没有抗剪的加强筋	τ_0 完全为抗剪的加强筋所承受
C25	1.0	2.0
C35	1.2	2.4
C45	1.4	2.8
C55	1.5	3.0

四、井壁接头设计

（一）钢板混凝土复合井壁端部设计

单层钢板混凝土复合井壁端头通常是将法兰盘直接焊在钢板圆筒上，见图4-5-25。法兰盘结构形式同混凝土井壁。

双层钢板混凝土复合井壁端头是通过放射状均布的工字钢与内外钢板圆筒焊接。工字钢型号一般为I_{14}，间距为500mm左右。为了保证井壁接头焊缝质量，在内外钢板圆筒上分别焊有内衬板和外衬板。见图4-5-26。

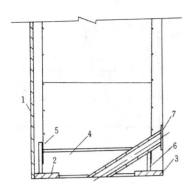

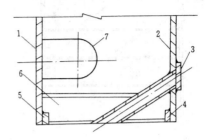

图 4—5—25　单层钢板井壁端头图　　　　　　　　图 4—5—26　双层钢板井壁端头图

1—钢板；2—内圆环钢板；3—外圆环钢板；4—工字钢；　　　1—内层钢板；2—外层钢板；3—注浆管；4—外衬钢板；

5—焊筋板；6—外圈加固圈；7—注浆管　　　　　　　　5—内衬钢板；6—工字钢；7—锚卡

（二）钢板混凝土复合井壁的连接

外层钢板混凝土复合井壁的连接，是在内缘采用螺栓定位的同时，内缘对焊井壁上下法兰。井壁外缘钢板圆筒直接对焊。如图 4—5—27 所示。

内层钢板混凝土复合井壁连接，分别将内、外层钢板圆筒和法兰直接对焊。省去螺栓连接，如图 4—5—28 所示。

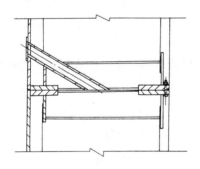

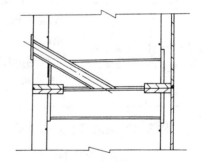

图 4—5—27　外层钢板井壁连接图　　　　　　　　图 4—5—28　内层钢板井壁连接图

双层钢板混凝土复合井壁连接，是将内、外层钢板直接对焊。如图 4—5—29 所示。

井壁在相互对接时，由于井壁上下端面不平整，接头处往往出现一定厚度的缝隙，虽然井壁接头的内、外圈均对接施焊，但焊缝质量难以保证，加之节间注浆封水效果不佳，井壁接头处有可能发生渗漏现象。为弥补这一不足，通常在井壁接头处的外缘钢板表面增焊一圈弧形防水钢带，防水效果较佳。如图 4—5—30 所示。钢板防水带采用 6～8mm 厚，150mm 宽的钢板经模具加工而成，弧形矢高约 10mm。为了确保防水性，可沿钢板带四周均布 2～3 个 ϕ5mm 的小孔，以便注浆充填空隙。

五、节间注浆孔的留设

节间注浆是提高井壁接头质量的重要环节。井壁对接时，由于上下端面不平整，内外缘

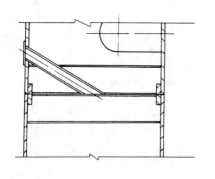

图 4—5—29　双层钢板井壁连接图

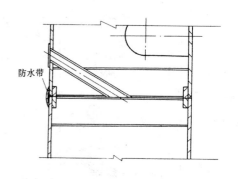

图 4—5—30　钢板井壁防水带图

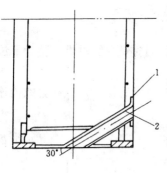

图 4—5—31　注浆管图

1—端板；2—注浆管

虽焊接，但很难保证井壁接头接触密实，这样造成的集中应力就较大，在有附加荷载产生时，可能会导致下部井壁挤压破坏。为防止这一破坏的发生，设计在井壁下端沿周圈均布四根预埋节间注浆管，见图 4—5—31，以作为下沉井壁时，进行节间注浆所用。

节间注浆管通常是采用 $D60$ 的钢管和端板加工而成，直接点焊在法兰或钢筋（板）上，浇入井壁的混凝土中。若是钢板混凝土复合井壁则省去端板。端板采用 10mm 厚的钢板（140mm×140mm）。钢管斜度为 30°。节间注浆管如图 4—5—31 所示。

井壁下沉时，可从预埋的节间注浆管注入浆液，待注浆结束后再用盖板焊接密封。

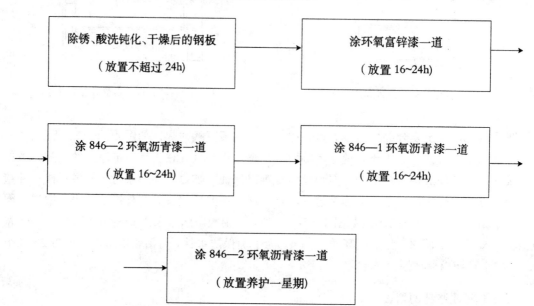

六、钢板防腐

钢板井壁由于受到矿井地下水的浸蚀及空气中所含的 S、CO 等有害物质，因此，钢板井壁设计必须考虑防腐设计。防腐材料和工艺可参阅第四篇第二章有关内容。

目前，国内钢板井壁的防腐主要采用环氧漆敷盖层防腐，个别井曾采用过稳定型带锈底漆敷盖层防腐。

环氧漆敷盖层防腐主要是采用环氧富锌漆作底漆和 846 环氧沥青漆作面漆，涂漆工艺流程如上：

第五节 井壁底的设计

井壁底是钻井井壁结构的重要组成部分，又是钻井井壁下沉必不可少的结构物。因此，在井壁底设计时应给予适当的富裕安全储备。

我国常用的井壁底结构形式有：浅碟式、截锥式、半球或削球式和半椭圆回转扁球壳井壁底等。见图 4—5—32。

一、浅碟式井壁底

（一）结构形式

浅碟式井壁底是由圆形平板和周边的环形弧壁组成。圆形平板的直径一般定为内径的一半，高度是根据井壁直径大小，以及是否要求端头能独自浮起来确定。通常在井筒直径较小时，例如 $D4.5m$ 以下，井壁底常常与最下一节井壁用法兰联接，然后由龙门吊一次提起下放。井壁底在泥浆中浮起，井壁浮出泥浆面的高度，应当大

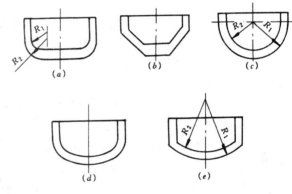

图 4—5—32 井壁底结构形式
a—浅碟式；b—截锥式；c—半球式；
d—半椭圆回转扁壳；e—削球式

于 1m，以便用法兰焊接。井筒直径比较大的情况下，如大于 $D5.0m$ 以上，井壁底与最下一节井壁合起来的重量势必超龙门吊提吊能力，所以常常是单独制作。单独制作可以避免焊接造成的应力集中，以及连接处的刚度变化。

这种井壁底的缺点是由于其结构不甚合理，受力性能差，仅适用直径较小的浅井中，目前应用较少。

（二）荷 载

假设外压力沿井壁底表面法向均匀相等地分布。外压力的大小等于泥浆对井壁的浮力与井内清水重量之差，其平衡条件为：

$$Q' - Q_0 = Q_1 + Q_2 = Q$$

式中 Q'——泥浆对井壁底的浮力，N；

Q_0——井内清水重量，N；

Q_1——井壁全长自重，N；

Q_2——井壁底自重，N。

取井壁底壳面单元面积进行分析可知，壳面单元体凹面受压舱水水柱，$\gamma_{m1}(h_1-\Delta h)$ 压力作用，单元体外表面承受泥浆压力，壳面压力近似按二者压力差计算。泥浆密度应事先向钻井施工单位收集，通常 γ_{m2} 为 $1.2t/m^3$。

$$P=[h_1\gamma_{m2}-(h_1-\Delta h)\gamma_{m1}]\times10^{-2} \tag{4-5-61}$$

式中符号参见图 $4-5-5$。

有些设计中直接采用 $P=\dfrac{Q}{A}$ 作为井壁底单位面积压力，井深时，计算压力偏大。

以上的荷载假设，在用以进行井壁内力分析时，显然忽略了一对大小相等互相平衡的清水压力对井壁底内力的影响。这在井不太深的情况下是允许的。

（三）井壁底厚度

按井壁底内缘承受剪切控制

$$t\geqslant\frac{\gamma_j dP}{4f_j};\ d=2r \tag{4-5-62}$$

式中　r——内半径，mm；

　　　t——按计算需要的井壁底最小厚度，不小于井壁厚度，mm；

　　　γ_j——混凝土构件剪切安全系数，γ_j 取 2.85；

　　　f_j——混凝土剪切设计强度，N/mm^2。

（四）内力计算

井壁底厚度一般都大于圆筒形井壁厚度。而且，井壁底弧环以上高度一般都取 1m 左右。

假设井壁底中心弯矩计算按圆形板四周铰接约束。井壁底边缘弯矩计算按圆形板四周固定约束（图 $4-5-33$）。

均布荷载 P 作用下产生的径向弯矩 M_r 和环向弯矩 M_θ 按下式计算。

周边简支：

$$\left.\begin{array}{l}M_r=\dfrac{P}{16}(3+\mu)(r^2-\rho^2)\\[2mm]M_\theta=\dfrac{P}{16}[r^2(3+\mu)-\rho^2(1+3\mu)]\end{array}\right\} \tag{4-5-63}$$

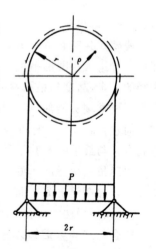

图 $4-5-33$　浅碟式
井壁底计算简图

式中　r——井壁内半径；

　　　ρ——从圆心起计算位置的径向半径，mm；

　　　μ——混凝土泊松比，$\mu=0.15$。

分别计算：

$$\left.\begin{array}{l}\rho=0,\ M_r=\dfrac{19}{96}Pr^2;\ M_\theta=\dfrac{19}{96}Pr^2\\[2mm]\rho=\dfrac{r}{2};\ M_r=\dfrac{57}{384}Pr^2;\ M_\theta=\dfrac{67}{384}Pr^2\\[2mm]\rho=r;\ M_r=0;\ M_\theta=\dfrac{5}{48}Pr^2\end{array}\right\} \tag{4-5-64}$$

周边固定：

$$\left.\begin{array}{l} \rho=r, \quad M_r=-\dfrac{1}{8}Pr^2 \\[2mm] M_\theta=-\dfrac{\mu}{8}Pr^2 \end{array}\right\} \qquad (4-5-65)$$

配筋计算时，取单位长板宽，配筋计算方法略。

井壁底中心 1/3 半径范围内，钢筋布置过分密集，可用圆形钢板代替。

$$Z\times f_y\times\delta\times1=\frac{19}{96}Pr^2\cdot\gamma$$

$$\delta=\frac{19Pr^2\cdot\gamma}{96f_yZ} \qquad (4-5-66)$$

式中　Z——为上下二块钢板中心间距，mm；

　　　f_y——钢板强度设计值，N/mm^2；

　　　r——井筒内半径，mm；

　　　γ——荷载系数。

浅碟式井壁底结构实例，见图 4-5-34。

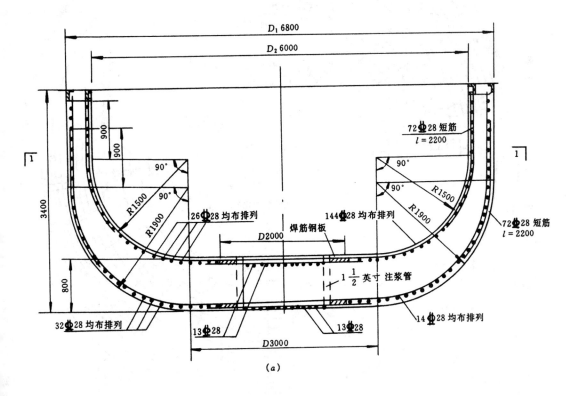

(a)

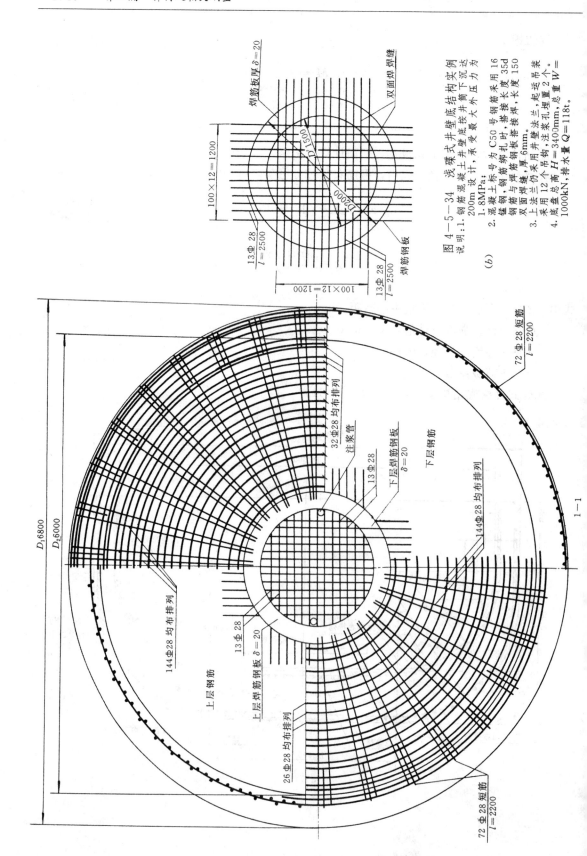

图 4－5－34　浇碟式井壁底结构实例

说明：1. 钢筋混凝土井壁底按井筒下沉达 200m 设计，承受最大外水压力为 1.8MPa；

2. 混凝土标号为 C50，号钢筋采用 16 锰钢，钢筋与焊筋扎时，搭接长度 35d 钢筋焊缝，厚 6mm。双面焊缝钢板搭接焊长度 150 双面焊焊缝；

3. 上法兰仿采用井壁法兰，注浆孔埋置 2 个表来用法兰 12 个与吊钩，起运吊置 2 个。

4. 底盘总高 H＝340mm，总重 W＝1000kN，排水量 Q＝118t。

(b)

二、截锥式井壁底

将浅碟式井壁底的弧形连接环，改成截圆锥面，就形成截锥式井壁底，见图4—5—35。

这种形式的井壁底施工方便，放置平稳。但是，截锥和立壁以及平板连接处，应力情况相当复杂，边缘弯矩和应力集中数值，目前还没有比较详细地进行分析。一般可以按组合壳变形协调方程，以及组合壳弯矩分配法进行分析。如果井筒不很深，也可以按以下近似计算方法估算，但连接处的构造筋应适量增加。

（一）井壁底圆形平板部分计算

圆形平板以周边固定考虑。单位周长上的径向弯矩和环向弯矩M_r及M_θ按下列公式计算：

$$
\left.
\begin{aligned}
M_r &= \frac{P}{16}\left[(1+\mu)r_1^2-(3+\mu)\rho^2\right] \\[4pt]
M_\theta &= \frac{P}{16}\left[(1+\mu)r_1^2-(1+3\mu)\rho^2\right] \\[4pt]
\text{当 }\rho=0, \qquad M_r &= M_\theta = \frac{7}{96}Pr_1^2 \\[4pt]
\rho=r_1 \text{ 时,} \qquad M_r &= -\frac{1}{8}Pr_1^2 \\[4pt]
M_\theta &= -\frac{1}{48}Pr_1^2
\end{aligned}
\right\}
\tag{4-5-67}
$$

钢筋计算略。

（二）截锥部分计算

当壁外受泥浆压力P作用，在斜壁中产生径向和环向压力。

1. 单位长度水平环向压力

$$
N_\theta = \frac{D_y P}{2\sin\alpha}
\tag{4-5-68}
$$

式中　D_y——验算截面处，斜壁中心的直径，mm；

　　　α——斜壁与水平面的夹角。

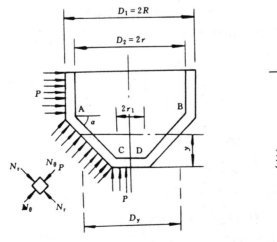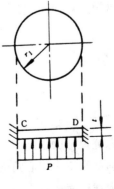

图4—5—35　截锥式井壁底计算简图

2. 环形截面单位长度上的径向压力 N_r

在验算截面处，泥浆压力 N 为：

$$N = \frac{1}{4} D_y^2 \pi P \qquad (4-5-69)$$

径向压力：

$$N_r = \frac{N}{\pi D_y \sin\alpha} = \frac{\frac{\pi}{4} D_y^2 P}{\pi D_y \sin\alpha} = \frac{D_y P}{4 \cdot \sin\alpha} \qquad (4-5-70)$$

最大压力发生在立壁和斜壁交界处，挤压力为：

$$N_{max} = \pi R^2 P \quad \text{且} \quad \gamma N_{max} \leqslant \pi (R^2 - r^2) f_c \qquad (4-5-71)$$

截锥式井壁底配筋结构实例见图 4-5-36。

对于高强薄壁壳体，则 $2r_1$ 周边剪切强度也应列入计算。

截面配筋仍可引用钢筋混凝土结构计算公式计算，但组合壳的连接位置。含筋率不宜小于 0.8%，配筋范围可在 2~3h 范围之内，其余不低于 0.4%，内外层等量配置。当井深超过 150m 以上，或壁厚小于 $r/10$，建议详细分析组合位置的不连续应力。

三、半球和削球式井壁底

半球式和削球式井壁底的球面半径和井筒内径相同。半球形面承受均匀的泥浆压力，受力性能较好。这种形式的井壁底未能获得普遍采用的原因是，井壁底高度大，球面施工困难，对于掌握了地模施工的单位，是可以选用的一种较好的形式，如图 4-5-37 所示。

在需要降低井壁底高度的情况下，削球式井壁底也普遍采用，这种形式在壳的组合位置干扰弯矩所引起的应力集中，随着削球壳的矢高比而变，受力不好，未经详细计算不宜立即用于深井。矢高比的值，以中心轴线起算，一般控制在中心角 60°左右。井壁底厚度与井壁厚度相同，最小含筋率不小于 0.4%。

按无矩理论计算，壳体内应力沿厚度均匀分布，不考虑壳体组合位置由于变形协调而引起的干扰影响。径向局部的不连续应力，由经验估计，应力增大约 30%，含筋率不小于 0.8%。二侧均匀配筋，加强配筋范围为 $\left(\frac{1}{5} \sim \frac{1}{4}\right) R_0$，或者接近 3 倍壳体厚度。

图 4-5-37 中球壳面沿径向的内力 N_r 和沿纬向的内力 N_0 分别表示为：

$$N_r = \frac{1}{2} P R_0$$

$$N_0 = \frac{1}{2} P R_0$$

$$U = \frac{1}{4} P r_0^2 \sin 2\varphi_0 \qquad (4-5-72)$$

式中 R_0——球壳厚度的平均半径，mm；

φ_0——削球壳所对圆心角的一半；

N_r——削球壳面径向内力，N/mm；

N_0——削球壳面纬向内力，N/mm；

U——支承环内力，N。

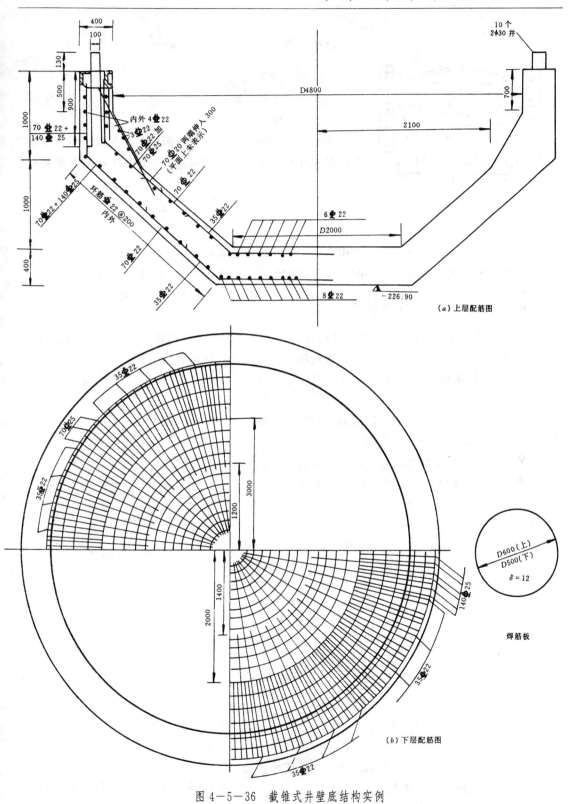

图 4—5—36　截锥式井壁底结构实例

说明:1.混凝土 C40 号钢筋与焊筋板双面焊 110 厚度 15。　2.法兰锚固筋内外 52 根 $\Phi 20$，$L=800$。
　　　3.吊钩用 Q_{235} 热弯加工成。　　4.锚筋与竖筋搭接段如相遇凡能加焊者应单面焊接。

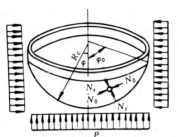

图 4—5—37　半球式和削球式
井壁底计算简图

钢筋用量：

$$A_g = \frac{\gamma N - f_c t}{f'_y} \qquad (4-5-73)$$

式中　N——为 N_r 或 N_0；

　　　γ——荷载系数；

　　　t——球壳厚度，mm。

井壁底支承环，应与球壳一起浇作。在均匀压力 P 作用下，支承环承受拉力，按轴心受拉构件计算需要的抗拉钢筋。

$$A_g = \frac{\gamma_L U}{f_y} \qquad (4-5-74)$$

式中　γ_L——受拉荷载系数。

在采用半球式井壁底，$\varphi_0 = 90°$，支承环的内力 $U = 0$，此时，按构造配筋。

四、半椭圆回转扁球壳井壁底

前面几种壳体近似计算中,都不考虑井壁底径向变形与井壁筒体部分变形不协调的影响。回转扁球壳的计算中，考虑了这一边缘效应，使壳内应力比较符合实际。

（一）半椭圆回转扁球壳的几何关系和薄膜内力（无矩内力）

半椭圆回转壳包括一个柱形筒和半椭球面，球壳部分的外形比较矮，受力较合理。

如果把椭圆曲线作母线称经线，经线离基准位置旋转角 θ，并且选择壳体曲面法线与壳体旋转轴之间夹角为 ϕ，见图 4—5—38。

基本几何关系：

$$
\left.
\begin{aligned}
&r = r_2 \sin\phi;\quad ds = r_1 d\phi;\quad 即\\
&dr = ds \cdot \cos\phi;\quad dZ = ds \cdot \sin\phi\\
&\frac{dr}{d\phi} = r_1 \cos\phi;\quad \frac{dZ}{d\phi} = r_1 \sin\phi\\
&\frac{1}{r}\frac{dr}{d\phi} = \frac{r_1}{r_2}\cot\phi
\end{aligned}
\right\}
$$

$$(4-5-75)$$

式中　r——为经线上一点到旋转轴距离；

　　　r_1——为经线的曲率半径；

　　　r_2——经线的法线与旋转轴的交点,到壳体曲面之间的长度,又称第二曲率半径或称纬线切面主曲率半径。

代入标准椭圆方程求解：

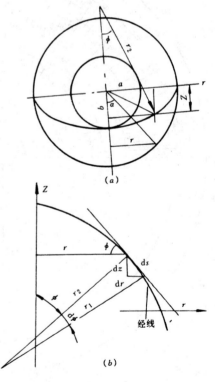

图 4—5—38　半椭圆回转扁球壳
几何关系

$$
\left.
\begin{aligned}
r_1 &= \frac{a^2 b^2}{(a^2\sin^2\phi + b^2\cos^2\phi)^{3/2}} \\
&= \frac{(a^4 Z^2 + b^4 r^2)^{3/2}}{a^4 b^4} \\
r_2 &= \frac{a^2}{(a^2\sin^2\phi + b^2\cos^2\phi)^{1/2}} \\
&= \frac{(a^4 Z^2 + b^4 r^2)^{1/2}}{b^2}
\end{aligned}
\right\}
\tag{4-5-76}
$$

经向内力：

$$
N_\phi = N_1 = \frac{Pa^2}{2} \times \frac{1}{(a^2\sin^2\phi + b^2\cos^2\phi)^{1/2}}
\tag{4-5-77}
$$

环向内力：

$$
N_\theta = N_2 = \frac{Pa^2}{2b^2} \times \frac{b^2 - (a^2 - b^2)\sin^2\phi}{(a^2\sin^2\phi + b^2\cos^2\phi)^{1/2}}
\tag{4-5-78}
$$

当 $\phi = 0$ 时，
$$
N_\phi = N_\theta = \frac{Pr_1}{2}
$$

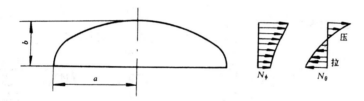

图 4-5-39　扁球壳 N_ϕ 及 N_θ 分布

椭圆长短轴比值变化时，壳体内的应力也产生变化，如图 4-5-39 所示为壳体内力分布情况。环向力在壳面中有一次符号改变。在 $\sin\phi = \dfrac{b}{\sqrt{a^2 - b^2}}$ 处，N_θ 变为 0，分析这一应力变化可知，只有当 $\dfrac{a}{b} \geqslant \sqrt{2}$ 时，$\sin\phi$ 出现实角，N_θ 变号位置分别是在：

$$
r = \frac{a^2}{\sqrt{2}\,(a^2 - b^2)}; \quad Z = \sqrt{\frac{a^2 b^2 - b^2 r^2}{a^2}}
\tag{4-5-79}
$$

筒体 A—A 截面处应力（薄膜应力），见图 4-5-40 及图 4-5-41。

经线方向 $\qquad\qquad \sigma_{1T} = \dfrac{Pa}{2h}$

纬线方向（即环向）$\qquad \sigma_{2T} = \dfrac{Pa}{h}$

球壳 A—A 截面处应力：

经线方向 $\qquad\qquad \sigma_{1Q} = \dfrac{Pa}{2h}$

纬线方向（即环向）$\qquad \sigma_{2Q} = \dfrac{Pa}{h}\left(1 - \dfrac{a^2}{2b^2}\right)$

$$
\left.
\begin{aligned}
&\sigma_{1T} = \frac{Pa}{2h} \\
&\sigma_{2T} = \frac{Pa}{h} \\
&\sigma_{1Q} = \frac{Pa}{2h} \\
&\sigma_{2Q} = \frac{Pa}{h}\left(1 - \frac{a^2}{2b^2}\right)
\end{aligned}
\right\}
\tag{4-5-80}
$$

式中　h——壁厚，mm。

（二）组合壳体中的应力

1. 组合壳界面的内力 N_0

球壳与井筒连接之后，由于连接处变形不协调，势必产生保持变形协调的内力。

分别讨论筒体和壳体沿 A－A 截面，各自在受外载 P 作用下的径向位移时，得到：

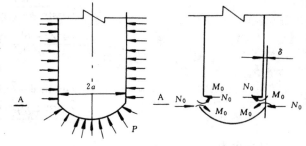

筒体径向自由位移：

$$\Delta_T = \frac{a}{E}\left(\frac{Pa}{h} - \mu\frac{Pa}{2h}\right) \qquad (4-5-81)$$

图 4－5－40   扁球壳径向位移

壳体径向自由位移：

$$\Delta_Q = \frac{a}{E}\left[\frac{Pa}{h}\left(1 - \frac{a^2}{2b^2}\right) - \mu\frac{Pa}{2h}\right]$$

筒体和壳体在 A－A 截面处的自由变位差。

$$\delta = \Delta_T - \Delta_Q = \frac{Pa^2}{2hE} \times \frac{a^2}{b^2} \qquad (4-5-82)$$

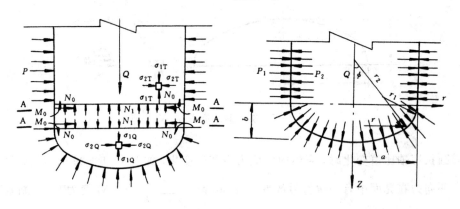

图 4－5－41   筒体受力简图

要消除这一自由变位差，使变形协调，则将在 A－A 截面产生沿圆周均匀分布的剪切力 N_0，与弯矩 M_0（即径向弯矩），这些力所产生的应力有时称不连续应力。它使筒与壳在邻近 A－A 截面两侧沿径向，在经线的部分长度内产生弯曲，在以材料力学的平面假设引入壳体应力分析的公式中时，计算的误差将随着 h/a 的变化而增大。如果筒与壳厚度相等，N_0 使筒与壳两部分边缘产生相等的旋转，这时 M_0 等于零。N_0 在筒体产生 $\delta/2$ 的挠度。A－A 截面两侧变形协调。取筒体沿圆周单位长度一小条，坐标取如图 4－5－42 所示，在 N_0 作用下，挠度曲线方程为：

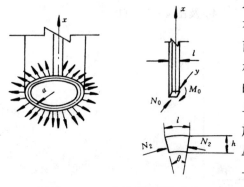

图 4－5－42   筒体单位周长条带

$$y=\frac{e^{-\lambda x}}{2\lambda^3 D}\left[N_0\cos\lambda x-\lambda M_0\ (\cos\lambda x-\sin\lambda x)\right] \qquad (4-5-83)$$

$$\lambda=\sqrt[4]{\frac{3(1-\mu^2)}{a^2 h^2}}$$

$$D=\frac{Eh^3}{12\ (1-\mu^2)}$$

在 A−A 截面处，$X=0$，$M_0=0$

$$y=\frac{\delta}{2}=\frac{N_0}{2\lambda^3 D};\ \ N_0=\delta\lambda^3 D=\frac{Pa^2}{8\lambda b^2} \qquad (4-5-84)$$

2. 在 N_0 作用下，筒体中的弯矩

N_0 引起的沿经作用的弯矩，可借用弹性地基梁方程求得：

$$\left.\begin{array}{c}M^{N_0}_{1T}=\dfrac{1}{\lambda}N_0 e^{\lambda x}\sin\lambda x\\[2mm]\\ N^{N_0}_{2T}=-2N_0\lambda a\cdot e^{-\lambda x}\cos\lambda x\end{array}\right\} \qquad (4-5-85)$$

当 $x=\dfrac{\pi}{4\lambda}$ 时，$M^{N_0}_{1T}$ 为最大由于 N_0 引起的筒中环向力

壳体和球壳中内力，应力符号表达形式为：

```
 ┌─────┐   ┌───┐
 │     │   │ 2 │
 │  1  │   └───┘
 │     │ ┌───┬───┐
 └─────┘ │ 3 │ 4 │
         └───┴───┘
```

1——应力或内力的种类，N（轴向力）、M（弯矩）、σ（正应力）；

2——引起内力或应力的作用力；

N_0——由于 A−A 截面筒体和壳体保持变形协调而产生的截面剪力；

Q——井壁自重；

P——泥浆压力；

3——内力或应力作用的方向。

1 表示沿经线方向（对内力 M 来说即沿经线方向，包含在筒体或壳体的 Z 和 r 轴平面之内。当取单位宽度的筒体条带当作弹性地基梁来分析时则作用于 y 和 x 轴所包含的平面内。如果 M 用矢量方向来表达时，M 的矢量方向变为环向）。

2 表示沿环向。

4——内力或应力所在的结构；

T——筒体；

Q——球壳。

例如：$M^{N_0}_{1T}$——筒体中由于 N_0 的作用引起的沿经向的弯矩，N·m/mm；

$N^{N_0}_{2T}$——筒体中由于 N_0 的作用引起的沿环向的轴向力，N/mm（其余符号表达的形式相同）。

3. 在 N_0 作用下，球壳体中的弯矩

$$M_{1Q}^{N_0} = \frac{Pah}{\sqrt{12\,(1-\mu^2)}} e^{-\beta}\sin\beta$$

当 β 为 $\frac{1}{4}\pi$ 时，$M_{1Q}^{N_0}$ 为最大由 N_0 引起的环向拉力

$$N_{2Q}^{N_0} = Pa \cdot e^{-\beta}\cos\beta$$

$$(4-5-86)$$

令：$D_Q = \dfrac{Pah}{\sqrt{12\,(1-\mu^2)}}$ 便于列表计算

以 $\beta = \sqrt[4]{3\,(1-\mu^2)} \cdot \Sigma \dfrac{\Delta S}{\sqrt{r_2 h}}$ 代替积分式

$$\beta = \sqrt[4]{3(1-\mu^2)} \cdot \int_0^s \frac{\mathrm{d}s}{\sqrt{r_2 h}}$$

S 是根据要求计算位置确定的沿壳体曲面经线长的积分限，由椭圆积分可知（北京矿业学院《数学手册》）。

$$S = \int_0^s \sqrt{a^2\cos^2\alpha + b^2\sin^2\alpha}\,\mathrm{d}\alpha$$

$$= \int_0^\alpha \sqrt{a^2 - (a^2 - b^2)\sin^2\alpha}\,\mathrm{d}\alpha$$

令：

$$K = \sqrt{\frac{a^2 - b^2}{a^2}}$$

例如当 $\dfrac{a}{b} = 2$ 时，$K = 0.866$；$\sin^{-1}K = 60°$

则：

$$E(\alpha K) = \int_0^\alpha \sqrt{1 - K^2\sin^2\alpha}\,\mathrm{d}\alpha$$

查：$\sin^{-1}K = 60°$ 时不同 α 的 $E\,(\alpha \cdot K)$ 值得

$$S = \alpha \cdot E\,(\alpha \cdot K)$$

4. 简体和壳体中应力的组合

简体和壳体受力的最终应力，应包括二个部分，即薄膜应力和由 N_0 引起的边缘应力，如图 4—5—43 所示。

$$\sigma = \sigma^* + \tilde{\sigma} = \sigma^P + \sigma^{N_0} \qquad (4-5-87)$$

式中　σ^*——薄膜应力；

$\tilde{\sigma}$——边缘应力。

对简体来说，沿经线切线方向：

$$N_{1T}^Q = \frac{Q}{2\pi a}$$

$$M_{1T}^{N_0} = \frac{1}{\lambda} N_0 e^{-\lambda x}\sin\lambda x$$

$$(4-5-88)$$

构成偏心受压状态，按钢筋混凝土结构配筋。

最大 $M_{1T}^{N_0}$ 在 $\lambda x = \dfrac{\pi}{4}$；$e^{-\lambda x}\sin\lambda = 0.3223$

应力数值也可按下式计算：

$$\sigma = \frac{N_{1T}^Q}{h} \pm \frac{6M_{1T}^{N_0}}{h^2} \qquad (4-5-89)$$

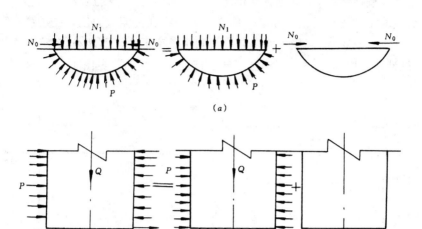

图 4—5—43　应力组合

沿环向：

$$
\left.
\begin{aligned}
N_{2\,T}^{P} &= Pa \\
M_{2\,T}^{N_0} &= -2N_0\lambda a \cdot e^{-\lambda x}\cos\lambda x
\end{aligned}
\right\}
\tag{4-5-90}
$$

构成轴心受压力：

最大值位置是在 $\lambda x = \dfrac{3}{4}\pi$，$e^{-\lambda x}\cos\lambda x = -0.0669$

应力数值也可以按下式计算：

$$
\sigma = (N_{2\,T}^{P} + N_{2\,T}^{N_0})\frac{1}{h}
\tag{4-5-91}
$$

对壳体来说，沿经线切线方向：

$$
\left.
\begin{aligned}
N_{1\,Q}^{P} &= \frac{Pr_0}{2\sin\phi} = \frac{Pr_2}{2} \\
M_{1\,Q}^{N_0} &= \frac{Pah}{\sqrt{12(1-\mu^2)}}e^{-\beta}\sin\beta
\end{aligned}
\right\}
\tag{4-5-92}
$$

构成偏心受压状态，用应力表达式来表达时：

$$
\sigma = \frac{N_{1\,Q}^{P}}{h} \pm \frac{6M_{1\,Q}^{N_0}}{h^2}
\tag{4-5-93}
$$

沿环向：

$$
\left.
\begin{aligned}
N_{2\,Q}^{P} &= P\left(r_2 - \frac{r_2^2}{2r_1}\right) \\
N_{2\,Q}^{N_0} &= Pae^{\beta}\cdot\cos\beta
\end{aligned}
\right\}
\tag{4-5-94}
$$

或者用应力表达为：

$$
\sigma = (N_{2\,Q}^{P} + N_{2\,Q}^{N_0})\frac{1}{h}
\tag{4-5-95}
$$

通常在设计井壁端部时,尽量使筒与壳连接处环向内力处于受压或者拉应力很小的状态,以便充分利用混凝土的受压性能。即必须使椭球壳中存在过渡应力区,在过渡点附近,环向内力 N 反向,内力符号变号。连接处的环向应力则由于变形协调而减小,其壳的强度将受 N_1、M_1 来控制,设计中常取 $a/b=2$。半椭圆回转扁球壳结构配筋,见图 4—5—44。

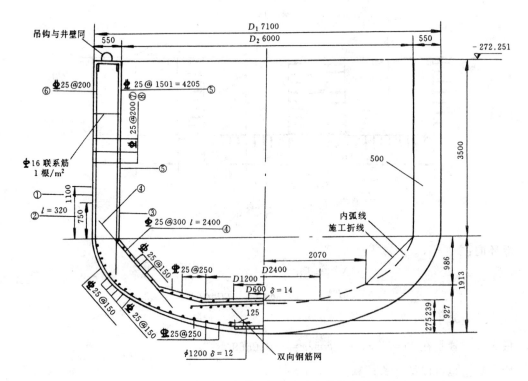

图 4—5—44　半椭圆回转扁球壳结构实例

说明：1. 锅底结构按旋转扁椭球壳计算承受外压 1.61MPa,壳体全重 1706kN,密度按 2.5t/m³ 计算。

2. 当泥浆密度为 $\gamma=1.1$ 锅底顶面露出浆面约 1.07m,为了保证安全施工泥浆密度应保证调整达 $\gamma=1.2$ 方可下放。

3. 由于锅底承压力大,壳壁较薄,为了使其受力状态与计算分析尽量一致,椭球外形应严格按图施工。

4. 钢筋除图已示明者外,请由实放大样确定长度,混凝土标号为 C50 号,钢筋 25 锰硅。

煤炭工业部合肥设计研究院曾对各种不同 D_1/D_2 比率的几何相似壳体,用有限单元法进行了应力分析,当 $D_1/D_2 \geqslant 1.2$ 时,厚壳中拉应力已不再出现。

5. 球壳顶部的应力（浅碟效应）

壳顶 $\phi=9.96°$ 区域之内,按上述分析方法所获的应力数值不能采用,这不但是由于壳的外形几何形状变化引起的内力变化非常敏感,而且厚壳中的弯矩大致地与平板应力分布相同。设计可以按 $\phi=10°$ 沿中部圆周铰接进行计算。

$$R_2 = \frac{a^2}{(a^2\sin^2\phi + b^2\cos^2\phi)^{1/2}}; \quad b = R_2 \cdot \sin\phi$$

板的径向弯矩：

$$M_1 = \frac{P}{16}(3+\mu)(b^2 - r^2)$$

板的切向弯矩：　　　　　　　　　　　　　　　　（4—5—96）

$$M_2 = \frac{P}{16}\left[(3+\mu)b^2 - (1+3\mu)r^2\right]$$

当 $r = 0$ 时，M 最大

$$M_1 = M_2 = \frac{P}{16}(3+\mu)b^2 \qquad (4-5-97)$$

由于中心部分弯矩比较大，按配筋计算，钢筋布置过分稠密，通常以钢板来代替，见图 4—5—45。

五、回转椭圆扁球壳井壁底的计算实例

（一）已知条件及设计假定（图 4—5—46）

筒体外径：　　　　　　$D_1 = 5820\text{mm}$

筒体内径：　　　　　　$D_2 = 5000\text{mm}$

壳体：取 $a = 2b$，$a = 2705\text{mm}$；$b = 1353\text{mm}$，壳体厚度：410mm

（二）计算荷载

1. 外荷载计算

1）井壁总重量：

$$Q = q_z \cdot H$$

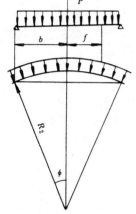

图 4—5—45　壳顶浅碟
效应计算简图

式中　q_z——每米井壁自重，约为 182kN；

　　　H——井深，约为 277m。

$$Q = 182 \times 277 = 50414\text{kN}$$

2）泥浆压力：

$$P_1 = \gamma_{m1} H \times 10^{-2}; \quad \gamma_{m1} = 1.2\text{t/m}^3; \quad H = 277\text{m}$$

$$P_1 = 1.2 \times 277 \times 10^{-2} = 3.324\text{MPa}$$

3）水的压力：

$$P_2 = \gamma_{m2} H' \times 10^{-2}$$

由悬浮平衡条件 $Q + \gamma_{m2}H' \times A_2 \times 10 = \gamma_{m1}H \cdot A_1 \times 10$

解出：$\gamma_{m2}H' = \dfrac{10\gamma_{m1} \times H \times A_1 - Q}{10 A_2}$

$\gamma_{m1} = 1.2\text{t/m}^3$；$\gamma_{m2} = 1.0\text{t/m}^3$；$H = 277\text{m}$

$A_2 = \dfrac{\pi 5^2}{4} = 19.63\text{m}^2$（井壁内截面面积）

$A_1 = \dfrac{\pi}{4} \times 5.82^2 = 26.60\text{m}^2$（井壁外截面面积）

$$P_2 = \gamma_{m2}H' \times 10^{-2} = \frac{10\gamma_{m1}HA_1 - Q}{10A_2} \times 10^{-2}$$

$$= \frac{10 \times 1.2 \times 277 \times 26.60 - 50414}{10 \times 19.63} \times 10^{-2}$$

$$= 1.936\text{MPa}$$

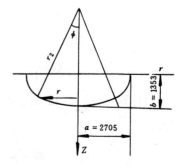

图 4—5—46　壳体几何尺寸

H' 为井筒内水的高度：

$$P = P_1 - P_2 = 3.324 - 1.936 = 1.388 \text{MPa}$$

计算时取

$$P = 1.4 \text{MPa}$$

2. 筒与壳连接平面沿圆周均匀分布的剪切力公式（4-5-84）

$$N_0 = \frac{Pa^2}{8\lambda \cdot b^2}$$

$$\lambda = \sqrt[4]{\frac{3(1-\mu^2)}{a^2 h^2}}$$

取：$\mu = 0.15, a = 2705 \text{mm}, h = 410 \text{mm}$

求得：

$$\lambda = 0.0012461/\text{mm}$$

则：

$$N_0 = \frac{1.4 \times 2705^2}{8 \times 0.0012461 \times 1353^2} = 561 \text{N/mm}$$

（三）筒体内力分析

1）均布外荷载 P 作用下筒体沿环向的内力，见公式（4-5-90）。

$$N_{2T}^P = P \cdot a = 1.4 \times 2705 = 3787 \text{N/mm}$$

2）井壁自重 Q 作用下，沿经向的内力，见公式（4-5-88）。

$$N_{1T}^Q = \frac{Q}{2\pi a} = \frac{50414000}{2 \times \pi \times 2705} = 2966 \text{N/mm}$$

3）水平力 N_0 作用下，沿经向作用的弯矩和环向的内力，见公式（4-5-88）和公式（4-5-91）。

最大值在 $\lambda_x = \frac{1}{4}\pi$ 处，其余见图 4-5-47。

$$M_{1T}^{N_0} = 0.322 \frac{N_0}{\lambda} = 0.322 \frac{561}{0.0012461}$$

$$= 144966 \text{N} \cdot \text{mm/mm} \approx 145000 \text{N} \cdot \text{mm/mm}$$

$$N_{2T}^{N_0} = -2N_0 \lambda a e^{-\lambda x} \cos\lambda X$$

当 $\lambda_x = 0$ 时，

$$N_{2Tmax}^{N_0} = -2N_0 \lambda a = -2 \times 561 \times 0.0012461 \times 2705$$

$$= -3780 \text{N/mm（拉力）}$$

当 $\lambda_x = \frac{3}{4}\pi$ 时，

$$N_{2Tmax}^{N_0} = -2 \times 561 \times 0.0012461 \times 2705 \times 0.0948 \times \left(-\frac{\sqrt{2}}{2}\right)$$

$$= 253 \text{N/mm}$$

$$X = \frac{3\pi}{4\lambda} = \frac{3 \times \pi}{4 \times 0.0012461} = 1891 \text{mm}$$

4）计算 $X = \frac{3\pi}{4\lambda}$ 处相应的 σ_2^a，由图 4-5-47 得 $M_{1T}^{N_0} = 30200$，由于 $M_{1T}^{N_0}$ 的作用，引起的环向应力：

$$\sigma_{21}^a = \mu \cdot \frac{6M_{1T}^{N_0}}{h^2} = 0.15 \times \frac{6 \times 30200}{410^2} = 0.162 \text{MPa}$$

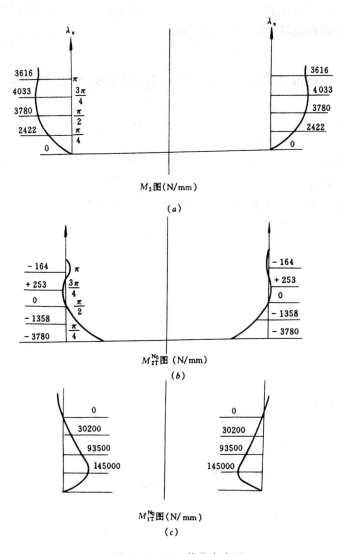

图 4—5—47 筒体内力图

相对数值很小,可不考虑。

(四)筒体强度计算

1.竖向钢筋计算

$$M_{1T}^{N_0}=145000\text{N}\cdot\text{mm/mm},N_1=2966\text{N/mm}$$

混凝土强度等级为 C40,钢筋 25 锰硅,$f_y=340\text{N/mm}^2$

$$e_0=\frac{M}{N}=\frac{M_{1T}^{N_0}}{N_1}=\frac{145000}{2966}=49\text{mm}<0.15h_0$$

$$0.15h_0=0.15\times370=55.5\text{mm}$$

$$e=\left(\frac{h}{2}-a+e_0\right)=205-40+49=214\text{mm}$$

由公式 $\gamma \cdot N \cdot e \leqslant 0.5 f_c b h_0^2 + f'_y A'_y (h_0 - a')$ 得

$$1.4 \times 2966 \times 214 \leqslant 0.5 \times 19.5 \times 370^2 + 112200 A'_y$$

A'_y 为负值，按构造配筋，采用 $\oplus$ 22@300。

2. 环向钢筋

根据图 4-5-47a(M_2 图)验算最大内力，由 M_2 图可知，当 λ_x 等于 $\frac{3}{4}\pi$ 时，M_2 为最大。

$$M_2 = N_{max} = 3780 + 253 = 4033 \text{N/mm}$$

$$A'_y = \frac{N_{max} - f_c \cdot h}{f_y} = \frac{4033 - 19.5 \times 410}{340} < 0$$

按构造要求配筋，采用 $\oplus$ 22@200。

(五)壳体内力分析

1)底部均布荷载作用下，壳面在经线切向及纬线切向主曲率半径，见公式(4-5-76)。壳面在经线切向的主曲率半径。

$$r_1 = \frac{(a^4 Z^2 + b^4 X^2)^{\frac{3}{2}}}{a^4 b^4}$$

当 $Z = 0$ 时，$X = \pm a$

$$r_1 = \frac{b^2}{a} = \frac{1353^2}{2705} = 677 \text{mm}$$

壳面在纬线切向的主曲率半径：

$$r_2 = \frac{(a^4 Z^2 + b^4 X^2)^{\frac{1}{2}}}{b^2}$$

当 $Z = 0$ 时，$X = \pm a$

$$r_2 = a = 2705 \text{mm}$$

2)壳体中环向力符号改变位置，见公式(4-5-79)。

$$X = \frac{a^2}{\sqrt{2(a^2 - b^2)}} = \frac{2705^2}{\sqrt{2(2705^2 - 1353^2)}} = 2209 \text{mm}$$

$$Z = \sqrt{\frac{a^2 b^2 - b^2 x^2}{a^2}} = \frac{b}{a}\sqrt{a^2 - x^2} = \frac{1}{2}\sqrt{2705^2 - 2209^2}$$

$$= 780 \text{mm}$$

3) 在水平力 N_0 作用下的内力：

当 $N_0 = 561 \text{N/mm}$，$\frac{a}{b} = 2$ 的条件下，由公式 (4-5-92) 可知，$M_{1Q}^{N_0}$ 的最大值时 $e^{-\beta}\sin\beta$ 等于 0.322，这时：

$$M_{1Qmax}^{N_0} = 0.322 \frac{P \cdot a \cdot h}{\sqrt{12(1 - \mu^2)}}$$

$$= 0.322 \frac{1.4 \times 2705 \times 410}{\sqrt{12(1 - 0.15^2)}}$$

$$\approx 146000 \text{N} \cdot \text{mm/mm}$$

M_{xmax} 的位置及各断面的弯矩图列表计算，见表 4-5-9，表中系数符号见图 4-5-47。

采用

$$\beta = \sqrt[4]{3(1 - \mu^2)} \cdot \Sigma \frac{\Delta S}{\sqrt{R_2 h}}$$

令

$$A = \frac{\sqrt[4]{3(1-\mu^2)}}{\sqrt{h}} = \frac{\sqrt[4]{3(1-0.15^2)}}{\sqrt{410}} = 0.0646$$

$$D_Q = \frac{P \cdot a \cdot h}{\sqrt{12(1-\mu^2)}} = \frac{1.4 \times 2705 \times 410}{\sqrt{12(1-0.15^2)}} = 453346$$

$$G = \frac{P \cdot a}{h} = \frac{1.4 \times 2705}{410} = 9.24$$

在公式（4-5-93）及公式（4-5-94）中由于 N_0 作用而引起的壳体中经向和环向应力分别为：

$$\sigma_{1Q}^{N_0} = \frac{M_{1Q}^{N_0}}{W} = \frac{6M_{1Q}^{N_0}}{h^2}$$

$$\sigma_{2Q}^{N_0} = Ge^{-\beta}\cos\beta \qquad G = \frac{Pa}{h}$$

$\sigma_{1Q}^{N_0}$ 及 $\sigma_{2Q}^{N_0}$ 的算式中都包含 β，β 随着沿椭圆周长的曲线积分而变，已于列表中逐项计算。

（六）壳体强度计算

取混凝土强度等级为 C40，$f_c = 19.5\text{N/mm}^2$，$h = 410\text{mm}$，钢筋 $f_y = 340\text{N/mm}^2$。

1. 经　向

$\sigma_1 = \sigma_{1Q}^{N_0} + \sigma_{1Q}^{P}$ 应力最大点在 $\omega = 70°$ 附近

$$\sigma_{1\max} = 11.378\text{N/mm}^2$$

按构造配筋率，经向和纬向都不小于 0.8%。

$$f_z = f_c + \mu f_y = 19.5 + 0.008 \times 340 = 22.2\text{N/mm}^2$$

安全系数

$$\gamma = \frac{22.2}{11.378} = 1.95 > 1.9$$

通常在壳体内缘采用折线形，方便了施工，又增加了安全储备。

2. 环　向

$$\sigma_2 = \sigma_{2Q}^{N_0} + \sigma_{2Q}^{P}$$

最大应力点位置 $\omega = 0°$，$\sigma_{2\max} = 8.89\text{N/mm}^2$（压力）；$\omega = 85°$，$\sigma_{2\max} = -1.79\text{N/mm}^2$（拉力）

受压验算：$8.89\text{N/mm}^2 < f_z = 22.2\text{N/mm}^2$

$$\gamma = \frac{22.2}{8.89} = 2.50 > 1.9$$

受拉验算：

全部拉力都由钢筋承担，取沿椭圆周长 1000mm 进行计算。

$$A_y = \frac{1.79 \times 410 \times 1000 \times 1.9}{340} = 4101\text{mm}^2$$

配筋双排布置每米 7 Φ 20 或 6 Φ 22，$A_y = 4400\text{mm}^2$

配筋范围可按拉力区确定，近似取 $Z = 1000\text{mm}$，大于应力变号位置 0.78m，其余按配筋率 0.008 配置钢筋。

$$A_y = 410 \times 1000 \times 0.008 = 3280\text{mm}^2$$

双排布置每米 6 Φ 20，$A_y = 3770.4\text{mm}^2$

（七）壳顶浅碟效应的计算（公式 4-5-96）

按 $\varphi = 10°$ 计算：

$$\sin 10° = 0.174, \cos 10° = 0.985$$

$$R_2 = \frac{a^2}{(a^2\sin^2\varphi + b^2\cos^2\varphi)^{\frac{1}{2}}}$$

$$= \frac{2705^2}{(2705^2 \times 0.174^2 + 1353^2 \times 0.985^2)^{\frac{1}{2}}} = 5177\text{mm}$$

$$b = R_2\sin\varphi = 5177 \times 0.174 = 901\text{mm}$$

当 $r = 0$ 时

$$M_1 = M_2 = \frac{P}{16}(3 + \mu)b^2$$

$$= \frac{1.4}{16}(3 + 0.15) \times 901^2 = 223753\text{N} \cdot \text{mm/mm}$$

按单筋计算：

$$\gamma \cdot M = f_c \cdot b \cdot x\left(h_0 - \frac{x}{2}\right)$$

$$1.7 \times 223753 = 19.5 \cdot x\left(406 - \frac{x}{2}\right)$$

$$x^2 - 812x + 39013 = 0$$

$$x = \frac{812 \pm \sqrt{812^2 - 4 \times 1 \times 39013}}{2 \times 1}$$

$$x = 51\text{mm}$$

故

$$A_y = \frac{51 \times 19.5}{215} = 4.63\text{mm} \quad (f_{gb} = 215\text{N/mm}^2)$$

按构造采用钢板 $\delta = 16\text{mm}$，满足钢板与钢筋焊接要求，圆形钢板直径取 1000mm，与由上部延伸来的经向钢筋焊接。

计算 $r = 500\text{mm}$ 处的弯矩

$$M_1 = \frac{P}{16}(3 + \mu)(901^2 - 500^2)$$

$$= \frac{1.4}{16}(3 + 0.15)(901^2 - 500^2) = 154846\text{N} \cdot \text{mm/mm}$$

$$M_2 = \frac{1.4}{16}\left[(3 + 0.15) \times 901^2 - (1 + 3 \times 0.15) \times 500^2)\right]$$

$$= 192034\text{N} \cdot \text{mm/mm}$$

经向所需钢筋断面（按单筋算）

$$\gamma \cdot M_1 = f_c \cdot b \cdot x\left(h_0 - \frac{x}{2}\right)$$

用 25 锰硅钢筋 $f_y = 340\text{N/mm}^2$

$$1.7 \times 154846 = 19.5x\left(406 - \frac{x}{2}\right)$$

$$x^2 - 812x + 26999 = 0$$

$$x = \frac{812 \pm \sqrt{812^2 - 4 \times 26999}}{2 \times 1}$$

$$x = 35\text{mm}$$

每米宽钢筋面积：

$$A_y = \frac{35 \times 1000 \times 19.5}{340} = 2007\text{mm}^2$$

采用 6 Φ 22，　　$A_y = 380.1 \times 6 = 2281\text{mm}^2$

切向需钢筋断面：

$$\gamma \cdot M_2 = f_c \cdot b \cdot x \left(h_0 - \frac{x}{2} \right)$$

$$1.7 \times 192034 = 19.5x \left(406 - \frac{x}{2} \right)$$

$$x^2 - 812x + 33483 = 0$$

$$x = \frac{812 \pm \sqrt{812^2 - 4 \times 33483}}{2 \times 1}$$

$$x = 44\text{mm}$$

每米宽钢筋面积：

$$A_y = \frac{44 \times 1000 \times 19.5}{340} = 2524\text{mm}^2$$

采用 7 Φ 22，$A_y = 7 \times 380.1 = 2661\text{mm}^2$

壳顶浅碟效应计算中安全系数取 1.7，似偏小，建议取 1.9，由于计算采用实际工程复核的安全系数值，故未作更改。

（八）井壁底浮起验算（计算从略）

回转体体积：

$$V_{壳} = \frac{2}{3} \pi (R_1^2 h_{外} - R_2^2 h_{内})$$

筒体部分体积：

$$V_{筒} = \pi (R_1^2 - R_2^2) h$$

排开泥浆体积：

$$V_{泥} = \pi R_1^2 \cdot h + \frac{2}{3} R_1^2 \cdot h \pi$$

平衡条件：

$$V_{壳} \cdot \gamma_{泥} + V_{筒} \cdot \gamma_{泥} < V_{泥} \gamma_{泥}$$

式中　$h_{内}$、$h_{外}$——球壳高度；

　　　　　h——筒体高度；

　　　　　$\gamma_{泥}$——泥浆密度。

附：扁椭球壳结构计算见图 4—5—48 及表 4—5—9。

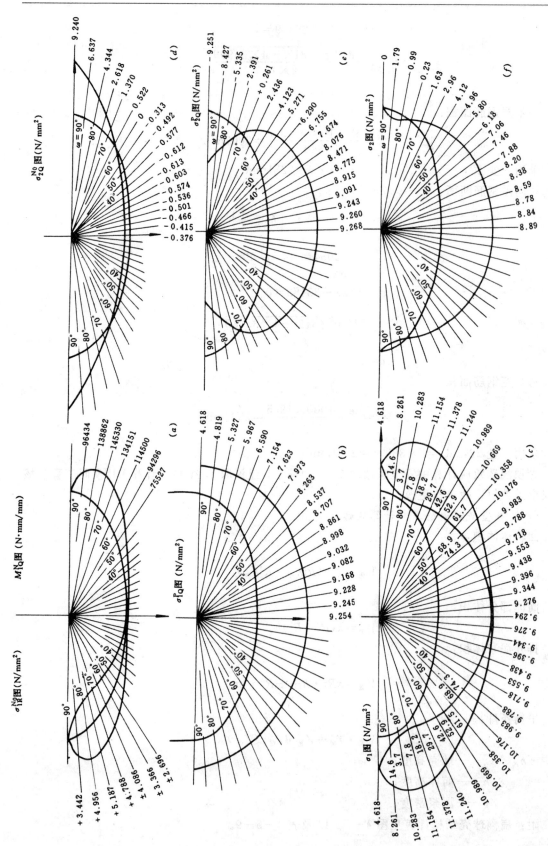

图 4—5—48 壳体内力图

表 4—5—9 扁 椭 球 壳 结 构 计 算

ω	$\tan\omega$	$\alpha=\tan^{-1}\left(\frac{1}{2}\tan\omega\right)$	$\sin\alpha$	$r=a\sin\alpha$	$\cos\alpha$	$Z=b\cos\alpha$	$\cot\phi=\frac{4Z}{r}$	ϕ	$\sin\phi$	$r_2=\frac{r}{\sin\phi}$	$E_{90}-E_\alpha$ $(E_{90}=1.211)$	$S=a(E_{90}-E_\alpha)$	ΔS	$\sqrt{r_2}$	$\frac{\Delta S}{\sqrt{r_2}}$	$\sum\frac{\Delta S}{\sqrt{r_2}}$	$\beta=A\sum\frac{\Delta S}{\sqrt{r_2}}$	$e^{-\beta}$	$\sin\beta$
90°	0	90°	1.000	2705	0	0	0	90°	1	2705	0	0	0	52.0	0	0	0	1.000	0
85°	11.4300	80°5′	0.985	2665	0.172	233	0.349	70°46′	0.944	2865	0.088	238	238	53.1	4.482	4.482	0.288	0.749	0.284
80°	5.6713	70°35′	0.943	2550	0.332	449	0.705	54°49′	0.817	3120	0.180	487	249	55.9	4.454	8.936	0.577	0.561	0.546
75°	3.7321	61°49′	0.881	2385	0.472	638	1.070	43°04′	0.683	3495	0.273	738	251	59.1	4.247	13.183	0.846	0.428	0.749
70°	2.7475	53°57′	0.809	2185	0.589	796	1.458	34°27′	0.566	3860	0.366	989	251	62.1	4.042	17.225	1.106	0.331	0.894
65°	2.1445	47°0′	0.731	1978	0.682	922	1.866	28°11′	0.472	4190	0.456	1233	244	64.7	3.771	20.996	1.350	0.259	0.976
60°	1.7321	40°54′	0.655	1771	0.756	1023	2.310	23°24′	0.397	4465	0.540	1462	229	66.8	3.428	24.424	1.570	0.208	1.000
55°	1.4281	35°32′	0.581	1570	0.814	1100	2.802	19°38′	0.336	4670	0.620	1676	214	68.3	3.133	27.557	1.770	0.170	0.980
50°	1.1918	30°47′	0.512	1385	0.859	1161	3.355	16°36′	0.286	4840	0.695	1879	203	69.6	2.917	30.474	1.960	0.140	0.925
45°	1.0000	26°34′	0.447	1290	0.894	1209	3.750	14°56′	0.258	5000	0.762	2060	181	70.7	2560	33.034	2.125	0.119	0.851
40°	0.8391	22°47′	0.387	1047	0.922	1247	4.770	11°50′	0.205	5100	0.821	2220	160	71.4	2.241	35.275	2.270	0.103	0.766
35°	0.7002	19°18′	0.331	893	0.944	1277	5.720	9°55′	0.172	5190	0.881	2380	160	72.0	2.222	37.497	2.410	0.090	0.668
30°	0.5774	16°06′	0.277	749	0.961	1300	6.950	8°11′	0.142	5270	0.933	2528	148	72.6	2.039	39.536	2.543	0.079	0.563
25°	0.4663	13°08′	0.227	614	0.974	1318	8.590	6°38′	0.116	5290	0.986	2665	137	72.7	1.884	41.420	2.664	0.070	0.460
20°	0.3640	10°19′	0.179	484	0.984	1330	10.990	5°12′	0.091	5320	1.037	2795	130	72.9	1.783	43.203	2.779	0.062	0.354
15°	0.2679	7°38′	0.133	360	0.991	1340	14.890	3°51′	0.067	5370	1.081	2918	123	73.3	1.678	44.881	2.887	0.056	0.252
10°	0.1763	5°02′	0.088	238	0.996	1348	22.700	2°31′	0.044	5405	1.125	3040	122	73.5	1.660	46.541	2.994	0.051	0.141
5°	0.0875	2°30′	0.044	119	0.999	1351	45.400	1°16′	0.022	5415	1.168	3162	122	73.6	1.658	48.199	3.0989	0.045	0.043
0°	0	0	0	0	1	1353	2	0	0	5420	1.211	3280	118	73.6	1.603	49.802	3.202	0.041	0.060

续表

ω	$M_{1Q}^{N0} = Dq \cdot e^{-\beta}\sin\beta$	$\sigma_{1Q}^{N0} = \frac{6M_{1Q}^{N0}}{h^2}$	$\cos\beta$	$\sigma_{2Q}^{N0} = Ge^{-\beta}\cos\beta$	$\sigma_{1Q}^{P} = \frac{Pr_2}{2h}$	$\sigma_1 = \sigma_{1Q}^{N0} + \sigma_{1Q}^{P}$	$\sin^2\phi$	$a^2\sin^2\phi$	$\cos^2\phi$	$b^2\cos^2\phi$	$H = (a^2\sin^2\phi + b^2)\times\cos^2\phi$	$[H]^{3/2}$	a^2b^2	$r_1 = \frac{a^2b^2}{[H]^{3/2}}$	$\frac{r_2}{r_1}$	$\sigma_{2Q}^{P} = \frac{Pr_2}{2h}(2 - \frac{r_2}{r_1})$	$\sigma_2 = \sigma_{2Q}^{N0} + \sigma_{2Q}^{P}$
90°	0	0	1.000	9.240	4.618	4.618	1.000	73330000	0	0	7330000	1985×10^7	1340×10^{10}	676	4.00	$-0.00171\times2765\\ \times2 = 9.251$	0
85°	96434	±3.442	0.959	6.637	4.819	8.261	0.891	6530000	0.108	198000	6728000	1743×10^7	1340×10^{10}	770	3.72	$-0.00171\times2865\\ \times1.72 = -8.427$	-1.79
80°	138862	±4.956	0.838	4.344	5.327	10.283	0.667	4890000	0.332	608500	5498500	1290×10^7	1340×10^{10}	1040	3.00	$-0.00171\times3120\\ \times1 = -5.335$	-0.99
75°	145330	±5.187	0.662	2.618	5.967	11.154	0.466	3420000	0.535	981000	4401000	924×10^7	1340×10^{10}	14530	2.40	$-0.00171\times3495\\ \times0.4 = -2.391$	0.23
70°	134151	±4.788	0.448	1.370	6.590	11.378	0.321	2355000	0.680	1244000	3599000	682×10^7	1340×10^{10}	1970	1.96	$0.00171\times3860\\ \times0.04 = 0.264$	1.63
65°	114500	±4.086	0.218	0.522	7.154	11.240	0.223	1634000	0.776	1420000	3054000	533×10^7	1340×10^{10}	2520	1.66	$0.00171\times4190\\ \times0.34 = 2.436$	2.96
60°	94296	±3.366	0	0	7.623	10.989	0.156	1142000	0.843	1542000	2684000	440×10^7	1340×10^{10}	3050	1.46	$0.00171\times4465\\ \times0.54 = 4.123$	4.12
55°	75527	±2.696	-0.199	-0.313	7.973	10.669	0.113	830000	0.887	1623000	2453000	384×10^7	1340×10^{10}	3490	1.34	$0.00171\times4670\\ \times0.66 = 5.271$	4.96
50°	58708	±2.095	-0.380	-0.492	8.263	10.358	0.082	601000	0.918	1680000	2281000	344×10^7	1340×10^{10}	3900	1.24	$0.00171\times4840\\ \times0.76 = 6.290$	5.80
45°	45910	±1.639	-0.525	-0.577	8.537	10.176	0.067	491000	0.933	1708000	2199000	326×10^7	1340×10^{10}	4120	1.21	$0.00171\times5000\\ \times0.79 = 6.755$	6.18
40°	35768	±1.276	-0.643	-0.612	8.707	9.983	0.042	308000	0.958	1753000	2061000	295×10^7	1340×10^{10}	4550	1.12	$0.00171\times5100\\ \times0.88 = 7.674$	7.06
35°	27255	±0.927	-0.737	-0.613	8.861	9.788	0.030	220000	0.970	1775000	1995000	281×10^7	1340×10^{10}	4780	1.09	$0.00171\times5190\\ \times0.91 = 8.076$	7.46
30°	20163	±0.720	-0.826	-0.603	8.998	9.718	0.020	146500	0.980	1793000	1939500	270×10^7	1340×10^{10}	4970	1.06	$0.00171\times5270\\ \times0.94 = 8.471$	7.88
25°	14598	±0.521	-0.888	-0.574	9.032	9.553	0.013	95400	0.985	1803000	1898400	262×10^7	1340×10^{10}	5120	1.03	$0.00171\times5290\\ \times0.97 = 8.775$	8.20
20°	9950	±0.355	-0.935	-0.536	9.083	9.438	0.008	58600	0.991	1813000	1871600	256×10^7	1340×10^{10}	5240	1.02	$0.00171\times5320\\ \times0.98 = 8.915$	8.38
15°	6400	±0.228	-0.968	-0.501	9.168	9.396	0.004	29300	0.995	1821000	1850300	251×10^7	1340×10^{10}	5350	1.01	$0.00171\times5370\\ \times0.99 = 9.091$	8.59
10°	3260	±0.116	-0.989	-0.466	9.228	9.344	0.002	14700	0.998	1825000	1839700	249×10^7	1340×10^{10}	5390	1.00	$0.00171\times5405\\ \times1 = 9.243$	8.78
5°	877	±0.031	-0.999	-0.415	9.245	9.276	0.001	7300	1.000	1830000	1837300	248×10^7	1340×10^{10}	5410	1.00	$0.00171\times5415\\ \times1 = 9.260$	8.84
0°	-1115	∓0.040	-1.000	-0.379	9.254	9.294	0.000	0	1.000	1831000	1831000	248×10^7	1340×10^{10}	5420	1.00	$0.00171\times5420\\ \times1 = 9.268$	8.89

第六节　使用小型钻机时的井壁结构形式

一、钻井机类型

（一）国内小型钻机

随着钻井技术的不断发展和乡镇地方小煤矿的兴建,小型钻机在小直径井筒施工中得到了应用。国内研制的 ZDS－35 型钻井机是在西德 L－40/800 型和国产 As－9/500 型钻井机的基础上改进设计而成。该型钻井机具有体积小、重量轻、运输方便、机械使用可靠性高等优点。

该型钻井机采用全液压操作控制,能作恒转速、恒钻压、恒钻速钻进,调速、调压方便,操作简单,能最大限度地减轻工人的劳动强度,减少劳动力的投入。

钻井机泥浆采用外供风式压气反循环提升,排浆量大,可达 500m³/h,排碴能力强。排出岩碴粒可达 150mm。减少了岩屑的重复破碎及造浆量,采用减压钻进钻孔垂直度高。

ZDS－35 型钻井机性能主要参数见表 4－5－10。

表 4－5－10　ZDS－35 型钻井机技术特征表

技 术 特 征		单 位	主 要 参 数
钻孔直径	超 前	m	D2.2
	一级扩孔	m	D3.5
	二级扩孔	m	D4.5
钻孔深度		m	200
转 盘			四液压马达驱动,扭矩 35kN·m 转速 5～22 r/min
主提升能力		kN	500
副提升能力		kN	50
外供风式压气　反循环提升排浆量		m³/h	500
主电机功率		kW	2×30
整机总功率		kW	75
钻 杆			φ245×10 钻杆、长度有 3m、4m 两种,采用螺栓法兰盘联接
外形尺寸		m	2.34×5.8×10.5
整机重量		kN	150（不包括钻头、钻杆）
配套设备			6m³ 空压机一台

1995年6月，ZDS—35型钻井机成功地完成了安徽省肖县许岗煤矿风井的钻进任务。该井筒深度100m，净直径2.0m，穿过地层表土厚38.0m，岩层厚62.0m，岩层抗压强度大多在80N/mm²左右，岩层倾角为65°～70°，钻孔的超前孔直径为1.5m，扩孔2.7m二级完成，钻孔偏斜率为0.95％。

（二）国外小型钻机

小直径井筒由于难于布置必要的有效的凿井设备，因此，采用钻井法施工较为优越。国外使用的小型钻机主要技术特征见表4—5—11。

表4—5—11　国外小型钻井机技术特征表

前 国 苏 名 联	单 位		美 国	波 兰	德 国	
钻机型号	"德拉瓦"潜入式	德利尔	DUW—GIG	L—15	УКБ—3.6	РТБ
钻井直径（m）	0.9～3.6	3.05	2.8	2～4	3.6	1.0～3.6
钻井深度（m）	150	1680	200	300～600	500	1000
钻进方式	全断面	全断面	多次扩孔	全断面	取岩芯	全断面
钻头直径（m）	0.9～3.6	3.05	2.8	2～4	岩芯φ3.04	1.0～3.6
大钩提吊能力（kN）	7500	3000	1600	2500	1300～2000	
绞车功率（kW）		640			350	
复滑车组（游车×天车）		6×6		5×6	6×7	
钻塔高度（m）		43.3		18.78	38	
转盘扭矩（kN·m）		550		120	200	25
转盘功率（kW）		640			350	350
钻杆直径（mm）	550	340	244	355.6	325	300
钻杆接头形式		锥螺纹		法兰螺栓	锥螺纹	
钻机功率（kW）	110～220	5960	955.5	184	1050	2660～5500
钻机重量（kN）				2500	6720	2000
钻机类型		地面动力转盘型		地面动力转盘型	地面动力转盘型	反作用涡轮型
备 注	占地6亩	偏斜0.3m	1966～1968年研制	维尔特公司1972年研制、液压驱动移动式钻塔	1956年研制	1959年研制

二、井壁结构形式

国内外小型钻井井壁结构形式主要有预制钢筋混凝土井壁和钢板圆筒井壁两种，钢板圆筒井壁外圈设有肋筋。

第六章　立井沉井法结构设计

第一节　概　　述

沉井法是在不稳定含水地层中开凿井筒的一种特殊施工方法。我国自 1952 年到 1994 年底，应用沉法施工的井筒已约有 160 个之多。沉井累计深度超过 5.0km，在采用各种特殊方法施工的井筒中居第二位。我国煤矿建井先后采用了各种不同特色的沉井方法约有 10 种，一次下沉深度已达 192.75m，沉井偏斜率仅 0.69%。由于沉井法具有工艺简单、需用的设备少、施工准备容易、成本较低和劳动条件好等优点，因此，在煤矿、铁道、城建和海港等工程建设中获得了较为广泛的应用。

我国煤矿沉井的发展，大致可划分两个阶段。第一阶段是 20 世纪 50 年代初至 20 世纪 60 年代末所建设的沉井。在将近 20 年中，从初期采用普通料石沉井法开始，逐步发展出多级沉井、载重沉井、震动沉井等多种形式。当时已成为新汶、徐州、淮北等矿区主要过表土的一种特殊凿井手段。该阶段的主要特点是：不用淹水沉井；人工挖凿，吊桶提升；靠增加井壁的自重克服摩擦阻力；沉井深度一般不超过 40m。

第二阶段是自 20 世纪 70 年代初至 1994 年，以 1969 年山东黄县洼里煤矿副井首次试用触变泥浆淹水沉井成功为起点，创造了泥浆护壁、淹水沉井、水枪破土、压气提升等新工艺，使沉井技术逐步日臻完善。1975 年煤炭工业部在徐州大刘庄组织编制了"触变泥浆淹水沉井施工十项经验"，又于 1977 年在山东金乡召开了全国沉井技术经验交流会，在总结交流蔡园煤矿副井沉井下沉深度突破百米经验的基础上，对上述十项经验作了修改和充实。1981 年济宁矿区单家村煤矿主井应用触变泥浆淹水沉井技术，创造了下沉深度 192.75m 的全国纪录。该沉井法在济宁、黄县、苏南、腾南等矿区已广为应用，并推广到东北、内蒙及其它地区。

这一阶段沉井技术的主要特点是：为了解决摩擦阻力，加大下沉深度，从而发展了触变泥浆淹水沉井，同时，还出现了气囊沉井、冻结沉井和卵石护壁沉井等，使沉井深度大大加深。淹水沉井可使井筒内外的水土压力保持平衡，能有效地防止涌砂冒泥及地表塌陷；由于采用了水枪破土，压气提升，工人无须下井；井壁的制作是在地面井口接长砌筑的，因而可采用钢筋混凝土整体现浇井壁来代替以往的砖石井壁，使井壁的质量得以改善。

沉井技术曾在我国华东、华北地区表土层的立井开凿中发挥了重要作用。

沉井法在国内外的其它地下工程中，也得到了广泛的应用。如日本的三井矿业公司开发海底煤田时，曾用壁后气囊沉井法成功地建造了 4 个井筒。日铁矿业公司有明三井的沉井下沉深度达 200.3m，偏斜小于 1%。匈牙利的布达佩斯、瑞典的斯德哥尔摩、以及前苏联等地的地铁工程，都曾大量的采用触变泥浆淹水沉井法施工。我国上海在黄浦江引水工程、越江隧道、高层建筑基础和其它工程中，也多有应用。另外，80 年代后期至 90 年代初，我国在内蒙古海勃湾等地的煤矿建设中，还运用这种方法连续施工了多个斜井。

一、沉井法分类

沉井法通常分为两大类，即不淹水沉井和淹水沉井。

（一）不淹水沉井

以往煤矿使用的不淹水沉井有普通沉井、壁后河卵石沉井、震动沉井、多级沉井、冻结沉井和壁后泥浆沉井等。

（二）淹水沉井

淹水沉井是在井筒内灌满水的情况下进行作业的，可使井内外的水土压力保持平衡，施工安全。

按减小侧面阻力所采用的方法不同，淹水沉井又可分为壁后泥浆淹水沉井和壁后压气淹水沉井。

二、沉井法的适用条件

目前已采用过的沉井法，其分类特征及适用条件参见表 4-6-1。

表 4-6-1　沉井法的分类特征及适用条件

类　别		方　法　特　征	适　用　条　件	优　　点	缺　　点
不淹水沉井	普通沉井	井筒内不灌水，一般用人工掘进，吊桶提升，水泵排水，自重下沉；沉井壁后不放置减少侧面摩擦阻力的介质	1. 井筒涌水量<30m³/h，且无承压水； 2. 沉井穿过流砂层的厚度一般<1m左右，且无细粉砂层； 3. 沉井深度一般<30m左右	1. 需用设备极为简单； 2. 工艺简便，易于操作； 3. 准备期短，易开工； 4. 工期短，成本低； 5. 井壁质量好	1. 适用条件受限制； 2. 因井内不灌水，井内外压力不平衡，容易引起涌砂冒泥，地面塌陷，安全性较差
	壁后泥浆沉井	井筒内不灌水，一般用人工掘进，吊桶提升，水泵排水，自重下沉；沉井壁后设环形空间并灌注触变泥浆，以减少侧面摩擦阻力	1. 井筒涌水量<30m³/h，且无承压水； 2. 沉井穿过流砂层厚度<1m左右，且无细砂层； 3. 沉井深度一般<50m左右		
	壁后河卵石沉井	井筒内不灌水，一般用人工掘进，吊桶提升，水泵排水，自重下沉；沉井壁后放置河卵石（粒径10～30mm），以便滤水和减少侧面阻力	1. 井筒涌水量<100m³/h且无承压水； 2. 沉井穿过流砂层厚度<1m左右，且无饱和细粉砂层； 3. 沉井深度<40m左右		

续表

类　别		方　法　特　征	适　用　条　件	优　　点	缺　　点
不淹水沉井	震动沉井	震动机通过联结盘和预制的长段钢筋混凝土井壁联成一整体的震动体系，在震动机的震动力作用下，使沉井井壁周围土壤产生液化现象，从而减少了侧面阻力，加大下沉速度，在砂层破土用喷射泵或吸泥机，粘土层用人工开挖	1. 井筒涌水量＜100m³/h 且无承压水； 2. 井筒穿过流砂层厚度不限； 3. 沉井穿过砾卵石层或砂姜层等硬土层时不适用； 4. 沉井深度以往没有超过 41.3m	1. 井壁较薄且在地面整体预制质量好； 2. 下沉速度快； 3. 成本较低	1. 适用条件与下沉深度受限制； 2. 需用大型震动机，井壁强度要求高，耗钢材多； 3. 易涌砂冒泥
淹水沉井	壁后泥浆淹水沉井	井筒内灌满水，一般用水枪掘进压气排渣，自重下沉，利用预先作好的套井，来防止和纠正沉井的偏斜；沉井壁后环形空间灌注触变泥浆减少侧面阻力	1. 井筒涌水量和沉井穿过流砂层厚度不限； 2. 沉井深度较深（目前我国记录已达 180m）； 3. 沉井穿过砂姜、钙结核、密实粘土层或砾卵石层时需要提高水枪压力或辅以抓斗取石	1. 需用设备少，易开工； 2. 工艺简单； 3. 工人不下井，作业安全； 4. 成本较低； 5. 井壁质量较好	1. 沉井不易准确掌握掘进部位； 2. 目前沉井通过厚的砂姜层，钙结核硬粘土层时，掘进较困难，效率不高； 3. 井筒偏斜及纠偏有待进一步解决； 4. 井壁一般较厚； 5. 泥浆护壁的可靠性以及如何恢复井壁与土层的固结力有待改进，而壁后压气沉井需高压空气压缩机
	壁后压气淹水沉井	井筒内灌满水，一般用抓斗或磨盘钻机掘进，压气排渣自重下沉，利用预先作好的套井来防止和纠正沉井的偏斜；通过预埋在井壁内的竖、环形管道与壁后气龛连接，施放压气在沉井外壁周围形成气布，从而减少侧面摩擦阻力	1. 沉井井筒涌水量和穿过流砂层厚度不受限制； 2. 沉井深度较深（日本已达 200.3m）； 3. 沉井穿过砾、卵石层时，需要辅以抓斗取石	1. 钻机破土效果较好； 2. 壁后压气系统机动灵活，易控制，可靠性高； 3. 劳动条件好，作业安全； 4. 井壁与土层的固结力容易恢复	

三、国内煤矿沉井技术特征

国内煤矿沉井法施工技术特征参见表 4—6—2。

表4-6-2　中国煤矿沉井法施工技术特征表

沉井类别	序号	矿井名称	沉井特征				偏斜(%)	成本(元/m)	起止时间 年·月~年·月	备注
			井筒设计内径(m)	沉井内径(m)	壁厚(m)	下沉深度(m)				
(一)普通沉井	1	新汶孔村矿砼砂井	5.0	5.0	0.5	10.4		1887	1952.12	缸砖井壁
	2	新汶张庄矿一号砂井	5.0	6.0	0.5	15.00			1954	缸砖井壁
	3	新汶张庄矿二号砂井	6.0	6.0	0.5	22.3		3962	1954.4~1954.12	缸砖井壁
	4	新汶禹村矿二号主井	4.0	4.5	0.86	12.2		2730	1956.11~1956.12	缸砖井壁
	5	新汶禹村矿二号副井	4.5	5.1	0.5	11.7		2820	1956.12~1957.3	缸砖井壁
	6	徐州庞庄矿风井	3.5	4.1	0.65	12.0	2.6		1957.11~1958.2	料石井壁
	7	徐州邳牛山矿主井	4.5	6.4		19.5				料石井壁
	8	徐州邳牛山矿副井	5.0	6.1	0.65	17.2	2.43		1958	料石井壁
	9	徐州邳牛山矿风井	3.0	4.8	0.65	16.7	1.2		1958	料石井壁
	10	徐州董庄矿主井		5.0	0.65	15.1				料石井壁
	11	徐州董庄矿副井		6.6	0.65	12.6				料石井壁
	12	徐州新河矿主井		4.0	0.65	17.8			1959	料石井壁
	13	徐州王庄矿主井	3.5	3.6	0.4	10.0				料石井壁
	14	徐州王门矿主井	3.0	3.6	0.6	16.0			1959	料石井壁
	15	徐州王门矿副井	3.0	3.5	0.6	15.4			1959	料石井壁
	16	徐州王庄副井	3.0	4.7	0.4	9.6			1960	料石井壁
	17	徐州小柳矿主井	4.0	4.0	0.4	16.2			1960	料石井壁
	18	徐州小柳矿副井	3.5	4.0	0.4	15.8			1960	料石井壁
	19	徐州大黄山矿西二风井	3.0	4.0	0.4	12.3		2800	1962.4~1962.5	料石井壁
	20	徐州大黄山矿西三风井	3.0	4.0	0.4	13.0		2700	1963.4~1963.6	料石井壁
	21	徐州大黄山矿西四风井	3.0	4.0	0.4	12.5		2750	1963.10~1963.11	料石井壁

续表

沉井类别	序号	矿井名称	沉井特征				偏斜 (%)	成本 (元/m)	起止时间 年.月~年.月	备注
			井筒设计内径 (m)	沉井内径 (m)	壁厚 (m)	下沉深度 (m)				
	22	徐州桃园矿主井		4.7	0.65	16.4				料石井壁
	23	徐州洼里矿一号风井	4.0	4.5	0.5	28.0	4.0	8000	1969.8~1969.12	料石井壁
	24	徐州旗山矿西二风井	3.0	4.0	0.4	9.0		2910	1963.12~1964.12	料石井壁
	25	徐州张小楼矿副井	6.0	7.0	0.8	19.0		5600	1970.6~1970.12	
	26	徐州张小楼矿风井	3.0	4.0	0.6	18.0		4200	1970.1~1970.4	
	27	徐州马庄矿主井	5.0	5.5		15.1				料石井壁
	28	徐州马庄矿南风井	3.5	4.0	0.6	27.0		1933	1970.6~1970.9	
	29	徐州马庄矿南副井	4.5	5.0	0.65	34.0		4100	1970.12~1971.5	
	30	睢宁童庄矿副井	4.5	5.5	0.8	30.0		4621	1970.8~1970.10	
	31	睢宁童庄矿主井	5.0	6.0	0.8	30.8		3803	1971.1~1971.3	
	32	睢宁童庄矿风井	3.5	4.0	0.5	31.0		3902	1971.4~1971.6	
(一) 普通沉井	33	大兴副井		5.5	1.0	32.0	1.5		1971.11	
	34	盐城东风井	4.5	5.0	0.6	25.4		1731	1970.12~1971.5	
	35	大兴主井		5.4	1.0	25.0	0.4		1972.4	
	36	大兴风井		4.3	1.2	32.0	0.8		1972.4	
	37	灌云湖里矿主井		5.4	1.0	28.0	0.8		1973.5	
	38	徐州陈楼矿主井	5.0	5.5	0.5	34.0	1.0	7173	1973.9~1973.12	
	39	徐州陈楼矿副井	4.5	5.0	0.5	33.0	2.0	11205	1974.1~1974.12	
	40	徐州大吴矿主井	5.0	6.0	0.6	32.0		3634	1977.3~1977.6	
	41	徐州旗山矿新副井	6.0		0.8	13.0		8500	1977.11~1977.12	
	42	徐州鹿庄矿风井	5.0	9.4	0.8	8.0		6200	1980.4~1980.5	

续表

沉井类别	序号	矿井名称	井筒设计内径(m)	沉井特征 沉井内径(m)	壁厚(m)	下沉深度(m)	偏斜(%)	成本(元/m)	起止时间 年.月~年.月	备注
(一)普通沉井	43	安徽永固矿主井		5.4	1.0	31.0	0.8		1987.3~1987.6	
	44	安徽永固矿风井		4.3	1.0	31.0	0.8		1987.4	
(二)多级沉井	1	徐州庞庄矿主井	4.5	一级6.5		12.8	0.27			下沉总深度 20.38m
				二级6.0		3.0	3.51			
				三级4.6		4.8	3.72			
	2	徐州庞庄矿副井	5.0	一级5.8		16.0	0.03			下沉深度 18.60m
				二级5.1		2.6	1.15			
	3	徐州东城矿主井	5.0	一级6.5		12.0	2.54			下沉总深度 16.14m
				二级5.2		4.1	3.38			
(三)载重沉井	1	林西煤矿新庄孜风井				30.1			1977	
	2	山东李店山矿试验立井		4.0	1.0	40.6			1960.7~1961.7	
(四)震动沉井	1	淮北烈山矿风井	2.5	2.8	0.15	41.3	1.42	3750	1958	钢筋混凝土井壁
	2	淮北张大庄矿主井	4.5	4.75	0.18	36.0	0.15	3200		钢筋混凝土井壁
	3	淮北朱庄矿主井	4.5	4.75	0.18		0.14	3400		钢筋混凝土井壁
	4	淮北朱庄矿风井	3.5	3.8	0.18	23.5	0.5	3100		钢筋混凝土井壁
	5	淮北相城矿主井	4.5	4.75	0.18	10.9	1.75			钢筋混凝土井壁
	6	淮北相城矿风井	3.5	3.8	0.18	8.8	3.6			钢筋混凝土井壁
	7	淮北杨庄矿西风井	2.5	2.8	0.17	41.1				钢筋混凝土井壁
	8	淮北杨庄矿东风井	2.5	2.8	0.17	31.8	2.4			奎二次井壁
	9	淮北朱庄矿副井	4.5	4.75	0.18	21.0	0.8			奎二次井壁

续表

沉井类别	序号	矿井名称	沉井特征					成本 (元/m)	起止时间 年.月~年.月	备 注
			井筒设计内径 (m)	沉井内径 (m)	壁厚 (m)	下沉深度 (m)	偏斜 (%)			
（四）震动沉井	10	淮北岱河矿主井	5.0	5.5	0.18	35.4				奎三次井壁
	11	淮北岱河矿风井	3.5	3.8	0.18	33.5				奎三次井壁
	12	淮北张大庄矿副井	4.0	4.4	0.2	36.2				冻结处理
	13	淮北沈庄矿主井	4.0	4.2	0.15	38.0				冻结处理
	14	淮北岱河矿副井	5.0	5.5	0.18	32.7				冻结处理
	15	淮北袁庄矿主井	4.5	4.8	0.18	34.5				冻结处理
	16	淮北马庄矿主井	4.5	4.75	0.18	30.0				冻结处理
	17	淮北马庄矿副井	4.5	4.75	0.18	32.6				冻结处理
	18	淮北马庄矿风井	3.5	3.8	0.18	39.1				冻结处理
	19	淮北皇后窑矿副井	5.5	5.5	0.18	32.7				
（五）卵石护壁沉井	1	临沂东高都矿主井	3.0	3.6	0.7	16.0		3590	1975.4~1975.5	
	2	临沂东高都矿风井	3.0	3.6	0.7	23.0	0.52	4000	1975.5~1975.6	
	3	临沂东高都矿砂井	2.0	2.6	0.77	23.0		3500	1975.7~1975.8	
	4	吉林梅河三井	3.0	4.0	0.7	32.7	1.5	2800	1976.1~1976.2	
	5	山东肥城向阳矿主井	4.0	4.5	0.7	20.5	1.6	5660	1977.6~1977.8	
	6	东平砂庄煤矿风井	3.0	3.5	0.7	46.9	2.8	4825	1976.6~1977.3	改淹水沉井
	7	山东龙江七星四井风井	3.5	4.5	0.4	20.0			1977	
	8	黄县佳里矿主井	4.5	4.8	0.5	28.3	0.1	6036	1980.3~1980.12	
	9	济宁岱庄矿主井	4.5	5.6	0.7	37.0	0.5	6199	1976.6~1976.10	改淹水沉井
	10	济宁鱼台矿主井		5.6	0.7	37.0	0.5			
（六）壁后泥浆沉井	1	东庞煤矿北风井	4.5	5.2	1.0	83.1	0.38		1974.12~1975.6	

续表

沉井特征

沉井类别	序号	矿井名称	井筒设计内径 (m)	沉井内径 (m)	壁厚 (m)	下沉深度 (m)	偏斜 (%)	成本 (元/m)	起止时间 年.月~年.月	备注
(六)壁后泥浆沉井	2	苏南白泥厂煤矿主井	5.0	6.5	1.0	55.5	0.43	5836	1978.10~1979.1	
	3	苏南白泥厂煤矿副井	5.0	6.5	1.0	56.0	0.60		1978.12~1979.4	
	4	泰安伏山煤矿风井	3.0	4.0	1.0	36.0	0.40	3400	1977.10~1977.12	
	5	泰安伏山煤矿主井	4.0	5.0	1.0	37.0	0.50	3700	1977.12~1978.4	
	6	济宁鱼台矿副井	5.0	5.6	0.7	37.2	0.5			
	7	济宁嘉祥矿主井	4.5	5.6	0.7	42.2	1.4			
	8	济宁嘉祥矿副井	4.5	5.6	0.7	43.0	1.2			
	9	临沂褚墩矿风井	4.0	4.5	0.4	9.0	0.1	1965	1977.10	
	10	临沂褚墩矿主井	4.5	5.0	0.4	9.0	0.1	2398	1978.5	
	11	临沂塘崖矿主井	4.5	5.0	0.4	19.0	0.1	5056	1980.5	
	12	辽宁大桥煤矿副井	6.0	6.65	0.85	60.6	1.6		1979.10~1980.3	

沉井特征

沉井类别	序号	矿井名称	井筒设计内径 (m)	沉井内径 (m)	壁厚 (m)	下沉深度 (m)	偏斜 (%)	成本 (元/m)	起止时间 年.月~年.月	套井特征 内径(m)	套井特征 壁厚(m)	套井特征 深度(m)
(七)冻结沉井	1	徐州桃园煤矿风井	3.5	4.0	0.4	60.0	0.3		1965.7~1965.10	5.8	0.4	10.0
(八)气囊沉井	1	徐州马坡煤矿主井	5.0	5.2~6.6	1.1~0.4	94.5	1.8		1977.9~1979.7	8.6	0.45	25.5
(九)触变泥浆灌水沉井	1	黄县洼里矿副井	3.5	4.5	0.3	28.3	1.0	4000	1969.2~1969.10	7.4	0.4	4.0
	2	大屯煤矿主井	5.0	6.0	0.8	82.0	1.3	10000	1970.12~1971.10	10.8	0.3	3.0
	3	欢城煤矿风井	3.0	3.0	0.4	38.0	1.2	3740	1970.12~1971.4	4.5	0.4	23.0
	4	黄县草泊矿主井	2.8	2.8	0.2	45.0	0.03	5100	1971.6~1971.7			
	5	黄县草泊矿风井	2.1	2.1	0.2	34.0	0.05	3900	1971.8~1971.9			

续表

沉井类别	序号	矿井名称	沉井特征 井筒设计内径 (m)	沉井内径 (m)	壁厚 (m)	下沉深度 (m)	偏斜 (%)	成本 (元/m)	起止时间 年.月~年.月	套井特征 内径 (m)	壁厚 (m)	深度 (m)
	6	无锡小张墅煤矿副井	3.5	4.5	0.8	52.9	0.98	5300	1971.2~1972.7	9.4	钢木结构	2.5
	7	无锡小张墅煤矿主井	5.0	6.0	0.8	52.6	0.67	5940	1971.5~1972.10	9.4	钢木结构	4.5
	8	欢城煤矿主井	5.0	5.8	0.6	40.0	1.25	5240	1972.10~1973.3	7.5	0.3	10.4
	9	徐州大刘庄煤矿副井	5.5	7.0	1.0	54.0	1.66	8000	1972.9~1973.4	11.1	0.3	14.5
	10	徐州大刘庄煤矿主井	5.0	6.25	1.0	63.0	0.4	6000	1973.10~1974.4	9.8	0.8	16.5
	11	江阴花山煤矿副井	4.5	5.1~6.2	1.1~0.6	48.7	0.38		1974.10~1976.3	8.8	0.5	10.0
	12	江阴花山煤矿主井	4.5	5.1~6.2	1.1~0.6	43.4	0.73		1975.7~1976.4	8.8	0.5	10.0
(九) 触变泥浆淹水沉井	13	微山生建煤矿副井	3.0	4.2	0.5	42.0	1.20	4120	1975.5~1975.8	6.2	0.5	12.0
	14	微山生建煤矿主井	5.0	5.8	0.6	40.0	1.50	4550	1975.8~1976.2	7.5	0.3	10.4
	15	淮北岱河煤矿东风井	5.0	5.0	0.6	41.3	2.50	8000	1976.1~1976.6	7.6	0.6	10.4
	16	济宁蔡园煤矿副井	5.0	6.0~6.3	0.85~1.0	103.0	0.87	4760	1976.6~1976.12	10.0	0.5	11.0
	17	济宁蔡园煤矿主井	5.0	6.0~6.4	0.8~1.0	94.5	1.0	6500	1976.10~1977.11	10.0	0.5	12.5
	18	济宁岱河煤矿副井	5.0	5.6	0.7	37.2	0.5	5026	1977.3~1977.9	8.2	0.5	7.5
	19	徐州九里山矿主井	5.0	5.4	0.8	40.0	0.7	6500	1977~1977.11	8.4	0.4	5.4
	20	徐州九里山矿副井	3.5	4.4	0.8	59.0	1.0	5000	1977.6~1978.4	7.4	0.4	6.0
	21	济宁武所屯矿主井	4.5	5.6	0.7	42.2	1.4	7600	1977.7~1977.11	8.4	0.6	7.5

续表

沉井类别	序号	矿井名称	沉井特征					成本 (元/m)	起止时间 年·月~年·月	套井特征		
			井筒设计内径 (m)	沉井内径 (m)	壁厚 (m)	下沉深度 (m)	偏斜 (%)			内径 (m)	壁厚 (m)	深度 (m)
	22	济宁武所屯矿副井	4.5	5.6	0.7	43.0	1.2	7000	1977.12~1978.3	8.2	0.5	6.5
	23	济宁单家村矿风井	5.5	6.5	1.2~1.0	180.0	0.5	7200	1978.9~1979.7	10.7	0.5	13.2
	24	济宁单家村矿主井	5.5	6.7	1.2~1.0	192.75	0.69	8200	1980.4~1981.10	10.7	0.5	19.4
	25	济宁落陵煤矿风井	4.0	5.2	0.9	46.0	1.52	6995	1978.2~1978.12	10.5	0.5	8.5
	26	黄县洼东矿主井	5.0	5.5	0.7	32.0	0.2	7350	1978.9~1979.11			
(九)触变泥浆淹水沉井	27	黄县洼东矿风井	3.0	3.4	0.7	28.0	0.2	5730	1979.4~1979.7			
	28	黄县洼里矿二号风井	2.5	2.6	0.2	30.5	0.01	2980	1974.2~1974.5			
	29	滕南蒋庄煤矿风井	4.5	5.5	1.0	55.4	1.42		1978.9~1978.12	8.4	0.5	8.4
	30	东平砂庄煤矿主井	5.0	5.6	0.85	49.5	0.2	8452	1978.6~1978.12	8.6	0.4	9.2
	31	徐州王庄煤矿西风井	3.5	4.0	1.0	60.0	2.0	10750	1980.2~1980.10	7.6	0.4	10.0
	32	灌云煤矿主井	4.0	5.0	1.0	32.0	1.0		1973.11~1974.5	8.6	0.4	5.0
	33	浙江南臭桥煤矿主井	5.0	6.5	1.0	55.5	2.05		1976	8.5	0.5	10.5
	34	浙江南臭桥煤矿副井	5.0	6.5	1.0	40.0			1978	8.5	0.5	10.5
(封底法沉井)	35	林西新庄子矿风井	5.0	5.5	0.5	30.1	2.2		1977.9~1978.2	8.0	0.5	10.0

第二节　沉井井壁结构设计

一、设计依据及所需资料

1) 工程与水文地质资料：

(1) 沿井筒中心线的预测地质剖面；

(2) 井筒穿过的含水层（组）数量、含水层（组）的埋藏条件、静水位与水头压力、涌水量、渗透系数、水质、水温、含水层间以及各含水层与地表水的联系和地下水的流向；

(3) 井筒通过的岩（土）层的性质、埋藏条件和断层破碎带、老空、溶洞、裂隙的特征；

(4) 松散地层的物理力学性能试验资料；

(5) 沉井所在地区的地震资料。

2) 矿井设计所确定的井筒直径。

3) 井筒装备以及其它专业对井筒的特殊要求。

4) 矿井地面永久与临时的总平面布置，用以确定井筒周围构筑物对井筒的影响。

二、设计步骤

沉井设计一般按下述步骤进行：

1) 确定沉井下沉深度与沉井直径；

2) 根据下沉条件计算确定井壁厚度；

3) 确定沉井刃脚和井壁结构型式；

4) 进行沉井井壁与刃脚的强度计算，确定配筋规格和数量；

5) 确定套井的深度、直径与型式；

6) 确定套井刃脚（若用短段掘砌时应为基座）与锁口的形状及结构。

三、沉井井筒设计

沉井法适用于冲积层厚度小于 200m 的流砂、淤泥等含水地层。凡粒径大于 300mm 的卵石层，或卵石层单层厚度大于 8m，或风化基岩以下无隔水层时，不宜采用。

（一）沉井井筒尺寸确定

1. 沉井深度

一般要求沉井应穿过不稳定含水层进入风化基岩达到封水的目的。沉井穿过冲积层并进入不透水岩层的深度应符合下列规定：

1) 沉井的深度小于 100m，不得小于 3m；

2) 沉井的深度大于 100m，不得小于 5m；

3) 当沉井进入不透水岩层的深度小于上述规定时，必须采取封底措施。

2. 沉井直径

根据《矿山井巷工程施工及验收规范》（GBJ213—90）规定：沉井的允许偏斜率，不得大于 5‰。为了保证下沉后井筒的有效直径，沉井考虑偏斜后的直径可按下式确定：

$$d = d_1 + \Delta H \tag{4-6-1}$$

$$D = d + 2h \tag{4-6-2}$$

式中　d——沉井内直径，m；

　　　d_1——沉井有效直径，m；

　　　H——沉井深度，m；

　　　D——沉井外直径，m；

　　　h——沉井井壁厚度，m；

　　　$\triangle$——沉井的允许偏斜率，一般取 $0.3\%\sim0.5\%$，井深取下限。

3. 沉井井壁厚度

1）按强度计算确定井壁厚度。

$$h = r\left[\sqrt{\frac{f_{c}'}{f_{c}' - \gamma_{k}2p}} - 1 \right] \tag{4-6-3}$$

式中　r——沉井内半径，mm；

　　　p——地层压力，MPa；

　　　f_{c}'——材料的设计强度。若为混凝土结构，则 $f_{c}' = f_{c}$；若为钢筋混凝土结构，则 $f_{c}' = f_{c} + \mu_{min}f_{y}$，N/mm²；

　　　f_{c}——混凝土设计强度值，N/mm²；

　　　f_{y}——钢筋设计强度值，N/mm²；

　　μ_{min}——最小含钢率；

　　　γ_{k}——荷载系数，取 $\gamma_{k} = 1.4$。

2）按重率计算确定井壁厚度。

沉井自重 G 与沉井外侧面积 S 的比值称为沉井的重率。即：

$$W = \frac{G}{S} \tag{4-6-4}$$

式中　G——沉井实际自重力（不扣除浮力），kN；

　　　S——沉井外侧面积，m²；

　　　W——沉井的重率，kN/m²。

采用触变泥浆淹水沉井时，要使沉井顺利下沉，沉井的重率要超过一定值。所需的重率 $W = 20\sim26t/m^2$，一般 $W = 23t/m^2$ 左右。故井壁厚度可用下式计算确定：

$$h = \frac{w}{\gamma} \tag{4-6-5}$$

式中　γ——钢筋混凝土的重度，$\gamma = 25kN/m^3$。

3）按下沉条件验算井壁厚度（图 4-6-1）。

通过以上计算初选了井壁厚度，但还需要由下沉条件来验算井壁的厚度。强度和重率要求是沉井井壁厚度确定的充分条件，下沉验算则是沉井能否下沉的必要条件。因而，要使井壁下沉，则必须满足下列条件：

$$G \geqslant \gamma T \tag{4-6-6}$$

式中　G——沉井总重量（扣除浮力），kN；

　　　T——沉井结构受到的总摩擦阻力，kN；

　　　γ——下沉保证系数，一般取 $\gamma = 1.15$。

计算结果，若 $G \leqslant \gamma T$ 需加大壁厚，以满足 $G \geqslant \gamma T$ 的要求。

（1）沉井总重量 G 的确定。

沉井的总重量包括沉井自身重量、刃脚重量及刃脚凸台上泥浆的重量。其表达式为：

$$G = G_1 + G_2 + G_3 \tag{4-6-7}$$

式中　G_1——井壁重力，kN；

　　　G_2——刃脚重力，kN；

　　　G_3——触变泥浆重力，kN。

$$G_1 = \frac{\pi \gamma_1}{4}(D^2 - d^2)(H - H_3)$$

若为变径井筒应分别计算各段井壁重量然后相加。

$$G_2 = \frac{\pi \gamma_1}{4}(H_3 - H_4) \times \left[D_1^2 - \frac{1}{3}(d^2 + D_1^2 + dD_1) \right] + \frac{\pi \gamma_1}{4} H_4(D_1^2 - d_2^2)$$

也可以近似按下式计算：

$$G_2 = \frac{\pi \gamma_1}{8}(D_1^2 - d_2^2)(H_3 + H_4)$$

$$G_3 = \frac{\pi \gamma_2}{4}(D_1^2 - D^2)(H_2 + H_1 - x)$$

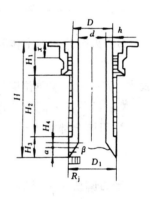

式中　γ_1——钢筋混凝土浮重度，$\gamma_1 = 15 \text{kN/m}^3$；

　　　γ_2——触变泥浆重度，$\gamma_2 = 11 \text{kN/m}^3$；

　　　H——从套井顶面至沉井刃脚底的总深度，m；

　　　H_1——套井的深度，m；

　　　H_2——沉井总深去除套井和刃脚长度后的尺寸，m；

　　　H_3——刃脚高度，m；

　　　H_4——刃脚凸台起至刃脚内缘变斜面点止的距离，m；

　　　x——套井顶面至壁后充填泥浆液面的深度，m。

（2）总摩擦阻力 T 的计算。

总摩擦阻力包括井壁外的侧面阻力、刃脚部位的侧面阻力，以及刃脚下沉井的正面阻力。其表达式为：

图 4-6-1　沉井下沉
条件计算图示

$$T = T_1 + T_2 + N \tag{4-6-8}$$

式中　T_1——井壁外侧面与触变泥浆的阻力，kN；

　　　T_2——刃脚外侧面与土层间的侧面阻力，kN；

　　　N——沉井的正面阻力，kN。

A．井壁外侧面阻力 T_1 的计算。

井壁外侧阻力的大小，要根据减阻介质的不同分别计算。其计算公式为：

$$T_1 = \pi D(H_2 + H_1 - X)F' \tag{4-6-9}$$

式中　F'——单位摩擦阻力。压气淹水沉井一般取用 10kN/m^2；壁后泥浆淹水沉井，根据沉井深度在表 4-6-3 中选用。其他符号同前。

井壁外侧摩擦阻力的另一种计算方法，即假定井壁外侧摩擦阻力为三角形分布，其底部最大单位摩擦阻力为刃脚部位单位摩擦阻力的 2/3，平均为 $F/3$。故沉井侧面摩擦阻力的计算，可用下式表达：

$$T_1 = \frac{F}{3}\pi D H_2 \qquad (4-6-10)$$

式中　F——土壤单位摩擦阻力，kN/m^2；可参见表 4-6-4 中所列参考值选取；
其他符号同前。

表 4-6-3　壁后泥浆减阻单位摩擦阻力 F' 参考值

沉 井 深 度	50m 左右	100m 左右	150m 左右
单位摩擦阻力 F'（kN/m^2）	3～5	5～8	8～10

表 4-6-4　土 壤 的 单 位 摩 擦 阻 力

土 壤 名 称	侧面摩擦阻力 F（kN/m^2）	土 壤 名 称	侧面摩擦阻力 F（kN/m^2）
粘土及粘壤土	12.5～20	砾石及粗砂	20～30
胶性粘土、砂质粘土、含砾粘土	25～50	流 砂	12～25
砂壤土及淤泥	12～25	卵 石	15～30
砂及细砂	15～25		

　　B. 刃脚外侧与土体间侧面阻力 T_2 的计算。

$$T_2 = \pi D_1 H_3 F \qquad (4-6-11)$$

式中　F——土壤单位摩擦阻力，可按表 4-6-4 选用。其它符号同前。
　　C. 沉井正面阻力的计算
　　当刃脚全部插入土层时，沉井的正面阻力为：

$$N = \frac{\pi}{4}(D^2 - d^2)R_j \qquad (4-6-12)$$

　　当刃脚切入土层的深度为 a 时，则

$$N = \pi a\tan\beta(D_1 - a\tan\beta)R_j \qquad (4-6-13)$$

式中　R_j——土壤的极限抗压强度，由实验得出。表 4-6-5 所列各类土壤的容许承载力，可
供沉井设计参考选用；
　　a——刃脚切入土层深度，一般 1～2m；
　　β——刃脚尖夹角。

表 4-6-5　各类土层容许承载力 R_j 参考值　　　　　　　　kN/m^2

类 别	名 称	密 实	中 实	稍 实
碎石类土	卵石、碎石、	700～1000	400～800	200～400
	圆砾、角砾	400～700	200～500	150～300
砂类土	砾砂、粗砂、中砂、	450	350	250
	细砂、粉砂	200～300	120～220	120～160

类　别	名　　　称		密　实		中　实		稍　实	
粘 性 土	老粘性土（上更新统及以前沉积的粘土）	含水比 承载力	0.4 700	0.5 580	0.6 500	0.7 430	0.8 380	
	一般粘性土（全更新统沉积的粘性土）	孔隙比 承载力	0.5 28～45	0.6 23～38	0.7 19～31	0.8 15～26	0.9 12～22	1.0 10～19
	沿海地区淤泥质土	原状天然含水量（％） 承载力	40 90	45 80	50 70	55 60	65 50	75 40
	湿陷性黄土	含水量（％） 承载力	13 230	16 210	19 190	22 170	25 150	28 130
	新近堆积黄土	含水比 承载力	0.4 130	0.5 120	0.6 110	0.7 100	0.8 90	0.9 75
	红粘土	含水比 承载力	0.5 350	0.55 300	0.6 260	0.65 230	0.7 210	0.8 170

（二）外荷载的确定

1. 地压值

1）按悬浮体理论计算地压。

$$P_n^{\text{上}} = [(r_1'h_1' + r_2'h_2' + \cdots + r_{n-1}'h_{n-1}')A_n + r_0H_{n-1}] \times 10^{-2} \qquad (4-16-14)$$

$$P_n^{\text{下}} = [(r_1'h_1' + r_2'h_2' + \cdots + r_n'h_n')A_n + r_0H_n] \times 10^{-2} \qquad (4-16-15)$$

式中　　$P_n^{\text{上}}$，$P_n^{\text{下}}$——计算深度某土层层上、下界面处作用于井壁单位面积上的压力，MPa；

r_1'，$r_2' \cdots r_n'$——地下水中各层土的悬浮容重，

$$r' = \frac{\Delta - r_0}{1 - e}$$

Δ——土层颗粒干密度，t/m³；

r_0——水的密度，t/m³；

e——土的孔隙比；

h_1'，$h_2' \cdots h_n'$——地下水中各土层厚度，m；

H_{n-1}，H_n——第 n 层顶、底部至地下水位的高度（水头高度），m；

A_n—— n 土层侧压力系数，$A_n = \tan^2\left(45° - \dfrac{\varphi_n}{2}\right)$，可由表 4-6-6 查得；

φ_n—— n 土层内摩擦角。可参考表 4-6-7 选用。

表 4-6-6　计算地压用的侧压力系数 $A_n = tg^2\left(45° - \dfrac{\phi_n}{2}\right)$ 值

ϕ_n	A_n	ϕ_n	A_n	ϕ_n	A_n	ϕ_n	A_n	ϕ_n	A_n	φ (°)	A_n
1	0.96	16	0.56	31	0.32	46	0.16	61	0.068	76	0.014
2	0.93	17	0.55	32	0.30	47	0.15	62	0.063	77	0.012
3	0.90	18	0.53	33	0.29	48	0.14	63	0.058	78	0.012
4	0.87	19	0.50	34	0.28	49	0.14	64	0.053	79	0.92×10^{-2}
5	0.84	20	0.49	35	0.27	50	0.13	65	0.048	80	0.77×10^{-2}
6	0.81	21	0.48	36	0.26	51	0.12	66	0.044	81	0.62×10^{-2}
7	0.78	22	0.45	37	0.25	52	0.12	67	0.040	82	0.49×10^{-2}
8	0.76	23	0.44	38	0.24	53	0.11	68	0.036	83	0.37×10^{-2}
9	0.73	24	0.42	39	0.23	54	0.10	69	0.034	84	0.27×10^{-2}
10	0.70	25	0.41	40	0.22	55	0.10	70	0.031	85	0.19×10^{-2}
11	0.68	26	0.40	41	0.21	56	0.096	71	0.029	86	0.12×10^{-2}
12	0.66	27	0.37	42	0.20	57	0.090	72	0.026	87	0.68×10^{-3}
13	0.63	28	0.36	43	0.18	58	0.084	73	0.023	88	0.23×10^{-3}
14	0.61	29	0.35	44	0.18	59	0.078	74	0.020	89	0.76×10^{-4}
15	0.59	30	0.34	45	0.17	60	0.073	75	0.017	90	0

表 4-6-7　松散土与结构土密度及内摩擦角数值

土 的 名 称		干 土		润 土		湿 土	
		γ (t/m³)	φ (°)	γ (t/m³)	φ (°)	γ (t/m³)	φ (°)
松 散 土	砂壤土 松	1.4~1.6	22	1.6~1.7	20	1.8~1.85	15
	中等密实	1.6~1.8	25	1.7~1.9	22	1.85~2.05	17
	密实	1.8~1.95	27	1.9~2.05	25	2.05~2.15	18
	粉砂砂壤土 松	1.5~1.6	27	1.7~1.8	22	1.85~1.9	18
	中等密实	1.6~1.8	30	1.8~1.9	25	1.9~2.0	20
	密实	1.8~2.0	33	1.9~2.05	25	2.0~2.15	22
	细砂 松	1.5~1.6	27	1.68~1.75	25	1.85~1.9	22
	中等密实	1.6~1.75	30	1.75~1.9	27	1.9~2.0	25
	密实	1.75~1.9	33	1.9~2.0	30	2.0~2.1	28
	中粒砂 松	1.6~1.7	30	1.7~1.85	27	1.9~2.0	25
	中等密实	1.7~1.8	33	1.85~1.95	30	2.0~2.05	28
	密实	1.8~1.95	33	1.95~2.05	30	2.05~2.15	28
	粗砂砾岩砂 松	1.85~1.9	33	1.95~2.0	30	2.05~2.1	30
	中等密实	1.9~2.0	35	2.0~2.1	33	2.1~2.2	33
	密实	2.0~2.1	37	2.1~2.15	35	2.2~2.25	35
	砾石卵石 中等密实	2.0~2.05	40	2.05~2.1	40	2.15~2.2	40
	密实	2.05~2.1	40	2.1~2.2	40	2.2~2.25	40

土 的 名 称			干 土		润 土		湿 土	
			γ (t/m³)	φ (°)	γ (t/m³)	φ (°)	γ (t/m³)	φ (°)
结构类土	粉状土	淤泥	1.5	30	1.6	18	1.8	10
		淤泥土	1.5	30	1.6	20	1.8	12
		黄土	1.5	—	1.6	30	1.8	25
		黄土状壤土	1.5	—	1.6	30	1.8	25
	有机土	泥炭土	1.0	30	1.3	20	1.6	15
		松种植土（泥土层）	1.5	40	1.5	33	—	—
		密实凝结种植土	1.7	40	1.8	33	—	—

2）按重液理论计算地压。

$$P = rH \times 10^{-2} \qquad (4-6-16)$$

式中 P——计算深度处作用于井壁上的侧压力，MPa；

r——水土混合重液的密度，一般取 $r=1.3$t/m³；

H——计算地压的深度（即可视为承压水头高度），m。

2. 不均匀地压

不均匀地压通常以正弦函数曲线表示：

$$P_\infty = P_A(1 + \beta\sin\alpha) \qquad (4-6-17)$$

式中 P_∞——α 角处的不均匀地压值，当 $\alpha=0°$时，$P_\infty=P_A$；
当 $\alpha=90°$时，$P_\infty=P_B$（如图4-6-2所示）。P_A
为最小不均匀压力，P_B 为最大不均匀压力；

α——P_A 单独作用点与有偏压作用点的夹角；

β——不均匀均侧压力系数，不均匀侧压力系数一般
取 $\beta=0.2\sim0.3$。沉井常用以下几种方法确
定。

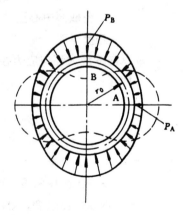

图4-6-2 不均匀地压分布图示

1）井筒壁后不发生塌陷时，即：

$$P_B = P_土 + P_水；\quad P_A = \frac{1}{2}P_土 + P_水$$

$$\beta = \frac{P_B}{P_A} - 1 = \frac{P_土 + P_水}{0.5P_土 + P_水} - 1$$

式中 $P_土$——土层压力，MPa；

$P_水$——静水压力，MPa。

2）井筒可能出现较大涌砂冒泥，井筒偏斜较大时，则：

$$P_A = P_水 + P_土$$

$$P_B = P_水 + P_土(1 + \beta\sin\alpha)$$

当 $\alpha=90°$时

$$P_B = P_水 + P_土(1 + \beta)，\beta = 0.2$$

3）沉井壁后产生较大的塌陷、井偏较大时，则：

$$P_A = P_水 + P_土$$

$$P_B = (1.2 \sim 1.3) P_A$$

$$\beta = \frac{P_A}{P_B} - 1 = 0.2 \sim 0.3$$

4）按实测土层内摩擦角加减 $2.5° \sim 5°$（取加减 $3°$）进行计算，即：

$$\beta = \frac{\tan^2\left(45° - \dfrac{\varphi - 3°}{2}\right)}{\tan^2\left(45° - \dfrac{\varphi + 3°}{2}\right)} - 1$$

一般沉井的不均匀压力系数按内摩擦角 $\varphi \pm 3°$ 考虑，也可按第三种方法，即 3）方法选取。

（三）井壁内力及配筋计算

1. 井壁环向应力及配筋计算

1）均匀压力作用井壁环向应力及配筋。

圆环截面内环向压应力（见图 4－6－3）为：

$$\sigma_1 = \frac{R^2 + r^2}{h r_0} P \tag{4-6-18}$$

$$\sigma_2 = \frac{R^2}{h r_0} P \tag{4-6-19}$$

式中　σ_1——井壁外缘环向应力，MPa；

　　　σ_2——井壁内缘环向应力，MPa；

　　　r_0——井壁截面中心至井筒中心的距离，m；

　　　h——井壁厚度，m。

通常以内缘最大环向应力控制计算。

配筋计算：

$$\mu = \frac{\gamma_k \sigma_2 - f_c}{f_y} \tag{4-6-20}$$

$$A_g = 1000 \mu h \tag{4-6-21}$$

式中　μ——配筋百分率；

　　　f_c——混凝土抗压强度，kN/mm²；

　　　f_y——钢筋抗压强度，kN/mm²；

　　　σ_2——井壁圆环截面最大应力值，MPa；

　　　A_g——1 米高井壁所需钢筋截面积，mm²；

　　　h——井壁厚度，mm；

　　　γ_k——荷载系数。

2）不均匀压力作用井壁环向应力及配筋。

井壁圆环受不均匀压力作用，A、B 两截面（见图 4－6－4）产生的内力为：

当 $\alpha = 0°$ 时，

$$N_A = P_A r_0 (1 + 0.785\beta)$$

$$M_A = -0.149 P_A r_0^2 \beta$$

当 $\alpha = 90°$ 时，

$$N_B = P_A r_0 (1 + 0.5\beta)$$

$$M_B = 0.137 P_A r_0^2 \beta$$

式中　N_A、M_A——作用在 A 截面上的轴向力与弯矩；

　　　N_B、M_B——作用在 B 截面上的轴向力与弯矩；

　　　　P_A——最小不均匀压力，kN/m^2；

　　其他符号同前。

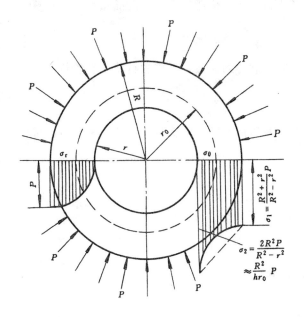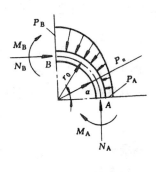

图 4-6-3　在均匀侧压力作用
下厚壁圆环内力计算

图 4-6-4　圆环受不均匀
侧压力作用计算简图

圆环截面配筋计算：

当 $\dfrac{\gamma_L N}{b f_{cm}} > 0.55 h_0$ 时，按小偏心受压构件计算。由下式计算井壁对称配筋面积：

$$A_g = A_g' = \frac{\gamma_L N e - 0.5 b h_0^2 f_c}{f_y (h_0 - a')} \tag{4-6-22}$$

当 $\dfrac{\gamma_L N}{b f_{cm}} \leqslant 0.55 h_0$ 时，按大偏心受压构件计算。由下式计算井壁对称配筋面积：

$$A_g = A_g' = \frac{\gamma_L N}{f_y} \cdot \frac{e - h_0 [1 - 0.5 \gamma N / (b h_0 f_{cm})]}{(h_0 - a')} \tag{4-6-23}$$

当 $\dfrac{\gamma_L N}{b f_{cm}} \leqslant 2a'$ 时，由下式计算对称配筋量：

$$A_g = A_g' = \frac{\gamma_L N e'}{f_y (h_0 - a')} \tag{4-6-24}$$

$$e' = e - h_0 + a'$$

式中　A_g、A_g'——抗拉、抗压钢筋截面积，mm^2；

　　　γ_L——偏心受压结构计算跨度安全系数，取 $\gamma_L = 1.1$；

e——偏心力至受拉钢筋合力中心的距离，mm，

$$e = e_0 + h/2 - a; \quad e_0 = M/N$$

b——截面宽度，mm；

h_0——截面的有效厚度，mm，$h_0 = h - a'$；

a、a'——钢筋中心至井壁内、外边缘距离，mm；

f_{cm}——混凝土弯曲抗压强度，N/mm²。

当计算出钢筋量比最小含钢率的钢筋量小时，应按构造配筋，其配筋量按下式计算：

$$A_g = A_g' \geqslant \mu_{min} bh$$

要求所配的钢筋，其直径不小于14mm，间距不大于330mm。

由于沉井井壁厚度较大，井壁的环向稳定性能得到保证，不需进行稳定性验算。

2. 井壁竖向力的确定及配筋计算

1) 沉井井壁可能产生的竖向力。

(1) 假定下沉过程中井壁下部砂土流失，上部粘土层颈缩挤紧井壁产生吊挂力。可按下式计算：

$$N_D = G + G_2 - T \qquad\qquad (4-6-25)$$

式中　N_D——井壁被悬吊的吊挂力，kN；

G——被悬吊井筒自重，如已确定吊挂段高为H，则

$$G = \frac{\pi}{4}(D^2 + d^2)\gamma H \times 10, \text{kN/m}^2$$

γ——混凝土在水中的密度，$\gamma = 1.5 \text{t/m}^3$；

G_2——刃角重力，kN；

T——吊挂段井筒的摩擦阻力，kN。

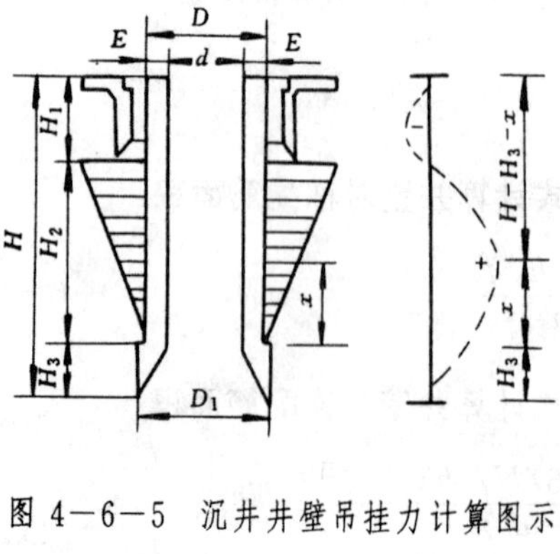

(2) 当沉井下沉接近终止时，考虑上述受力状况，将摩擦阻力假定为倒三角形分布（见图4-6-5），根据力的平衡原理，可推导出吊挂竖向拉力的计算公式为：

$$x = \frac{H_2^2}{2H}$$

$$N_{max} = G\left(\frac{H_3}{H} + \frac{H_2^2}{4H^2}\right) \qquad (4-6-26)$$

式中　x——最大拉力部位到刃脚台阶距离；

N_{max}——最大吊挂（拉）力，kN/m²。其他符号如图4-6-5所示。

图4-6-5　沉井井壁吊挂力计算图示

此计算方法多被采用。据统计计算出的最大吊挂力约为沉井全高的1/5。

(3) 50m左右的浅井，可根据经验值确定井壁吊挂力。其值参见表4-6-8。

2) 竖向钢筋配置。

$$A_g = \frac{r_0 N}{f_y} \qquad\qquad (4-6-27)$$

式中　r_0——按吊挂力计算强度的荷载系数，$r_0 = 1.3$；

N——竖向拉力；

表 4-6-8　井壁竖向拉力参考值

井壁竖向拉力	$\frac{1}{2}G$	$\frac{1}{3}G$	$\frac{1}{4}G$	65％G
建议采用单位及个人	水电部给排水设计院东北分院	北京市政设计院	交通部大桥局	苏联劫特维尔宁

其他符号同前。

（四）考虑纠偏时井筒横截面强度验算

1. 作用于沉井井壁上部的纠偏力

沉井偏斜时，重力 Q 的分力 H 使沉井产生一个倾覆力矩（见图 4-6-6）。力 H 对沉井底面 O 点的倾覆力矩为：

$$M_0 = H \cdot Y = Q\sin\alpha \cdot y$$

沉井偏斜轴高低两侧刃脚下部土壤应力分别为：

$$\sigma_{1,2} = \frac{Q\cos\alpha}{F} \pm \frac{Q\sin\alpha \cdot y}{W}$$

式中　F——沉井刃脚斜面的投影面积；

　　　W——刃脚斜面投影部分的模量；

　　　Q——沉井自重；

　　　α——沉井偏斜角；

　　　y——沉井重心 G 至刃脚的距离。

为了扶正井筒，其井筒受力状态如图 4-6-7 所示。其沉井的扶正力矩为：

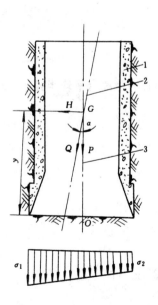

图 4-6-6　沉井偏斜后受力状态

1—沉井井壁；2—沉井偏斜后
重力作用线；3—设计井筒中心线

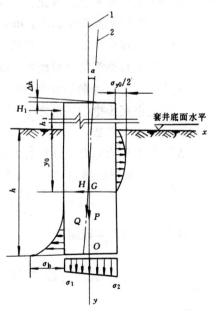

图 4-6-7　在纠偏力作用下沉井受力状态

1—沉井实际中心线；
2—井筒设计中心线

$$M = H_1(h_1 + y_0) \qquad (4-6-28)$$

式中　h_1——套井深度；

　　　y_0——套井底到旋转中心的距离。

2. 纠偏时井壁强度验算

纠偏时井筒截面应力情况如图 4-6-8 所示。

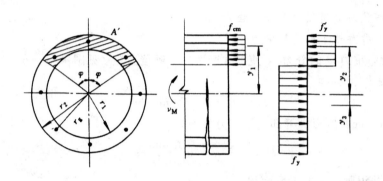

图 4-6-8　纠偏力作用下井筒截面应力情况

环形截面受弯构件强度计算基本公式为：

$$r_k M = \left[f_{cm} A_h \frac{r_2 - r_1}{2} + 2 f_y A_g r_g \right] \frac{\sin\varphi}{\pi} \qquad (4-6-29)$$

式中　f_{cm}——钢筋混凝土抗弯强度，N/mm^2；

　　　A_h——圆环的混凝土面积，mm^2；

　r_2, r_1——圆环构件的外、内半径，m；

　　$2A_g$——双排钢筋的总截面积，mm^2；

　　　r_g——假定双排钢筋沿中心布置；钢筋至井筒中心的距离（平均半径），m；

　　　φ——混凝土中心夹角之半，°；

　　　r_k——安全系数，取 $r_k = 1.4$；

　　　M——纠偏力对井筒施加的力矩，$N \cdot m$。

为保证受拉钢筋能够达到屈服极限，上式应符合下列要求：

$$\alpha = \frac{A'}{A_h} = \frac{\varphi}{\pi} = \frac{f_y A_g}{f_{cm} A_h + 2 f_y A_g} \leqslant 0.3$$

而且圆环的内外半径须遵守 $(r_2 - r_1)/r_2 \leqslant 0.5$ 条件。

第三节　沉井刃脚设计

一、刃脚的作用及形状

（一）刃脚的作用

刃脚位于沉井最下端，是沉井结构重要的组成部分，其作用有以下几点：

1）刃脚可为沉井起定向作用；

2）切入土层破坏原状土的结构，利于克服沉井的正面阻力；

3）封闭、阻止壁后流砂或泥浆涌入井筒内；

4）沉井刃角的外径可略大于沉井井筒，下沉后在井筒外形成环形空间，便于放置减阻介质，以期减少侧面阻力。

表 4-6-9　刃　脚　断　面　形　状

刃脚形状			
	锐角	钝尖	踏面
适用条件	易切入土层，阻力小，刃脚锋利但不宜在有河卵石和砂姜砾石地层使用	刃脚强度较大，适用于各种地层，一般均采用此种形式	刃脚阻力较大，稳定性好，适用于松散而无阻碍物的地层

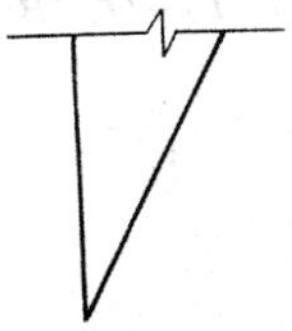

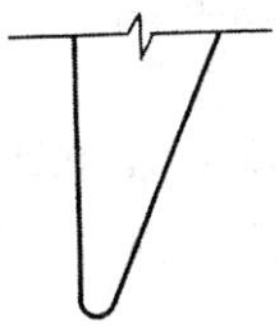

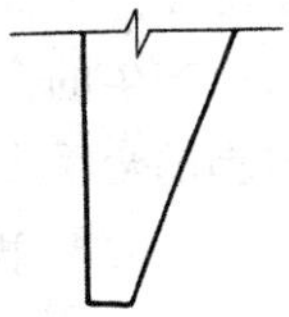

表 4-6-10　钝尖刃脚的规格及钢靴结构

名称	图　示	规　格　尺　寸	说　明
基本尺寸	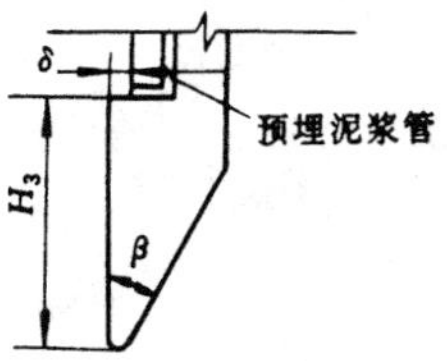	β 一般为 25°～30°；H_3 为 3m 左右，δ 为台阶宽度，当壁后为泥浆淹护时，δ 取 0.2～0.3m	1. 刃脚较高时，沉井较稳定，有利于防偏，但侧面阻力大； 2. 台阶宽度应根据土层性质决定，如有膨胀性土层及深沉井时，应取较大值
钢板钢靴	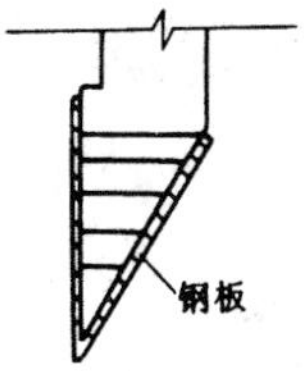	钢板厚：8～20mm； 钢板高：0.5～3m； 圆钢：ϕ18～ϕ28mm； 钢轨：15～24kg/m	1. 刃脚内用加强钢筋和联系钢筋或型钢加固； 2. 钢刃脚和圆钢焊接的刃尖一般用于浅沉井； 3. 刃脚内侧钢板需预留若干出水孔
圆钢钢靴	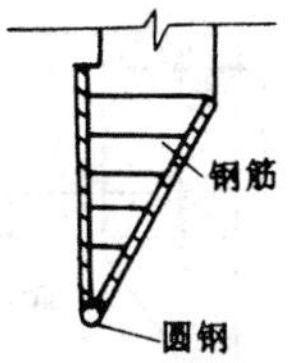		
钢轨钢靴	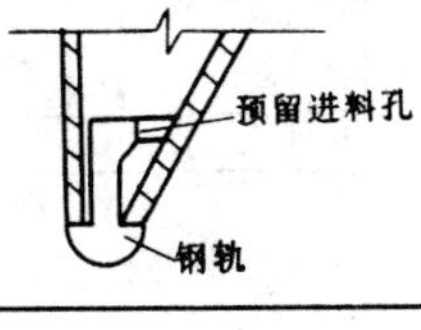		

（二）刃脚的形状及适用条件

刃脚的形状及适用条件见表4－6－9。

煤矿沉井刃脚一般采用钝尖形钢筋混凝土结构，并穿钢靴，混凝土强度等级一般为C25～C30。钝尖刃脚的规格及钢靴结构见表4－6－10。

二、刃脚受力计算

（一）刃脚的受力状态

如图4－6－9所示，刃脚插入土层a时，受总重G，侧压力P与摩阻力T，以及土壤对刃脚斜面产生的全反力作用。

刃脚的全反力可分解为竖向反力N和水平推力P_H。

竖向反力取单位弧长进行计算，则

$$N = \frac{G-T}{\pi (D_1 - a\tan\beta)} \tag{4-6-30}$$

侧面摩阻力为：

$$T = \pi D_1 H_3 F + \pi D H_2 F' \tag{4-6-31}$$

水平推力为：

$$P_H = N\tan(\alpha - \varphi) \tag{4-6-32}$$

式中　F——刃脚与土层接触的摩阻力，kN/m^2，可查表4－6－4；

　　　F'——泥浆减阻时井壁外侧的摩阻力，见表4－6－3；

　　　α——刃脚斜面与水平面的夹角；

　　　φ——混凝土与土层之间的摩擦角，一般约为25°～30°。

（二）刃脚的内力计算（图4－6－10）

1. 由水平推力P_H作用产生的拉应力及拉力

当$h < \frac{r}{10}$时，按薄壁筒公式计算：

拉应力　　　　　　　　　　　　　$\sigma_L = \frac{r}{h} P_H \tag{4-6-33}$

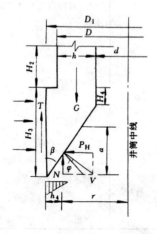

图4－6－9　刃脚受力示意图

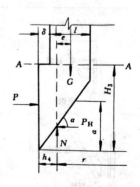

图4－6－10　刃脚计算图示

拉力 $\qquad N_L = \sigma_L h = r P_H \qquad (4-6-34)$

当 $h \geqslant \dfrac{r}{10}$ 时，按厚壁筒公式计算：

拉应力 $\qquad \sigma_L = \dfrac{R^2 + r^2}{R^2 - r^2} P_H \qquad (4-6-35)$

拉力 $\qquad N_L = \dfrac{R^2 + r^2}{R^2 - r^2} P_H h_4 \qquad (4-6-36)$

式中　P_H——刃脚的斜面下土壤的水平推力，kN/延米；

　　　R——刃脚的外半径，m；

　　　r——刃脚计算受力点的内缘圆环半径，m，

$$r = \frac{1}{2} D_1 - \frac{1}{3} a \tan\beta$$

　　　h——结构的厚度，m；

　　　h_4——合力作用点结构的计算厚度，

$$h_4 = a \tan\beta / 3$$

由水平推力 P_H 作用产生的弯矩：

$$M_1 = \left(H_3 - \frac{1}{3} a \right) P_H \qquad (4-6-37)$$

式中　H_3——刃脚高度，m；

　　　a——刃脚插入土层高度，m。

2. 由水平外力 P 作用产生的压应力及压力

压应力 $\qquad \sigma_t = \dfrac{2R^2}{R^2 - r^2} P \qquad (4-6-38)$

压力 $\qquad N_t = \dfrac{2R^2}{R^2 - r^2} Ph \qquad (4-6-39)$

式中　P——井筒某一计算深度处的侧压力，淹水沉井时，$P = 3H$，kN/m²；不淹水沉井 $P = 13H$，kN/m²；

　　　H——从计算深度起到地下水位的高度，m；

　　　其他符号同上。

由水土压力 P 作用产生的弯矩：

$$M_2 = -1.5H \cdot H_3^2 \qquad \text{（适用于淹水沉井）} \qquad (4-6-40)$$

$$M_2 = -6.5H \cdot H_3^2 \qquad \text{（适用不于淹水沉井）} \qquad (4-6-41)$$

3. 由竖向反力 N 作用产生的弯矩

$$M_3 = Ne \qquad (4-6-42)$$

式中　e——偏心距，m。

等内径井筒： $\qquad e = \dfrac{h}{2} + \delta - \dfrac{1}{3} a \tan\beta$

变内径井筒： $\qquad e = \dfrac{Q_1 h_1 / 2 + Q_2 h_2 / 2}{Q_1 + Q_2} + \delta - \dfrac{1}{3} a \tan\beta$

式中　h——井壁厚度，m；

h_1、h_2——变径井筒上下井壁厚度，m；

　　　δ——刃脚台阶宽度，m；

Q_1、Q_2——变内径井筒各段井壁重力；

其他符号同上。

三、刃脚的配筋计算

(一) 环向配筋

根据式（4−6−34）或式（4−6−36）计算的 N_L 值确定配筋量：

$$A_g = \frac{r_k N_L}{f_y} \qquad (4-6-43)$$

式中　A_g——刃脚处受拉延米高环向配筋量；

　　　r_k——安全系数，$r_k = 1.4$；

　　　f_y——钢筋的抗拉设计强度。

根据式（4−6−38）或式（4−6−39）计算的 σ_t、N_t 值确定配筋量：

$$\mu = \frac{r_k \sigma_t - f_c}{f_y'}, \ A_g' = \mu \cdot A \qquad (4-6-44)$$

$$A_g' = \frac{r_k N_t}{f_y'} \qquad (4-6-45)$$

式中　A_g'——刃脚处受压延米高环向配筋量，mm^2；

　　　A——1m 高刃脚的纵向截面积，因刃脚是变截面积，故可近似取 $A = b \cdot h/2 = 1000 \cdot h/2$；

　　　b——刃脚截宽度，mm；

　　　h——刃脚根部的厚度，mm；

　　　r_k——安全系数，$r_k = 1.4$；

　　　f_y'——钢筋的抗压强度，N/mm^2；

　　　σ_t——刃脚受到的压应力，N/mm^2；

　　　N_t——刃脚受到的压力，N。

(二) 竖向配筋

竖向受力计算考虑不利的情况，应将 $M = M_1 + M_3$ 联合作用和 M_2 单独作用分别算出结果，取其较大值进行配筋量的计算。

计算方法如下：

$$A_0 = \frac{r_k M_{max}}{b h_0^2 f_{cm}} \qquad (4-6-46)$$

式中　A_0——计算系数；

　　　M_{max}——刃脚承受的最大弯矩，N·mm；

　　　h_0——截面有效厚度，mm，$h_0 = h - a$；

　　　a——钢筋的保护层厚度，mm；

　　　f_{cm}——混凝土的抗弯强度，N/mm^2。

求得 A_0 值后，由表 4−6−11 查得相应的 α 值，将 α 值代入下式：

$$\mu_g = \alpha \frac{f_{cm}}{f_y} \quad 得 \ \mu_g \ 值$$

表 4-6-11　A_0 与 α 值 计 算 表

A_0	0	1	2	3	4	5	6	7	8	9
0.000	0.000	0.0010	0.0020	0.0030	0.0040	0.0050	0.0060	0.0071	0.0081	0.0091
0.010	0.0101	0.0111	0.0121	0.0131	0.0141	0.0151	0.0161	0.0171	0.0182	0.0192
0.020	0.0202	0.0212	0.0222	0.0233	0.0243	0.0253	0.0263	0.0274	0.0284	0.0294
0.030	0.0305	0.0315	0.0325	0.0336	0.0346	0.0356	0.0367	0.0377	0.0388	0.0398
0.040	0.0408	0.0419	0.0429	0.0440	0.0450	0.0461	0.0471	0.0482	0.0492	0.0503
0.050	0.0513	0.0524	0.0534	0.0545	0.0555	0.0566	0.0577	0.0587	0.0597	0.0609
0.060	0.0619	0.0630	0.0641	0.0651	0.0662	0.0673	0.0683	0.0694	0.0705	0.0715
0.070	0.0726	0.0737	0.0748	0.0759	0.0770	0.0780	0.0791	0.0802	0.0813	0.0824
0.080	0.0835	0.0846	0.0857	0.0868	0.0879	0.0890	0.0901	0.0912	0.0923	0.0934
0.090	0.0945	0.0956	0.0967	0.0978	0.0989	0.100	0.101	0.102	0.103	0.104
0.100	0.106	0.107	0.108	0.109	0.110	0.111	0.112	0.113	0.115	0.116
0.110	0.117	0.118	0.119	0.120	0.121	0.123	0.124	0.125	0.126	0.127
0.120	0.128	0.129	0.131	0.132	0.133	0.134	0.135	0.136	0.137	0.138
0.130	0.140	0.141	0.142	0.143	0.144	0.146	0.147	0.148	0.149	0.150
0.140	0.152	0.153	0.154	0.155	0.156	0.157	0.159	0.160	0.161	0.162
0.150	0.163	0.165	0.166	0.167	0.168	0.169	0.171	0.172	0.173	0.174
0.160	0.175	0.177	0.178	0.179	0.180	0.181	0.183	0.184	0.185	0.186
0.170	0.188	0.189	0.190	0.191	0.193	0.194	0.195	0.196	0.198	0.199
0.180	0.200	0.201	0.203	0.204	0.205	0.206	0.208	0.209	0.210	0.211
0.190	0.213	0.214	0.215	0.216	0.218	0.219	0.220	0.222	0.223	0.224
0.200	0.225	0.227	0.228	0.229	0.231	0.232	0.233	0.234	0.236	0.237
0.210	0.238	0.240	0.241	0.242	0.244	0.245	0.246	0.248	0.249	0.250
0.220	0.252	0.253	0.254	0.256	0.257	0.258	0.260	0.261	0.262	0.264
0.230	0.265	0.267	0.268	0.269	0.271	0.272	0.273	0.275	0.276	0.278
0.240	0.279	0.280	0.282	0.283	0.284	0.286	0.287	0.289	0.290	0.291
0.250	0.293	0.294	0.296	0.297	0.299	0.300	0.301	0.303	0.304	0.306
0.260	0.307	0.309	0.310	0.312	0.313	0.314	0.316	0.317	0.319	0.320
0.270	0.322	0.323	0.325	0.326	0.328	0.329	0.331	0.332	0.334	0.335
0.280	0.337	0.338	0.340	0.341	0.343	0.344	0.346	0.347	0.349	0.350
0.290	0.352	0.354	0.355	0.357	0.358	0.360	0.361	0.363	0.364	0.366
0.300	0.368	0.369	0.371	0.372	0.374	0.375	0.377	0.379	0.380	0.382
0.310	0.384	0.385	0.387	0.388	0.390	0.392	0.393	0.395	0.397	0.398
0.320	0.400	0.402	0.403	0.405	0.407	0.408	0.410	0.412	0.413	0.415
0.330	0.417	0.419	0.420	0.422	0.424	0.426	0.427	0.429	0.431	0.433
0.340	0.434	0.436	0.438	0.440	0.441	0.443	0.445	0.447	0.449	0.450

将 μ_g 值代入 $A_g{}' = \mu_g bh$ 即得所需的钢筋面积。竖向钢筋插入刃脚上井壁内一般不小于 1.5m。

四、刃脚钢靴钢板厚度的计算

竖向钢板厚度：

$$\Delta = \frac{r_k(G-T)}{\pi D_1 f_y} \tag{4-6-47}$$

式中　Δ——竖向钢板厚度，mm；斜面钢板可与竖向钢板同厚；

G——沉井结构全部自重力，kN；

T——沉井侧面阻力，kN；

D_1——刃脚外直径，m；

f_y——钢板的抗压计算强度，N/mm²；

r_k——安全系数，$r_k = 1.4$。

五、刃脚基座的设置

该项工作是在沉井下沉到底后进行的一项工作。

沉井施工至设计深度后，即采用混凝土进行封底。然后清理井底、排出积水，在止水垫中心和四周钻凿若干检查孔，检查下部的水文和工程地质情况，并按工作面预注浆的要求进行注浆。经钻孔检查止水垫附近胶结密实后，方可破封底掘进。首先掘砌沉井刃脚基座，以便补平刃脚，增大承托井筒的能力，完成固井工序。

刃脚基座有两种形式，单锥和双锥（图4—6—11）。其实质是按井筒设计直径补平加固刃脚，使沉井与下段井壁联结成为整体井筒结构，以增强井筒稳固性。一般情况下，按构造设置。较浅的沉井可采用单锥，否则，选用双锥。必要时可按本篇第三章第六节有关壁座计算公式进行验算。

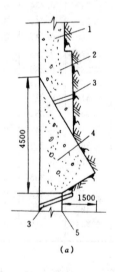
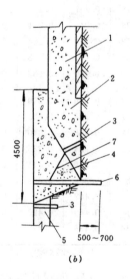

图 4—6—11 沉井刃脚基座

a—双锥；*b*—单锥

1—沉井井壁；2—刃脚；3—预埋注浆管；4—沉井刃脚基座；5—下段井筒井壁；6—钢轨；7—挂钩

第四节 沉井构造要求

沉井的构造要求见表4—6—12。

表 4—6—12　沉 井 构 造 要 求

分类	项目	作　　用	构 造 要 求
沉井井壁部分	环向钢筋	承受地压、温度应力、不均匀地压以及纠偏力引起的弯曲应力	采用双排对称布置的形式,当计算所需钢筋很小时,受力钢筋往往按最小含钢率配置
	竖向钢筋	承受竖向拉力、温度应力、纠偏力产生的井壁竖向弯曲应力,起着主架钢筋及传递不均匀应力的作用	采用双排钢筋对称布置形式,钢筋直径一般 14～22mm,间距为 300mm 左右,最小不小于 150mm
	联系钢筋	保证内外层钢筋共同作用,钢筋与混凝土协同工作,固定钢筋位置增强井壁刚度及抵抗可能产生的径向应力	钢筋直径为 8～12mm;竖向间距为 500mm,水平间距一般为 500～1000mm
沉井刃脚部分	刃脚的钢靴	增强刃脚强度,保护刃脚不受破坏,减少沉井插入土层的阻力	在刃脚内设置横向拉结钢筋,并在刃脚的下部预留若干个出水孔,以便混凝土凝结,放出自由水
	联系钢筋	同沉井井壁部分联系钢筋	钢筋直径一般用 10～24mm,竖向间距 250～300mm,水平间距 500mm
	预埋吊筋	承受吊挂力	设置在沉井刃脚内侧,直径不少于 16mm,间距每米不少于 3 根,或根据下段井壁吊挂重量计算
	刃脚的锥度	减少刃脚的侧面阻力	刃脚外壁要做成锥形,锥角向外的倾斜率为 1%～2%,切忌做成倒锥形
	皮带围裙	为减少泥浆从刃脚下翻入井内	在刃脚台阶向外围固定一圈皮带围裙
	预埋注浆管	沉井沉至预计深度后,便于刃脚外壁注浆,固井排放触变泥浆	一般在刃脚台阶之上预先埋置 $d70mm$ 的焊接钢管 8～16 根,均匀分布四周

第五节　套井结构设计

　　套井是预先在沉井外围建造的一段直径略大于沉井外径的井筒,它的作用在于防止沉井过程中井壁四周土层塌陷,为井架及井口建筑保持一个完整稳定的地基,同时作为沉井防偏、纠偏以及加压沉井下沉的基础。

一、套井尺寸的确定

　　套井深度与内外直径的确定,见表 4—6—13。

表4-6-13 套井尺寸的确定

名称	图示	计算公式	符号注释	说明
套井的深度	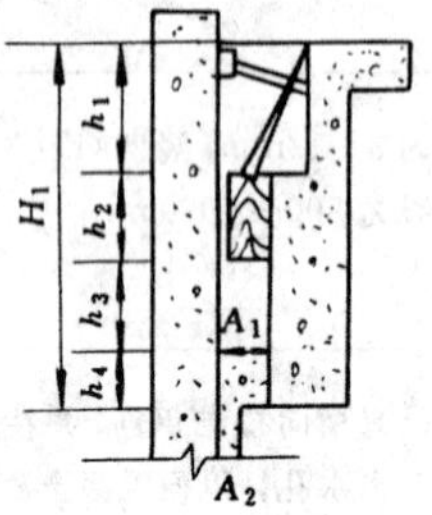	$H_1 = h_1 + h_2 + h_3 + h_4$ $h_4 = \dfrac{A_2 \cdot h}{A_1}$	H_1—套井全深，m； h_1—防纠偏工作台阶高，一般 $1\sim2$m，要求在地下水位以上； h_2—导向木长，一般 $1.5\sim2.5$m； h_3—备用间隙，一般为 $1\sim2$m； h_4—储浆槽高度，m； A_1—套井至沉井之间环形空间面积，m^2； A_2—套井以下沉井壁后环形空间面积，m^2； h—沉井壁后储浆盈余高度，一般为 $7\sim10$m	1. 套井的深度，应根据工程地质与水文地质情况以及施工方法，因地制宜，具体确定。要求套井坐落在稳定粘土层中，并与下部砂层保持3m以上距离。一般套井深度 $8\sim15$m 2. 套井工作台宽度与纠偏机具安装总长度、作业空间等有关。一般为 $0.5\sim0.6$m 3. 套井壁厚采用沉井法施工时，一般 $0.6\sim0.8$m，采用短段掘砌施工时一般取 $0.4\sim0.6$m 4. 套井井筒强度计算参阅井筒强度计算。工作台阶高度范围内要承受纠偏反力，应适当增加强度避免将工作台顶碎 5. 若利用套井对沉井加载时，因加载的方式不同，应重新考虑套井锁口部分的结构
套井的内、外直径	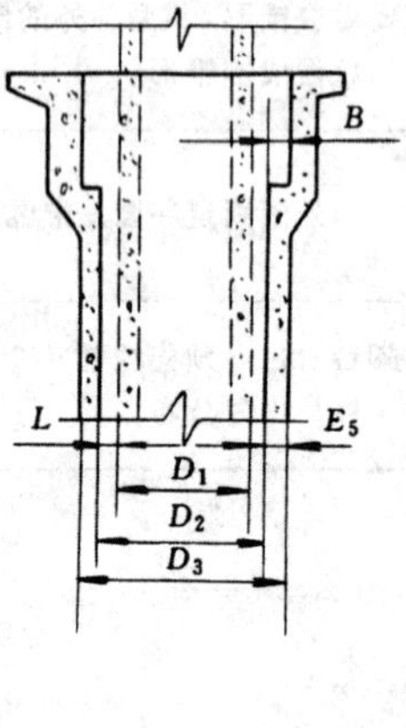	$D_2 = D_1 + 2L + H_1 \Delta$ $D_3 = D_2 + 2E_5$	D_2—套井井筒内直径，m； D_3—套井井筒外直径，m； D_1—沉井井筒外直径，m； L—沉井与套井之间隙，一般为 $0.7\sim1$m； Δ—套井的偏斜率，$\Delta < 0.5\% \sim 1\%$； E_5—套井井壁厚度，m	

套井井壁厚度可按经验选取，但应根据井口附近水土对井壁产生的侧压力进行强度校核。

井口附近井壁产生的侧压力可按下述方法确定：

当井口附近有建筑物影响的情况，设计可参见冻结井设计有关部分进行计算。

井口的井颈多处于松软含水土层，即便周围无建筑物影响，井壁受到的侧压力也与深部地压有所不同。考虑井口滑动棱柱体的作用，井颈部分的侧向压力可用下式计算：

$$q_1 = \left[\frac{\pi \gamma h_1}{2n'} \text{tg}^2 \left(45° - \frac{\varphi}{2} \right) \right] \times 10^{-2} \qquad (4-6-48)$$

式中　q_1——井口井壁所受土层的侧向压力，MPa；

　　　γ——土层的平均密度，t/m^3；

　　　h_1——自地表算起井颈的深度，m；

　　　φ——土层的内摩擦角；

　　　n'——土层强度损失系数，在湿润情况下：干性土层为1，潮湿土层为 $0.75\sim0.95$，饱和含水土层为 $0.55\sim0.75$。

二、套井结构型式及特点

套井的结构型式及特点见表 4-6-14。

表 4-6-14　套 井 结 构 型 式

项目	法 兰 盘 式	六 角 盘 式
图 示		
	1—套井上口法兰盘翼沿；2—防、纠偏工作台； 3—套井底基座；4—地锚（$\phi28$圆钢 8~12 个）	1—地锚（$\phi28$圆钢 8~12 个）；2—防纠偏工作台； 3—六角盘锁口边梁；4—六角盘锁口连系梁

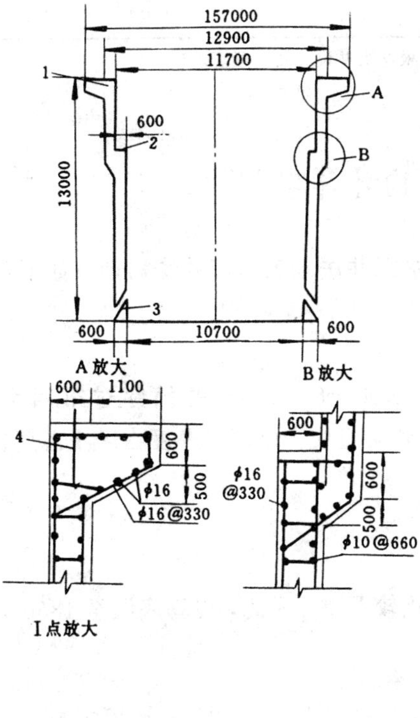

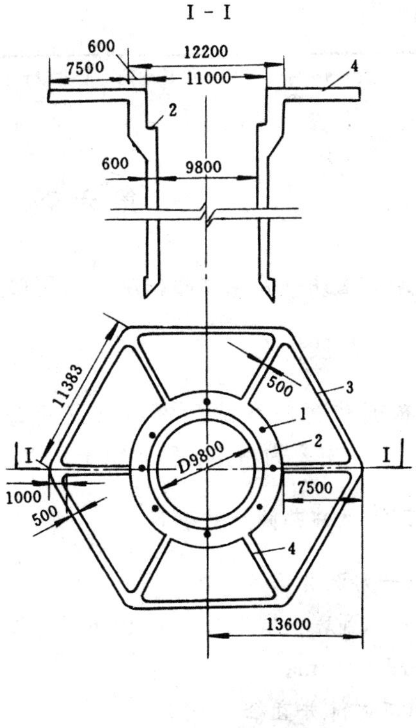

项目	法 兰 盘 式	六 角 盘 式
结构特点	在套井上口周围 1.2～2.0m 范围内，设置混凝土圈梁与套井顶部联接，联接处按固定支承悬臂梁计算加固，使套井上口构成一圈翼沿（形似法兰盘）以便稳固套井	在法兰盘式锁口基础上，向四周 4～8m 范围内呈辐射状设置 6 根钢筋混凝土联系梁与边梁，构成一个六角形平面框架锁口，以加大套井稳定性
适用条件	1. 套井按设计要求应坐落在较厚的粘土层中； 2. 套井施工过程中，套井周围没有出现或者出现较小的局部塌落； 3. 套井的井筒稳定性较好	1. 地表以下较深范围内没有较厚的粘土层，套井不能坐落在较厚的粘土层中； 2. 套井的井筒在施工过程中出现涌砂冒泥，造成地表塌陷； 3. 套井的井筒偏斜较大，质量较差
优点	1. 结构较简单； 2. 工程量较小，耗费钢材混凝土少； 3. 成本较低	1. 六角盘覆盖面积大，加大了套井及设备稳定性； 2. 沉井提吊设备一般安设在六角盘的节点上，可省部分混凝土
缺点	当沉井施工过程中出现较大的涌砂冒泥，引起地面塌陷时，套井容易下沉或位移	1. 锁口结构较复杂； 2. 工程量大，钢材及混凝土耗量较多； 3. 成本较高

注：表中附图不是标准尺寸，仅是图例，套井设计的实际尺寸应根据沉井设计及一般要求确定。

第六节　沉井结构计算实例

某矿主井井筒穿过冲积层，采用壁后泥浆淹水沉井法施工，沉井结构计算如下：

一、地质情况

根据井筒检查钻孔资料（见检查钻孔柱状图 4－6－14），井筒穿过第四系表土层 177.77m，主要为粘土、砂质粘土、粘土质砂及流砂层组成，流砂层厚度占表土总厚约 50%。

二、沉井井筒尺寸确定

（一）沉井深度

考虑到表土层 177.77m 以下是一层泥岩，风化较严重，因此，刃脚底沉至 185m，即沉井全深 $H=185m$。

（二）沉井直径

设计需要有效直径 $d_1=5.5m$，按规范规定，偏斜率不大于 0.5%，即得：

$$d=d_1+H \cdot \Delta=5.5+185 \times 0.005$$
$$=6.425m，取 d=6.5m。$$

初选井壁厚度在 $0\sim80\mathrm{m}$ 垂深，$h_1=1.0\mathrm{m}$；$80\mathrm{m}$ 以下，$h_2=1.1\mathrm{m}$。

沉井井壁外直径为固定值，$D=d+2h_2=6.5+2\times1.1=8.7\mathrm{m}$；沉井内直径为变内径，垂深 $0\sim80\mathrm{m}$ 处，$d_1=6.5+2\,(h_2-h_1)=6.7\mathrm{m}$。垂深 $80\mathrm{m}$ 以下沉井内直径 $d_2=6.5\mathrm{m}$。

（三）刃脚尺寸

$H_3=3.2\mathrm{m}$；刃脚夹角 $\beta=30°$；台阶宽 $\delta=0.3\mathrm{m}$。

（四）井壁设计荷载

均匀地压 $\qquad\qquad\qquad P=1.3H\cdot10^{-2}$，MPa

（五）井壁厚度的计算

1. 按强度计算井壁厚度

垂深 $180\mathrm{m}$ 处地压 $\qquad P_{\max}=180\times1.3\times10^{-2}=2.34\mathrm{MPa}$

$185\mathrm{m}$ 处按泥浆侧压力 $\quad P=185\times1.1\times10^{-2}=2.04\mathrm{MPa}<2.34\mathrm{MPa}$

垂深 $100\mathrm{m}$ 以上用 C25 混凝土，$100\mathrm{m}$ 以下用 C30 混凝土；采用钢筋混凝土结构。

$80\mathrm{m}$ 以上井壁厚度

$$h_1=\frac{d_1}{2}\left[\sqrt{\frac{f'_{\mathrm{c}}}{f'_{\mathrm{c}}-r_{\mathrm{k}}2P}}-1\right]$$

式中　$P=1.3\times80\times10^{-2}=1.04\mathrm{MPa}$

$\quad f'_{\mathrm{c}}=f_{\mathrm{c}}+\mu_{\min}f_{\mathrm{y}}$

$\qquad\ =12.5+0.002\times310=13.2\mathrm{N/mm^2}$

$\quad r_{\mathrm{k}}$——安全系数，$r_{\mathrm{k}}=1.4$；

$\quad f_{\mathrm{c}}=12.5\mathrm{N/mm^2}$（C25 混凝土轴心抗压设计强度）；

$\quad f_{\mathrm{y}}$——采用 II 级钢筋为 $310\mathrm{N/mm^2}$；

$\quad \mu_{\min}=0.2\%$，最小含钢率。

$$h_1=\frac{6.7}{2}\left[\sqrt{\frac{13.2}{13.2-1.4\times2\times1.04}}-1\right]=0.45<1.0\mathrm{m}$$

$182\mathrm{m}$ 以上井壁厚度

$$f_{\mathrm{c}}=15\mathrm{N/mm^2};\ f_{\mathrm{y}}=310\mathrm{N/mm^2};\ P_{\max}=2.34\mathrm{MPa}$$

$$f'_{\mathrm{c}}=15+0.002\times310=15.62\mathrm{N/mm^2}$$

$$h_2=\frac{6.5}{2}\left[\sqrt{\frac{15.62}{15.62-1.4\times2\times2.34}}-1\right]$$

$$=1.02\mathrm{m}<1.1\mathrm{m}$$

按强度计算 h_1 及 h_2 小于初选井壁厚度。

2. 按重率验算井壁厚度

$$W=\frac{G}{S}$$

$$G=Q_1+Q_2=\frac{\pi}{4}\gamma\,\left[\,(D^2-d_1^2)\times80+(D^2-d_2^2)\times101.8\right]\times10$$

$$=\frac{\pi}{4}\times2.5\,\left[\,(8.7^2-6.7^2)\times80+(8.7^2-6.5^2)\right.$$

$$\left.\times101.8\right]\times10=48356+66807=115163\mathrm{kN}$$

$$S = \pi \cdot D \cdot (H - H_3) = \pi \times 8.7 \times 181.8 = 4966\text{m}^2$$

$$W = \frac{G}{S} = \frac{115163}{4966} = 23.2\text{kN/m}^2$$

按重率计算，井壁选定厚度能够满足。

三、按下沉条件验算井壁厚度

取钢筋混凝土井壁浮密度为 1.5t/m^3，触变泥浆密度为 1.1t/m^3。

（一）沉井总重量计算

1. 刃脚重

$$G_1 = \frac{\pi \gamma_1}{8} (D_1^2 - d_2^2)(H_3 + H_4) \times 10$$

$$H_4 = 0.775\text{m}（图 4-6-12）$$

$$G_1 = \frac{\pi \times 1.5}{8} (9.3^2 - 6.5^2)(3.2 + 0.775) \times 10 = 1035\text{kN}$$

2. 沉井井壁重

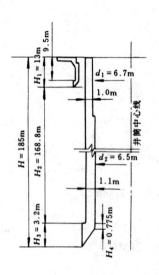

$$G_2 = \frac{\pi}{4} \gamma_1 [(D^2 - d_1^2) \times 80 + (D^2 - d_2^2) \times 101.8] \times 10$$

$$= \frac{\pi \times 1.5}{4} [(8.7^2 - 6.7^2) \times 80 + (8.7^2 - 6.5^2) \times 101.8] \times 10 = 69098\text{kN}$$

3. 触变泥浆重

套井深　$H_1 = 13\text{m}$，$H_2 = 168.8\text{m}$，$x = 9.5\text{m}$，

$$G_3 = \frac{\pi}{4} (D_1^2 - D^2)(H_1 + H_2 - x) \gamma_2 \times 10$$

$$= \frac{\pi}{4} (9.3^2 - 8.7^2)(13 + 168.8 - 9.5) \times 1.1 \times 10$$

$$= 16068\text{kN}$$

4. 沉井总重量（扣除浮力）

$$G = G_1 + G_2 + G_3 = 1035 + 69098 + 16068$$

$$= 86201\text{kN}$$

图 4-6-12　沉井尺寸计算

（二）沉井阻力计算

1. 刃脚侧面阻力

$$T_1 = \pi D_1 H_3 F = \pi \times 9.3 \times 3.2 \times 50 = 4670\text{kN}$$

刃脚侧面摩擦阻力 F 取粘土最大值为 50kN/m^2。

2. 井壁外侧与触变泥浆摩擦阻力

$$T_2 = \pi D \cdot H_2 \cdot F_1 = 3.14 \times 8.7 \times 168.8 \times 10$$

$$= 46110\text{kN}$$

3. 沉井正面阻力

插入土层深度 a 为 1.5m，R_j 取 400kN/m^2。

$$N = \pi \cdot a \cdot \tan\beta (D_1 - a \cdot \tan\beta) \cdot R_j$$

$$= 3.14 \times 1.5 \times \tan 30° (9.3 - 1.5\tan 30°) \times 400$$

$$= 9180 \text{kN}$$

4. 沉井总阻力

$$T = T_1 + T_2 + N = 4670 + 46110 + 9180 = 59960 \text{kN}$$

5. 下沉系数核算

$$\nu = \frac{G}{T} = \frac{86201}{59960} = 1.44 > 1.15$$

下沉条件得到满足。

四、井壁环向配筋计算

(一) 0~80m 段

$$P = 1.3 \times 80 \times 10^{-2} = 1.04 \text{MPa}$$

粘土层的内摩擦角取 $\varphi = 28°$，

计算不均匀侧压力系数：

$$\beta = \frac{\tan^2\left(45° - \dfrac{28° - 3°}{2}\right)}{\tan^2\left(45° - \dfrac{28° + 3°}{2}\right)} - 1 = 0.27$$

在 $\alpha = 0$ 时，有较大的偏心矩，为最不利情况（图4-6-4）。

取单位计算长度 (1m)，计算不均匀侧压力作用下的轴向力 N 及弯矩 M。

$$r_0 = \frac{D - h_1}{2} = \frac{8.7 - 1.0}{2} = 3.85 \text{m} \quad (r_0 \text{——井壁中心半径})$$

$$N = Pr_0(1 + 0.785\beta) = 1.04 \times 3.85 (1 + 0.785 \times 0.27) \times 10^3$$
$$= 4853 \text{kN}$$

$$M = 0.149\beta r_0^2 P = 0.149 \times 0.27 \times 3.85^2 \times 1.04 \times 10^3$$
$$= 620.16 \text{kN} \cdot \text{m}$$

$$e_0 = \frac{M}{N} = \frac{620.16}{4853} = 0.128 \text{m}$$

a、a' 为外、内保护层厚度，沉井井壁均取 0.07m

$$h_0 = h - a = 1.0 - 0.07 = 0.93 \text{ m}$$

$$L_0 = 1.82 r_0 = 1.82 \times 3.85 = 7.007 \text{ m}$$

$$\frac{L_0}{h} = \frac{7.007}{1.00} = 7.007 < 8, \ \text{取} \ \eta = 1$$

$$e = \eta \cdot e_0 + \left(\frac{h}{2} - a'\right) = 1 \times 0.128 + \left(\frac{1.0}{2} - 0.07\right) = 0.558 \text{ m}$$

按不均压力计算强度时，荷载系数 γ_L 取 1.1，$f_{cm} = 13.5 \text{N/mm}^2$

受压区高度 $\quad x = \dfrac{\gamma_L N}{h f_{cm}} = \dfrac{1.1 \times 4853000}{1000 \times 13.5} = 395 \text{mm} < 0.55h$

按大偏心受压对称配筋，$b = 1\text{m}$

$$A_g = A'_g = \frac{\gamma_L N}{f_y} \cdot \frac{e - h_0\left(1 - 0.5\dfrac{\gamma_L N}{b h_0 f_{cm}}\right)}{h_0 - a'}$$

$$= \frac{1.1 \times 4853000}{310} \cdot \frac{558 - 930 \left(1 - 0.5 \dfrac{1.1 \times 4853000}{1000 \times 930 \times 13.5}\right)}{930 - 70} < 0$$

不均匀压力作用下不用钢筋控制

采用构造配筋 $\mu_{min} = 0.1\%$（受拉筋最小含钢率）

$A_g = A'_g = b \cdot h \cdot 0.001 = 1000 \times 1000 \times 0.001 = 1000\text{mm}^2$（里外两排共 2000mm^2）

选用 $\phi 20$，$@ = 300$

实际选用钢筋面积　$A_g = 3.33 \times a_g = 3.33 \times 314.2 = 1050\text{mm}^2$（两排为 2100mm^2）

（二）80～180m 段

C30 混凝土

$$f_{cm} = 16.5\text{N/mm}^2$$

$$f_c = 15\text{N/mm}^2$$

$$P_{max} = 2.34\text{MPa}$$

$$r_0 = \frac{D - h_2}{2} = \frac{8.7 - 1.1}{2} = 3.80\text{m}$$

$$N = Pr_0 (1 + 0.785\beta) = 2.34 \times 3.8 (1 + 0.735 \times 0.27) \times 10^3 = 10777\text{kN}$$

$$M = 0.149 \beta r_0^2 P = 0.149 \times 0.27 \times 3.8^2 \times 2.34 \times 10^3 = 1359\text{kN} \cdot \text{m}$$

$$e_0 = \frac{M}{N} = \frac{1359}{10777} = 0.126\text{m}$$

$$\frac{L_0}{h_2} = \frac{1.82 r_0}{1.1} = \frac{1.82 \times 3.8}{1.1} = 6.287 < 8, \text{ 取 } \eta = 1$$

$$e = \eta e_0 + \left(\frac{h}{2} - a'\right) = 1 \times 0.126 + \left(\frac{1.1}{2} - 0.07\right) = 0.606\text{m}$$

$$x = \frac{\gamma_L N}{h f_{cm}} = \frac{1.1 \times 10777000}{1100 \times 16.5} = 653 > 0.55 h_0 = 0.55 \times 1030 = 567\text{mm}$$

按小偏心受压构件计算

$$\begin{aligned} A_g = A'_g &= \frac{\nu_L N e - 0.5 f_c b h_0^2}{f'_y (h_0 - a')} \\ &= \frac{1.1 \times 10777000 \times 606 - 0.5 \times 15 \times 1000 \times 1030^2}{310 (1030 - 70)} \\ &= \frac{7184000000 - 7956750000}{310 \times 960} < 0 \text{（受拉不用钢筋控制）} \end{aligned}$$

$$A_g = A'_g = \mu_{min} b \cdot h = 0.001 \times 1000 \times 1100 = 1100\text{mm}^2$$

选用 $\phi 20$，$@300$，按构造配筋，实际选用钢筋面积 $A_g = 3.33 \times 314.2 = 1050 \approx 1100\text{mm}^2$（里外两排共 2200mm^2）

五、竖向钢筋计算

最大拉力部位

$$x = \frac{H_2^2}{2H}, \ H_2 = H - H_1 - H_3 = 185 - 13 - 3.2 = 168.8\text{m}$$

$$x = \frac{168.8^2}{2 \times 185} = \frac{28493}{370} = 77\text{m}$$

最大拉力：

$$N_{max} = G \left(\frac{H_3}{H} + \frac{H_2^2}{4H^2}\right)$$

$$G = G_1 + G_2 + G_3 = 86201 \text{kN}$$

$$N_{max} = 86201 \left(\frac{3.2}{185} + \frac{168.8^2}{4 \times 185^2} \right) = 86201 \ (0.017 + 0.208) = 19395 \text{kN}$$

$$A_g = \frac{\gamma_0 N_{max}}{f_y} = \frac{1.3 \times 19395000}{310} = 81334 \text{mm}^2$$

式中　γ_0——井壁吊挂安全系数，$\gamma_0 = 1.3$；

　　　f_y——钢筋的设计强度，取 $f_y = 310 \text{N/mm}^2$。

外层布筋周长　　　　$L_外 = \pi \ (D_1 - 0.08) = \pi \times \ (8.7 - 0.08)$

　　　　　　　　　　　$= 27.067 \text{m}$

内层布筋周长　　　　$L_内 = \pi \ (d + 0.08) = \pi \times \ (6.7 + 0.08) = 21.289 \text{m}$

　　　　　　　　　$L_外 + L_内 = 27.067 + 21.289 = 48.356 \text{m}$

选用 $\Phi 22$，　　　　　　　　　$a_g = 380.1 \text{mm}^2$

受拉筋根数　　　　　$n = \frac{A_g}{a_g} = \frac{81334}{380.1} = 214$ 根

间距：　　　　　　　$@ = \frac{48.356 \text{m}}{214} = 0.225 \text{m} = 225 \text{mm}$

选用 $\Phi 22$，$@225$

内层根数　　　　　　$n_内 = \frac{21.289}{21.289 + 27.067} \times 214 = 94$ 根

外层根数　　　　　　$n_外 = 214 - 94 = 120$ 根

以上配筋只在垂深 50～100m 段。

0～50m，选用 $\Phi 20$，$@300$，100～180m 段选用 $\Phi 20$，$@300$

六、联系钢筋

井壁联系钢筋 $\phi 12$；竖向间距 500mm；水平距离 1000mm。

七、沉井的刃脚计算

采用的刃脚尺寸及计算，见图 4-6-13。

沉井过程中刃脚插入土层中的深度为 1.5m，刃脚尖夹角 $\beta = 30°$，混凝土与土层间摩擦角 $\varphi = 30°$，刃脚上口壁厚 $h_2 = 1.1 \text{m}$，触变泥浆台阶宽 $\delta = 0.3 \text{m}$；混凝土等级为 C30；

采用 II 级钢筋，$f_y = 310 \text{N/mm}^2$。

（一）土层反力

$$T = T_1 + T_2 = 4670 + 46110 = 50780 \text{kN}$$

土层竖向反力 N：

$$N = \frac{G - T}{\pi \ (D_1 - a \tan 30°)} = \frac{86201 - 50780}{\pi \ (9.3 - 1.5 \tan 30°)}$$

$$= \frac{35421}{26.48} = 1338 \text{kN/延米}$$

式中　G——沉井总重（扣除浮力），$G = 86201 \text{kN}$

（二）水平推力

$$P_H = N \cdot \text{tg} \ (\alpha - \varphi) = 1338 \times \text{tg} \ (60° - 30°)$$

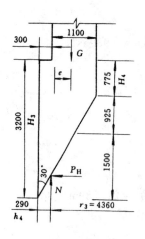

图 4-6-13　刃脚尺寸计算

$$=1338\times0.577=772\text{kN/延米}$$

（三）环向拉力 N_L

$$h_4=\frac{1}{3}a\cdot\tan30°=\frac{1}{3}\times1.5\times0.577=0.29\text{m}$$

$$r_3=\frac{D}{2}-\frac{1}{3}a\cdot\tan\beta=\frac{9.3}{2}-\frac{1}{3}\times1.5\times0.577=4.36\text{m}$$

$$h_4=0.29\text{m}<\frac{r_3}{10}=\frac{4.36}{10}，按薄圆环公式计算拉力$$

$$N_L=P_H\cdot r_3=772\times4.36=3366\text{kN}$$

（四）环向钢筋

$$A_g=\frac{\nu_k\cdot N_L}{f_y}=\frac{1.4\times3366000}{310}=15201\text{mm}^2$$

刃脚配有环筋和角钢 $L=80\times80\times10$，钢板及支撑钢轨等。其环向总面积远远大于 15201mm^2，在刃脚的混凝土中，配置 $\phi22@300$ 的环向钢筋，强度足够。

（五）竖向钢筋

竖向反力对井壁重心偏心矩

$$e=\frac{Q_1\dfrac{h_1}{2}+Q_2\dfrac{h_2}{2}}{Q_1+Q_2}+\delta-\frac{1}{3}a\tan30°$$

$$=\frac{48360\times\dfrac{1.0}{2}+66810\times\dfrac{1.1}{2}}{115170}+0.3-\frac{1}{3}\times1.5$$

$$\times0.577=0.54\text{m}$$

由竖向反力 N 产生的弯矩 M_1

$$M_1=Ne=1338\times0.54=723\text{kN}\cdot\text{m}$$

由水平推力产生的弯矩 M_2

$$M_2=P_H\left(H_3-\frac{1}{3}a\right)=772\times\left(3.2-\frac{1}{3}\times1.5\right)=2084\text{kN}\cdot\text{m}$$

M_1 与 M_2 联合作用

$$M_1+M_2=723+2084=2807\text{kN}\cdot\text{m}$$

由侧向压力产生的弯矩 M_3

$$M_3=-1.5H\cdot H_3^2=-1.5\times185\times3.2^2=2842\text{kN}\cdot\text{m}$$

$$M_1+M_2<M_3$$

选用最大弯矩

$$M_{max}=M_3=2842\text{kN}\cdot\text{m}=2842\times10^6\text{N}\cdot\text{mm}$$

$$A_0=\frac{\nu_k M_{max}}{bh_0^2 f_{cm}}=\frac{1.4\times2842\times10^6}{1000\times1330^2\times16.5}=0.136$$

$$h_0=h_3-a=1.4-0.07=1.33=1330\text{mm}$$

式中　h_3——刃脚最大厚度，$h_3=1.4\text{m}$；

　　　ν_k——安全系数，取 $\nu_k=1.4$；

f_{cm}——混凝土弯曲抗压设计强度，$f_{cm}=16.5N/mm^2$。

根据 A_0 在表 4-6-11 查出，（用插入法）$\alpha=0.147$

$$\mu=\alpha\frac{f_{cm}}{f_y}=0.147\times\frac{16.5}{310}=0.0078$$

$$A_g=\mu bh_3=0.0078\times1000\times1400=10920mm^2$$

内外层竖筋用 18kg/m 钢轨，每米（内外层合计）4 根

$$a_g=2307mm^2$$

钢轨面积　　　　　　　$A_{g1}=4\times2307=9228mm^2$

两根竖向钢轨间配 2 根 $\phi22$ 钢筋，每沿米内外两层共 8 根。

$$A_{g2}=8\times380.1=3041mm^2,\quad A_{g1}+A_{g2}=12269mm^2\text{（满足要求）}$$

（六）刃脚外侧竖向钢板厚度计算

采用 Q235-A 号钢，$f_y=215N/mm^2$

厚度　　　　　　　　　$\delta=\frac{\gamma_k(G-T)}{\pi D_1f_y}$

式中　G——沉井结构全部重量（扣除浮力），$G=86201kN$；

　　　T——考虑到突沉时，$T=0$。

$$\delta=\frac{1.4\times(86201-0)}{2\pi\times9.3\times215}=9.6mm$$

选用 10mm 厚钢板，高度为刃脚全高 3.2m。

（七）生筋钩（吊挂钢筋）

沉井结束后，在刃脚内侧的钢板上焊接 $\phi22$ 钢筋，与壁座钢筋搭接，内外两层 @=300mm。

（八）井壁、刃脚结构及配筋表

井壁及刃脚配筋见表 4-6-15，其结构如图 4-6-14 所示。

表 4-6-15　井壁及刃脚配筋

钢筋名称		分 段 配 筋			联系钢筋
井壁环筋		0~180m，$\phi20@500$			$\phi12$ 水平间距为 1000mm， 竖向间距为 500mm
井壁竖筋	垂深配筋	0~50m $\phi20@300$	50~100m $\phi22@225$	100~180m $\phi20@300$	
刃脚配筋	环筋	1. 角钢：规格=80×80×10，间距：1000（包括插入 1.8m 井壁）里外两排； 2. 钢筋：$\phi22@300$ 里外两排			$\phi12$　@300
	竖筋	1.18kg/m 钢轨；间距：500 里外两排； 2. 钢筋：$\phi22@250$ 里外两排；			$\phi12$　@500

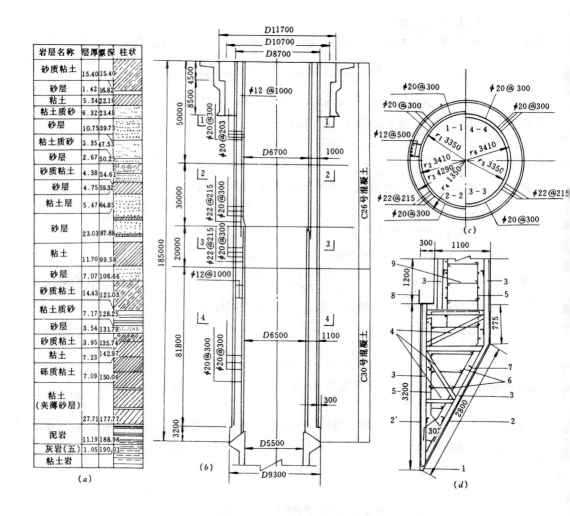

图 4—6—14 井壁及刃脚结构

a—检查钻孔柱状；b—井壁结构；c—断面配筋；d—刃脚结构配筋

1—刃尖，钢轨 43kg/m；2—钢靴内板，钢板 $\delta=10mm$；2'—钢靴外板，钢板 $\delta=10mm$；3—刃脚竖筋，钢轨 18kg/m；4—刃脚拉筋，钢轨 11kg/m；5—刃脚竖向钢筋 $\phi22mm$；6—刃脚环向钢筋 $\phi22mm$；7—刃脚环筋角钢，$L80\times80\times10mm$；8—胶带围裙，胶带 $B=650mm$，$\delta=10mm$；9—联系筋，$\phi12mm$

第七章　立井混凝土帷幕

第一节　概　　述

混凝土帷幕又叫地下连续墙，国内外在地下工程（地下铁道、地下停车场、高层建筑基础）和水库大坝防渗等方面多有采用。该技术自 1974 年引入我国煤矿建井中以来，发展较为迅速，目前已有 24 个立井井筒和 2 个斜井工程采用这种方法通过不稳定表土层。混凝土帷幕结构，既可以作为防护结构兼作永久性支护的一部分，也可以单独作为永久支护。该方法施工准备和施工工艺比较简单，不需要复杂的机械设备，成本较低，但由于造孔机械和技术方面的限制，目前宜用于厚度为 30～50m 的表土中，在岩溶地层、严重漏浆地层和承压水水压较大的砂砾地层内不宜采用。

混凝土帷幕法是从外系统引进到煤炭行业的一项技术。我国水电部门采用这项施工技术已为数十座水库修建了防渗墙，成功地解决了水库大坝基础的渗漏问题，积累了近 30 年的丰富经验。

我国其它一些部门也有许多采用帷幕法施工的先例。上海基础公司曾采用自行研制的 SF1－60 型潜水式多头成槽机，兴建了上海某升船机工程和某钢厂基础工程的地下连续墙。

上海隧道建设公司研制的导板式和导杆式液压抓斗机，已应用于某地下连续墙工程。该工程采用上述的抓斗机造孔，成孔后在其孔内放设钢筋笼，然后向孔内灌注混凝土，形成地下连续墙做为该地下工程的边墙。

北京市政三公司与北京市政工程研究所曾采用混凝土帷幕法修建一直径 10m，深 12.5m 的立井，作为水下顶管的工作坑。

交通部第一和第二航务工程局，也分别采用了这项技术成功地修建了岸坡防滑墙和船坞的边墙。

在国外，意大利于 1950 年应用混凝土帷幕技术。之后法国、联邦德国、奥地利、墨西哥、巴西、加拿大等国也相继引进了这项技术。日本虽然从 1959 年才开始在工程上应用这项技术，但推广和发展很快。至 1969 年仅十年时间就灌注了约 250 万 m² 的混凝土帷幕。深度一般都在 40～50m 以内。加拿大引进这项技术后，成功地施工了深度 131m 的大坝防渗墙。另外，国外在地下铁道、地下停车场、挡土墙、建筑物基础和地下室边墙、船坞、各类防渗工程以及立井工程上，已广泛地采用这项施工技术。但是应用于立井工程上的深度并不大。例如，墨西哥采用混凝土帷幕法建成的两个净直径 9m 的集水立井，深度分别为 43m 和 50m；英国、前苏联等国家均采用了这项技术施工了立井井筒，不过深度也都比较小。

一、帷幕法的工艺流程和特点

混凝土帷幕法，除个别矿井试用过全圆环一次造孔，沿四周向环形空间浇筑混凝土形成帷幕外，通常是在井筒开挖前，沿井筒外围圆环划分二至四段圆弧（槽孔），用造孔机械依次将分段的圆弧在泥的掩护下，造出槽孔（根据我国煤矿帷幕施工经验，槽孔最长为 13.6m，最短为 5.42m。水电部门建造防渗墙时，槽孔长一般为 8.0～12m），然后用管子向槽孔内灌注混凝土，置换出泥浆。各段圆弧形槽孔灌注混凝土完毕，再处理各段接头，使其槽孔间的混凝土互相嵌接起来构成一个密封的整体，即形成需要的混凝土帷幕。其深度穿过含水不稳定地层进入稳定地层（或基岩），以保护井筒凿砌工程的安全。

混凝土帷幕法工艺流程如图 4—7—1 所示。

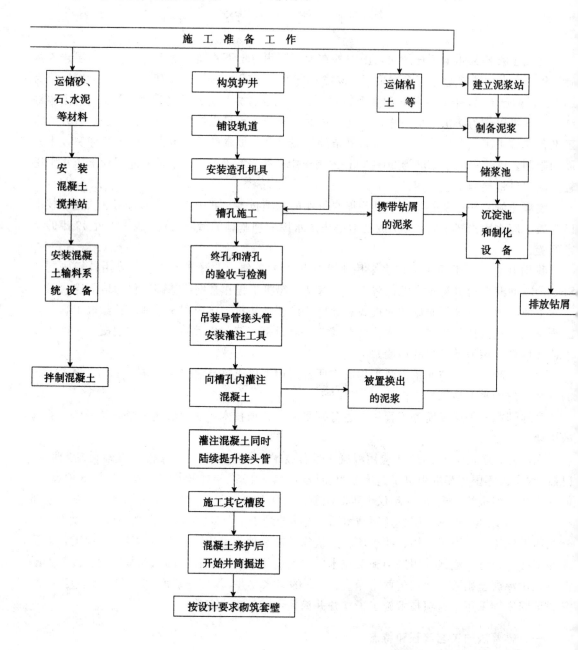

图 4—7—1　混凝土帷幕法工艺流程示意图

混凝土帷幕法具有以下特点：

1）施工准备、施工技术均较简单，无需复杂的机械设备；准备期短，投资省。

2）工艺技术较成熟，可同时使用多台设备，施工速度快，质量比较可靠。

3）所需的钢材、木材耗量小，而所需的大宗材料，如水泥、砂、石等材料较易就地解决。

4）帷幕嵌入稳定地层（或基岩）一定深度，井筒掘砌至下部不需要另作封底工作。

5）选用适当的造孔机械，可作到无噪音、无振动。

6）用于井筒施工，帷幕法尚有下述不足之处：

（1）立井帷幕较深时，对施工要求较高，尤其是接头部分；

（2）表土深度较大或易漏浆、承压水头较高的极不稳定地层，使用该方法尚缺少经验；

（3）泥浆制备与处理系统占地面积较大。

二、帷幕法适用条件和一般要求

混凝土帷幕法，适用于冲积层中有流砂、淤泥、卵石、砂砾等含水不稳定地层。但对于承压水水头较高的砂砾层以及泥浆液严重漏失的极不稳定地层，目前尚不适用。另外，由于机具设备条件和施工技术水平的限制，深度一般不宜超过50m。

混凝土帷幕应满足下列要求：

1）混凝土帷幕的深度和厚度，应符合设计要求。

2）混凝土帷幕应有良好的封闭性。为此，在井筒开挖前，应在井筒内布置一个水文观测孔，孔深比帷幕深度浅3～5m。用此进行抽水、压水试验，证明井筒内外确无水力联系再行井筒凿砌工作。

3）混凝土帷幕的直径应根据计算确定。

4）混凝土帷幕的强度应能承受施工期间最大地压，当作为永久性支护时，应考虑井筒使用期所承受的最大荷载，并确保有一定的安全度。

三、常用的造孔设备

（一）造孔机械

目前煤矿建井常用的造孔机械，主要有钢丝绳冲击式钻机和回转式钻机两种。

1. 冲击式钻机

冲击式钻机适用于各种地层。在坚硬土层，含砾石、卵石地层，以及基岩内钻进时，较其它类型钻机优越。国产冲击式钻机以CZ型较适用，其主要技术性能参见表4-7-1。

表4-7-1　CZ型冲击式钻机主要技术性能

项　目	CZ-20型	CZ-22型	CZ-30型
钻孔直径（mm）	500～700	600～800	900～1200
最大钻孔深度（m）	300	300	500
最大钻具重量（kg）	1300	1600	2500
钻具冲程：最大（mm）	1000	1000	1000
最小	450	350	500
钻具冲击频率（次/min）	40、45、50	40、45、50	40、45、50

续表

项　　目	CZ—20 型	CZ—22 型	CZ—30 型
钻具卷筒起重能力（kg）	1500	2000	3000
掏碴筒卷筒起重能力（kg）	1000	1300	2000
钻具提升速度（m/s）	0.52、0.58、0.65	1.13、1.32、1.47	1.24、1.47、1.56
掏碴筒提升速度（m/s）	0.96、1.08、1.27	1.26、1.40、1.56	1.38、1.56、1.74
钻具用钢绳直径（mm）	19.5	21.5	26
掏碴筒用钢绳直径（mm）	13	15.5	21.5
电动机（kW）	20	20	40
钻架高度（m）	12	13.5	16
钻架起重量（t）	5	12	25
钻机移动速度（km/h）	<20	<20	<20
工作时外形尺寸（长×宽×高）（m）	5.8×1.85×12.3	5.8×2.32×14	8×2.66×16.3
钻机重量（t）	6.18	7.5	13

2. 回转式钻机

常用的回转式钻机有反循环式和正循环式之分。正循环式排碴效率较差，所以一般多用反循环式回转钻机。目前常用的这种类型的钻机有：

1）"察尔森"型钻机。

该机结构简单，容易操作，对构筑 25m 以内的地下防渗墙，钻进效率高，工作可靠。

2）反循环水文井钻机（SFZ—150 型）。

该机既可用于混凝土帷幕施工，又可以钻进水文孔，还可以用于钻孔灌注桩基础工程。

3）WMZ—100 型冲击回转两用钻机。

该机是结合煤矿建井工程特点设计的。钻机可在圆形轨道上运行，机体稳定，钻孔垂直度较高，且具有冲击回转双重功能，适应性强。其主要技术性能参见表 4—7—2。

表 4—7—2　WMZ—100 型冲击回转二用钻机技术性能

项　　目			技 术 特 征	备　　注
钻 头 直 径（mm）			$\phi800$	
钻 孔 深 度（m）			100	
主 电 机（kW）			55	
总 重 量（t）			22	
回转钻进机构	钻进方式		减压钻进自动进给	
	转盘最大通孔直径（mm）		$\phi860$	
	钢绳直径（mm）		$\phi20$	
	钻杆	方 钻 杆（mm）	220×220×4200	壁厚10
		圆 钻 杆（mm）	$\phi219×3000$	壁厚8
		联接方式	端面牙嵌、渐开线滑键	

续表

项　目			技 术 特 征	备　注
回转钻进机构	排碴	方　式	反循环	注水、堵管时正循环
		砂石泵 吸　程（m）	8～8.5	
		砂石泵 流　量（m³/h）	360	
		砂石泵 电　机（kW）	40	
		清水泵（kW）	20	
冲击钻进机构		钻头重量（t）	2.5	
		冲击频率（次/min）	45	
		钢绳直径（mm）	φ24	
钻架		结 构 型 式	桁架式	液压千斤顶起落
		高　度（m）	15.2	
液压控制系统电机（kW）			5.5	
恒钻压控制系统电机（kW）			3.0	Z2—41 型
机体外形尺寸（mm）			8000×3000×16000 8000×2900×4000	工作状态 运输状态

以上三种型式钻机的砂石泵均可改为正循环，以处理堵管故障。

3. 其它类型造孔机械

除上述造孔机械外，国内水电、城建、交通等部门还应用过抓斗机、潜水式多头回转钻槽机以及潜水式单头回转钻机等。

国外目前用于混凝土帷幕（地下连续墙）施工的造孔机械已多达数十种，性能各有特点，但其适用深度一般均不超过 50m。

（二）造孔工具

常用的造孔工具详见表 4—7—3。

表 4—7—3　国内常用的造孔工具

造孔工具类型	可配套使用的钻头工具		用途及特点
冲击造孔用的工具	冲击钻头	十字形实心铸钢钻头	钻头体稳定，成孔质量高，适用于各种地层
		空心钻头	适用于砂层为主的冲积地层
		弧形劈孔钻头	适用于在砂层和砂砾层中造孔时，将各单孔连通成为槽孔
	掏碴筒		用于排除孔内碎碴
回转造孔用的钻具	鱼尾式、三翼式和圆笼式钻头		一般用于反循环洗井，圆笼式钻头是综合型的

四、国内帷幕法施工简况

国内煤矿井筒工程应用帷幕法的简况见表 4—7—4。

表4-7-4 中国煤矿混凝土帷幕法凿井技术特征表

序号	项目 井筒名称	冲积层厚度(m)	井筒净直径(m)	帷幕中心线直径(m)	帷幕厚度(mm)	套壁厚度(mm)	帷幕深度(m)	深入稳定岩层深度(m)	槽孔段数	钻机类型	钻机台数(台)	开工日期 年·月·日	接头型式
1	鹤岗兴安矿南风井	24.0	5.5	6.9	950	200	29.0	5.0	4	冲击式	2	1974.7.20	钻凿式圆弧接头
2	鹤岗峻德矿北风井	27.0	4.5	6.1	950	300	27.8	0.8	2	冲击式	3	1974.9.16	钻凿式圆弧接头
3	鹤岗峻德矿主井	43.6	5.5	8.5	950	750	49.7	6.1	3	冲击式	4	1975.4.20	钻凿式圆弧接头
4	鹤岗峻德矿副井	43.6	7.0	9.85	950	1000	50.0	6.4	3	冲击式	4	1976.6	接头管式圆弧接头
5	鹤岗峻德矿南风井	50.0	4.5	8.1	950	500~800	57.0	7.0	2	冲击式	4	1977.6.22	接头管式圆弧接头
6	铁法大明二矿主井	19.8	5.0	8.0	850	240	23.6	3.8	3	冲击式	2	1975.7.11	钻凿式圆弧接头
7	铁法小青矿南风井	33.8	5.0	7.6	770	700	41.3	7.5	3	冲击式	2	1975.10.6	钻凿式圆弧接头
8	铁法小青矿东风井	27.03	5.0	7.0	770	400	33.5	6.47	3	冲击式	3	1976.5.11	钻凿式圆弧接头
9	黄县北皂矿主井	48.3	4.5	6.35	850	400	53.3	5.0	2	冲击式	3	1976.1.6	钻凿式圆弧接头
10	黄县北皂矿副井	48.3	6.0	8.25	600	250	55.0	6.7	2	冲击式 回转式	3 1	1976.8.15	接头管式圆弧接头
11	黄县北皂矿风井	51.0	4.5	6.15	550	250	56.0	5.0	2	冲击式 回转式	3 1	1977.7.30	接头管式圆弧接头
12	黄县桑园矿主井	30.0	5.0	6.5	700	275	36.0	6.0	2	冲击式	2	1976.2.25	钻凿式圆弧接头

续表

序号	井筒名称	冲积层厚度(m)	井筒净直径(m)	帷幕中心线直径(m)	帷幕厚度(mm)	套壁厚度(mm)	帷幕深度(m)	深入稳定岩层深度(m)	槽孔段数	钻机类型	钻机台数(台)	开工日期 年·月·日	接头型式
13	黄县桑园矿风井		3.0	4.2	700	80	29.0		1	冲击式	2	1976.3	无接头
14	隆尧二矿副井	14.0	2.5	3.65	650	250	24.0	10.0	2	冲击式	2	1976.7.1	钻凿式圆弧接头
15	隆尧二矿主井	11.0	4.0	5.4	700	250	20.0	9.0	3	冲击式	2	1977.5	钻凿式圆弧接头
16	梅河矿一井东翼充填井	33.3	4.0	5.4	600	250	34.0	0.7	6	冲击式	1	1974.4.8	钻凿式圆弧接头
17	梅河矿二井东翼充填井	33.3	4.0	5.4	600	250	34.0	0.7	5	冲击式	1	1976.5.20	钻凿式圆弧接头
18	邢台市煤矿主井	14.0	4.5	5.9	600	250	20.0	6.0	2	冲击式	2	1978.5.9	预制混凝土管接头
19	邢台市煤矿副井	14.0	3.0	4.4	600	250	26.0	12.0	2	冲击式	2	1977.10.25	预制混凝土管接头
20	梅河矿五矿主斜井	20.2	2.8		700	300	23.0	2.8	6	冲击式回转式	9	1978.9.12	接头管式圆弧接头
21	鄂庄矿迁砂井立井部分	6.85	10.0		600	400	9.0	1.2	2	冲击式	2	1984.6.3	接头管式圆弧接头
	鄂庄矿迁砂井斜井部分	8.00	2.5		600	400	9.0	1.45	4	冲击式	2	1984.4.13	接头管式圆弧接头
22	龙口粱家矿主井	43.0	5.5	8.35	600	500	50.0	7.0	3	冲击式回转式	3	1984.11	接头管式圆弧接头

第二节　混凝土帷幕设计

混凝土帷幕设计的基本依据是井筒所通过地层的地质和水文资料，以及井筒的特征。

一、帷幕深度的确定

根据地质及水文资料来确定帷幕的深度。

混凝土帷幕深度按下式确定：

$$H = h_1 + h_2 \qquad\qquad (4-7-1)$$

式中　H——设计混凝土帷幕深度，m；

　　　h_1——含水冲积层厚度，m；

　　　h_2——混凝土帷幕深入不透水稳定地层内的深度，m。

根据我国应用混凝土帷幕法施工井筒经验，帷幕深入不透水稳定地层内的深度，一般应为 $3\sim 6m$ 之间。

二、帷幕厚度的确定

混凝土帷幕的有效厚度值可按下式计算确定：

$$B = R\left[\sqrt{\dfrac{f_c}{f_c - r_k 2p}} - 1\right] \qquad\qquad (4-7-2)$$

式中　f_c——混凝土轴心受压强度设计值，N/mm²；

　　　r_k——安全系数。当混凝土帷幕作为临时支护时，则 $r_k = 1.7$；当混凝土帷幕作为永久支护时，取 $r_k = 3.4$。混凝土强度等级一般取C15～C20；

　　　R——帷幕的净半径，m；

　　　p——帷幕所承受的地压值，MPa。

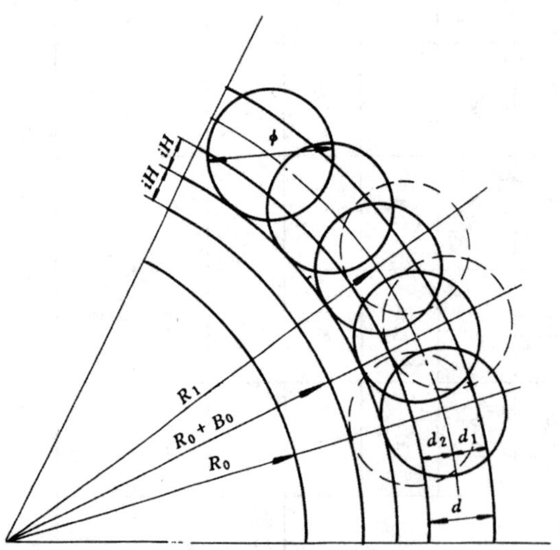

自井筒中心至帷幕内壁面净半径 R，可按下式计算：

$$R = R_0 + B_0 + 2iH \qquad\qquad (4-7-3)$$

式中　R_0——设计井筒净半径，m；

　　　B_0——设计套壁厚度，m；

　　　i——造孔允许最大偏斜率，%；

　　　H——设计混凝土帷幕深度，m。

图 4-7-2　混凝土帷幕的几何尺寸

R_1—帷幕中心线半径；R_0—井筒净半径；

B_0—套壁厚度；d—钻孔偏斜后帷幕的最小有效厚度

设 R_1 为混凝土帷幕中心线半径（见图 4-7-2），则：

$$R_1 = R_0 + B_0 + (D + 0.1)/2 + iH \qquad\qquad (4-7-4)$$

式中　D——钻头直径，m；

　　0.1——钻进扩孔量，m。

三、钻孔容许最大偏斜率

综合各井施工经验和混凝土帷幕有效厚度的要求，使用现有冲击式或回转式钻机造孔，深度不大于 30m 时，偏斜率应控制在 0.5％以内；钻深不大于 50m 时，偏斜率不应大于 0.4％；如果遇有深度介于 50～80m 之间的工程，必须采用此法施工时，其偏斜率应控制在 0.3％以内。

四、混凝土帷幕槽孔段数的划分

立井井筒采用混凝土帷幕法时，对槽孔的划分有两种情况：一是沿圆周划分为二至四段槽孔，各槽孔顺序施工，并灌注混凝土；二是整个圆环作为一个槽孔，一次造孔，一次同时对全圆环槽孔灌注混凝土。

每段槽孔长度的确定，若地层较稳定，槽孔长度可适当长些，否则宜短一些。

目前，煤矿帷幕法凿井划分的槽孔长度约在 5.42～13.6m 范围之间。为了减少接头数目，提高帷幕整体性，槽孔长度宜为 8～12m。

五、立井混凝土帷幕内套砌井壁厚度的确定

目前，对主、副井井筒而言，混凝土帷幕一般多作为临时支护，内部套砌井壁的厚度和结构，应视为永久支护进行设计。其支护厚度可按（4－7－2）公式计算，荷载可按全水压控制。内套井壁厚度一般不宜小于 0.3m，并配置构造钢筋。

对于风井井筒一般多用作永久支护。

因为帷幕内表面是凹凸不平的，帷幕横截面内的应力较为复杂。为了改善帷幕的整体性和受力性能，并使帷幕表面平滑规整，有时为了安装井筒装备的需要，也要在帷幕内套砌井壁。

帷幕套砌井壁厚度，应依据井筒直径、涌水量和地层条件而定。无经验时，可参照表4－7－5选定。

表 4－7－5　混凝土帷幕内套砌井壁厚度参考值

混凝土帷幕用途	永 久 支 护				临 时 支 护
地层条件	地层较稳定，地面建筑物对井壁无影响		地层不稳定，地面建筑物对井壁有影响		
涌水量（m³/h）	<30		≥30		
井筒深度（m）	<30	30～60	<30	30～60	
井筒直径（m）	≤5		>5		
需要套壁厚度（m）	0.2～0.3	≥0.3	≥0.25	≥0.3	按有关条件，另行设计永久支护
钢筋配置		自井深30m向下应配置 φ16 单层钢筋网	配置 φ16 单层钢筋网	30m 以上单层钢筋；30m 以下双层钢筋	

六、壁座设计

一般帷幕底部要设置一个生根壁座，其结构计算可参见本篇第三章第六节有关计算方法进行。

第三节　混凝土帷幕的结构及建造要求

一、护　井

护井可作为固定钻孔位置的标志，亦为检测造孔深度和偏斜的依据；在造孔开始阶段，护井对钻具起着导向作用；护井还可维护孔口的稳定，防止周围地表塌陷。

护井分为内护井和外护井（见图4-7-3）。内外护井之间环形沟槽即为槽孔位置，其宽度应比钻头直径大20～25cm。护井一般为钢筋混凝土结构。护井截面宜为"L"形，以增加稳定性。护井的壁厚为20～25cm。

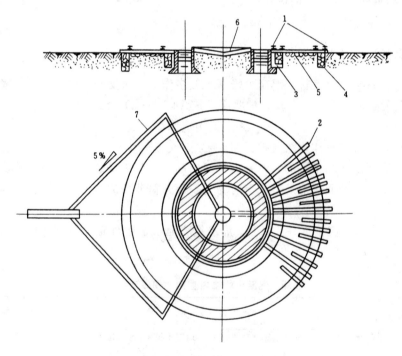

图4-7-3　槽孔施工钻场布置图

1—环轨；2—轨枕；3—内轨基础；4—外轨基础；5—碎石；6—锅底坑；7—排浆沟

护井顶面的标高，须依据地下水位标高和井筒周围地形确定。一般情况下护井顶面须高出泥浆面30～50cm，而孔内泥浆面须高于地下水位1.5～2.5m，以确保泥浆的护壁作用。若地下水位为承压水，则须根据水头压力确定泥浆面标高和护井顶面的标高。另外，护井顶面宜高出钻场地坪30cm左右。

内护井范围内应筑成向井筒中心倾斜的凹坑，并与排浆沟连通，做为排除废泥浆之用。

二、混凝土帷幕

(一) 造　孔

1. 冲击造孔

采用冲击式钻机时，为使槽孔内各个单孔连通，将槽孔划分为主孔和副孔（如图4－7－4所示）。两主孔之间的间距视副孔的钻进方法而定。若用弧形劈孔钻头钻凿副孔，副孔长度，即相邻两主孔孔缘间距宜为主孔直径的0.8～1.0倍。若用十字形钻头，则副孔长度宜为主孔直径的1.4～1.8倍。采用三钻劈打法钻进副孔，即在副孔中间加一钻，两侧所余土体（俗称小墙）再分别打掉。

2. 回转造孔

采用回转式钻机钻进时，排碴与钻进同时进行。回转造孔的方法，分为一次钻全深法或分层凿挖法。

一次钻全深法，即以钻机先钻进单号孔，然后钻进双号孔，均钻至设计深度。

分层凿挖法，可分为分层直挖法和分层平挖法。

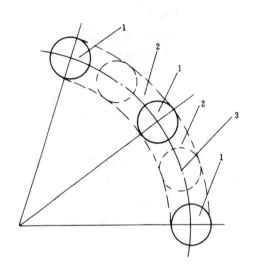

图4－7－4　槽孔内主、副孔划分示意图
1—主孔；2—副孔；3—帷幕中心线

分层直挖法，即首先在槽孔两侧钻进导孔，自一端开始先钻进单孔，然后钻机返回钻进双号孔，如图4－7－5所示。待全部钻完后，再接长一节钻杆钻进下一层，直至设计槽孔深度。

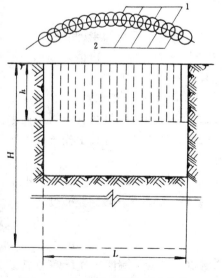

图4－7－5　回转钻进分层直挖法
1—主孔（单号孔）；2—副孔（双号孔）

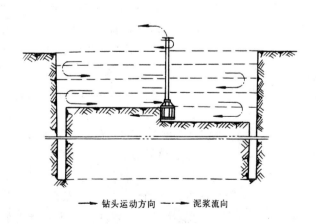

→钻头运动方向　----→泥浆流向

图4－7－6　回转钻进分层平挖法

分层高度为一节钻杆的长度。

分层平挖法，如图4-7-6所示。待导孔钻完后，钻机需换用特制的铣削式钻头，自一端的导孔开始，向另一端连续铣削土层。分层的高度即铣削式钻头的高度。这样依次向下钻进至槽孔设计深度。该方法宜用于以砂层为主、槽孔较浅的情况。

3. 冲击钻机与回转钻机配合造孔

回转式钻机适用于粘土、砂层，而冲击式钻机适用于卵石和坚硬地层。两种钻机配合使用，亦可充分发挥钻机的特点。

槽孔的成品验测应遵循下述规定：

1）槽孔验测，应保证槽孔的宽度符合设计要求；出现"小墙"，必须将其凿掉，以保证槽孔的连续性；槽孔的偏斜率应符合规定。即钻深在50m以内，偏斜率不应大于0.4%～0.5%；钻深50～80m，偏斜率应控制在0.3%以内；大于80m，偏斜率不得大于0.2%。

2）槽孔内各单孔的深度差不宜大于15cm。

（二）泥浆下灌注混凝土

1. 配制混凝土的要求

混凝土配合比设计应满足泥浆下灌注的各项技术要求，特别是流动性、和易性及强度等方面的要求。

混凝土配合比设计一般采用经验计算与试验相结合的方法。

计算时可根据以下几项经验指标校验：

1）塌落度18～22cm；

2）混凝土强度等级较设计强度等级提高20%，采用普通塑性混凝土的水灰比计算方法进行计算；

3）含砂率选用40%～50%；

4）水泥用量不少于400kg/m³。

2. 泥浆下的混凝土灌注

1）灌注方法。

泥浆下灌注混凝土一般采用直升导管法，即沿槽孔长度方向设置数根铅垂的导管（输料管），从地面向数根导管同时灌入搅拌好的混凝土，混凝土自导管底口排出，由槽孔底部逐渐上升，并不断地把泥浆顶出槽孔，直至混凝土灌满槽孔。如图4-7-7所示。

导管由一节节薄钢管组成，钢管内径为200～300mm。下放的导管为便于灌注，底口应留有0.5m左右空隙。为了在开始灌注混凝土时不至于使混凝土与泥浆混合，可在管内泥浆面上设置一直径比管径略小的木圆球，借以起隔浆作用。导管托架设在护井上，其承托方式如图4-7-8所示。

导管接头要注意防漏密封。导管接好后，都要进行压水试验，长50m试验压力不小于$0.014H$，MPa（H为每根导管总长，m）。同时还应对导管壁厚、法兰盘（或螺纹）以及螺栓的强度进行验算。

2）混凝土储料箱容积的确定。

储料箱的体积，应能满足开始灌注混凝土时所需的用量以及导管下端能封住所需的混凝土用量。因此，储料箱的体积V应为导管内所需的混凝土体积V_1和将导管下端封住所需的混凝土体积V_2之和。

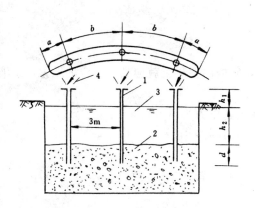
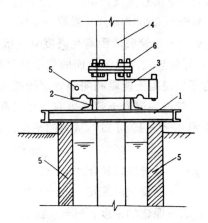

图4-7-7　直升导管法灌注混凝土

1—导管；2—混凝土；3—泥浆；4—漏斗

图4-7-8　导管的承托

1—大导管架；2—小导管架；3—导管卡；

4—导管；5—护井；6—螺栓

据实测，1m 高的混凝土柱只能克服 1.6m 泥浆柱的压力，如图 4-7-9 所示。因此导管内为克服泥浆柱压力需要的混凝土柱的体积为：

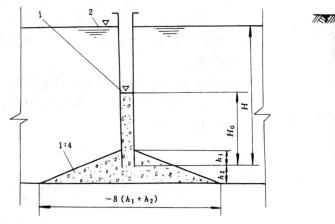
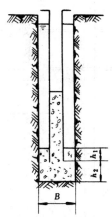

图4-7-9　导管内混凝土量计算示意图

1—导管内混凝土面；2—泥浆面

$$V_1 = H_0 A = \frac{HA}{1.6} \tag{4-7-5}$$

式中　A——管的截面积，m^2；

　　　H_0——导管内混凝土的高度，m；

　　　H——泥浆面至下料导管底端的距离，m。

封住导管底口需要的混凝土量 V_2 按近似棱锥体计算：

$$V_2 = 4B(h_1 + h_2)^2 \tag{4-7-6}$$

式中 B——槽孔宽度，m；

h_1——最小埋深（一般取 0.3），m；

h_2——导管底端距离孔高度（一般取 0.3），m。

3）导管顶端高出泥浆面的最小高度确定。

为了使混凝土能顺利向导管周围摊展并上升，管内的混凝土就应具有一定的压力，浆液面以上导管内的混凝土就必须有一定的高度。

由图 4—7—10 可知，从力的平衡可得出管底的超压力为：

$$p = r_1 h_1 \cdot 10^{-2} + (r_1 - r_2) h_2 \cdot 10^{-2}$$

式中 p——导管底口超压力，MPa；

r_1——混凝土的密度，$r_1 = 2.4 t/m^3$；

r_2——泥浆的密度，$r_2 = 1.2 t/m^3$；

h_1、h_2——高度，m；见图 4—7—10 标注。

导管顶端高出泥浆面的最小高度为：

$$h_1 = 0.0417p - 0.5h_2 \qquad (4-7-7)$$

式中符号意义同上。

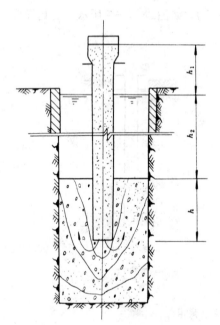

图 4—7—10   泥浆下灌混凝土时
混凝土与泥浆柱的压差图

4）导管的灌注范围和间距。

为了使灌注的混凝土摊展较顺利，导管的灌注范围不宜过大。一般灌注范围以 2.5～3.5m 为宜。

当数根导管同时灌注时，各导管底端的标高应基本一致，高差不得大于1m。槽孔的混凝土面不得出现超过 1∶4 的坡度。

5）导管埋入混凝土内允许的最大深度。

导管埋入混凝土内的最大深度 h，主要决定灌注速度，可按下式计算：

$$h = kvt \qquad (4-7-8)$$

式中 h——导管允许最大埋深，m；

k——灌入的混凝土吸水性系数，取 0.5～0.8，吸水性强时取小值；

v——混凝土面上升速度，m/h；一般取 2～5m/h；

t——混凝土的初凝时间，h。

一般情况下导管的埋深宜控制在 4～6m。

（三）混凝土帷幕接头的处理

槽孔分段施工时，槽孔与槽孔之间的衔接叫接头。两段槽孔相交接的钻孔叫接头孔。两段槽孔灌注完混凝土后形成的接合缝叫接头缝。接头处是帷幕的薄弱部位，接头缝应具有足够的承压和抗渗能力，以保证井筒开挖的安全。

1. 接头的型式

根据使用不同的钻具，其接头结构型式可有以下几种（见图 4—7—11）：

弧形直接接头：当冲击式或回转式钻机造孔时，可形成圆弧形接头。此接头承压、抗渗性能较好，故适应深度较大。

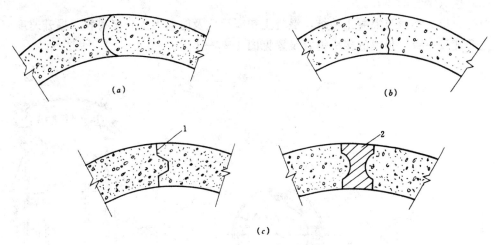

图 4—7—11　混凝土帷幕接头结构型式图

a—弧形直接接头；b—直线形直接接头；c—隔板接头

1—钢隔板；2—钢筋混凝土预制隔板

直线形直接接头：当用矩形抓斗成孔时，则形成该种型式的接头。适用于帷幕有足够厚度的情况。

隔板接头：为防止渗水，在槽孔端部设置预制隔板，使接头缝呈折曲状。

2. 接头的施工

1）直接钻凿法。

直接钻凿法就是在灌注混凝土结束 3～4h（即混凝土已初凝）以后，将钻机移到槽孔端部，对已灌注的混凝土进行钻凿，目的使端部由原来的凸圆弧形成为内凹圆弧。孔位应自混凝土端部向内移 20cm 左右，详见图 4—7—12 所示。

该方法适用于帷幕深度在 40m 以内的圆弧形直接接头。其优点是施工简单，缺点是浪费混凝土，深部混凝土强度已增大，钻凿困难，效率较低，且易偏斜。

2）预留法。

预留法是在槽孔灌注混凝土前，在槽孔的

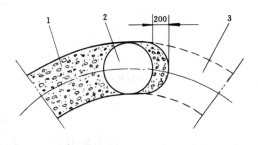

图 4—7—12　钻凿式接头孔位

1—已灌注完混凝土的槽孔；2—接头的钻凿位置；

3—尚未施工的槽孔

端部（第一槽孔时为两端）预先埋设圆钢管。随混凝土灌注，在混凝土刚刚开始凝结时，即逐渐提升钢管，使槽孔端部形成圆孔。

（1）接头钢管的构造。

接头钢管是用钢板（厚6mm左右）卷成的圆筒。其直径宜略小于钻头直径。当灌注速度不超过每小时 5m 时，总长度应不小于 25m。每节长度宜为 6m，采用内法兰联接。钢管内部每隔 1m 设一道加强支承板。内接法兰的结构如图 4—7—13 所示。

（2）接头钢管的提升。

为防止接头钢管与混凝土粘结，混凝土初凝后应及时向上提升接头管。提升速度应与混凝土上升速度一致。预埋的接头钢管设置见图 4－7－14。

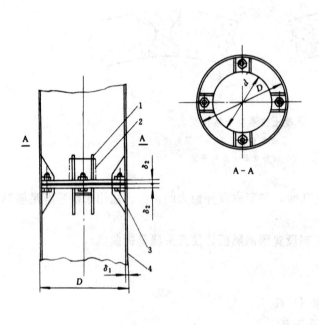

图 4－7－13　内接法兰结构
1—加强板；2—安装孔；
3—螺栓；4—接头钢管

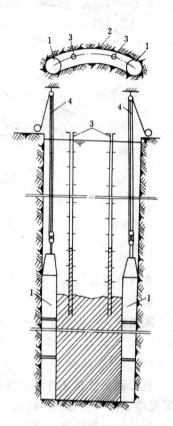

图 4－7－14　接头钢管的安设
和提升方法图
1—接头钢管；2—槽孔；
3—导管；4—提升装置

提升接头管需要的上拔力可用下式计算：

$$p = kf\pi D \cdot l \tag{4-7-9}$$

式中　p——提升接头管需要的上拔力，t；

　　　k——系数，一般取 1.2～1.3；

　　　f——摩阻力，可按 0.4～0.5t/m² 计算；

　　　D——接头管直径，m；

　　　l——接头管埋入混凝土内的长度，m。

3）直线形直接接头。

直线形直接接头用于帷幕厚度较大的情况下，接头处要钻凿平直。在下一槽孔灌注混凝土前要用钢丝刷洗干净。由于接头抗渗性能和受力性能均差，一般很少采用。

4）隔板接头。

隔板接头适用于深度在 30m 以内的帷幕。隔板可采用钢板或预制钢筋混凝土构件。隔板应具有一定的刚度。灌注混凝土前，将隔板预先安装在槽孔的两侧端部。

第四节　井筒掘砌设计应注意的问题

一、井筒掘砌

（一）井筒开挖时间

应根据地温核算混凝土到达设计强度的时间，即井筒开始掘进时，混凝土必须达到预期的设计强度。一般需要一个月后方可开挖。

（二）掘砌段高

确定凿砌段高时，应遵循以下原则：

1）当混凝土帷幕质量良好，地层以粘土为主，水压不大时，深度小于 50m 的井筒可以不分段，一次掘进到底，然后套砌井壁；深度大于 50m 的井筒，上部 50m 可以一次掘砌完毕，下部则宜采用短段掘砌。

2）当混凝土帷幕施工的质量存在一定疑问而深度又超过 30m，地层为粘土层，水压不大时，则可在质量有疑问的部位，采用短段掘砌方法，使套砌工作迅速完成。

二、帷幕底部壁座的施工

在套砌井壁时，一般在混凝土帷幕下部设置一个小壁座。掘进时应按设计深度施工，挖凿壁座时，不得将帷幕底面全部挖空，应使帷幕底部有足够的基岩承托；如帷幕底面与套壁的壁座距离较大，基岩稳定性又较差时，则应采取短段掘砌。

三、帷幕内表面与套壁结合面的处理

当混凝土帷幕作为永久支护，而套壁厚度较薄时，则帷幕内表面的泥皮应刷洗干净。刷洗的方法，可先用铁锹铲除泥皮，然后用高压水冲刷。如帷幕仅作为临时支护，而由套壁作为井筒永久支护时，则内表面可以不加刷洗。

混凝土帷幕凿井的掘砌工作，应严格检查施工质量，出现问题及时处理。在正常条件下的井筒掘砌工作与普通凿井法相同。

第八章　立井井筒相关硐室设计

第一节　罐笼立井井筒与井底车场连接处

一、设计依据

（一）设计所需资料

1）连接处所在部位的水平标高，地质资料及井筒涌水数据。

2）矿井生产能力及连接处服务年限。

3）副井井筒装备，井筒断面布置及下放长材料方式。

4）井底车场平面图、坡度图及井下行驶的机车、矿车种类。

5）连接处机械设备、线路布置及坡度。

6）井底通讯、信号、气及液控设备布置。

7）排水管子道布置资料。

（二）有关规定

1）罐笼提升的立井井筒与井底车场连接处两侧巷道，均应设双边人行道，各边的宽度不应小于900mm，对于综合机械化采煤矿井，按照现行《煤矿安全规程》要求，不应小于1000mm 连接处巷道的高度和长度，应满足设备布置和通过最长材料及罐笼同时进出车层数的要求，并尽量减少通风阻力，其净高不应小于4.5m，长度应不小于5m。

2）连接处井筒两侧（进出车侧）应设人行通道互相联络。

二、连接处形式

罐笼立井井筒与井底车场连接处的形式，有双面斜顶式，双面平顶式及单面斜顶式3种。设计中可根据井型，提升容器及连接处设备布置等要求按表4-8-1选取。

表4-8-1　罐笼立井井筒与井底车场连接处形式分类

形　式	图　示	装　备　特　点	适　用　条　件
双面平顶式	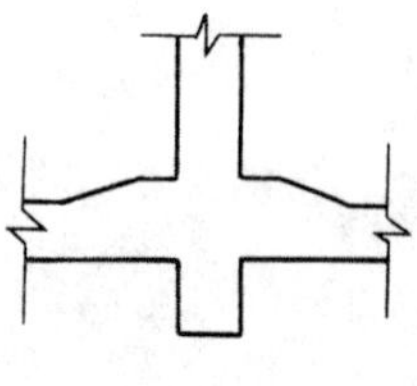	采用双层罐笼，设上方推车机及固定平台，两层罐笼同时进出车和上下人员	通过能力大，适用于大型矿井
		采用双层罐笼，用沉罐方式在车场水平进出车的出车侧设固定平台，出车侧设活动平台，两个水平同时上下人员	

形 式	图 示	装 备 特 点	适 用 条 件
双面斜顶式		采用双层罐笼,用沉罐方式在车场水平进出车,车场水平下面设通往等候室的地道,两个水平同时上下人员	通过能力大,适用于大型矿井
		采用双层罐笼,用沉罐方式在车场水平进出车和上下人员	通过能力大,适用于大、中型矿井
		采用单层罐笼	通过能力小,适用于中、小型矿井
单面斜顶式		采用单层罐笼,在连接处线路中设置一组分车菱形道岔	通过能力小,适用于小型矿井。一般不宜采用

三、连接处尺寸的确定

(一)高度的确定

连接处高度主要取决于上、下材料的长度和下放方式、罐笼层数、进出车及上下人员方式等因素。井下最长材料通常是钢轨（12.5m），一般采用吊在罐笼底部的方式下放（图4—8—1）。连接处的有效高度 H_m（轨面至巷道顶的净高）可按式（4—8—2）计算后，并考虑其它因素综合确定。但净高不应小于4.5m。

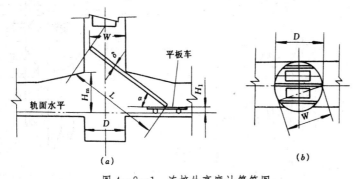

图4—8—1 连接处高度计算简图

计算公式如下：

$$H_m = [(L\sin\alpha + H_1) + \delta\cos\alpha] - (W - \delta\sin\alpha)\tan\alpha \qquad (4-8-1)$$

式中　H_m——上、下长材料时，连接处所需的有效高度，m；

　　　　L——材料的最大长度，m；

　　　　δ——上、下最长材料的高度（或厚度），m；

　　　　W——井筒上、下材料的有效弦长，m；一套提升设备时，一般可取 $W = 0.9D$，D 为井筒净直径（m）；两套提升设备时，W 值可依据井筒断面布置算出。

表4-8-2　罐笼立井井筒与井底车场连接处平面尺寸计算

布置方式	图　示	符　号　注　释
二股轨道的连接处	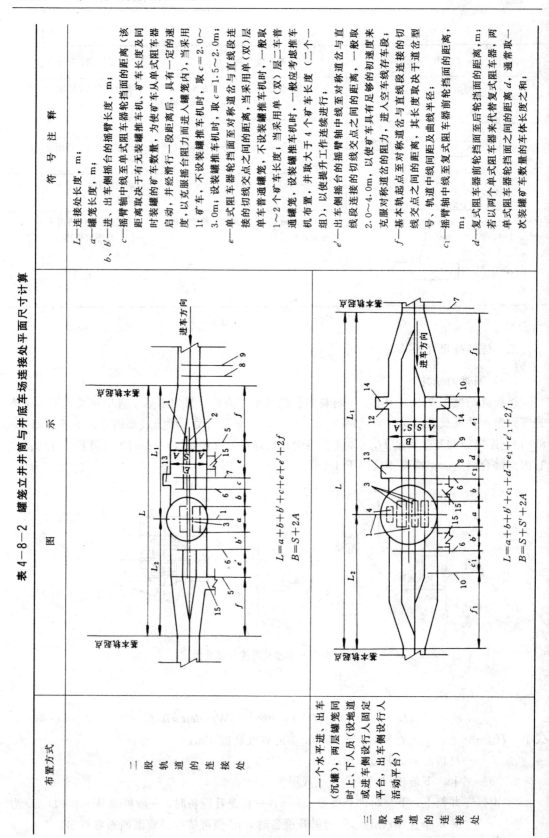 $L=a+b+b'+c+e+e'+2f$ $B=S+2A$	L—连接处长度，m； a—罐笼长度，m； b,b'—进、出车侧摇台的摇臂长度，m； c—摇臂轴中线至单式阻车器轮挡面的距离（该距离取决于有无装罐推车机、矿车从单式阻车器启动，并经滑行一段距离后，具有一定的速度，以克服摇台阻力而进入罐笼内）。当采用1t矿车，不设装罐推车机时，取$c=1.5\sim2.0$m；设装罐推车机时，取$c=2.0\sim3.0$m； e—单式阻车器轮挡面至对称道岔与直线的切线交点之间的距离，当采用单（双）层二车普通车通罐笼、设装罐推车机时，一般取接的切线交点的距离，当采用单推车机时，一般大于4个矿车长度（二个一组），以便提升工作连续进行； e'—出车侧摇台的摇臂轴中线至对称道岔的切线的切线交点的距离，一般取$2.0\sim4.0$m，以使矿车具有足够的初速度来克服对称道岔的阻力，进入空车线存车段； f—基本轨起点至对称道岔与直线连接的切线交点之间同距及曲线半径，号，轨道中线至复式阻车器前轮挡面的距离，m； c_1—摇臂轴中线至复式阻车器轮挡面的距离，通常取一单式阻车器矿车数量的车体长度之和； d—复式阻车器前轮挡面至后轮挡面的距离，m；若以两个单式阻车器代替复式阻车器，两单式阻车器轮挡面之间的距离d，通常取一次装罐矿车数量的车体长度之和；
三股轨道的连接处 一个水平进、出车（沉罐），两层罐笼同时上、下人员（设地道行人时，出车侧设人固定平台，或进车侧设行人平台，出车侧设活动平台）	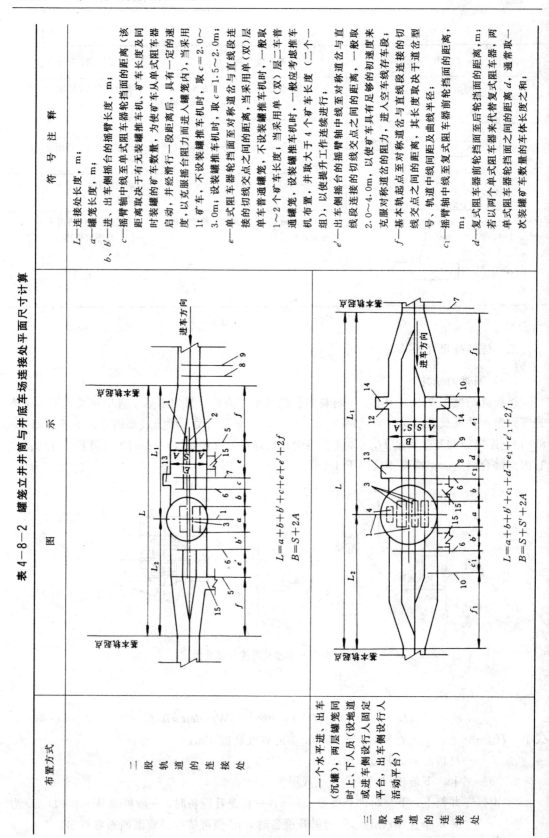 $L=a+b+b'+c_1+d+e+e_1+2f_1$ $B=S+S'+2A$	

续表

布置方式	图　　　示	符　号　注　释
设置上方推车机及固定平台，两层罐笼同时上下人员 三股轨道的连接处	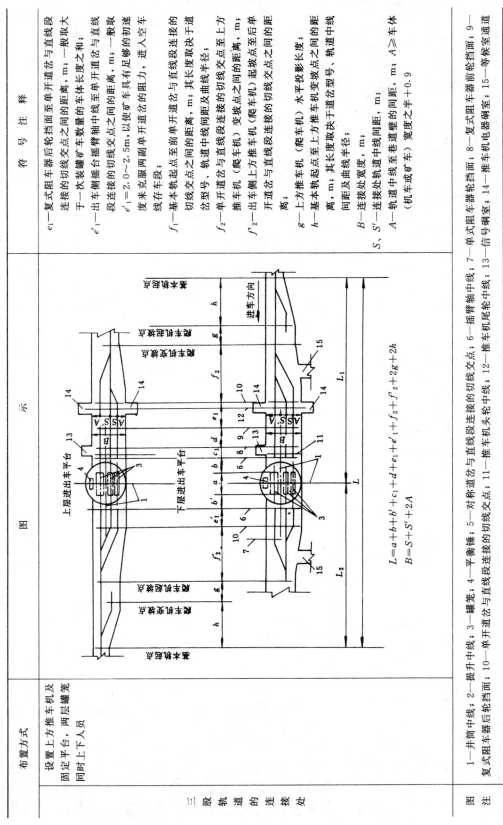	e_1—复式阻车器后轮挡面至单开道岔与直线段连接的切线交点之间的距离，m；一般取大于一次装罐矿车数量的车体长度之和； e'_1—出车侧车轮摇臂轴中线至单开道岔与直线段连接的切线交点之间的距离，m；$e'_1=2.0～2.5m$，以使矿车具有足够的初速度来克服两副单开道岔的阻力，进入空存车线段； f_1—基本轨起点至单开道岔与直线段连接的切线交点之间的距离，m；其长度取决于道岔型号、轨道中线间距及曲线半径； f_2—单开道岔上方推车机（爬车机）变坡点至上方推车机（爬车机）起坡点之间的距离，m； f'_2—出车侧单开道岔与直线段连接的切线交点至上方推车机（爬车机）起坡点之间的距离； g—上方推车机（爬车机）水平投影长度； h—基本轨起点至基本轨上方推车机变坡点之间的距离，m；其长度取决于道岔型号、轨道中线间距及曲线半径； B—连接处宽度； $S、S'$—连接处轨道中线间距，m； A—轨道中线至巷道壁之间的距离，m；$A \geqslant$ 车体（机车或矿车）宽度之半+0.9

图上标注：上层进出车平台；下层进出车平台；进车方向

$$L = a + b + b' + c_1 + d + e_1 + e'_1 + f_2 + f'_2 + 2g + 2h$$
$$B = S + S' + 2A$$

图注　1—井筒中线；2—提升中线；3—罐笼；4—平衡锤；5—对称道岔；6—摇臂轴中线；7—单式阻车器后轮挡面；8—复式阻车器前轮挡面；9—复式阻车器后轮挡面；10—单开道岔与直线段连接的切线交点；11—推车机头关轮中线；12—推车机尾轮中线；13—信号硐室；14—推车机电器硐室；15—等候室至候室通道

表4-8-3　副井底装罐推车机主要技术特征

设备名称	型号	适用于车辆种类	轨距(mm)	每次推车数(辆)	推车速度(m/s)	推车行程(mm)	推力(N)额定	推力(N)最大	推车机范围内钢轨坡度(‰)	传动滚筒直径(mm)	电动机型号	电动机功率(kW)	电动机转速(r/min)	减速机型号	减速机速比	摇台型号	摇臂长(mm)进车侧	摇臂长(mm)出车侧	调节高度(mm)	摇台动力	阻车器型号	阻车器动力
1t、1.5t单车井底电动链式装罐推车机	TZL-7.5/2.3	1.0t	600	1	0.77	6064		5000			BJO2-51-4	7.5	1450	JZQ-400-Ⅱ-5Z	40.17	CY-6/5	2300	2800	500	气、液	ZDQ-6/9	气、液
		1.5t	600 900			6464										CY-9/4	2300	2800	400			
1t、1.5t双车井底电动链式装罐推车机	TZL-13/2.3	1.0t	600	2	0.77	8064		9000			BJO2-61-4	13	1460	JZQ-500-Ⅱ-5Z	40.17	CY-6/5	2300	2800	500	气、液	ZDQ-6/9	气、液
		1.5t	600 900			8864										CY-9/4	2300	2800	400			
		3.0t	900	1		7514																
1t、1.5t单车井底电动链式装罐推车机（配手动摇台）	TZL-7.5/1.5	1.0t	600	1	0.77	5302		5000			BJO2-51-4	7.5	1450	JZQ-400-Ⅱ-5Z	40.17	CYS-6/3	1500	1500	300	手动	ZDQ-6/9	气、液
		1.5t				5702																
1t、1.5t双车井底电动链式装罐推车机（配摇臂长3m摇台）	TZL-13/3	1.0t	600	2	0.77	9335		9000			BJO2-61-4	13	1460	JZQ-500-Ⅱ-5Z	40.17	CY-6/7	3000	3500	700	手	ZDQ-6/9	气、液
		1.5t				10135																
1t单车井底绳式装罐推车机	TL1-2	1.0t	600	1	0.84	5275	5980				JO2-51-4	7.5	1450	JZQ-400 1Z 2Z	31.5	YS1-2	1500	1500	300	手动	ZS-2	手动
3.0t单车井底绳式装罐推车机	TL3-2	3.0t	900	1	0.67	7900	700		7	350	BLO2-52-4	10	1450	JZQ-500 1Z 2Z	40.7	YF3-2	2050	2050	300	气		

注：表中车辆种类均指标准矿车。

H_1——轨面至平板车上平面的高度，m；

α——上、下长材料时，材料与水平面的夹角（°）。

若取 $\alpha=45°$，代入公式（4-8-1），则得近似计算公式：

$$H_m=0.707\ (L+2\delta)\ +H_1-W \qquad (4-8-2)$$

（二）平面尺寸的确定

连接处平面尺寸包括长度和宽度，见表4-8-2。长度系指井筒两侧道岔（对称道岔或单开道岔）基本轨起点之间的距离 L，它主要取决于连接处的设备布置、进出车方式及线路布置；宽度 B 取决于井筒装备及断面布置和两侧人行道的宽度。

根据副井提升设备的布置，连接处平面布置分为二股轨道及三股轨道两种方式。前者用于设置一套提升设备的副井；后者用于设置二套提升设备的副井。其平面布置及计算公式见表4-8-2。

副井井底装罐推车机及与其配合使用的设备（摇台、阻车器）的主要技术特征见表4-8-3。

四、连接处断面形状及支护

（一）断面形状

连接处断面形状，主要取决于围岩性质及压力显现形式，一般均采用半圆拱形断面。当顶压和侧压较大时，可采用马蹄形断面；当顶压、侧压及底压均较大时，可采用椭圆形、封闭形断面。

（二）支　护

连接处通常采用料石或混凝土等不燃性材料支护，支护厚度400~600mm。当围岩稳定、节理、裂隙不发育时，可考虑采用锚喷联合支护；当围岩不稳定、地压大或连接处断面较大时，可采用钢筋混凝土支护；当连接处位于膨胀性岩层中，或连接处岩层破碎、层理发育时，可采用锚喷金属网或金属支架作临时支护，然后再砌筑永久支护。

连接处上、下2~5m的井壁，要安设金属支撑结构，此段井壁一般应加厚100~200mm，并配置构造筋以加强井壁支护能力，使金属支撑结构安设可靠。

五、连接处附属硐室及行人通道

（一）附属硐室

1. 信号硐室

连接处信号硐室的形式，按有无气控设备一般分为三种，见表4-8-4。

为便于观察进出车（或上下人员），信号硐室一般设在连接处进车侧，距井筒中心5~10m的地方。硐室规格尺寸见表4-8-5。

信号硐室一般采用料石或混凝土（C15~C20）支护，支护厚度200~300mm，铺底厚100~150mm。

2. 装罐推车机电器硐室

装罐推车机电器硐室的位置及规格，应依据机制专业提供的资料要求确定。电器硐室一般采用半圆拱形断面，巷宽3.0~4.5m，墙高1.1~1.5m，深3.5~4.0m。

电器硐室通常采用料石或混凝土支护，支护厚度200~300mm。

表 4—8—4   连接处信号硐室形式分类

形 式		布 置	设 备 配 置	平面积（m²）	适 用 条 件
硐室式	信号室	设在连接处巷道的一侧，硐室底板高于道碴面 100～200mm	信号控制台、信号盘、电缆箱及其他设备	6～8	一套提升设备，配一对单层罐笼，无气控设备的中、小型矿井
	不分上下两室的信号与气控室	设在连接处巷道的一侧，硐室底板高于道碴面 100～200mm	气控控制台、电控控制台、信号控制台、信号盘、电缆箱及其他设备	12～14	一套或两套提升设备，配双层罐笼，一个水平或两个水平进出车，有气控设备的大、中型矿井
	分上下两室的信号与气控室	设在连接处巷道的一侧，硐室底板高于道碴面 100～200mm	上室：气控控制台、电控控制台、信号控制台、信号盘、电缆箱；下室：气包及气控管路	上、下室各为 12～14	一套或两套提升设备，配双层罐笼，一个或两个水平进出车，有气控设备的大型矿井
悬吊式		设在提升中心线部位，距巷底 2m（钢木结构）	信号控制台、信号盘、电缆箱及其他设备	6～8	二套提升设备，配双层罐笼，一个水平进出车，两个水平上下人员，有气控设备的大型矿井并作辅助信号室

表 4—8—5   信号硐室规格尺寸

形 式	图 示	断面形状	尺 寸（m）				
			巷宽 B	墙高 h_3	深 L	L_1	h
信号室		半圆拱形	2.5～3.0	1.5～1.8	2.5～3.0		
不分上、下室的信号与气控室		半圆拱形	3.5～4.0	1.5～1.6	3.5～4.0		
分上、下两室的信号与气控室		半圆拱形	3.5～4.0	3.0～3.5	3.5～4.0	1.0～1.2	2.0～2.2
图 注	1—上室；2—玻璃窗；3—固定平台；4—下室；5—扶梯						

（二）行人通道

立井井筒与各水平车场的连接处，必须设有专用的人行通道，严禁人员通过提升间。罐笼井筒两侧（连接处进、出车侧）应设人行通道互相联络。设计中一般采用人行通道与等候室联合布置。人行通道断面的确定，应考虑行人方便及通风等因素，若连接处设平台进出车和上下人员时，进出车侧人行通道还应考虑钢梯的布置。

六、其他要求

1) 连接处设备基础依据设备布置提供的资料和要求进行设计。设备基础一般采用混凝土（C20～C30）捣制。水泥砂浆（M10）抹面。

2) 连接处出进车平面、井底金属支持结构、井底铺板、淋水棚、望板等设施，依据机制专业提供的资料和要求进行布置和预留梁窝。

3) 当副井井筒有淋水时，应在望板之上适当位置（一般应在连接处之上5～7m处）设置1%坡度的集水圈，将井筒淋水引至连接处水沟中排入水仓。

4) 连接处铺轨，大、中型矿井一般应铺设混凝土整体道床，小型矿井可铺设道渣；大型矿井一般采用30～43kg/m钢轨，中、小型矿井采用15～22kg/m钢轨。

七、部分矿井副井连接处设计索引

（一）原煤炭工业部部标准设计

副井连接处（部标准设计）技术特征见表4－8－6、图4－8－2～图4－8－5。

表4－8－6　副井连接处（部标准设计）技术特征

工程名称	图号	井筒装备	支护方式及材料	长度(m)	净断面(m²)	掘进体积(m³)	材料消耗量				轨道(m)
							混凝土(m³)	料石(m³)	钢材型钢(kg)	钢筋(kg)	
1.0t矿车双层单车普通罐笼 D4.0m 立井井筒与井底车场连接处	图4－8－2	钢罐道	混凝土拱、料石壁	28.8	18.1/6.2	812.2	243.57	60.24	53		23.4
			全料石				54.66	249.15			
1.0t矿车单（双）层单车普通罐笼 D5.0m 立井井筒与井底车场连接处	图4－8－3	钢罐道	混凝土拱、料石壁	29.8	17.1/6.2	(810.5)812.6	239.52	61.80			25.03
			全料石				157.89	143.43			
1.0t矿车单层双车普通罐笼 D6.0m 立井井筒与井底车场连接处	图4－8－4	钢罐道	混凝土拱、料石壁	33.6	18.7/6.2	1084.16	428.40	70.93			22.40
			全料石				328.91	170.42			
3.0t矿车单（双）层罐笼 D6.5m 立井井筒与井底车场连接处	图4－8－5	钢罐道	混凝土拱、料石壁	40.5	20.5/15.3 24.0/10.4	(1675.9)1869.6	(402.39)414.98	(78.40)99.94			22.7
			全料石				(241.21)252.50	(239.58)262.42			

注：1. 连接处附属硐室的掘进体积及材料消耗量已计入；
　　2. 表、图中括号内数据为单层罐笼的数据；
　　3. 井底水窝采用潜水泵排水；
　　4. 本设计适用于普氏系数 $f=4～6$ 的岩层中，巷道断面为半圆拱形；
　　5. 净断面中斜线上数字为最大断面，斜线下数字为最小断面。

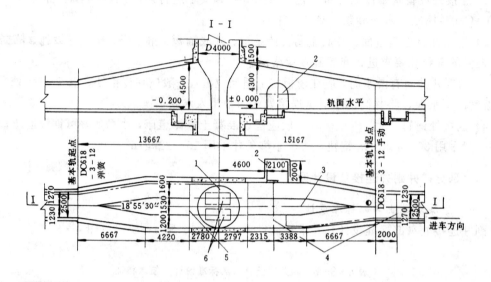

图4-8-2　1.0t矿车双层单车普通罐笼 D4.0m 立井井筒与井底车场连接处

1—井筒中线；2—信号硐室；3—提升中线；4—单式阻车器轮挡面；5—摇臂轴中线；6—罐笼

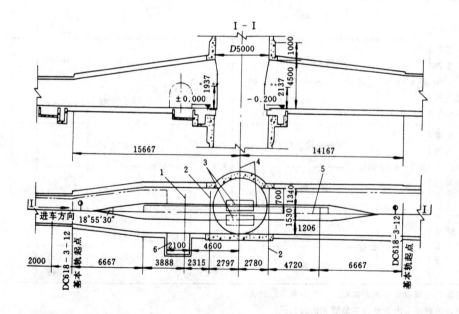

图4-8-3　1.0t矿车双层单车普通罐笼 D5.0m 立井井筒与井底车场连接处

1—单式阻车器轮挡面；2—摇臂轴中线；3—罐笼；4—井筒中线；5—提升中线；6—信号硐室

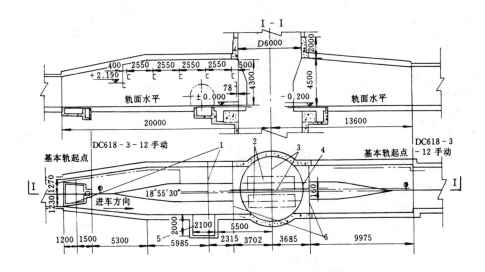

图4—8—4 1.0t矿车单层双车普通罐笼D6.0m立井井筒与井底车场连接处

1—单式阻车器轮挡面；2—罐笼；3—井筒中线；4—提升中线；5—信号硐室；6—摇臂轴中线

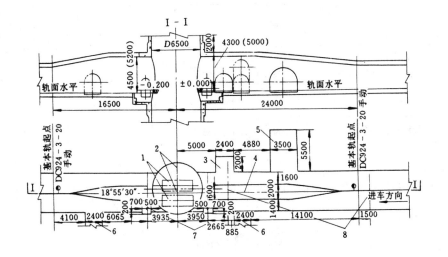

图4—8—5 3.0t矿车单（双）层普通罐笼D6.5m立井井筒与井底车场连接处

1—罐笼；2—井筒中线；3—信号硐室；4—提升中线；5—推车机电器硐室；

6—等候室通道；7—摇臂轴中线；8—单式阻车器轮挡面

（二）原煤炭工业部通用设计

副井连接处（部通用设计）技术特征见表4—8—7、图4—8—6～图4—8—11。

表4—8—7　副井连接处（部通用设计）技术特征

工程名称	图号	井型(Mt/a)	井筒装备	提升容器	断面形状	支护方式	长度(m)
观音堂甘豪矿井副井井筒与井底车场连接处	图4—8—6	0.60	钢罐道	1t矿车单层二车四绳罐笼（一对）	半圆拱	混凝土拱、料石壁	48.3
鸡西杏花立井副井井筒与井底车场连接处	图4—8—7	0.90	钢罐道	1t矿车双层四车四绳罐笼（一对）	半圆拱	混凝土砌碹	53.5
铁法小青矿井副井井筒与井底车场连接处	图4—8—8	1.20	钢罐道	1t矿车双层四车四绳罐笼（一对）	半圆拱	钢筋混凝土砌碹	34.3
宿县海孜矿井副井井筒与井底车场连接处	图4—8—9	1.50	钢罐道	一对1t矿车双层四车多绳罐笼，一个带平衡锤的多绳宽罐笼	半圆拱	混凝土砌碹（后因围岩差，改为钢筋混凝土支护）	63.5
滕南蒋庄矿井副井井筒与井底车场连接处	图4—8—10	1.50	钢罐道	1t矿车双层四车多绳罐笼（一对）	半圆拱	混凝土砌碹	46.5
邢台东庞矿井—300m水平副井井筒与井底车场连接处	图4—8—11	1.80	钢罐道	一对带平衡锤的1.5t矿车双层四车六绳罐笼	三心拱	混凝土砌碹	52.1

工程名称	净断面(m²)	掘进体积(m³)	材料消耗量				轨道(m)
			混凝土(m³)	料石(m³)	钢材(kg)型钢	钢筋	
观音堂甘豪矿井副井井筒与井底车场连接处	21.1/8.0	966.9	133.6	44.5			38.7
鸡西杏花立井副井井筒与井底车场连接处	28.7/7.0	1689.4	405.3				50.9
铁法小青矿井副井井筒与井底车场连接处	40.4/20.0	1853.4	581.9		88.4	8718.4	40.0
宿县海孜矿井副井井筒与井底车场连接处	26.6/14.6	2892.0	615.0				35.3
滕南蒋庄矿井副井井筒与井底车场连接处	26.7/8.1	1869.7	437.1	11.9	1050.2		43.2
邢台东庞矿井—300m水平副井井筒与井底车场连接处	36.0/9.4	1823.0	535.2		9273.6	5982.3	41.8

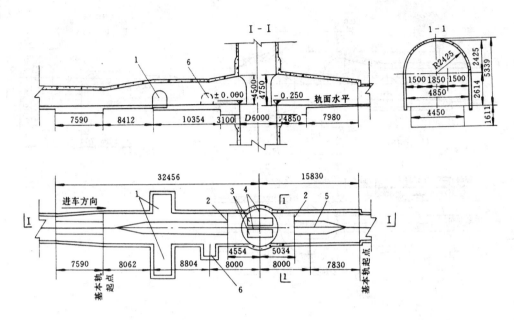

图 4—8—6 观音堂甘豪矿井副井井筒与井底车场连接处

1—推车机电器硐室；2—摇臂轴中线；3—罐笼；4—井筒中线；5—提升中线；6—信号硐室

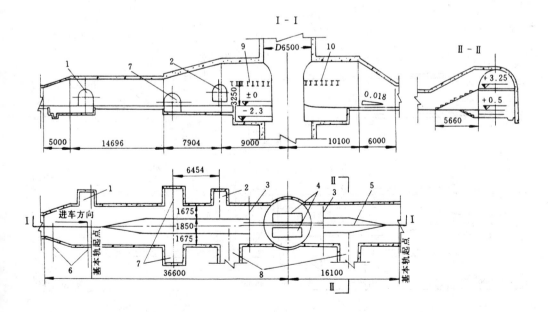

图 4—8—7 鸡西杏花立井副井井筒与井底车场连接处

1—阻车器配气硐室；2—信号硐室；3—摇臂轴中线；4—罐笼；5—提升中线；6—复式阻车器轮挡面；
7—推车机电器硐室；8—等候室通道；9—固定平台；10—活动平台

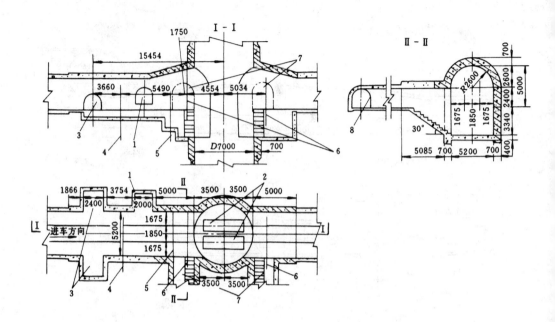

图 4—8—8　铁法小青矿井副井井筒与井底车场连接处

1—信号硐室；2—罐笼；3—推车机电器硐室；4—复式阻车器后轮挡面；
5—复式阻车器前轮挡面；6—摇臂轴中线；7—等候室通道；8—等候室

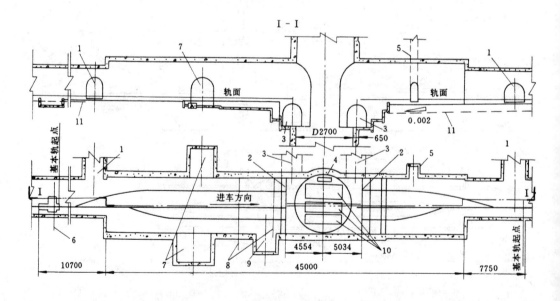

图 4—8—9　宿县海孜矿井副井井筒与井底车场连接处

1—等候室通道；2—摇臂轴中线；3—至等候室地道；4—平衡锤；5—梯子间通道；6—单式阻车器轮轴面；
7—推车机电器硐室；8—复式阻车器轮挡面；9—信号硐室；10—罐笼；11—水沟底面

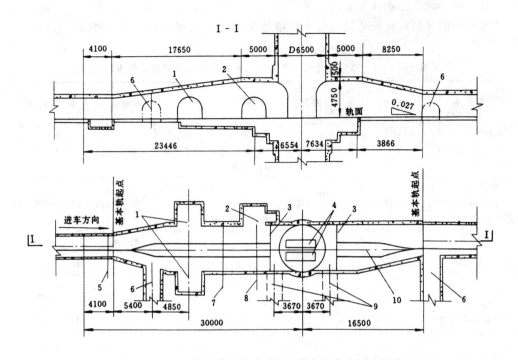

图 4—8—10　滕南蒋庄矿井副井井筒与井底车场连接处

1—推车机电器硐室；2—信号硐室；3—摇臂轴中线；4—罐笼；5—单式阻车器轮挡面；6—等候室通道；

7—复式阻车器后轮挡面；8—复式阻车器前轮挡面；9—至等候室地道；10—提升中线

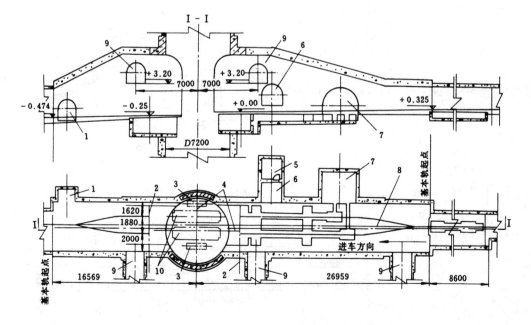

图 4—8—11　邢台东庞矿井—300m 平副井井筒与井底车场连接处

1—调度绞车硐室；2—摇臂轴中线；3—平衡锤；4—井筒中线；5—配气室；6—信号硐室；

7—推车机电器硐室；8—提升中线；9—等候室通道；10—罐笼

（三）部分特大型矿井副井连接处

部分特大矿井副井井筒连接处技术特征见表4—8—8、图4—8—12～图4—8—13。

表4—8—8　部分特大型矿井副井井筒与井底车场连接处技术特征

工程名称	图号	井型(Mt/a)	井筒装备	提升容器	断面形状	支护方式	长度(m)
兖州鲍店矿井—430水平副井井筒与井底车场连接处	图4—8—12	3.00	钢罐道	一对1.5t矿车双层四车多绳罐笼，一个带平衡锤的多绳宽罐笼	半圆拱	钢筋混凝土砌碹	88.5
淮南潘集二号井—530水平副井井筒与井底车场连接处	图4—8—13	3.00	钢罐道	一对1.5t矿车双层四车多绳罐笼，一个带平衡锤的多绳宽罐笼	封闭曲线拱形	钢筋混凝土砌碹	96.0

工程名称	净断面(m²)	掘进体积(m³)	材料消耗量				轨道(m)
			混凝土(m³)	料石(m³)	型钢	钢筋	
兖州鲍店矿井—430水平副井井筒与井底车场连接处	55.1/14.4	4359.0	5707.6	16.7	23.4	34322.9	78.1
淮南潘集二号井—530水平副井井筒与井底车场连接处	54.7/15.8	6470.3	2236.2		8289.1	121012	85.9

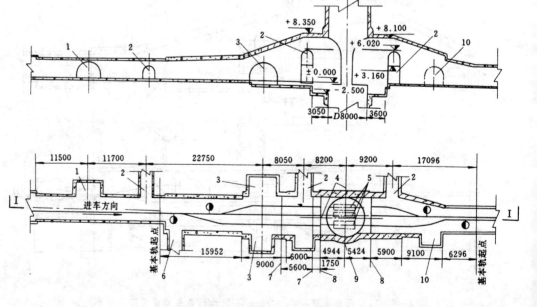

图4—8—12　兖州鲍店矿井—430水平副井井筒与井底车场连接处

1—调度绞车硐室；2—等候室通道；3—推车机电器硐室；4—井筒中线；5—罐笼；6—变电所通道；

7—阻车器轮挡面；8—摇臂轴中线；9—平衡锤；10—下料绞车硐室

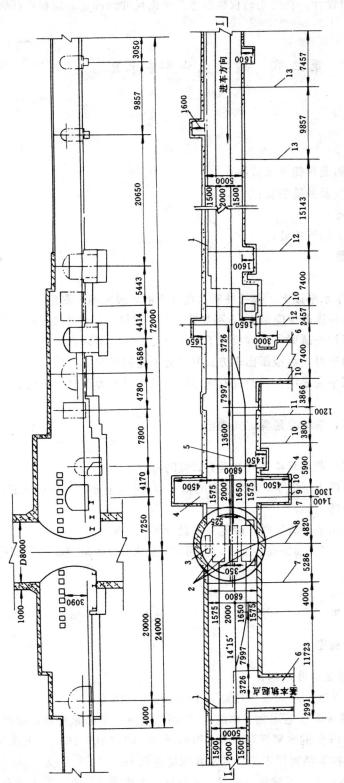

图 4—8—13 淮南潘集二号井—530 水平副井井筒与井底车场连接处

1—水沟中线；2—罐笼；3—平衡锤；4—信号与气控硐室；5—巷道中线；6—等候室硐室；7—摇臂轴中线；8—井筒中线；9—推车机头轮中线；10—阻车器轮挡面；11—推车机尾轮挡面；12—推车机尾部托轮中线；13—推车机尾部托轮中线

由于轨型和道岔已有新标准，《煤矿安全规程》及相关设计规范、技术规定等，较原设计均有修改，上面所列标通设计，在使用时仅供参考。平面尺寸的确定，应根据新轨型和道岔参数，作相应调整。

第二节   罐笼立井井底水窝

一、设计依据

（一）设计所需资料

1）副井底部地质资料及井筒涌水数据；

2）副井井筒断面布置及井筒装备；

3）井底车场巷道布置；

4）副井井筒与井底车场连接处；

5）副井提升系统布置。

（二）有关规定

1）水窝（罐笼进出车水平以下，包括井底水窝在内的一段井筒）深度：

（1）对不提升人员的井筒最少应留 2m，不提升人员的井筒，应在井底车场水平以下，与过卷高度相等距离的位置设托罐梁，托罐梁以下井筒深度应结合清理方式确定；

（2）采用多层罐笼提升时，可根据出车方式并结合上述因素确定；

（3）当提升系统采用平衡尾绳，钢丝绳断绳保险器或钢丝绳罐道时，应结合安装要求确定；

（4）需要延深的井筒，应结合延深方式确定。

2）清理方式：

罐笼井底的清理方式一般与箕斗井底清理方式同时考虑。

当箕斗井井底设在运输水平以下，罐笼井底的积水和杂物，有条件时可引入箕斗井井底，由箕斗井清理系统集中处理。

当箕斗井底抬高，采用平巷清理时，罐笼井底设专用清理硐室及斜巷。

当罐笼井出车平台以下的井窝深度小于 3m 时，可在井底水窝设水泵，不设专用清理斜巷。

二、井底水窝分类

罐笼立井井底水窝分类、适用条件见表 4—8—9、图 4—8—14～图 4—8—18。

三、井底水窝深度的确定

（一）不提升人员的罐笼井井底水窝

不提升人员的罐笼井井底，一般采用托罐梁或托罐座承接罐笼。

当提升 1.0t 矿车单层单车普通罐笼（单绳），采用木罐道，不考虑井筒延深时，托罐梁（或托罐座）下留不小于 2m 深的水窝即可（若井筒需延深，则留 10～15m）；若采用钢罐道，因要设防坠保险器钢丝绳拉紧装置固定梁，其水窝深度应取 5m。如图 4—8—14a。

当提升 1.0t 矿车双层单车普通罐笼（单绳）采用钢、木罐道，一个水平进出车，并不考

表4-8-9　罐笼立井井底水窝分类

类　别		图　号	适　用　条　件
按是否提升人员	不提升人员的井窝 提升人员的井窝	图4-8-14 图4-8-15	用于中、小型矿井用罐笼提升的主井及不设梯子间的风井作紧急提升 用于单绳提升的大、中型矿井的副井及小型矿井提升物料和人员的主井
按罐道种类	刚性罐道的井窝 柔性罐道的井窝	图4-8-16 图4-8-17 图4-8-18	用于多绳提升的大、中型矿井的副井 用于多绳提升、井筒较浅的大、中型矿井的副井 用于单绳提升的中、小型矿井的主、副井

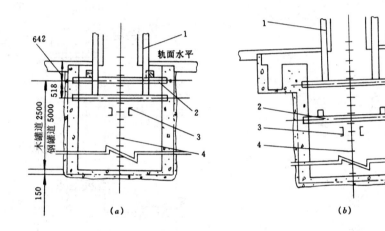

图4-8-14　不提升人员的罐笼井井底水窝

1—金属支持结构；2—托罐梁；3—钢罐道防坠保险器钢丝绳拉紧装置固定梁；4—壁梯

虑井筒延深时，其进底水窝布置及深度见图4-8-14b。

井底水窝为潜水泵排水，吊桶清理。

（二）提升人员的罐笼井井底水窝

提升人员的罐笼井井底一般采用摇台承接罐笼。

1. 单绳提升的罐笼井井底水窝

1）钢（木）罐道井底水窝。

当采用钢（木）罐道时，在摇台下应留过卷深度（其大小由提升系统决定），以防提升过卷时墩罐。在过卷深度处设托罐梁，托罐梁下设防坠保险器钢丝绳拉紧装置固定梁，并留2～5m水窝（图4-8-15）。

水窝深度可用下式表示

$$h = h_1 + h_2 + h_3 \tag{4-8-3}$$

式中　h——井底水窝深度，m；

h_1——连接处进出车平台至托罐梁上垫木的距离，m；当采用单层罐笼或双层罐笼两个水平进出车（设桥台）时，图中 1 号梁取消，h_1 为过卷高度（由提升系统决定）；当采用双层罐笼，一个水平进出车（沉罐）时，h_1 为罐笼下层高度与井底过卷高度之和；

h_2——托罐梁上垫木至拉紧装置固定梁的距离，m；

h_3——水窝高度，m；当不考虑井筒延深时，一般取 5m；若考虑井筒延深时，取 10～15m。

2) 钢丝绳罐道井底水窝。

当采用钢丝绳罐道时，托罐梁下面设置钢丝绳罐道定位梁及钢丝绳拉紧装置平台梁（重锤拉紧装置），故井底水窝要比钢（木）罐道的井底水窝深一些，钢丝绳罐道井底水窝布置见图 4－8－16。

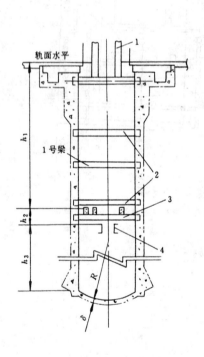

图 4－8－15　单绳提升钢罐道罐笼井井底水窝

1—金属支持结构；2—梯子平台梁；3—托罐梁；
4—钢罐道防坠保险器钢丝绳拉紧装置固定梁

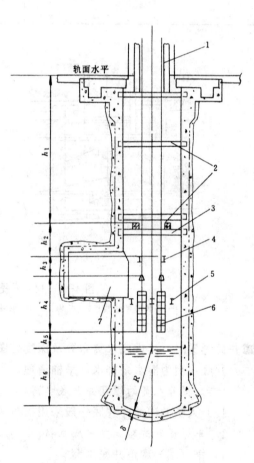

图 4－8－16　单绳提升钢丝绳罐道井底水窝

1—金属支持结构；2—梯子平台梁；3—托罐梁；
4—钢丝绳罐道定位梁；5—拉紧装置平台梁；
6—罐道绳拉紧重锤；7—水窝泵房

井底水窝深度可用下式表示：

$$h = h_1 + h_2 + h_3 + h_4 + h_5 + h_6 \qquad (4-8-4)$$

式中　h——井底水窝深度，m；

　　　h_1——连接处进出车平台至托罐梁上垫木的距离，m；

　　　h_2——托罐梁上垫木至钢丝绳罐道定位梁的距离，m；

　　　h_3——钢丝绳罐道定位梁至罐道绳拉紧装置的距离，m；一般取 $2.5 \sim 3.0$m；若为螺杆拉紧装置，一般设在井架上，则 $h_3 = 0$；

　　　h_4——拉紧装置放在井下时，其钢丝绳拉紧装置的长度（重锤），m；

　　　h_5——重锤底面至水面的距离，m；一般取 $2.0 \sim 3.0$m；

　　　h_6——水窝高度，m；当不考虑井筒延深时，取 $10 \sim 15$m。

2. 多绳提升的罐笼井井底水窝

多绳提升系统中，在井底过卷深度内，设置木质楔形罐道，并在楔形罐道终点水平之下设防撞梁及防扭结构，以防过卷时墩罐和尾绳扭结事故的发生。

1）钢罐道井底水窝。

钢罐道井底水窝的布置见图 $4-8-17$。

井底水窝深度可用下式表示：

$$h = h_1 + h_2 + h_3 + h_4 \qquad (4-8-5)$$

式中　h——井底水窝深度，m；

　　　h_1——连接处进出车平台至防撞梁的距离，m；当采用双层罐笼，设固定平台，二个水平进出车时，h_1 为井底过卷高度（由提升系统决定），多绳提升一般为 $15 \sim 20$m；当采用双层罐笼，设地道，一个水平进出车，二个水平上下人员时，h_1 为罐笼下层高度与井底过卷高度之和；

　　　h_2——防撞梁至防扭结梁的距离，一般取 $3.0 \sim 3.5$m；当防扭结信号开关（水银开关）设在防撞梁上时，防扭结梁取消，$h_2 = 0$；

　　　h_3——防扭结梁至平衡尾绳取低点（环点）的距离，一般取 $3.0 \sim 4.5$m；当不设防扭结梁，则为防撞梁至尾绳环底的距离；

　　　h_4——水窝高度，m；当设泄水巷排水，不考虑井筒延深时，取 5.0m；当考虑井筒延深时，取 $10 \sim 15$m；若为水泵排水，水窝高度需增加平衡尾绳环点至水面的距离 $2.0 \sim 3.0$m。

2）钢丝绳罐道井底水窝。

多绳提升的钢丝绳罐道井底水窝的布置见图 $4-8-18$。

井底水窝深度可用下式表示：

$$h = h_1 + h_2 + h_3 + h_4 + h_5 + h_6 + h_7 + h_8 + h_9 \qquad (4-8-6)$$

式中　h——井底水窝深度，m；

　　　h_1——连接处进出车平台至楔形木罐道终点水平的距离，m；当采用双层罐笼，设固定平台，两个水平进出车时，h_1 为过卷高（由提升系统决定），一般取 $15 \sim 20$m；当采用双层罐笼，设地道，一个水平进出车，两个水平上下人员时，h_1 为双层罐笼的下层高度与井底过卷高度之和；

　　　h_2——楔形罐道终点水平至防撞梁的距离，一般取 $2.5 \sim 3.0$m，以便检修，当防撞梁设在楔形罐道终点时；$h_2 = 0$；

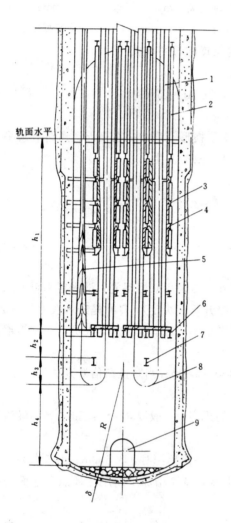

图 4—8—17　多绳提升钢罐道罐笼井
井底水窝

1—钢罐道；2—金属支护结构；3—罐道梁；
4—楔形木罐道；5—楔形木罐道（重锤部分）；
6—防撞梁；7—防扭结梁；8—平衡尾绳；9—泄水巷

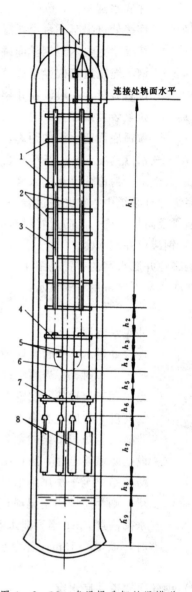

图 4—8—18　多绳提升钢丝绳罐道
罐笼井井底水窝

1—罐道梁；2—钢丝绳罐道；3—楔形木罐道；
4—防撞梁；5—防扭结梁；6—尾绳；7—罐道
绳定位平台；8—罐道绳拉紧重锤

h_3—— 防撞梁至防扭结梁的距离，一般取 3.0～3.5m；当水银开关设在防撞梁上时，防
　　　扭结梁取消，$h_3 = 0$；

h_4—— 防扭结梁至平衡尾绳最低点（环点）的距离，一般取 3.0～4.5m；当不设防扭结
　　　梁时，则为防撞梁至平衡尾环点的距离；

h_5—— 平衡尾绳最低点（环点）至钢丝绳罐道定位梁的距离，取 1～2m；

h_6——钢丝绳罐道定位梁至罐道绳拉紧装置的距离，一般取 $2.5 \sim 3.0\text{m}$；

h_7——钢丝绳罐道重锤拉紧装置长度，m；

h_8——重锤底面至水面的距离，m，一般取 $2.0 \sim 3.0\text{m}$；若为泄水巷排水时，$h_8 = 0$；

h_9——水窝高度，m；当不考虑井筒延深时，一般取 5.0m；当考虑井筒延深时，一般取 $10 \sim 15\text{m}$。

四、井底水窝结构及支护

(一) 水窝底部结构

水窝底部结构分类及适用条件，见表 4—8—10。

表 4—8—10　水窝底部结构分类

形　式	图　号	弧底半径（mm）	适　用　条　件
平底，无壁座	图 4—8—14		用于井筒不延深，自溢排水，不提升人员的罐笼井井底水窝
圆弧底，有壁座	图 4—8—15 图 4—8—16	弧高不大于井筒内径的 1/10，一般取 $R = 7 \sim 10\text{m}$	用于井筒延深，潜水泵或普通清水泵排水，吊桶清理的罐笼井井底水窝
圆弧底，有壁座及泄水巷	图 4—8—17	弧高不大于井筒内径的 1/10，一般取 $R = 7 \sim 10\text{m}$	用于井筒延深，主、副井集中排水清理或副井设清理斜巷，单独排水清理的罐笼井井底水窝

(二) 井底水窝支护

井底水窝一般采用混凝土支护，混凝土强度等级与上部井筒一致。支护厚度，壁厚不小于 300mm，铺底厚不小于 200mm。

五、井底水窝梯子间及平台梁

井底水窝内设有检修工作平台及各种设施固定梁（如罐道梁）。为便于设施的安装和检修，一般在井窝内设置扶梯。扶梯位置应与井筒（连接处以上井筒内）梯子间相一致。

井窝内各种梁窝，按机制专业要求预留。

六、井底水窝清理及排水方式

(一) 井底水窝排水及清理方式

罐笼立井井底水窝排水及清理方式，见表 4—8—11。

(二) 水窝泵房

当在井底水窝内设置排水泵房，用普通清水泵排水时，水窝泵房的位置应结合水泵吸水高度和梯子间位置来考虑，尽量方便工作人员从连接处进入水泵房，如图 4—8—16 所示。

当副井采用泄水巷及清理斜巷单独排水时，水泵可设在水仓中最高水位线以上的平台上，如图 4—8—20 所示。

水泵房长度及断面尺寸，应依据排水设备布置资料确定。

水泵房一般为半圆拱形断面，混凝土砌碹厚度 $200 \sim 300\text{mm}$。

表4—8—11　罐笼立井井底水窝排水及清理方式

排水及清理方式	图　号	优　缺　点	适　用　条　件
设排水泵房，用普通清水泵排水，吊桶清理	图4—8—16	工程量较省，但工人进入水泵房操作及煤泥清理工作不方便	用于主、副井均为罐笼提升的小型矿井
不设排水泵房，用潜水泵排水，吊桶清理	图4—8—15	工程量省，排水操作方便，但煤泥清理工作仍不便	用于主、副井均为罐笼提升的中、小型矿井
自溢排水，吊桶清理	图4—8—14	排水简单、方便。但清理不便	用于不提升人员的罐笼井
副井水窝底部掘泄水巷，将水引至箕斗井底清理撒煤水仓集中排水、清理	图4—8—17 图4—8—19	排水及清理均较方便简单。但工程量较大	用于主井为箕斗提升，副井为罐笼提升，清理撒煤系统布置在井底车场水平以下的矿井
副井水窝底部掘泄水巷，并单独设清理斜巷及水仓进行排水、清理（矿车清理）	图4—8—20 图4—8—21	排水及清理较方便，但工程量较大	用于主井为箕斗提升，副井为罐笼提升，清理撒煤系统布置在井底车场水平的矿井

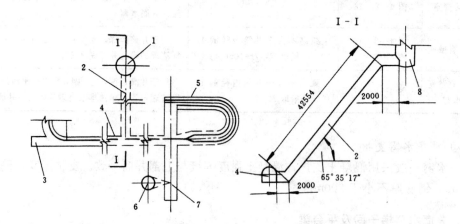

图4—8—19　宿县海孜矿井主、副井井底集中排水清理布置

1—副井；2—泄水巷；3—绞车房；4—清理斜巷；5—清理撒煤水仓；6—主井；7—沉淀池；8—副井底水窝

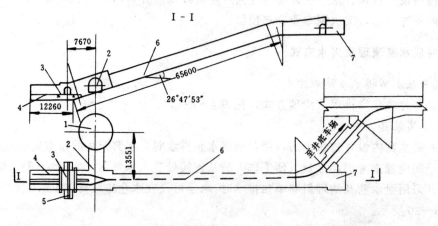

图4—8—20　兖州鲍店矿井副井井底排水及清理硐室

1—副井；2—泄水巷；3—平台；4—水仓；5—吸水小井；6—清理斜巷；7—绞车房

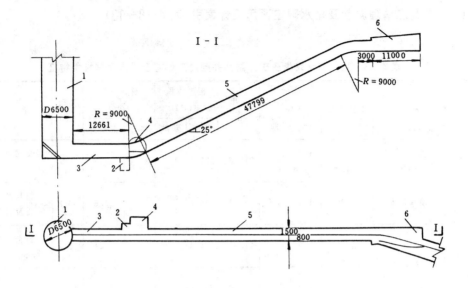

图 4-8-21　淮南新集矿井副井井底排水及清理硐室

1—副井；2—吸水水井；3—沉淀池；4—水泵房；5—清理斜巷；6—绞车房

表 4-8-12　清理斜巷断面尺寸参数

矿车种类	净断面尺寸（mm）						人行台阶宽（mm）
	B	C	A_1	a	h_3	h_0	
1.0t 固定矿车	2000~2300	900~1000	880	≥200	1500~1800	1000~1150	500~700
1.5t 固定矿车	2200~2500	900~1000	1050	≥200	1400~1600	1100~1250	500~700

（三）清理斜巷

副井井底清理斜巷倾角一般以不超过 28°为宜，上部与井底车场巷道联系，下部与泄水巷联系。

清理斜巷一般为半圆拱形断面，断面布置见图 4-8-22。支护方式根据围岩而定，一般采用砌旋支护。净断面设计参数见表 4-8-12。

（四）泄水巷

泄水巷的布置见图 4-8-19、图 4-8-20。

泄水巷一般为半圆拱断面，混凝土砌旋，支护厚度 250~300mm，围岩较好时，也可采用锚喷支护。其断面参数见图 4-8-22。泄水巷水平段坡度为 0.005，倾斜段设爬梯。

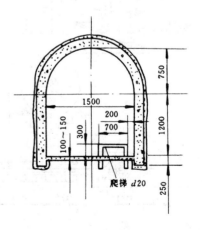

图 4-8-22　泄水巷断面

七、副井井底清理斜巷及排水硐室通用设计索引（表 4-8-13）

表 4-8-13　兖州兴隆庄矿井副井井底清理斜巷及排水硐室技术特征

图　号	工程名称	支护方式	断面（m²）		长度（m）	掘进体积（m³）		材料消耗（m³）		铺轨（m）	备　　注
			净	掘		巷道	基础	料石	混凝土		
图 4-8-23	交岔点及绞车硐室	料石、混凝土	4.9/14.8	7.8/19.2	18.3	137.0	1.5	33.4	1.77	9.6	交岔点为料石砌碹
	清理斜巷	锚喷	4.9	5.8	64.7	375.6			35.6	64.8	材料消耗已包括平段及台阶
	水　仓	锚喷	9.0	10.1	11.338	114.4			17.1	11.2	材料消耗已包括铺底
	泄水巷	锚喷	4.9	6.02	8.46	50.9			5.41		材料消耗已包括铺底
	合　计				96.663	681.9	1.5	33.4	59.81	85.6	

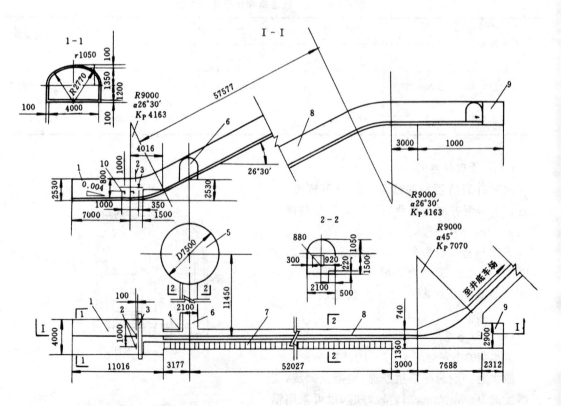

图 4-8-23　兖州兴隆庄矿井副井井底清理斜巷及排水硐室

1—水仓；2—挂钩（φ20 圆钢）；3—16 号工字钢；4—水沟中线；5—副井；6—泄水巷；

7—台阶；8—清理斜巷；9—绞车房；10—8 号槽钢

第三节 休 息 硐 室

一、设计依据

（一）设计所需资料

1）井筒断面布置及井筒装备；

2）矿区地震基本烈度资料。

（二）有关规定

作为安全出口的立井井筒，当井深超过 300m 时，宜每隔 200m 左右设置一休息点，休息点可在井壁上开凿一硐室与梯子平台相连通。

二、休息硐室的布置

休息硐室应尽量设在地质构造简单，围岩稳定、坚硬的岩层内，并布置在梯子间一侧。硐室底板标高要与梯子平台相适应，以便人员出入方便。休息硐室的布置见图 4—8—24。

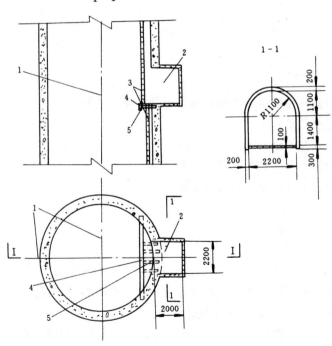

图 4—8—24 海孜矿井副井中间休息硐室

1—井筒中线；2—休息硐室；3—梯子；4—罐道梁；5—梯子梁

表 4—8—14 休息硐室净断面尺寸

断面形状	净断面尺寸（mm）		
	B	h_3	h_0
半圆拱形	2000～2500	1400～1600	1100～1250

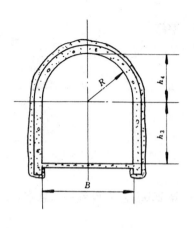

图 4—8—25　休息硐室净断面

休息硐室深 1.5～3.0m，宽度依据梯子间尺寸确定，一般为 2.0～2.5m。

三、断面及支护

（一）断　面

休息硐室一般采用半圆拱形断面，硐室高度以便于行人为宜。断面见图 4—8—25，断面尺寸可参考表 4—8—14 选取。

（二）支　护

休息硐室一般采用混凝土支护，混凝土强度等级与上部井筒一致，厚度 200～300mm，铺底厚 100～150mm。

第四节　井底煤仓及箕斗装载硐室

一、设计依据

（一）设计所需资料

1) 矿井生产能力；

2) 煤仓及装载硐室所在部位的地质资料（包括水文地质）；

3) 主井井筒布置及装备；

4) 井田内煤种牌号及装运要求；

5) 主井井底机械设备及井底检修设施布置；

6) 井底煤仓及箕斗装载硐室通信设备布置；

7) 煤位信号设备布置；

8) 井底车场巷道布置及坡度图；

9) 卸载硐室平、剖面图。

（二）有关规定

1) 大巷采用胶带机运煤的矿井，井底煤仓与运输大巷的相对位置应经技术比较后确定、在条件适宜时，应采用水平上装载方式布置。

2) 布置两个及以上的井底煤仓，煤仓间应留有岩柱，其大小由煤仓围岩的岩性确定，但其净岩柱不应小于其中最大一个煤仓掘进直径的 2.5 倍。

3) 井底煤仓的有效容量可按下式计算：

$$Q_{mc} = (0.15 \sim 0.25) A_{mc} \qquad (4-8-7)$$

式中　　　Q_{mc}——井底煤仓有效容积，t；

　　　　　A_{mc}——矿井设计日产量，t；

　0.15～0.25——系数。大型矿井取小值，中型矿井取大值。

4) 井底煤仓宜选用圆形立仓。有条件时，煤仓漏斗宜采用双曲线型。

5）斜煤仓应用耐磨材料铺底，其倾角不应小于60°。

6）煤仓上口应设300mm×300mm孔眼铁篦子，并应设操作硐室。

二、井底煤仓与装载硐室布置

井底煤仓及箕斗装载硐室的布置，主要根据主井提升设备及井底装载设备布置方式、井田煤种数量及装运要求、围岩性质等因素综合考虑确定，在进行结构设计的同时，应特别注意煤仓的功能设计。其主要尺寸取决于岩性及设备布置要求。目前常见的几种煤仓及箕斗装载硐室布置形式见表4－8－15。

表4－8－15　常见的几种井底煤仓及箕斗装载硐室布置形式

布置形式	图　　示	主要平面关系尺寸（m）			优缺点	适用条件
		A	B	C		
倾斜煤仓直接与箕斗装载硐室连接，箕斗装载硐室为单侧式		9～14			工程量少，设备及系统简单。但多煤种不能分装分运，煤仓容量有限，适用性差	适用于开采煤种不分装分运的中、小型矿井
一个直立煤仓通过一条装载胶带输送机巷与箕斗装载硐室连接，箕斗装载硐室为单侧式		15～25			工程量较少，设备及系统较简单，煤仓容量较大，井筒至煤仓的间距较大，巷道压力较小，适用性强。但多煤种不能分装分运	适用于开采煤种不分装分运，一套提升设备，井型为0.90～1.50Mt/a的矿井
多个直立煤仓通过一条装载胶带输送机巷与箕斗装载硐室连接，箕斗装载硐室为单侧式		15～25	20～30		煤仓容量大，多煤种可分装分运，适用性强。但工程量较大，胶带输送机巷断面大，维护较困难，设备及系统复杂	适用于开采单一煤种或要求分装分运的多煤种，一套或二套提升设备，井型一般为1.50～2.40Mt/a的矿井

续表

布置形式	图　　　　示	主要平面关系尺寸（m）			优缺点	适用条件
		A	B	C		
多个直立煤仓通过一条装载胶带输送机巷与箕斗装载硐室连接，箕斗装载硐室为单侧式		15~25	20~30		煤仓容量大，多煤种可分装分运，适用性强。但工程量较大，胶带输送机巷断面大，维护较困难，设备及系统复杂	适用于开采单一煤种或不要求分装分运的多煤种，两套提升设备，井型为 3.00Mt/a 以上的矿井
多个直立煤仓通过两条装载胶带输送机巷与箕斗装载硐室连接，箕斗装载硐室为双侧式		20~35	25~30~12	10	煤仓容量大，多煤种可分装分运，适用性强，胶带输送机巷断面较小，易维护。但工程量大，设备及系统复杂，箕斗装载硐室裸露面积较大，施工复杂	适用于开采单一煤种或不要求分装分运的多煤种，两套提升设备，井型为 3.00Mt/a 以上的矿井
多个直立煤仓通过两条装载胶带输送机巷与箕斗装载硐室连接，箕斗装载硐室为双侧式		20~35			煤仓容量大，多煤种可分装分运，适用性强，胶带输送机巷断面较小，易维护。但工程量大，设备及系统复杂，箕斗装载硐室裸露面积较大，施工复杂	适用于开采单一煤种（两翼来煤）或要求分装分运的多煤种，两套提升设备，井型为3.00Mt/a 以上的矿井
图　注	A—井筒中线至煤仓中线的距离；B—煤仓中线间距；C—装载胶带输送机巷中线间距 1—主井井筒中线；2—箕斗装载硐室；3—煤仓；4—翻车机硐室；5—装载胶带输送机巷；6—至井底车场通道；7—底卸式矿车卸载硐室；8—机电硐室；9—配煤胶带输送机巷；10—胶带输送机机头硐室；11—胶带输送机大巷（或斜巷）；12—装载胶带输送机机头硐室；13—通道；14—给煤机硐室					

三、井底煤仓

(一) 煤仓形式

立井井底煤仓主要有直立煤仓和倾斜煤仓两种形式，国外出现的水平煤仓也是一个发展方向。其优缺点及适用条件见表4-8-16。

表4-8-16　井底煤仓形式

形　式	优　缺　点	适　用　条　件
直　立	煤仓容量大，受力条件好，施工、维修简便，适应性强，但仓帽及底部斗口施工较复杂	适用于围岩较差的大型矿井
倾　斜	煤仓上口施工、安装较简单，但煤仓容量小，缓冲能力及适应性均较差，煤仓的施工、维修较复杂	多用于围岩较好的中、小型矿井
水　平	巷道布置简单，工程量省，施工方便，取消了垂直煤仓，煤炭破碎率低，取消了配煤、装载胶带输送机，运输环节少，运营管理方便，煤仓设备购置费用高	适用于运输连续化的中型矿井

(二) 煤仓断面形状及容量

1. 断面形状

井底直立煤仓或倾斜煤仓断面形状有圆形、矩形及半圆拱形等三种，其优缺点及适用条件见表4-8-17。

表4-8-17　井底煤仓断面形状分类

断面形状	图　示	优　点	缺　点	适　用　条　件
圆　形		承压能力强，施工、维修简便		适用于直立煤仓，目前普遍采用
半圆拱形	行人道　煤仓	承压能力较好，钢材消耗较少	施工较复杂	适用于倾斜煤仓
矩　形	行人道　煤仓	施工较简便	承压能力差，钢材消耗较多	适用于倾斜煤仓，很少采用

2. 容量、断面积及高度 (或斜长)

井底直立煤仓或倾斜煤仓的容量、断面积及高度(或斜长)的计算公式可参见表4-8-18。

井底煤仓结构形式与开拓系统布置方式、井下装载方式等因素有关，煤仓容量大小与井下运输方式，井筒提升设备布置形式、数量等有直接关系，实践证明，煤仓容量的确定是一个复杂工作，可通过矿井运输系统协调。设计中的煤仓有效容量可参照式(4-8-7)初步确定，然后根据煤仓上口来煤方式、来煤量，井筒提升能力等综合分析确定，合理的容量应能使煤仓对运输系统真正起到调节作用。

直立煤仓断面可先依据已确定的煤仓有效容量和初步确定的有效高度、煤仓数量计算出来，然后再考虑各种因素调整煤仓直径及有效高度，最后确定净断面积。

倾斜煤仓断面积可依据初步确定的有效容量和斜长计算出来，然后根据岩性、煤仓结构合理性及煤仓的施工、检修等因素，确定煤仓断面形状及尺寸，并验算煤仓断面积，调整断面尺寸，以满足煤仓容量和断面积的要求。

大、中型矿井煤仓的有效容量可参照表4-8-19选取。

设计中也可确定倾斜煤仓容量、断面积再反算煤仓斜长及箕斗井井筒线至翻车机中线的距离。

为避免堵仓事故，倾斜煤仓断面不宜过小，一般取 $5.5 \sim 8.0 \text{m}^2$。为使煤仓结构合理，便于施工和检修。煤仓宽度应保持不变，其高度一般取 $1.8 \sim 2.4 \text{m}$。

表4-8-18　煤仓容量、断面积及高度（或斜长）的计算

项　目	图　　示	公　　式	符　号　注　释
井底煤仓容量		见公式（4-8-7）	Q_{mc}—井底煤仓有效容量，m^3； $F_{立}$—直立煤仓断面积，m^2；
直立煤仓断面积及高度	不设配煤胶带输送机巷的煤仓 	$F_{立}=\dfrac{Q_{mc}-nV_1}{nH_4}$ $V_1=\dfrac{1}{3}\pi H_3\left[\dfrac{D}{2}+\left(\dfrac{b_1}{2}\right)^2\dfrac{D+b_1}{2}\right]$ $H_3=\dfrac{D-b_1}{2}\tan\alpha_1$ $H_4=H-(H_1+H_2+H_3+H_5+H_6+H_7)$ $H_6=\dfrac{D-b_2}{2}\tan\alpha_2$ $D=2\sqrt{\dfrac{F_{立}}{\pi}}$	V_1—煤仓漏斗容积，m^3； n—煤仓数量，个； H_1—给煤机硐室底板至煤仓漏斗口的高度，m。H_1 由机械设备布置决定； H_2—斗嘴高度，m； H_3—煤仓漏斗高度，m； H_4—煤仓有效高度，m； H_5—煤仓满载位置至仓帽的高度，m； H_6—仓帽高度，m； H_7—煤仓锁口高度，m；此高度取决于岩性、卸载方式及矿车型号；
	设配煤胶带输送机巷的煤仓 	$H_4=H-(H_1+H_2+H_3+H_8+H_9)$	H_8—煤仓满载位置至配煤胶带输送机巷底板高度，m； H_9—配煤胶带输送机巷底板至卸载胶带输送机机头硐室底板的高度，m； H—卸载硐室底板至给煤机硐室底板的高度，m； D—直立煤仓净直径，m； b_1—斗嘴宽度，m； b_2—卸载坑宽度，m。此宽度取决于卸载设备； α_1—漏斗斜面与水平面的夹角，一般不小于 $50°$； α_2—仓帽斜面与水平面的夹角，一般取 $40°\sim50°$；

项　目	图　　示	公　　式	符　号　注　释
倾斜煤仓断面积及斜长	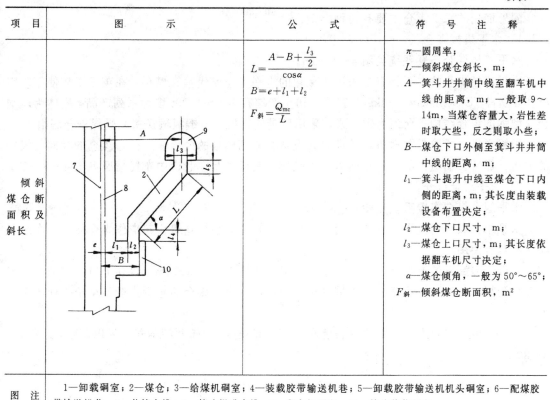	$$L=\dfrac{A-B+\dfrac{l_3}{2}}{\cos\alpha}$$ $$B=e+l_1+l_2$$ $$F_{斜}=\dfrac{Q_{mc}}{L}$$	π—圆周率； L—倾斜煤仓斜长，m； A—箕斗井井筒中线至翻车机中线的距离，m；一般取9～14m，当煤仓容量大，岩性差时取大些，反之则取小些； B—煤仓下口外侧至箕斗井井筒中线的距离，m； l_1—箕斗提升中线至煤仓下口内侧的距离，m；其长度由装载设备布置决定； l_2—煤仓下口尺寸，m； l_3—煤仓上口尺寸，m；其长度依据翻车机尺寸决定； α—煤仓倾角，一般为50°～65°； $F_{斜}$—倾斜煤仓断面积，m²
图　注		1—卸载硐室；2—煤仓；3—给煤机硐室；4—装载胶带输送机巷；5—卸载胶带输送机机头硐室；6—配煤胶带输送机巷；7—井筒中线；8—箕斗提升中线；9—翻车机硐室；10—箕斗装载硐室	

表 4-8-19　大、中型矿井煤仓容量选取表

项　目 井　型	计算式 $Q_{mc}=(0.15\sim0.25)\,A_{mc}$		
矿井设计生产能力 （Mt/a）	日　产　量 （t）	选　取　系　数	煤仓有效容量 （t）
6	20000	0.15	3000
5	16666	0.15	2500
4	13333	0.15	2000
3	10000	0.18	1800
2.4	8000	0.18	1440
1.8	6000	0.20	1200
1.5	5000	0.20	1000
1.2	4000	0.20	800
0.9	3000	0.25	750
0.6	2000	0.25	500
0.45	1500	0.25	375

A_{mc}—矿井日产量，t。

3. 水平煤仓

国外使用的水平煤仓主要有两种类型：

1）水平机械煤仓。

水平机械煤仓布置系统见图4—8—26。

水平机械煤仓的主要特点是采用机械化的水平煤仓取代垂直煤仓，在英国煤矿使用较广泛。考立肖（CowLishaw walker）有限公司生产储存量5～1000t多种系列产品，仓体为厚钢板、型钢的组合结构；仓顶为敞开式，采用胶带输送机（或链板输送机）受煤；仓底由1～2台链板输送机（或胶带输送机）给煤，其设备类似高档板的链板输送机。煤仓的存储与煤炭的输送，靠链板输送机的反、正向运行来完成，其设备及在巷道中布置情况见图4—8—27。

2）水平组合煤仓。

水平组合煤仓布置系统见图4—8—28。

水平组合煤仓的主要特点是利用一系列顺序布置的小煤仓组合起来作煤仓使用，在原苏联煤矿常有使用。

小煤仓为倒置的方尖型，其净尺寸长×宽×高为7m×5m×5m，煤仓上口为底卸式矿车向煤仓受煤，下口通过给煤机、胶带输送机卸煤，一个小煤仓的容量一般不小于一列矿车的容量。

小煤仓数量以及煤车卸载硐室长度和仓下平巷长度，应随井型不同而加以调整，见表4—8—20。

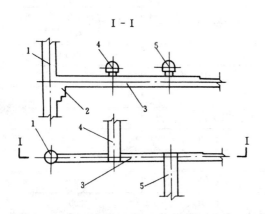

图4—8—26 水平机械煤仓布置系统图

1—主井；2—装载胶带输送机巷；

3—水平机械煤仓硐室；4—南翼胶带输送机大巷；

5—北翼胶带输送机大巷

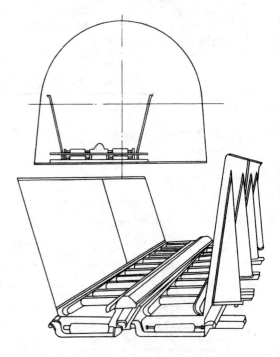

图4—8—27 水平机械煤仓设备布置图

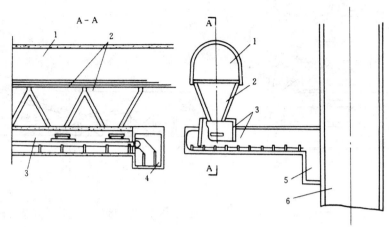

图 4—8—28　水平组合煤仓布置系统图

1—煤车卸煤硐室；2—水平组合煤仓；3—仓下平巷；

4—转载硐室和装载输送机平巷；5—装载设备硐室；6—箕斗硐室

表 4—8—20　水平组合煤仓个数与矿井产量关系

项　目　　　　　　　　　矿井日产量（t）	煤仓总容量（m³）	小煤仓个数（个）	煤车卸载硐室长度（m）	仓下平巷长度（m）
4000	320	4	32	35
5000	380	5	40	43
6000	460	6	48	51
7000	520	7	56	59
8000	600	8	64	67
10000	730	9	72	75

3）巷道式水平煤仓。

使用装煤机的巷道式水平煤仓，见图 4—8—28A，图 4—8—28B，巷道上部为进煤胶带输送机并带卸煤犁，也可用槽板带孔的刮板输送机。可以在煤仓的巷道内任一点卸煤。巷道一侧为返煤刮板输送机，其上运行由单滚筒采煤机改装而成的装煤机。改装时将滚筒加长，滚筒一端固定在采煤机上，另一端在巷道一侧底板铺设的一根钢轨上滑行，滚筒上焊接有螺旋形的装置。采煤机向前运行时，螺旋滚筒将煤装入刮板输送机上进行返煤。这种煤仓的容量一般为 600～1000t，根据巷道断面大小确定其容量，巷道利用率约 20%～40%（堆煤面积与巷道断面之比）。每米巷道容量约为 1.8～12t。

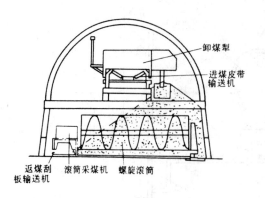

图 4-8-28A 巷道水平煤仓断面示意图   图 4-8-28B 巷道水平煤仓纵剖面示意图

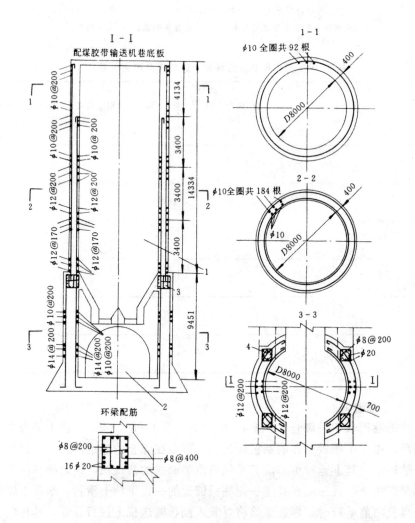

图 4-8-29 兖州鲍店矿井井底煤仓支护结构

1—煤仓；2—装载胶带输送机巷；3—环梁；4—柱

表4-8-21　钢筋混凝土结构圆形煤仓配筋构造

项　目	图　示	要　求
仓壁配筋构造		1. 环向钢筋应按 φ10~φ16@100~200 配置，竖向钢筋按构造配置； 2. 环向及竖向钢筋的接头均应错开布置，任一垂直截面与水平截面上的接头数，不得超过全部钢筋量的25%； 3. 钢筋搭接长度：
仓壁内外层钢筋连系		4. 若仓壁开洞，应在洞口的上下增设加强筋，其面积不少于被孔洞切断的仓壁钢筋总面积，两端伸入仓壁长度≥l_d（搭接长度），每侧增设的钢筋不少于2φ12； 5. 仓壁混凝土强度等级一般为C20

钢筋搭接长度表：

名　称	钢筋种类	搭接长度		备　注
		滑动模板	一般模板	
环向钢筋	3号钢	50d	40d	加弯钩
	16Mn	55d	45d	
	25MnSi	60d	50d	
竖向钢筋	3号钢	30d	20d	加弯钩
	3号钢	40d	30d	不加弯钩

水平煤仓目前在国外应用较广泛，国内晋城矿务局已试验成功。主要优点是：可利用已有巷道和从工作面退役的采煤机及输送机，因而基建费用及设备投资费都较低。缺点是：需有人操作采煤机装煤，巷道利用率较低。由于设备简单，操作容易，投资较低，是各种水平煤仓中比较适合我国国情的一种，有推广价值。

（三）井底煤仓支护

井底煤仓应尽量布置在岩性较好，易于维护的部位，以达到施工方便、安全，加快施工速度，节省投资的目的。

1. 中硬以上岩层内煤仓的支护

直立煤仓可采用锚喷支护或素混凝土支护。当采用锚喷支护时，一般采用 d14～d18 圆钢制作的普通金属锚杆，长 1.2～1.8m，喷射混凝土厚度为 100～150mm，当采用素混凝土支护时，厚度一般为 300～400mm。

倾斜煤仓一般采用素混凝土支护，厚度为 250～350mm。当煤仓为矩形断面时，为加强支承顶压能力，一般在顶部配制 16～20 号普通矿用工字钢。

2. 软岩层（或煤层）内煤仓的支护

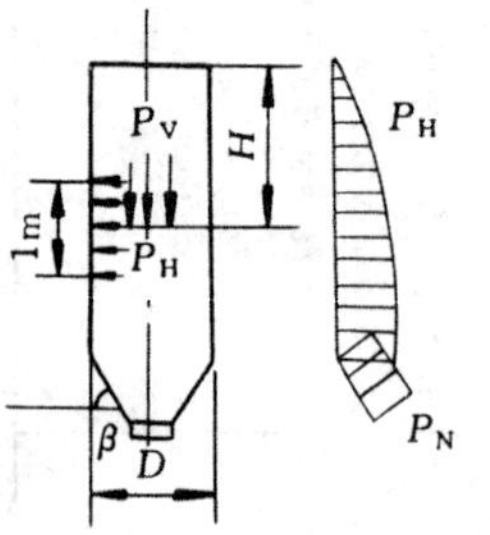

图 4—8—30 满载时仓壁荷载分布

当煤仓位于软岩层（或煤层）内时，一般采用钢筋混凝土支护，断面较大时，采用锚杆和钢筋混凝土联合支护。采用钢筋混凝土支护的直立煤仓，如图 4—8—29 所示。

1）钢筋混凝土结构直立煤仓配筋构造（表 4—8—21）。

2）直立煤仓配筋计算。

位于软岩层（或煤层）内的煤仓，一般按满载和空载两种不同受力状态进行荷载，内力、仓壁厚度及配筋计算。其计算步骤如下：

（1）荷载分析及计算：当煤仓满载时，若仓壁外侧与围岩间有一定间隙（充填不实所致）时，仓内煤压将使仓壁环向受拉，此时任意深度 H 处单位面积上水平压力 P_H，垂直压力 P_V 及斜壁单位周长上的垂直压力 P_N 的分布如图 4—8—30 所示，其计算公式如下：

$$P_H = \alpha \frac{n\gamma\rho}{100f} \left(1 - e^{-\frac{Hkf}{\rho}}\right) \qquad (4-8-8)$$

$$P_V = \frac{P_H}{K} \qquad (4-8-9)$$

$$P_N = (P_V\cos^2\beta + P_H\sin^2\beta) \qquad (4-8-10)$$

$$qf = fP_H \qquad (4-8-11)$$

式中 P_H——任意深度 H 处煤对仓壁单位面积上所产生的水平压力，N/mm²；

P_V——任意深度 H 处煤对仓壁单位面积上所产生的垂直压力，N/mm²；

P_N——漏斗斜壁单位面积上的法向压力，N/mm²；

n——物料的载荷系数，取 1.2～1.3；

α——修正系数（考虑卸载及仓内煤崩塌引起对仓壁压力增大的影响度），沿煤仓整个高采用 $\alpha = 1$；

ρ——煤仓横断面水力半径，m；圆形断面煤仓 $\rho = D/4$，D 为煤仓内径，m；

f——贮料（煤）对仓壁的摩擦系数，见表 4—8—22；

γ——煤的松散容重，t/m³，见表 4—8—22；

　　e——自然对数的底；

　　k——煤的侧压系数，$k=\mathrm{tg}^2(45°-\varphi/2)$，也可由表 4-8-22 查得煤的自然休止角 φ；

　　H——自煤的表面至所考虑的截面之间的距离，m；

　　β——漏斗壁与水平面之夹角（°）。

表 4-8-22　煤 的 物 理 指 标

煤的名称	松散容重 γ (t/m³)	自然休止角 φ	侧压力系数 k	摩擦系数 f	
				对混凝土	对钢板
无烟煤	0.90	30°	0.333	0.50	0.30
褐　煤	0.70	45°	0.171	0.70	0.35
烟　煤	0.90	40°	0.217	0.60	0.30
碎　煤	0.80	40°	0.217	0.65	0.35
大块泥煤	0.75	30°	0.333	—	—
碎块泥煤	0.65	30°	0.333	—	—

　　（2）仓壁内力分析及计算：在上述荷载作用下，圆筒仓仓壁在任意高度 H 处将产环向拉力 T_c 及竖向压力 N_{vg}，其值按下列公式计算：

$$T_c=\frac{1}{2}P_H D \tag{4-8-12}$$

$$N_{vg}=P_N+G \tag{4-8-13}$$

式中　T_c——仓壁在任意高度 H 处的计算环向拉力，N/mm；

　　　N_{vg}——仓壁在任意高度 H 处的计算竖向压力，N/mm；

　　　D——煤仓内径，mm；

　　　G——在任意高度 H 处单位竖壁周长上的结构自重和顶盖传来的荷重，N。

　　（3）仓壁截面选择：仓壁内的环向拉力，由钢筋来承担。故钢筋混凝土仓壁，应沿其高度，分段计算在单位高度内所需的环向钢筋面积：

$$F_a=T_c/m_1 f_y \tag{4-8-14}$$

式中　F_a——单位高度内所需的环向钢筋面积，mm²；

　　　m_1——工作条件系数，一般 m_1 取 1；

　　　f_y——钢筋的抗拉强度设计值，N/mm²。

　　仓壁内的垂直压力，全部由混凝土承担，故垂直钢筋按构造放置，钢筋与混凝土面积之比一般取 0.4%。

　　井底煤仓在使用过程中一般不允许出现裂缝，故仓壁厚度按下式验算确定：

$$T \geqslant \frac{T_c}{200f_t} - \frac{\varepsilon F_a}{50} \tag{4-8-15}$$

式中 T——仓壁厚度，mm；

f_t——混凝土的抗拉强度设计值，N/mm；

ε——钢筋弹性模量与混凝土弹性模量之比，即 $\varepsilon = Eg/Eh$。

当煤仓仓壁厚度确定后，就可按煤仓空载时受力状态对仓壁截面强度和稳定性进行验算。

空载时的煤仓受力状态及内力、配筋计算，按薄壁圆筒理论进行，其计算方法、步骤及公式见本篇第三章。

（四）煤仓防堵措施

1. 直立煤仓防堵措施

直立煤仓的漏斗形式，一般设计成圆锥形或正方锥形，横截面由上而下逐渐缩小。当煤仓斗口闸门打开后，煤由于自重的作用，克服阻力向下流动，在煤流向下流动过程中，每下降一个微小的高度，煤颗粒均要重新排列，以适合截面收缩的变化，煤愈接近斗口，挤压、错动愈大，加之煤的粘结作用，煤流的内外摩擦阻力也急剧增大，当这种阻力增大到等于自重作用的垂直净压力时，煤流中断，形成拱形而堵塞。应首先考虑通过煤仓下口结构形式来解决，其次考虑采取辅助措施防止煤流堵塞。在设计中一般采取以下几种方式。

1）合理选择径高比。

煤仓直径与高度之比，宜在 $0.22 \sim 0.42$ 之间，径高比过小，容易堵仓，径高比过大，施工困难，锁口部分高度加大，有效容积减小。

部分矿井煤仓直径及高度见表 4-8-23。

表 4-8-23 部分矿井井底煤仓直径、高度关系表

名　　　称	直　径（m）	高　度（m）	径　高　比
潘一矿东煤仓	7.5	21.5	0.35
潘一矿西煤仓	7.5	21.5	0.35
潘二矿卸煤坑煤仓	9.2	21.6	0.43
潘三矿南煤仓	6.6	27	0.24
潘三矿北煤仓	6.6	27	0.24
谢桥矿南煤仓	9	25	0.36
谢桥矿北煤仓	9	34	0.26
花家湖矿煤仓	7	28	0.25
朔里矿煤仓	8.2	22.2	0.37
石炭嘴二矿煤仓	9	38.5	0.23
石炭嘴一矿二水平集中煤仓	7	27.4	0.26
石炭嘴三矿二水平煤仓	4.6	15.3	0.30

2）双曲线漏斗。

双曲线漏斗为等截面收缩率。由于漏斗截面收缩率不随漏斗高度 h 的变化而变化，同时斗壁上任一处的倾斜角为一变值，越接近斗口的斗壁倾斜角越大。因此煤在排料口处的错动、挤压和内外摩擦阻力均无明显增加，斗形也符合煤的流动规律，从而能起到防止煤流堵塞的作用。双曲线漏斗如图4－8－31所示，其曲线方程如下：

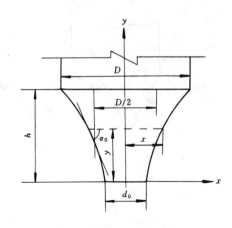

$$x = \frac{d_0}{2} e^{\frac{k_1 C}{2} y} \qquad (4-8-16)$$

$$C = \frac{2}{k_1 h} \ln \frac{D}{d_0} \qquad (4-8-17)$$

$$\alpha = \arctan \frac{2}{k_1 C x} \qquad (4-8-18)$$

图4－8－31　双曲线漏斗计算简图

$$h = \frac{D}{2} \tan a_0 \ln \frac{D}{d_0} \qquad (4-8-19)$$

式中　x——漏斗上任意高度 y 处的截面半径，m；

d_0——漏斗下口直径，m；

k_1——漏斗形状系数，圆形时 $k_1=1$，方形时 $k_1=0.75\sim1$；

C——等截面收缩率；

y——漏斗下口至漏斗上任意一点的高度，m；

h——漏斗高度，m；

D——漏斗上口直径，即煤仓净直径，m；

a_0——双曲线初始角，$x=D/2$ 时的漏斗曲线与 x 轴之间的夹角，一般取 $50°\sim55°$。

设计计算步骤：（1）根据工艺要求先确定 D、d_0、a_0；（2）按公式（4－8－19）计算 h 值；（3）将 h 分成若干小段（一般 1.0m 为一小段），按公式（4－8－16）求出相应的 X 值；（4）将计算成果列表，并作图。

双曲线漏斗施工后实为折线形，需二次抹成光滑的双曲线，以利煤粒的流动。

3）空气炮清堵。

空气炮清堵就是利用空气炮冲击力破坏拱脚，破坏拱的平衡，使煤粒在重力作用下恢复流动。

在各种贮料仓内，贮料由于潮湿、挤压等原因，可形成不同类型的起拱堵塞现象，为适应各种堵塞情况的需要，郑州市空气炮厂（位于郑州市上街区新安西路，电话：0371－3931457）生产的空气炮清堵器（压力容器制造许可证号：RZZ 豫－080－98 号）对解决煤矿井上、下煤仓堵塞问题是可供选择的有效工具之一，目前已应用在邢台矿务局显德旺矿，河南铁生沟煤矿，柳林矾水沟煤矿、沈阳矿务局红阳三矿等地。该厂共有八种规格的空气炮可供选用，其选型及布置形式应根据煤仓形式、容量、截面积、卸料角度、贮料性质、放料周期、环境等条件综合考虑，请参见根据堵塞情况示意及 KL 型、KT 型空气炮外型见图4－8－32。

该厂生产的 ZJ－019 系列空气炮主要参数见表4－8－24。

4）压气破拱装置。

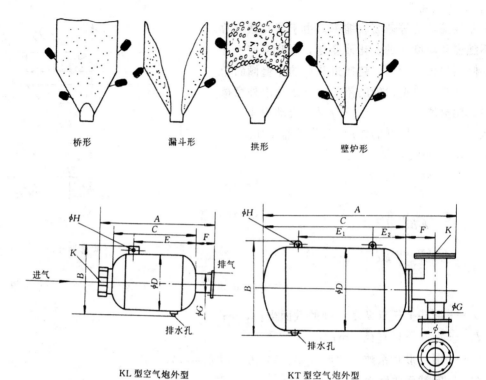

图 4—8—32   空气炮安装示意图

表 4—8—24   空 气 炮 主 要 参 数

型 号	容量 (L)	A (mm)	B (mm)	C (mm)	φD (mm)	E		F (mm)	φG 喷管 通径 (mm)	φH 吊环孔 (mm)	φ 孔中 心距	K 进气孔	工作压力 (MPa)	冲击力 (N)	爆炸 能量 (kgfm)	重量 (kg)
						E_1	E_2 mm									
KL—14	14	535	290	400	219	280		65	50	14		$G^{1/2''}$	0.4—0.8	980—2940	1094	28
KL—30	30	610	375	480	312	330		70	50	14	125	$G^{1/2''}$	0.4—0.8	1176—3720	4080	35
KL—50	50	700	430	568	362	400		70	50	14	125	$G^{1/2''}$	0.4—0.8	1370—4120	6800	43
KT—75	75	980	486	680	412	365	165	185	100	16	180	$G^{1/2''}$	0.4—0.8	2500—6500	10200	90
KT—100	100	1170	486	870	412	480	200	185	100	16	180	$G^{1/2''}$	0.4—0.8	3000—8000	13600	110
KT—150	150	1190	580	890	512	460	225	185	100	18	180	$G^{1/2''}$	0.4—0.8	4500—10000	20400	130
KT—300	300	1500	680	1185	612	685	260	190	125	18	210	$G^{1/2''}\cdot 1''$	0.4～0.8	5500/12500	40800	195
KT—500	500	1745	790	1420	712	870	285	190	125	18	210	$G^{1/2''}\cdot 1''$	0.4～0.8	6500/15000	68000	230

　　压气破拱装置的管路设置，设计中按机电专业提供的资料要求预埋。其喷嘴布置形式见表 4—8—25。

表 4-8-25　压气破拱装置喷嘴布置形式分类

布置形式	图　　　示	喷嘴与水平面的夹角 α（°）	喷嘴至斗口的高度 h（mm）	上、下层喷嘴的间距 h₁(mm)	使用矿井
两侧对称布置		15	2700		宿县海孜矿井、滕南蒋庄矿井井底煤仓
四角对称布置		15	2000		兖州鲍店矿井井底煤仓
分煤器上集中布置		15	2780	1200	大屯徐庄矿井井底煤仓
图注	1—煤仓；2—分煤器；3—喷嘴				

5）设置破拱帽。

破拱帽结构见图 4-8-33。破拱帽设于锥形漏斗口顶端，最低煤位线附近。破拱帽由立柱支撑，立柱与水平面夹角 50°，其下端插入煤仓仓壁固定。破拱帽承担上部煤柱压力，把成拱的拱脚区设计为流煤道。漏斗闸门封闭时，帽下部由破拱周围流下的煤，按照煤的安息角形成一个倒圆锥的无煤区；卸煤时，锥体斜壁周围集中沿筒壁的垂直下滑力和破拱帽上斜面的下滑力组成一个下滑合力，形成畅通的煤流。

6）设置螺旋溜槽。

（1）分类。

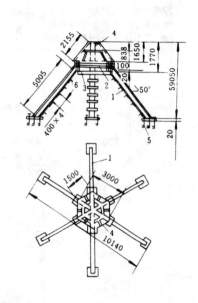

图 4—8—33　破拱帽结构图

1—立柱；2—上连接器；3—下连接器；

4—减压帽；5—固定螺栓；6—加固角钢

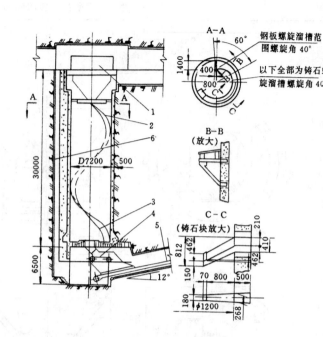

图 4—8—34　凸形螺旋溜槽

1—翻车机；2—螺旋溜槽的钢板段；3—螺旋溜槽的铸石段；

4—仓口给煤机；5—胶带输送机；6—煤仓煤位监测孔

煤仓内的螺旋溜槽设置有两种形式。悬吊在煤仓中间的称内螺旋溜槽，依附在煤仓内壁上的称外螺旋溜槽。实践证明，前者使用效果较差，螺旋溜槽的固定和安装难度大，而且会阻碍煤流在煤仓内部的流动，防堵效果不理想。

螺旋溜槽煤仓对于防止块煤破碎（生产块煤的矿井）有明显效果。

外螺旋溜槽有两种布置结构。在圆筒煤仓的仓壁上，设有凸向煤仓中心方向的螺旋溜槽，称凸形螺旋溜槽，其布置及结构见图 4—8—34。在圆筒煤仓的仓壁上设有凹形螺旋溜槽，称凹形螺旋溜槽，其布置及结构见图 4—8—35。

（2）螺旋煤仓煤流运动特性。

螺旋煤仓煤流螺旋线运动方程为：

$$x = R\cos\omega t \qquad\qquad (4-8-20)$$

$$y = R\sin\omega t \qquad\qquad (4-8-21)$$

$$z = -\frac{\omega t}{2\pi}h \qquad\qquad (4-8-22)$$

式中　R——煤流截面形心到煤仓中心距，m；

　　　　ω——煤流角速度，rad/s；

　　　　h——螺旋溜槽导距，m；

　　　　t——时间，s；

x、y、z——螺旋溜槽坐标，m。

其中 R、ω、h 为常量。由式（4—8—20）和式（4—8—21）可得 $x^2 + y^2 = R^2$，说明运动轨迹在

xoy 平面上投影是一个半径为 R 的圆。式（4—8—22）说明 z 值是时间的一次函数，t 每增加 $2\pi/\omega$，z 值反方向下降 h 值，同时 xoy 平面投影点转动一周。上述三式表明煤流在空间运动转迹是一圆柱螺旋线。

煤流速度按下式计算：

$$\left.\begin{array}{l} V_x = \dfrac{\mathrm{d}x}{\mathrm{d}t} = -\omega R\sin\omega t \\[2mm] V_y = \dfrac{\mathrm{d}y}{\mathrm{d}t} = \omega R\cos\omega t \\[2mm] V_z = \dfrac{\mathrm{d}z}{\mathrm{d}t} = -\dfrac{\omega}{2h}h \end{array}\right\} \qquad (4-8-23)$$

$$V = \sqrt{V_x{}^2 + V_y{}^2 + V_z{}^2} = \frac{\omega}{2\pi}\sqrt{4\pi^2 R^2 + h^2}$$
$$(4-8-24)$$

煤流速度 V 与 Z 轴的夹角 γ 为

$$\gamma = \mathrm{arc}\cos\frac{V_z}{V} = \mathrm{arc}\cos\frac{h}{\sqrt{4\pi^2 R^2 + h^2}}$$
$$(4-8-25)$$

煤流加速度 a 为：

$$\left.\begin{array}{l} a_x = \dfrac{\mathrm{d}^2 x}{\mathrm{d}t^2} = -\omega^2 x \\[2mm] a_y = \dfrac{\mathrm{d}^2 y}{\mathrm{d}t^2} = -\omega^2 y \\[2mm] a_z = \dfrac{\mathrm{d}^2 z}{\mathrm{d}t^2} = 0 \end{array}\right\} \qquad (4-8-26)$$

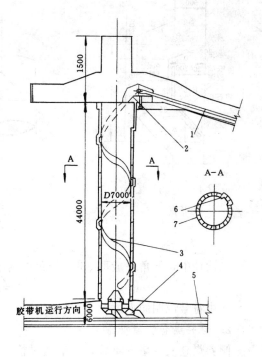

图 4—8—35　凹形螺旋溜槽
1—煤仓入料胶带输送机；2—机头溜槽；
3—凹形铸石螺旋溜槽；4—仓口给煤设备；
5—胶带输送机；6—预制凹形铸石砌块；
7—预制仓壁混凝土砌块

$$a = \sqrt{a_x^2 + a_y^2 + a_z^2} = \omega^2 R \qquad\qquad (4-8-27)$$

煤流加速度 a 与 Z 轴的夹角 γ' 为

$$\gamma' = \mathrm{arc}\cos\frac{a_z}{a} = \mathrm{arc}\cos 0 = 90° \qquad\qquad (4-8-28)$$

$\gamma' = 90°$，说明加速度与 Z 轴垂直且指向 Z 轴。

（3）防堵作用。

式（4—8—24）、式（4—8—27）、式（4—8—25）、式（4—8—28）说明煤流在溜槽内的下降速度和加速值恒定不变，且速度和加速度与 Z 轴夹角也是定值。

溜槽的作用降低了煤流自由落体运动的速度，减缓煤流在煤仓中的相互冲击强度，有效地防止了煤流自由跌落造成的压实起拱堵仓现象。

（4）实例。

晋城矿务局成庄煤矿井下螺旋煤仓直径 $D8$m，垂高 39.417m。螺旋标准溜槽如图 4—8—36。

螺旋溜槽导角 γ 为 35°，导距 h 为 18.926m（图 4—8—37）。

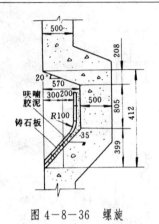

图 4—8—36　螺旋
溜槽断面图

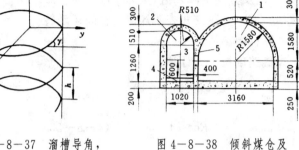

图 4—8—37　溜槽导角，
导距示意图

r—导角；h—导距

图 4—8—38　倾斜煤仓及
人行孔断面布置

1—煤仓；2—人行道；3—扶手；
4—人行台阶；5—检查孔

在设计中，导角一般取 35°，导距 h 由下式求得。

$$h = 2\pi R \tan\gamma \qquad\qquad (4—8—29)$$

式中符号说明同上。

2. 倾斜煤仓防堵措施

倾斜煤仓发生堵仓事故，一般通过检查孔采用人工处理。

通常在煤仓的一侧设置平行于煤仓的人行道（内设台阶和扶手）。在煤仓下部，距下仓口 2.8～3.0m 处的人行道与煤仓的隔墙上设一个检查孔（也可在隔墙上每隔 2～3m 设一个），规格为 500mm×700mm（宽×高），孔上设铁门，以便检查煤仓磨损情况及处理煤仓堵塞事故。

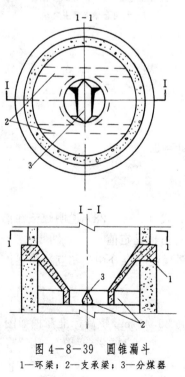

图 4—8—39　圆锥漏斗
1—环梁；2—支承梁；3—分煤器

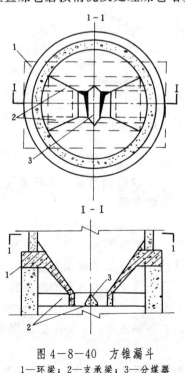

图 4—8—40　方锥漏斗
1—环梁；2—支承梁；3—分煤器

准设计断面布置及尺寸见图 4—8—38。

煤仓下口设两个以上放煤口，交替放煤，对防止堵仓有一定效果，井底煤仓尽可能不选单漏斗口型式结构。

（五）煤仓底部结构

1. 仓底构造

直立煤仓底部下料装置的形式，有圆锥漏斗（图 4—8—39）及方锥漏斗（图 4—8—40）种，一般多采用圆锥漏斗。

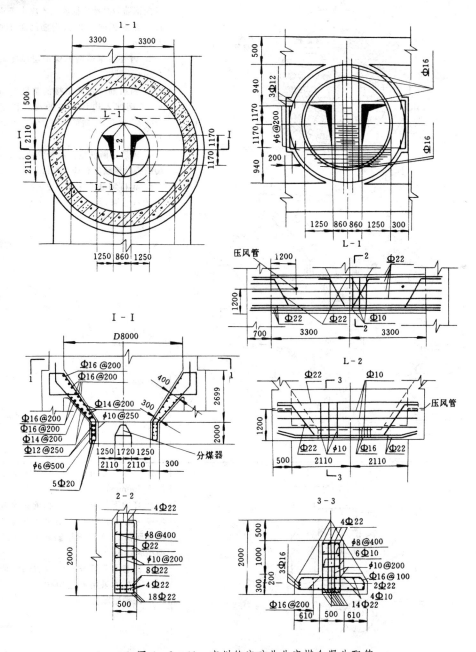

图 4—8—41　兖州鲍店矿井井底煤仓漏斗配筋

漏斗为钢筋混凝土结构，漏斗与仓壁的交接处应设置环梁，并在下料口设置支承梁。仓底一般采用柱与筒壁联合支承结构。

煤仓底部结构配筋，可参考图 4-8-41 及表 4-8-26。

表 4-8-26 煤仓底部结构构造

项目	图 示	要 求
漏 斗	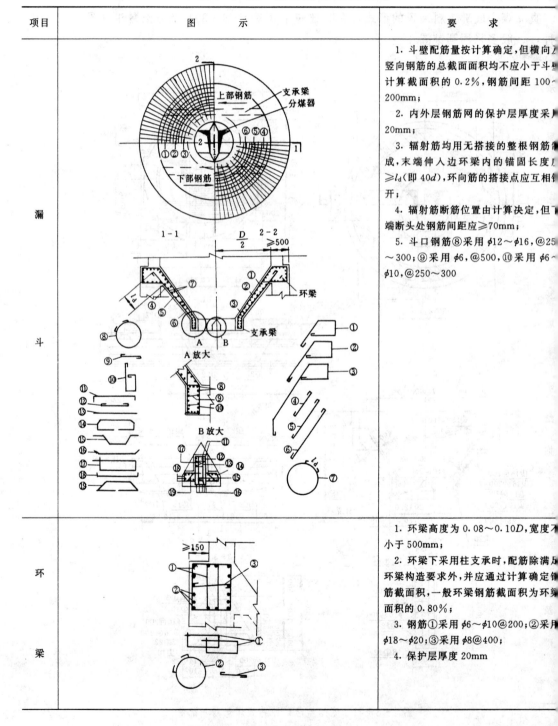	1. 斗壁配筋量按计算确定，但横向及竖向钢筋的总截面面积均不应小于斗壁计算截面积的 0.2%，钢筋间距 100~200mm； 2. 内外层钢筋网的保护层厚度采用 20mm； 3. 辐射筋均用无搭接的整根钢筋制成，末端伸入边环梁内的锚固长度应 ≥l_d（即 40d），环向筋的搭接点应互相错开； 4. 辐射筋断筋位置由计算决定，但下端断头处钢筋间距应≥70mm； 5. 斗口钢筋⑧采用 $\phi12$~$\phi16$，@250~300，⑨采用 $\phi6$，@500，⑩采用 $\phi6$~$\phi10$，@250~300
环 梁		1. 环梁高度为 0.08~0.10D，宽度不小于 500mm； 2. 环梁下采用柱支承时，配筋除满足环梁构造要求外，并应通过计算确定钢筋截面积，一般环梁钢筋截面积为环梁面积的 0.80%； 3. 钢筋①采用 $\phi6$~$\phi10$@200；②采用 $\phi18$~$\phi20$；③采用 $\phi8$@400； 4. 保护层厚度 20mm

项目	图　　示	要　　求
支承梁		1. 支承梁高度等于斗嘴高度,宽度一般为 500mm; 2. 配筋除满足支承梁构造要求外,并应通过计算确定钢筋截面积; 3. 钢筋①采用 $\phi20\sim\phi22$;②采用 $\phi6\sim\phi8$,@400;③采用 $\phi10\sim\phi12$;④采用 $\phi8\sim\phi10$,@200;⑤采用 $\phi20\sim\phi22$;⑧及⑦采用 $\phi20\sim\phi22$; 4. 保护层厚度 20mm
仓底支承结构		1. 井下煤仓仓底支承结构为柱与筒壁联合支承。柱的布置见图 $4-8-29$ 所示。筒壁厚度应大于或等于仓壁厚度,钢筋按构造配置; 2. 柱的横截面一般为 $250mm\times300mm\sim350mm\times400mm$; 3. 钢筋①及③一般采用 $\phi8\sim\phi10$,@200~250;②采用 $\phi18\sim\phi22$;④及⑤采用 $\phi12\sim\phi16$,@200~250; 4. 主筋保护层厚度 25mm
柱脚及基础		1. 一般采用刚性带形基础,基础可不配置钢筋; 2. 若巷道不铺底,基础厚度应大于 250mm

2. 仓底结构荷载，内力及配筋计算

1) 锥形漏斗斜壁上的荷载。

当煤仓装满煤时，漏斗斜壁上的法向压力 P_N，其值为：

$$P_N = P_v\cos^2\beta + P_H\sin^2\beta = mP_v \qquad (4-8-3$$

式中符号见本节公式（4-8-10）的说明；

m——计算系数，由表4-8-27查得。

表4-8-27　m　系　数　表

α	$m = \cos^2\alpha + K\sin^2\alpha$							
	$\varphi=15°$	$\varphi=20°$	$\varphi=25°$	$\varphi=30°$	$\varphi=35°$	$\varphi=40°$	$\varphi=45°$	$\varphi=50°$
50°	0.759	0.700	0.651	0.609	0.572	0.541	0.513	0.490
51°	0.750	0.692	0.641	0.592	0.560	0.527	0.490	0.476
52°	0.746	0.683	0.631	0.587	0.547	0.544	0.485	0.461
53°	0.737	0.674	0.621	0.574	0.534	0.500	0.471	0.446
54°	0.731	0.666	0.610	0.564	0.523	0.488	0.458	0.432
55°	0.721	0.658	0.603	0.553	0.512	0.475	0.445	0.418
56°	0.717	0.649	0.596	0.540	0.499	0.462	0.430	0.403
57°	0.705	0.641	0.582	0.529	0.488	0.450	0.417	0.390
58°	0.701	0.633	0.573	0.521	0.476	0.437	0.404	0.376
59°	0.694	0.625	0.563	0.510	0.464	0.424	0.391	0.362
60°	0.691	0.618	0.554	0.501	0.453	0.413	0.378	0.349
61°	0.681	0.611	0.545	0.490	0.442	0.401	0.366	0.336
62°	0.674	0.602	0.536	0.482	0.431	0.389	0.353	0.323
63°	0.670	0.596	0.528	0.471	0.421	0.378	0.342	0.311
64°	0.666	0.588	0.520	0.460	0.411	0.367	0.330	0.299
65°	0.662	0.581	0.513	0.452	0.402	0.357	0.319	0.287

注：表中 K 为侧压力系数，φ 为物料自然休止角，均可由表4-8-22查得。

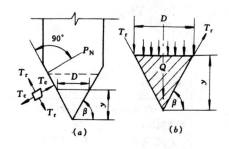

图4-8-42　圆锥漏斗内力计算简图

2) 锥形漏斗斜壁上内力及配筋计算。

（1）圆锥漏斗内力计算（图4-8-42）。

A. 圆锥漏斗环形截面单位长度上的径向拉力

$$T_r = \frac{\pi D^2 P_v/4 + Q}{\pi D\sin\beta} \qquad (4-8-31$$

式中　T_r——圆锥漏斗环形截面单位长度上的径向拉力，N/mm；

D——计算截面处的内径，mm；

Q——所计算截面以下部分的漏斗自重及其贮煤重量之和，N。

$$Q = n\gamma_1 t \frac{\pi D}{2}\sqrt{y^2 + \frac{D^2}{4}} + n\gamma y \frac{\pi D^2}{12} \qquad (4-8-32$$

式中　n——荷载系数，取1.2~1.3；

γ_1——钢筋混凝土斗壁的密度，N/mm³；

y——计算截面以下的漏斗高度，mm；

t——斗壁厚度，mm。

B. 圆锥漏斗环形截面单位长度上的水平环向拉力：

$$T_c = \frac{DP_N}{2\sin\gamma} \qquad (4-8-33)$$

式中　T_c——圆形漏斗环形截面单位长度上的水平环向拉力，N/mm。

C. 钢筋截面积：水平环向钢筋按公式（4—8—14）计算。

径向钢筋：

$$F_a = \frac{T_r}{m_1 f_y} \qquad (4-8-34)$$

漏斗壁厚度应满足抗裂要求，需按公式（4—8—15）验算。

（2）正方角锥漏斗内力计算（图4—8—43）。

A. 水平截面单位长度上的拉力：

$$T_1 = \frac{P_v a^2 + Q}{4a\sin\beta} \qquad (4-8-35)$$

$$Q = n\gamma_1 at\sqrt{4y^2 + a^2} + \frac{1}{3}n\gamma a^2 y \qquad (4-8-36)$$

式中　T_1——正方角锥漏斗水平截面单位长度上的拉力，N/m；

a——正方角锥漏斗计算截面积处的边长，mm。

B. 垂直截面单位长度上的拉力：

$$T_2 = \frac{P_N a}{2\sin\beta} \qquad (4-8-37)$$

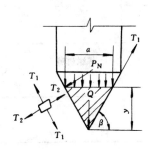

图4—8—43　正方角锥漏斗内力计算简图

式中　T_2——正方角锥漏斗垂直截面单位长度上的拉力，N/m。

C. 斗壁弯距：

跨中弯矩　　　　　　　$$M = \frac{P_N a^2}{24} \qquad (4-8-38)$$

支座弯矩　　　　　　　$$M = \frac{P_N a^2}{12} \qquad (4-8-39)$$

3）仓底支承结构。

（1）单位面积上的纵向压力：

$$P_v' = \frac{Q_{标}}{F} \qquad (4-8-40)$$

式中　P_v'——仓底支承结构单位面积上的纵向压力，N/mm²；

$Q_{标}$——标准荷重，即煤仓结构自重与贮煤重量之和，N；

F——支承结构断面积，mm²。

（2）单位面积上纵向钢筋截面积：

$$F_a = \frac{P_v'}{m_1 f_y} \qquad (4-8-41)$$

（六）煤仓铺底

1. 直立煤仓铺底

直立煤仓的漏斗斜面应采用光滑、耐磨材料铺底，以减少维修量和防止堵仓事故。其铺底材料，铺设厚度及优缺点见表4—8—28。

2. 倾斜煤仓铺底

倾斜煤仓底板应采用耐磨光滑的材料，以利煤的下滑，减少或避免煤仓堵塞。常见的几种铺底方式，见表4—8—29。

表4—8—28　直立煤仓铺底材料

序号	材料名称	标号	铺设厚度（mm）		优　点	缺　点	备注
			混凝土	钢板、铸石、铸铁块			
1	铁屑混凝土	C18	80～150		成本低，维修方便	耐磨性能较差	普遍采用
2	石英混凝土	C18	80～150		成本低，维修方便	耐磨性能差	较多采用
3	钢板		水泥砂浆 50	8～20	耐磨性能好	成本较高，维修不方便，易锈蚀	很少采用
4	辉绿岩铸石块、铸铁块	C13	80～100 水泥砂浆 50	20～40	光滑，耐磨，成本较低	性脆易砸坏，维修较困难	较少采用

表4—8—29　倾斜煤仓铺底方式及材料分类

方　式	图　　示	材料规格	优缺点	适用条件
钢板铺底	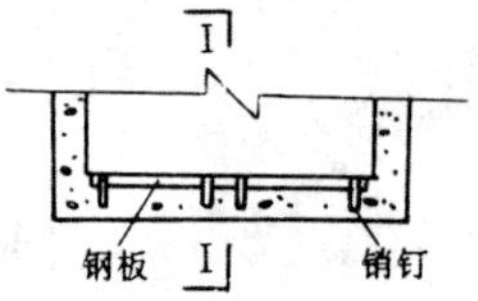 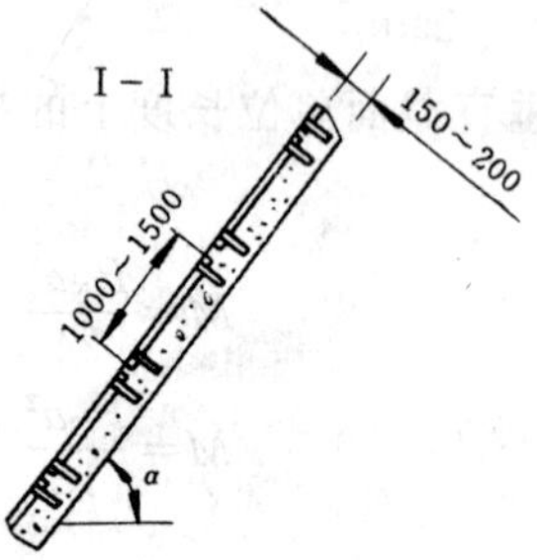	钢板厚度8～12mm	光滑，能承受冲击力。但磨损较快，钢材消耗量较大，维修困难	适用于服务年限较短的煤仓，目前采用较少
钢轨铺底（正反交替布置、轨头向上布置）		钢轨15～24 kg/m，槽钢16a	较光滑。能承受冲击力，但钢材消耗量大，浇灌混凝土困难 / 浇灌混凝土较方便，钢材消耗量较少。但光滑性较差，磨损较快，维修量也较大	适用于服务年限长，有块煤和矸石的煤仓

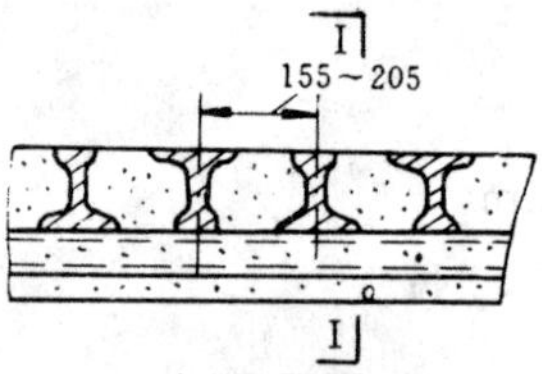

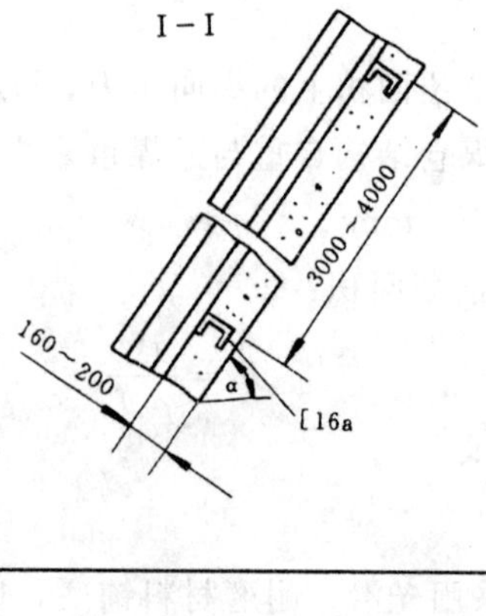

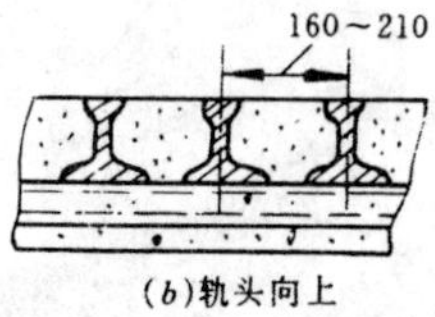

方式	图　　示	材料规格	优缺点	适用条件
铸铁块铺底		材料规格可根据制造和施工方便及煤仓具体尺寸设计确定	光滑,能承受冲击力,耐磨性能好,施工方便,维护量少	适用于服务年限长,运量大,有块煤和矸石的煤仓以及专用矸石仓
辉绿岩铸石块铺底	(a)粘贴固定铸石块　　(b)螺栓固定铸石块	300mm×400mm×30mm〗粘贴 300mm×400mm×40mm〗 600mm×600mm×20mm,地脚螺栓固定	光滑,耐磨性能好,省钢材,成本低,施工方便。但不能承受冲击力	适用于服务年限长,块煤、矸石较少的煤仓采用较多
铁屑或石英混凝土铺底		铺设厚度100~150mm	施工简便,成本低。但耐磨性能较差,维修量大,不光滑	适用于服务年限较短的煤仓。采用较少

当采用辉绿岩铸石或铸铁块铺底时，在煤仓上段底板的落煤点应铺设钢板（长×宽＝2.4m×1.8m），以延长煤仓服务年限。钢板厚度一般为10~20mm。

（七）分煤器

当煤仓采用双装载口分别向装载设备装煤时，在煤仓下口需设置分煤器。分煤器要求结构坚固、表面耐磨、光滑。常见的分煤器类型，见表4—8—30。

表 4-8-30　分 煤 器 分 类

断面形状	结　构	图　　　示	优缺点	适用条件
三 角 形	混凝土 钢轨加固		结构坚固，施工、维修简便。但光滑程度较差，磨损也较大，钢材消耗量大	用于直立，倾斜煤仓
	混凝土 钢板加固		光滑，耐磨性能较好，结构较坚固。但施工较不方便，钢材消耗量也较大	用于直立、倾斜煤仓
	钢筋混凝土		钢材消耗量较小，结构较坚固，施工较简便。但光滑程度较差，磨损较大，维修量也较大	用于直立、倾斜煤仓
梯 形	混凝土钢板加固		光滑，结构坚固，耐磨性能较好，但施工较不方便，钢材消耗量也较大	多用于倾斜煤仓
矩 形	钢筋混凝土		钢材消耗量较小，结构坚固、施工较简便。但光滑程度较差，磨损也较大	用于直立煤仓，采用较少

分煤器尺寸依据装载设备布置和采用的分煤器类型，并经计算后确定。直立煤仓分煤器高度 H 一般为 $0.6\sim2.0m$，倾斜煤仓标准设计为 $0.6m$（梯形钢板加固分煤器）。

四、箕斗装载硐室

（一）硐室位置选择

箕斗装载硐室一般应布置在运输水平以下的地质构造简单、围岩坚固部位。若大巷采用胶带输送机运输、条件适宜时，硐室应布置在运输水平以上。

（二）箕斗装载硐室与运输水平的关系

当运输水平采用矿车运煤时，煤仓与箕斗装载硐室位于运输水平以下；当运输水平采用胶带机运煤，且经济比较条件适宜时，煤仓与箕斗装载硐室位于运输水平以上，利用运输水平清理箕斗撒煤。

（三）箕斗装载硐室形式分类及选择

箕斗装载硐室按装载设备和装载方式可分为通过式和非通过式，按提升设备布置又可分为单侧式和双侧式。其设备布置，装载特点及适用条件见表 4－8－31。

表 4－8－31　箕斗装载硐室分类

形　式		图　示	装载设备布置特点	适用条件
按装载设备及装载方式分	通过式		主要装载设备布置在上室。下室布置绕轴、框架及电控设备。当箕斗下放将框架由正常位置压至水平时，该水平进行装载。箕斗装满上提时，框架复原，当框架位于正常位置之上时，箕斗下放压不到框架，则箕斗通过该装载硐室至下水平装载	用于多水平同时生产的中间提升水平
	非通过式		上室的设备布置同通过式。下室较小，仅布置滑架。当箕斗下放将滑架压下时，闸门打开进行装载。当箕斗装满上提时，因重锤作用，闸门关闭，滑架还原	用于井底提升水平（若非延深井，即为最终提升水平）
按提升设备及提升容器的布置分	单侧式		装载设备布置在井筒一侧硐室内，向一对或二对同侧式或异侧式箕斗进行装载	用于有两套（或一套）提升、装载设备的中间及井底提升水平

续表

形　式		图　示	装载设备布置特点	适用条件
按提升设备及提升容器的布置分	双侧式		装载设备布置在井筒两侧硐室内，分别向一对同侧式箕斗进行装载	用于有两套提升、装载设备的中间及井底提升水平
图　注		1—主井；2—装载胶带输送机机头硐室；3—装载胶带输送机巷；4—箕斗装载硐室		

箕斗装载硐室形式，应依据主井提升设备及提升容器的布置、提升水平和所选择的硐室部位的岩性等因素，按表4—8—31选取。

单绳箕斗与装载设备的选配见表4—8—32。多绳箕斗与装载设备的选配见表4—8—33。

表4—8—32　立井单绳箕斗与装载设备选配

箕斗型号			与箕斗配合使用的装载设备型号			
名　称	同侧装卸式	异侧装卸式	名　称	通过式	非通过式	动　力
绳罐道立井单绳箕斗	JL—3 JL—4 JL—6	JLY—3 JLY—4 JLY—6	立井箕斗装载设备（配钢丝绳罐道箕斗）	— — —	— — ZLQ—6 ZLY—6	气液
钢罐道立井单绳箕斗	J—3 J—4 J—6 J—8	— — — —	立井箕斗装载设备（配钢罐道箕斗）	— — — —	ZJ—3 ZJ—4 ZJ—6 ZJ—8	

表4—8—33　立井多绳箕斗与装载设备选配

箕斗型号			与箕斗配合使用的装载设备型号		
名称	同侧装卸式	异侧装卸式	名　称	气动	液动
绳罐道立井多绳箕斗	JDS—4/55×4 JDS—6/55×4 JDS—6/75×4 JDS—9/110×4 JDS—12/110×4 JDS—12/90×6 JDS—16/150×4	JDSY—4/55×4 JDSY—6/55×4 JDSY—6/75×4 JDSY—9/110×4 JDSY—12/110×4 JDSY—12/90×6 JDSY—16/150×4	立井箕斗计量装载设备（配绳罐道箕斗）	ZLQ—4 ZLQ—6 ZLQ—6 ZLQ—9 ZLQ—12 ZLQ—12 ZLQ—16	ZLY—4 ZLY—6 ZLY—6 ZLY—9 ZLY—12 ZLY—12 ZLY—16

名称	箕斗型号		与箕斗配合使用的装载设备型号		
	同侧装卸式	异侧装卸式	名称	气动	液动
刚性罐道立井多绳箕斗	JDG−4/55×4 JDG−6/55×4 JDG−6/75×4 JDG−9/110×4 JDG−12/110×4 JDG−12/90×6 JDG−16/150×4	JDGY−4/55×4 JDGY−6/55×4 JDGY−6/75×4 JDGY−9/110×4 JDGY−12/110×4 JDGY−12/90×6 JDGY−16/150×4	立井箕斗计量装载设备（配刚性罐道箕斗）	ZLGQ−4 ZLGQ−6 ZLGQ−6 ZLGQ−9 ZLGQ−12 ZLGQ−12 ZLGQ−16	ZLGY−4 ZLGY−6 ZLGY−6 ZLGY−9 ZLGY−12 ZLGY−12 ZLGY−16
绳罐道立井多绳箕斗	JD−4 JD−6 JDS−9/110×4 JDS−12/110×4	JDSY−9/110×4 JDSY−12/110×4	立井箕斗计量装载设备（配绳罐道箕斗）	ZJD−4 ZJD−6 ZLQ−9 ZLQ−12	ZLY−9 ZLY−12

注：序号1～14为新产品，应优先选用。

（四）箕斗装载硐室断面形状及尺寸确定

箕斗装载硐室断面形状、优缺点、适用条件见表4−8−34。

表4−8−34 常用的箕斗装载硐室断面形状

断面形状		图示	优缺点	适用条件	使用矿井
横断面	开口矩形	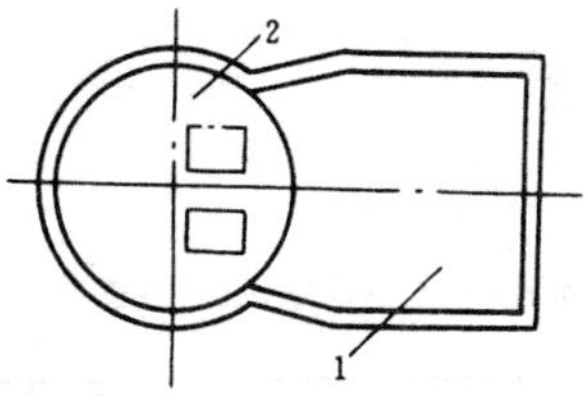	施工简便，断面利用率较高。但承受侧压能力较差	适用于围岩较好，地压小的矿井。普遍采用	宿县海孜矿井、滕南蒋庄矿井、兖州鲍店矿井
	开口半圆拱形	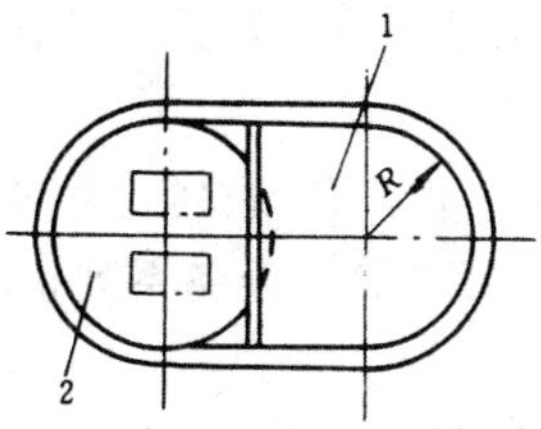	施工较简便，承受侧压能力较好。但断面利用率较差	适用于围岩较差，地压较大的矿井	大屯徐庄矿井
纵断面	矩形	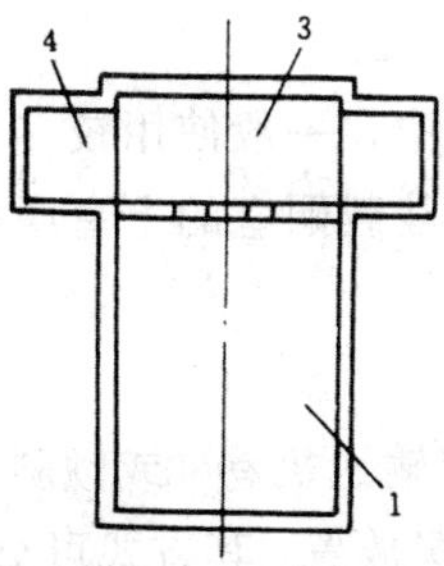	施工简便，断面利用率高。但承受地压能力较差，顶部需配置工字钢，钢材消耗量也较大	适用于围岩较好，地压较小的矿井	兖州兴隆庄矿井

续表

断面形状		图　　示	优缺点	适用条件	使用矿井
纵断面	半圆拱形	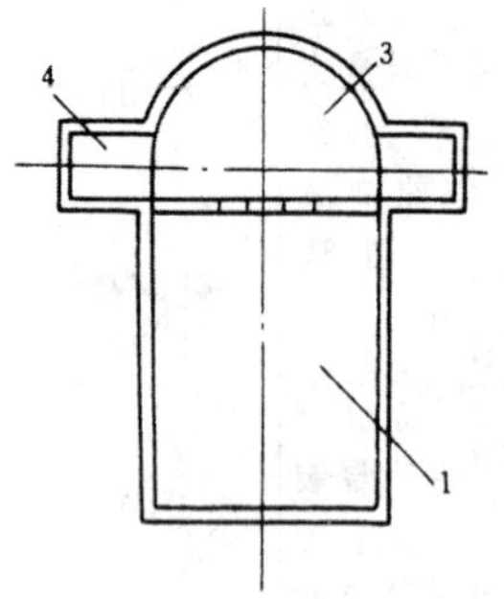	施工较简便，承受顶压能力好。但承受侧压、底压能力较差	适用于围岩较差、侧压、底压较小的矿井。普遍采用	兖州鲍店矿井、宿县海孜矿井
	封闭形	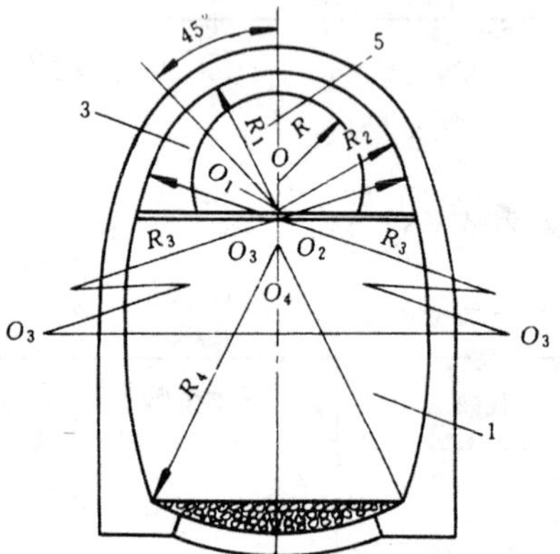	承受地压能力好。但施工复杂，断面利用率较差	适用于围岩差、地压大的矿井。较少采用	淮南潘集一号井
图　注		1—箕斗装载硐室；2—主井；3—机头硐室；4—电器硐室；5—装载胶带输送机巷			

　　箕斗装载硐室尺寸，主要根据所选用的装载设备型号、设备布置、设备及检修，并考虑人行道及行人梯子的布置等要求确定。

　　ZJ系列立井单绳箕斗装载设备技术特征见表4—8—35。ZL系列立井多绳箕斗装载设备技术特征见表4—8—36。JC、JG、JL系列大型箕斗配套的装载设备系列正在编制中。

　　（五）箕斗装载硐室支护

　　箕斗装载硐室的支护方式，有混凝土和钢筋混凝土两种，其支护厚度、优缺点及适用条件见表4—8—37。

　　由于钢筋混凝土结构承压和抗震能力较强，在设计中，一般使用较多。

　　当采用混凝土支护时，箕斗装载硐室顶部及通过式装载硐室的上室底板应配置钢梁，如图4—8—44及图4—8—45所示。

　　（六）箕斗装载硐室内其它设施和要求

　　1）硐室内人行道应根据设备布置、硐室与装载胶带输送机巷（或倾斜煤仓人行道）的相对位置、硐室与井底检修间相联系的通道位置等具体情况放置，其方式可分为台阶、钢梯、扶

表 4－8－35 ZJ 系列立井单绳箕斗装载设备技术特征

形式	型号	名义载重量 (t)	有效容积 (m³)	溜槽倾斜角 (°)	打开扇形闸门的时间 (s)	关闭扇形闸门的时间 (s)	箕斗中线至扇形闸门轴中线间距 A	溜槽断面 E×F	装载设备中线间距 B	上室高 I	下室高 M	硐室宽 G	设备重量 (kg)
通过式	ZJ－3	3	4	45	~4	~4	2200	850×800	1810	4620	3460	5600	22100
	ZJ－4	4	5.5				2300	1100×900	2060	5000	3825	6000	23163
	ZJ－6	6	8								4685		
	ZJ－8	8	10								5515		
非通过式	ZJ－3	3	4				2200	850×800	1810	4620		5600	19155
	ZJ－4	4	5.5				2300	1100×900	2060	5000		6000	18854
	ZJ－6	6	8										
	ZJ－8	8	10										

表 4－8－36 ZJ 系列立井多绳箕斗计量装载设备技术特征

设备型号 气动	设备型号 液动	名义载重量 (t)	有效容积 (m³)	装载口断面 L×B	箕斗与计量斗中心距 S	溜槽嘴宽度 b	上部高 H	全高 D	重量 (kg)
ZLQ－4	ZLY－4	4	4.4	2200×854	3950	916	4260	5850	5016 (4901)
ZLQ－6	ZLY－6	6	6.6				5260	6850	5544 (5428)
ZLQ－9	ZLY－9	9	10	2400×1250	4000	1116	5160	6723	6695 (6570)
ZLQ－12	ZLY－12	12	13.2				6160	7723	7426 (7293)
ZLQ－16	ZLY－16	16	17.6		4050	1366	7760	9323	9142 (9017)
ZLGQ－4	ZLGY－4	4	4.4	2200×854	3950	916	4260	5850	5119 (5003)
ZLGQ－6	ZLGY－6	6	6.6				5260	6850	5647 (5531)
ZLGQ－9	ZLGY－9	9	10	2400×1250	4000	1116	5160	6723	6793 (6667)
ZLGQ－12	ZLGY－12	12	13.2				6160	7723	7516 (7391)
ZLGQ－16	ZLGY－16	16	17.6		4050	1366	7760	9323	9255 (9129)

注：括号内是液动装载设备重量。

表4-8-37 箕斗装载硐室支护方式

支护方式	支护厚度（mm）	混凝土标号	优 缺 点	适用条件
混凝土	300~500	C13~C18	钢材消耗量较少，施工简便。但承压能力较差	适用于矿压较小，布置一套装载设备的箕斗装载硐室
钢筋混凝土	400~500	C13~C18	承压能力强。但钢材消耗量较多，施工较不便	适用于矿压较大，布置二套装载设备的箕斗装载硐室

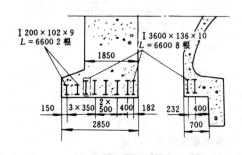

图4-8-44 箕斗装载硐室
上室顶部结构

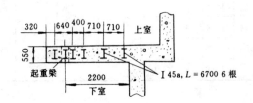

图4-8-45 通过式箕斗装载
硐室上室底板结构

梯及爬梯四种。

2) 硐室顶部（上室）应按机制专业提供的位置设置起重梁，以便安装和检修设备。

3) 硐室内压磁元件、控制阀、油水分离器等设备基础以及设备安装孔（或梁窝），按机制专业提供的资料要求设置或预留，混凝土强度等级为C20左右。

（七）井底装备及检修设施

箕斗井底依据井筒装备要求设有各种平台（或梁），如罐道、防撞梁、尾绳保护梁及检修平台梁等。其梁窝位置及规格按机制、机电专业提供的资料要求预留。

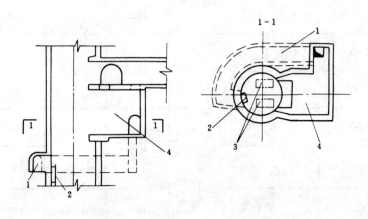

图4-8-46 单侧布置的检修梯子间
1—通道；2—扶梯；3—箕斗；4—箕斗装载硐室

通常情况下，一般设置梯子间来检修井底装备。新设计的大型矿井，采用在井底设置罐笼间来检修井底装备。

采用梯子间检修井底装备时，其布置方式如图4-8-46和图4-8-47所示，前者适用于单侧式箕斗装载硐室，后者适用于双侧式箕斗装载硐室。梯子间一般应设钢梯及金属保护网，但有的只设扶梯，不设金属保护网。

检修梯子间通道净断面参数见表4-8-38。

采用罐笼间检修井底装备时，提升绞车硐室高于箕斗装载硐室25～30m

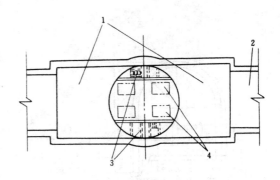

图4-8-47　双侧布置的检修梯子间
1—箕斗装载硐室；2—装载胶带输送机巷道；
3—梯子间；4—箕斗

（绞车硐室应尽量布置在稳定的岩层中），并在提升绞车硐室水平设检修罐笼平台。当井底箕斗装载硐室位于矿井运输水平之下，可利用主井井筒与井底车场连接处作为检修罐笼提升绞车硐室，当井底箕斗装载硐室位于矿井运输水平之上，则井底车场应设斜巷与检修罐笼提升绞车硐室联系。提升绞车硐室尺寸按机制、机电专业提供的设备布置要求确定，支护方式为混凝土，厚度250～300mm。

表4-8-38　检修梯子间通道净断面参数

断 面 形 状	净 断 面 尺 寸（mm）			支 护	
	宽　度	墙　高	拱　高	材　料	厚　度（mm）
半 圆 拱 形	1200～1500	1400～1600	600～750	混凝土	200～250

五、装载带式输送机巷及机头、给煤机、贮气罐硐室

（一）装载带式输送机巷

装载带式输送机巷有单机布置（图4-8-48）和双机布置（图4-8-49）两种方式。单机布置方式适用于箕斗装载硐室为双侧式（或箕斗装载硐室布置一套装载设备的单侧式）的装载系统，双机布置方式适用于箕斗装载硐室为单侧式的装载系统。

装载带式输送机的断面布置和机架安装孔的预留，依据机制专业提供的资料进行，巷道断面形状一般为半圆拱形。断面设计参数见表4-8-39。水沟设置与否依据具体情况确定。

表4-8-39　装载带式输送机巷道断面参数　　　　　　　　mm

类　　型	a	A_2	C	t	h_3	B
单机布置	500	带式机支承架外宽	800～1000		1400	$a+A_2+c$
双机布置	500	带式机支承架外宽	8000～1000	400	1200	$a+2A_2+t+c$

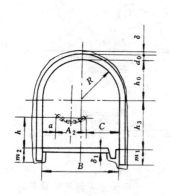

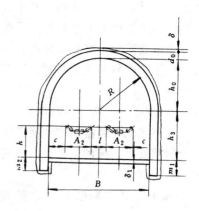

图 4—8—48 单机布置的装载
带式输送机巷断面

图 4—8—49 双机布置的装载
带式输送机巷断面

　　装载带式输送机巷道为料石或混凝土支护。支护厚度视围岩性质而定，一般为 300mm 左右。若围岩较稳定，也可采用锚喷支护。巷道铺底厚度 100~150mm。

　　（二）机头硐室

　　机头硐室有单机布置（图 4—8—50）和双机布置（图 4—8—51和图 4—8—52）两种方式。双机布置时，为降低硐室高度，减少工程量，其断面一般按装载带式输送机巷断面考虑，但在硐室两侧布置电器硐室，以安装电动机及其它电器设备。

　　在机头硐室和电器硐室顶部适当位置应设置起重梁或吊环，以利安装和检修设备。

　　机头硐室底板一般为钢筋混凝土结构，并应按机制、机电专业提供的资料要求，布置和预留设备基础、设备安装孔、溜煤孔、动力及通信电缆孔（各一个、规格一般为 200mm × 400mm），此外，在箕斗装载硐室一侧的尽头端部尚需设置行人道（规格一般为 800mm × 1000mm），以沟通机头硐室与箕斗装载硐室间的相互联系。溜煤孔和行人道应设置折页式的铁盖。机头硐室井筒侧端部应设置栅栏。

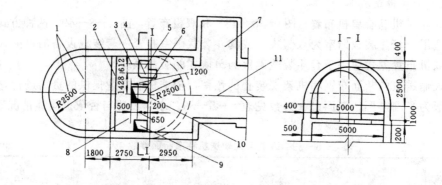

图 4—8—50 大屯徐庄矿井井底装载胶带输送机机头硐室

1—主井井筒中线；2—栅栏；3—电动机中线；4—减速机中线；5—电动机基础；6—溜煤孔；
7—信号设备硐室；8—机头硐室；9—行人孔；10—滚筒中线；11—装载胶带输送机中线

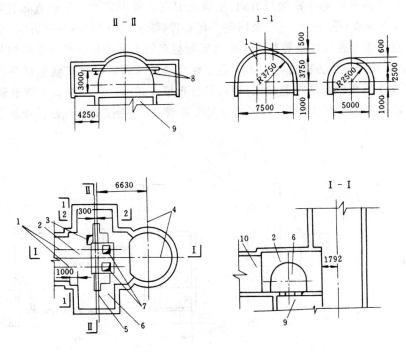

图 4-8-51 兖州鲍店矿井井底装载带式输送机机头硐室
1—带式输送机中线；2—机头硐室；3—行人孔；4—主井井筒中线；5—驱动轮中线；
6—电器硐室；7—溜煤孔；8—起重梁；9—箕斗装载硐室；10—装载带式输送机巷

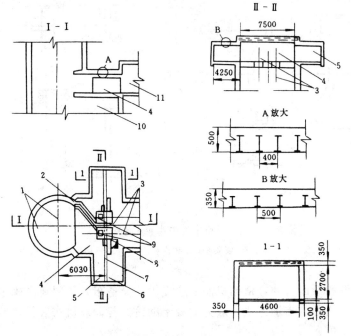

图 4-8-52 兖州兴隆庄矿井井底装载带式输送机机头硐室
1—主井井筒中线；2—水沟；3—带式输送机中线；4—机头硐室；5—电器硐室；6—电器硐室中线；
7—驱动轮中线；8—行人道；9—溜煤孔；10—箕斗装载硐室；11—装载带式输送机巷

（三）给煤机硐室

按给煤机对装载带式输送机给煤方向，给煤机硐室布置方式可分为垂直布置（图 4—8—53）、同向前后错开布置（图 4—8—54）及同向平行布置（图 4—8—55）等三种方式。垂直布置方式适用于多个直立煤仓通过二条装载带式输送机巷与双侧式箕斗装载硐室连接的装载系统布置形式；同向前后错开布置方式适用于单个直立煤仓通过一条装载带式输送机巷道与单侧式箕斗装载硐室连接的装载系统布置形式；同向平行布置方式适用于多个直立煤仓通过一条装载带式输送机巷与单侧式箕斗装载硐室（两套箕斗装载设备）连接的装载系统布置形式。

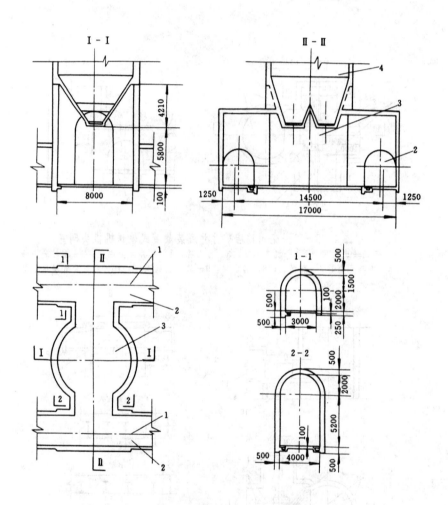

图 4—8—53　兖州东滩矿井井底给煤机硐室

1—装载带式输送机中线；2—装载带式输送机巷；3—给煤机硐室；4—井底煤仓

给煤机硐室长度和断面尺寸，依据机制专业提供的设备布置资料要求确定。硐室断面形状有矩形和半圆拱形两种。支护方式一般为混凝土砌碹。若为双机布置、岩性较差时，可采用钢筋混凝土结构支护。

给煤机安装设施按机制专业提供的资料预埋。

（四）压气破拱装置硐室

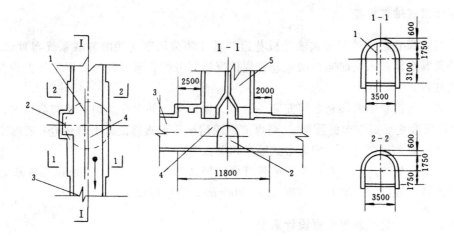

图 4-8-54　大屯徐庄矿井井底给煤机硐室

1—装载带式输送机中线；2—压气破拱装置硐室；3—装载带式输送机巷；4—给煤机硐室；5—井底煤仓

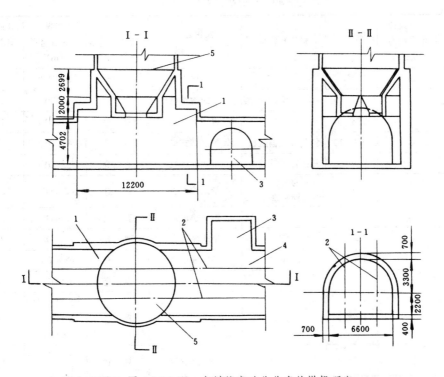

图 4-8-55　兖州鲍店矿井井底给煤机硐室

1—给煤机硐室；2—装载带式输送机中线；3—压气破拱装置硐室；4—装载带式输送机巷道；5—井底煤仓

为了处理井底煤仓堵塞，一般在给煤机硐室附近巷道的一侧设置压气破拱装置硐室，以安装贮气罐及其它电器设备。

硐室位置及尺寸依据机制专业提供的资料要求确定。硐室一般为半圆拱形断面、混凝土支护，厚度为 300mm 左右。

六、配煤带式输送机巷

在多个直立煤仓通过装载带式输送机巷道与箕斗装载硐室连接的装载系统布置形式中，为了使矿井两翼来煤在入仓前能根据煤仓存煤情况进行分配，通常在卸载硐室下方设置配煤带式输送机巷道。

配煤带式输送机巷中两煤仓之间安装一台带式输送机。并在卸载硐室的卸载口安设裤衩形溜槽（内设可改变煤流方向的翻板）。当煤流进入溜槽后可直接流入下部煤仓；若改变裤衩溜槽中翻板的位置，煤就可流入配煤带式输送机装入另一个煤仓。

配煤带式输送机巷道断面布置及断面设计参数同装载带式输送机巷（单机布置断面）。支护方式一般为料石或混凝土砌碹。厚度 $250 \sim 300mm$，铺底厚度 $100 \sim 150mm$。

七、井底煤仓、箕斗装载硐室设计索引

（一）部分矿井井底煤仓特征（表 4-8-40）

表 4-8-40　部分矿井井底煤仓特征

矿井名称	矿井设计生产能力（Mt/a）	设计完成日期	提升箕斗套数及容量（t）	大巷运输方式	井底煤仓形式（直仓或斜仓）	井底煤仓个数及直径（m）	井底煤仓有效容量（t）
济宁三号矿井	5.0	1986.5	二套 22	带式输送机	直仓	3×D10	3000
济宁二号矿井	4.0	1987.10	一套 34	带式输送机	直仓	1×D10	1900
东欢坨矿井	4.0	1987.7	一套 32	带式输送机	直仓	2×D10	1700
贵石沟矿井	4.0	1985.10	斜井带式输送机	5t 侧底卸式矿车	直仓	1×D10	2400
成庄矿井	4.0	1987	斜井带式输送机	带式输送机	直仓	2×D10	2800
张集矿井	4.0	1989.6	一期一套 20 二期一套 40	带式输送机	直仓	2×D9	2250
谢桥矿井	4.0	1980.5	二套 20	带式输送机	直仓	2×D9	2800
东滩矿井	4.0	1983.10	二套 16	带式输送机	直仓	3×D8	2400
鲍店矿井	3.0	1980.9	二套 12	带式输送机	直仓	3×D8	2000
兴隆庄矿井	3.0	1974.1	二套 12	带式输送机	直仓	3×D7.5	2400
潘一矿井	3.0	1973.9	二套 16	5t 底卸式矿车	直仓	1×D4.0 1×D7.5 1×D5.0	1650
潘三矿井	3.0	1978.2	二套 16	5t 底卸式矿车	直仓	2×D6.6 1×D4.5	1730
桑树坪矿井	3.0	1979.12	斜井带式输送机	3t 底卸式矿车	直仓	1×D10.0	1500
祁南矿井	1.8	1989.7	一套 20	3t 底卸式矿车	直仓	1×D10.0 1×D3.0	1400
东庞矿井	1.8	1983.12	一套 16	3t 底卸式矿车	直仓	2×D7.2	1200
临涣矿井	1.8	1974	一套 12 一个 12 单箕斗	3t 固定车箱式矿车	直仓	2×D7.2	1380
梁家矿井	1.8	1987.7	一套 12	3t 底卸式矿车	直仓	2×D7.0	1200

续表

矿井名称	矿井设计生产能力(Mt/a)	设计完成日期	提升箕斗套数及容量(t)	大巷运输方式	井底煤仓形式(直仓或斜仓)	井底煤仓个数及直径(m)	井底煤仓有效容量(t)
海孜矿井	1.5	1973.10	两个16单箕斗	3t底卸式矿车	直仓	3×D7.2	1500
任楼矿井	1.5	1983.12	一套16	3t底卸式矿车	直仓	1×D8.0	1000
蒋庄矿井	1.5	1977	一套12	3t底卸式矿车	直仓	1×D8.0 1×D6.0	1600
崔家沟矿井	1.5	1983.12	斜井带式输送机	3t底卸式矿车	直仓	1×D6.0	900
玉华矿井	1.5	1987.8	一套12	3t底卸式矿车	直仓	1×D7.0	800
王村矿井	1.5	1989.10	一套12	3t底卸式矿车	直仓	2×D7.0	650
田陈矿井	1.2	1984.12	一套9	3t底卸式矿车	直仓	2×D8.0	1600
九龙口矿井	1.2	1979.8	一套12	3t底卸式矿车	直仓	1×D7.5	800
下石节矿井	1.2	1989.10	带式输送机	3t侧底卸式矿车	直仓	1×D4.0 1×D5.0	800
桃园矿井	0.9	1981.4	一套12	3t底卸式矿车	直仓	1×D8.0	800
界沟矿井	0.9	1984.11	一套9	3t底卸式矿车	直仓	1×D8.0	800
陶庄二号矿井	0.9	1979	一套9	3t底卸式矿车	直仓	1×D5.0	350
童亭矿井	0.9	1986.10	一套9	3t底卸式矿车	直仓	2×D5.0	600
云驾岭矿井	0.6	1985	一套6	1t固定车箱式矿车	直仓	1×D5.0	300
权家河矿井	0.6	1977.12	斜井箕斗4	1t固定车箱式矿车	直仓	1×D5.0	300
南桥矿井	0.6	1983.12	一套3	1t固定车箱式矿车	斜仓55°	1	100
马村矿井	0.45	1975.12	一套3	1t固定车箱式矿车	斜仓55°	1	100
董家河矿井	0.45	1980.12	斜井箕斗8	1t固定车箱式矿车	直仓	1×D5.0	400
邱集矿井	0.45	1985.8	一套6	1t固定车箱式矿车	直仓	1×D5.0	280

（二）井底煤仓（表4—8—41，图4—8—56～图4—8—61）

表4—8—41　井底煤仓（部通用设计）技术特征

工程名称	图号	井型(Mt/a)	形式	断面形状	防堵措施	有效容量(t)
淮南潘集一号井井底东煤仓	图4—8—56	3.00	直立	圆形	压气破拱	660
宿县海孜矿井井底煤仓	图4—8—57	1.50	直立	圆形	压气破拱	500
滕南蒋庄矿井井底煤仓	图4—8—58	1.50	直立	圆形	压气破拱	1000
邢台东庞矿井井底煤仓	图4—8—59	1.80	直立	圆形	压气破拱	1000
峰峰九龙口矿井井底煤仓	图4—8—60	1.20	直立	圆形	压气破拱	800
红阳四井井底煤仓	图4—8—61	0.60	倾斜	半圆拱形	设检查孔	

续表

工 程 名 称	长 度 (m)	掘进体积 (m³)	支护方式	材料消耗量		备 注
				混凝土 (m³)	钢材 (kg)	
淮南潘集一号井井底东煤仓	67.9	1539.1	混凝土	463.8	397.4	表中长度、掘进体积、
宿县海孜矿井井底煤仓	26.9	1087.3	混凝土	328.7	4651.1	材料消耗量均已包括卸
滕南蒋庄矿井井底煤仓	32.0	1668	混凝土	455	4267.4	载坑及给煤机硐室部分
邢台东庞矿井井底煤仓	26.3	1423	混凝土	599	5394.1	卸载坑掘进体积、材料
峰峰九龙口矿井井底煤仓	25.6	1399.7	钢筋混凝土	380.5	12715.7	消耗量未计入,铺底铸石
红阳四井井底煤仓	17.8	261.8	钢筋混凝土	112.5	3530.5	板5100kg

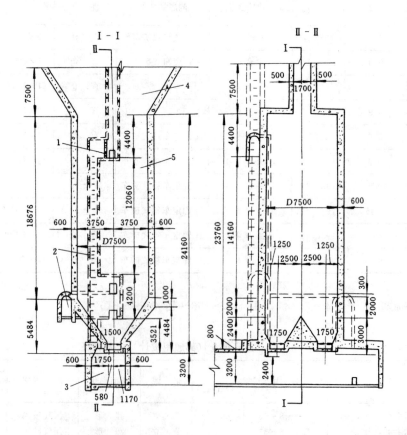

图 4-8-56　淮南潘集一号井井底东煤仓

1—栅栏;2—通道;3—给煤机硐室;4—卸载坑;5—煤仓

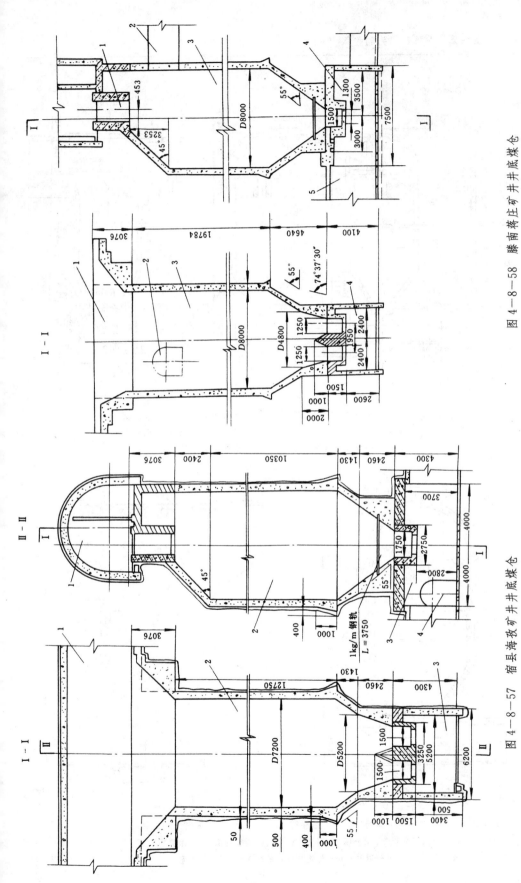

图 4-8-58 滕南蒋庄矿井井底煤仓

1—卸载抗；2—通道；3—煤仓；4—给煤机硐室；5—装载胶带输送机巷道

图 4-8-57 宿县海孜矿井井底煤仓

1—卸载硐室；2—煤仓；3—给煤机硐室；4—压气破拱装置硐室

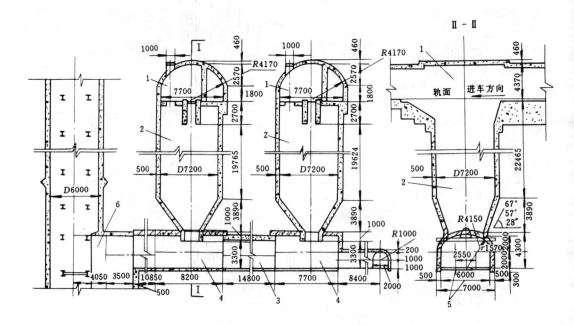

图 4—8—59　邢台东庞矿井井底煤仓

1—卸载硐室；2—煤仓；3—装载带式输送机巷道；4—给煤机硐室；

5—装载胶带输送机中线；6—箕斗装载硐室

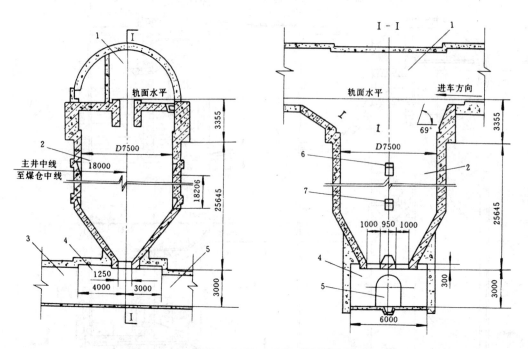

图 4—8—60　峰峰九龙口矿井井底煤仓

1—卸载硐室；2—煤仓；3—装载带式输送机巷道；4—给煤机硐室；

5—通道；6—上煤位信号室；7—下煤位信号室

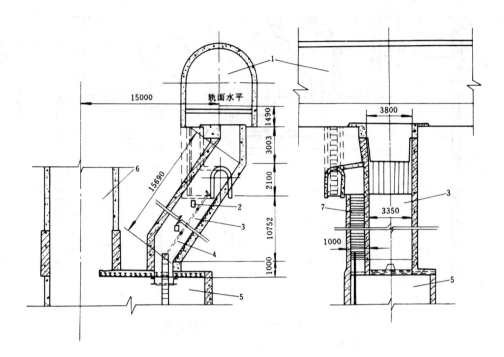

图 4-8-61 红阳四井井底煤仓

1—翻车机硐室；2—检查孔；3—煤仓；4—扶手；

5—箕斗装载硐室；6—主井；7—行人道

（三）箕斗装载硐室（表 4-8-42，图 4-8-62～图 4-8-66）

表 4-8-42 箕斗装载硐室（部通用设计）技术特征

工程名称	图　号	形式	提升容器	装载设备	长度 (m)	掘进体积 (m³)	支护方式	材料消耗量		备注
								混凝土 (m³)	钢材 (kg)	
红阳四井箕斗装载硐室	图 4-8-62	单侧	JDS-6/ 55×4	ZLQ-6	11.0	457.4	钢筋混凝土	129.2	4803.4	非通用设计
靖远魏家地矿井箕斗装载硐室	图 4-8-63	单侧	JDG-16/ 150×4	ZLGQ-16	14.5	631.0	钢筋混凝土	206.4	5952.6	
峰峰九龙口矿井箕斗装载硐室	图 4-8-64	单侧	JDGY-12/ 110×4	ZLGQ-12	10.5	488.0	混　凝　土	144.3	16055.3	
邢台东庞矿井箕斗装载硐室	图 4-8-65	单侧	JDG-16/ 150×4	ZLGQ-16	11.6	534.1	钢筋混凝土	210.5	8555.2	
淮南潘集一号井箕斗装载硐室	图 4-8-66	双侧	非标准四绳 16t 箕斗	非标准 16t 定量装载设备	19.8	1421.9	钢筋混凝土	314.4	87023	

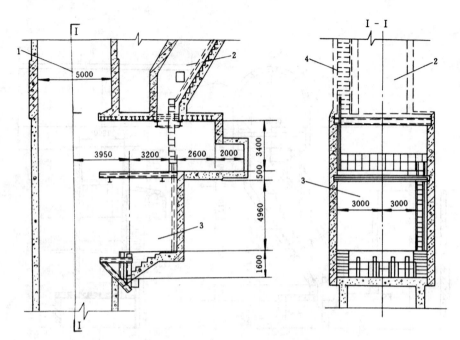

图 4—8—62 红阳四井箕斗装载硐室

1—主井；2—煤仓；3—箕斗装载硐室；4—行人道

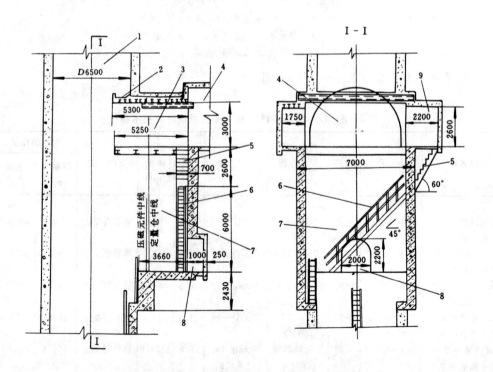

图 4—8—63 靖远魏家地矿井箕斗装载硐室

1—主井；2—集水槽；3—机头硐室；4—装载胶带输送机巷；

5—台阶；6—钢梯；7—箕斗装载硐室；8—装载设备操纵硐室；9—电器硐室

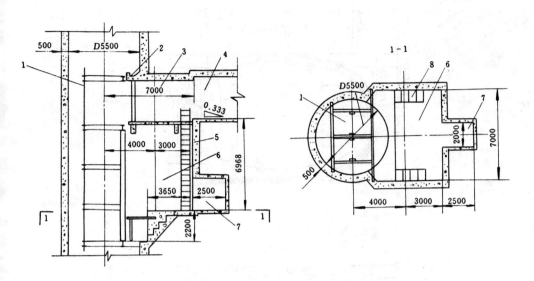

图 4—8—64　峰峰九龙口矿井箕斗装载硐室

1—主井；2—集水槽；3—机头硐室；4—装载带式输送机巷；5—钢梯；
6—箕斗装载硐室；7—装载设备操纵硐室；8—台阶

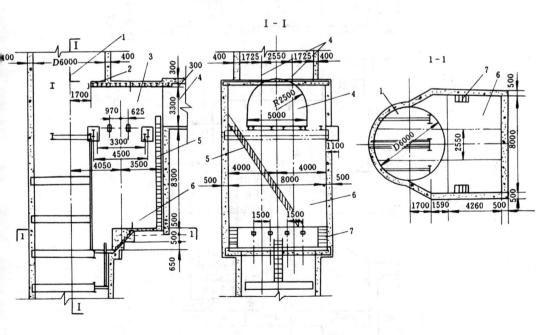

图 4—8—65　邢台东庞矿井箕斗装载硐室

1—主井；2—集水槽；3—机头硐室；4—装载带式输送机巷道；5—钢梯；6—箕斗装载硐室；7—台阶

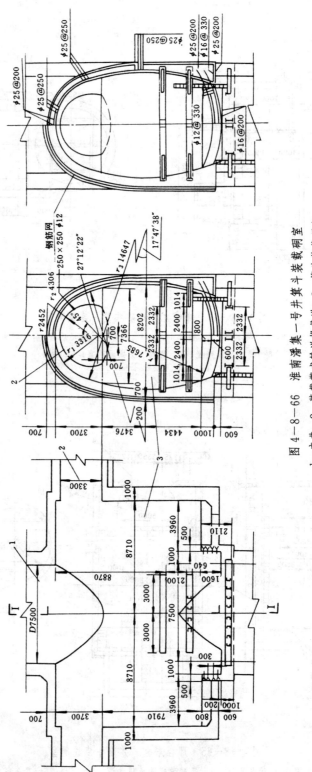

图 4-8-66　淮南潘集一号主井集斗装载硐室

1—主井；2—装载带式输送机巷道；3—箕斗装载硐室

第五节　箕斗立井井底清理撒煤硐室及水窝泵房

一、设计依据

（一）设计所需资料

1）主井底部地质资料及井筒涌水数据；

2）主井断面布置图、井底车场平面、坡度图；

3）主井井底清理撒煤系统提升及清理机械设备布置；

4）主井底水窝泵房设备及管线布置。

（二）有关规定

1）箕斗井水窝深度，根据清理撒煤方式确定；

2）箕斗立井井底的存水和杂物，应设专用的巷道清理。

当箕斗井井底煤仓设在运输水平以下时，应将撒煤和井筒淋水引至主井筒外侧，设专门硐室进行清理，撒煤一般用斜巷矿车或小箕斗提升，斜巷内设人行台阶及扶手。

当井底煤仓及装载系统设在运输水平以上时，可在该水平进行清理。

二、箕斗立井井底清理撒煤系统布置方式

箕斗立井井底清理撒煤系统布置的原则是撒煤沉淀充分，水仓容量适当；清理工作安全效率高。箕斗立井井底清理撒煤方式，应根据具体条件，按表4—8—43选取。

箕斗立井清理撒煤设备技术特征见表4—8—44。

由于清理机械设备布置及清仓方式的不同，井底车场水平以下采用沉淀池脱水清理方式时，硐室布置可分为三种方式。其布置特点、优缺点、适用条件见表4—8—45。

三、井底受煤漏斗、挡煤器及撒煤溜道

（一）受煤漏斗分类

受煤漏斗依据形状的不同，分为对称形和非对称形两种。对称喇叭漏斗适用于在主井底布置沉淀池脱水清理方式；非对称喇叭形漏斗适用于在主井底外侧布置沉淀池脱水式清理方式。

（二）对称喇叭形漏斗

1. 设计参数

对称喇叭漏斗如图4—8—67所示，其斗嘴尺寸B、B_1、D_1依据溜槽确定，其余尺寸可按表4—8—46选取。

2. 漏斗检修设施

为检修漏斗，在漏斗的一侧设置检修孔（一般布置在非装载硐室一侧），检侧孔下方的井壁

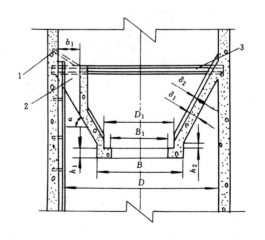

图4—8—67　对称喇叭形漏斗尺寸计算简图
1—铁板门；2—检修孔；3—平台梁（Ⅰ32b）

表4—8—43　箕斗立井井底撒煤清理方式分类

清理方式	按撒煤脱水方分	图　　示	工艺特点	优缺点	适用条件
沉淀池脱水式			箕斗撒煤利用井筒淋水经井底溜道流入沉淀池,煤利煤泥沉淀下来,用电耙装入矿车,提至井底车场水平返回煤仓。水从沉淀溢出流入环形仓	基本上实现了清理机械化,改善了工作条件,沉淀效果好,但工程量较大,设备较复杂	用于粉煤较多、井筒淋水较大的矿井。新设计矿井采用广泛
井筒脱水式			在井底安设带孔的脱水铁板(孔径10mm,孔距45mm×45mm),箕斗撒煤经脱水后,从漏斗闸门直接装入矿车,提至井底车场水平返回煤仓。水从铁板下经水沟流入环形仓	工程量小,脱水效果较好,清理工序简单。但无沉淀池,水仓清理频繁	可用于粉煤较少、井筒淋水较小的矿井

续表

清理方式		图示	工艺特点	优缺点	适用条件
按撒煤脱水方式分	脱水筛式	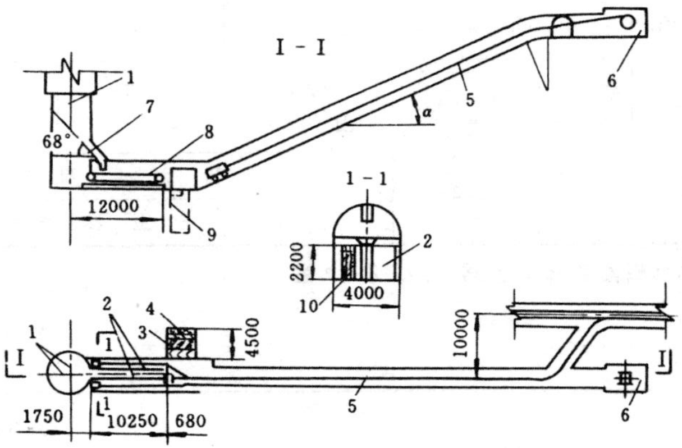	箕斗撒煤经箕斗溜人脱水筛改装而成，中间溜槽底板系刮板输送机溜孔，提升时筛常开)，经脱水，煤装人矿车提至井底车场水平返回煤仓	工程量小，设备简单。但脱水筛电耗大，沉淀池短，沉淀效果不好，水仓清理困难	新设计矿井一般不采用
按井底清理撒煤与井底车场硐室车场水平的相对位置分	井底车场水平清理方式	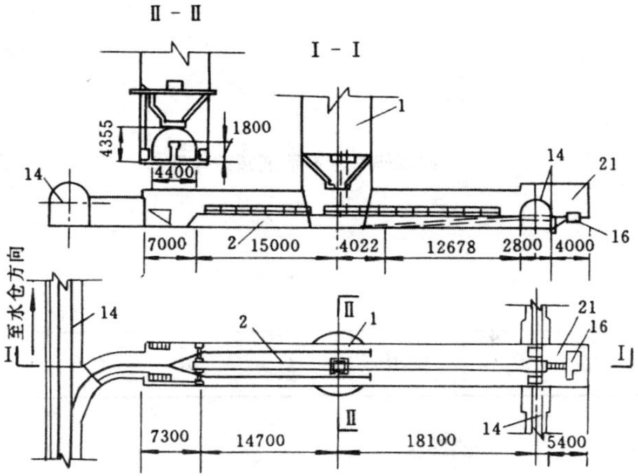	井底清理撒煤硐室位于井底车场水平。箕斗撒煤经井底撒煤和井筒淋水经清理池，用电耙装人矿车，运至翻车机硐室翻车，煤经向上运输的胶带输送机返回井底煤仓。井底煤沟流出，经沉淀池溢出，经流水沟流人井底主水	不需要另设水仓，工程量较小	用于箕斗装于井底车场水平之上的矿井，载硐室位于井底车场水平的矿井

续表

清理方式	图　示	工艺特点	优缺点	适用条件
按井底车场煤硐室与井底车场水平的相对位置分	井底车场水平以下清理式	参见本表沉淀池脱水式的附图	井底清理撒煤硐室位于井底车场水平之下。清理撒煤硐室及水资泵房的布置和工艺特点同沉淀池脱水式	要设专用水仓，工程量较大	用于箕斗装载硐室位于井底车场水平之下的矿井

图注：1—主井；2—沉淀池；3—水泵；4—隔板；5—清理斜巷；6—绞车房；7—漏斗；8—脱水刮板输送机；9—水仓；10—脱水木闸门；11—吸水小井；12—脱水铁板；13—风水管；14—至井底车场巷道；15—泄水巷道；16—电耙绞车基础；17—泵房；18—水泵基础；19—电机基础；20—溜道；21—电耙绞车房

表 4—8—44　箕斗立井清理撒煤设备技术特征

清理斜巷绞车				清理撒煤绞车				耙斗容积 (m³)	重量 (kg)
型　号	配套电机			型　号	配套电机				
	型　号	功率 (kW)	电压 (V)		型　号	功率 (kW)	电压 (V)		
JT—800/630	BJO₂—72—8	17	660	JW—500/33	BJO₂—62—4	1.7	660	0.3	3600

表 4—8—45　井底车场水平之下沉淀池脱水清理方式硐室布置形式

布置形式	图示	特点	优缺点	适用条件	采用矿井
“b”形布置	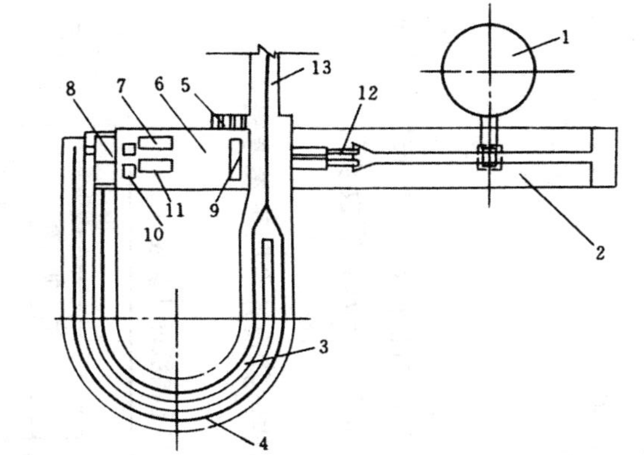	水窝泵房与耙斗绞车房为联合布置，沉淀池、水窝泵房、水仓三者呈“b”形，水仓采用矿车清理	沉淀效果好。但工程量较大，清理工作效率较低，工作条件也较差	适用于粉煤较多，淋水较大的矿井	宿县海孜矿井、丰沛马坡矿井、滕南蒋庄矿井
“一”形布置	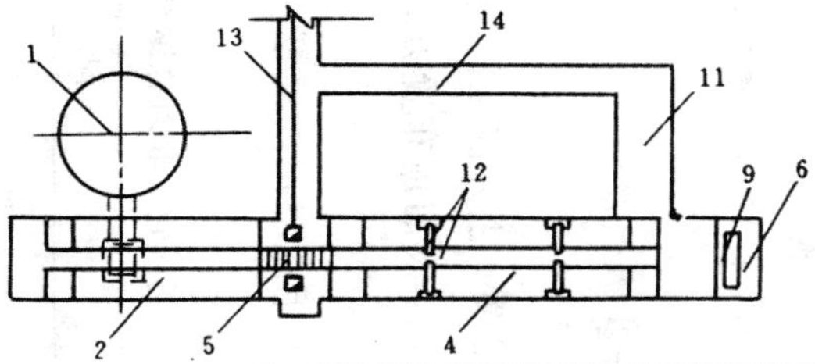	水仓、沉淀池呈直线布置，电耙绞车设在水仓侧端部，水仓采用电耙清理（电耙绞车反向运转）	工程量较小，清仓工作效率较高，改善了清仓工作条件。但因水仓较短，沉淀效果较差	适用于粉煤较少的矿井	大屯徐庄矿井
“T”形布置	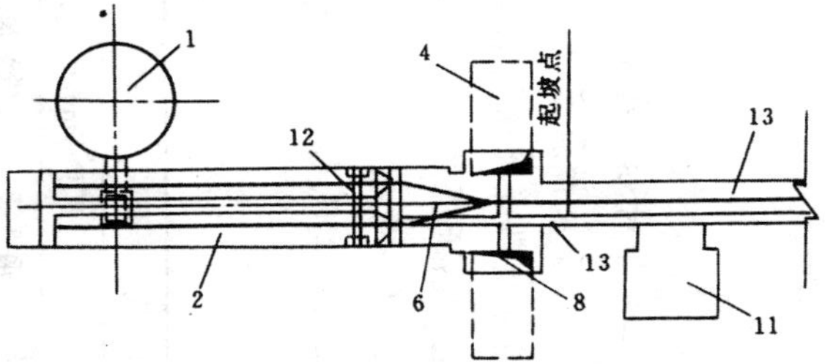	水仓与沉淀池呈“T”形布置，电耙绞车设在固定平台上，水窝泵房设在清理斜巷起坡点之上，水仓采用吊桶清理	工程量小。但清仓工作效率低，工作条件也较差	适用于粉煤较少、淋水较小的矿井	淮北石台矿井
图注	1—主井；2—沉淀池；3—水仓隔墙；4—水仓；5—行人台阶；6—电耙绞车房；7—水泵；8—吸水小井；9—电耙绞车；10—电机；11—水窝泵房；12—溢水木隔板；13—清理斜巷；14—通道				

上设爬梯，顶部设置30°～45°的铁板门，并在漏斗内设置检修平台，以便进入漏斗内检修。其布置见图4—8—68。

表4—8—46　对称喇叭形漏斗设计参数

斗　壁　厚　度　及　倾　角			斗嘴高度（mm）		检修孔尺寸（mm）	
钢筋混凝土δ_1 （mm）	铁屑混凝土δ_2 （mm）	倾角α （°）	h_1	h_2	长	宽
250～300	80～100	55～60	250	200	800	700～800

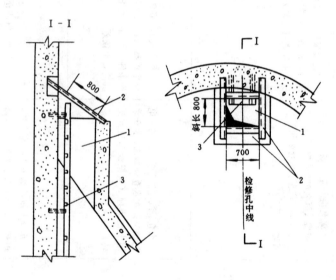

图4—8—68　漏斗检修孔布置

1—检修孔；2—铁门框架（∟80×50×8）；3—爬梯

（三）非对称喇叭形漏斗及撒煤溜槽

1. 漏斗及撒煤溜道的布置

漏斗及撒煤溜道为联合布置，主井需延深的井底受煤漏斗及溜道的布置方式见图4—8—69，主井不延深的井底受煤漏斗及溜道布置方式见图4—8—70，底板倾角α取50°～65°。

2. 漏斗底板

非对称喇叭形漏斗一般采用现浇钢筋混凝土结构，其设计参数可参考表4—8—47选取。

表4—8—47　非对称漏斗混凝土底板设计参数

标　号	混　凝　土		配　　筋						支　承　梁	
	厚度（mm）		受　力　筋			分　布　筋				
	钢筋 混凝土	铁屑 混凝土	编号	规格	间距 （mm）	编号	规格	间距 （mm）	规格	间距 （mm）
C28	80～100	50～70	①	$\phi10$～$\phi12$	150～200	②	$\phi8$～$\phi10$	200～250	Ⅰ25a	800～1000

注：表中的配筋编号参见图4—8—69。

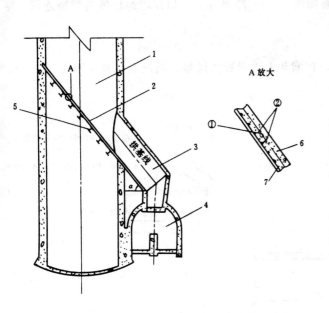

图4-8-69　主井需延深的非对称喇叭形井底
受煤漏斗及溜道的布置

1—受煤漏斗；2—漏斗底板；3—溜道；4—沉淀池硐室；
5—支承梁（工字钢）；6—铁屑混凝土；7—钢筋混凝土

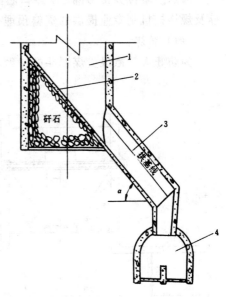

图4-8-70　主井不延深的非对称
喇叭形井底受煤漏斗及溜道的布置

1—受煤漏斗；2—漏斗底板；
3—溜道；4—沉淀池硐室

3. 撒煤溜道断面及支护

溜道断面一般为半圆拱形（图4-8-71），支护方式为混凝土砌碹，强度等级C25～C30。其断面设计参数可参考表4-8-48选取。

表4-8-48　撒煤溜道断面参数

断面积（m²）		断面尺寸（mm）							铺底厚度（mm）	
净	掘	B	h_3	h_0	T	d_0	m_1	m_2	δ_1	δ_2
2.0	3.6	1500	750	750	250	250	250	250	70	80

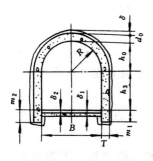

图4-8-71　撒煤溜道断面

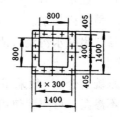

图4-8-72　斗口断面

溜道下端接方锥形漏斗,斗口断面如图4－8－72所示,斗口预埋螺栓便与溜槽连接,螺栓及规格按机制专业提供的资料预埋。

（四）挡煤器

为防止大量撒煤受煤漏斗的冲砸,在漏斗上方设置挡煤器。挡煤器布置见图4－8－73。

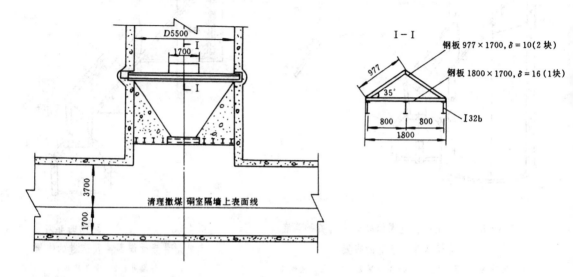

图4－8－73　新集矿井主井底部挡煤器布置

四、沉淀池硐室及水仓、水窝泵房

（一）沉淀池硐室

沉淀池长度一般以箕斗撒煤量（矿井日产量的3‰～5‰）及清理工作制度为依据,由机制专业结合清理设备的布置确定。

沉淀池硐室的布置,是依据清理撒煤设备布置和要求,并结合整个系统的布局来考虑。一般有如图4－8－74～图4－8－77等几种布置形式。其中图4－8－74～图4－8－75的布置形式适用于井底车场水平清理方式。

沉淀池硐室一般为半圆拱形断面,混凝土或料石支护。

（二）水　　仓

当箕斗立井清理撒煤系统布置在井底车场水平时,清理撒煤系统不设水仓。主井井筒淋水从沉淀池溢出,经水沟直接流入井底主水仓。

当箕斗立井清理撒煤系统布置在井底车场水平以下时,清理撒煤系统应设水仓。主井井筒淋水从沉淀池溢出经水沟流入清理撒煤系统水仓。然后用水泵排至井底车场水平主水仓。

1. 水仓布置

清理撒煤系统水仓,一般采用单巷布置,即在巷道中设置一道隔墙（钢筋混凝土结构）使其分为两个互不渗漏,可交替使用的仓室。

若水仓采用矿车清理（图4－8－78）,一般将水仓入口端与清理斜巷下端相联系,另一端通过吸水小井与水窝泵房、电耙绞车硐室相联系。水仓底板铺设整体道床,坡度3‰,坡向吸水

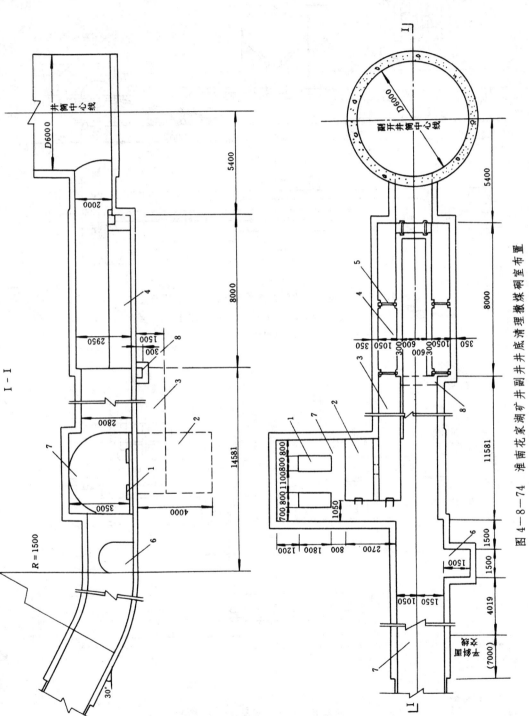

图 4—8—74　淮南花家湖矿井副井井底清理撒煤硐室布置

1—水泵基础；2—吸水小井；3—水仓；4—沉淀池；5—木闸板；6—信号硐室；7—清理斜巷；8—暗水沟

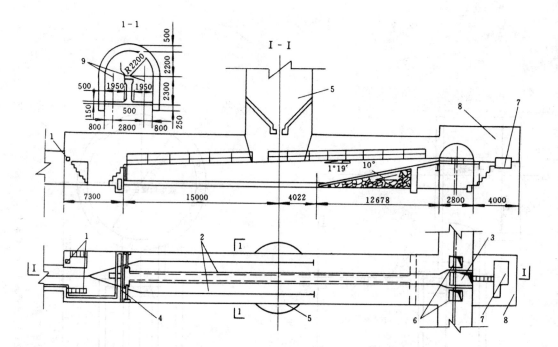

图4-8-75 兖州鲍店矿井清理撒煤沉淀池硐室布置

1—电耙尾绳固定装置基础；2—沉淀池；3—行人孔；4—脱水木闸板；5—主井；6—溜煤孔；

7—电耙绞车基础；8—电耙绞车房；9—轨道中线

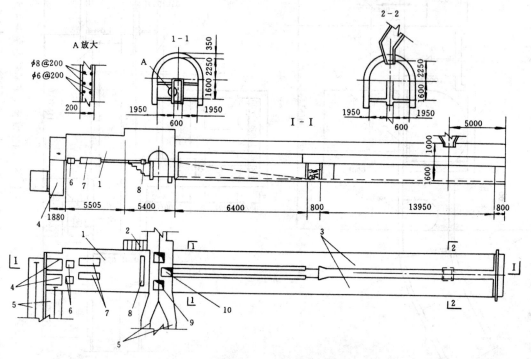

图4-8-76 宿县海孜矿井清理撒煤沉淀池硐室布置

1—水窝泵房；2—台阶；3—沉淀池；4—吸水小井；5—水仓；6—电机基础；

7—水泵基础；8—电耙绞车基础；9—溜煤孔；10—行人孔

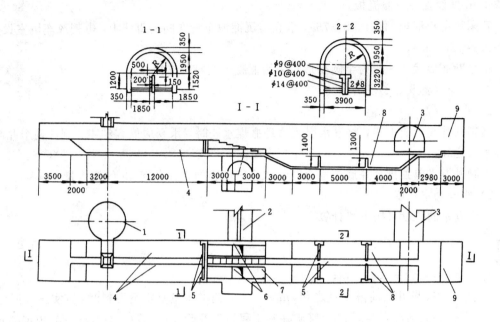

图 4—8—77　大屯徐庄矿井清理撒煤沉淀池硐室布置

1—主井；2—清理斜巷；3—水泵房；4—沉淀池；5—溢水木闸板；
6—溜煤孔；7—水沟；8—水仓；9—电耙绞车硐室

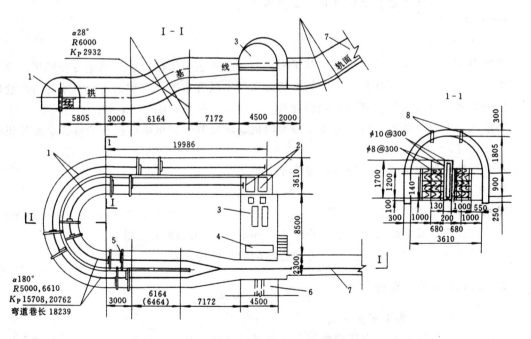

图 4—8—78　矿车清理的清理撒煤水仓布置

（600 轨距、1.0t 固定矿车）

1—水仓；2—吸水小井；3—水窝泵房；4—电耙绞车基础；
5—溢水挡板；6—沉淀池；7—清理斜巷；8—吊环

小井。为加速煤泥沉淀，在仓室入口段每隔 5～8m 设置一道改变流向的挡板，并在距吸水小井约 15m 处设置一道溢流板。

若采用电耙清理（图 4－8－76），水仓与沉淀池布置在同一直线上，电耙绞车硐室设在水仓端头。

水仓断面形状，一般为半圆拱形，采用混凝土或料石支护。

2. 水仓容量及总长度的确定

1）水仓容量。

当副井井底设泄水巷，将淋水引入清理撒煤水仓时，水仓应能容纳主、副两个井筒 4h 的淋水量之和。

当副井淋水单独排至井底主水仓时，水仓应能容纳主井井筒 4h 的容水量。

2）水仓仓室长度。

水仓仓室的长度可按下式计算：

$$L = \frac{4q}{F} \tag{4－8－42}$$

式中　L——水仓仓室长度，m；

$\quad q$——主、副井井筒淋水量之和，m^3/h；当井筒淋水量有实测资料时，按实测数据计算；若无实测资料，可按《煤矿井巷工程施工及验收规范》（GBJ213－90）规定的 $6m^3/h$ 计算；

$\quad F$——水仓仓室有效净断面积，m^3。

设计中，一般使水仓仓室设计总长度略大于计算长度。

（三）水窝泵房

1. 水窝泵房

水窝泵房内一般安装二台水泵，其平面及断面布置主要依据机制、机电专业提供的设备布置资料和要求进行。水窝泵房一般与电耙绞车硐室联合布置，一端通过吸水小井与水仓联系，另一端通过电耙绞车硐室与清理斜巷及沉淀池硐室联系（图 4－8－77）。

硐室内预埋起重装置，排水管支架以及电机、水泵基础按机电、机制专业人员所提供的资料要求布置。

水窝泵房一般为半圆拱形断面，混凝土支护。

2. 吸水小井

吸水小井多采用矩形断面（见图 4－8－76、图 4－8－78）混凝土支护，厚度 250～300mm。为便于清理检修，其断面尺寸一般不小于 1000mm×1200mm，并设壁梯。

插盘铸铁管及闸阀支承梁按机电专业提供的资料进行预埋。

五、清理斜巷及绞车房

（一）运输线路及巷道布置方式

运输线路及巷道布置，应依据机制专业提供的撒煤提升系统设备布置资料，并结合井底车场巷道及线路布置的具体情况进行。

清理斜巷上部的平巷内应设置存车线，存车线一般取 4～6 个矿车长。根据存车线位置的不同，一般有设在绞车房外侧至井底车场的巷道中（图 4－8－79）及设在绞车房与清理斜巷之间的平巷内（图4-8-80）两种运输线路布置方式。各线段关系尺寸可参考表4-8-49选取。

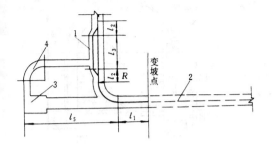 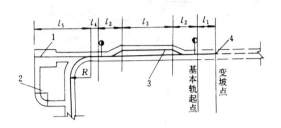

图4-8-79　绞车房外侧布置存车线方式

1—存车线；2—清理斜巷；3—绞车房；4—回风道

图4-8-80　绞车房与清理斜巷之间
布置存车线方式

1—绞车房；2—回风道；3—存车线；4—清理斜巷

表4-8-49　清理斜巷、绞车硐室布置平、立面关系尺寸

| 矿车种类 | 平面尺寸（m） | | | | | 曲线半径（m） | | 清理斜巷倾角（°） | 道岔型号 |
	l_1	l_2	l_3	l_4	l_5	弯道	竖曲线		
1.0t固定式	2.0	9.885	8.0~12.0	2.0		9.0~12.0	9.0~12.0	25~28	ZDK615-3-6
1.5t固定式	2.4	9.885	9.6~14.4	2.4		12.0	12.0	25~28	ZDK615-3-6

注：l_5 依据设备布置由机制专业确定。

清理斜巷变坡点至井底车场巷道方向平巷内的运输线路坡度，一般为3‰~5‰。水沟坡度同线路坡度。

清理斜巷倾角一般取25°左右。清理斜巷起坡点至沉淀池硐室中心线的平距，一般取4~5m。

在清理斜巷变坡点附近的平段上，应设置阻车器或逆止器，以保证安全。为减小提升钢丝绳的磨损，在清理斜巷的变坡点应按机制专业提供的资料要求设置坡头轮，并在清理斜巷的底板上每隔15m设置一个地滚。逆止器、坡头轮、地滚的布置，如图4-8-81所示。

（二）清理斜巷

1. 断面布置

清理斜巷一般为半圆拱形断面，断面布置如图4-8-82所示，断面参数可按表4-8-12选取。

清理斜巷一般不设水沟，但若副井井筒淋水采用泄水巷引至清理斜巷，流入清理撒煤系统水仓时，泄水巷以下的清理斜巷应设置水沟。

2. 巷道支护

清理斜巷一般采用料石或混凝土砌碹，支护厚度250~350mm；岩性较好时，也可采用锚喷支护。

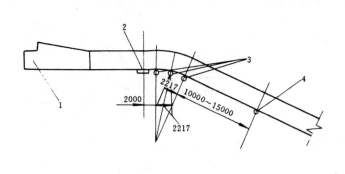

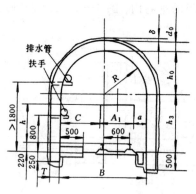

图4-8-81 清理斜巷逆止器、坡头轮、地滚布置

1—绞车房;2—逆止器;3—坡头轮;4—地滚

图4-8-82 清理斜巷断面图

（三）绞车房

绞车房的平面、断面布置及设备基础依据机制和机电专业提供的设备布置资料确定，一般采用混凝土或料石支护，厚度250～350mm。

绞车房应设回风巷与井底车场巷道连通，回风巷断面一般为半圆拱形，采用料石或混凝土支护，厚度300mm左右。当岩性较好时，也可采用锚喷支护。绞车房回风巷断面尺寸见图4-8-83。

（四）存车线

存车线巷道断面布置如图4-8-84所示，断面尺寸按表4-8-50选取。

巷道支护一般为混凝土或料石砌碹，厚度300mm左右。条件适宜时，可采用锚喷支护。

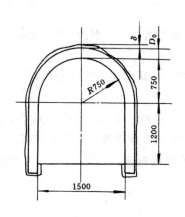
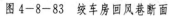

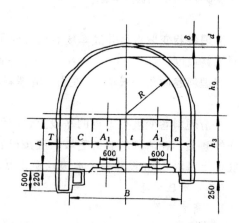

图4-8-83 绞车房回风巷断面

图4-8-84 存车线巷道断面布置

表4-8-50 存车线巷道断面尺寸参数

矿车种类	净 断 面 尺 寸 (mm)						
	B	C	A_1	t	a	h_3	h_0
1.0t 固定式	2900～3900	≥800	880	≥200	≥250	1400～1600	1450～1950
1.5t 固定式	3300～4100	≥800	1050	≥200	≥250	1300～1500	1650～2050

注：当存车线设在绞车房前方摘钩处时，B 值应取最大值，并取 $t \geq 700$mm。

表4-8-51　部分矿井箕斗立井井底清理撒煤及水窝泵房技术特征

工程名称	图号	井型 (Mt/a)	清理方式	提升绞车	清理设备		斜巷倾角 (°)	硐室工程量及材料消耗					备注
					清理撒煤	清理水仓		总长度 (m)	掘进体积 (m³)	混凝土 (m³)	料石 (m³)	钢材 (kg)	
丰沛马坡矿井主井井底清理撒煤及水窝泵房	图4-8-85	0.60	井底车场水平以下沉淀池脱水式	JT-800/630	无极绳绞车 JW-$\frac{500}{33}$, 耙斗 0.3m³	水泵4DA-8×6二台, 矿车清理	25	115.9	1570.28	326.46	195.30		清理斜巷起坡点以上的工程量及材料消耗未计入
峰峰九龙口矿主井井底清理撒煤及水窝泵房	图4-8-86	1.20	井底车场水平以下沉淀池脱水式	JT-800/630	无极绳绞车 JW-$\frac{500}{33}$, 耙斗 0.3m³	矿车清理	25	115.6	1785.4	89.6	525.9	7025.0	
宿县临涣矿井主井井底清理撒煤及水窝泵房	图4-8-87	1.80	井底车场水平以下沉淀池脱水式	JT1200 ×1000-30	无极绳绞车 JW-$\frac{500}{33}$, 耙斗 0.3m³	矿车清理	25	571.4	5763.6	709.0			清理斜巷起坡点以上的工程量及材料消耗已计入
淮南潘集一号井主井井底清理撒煤及水窝泵房	图4-8-88	3.00	井底车场水平以下沉淀池脱水式	JT1200 ×1000-30	绞车 φ400 N=10kW, 耙斗 0.3m³	矿车清理	30	624.1	5647.8	593.5	427.7	9411.4	
兖州兴隆庄矿井主井井底清理撒煤硐室	图4-8-89	3.00	井沉淀池脱水式		脱水刮板运输机 B=900, N=15kW, 耙斗式装岩机一台, 电耙一台			28.9	516.5	144.4	74.1		
淮北石台矿井主井井底清理撒煤及水窝泵房	图4-8-90	0.60	井底车场水平以下沉淀池脱水式		电绞车一台, 耙斗 0.3m³	吊桶清理	30	40.45	369.6	27.97	99.12		清理斜巷水仓泵房的工程量及材料消耗未计入
大屯徐庄矿主井井底清理撒煤及水窝泵房	图4-8-91	0.90	井底车场水平以下沉淀池脱水式	JT800 ×600-30	单筒绞车 φ460 N=10kW, 耙斗 0.3m³	电耙清理	30	43.20	1077.4	209.85			清理斜巷起坡点以上工程量及材料消耗未计入

注：图4-8-85～图4-8-89为部通用设计。

六、索引及实例

见表4－8－51、图4－8－85～图4－8－91。

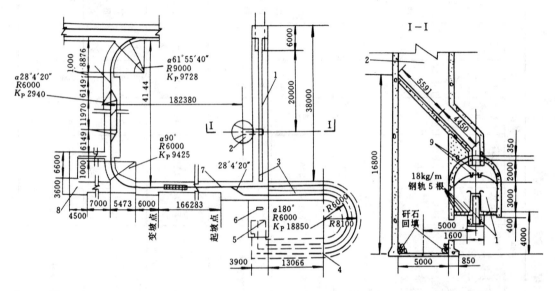

图4－8－85　丰沛马坡矿井主井底清理撒煤及水窝泵房

1—沉淀池；2—主井；3—隔墙；4—水仓；5—水窝泵房；6—电耙绞车基础；7—清理斜巷；
8—绞车房；9—起重吊环

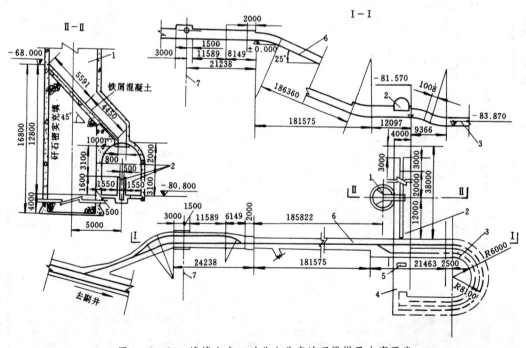

图4－8－86　峰峰九龙口矿井主井底清理撒煤及水窝泵房

1—主井；2—沉淀池；3—水仓；4—电耙绞车硐室及水窝泵房；5—电耙绞车基础；
6—清理斜巷；7—提升绞车滚筒中线

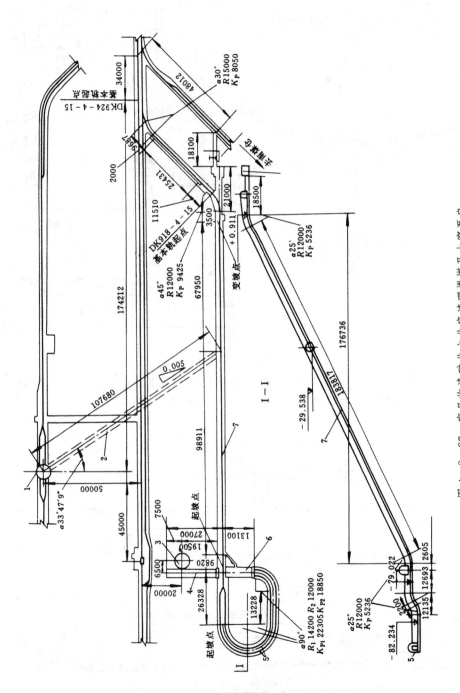

图 4－8－87　宿县临涣矿井主井井底清理撒煤及水窝泵房

1—副井；2—泄水巷；3—主井；4—沉淀池；5—水仓；6—电耙绞车硐室及水窝泵房；7—清理斜巷

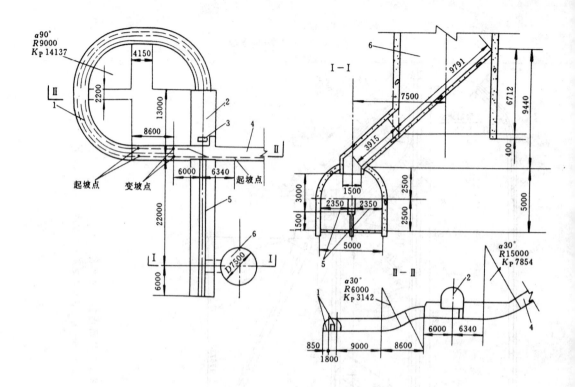

图4—8—88   淮南潘集一号井主井底清理撒煤及水窝泵房

1—水仓；2—电耙绞车硐室及水窝泵房；3—电耙绞车基础；4—清理斜巷；5—沉淀池；6—主井

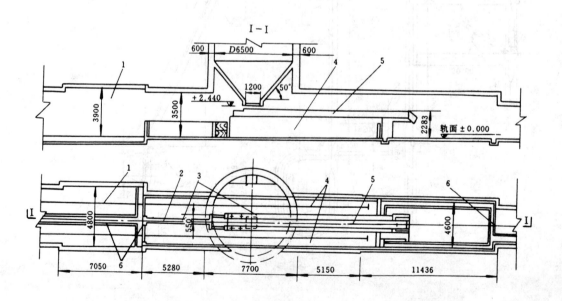

图4—8—89   兖州兴隆庄矿井主井底清理撒煤硐室

1—耙斗式装岩机工作室；2—硐室中线；3—主井井筒中线；4—沉淀池；5—脱水刮板输送机；6—水沟

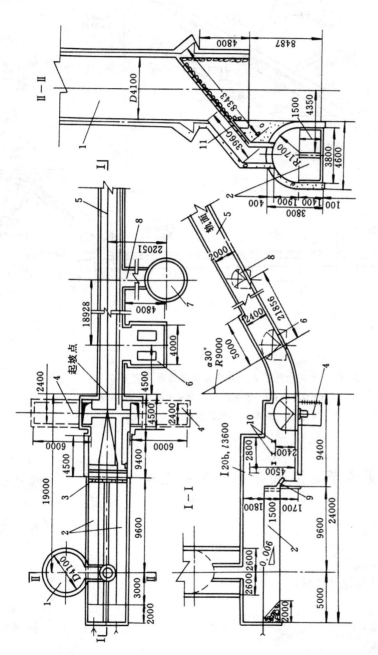

图 4—8—90 淮北石台矿井主井井底清理撒撒煤及水窝泵房

1—主井；2—沉淀池；3—木闸板；4—水仓；5—清理斜巷；6—水窝泵房；7—副井；
8—副井井底泄水巷；9—漏斗嘴；10—电耙绞车房平台架；11—辉绿岩铸石块

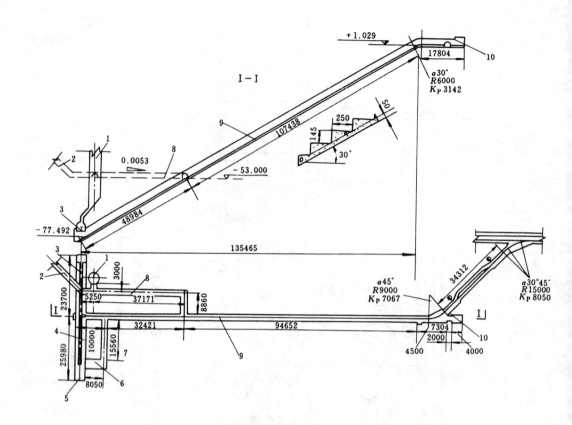

图4—8—91 大屯徐庄矿井主井底清理撒煤及水窝泵房

1—主井；2—泄水巷；3—沉淀池；4—水仓；5—电耙绞车硐室；6—水窝泵房；

7—水窝泵房通道；8—通道；9—清理斜巷；10—绞车房

第六节 立风井井口及井底车场

一、设计依据

（一）设计所需资料

1）风井井口及井底部位地质资料；

2）风井井筒装备；

3）风井工业场地布置；

4）通风机型号及布置；

5）通风机房风硐断面及标高；

6）防爆门型号及安装要求；

7）风井通过的风量；

8）矿区地震基本烈度。

（二）有关规定

1）井壁上各种硐口（风硐口、排水管道、硐口、井筒与井底车场连接处、安全出口等），应尽量错开布置，避免在同一水平截面或垂直截面上将井壁强度削弱过多，必要时井壁强度应局部加强。

2）风硐中的风流速度最高不得大于15m/s。

3）装有主要扇风机的井口必须封闭严密，出风井口应安装防爆门。

防爆门不得小于出风井口的断面积，并正对出风井的风流方向。

4）当设计地震烈度为8度及以上时，处于表土段的新建立井井筒，在地表以下20m内（如表土段厚度小于15m，还应包括筑进基岩5m的一段）必须采用钢筋混凝土结构。

5）作为安全出口的井筒硐室，在出口处10m范围内，当设计地震烈度为8度及以上时，应采用钢筋混凝土结构，当地震烈度为6、7度时，可采用混凝土或砖石结构，砖石结构应采用不低于M25的混合砂浆砌筑。

二、井口布置

（一）布置原则及方式

立风井井口部位由防爆门、安全出口及风硐等构筑物组成，其布置主要依据风井工业场地的地形地物、表土层工程地质构造、通风安全及防震等技术要求进行。

立风井井口平面布置，根据风硐、安全出口在井壁上的相对开口位置，通常采用风硐垂直于安全出口（图4—8—92）及风硐平行于安全出口（图4—8—93）等方式。也可以根据井口地形条件、风井广场布置要求，灵活选择布置方式。

立风井井口风硐、安全出口按照图4—8—92a，图4—8—92b型式垂直布置，由于风硐下口距井口设计地坪 $H=6 \sim 8$m，且安全出口高于风硐下口地板2m以上。由于梯子平台层间距一般为4～6m，H 值6～8m，安全出口在井壁上的开口已贴近于地坪，安全出口高度与风硐高度及两者之间距之和约为8～9.2m＞H，即风硐和安全出口在立面上已经重合，实际上安全出口风硐在井壁上开口侧造成井壁8～9.2m范围内无壁可言。另外，如图4—8—92c所示，梯子间平台层间 $h_0=4 \sim 6$m（个别井筒已加大到8m），所以梯子平台主梁一端 P 可能位于 P_1、

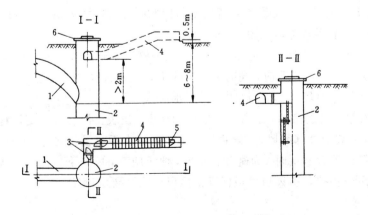

图4—8—92a　立风井井口平行布置方式

1—风硐；2—立风井；3—双向风门；4—安全出口；5—单向风门；6—防爆门

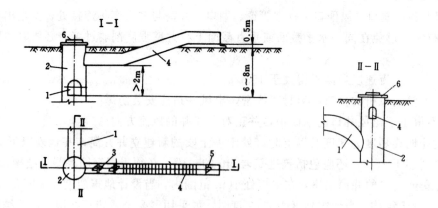

图4—8—92b　立风井井口垂直布置方式

1—风硐；2—立风井；3—双向风门；4—安全出口；5—单向风门；6—防爆门

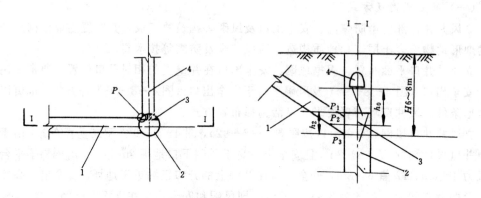

图4—8—92c　梯子平台与风硐、安全出口位置关系

1—风硐；2—立风井；3—梯子平台梁；4—安全出口

P_2、P_3位置前，使平台主梁端固定困难，特别采用托架固定时，无法施工。因此，建议将风硐和安全出口按"一"字型布置，见图4—8—93。

立风井井口竖向布置，安全出口应布置在梯子间一侧。安全出口与风井相连接的平道底板标高，应与风井梯子间平台相适应，同时高于风硐下口底板标高2m以上；另一端平道（地面出口）底板应高于设计地坪0.5m，以防地面积水流入井下。

风硐下口（与风井井筒连接端）距离设计地坪的深度，视表土层岩性稳定性程度而定。当表土层岩性稳定时，为减少外部漏风，一般将风硐下口布置在距离设计地坪6～8m的地方；当表土层为不稳定的第四系含水层时，为避开含水层，便于施工，风硐下口标高可适当提高。风硐上端与扇风机引风道相接，引风道底板标高由扇风机安装要求确定。

（二）防爆门基础

防爆门基础的设计，应根据风井井筒断面，所采用的防爆门型号、安装要求及矿区地震基本烈度进行。

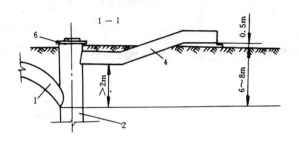

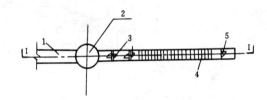

图 4—8—93 立风井井口平行布置方式

1—风硐；2—立风井；3—双向风门；4—安全出口；5—单向风门；6—防爆门

表 4—8—52 立风井防爆门标准设计技术特征

型 号	标准设计图 号	最大负压(mm H₂O)	返风装置数量	重量(kg)	主 要 尺 寸 (mm)									主 要 角 度 (°)			
					D	D₁	D₂	D₃	d	H	H₁	H₂	S	α	β	γ	φ
MFBL—3.0/450	B78—375.1			2455	3000	3500	3900	4600									
MFBL—3.5/450	B78—375.2		4	2718	3500	4000	4400	5100	400	1000	1650	2200	200	22.5	45		
MFBL—4.0/450	B78—375.3			3206	4000	4500	4900	5600									
MFBL—4.5/450	B78—375.4			3681	4500	5000	5400	6100									
MFBL—5.0/450	B78—375.5	450		4080	5000	5500	5900	6600									
MFBL—5.5/450	B78—375.6			5641	5500	6000	6400	7100									
MFBL—6.0/450	B78—375.7		8	6219	6000	6500	6900	7600	500	1500	2150	2700	300	45	22.5	22.5	45
MFBL—6.5/450	B78—375.8			7231	6500	7000	7400	8100									
MFBL—7.0/450	B78—375.9			7825	7000	7500	7900	8600									
MFBL—3.0/350	B78—375.10			2392	3000	3500	3900	4600									
MFBL—3.5/350	B78—375.11		4	2611	3500	4000	4400	5100	400	1000	1650	2200	200	22.5	45		
MFBL—4.0/350	B78—375.12			3171	4000	4500	4900	5600									
MFBL—4.5/350	B78—375.13			3639	4500	5000	5400	6100									
MFBL—5.0/350	B78—375.14	350		4029	5000	5500	5900	6600									
MFBL—5.5/350	B78—375.15			5578	5500	6000	6400	7100						45	22.5	22.5	45
MFBL—6.0/350	B78—375.16		8	6748	6000	6500	6900	7600									
MFBL—6.5/350	B78—375.17			7166	6500	7000	7400	8100	500	1500	2150	2700	300				
MFBL—7.0/350	B78—375.18			7673	7000	7500	7900	8600									

说明：1.本防爆门用于立风井，其适用风机负压有不大于 3500 和 4500Pa 两种；

2.重锤装置之重锤，可按实际需要增减，以保证风机停止运转时自动升起防爆门；

3.采用液体密封，密封介质采用机油或油水混合物，不结冰地区可用水封。

防爆门技术特征见表4—8—52及图4—8—94。防爆门基础结构如图4—8—95所示。当防爆门基础高度大于（或等于）1.5m时，应设置壁梯及扶手，以便于防爆门的安装和检修。

防爆门基础标准设计特征见表4—8—53。

防爆门基础一般采用混凝土砌筑，强度等级与上部井筒一致。当井筒直径5m以上或矿区

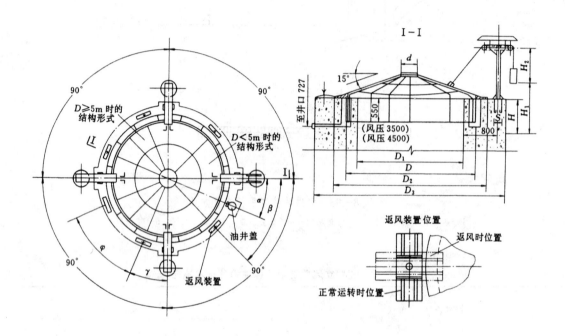

图4—8—94　立风井防爆门标准设计

表4—8—53　立风井防爆门基础标准设计技术特征

图　号	适用的防爆门图号	D (m)	主　要　尺　寸　(mm)								主　要　角　度　(°)			
			H	H_1	L	L_1	L_2	L_3	S	S_1	α	β	γ	φ
图4—8—94	B78—375.$\frac{1\sim4}{10\sim13}$	3～4.5	1000	1000	700	200	200	200	500	200	22.5	45	45	0
	B78—375.$\frac{5}{14}$	5									45	22.5	22.5	45
	B78—375.$\frac{6\sim9}{15\sim18}$	5.5～7	1500	1200	650	300	300	300	600	300				

备注：1. I—II、III—IV剖面中斜面线部分为立风井锁口，厚度为600mm；

2. 密封方法采用油封，在有水源和不结冰地区可用水封；

3. 本防爆门基础适用于负压为3500（括号内数值）与4500Pa水柱的立风井防爆门；

4. 直径3、3.5、4、4.5m图号为B78—118/375.1—1；直径5m图号为B78—118/375.2—1；直径5.5、6、6.5、7m图号为B78—118/375.3—1。

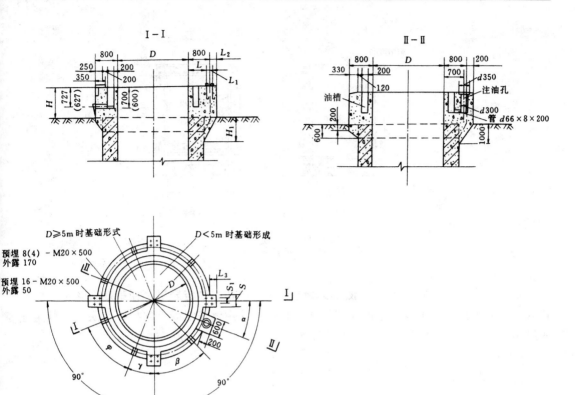

图4—8—95 立风井防爆门基础

地震基本烈度为8度以上时，应采用钢筋混凝土结构。

（三）安全出口

安全出口的布置如图4—8—96及图4—8—97所示。一般在风井井筒连接端布置5～8m平道，以便上、下人员和安设2～3道双向风门，并设倾斜人行道通至地面。倾斜人行道长度及倾角依据具体情况确定，倾角一般为25°～35°，并设台阶和扶手。

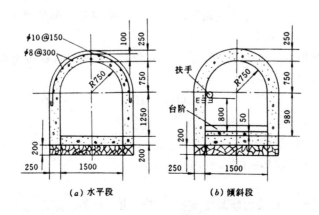

图4—8—96 半圆拱形断面的安全出口

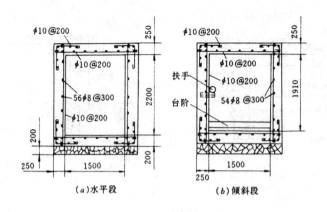

图 4—8—97　矩形断面的安全出口

在稳定岩层内，安全出口一般为混凝土支护，但在非稳定岩层（如第四系含水地层）或矿区地震基本烈度为 8 度以上的稳定岩层内，通常采用钢筋混凝土支护，并采用混凝土强度等级不低于 M7.5 的水泥砂浆砌筑片石基础，其厚度一般为 200～500mm。

（四）风　硐

1. 布置形式

风硐的布置形式，见图 4—8—92。

为减少通风阻力，风硐与井筒夹角 α 一般为 40°～45°。角度过小，井筒与风硐夹角段支护困难。若因避开流砂层需抬高风硐下口标高时，夹角 α 可大于 45°，但风硐与井筒连接处应圆滑曲线相连。风硐上口部分通常的圆弧曲线与扇风机引风道相连接，其竖曲线半径（底板）一般取 6～8m。

风井装备钢丝绳罐道提升设备时，要根据罐道绳布置的具体情况来确定风硐的平面位置，应尽量使风硐口设在提升设备窄面侧，以避免因扇风机的负压而造成罐道绳的位移，影响提升工作的进行。

2. 断　面

1）断面形状。

风硐一采用半圆拱形，正方形及圆形断面。其优缺点及适用条件见表 4—8—54。

2）断面积及技术参数的确定。

设计中，在初步确定了风硐断面形状及断面积后，根据《煤矿安全规程》规定的风速对风硐的断面进行验算，其关系式如下：

$$V = Q/F < 15\text{m/s} \qquad (4—8—43)$$

式中　V——风流速度，m/s；

　　　Q——风井设计通过的风量，m^3/s；

　　　F——风硐设计断面积，m^2。

3. 支　护

为减少漏风，风硐一般采用混凝土支护。其结构、材料、厚度见表 4—8—55。

表4-8-54　风硐断面形状分类

断面形状	图　　示	优缺点	适用条件	使用矿井
半圆拱形	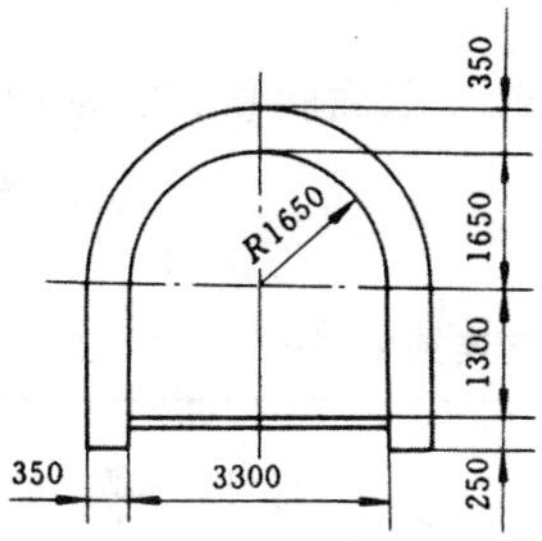	承受顶压能力较好，施工较简便。但承受侧压及底压能力差	适用于不含水的稳定，较稳定的地层	平顶山六矿西一立风井
正方形	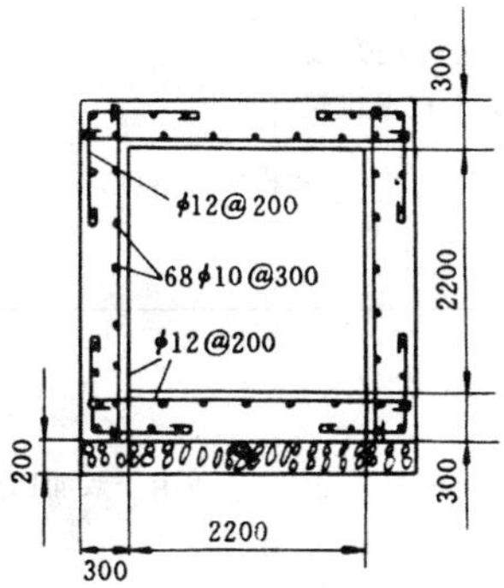	施工简便，但承压能力差	适用于稳定或埋深较浅的非稳定地层	海孜矿井中央风井
圆　形	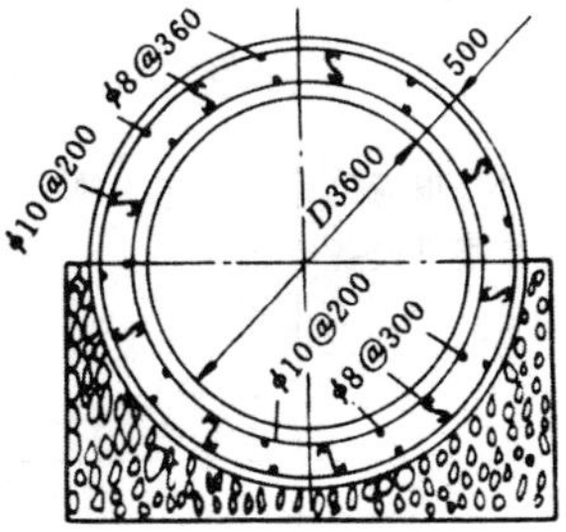	承压能力强，但施工较复杂	适用于埋深较深的非稳定地层	蒋庄矿井中央风井

表4-8-55　风硐支护结构

围岩类别	矿区地震基本烈度	支　护		基础处理
		结构（材料）	厚度（mm）	
稳定岩层	7度以下	C20	250～350	
	8度以上	C20	250～350	
第四系非稳定地层		C20	300～500	采用水泥砂浆砌筑片石基础

注：当风硐位于稳定岩层的风化带内时，应用水泥砂浆砌筑片石基础。

三、立风井井底车场

（一）立风井井筒与主要风巷连接处

1. 连接处形式

立风井井筒与主要风巷连接处的形式，有单面斜顶式、双面斜顶式、单面平顶式及双面平顶式等4种，其优缺点及适用条件见表4—8—56。

表4—8—56　立风井井筒与总回风巷连接处形式

形　式	图　示	优　缺　点	适　用　条　件
单面斜顶式	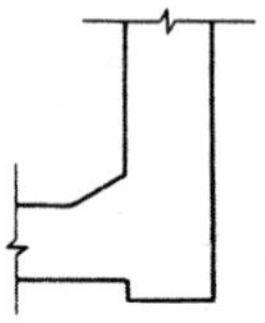	通风阻力小，可装备提升设备。但施工较复杂，工程量也较大	适用于单面回风、服务年限较长的风井
双面斜顶式	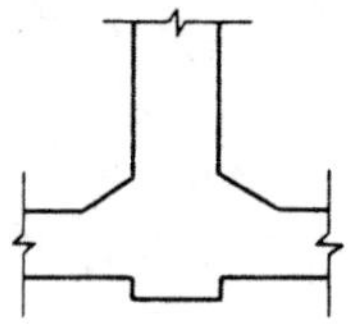	通风阻力小，可装备提升设备。但施工复杂，工程量也大	适用于双面回风，服务年限长的风井
单面平顶式	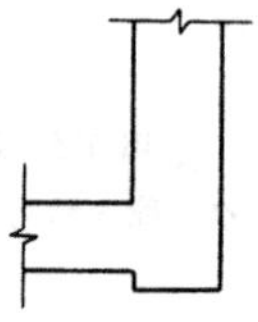	施工简单，工程量小。但通风阻力大，风井不能装备提升设备	适用于单面回风、服务年限短的风井
双面平顶式	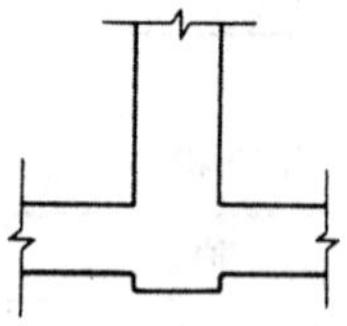	施工较简单，工程量也较小。但通风阻力大，风井不能装备提升设备	适用于双面回风、服务年限短的风井

当矿区地震基本烈度为8、9度时，双面式风井井底连接处的两侧硐口（即风井两翼风巷）应上下错开布置（错距应不小于5m，或风井连接处采用钢筋混凝土支护，以增加矿井安全出口的可靠性）。

2. 连接处尺寸的确定

连接处高度及长度的确定，主要考虑施工方便及减少通风阻力（顶部有一定斜度），斜顶

表4-8-57 风井井底连接处（单面斜顶式）标准设计技术特征

原设计图号	图示	井筒梯子梁	支护形式及材料	主要尺寸 (mm) D	d	C	e	B	H_1/H	H_0	净断面 (m²)	支护厚度 (mm) 壁	拱	掘进体积 (m³)	材料消耗量 (m³) 料石	混凝土	水沟 (m)
TSO406(1)—119(1)—1		钢梁	混凝土三心拱 料石壁	3000	50	325	10	2000	$\frac{1800}{2830}$	670	$\frac{6.7}{4.6}$	250	200	28.5	4.72	4.10	3.5
TSO406(1)—119(2)—1		钢梁	混凝土半圆拱 料石壁	3000	50	325	10	2000	$\frac{1500}{2500}$	1000	$\frac{6.6}{4.6}$	300	200	29.4	4.94	4.97	3.5
TSO406(1)—119(5)—1		钢筋混凝土梁	混凝土三心拱 料石壁	3000	75	325	45	2000	$\frac{1800}{2830}$	670	$\frac{6.7}{4.6}$	250	200	28.5	4.72	4.10	3.5
TSO406(1)—119(6)—1		钢筋混凝土梁	混凝土半圆拱 料石壁	3000	75	325	45	2000	$\frac{1500}{2500}$	1000	$\frac{6.6}{4.6}$	300	200	29.4	4.97	4.94	3.5
TSO406(3)—119(1)—1		钢梁	混凝土三心拱 料石壁	3500	235	610	80	3000	$\frac{1650}{3000}$	1000	$\frac{11.3}{7.3}$	350	230	45.7	6.61	6.36	3.5
TSO406(3)—119(2)—1		钢梁	混凝土半圆拱 料石壁	3500	235	610	80	3000	$\frac{1250}{2500}$	1500	$\frac{11.0}{7.3}$	350	230	44.8	5.51	7.37	3.5
TSO406(3)—119(5)—1		钢筋混凝土梁	混凝土三心拱 料石壁	3500	210	610	135	3000	$\frac{1650}{3000}$	1000	$\frac{11.3}{7.3}$	350	230	45.7	6.61	6.36	3.5
TSO406(3)—119(6)—1		钢筋混凝土梁	混凝土半圆拱 料石壁	3500	210	610	135	3000	$\frac{1250}{2500}$	1500	$\frac{11.0}{7.3}$	350	230	44.8	5.51	7.37	3.5
TSO406(5)—119(1)—1		钢梁	混凝土三心拱 料石壁	4000	515	890	80	3500	$\frac{2000}{2830}$	1170	$\frac{13.1}{10.2}$	350	250	55.0	6.83	7.39	3.5
TSO406(5)—119(2)—1		钢梁	混凝土半圆拱 料石壁	4000	515	890	80	3500	$\frac{1550}{2250}$	1750	$\frac{12.7}{10.2}$	350	250	55.9	6.61	9.29	3.5
TSO406(5)—119(3)—1		钢筋混凝土梁	混凝土三心拱 料石壁	4000	490	890	135	3500	$\frac{2000}{2830}$	1170	$\frac{13.1}{10.2}$	415	250	55.0	6.83	7.39	3.5
TSO406(5)—119(4)—1		钢筋混凝土梁	混凝土半圆拱 料石壁	4000	490	890	135	3500	$\frac{1550}{2250}$	1750	$\frac{12.7}{10.2}$	415	250	55.9	6.61	9.29	3.5

图注：1—梯子脚基础中线（D3.0m，钢梁）；2—梯子中线；3—井筒中线；4—梯子脚基础中线（D3.0m 钢筋混凝土梁，D3.5、4.0m）；5—梁中线（D3.5～4.0m 时梁位置）；6—梁中线（D3.0 时梁位置）；7—水沟中线

表 4－8－58　风井井底连接处（双面

原设计图号	图　　示	井筒梯子梁	支护形式及材料
TSO406(2)－119(1)－1		钢　梁	混凝土三心拱料石壁
TSO406(2)－119(2)－1		钢　梁	混凝土半圆拱料石壁
TSO406(2)－119(5)－1		钢筋混凝土梁	混凝土三心拱料石壁
TSO406(2)－119(6)－1		钢筋混凝土梁	混凝土半圆拱料石壁
TSO406(4)－119(1)－1		钢　梁	混凝土三心拱料石壁
TSO406(4)－119(2)－1		钢　梁	混凝土半圆拱料石壁
TSO406(4)－119(5)－1		钢筋混凝土梁	混凝土三心拱料石壁
TSO406(4)－119(6)－1		钢筋混凝土梁	混凝土半圆拱料石壁
TSO406(6)－119(1)－1		钢　梁	混凝土三心拱料石壁
TSO406(6)－119(2)－1		钢　梁	混凝土半圆拱料石壁
TSO406(6)－119(5)－1		钢筋混凝土梁	混凝土三心拱料石壁
TSO406(6)－119(6)－1		钢筋混凝土梁	混凝土半圆拱料石壁
TSO406(7)－119(1)－1		钢　梁	混凝土三心拱料石壁
TSO406(7)－119(2)－1		钢　梁	混凝土半圆拱料石壁
TSO406(7)－119(5)－1		钢筋混凝土梁	混凝土三心拱料石壁
TSO406(7)－119(6)－1		钢筋混凝土梁	混凝土半圆拱料石壁
图　注	1—梯子脚基础中线（钢梁）；2—梯子中线；3—水沟中线；4—井筒中线；5—梯子脚基础中线（钢筋		

（斜顶式）标准设计技术特征

主要尺寸（mm）							净断面（m²）	支护厚度（mm）		掘进体积（m³）	材料消耗量（m³）		水沟（m）
D	d	c	e	B	$\frac{H_1}{H}$	H_0		壁	拱		料石	混凝土	
3000	50	325	10	2000	$\frac{1500}{2830}$	670	$\frac{6.7}{4.0}$	250	200	54.5	8.98	7.95	7.0
3000	50	325	10	2000	$\frac{1200}{2500}$	1000	$\frac{6.6}{4.0}$	300	200	55.9	9.31	9.62	7.0
3000	75	325	45	2000	$\frac{1500}{2830}$	670	$\frac{6.7}{4.0}$	250	200	54.5	8.93	7.95	7.0
3000	75	325	45	2000	$\frac{1200}{2500}$	1000	$\frac{6.6}{4.0}$	300	200	55.9	9.31	9.62	7.0
3500	235	610	10	2000	$\frac{1500}{2830}$	670	$\frac{6.7}{4.0}$	250	200	54.5	8.93	7.95	7.0
3500	235	610	10	2000	$\frac{1200}{2500}$	1000	$\frac{6.6}{4.0}$	300	200	55.9	9.31	9.62	7.0
3500	210	610	45	2000	$\frac{1500}{2830}$	670	$\frac{6.7}{4.0}$	250	200	54.5	8.93	7.95	7.0
3500	210	610	45	2000	$\frac{1200}{2500}$	1000	$\frac{6.6}{4.0}$	300	200	55.9	9.31	9.62	7.0
4000	515	890	10	2500	$\frac{1400}{2670}$	830	$\frac{8.3}{5.1}$	300	230	67.4	10.08	10.25	7.0
4000	515	890	10	2500	$\frac{1050}{2250}$	1250	$\frac{8.1}{5.1}$	350	230	68.4	9.94	12.53	7.0
4000	490	890	45	2500	$\frac{1400}{2670}$	830	$\frac{8.3}{5.1}$	300	230	67.4	10.08	10.25	7.0
4000	490	890	45	2500	$\frac{1050}{2250}$	1250	$\frac{8.1}{5.1}$	350	230	68.4	9.94	12.53	7.0
4500	785	1160	10	3000	$\frac{1500}{2500}$	1000	$\frac{9.8}{6.8}$	350	230	82.4	11.62	12.32	7.0
4500	785	1160	10	3000	$\frac{1100}{2000}$	1500	$\frac{9.5}{6.8}$	350	230	81.0	9.42	14.38	7.0
4500	760	1160	45	3000	$\frac{1500}{2500}$	1000	$\frac{9.8}{6.8}$	350	230	82.4	11.62	12.32	7.0
4500	760	1160	45	3000	$\frac{1100}{2000}$	1500	$\frac{9.5}{6.8}$	350	230	81.0	9.42	14.38	7.0

混凝土梁）；6—梁中线（D3.5～4.5m）；7—梁中线（D3.0m）

式顶部斜面倾角一般为 40°～45°。连接处长度 L 取 3.5m；连接处高度依据总回风巷净高、连接处长度及顶部斜面倾角确定。

风井连接处标准设计技术特征，见表 4−8−57 及表 4−8−58。

3．支　护

风井连接处一般采用料石、混凝土砌旋，厚度可参考表 4−8−54 及表 4−8−55 选取。当条件适宜时，也可采用锚喷支护。

（二）风井井底水窝

当风井无提升设备也不延深，专作通风和上下人员（设梯子间）用时，井底一般不设水窝。

若风井需要延深，则应留 10～15m 深的水窝（自溢排水），并在水窝部设壁座。水窝底部井壁结构同罐笼井。

四、风井井底连接处通用设计索引

见表 4−8−59、图 4−8−98～图 4−8−105。

表 4−8−59　风井井底连接处通用设计技术特征

工 程 名 称	图 号	形 式	支护方式	断面形状
淮南潘集二号井南风井井底连接处	图 4−8−98	双面平顶式	料石砌碹	半圆拱
宿县朱仙庄矿井中央风井−270 水平连接处	图 4−8−99	双面平顶式	混凝土砌碹	半圆拱
宿县临涣矿井西风井井底连接处	图 4−8−100	双面平顶式	混凝土砌碹	半圆拱
丰沛马坡矿井风井井底连接处	图 4−8−101	双面斜顶式	混凝土拱料石壁	半圆拱
兖州兴隆庄矿井东风井井底连接处	图 4−8−102	双面斜顶式	混凝土砌碹	半圆拱
兖州兴隆庄矿井西风井井底连接处	图 4−8−103	双面斜顶式	混凝土砌碹	半圆拱
邢台东庞矿井南风井井底连接处	图 4−8−104	双面斜顶式	混凝土拱料石壁	三心拱
邯郸陶庄二号井风井井底连接处	图 4−8−105	双面斜顶式	锚　喷	半圆拱

工 程 名 称	断 面（m²）		长 度（m）	掘进体积（m³）	材料消耗量（m³）	
	净	掘			混凝土	料 石
淮南潘集二号井南风井井底连接处	16.8	21.7	31.4	634.7		124.00
宿县朱仙庄矿井中央风井−270 水平连接处	14.2	18.9	13.5	255.2	68.45	
宿县临涣矿井西风井井底连接处	14.5	19.7	10.0	197.0	42.90	
丰沛马坡矿井风井井底连接处	8.1/5.1	11.4/7.4	7.0	68.3	12.40	
兖州兴隆庄矿井东风井井底连接处	16.3/	21.3/	10.0	388.7	94.90	9.90
兖州兴隆庄矿井西风井井底连接处	19.8/	25.1/	10.0	877.8	140.80	
邢台东庞矿井南风井井底连接处	13.1/11.2	18.1/15.8	7.0	121.2	18.40	
邯郸陶庄二号井风井井底连接处	10.1/9.5	12.6/11.86	7.0	68.7	17.01	12.80

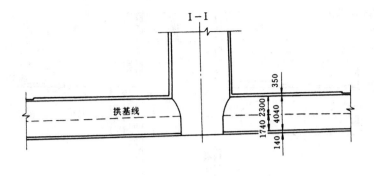

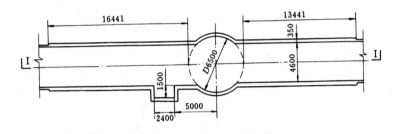

图 4-8-98 淮南潘集二号井南风井井底连接处

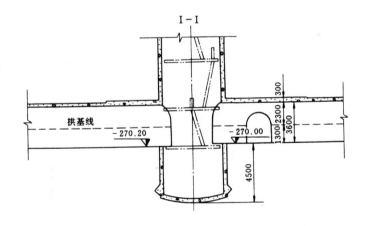

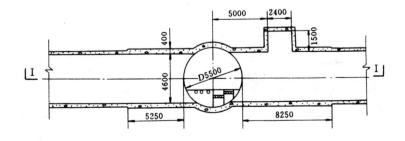

图 4-8-99 宿县朱仙庄矿井中央风井-270m 水平连接处

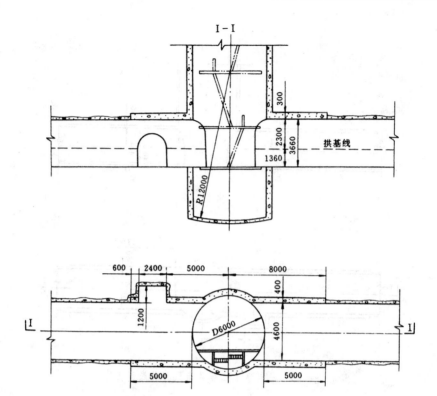

图 4—8—100　宿县临涣矿井西风井井底连接处

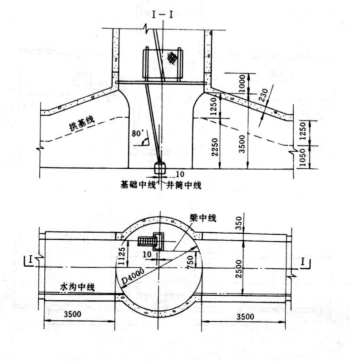

图 4—8—101　丰沛马坡矿井风井井底连接处

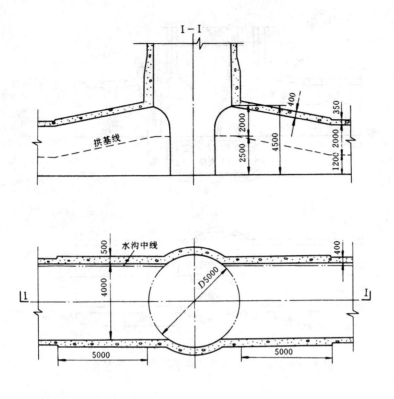

图 4—8—102 兖州兴隆庄矿井东风井井底连接处

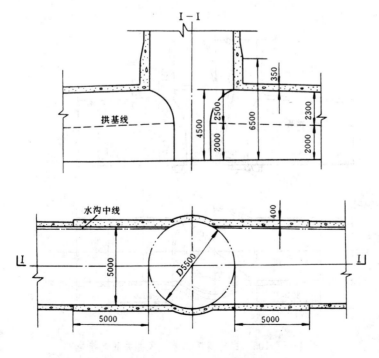

图 4—8—103 兖州兴隆庄矿井西风井井底连接处

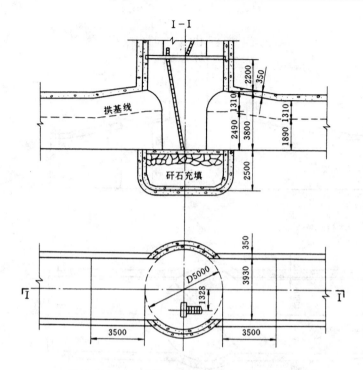

图 4-8-104　邢台东庞矿井南风井井底连接处

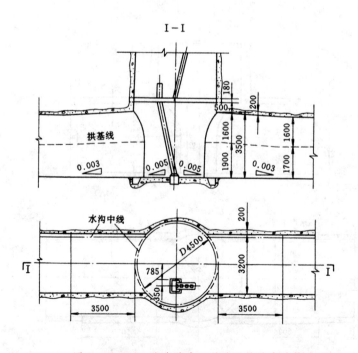

图 4-8-105　邯郸陶庄二号井风井井底连接处

第九章　斜井井筒分类、断面形状及主要设计原则

第一节　斜井井筒分类

一、按用途分类（表4-9-1）

表4-9-1　按用途分类

序号	名称	用途	提升设备及装备
1	主斜井	提煤	采用矿车、箕斗、胶带输送机或煤水管路（煤水提升）
2	副斜井	运送材料、设备、上下人员、提升矸石等或兼作通风、排水	采用矿车、材料车、集装箱和人车，或装备其它运输设备或管线
3	混合斜井	兼作主、副斜井之用常用于中小型矿井	采用矿车、材料车、集装箱和人车，或装备其它运输设备或管线
4	斜风井	进风、回风或兼作行人，运送材料、提升矸石	需要时，采用矿车、集装箱或安设架空人车
5	排水斜井	敷设排水管路或兼作通风、行人	装备排水管路
6	注砂斜井	输送水砂充填材料或兼作通风行人	装备水砂充填管路

二、按提升方式分类（表4-9-2）

表4-9-2　按提升方式分类

序号	名称		断面	特征	适用条件
1	带式输送机斜井	普通胶带	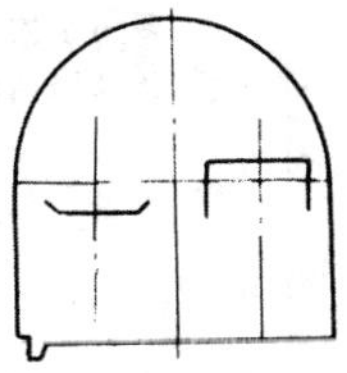	装备普通胶带输送机，用于提煤	1. 适用于大、中型矿井； 2. 井筒倾角一般不应大于16°

序号	名　称		断　　面	特　　征	适 用 条 件
1	带式输送机斜井	钢绳芯胶带		装备钢绳芯胶带输送机，用于提煤	1. 适用于大、中型矿井； 2. 用于长距离大运量提升； 3. 井筒倾角一般不应大于18°
		钢丝绳牵引		装备钢丝绳牵引胶带输送机，用于提煤或兼作上、下人员	1. 适用于大型矿井； 2. 用于长距离大运量提升； 3. 井筒倾角一般不应大于18°
		大倾角		装备大倾角胶带输送机（α＞18°）	1. 适用于大、中型矿井； 2. 井筒倾角大于18°小于90°
2	串车斜井			单钩片盘、矿车提升	1. 适用于片盘斜井； 2. 井筒倾角不大于25°； 3. 浅表土厚度不大于30m
				采用矿车双钩提升，用于主提升或辅助提升	1. 适用于小型矿井的主提升或大型矿井的辅助提升； 2. 井筒倾角不大于25°
3	箕斗斜井			采用箕斗提升用于提煤或矸石	1. 多用于大、中型矿井； 2. 井筒倾角应为25°～35°

续表

序号	名称	断面	特征	适用条件
4	其它辅助运输设备提升斜井	单轨吊车	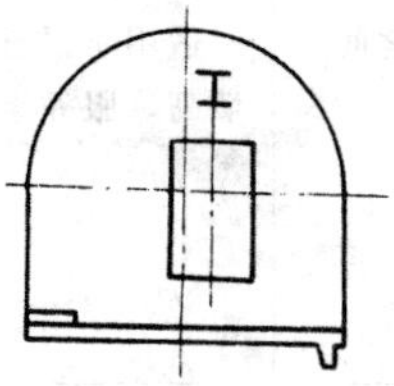 将运送人员、物料的车辆悬吊在巷道顶部单轨进行运输的机车； 轨道宜采用Ｉ140；应与之配套的专用车辆或集装箱	钢丝绳牵引单轨吊车，井筒倾角不大于45°； 柴油机车牵引单轨吊车，井筒倾角不大于18°； 蓄电池机车牵引单轨吊车井筒倾角不大于12°； 适用大型矿井连续辅助运输
		齿轨车、卡轨车、胶套轮车	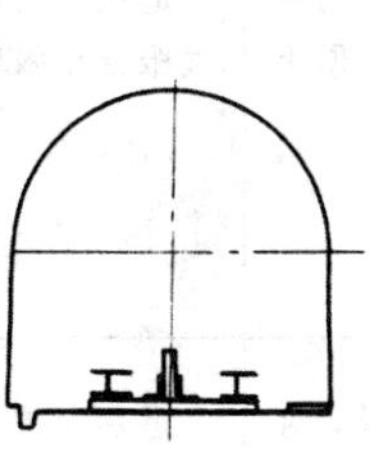 齿轨车运输轨道中间加有齿轨； 卡轨车是用专用轨增加卡轨滚轮； 胶套轮机车是将机车的钢轮套上一个胶质圈套作轮缘踏面； 3种机车使用的钢轨均不宜小于30kg/m； 采用矿车、集装箱或其它专用车辆用于辅助提升	齿轨车井筒倾角不宜大于10°； 卡轨车适用倾角与机车的牵引方式有关，柴油机车牵引，井筒倾角不宜大于10°； 缠绕式绞车牵引井筒倾角不宜大于45°； 胶套轮车井筒倾角不宜大于5°； 使用于大型矿连续辅助运输
		无轨胶轮车	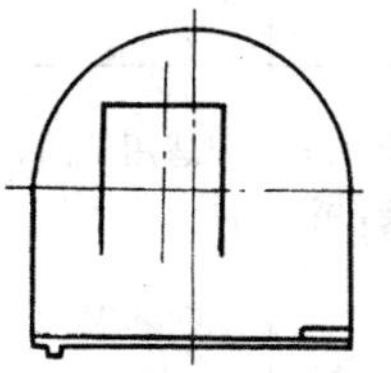 以柴油机、蓄电池为动力，不需要专用轨道使用胶轮在起伏不平道路上自由行驶的车辆	井筒内应铺沥青或混凝土永久路面； 井筒倾角不宜大于12°

国外斜井断面布置设计中，曾采用过上部胶带、下部轨道矿车运输方式，该方式便于集中管理，减少开拓工程量，节省投资等优点。可供我国斜井设计参考使用。

第二节　斜井井筒断面形状

斜井井筒断面应根据运输设备的类型、下井设备最大尺寸（包括整体支架的下放）、管子和电缆布置、人行道宽度、操作维修要求及所需通过风量确定。

一、断面形状及适用范围（表4-9-3）

表4-9-3　断面形状及适用范围

序号	断面形状	图示	优缺点	适用范围
1	半圆拱	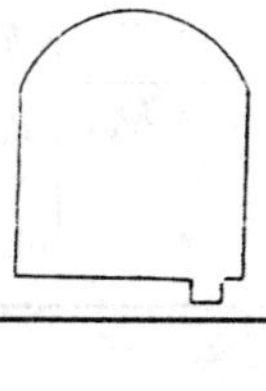	受力性能较好，承受顶压、侧压能力都较大但断面利用率稍低掘砌费用稍高	一般用于顶压和侧压均较大，围岩不稳定服务年限较长的井筒

续表

序号	断面形状	图　示	优　缺　点	适　用　范　围
2	圆弧拱		介于半圆拱和三心圆拱之间	适用于顶压大、侧压小，断面墙高，服务年限较长的井筒
3	三心圆拱	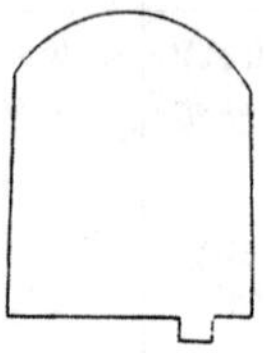	断面利用率较高，掘砌费用较半圆拱低；但承载能力差，顶压较大时易在拱基处开裂	适用于动压小，顶压和侧压不大服务年限较长的井筒
4	梯形		断面利用率高，施工简单，对不均匀压力适应性较好；但支架维修量大，不利安全生产	适用于围岩稳定，地压不大，断面较小服务年限不长的井筒
5	其它	 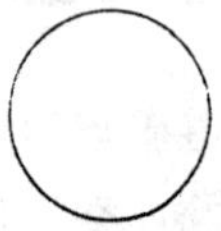	结构稳定，能承受多向压力；但断面利用率低，施工复杂，掘砌费用高	适用于围岩松软有膨胀性，四周压力大的井筒

二、国内斜井井筒断面形状及支护实例（表4−9−4）

表4−9−4　国内斜井井筒断面形状及支护实例

序号	矿井名称	井筒倾角	提升设备	断面形状	巷道净宽 (m)	支护材料		支护厚度 (mm)	
						拱	壁	拱	壁
1	乌兰木伦矿主井	15°	胶带输送机	半圆拱	3.70	混凝土块	混凝土块	350	350
2	塔山矿井副井	8°	架线齿轨车	半圆拱	4.80	混凝土	混凝土	400	400
3	康平县三台子煤矿主井	30°	箕斗	半圆拱	4.71	荒料石	荒料石	415	415
4	康平县三台子煤矿副井	23°	串车	半圆拱	3.00	荒料石	荒料石	300	300
5	太原市五龙沟联营煤矿主井	30°	箕斗	半圆拱	4.90	锚喷	锚喷	100	100

续表

序号	矿井名称	井筒倾角	提升设备	断面形状	巷道净宽(m)	支护材料		支护厚度(mm)	
						拱	壁	拱	壁
6	吕梁地区朱家店主斜井	25°	箕斗	半圆拱	5.10	锚喷	锚喷	100	100
7	太原煤气公司长沟矿副井	20°	串车	半圆拱	4.20	混凝土	混凝土	465	465
8	太原市五龙沟联营矿副井	27°	串车	半圆拱	2.60	荒料石	荒料石	300	300
9	晋城市东峰矿主井	16°	胶带输送机	半圆拱	3.80	荒料石	荒料石	350	350
10	太原煤气公司长沟矿主井	17°	胶带输送机	半圆拱	4.20	荒料石	荒料石	350	350
11	吕梁公司沙曲矿暗主井	16°	胶带输送机	半圆拱	4.80	混凝土	混凝土	400	400
12	霍州矿务局辛置矿暗斜井	12°	胶带输送机	半圆拱	4.20	料石	料石	350	350
13	韩城矿务局象山矿副暗斜井	20°	串车	半圆拱	4.80	喷混凝土	喷混凝土	120	120
14	东胜矿区大柳塔主斜井	12°	胶带输送机	半圆拱	4.50	喷混凝土	喷混凝土	100	100
15	东胜矿区大柳塔副斜井	6°	无轨胶轮多用途机车	半圆拱	4.60	喷混凝土	喷混凝土	100	100
16	漳村矿行人斜井	10°	单轨吊车	半圆拱	3.50	荒料石	荒料石	350	350

第三节　斜井穿过松软土层和流砂层的施工方法

一、简易施工方法（表 4-9-5）

表 4-9-5　简易施工方法及措施

施工方法	示意图	施工特点	适用条件
井口大揭盖		其挖掘方法与明槽相似，能确保施工安全并能提高砌筑质量，但挖掘范围较大，其边坡常为45°，在流砂层位置，可用打木桩插板维护	流砂层较薄，且距地表深度小于10m。曾在盘江矿务局火铺矿井使用过

施工方法	示　意　图	施　工　特　点	适用条件
撞楔超前支架	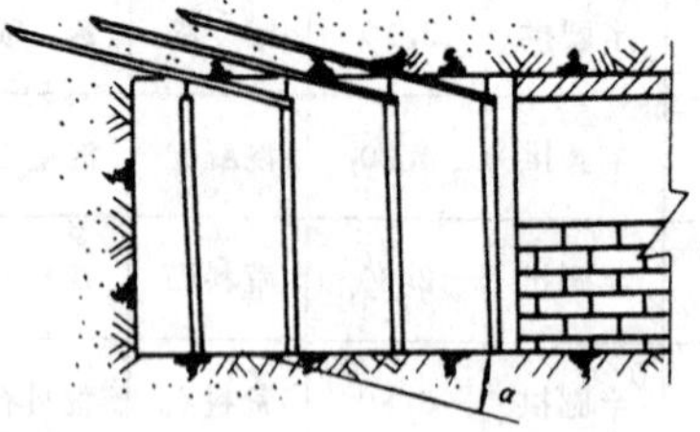	在临时支架上方打入长为2～4m木板桩或钢轨，以超前支架维护顶板	一般无涌水松软土层
逐次刷大法	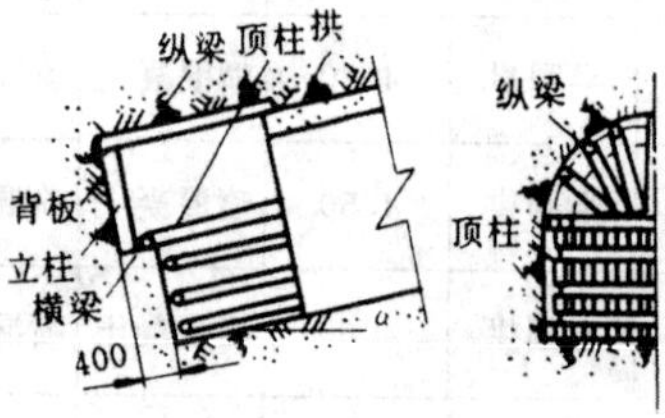	工作面以背板全封闭，掘进时先由拱的中部挖宽约0.4m，深0.8m拱全高的小导硐，随即以纵梁、立柱、背板支撑之，然后分次向两边刷大，边以纵梁支撑，首先完成拱部掘进，并设横梁用顶柱顶紧，然后由拱基线往下分3～4层依次下掘，每掘完一层立即架横梁、顶柱、背板支撑之，掘进同时配合超前小井或滤水小井降水。图示为完成一掘进循环时工作面的情形	涌水不大，流砂层不厚（曾在安徽孟庄等煤矿斜井表土施工中采用）
竹桩法	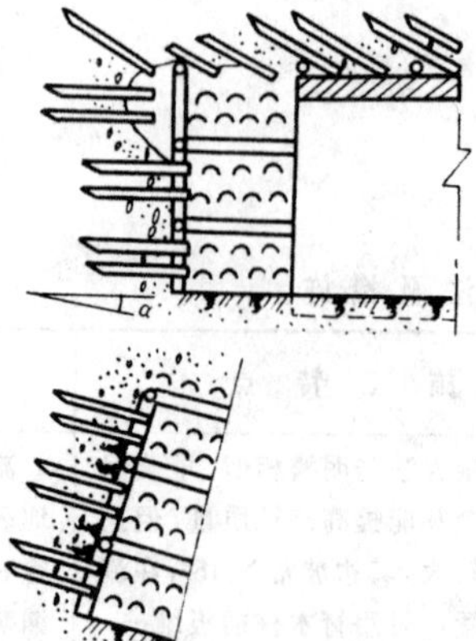	工作面迎头、顶板及两帮都打入竹桩，竹桩用d50～100mm，长400～800mm南竹破成两半打掉节内隔层，一头刃角长150～200mm，工作面向前推进时，先用小铁钩将竹桩周围砂石挖掉，竹桩露出全长一半后，将其继续打入，从一侧至另一侧，由上而下一排排进行，掘砌段距1.5～2.0m，短段掘砌同时配合超前小井降水	涌水量较大的砾层（曾在广西南宁沙井煤矿斜井中采用；太原煤气公司长治矿斜风井采用）

施工方法	示　意　图	施　工　特　点	适用条件
工作面滤水井降水（降水措施）		滤水小井紧跟工作面布置，每前进3～5m掘1个，用压气潜水泵排水，井筒底板用草束将水导至工作面 滤水井施工，是将铁筒用千斤顶逐节压人底板，筒中砂子用抽砂器抽出，抽砂后把过滤网下到筒内，随后用起重机吊出铁筒，吊之同时在过滤网与铁筒间放人部分卵石 铁筒每节高0.8m，用3mm厚钢板制成，两节间用螺栓在筒内侧连接，内壁用钢筋、角铁加固。过滤网为钢筋焊成之筒形骨架，外包8目的纱网	井筒穿过含水砂层，工作面涌水量不大于30m³/h，用滤水井排水，降低工作面水位，有助于逐次刷大法、竹桩法等掘进（曾在吉林辽源红旗二井斜井中采用）

二、特殊施工方法（表4-9-6）

表4-9-6　特殊施工方法及措施

施工方法	示　意　图	施　工　特　点	适用条件
冻结法		斜井冻结大致有两种钻孔方法： 1. 从地面沿斜井轴向冻结范围内钻进一定排数的平行钻孔，使斜井顶板底板和两侧形成封闭和半封闭连续的冻结体	适用于不稳定表土层 表土层含水大，涌水量大于50m³/h 垂直钻孔法钻孔速度快，工艺简单；但斜井冻结范围大时，冻结孔数量多，需冷量大

续表

施工方法	示意图	施工特点	适用条件
冻结法	 卜弋斜井冻结示意图	2. 在斜井井筒工作面上，沿斜井掘进方向钻进一定数量的倾斜钻孔使斜井周围形成一定长度和厚度的冻结壁	第二种方法对冻结范围长的斜井施工时需几次反复钻孔，冻结和掘砌、建井速度慢、工期长；卜弋斜井采用过
局部简易沉井		用沉井井壁隔离流砂层，井筒掘进时穿过井壁上帮。沉井断面一般为矩形，中间须设隔墙，沉井刃脚为混凝土浇筑必要时用钢板包裹刃脚，上部为料石或混凝土砌筑	流砂深度一般不大于20m（曾在山东井亭煤矿斜井中采用；东胜马家塔斜井也采用过）
帷幕法		在井筒通过流砂部分的两侧和两头，用钻机或抓斗造孔形成6～10m长的槽孔，然后下导管浇灌混凝土，一段接一段地造孔、浇注，使沿井筒形成矩形封闭的混凝土侧墙和端墙，能可靠地、安全地掘进	涌水量大、流砂厚地质条件复杂（有卵石、粉砂、淤泥等），流砂深度小于30m（曾在吉林辽源梅河五井斜井中采用）
地面井点抽水（降水措施）		喷射井点：用钻机或小探水钻，在井筒穿过含水层四周钻小直径钻孔用2.5型喷射泵（外管d63mm喷咀d6mm）抽水，井点布置为封闭式	含水层涌水量大于50m³/h含水层透水性差（曾在常州上黄煤矿三号井斜井中采用类似方法）

续表

施工方法	示　意　图	施工特点	适用条件
地面井点抽水（降水措施）	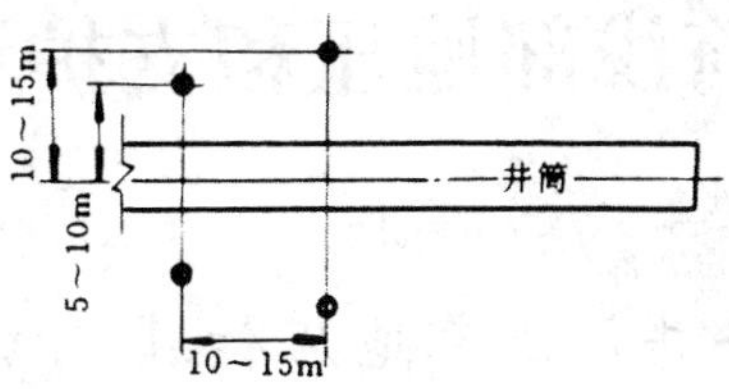	深井泵井点：采用 SOB、6JD—28 型深井泵，抽水能力大，钻少数大直径钻孔（孔径 $d0.5\sim0.7\mathrm{m}$ 滤管 $d0.3\sim0.4\mathrm{m}$）抽水	含水层涌水量大于 $50\mathrm{m}^3/\mathrm{h}$，含水层透水性强（曾在古交矿区屯兰煤矿采用）

第四节　设计中考虑的主要原则

1）井筒位置选择时，井口应避开汇水口滑坡和危崖；井筒穿过的地层应尽量避开流砂层、强含水层、岩溶和采空区等工程地质不良地段。

2）根据井筒所处的地质条件、围岩性质、井筒用途及服务年限选择断面形状、支护材料和支护方式。

3）井筒断面布置应考虑以下原则：

（1）符合《煤矿安全规程》、《煤炭工业矿井设计规范》、《煤矿矿井斜井井筒及硐室设计规范》中开采、运输、通风、斜巷管线布置和人行安全规定的要求，满足施工需要；

（2）当提升容器发生掉道或跑车事故时，对井筒中各种管线或其它设备的破坏应减少到最低程度；斜井用串车提升时井巷内的安全装置应符合《煤矿安全规程》第 345 条规定；

（3）有利于井筒检修、维护、清扫和人员通行安全；

（4）合理使用断面空间，减少井筒工程量。

4）上下人员的井筒，垂深超过 50m 时，必须用机械运送人员的设备。

5）设计应从国情及地质条件出发，因地制宜地采用新技术、新工艺、新设备、新材料、做到安全适用、技术先进、经济合理。

6）各种提升方式的斜井，其倾角一般规定为：串车提升不大于 25°；箕斗提升为 25°～35°；胶带输送机提升应根据矿井开拓和设备性能确定；采用其它辅助运输设备提升的斜井井筒装备如单轨吊车、齿轨车、卡轨车、胶套轮车和无轨胶轮车应参照第七篇第四章第二节至第七节的布置要求同井下大巷和采区运输设备配套，形成连续运输系统，井筒倾角应根据矿井开拓布置及所选提升运输设备性能确定。

7）箕斗提升井或装有胶带输送机的井筒不应兼作风井，如果兼作风井使用风速应符合《煤矿安全规程》、《煤炭工业矿井设计规范》中的通风规定。

8）需延深的井筒，应预留 20～30m 的延深长度。

第十章 斜井井筒浅部地压和支护计算

第一节 斜井井筒浅部地压估算

表 4-10-1 斜井井筒浅部地压估算

计算内容	图　　示	公　　式	符号注释	说　　明
确定巷道浅埋和深埋分界深度		$h_p \leqslant (2.0 \sim 2.5)h_q$ $h_q = \dfrac{a}{f} = \dfrac{a_1}{\tan\varphi}$ 或 $h_q =$ $\dfrac{a + h_1 \tan\left(45° - \dfrac{\varphi}{2}\right)}{\tan\varphi}$	h_p—浅埋和深埋巷道分界深度，m； h_q—深埋巷道垂直荷载计算高度（压力拱高），m； a—巷道掘进宽度之半，m； a_1—压力拱跨度之半，m；	1. 左式成立时巷道为浅埋，否则巷道为深埋。 2. 对软岩石取 $h_p \leqslant 2.5h_q$ 对硬岩石取 $h_p \leqslant 2.0h_q$。 3. 巷道为浅埋时，不能形成压力拱
浅部巷道地压估算		顶压 ①$q = \gamma h\left[1 - \dfrac{h}{2a_1} \times \tan^2\left(45° - \dfrac{\varphi}{2}\right)\tan\varphi\right]$ ②$q = \gamma h$ 侧压 ①$e_1 = \gamma h \times \tan^2\left(45° - \dfrac{\varphi}{2}\right)$ ②$e_2 = \gamma(h_t + h) \times \tan^2\left(45° - \dfrac{\varphi}{2}\right)$ ③$e = \gamma\left(h + \dfrac{h_t}{2}\right) \times \tan^2\left(45° - \dfrac{\varphi}{2}\right)$	f—普氏系数； h_t—巷道掘进高度，m； φ—围岩内摩擦角度； h—巷道埋深（巷道顶板至地面距离）m； q—沿巷道轴线每米顶压值，kN/m²； γ—围岩容重，kN/m³； $e、e_1、e_2$—沿巷道轴线每米侧压值，N/m；	1. 顶压公式①考虑了滑面的阻力； 2. 为了偏于安全顶压公式②忽略滑面阻力； 3. 由于侧压与顶压相比其值很小一般忽略不计，只有当围岩很软才计算，为简化计算可用侧压公式③求其平均值
斜井巷道浅部地压估算		$q_N = q\cos\alpha$ $q_r = q\sin\alpha$	q_N—垂直于斜井井筒纵轴的压力，kN/m²； q_r—平行于斜井井筒纵轴的压力，N/m； α—斜井井筒倾角	1. 当 $\alpha > 80°$ 时按立井计算地压，$\alpha < 60°$ 时按平硐计算地压，其倾角按实际倾角计算，$\alpha = 60° \sim 80°$ 时按倾角等于 60° 的情况计算。 2. 斜井井筒侧压力按平巷侧压力计算

第二节　斜井井筒浅部支护计算

一、支护要求

（1）斜井井口至坚硬岩层之间，必须采用砌碹支护，且碹体进入坚硬岩层内的垂深不得小于 5m。

（2）在地震区，当设计烈度为8、9度时处于表土段的新建斜井井筒，在地表以下垂深20m以内（当表土段厚度小于15m，还应包括筑进基岩5m一段），必须采用钢筋混凝土结构；当表土段在地表以下20m内夹有饱和砂土层时，对设计烈度为7度及以上的斜井井筒，在地表以下垂深30m以内（当表土段厚度小于25m，还应包括筑进基岩5m的一段），必须采用配双层钢筋的钢筋混凝土结构。

（3）新建的斜井井筒浅部支护一般不设伸缩缝，需要留伸缩缝时，伸缩缝最大间距应符合"混凝土结构设计规范"的要求；软硬岩层分界地段及软岩层内巷道跨度变大处，应设置沉降缝。

（4）井筒支护应结合具体围岩条件优先考虑锚喷支护。按《锚杆喷射混凝土支护技术规范》的规定，当井筒在Ⅰ、Ⅱ类围岩中，宜采用喷射混凝土支护；在Ⅲ、Ⅳ类围岩中，宜采用锚杆加喷射混凝土支护；在Ⅴ类围岩中，宜采用锚杆加钢筋网喷射混凝土支护。

采用喷射混凝土支护时，应设墙脚，其深度不得小于100mm。

（5）对不宜锚喷支护，但服务年限长，且不受动压影响的井筒，宜采用砌碹支护。

（6）选用梯形断面的井筒，应采用金属或钢筋混凝土梯形支架支护。但井筒为串车或箕斗提升的主井时，不宜采用这种支护形式。

（7）穿过软岩或断层带的井筒，宜采用锚喷（或挂网锚喷）和混凝土（或钢筋混凝）砌碹联合支护。

（8）底板松软、破碎或底鼓的井筒，宜采用锚杆、底梁、注浆或底拱等支护形式进行底板支护。

（9）支护背后的空隙必须回填密实。

（10）支护材料应符合强度、耐久性等要求，同时必须重视其抗冻、抗渗和抗腐蚀性。

支护材料的强度等级不应低于表4-10-2中的数值。

表4-10-2　支护材料强度等级

材料种类	水泥砂浆		混凝土					料石
支护方法	喷射	砌筑	喷射	混凝土		钢筋混凝土		砌筑
				现浇	预制砌块	现浇	装配	
拱圈及边墙	M15	M7.5—M15	C15~C20	C20	MU20	C20	C25	MU30

二、支护厚度的确定

1. 锚喷支护

锚喷支护参数，应根据围岩的稳定性、井筒断面跨度、服务年限等因素，采用工程类比法和锚喷支护类型确定。

2. 型钢支护

型钢支护类型与参数应根据井筒断面跨度、围岩类别、顶底板和两帮移近量、支护强度、服务年限等因素确定。

3. 砌碹支护

砌碹支护类型与参数应根据围岩坚固性分类、支护材料的具体要求、井筒断面尺寸围岩破碎程度、地压大小、涌水量大小等因素确定。

各种支护类型的支护参数，应符合《煤矿矿井巷道断面及交岔点设计规范》的规定。

支护类型与支护厚度计算参见第六篇第一章。

第十一章　斜井井筒装备、设施及斜风井

第一节　轨　　道

一、轨型选择

斜井井筒内轨道应根据提升方式、提升运输设备类型确定,设计时可参照表4—11—1选取。

表4—11—1　轨型选择

提升运输设备	钢轨型号
箕斗、人车和运送液压支架设备车	普通钢轨 30～38kg/m
1t、1.5t 矿车	普通钢轨 22kg/m
3t 及 3t 以上矿车	普通钢轨 不低于 30kg/m
单轨吊车（单轨）	型钢工140
胶套轮车、卡轨车、齿轨车	可以用普通钢轨、型钢或异型钢轨,无特殊要求时,宜不小于30kg/m

二、轨道固定形式

（一）道　床

1. 斜井井筒道床选择,应符合下列规定

1) 采用串车提升的斜井井筒,当倾角小于和等于23°时,宜采用道碴道床,钢筋混凝土轨枕;

2) 采用箕斗提升和倾角大于23°串车提升的斜井井筒,宜采用固定道床;

3) 运送人员的斜井,其道床和轨枕应按人车制动要求选取。

2. 道碴道床

道碴道床施工简单、投资少,但线路质量较差、维修量大,适用于提升量不大,坡度适中的斜井井筒。

3. 固定道床

固定道床初期工程量大、施工复杂,但线路稳定、车辆运行平稳安全、维护工作量较少、故障少,能适用于大运量、高速度和坡度较大的斜井中。

固定道床类型、结构见表4—11—2和图4—11—1～图4—11—4。

钢轨及铺轨附件见第一篇,轨枕及道床见第六篇。

（二）其它辅助运输设备的轨道铺设与固定

单轨吊车、齿轨车、卡轨车、胶套轮车等辅助运输斜井井筒装备应同井下大巷、采区运输设备配套,形成连续运输系统。轨道铺设与固定方式应统一考虑,详见第六篇与第七篇。

三、轨道防滑

当斜井井筒倾角大于15°时,铺设轨道应采取防滑措施。

表 4—11—2　固　定　道　床　类　型　　　　　　mm

类　型		图　　　示	优缺点	使用矿井
	预埋螺栓式	1—固定螺栓；2—压板 　1—固定螺栓；2—压板	1. 消耗钢材少； 2. 施工较复杂； 3. 维修更换困难	宁夏石炭井一号井
预埋轨枕式	短木枕	1—木轨枕；2—人行台阶	1. 施工较简单； 2. 维修量大	内蒙古平庄古山三井
	预制钢筋混凝土短枕	1—预制钢筋混凝土轨枕；2—预制混凝土填块	1. 施工简单； 2. 维修量小； 3. 消耗钢材较多	河南安阳龙山斜井
	预制钢筋混凝土长枕			山西古交镇城底矿井

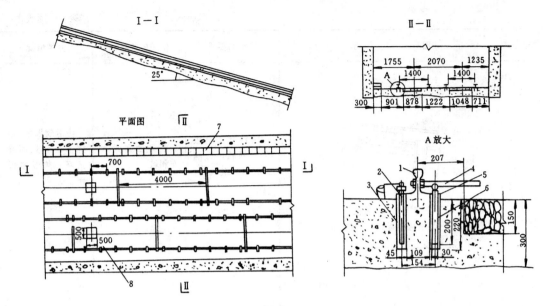

图 4-11-1 宁夏石炭井一号井固定道床

1—钢轨（38mg/m）；2—压板；3—固定螺栓；4—拉杆；5—胶皮垫；6—硫磺砂浆；

7—人行台阶；8—地滚预留孔

斜井轨道防滑装置可分为固定钢轨法和固定轨枕法两类。实践证明，前者效果较好，为多数矿井所采用。后者虽起一定作用，但因车辆在运行中产生震动，使道钉松动，钢轨仍可下滑，效果不好，故较少采用。

斜井井筒轨道防滑装置见表 4-11-3。

表 4-11-3 斜井井筒轨道防滑装置

固定方式		图 示	特征与要求	使用矿井名称	使用情况
固定钢轨	型钢固定	1—钢轨；2—轨枕；3—槽钢 [16； 4—工字钢工 12；5—圆钢 d30；6—混凝土底梁	用型钢固定钢轨每隔 30m 设一组	1t 标准矿车串车斜井通用设计	
	钩形板固定	1—钢轨；2—轨枕；3—钩形板；4—槽钢 [14； 5—螺栓 M32×500；6—混凝土底梁	用钩形板固定钢轨，每隔 15～20m 设一组	淮南李郢孜矿	维修、更换方便，防滑效果良好

续表

固定方式		图　示	特征与要求	使用矿井名称	使用情况
固定钢轨	特制鱼尾板固定	 1—钢轨；2—轨枕； 3—特制鱼尾板；4—钢轨桩	用特制鱼尾板固定钢轨，每隔20m设一组	抚顺西露天人车斜坡	防滑效果好，但枕木易腐烂而被挤坏，须经常维修、更换
	预埋螺栓固定	 1—钢轨；2—轨枕； 3—预埋螺栓；4—混凝土底梁	用预埋螺栓固定钢轨，每隔30m设一组	抚顺老虎台矿人车斜井	防滑效果好，且钢轨与底梁间垫以枕木增加了弹性；但螺栓易锈蚀，维修更换困难
固定轨枕	轨枕桩	 1—钢轨；2—轨枕；3—防滑桩；4—撑木	每隔10～15m在井筒底板、轨枕两端各打一个防滑桩（型钢或圆钢）以阻止轨道下滑	四川松藻石豪矿井副井	有一定防滑作用，但车辆在运行中产生震动，使道钉松动，钢轨仍可下滑，故效果不好
	轨枕槽	 1—钢轨；2—轨枕；3—轨枕槽	轨枕放入底板槽内使之固定，槽深80～100mm，槽底垫道碴厚50mm	湖南涟邵托山矿	

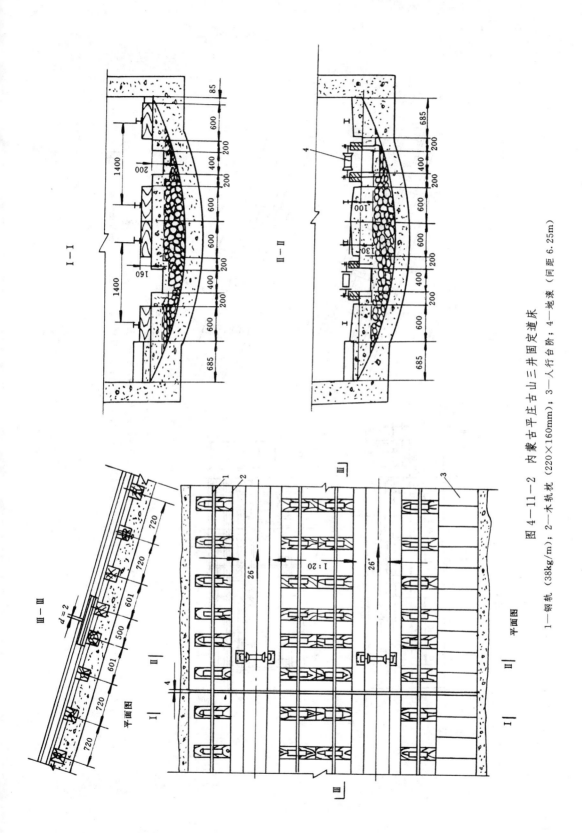

图 4—11—2 内蒙古平庄古山三井固定道床

1—钢轨 (38kg/m); 2—木轨枕 (220×160mm); 3—人行台阶; 4—地漆 (间距 6.25m)

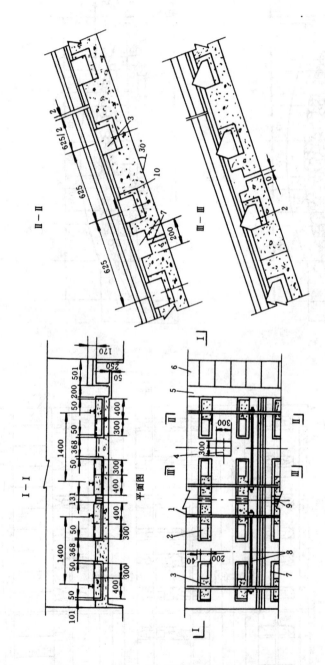

图4—11—3 河南安阳龙山斜井固定道床

1—钢轨（38kg/m）；2—混凝土填块；3—预制钢筋混凝土短枕；4—地滚坑；5—水沟；
6—人行台阶；7—横水沟及伸缩缝（隔12.5m一条）；8—拉杆；9—预制混凝土屑板；10—防爬器（每节轨2个）

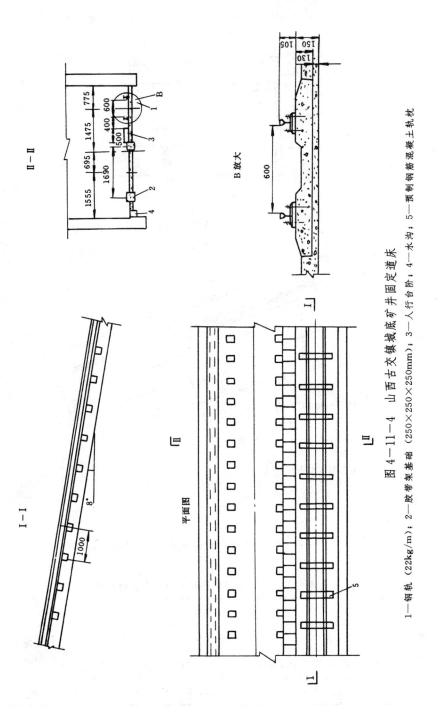

图 4—11—4　山西古交镇城底矿井固定道床

1—钢轨（22kg/m）；2—胶带架基础（250×250×250mm）；3—人行台阶；4—水沟；5—预制钢筋混凝土轨枕。

晋城矿务局寺河矿井副斜井井筒轨道防滑装置见图4－11－5，材料消耗量及工程量表见4－11－4。

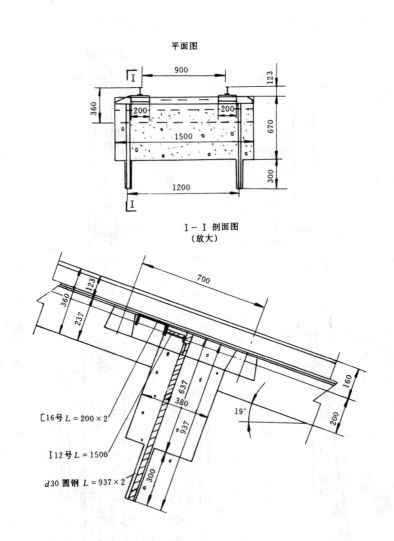

图4－11－5 寺河矿井副斜井井筒轨道防滑装置

表4－11－4 每组防滑器材消耗量及工程量表

名　　称	材料消耗量						混凝土 (m³)	掘进工程量 (m³)
	槽　钢		工字钢		圆　钢			
	长度 (m)	重量 (kg)	长度 (m)	重量 (kg)	长度 (m)	重量 (kg)		
单　轨	0.4	7.9	1.5	21.0	1.87	10.38	0.36	0.23

韩城矿务局象山矿井副暗斜井井筒轨道防滑器见图4－11－6，每组防滑器材料消耗量及工程量见表4－11－5。

平面图

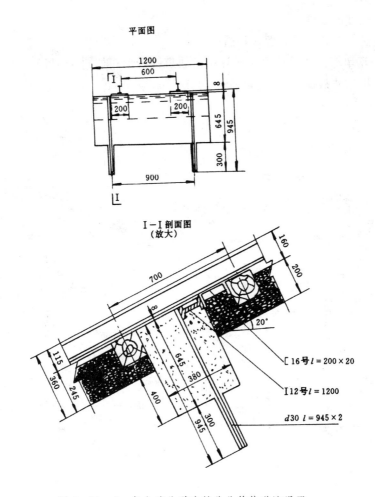

图 4—11—6　象山矿井副暗斜井井筒轨道防滑器

表 4—11—5　每组防滑器材消耗量及工程量表

名　　称	材料消耗量						混凝土（m³）	掘进工程量（m³）
	槽　钢		工字钢		圆　钢			
	长度（m）	重量（kg）	长度（m）	重量（kg）	长度（m）	重量（kg）		
单　轨	0.40	7.90	1.20	16.80	1.89	10.19	0.29	0.18

四、铺轨及轨道布置

井筒铺轨及轨道布置应遵循下述原则：

（1）井筒铺轨必须铺设托绳轮（辊），其间距一般为 15～20m。

（2）双钩提升的斜井，宜按双道布置；井筒下部 2 组对称道岔间的单轨长度应不小于一钩车另加 1～2 辆矿车的总长度。

（3）小型矿井仅有一个水平时，可布置单道或 3 根轨，在井筒中部设双道错车，错车线长度宜为串车长度的 3 倍。

运送人员的井筒，严禁布置 3 根轨。

1t 标准矿车串车斜井井筒通用设计中的轨道铺设形式如图 4—11—7 所示，图中括号内尺寸为不加垫板尺寸数字。

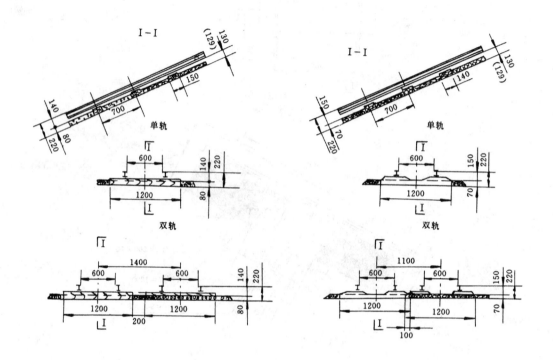

图 4—11—7 轨道铺设（600mm 轨距）

第二节 水沟及排水斜井

一、水沟设置原则

斜井井筒应设水沟，并应符合下列规定：

（1）水沟应砌筑；当底板岩石坚硬，涌水量小于 5m³/h 时，可不砌筑。水沟一般不铺盖板。

（2）水沟断面应按井筒涌水量大小及井筒倾角确定，一般可取宽 0.2～0.3m，深 0.2m。

（3）水沟的位置根据井筒断面情况，可设在人行侧或非人行侧；无提升设备的辅助井筒可设在井筒中间。

当井筒底板岩石坚硬时，水沟与人行台阶、管子、胶带输送机等相对位置可以平行布置或重叠布置。当井筒地板有底鼓时，不可重叠布置。

（4）水沟布置在井筒一侧，当井筒砌碹时，墙基应比水沟掘进底面深 0.20～0.25m；当井筒采用金属或钢筋混凝土支架时，水沟壁柱腿处的掘进面距柱腿的净宽不应小于 0.30m。

（5）井筒内宜每隔 50～60m 设置横向水沟。并根据井筒流水情况，在含水层泄水点下方，斜井交岔点上方，设置横向水沟；横向水沟向主水沟的流水坡度应不小于 3‰，断面应小于主水沟断面。

（6）胶带输送机斜井和箕斗斜井中，井底车场水平以上的井筒流水尽量截至车场水沟内，以减少井底排水量和水窝的清理工作量。

二、水沟布置形式

水沟形式及特征见表 4-11-6。

表 4-11-6　水沟形式及特征

布置形式		图　示	技术特征及材料消耗		
设在人行侧	与人行台阶重迭		断面规格	宽 D（mm）	200
				深 H（mm）	200
	与人行台阶平行		断面积（m²）	净	0.04
				掘进	0.14
设在非人行侧	与管子重叠		流量（m³/h）	坡度 5°	2～266
				坡度 10°	2～382
	与管子平行			坡度 15°	2～468
				坡度 20°	2～551
设在胶带输送机底下			混凝土消耗（m³/m）		0.08

三、排水斜井

（1）当矿井涌水量大或遇特殊情况，经技术经济论证，比较合理时，可单独开凿排水斜井。

（2）排水斜井井筒应设有提升运输设备和人行台阶，其安全距离应符合运输和行人有关规定。

（3）排水斜井兼作进风井，风速必须符合进风井规定（净断面应减去管子所占去面积）井口应设置防火铁门及栅栏门，井口位置应符合进风井的要求。

工程实例河南朝川一号井排水斜井井口布置及井筒断面见图4－11－8。

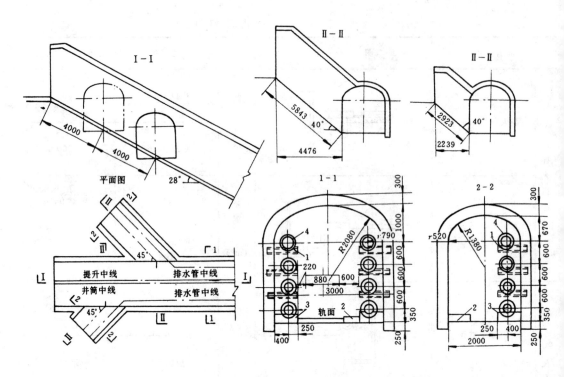

图4－11－8　河南朝川一号井排水斜井井筒及井口布置

1—支管梁［18；2—行人台阶；3—管墩；4—排水管

井底与主水泵房的连接见第五篇。

第三节　人行台阶与扶手

作为安全出口的斜井井筒，当倾角等于或小于45°时，必须在其中设置人行道；当井筒倾角大于45°时，必须设置梯道间或梯子间。

一、设置原则

（1）当井筒倾角在10°～16°时，设置防滑条和扶手；当人行道设在井筒中间时，可设台阶不设扶手；

（2）当井筒倾角在 17°～30°时，设置人行台阶和扶手；

（3）当井筒倾角在 31°～45°时，设置人行台阶、扶手或梯道；

（4）梯子间或梯道间必须分段错开设置，每段斜长不大于 10m。

二、布置形式（表 4—11—7）

表 4—11—7　台　阶　布　置　形　式

形　式	图　示	砌筑材料及方式	优缺点
单独砌筑	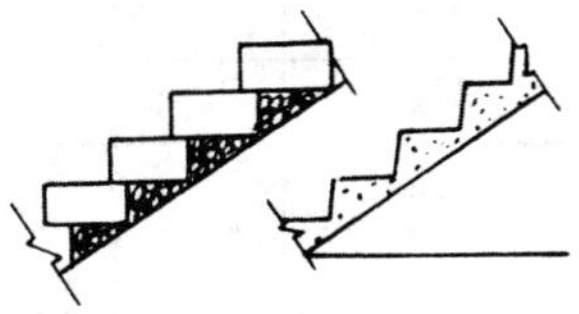	用料石或预制混凝土块砌筑或用混凝土浇灌	台阶稳固，但施工复杂，未充分利用井筒断面
水沟盖板兼作台阶	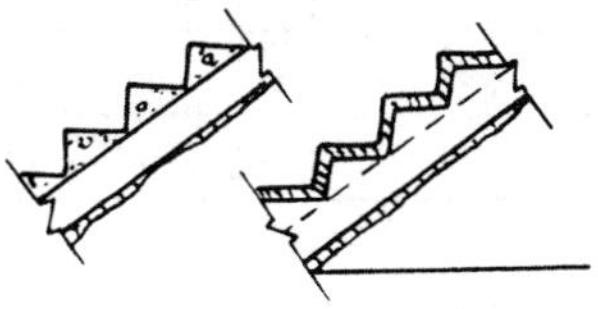	用预制混凝土块砌筑	井筒断面布置紧凑，减少工程量，施工简单，但易活动，不稳固，清理水沟较困难

三、台阶踏步尺寸的确定

$$水平踏步距离 = 2h_t + b_t = 600 \sim 700 \text{mm} \qquad (4-11-1)$$

式中　h_t——台阶踏步高度，mm；

　　　b_t——台阶踏步宽度，mm。

又据表 4—11—8 的附图可得：

$$\frac{h_t}{b_t} = \tan\alpha \qquad (4-11-2)$$

由公式（4—11—1）和公式（4—11—2）可求得不同倾角的井筒台阶踏步尺寸。其计算方法是：已知井筒倾角 α，先设定踏步高度 h_t，据公式（4—11—2）求出踏步宽度 b_t，再将 h_t 和 b_t 代入公式（4—11—1）进行验算，满足公式要求即可。否则再定 h_t 值，求出 b_t，重新验算，直至满足公式要求为止。

台阶宽度一般以 500mm 为宜。

不同倾角井筒台阶踏步尺寸见表 4—11—8。

四、台阶材料消耗

（一）混凝土块砌筑台阶每 100m 材料消耗量见（表 4—11—9）

表4—11—8 台 阶 踏 步 尺 寸

图 示	井筒倾角 α (°)	台阶踏步高度 h_t (mm)	台阶踏步宽度 b_t (mm)	垂直于井筒底板的台阶高度 h_t (mm)
	16	120	420	115.4
	17	120	390	114.8
	18	120	370	114.1
	19	130	380	122.9
	20	130	360	122.2
	21	140	365	130.7
	22	140	350	129.8
	23	150	355	138.1
	24	150	340	137.0
	25	150	320	136.0
	26	160	330	143.8
	27	160	315	142.6
	28	170	320	150.1
	29	170	300	148.7
	30	170	295	147.5

表4—11—9 混凝土块砌筑台阶材料消耗量

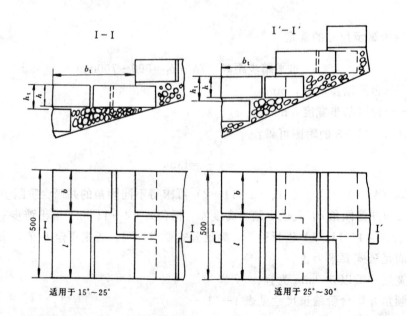

适用于 15°~25°   适用于 25°~30°

井筒倾角	混凝土块规格（mm）			台阶尺寸（mm）		每层块数（块）	每100m材料消耗（m³）
	l	b	h	b_1	h_1		
15°	300	190	110	420	120	5	6.76
20°	300	190	120	360	130	4	7.20
25°	300	190	140	320	150	4	8.99
30°	300	190	160	295	170	3	8.05

（二）混凝土整体浇灌台阶每100m材料消耗量（表4—11—10）

表4—11—10　混凝土整体浇灌台阶材料消耗量

井筒倾角	台阶尺寸（mm）		每100m材料消耗（m³）	
	b_t	h_t	$d=30mm$	$d=100mm$
15°	420	120	6.89	7.89
20°	360	130	7.05	8.05
25°	320	150	7.40	8.40
30°	295	170	7.69	8.69

注：此表按表4—11—8中附图计算。

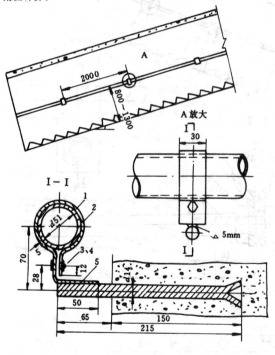

序　号	名　称	规　格	单位	数　量
1	硬质塑料管	外径D51（SG78—75）	m	100.0
2	扁钢	80×5L 270（GB704—65）	kg	16.0
3	六角螺栓	M10×25（GB5780—86）	kg	1.12
4	六角螺母	M10（GB41—86）	kg	0.39
5	圆钢	d14 L220（GB702—72）	kg	13.50

图4—11—9　硬质塑料管扶手布置及100m巷道材料消耗

五、扶 手

（1）扶手安设高度（垂直井筒底板的高度）宜为800～1000mm，与梯道的水平间距不大于0.5m。

（2）扶手栏杆直径一般不小于50mm，与井壁固定的间距一般不大于3m。

（3）扶手与墙壁之间的距离一般为60～80mm。

（4）扶手材料可因地制宜选用。通常用硬质塑料管、焊接钢管。服务年限短，取材方便地区也可用毛竹、塑料绳代替。

（5）扶手布置及材料消耗见图4—11—9、图4—11—10。

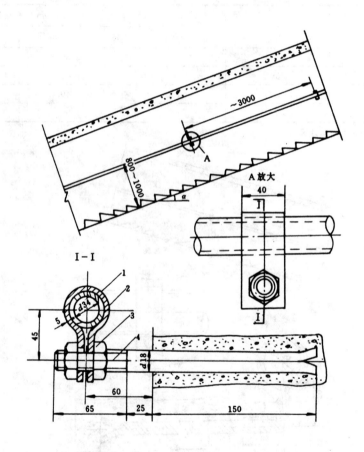

序 号	名 称	规 格	单位	数 量
1	焊接钢管	d25	m	100.0
2	扁 钢	40×5 L220	kg	11.55
3	六角螺母	M18 GB41—86	kg	2.92
4	圆 钢	d18 L240	kg	15.84

图4—11—10 焊接钢管扶手布置及100m巷道材料消耗

第四节 管线敷设

一、敷设要求

1）管子敷设，应符合下列规定：

（1）管子宜敷设在辅助提升的井筒内。根据井筒断面布置情况，可设置人行侧或非人行侧，不得从一侧跨到另一侧；

（2）管子必须用支墩或托梁架起，在非人行侧，其敷设高度可按检修更换方便确定；在人行侧和人车场应吊挂在从底板或台阶面垂高1.8m以上的井筒上部。

管子包括排水管、消防洒水管、压风管等。

2）电缆敷设，应符合下列规定：

（1）电缆应敷设在无串车或箕斗等机械提升的斜井井筒中。当用串车或箕斗提升的斜井井筒中，对电缆有可靠保护措施时，则可敷设电缆；

（2）在同一井筒中，电缆与管子应分设在两侧。当两者必须设在同侧时，电缆应设在管子上方，其间距不得小于0.3m；

（3）电缆悬挂高度，在非人行侧应高于提升设备，其距离不得小于0.3m；在人行侧不得低于1.8m；

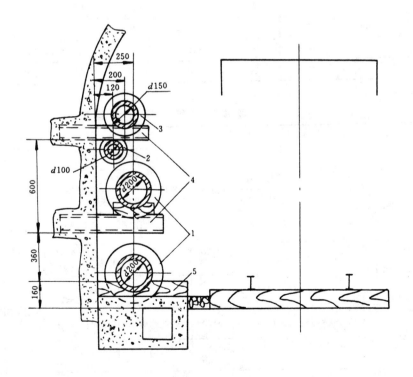

图 4—11—11　管路布置

1—排水管；2—洒水管；3—压风管；4—托梁；5—支墩

（4）通信电缆、信号电缆不宜与动力电缆设在井筒的同一侧。如必须敷设在同一侧时，应设在动力电缆之上，其距离不应小于0.3m。

二、管路敷设形式

管路布置、排水管托梁布置及每套支墩材料消耗见图4—11—11、表4—11—11～表4—11—12。

表4—11—11（1）　排水管托梁布置尺寸

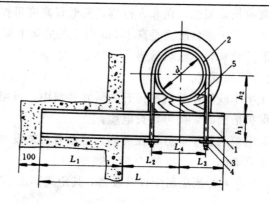

注：托梁间距：$d200×7$为8m；$d100×4$、$d150×4.5$为10m

排水管	单位	h_1	h_2	L_1	L_2	L_3	L_4	L
$d100×4$	mm	100	95	250	200	120	120	570
$d150×4.5$	mm	100	120	300	250	150	171	700
$d200×7$	mm	120	160	300	250	180	231	730

表4—11—11（2）　每套排水管托梁材料消耗量

序号	名　称	材　料　消　耗											
		$d100×4$				$d150×4.5$				$d200×7$			
		规格型号	数量	重量（kg）		规格型号	数量	重量（kg）		规格型号	数量	重量（kg）	
				单重	总重			单重	总重			单重	总重
1	托管梁 GB707—88	[10	0.57m	10.0	5.7	[10	0.70m	10.0	7.0	[10	0.73m	10.0	7.3
2	圆钢U型螺栓 GB702—86	M12×650	2个	0.192	0.384	M12×790	2个	0.227	0.454	M12×960	2个	0.993	1.986
3	扁钢垫铁 GB704—88	□50×6 L=100	2个	0.196	0.392	□50×5 L=110	2个	0.216	0.432	□60×6 L=110	2个	0.26	0.52
4	六角螺母 GB56—88	M12	4个	0.016	0.064	M12	4个	0.016	0.064	M12	4个	0.016	0.064
5	硬　木	180×45×60	0.0005 m³			220×45×60	0.0006 m³			260×50×80	0.001 m³		
	合　计		0.0005 m³		6.54		0.0006 m³		7.95		0.001 m³		9.87

表 4—11—11（3）　压风管、洒水管托梁布置尺寸

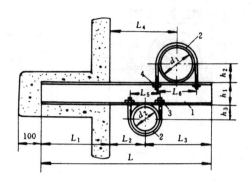

注：托梁间距 10m

压风管	洒水管	单位	h_1	h_2	h_3	L_1	L_2	L_3	L_4	L_5	L_6	L^-
$d100\times4$	$d50\times4$	mm	80	54	29	150	100	160	170	68	120	410
$d150\times4.5$	$d80\times5$	mm	80	80	45	200	120	190	200	100	171	510
$d150\times4.5$	$d100\times5$	mm	80	80	55	200	120	190	200	120	171	510

表 4—11—11（4）　每套压风管、洒水管托梁材料消耗量

序号	名　称	材　料　消　耗													
		$d100\times4$, $d50\times4$				$d150\times4.5$, $d80\times5$				$d150\times4.5$, $d100\times5$					
		规格型号	数量	重量（kg）		规格型号	数量	重量（kg）		规格型号	数量	重量（kg）			
				单重	总重			单重	总重			单重	总重		
1	托管梁 GB707—88	[8	0.41m	8.04	3.296	[8	0.51m	8.04	4.10	[8	0.51m	8.04	4.10		
2	圆钢 U 形螺栓 GB702—86	M12×370 M10×220	1个 1个	0.273 0.180	0.272 0.180	M12×505 M10×305	1个 1个	0.373 0.251	0.373 0.251	M12×505 M10×360	1个 1个	0.373 0.265	0.373 0.265		
3	方斜垫圈 GB853—88	d12 d10	2个 2个	0.017 0.009	0.034 0.018	d12 d10	2个 2个	0.017 0.009	0.034 0.018	d12	4个	0.017	0.068		
4	六角螺栓 GB56—88	M12 M10	2个 2个	0.016 0.011	0.032 0.022	M12 M10	2个 2个	0.016 0.011	0.032 0.022	M12	4个	0.016	0.064		
	合　计				3.85				4.83				4.87		

表 4—11—12　排水管支墩布置尺寸及材料消耗量

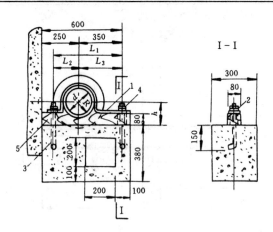

注：1. 支墩间距 10m，每 100m 井筒混凝土消耗量为 0.3m³；

2. 预埋螺栓外露 115mm

支 墩 布 置 尺 寸

排水管	单位	L_1	L_2	L_3	h	R
$d100\times4$	mm	400	100	300	100	55
$d150\times4.5$	mm	420	120	300	120	80
$d200\times7$	mm	470	170	300	150	110

每套支墩材料消耗量

序号	名　称	材　料　消　耗											
		$d100\times4$				$d150\times4.5$				$d200\times7$			
		规格型号	数量	重量（kg）		规格型号	数量	重量（kg）		规格型号	数量	重量（kg）	
				单重	总重			单重	总重			单重	总重
1	扁钢管箍 GB704—88	□50×6 L=600	1个	1.416	1.416	□50×6 L=690	1个	1.628	1.628	□60×6 L=835	1个	2.363	2.363
2	垫圈 GB93—87	d16	2个	0.008	0.016	d16	2个	0.008	0.016	d20	2个	0.015	0.030
3	预埋螺栓	M16 ×325	2个	0.615	1.03	M16 ×325	2个	0.615	1.03	M20 ×325	2个	0.802	1.603
4	六角螺母 GB56—88	M16	2个	0.034	0.068	M16	2个	0.034	0.068	M20	2个	0.062	0.124
5	硬木	600× 30×80	0.004m³			600× 80×80	0.004m³			600× 80×80	0.004m³		
	合计		0.004m³		2.53		0.004m³		2.74		0.004m³		4.12

三、电缆敷设形式

斜井井筒中敷设的电缆有：动力电缆、通讯电缆、信号电缆和安全监测电缆等，其敷设形式见表 4—11—13。

表4—11—13　电　缆　敷　设　形　式

形　式	图　　　　示	优　缺　点
电缆钩	 1—通讯信号电缆挂钩；2—照明灯钩；3—动力电缆挂钩	1. 安装简单； 2. 材料消耗少； 3.仅用于无提升设备的井筒，多数矿山采用
电缆槽	 （a）　　　（b） 1—电缆；2—井壁；3—槽钢或预制槽形混凝土块	1. 对保护电缆有一定效果； 2.用槽钢时，则消耗钢材多，用预制槽形混凝土块时则施工较复杂，对于（b）图形式则降低井壁强度，对（a）图形式需增加井筒断面。 宁夏石嘴山矿采用
电缆钩	 1—电缆沟；2—人行台阶	1. 能有效地保护电缆； 2.需加大井筒断面，增加工程费用，四川打通一井采用
电缆沟 水　沟	 1—水沟；2—电缆托架（隔2m设一组）； 3—泄水孔；4—人行台阶	1. 能有效地保护电缆； 2.较电缆沟和水沟分开布置时，井筒断面要小些； 3. 施工较复杂。 山西古交镇城底矿采用

第五节　斜风井

一、斜风井井筒布置一般规定

（1）斜风井井筒倾角应根据煤层赋存条件、开拓布置、地形地质等因素确定，一般取20°～25°。

（2）斜风井的服务年限较长时，宜采用拱形断面；服务年限较短时，可采用梯形断面。井筒净断面应根据前后期所通过的风量和允许的风速确定。

（3）斜风井设计的最高风速：无提升设备又不作安全出口时，不宜超过12m/s；无提升设备但兼作安全出口时，不宜超过8m/s。

（4）风井井筒内应设置水沟；当兼作安全出口时，还必须设置人行台阶、扶手和梯道，其要求应符合本篇第十一章第三节的规定。

（5）进、回风井之间每个联络巷道中，必须砌筑永久挡风墙。需要使用的联络巷必须安设两道正向和两道反向的风门。

井筒断面特征及每米材料消耗量见表4—11—14。

斜风井井筒及井口布置见图4—11—12。

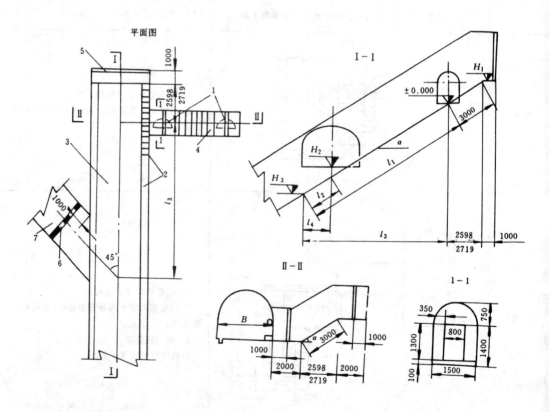

尺　寸　变　化

井筒净宽 (m)	井筒倾角	斜长（mm）		水平长（mm）		标高（m）		
		l_1	l_2	l_3	l_4	H_1	H_2	h_3
2.5	30°	9000	1443	7794	1250	+1.500	−3.309	−4.500
	25°	10000	1379	9063	1250	+1.268	−3.214	−4.226
3.0	30°	9000	1732	7794	1500	+1.500	−2.876	−4.500
	25°	10000	1655	9063	1500	+1.268	−2.823	−4.226
3.5	30°	10000	2021	8660	1750	+1.500	−3.581	−5.000
	25°	10000	1931	9063	1750	+1.268	−3.021	−4.226
4.0	30°	12000	2309	10392	2000	+1.500	−4.146	−6.000
	25°	12000	2207	10876	2000	+1.268	−3.475	−5.071
4.5	30°	12000	2598	10392	2250	+1.500	−4.573	−6.000
	25°	14000	2483	12588	2250	+1.268	−4.521	−5.917
5.0	30°	12000	2887	10392	2500	+1.500	−4.139	−6.000
	25°	14000	2758	12588	2500	+1.268	−4.128	−5.917

图 4—11—12　斜风井井筒及井口布置

1—双向风门；2—行人台阶；3—风井井筒；4—安全出口；5—防爆门框；6—铁栅栏及栅栏门；7—风硐

二、回风斜井

回风斜井井口布置应符合下列规定：

(1) 回风斜井井口布置应包括风井井筒、风硐、安全出口和防爆门等。

(2) 风硐与风井井筒夹角宜采用 30°～45°；当风硐倾角大于 16°时，应设人行台阶。

(3) 风硐与井筒连接处及风硐与风道连接处，应设铁栅栏门。

(4) 风硐应砌碹，并用混凝土铺底。

(5) 安全出口宜与井筒垂直，并布置在风硐另一侧的上方，与风硐口的高差不应小于 2m。安全出口与井筒连接处应有 6～8m 一段平道，并应设倾斜人行道通至地面，其倾角一般与斜井井筒一致，并设有台阶与扶手。在平道段和地面出口应分别设 2～3 道双向风门。

安全出口支护，在稳定岩层内应采用砌碹支护；在非稳定岩层或地震区内设计烈度 8 度以上的稳定岩层内，应采用钢筋混凝土支护。

(6) 装有主通风机的出风井口，应安装防爆门。防爆门基础应根据风井井筒断面、所采用的防爆门型号、安装要求及矿井抗震设防烈度等进行设计。

因通风机的型式，地质地形条件的不同，井口布置有多种形式，见图 4—11—13 和图 4—11—14。

斜风井井口防爆门框布置见图 4—11—15。

表4-11-14　井筒断面特征及材料消耗量

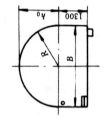

井筒净宽 (m)	净断面 (m²)	净周长 (m)	允许通过最大风量 (m³/s)	普氏系数	全料石砌碹 掘进断面 (m²) 井筒	基础	拱壁厚度 (mm)	材料消耗量 (m³/m) 拱	壁	基础	充填	全混凝土砌碹 掘进断面 (m²) 井筒	基础	支护厚度 (mm) 拱	壁	材料消耗量 (m³/m) 拱	壁	基础
2.5	5.7	9.0	45.6	3	8.2	0.3	300	1.32	0.78	0.25	0.48	7.8	0.3	200	250	1.20	0.78	0.30
				4~6	7.8	0.3	250	1.08	0.65	0.21	0.47	7.3	0.3	170	200	1.01	0.65	0.27
				7~10	7.2	0.3	200	0.85	0.52	0.18	0.46	7.3	0.3	170	200	1.01	0.65	0.27
3.0	7.4	10.3	59.2	3	10.1	0.3	300	1.55	0.78	0.25	0.52	9.6	0.3	200	250	1.42	0.78	0.31
				4~6	9.7	0.3	250	1.28	0.65	0.21	0.51	9.6	0.3	200	250	1.42	0.78	0.31
				7~10	9.3	0.3	200	1.00	0.52	0.18	0.49	9.2	0.3	170	200	1.20	0.65	0.27
3.5	9.3	11.6	74.4	3	12.8	0.4	350	2.12	0.91	0.29	0.57	12.1	0.3	230	300	1.89	0.91	0.35
				4~6	12.3	0.3	300	1.79	0.72	0.25	0.56	12.1	0.3	230	300	1.89	0.91	0.35
				7~10	11.9	0.3	250	1.47	0.65	0.21	0.55	11.7	0.3	200	250	1.64	0.78	0.31
4.0	11.4	12.9	91.2	3	15.2	0.4	350	2.39	0.91	0.29	0.60	14.5	0.4	230	300	2.14	0.91	0.35
				4~6	14.7	0.4	300	2.03	0.78	0.25	0.59	14.5	0.4	230	300	2.14	0.91	0.35
				7~10	14.2	0.3	250	1.67	0.65	0.21	0.57	14.1	0.3	200	250	1.85	0.78	0.30
4.5	13.7	14.2	109.6	3	18.6	0.5	415	3.30	1.08	0.34	0.66	17.5	0.4	270	350	3.30	1.04	0.39
				4~6	17.8	0.4	350	2.67	0.91	0.29	0.64	17.5	0.4	270	350	2.67	1.04	0.39
				7~10	17.3	0.4	300	2.26	0.78	0.25	0.63	17.0	0.4	200	300	2.25	0.91	0.35
5.0	16.2	15.4	129.6	3	21.4	0.5	415	3.53	1.08	0.34	0.69	20.4	0.4	300	350	3.18	1.04	0.39
				4~6	20.7	0.4	350	2.94	0.91	0.29	0.68	20.3	0.4	270	350	3.04	1.04	0.39
				7~10	20.1	0.4	300	2.50	0.78	0.25	0.66	19.8	0.4	230	300	2.64	0.91	0.35

注：此表系按风速8m/s计算

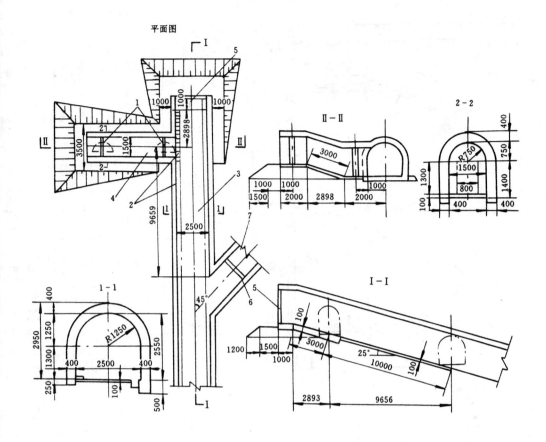

图 4—11—13　内蒙古海渤湾公乌素三井回风井井口布置

1—双向风门；2—行人台阶；3—风井井筒；4—安全出口；5—防爆门框；6—铁栅栏门；7—风硐

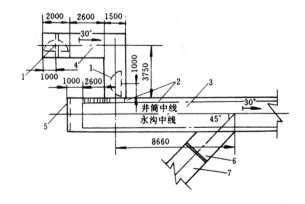

图 4—11—14　湖南涟邵芦毛江一号井北风井井口布置

1—双向风门；2—行人台阶；3—风井井筒；4—安全出口；5—防爆门框；

6—铁栅栏及栅栏门；7—风硐

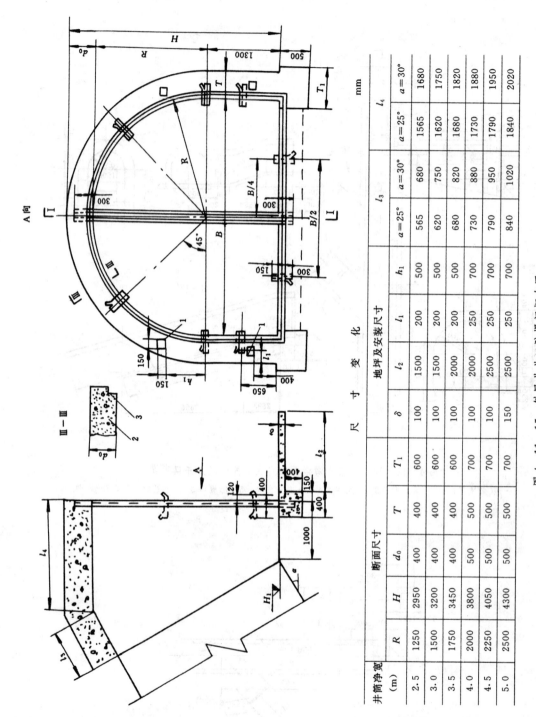

尺 寸 变 化

mm

井筒净宽 (m)	断面尺寸						地坪及安装尺寸			l_3		l_4	
	R	H	d_0	T	T_1	δ	l_2	l_1	h_1	$a=25°$	$a=30°$	$a=25°$	$a=30°$
2.5	1250	2950	400	400	600	100	1500	200	500	565	680	1565	1680
3.0	1500	3200	400	400	600	100	1500	200	500	620	750	1620	1750
3.5	1750	3450	400	400	600	100	2000	200	500	680	820	1680	1820
4.0	2000	3800	500	500	700	100	2000	250	700	730	880	1730	1880
4.5	2250	4050	500	500	700	100	2500	250	700	790	950	1790	1950
5.0	2500	4300	500	500	700	150	2500	250	700	840	1020	1840	2020

图 4-11-15　斜风井井口防爆门框布置

1—门栓插座; 2—拱顶; 3—门框 (角钢); H_1 的标高见图 4-11-12;

表4—11—15　防爆门框工程量及材料消耗量

井筒净宽（m）	井筒倾角	断面（m²）			体积（m³）				混凝土消耗量（m³）					
		净	掘进		净	掘进			拱	壁	基础	地板	门基础	合计
			外框	基础		外框	基础	合计						
2.5	25°	5.7	8.5	0.6	6.6	14.1	0.6	14.7	4.42	1.33	0.60	0.34	0.40	7.09
	30°				9.6	15.2		15.9	4.76	1.38				7.48
3.0	25°	7.4	10.6	0.6	12.0	18.6	0.6	19.4	5.30	1.33	0.60	0.41	0.48	8.12
	30°				13.0	19.1		19.7	5.73	1.38				8.60
3.5	25°	9.3	12.8	0.6	15.6	22.6	0.6	23.2	6.23	1.33	0.60	0.65	0.56	9.37
	30°				16.9	24.7		24.3	6.74	1.38				9.93
4.0	25°	11.4	16.3	0.7	19.7	30.0	0.7	30.7	9.24	1.66	0.70	0.74	0.64	12.98
	30°				21.4	32.8		33.5	10.03	1.72				13.83
4.5	25°	13.7	18.9	0.7	24.5	35.9	0.7	36.6	10.50	1.66	0.70	1.06	0.72	14.64
	30°				26.7	39.1		40.1	11.42	1.72				15.62
5.0	25°	16.2	21.8	0.7	29.8	42.5	0.7	43.2	11.77	1.66	0.70	1.18	0.80	16.11
	30°				32.7	47.0		47.7	12.86	1.72				17.26

防爆门框工程量及材料消耗量见表4—11—15。

斜风井井口防爆门见图4—11—16。

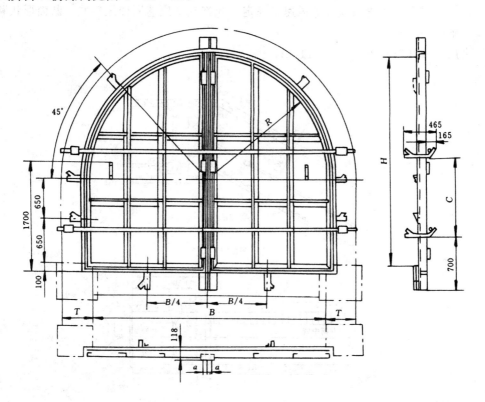

序号	图　号	$B \times H$	R	a	T	C	W (kg)
1	标 66—375(1)—00	5000×3800	2500	31	500	1600	1566
2	标 66—375(2)—00	4500×3550	2250	31	500	1600	1408
3	标 66—375(3)—00	4000×3300	2000	31	500	1600	1271
4	标 66—375(4)—00	3500×3050	1750	28.5	400	1400	1047
5	标 66—375(5)—00	3000×2800	1500	28.5	400	1400	883
6	标 66—375(6)—00	2500×2650	1250	28.5	400	1400	779

图 4—11—16 斜风井井口防爆门

防爆门标准设计适用于最大负压 3500Pa 抽出式通风机。

三、进风斜井

（一）一般要求

（1）进风斜井井口应布置在不受粉尘、灰土、有害和高温气体侵入的地方，距木料场、矸石山、炉灰场的距离不得小于 80m，并不应在其主导风向的下风侧。

（2）井口应设置防火铁门，否则，必须有防止烟火进入矿井的安全措施。

（3）井口防火铁门外应设置栅栏门。

（二）井筒断面的确定

根据所需进入风量与允许的风速来确定，允许最高风速同回风斜井。断面形状和井筒内附属设施同回风斜井。见表 4—11—14。

进风斜井井口布置见图 4—11—17。

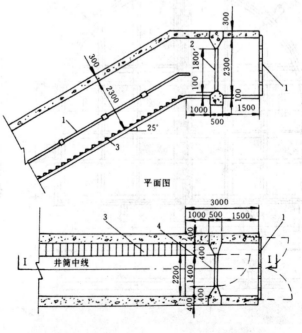

图 4—11—17 晋城古书院矿井风井井口布置

1—栅栏门；2—防火门；3—行人台阶；4—扶手

第十二章 带式输送机斜井井筒及硐室

第一节 普通带式输送机斜井井筒及硐室

一、井筒断面布置

(一) 断面布置形式

带式输送机斜井井筒断面布置形式见表4-12-1。

表4-12-1 井筒断面布置形式

序 号	名 称	图 示	优 缺 点
1	设检修道人行道设在中间	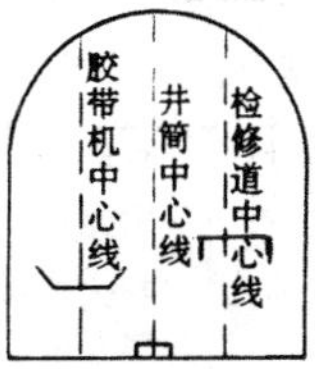 胶带机中心线 井筒中心线 检修道中心线	设备及轨道检修、清理撒煤方便,采用较多
2	设检修道人行道设在检修道一侧	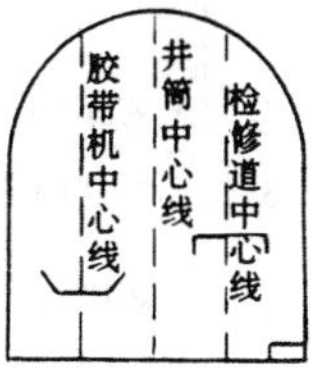 胶带机中心线 井筒中心线 检修道中心线	设备检修和清理撒煤不便,较少采用
3	设检修道人行道设在胶带机一侧	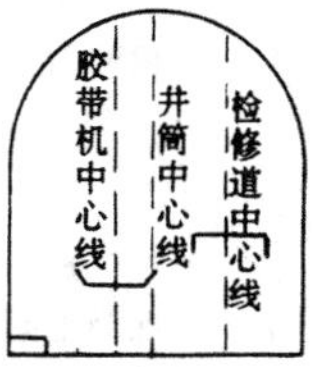 胶带机中心线 井筒中心线 检修道中心线	设备检修和清理撒煤不便,较少采用
4	设检修道未设人行道	 胶带机中心线 井筒中心线 检修道中心线	设备及轨道检修、清理撒煤方便,检修时行人不便

序号	名　称	图　示	优　缺　点
5	不设检修道人行道设在胶带机旁	胶带机中心线　井筒中心线	断面小，支护方便，设备检修需采取措施，较多采用

（二）断面尺寸确定

井筒断面尺寸应根据所选带式输送机型号、下井设备最大尺寸、管子和电缆布置、人行道宽度、操作维修要求及所需通过风量综合确定带式输送机斜井提升兼作进风井时，风速不得超过 4m/s，兼作回风井时，风速不得超过 6m/s，应符合《煤矿安全规程》第 110 条规定）。带式输送机斜井井筒断面，一般采用人行台阶位于轨道和带式输送机中间的布置形式，当断面为半圆拱形式时，其断面尺寸确定见表 4-12-2。

表 4-12-2 断　面　尺　寸　确　定
（半圆拱）

图　示	序号	名　称	单位	符号	尺　寸　确　定
	1	带式输送机支承架上缘到拱壁宽度	mm	a'	$a' \geqslant 500$
	2	带式输送机支承架外缘到井壁宽度	mm	a	$a \geqslant 500$
	3	胶带与检修轨道中心距	mm	b	按人行要求和设备布置确定
	4	矿车（或人车）与壁间间距	mm	c	$c \geqslant 300$（综合机械化矿为 500）
	5	胶带中线与壁间间距	mm	a_1	$a_1 = a + \dfrac{A_2}{2}$
	6	胶带与井筒中心距	mm	b_1	$b_1 = \dfrac{B}{2} - \left(a + \dfrac{A_2}{2}\right)$
	7	检修轨道与井筒中心距	mm	b_2	$b_2 = \dfrac{B}{2} - \left(c + \dfrac{A_1}{2}\right)$
	8	检修轨道中线与壁间间距	mm	c_1	$c_1 = c + \dfrac{A_1}{2}$
	9	矿车（或人车）外宽	mm	A_1	按选取矿车，材料车或人车尺寸确定
	10	带式输送机支承架外宽	mm	A_2	
	11	混凝土面到底板高度	mm	h_c	
	12	井筒倾角	°	α	
	13	井筒断面净宽	mm	B	$B = a_1 + b + c_1$
	14	井筒墙高	1）按带式输送机与井壁间隙计算 2）按提升容器与井壁间隙计算	mm	h_3	$h_3 \geqslant h + h_c$ $- \sqrt{R^2 - \left(a' + \dfrac{A_2}{2} + b_1\right)^2}$

普通带式输送机多用于中、小型矿井，其标准设计主要尺寸见表4—12—3。

表4—12—3　普通带式输送机标准设计主要尺寸　　　　单位：mm

图　　示	带宽 S	H	H_1	h	B_2	B_1	b	A_2
	500		580		870	800		926
	650	800	560	300	1020	950	63	1076
	800		550		1220	1150		1276
			1000	750	500			
	1000	1000	690	400	1440	1360		1510
		1200	800	600				
	1200	1000	660	400	1690	1610	75	1760
		1200	800	600				
	1400	1000	640	400	1890	1810		1960
		1200	840	600				

（三）实　例

1.0m普通带式输送机斜井井筒断面布置见图4—12—1。

二、普通带式输送机系统

（一）普通带式输送机系统组成

普通带式输送机主要由驱动装置、传动装置、改向滚筒、装载设施、托辊、支架、拉紧装置、清扫装置和保护装置等部分组成，其系统布置见图4—12—2。

（二）普通带式输送机系统硐室

普通带式输送机斜井硐室包括：装载硐室、煤仓、连接硐室、清理井底撒煤及水窝泵房等。

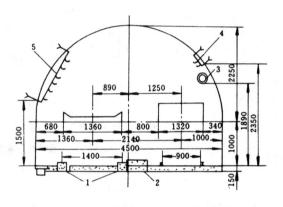

图4—12—1　1.0m普通带式输送机斜井井筒断面布置
1—带式输送机机架基础；2—人行台阶；3—洒水管；
4—通讯信号电缆挂钩；5—动力电缆挂钩

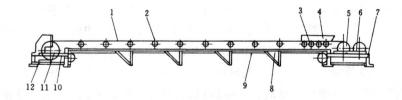

图4—12—2　普通胶带输送机总体结构

1—输送带；2—上托辊；3—缓冲托辊；4—导料拦板；5—改向滚筒；6—螺旋拉紧装置；
7—尾架；8—下托辊；9—中间架；10—头架；11—传动滚筒；12—头罩

（三）设计依据和一般规定

见本章第二节。

三、硐 室

（一）装载硐室和煤仓

1. 装载硐室和煤仓的布置形式

根据运输大巷（或石门）的卸载点与斜井井筒的相对位置、人行道位置、煤仓形式不同可分为8种布置形式，见图4-12-3。

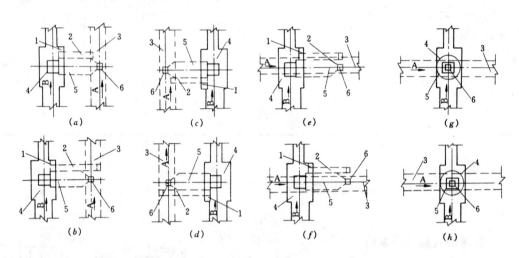

图4-12-3 装载硐室、煤仓与井筒布置形式

1—人行孔；2—人行道；3—斜井井筒；4—卸煤硐室；5—煤仓；6—仓口

注：$\xrightarrow{A}$带式输送机运输方向；$\xrightarrow{B}$煤流方向。

2. 装载硐室结构尺寸确定

装载硐室为井筒的一部分，煤仓下口直接设在装载硐室顶上，在装载硐室内的煤仓下口、带式输送机上部操作平台上设给煤机，给煤方向一般与带式输送机运行方向一致。

装载硐室分为平顶和拱顶两种形式，当井筒断面跨度较小或围岩较稳定时，宜选用平顶形式；当井筒断面跨度较大或围岩不稳定时，宜选用拱顶形式。硐室支护材料和支护参数，应根据硐室断面跨度大小、围岩稳定性及荷载情况，经计算或工程类比确定。平顶硐室顶部支护一般采用C20～C30混凝土、壁厚400～500mm，预埋20～30号工字钢做顶梁（间距为500mm左右），煤仓下口两侧用30号工字钢，间距200～300mm加固；拱形硐室一般采用钢筋混凝土支护，双面钢筋，受力钢筋ϕ16mm，间距200mm，分布钢筋用ϕ9～12mm，间距250mm，混凝土强度等级C20～C30，拱壁厚400～500mm，见图4-12-4。

装载硐室的大小应根据所选用的带式输送机、给煤机、拉紧装置来确定，见图4-12-5。计算方法与斜井箕斗装载设备硐室相似，见本篇第十四章。

3. 煤 仓

1）煤仓容量及其下部结构计算，见本篇第八章。

2）煤仓形式，主斜井采用普通带式输送机运输的矿井，矿井产量一般较小，煤仓多采用立煤仓或斜煤仓，其形式和尺寸与箕斗斜井井底煤仓相似，见本篇第十四章。

4. 拉紧装置及硐室

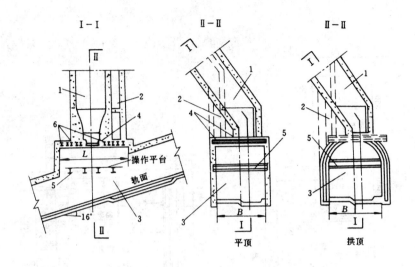

图 4-12-4　普通带式输送机斜井装载硐室布置形式

1—煤仓；2—人行道；3—给煤机硐室；4—煤仓口梁（工 20，间距 500mm；

5—操作平台支承梁；6—预埋钢梁（ [20~30，间距 500mm）

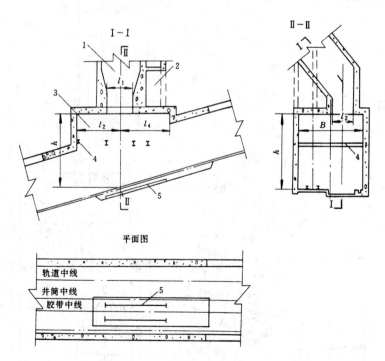

图 4-12-5　普通带式输送机斜井装载硐室

1—煤仓；2—人行道；3—给煤机硐室；4—平台支承梁；5—尾车轨道

　　拉紧装置的作用及形式见本章第二节。

　　普通带式输送机因橡胶的伸缩量较大，一般采用重锤拉紧，拉力大小须经计算；拉紧装置硐室一般不单独设置，其拉紧装置设在装载硐室内。布置可参考图 4-12-6。

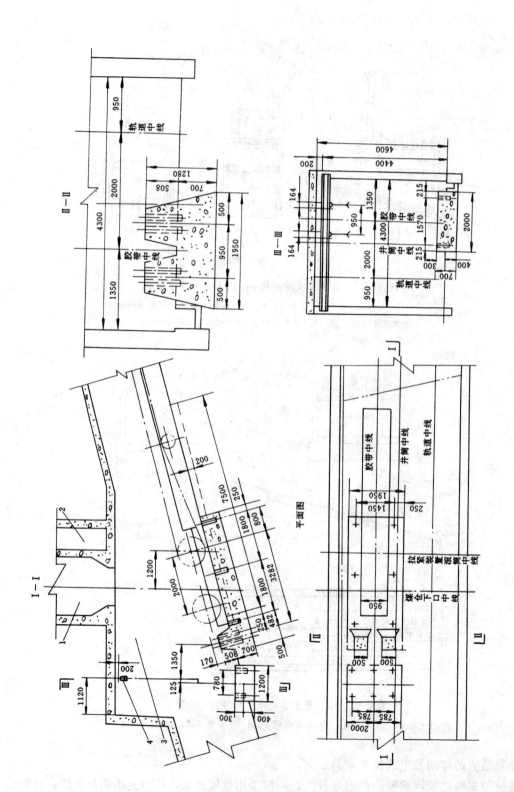

图 4—12—6　四川松藻打通一矿普通带式输送机尾部拉紧装置

1—煤仓；2—人行道；3—给煤机硐室；4—拉紧装置（液筒轮轮吊梁（2 [14, l=5.0m）

5. 实 例

四川松藻矿务局打通一矿普通带式输送机斜井装载硐室和煤仓布置见图4—12—7。

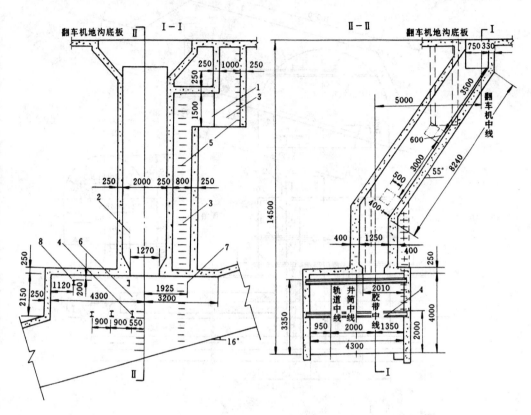

图4—12—7 四川松藻打通一矿普通带式输送机斜井装载硐室和煤仓

1—风门（1.5×0.8m）；2—煤仓；3—人行通道；4—平台支承梁（Ⅰ16，l=4.9m）；

5—爬梯（d25圆钢）；6—给煤机硐室；7—给煤机吊梁（[20b，l=5.0m）；8—拉紧装置绳轮吊梁

（二）搭接硐室

1. 硐室的组成及其尺寸确定

搭接硐室包括机头机尾连接硐室和机电硐室两部分。

机头机尾连接硐室是井筒一部分，因下部机头需要抬高，故硐室墙比井筒高2～3m；为便于施工，硐室两端采用渐变断面与井筒相接，其长度为2.0m左右。

机电硐室设在井筒一侧，内设电动机、减速器、机尾拉紧装置等。硐室用C10混凝土铺底，三面设水沟，并与井筒水沟相连，为便于安装、检修时吊运设备，硐室内铺设一条横向轨道，轨道上方设起吊梁。

在电动机、减速器、传动滚筒上方设起重梁（或起重环），其中线与所吊机械轴线相重合，高度根据操作的要求。机头上方的起重梁应高出带式面0.5m以上，以免卡大块煤。

硐室具体尺寸，应根据带式输送机搭接布置尺寸确定。

2. 实 例

四川松藻矿务局打通一矿普通带式输送机斜井井筒搭接硐室布置见图4—12—8。

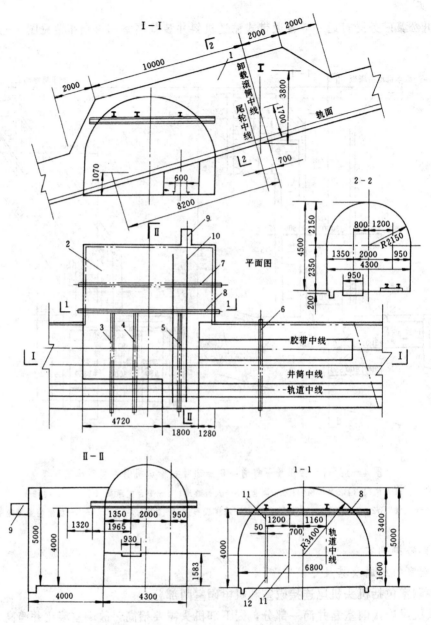

图 4—12—8　四川松藻打通一矿 1.0m 宽普通带式输送机斜井井筒搭接硐室

1—机头机尾硐室；2—机电硐室；3、4—起重梁（Ⅰ 24a，l=5.4m）；5—起重梁（Ⅰ 30a，l=5.4m）；
6—起重梁（Ⅰ 24a，l=4.7m）；7—起重梁（Ⅰ 24a，l=7.5m）；8—起重梁（Ⅰ 30a，l=7.5m）；
9—拉紧装置梁窝（900mm×500mm×350mm）；10—机电硐室检修道；11—传动滚筒中线；12—电动机中线

（三）清理井底撒煤及水窝泵房

清理井底撒煤及水窝泵房有关规定及其布置形式详见本章第二节。

1.0m 宽普通带式输送机斜井清理井底撒煤及水窝泵房布置见图 4—12—9；其工程量及材料消耗量见表 4—12—4。

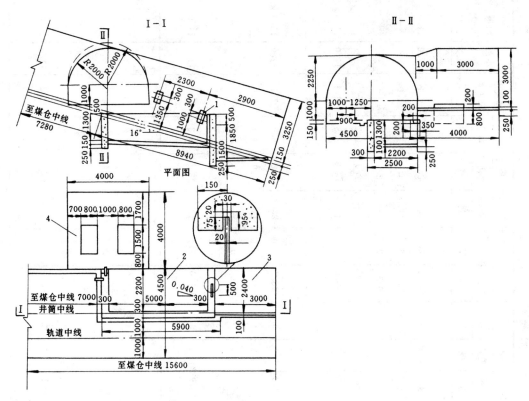

图 4—12—9 普通带式输送机斜井清理井底撒煤及水窝泵房

1—吸水管托梁梁窝 (600mm×250mm×300mm)；2—沉淀池；3—水仓；4—水泵房

第二节 钢绳芯带式输送机斜井井筒及硐室

一、井筒断面布置

（一）断面布置形式

井筒断面布置形式及特点见表 4—12—1。

（二）断面尺寸确定

断面尺寸确定原则见本章第一节，当断面采用半圆拱形式时，其断面尺寸计算见表 4—12—2。国产钢绳芯带式输送机固定式支承架尺寸见表 4—12—5。

（三）实 例

钢绳芯带式输送机斜井井筒断面布置实例见表 4—12—6。

二、钢绳芯带式输送机系统

（一）钢绳芯带式输送机系统组成

DX 型钢绳芯带式输送机主要由驱动装置、传动装置、换向装置、装载设施、机架、托辊、拉紧装置、清扫装置和保护装置等部分组成。其系统布置见图 4—12—10。

表4-12-4　工程量及材料消耗量

名称	普氏系数	断面(m²) 净	断面 掘进 毛料石	断面 掘进 混凝土	断面 基础	掘进长度(m)	全毛料石砌碹 掘进体积(m³) 井巷	全毛料石砌碹 掘进体积 基础	全毛料石消耗量(m³) 拱	壁	基础	全混凝土砌碹 掘进体积(m³) 井巷	掘进体积 基础	混凝土消耗量(m³) 拱	壁	基础	铺底混凝土量(m³)	水沟(m)	轨道(m)
井筒部分		12.4	17.7	16.7	0.5	11.79	208.7	5.9	28.9	8.4	6.1	196.9	6.0	26.8	8.2	6.9	7.1	11.0	11.0
泵房部分	3	10.6	14.3	13.5	0.2	4.40/4.35	62.9	2.6	12.7	4.9	1.1	58.7	2.6	11.5	4.9	1.1	4.0	—	—
沉淀池段		2.9	—	3.8	0.1	2.80	—	—	—	—	—	9.5	0.6	—	3.4	0.6	—	—	—
水仓段		1.1	—	1.4	0.1	2.80	—	—	—	—	—	3.9	0.2	—	2.0	0.2	—	—	—
合　计						21.79/21.74	271.6	8.5	41.6	13.3	7.2	269.0	9.4	40.1	18.5	8.8	11.1	11.0	11.0
井筒部分		12.4	17.7	16.7	0.5	11.79	201.6	5.9	24.9	7.1	5.5	196.9	6.0	26.8	8.2	6.9	7.1	11.0	11.0
泵房部分	4~6	10.6	13.8	13.5	0.2	4.35	60.0	2.6	10.0	4.2	1.0	58.7	2.6	11.5	4.9	1.1	4.0	—	—
沉淀池段		2.9	—	3.8	0.1	2.80	—	—	—	—	—	9.5	0.6	—	3.4	0.6	—	—	—
水仓段		1.1	—	1.4	0.1	2.80	—	—	—	—	—	3.9	0.2	—	2.0	0.2	—	—	—
合　计						21.74	261.6	8.5	25.9	11.3	6.5	269.0	9.4	40.1	18.5	8.8	11.1	11.0	11.0
井筒部分		12.4	16.5	16.2	0.4	11.79	194.5	4.7	20.4	6.1	4.8	191.0	4.8	23.1	7.3	6.2	7.1	11.0	11.0
泵房部分	7~10	10.6	13.3	13.1	0.2	4.35	57.2	2.6	8.7	3.5	0.8	56.3	2.6	9.3	4.4	1.0	4.0	—	—
沉淀池段		2.9	—	3.8	0.1	2.80	—	—	—	—	—	9.5	0.6	—	3.4	0.6	—	—	—
水仓段		1.1	—	1.4	0.1	2.80	—	—	—	—	—	3.9	0.2	—	2.0	0.2	—	—	—
合　计						21.74	251.7	7.3	29.1	9.6	5.6	260.7	8.2	32.4	17.1	8.8	11.1	11.0	11.0

表4—12—5　固定式托辊支承架

图　　　示	带宽 B (mm)	结　构　尺　寸 (mm)					图　　　号	
		H	H_1	h	A_2	A_1	I 型	II 型
	1000	1000	690	400	1510	1360	TD4J8—1	TD4J8—2
		1200	890	600			TD4J8—5	TD4J8—6
	1200	1000	660	400	1760	1610	TD5J8—1	TD5J8—2
		1200	860	600			TD5J8—5	TD5J8—6
	1400	1450	1068	400	1960	1810	DX6R21	DX6R22

表4—12—6　井筒断面（中间布置台阶）主要尺寸实例

图　　　示	带宽 (mm)	主　要　尺　寸 (mm)										使用地点
		B	a	A_2	b	A_1	C	h	h_1	h_0	H	
	1000	4200	675	1510	2020	880	310	1150	1000	2100	3100	山西太原长沟矿井
	1000	4500	705	1510	2250	880	350	1050	840	2250	3090	内蒙古公乌素三号井
	1200	4500	710	1690	2170	880	335	1050	1000	2250	3250	山西古交西曲矿井
	1200	4900	700	1790	2280	1050	500	1450	1160	2450	3610	河南新安矿井
	1400	5000	700	1890	2370	1050	460		850	2500	3350	山西大同燕子山矿井
	1400	4900	577.5	1965				1450	1700	2450	4150	山西大同塔山矿井（无检修道）
	1600	5000	510	1990				1450	1400	2500	3900	山西晋城寺河矿井（无检修道）

1—动力电缆；2—照明电缆挂钩；
3—通讯信号电缆；4—胶带输送机架基础；
5—人行台阶

（二）钢绳芯带式输送机系统硐室

暗斜井井筒装备钢绳芯带式输送机系统硐室包括：驱动装置硐室、卸载硐室、装载硐室、拉紧硐室和清理撒煤硐室等，见图4—12—11。

（三）设计依据和一般规定

（1）根据开拓方式所确定的井筒位置，硐室所在岩层的岩性和水文地质资料。

（2）按输送距离、小时运量、井筒倾角、物料粒度、容重和人员输送等条件考虑设备选型。

（3）硐室应尽量选择在坚硬或较稳定的岩层中，各主要硐室之间及硐室与巷道之间应留有足够岩柱（一般不小于8.0m），硐室采用坚固、不燃性材料支护。

（4）硐室布置力求紧凑，使用方便和工程量少。

（5）装有机电设备的硐室应根据设备安装尺寸和安全间隙进行布置，同时考虑便于操作、

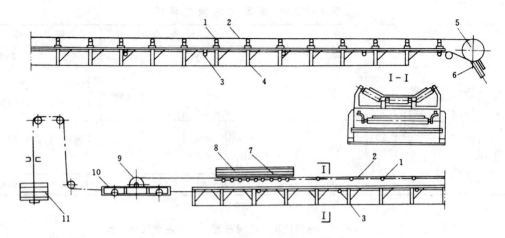

图 4—12—10 钢绳芯带式输送机总体布置

1—槽形托辊；2—胶带；3—平托辊（或双辊槽形托辊）；4—支架；5—驱动滚筒；6—清扫器；

7—缓冲托辊；8—导料拦板；9—换向滚筒；10—张紧车；11—重锤块

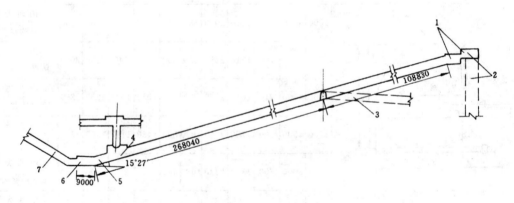

图 4—12—11 开滦唐山矿暗斜井钢绳芯胶带输送机系统硐室

1—驱动装置硐室；2—卸载硐室及煤仓；3—联络巷；4—装载硐室；

5—拉紧装置硐室；6—清理撒煤硐室；7—行人通风斜巷

检修和更换，一般硐室内设备与墙壁之间应留有不小于 0.5m 间隙，各设备之间应留有不小于 0.8m 的间隙。

（6）硐室内必须有新鲜风流

（四）实例（表 4—12—7）

三、硐 室

（一）驱动装置硐室

1. 驱动装置

驱动装置由电动机、制动器、减速器、机械联轴器或液力偶合器等组成。

驱动装置依据带宽、带速、电动功率从"驱动装置选择表"中确定组合号，然后在"驱动装置组合表"中确定所需驱动单元。

表 4—12—7　钢绳芯带式输送机斜井实例

序号	项目名称	单位	带宽 B=800mm		带宽 B=1000mm			带宽 B=1200mm	带宽 B=1400mm
			大屯姚桥矿	平顶山十一矿	白芨沟煤矿	韩城象山矿	东胜乌兰木伦矿	晋城凤凰山矿	淮南谢桥矿
1	投产时间		76.12		72.10			70.10	96.8
2	矿井年产量	Mt	1.20		1.20			1.50	4.00
3	使用地点		主石门	下山	主斜井	主暗斜井	主斜井	主斜井	主石门
4	用途		输送原煤	输送原煤	输送原煤	输送原煤	输送原煤	输送原煤	输送原煤
5	运输长度	m	280	670	860	1412.4	350	720	1455
6	安装长度	m	280	670	860	1412.4	350	720	1455
7	倾角	°	+12°	+25°	+16°	16°～0°	+15°	+16°	0°～5°
8	运物速度	m/s	2.16	2.00	1.68	2.50	3.15	2.13	2.5
9	驱动方式		三电机双滚筒	双电机双滚筒	三电机双滚筒	四电机双滚筒	双电机双滚筒	单电机单滚筒	双电机双滚筒
10	传动滚筒直径	mm	1000	1000	1250（包胶）	1600	1250	1100（包胶）	1030
11	电动机型号		JB₃250S—4	JBO400M—4	JS136—4	YB355M₁—4	YB400M₁—4	JRQ630—8	YB355M₂—4
12	电动机功率		3×75	2×220	3×220	4×220	2×220	630	2×250
13	拉紧方式		重锤车式	重锤车式	重载车式	重载车式	重载车式	重载车式	固定绞车式
11	行程	m	2	6	4	6	6	6	6
12	设备总重量		62.2	106.5	170.0	223.7	67.7	195.0	256.9
13	设计单位		上海煤机所	武汉煤矿设计院	西安煤矿设计院	北京煤矿设计院	沈阳煤矿设计院	北京煤矿设计院	合肥矿矿设计院
14	主机制造单位		上海起重运输机械厂	上海起重运输机械厂	上海起重运输机械厂		沈阳矿山运输机械厂	上海重运输机械厂	安徽淮南煤矿机械厂

驱动装置组合尺寸参阅《DTⅡ型固定式带式输送机设计选用手册》。

2. 驱动装置硐室尺寸确定

硐室尺寸主要根据驱动装置布置尺寸，并考虑安装、操纵、维修和行人方便等因素来确定。

3. 驱动装置硐室布置

几种常见驱动装置硐室布置方式，见表4—12—8。

表4—12—8 驱 动 装 置 布 置

序号	矿井名称	驱动装置布置形式	带宽（B）(mm)	图 号
1	淮南谢桥矿	一台电机拖动，布置在胶带卸载端一侧	1000	图4—12—12
2	淮南谢桥矿	二台电机拖动，布置在胶带卸载端	1400	图4—12—13
3	抚顺老虎台矿	三台电机拖动，机头卸载端两台电机对称布置	1400	图4—12—14
4	兖州兴隆庄矿	三台电机拖动，机头卸载端两台电动机对称布置，拉紧装置硐室布置在前后驱动硐室间	1000	图4—12—15
5	韩城象山矿	四台电机拖动，四台电机对称布置	1000	图4—12—16

4. 实 例

1）淮南谢桥矿西一石门钢绳芯带式输送机驱动装置硐室（图4—12—12）。

2）淮南谢桥矿东翼主石门钢绳芯带式输送机驱动装置硐室（图4—12—13）。

3）抚顺老虎台矿暗斜井钢绳芯带式输送机驱动装置硐室（图4—12—14）。

4）兖州兴隆庄矿东二集中运输巷钢绳芯带式输送机驱动装置硐室（图4—12—15）。

5）韩城象山矿主暗斜井钢绳芯带式输送机驱动装置硐室（图4—12—16）。

（二）检修绞车硐室

参阅本章第三节。

（三）卸载硐室

钢绳芯带式输送机，一般多采用头部卸料方式。

硐室布置有两种形式：当驱动装置头部有圆筒煤仓时，在驱动装置头部和煤仓上口装有卸载机架，这种硐室见图4—12—15。另一种当驱动装置头部直接接有溜煤眼，卸载硐室和驱动装置硐室合二为一，见图4—12—14。

硐室尺寸根据卸载机架，煤仓大小和布置形式来确定，并考虑安装，检修等因素。

机架型式和布置尺寸可参阅《DTⅡ固定式带式输送机设计选用手册》。

（四）装载硐室

1. 装载硐室尺寸确定

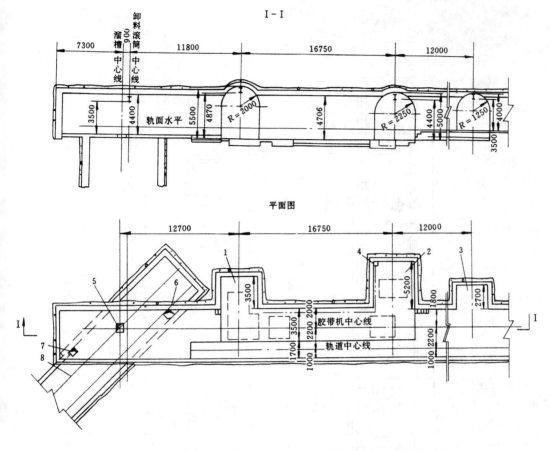

图 4—12—12 淮南谢桥矿西一石门钢绳芯带式输送机驱动装置硐室

1—驱动硐室；2—拉紧绞车硐室；3—硫化硐室；4—水井；5—溜煤口；

6—通风孔；7—通风行人孔；8—西翼胶带运输石门

钢绳芯带式输送机装载硐室尺寸根据所选装载设备、安装和维修要求确定，其硐室布置形式及硐室尺寸确定方法类似普通带式输送机装载硐室，参见本章第一节。

2. 实 例

（1）陕西韩城象山矿钢绳芯带式输送机斜井二号装载硐室（图 4—12—17）。

（2）山西古交西曲矿钢绳芯带式输送机斜井装载硐室（图 4—12—18a 和图 4—12—18b）。

（五）煤 仓

钢绳芯带式输送机斜井井底煤仓一般采用立式圆筒仓，其布置形式可参阅普通带式输送机斜井井下煤仓。煤仓有关尺寸确定、支护、铺底材料、容量可参阅本篇第八章有关内容。

（六）拉紧装置硐室

1. 拉紧装置作用及形式

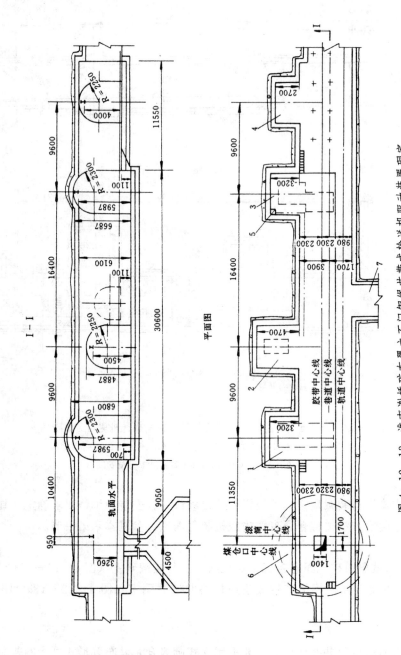

图 4—12—13 淮南谢桥矿东翼主石门钢绳芯带式输送机驱动装置硐室

1—前驱动硐室；2—拉紧绞车硐室；3—后驱动硐室；4—硫化硐室；5—水井；6—煤仓；7—通道

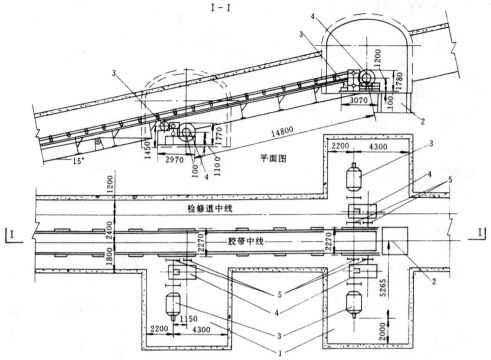

图 4-12-14　抚顺老虎台矿暗斜井钢绳芯带式输送机驱动装置硐室

1—驱动装置硐室；2—溜煤眼；3—电动机；4—减速器；5—传动轮

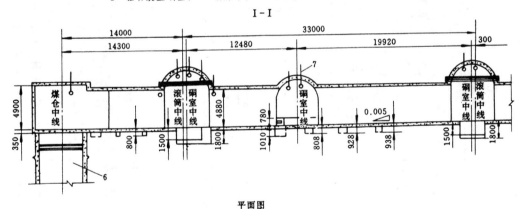

图 4-12-15　山东兖州兴隆庄矿东二集中运输巷钢绳芯带式输送机驱动装置硐室

1—卸载硐室；2—后驱动装置硐室；3—拉紧装置硐室；4—前驱动装置硐室；5—平巷；6—煤仓；7—吊环锚杆

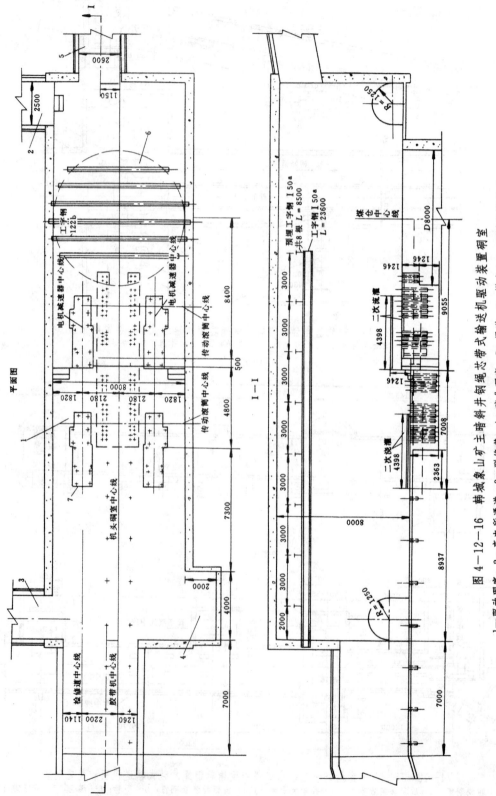

图4—12—16　韩城象山矿主暗斜井钢绳芯带式输送机驱动装置硐室

1—驱动硐室；2—变电所通道；3—联络巷；4—硫化硐室；5—绳道；6—煤仓；7—驱动装置基础

拉紧装置的作用是保证在整个运行过程中胶带与传动滚筒之间不发生打滑，并限制输送带各托辊间的垂度。

DX 型系列拉紧装置形式有四种：重锤车式、重载车式、自动绞车式和固定绞车式，其形式及选用参考见表 4－12－9。

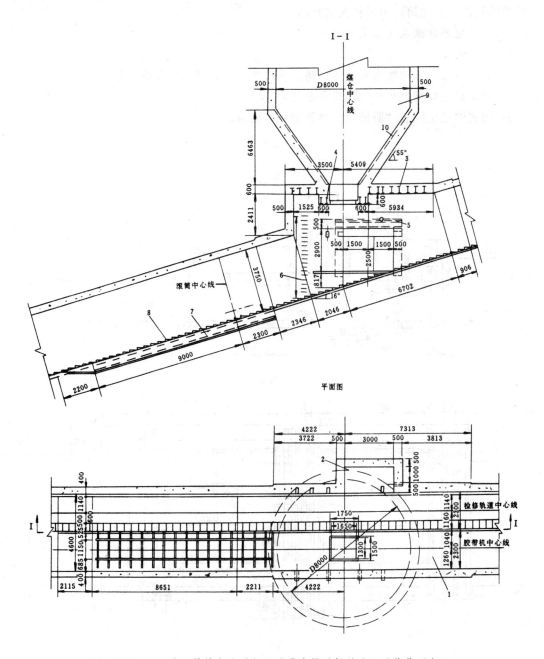

图 4－12－17　陕西韩城象山矿钢绳芯带式输送机斜井二号装载硐室

1—井筒；2—操作室；3、4、5—热轧普通工字钢（36a，40a，40a）；6—爬梯；

7—拉紧装置轨道；8—台阶；9—煤仓；10—铁钢砂混凝土

2. 拉紧装置

钢绳芯带式输送机一般采用重载车式拉紧装置。DX 型系列重载车式拉紧装置见图 4－12－19。

3. 拉紧装置硐室

硐室尺寸主要根据重载车式拉紧装置的布置尺寸和检修道上运输的最大设备宽度确定。一般采用延长一段井筒，不另扩大其断面。

（七）清理井底撒煤及水窝泵房

1. 设计依据

1）井筒淋水、清理撒煤时洒水、防尘洒水和其它巷道来水及煤泥浆水。

2）带式输送煤炭过程中的溢煤和撒煤。

3）带式输送机因故"脱槽"撒煤及装载点撒煤。

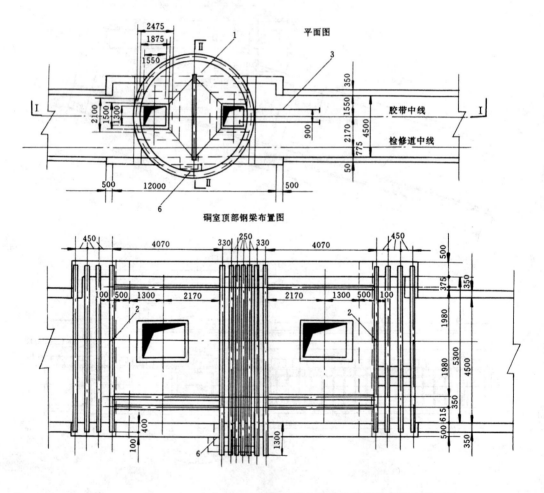

图 4－12－18a　山西古交西曲矿钢绳芯带式输送机斜井装载硐室平面图

1—煤仓；2—起重吊环（2t）；3—拉紧车轨道；

4—工字钢（Ⅰ36c）；5—工字钢（Ⅰ20b）；6—爬梯间

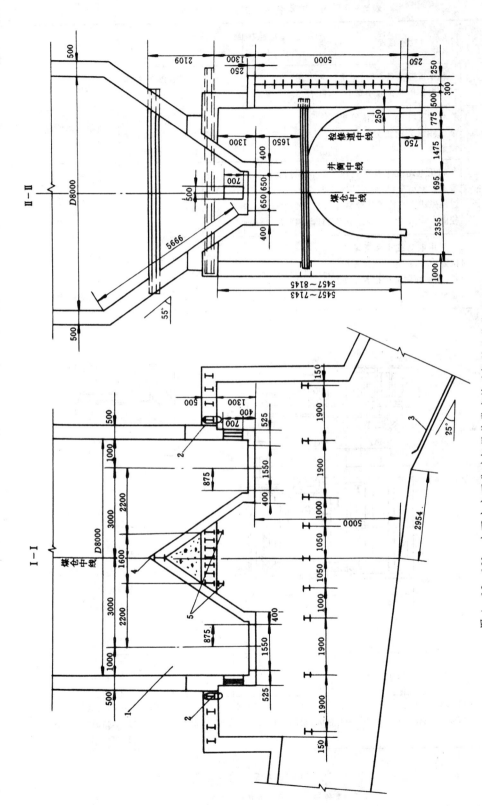

图 4-12-18b　山西古交西曲矿钢绳芯带式输送机斜井装载硐室剖面图

1—煤仓; 2—起重吊环 (2t); 3—拉紧车轨道; 4—工字钢 (Ⅰ36c); 5—工字钢 (Ⅰ20b); 6—爬梯间

表4-12-9　拉紧装置形式规格及选用参考

序号	型式	拉紧原理	型号	拉紧力 (t)	最大行程 (m)	推荐适用场合	备注
1	重锤车式	利用重锤重量,通过定滑轮改向作用在拉紧小车上	利用 TD75型	≤12	—	12t以下拉紧力井下防爆	重锤块12t
2	重载车式	利用重块,车体及滚筒重量在倾斜方向上分力作为拉紧力	D9	2~10	—	适应于带宽800、1000mm大倾角提升输送机	重块:车体及滚筒总重2~10t
3	自动绞车式	利用电动绞车及滑轮组带动拉紧小车,拉紧力是通过压磁式压力传感器检测、控制	D11, D12 D21, D22 D31, D32 D41, D42	>6~12 >12~24 >24~48 >48~96	6.5, 15 6, 13.5 6, 14 6, 15	>6~96t拉紧力	此处拉紧力是指最大拉力,一般为总起动制动拉紧力。拉紧速度为0.1m/s
4	固定绞车式	利用电动绞车和滑轮组拉紧小车,在起动前预先拉紧,起动和制动中拉紧小车固定不动	D51, D52 D61, D62 D71, D72	>12~24 >24~48 >48~96	6.5, 13 6, 12 6, 12	水平运输及小倾角>12~96t手拉紧力	实际拉紧力只为预拉紧力的$\frac{1}{2}\sim\frac{1}{5}$拉紧速度为0.035m/s

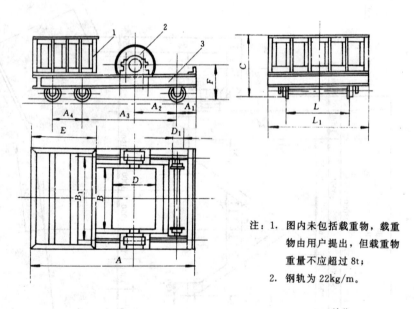

注:1. 图内未包括载重物,载重物由用户提出,但载重物重量不应超过8t;
　　2. 钢轨为22kg/m。

单位:mm

图号	换向滚筒	A	A₁	A₂	A₃	A₄	B	B₁	C	D	D₁	E	F	L	L₁	重量 (kg)
DX3D9	TD3B₁4						950	1180	1215				545	964	1340	1603.4
DX4D9	TD4B₁4	3165	280	700	1800	800	1150	1430		D630	D350	1460		1184	1570	1689
DX5D9	TD5B₁4						1400	1660	1115				565	1434	1800	1896.8

图4-12-19　重载车式拉紧装置

1—重锤箱;2—换向滚筒;3—车架

表 4-12-10　清　理　方　式

序号	矿井名称	胶带型号	输送能力 (Mt/a)	井筒倾角 (°)	清理方式	图示	优缺点	使用情况
1	河南义马耿村矿	钢丝绳带式输送机 B=1000mm	1.20	15°30′	另开清理斜巷,人工装矿车清理煤泥,通过清理斜巷上提至总运输大巷水平	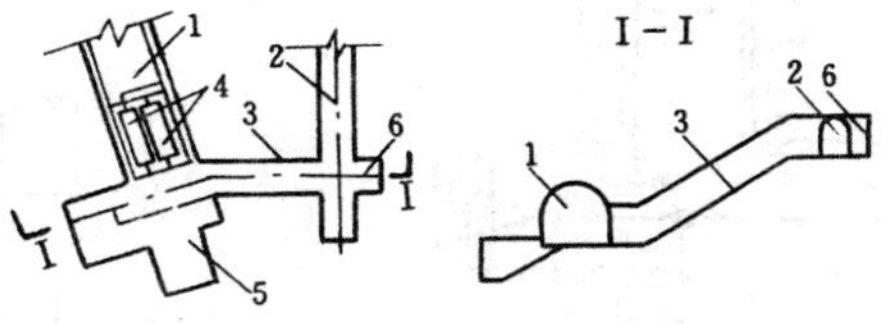 1—拉紧重锤硐室;2—通道;3—清理斜巷;4—沉淀池;5—水窝泵房;6—绞车房	优点:1.清理简单可靠;2.清理方便。 缺点:1.劳动强度大;2.工程量较大	
2	山西古交西曲矿	钢丝芯带式输送机 B=1200mm	3.00	8°	人工将泥装入矿车,水溢流到清水池,由水窝泵房水泵排至中央泵房水仓	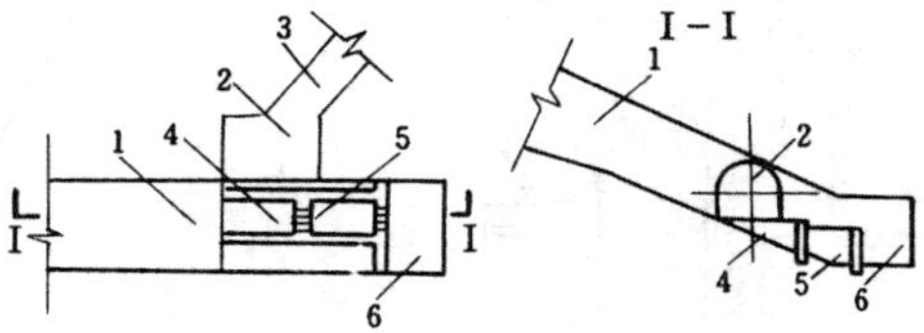 1—主斜井;2—水窝泵房;3—联络斜巷;4—一号沉淀池;5—二号沉淀池;6—水窝	优点:1.清理简单;2.工程量少。 缺点:劳动量大	
3	淮南谢二矿	钢丝绳带式输送机 B=1000mm	0.90	16°30′	煤水经过1、2号立式沉淀眼轮换沉淀,水溢流至下部装煤车运走,水溢流至下部巷道沉淀作二次沉淀	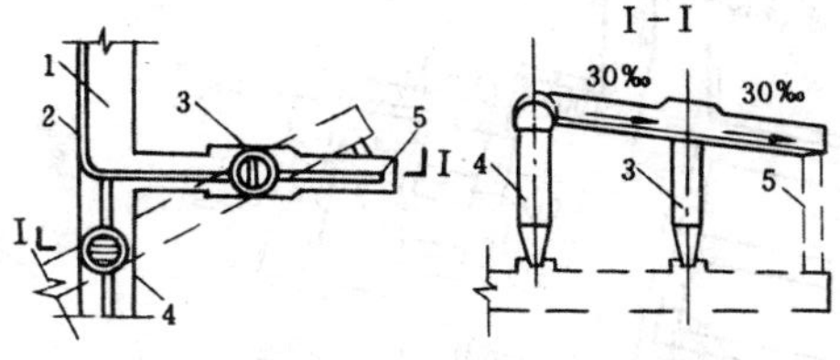 1—钢丝绳胶带暗斜井;2—水沟;3—2号沉淀池;4—1号沉淀池;5—风眼	优点:1.沉淀效果好,清理方便;2.没有绞车;3.装车方便,劳动强度不大。 缺点:工程量大,施工较困难	良好
4	抚顺龙凤矿	钢丝绳带式输送机 B=1200mm	1.80	15°	煤水经过1、2号沉淀池轮换沉淀,煤利用链板输送机装车	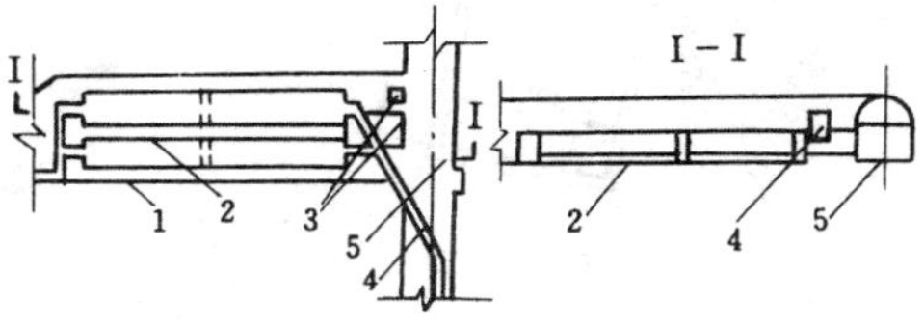 1—1号沉淀池;2—2号沉淀池;3—3.5马力链板输送机;4—水沟;5—钢丝绳胶带输送机暗斜井	优点:1.清理机械化;2.劳动强度小。 缺点:1.工程量较大;2.施工困难	较好

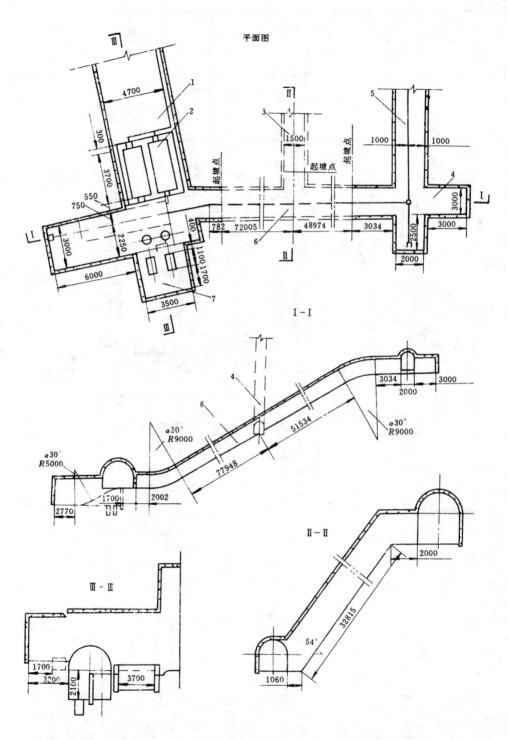

图 4—12—20　河南义马耿村矿井底清理撒煤及水窝泵房

1—主井底胶带拉紧重锤硐室；2—沉淀池；3—电缆斜巷；4—绞车房；5—通道；

6—清理斜巷；7—水泵房

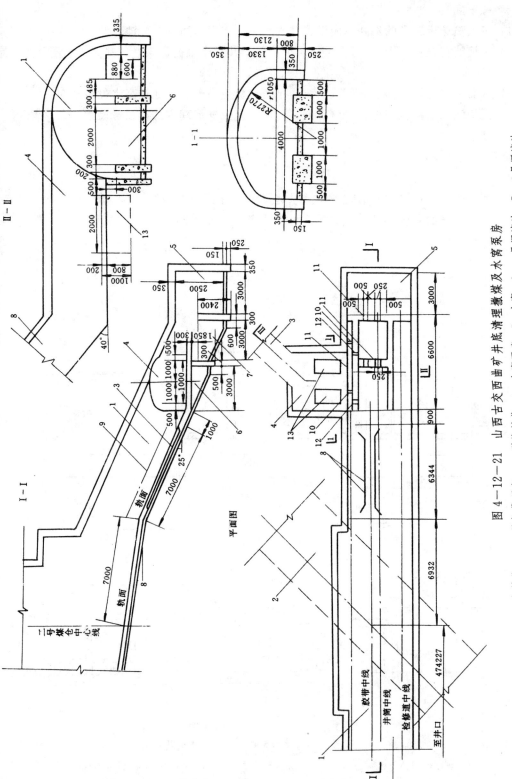

图 4—12—21　山西古交西曲矿井底清理撒煤及水窝泵房

1—主斜井；2—二号卸载硐室；3—联络斜巷；4—水窝泵房；5—一水窝泵；6—一号沉淀池；7—二号沉淀池；
8—拉紧装置轨道；9—扶手；10—挡板；11—溢水槽；12—进水槽；13—水泵基础

4）清理撒煤间隔时间。

2. 一般规定

1）带式输送机提升的斜井，应设置井底水窝、水窝泵房和沉淀池。

2）沉淀池宜设置2个，1个沉淀，1个清理；其大小根据撒煤量、井筒涌水量及清理撒煤间隔时间来确定。

3）水窝泵房应设在井底人行道一侧，泵房底板应高于沉淀池最高水位线0.5m。

4）沉淀池采用机械清理时，清理硐室布置，应根据清理方式及设备尺寸确定。

3. 清理方式

清理方式见表4—12—10。

4. 实　例

1）河南义马耿村矿井底清理撒煤及水窝泵房（图4—12—20）。

2）山西古交西曲矿井底清理撒煤及水窝泵房（图4—12—21）。

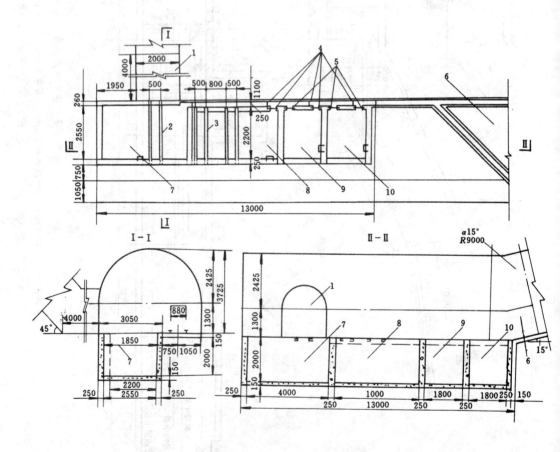

图4—12—22　陕西韩城桑树坪矿井底清理撒煤及水窝泵房

1—管子道；2—清水泵托梁（[20）；3—泥浆泵托梁（[20）；4—活动闸板；5—活动闸板或箅子；
6—胶带斜井井筒；7—2号水窝；8—1号水窝；9—2号沉淀池；10—1号沉淀池

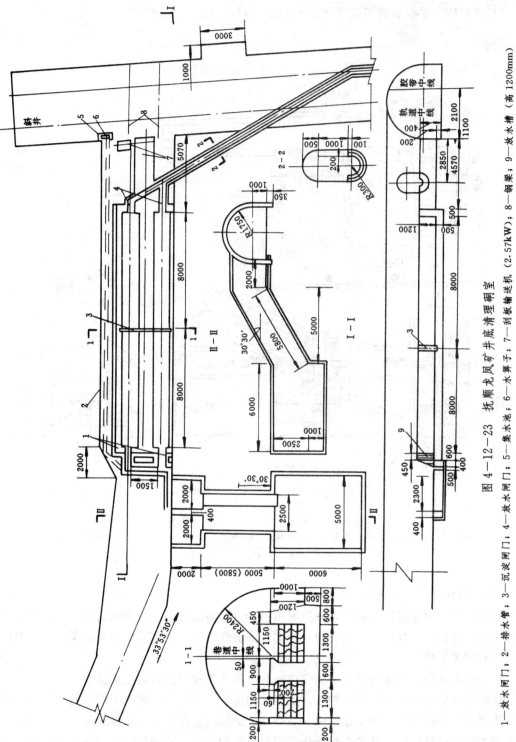

图 4－12－23　抚顺龙凤矿井底清理硐室

1—放水闸门；2—排水管；3—沉淀闸门；4—放水闸门；5—集水池；6—水箅子；7—刮板输送机（2.57kW）；8—钢梁；9—放水槽（高 1200mm）

3）陕西韩城桑树坪矿井底清理撒煤及水窝泵房（图4—12—22）。

4）抚顺龙凤矿井底清理硐室（图4—12—23）。

5）淮南谢二矿井底清理硐室（图4—12—24）。

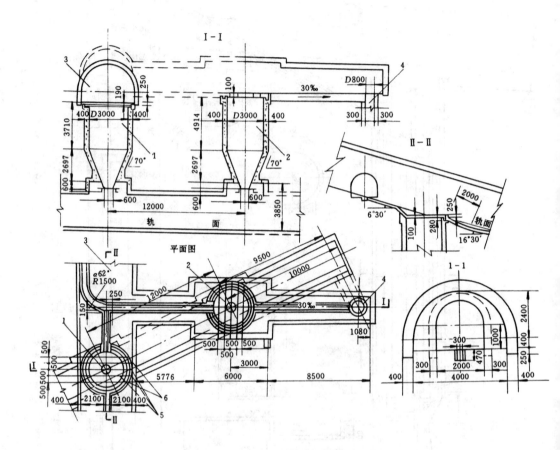

图4—12—24　淮南谢二矿井底清理硐室

1—1号沉淀眼；2—2号沉淀眼；3—主斜井；4—风眼；5—工字钢（Ⅰ12，l=4000×6）；

6—工字钢（Ⅰ12，l=3600×4）

（八）钢绳芯带式输送机搭接硐室

钢绳芯带式输送机搭接硐室，一般有暗斜井（大巷或石门）胶带输送机与主斜井带式输送机直接搭接和暗斜井（大巷或石门）带式输送机通过煤仓、装载硐室与主斜井胶带输送机搭接二种布置形式。

（1）暗斜井（大巷或石门）带式输送机与主斜井带式输送机直接搭接。

该种搭接硐室的特点是硐室较大，支护结构复杂，但可以节省较大的井巷工程量，其硐室的主要尺寸应根据上部带式输送机卸载硐室、给煤硐室及下部带式输送机的尺寸确定，同时考虑硐室的通风、行人及胶带机检修等因素。安徽省淮南矿务局谢桥矿井东翼带式输送机运输大巷和东翼胶带机主石门采用该种方式的搭接，见图4—12—25。

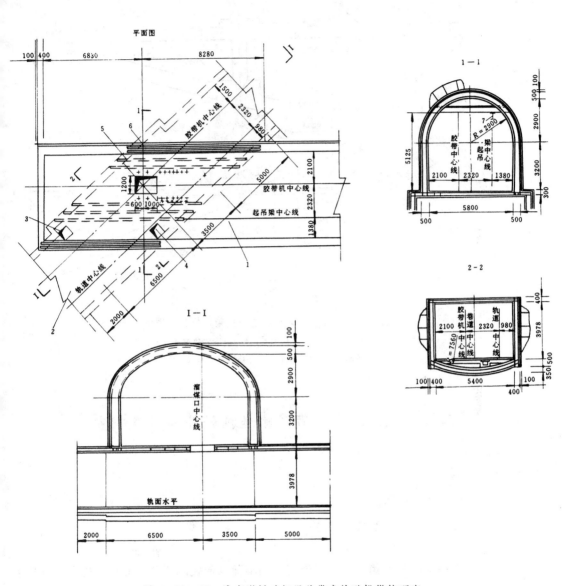

图4-12-25 淮南谢桥矿钢绳芯带式输送机搭接硐室
1—东翼运输大巷；2—东翼运输石门；3—通风孔；4—行人孔；
5—工字钢（20a）；6—墙梁

（2）暗斜井（大巷或石门）带式输送机通过煤仓、装载硐室和主斜井胶带机搭接。

该种搭接方式使上部带式输送机卸载硐室与给煤机硐室用煤仓隔开，硐室较小，支护简单，在运输过程中煤仓可以起到缓冲作用，采用较多。如开滦唐山矿－689m水平钢绳芯带式输送机（$B=1000mm$）与－603m钢绳芯带式输送机（$B=1000mm$）暗斜井系采用该种方式搭接，见图4-12-26。

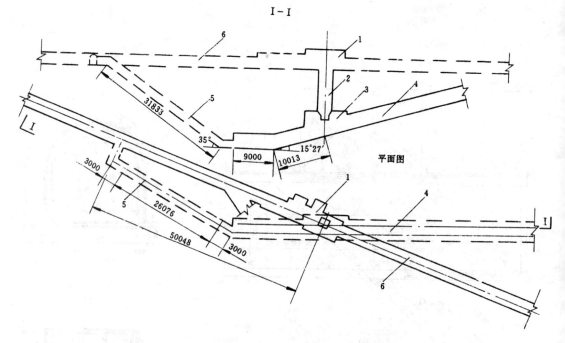

图 4-12-26　开滦唐山矿钢绳芯带式输送机搭接硐室

1—驱动机构硐室；2—煤仓；3—装载硐室；4—钢绳芯胶带输送机暗斜井；

5—联络斜巷；6—钢绳芯胶带输送机运输巷

第三节　钢丝绳牵引带式输送机斜井井筒及硐室

一、井筒断面

（一）断面布置形式

井筒断面布置形式及特点见表 4-12-1。

（二）断面尺寸确定

断面尺寸确定原则见本章第一节，当断面采用半圆拱形式时，其断面尺寸确定计算见表 4-12-2。表中 A_2 为钢丝绳牵引带式输送机托架外宽，其托架可分为乘人式托架（$H=1300mm$）和非乘人式托架（$H=500mm$）两种。其规格尺寸见表 4-12-11。

（三）实　例

钢丝绳牵引带式输送机斜井井筒断面布置实例见表 4-12-12。

二、钢丝绳牵引带式输送机系统

（一）钢丝绳牵引带式输送机系统组成

GD 型钢丝绳牵引带式输送机由驱动装置、支承装置、拉紧装置、装载装置以及保护装置等部件组成。其系统布置见图 4-12-27。

表 4-12-11　托　架　尺　寸　　　　　单位: mm

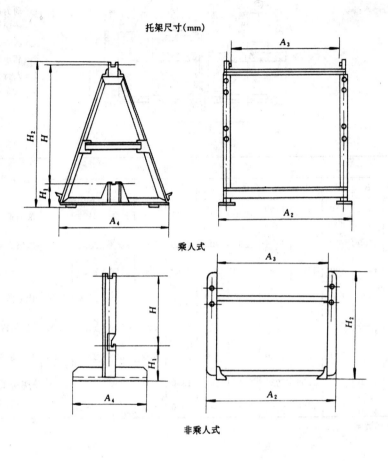

托架尺寸(mm)

乘人式

非乘人式

托架形式	图　号	A_3	A_2	A_4	H	H_1	H_2	重　量 (kg)
乘人式	GD3R$_1$	960	1070	1300	1300	265	1610	92.6
	GD4R$_1$	1160	1270					96.4
	GD5R$_1$	1360	1470					98.4
非乘人式	GD3R$_3$	960	1076	600	500	280	815	38.66
	GD4R$_3$	1160	1286					40.98
	GD5R$_3$	1360	1486					43.37

表 4-12-12　井筒断面主要尺寸实例

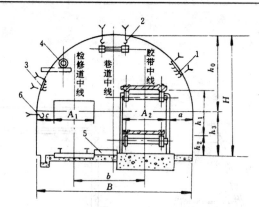

1—动力电缆；
2—照明电缆挂钩；
3—通讯、信号电缆；
4—洒水管；
5—人行台阶；
6—人车信号线钩

序号	台阶位置	带宽(mm)	主要尺寸(mm)											使用单位	备注
			B	a	A_2	b	A_1	c	h_1	h_2	h_3	h_0	H		
1	中间	1000	4200	750/500	1500	1760/2050	1000	440	1465	515	1500	2100	3600	淮南谢一矿	可兼乘人
2	中间	1000	4500	700	1200	1900/2000	1200	700	1250	700		2250		本溪大峪矿	可兼乘人
3	中间	1000	4400	500	1500	2190	1320	300	800	700	1100	2200	3300	开滦唐山矿	不乘人
4	中间	1200	4800	850	1550	2075/2175	1160	520	1300	550	850	2400	3250	抚顺龙凤矿	可兼乘人
5	中间	1200	4850/4900	700	1700	2250/2150	880/1200	610/500	1300	650	1300	2425/2450	3725/3750	韩城桑树坪矿	可兼乘人
6	右侧	1000	4400	700	1560	2020	880	460	1200	600	1600	2200	3800	义马耿树矿	可兼乘人
7	未设	1000	4200	554	1306	2021	1336	304	1300	440	1250	2100	3350	淮南新庄孜矿	可兼乘人
8	未设	1000	4850/4600	616	1568	2400/2150	1200	450	1300	550	575/700	2425/2300	3000	本溪彩屯矿	可兼乘人

注：分母系建议采用数字。

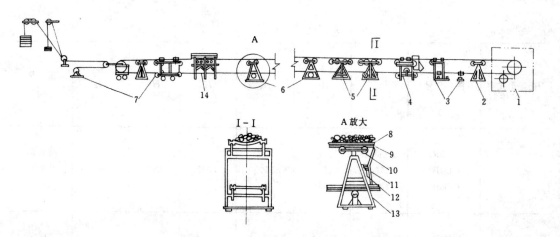

图 4-12-27　钢丝绳牵引带式输送机总体布置

1—驱动机构；2—过渡轮过渡架；3—分绳装置；4—卸料装置；5—过渡轮过渡架；6—中间托架；
7—尾部拉紧装置；8—胶带；9—钢绳；10—托轮；11—保护装置；12—电缆；13—托架；14—装料装置

（二）钢丝绳牵引带式输送机系统硐室

暗斜井中装备钢丝绳牵引带式输送机系统硐室包括：机头硐室、卸载硐室、检修绞车硐室、装载硐室、拉紧装置硐室和清理撒煤硐室等，见图4-12-28。

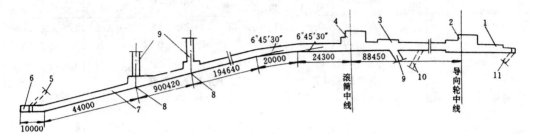

图4-12-28　开滦唐山矿暗斜井钢丝绳牵引带式输送机系统硐室

1—配电室；2—驱动机构硐室；3—胶带卸载硐室；4—检修绞车硐室；5—回风眼；6—斜井井底水仓；
7—拉紧装置硐室；8—装载硐室；9—煤仓；10—人行眼；11—通风眼

（三）设计依据和一般规定

（1）钢丝绳牵引带式输送机向上运输时最大倾角不超过18°，向下运输时，最大倾角不超过15°。

（2）运输物料的块度一般不大于350mm，运送矿石时最大块度不宜大于250mm。

（3）其它规定见本章第二节。

（四）实　　例

见表4-12-13、表4-12-14。

表4-12-13　煤矿直流拖动钢丝绳牵引带式输送机斜井实例

序号	项目名称	单位	B=800 mm	带　　　　宽　　B=1000mm							B=1200 mm
			本溪彩屯矿	鹤壁八矿	本溪彩屯矿	开滦唐山矿	开滦林西矿	阳泉二矿	鸡西大恒山矿	义马跃进矿	抚顺龙凤矿
1	投产时间			74.10	69.10	74.10	73.3	76.5	73.3	73.10	71.10
2	矿井设计年产量	Mt		0.60	1.80						
3	使用地点		暗斜井	主斜井	暗斜井	暗斜井	暗斜井	主斜井	主斜井	主斜井	暗斜井
4	用途		输送原煤	输送原煤及人	输送原煤及人	输送原煤	输送原煤	输送原煤及人	输送原煤及人	输送原煤及人	输送原煤
5	运输长度	m	494	1382	1240	1157	863	980	946	1135	662
	安装长度	m	530	1450	1410	1305	984		1058		805
6	倾角		19°10′	14°36′	18°	13°31′	17°30′	16°0′12″	16°30′	14°30′	15°
7	运物速度	m/s		2	2	2	2.3～2.8	3.15	1.6	2.8～3.0	1.25～3
	运人速度	m/s		1.2～1.6	1			1.6	0.8	1	
8	设计输送能力	t/h		400	400	500	500	～720			400～1000
9	牵引钢丝绳规格			6×19+1	6×19+1	6×19+1 −160	6×19+1 −160	6×19+1 −160	6×19+1	6×19+1	6×7+1
	牵引钢丝绳直径	mm	18.5	40.5	40.5	40.5	40.5	40.5	40.5	40.5	40.5
10	驱动轮直径	mm		3500	3500	3500	3500	3500	3500	3500	3000

续表

序号	项目名称	单位	B=800 mm 本溪彩屯矿	带 宽 B=1000mm							B=1200 mm 抚顺龙凤矿
				鹤壁八矿	本溪彩屯矿	开滦唐山矿	开滦林西矿	阳泉二矿	鸡西大恒山矿	义马跃进矿	
11	主电机型号			ZD₂—85/36—5B	ZD₂—181—1B	ZD₂—85/36—5B	ZD₂—85/36—5B	ZD₂—172—1B	ZZD—65/36.5—5B	ZD₂—85/36—5B	ZD₂—85/36—5B
	主电机功率	kW		400×2	400×2	400×2	400×2	400×2	250×2	400×2	400×2
12	分绳方式			垂直分绳	垂直分绳	水平分绳	水平分绳	水平分绳			水平分绳
13	机房尺寸（长×宽×高）	m		28.8×12.1×8.6				22×12×8.5	17×9×6.5		
14	设备总重量	t		319.9	307	294.4	251	259		298	217
15	设备制造厂			沈阳矿机厂	沈阳矿机厂	沈阳矿机厂	沈阳矿机厂	沈阳矿机厂	沈阳矿机厂		沈阳矿机厂

表 4—12—14　煤矿交流拖动钢丝绳牵引带式输送机斜井实例

序号	项目名称	单位	带宽 B=800mm				带宽 B=1000mm			带宽 B=1200mm
			井陉一矿	晋城四新矿	新汶张庄矿1号	新汶张庄矿2号	阳泉四矿	兖州南屯矿	淮南谢二矿	韩城桑树坪矿
1	投产时间		70.10	76.7	72.6	72.6	68.11	73.12		80
2	矿井设计年产量	Mt	0.90		0.75	0.75	1.20	1.50		3.00
3	使用地点		主斜井		暗主斜井	暗主斜井	主平硐	—350大巷	暗斜井	主斜井
4	用途		输送原煤	输送原煤	输送原煤	输送原煤	输送原煤（可运人）	输送原煤	输送原煤	输送原煤及人
5	运输长度	m	954	1582	520	832	2585	965	1497	810
	安装长度	m	1000	1618	537	855	2650	1028	1600	920
6	倾角		16°	8°	16°	16°34′	—4°27′～7°11′	0°～6°10′	16°30′	15°
7	运物速度	m/s	1.28	1.625	1.5	1.15	1.5	2	2.08	2～3
	运人速度	m/s					1.5		0.6～1.42	1～1.6
8	设计输送能力	t/h	200	183	250	250	360	600	330	650～1000
9	牵引钢丝绳规格		6×7+1	6×7+1—140	6×21+1 6×7+1	6×21+1 6×19+1	6×7+1—160	6×7+1—160	6×19+1—160	6W×19—170
	牵引钢丝绳直径	mm	24.5	28	28	28	28	28	39.5	40
10	驱动轮直径	mm	1710	1710	2250	2250	2250	2800	4000	3500
11	主电机型号（台装）		JR127—8（1）	JR127—8（1）	JRQ1410—6（1）	JRQ1410—6（1）	JR138—6（1）	JR137—10（2）	JRQ1512—12（2）	JRQ158—6（2）
	主电机功率	kW	130	130	380	380	280	155	330	550
12	分绳方式		水平分绳		水平分绳	水平分绳	水平分绳	水平分绳		水平分绳
13	机房尺寸（长×宽×高）	m	13×7.5×4				11.75×4×3.5		18×7×7.5	
14	设备总重量	t	115.5	75.8	108.1		262.3	119.6	194.1	230
15	设备制造厂		本矿	自制	淄博机械厂	淄博机械厂	淮南煤机厂	淮南煤机厂	淮南煤机厂	沈阳矿机厂

三、硐室

（一）机头硐室

钢丝绳牵引带式输送机机头硐室由驱动装置硐室、电气硐室和司机房组成。它是带式输送机输送物料、上下人员时驱动和控制的主要硐室，具有安装设备多、硐室高、跨度大和服务时间长等特点。

硐室布置应根据驱动装置、电气设备、通风条件、卸载方式、检修绞车硐室位置及相邻巷道关系综合确定。

1. 驱动装置硐室

1）驱动装置。驱动装置主要由电动机、减速器、差动器、驱动轮及制动器等组成。驱动装置按电源种类可分为交流拖动和直流拖动两种；按差动方式可分为机械差动、电动差动和同轴运行（无差动）三种形式。驱动电机分为单机和双机两种。传动方式的布置形式，目前国内有四种方式，见表 4－12－15。

表 4－12－15　传　动　装　置

传动形式	图　　　示	说　明	使用单位
单槽摩擦轮式两台直流电动机传动	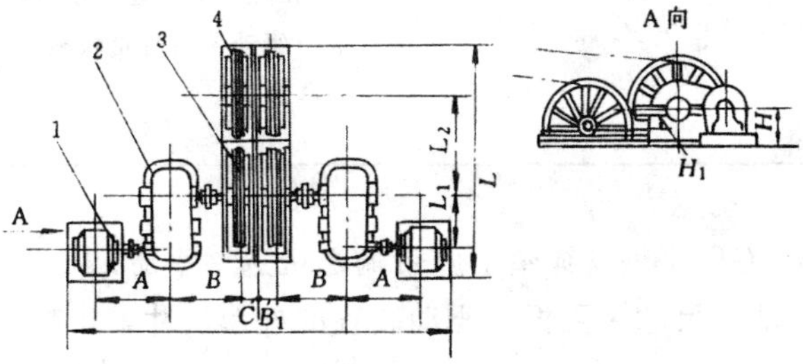 1—电动机；2—减速器；3—驱动轮；4—导向轮	用两台电动机通过减速器单独传动两个驱动轮，靠电气调节使两个驱动轮保持同步。该系统由于采用直流电动机，所以便于调整，但电气差动控制系统比较复杂，投资较高	本溪彩屯矿抚顺龙凤矿
单槽摩擦轮式单台交流电动机传动	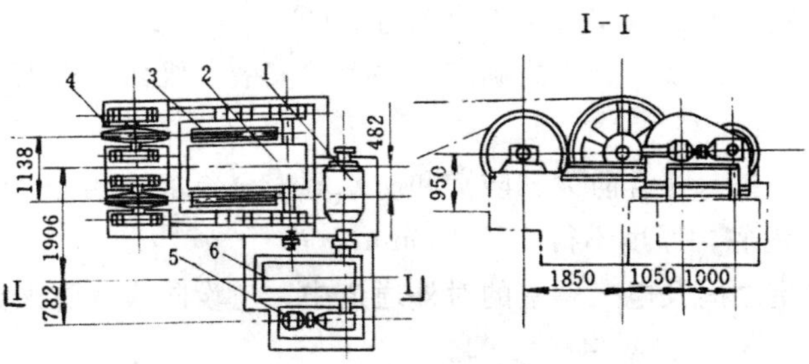 1—电动机；2—机械差动器；3—驱动轮； 4—导向轮；5—辅助电动机；6—减速器	用一台电动机，通过一个减速器，传动两个驱动轮，靠机械差动器保持两个系统同步	河北井陉煤矿

续表

传动形式	图 示	说 明	使用单位
多滚轮式单台电动机传动	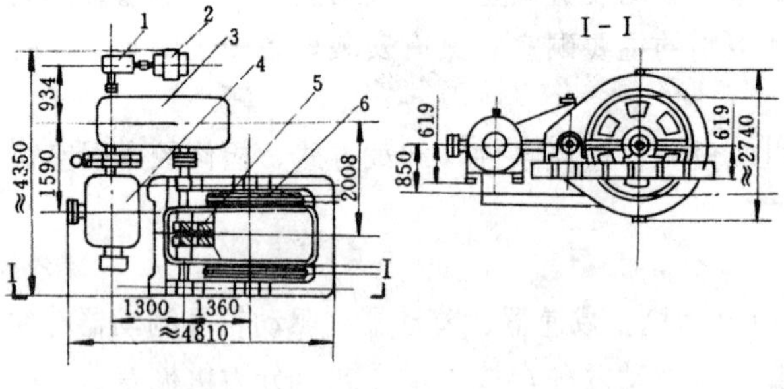 1—辅助减速机；2—辅助电动机；3—减速器 4—电动机；5—机械差动器；6—驱动轮	这种轮的结构是沿驱动轮轮缘上装有能回转的滚轮，滚轮的表面沿驱动轮圆周有螺旋形沟槽，钢绳即缠绕在沟槽上，从进绳到出绳的轴向移动是靠滚轮转动来实现的，用一台电动机，通过一个减速器传动两个驱动轮，靠机械差动器保持两个系统的同步	阳泉四矿
双槽摩擦轮式交流整流子电动机传动		原设计用两台交流整流子电动机，通过两个减速器分别传动两个驱动轮，目前使用中只用一台电动机，通过一个减速器同时传动两个驱动轮，两个驱动轮用齿轮联轴节联接	本溪彩屯矿

驱动装置的外形尺寸，可参阅《GD 型钢丝绳牵引胶带输送机选用手册》。

2）驱动装置硐室尺寸的确定。硐室尺寸主要根据驱动装置的外形尺寸，并考虑安装、操纵、维修和行人方便等因素确定。

3）驱动装置硐室实例。峰峰万年矿暗斜井驱动装置硐室布置见图 4—12—29。

2. 电气硐室

1）一般规定和要求。

（1）电气硐室宜靠近驱动装置硐室。硐室气温不得超过 30℃。

（2）硐室布置尺寸按设备外形尺寸及布置方式确定，并考虑安装、维修和行人方便等因素。

（3）硐室应采用不燃性材料支护。符合防火、防潮和防水等安全要求。

（4）硐室应采用 C10 混凝土铺底，厚度不得小于 100mm。

（5）电气硐室与驱动装置硐室之间及电气硐室的对外通道中，应设防火或防火栅栏两用门。

2）电气硐室布置实例。

峰峰万年矿电气硐室布置见图 4—12—30。

3. 司机房

1）一般规定和要求。

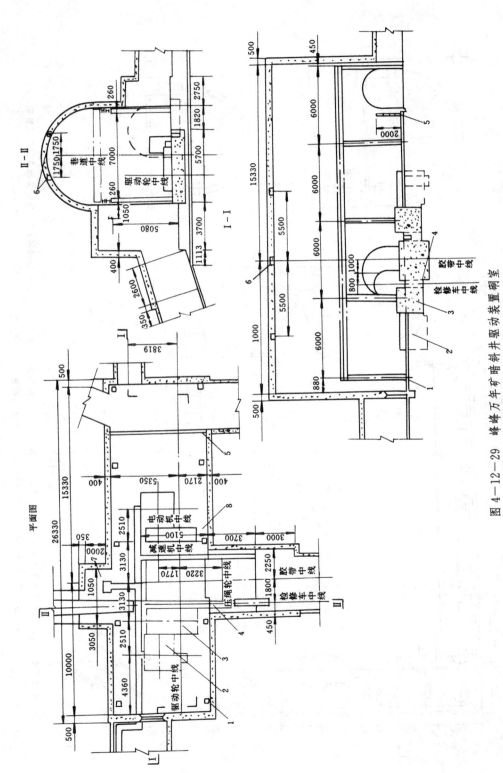

图 4—12—29　峰峰万年矿暗斜井驱动装置硐室

1—起重机柱；2—电动机基础；3—减速器基础；4—钢丝绳地沟；5—铁栅栏（带门）；6—照明预留孔；7—司机房；8—驱动装置硐室

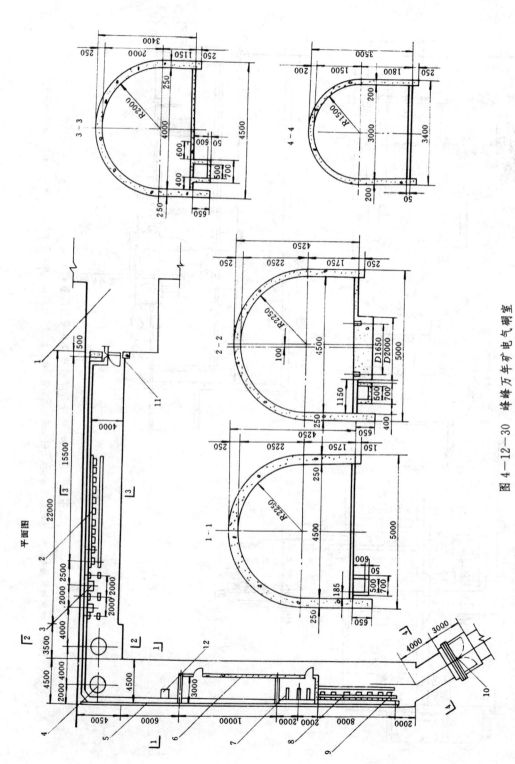

图 4—12—30 峰峰万年矿电气硐室

1—驱动装置硐室；2—低压控制柜电缆孔；3—整流柜基础；4—调压器室；5—电缆沟；6—铁栅栏；7—高压接触支架预埋扁钢；
8—高压开关柜电缆孔；9—预埋角钢；10—防火栅栏两用门硐室；11—防火栅栏；12—积水坑

（1）司机房宜布置在驱动装置硐室一侧，其大小应根据控制台尺寸确定，并考虑司机操作方便。

（2）房内温度不得超过 30℃。

2）司机房布置尺寸（见表 4—12—16）。

表 4—12—16　司机房布置尺寸　　　　　　　　　　mm

序号	矿井名称	图　号	司机房尺寸		布置形式
			长（净）	宽（净）	
1	抚顺龙凤矿	图 4—12—31	1400	3000	在驱动装置硐室一侧
2	开滦唐山矿	图 4—12—32	4000	4000	在驱动装置硐室一侧
3	峰峰万年矿	图 4—12—29	2000	1050	在驱动装置硐室一侧

4．机头硐室布置实例

1）抚顺龙凤矿暗斜井钢丝绳牵引带式输送机机头硐室（图 4—12—31a 和图 4—12—31b）。

2）开滦唐山矿暗斜井钢丝绳牵引带式输送机机头硐室（图 4—12—32a 和图 4—12—32b）。

3）淮南新庄孜矿暗斜井钢丝绳牵引带式输送机机头硐室（图 4—12—33）。

（二）检修绞车硐室

1．设计的一般规定和要求

1）带式输送机作为主要斜井提升设备，除运矿物外，还要运人和材料时，应设检修道和检修绞车硐室。

2）带式输送机斜井宜在井筒一侧铺设检修轨道，并在靠近机头硐室处设检修绞车硐室。

3）检修绞车硐室尺寸根据绞车设备布置确定，并考虑提升、安装、维修和行人方便等因素。一般与采区绞车房布置相同。

4）硐室、绳道和有关巷道布置力求紧凑，工程量少，便于施工和维修。

5）硐室采用不燃材料支护，硐室对外通道应不少于 2 个，并应有新鲜风流，温度不超过 30℃。

6）当提升钢丝绳通过驱动装置硐室时，应有安全保护措施，采用钢丝绳地沟或抬梁。

7）若带式输送机只供运矿物，另有其它运输巷道运送人员和材料，且有可靠的检修措施时，可不设检修道及检修绞车房。

无辅助提升装置带式输送机斜井部分运输实例见表 4—12—17。

2．硐室布置形式

布置形式随驱动装置硐室、运输大巷、卸载煤仓的位置及检修轨道甩车方式不同而异。

煤矿使用的检修绞车硐室布置形式，见表 4—12—18。

3．检修绞车硐室实例

1）抚顺龙凤矿检修绞车硐室（图 4—12—34）。

2）峰峰万年矿检修绞车硐室（图 4—12—35）。

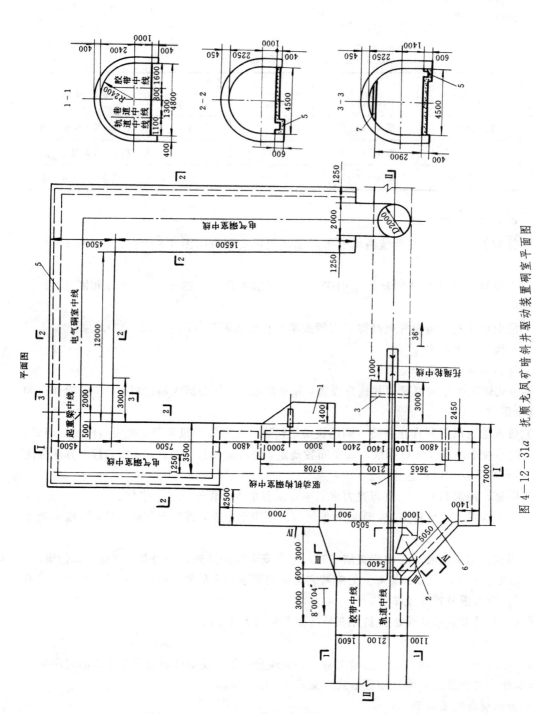

图 4-12-31a 抚顺龙凤矿暗斜井驱动装置硐室平面图

1—司机房；2—混凝土柱；3—调节风门；4—提升钢绳槽（200mm×200mm）；5—电缆沟（500mm×500mm）；6—驱动装置硐室；7—工字钢（Ⅰ 20b, l=4200mm）

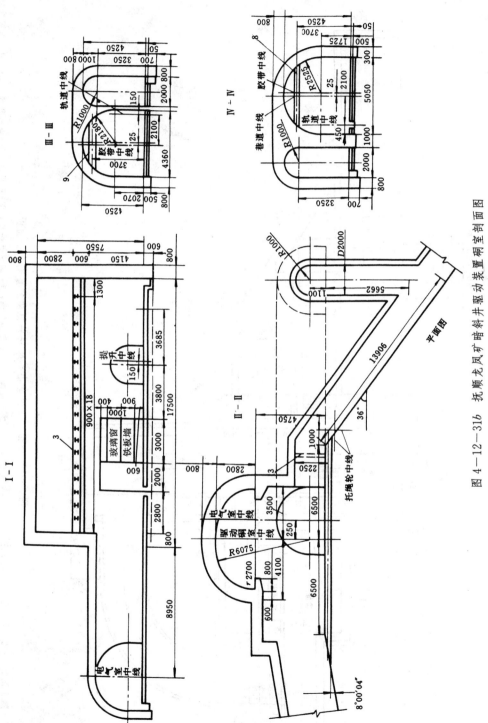

图 4—12—31b 抚顺老虎台矿暗斜井驱动装置硐室剖面图

3—调节风门；8—钢轨（24kg/m，l=1800mm）；9—工字钢（Ⅰ 25b，l=5700mm）

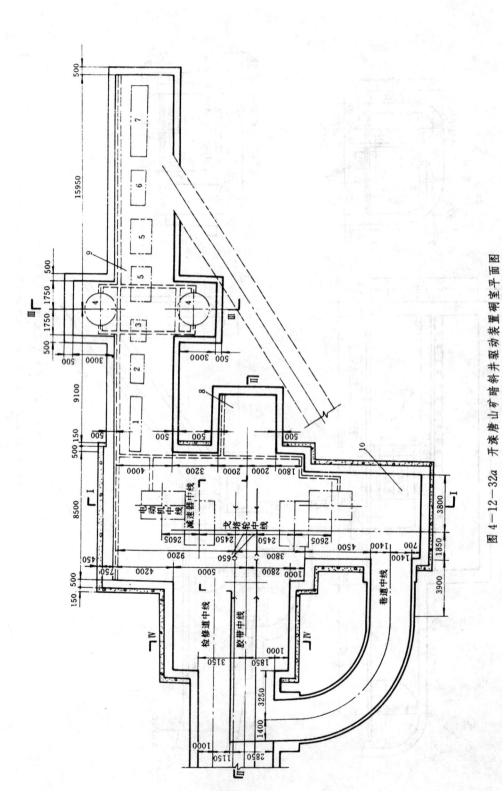

图4—12—32a　开滦唐山矿暗斜井驱动装置硐室平面图

1—低压配电柜；2—整流器；3—副变压器；4—感应调压器；5—主变压器；6—支变压接触器；7—高压开关柜；8—司机房；9—电气硐室；10—驱动装置硐室

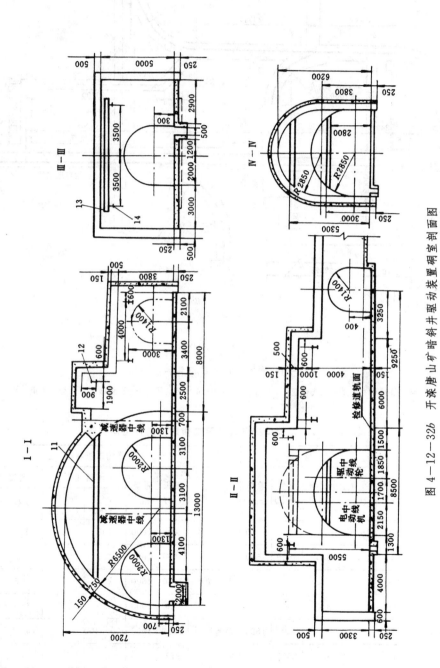

图 4—12—32b 开滦唐山矿暗斜井驱动装置硐室剖面图

11—工字钢（Ⅰ40，$l=10300\times2$mm）；12—工字钢（Ⅰ30，$l=4700$mm）；13—工字钢（Ⅰ30，$l=8000$mm）；14—工字钢（Ⅰ20，$l=3300$mm）

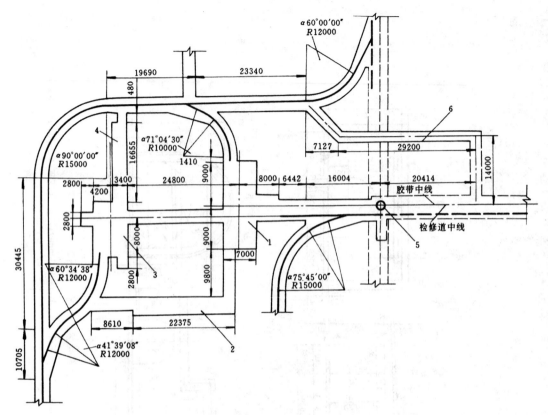

图 4-12-33 淮南新庄孜矿暗斜井机头硐室

1—驱动装置硐室；2—电气硐室；3—检修绞车房；4—配电间；5—溜煤眼；6—人行通道

表 4-12-17   无辅助提升装置带式输送机斜井运输实例

序号	矿井名称	井筒特征					带式输送机特征						
		长度 (m)	倾角 (°)	净面积 (m²)	宽度 (mm)	墙高 (mm)	类型	带长 (m)	带宽 (mm)	输送能力		速度 (m/s)	
										煤 (t/h)	运人 (人/h)	运煤	运人
1	鸡西恒山矿	1100	16.5	10.2	4000	1000	钢绳牵引	970	1000	400	100	1.6	0.8
2	鸡西东海矿	1300	17.5	8.0	3000	1500	钢绳牵引	1200	1000	400	1000	1.6	0.8
3	鸡西平岗矿	1140	16.5	8.0	3000	1500	钢绳牵引		1000	350		1.6	1.25
4	七台河新兴矿	904	17	8.0	3000	1500	钢绳牵引	829	1000	350	850	1.6~2.5	0.8~1.25
5	七台河桃山矿	1260	17	8.0	3000	1500	钢绳牵引	1151	1000	300~400		1.6~2.5	0.8~1.25
6	大雁二矿	1033	15	8.0	3000	1500	钢绳牵引	973	1000	326	745	1.6	1.0
7	鸡西张兴矿	1233	17	8.0	3000	1500	钢绳芯	1213	1000	140	1120	1.25~1.6	1.25
8	东胜乌兰木伦矿	350	15	9.0	3700	1000	钢绳芯	350	1000	930		3.15	
9	左云县鹊儿山矿		25	9.5	3840	970	钢绳芯						

表 4-12-18 检修绞车硐室布置形式

序号	矿井名称	布置形式	图示	
1	淮南谢一矿	在驱动装置硐室后面设置检修绞车硐室,绞车牵引钢丝绳通过驱动装置硐室沿斜井绞车道而下。绞车房与驱动装置硐室同一水平		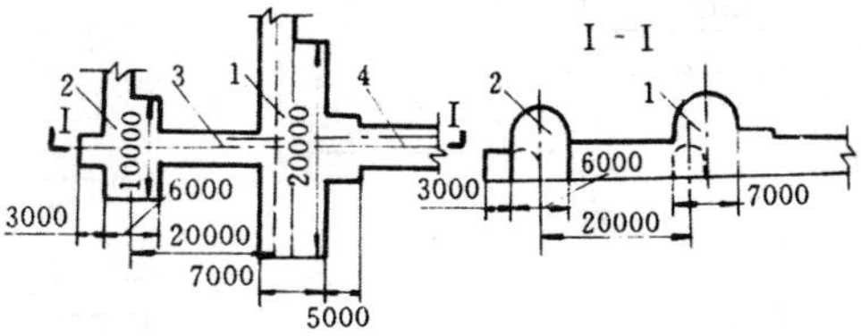 1—驱动装置硐室; 2—检修绞车硐室; 3—绳道; 4—检修道
2	抚顺龙凤矿	在驱动装置硐室后面设置检修绞车硐室,绞车牵引钢丝绳通过驱动装置硐室沿胶带斜井绞车道而下。检修绞车硐室与驱动装置硐室不同一水平		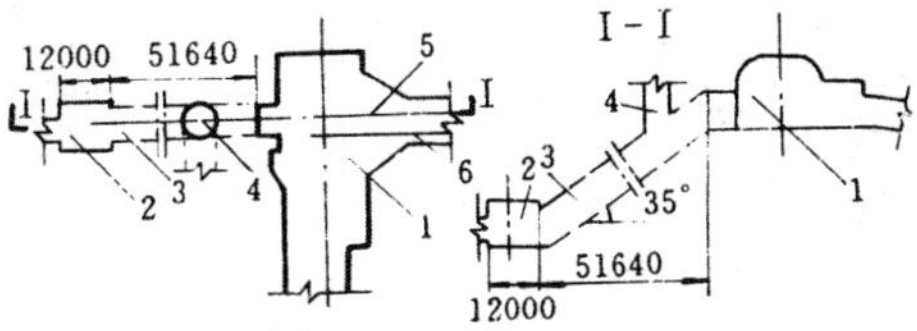 1—驱动装置硐室; 2—检修绞车硐室; 3—绳道; 4—通风眼; 5—检修道; 6—胶带中线
3	开滦唐山矿	在驱动装置硐室前面设置检修绞车硐室,并直接放在钢丝绳胶带斜井拱顶之上。检修绞车硐室与驱动装置硐室不在同一水平		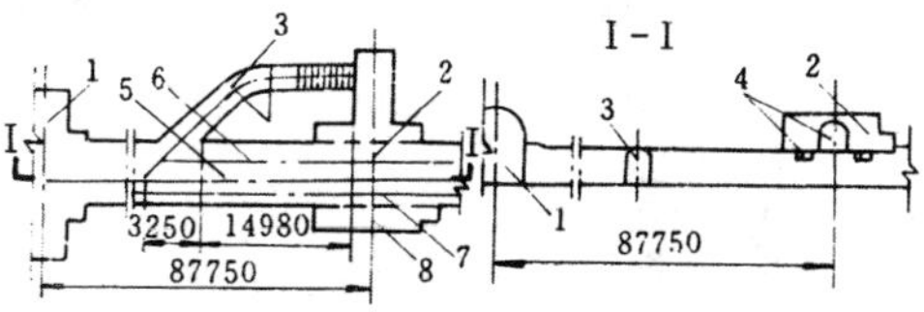 1—驱动装置硐室; 2—检修绞车硐室; 3—通风联络道; 4—组合钢梁; 5—检修道中线; 6—胶带中线; 7—巷道中线; 8—滚筒中线
4	开滦林西矿	在驱动装置硐室前面,钢丝绳牵引胶带斜井巷道底板以下设置检修绞车硐室。它与驱动装置硐室不在同一水平与运输大巷同一水平		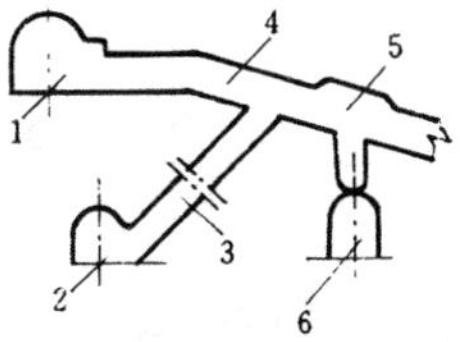 1—驱动装置硐室; 2—检修绞车硐室; 3—绳道; 4—暗斜井; 5—卸载硐室; 6—运输大巷

（三）卸载硐室

硐室尺寸根据溜煤眼大小、卸载装置布置尺寸、垂直过渡梁尺寸和检修道布置形式确定。

1. 卸载装置形式

卸载装置由分绳轮、托绳轮、胶带换向滚筒、卸料漏斗和清扫器等组成。

按分绳轮的布置划分,卸载装置形式有垂直分绳卸载装置（图4-12-36）和水平分绳卸载装置（图4-12-37）。垂直分绳卸载装置应用较为普遍。

2. GD系列卸载装置（卸料装置）

卸载装置是由机架、清扫器、滚筒、分绳轮组及托轮组等组成。卸载装置结构形式和安装尺寸见表4-12-19。

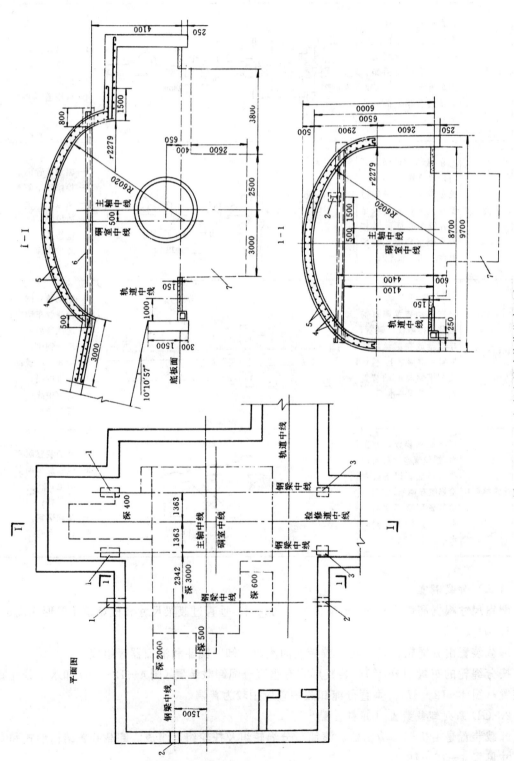

图 4—12—34　抚顺老凤矿检修绞车硐室

1、2、3—钢梁宽；4—主筋 φ19（筋距 300）；5—副筋 φ12（筋距 300）；6—工字钢；7—绞车基础（绞车型号：JK—2.5/2.0）

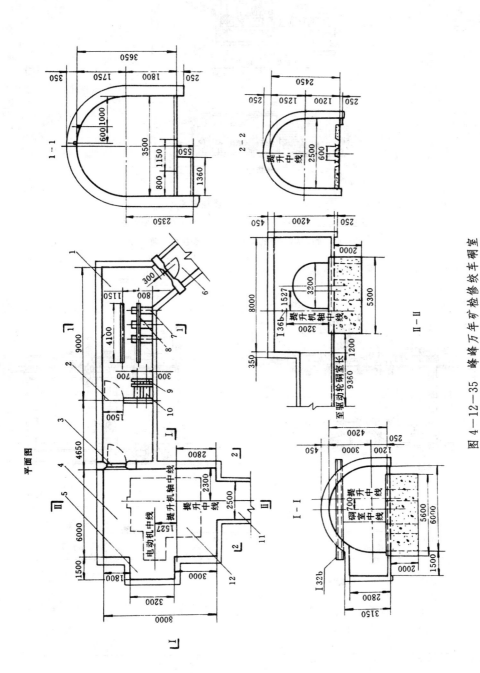

图 4—12—35　峰峰万年矿检修绞车硐室

1—变电硐室；2—栅栏门；3—防火栅栏两用门；4—检修车硐室；5—电动机硐室；6—变电硐室通道；7—电缆沟（长×宽×深＝1360×400×500）；8—预埋角钢（75×6）；9—预埋角钢（50×5）；10—电缆沟（1055×400×500）；11—钢丝绳通道；12—电动机基础（绞车型号：JT1600/1200—24）

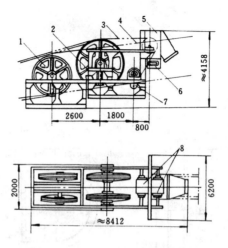

图 4—12—36　垂直分绳轮卸载装置

1—垂直分绳轮；2—绳轮；3—胶带；4—钢绳；5—卸料漏斗；

6—清扫器；7—托绳轮；8—胶带换向滚筒

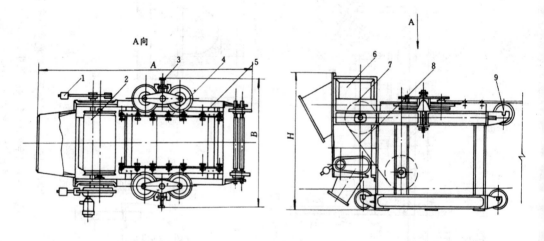

带　宽	尺　寸　(mm)			设备重量
(mm)	A	B	H	(t)
800	≈2200		≈1200	
1000	3279	1688	2030	1.8
1000	4364	≈1900	3650	6.4
1200	4600	2186	2393	3.6

图 4—12—37　水平分绳轮卸载装置

1—清扫器；2—胶带换向滚筒；3—水平分绳轮；4—托辊；5—机架；

6—卸料漏斗；7—钢绳；8—胶带；9—托绳轮

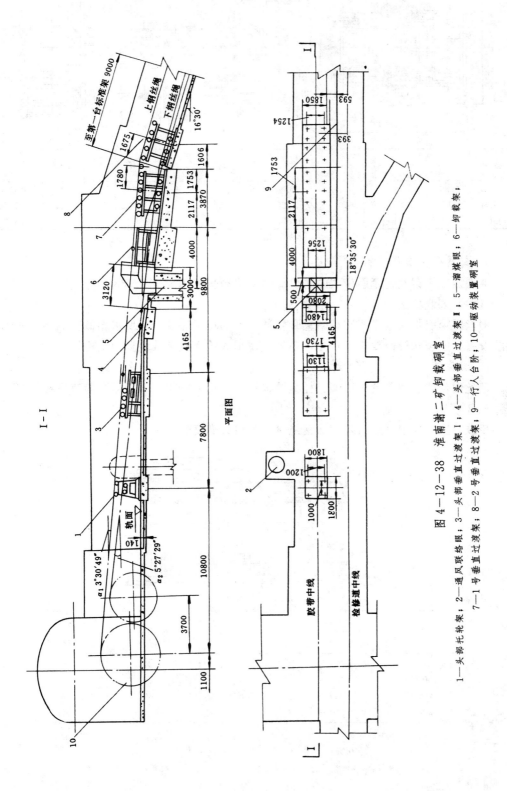

图 4—12—38　淮南谢二矿卸载硐室

1—头部托轮架；2—通风联络眼；3—头部垂直过渡架Ⅰ；4—头部垂直过渡架Ⅱ；5—溜煤眼；6—卸载架；
7—1号垂直过渡架；8—2号垂直过渡架；9—行人台阶；10—驱动装置硐室

表 4-12-19 GD 系列卸载装置尺寸   mm

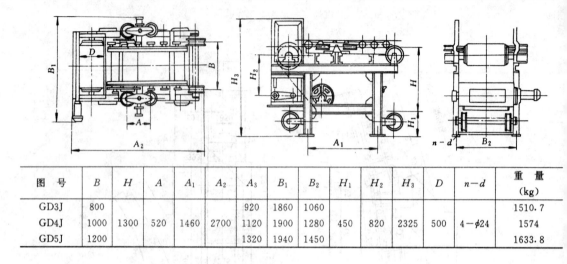

图号	B	H	A	A₁	A₂	A₃	B₁	B₂	H₁	H₂	H₃	D	n-d	重量（kg）
GD3J	800					920	1860	1060						1510.7
GD4J	1000	1300	520	1460	2700	1120	1900	1280	450	820	2325	500	4-φ24	1574
GD5J	1200					1320	1940	1450						1633.8

3. 卸载硐室布置实例

淮南谢二矿钢丝绳牵引带式输送机卸载硐室布置见图 4-12-38。

（四）装载硐室

钢丝绳牵引带式输送机装载硐室和普通带式输送机装载硐室要求相似。硐室尺寸除根据装载设备、安装和维修要求确定外，还须考虑带式输送机装载装置的结构尺寸。

1. 装载装置

钢丝绳带式装载装置由机架、托绳轮、托辊、缓冲托辊、清扫器和调节栏板等组成，见图 4-12-39。

装载装置主要根据胶带宽度、钢绳直径和机架高度选择。

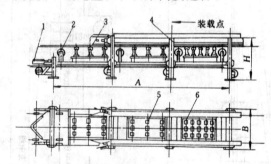

带宽（mm）	尺寸（mm）			设备重量（kg）
	A	B	H	
800	3600		≈1200	
1000	6600	1330	1600	3595
1000	7000	1500	2160	2880
1200	7000	1730	2000	2962

图 4-12-39 装载装置

1—清扫器；2—托绳轮；3—调节栏板；4—机架；5—托辊；6—缓冲托辊

2. GD 型系列装载装置（供料装置）

装载装置是由机架、缓冲托辊、清扫器和托轮组等部分组成。其结构形式和安装尺寸见表 4－12－20。

为防止物料直接冲击胶带，减少由此而产生的"脱槽"事故。除要求给料均匀外，在给料口与胶带之间增设缓冲铁板溜槽。

表 4－12－20　GD 系列装载装置尺寸　　　　　单位：mm

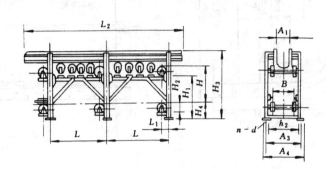

图 号	B	H	A_1	A_2	A_3	A_4	H_1	H_2	H_3	H_4	L	L_1	L_2	$n-d$	重 量 (kg)
GD3L	800	1300 500	600	1060	1120	1280	1450 650		2170 1290						1638 1604
GD4L	1000	1300 500	800	1260	1320	1480	1450 650	200	2170 1290	450	2200	250	5800	6－ϕ22	1674 1640
GD5L	1200	1300 500	1000	1460	1520	1680	1450 650		2170 1290						1747 1711

3. 装载硐室实例

1) 河南义马耿村矿装载硐室（图 4－12－40a 和图 4－12－40b）。

2) 陕西韩城桑树坪矿装载硐室（图 4－12－41a 和图 4－12－41b）。

3) 装载硐室工程量及材料消耗量，见表 4－12－21。

（五）煤　仓

见本章第一节。

（六）拉紧装置硐室

硐室尺寸应根据拉紧装置尺寸和检修道运输的最大设备宽度确定。

1. 拉紧装置

拉紧装置是由胶带张紧车、钢绳张紧车、导绳轮、重锤等部分组成。

钢丝绳牵引带式输送机拉紧装置，见图 4－12－42。

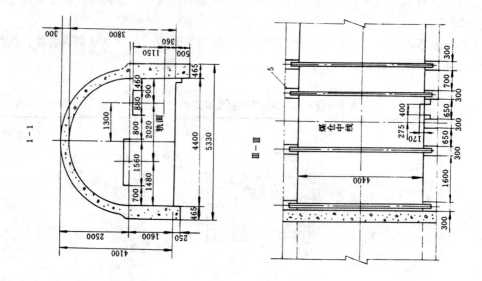

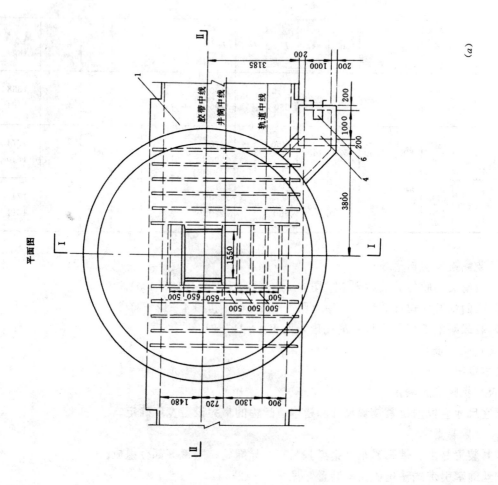

(a)

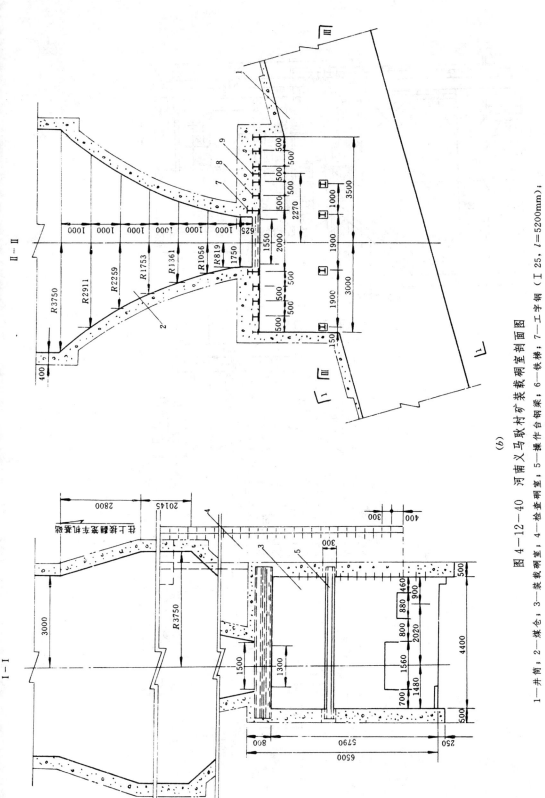

图 4—12—40　河南义马耿村矿装载硐室剖面图

1—井筒；2—煤仓；3—装载硐室；4—检查硐室；5—操作台钢梁；6—铁梯；7—工字钢（Ⅰ 25, l=5200mm）；
8—工字钢（Ⅰ 20, l=5200mm）；9—预埋螺栓（2 个，M200×320, 埋入 250mm）

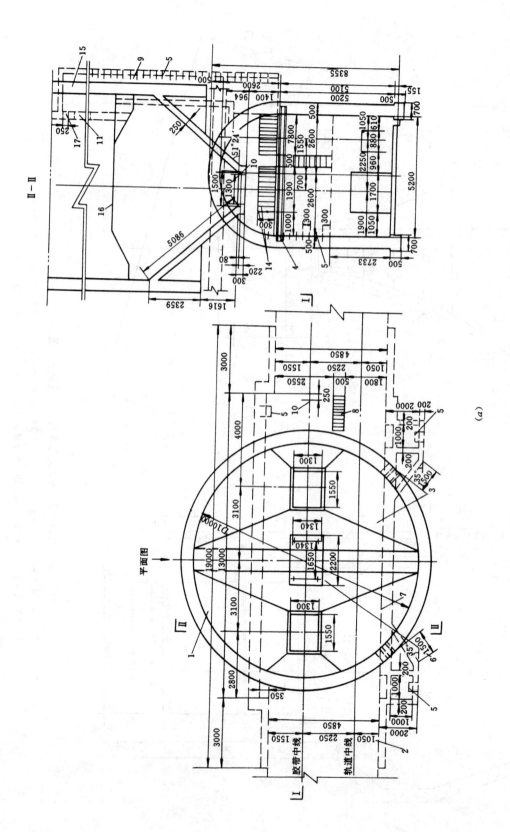

(a)

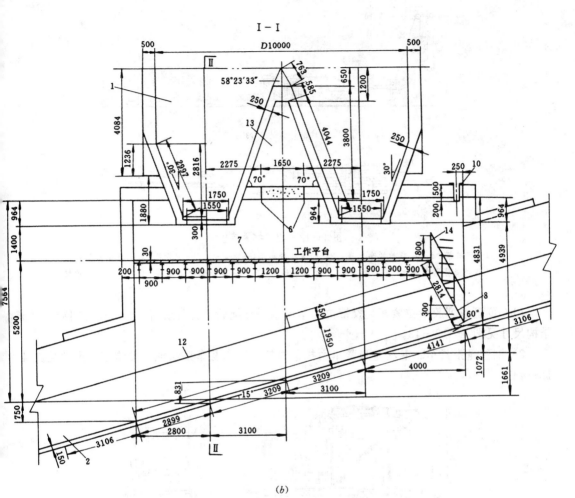

(b)

图 4-12-41　陕西韩城桑树坪矿装载硐室剖面图

1—井底集中煤仓；2—带式输送机斜井井筒；3—井底装载硐室；4—工字钢（Ⅰ20，12根）；5—铁爬梯；6—预
埋螺栓（M20，8个）；7—木板（厚30mm）；8—铁梯；9—通道；10—吊钩（φ25圆钢）；11—检查孔；12—带式
输送机；13—分煤器；14—铁栏杆（钢管d50，钢筋φ16）15—煤位信号硐室；16—分煤器顶面；17—煤位信号
安装孔（250mm×250mm）

表 4-12-21　装载硐室工程量及材料消耗量

序号	矿井名称	提升能力（Mt/a）	图号	胶带型号（mm）	给煤机		工程量及材料消耗量（m³）								
					型号	布置方式	工程量		混凝土消耗量				料石消耗量		
							净体积	掘进体积	拱	壁	基础	地板	充填	拱壁	基础
1	河南义马耿村矿	1.20	图4-12-40	1000	GMW-4	平行	1394.9	1855.2	53.82	329.17	3.00		50.12	5.16	1.28
2	陕西韩城桑树坪矿	3.00	图4-12-41	1200	GMW-4二台	平行	555.2	1120.0	87.14	212.19	9.68	14.67			

注：1. 工程量及材料消耗量包括煤仓和煤仓下口部分。
　　2. 平行—指给煤机给煤方向与带式输送机运行方向平行。

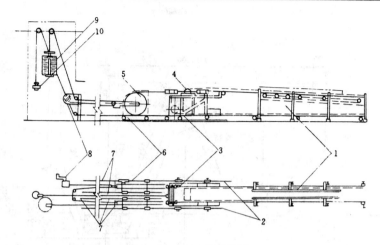

图 4-12-42 拉紧装置

1一装载架；2一胶带拉紧车跑道；3一胶带拉紧车；4一换向轮；5一拉紧轮；6一钢绳张紧车；
7一钢丝绳张紧车跑道；8一手摇绞车（拉紧钢丝绳用）；9一钢丝绳拉紧重锤；10一胶带拉紧重锤

1) GD 型系列胶带拉紧车。胶带拉紧车由水平分绳轮、换向滚筒、机架和清扫器等组成，结构尺寸见图 4-12-43。

2) 钢丝绳张紧车。钢丝绳张紧车由拉紧绳轮、板车及车架组成，具体结构尺寸见图 4-12-44。

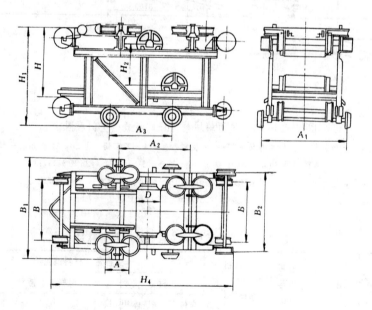

图号	尺　寸　（mm）												重量
	B	A	H	B_1	B_2	A_1	A_2	A_3	A_4	D	H_1	H_2	(kg)
GD3M	800			1550	1100	1145							1541
GD4M	1000	500	1300	1750	1300	1345	1400	1300	3560	500	1725	825	1677
GD5M	1200			1950	1500	1545							1776

图 4-12-43 胶带拉紧车

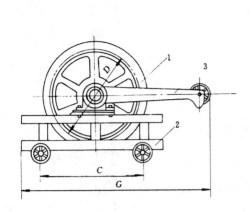
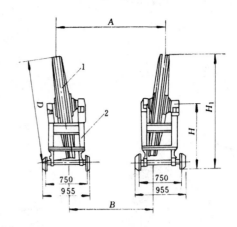

注：I、II型由订货单位提出，其订货代号 GDN15 I、GDN15 II　GDN20 I、GDN20 II

图　号	尺　寸　（mm）					重量 (kg)	尺　　寸　　（mm）					
	C	G	D	H	H_1		A			B		
GDN15	1150	2330	1500	1057	1842	1336	A			B		
GDN20	1800	2870	2000	1237	2287	1563	1100	1300	1500	800	1000	1200

图 4—12—44　钢丝绳张紧车

1—拉紧绳轮；2—车架；3—拉板

3）重锤拉紧装置。重锤拉紧装置及具体尺寸，见图 4—12—45。

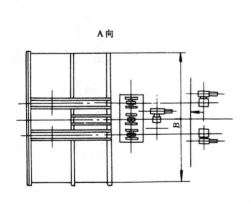
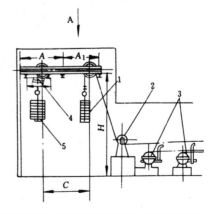

尺　　寸　　（mm）					使　用　单　位
A	A_1	B	C	H	
1410	1470	4200	2000	4000	阳泉煤矿
1750	1700		2000	3100	鸡西煤矿
1750	1750	4000	～2500	3100	邯郸矿山公司
1750	1700	4000	2000	3200	龙凤煤矿

图 4—12—45　重锤拉紧装置

1—胶带拉紧重锤；2—导绳轮；3—手摇绞车；4—弹簧；5—钢绳拉紧重锤

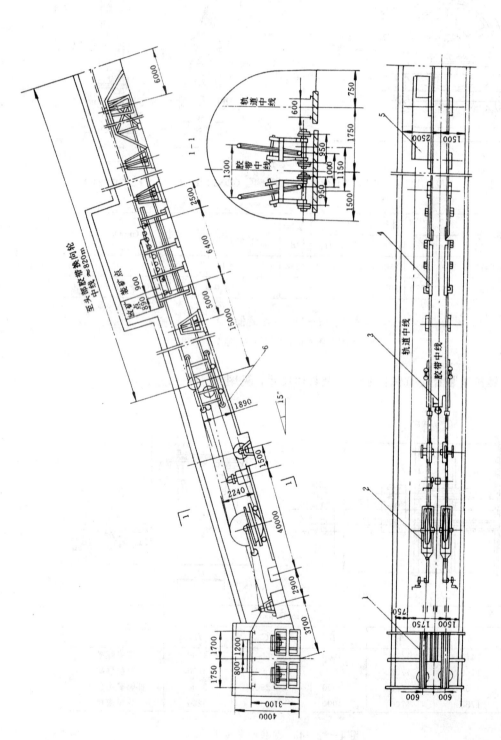

图 4—12—46 钢丝绳牵引带式输送机拉紧装置硐室

1—重锤拉紧装置;2—钢丝绳张紧车;3—胶带拉紧车;4—装载装置;5—乘人平台装置;6—钢轨

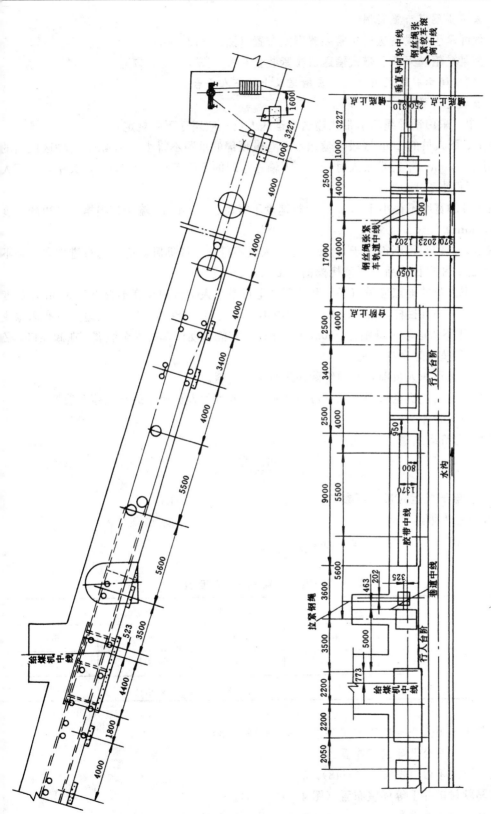

图4-12-47　淮南某矿钢丝绳牵引带式输送机拉紧装置布置

2. 拉紧装置硐室布置实例

1）钢丝绳牵引带式输送机拉紧装置硐室布置（图4—12—46）。

2）淮南某矿钢丝绳牵引带式输送机拉紧装置布置（图4—12—47）。

（七）钢丝绳牵引带式输送机人员输送及上、下人平台

1. 一般规定和要求

在斜井中，采用钢丝绳牵引带式输送机运送人员，应遵守下列规定：

1）在上、下人员的20m区段内输送带至巷道顶部的垂距不得小于1.4m，行驶区段内的垂距不得小于1.0m，下行带乘人时，上、下输送带间的垂距不得小于1.0m，其中，上下人平台范围内不得小于1.8m。

2）输送带的宽度不得小于0.8m，运行速度不得超过1.8m/s。输送带绳槽至带边的宽度不得小于60mm。

3）乘坐人员的间距不得小于4.0m；乘坐人员不得站立或仰卧，应面向行进方向，并不得携带笨重物品和超长物品，严禁抚摸输送带侧帮。

4）上、下人员的地点应设有平台和照明，上行带下人平台的长度不得小于5.0m，宽度不得小于0.8m，并有栏杆。上、下人的区段内不得有支架或悬挂装置。下人地点应有标志或声光信号，在距下人区段末端前方2.0m处，必须设有能自动停车的安全装置。在卸煤口，必须设有防止人员坠入煤仓的设施。

5）上、下班运送人员前，必须卸除输送带上的物料。

6）应装有在输送机全长任何地点可由搭乘人员或其他人员操作的紧急停车装置。

2. 人员输送计算

每小时输送机运人量

$$N_y = \frac{3600V_y}{L_y}$$

式中　N_y——输送机运人量，可参考表4—12—22，取值，人/h；

　　　V_y——运人带速，m/s；

　　　L_y——在带面上人与人间距，m。

表4—12—22　运输机小时运量

V_y（m/s）	L_y（m）				
	4.0	4.5	5.0	5.5	6.0
1.25	1125	1000	900	818	750
1.6	1440	1280	1152	1047	960

3. 井筒上、下人平台断面布置形式（表4—12—23）

4. 上、下人平台及等候室布置图

1）上、下人平台（图4—12—48）。

2）义马耿村矿井下等候室布置（图4—12—49）。

5. 韩城桑树坪矿井口上、下人平台布置（图4—12—50）

表4-12-23 上、下人平台断面布置形式

序号	矿井名称	平台布置形式	图　示	优缺点
1	淮南谢二矿	上、下人平台布置在钢丝绳牵引带式输送机左侧并靠端墙	1—上、下人平台；2—钢丝绳牵引带式输送机；3—人车；4—人行台阶	人员上下方便，井筒净宽较宽，墙高，断面较大
2	韩城桑树坪矿	上、下人平台布置在钢丝绳牵引带式输送机左侧，人行台阶右侧	1—上、下人平台；2—钢丝绳牵引带式输送机；3—矿车；4—人行台阶	人员上下方便，井筒净宽大，断面大
3	淮南谢一矿	上、下人平台布置在钢丝绳牵引带式输送机右侧，特制矿车顶部	1—上、下人平台；2—钢丝绳牵引带式输送机；3—矿车	人员上、下不方便，井筒净宽小，断面小

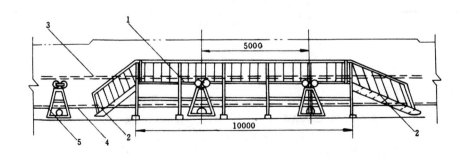

图4-12-48 钢丝绳牵引带式输送机上、下人平台

1—上下人平台；2—上下梯子；3—上胶带；4—下胶带；5—胶带架

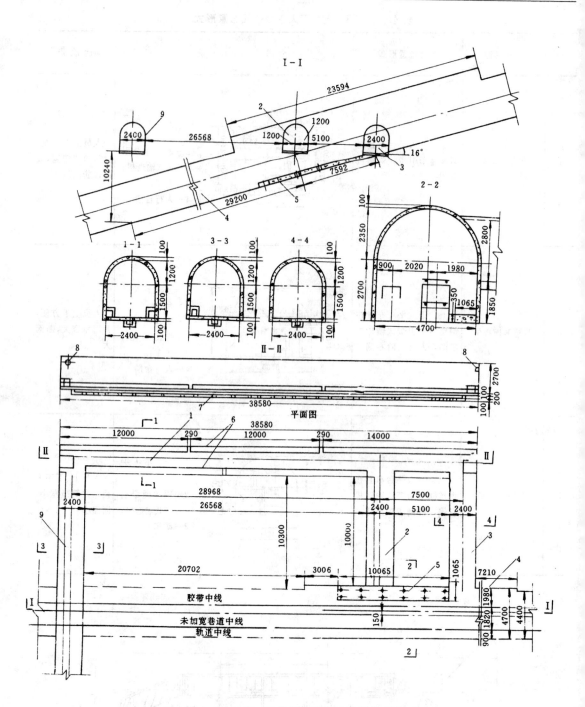

图4—12—49　河南义马耿村矿井下等候室

1—等候室；2—上人通道；3—下人通道；4—钢丝绳带式输送机斜井；

5—上人平台基础；6—等候凳；7—水沟；8—挂钟；9—副井通道

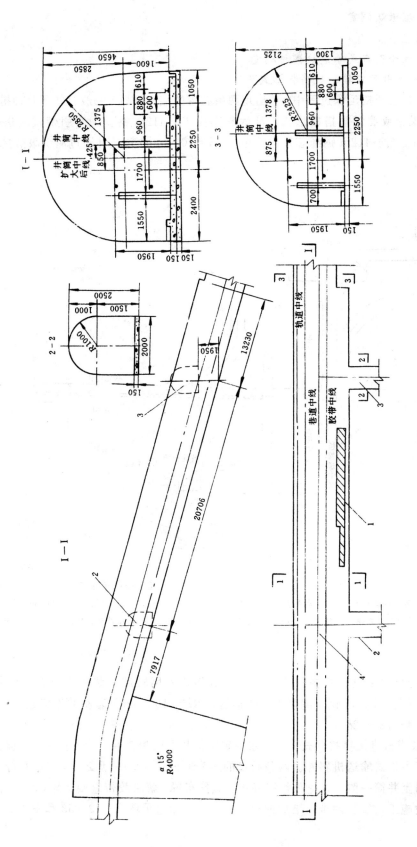

图 4—12—50 陕西韩城桑树坪矿平井口上、下人员平台布置

1—上下人平台；2—入井通道；3—出井通道；4—钢丝绳带式输送机斜井

（八）清理撒煤硐室

见本章第二节。

（九）钢丝牵引带式输送机搭接硐室

1. 钢丝绳牵引带式输送机搭接形式

胶带机斜井在开拓延深过程中，会出现两条胶带的接头问题，一般有如下几种搭接形式：

1）通过煤仓或溜煤眼搭接形式。淮南新庄孜矿 −412m 钢丝绳牵引带式输送机（$B=$1000mm）暗斜井与 −412m 钢绳芯带式输送机（$B=$1000mm）转载井通过溜煤眼搭接方式，见图 4−12−51。

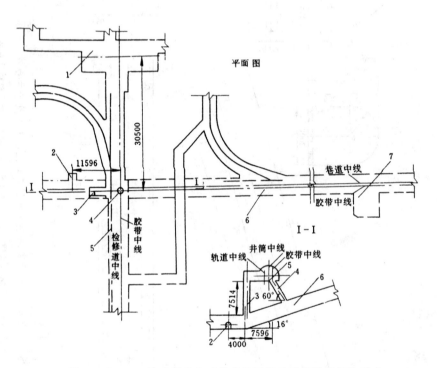

图 4−12−51　淮南新庄孜矿带式输送机通过溜煤眼搭接形式

1—驱动装置硐室；2—水窝泵房；3—通风眼（100mm×100mm）；4—溜煤眼（d1200mm）；

5—钢丝绳牵引带式输送机暗斜井；6—钢绳芯带式输送机暗斜井；7—钢绳芯带式输送机驱动装置硐室

2）通过转载联络胶带机搭接形式。峰峰万年矿利用转载联络胶带（普通胶带机 $B=$1000mm）巷将上、下两段钢丝绳牵引带式输送机（$B=$1000mm）暗斜井连接起来；见图 4−12−52a 和图 4−12−52b。

3）两条胶带机直接搭接形式。淮南谢一矿主斜井上段为普通胶带机斜井，下段为直接延深的钢丝绳牵引带式输送机斜井。两条胶带的接头通过在井筒一帮安装两对水平导向轮把驱动装置硐室引至井筒一侧，避免两条胶带立体交岔布置，解决胶带直接运输，减少井巷工程。但水平导向轮施工、安装困难，增加钢丝绳磨损。其布置见图 4−12−53 和图 4−12−54。

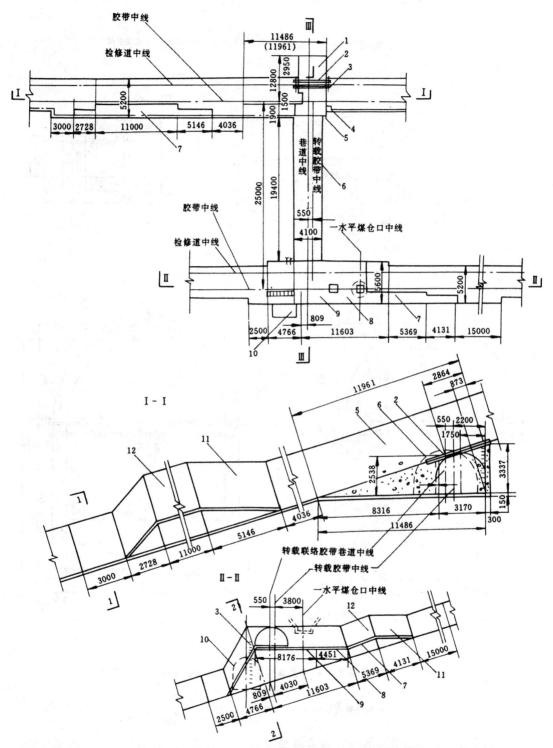

图 4—12—52a　峰峰万年矿带式输送机通过转载联络巷胶带机搭接形式（平剖面图）

1—转载胶带头部硐室；2—轨道及托轨钢梁；3—爬梯（10个）；4—导水孔；5—下段胶带头部硐室；
6—转载联络巷；7—站台；8—上段胶带尾部硐室；9—平台；10—胶带拉紧绞车硐室；
11—入井下胶带站台部分；12—出井上胶带站台部分

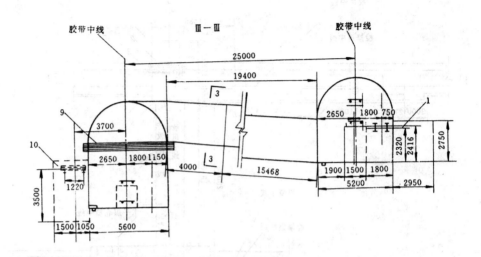

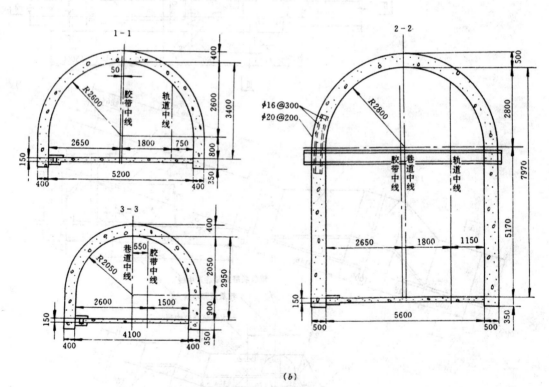

图4-12-52b　峰峰万年矿带式输送机通过转载联络巷胶带机搭接形式

(剖断面图)

1—转载胶带头部硐室；9—平台；10—胶带拉紧绞车硐室

2. 钢丝绳牵引带式输送机搭接硐室尺寸确定

硐室主要尺寸应根据上部带式机卸载设备尺寸及下部胶带机装载设备尺寸确定，同时考虑硐室的通风、行人及胶带机设备安装、检修等因素。

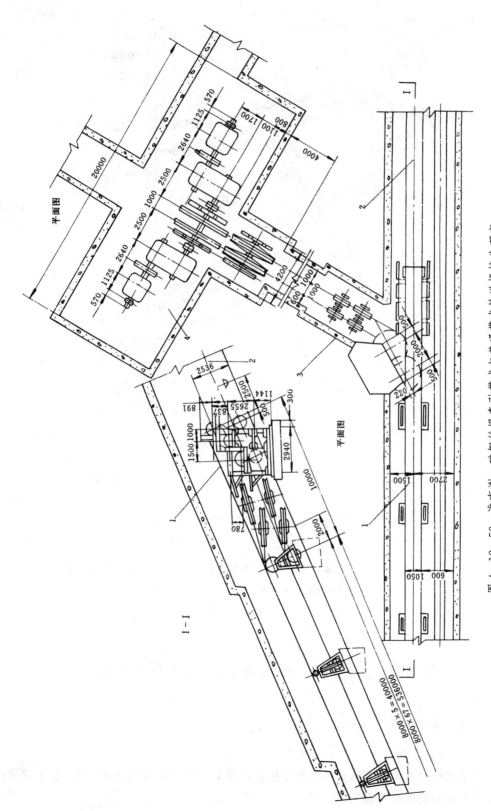

图 4-12-53　淮南谢一矿钢丝绳牵引带式与普通带式输送机接头硐室

1—钢丝绳牵引带式输送机井筒；2—普通带式输送机井筒；3—接头硐室；4—驱动机构硐室

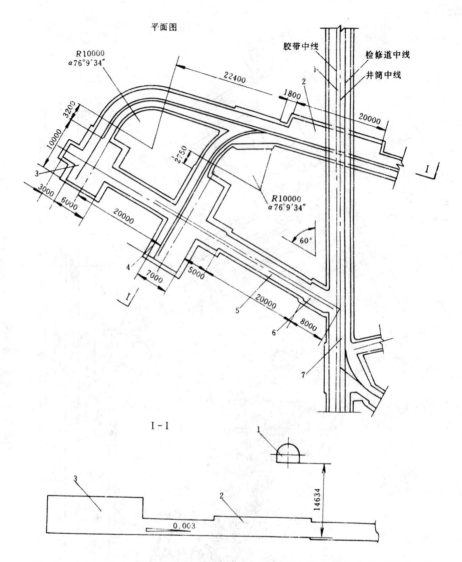

图4—12—54 淮南谢一矿钢丝绳牵引带式与普通带式输送机接头硐室关系布置

1—普通胶带暗斜井；2—电气硐室；3—检修绞车硐室；4—驱动装置硐室；5—钢丝绳道；
6—接头硐室；7—钢丝绳牵引带式输送机斜井

第四节 大倾角带式输送机斜井井筒及硐室

一、井筒断面的布置

（一）断面布置形式

大倾角带式输送机斜井井筒断面的布置形式见表4—12—24。井筒中的台阶、扶手或梯道的具体设置原则和要求见本篇第十一章。

表 4-12-24　井筒断面布置形式

序号	名　称	图　示	优　缺　点
1	设检修道 人行道设在检修道一侧	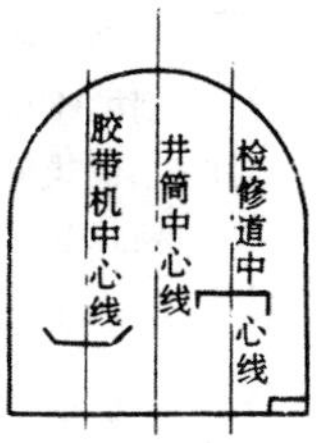 胶带机中心线　井筒中心线　检修道中心线	设备检修和清理撒煤不便，较少采用
2	设检修道 人行道设在胶带机一侧	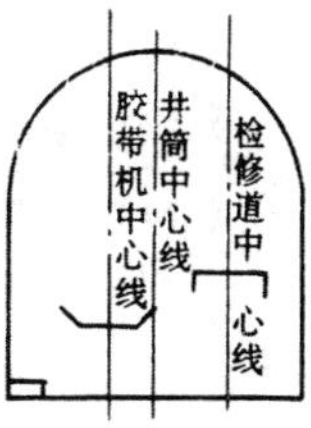 胶带机中心线　井筒中心线　检修道中心线	设备检修和清理撒煤不便，较少采用
3	不设检修道 人行道设在胶带机旁	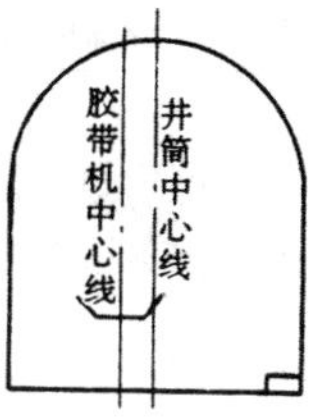 胶带机中心线　井筒中心线	断面小支护方便，运输设备需采取检修措施，较多采用

（二）断面尺寸确定

大倾角带式输送机斜井井筒断面尺寸确定原则同普通带式输送机（见本章第一节）；当人行台阶布置在检修道与井壁之间时，其断面尺寸计算见表 4-12-25。

（三）井筒断面布置实例

山西左云县鹊儿山矿主斜井井筒断面见图 4-12-55。

二、大倾角带式输送机

（一）大倾角带式输送机类型

大倾角带式输送机类型及特征见表 4-12-26。

（二）大倾角带式输送机布置

1. 波纹挡边式带式输送机

1) 波纹挡边式带式输送机系统及布置形式

带式输送机系统见图 4-12-56；其布置形式见图 4-12-57。

表 4—12—25　断 面 尺 寸 确 定

（半圆拱）

图　　示	序号	名　　称	单位	符号	尺 寸 确 定
	1	带式输送机支承架上缘到拱壁宽度	mm	a'	$a' \geqslant 500$
	2	带式输送机支承架外缘到井壁宽度	mm	a	$a \geqslant 500$
	3	胶带与检修轨道中心距	mm	b	$b \geqslant \dfrac{A_1}{2} + \dfrac{A_2}{2} + 400$
	4	矿车（或人车）与壁间间距	mm	c	$c \geqslant R - \sqrt{R^2 - (1600 - h_3)^2} + 800$
	5	胶带中线与壁间间距	mm	a_1	$a_1 = a + \dfrac{A_2}{2}$
	6	胶带与井筒中心距	mm	b_1	$b_1 = \dfrac{B}{2} - \left(a + \dfrac{A_2}{2}\right)$
	7	检修轨道与井筒中心距	mm	b_2	$b_2 = \dfrac{B}{2} - \left(c + \dfrac{A_1}{2}\right)$
	8	检修轨道中线与壁间间距	mm	c_1	$c_1 = c + \dfrac{A_1}{2}$
	9	矿车（或人车）外宽	mm	A_1	**按选取矿车，材料车或人车尺寸确定**
	10	带式输送机支承架外宽	mm	A_2	
	11	混凝土面到底板高度	mm	h_c	
	12	井筒倾角	°	α	
	13	井筒断面净宽	mm	B	$B = a_1 + b + c_1$
	14	井筒墙高算	mm	h_3	1）按带式输送机与井壁间隙计算 2）按提升容器与井壁间隙计算 $h_3 \geqslant h + h_c - \sqrt{R^2 - \left(a' + \dfrac{A_2}{2} + b_1\right)^2}$

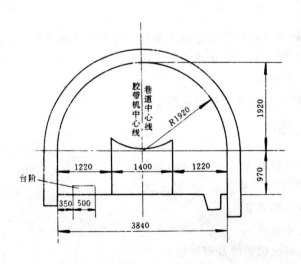

图 4—12—55　山西左云县鹊儿山矿主斜井井筒断面

表 4-12-26　大倾角带式输送机类型及特征

序号	类型	名　称	胶带断面	特　征	适用范围
1		波纹挡边式输送机			≤90°
2	I	格板式输送机		在胶带结构上采取措施,以提高胶带对物料的防滑能力	
3		花纹带式输送机	A←　→A　A-A		
4		深槽式输送机		在胶带承载托辊上采取措施,提高胶带对物料两侧的压力	
5	II	圆管式输送机			
6	III	压带式输送机（夹心式）		将物料夹在两条胶带之间	≤90°

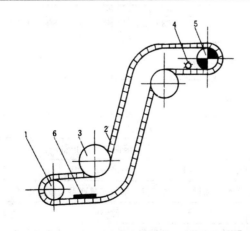

图 4-12-56　波形挡边式带式运输机系统简图

1—尾部滚筒；2—胶带；3—改向滚筒；4—振打式胶带清扫器
5—驱动滚筒；6—胶带背面清扫器

2）胶带结构及胶带机主要技术参数

波纹挡边胶带结构型式见图 4—12—58。波纹挡边式胶带输送机主要技术参数见表 4—12—27。

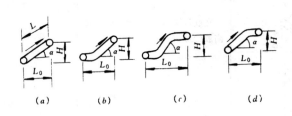

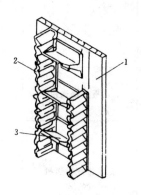

图 4—12—57　布置形式

a—大倾角无变角；b—大倾角给料段变角；

c—大倾角给料段与卸料段变角；

d—大倾角卸料段变角

图 4—12—58　结构型式

1—基带；2—波形挡边带；3—横隔板

表 4—12—27　波纹挡边胶带输送机主要技术参数

基带宽 B (mm)	500		650			800				1000					1200				
挡边高 H (mm)	80	100	120	100	120	160	120	160	200	240	120	160	200	240	300	160	200	240	300	400
横隔板高 h (mm)	75	90	110	90	110	150	110	150	180	220	110	150	180	220	280	150	180	220	280	360
带速 V (m/s)	0.80　1.00　1.25　2.00　2.50																		
传动滚筒直径 D (mm)	400　500		400　500　630			500　630　800				630　800　1000					630　800　1000　1250				
张紧滚筒直径 (mm)	400		400　500			400　500　630				500　630　800					500　630　800　1000				
托辊直径 (mm)	φ89									φ108									
倾　　角	0°～90°																		
传动装置　Ⅰ型	电动滚筒（带逆止器）																		
功率 (kW)	1.5～7.5		1.5～11			1.5～37				1.5～90					1.5～110				
传动装置　Ⅱ型	Y 系列电动机＋三角胶带＋轴装式减速器（带逆止器）＋传动滚筒																		
功率 (kW)	3～11		3～15			3～40				11～55					17～100				
传动装置　Ⅲ型	Y 系列电动机＋联轴器＋减速器＋传动滚筒（配滚柱逆止器）																		
功率 (kW)	1.5～30		1.5～40			2.2～55				4～100					5.5～125				

2. 深槽式带式输送机

1）深槽式带式输送机系统。深槽式带式输送机系统布置见图4－12－59。

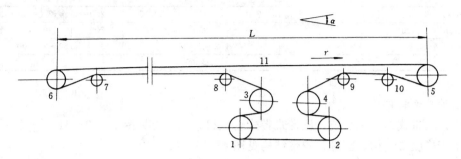

图4－12－59　深槽式带式输送机系统布置示意图

1、2—传动滚筒；3、4、5—改向滚筒；6—改向滚筒；7、8、9、10—压紧滚筒；
11—胶带；L—运输长度；r—运煤方向；α—倾角

2）胶带支架结构及带式输送机主要技术参数。深槽式胶带支架结构型式见图4－12－60。
深槽式带式输送机主要技术参数见表4－12－28。

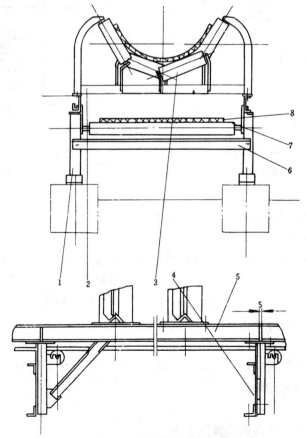

图4－12－60　深槽式带式支架结构型式

1—左支架；2—托辊架；3—上托辊；4—右支腿 5—纵梁；6—横档；7—下托辊；8—钢绳芯胶带

表 4—12—28　深槽式带式输送机主要技术参数

倾　　角	上运 18°～28°			下运 −18°～−25°					
带　宽（mm）	800			1000			1200		
带　速（m/s）	1.6	2.0	2.5	2.0	2.5	3.15	2.0	2.5	3.15
输送能力（t/h）	300	400	500	500	650	800	700	900	1100
功　率（kW）	75～2×250			132～2×315			160～2×400		
运输距离（m）	～1500								

3. 压带式带式输送机

1）压带式带式输送机系统。压带式带式输送机系统布置见图 4—12—61。

2）压带式胶带结构。压带式胶带结构见图 4—12—62。

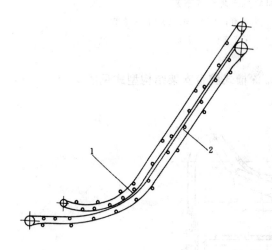

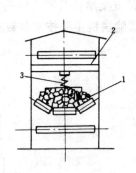

图 4—12—61　压带式胶带输送机系统示意图
1—承载胶带；2—覆盖压带

图 4—12—62　胶带结构
1—承载胶带；2—覆盖压带；3—弹簧

（三）大倾角带式输送机的特点及应用前景

1. 大倾角带式输送机的特点

1）具有普通带式输送机的全部优点，且能实现普通带式输送机无法实现的大倾角运输。大倾角带式输送机最大运输角度可达 90°，其理想的运输角度为 20°～70°。

2）与斜井提升机（如箕斗、吊车）提升相比，具有如下特点。

（1）井筒长度短，断面小，井底工程量省；

（2）能实现煤炭连续运输，且运输量大；

（3）连续运输，电控简单，不需经常起动，节省投资及运行费用；

（4）可以减少机器占地面积；

（5）安装工期短；

（6）设备结构简单，能耗低，操作方便。

3）大倾角带式输送机技术要求较难，胶带基带的强度要求高，横向刚度要求大，驱动功率要求也大，提升高度受到限制，且设备费用较高。

2. 大倾角带式输送机应用前景

大倾角带式输送机在一些工业较发达的国家已经得到较广泛的应用，如美国大陆公司1983 年研究成功两台矿用主提升大倾角带式输送机，提升角度分别为 60° 和 35°，输送能力分别为 2000t/h 和 2903t/h；南斯拉夫的一个露天铜矿制造了一台能力为 4000t/h，提升倾角为 35.5° 大倾角带式输送机。国内大倾角带式输送机尚处在起步阶段，大于 28° 的大倾角带式输送机主要用于地面，且提升高度有限；作为矿井主提升的大倾角带式输送机主要为深槽式，提升角度都在 28° 以下。因为大倾角带式输送机具有普通胶带机全部特点，而且具有许多提升机无法比拟的优点，在投资、运转和维修费用较少以及占用空间最小的情况下，大倾角带式输送机可获得理想的输送效果，但其技术要求高，提升高度受到限制，目前国内尚处于试用阶段。

（四）实　例

部分矿井大倾角带式输送机使用实例见表 4—12—29。

表 4—12—29　大倾角带式输送机使用实例

序号	矿井名称	胶带机型号	运输量 (m³/h)	运输距离 (m)	带速 (m/s)	倾角 (°)	主机功率 (kW)	胶　带	
								宽 (m)	强度
1	平顶山 11 矿	SQD—400	300	675	2.0	+25	2×220	0.8	ST2000
2	鹤壁八矿	STJ800/250S	300	485	2.0	+25	250	0.8	ST1600
3	华亭煤矿	STJ800/250S	200	511	2.0	23～26	250	0.8	ST1600
4	平顶山 11 矿	STJ800/440S	300	670	2.0	+25	2×220	0.8	ST2000
5	徐州夹河矿	STJ1000/2×250S	350	580	2.0	+25	2×250	1.0	ST2000
6	甘肃华亭矿	STJ1200/2×500S	500	1000	2.5	+22.5	2×500	1.2	ST3150
7	新窑矿	STJ1000/2×220S	260	607	2.0	+28	2×220	1.0	ST2000

三、硐　室

（一）硐室尺寸

大倾角带式输送机运输的斜井井筒中硐室（包括机头硐室、机尾硐室、装载硐室、卸载硐室、拉紧装置硐室、检修硐室和清理撒煤硐室）尺寸的确定原则和方法，类似于钢绳芯胶输送机斜井井筒硐室，见本章第二节。

（二）实　例

（1）河南平顶山十一矿钢绳芯带式输送机驱动装置硐室（图 4—12—63）。

（2）山西左云县鹊儿山矿主井井底装载硐室（图 4—12—64）。

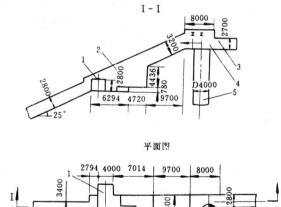

图 4—12—63　平顶山十一矿钢绳芯带式输送机驱动装置硐室

1—操作室；2—机头硐室；3—电控硐室；4—卸载硐室；5—煤仓

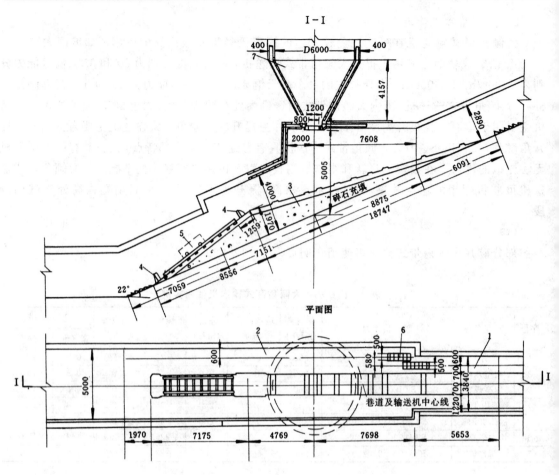

图4-12-64 山西左云县鹊儿山矿井主井井底装载硐室

1—井筒；2—装载及拉紧装置硐室；3—胶带机机尾基础；4—阻车器；

5—重载车式拉紧装置；6—台阶；7—煤仓

第十三章　串车斜井井筒及硐室

第一节　井筒断面及线路布置

一、井筒断面布置

（一）断面布置原则

（1）串车斜井井筒断面应根据运输设备的类型、下井设备最大尺寸、管子和电缆布置、人行道宽度、操作维修要求及所需通过风量确定。

（2）串车提升并兼作安全出口的斜井井筒与提升运输设备最突出部分之间距离应符合下列规定：斜井井筒行人侧，从渣面起垂高 1.6m 内，必须留有 0.8m 以上的人行道，综合机械化矿井 1.0m；非人行侧的宽度不得小于 0.3m，综合机械化矿井 0.5m。采用双钩提升的井筒，两相对运行的提升运输设备最部分之间的距离，不得小于 0.2m。

（3）串车提升的斜井井筒，专为升降物料时，风速不应超过 10m/s；升降物料和人员或升降物料兼作安全出口时，风速不应超过 6m/s。

（4）串车斜井井筒中敷设电缆时，应有可靠的保护措施。

（二）断面形状选择

表 4—13—1　断面尺寸确定　　　　　　mm

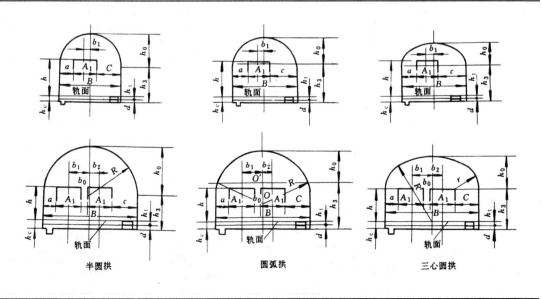

半圆拱　　　　　　　　　　圆弧拱　　　　　　　　　　三心圆拱

序号	名称		符号	计算依据和公式		
				半圆拱	圆弧拱	三心圆拱
1	非人行侧设备与井壁间宽度		a	$a \geqslant 300$（综合机械化矿井$\geqslant 500$）		
2	人行侧设备与井壁间宽度		c	$c \geqslant 800$（综合机械化矿井$\geqslant 1000$）		
3	车辆或设备最大宽度		A_1	按选取的车辆或运送最大设备的宽度确定		
4	两设备间隙		b_0	$b_0 \geqslant 200$		
5	井筒净宽		B	$B = a + A_1 + c$（单轨）　$B = a + 2A + b_0 + c$（双轨）		
6	轨道中心线与井筒中心线间距		b_1 b_2	$b_1 = \dfrac{B}{2} - a - \dfrac{A_1}{2}$　$b_2 = \dfrac{B}{2} - c + \dfrac{A_1}{2}$		
7	非人行侧设备上缘与拱壁间宽度		a'	$a' \geqslant 300$		
8	人行侧设备上缘与拱壁间宽度		c'	$c' \geqslant 800$（人行台阶起1.6m高度处的宽度）		
9	拱顶高度		h_0	$h_0 = \dfrac{B}{2}$	$h_0 = \dfrac{B}{3}$	$h_0 = \dfrac{B}{3}$
10	拱顶曲线半径		$R.r$	$R = \dfrac{B}{2}$	$R = 0.542B$	$R = 0.692B$ $r = 0.262B$
11	圆弧拱圆心至拱基线高度		oo'		$oo' = 0.209B$	
12	轨面起车辆高度		h	按选取的车辆或运送最大设备的高度确定		
13	底板至轨面高度		h_c	按铺轨型式确定，见本篇第十一章		
14	人行台阶铺底厚度		d	$d = 80 \sim 100$，见表$4-11-8$		
15	人行台阶高度		h_t	见表$4-11-8$		
16	井筒倾角		α			
17	底板面起井筒壁高（取最大值）	按行人宽度计算	h_3	$h_3 \geqslant (1600 + h_t)\cos\alpha - \sqrt{R^2 - \left[\dfrac{B}{2} - (c - c')\right]^2} + d$	$h_3 \geqslant (1600 + h_t)\cos\alpha - \sqrt{R^2 - \left[\dfrac{B}{2} - (c - c')\right]^2} + d + 0.209B$	$h_3 \geqslant (1600 + h_t)\cos\alpha - \sqrt{r^2 - [r - (c - c')]^2} + d$
		按设备上缘与拱壁间隙计算（非行人侧）		$h_3 \geqslant h + h_c - \sqrt{R^2 - \left[\dfrac{B}{2} - (a - a')\right]^2}$	$h_3 \geqslant h + h_c - \sqrt{R^2 - \left[\dfrac{B}{2} - (a - a')\right]^2} + 0.209B$	$h_3 \geqslant h + h_c - \sqrt{r^2 - [r - (a - a')]^2}$

串车斜井井筒常用的断面形状有半圆拱、圆弧拱、三心圆拱等，适用条件见表4—9—3。

（三）断面布置及尺寸确定

串车斜井井筒分单轨、双轨两种布置形式，其断面布置和尺寸确定见表4—13—1。

（四）原煤炭工业部颁发的通用设计

江西省煤矿设计院于1978年编制的"1t标准矿车串车斜井井筒施工设计（通用设计）"中，按两种支护方式，16种规格，共编制出27个断面，其各断面的布置形式、主要尺寸、技术特征及材料消耗见表4—13—2～表4—13—4。

（五）设计实例

见图4—13—1～图4—13—3。

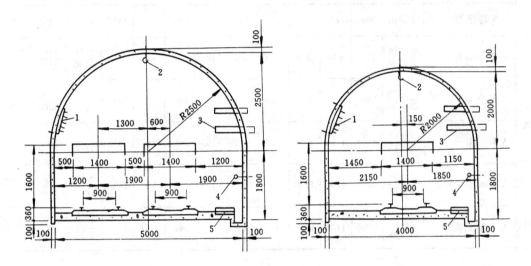

图4—13—1 山西晋城寺河矿副斜井井筒断面图

1—电缆挂钩；2—灯具挂钩；3—托管梁；4—行人扶手；5—行人台阶

表 4 − 13 − 2　井筒断面主要尺寸　　　　　　　　　　mm

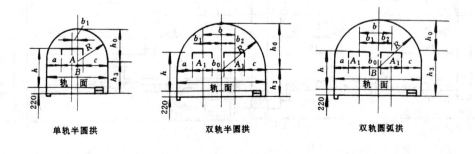

单轨半圆拱　　　　双轨半圆拱　　　　双轨圆弧拱

续表

断面布置形式		断面形状	B	A₁	c	b₀	a	b	b₁	b₂	h	h₀	h₃	R
单轨	矿车、不设管子	半圆拱	2200	880	840		480		180		1150	1100	1200	1100
	矿车、设管子	半圆拱	2500	880	840		780		30		1150	1250	1200	1250
	人车、不设管子	半圆拱	2500	1100	900		500		200		1510	1250	1100	1250
	人车、设管子	半圆拱	2700	1100	840		760		40		1510	1350	1200	1350
	人车场、不设管子	半圆拱	2700	1100	1140		460		340		1510	1350	1200	1350
	人车场、设管子	半圆拱	3000	1100	1140		760		190		1510	1500	1100	1500
双轨	矿车、不设管子	半圆拱 圆弧拱	3300	880	840	220	480	1100	730	370	1150	1650 1100	1100 1500	1650 1790
	人车、不设管子	半圆拱 圆弧拱	3800	1100	840	300	460	1400	890	510	1510	1900 1270	1100 1500	1900 2060
	人车、设管子	半圆拱 圆弧拱	4100	1100	840	300	760	1400	740	660	1510	2050 1370	1000 1500	2050 2220
	人车场、不设管子	半圆拱 圆弧拱	4800	1100	1150	300	1150	1400	700	700	1510	2400 1600	900 1500	2400 2600
	人车场、设管子	半圆拱 圆弧拱	5100	1100	1140	300	1460	1400	540	860	1510	2550 1700	900 1500	2550 2760

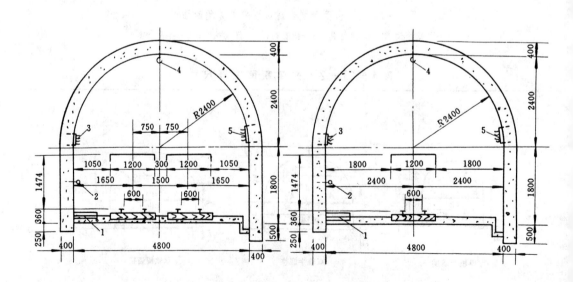

图 4—13—2   陕西韩城象山矿副暗斜井井筒断面图

1—行人台阶；2—行人扶手；3—通信电缆挂钩；4—灯具挂钩；5—动力电缆挂钩

表4-13-3　井筒断面特征及材料消耗量（荒料石砌碹）

断面布置形式		断面形状	普氏系数	净断面 (m²)	设计掘进断面 (m²)	计算掘进工作量 (m³)		净周长 (m)	拱壁厚度 (mm)	每米井筒材料消耗量 (m³)				图纸编号
						井筒	基础			荒料石			充填料	
										拱	墙	基础		
单轨	矿车 不设管子	半圆拱	4~6/3	4.4	6.1/6.1	6.6/6.6	0.3/0.3	7.9	250/250	0.96/0.96	0.60/0.60	0.18/0.18	0.63/0.63	T78-111.1-17
	矿车 设管子		4~6/3	5.2	7.7/7.5	7.7/8.0	0.3/0.3	8.7	250/300	1.08/1.32	0.60/0.72	0.13/0.15	0.68/0.70	T78-111.1-18
	人车 不设管子		4~6/3	5.0	6.8/7.2	7.3/7.7	0.3/0.3	8.5	250/300	1.08/1.32	0.55/0.66	0.18/0.21	0.65/0.67	T78-111.1-19
	人车 设管子		4~6/3	5.9	7.8/8.2	8.4/8.8	0.3/0.3	9.2	250/300	1.16/1.41	0.60/0.72	0.13/0.15	0.70/0.72	T78-111.1-20
	人车场 不设管子		4~6/3	5.9	7.8/8.2	8.4/8.8	0.3/0.3	9.2	250/300	1.16/1.41	0.60/0.72	0.18/0.21	0.69/0.71	T78-111.1-21
	人车场 设管子		4~6/3	6.6	8.6/9.0	9.2/9.6	0.3/0.3	9.8	250/300	1.28/1.55	0.55/0.66	0.13/0.15	0.72/0.74	T78-111.1-22
双轨	矿车 不设管子		4~6/3	7.6	10.2/10.2	10.9/10.9	0.3/0.3	10.5	300/300	1.70/1.70	0.66/0.66	0.21/0.21	0.77/0.77	T78-111.1-23
	人车 不设管子		4~6/3	9.5	12.4/12.8	13.1/13.5	0.3/0.4	11.8	300/350	1.93/2.28	0.66/0.77	0.21/0.25	0.83/0.85	T78-111.1-24
	人车 设管子		4~6/3	10.3	13.8/13.8	14.5/14.5	0.38/0.3	12.4	350/350	2.45/2.45	0.70/0.70	0.18/0.18	0.88/0.88	T78-111.1-25
	人车场 不设管子		4~6/3	12.9	16.7/17.4	17.5/18.2	0.4/0.4	14.0	350/415	2.83/3.40	0.63/0.75	0.25/0.29	0.93/0.96	T78-111.1-26
	人车场 设管子		4~6/3	14.3	19.1/19.6	19.9/20.5	0.4/0.4	14.7	415/465	3.59/4.06	0.75/0.84	0.21/0.23	1.00/1.02	T78-111.1-27

表 4-13-4 (1)　井筒断面特征及材料消耗量
（锚喷支护）

断面布置形式	断面形状	围岩类别	净断面 (m²)	设计掘进断面 (m²)	计算掘进工程量 (m³) 井筒	计算掘进工程量 (m³) 墙脚	净周长 (m)	支护参数 喷射厚度 (mm)	钢筋砂浆锚杆 排列方式	钢筋砂浆锚杆 直径 (mm)	钢筋砂浆锚杆 锚深 (mm)	钢筋砂浆锚杆 长度 (mm)	钢筋砂浆锚杆 间排距 (mm)	喷射混凝土(砂浆)(m³)	注眼砂浆 (m³)	每米井筒材料消耗量 金属锚杆 (根/kg)	金属网 (m²/kg)	铸铁托板 (kg)	图纸编号
单轨 矿车 不设管子	半圆拱	I	4.4	4.5	5.0	—	7.9	—	—	—	—	—	—	—	—	—	—	—	T78-111. 1-1
		II		4.9	5.4	0.03		70	—	—	—	—	—	0.45	—	—	—		
		III		4.9	5.4	0.03		70	三花	14	1600	1650	1000	0.45	0.01	5.8/11.58	—		
		IV		5.1	5.6	0.04		100	三花	14	1600	1700	800	0.65	0.02	9.4/19.57	—	18.24	
		V		5.3	5.7	0.04		120	三花	14	1600	1700	600	0.78	0.04	17.2/35.82	—	33.37	
矿车 设管子	半圆拱	I	5.2	5.4	5.9	—	8.7	—	—	—	—	—	—	—	—	—	—	—	T78-111. 1-2
		II		5.9	6.4	0.03		70	—	—	—	—	—	0.48	—	—	—		
		III		5.9	6.4	0.03		70	三花	14	1600	1650	1000	0.48	0.01	6.3/12.58	—		
		IV		6.1	6.6	0.01		100	三花	14	1600	1700	800	0.69	0.02	10.2/21.24	—	19.79	
		V		6.2	6.7	0.04		120	三花	14	1600	1700	600	0.83	0.04	18.3/38.11	—	35.51	
人车 不设管子	半圆拱	I	5.0	5.2	5.7	—	8.5	—	—	—	—	—	—	—	—	—	—	—	T78-111. 1-3
		II		5.6	6.1	0.03		70	—	—	—	—	—	0.47	—	—	—		
		III		5.6	6.1	0.03		70	三花	14	1600	1650	1000	0.47	0.01	6.1/12.18	—		
		IV		5.8	6.3	0.04		100	三花	14	1600	1700	800	0.67	0.02	9.8/20.41	—	19.01	
		V		5.9	6.4	0.04		120	三花	14	1600	1700	600	0.81	0.04	17.8/37.06	—	34.54	
人车 设管子	半圆拱	I	5.9	6.1	6.6	—	9.2	—	—	—	—	—	—	—	—	—	—	—	T78-111. 1-4
		II		6.6	7.1	0.03		70	—	—	—	—	—	0.50	—	—	—		
		III		6.6	7.1	0.03		70	三花	14	1600	1650	1000	0.50	0.01	6.6/13.18	—		
		IV		6.8	7.3	0.04		100	三花	14	1600	1700	800	0.72	0.02	10.6/22.07	—	20.57	
		V		6.9	7.4	0.04		120	三花	14	1600	1700	600	0.87	0.04	10.4/40.40	—	37.64	
人车场 不设管子	半圆拱	I	5.9	6.1	6.6	—	9.2	—	—	—	—	—	—	—	—	—	—	—	T78-111. 1-5
		II		6.6	7.1	0.03		70	—	—	—	—	—	0.50	—	—	—		
		III		6.6	7.1	0.03		70	三花	14	1600	1650	1000	0.50	0.01	6.6/13.18	—		
		IV		6.8	7.3	0.04		100	三花	14	1600	1700	800	0.72	0.02	10.6/20.07	—	20.57	
		V		6.9	7.4	0.04		120	三花	14	1600	1700	600	0.87	0.04	19.4/40.40	—	37.64	
人车场 设管子	半圆拱	I	6.6	6.9	7.5	0.02	9.8	(20)	—	—	—	—	—	(0.15)	—	—	—	—	T78-111. 1-6
		II		7.5	8.1	0.01		100	—	—	—	—	—	0.75	—	—	—		

表4-13-4（2）　井筒断面特征及材料消耗量（锚喷支护）

断面布置形式	断面形状	围岩类别	净断面(m²)	设计掘进断面(m²)	计算掘进工程量-井筒(m³)	计算掘进工程量-墙脚(m³)	净周长(m)	喷射厚度(mm)	钢筋砂浆锚杆-排列方式	钢筋砂浆锚杆-直径(mm)	钢筋砂浆锚杆-锚深(mm)	钢筋砂浆锚杆-长度(mm)	钢筋砂浆锚杆-间排距(mm)	喷射混凝土(砂浆)(m³)	注眼砂浆(m³)	金属锚杆(根/kg)	金属网(m²/kg)	铸铁托板(kg)	图纸编号
单轨 人车场 设管子	半圆拱	Ⅲ	6.6	7.5	8.1	0.04	9.8	100	三花	14	1600	1650	800	0.75	0.02	11.1/22.16	—	—	T78-111.1-6
		Ⅳ		7.7	8.2	0.04		120	三花	14	1800	1900	800	0.90	0.03	11.1/25.80	—	21.54	
		Ⅴ		7.9	8.4	0.05		150	三花	14	1800	1900	600	1.11	0.05	20.3/17.18	7.62/7.24	39.39	
单轨 矿车 不设管子	半圆拱	Ⅰ	7.6	8.0	8.6	0.02	10.5	(20)	—	—	—	—	—	(0.16)	—	—	—	—	T78-111.1-7
		Ⅱ		8.6	9.2	0.04		100	—	—	—	—	—	0.80	—	—	—	—	
		Ⅲ		8.6	9.2	0.04		100	三花	14	1600	1650	800	0.80	0.03	11.7/23.36	—	—	
		Ⅳ		8.8	9.4	0.04		120	三花	14	1800	1900	800	0.96	0.03	11.9/27.66	—	23.09	
		Ⅴ		9.0	9.6	0.05		150	三花	14	1800	1900	600	1.21	0.05	21.7/50.44	8.09/7.69	12.10	
双轨 人车场 不设管子	半圆拱	Ⅰ	9.5	10.0	10.6	0.02	11.8	(20)	—	—	—	—	—	(0.17)	—	—	—	—	T78-111.1-9
		Ⅱ		10.6	11.3	0.04		100	—	—	—	—	—	0.88	—	—	—	—	
		Ⅲ		10.6	11.3	0.04		100	三花	14	1600	1650	800	0.88	0.03	13.0/25.95	—	—	
		Ⅳ		10.8	11.5	0.01		120	三花	14	1800	1900	800	1.06	0.03	13.1/30.15	—	25.42	
		Ⅴ		11.1	11.7	0.05		150	三花	14	1800	1900	600	1.33	0.06	23.9/55.55	8.87/8.13	46.37	
双轨 人车场 设管子	半圆拱	Ⅰ	10.3	10.8	11.5	0.02	12.4	(20)	—	—	—	—	—	(0.18)	—	—	—	—	T78-111.1-10
		Ⅱ		11.5	12.2	0.04		100	—	—	—	—	—	0.90	—	—	—	—	
		Ⅲ		11.5	12.2	0.01		100	三花	14	1600	1650	800	0.90	0.03	13.4/26.75	—	—	
		Ⅳ		11.7	12.4	0.01		120	三花	14	1800	1900	800	1.09	0.03	13.4/31.15	—	26.00	
		Ⅴ		12.0	12.6	0.05		150	三花	14	1800	1900	600	1.37	0.06	24.4/56.71	9.14/8.68	47.34	
双轨 矿车 不设管子	半圆拱	Ⅰ	12.9	13.5	14.2	0.02	14.0	(20)	—	—	—	—	—	(0.20)	—	—	—	—	
		Ⅱ		14.3	15.0	0.04		100	—	—	—	—	—	0.99	—	—	—	—	
		Ⅲ		14.3	15.0	0.04		100	三花	14	1600	1650	800	0.99	0.03	14.8/29.55	—	—	
		Ⅳ		14.4	15.2	0.01		120	三花	14	1800	1900	800	1.20	0.01	14.8/34.40	—	28.72	
		Ⅴ		14.7	15.5	0.05		150	三花	14	1800	1900	600	1.50	0.07	26.9/62.52	10.04/9.54	52.19	
双轨 矿车 设管子	半圆拱	Ⅰ	14.3	14.9	15.7	0.02	14.7	(20)	—	—	—	—	—	(0.21)	—	—	—	—	T78-111.1-11
		Ⅱ		15.9	16.7	0.04		120	—	—	—	—	—	1.25	—	—	—	—	
		Ⅲ		15.9	16.7	0.04		120	三花	14	1800	1850	800	1.25	0.01	15.6/34.92	—	—	
		Ⅳ		16.2	17.0	0.05		150	三花	14	1800	1900	600	1.57	0.07	28.3/65.78	—	54.91	
		Ⅴ		16.2	17.0	0.05		150	三花	16	2000	2100	600	1.57	0.08	28.3/94.86	10.51/9.98	54.91	
矿车		Ⅰ		7.7	8.3	0.02		(20)	—	—	—	—	—	(0.15)	—	—	—	—	
		Ⅱ		8.3	8.9	0.04		100	—	—	—	—	—	0.78	—	—	—	—	

表 4—13—4（3）　井筒断面特征及材料消耗量（锚喷支护）

断面布置形式	断面形状	围岩类别	净断面积(m²)	设计掘进断面积(m²)	计算掘进工程量-井筒(m³)	计算掘进工程量-墙脚(m³)	净周长(m)	支护参数-喷射厚度(mm)	钢筋砂浆锚杆-排列方式	钢筋砂浆锚杆-直径(mm)	钢筋砂浆锚杆-锚深(mm)	钢筋砂浆锚杆-长度(mm)	钢筋砂浆锚杆-同排距(mm)	喷射混凝土(砂浆)(m³)	注眼砂浆(m³)	金属锚杆(根/kg)	金属网(m²/kg)	铸铁托板(kg)	图纸编号
双轨 矿车 不设管子	圆弧拱	Ⅲ	7.3	8.3	8.9	0.04	10.3	100	三花	14	1600	1650	800	0.78	0.03	11.4/22.76	—	—	T78—111.1—12
		Ⅳ		8.5	9.0	0.04		120	三花	14	1800	1900	800	0.94	0.03	11.6/26.96	—	22.51	
		Ⅴ		8.7	9.3	0.05		150	三花	14	1800	1900	600	1.18	0.05	21.1/49.01	7.9/7.51	10.91	
矿车 设管子	圆弧拱	Ⅰ	8.9	9.3	9.9	0.02	11.5	(20)	—	—	—	—	—	(0.17)	—	—	—	—	T78—111.1—13
		Ⅱ		10.0	10.6	0.04		100	—	—	—	—	—	0.84	—	—	—	—	
		Ⅲ		10.0	10.6	0.04		100	三花	14	1600	1650	800	0.84	0.03	12.5/24.96	—	—	
		Ⅳ		10.1	10.8	0.04		120	三花	14	1800	1900	800	1.02	0.03	12.5/29.05	—	24.25	
		Ⅴ		10.4	11.0	0.05		150	三花	14	1800	1900	600	1.28	0.06	22.8/52.99	8.54/8.11	44.24	
人车场 不设管子	圆弧拱	Ⅰ	9.9	10.3	11.0	0.02	12.1	(20)	—	—	—	—	—	(0.17)	—	—	—	—	T78—111.1—14
		Ⅱ		11.0	11.7	0.04		100	—	—	—	—	—	0.88	—	—	—	—	
		Ⅲ		11.0	11.7	0.04		100	三花	14	1600	1650	800	0.88	0.03	13.1/26.15	—	—	
		Ⅳ		11.2	11.9	0.04		120	三花	14	1800	1900	800	1.06	0.03	13.1/30.45	—	25.42	
		Ⅴ		11.5	12.1	0.05		150	三花	14	1800	1900	600	1.33	0.06	23.9/55.55	8.92/8.47	46.37	
人车场 不设管子	圆弧拱	Ⅰ	12.3	12.9	13.6	0.02	13.7	(20)	—	—	—	—	—	(0.19)	—	—	—	—	T78—111.1—15
		Ⅱ		13.7	14.4	0.04		100	—	—	—	—	—	0.97	—	—	—	—	
		Ⅲ		13.7	14.4	0.04		100	三花	14	1600	1650	800	0.97	0.03	14.5/28.95	—	—	
		Ⅳ		13.8	14.6	0.04		120	三花	14	1800	1900	800	1.17	0.04	14.5/33.70	—	28.13	
		Ⅴ		14.1	14.9	0.05		150	三花	14	1800	1900	600	1.47	0.07	26.4/61.36	9.81/9.32	51.22	
人车场 设管子	圆弧拱	Ⅰ	13.5	14.1	14.8	0.02	14.4	(20)	—	—	—	—	—	(0.20)	—	—	—	—	T78—111.1—16
		Ⅱ		15.1	15.8	0.04		120	—	—	—	—	—	1.21	—	—	—	—	
		Ⅲ		15.1	15.8	0.04		120	三花	14	1800	1850	800	1.21	0.04	15.2/35.33	—	—	
		Ⅳ		15.3	16.1	0.05		150	三花	14	1800	1900	600	1.52	0.07	27.5/63.92	—	53.36	
		Ⅴ		15.3	16.1	0.05		150	三花	14	2000	2100	600	1.52	0.08	27.5/92.18	10.19/9.68	53.36	

表 4—13—5　双钩串车斜井井筒线路布置形式

图　示	优　缺　点	使　用　条　件	使　用　矿　井
	线路无道岔、车辆运行平稳可靠；钢丝绳、车轮、轨道等磨损小，使用寿命长但要求井筒断面大、工程量大、材料消耗多	提升速度高、提升量大或线路短，多水平生产的井筒	晋城寺河矿 韩城象山矿 淮南李郢孜矿
	错车道设结构单的岔心、车辆运行可靠，可缩小井筒断面，但钢丝绳、车轮、轨道等磨损大，特别是轨道磨损不均匀	线路长，单水平生产的井筒或用于小型矿井中	康平县三台子矿 本溪牛心台矿
	错车不设道岔和岔心、车辆运行可靠，可缩小井筒断面，减少工程量及材料消耗。但钢丝绳、车轮、轨道磨损大	线路长，单水平生产的井筒	
	可缩小井筒断面、省工程量和材料消耗量，但道岔有时失灵，车辆运行不可靠；如两道岔采用自动分配机构，则可杜绝提升事故	用于小型井或临时工程	大同同家梁矿

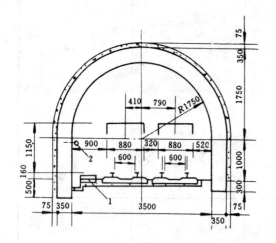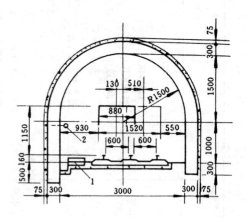

图 4—13—3　康平县三台子矿改扩建工程副斜井井筒断面图
1—行人台阶；2—行人扶手

二、线路布置

（一）线路布置原则

采用双钩提升的斜井，宜按双道布置；井筒下部 2 组对称道岔间的单轨长度不应小于一钩车另加 1～2 辆矿车的总长度。

（二）线路布置形式

双钩串车斜井井筒线路布置形式，见表 4—13—5。

第二节　斜井井筒内人员运送

一、人员运送的要求

（1）上下人员的斜井，垂深超过 50m 时，应装设运送人员的机械设备。

（2）斜井井筒人车安全装置的选择应与井筒内道床和轨枕类型相适应。

二、斜井人车类型

目前，斜井内使用的人车主要有 XRC 和 XRB 型，斜井人车技术特征及条件见第一篇。

第三节　硐　　室

一、乘人车场

（1）乘人车场位置：采用人车运送人员的斜井井筒中，应在井口和井底适当地点分别设置乘人车场。井底乘人车场应设在井底竖曲线以上；井口乘人车场应设在井口竖曲线以下。由于影响井底乘人车场的因素较多,应先确定其位置,然后再确定井口乘人车场的位置。井底乘人车场的位置和形式见表4—13—6。

表4—13—6 井底乘人车场位置及形式

位 置	图 示	优 缺 点
人车场设在1,2号道岔以下		距井底车场近,上下人员方便,通道短,省工量。但人车上下要过两组道岔,运行不平稳,且易掉道
人车场设在1,2号道岔之间		其优缺点介于上下两种形式之间
人车场设在1,2号道岔以上	 1—1号道岔;2—2号道岔;3—人车场;4—等候室通道;5—井底车场;6—起坡点	人车上下不过道岔,运行平稳,安全性好。但距井底车场较远,通道长,工程量大,上下人员不方便

(2)乘人车场长度:应根据人车类型和数量确定,可为一组人车长度的1.5倍。

(3)乘人车场两侧人行道宽度均不得小于1.0m,人行道上方1.6~1.8m高度范围内不得架管子和电缆。

(4)在"1t标准矿车串车斜井井筒施工设计"中有关人车场断面布置及技术特征见表4—13—2~表4—13—4。

二、人车存车场

(1)布置要求:采用人车运送人员的斜井井筒,人车存车场宜设在井筒内。当为双钩提升时,应在井口、井底适当地点分别设置;单钩提升时,可设在井口或地面。

(2)布置形式:见表4—13—7。

三、等候室

见第五篇。

四、信号硐室

硐室位置宜设在井底车场起坡点附近,硐室尺寸一般采用宽1.5~2.2m、高2.0~2.2m,深1.5~2.0m。

五、躲避硐室

(一) 设置原则

(1)斜井提升兼作人行道时,在人行道一侧必须设躲避硐室。躲避硐室间距不得大于40m。

(2) 当在规定的间距内,有可以利用的硐室或巷道符合躲避硐室尺寸时,可不另设躲避硐室。

(二) 躲避硐室尺寸

躲避硐室的尺寸应符合以下要求:净高不得低于1.8m,净宽不得小于1.4m,净深不得小于1.4m。

表4-13-7　人车存车场位置及形式

位　置	图　示	优　缺　点
地面存车场	1—人车存车场;2—重车线;3—空车线	1. 存车安全 2. 摘挂钩较远
井筒存车场	1—人车存车场;2—人车场;3—等候室通道	1. 工程量较省 2. 钩头从车场至存车场靠人力拖拉,摘钩不方便 3. 井筒跑车时易撞坏人车
井下甩车存车场	1—人车存车场;2—人车场;3—泄水巷	1. 存车较安全 2. 摘挂钩方便 3. 工程量较大

第四节　斜井井筒跑车防护装置

斜井井筒跑车防护装置是保证矿井安全生产的重要措施。应按《煤矿安全规程》第345条和346条中有关规定执行。

斜井井筒跑车防护装置种类繁多,下面介绍几种常用的结构形式。

一、绳压式跑车防护装置

(一) 动作原理

如图4—13—4所示，在正常情况下，矿车运行时，提升钢丝绳6拉紧，将移动绳轮2压下，通过连接钢丝绳5将挡车门1抬起。当矿车发生跑车事故时，提升钢丝绳松弛，挡车门因自重落下，挡住跑车。

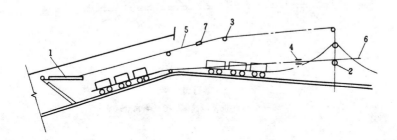

图4—13—4　绳压式跑车防护装置

1—挡车门；2—移动绳轮；3—固定托绳轮；4—甩绳装置；

5—连接钢丝绳；6—提升钢丝绳；7—联紧螺栓

（二）装置特点

该装置属常闭结构，安全性好；

可借助提升钢丝绳带动挡车门，不需外动力，结构简单，易于制造。

此装置不足之处是：

（1）当下放少数空车时，因提升钢丝绳张力较小，不足以将移动绳轮压下，挡车门仍然处于挡车位置，这时需要人工接起。这种驱动挡车门的方式限制了挡车门的重量和强度，不适用于挡多辆跑车的斜井。

（2）用提升钢丝绳压下移动绳轮，增加了钢丝绳的负荷和磨损量。

（三）使用地点

用于萍乡青山煤矿斜井，适于安设在井口和中部各车场。

二、主提升机控制式跑车防护装置

1. 动作原理

如图4—13—5所示，其牵引电机受主提升机联锁控制而动作。提升时，挡车门提起；提升后，挡车门落下，起挡车作用。

2. 装置特点

1）优点：

（1）该装置是常闭结构，安全性好。

（2）挡车门牵引电机与主提升机可实现电路互锁，该装置发生故障时，靠提升机闭锁可杜绝误操作。

2）缺点：

（1）结构较复杂，安装、调试工作量较大。

（2）造价较高。

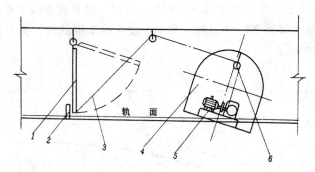

图 4—13—5 主提升机控制式跑车防护装置

1—挡车门；2—立柱；3—牵引钢丝绳；4—牵引电机硐室；

5—牵引电机及减速器；6—导向轮

3. 使用地点

用于韩城象山矿副暗斜井，适于安装在井口和中部车场。

第十四章　箕斗斜井井筒及硐室

第一节　井筒断面及线路布置

一、井筒断面布置

（一）断面布置原则

（1）箕斗斜井井筒断面应根据运输设备的类型、管子和电缆布置、人行道宽度、操作维修要求及需通过风量确定。

（2）箕斗提升并兼作安全出口的斜井井筒与提升运输设备最突出部分之间距离要求同串车斜井井筒，见本篇第十三章。

（3）箕斗提升斜井井筒不应兼作风井，如果兼作风井使用，必须遵守下列规定：

1）箕斗提升兼作回风井时，井上、下装卸装置都必须有完善的封闭措施，其漏风率不得超过15％，并应有可靠的降尘措施。井筒中的风速不应超过10m/s。

2）箕斗提升井兼作进风井时，井筒中的风速不得超过 6m/s，并应有可靠的降尘措施，保证粉尘浓度符合工业卫生标准。

（4）箕斗斜井井筒中敷设电缆时，应有可靠的保护措施。

（二）断面形状选择

箕斗斜井井筒常用的断面形状有半圆拱、圆弧拱、三心圆拱，适用条件见表4－9－3。

（三）断面布置及尺寸确定

箕斗斜井井筒一般采用双箕斗提升，其断面布置及尺寸确定见表4－14－1。

常用斜井箕斗主要尺寸参见表4－14－2、表4－14－3。

表4－14－1　井筒断面尺寸确定　　　　　　　　　　　　mm

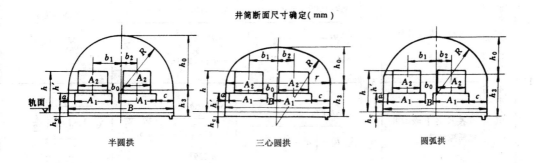

井筒断面尺寸确定（mm）

半圆拱　　　三心圆拱　　　圆弧拱

序号	名　称	符号	计算依据和公式		
			半圆拱	圆弧拱	三心圆拱
1	非人行侧设备与井壁间宽度	a	$a \geqslant 300$		
2	人行侧设备与井壁间宽度	c	$c \geqslant 800$		
3	箕斗宽度	A_1 A_2	见表 $4-14-2$ 及表 $4-14-3$		
4	两箕斗之间最小间隙	b_0	$b_0 \geqslant 200$		
5	井筒净宽	B	$B = a + 2A_1 + b_0 + c$		
6	轨道中心线与井筒中心线间距	b_1 b_2	$b_1 = \dfrac{B}{2} - a - \dfrac{A_1}{2}$　　$b_2 = \dfrac{B}{2} - c - \dfrac{A_1}{2}$		
7	非人行侧设备上缘与拱壁间宽度	a'	$a' \geqslant 300$		
8	人行侧设备上缘与拱壁间宽度	c'	$c' \geqslant 800$（人行台阶起 1.6m 高处的宽度）		
9	拱顶高度	h_0	$h_0 = \dfrac{B}{2}$	$h_0 = \dfrac{B}{3}$	$h_0 = \dfrac{B}{3}$
10	拱顶曲线半径	$R、r$	$R = \dfrac{B}{2}$	$R = 0.542B$	$R = 0.692B$ $r = 0.262B$
11	圆弧拱圆心至拱基线高度	oo'		$oo' = 0.209B$	
12	轨面起箕斗高度	h	见表 $4-14-2$ 及表 $4-14-3$		
13	底板至轨面高度	h_c	按铺轨型式确定,见本篇第十一章		
14	人行台阶铺底厚度	d	$d = 80 \sim 100$,见表 $4-11-8$		
15	人行台阶高度	h_t	见表 $4-11-8$		
16	井筒倾角	α			
17	底板起井筒壁高（取最大值） 按行人宽度计算	h_3	$h_3 \geqslant (1600 + h_t)\cos\alpha - \sqrt{R^2 - \left[\dfrac{B}{2} - (c - c')\right]^2} + d$	$h_3 \geqslant (1600 + h_t)\cos\alpha - \sqrt{R^2 - \left[\dfrac{B}{2} - (c - c')\right]^2} + d + 0.209B$	$h_3 \geqslant (1600 + h_t)\cos\alpha - \sqrt{r^2 - [r - (c - c')]^2} + d$
	底板起井筒壁高（取最大值） 按设备上缘与拱壁间隙计算		$h_3 \geqslant h + h_c - \sqrt{R^2 - \left(a' + \dfrac{A_2}{2} + b_1\right)^2}$	$h_3 \geqslant h + h_c - \sqrt{R^2 - \left(a' + \dfrac{A_2}{2} + b_1\right)^2} + 0.209B$	$h_3 \geqslant h + h_c - \sqrt{r^2 - \left[r - \left(\dfrac{B}{2} - b_1 - \dfrac{A_2}{2} - a'\right)\right]^2}$

表 4-14-2 JXH 系列斜井箕斗主要尺寸

图 示	型号	名称	图号	适用井筒倾角(°)	箕斗名义载重(t)	技术特征			主要尺寸(mm)				
						斗箱有效容积(m³)	轨距B_1(mm)	自重(kg)	A_1	A_2	b_1	h	h'
	JXH-3	3t 斜井提煤箕斗	B81-320.1		3	3.3	1300	3354	1630	1204	1048	1485	700
	JXH-4	4t 斜井提煤箕斗	B81-320.2		4	4.4	1400	3491	1730	1304	1148	1600	700
	JXH-6	6t 斜井提煤箕斗	B81-320.3	20~35	6	6.6	1400	4858	1770	1268	1112	1840	800
	JXH-8	8t 斜井提煤箕斗	B81-320.4		8	8.8	1500	6310	1870	1402	1216	1900	820

表 4-14-3 JX 系列斜井箕斗主要尺寸

图 示	型号	名称	图号	适用井筒倾角(°)	箕斗名义载重(t)	技术特征			主要尺寸(mm)				
						斗箱容积(m³)	轨距B_1(mm)	自重(kg)	A_1	A_2	b_1	h	h'
	JX-3	3t 后卸式箕斗	TS0202(1)-320-00		3	4.07	1300	2661	1630	1204	1048	1485	700
	JX-4	4t 后卸式箕斗	TS0202(2)-320-00		4	5.64	1400	3045	1730	1304	1148	1600	700
	JX-6	6t 后卸式箕斗	TS0202(3)-320-00	20~35	6	8.24	1400	4496	1770	1268	1112	1840	800
	JX-8	8t 后卸式箕斗	TS0202(4)-320-00		8	10.90	1500	5705	1870	1402	1216	1900	800

（四）设计实例

见图4—14—1～图4—14—3。

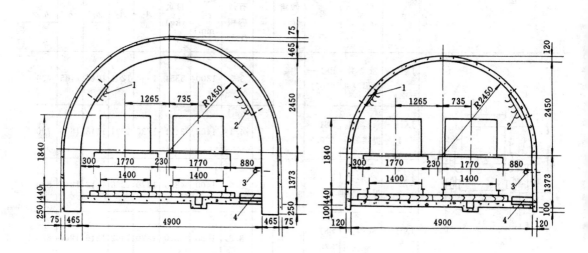

图4—14—1　华晋吕梁焦煤公司沙曲矿提前出煤主斜井井筒断面图

1—通信电缆挂钩；2—动力电缆挂钩；3—行人扶手；4—行人台阶

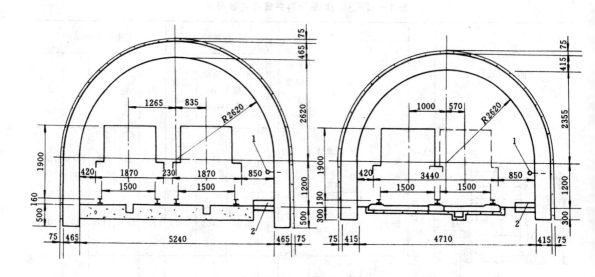

图4—14—2　康平县三台子矿改扩建工程主斜井井筒断面图

1—行人扶手；2—行人台阶

二、线路布置

箕斗斜井井筒中线路布置原则和布置形式与串车斜井井筒相同，见本篇第十三章。

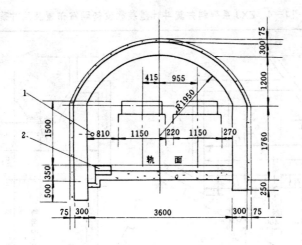

图4－14－3　河南三门峡市英豪矿梁家洼井主斜井井筒（采用加长箕斗）断面图

1—行人扶手；2—行人台阶

第二节　硐　　室

箕斗斜井硐室包括装载硐室、煤仓、信号硐室、躲避硐、清理撒煤硐室和水窝泵房等。

一、装载硐室及煤仓

（一）装载硐室

1. 装载硐室布置及尺寸确定

装载硐室尺寸根据选用的装载设备型号、设备布置、设备安装及检修，并考虑人行道及行人梯子的布置要求确定。

目前斜井箕斗装载设备有 ZXJ 和 ZX 两种系列产品；前者与 JXH 系列斜井箕斗配合使用，采用计量装载方式，既减少撒煤，又防止过载，在箕斗斜井中广泛采用；后者与 JX 系列斜井箕斗配合使用，具有硐室结构简单，工程量小的优点，在少数斜井中，仍有使用。

1）ZXJ 系列斜井箕斗计量装载设备硐室布置及尺寸确定。

ZXJ 系列装载设备硐室从结构形式上分为上、下两部分；上室由煤仓下口装煤设备向计量斗装煤，下室由计量斗向箕斗装煤。煤仓下口装煤设备可根据用户所需，自行选择往复式给煤机，气动闸门或其他给煤设备。装载硐室布置及尺寸确定见表4－14－4。

ZXJ 系列斜井箕斗计量装载设备主要尺寸见表4－14－5。

2）ZX 系列斜井箕斗装载设备硐室布置及尺寸确定，见表4－14－6。

ZX 系列斜井箕斗装载设备主要尺寸见表4－14－7～表4－14－10。

2. 装载硐室断面形状及支护型式

装载硐室可分平顶和拱顶两种形式：当井筒断面跨度较小或围岩较稳定时，宜选用平顶形式；当井筒断面跨度较大或围岩不稳定时，宜选用拱顶形式。

硐室支护材料和支护参数的选择，应根据硐室断面跨度大小，围岩稳定性及荷载情况，经计算或工程类比确定。

表4-14-4 ZXJ系列斜井箕斗计量装载设备硐室布置及尺寸确定 mm

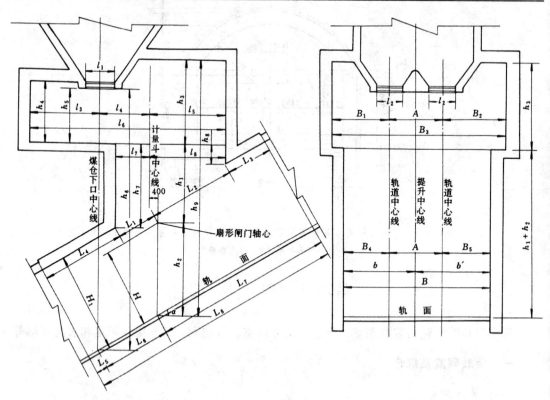

序号	名 称	符 号	计 算 依 据 及 公 式
1	井筒倾角	α	
2	硐室长度方向各项尺寸确定	l_1 l_3 l_4 l_5 l_6	根据煤仓下口装煤设备型号、布置及检修要求确定,采用K-3型往复式给煤机时,各项参考值如下: $l_1=1250$ $l_2=1000$ $l_3=3000$ $l_4=2180$ $l_5=3220$ $l_6=8400$
		l_7 l_8	根据计量斗布置及检修要求确定,一般 $l_7=1500$ $l_8=3200$
		L_1 L_2	$$L_1=\frac{l_7+400}{\cos\alpha} \qquad L_2=\frac{l_8-400}{\cos\alpha}$$
		L_3 L_4	根据煤仓容量,上室长度及围岩性质确定,一般 $L_3=2500\sim3000$ $L_4=4500\sim5000$
		L_5	$$L_5=L_4-\frac{l_4-l_7}{\cos\alpha}-H_1\tan\alpha$$
		L_6	$$L_6=\frac{l_4+400}{\cos\alpha}$$
		L_7	$$L_7=L_2+L_3+H_1\tan\alpha$$

续表

序号	名 称	符号	计 算 依 据 及 公 式
		L_8	$L_8=L_1+L_2+L_3+L_4=L_5+L_6+L_7$
3	硐室宽度方向各项尺寸确定	A B b	见表4-14-5(其中b为箕斗提升中心线至硐室非人行侧壁间距)
		b'	$b'=B-b$
		B_1 B_2	$B_1=b-\dfrac{A}{2}$　　$B_2=b'-\dfrac{A}{2}$
		B_3 B_4 l_2	根据煤仓下口装煤设备型号、布置及检修要求确定,采用K-3型往复式给煤机时,参考值如下:$B_3=B_4=2500$　$l_2=1000$
		B_5	$B_5=B_3+A+B_4$
4	硐室高度方向各项尺寸确定	H	见表4-14-5
		H_1	根据箕斗型号及检修、行人要求确定,见表4-14-1
		h_1	见表4-14-5
		h_2	$h_2=\dfrac{H}{\cos\alpha}$
		h_3 h_4 h_5	根据煤仓下口装煤设备型号、布置及检修要求确定,采用K-3型往复式给煤机时,参考值如下:$h_3=3500$　$h_4=2500$　$h_5=2280$
		h_6	$h_6=h_1+h_2+h_4+(l_4+400)\tan\alpha$
		h_7	$h_7=h_1+h_2+(l_4+400)\tan\alpha-H_1/\cos\alpha$
		h_8	$h_8=h_1+h_2-(l_8-400)\tan\alpha-H_1/\cos\alpha$

表4-14-5　ZXJ系列斜井箕斗计量装载设备主要尺寸

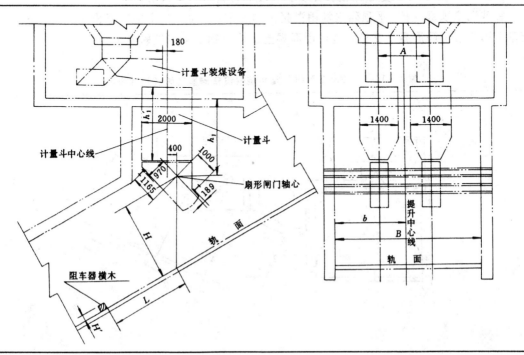

续表

序号	型号	图号	名称	计量斗有效容积(m³)	井筒倾斜角	溜槽断面尺寸(mm)	设备自重(kg)	主要尺寸(mm)								
								L	H	h'_1	H'	A	B	b	A_1	h_1
1	ZXJ-3	B81-321.1	3t斜井箕斗计量装载设备	3.3			7015	1450~850	2985	1100	285	1850	4480	1940	1300	1170
2	ZXJ-4	B81-321.2	4t斜井箕斗计量装载设备	4.4	20°~35°	700×750	7634	1850~1210	3100	1500	285	1950	4680	2040	1400	1570
3	ZXJ-6	B81-321.3	6t斜井箕斗计量装载设备	6.6			8996	2990~2270	3340	2300	320	2000	4770	2085	1400	2370
4	ZXJ-8	B81-321.4	8t斜井箕斗计量装载设备	8.8			10358	3900~3160	3400	3100	360	2000	4970	2185	1500	3170

ZXJ系列装载设备硐室常用双层钢筋混凝土支护，支护厚度400~500mm，受力钢筋直径16mm、间距200~300mm，分布钢筋直径9~12mm、间距250~300mm。

ZX系列装载设备硐室常用混凝土支护，支护厚度400~500mm。

装载硐室顶部支护：平顶硐室常用混凝土加工字钢支护，工字钢间距300~500mm；拱顶硐室常用双层钢筋混凝土支护，也可用混凝土加拱形钢支架或钢轨支护。

表4-14-6　ZX系列斜井箕斗装载设备硐室布置及尺寸确定

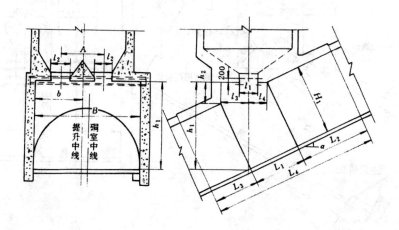

序号	名　称	符号	计　算　依　据　及　公　式
1	井筒倾角	α	
2	硐室长度方向各项尺寸确定	l_1	标准设计中　$l_1=726$
		l_3	见表 4-14-7 及表 4-14-8
		l_4	一般 $l_4=h_3\cot\alpha-l_3$
		L_1	$L_1=h_2/\sin\alpha$
		L_2 L_3	L_2L_3 根据煤仓容量、围岩性质确定 一般 $L_2\geqslant3500$　　$L_3\geqslant2000$
		L_4	$L_4=L_1+L_2+L_3$
3	硐室宽度方向各项尺寸确定	A B b	见表 4-14-7 及表 4-14-8（b 为提升中心线至硐室非行人侧壁间距）
		l_2	标准设计中　$l_2=776$
4	硐室高度方向各项尺寸确定	H_1	根据箕斗型号及检修、行人要求确定,见表 4-14-1
		h_1	$h_1=\dfrac{H}{\cos\alpha}+440\tan\alpha+320$　选用 ZX 系列 20°～30°斜井箕斗装载设备时用,见表 4-14-9 $h_1=\dfrac{H}{\cos\alpha}-440\tan\alpha+320$　选用 ZX 系列 30°～35°斜井箕斗装载设备时用,见表 4-14-10 以上两式中 H 为 ZX 系列斜井箕斗装载设备扇形闸门轴心至轨面水平高度,见表 4-14-7 及表 4-14-8
		h_2	$h_2=h_1-\dfrac{H_1}{\cos\alpha}+l_3\tan\alpha$

表 4—14—7   ZX 系列 20°~30°斜井箕斗装载设备主要尺寸   mm

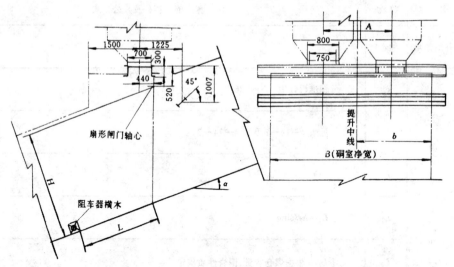

序号	设备型号	图　　号	重量(kg)	α°	L	H	A	B	b
1	ZX—3A	TS0203(1)—321—00	3500	20	1740	2885	1850	4480	1940
				30	1450				
2	ZX—4A	TS0203(3)—321—00	3790	20	2210	3000	1950	4680	2040
				30	1890				
3	ZX—6A	TS0203(5)—321—00	3628	20	3400	3240	2000	4770	2085
				30	3040				
4	ZX—8A	TS0203(7)—321—00	3880	20	4150	3300	2100	4970	2185
				30	3740				

表 4—14—8   ZX 系列 30°~35°斜井箕斗装载设备主要尺寸   mm

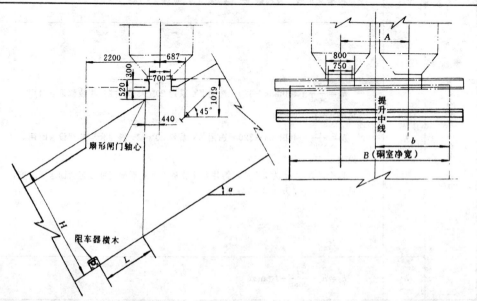

续表

序号	设备型号	图　　号	重量(kg)	a°	L	H	A	B	b
1	ZX－3B	TS0203(2)－321－00	3805	30 35	1000 770	3085	1850	4480	1940
2	ZX－4B	TS0203(4)－321－00	4069	30 35	1440 1200	3200	1950	4680	2040
3	ZX－6B	TS0203(6)－321－00	3888	30 35	2560 2300	3440	2000	4770	2085
4	ZX－8B	TS0203(8)－321－00	3904	30 35	3370 3110	3500	2100	4970	2185

表 4－14－9　采用 ZX 系列 20°～30°斜井箕斗装载设备时 h_1 值

设备型号	井筒倾角 (°)																				
	20	20.5	21	21.5	22	22.5	23	23.5	24	24.5	25	25.5	26	26.5	27	27.5	28	28.5	29	29.5	30
	h_1 (mm)																				
ZX－3A	3550	3565	3579	3594	3609	3625	3641	3657	3674	3691	3708	3726	3744	3763	3782	3801	3821	3842	3862	3884	3905
ZX－4A	3673	3687	3702	3718	3733	3749	3766	3783	3800	3817	3835	3854	3872	3892	3911	3931	3952	3973	3994	4016	4038
ZX－6A	3928	3944	4959	3975	3992	4009	4027	4044	4063	4081	4100	4120	4139	4160	4181	4202	4224	4246	4268	4292	4315
ZX－8A	3992	4008	4024	4040	4057	4074	4092	4110	4128	4147	4166	4186	4206	4227	4248	4269	4327	4314	4337	4360	4385

表 4－14－10　采用 ZX 系列 30°～35°斜井箕斗装载设备时 h_1 值

设备型号	井筒倾角 (°)										
	30	30.5	31	31.5	32	32.5	33	33.5	34	34.5	35
	h_1 值 (mm)										
ZX－3B	3628	3641	3655	3669	3683	3698	3713	3728	3744	3761	3778
ZX－4B	3761	3775	3789	3803	3818	3834	3850	3866	3883	3901	3918
ZX－6B	4038	4053	4069	4085	4101	4118	4136	4154	4173	4192	4211
ZX－8B	4108	4123	4139	4155	4172	4190	4208	4226	4245	4265	4285

（二）煤　仓

1. 煤仓布置形式

煤仓布置形式应根据井底车场主井重车线与斜井井筒相对位置确定。当井底车场主井重车线与斜井井筒垂直或斜交时，可采用立煤仓，也可采用斜煤仓；当两者互相平行时，一般采用斜煤仓。煤仓布置形式见表 4—14—11。

立煤仓比斜煤仓具有下列优点：

1）立煤仓可作成圆形断面，仓底不需铺钢轨，节省钢材；

2）立煤仓不拐弯，不易发生堵仓；

3）立煤仓粉煤率低；

4）立煤仓仓壁受力条件好，施工较方便；

5）立煤仓容量较大，能满足大型矿井的储煤需要。

但立煤仓上口较大，上口卸煤设备基础施工复杂。

采用箕斗提升 2 个及以上牌号的煤炭时，可设置不同牌号的专用煤仓。煤仓间岩柱大小应根据煤仓所在位置的岩性确定，并不应小于其中最大煤仓掘进直径的 2.5 倍。

2. 煤仓容量

井底煤仓的有效容量按下式计算：

$$Q_{mc} = (0.15 \sim 0.25) A$$

式中　　　Q_{mc}——井底煤仓有效容量，t；

　　　　　A——矿井设计日产量，t；

　　　$0.15 \sim 0.25$——系数，大型矿井取小值，中型矿井取大值。

3. 煤仓尺寸确定

煤仓尺寸主要根据煤仓布置形式与有效容量来确定，常用煤仓计算公式可参考表 4—14—11。

4. 其他要求

1）在煤仓下部应留有一定高度的煤，防止漏风，这部分容量不能作为有效容量，其高度由矿井通风负压而定；

2）煤仓上、下口应设空、满仓信号装置；

3）煤仓断面形状、支护型式、防堵措施、底部结构、分煤器形式及斜煤仓铺底等可参见本篇第八章。

（三）设计实例

1）康平县三台子矿改扩建工程主斜井箕斗装载硐室（采用 ZXJ—8 型斜井箕斗计量装载设备）及煤仓（见图 4—14—4）。图中画有斜线符号部分为双层钢筋混凝土，受力钢筋直径 16mm、间距 300mm，分布钢筋直径 10mm，间距 300mm。

2）华晋吕梁焦煤公司沙曲矿提前出煤主斜井箕斗装载硐室（采用 ZX—6A 型斜井箕斗装载设备）及煤仓（见图 4—14—5）。

二、信号硐室

信号硐室宜设在装载口斜上方 3～6m 处，位于装载设备硐室有人行道一侧，便于在硐室内能看清箕斗装载和人员上下情况。

表 4-14-11　煤仓各部尺寸确定

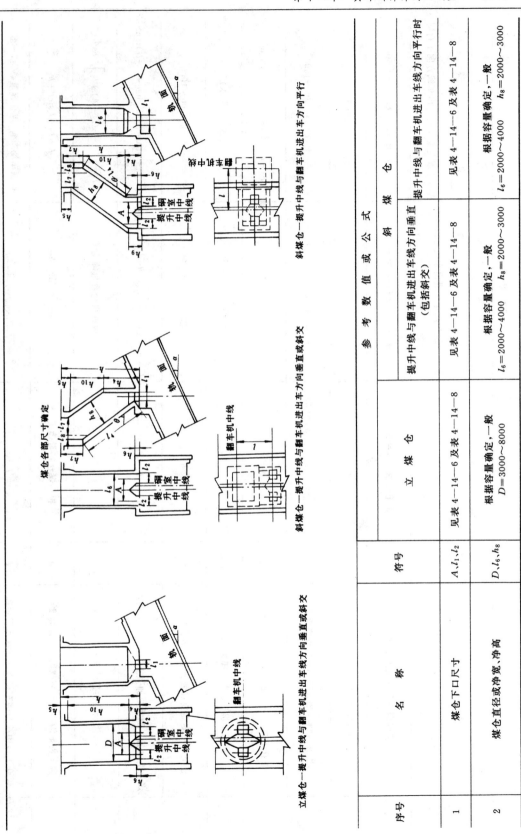

立煤仓—提升中线与翻车机进出车线方向垂直或斜交

斜煤仓—提升中线与翻车机进出车方向垂直或斜交

斜煤仓—提升中线与翻车机进出车方向平行

煤仓各部尺寸确定

序号	名　称	符号	参　考　数　值　或　公　式		
			立　煤　仓	斜　煤　仓	煤　仓
				提升中线与翻车机进出车线方向垂直（包括斜交）	提升中线与翻车机进出车线方向平行时
1	煤仓下口尺寸	A, l_1, l_2	见表 4-14-6 及表 4-14-8	见表 4-14-6 及表 4-14-8	见表 4-14-6 及表 4-14-8
2	煤仓直径或净宽、净高	D, l_6, h_8	根据容量确定，一般 $D=3000\sim8000$	根据容量确定，一般 $h_8=2000\sim3000$ $l_6=2000\sim4000$	根据容量确定，一般 $l_6=2000\sim3000$ $h_8=2000\sim3000$

续表

序号	名　称	符号	参考数值或公式 立煤仓	参考数值或公式 斜煤仓 提升中线与翻车机进出车线方向垂直（包括斜交）	参考数值或公式 斜煤仓 提升中线翻车机进出车线方向平行时
3	装载硐室顶部支护厚度	h_6	平顶形可取 $h_6=400\sim500$	平顶形可取 $h_6=400\sim500$	平顶形可取 $h_6=400\sim500$
4	仓口收缩角或煤仓倾角	θ	$\theta\geqslant60°$	$\theta\geqslant60°$	$\theta\geqslant60°$
5	煤仓下口一侧收缩部分铅直高度	h_4	$h_4=\dfrac{1}{2}(D-A-l_2)\tan\theta+h_6$	$h_4=h_8/\cos\theta-l_1\tan\theta+h_6$	一般取 $h_4=(A+l_2-h_8/\sin\theta)\tan\theta$
6	煤仓下口另一侧收缩部分铅直高度	h_9	$h_9=h_4$	$h_9=h_6$	$h_9=h_4-(A+l_2-h_8/\sin\theta)\tan\theta$
7	翻车机中线与仓壁间距	l_7、l_8		由翻车机要求定	由翻车机要求定
8	煤仓上口一侧需要加强支护部分铅直高度	h_5	一般 $h_5=500$	一般 $h_5=500\sim1000$	一般 $h_5=500\sim1000$
9	煤仓上口另一侧需要加强支护部分铅直高度	h_7	$h_7=h_5$	$h_7=h_5+h_8\cos\theta+(h_8\sin\theta-l_7-l_8)\tan\theta$	$h_7=h_5+h_8\cos\theta+(h_8\sin\theta-l_7-l_8)\tan\theta$
10	煤仓倾斜部分长度	l_4	根据煤仓容量确定	根据煤仓容量确定	$l_4=\left[l-\dfrac{1}{2}(l_2+A)+l_8\right]/\cos\theta$
11	翻车机地沟底板至装载硐室顶部高度	h	根据煤仓容量确定	$h=h_7+l_4\sin\theta+h_6$	$h=h_7+l_4\sin\theta+h_4$
12	煤仓下口中线与翻车机进出车线水平距离	l	$l=0$	$l=l_4\cos\theta-l_8+\dfrac{l}{2}-l_1$	根据车场布置，煤仓容量确定，一般 $l=5000\sim15000$

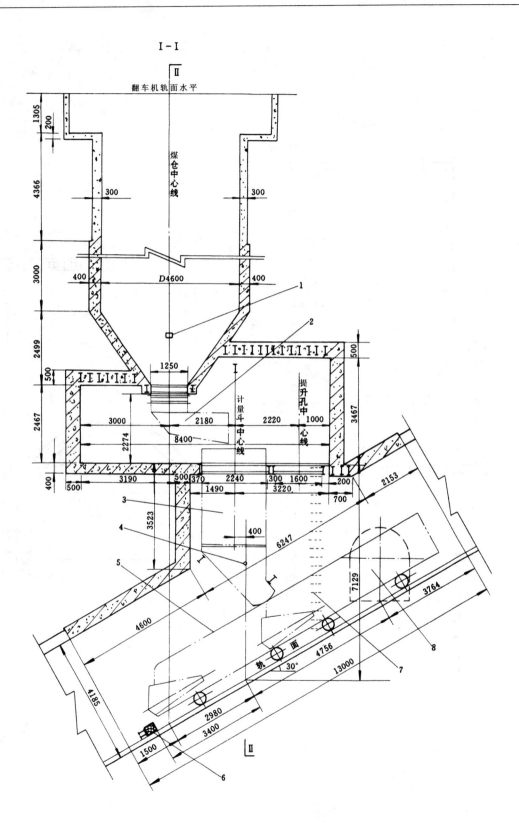

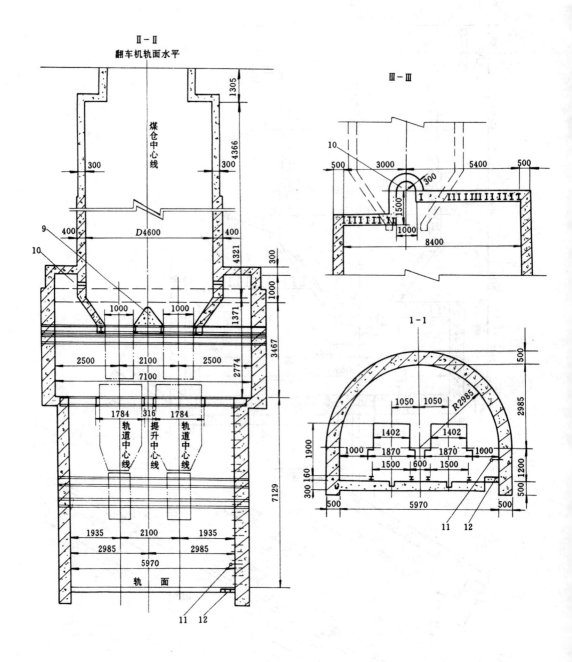

平面图

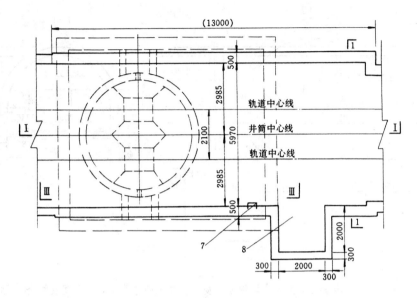

图4-14-4 康平县三台子矿改扩建工程主斜井箕斗装载硐室及煤仓

1—放射源孔；2—K-3型往复式给煤机；3—ZXJ-8型斜井箕斗装载设备；4—扇形闸门轴心；
5—JXH-8型斜井箕斗；6—阻车器横木；7—行人梯子；8—信号硐室；9—仓底分煤器；
10—空仓信号硐室；11—行人扶手；12—行人台阶

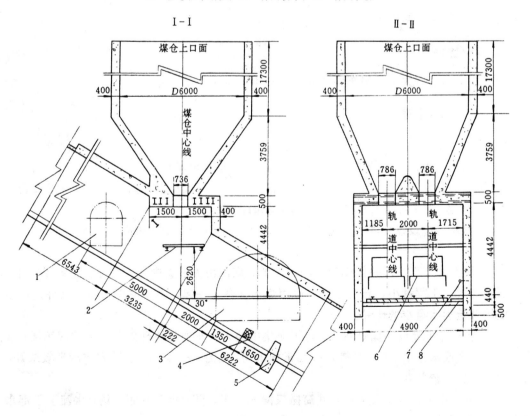

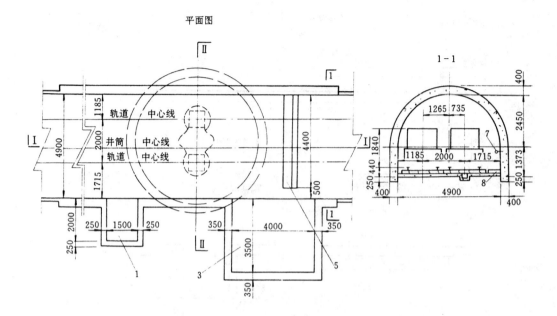

图 4—14—5 华晋吕梁焦煤公司沙曲矿提前出煤主斜井箕斗装载硐室及煤仓

1—信号硐室；2—操作平台；3—井底水窝泵房；4—阻车器横木；

5—撒煤挡墙；6—JX—6 型箕斗；7—行人扶手；8—行人台阶

硐室尺寸见本篇第十三章。

三、躲避硐室

设置原则和硐室大小同串车斜井井筒，见本篇第十三章。

四、清理撒煤硐室

1. 设置原则

1）采用箕斗提升煤炭的斜井井底，应设置沉淀池和水窝泵房；

2）沉淀池宜设置 2 个，1 个沉淀，1 个清理；沉淀池大小应根据撒煤量（一般按箕斗提煤量的 2‰考虑）、井筒涌水量和清理撒煤间隔时间确定。

3）水窝泵房应设在井底人行道一侧，泵房底板应高于沉淀池最高水位线 0.5m。

2. 布置形式及实例

1）利用斜井下部一段井筒作为煤泥沉淀池，煤泥由人工集中装入箕斗，见图 4—14—6。这种清理方式，工程量小，施工方便。但因煤水混合在一起，不易清理，劳动条件差，强度大，仅用井筒涌水量小的矿井。

2）在装载点下部设一储煤漏斗，将煤泥集中装入矿车通过清理斜巷提至井底车场；水溢流至下部水仓或水池中，由水泵排入井底车场水沟，见图 4—14—7。这种方式清理效果好，但工程量大，施工较复杂。

3）在装载点下部设清理斜巷，井筒撒煤漏入矿车，再上提至井底车场；水流至下部水池中集中上排，见图 4—14—8。这种方式清理效果较好。

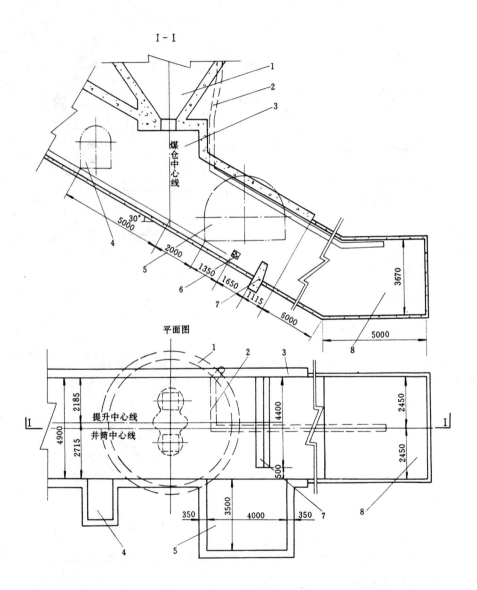

图 4—14—6　华晋吕梁焦煤公司沙曲矿提前出煤主斜井井底清理撒煤硐室

1—煤仓；2—通风钢管；3—装载硐室；4—信号硐室；5—水窝泵房；

6—阻车器横木；7—撒煤挡墙；8—水仓

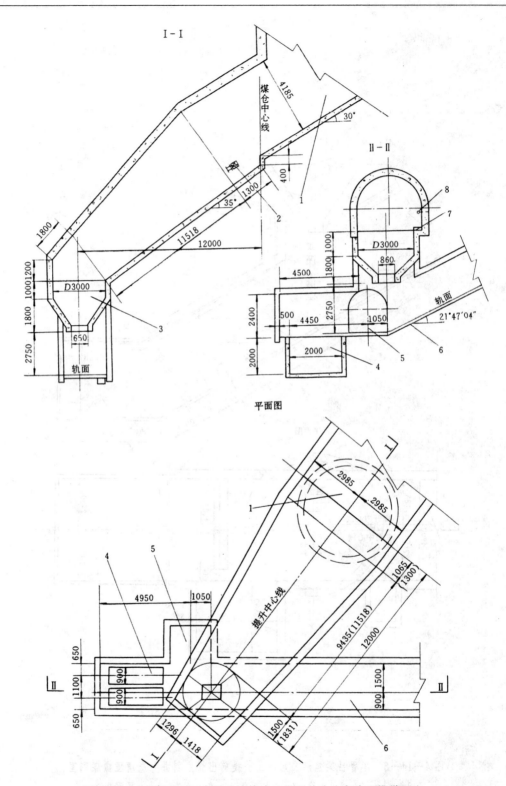

图 4-14-7   康平县三台子矿改扩建工程主斜井井底清理撒煤硐室

1—装载硐室；2—阻车器横木；3—储煤漏斗；4—水池；5—水窝泵房；6—清理撒煤斜巷；

7—行人台阶；8—行人扶手

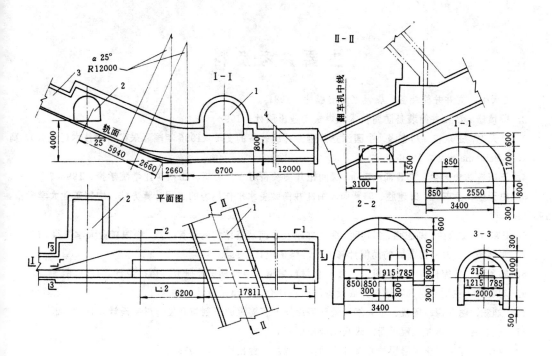

图 4—14—8　河南焦作小马村矿主斜井井底清理撒煤硐室

1—斜井井筒；2—水窝泵房；3—清理斜巷；4—正常水位线

主 要 参 考 资 料

1. 史天生. 立井井筒装备. 煤炭工业出版社，1981

2. 段慎修. 矿山井筒装备防腐技术. 煤炭工业出版社，1992

3. 史天生、王东权、刘志强. 中国深立井刚性井筒装备的变革（1996 年国际采矿科学技术讨论会）. 荷兰 . A. A. Balkema 出版，1996 年

4. 王东权、史天生、郭晋蒲. 6.0m 层间距井筒装备可靠性分析. 山西矿业学院学报，1996.7

5. 史天生、王东权、田建胜、郭晋蒲. 刚性井筒装备水平作用力的工程计算方法. 中国矿业大学学报，1995.1

6. 王东权、史天生、刘志强、郭晋蒲. 深立井刚性井筒装备结构的计算方法. 中国矿业大学学报，1997.1

7. 谢建民. 立井井筒断面的简便计算方法. 煤矿设计，1985.5

8. 郭晋蒲、曾宪桃、许文进等. 立井复合材料罐道主要性能试验研究. 煤矿设计，1996.6

9. 刘晓群. 主副井提升容器与井底设备防腐设计介绍. 煤矿设计，1994.1

10. 刘毅、谢冬梅、杨锐、张大纲. 谈新型冷弯方管罐道的研制与开发. 煤矿设计，1997. 2

11. 沈季良等. 建井工程手册. 煤炭工业出版社，1986

12. 哈. 林克. 不稳定岩层的井壁计算原则. 煤炭工业出版社，1979.

13. 淮南煤炭学院、山东矿业学院. 建井工程结构. 煤炭工业出版社，1979.

14. 淮南煤炭学院《井巷设计》编写组. 井巷设计. 煤炭工业出版社，1983.

15. 林鸿苞. 钻井法凿井变断面井壁在泥浆中的竖向稳定. 煤矿设计，1988.1

16. 陈长臻. 轴对称竖向弯曲应力对井壁结构的影响及设计. 煤矿设计，1993.8

17. 李仁静. 无壁座冻结井筒的竖向受力分析及设计的探讨. 煤矿设计，1991.10

18. 吴祥. 井壁结构设计环向配筋计算方法探讨. 煤矿设计，2001.5

19. 路耀华、崔增祁主编. 中国煤矿建井技术. 中国矿业大学出版社，1995

20. 张胜利. 深入开展立井井壁破坏研究. 建井技术，1997.2

21. 杜锋. 立井刚性装备荷载计算方法简介（陕西煤炭九五学术会议论文集）. 陕西煤炭，1995.5

22. 杜锋、张永成. 立井井梁梁窝设计计算. 陕西煤炭，1998.4

23. 杜锋. 立井井壁厚度计算公式研究. 陕西煤炭，1999.1

24. 杜锋. 立风井风硐及安全出口布置方式浅析. 陕西煤炭，1997.1

25. 杜锋. 下峪口矿排矸立井设计实践. 陕西煤炭，1996.2

26. 郑忠友、杜锋. 马头门设计主要因素浅析. 陕西煤炭，2001.1

27. 崔云龙主编. 矿井施工准备期工作指南. 煤炭工业出版社，1998

28. 洪伯潜. 特殊凿井技术在我国的发展与前景. 中国煤炭，2000.4

29. 洪伯潜. 巨野煤田开发条件及井筒施工关键技术. 中国煤炭，2002.4

30. 张国辅. 矿山井下煤仓与矿仓设计和使用. 煤炭工业出版社，1998

31. 机械工业部北京起重运输机研究所编. DT Ⅱ型固定式带式输送机设计选型手册. 冶金工业出版社，1994

32. 于福增. 新型大倾角带式输送机的应用与前景. 矿山机械，1991.4

33. 中国统配煤矿总公司物资供应局编. 煤炭工业设备手册. 中国矿业大学出版社，1992

34. 沈阳煤矿设计院编. JXH 系列斜井提煤箕斗标准设计. 1981

35. 沈阳煤矿设计院编. ZXJ 斜井箕斗计量装载设备标准设计. 1981

36. 江西省煤矿设计院. 1 吨标准矿车串车斜井井筒施工设计（通用设计）. 1978

37. 北京煤炭设计研究院. 煤矿专用设备图册（第二、三版本）. 1979

38. 北京煤炭设计研究院. 煤矿专用设备图册（第四版本）. 1990

第五篇

井底车场及硐室

编 写 单 位　中煤国际工程集团沈阳设计研究院

主　　　编　王秀岩

副 主 编　刘乃宁　张兴琪

编 写 人　张兴琪(第一、二章,第三章第一～四节,第四章)

冯长松(第三章第五节)(煤炭工业部济南设计研究院)

刘纪文(第五、六章)

刘乃宁(第七章第一～四节、第六节,第八章)

赵本忠(第七章第五节)(煤炭工业部合肥设计研究院)

关玉珠(第九、十一、十二、十三章)

施佳音(第十章第一～四节,第五节一～七,第六节)

杨如曾　施佳音(第十章第五节八、九、十)

第一章 窄轨铁路道岔与线路联接

第一节 窄 轨 铁 路 道 岔

一、窄轨铁路道岔的类型和系列

1. 类 型

中华人民共和国煤炭行业标准（MT/T2—95）窄轨铁路道岔有 600、762 和 900mm 等 3 种轨距；15、22、30、38 和 43kg/m 等 5 种轨型；单开、对称、渡线、交叉渡线、对称组合、菱形交叉和四轨套线 7 种类型（见图 5—1—1～图 5—1—7）；单开和渡线道岔有右向和左向之分（在平面图上分出线路沿顺时针方向分出时为右向；沿逆时针方向分出时为左向）。各种道岔按不同类型分别有 2 号、3 号、4 号、5 号、6 号、7 号、8 号和 10 号等 8 种辙叉号数；又按不同的辙叉号数配备了 4、6、9、12、15、20、25、30、40、50、70m 等 11 种曲线半径；渡线、交叉渡线和对称组合道岔的线路间距，按不同轨距和道岔类型，配有 1300、1400、1500、1600、1700、1800、1900、2200 和 2500mm 等 9 种。

2. 系 列

窄轨铁路道岔共有 615、715、915、622、722、922、630、730、930、938、643 等 11 个系列，221 个品种。现已设计了 166 个品种。各种道岔的系列品种、主要参数、允许行驶机车车辆和允许行驶速度见表 5—1—1～表 5—1—11。

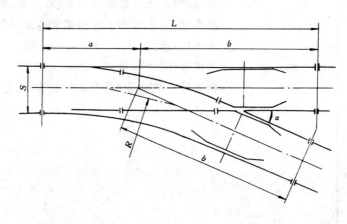

图 5—1—1 单开道岔，代号"ZDK"

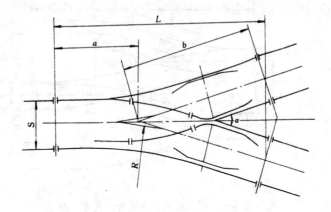

图 5-1-2　对称道岔，代号"ZDC"

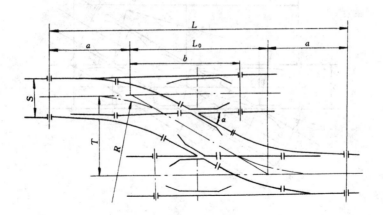

图 5-1-3　渡线道岔，代号"ZDX"

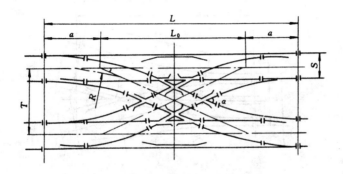

图 5-1-4　交叉渡线道岔，代号"ZJD"

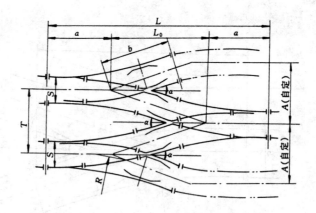

图 5-1-5　对称组合道岔，代号"ZDZ"

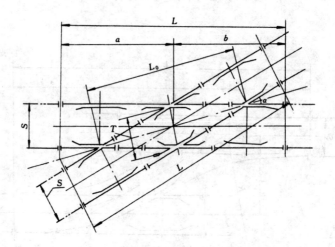

图 5-1-6　菱形交叉道岔，代号"ZJC"

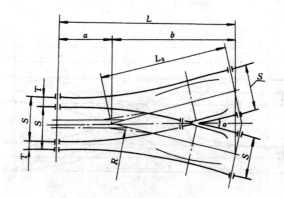

图 5-1-7　四轨套线道岔，代号"ZTX"

表 5-1-1　615 道岔系列品种、主要参数、允许行驶机车车辆和允许行驶速度

顺序	道岔型号	道岔名称	辙叉角 α	主要尺寸 (mm)					质量 (kg)	允许行驶机车车辆	允许行驶速度 (m/s)
				a	b	L	T	L₀			
1	ZDK615/2/4	单开道岔	26°33′54″	1678	1922	3600			423	≤1t 矿车	≤1.5
2	ZDK615/3/6	单开道岔	18°26′06″	3149	2751	5900			685	≤1.5t 矿车	≤1.5
3	ZDK615/4/12	单开道岔	14°02′10″	3261	3539	6800			760	≤7t 机车	≤3.5
4	ZDK615/5/15	单开道岔	11°18′36″	3568	4132	7700			824	≤7t 机车	≤3.5
5	ZDK615/6/25	单开道岔	9°27′44″	4373	4977	9350			1014	≤7t 机车	≤5.0
6	ZDC615/3/9	对称道岔	18°26′06″	2100	2750	4814			606	≤1.5t 矿车	≤3.5
7	ZDC615/3/15	对称道岔	18°26′06″	2350	2750	5064			629	≤7t 机车	≤3.5
8	ZDX615/4/1214	渡线道岔	14°02′10″	3261	3539	12123	1400	5600	1466	≤7t 机车	≤3.5
9	ZDX615/4/1216	渡线道岔	14°02′10″	3261	3539	12923	1600	6400	1542	≤7t 机车	≤3.5
10	ZDX615/5/1514	渡线道岔	11°18′36″	3568	4132	14137	1400	7000	1692	≤7t 机车	≤3.5
11	ZDX615/5/1516	渡线道岔	11°18′36″	3568	4132	15137	1600	8000	1734	≤7t 机车	≤3.5
12	ZDX615/6/2514	渡线道岔	9°27′44″	4373	4977	17147	1400	8400	1959	≤7t 机车	≤5.0
13	ZDX615/6/2516	渡线道岔	9°27′44″	4373	4977	18347	1600	9600	2013	≤7t 机车	≤5.0
14	ZJD615/4/1216	交叉渡线道岔	14°02′10″	3261		12923	1600	6400	*	≤7t 机车	≤3.5
15	ZJD615/4/1219	交叉渡线道岔	14°02′10″	3261		14123	1900	7600	*	≤7t 机车	≤3.5
16	ZDZ615/3/1213	对称组合道岔	18°26′06″	2230	2750	8465	1300	4005	1601	≤7t 机车	
17	ZDZ615/3/1514	对称组合道岔	18°26′06″	2350	2750	9014	1400	4314	1650	≤7t 机车	
18	ZDZ615/3/1515	对称组合道岔	18°26′06″	2350	2750	9322	1500	4622	1679		
19	ZJC615/3	菱形交叉	18°26′06″	2765.5	2765.5	5531	613	3777	1123		

* 暂不设计。

表 5-1-2　715道岔系列品种、主要参数、允许行驶机车车辆和允许行驶速度

顺序	道岔型号	道岔名称	辙叉角 α	主要尺寸 (mm)					质量 (kg)	允许行驶机车车辆	允许行驶速度 (m/s)
				a	b	L	T	L_0			
1	ZDK715/3/9	单开道岔	18°26'06"	3450	3250	6700			761	≤1.5t矿车	≤3.5
2	ZDK715/4/15	单开道岔	14°02'10"	3503	4197	7700			832	≤7t机车	≤3.5
3	ZDK715/5/20	单开道岔	11°18'36"	3850	4950	8800			926	≤7t机车	≤3.5
4	ZDK715/6/30	单开道岔	9°27'44"	4594	5956	10550			1082	≤7t机车	≤5.0
5	ZDC715/3/9	对称道岔	18°26'06"	2100	3249	5307			652	≤1.5t矿车	≤3.5
6	ZDC715/3/15	对称道岔	18°26'06"	2350	3249	5557			667	≤7t机车	≤3.5
7	ZDX715/4/1516	渡线道岔	14°02'10"	3503	4197	13407	1600	6400	1548	≤7t机车	≤3.5
8	ZDX715/4/1519	渡线道岔	14°02'10"	3503	4197	14607	1900	7600	1597	≤7t机车	≤3.5
9	ZDX715/5/2016	渡线道岔	11°18'36"	3850	4950	15700	1600	8000	1700	≤7t机车	≤3.5
10	ZDX715/5/2019	渡线道岔	11°18'36"	3850	4950	17200	1900	9500	1939	≤7t机车	≤3.5
11	ZDX715/6/3016	渡线道岔	9°27'44"	4594	5956	18789	1600	9600	1984	≤7t机车	≤5.0
12	ZDX715/6/3019	渡线道岔	9°27'44"	4594	5956	20589	1900	11400	2187	≤7t机车	≤5.0
13	ZJD715/4/1519	交叉渡线道岔	14°02'10"	3503		14607	1900	7600	*	≤7t机车	≤3.5
14	ZJD715/4/1522	交叉渡线道岔	14°02'10"	3503		15806	2200	8800	*	≤7t机车	≤3.5
15	ZJC715/3	菱形交叉	18°26'06"	3264.5	3264.5	6529	777	4788	1227		

* 暂不设计。

表 5—1—3　915 道岔系列品种、主要参数、允许行驶机车车辆和允许行驶速度

顺序	道岔型号	道岔名称	辙叉角 α	主要尺寸 (mm)					质量 (kg)	允许行驶机车车辆	允许行驶速度 (m/s)
				a	b	L	T	L₀			
1	ZDK915/3/9	单开道岔	18°26′06″	3525	3675	7200			799	≤1.5t 矿车	≤3.5
2	ZDK915/4/15	单开道岔	14°02′10″	3543	4757	8300			880	≤7t 机车	≤3.5
3	ZDK915/5/20	单开道岔	11°18′36″	3853	5647	9500			1013	≤7t 机车	≤3.5
4	ZDK915/6/30	单开道岔	9°27′44″	4611	6789	11400			1190	≤7t 机车	≤5.0
5	ZDC915/3/9	对称道岔	18°26′06″	2100	3675	5728			684	≤1.5t 矿车	≤3.5
6	ZDC915/3/20	对称道岔	18°26′06″	2600	3675	6228			722	≤7t 机车	≤5.0
7	ZJC915/3	菱形交叉	18°26′06″	3690	3690	7380	917	5650	1302		

表 5—1—4　622 道岔系列品种、主要参数、允许行驶机车车辆和允许行驶速度

顺序	道岔型号	道岔名称	辙叉角 α	主要尺寸 (mm)					质量 (kg)	允许行驶机车车辆	允许行驶速度 (m/s)
				a	b	L	T	L₀			
1	ZDK622/3/6	单开道岔	18°26′06″	3400	2800	6200			1036	≤1.5t 矿车	≤1.5
2	ZDK622/4/12	单开道岔	14°02′10″	3462	3588	7050			1169	≤3t 矿车；≤10t 机车	≤3.5；≤3.5
3	ZDK622/5/15	单开道岔	11°18′36″	3768	4232	8000			1297	≤3t 矿车；≤10t 机车	≤3.5；≤3.5
4	ZDK622/6/25	单开道岔	9°27′44″	4673	5027	9700			1523	≤10t 机车	≤5.0
5	ZDC622/3/9	对称道岔	18°26′06″	2200	2800	4964			940	≤1.5t 矿车；≤3t 机车	≤3.5；≤1.5
6	ZDC622/3/15	对称道岔	18°26′06″	2460	2800	5224			957	≤10t 机车	≤3.5

续表

顺序	道岔型号	道岔名称	辙叉角 α	主要尺寸 (mm)					质量 (kg)	允许行驶机车车辆	允许行驶速度 (m/s)
				a	b	L	T	L₀			
7	ZDX622/4/1214	渡线道岔	14°02'10"	3462	3588	12523	1400	5600	2160	≤3t 矿车	≤3.5
										≤10t 机车	≤3.5
8	ZDX622/4/1216	渡线道岔	14°02'10"	3462	3588	13323	1600	6400	2323	≤3t 矿车	≤3.5
										≤10t 机车	≤3.5
9	ZDX622/5/1514	渡线道岔	11°18'36"	3768	4232	14537	1400	7000	2478	≤3t 矿车	≤3.5
										≤10t 机车	≤3.5
10	ZDX622/5/1516	渡线道岔	11°18'36"	3768	4232	15537	1600	8000	2581	≤3t 矿车	≤3.5
										≤10t 机车	≤3.5
11	ZDX622/6/2514	渡线道岔	9°27'44"	4673	5027	17747	1400	8400	2992	≤10t 机车	≤5.0
12	ZDX622/6/2516	渡线道岔	9°27'44"	4673	5027	18947	1600	9600	3129	≤10t 机车	≤5.0
13	ZJD622/4/1216	交叉渡线道岔	14°02'10"	3462		13323	1600	6400	*	≤3t 矿车	≤3.5
										≤10t 机车	≤3.5
14	ZJD622/4/1217	交叉渡线道岔	14°02'10"	3462		13724	1700	6800	4660	≤3t 矿车	≤3.5
										≤10t 机车	≤3.5
15	ZJD622/4/1219	交叉渡线道岔	14°02'10"	3462		14523	1900	7600	*	≤3t 矿车	≤3.5
										≤10t 机车	≤3.5
16	ZJD622/6/2516	交叉渡线道岔	9°27'44"	4673		18947	1600	9600	*	≤10t 机车	≤5.0
17	ZJD622/6/2519	交叉渡线道岔	9°27'44"	4673		20747	1900	11400	*	≤10t 机车	≤5.0
18	ZDZ622/3/1213	对称组合道岔	18°26'06"	2330	2800	8665	1300	4005	2411		
19	ZDZ622/3/1514	对称组合道岔	18°26'06"	2460	2800	9234	1400	4314	2537		
20	ZDZ622/3/1515	对称组合道岔	18°26'06"	2460	2800	9542	1500	4622	2526		
21	ZJC622/3	菱形交叉	18°26'06"	2815.5	2815.5	5631	613	3777	1619		

* 暂不设计。

表5-1-5　722道岔系列品种、主要参数、允许行驶机车车辆和允许行驶速度

顺序	道岔型号	道岔名称	辙叉角 α	主要尺寸 (mm) a	b	L	T	L₀	质量 (kg)	允许行驶机车车辆	允许行驶速度 (m/s)
1	ZDK722/3/9	单开道岔	18°26′06″	3700	3300	7000			1122	≤1.5t矿车	≤3.5
										≤3t矿车	≤1.5
2	ZDK722/4/15	单开道岔	14°02′10″	3703	4247	7950			1250	≤3t矿车	≤3.5
										≤10t机车	≤3.5
3	ZDK722/5/20	单开道岔	11°18′36″	4050	5050	9100			1410	≤3t矿车	≤5.0
										≤10t机车	≤5.0
4	ZDK722/6/30	单开道岔	9°27′44″	4894	6006	10900			1694	≤5t矿车	≤5.0
										≤10t机车	≤5.0
5	ZDK722/8/50	单开道岔	7°07′30″	6078	7972	14050			2129	≤10t机车	≤5.0
6	ZDK722/10/70	单开道岔	5°42′38″	5760	9740	15500			2304	≤10t机车	≤5.0
7	ZDC722/3/9	对称道岔	18°26′06″	2200	3300	5457			958	≤1.5t矿车	≤3.5
										≤3t矿车	≤1.5
8	ZDC722/3/15	对称道岔	18°26′06″	2460	3300	5717			1001	≤10t机车	≤3.5
9	ZDC722/4/20	对称道岔	14°02′10″	2200	4247	6415			1105	≤10t机车	≤5.0
10	ZDC722/5/30	对称道岔	11°18′36″	2500	5050	7525			1211	≤10t机车	≤5.0
11	ZDX722/4/1516	渡线道岔	14°02′10″	3703	4247	13807	1600	6400	2312	≤3t矿车	≤3.5
										≤10t机车	≤3.5
12	ZDX722/4/1519	渡线道岔	14°02′10″	3703	4347	15007	1900	7600	2490	≤3t矿车	≤3.5
										≤10t机车	≤3.5
13	ZDX722/5/2016	渡线道岔	11°18′36″	4050	5050	16100	1600	8000	2602	≤3t矿车	≤5.0
										≤10t机车	≤5.0
14	ZDX722/5/2019	渡线道岔	11°18′36″	4050	5050	17600	1900	9500	2833	≤3t矿车	≤5.0
										≤10t机车	≤5.0
15	ZDX722/6/3016	渡线道岔	9°27′44″	4894	6006	19389	1600	9600	3137	≤5t矿车	≤5.0
										≤10t机车	≤5.0
16	ZDX722/6/3019	渡线道岔	9°27′44″	4894	6006	21189	1900	11400	3418	≤5t矿车	≤5.0
										≤10t机车	≤5.0
17	ZDX722/8/5016	渡线道岔	7°07′30″	6078	7972	24957	1600	12800	3715	≤10t机车	≤5.0

续表

顺序	道岔型号	道岔名称	辙叉角 α	主要尺寸 (mm)					质量 (kg)	允许行驶机车车辆	允许行驶速度 (m/s)
				a	b	L	T	L_0			
18	ZDX722/8/5019	渡线道岔	7°07′30″	6078	7972	27357	1900	15200	4295	≤10t 机车	≤5.0
19	ZDX722/10/7016	渡线道岔	5°42′38″	5760	9740	27520	1600	16000	4276	≤10t 机车	≤5.0
20	ZDX722/10/7019	渡线道岔	5°42′38″	5760	9740	30520	1900	19000	4707	≤10t 机车	≤5.0
21	ZJD722/4/1519	交叉渡线道岔	14°02′10″	3703		15007	1900	7600	*	≤3t 矿车 ≤10t 机车	≤3.5 ≤3.5
22	ZJD722/4/1522	交叉渡线道岔	14°02′10″	3703		16207	2200	8800		≤3t 矿车 ≤10t 机车	≤3.5 ≤3.5
23	ZJD722/6/3019	交叉渡线道岔	9°27′44″	4894		21189	1900	11400	*	≤5t 矿车 ≤10t 机车	≤5.0 ≤5.0
24	ZJD722/6/3022	交叉渡线道岔	9°27′44″	4894		22989	2200	13200	*	≤5t 矿车 ≤10t 机车	≤5.0 ≤5.0
25	ZJC722/3	菱形交叉	18°26′06″	3314.5	3314.5	6629	777	4788	1777	≤10t 机车	≤5.0

* 暂不设计。

表 5—1—6　922 道岔系列品种、主要参数、允许行驶机车车辆和允许行驶速度

顺序	道岔型号	道岔名称	辙叉角 α	主要尺寸 (mm)					质量 (kg)	允许行驶机车车辆	允许行驶速度 (m/s)
				a	b	L	T	L_0			
1	ZDK922/3/9	单开道岔	18°26′06″	3725	3725	7450			1173	≤1.5t 矿车 ≤3t 矿车	≤3.5 ≤1.5
2	ZDK922/4/15	单开道岔	14°02′10″	3743	4807	8550			1316	≤3t 矿车 ≤10t 机车	≤5.0 ≤3.5
3	ZDK922/5/20	单开道岔	11°18′36″	4063	5747	9800			1489	≤3t 矿车 ≤10t 机车	≤5.0 ≤5.0
4	ZDK922/6/30	单开道岔	9°27′44″	4862	6838	11700			1798	≤5t 矿车 ≤10t 机车	≤5.0 ≤5.0
5	ZDK922/7/40	单开道岔	8°07′48″	4866	7834	12700			1907	≤5t 矿车 ≤10t 机车	≤5.0 ≤5.0

续表

顺序	道岔型号	道岔名称	辙叉角 α	主要尺寸 (mm)					质量 (kg)	允许行驶机车车辆	允许行驶速度 (m/s)
				a	b	L	T	L_0			
6	ZDC922/3/9	对称道岔	18°26'06"	2200	3725	5877			1041	≤1.5t矿车	≤3.5
										≤3t矿车	≤1.5
7	ZDC922/3/15	对称道岔	18°26'06"	2460	3725	6137			1033	≤10t机车	≤3.5
8	ZDC922/4/20	对称道岔	14°02'10"	2200	4807	6971			1136	≤10t机车	≤5.0
9	ZDX922/4/1519	渡线道岔	14°02'10"	3743	4807	15087	1900	7600	2422	≤3t矿车	≤3.5
										≤10t机车	≤5.0
10	ZDX922/4/1522	渡线道岔	14°02'10"	3743	4807	16287	2200	8800	2634	≤3t矿车	≤3.5
										≤10t机车	≤5.0
11	ZDX922/5/2019	渡线道岔	11°18'36"	4053	5747	17607	1900	9500	2779	≤3t矿车	≤5.0
										≤10t机车	≤5.0
12	ZDX922/5/2022	渡线道岔	11°18'36"	4053	5747	19107	2200	11000	2980	≤3t矿车	≤5.0
										≤10t机车	≤5.0
13	ZDX922/6/3019	渡线道岔	9°27'44"	4862	6838	21123	1900	11400	3348	≤5t矿车	≤5.0
										≤10t机车	≤5.0
14	ZDX922/6/3022	渡线道岔	9°27'44"	4862	6838	22923	2200	13200	3626	≤5t矿车	≤5.0
										≤10t机车	≤5.0
15	ZDX922/7/4019	渡线道岔	8°07'48"	4866	7834	23033	1900	13300	3559	≤5t矿车	≤5.0
										≤10t机车	≤5.0
16	ZDX922/7/4022	渡线道岔	8°07'48"	4866	7834	25133	2200	15400	3835	≤5t矿车	≤5.0
										≤10t机车	≤5.0
17	ZJD922/4/1522	交叉渡线道岔	14°02'10"	3743		16287	2200	8800	*	≤3t矿车	≤3.5
										≤10t机车	≤5.0
18	ZJD922/4/1525	交叉渡线道岔	14°02'10"	3743		17487	2500	10000	*	≤3t矿车	≤3.5
										≤10t机车	≤5.0
19	ZJD922/6/3022	交叉渡线道岔	9°27'44"	4862		22923	2200	13200	*	≤5t矿车	≤5.0
										≤10t机车	≤5.0
20	ZJD922/6/3025	交叉渡线道岔	9°27'44"	4862		24723	2500	15000	*	≤5t矿车	≤5.0
										≤10t机车	≤5.0

续表

顺序	道岔型号	道岔名称	辙叉角 α	主要尺寸 (mm)					质量 (kg)	允许行驶机车车辆	允许行驶速度 (m/s)
				a	b	L	T	L_0			
21	ZJD922/7/4022	交叉渡线道岔	8°07'48"	4866		25133	2200	15400	*	≤5t 矿车 ≤10t 机车	≤5.0 ≤5.0
22	ZJD922/7/4025	交叉渡线道岔	8°07'48"	4866		27233	2500	17500	*	≤5t 矿车 ≤10t 机车	≤5.0 ≤5.0
23	ZDZ922/3/1216	对称组合道岔	18°26'06"	2330	3725	9590	1600	4930	2696		
24	ZDZ922/3/1517	对称组合道岔	18°26'06"	2460	3725	10158	1700	5238	2776		
25	ZDZ922/3/1518	对称组合道岔	18°26'06"	2460	3725	10466	1800	5546	2767		
26	ZJC922/3	菱形交叉	18°26'06"	3740	3740	7480	917	5650	1880		

* 暂不设计。

表 5—1—7　630 道岔系列品种、主要参数、允许行驶机车车辆和允许行驶速度

顺序	道岔型号	道岔名称	辙叉角 α	主要尺寸 (mm)					质量 (kg)	允许行驶机车车辆	允许行驶速度 (m/s)
				a	b	L	T	L_0			
1	ZDK630/3/6	单开道岔	18°26'06"	3548	2852	6400			1414	≤1.5t 矿车	≤1.5
2	ZDK630/4/12	单开道岔	14°02'10"	3660	3640	7300			1562	≤3t 矿车 ≤14t 机车	≤3.5 ≤3.5
3	ZDK630/5/15	单开道岔	11°18'36"	3967	4333	8300			1734	≤14t 机车	≤3.5
4	ZDK630/6/25	单开道岔	9°27'44"	4972	5128	10100			2109	≤14t 机车	≤5.0
5	ZDC630/3/9	对称道岔	18°26'06"	2300	2852	5115			1214	≤1.5t 矿车 ≤3t 矿车	≤1.5 ≤3.5
6	ZDC630/3/15	对称道岔	18°26'06"	2560	2852	5375			1253	≤3t 矿车 ≤14t 机车	≤3.5 ≤3.5
7	ZDX630/4/1214	渡线道岔	14°02'10"	3660	3640	12920	1400	5600	2919	≤3t 矿车 ≤14t 机车	≤3.5 ≤3.5
8	ZDX630/4/1216	渡线道岔	14°02'10"	3660	3640	13720	1600	6400	3229	≤3t 矿车 ≤14t 机车	≤3.5 ≤3.5

续表

顺序	道岔型号	道岔名称	辙叉角 α	主要尺寸 (mm)					质量 (kg)	允许行驶机车车辆	允许行驶速度 (m/s)
				a	b	L	T	L_0			
9	ZDX630/5/1514	渡线道岔	11°18′36″	3967	4333	14934	1400	7000	3214	≤14t 机车	≤3.5
10	ZDX630/5/1516	渡线道岔	11°18′36″	3967	4333	15934	1600	8000	3476	≤14t 机车	≤3.5
11	ZDX630/6/2514	渡线道岔	9°27′44″	4972	5128	18344	1400	8400	3931	≤14t 机车	≤5.0
12	ZDX630/6/2516	渡线道岔	9°27′44″	4972	5128	19544	1600	9600	4243	≤14t 机车	≤5.0
13	ZJD630/4/1216	交叉渡线道岔	14°02′10″	3660		13720	1600	6400	*	≤3t 矿车 ≤14t 机车	≤3.5 ≤3.5
14	ZJD630/4/1219	交叉渡线道岔	14°02′10″	3660		14920	1900	7600	*	≤3t 矿车 ≤14t 机车	≤3.5 ≤3.5
15	ZJD630/6/2516	交叉渡线道岔	9°27′44″	4972		19544	1600	9600	*	≤14t 机车	≤5.0
16	ZJD630/6/2519	交叉渡线道岔	9°27′44″	4972		21344	1900	11400	*	≤14t 机车	≤5.0
17	ZDZ630/3/1213	对称组合道岔	18°26′06″	2430	2852	8865	1300	4005	3177		
18	ZDZ630/3/1514	对称组合道岔	18°26′06″	2560	2852	9434	1400	4314	3277		
19	ZDZ630/3/1515	对称组合道岔	18°26′06″	2560	2852	9742	1500	4622	3333		
20	ZJC630/3	菱形交叉	18°26′06″	2867	2867	5734	613	3777	2089		

* 暂不设计。

表 5-1-8　730 道岔系列品种、主要参数、允许行驶机车车辆和允许行驶速度

顺序	道岔型号	道岔名称	辙叉角 α	主要尺寸 (mm)					质量 (kg)	允许行驶机车车辆	允许行驶速度 (m/s)
				a	b	L	T	L_0			
1	ZDK730/3/9	单开道岔	18°26′06″	3949	3351	7300			1509	≤1.5t 矿车 ≤3t 矿车	≤3.5 ≤1.5
2	ZDK730/4/15	单开道岔	14°02′10″	3902	4298	8200			1702	≤3t 矿车 ≤14t 机车	≤3.5 ≤3.5
3	ZDK730/5/20	单开道岔	11°18′36″	4249	5151	9400			1885	≤14t 机车	≤3.5

续表

顺序	道岔型号	道岔名称	辙叉角 α	主要尺寸 (mm) a	b	L	T	L_0	质量 (kg)	允许行驶机车车辆	允许行驶速度 (m/s)
4	ZDK730/6/30	单开道岔	9°27′44″	5193	6107	11300			2275	≤5t 矿车 ≤14t 机车	≤5.0 ≤5.0
5	ZDK730/8/50	单开道岔	7°07′30″	6277	8023	14300			*	≤14t 机车	≤5.0
6	ZDK730/10/70	单开道岔	5°42′38″	6058	9942	16000			*	≤14t 机车	≤5.0
7	ZDC730/3/9	对称道岔	18°26′06″	2300	3351	5608			1307	≤1.5t 矿车 ≤3t 机车	≤3.5 ≤1.5
8	ZDC730/3/15	对称道岔	18°26′06″	2560	3351	5868			1330	≤3t 矿车 ≤14t 机车	≤3.5 ≤3.5
9	ZDC730/4/20	对称道岔	14°02′10″	2300	4298	6566			1455	≤5t 矿车 ≤14t 机车	≤3.5 ≤3.5
10	ZDC730/5/30	对称道岔	11°18′36″	2650	5151	7776			*	≤5t 矿车 ≤14t 机车	≤5.0 ≤5.0
11	ZDX730/4/1516	渡线道岔	14°02′10″	3902	4298	14204	1600	6400	3102	≤3t 矿车 ≤14t 机车	≤3.5 ≤3.5
12	ZDX730/4/1519	渡线道岔	14°02′10″	3902	4298	15404	1900	7600	3398	≤3t 矿车 ≤14t 机车	≤3.5 ≤3.5
13	ZDX730/5/2016	渡线道岔	11°18′36″	4249	5151	16498	1600	8000	3477	≤5t 矿车	≤3.5
14	ZDX730/5/2019	渡线道岔	11°18′36″	4292	5151	17998	1900	9500	3783	≤14t 机车	≤3.5
15	ZDX730/6/3016	渡线道岔	9°27′44″	5193	6107	19986	1600	9600	4231	≤5t 矿车	≤5.0
16	ZDX730/6/3019	渡线道岔	9°27′44″	5193	6107	21786	1900	11400	3418	≤14t 机车	≤5.0
17	ZDX730/8/5016	渡线道岔	7°07′30″	6277	8023	25354	1600	12800	*	≤14t 机车	≤5.0
18	ZDX730/8/5019	渡线道岔	7°07′30″	6277	8023	27754	1900	15200	*	≤14t 机车	≤5.0
19	ZDX730/10/7016	渡线道岔	5°42′38″	6058	9942	28116	1600	16000	*	≤14t 机车	≤5.0
20	ZDX730/10/7019	渡线道岔	5°42′38″	6058	9942	31116	1900	19000	*	≤14t 机车	≤5.0

续表

顺序	道岔型号	道岔名称	辙叉角 α	主要尺寸 (mm)					质量 (kg)	允许行驶机车车辆	允许行驶速度 (m/s)
				a	b	L	T	L_0			
21	ZJD730/4/1519	交叉渡线道岔	14°02'10"	3902		15404	1900	7600	*	≤3t 矿车 ≤14t 机车	≤3.5 ≤3.5
22	ZJD730/4/1522	交叉渡线道岔	14°02'10"	3902		16604	2200	8800	*	≤3t 矿车 ≤14t 机车	≤3.5 ≤3.5
23	ZJD730/6/3019	交叉渡线道岔	9°27'44"	5193		21786	1900	11400	*	≤5t 矿车 ≤14t 机车	≤5.0 ≤5.0
24	ZJD730/6/3022	交叉渡线道岔	9°27'44"	5193		23586	2200	13200	*	≤5t 矿车 ≤14t 机车	≤5.0 ≤5.0
25	ZJC730/3	菱形交叉	18°26'06"	3366	3366	6732	777	4788	2281		≤5.0

* 暂不设计。

表5-1-9　930 道岔系列品种、主要参数、允许行驶机车车辆和允许行驶速度

顺序	道岔型号	道岔名称	辙叉角 α	主要尺寸 (mm)					质量 (kg)	允许行驶机车车辆	允许行驶速度 (m/s)
				a	b	L	T	L_0			
1	ZDK930/3/9	单开道岔	18°26'06"	3924	3776	7700			1626	≤1.5t 矿车 ≤3t 机车	≤3.5 ≤1.5
2	ZDK930/4/15	单开道岔	14°02'10"	3942	4858	8800			1778	≤5t 矿车 ≤20t 机车	≤3.5 ≤3.5
3	ZDK930/5/20	单开道岔	11°18'36"	4252	5848	10100			2008	≤20t 机车	≤3.5
4	ZDK930/6/30	单开道岔	9°27'44"	5160	6940	12100			2416	≤5t 矿车 ≤20t 机车	≤5.0 ≤5.0
5	ZDK930/7/40	单开道岔	8°07'48"	5165	8035	13200			2625	≤5t 矿车 ≤20t 机车	≤5.0 ≤5.0
6	ZDC930/3/9	对称道岔	18°26'06"	2300	3776	6027			1366	≤1.5t 矿车 ≤3t 机车	≤3.5 ≤1.5

续表

顺序	道岔型号	道岔名称	辙叉角 α	主要尺寸 (mm) a	b	L	T	L₀	质量 (kg)	允许行驶机车车辆	允许行驶速度 (m/s)
7	ZDC930/3/15	对称道岔	18°26′06″	2560	3776	6287			1397	≤5t 矿车 / ≤20t 机车	≤3.5 / ≤3.5
8	ZDC930/4/20	对称道岔	14°02′10″	2300	4858	7122			1538	≤5t 矿车 / ≤20t 机车	≤3.5 / ≤3.5
9	ZDX930/4/1519	渡线道岔	14°02′10″	3942	4858	15484	1900	7600	3290	≤5t 矿车 / ≤20t 机车	≤3.5 / ≤3.5
10	ZDX930/4/1522	渡线道岔	14°02′10″	3942	4858	16684	2200	8800	3553	≤5t 矿车 / ≤20t 机车	≤3.5 / ≤3.5
11	ZDX930/5/2019	渡线道岔	11°18′36″	4252	5848	18004	1900	9500	3714	≤20t 机车	≤3.5 / ≤3.5
12	ZDX930/5/2022	渡线道岔	11°18′36″	4252	5848	19504	2200	11000	4033	≤20t 机车	≤3.5 / ≤3.5
13	ZDX930/6/3019	渡线道岔	9°27′44″	5160	6940	21720	1900	11400	4466	≤20t 机车	≤5.0 / ≤5.0
14	ZDX930/6/3022	渡线道岔	9°27′44″	5160	6940	23520	2200	13200	4858	≤20t 机车	≤5.0 / ≤5.0
15	ZDX930/7/4019	渡线道岔	8°07′48″	5165	8035	23630	1900	13300	4958	≤20t 机车	≤5.0 / ≤5.0
16	ZDX930/7/4022	渡线道岔	8°07′48″	5165	8035	25730	2200	15400	5280	≤20t 机车	≤5.0 / ≤5.0
17	ZJD930/4/1522	交叉渡线道岔	14°02′10″	3942		16684	2200	8800	*	≤5t 矿车 / ≤20t 机车	≤3.5 / ≤3.5
18	ZJD930/4/1525	交叉渡线道岔	14°02′10″	3942		17884	2500	10000	*	≤5t 矿车 / ≤20t 机车	≤3.5 / ≤3.5
19	ZJD930/6/3022	交叉渡线道岔	9°27′44″	5160		23520	2200	13200	10075	≤5t 矿车 / ≤20t 机车	≤5.0 / ≤5.0
20	ZJD930/6/3025	交叉渡线道岔	9°27′44″	5160		25320	2500	15000	10671	≤5t 矿车 / ≤20t 机车	≤5.0 / ≤5.0

续表

顺序	道岔型号	道岔名称	辙叉角 α	主要尺寸 (mm) a	b	L	T	L₀	质量(kg)	允许行驶机车车辆	允许行驶速度(m/s)
21	ZJD930/7/4022	交叉渡线道岔	8°07′48″	5165		25730	2200	15400	*	≤5t 矿车 / ≤20t 机车	≤5.0 / ≤5.0
22	ZJD930/7/4025	交叉渡线道岔	8°07′48″	5165		27830	2500	17500	*	≤5t 矿车 / ≤20t 机车	≤5.0 / ≤5.0
23	ZDZ930/3/1216	对称组合道岔	18°26′06″	2430	3776	9790	1600	4930	3469		
24	ZDZ930/3/1517	对称组合道岔	18°26′06″	2560	3776	10358	1700	5238	3594		
25	ZDZ930/3/1518	对称组合道岔	18°26′06″	2560	3776	10666	1800	5546	3655		
26	ZJC930/3	菱形交叉	18°26′06″	3791.5	3791.5	7583	917	5650	2418		

* 暂不设计。

表 5—1—10　938 道岔系列品种、主要参数、允许行驶机车车辆和允许行驶速度

顺序	道岔型号	道岔名称	辙叉角 α	主要尺寸 (mm) a	b	L	T	L₀	质量(kg)	允许行驶机车车辆	允许行驶速度(m/s)
1	ZDK938/4/15	单开道岔	14°02′10″	4041	4959	9000			2524	≤5t 矿车 / ≤20t 机车	≤3.5 / ≤3.5
2	ZDK938/5/20	单开道岔	11°18′36″	4551	6049	10600			2828	≤20t 机车	≤3.5
3	ZDK938/6/30	单开道岔	9°27′44″	5367	7141	12508			3242	≤20t 机车	≤5.0
4	ZDK938/7/40	单开道岔	8°07′48″	5364	8036	13400			*	≤20t 机车	≤5.0
5	ZDC938/3/9	对称道岔	18°26′06″	2500	3877	6327			*	≤3t 矿车	≤1.5
6	ZDC938/3/15	对称道岔	18°26′06″	2700	3877	6527			*	≤5t 矿车 / ≤20t 机车	≤3.5 / ≤3.5
7	ZDC938/4/20	对称道岔	14°02′10″	2450	4959	7372			*	≤20t 机车	≤3.5

续表

顺序	道岔型号	道岔名称	辙叉角 α	主要尺寸 (mm)					质量 (kg)	允许行驶机车车辆	允许行驶速度 (m/s)
				a	b	L	T	L₀			
8	ZDX938/4/1519	渡线道岔	14°02′10″	4041	4959	15682	1900	7600	4583	≤5t 矿车 / ≤20t 机车	≤3.5 / ≤3.5
9	ZDX938/4/1522	渡线道岔	14°02′10″	4041	4959	16882	2200	8800	4991	≤5t 矿车 / ≤20t 机车	≤3.5 / ≤3.5
10	ZDX938/5/2019	渡线道岔	11°18′36″	4551	6049	18602	1900	9500	4921	≤20t 机车	≤3.5
11	ZDX938/5/2022	渡线道岔	11°18′36″	4551	6049	20102	2200	11000	*	≤20t 机车	≤5.0
12	ZDX938/6/3019	渡线道岔	9°27′44″	5367	7141	22134	1900	11400	6253	≤20t 机车	≤5.0
13	ZDX938/6/3022	渡线道岔	9°27′44″	5367	7141	22934	2200	13200	*	≤20t 机车	≤5.0
14	ZDX938/7/4019	渡线道岔	8°07′48″	5364	8036	24028	1900	13300	*	≤20t 机车	≤5.0
15	ZDX938/7/4022	渡线道岔	8°07′48″	5364	8036	26128	2200	15400	*	≤20t 机车	≤5.0
16	ZJD938/4/1522	交叉渡线道岔	14°02′10″	4041		16882	2200	8800	*	≤5t 矿车 / ≤20t 机车	≤3.5 / ≤3.5
17	ZJD938/4/1525	交叉渡线道岔	14°02′10″	4041		18082	2500	10000	*	≤20t 机车	≤5.0
18	ZJD938/6/3022	交叉渡线道岔	9°27′44″	5467		23934	2200	13200	*	≤20t 机车	≤5.0
19	ZJD938/6/3025	交叉渡线道岔	9°27′44″	5467		25734	2500	15000	*	≤20t 机车	≤5.0
20	ZJD938/7/4022	交叉渡线道岔	8°07′48″	5364		26128	2200	15400	*	≤20t 机车	≤5.0
21	ZJD938/7/4025	交叉渡线道岔	8°07′48″	5464		28228	2500	17500	*	≤20t 机车	≤5.0
22	ZTX938/5/50	四轨套线道岔	11°18′36″	2980	6020	9000	140	6049	2696		
23	ZTX938/5/50	四轨套线道岔（钢枕）	11°18′36″	2980	6020	9000	140	6049	3424		

* 暂不设计。

表 5—1—11　643 道岔系列品种、主要参数、允许行驶机车车辆和允许行驶速度

顺序	道岔型号	道岔名称	辙叉角 α	主要尺寸 (mm)					质量 (kg)	允许行驶机车车辆	允许行驶速度 (m/s)
				a	b	L	T	L_0			
1	ZDK643/4/12	单开道岔	14°02′10″	3859	3741	7600			2566	≤3t 矿车 ≤5t 矿车	≤3.5 ≤1.5
2	ZDK643/5/15	单开道岔	11°18′36″	4166	4534	8700			2962	≤20t 机车	≤3.5
3	ZDK643/6/25	单开道岔	9°27′44″	5171	5329	10500			3287	≤20t 机车	≤5.0
4	ZDC643/3/9	对称道岔	18°26′06″	2500	2953	5415			*	≤3t 矿车	≤1.5
5	ZDC643/3/15	对称道岔	18°26′06″	2700	2953	5615			2256	≤20t 机车	≤3.5
6	ZDX643/4/1214	渡线道岔	14°02′10″	3859	3741	13318	1400	5600	*	≤3t 矿车 ≤5t 矿车	≤3.5 ≤1.5
7	ZDX643/4/1216	渡线道岔	14°02′10″	3859	3741	14118	1600	6400	4021	≤3t 矿车 ≤5t 矿车	≤3.5 ≤1.5
8	ZDX643/5/1514	渡线道岔	11°18′36″	4166	4534	15332	1400	7000	*	≤20t 机车	≤3.5
9	ZDX643/5/1516	渡线道岔	11°18′36″	4166	4534	16332	1600	8000	5696	≤20t 机车	≤3.5
10	ZDX643/5/1518	渡线道岔	11°18′36″	4166	4534	17332	1800	9000	5999	≤20t 机车	≤3.5
11	ZDX643/6/2514	渡线道岔	9°27′44″	5171	5329	18742	1400	8400	*	≤20t 机车	≤5.0
12	ZDX643/6/2516	渡线道岔	9°27′44″	5171	5329	19942	1600	9600	6456	≤20t 机车	≤5.0
13	ZDX643/6/2517	渡线道岔	9°27′44″	5171	5329	20542	1700	10200	6680	≤20t 机车	≤5.0
14	ZDX643/6/2525	渡线道岔	9°27′44″	5171	5329	25342	2500	15000	7036	≤20t 机车	≤5.0

* 暂不设计。

3．窄轨铁路道岔型号组成说明

1）型号第一个字母 Z 代表窄轨铁路道岔类型代号。

2）型号第二和第三个字母，DK、DC、DX、JD、DZ、JC、TX 分别代表单开、对称、渡线、交叉渡线、对称组合、菱形交叉、四轨套线道岔的型式代号。

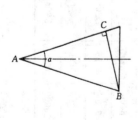

图 5－1－8

3）主参数中第一段数字的"6"、"7"和"9"分别代表道岔轨距，6—600mm、7—762mm、9—900mm；主参数中第一段数字的"15"、"22"、"30"、"38"和"43"分别代表道岔轨型，kg/m。

4）主参数中第二段数字，即两斜线之间的数字为道岔号数；窄轨铁路道岔号数以辙叉号数（M）表示，辙叉号数（M）与辙叉角（α）的关系，见图 5－1－8 和下列计算式。

$$M=\frac{AC}{BC}=\frac{1}{\tan\alpha} \qquad \alpha=\arctan\frac{1}{M}$$

上述计算式符合 GB1246—76 的规定，各种道岔号数的辙叉角 α 值见表 5－1－1～表 5－1－11。

5）主参数中尾段数字的含义为：

（1）对于单开和对称道岔，代表道岔曲线半径，m；

（2）对于渡线、交叉渡线、对称组合道岔，前两位数字代表曲线半径，m；后两位数字代表二线路间距，dm。

6）单开道岔和渡线道岔均有右向与左向之别，表 5－1－1～表 5－1－11 所列均为右向道岔，左向道岔应在道岔型号末尾加"左"字，例如：ZDX622/5/1516 左。

二、窄轨铁路道岔选用说明

1．各种道岔允许行驶机车车辆和允许行驶速度

按表 5－1－1～表 5－1－11 选择。

2．窄轨铁路道岔曲线半径、运行车辆轴距及允许行车速度的关系

1）道岔曲线半径大于通过车辆最大轴距的 7 倍时，允许行车速度 $V\leqslant1.5$m/s。

2）道岔曲线半径大于通过车辆最大轴距的 10 倍时，允许行车速度 $V\leqslant3.5$m/s。

3）道岔曲线半径大于通过车辆最大轴距的 15 倍时，允许行车速度 $V\leqslant5.0$m/s；行车速度再高时，曲线半径应大于车辆轴距 20 倍以上。

4）斜井串车提升时，使用的单开道岔不得小于 6 号，曲线半径不得小于 25m。

3．通过窄轨铁路道岔机车和车辆的轮对及车轮

1）轮背距 T_b 见图 5－1－9，要符合 GB4786.1—84 的规定。

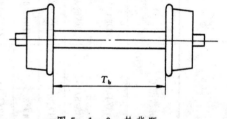

图 5－1－9　轮背距

600mm 轨距：　　$T_b=544^{+1}_{-3}$mm

762mm 轨距：　　$T_b=706^{+1}_{-3}$mm

900mm 轨距：　　$T_b=844^{+1}_{-3}$mm

2）通过窄轨铁路道岔车辆的车轮踏面形状及尺寸要参照图 5－1－10，符合 GB4695—84A 型的规定。

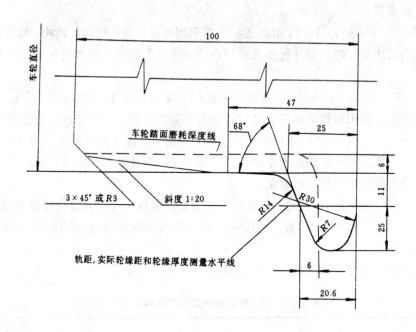

图 5-1-10　车轮踏面形状尺寸

4. 采用不同轨型道岔的条件

1) 窄轨铁路道岔可以采用较线路轨型高一级的钢轨，不允许采用低于线路轨型的钢轨。

2) 采用不同轨型道岔时，道岔前后端应各铺设一节与道岔轨型相同的钢轨，然后用异型鱼尾板与线路钢轨连接。

5. 设计选型或定货注意事项

1) 单开道岔和渡线道岔均有右向与左向之别，表 5-1-1～表 5-1-11 所列均为右向，道岔型号及名称亦为右向。如选用左向道岔时，则在道岔型号末尾加"左"字，例如：ZDK622/5/15 左；ZDX930/6/3019 左。

2) 右向与左向单开道岔、渡线道岔，除曲基本轨、曲连接轨相互对称不能左右通用外，其他零部件均通用，所有尺寸全部相同。

3) ZDK615/2/4 单开道岔，除曲基本轨、曲连接轨不能左右通用外，曲线尖轨辙尖部件也不能左右通用。左向道岔的辙尖部件在右向道岔设计图上对称制造，设计选型或订货时，在道岔型号末尾加上"左"字。

4) 窄轨铁路道岔警冲标位置，根据线路布置和运输车辆及安全距离的需要，由设计选型者按图 5-1-11、图 5-1-12 计算确定。

5) 窄轨铁路道岔的辙叉部件有钢轨拼制式和低合金钢整体铸造式两种，并可互换使用，设备定货时可根据用户需要和制造厂家的生产条件确定。表 5-1-1～表 5-1-11 所列道岔质量均为钢轨拼制式。

6) 表 5-1-1～表 5-1-11 所列道岔均不包括扳道器，定货时根据需要另行选择扳道器。窄轨铁路道岔附有立式扳道器、卧式扳道器和脚踏扳道器三种型式。各种型式扳道器均有手动（或脚动）和弹簧两种方式。其中脚踏扳道器除上述外，还可组装成电动推杆扳道器和气动推杆扳道器。

7）表5—1—1～表5—1—11所列道岔一律采用木枕。如采用其他轨枕（如钢枕、钢筋混凝土枕、固定道床等）时，设计选型者或用户应对道岔的垫板、道钉及其他扣件等做相应的设计修改。

8）表5—1—1～表5—1—11所列道岔不能在下绳式无极绳运输线路上使用，也不能用于斜井双钩甩车场，如用时设计选型者应对道岔的有关零件做相应的修改，留出压绳槽。

9）表5—1—1～表5—1—11所列道岔及其他附件，已转让给有关协作网点厂家，订货时可与中煤建设集团公司窄轨铁路道岔供应技术服务中心直接联系，或与厂家联系。也可向北京煤炭设计研究院购买图纸自行制造。

10）表5—1—1～表5—1—11中未列的道岔北京煤炭设计研究院也可进行设计，例如：ZJD630/4/1218、ZJD630/4/1218.5、ZJD630/4/1222交叉渡线道岔；ZDX630/4/1218渡线道岔；943系列道岔。

11）窄轨铁路道岔产品网点生产厂（表5—1—12）

表5—1—12 窄轨铁路道岔产品网点生产厂

序号	厂　　　名	地　　　址	电　话	电报	邮编
1	徐州煤矿安全设备制造有限公司	徐州市贾汪区工商路173号	(0516)7715376 7715377 7715378 7715435 传真 (0516)7715356		221011
2	河南省林州市太行矿机设备厂	河南省林州付家河	(0372)6511838 传真 (0372)6538888	1293	456592
3	江苏省江阴煤矿机械厂	江苏省江阴市通江南路260号	(0510)6112467 (0)13606162612	0955	214433

三、1996年以来新增标准设计道岔系列品种及主要参数（表5—1—13）

表5—1—13 1996年以来新增标准设计道岔系列品种及主要参数

顺序	道岔型号	道岔名称	主要参数(mm)						质量(kg)
			辙叉角 α	a	b	L	T	L_0	
1	ZDX622/4/1215	ZDX622/4/1215 渡线道岔	14°02′10″	3462	3588	12924	1500	6000	2242
2	ZDX622/4/1219	ZDX622/4/1219 渡线道岔	14°02′10″	3462	3588	14524	1900	7600	2416
3	ZDX622/5/1515	ZDX622/5/1515 渡线道岔	11°18′36″	3768	4232	15036	1500	7500	2530
4	ZJD622/4/1216	ZJD622/4/1216 交叉渡线道岔	14°02′10″	3462	—	13323	1600	6400	4559
5	ZJD622/4/1218.5	ZJD622/4/1218.5 交叉渡线道岔	14°02′10″	3462	—	14323	1850	7400	4902

续表

顺序	道岔型号	道岔名称	主要参数(mm)						质量(kg)
			辙叉角 α	a	b	L	T	L_0	
6	ZJD622/4/1219	ZJD622/4/1219 交叉渡线道岔	14°02′10″	3462	—	14524	1900	7600	5010
7	ZDX922/4/1520	ZDX922/4/1520 渡线道岔	14°02′10″	3743	4807	15486	2000	8000	2493
8	ZDX922/5/2020	ZDX922/5/2020 渡线道岔	11°18′36″	4053	5747	18106	2000	10000	2846
9	ZJD922/4/1522	ZJD922/4/1522 交叉渡线道岔	14°02′10″	3743	—	16287	2200	8800	5207
10	ZJD922/4/1525	ZJD922/4/1525 交叉渡线道岔	14°02′10″	3743	—	17487	2500	10000	5682
11	ZDX630/4/1215	ZDX630/4/1215 渡线道岔	14°02′10″	3660	3640	13320	1500	6000	3074
12	ZDX630/4/1219	ZDX630/4/1219 渡线道岔	14°02′10″	3660	3640	14920	1900	7600	3694
13	ZDX630/5/1515	ZDX630/5/1515 渡线道岔	11°18′36″	3967	4333	15434	1500	7500	3345
14	ZDX630/6/2515	ZDX630/6/2515 渡线道岔	9°27′44″	4972	5128	18944	1500	9000	4087
15	ZDX930/4/1520	ZDX930/4/1520 渡线道岔	14°02′10″	3942	4858	15884	2000	8000	3377
16	ZDX930/5/2020	ZDX930/5/2020 渡线道岔	11°18′36″	4252	5848	18504	2000	10000	3820
17	ZDX930/6/3020	ZDX930/6/3020 渡线道岔	9°27′44″	5160	6940	22320	2000	12000	4596
18	ZDK638/4/12	ZDK638/4/12 单开道岔	14°02′10″	3859	3741	7600	—	—	2287
19	ZDK638/5/15	ZDK638/5/15 单开道岔	11°18′36″	4266	4534	8800	—	—	2563
20	ZDK638/6/25	ZDK638/6/25 单开道岔	9°27′44″	5171	5329	10500	—	—	2938
21	ZDX638/4/1214	ZDX638/4/1214 渡线道岔	14°02′10″	3859	3741	13318	1400	5600	4273
22	ZDX638/4/1216	ZDX638/4/1216 渡线道岔	14°02′10″	3859	3741	14118	1600	6400	4727
23	ZDX638/5/1514	ZDX638/5/1514 渡线道岔	11°18′36″	4266	4534	15532	1400	7000	4750
24	ZDX638/5/1516	ZDX638/5/1516 渡线道岔	11°18′36″	4266	4534	16532	1600	8000	5137
25	ZDX638/6/2514	ZDX638/6/2514 渡线道岔	9°27′44″	5171	5329	18742	1400	8400	5476
26	ZDX638/6/2516	ZDX638/6/2516 渡线道岔	9°27′44″	5171	5329	19942	1600	9600	5910
27	ZDX938/5/2022	ZDX938/5/2022 渡线道岔	11°18′36″	4551	6049	20102	2200	11000	5343
28	ZDX938/6/3022	ZDX938/6/3022 渡线道岔	9°27′44″	5367	7141	23934	2200	13200	6801
29	ZDC643/3/9	ZDC643/3/9 对称道岔	18°26′06″	2500	2953	5415	—	—	2240
30	ZDX643/4/1214	ZDX643/4/1214 渡线道岔	14°02′10″	3859	3741	13318	1400	5600	3720
31	ZDX643/5/1514	ZDX643/5/1514 渡线道岔	11°18′36″	4166	4534	15332	1400	7000	5460
32	ZDX643/6/2514	ZDX643/6/2514 渡线道岔	9°27′44″	5171	5329	18742	1400	8400	6150
33	ZDK943/4/15	ZDK943/4/15 单开道岔	14°02′10″	4041	4959	9000	—	—	2998
34	ZDK943/5/20	ZDK943/5/20 单开道岔	11°18′36″	4451	6049	10500	—	—	3360
35	ZDK943/6/30	ZDK943/6/30 单开道岔	9°27′44″	5367	7141	12508	—	—	3784
36	ZDC943/3/15	ZDC943/3/15 对称道岔	18°26′06″	2700	3877	6527	—	—	2245
37	ZDX943/4/1519	ZDX943/4/1519 渡线道岔	14°02′10″	4041	4959	15682	1900	7600	5444
38	ZDX943/4/1522	ZDX943/4/1522 渡线道岔	14°02′10″	4041	4959	16882	2200	8800	5929
39	ZDX943/5/2019	ZDX943/5/2019 渡线道岔	11°18′36″	4451	6049	18402	1900	9500	5850
40	ZDX943/5/2022	ZDX943/5/2022 渡线道岔	11°18′36″	4451	6049	19902	2200	11000	6352

续表

顺序	道岔型号	道岔名称	主 要 参 数(mm)						质量 (kg)
			辙叉角 α	a	b	L	T	L_0	
41	ZDX943/6/3019	ZDX943/6/3019 渡线道岔	9°27′44″	5367	7141	22134	1900	11400	7300
42	ZDX943/6/3022	ZDX943/6/3022 渡线道岔	9°27′44″	5367	7141	23934	2200	13200	7940
43	ZDK743/6/30	ZDK743/6/30 单开道岔	9°27′44″	5392	6308	11700	—	—	3633
44	DK724/5/25	DK724/5/25 单开道岔	11°25′16″	3788	4912	8700	—	—	1277
45	DX724/5/2520	DX724/5/2520 渡线道岔	11°25′16″	3788	4912	17476	2000	9900	2591

注：(1) 参数 T (二线路中心距)，除表中确定数值外，其他值可任意选取。
　　(2) 除本表及标准系列所列道岔系列品种外，其他非标准道岔型号，如 762mm 轨距 24、38、43kg/m 窄轨道岔，均可选用，保证及时供应施工图。

四、警冲标（图 5-1-11、图 5-1-12）

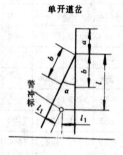

图 5-1-11 警冲标

$l = l_1 / \tan 0.5\alpha$

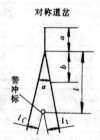

图 5-1-12 警冲标

$l = l_1 / \sin 0.5\alpha$

五、低合金钢整体铸造式辙叉（表 5-1-14）

表 5-1-14 低合金钢整体铸造式辙叉

型 号	名 称	质量 (kg)	材 料
ZZC15/3	15kg/m 道岔 3 号整铸辙叉	72.2	
ZZC15/4	15kg/m 道岔 4 号整铸辙叉	82.5	
ZZC15/5	15kg/m 道岔 5 号整铸辙叉	82.4	
ZZC15/6	15kg/m 道岔 6 号整铸辙叉	95.6	
ZZC22/3	22kg/m 道岔 3 号整铸辙叉	114	
ZZC22/4	22kg/m 道岔 4 号整铸辙叉	130	
ZZC22/5	22kg/m 道岔 5 号整铸辙叉	131	ZG30SiMnVCu
ZZC22/6	22kg/m 道岔 6 号整铸辙叉	148	
ZZC22/7	22kg/m 道岔 7 号整铸辙叉	160	
ZZC22/8	22kg/m 道岔 8 号整铸辙叉	167	
ZZC22/10	22kg/m 道岔 10 号整铸辙叉	181.9	
ZZC30/3	30kg/m 道岔 3 号整铸辙叉	133	
ZZC30/4	30kg/m 道岔 4 号整铸辙叉	149	

续表

型　号	名　　称	质量（kg）	材　料
ZZC30/5	30kg/m 道岔 5 号整铸辙叉	157	
ZZC30/6	30kg/m 道岔 6 号整铸辙叉	177	
ZZC30/7	30kg/m 道岔 7 号整铸辙叉	200.8	
ZZC30/8	30kg/m 道岔 8 号整铸辙叉	215	
ZZC30/10	30kg/m 道岔 10 号整铸辙叉	258.1	
ZZC38/3	38kg/m 道岔 3 号整铸辙叉	133	
ZZC38/4	38kg/m 道岔 4 号整铸辙叉	217	
ZZC38/5	38kg/m 道岔 5 号整铸辙叉	241.5	
ZZC38/6	38kg/m 道岔 6 号整铸辙叉	264.5	
ZZC38/7	38kg/m 道岔 7 号整铸辙叉	292	ZG30SiMnVCu
ZZC38/8	38kg/m 道岔 8 号整铸辙叉	327	
ZZC38/10	38kg/m 道岔 10 号整铸辙叉	392	
ZZC43/3	43kg/m 道岔 3 号整铸辙叉	208	
ZZC43/4	43kg/m 道岔 4 号整铸辙叉	231	
ZZC43/5	43kg/m 道岔 5 号整铸辙叉	257	
ZZC43/6	43kg/m 道岔 6 号整铸辙叉	281	
ZZC43/7	43kg/m 道岔 7 号整铸辙叉	309.5	
ZZC43/8	43kg/m 道岔 8 号整铸辙叉	346.3	
ZZC43/10	43kg/m 道岔 10 号整铸辙叉	416	

六、异型鱼尾板（表 5－1－15）

表 5－1－15　异　型　鱼　尾　板

型　号	名　　称	每组质量（kg）	材　　料
YXB15/12	15－12kg/m 钢轨异形鱼尾板	9.6	
YXB（X15/J15）	新 15－旧 15kg/m 钢轨异形鱼尾板	10.56	采用模锻时，应用 GB700—88 规定的 Q275 结构钢；
YXB22/18	22－18kg/m 钢轨异形鱼尾板	11.04	采用铸造时，可用 GB11352—89
YXB22/24	22－24kg/m 钢轨异形鱼尾板	14.2	规定的 ZG270—500 铸钢，或
YXB30/24	30－24kg/m 钢轨异形鱼尾板	13.96	GB9440—88 规定的 KTH350—10
YXB38/24	38－24kg/m 钢轨异形鱼尾板	34.36	可锻铸铁
YXB43/24	43－24kg/m 钢轨异形鱼尾板	34.36	

注：每组鱼尾板包括：内侧对称各 1 件，外侧对称各 1 件，共 4 件。

图 5－1－13 为 15－12kg/m 钢轨异形鱼尾板简图，其余异形鱼尾板简图见北京煤炭设计研究院 1996 年 5 月出版的《窄轨铁路道岔图册》。

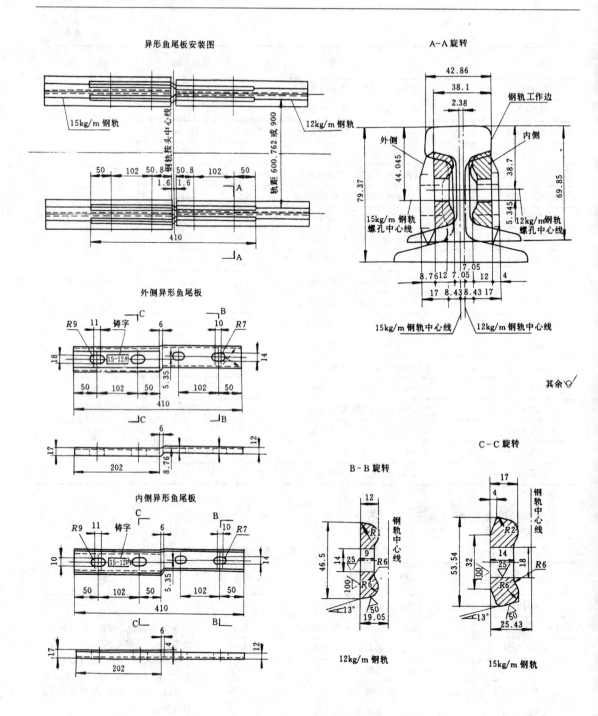

图 5—1—13　异形鱼尾板简图

七、扳道器的布置

1. 卧式手动（弹簧）扳道器

1）用于单开道岔时的布置见图 5—1—14、表 5—1—16。

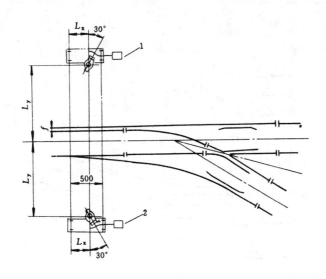

图 5-1-14 单开道岔扳道器布置

1—左式安装；2—右式安装

表 5-1-16 mm

道岔型号	尖轨长度	f	右 式		左 式		道岔型号	尖轨长度	f	右 式		左 式	
			L_x	L_y	L_x	L_y				L_x	L_y	L_x	L_y
ZDK622	2100		407	1272	380	1251	ZDK638	2400		412	1262	383	1241
	2500		408	1268	385	1250		2900		412	1258	388	1240
	3100		409	1265	389	1249		3600		412	1255	392	1239
ZDK722	2100		403	1353	384	1332	ZDK738	2400		407	1343	387	1322
	2500		404	1349	388	1331		2900		408	1339	391	1322
	3100		405	1346	392	1330		3600		409	1336	395	1321
	4100		407	1342	396	1329		4800		410	1332	400	1320
ZDK922	2100		401	1422	386	1402	ZDK938	2400		405	1412	389	1392
	2500		403	1418	389	1400		2900		406	1408	393	1391
	3100	127	404	1415	393	1399		3600	130	408	1405	397	1390
ZDK630	2300		409	1262	380	1241	ZDK643	2400		412	1261	383	1240
	2700		410	1258	384	1240		2900		412	1258	387	1239
	3400		410	1255	389	1239		3600		412	1254	392	1239
ZDK730	2300		404	1343	384	1322	ZDK743	2400		407	1343	387	1322
	2700		405	1340	388	1322		2900		408	1339	391	1321
	3400		407	1366	392	1320		3600		409	1335	395	1320
	4400							4800		410	1332	400	1319
ZDK930	2300		403	1412	386	1392	ZDK943	2400		405	1412	389	1391
	2700		404	1409	390	1391		2900		406	1408	393	1390
	3400		405	1405	394	1390		3600		408	1404	396	1389

2）用于对称道岔时的布置见图5—1—15、表5—1—17。

2. 立式手动（弹簧）扳道器

1）用于单开道岔时的布置见图5—1—16、表5—1—18。

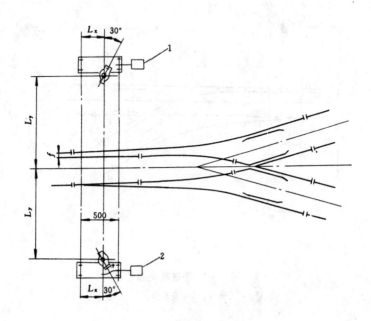

图5—1—15　对称道岔扳道器布置
1—左式安装；2—右式安装

表5—1—17　　　　　　　　　　　　　　　　　　　　　　　　　　　　　　　　mm

道岔型号	尖轨长度	f	L_x	L_y	道岔型号	尖轨长度	f	L_x	L_y
ZDC622	1250		384	1272	ZDC638	1450		389	1260
ZDC722	1250		384	1353	ZDC738	1450		389	1342
	1550		389	1348		1800		394	1337
ZDC922	1250	127	384	1422	ZDC938	1450	130	389	1411
ZDC630	1350		386	1261	ZDC643	1450		389	1260
ZDC730	1350		386	1342	ZDC743	1450		389	1341
	1700		391	1337		1800		399	1337
ZDC930	1350		386	1411	ZDC943	1450		389	1410

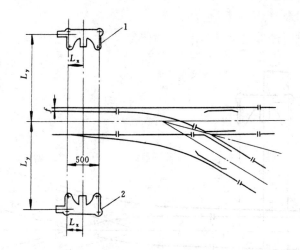

图 5—1—16　单开道岔扳道器布置

1—左式安装；2—右式安装

表 5—1—18　　　　　　　　　　　　　　　　　　　　　　　　　　　　　　　　　　　　mm

道岔型号	尖轨长度	f	右　式		左　式		道岔型号	尖轨长度	f	右　式		左　式	
			L_x	L_y	L_x	L_y				L_x	L_y	L_x	L_y
ZDK615	1900	127	310	1215	289	1194	ZDK930	2300	127	307	1375	290	1354
	2300		309	1212	291	1194		2700		306	1372	292	1354
	2800		307	1209	292	1193		3400		305	1369	293	1354
ZDK715	1900		307	1296	292	1275	ZDK638	2400	130	313	1225	284	1205
	2300		306	1293	293	1275		2900		311	1223	287	1205
	2800		305	1290	294	1274		3600		309	1220	289	1205
ZDK915	1900		306	1365	293	1344	ZDK738	2400		308	1307	289	1286
	2300		305	1362	294	1344		2900		307	1304	290	1286
	2800		304	1359	295	1343		3600		306	1301	292	1286
ZDK622	2100		313	1234	286	1214		4800		304	1298	294	1285
	2500		311	1231	288	1213	ZDK938	2400		306	1376	290	1355
	3100		309	1228	290	1213		2900		306	1373	292	1355
ZDK722	2100		309	1315	290	1295		3600		305	1370	293	1355
	2500		307	1312	291	1295	ZDK643	2400		313	1225	281	1201
	3100		306	1310	293	1294		2900		311	1222	286	1204
	4100		305	1307	295	1294		3600		311	1222	286	1204
ZDK922	2100		307	1384	291	1361	ZDK743	2400		308	1306	288	1285
	2500		306	1382	293	1364		2900		307	1303	290	1285
	3100		305	1379	294	1363		3600		306	1300	292	1285
ZDK630	2300		313	1224	284	1204		4800		304	1298	294	1285
	2700		312	1222	286	1204	ZDK943	2400		306	1375	290	1355
	3400		310	1219	289	1204		2900		306	1372	292	1354
ZDK730	2300		309	1306	289	1285		3600		305	1369	293	1354
	2700		308	1303	290	1285							
	3400		306	1300	292	1285							
	4400		305	1297	294	1281							

2）用于对称道岔时的布置见图 5—1—17、表 5—1—19。

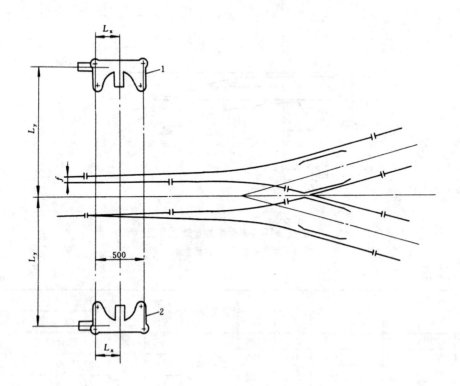

图 5—1—17 对称道岔扳道器布置
1—左式安装；2—右式安装

表 5—1—19　　　　　　　　　　　　　　　　　　　　　　　　　　　mm

道岔型号	尖轨长度	f	L_x	L_y	道岔型号	尖轨长度	f	L_x	L_y
ZDC615	1150		301	1212	ZDC638	1450		300	1221
ZDC715	1150		301	1293	ZDC738	1450		300	1303
ZDC915	1150		301	1362		1800		300	1300
ZDC622	1250		301	1231	ZDC938	1450		300	1372
ZDC722	1250	127	301	1312	ZDC643	1450	130	300	1221
	1550		301	1309	ZDC743	1450		300	1302
ZDC922	1250		301	1381		1800		300	1299
ZDC630	1350		300	1221	ZDC943	1450		300	1371
ZDC730	1350		300	1302					
	1700		300	1299					
ZDC930	1350		300	1371					

3. 卧式、立式手动（弹簧）扳道器选用说明

1）型号：卧式手动（弹簧）扳道器为 BWS130/588；立式手动（弹簧）扳道器为 BLS130/588。

2）图号：卧式手动（弹簧）扳道器为 BS93－331（2）－00；立式手动（弹簧）扳道器为 BS93－331（1）－00。

3）适用范围：适用于 15、22、30、38、43kg/m 钢轨各种类型和规格的窄轨铁路道岔。

4）操作方式：手动、弹簧和弹簧加手动 3 种方式。

手动时：选用刚性连杆；

弹簧时：选用弹簧连杆；

弹簧加手动：选用弹簧连杆即可实现，适用于"信集闭"系统。

5）安装位置：可右式安装或左式安装，见图 5－1－14～图 5－1－17，其安装尺寸见表 5－1－16～表 5－1－19；安装尺寸 L_y 不符合要求时，选用者可自行设计增设附杆。

6）设备质量：手动扳道器 94kg（立式），56kg（卧式）；弹簧扳道器 114kg（立式），78kg（卧式）。

7）尖轨贴紧力：手动扳道器 588N；弹簧扳道器 245N。

8）扳道连杆行程：＜130mm。

9）选型须知：选型时除说明扳道器型号、名称、图号外，还必须说明道岔型号、选用连杆及安装位置。选用弹簧扳道器左道通行时，右式安装；右道通行时，左式安装。

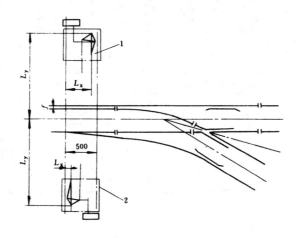

图 5－1－18　单开道岔扳道器布置

1—左式安装；2—右式安装

4. 脚踏式扳道器

1）用于单开道岔时的布置见图 5－1－18、表 5－1－20。

2）用于对称道岔时的布置见图 5－1－19、表 5－1－21。

表 5—1—20   mm

道岔型号	尖轨长度	f	右式		左式		道岔型号	尖轨长度	f	右式		左式	
			L_x	L_y	L_x	L_y				L_x	L_y	L_x	L_y
ZDK615	1900	127	184.9	1214.8	441.3	1194.2	ZDK930	2300	127	178.5	1374.6	437.8	1354.5
	2300		181.9	1211.6	440.5	1193.6		2700		176.1	1372.2	437.2	1354.3
	2800		179.1	1208.8	439.7	1193.2		3400		174.4	1369.1	437.1	1353.8
ZDK715	1900		177.8	1296.1	440.5	1275.4	ZDK638	2400		190.2	1225.7	436.6	1204.9
	2300		176.5	1292.8	439.8	1274.7		2900		186.6	1222.3	436.5	1204.6
	2800		174.5	1289.9	439.1	1274.3		3600		182.7	1219.7	436.3	1204.4
ZDK915	1900		175.9	1365.2	440.1	1344.4	ZDK738	2400		181.0	1306.6	436.3	1286.2
	2300		174.2	1361.8	439.5	1343.8		2900		178.7	1303.6	436.2	1285.9
	2800		172.6	1359.0	438.9	1343.3		3600		176.2	1300.9	436.0	1285.6
ZDK622	2100		189.8	1234.0	436.4	1213.6		4800		173.5	1298.1	435.8	1285.4
	2500		186.2	1231.2	436.3	1213.3	ZDK938	2400		177.5	1375.7	436.1	1355.3
	3100		182.6	1228.8	436.3	1213.0		2900		175.7	1372.7	436.0	1355.0
ZDK722	2100		181.1	1315.3	437.0	1295.0		3600		173.7	1370.1	435.9	1354.7
	2500		178.8	1312.4	436.9	1294.5	ZDK643	2400	130	190.3	1224.7	436.3	1204.1
	3100		176.3	1309.5	436.7	1294.1		2900		186.6	1221.9	436.1	1203.9
	4100		173.5	1306.5	436.5	1293.6		3600		182.9	1219.2	436.0	1203.7
ZDK922	2100		177.7	1384.4	437.0	1364.1	ZDK743	2400		181.0	1306.1	436.0	1285.5
	2500		175.8	1381.5	436.8	1363.6		2900		178.6	1303.2	435.9	1285.2
	3100		173.9	1378.6	436.7	1363.1		3600		176.2	1300.4	435.8	1284.9
ZDK630	2300		192.1	1224.0	438.7	1203.9		4800		173.6	1297.5	435.7	1284.6
	2700		187.8	1221.7	437.8	1203.8	ZDK943	2400		177.5	1375.2	435.9	1352.9
	3400		184.7	1218.8	437.6	1203.5		2900		175.6	1372.3	435.8	1352.7
ZDK730	2300		182.2	1305.5	438.0	1285.3		3600		173.7	1369.5	435.7	1352.3
	2700		179.3	1303.0	437.3	1285.2							
	3400		177.2	1300.0	437.1	1284.7							
	4400												

5. 脚踏式扳道器选用说明

1）型号：脚踏式扳道器为 BJT130/245。

2）图号：脚踏式扳道器为 BS93—331（3）—00。

3）适用范围：适用于 15、22、30、38、43kg/m 钢轨，600、762、900mm 轨距，各种类型和规格的窄轨铁路道岔。

4）操作方式：有脚踏、弹簧、弹簧加脚踏和外接电动推杆或气动推杆实现电动或气动，共 5 种。其型号和名称见表 5—1—22。

5）安装位置：可右式安装或左式安装，见图 5—1—18～图 5—1—19，其安装尺寸见表

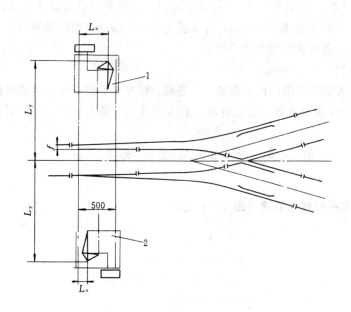

图 5—1—19 对称道岔扳道器布置

1—左式安装；2—右式安装

表 5—1—21

mm

道岔型号	尖轨长度	f	L_x		L_y	道岔型号	尖轨长度	f	L_x		L_y
			右式	左式					右式	左式	
ZDC615	1150		158.9	443.8	1211.8	ZDC638	1450		157.0	438.8	1221.6
ZDC715	1150		158.9	443.8	1374.2	ZDC738	1450		157.0	438.8	1302.8
ZDC915	1150		158.9	443.8	1512.2		1800				
ZDC622	1250		158.9	442.9	1149.8						
ZDC722	1250	127	158.9	442.9	1312.3	ZDC938	1450	130	157.0	438.8	1371.8
	1550		159.8	441.8	1308.9						
ZDC922	1250		158.9	442.9	1381.3	ZDC643	1450		159.1	440.8	1220.7
ZDC630	1350		158.5	441.9	1220.7	ZDC743	1450		159.1	440.8	1302.1
ZDC730	1350		158.5	441.9	1302.2		1800				
	1700		159.7	440.9	1296.8						
ZDC930	1350		158.5	441.9	1371.3	ZDC943	1450		159.1	440.9	1371.2

表 5—1—22

序号	扳道器型号	扳道器名称	选用连杆	备 注
1	BJT130/245	脚踏式扳道器	刚性连杆	取消弹簧连杆
2	BHT130/245	弹簧扳道器	弹簧连杆	锁柱回转板, 取消脚踏板等
3	DTJ130/245	弹簧脚踏扳道器	弹簧连杆	平时锁柱回转板, 必要时开锁
4	BDT130/245	电动推杆扳道器	刚性连杆	外接电动推杆, 取消脚踏板等
5	BQT130/245	气动推杆扳道器	刚性连杆	外接气动推杆, 取消脚踏板等

5-1-20～表5-1-21；安装尺寸 L_y 不符合要求时，选用者可自行设计连杆。

6）设备质量：脚踏式扳道器114kg；弹簧扳道器114kg（取消脚踏板等）。

7）尖轨贴紧力：各种扳道器均为245N。

8）扳道连杆行程：<130mm。

9）选型须知：选型时除说明扳道器型号、名称、图号外，还必须说明道岔型号、选用连杆及安装位置。选用弹簧扳道器左道通行时，右式安装；右道通行时，左式安装。

第二节   窄轨铁路道岔线路联接

一、单开道岔非平行线路联接（图5-1-20）

$$\beta = \delta - \alpha$$
$$T = R\tan 0.5\beta$$
$$m = a + (b+T)\sin\beta/\sin\delta$$
$$M = b\sin\alpha + R\cos\alpha$$
$$H = M - R\cos\delta$$
$$n = H/\sin\alpha$$
$$f = a + b\cos\alpha - R\sin\alpha$$
$$K_P = \pi\alpha°R/180°$$

二、单开道岔平行线路联接（图5-1-21）

$$B = S/\tan\alpha$$
$$m = S/\sin\alpha$$
$$T = R\tan 0.5\alpha$$
$$n = S/\sin\alpha - R\tan 0.5\alpha$$
$$L = a + B + T$$
$$C = n - b$$
$$K_P = \pi\alpha°R/180°$$

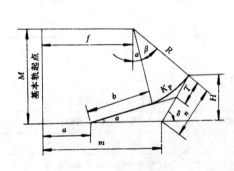

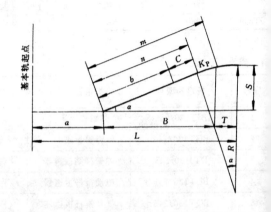

图5-1-20   单开道岔做平行线路联接   图5-1-21   单开道岔平行线路联接

三、对称道岔线路联接（图 5-1-22）

$$B=0.5S/\tan\ (0.5\alpha)$$
$$T=R\tan\ (0.25\alpha)$$
$$m=S/\ (2\sin0.5\alpha)$$
$$b_3=b\cos\ (0.5\alpha)$$
$$n=m-T$$
$$C=n-b$$
$$L=a+B+T$$
$$K_P=\pi\alpha°R/360°$$

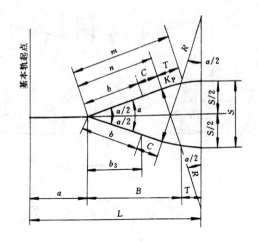

图 5-1-22　对称道岔线路联接

四、渡线道岔线路联接（图 5-1-23）

$$L_0=S/\tan\alpha$$
$$L=2a+L_0$$
$$N=S/\sin\alpha$$
$$C=N-S_0/\tan\ (0.5\alpha)$$

当 C 值为正时，见图 a；为负时，见图 b。当用单开道岔组合渡线道岔时，C 的绝对值不宜小于 50mm。当 $N-2b\geqslant0$ 时，该道岔不是渡线道岔，成为两个单开道岔的线路联接。

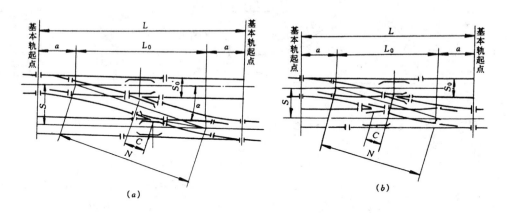

图 5-1-23　渡线道岔线路联接

五、三角道岔线路联接

1. 垂直三角道岔线路联接

1）Ⅰ型垂直三角道岔线路联接（图 5-1-24）：

$$\beta=90°-\alpha-0.5\alpha_1$$
$$T=R\tan\ (0.5\beta)$$
$$f=a+b\cos\alpha-R\sin\alpha$$
$$b'_1=b_1\cos\ (0.5\alpha_1)$$

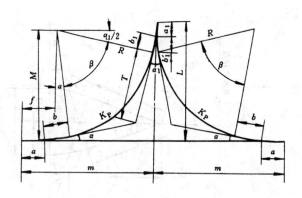

图 5-1-24　Ⅰ型垂直三角道岔线路联接

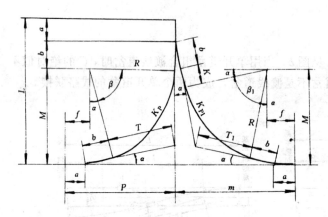

图 5-1-25　Ⅱ型垂直三角道岔线路联接

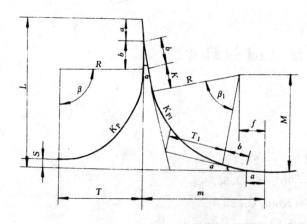

图 5-1-26　Ⅲ型垂直三角道岔线路联接

$M = R\cos\alpha + b\sin\alpha$

$m = a + (b + T)\cos\alpha$
$\quad + (b_1 + T)\sin(0.5\alpha_1)$

$L = a_1 + (b_1 + T)\cos(0.5\alpha_1)$
$\quad + (b + T)\sin\alpha$

2）Ⅱ型垂直三角道岔线路联接（图 5-1-25）：

$\beta = 90° - \alpha$

$\beta_1 = 90° - 2\alpha$

$T = R\tan(0.5\beta)$

$T_1 = R\tan(0.5\beta_1)$

$f = a + b\cos\alpha - R\sin\alpha$

$P = f + R$

$M = b\sin\alpha + R\cos\alpha$

$L = a + b + M$

$K = (b + M)/\cos\alpha - b - T_1 - (b + T_1)\tan\alpha$

$m = a + (b + T_1)\cos\alpha + (b + T_1 + K)\sin\alpha$

3）Ⅲ型垂直三角道岔线路联接（图 5-1-26）：

$\beta = 90°$

$\beta_1 = 90° - 2\alpha$

$T_1 = R\tan(0.5\beta_1)$

$f = a + b\cos\alpha - R\sin\alpha$

$L = a + b + R + S$

$M = b\sin\alpha + R\cos\alpha$

$K = (b + R + S)/\cos\alpha - b - T_1 - (b + T_1)\tan\alpha$

$m = a + (b + T_1)\cos\alpha + (b + T_1 + K)\sin\alpha$

4）Ⅳ型垂直三角道岔线路联接（图 5-1-27）：

$\beta = 90°$

$\beta_1 = 90° - \alpha$

$T_1 = R\tan(0.5\beta_1)$

$L = a + b + R + S$

$K = (b + R)/\cos\alpha - b - T_1$

$m = (b + K + T_1)\sin\alpha + T_1$

5) V 型垂直三角道岔线路联接（图 5-1-28）：

$b_1 = 300/\tan 3° = 5724$

$b'_1 = 300/\sin 3° = 5732$

$\beta = 90° - 3° = 87°$

$\beta_1 = 90° - 2\alpha$

$T = R\tan(0.5\beta)$

$T_1 = R\tan(0.5\beta_1)$

$M = R\cos 3° + 300 + S$

$f = b_1 - R\sin 3°$

$P = f + R$

$M_1 = b\sin\alpha + R\cos\alpha$

$f_1 = a + b\cos\alpha - R\sin\alpha$

$L = a + b + M$

$K = (b+M)/\cos\alpha - b - T_1 - (b + T_1)\tan\alpha$

$m = a + (b+T_1)\cos\alpha + (b+T_1+K)\sin\alpha$

6) Ⅵ型垂直三角道岔线路联接（图 5-1-29）：

$b_1 = 300/\tan 3° = 5724$

$b'_1 = 300/\sin 3° = 5732$

$\beta = 90° - 3° = 87°$

$\beta_1 = 87° - \alpha$

$T = R\tan 0.5\beta$

$T_1 = R\tan(0.5\beta_1)$

$M = R\cos 3° + 300 + S$

$f = b_1 - R\sin 3°$

$P = f + R$

$L = a + b + M$

$K = (b + R\cos 3° + 300)/\cos\alpha - b - T_1 - (b'_1 + T_1)\sin 3°/\cos\alpha$

$m = (b'_1 + T_1)\cos 3° + (b + T_1 + K)\sin\alpha$

2. 斜交三角道岔线路联接

1) Ⅰ型斜交三角道岔线路联接（图 5-1-30）：

$T = R\cot(\alpha + 0.5\beta)$

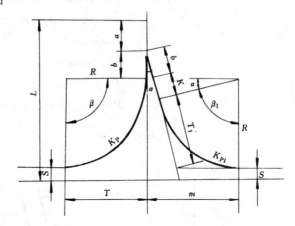

图 5-1-27　Ⅳ型垂直三角道岔线路联接

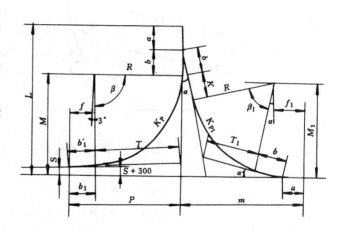

图 5-1-28　V 型垂直三角道岔线路联接

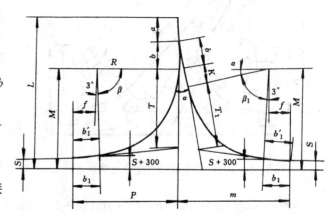

图 5-1-29　Ⅵ型垂直三角道岔线路联接

$$T_1 = R\tan[0.5(\beta-\alpha)]$$
$$\beta_1 = 180° - \beta - 2\alpha$$
$$L = m\sin\beta$$
$$M = b\sin\alpha + R\cos\alpha$$
$$f = a + b\cos\alpha - R\sin\alpha$$
$$P = a + (b+T_1)\sin(\beta-\alpha)/\sin\beta$$

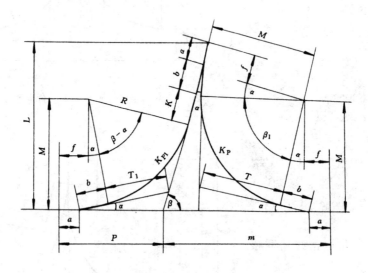

图 5—1—30   I 型斜交三角道岔线路联接

$$m = a + (b+T)[\sin(\alpha+\beta)+\sin\alpha]/\sin\beta$$
$$K = m - (a+b+T_1) - (b+T_1)\sin\alpha/\sin\beta$$

适用范围： $\beta \leqslant 90° - 0.5\alpha$

2）Ⅱ型斜交三角道岔线路联接（图 5—1—31）：

$$\beta_1 = 180° - 2\alpha - \beta$$
$$T = R\cot(\alpha+0.5\beta)$$
$$T_1 = R\tan[0.5(\beta-\alpha)]$$
$$H = a + b + T_1 + (b+T_1)\sin\alpha/\sin\beta$$
$$L = H\sin\beta$$
$$M = b\sin\alpha + R\cos\alpha$$
$$f = a + b\cos\alpha - R\sin\alpha$$
$$K = [(b+T_1)(\sin\alpha+\sin\beta)-(b+T)\sin\alpha]/\sin(\alpha+\beta) - b - T$$

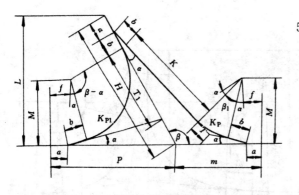

图 5—1—31   Ⅱ型斜交三角道岔线路联接

$$m = a + [(H-a)\sin\alpha+(b+T)+\sin(2\alpha+\beta)]/\sin(\alpha+\beta)$$
$$P = a + [(b+T_1)\sin(\beta-\alpha)]/\sin\beta$$

适用范围： $\beta \geqslant 90° - 0.5\alpha$

3）Ⅲ型斜交三角道岔线路联接（图5-1-32）：

$$\beta_1 = \beta - \theta - \alpha$$
$$\theta_1 = \theta - 0.5\alpha_1$$
$$\beta_2 = 180° - (\beta + 0.5\alpha_1 + \alpha)$$
$$T = R\cot[0.5(\alpha + 0.5\alpha_1 + \beta)]$$
$$T_1 = R\tan 0.5(\beta - \theta - \alpha)$$
$$T_2 = R\tan[0.5(\theta - 0.5\alpha_1)]$$
$$b'_1 = b_1\cos(0.5\alpha_1)$$
$$L = H\sin\beta$$
$$f = a + b\cos\alpha - R\sin\alpha$$
$$M = b\sin\alpha + R\cos\alpha$$
$$m = a + (b+T)\sin(\alpha+\beta)/\sin\beta + (b_1+T)\sin(0.5\alpha_1)/\sin\beta$$
$$H = a_1 + (b+T)\sin\alpha/\sin\beta + (b_1+T)\sin(\beta+0.5\alpha_1)/\sin\beta$$
$$P = a + (b+T_1)\sin(\beta-\alpha-\theta)/\sin(\beta-\theta)$$
$$\quad + [H - a_1 - (b_1+T_2)\sin(\theta-0.5\alpha_1)/\sin\theta]\sin\theta/\sin(\beta-\theta)$$
$$K = [H - a_1 - (b_1+T_2)\sin(\theta-0.5\alpha_1)/\sin\theta]\sin\beta/\sin(\beta-\theta)$$
$$\quad - (b+T_1)\sin\alpha/\sin(\beta-\theta) - (b_1+T_2)\sin(0.5\alpha)/\sin\theta - T_1 - T_2$$

θ 角由采用者自己选择。

按以上公式计算的 600、900mm 轨距窄轨铁路道岔线路联接成果见煤炭工业部武汉设计研究院 1993 年 4 月修订的《窄轨道岔线路联接手册》。

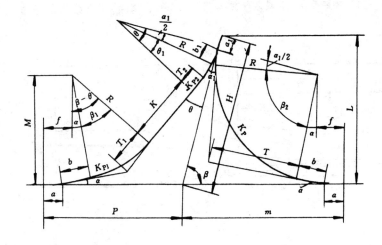

图5-1-32　Ⅲ型斜交三角道岔线路联接

六、对称组合道岔线路联接（图5-1-33）

$A > T$ 时

$$B = 0.5(2A - T)/\tan(0.5\alpha)$$
$$m = 0.5(2A - T)/\sin(0.5\alpha)$$
$$T_1 = R_1\tan 0.25\alpha$$

$$n = m - T_1$$
$$L_1 = a + B + T_1$$
$$c = n - b$$
$$K_P = \pi \alpha° R_1 / 360°$$

七、四轨套线道岔线路联接（图5—1—34）

$$B = 0.5A / \tan 0.5\alpha$$
$$m = 0.5A / \sin 0.5\alpha$$
$$T_1 = R_1 \tan 0.25\alpha$$
$$n = m - T_1$$
$$L_1 = a + B + T_1$$
$$c = n - L_0$$
$$K_P = \pi \alpha° R_1 / 360°$$

八、道岔与曲线间插入直线段的长度

道岔与曲线联接见图5—1—35。

插入直线段 c 值应不小于曲线外轨超高递减距离（坡度为0.003—0.01）。当插入直线段的坡度为0.01时

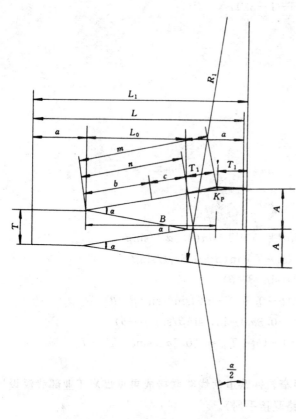

图5—1—33　对称组合道岔线路联接

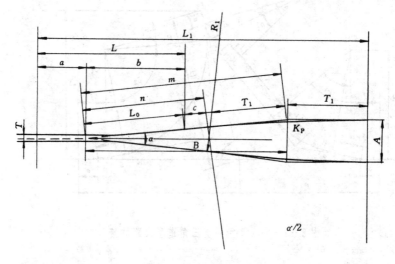

图5—1—34　四轨套线道岔线路联接

$$c = (10 S_p V^2) / R$$

式中　c——插入直线段的长度，m；

　　　S_p——轨距，m；

V——车辆在曲线上运行速度，

　　m/s；

R——曲线半径，m。

c 值的计算结果见表 5—1—23。

关于 f 值，过去在煤矿系统窄轨线路设计中，为节省巷道工程量，取 f 值等于 0；而西北冶金设计院 1973 年编写的《井巷工程设计》第五篇第二章第五节实例中取 $f=2\text{m}$。在煤矿系统窄轨线路设计中，建议取 f 值大于或等于二分之一鱼尾板长度（200～400mm）。

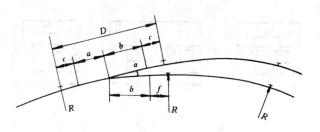

图 5—1—35 道岔与曲线联接

表 5—1—23 道岔与曲线间插入直线段的长度　　　　　　　　　　m

曲线半径 (m)	600mm 轨距，运行速度（m/s）			762mm 轨距，运行速度（m/s）			900mm 轨距，运行速度（m/s）		
	≤1.5	≤3.5	≤5.0	≤1.5	≤3.5	≤5.0	≤1.5	≤3.5	≤5.0
4	3.4								
6	2.2								
9	1.5	8.2		1.9	10.0		2.2	12.2	
12	1.1	6.1		1.4	7.8		1.7	9.2	
15	0.9	4.9		1.1	6.2		1.4	7.4	15.0
20	0.7	3.7			4.7	9.5		5.6	11.2
25		2.9	6.0		3.7	7.6		4.4	9.0
30			5.0		3.1	6.4		3.7	7.5
40			3.8			4.8			5.6
50						3.8			4.5
60						3.2			3.8
70						2.7			
80						2.4			
100						1.9			

九、双轨线路的分岔

1）双轨线路分岔计算图一见图 5—1—36。

$$R_3 = (L^2 - S_B^2)/(8V_1)$$

式中　V_1——平行线路运行车辆之间容许间隙减小的值。

$$\Delta_3 = (L^2 - S_B^2)/(8R)$$

$$\varphi = \arcsin\left(\left(L_1 + \sqrt{L^2 + 2R_3(\Delta_3 - V_1)}\right)/R_3\right)$$

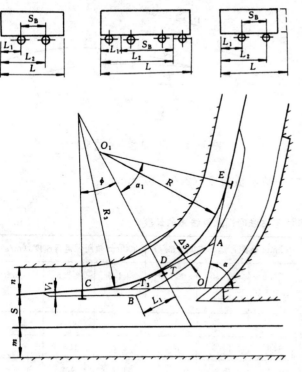

图 5—1—36　双轨线路分岔计算图一

$\alpha_1 = \alpha - \varphi$

$T = R\tan 0.5\alpha_1$

$T_3 = R_3\tan 0.5\varphi$

$OA = (T + T_3)\,\sin\varphi/\sin\alpha$

$OB = (T + T_3)\,\sin\alpha_1/\sin\alpha$

2) 双轨线路分岔计算图二见图 5—1—37。

$M_1 = R\cos 3° + 300 + S$

$b_1 = 300/\tan 3°$

$N_1 = b_1 - R\sin 3°$

$\theta = \arccos((M_1 - D - 500)/(R + F))$

$x = (E + F)\sin\theta$

$y = C + D + 500 + (E + F)\cos\theta$

$W = \sqrt{x^2 + y^2}$

$P = (R - E)\sin\theta - R\sin 3°$

$L = b_1 + p + x + g$

$b'_1 = 300/\sin 3°$

3) 双轨线路分岔计算图三见图 5—1—38。

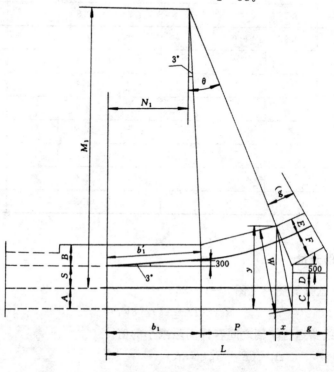

图 5—1—37　双轨线路分岔计算图二

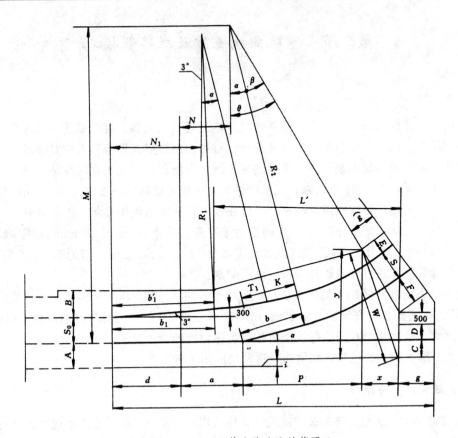

图 5-1-38　双轨线路分岔计算图三

$S = S_0 + 300$

$M = b\sin\alpha + R_2\cos\alpha$

$N = a + b\cos\alpha - R_2\sin\alpha$

$b_1 = 300/\tan 3°$

$N_1 = b_1 - R_1\sin 3°$

$\theta = \arccos((M - D - 500)/(R_2 + F))$

$\beta = \theta - \alpha$

$x = (E + S + F)\sin\theta$

$y = C + D + 500 + (E + S + F)\cos\theta$

$W = \sqrt{x^2 + y^2}$

$T_1 = R_1\tan((\alpha - 3°)/2)$

$K = b - T_1 - (S_0 + (b'_1 + T_1)\sin 3° - S\cos\alpha)/\sin\alpha$

$P = N + (R_2 - S - E)\sin\theta - a$

$L = N_1 + K\cos\alpha + (R_2 + F)\sin\theta + g$

$d = L - a - p - x - g$

$b'_1 = 300/\sin 3°$

$L' = L - b_1 - g + (B - 300)\tan 3°$

第三节 窄轨曲线道岔及线路联接

一、概 况

原煤炭工业部标（66）系列窄轨铁路道岔基本上是直线尖轨、直线辙叉，因此总长度较大而辙叉角较小。此外，该系列道岔只有单开、对称、渡线以及后来补入的对称组合、交叉渡线几种类型，品种仍嫌不足，尚不能做到更灵活、方便、多样化地布置线路。

针对上述情况，自 1985 年以来，石家庄煤炭设计研究院陆续开发设计了 600mm 轨距单开、同侧双边、对称三开曲线道岔品种。并已在钱家营矿等地使用多年，效果良好。

在此基础上，原中煤总公司 1991 年确定由该院开发设计 600mm、900mm 轨距窄轨曲线道岔标准系列。经过努力，该院已经开发设计了部分 18、22、24kg/m 轨型的单开、同侧双边、对称三开曲线道岔，并由井陉矿务局机械总厂试制。

1992 年 4 月，在井陉矿务局机械总厂试验场地安装了一组 24kg/m 同侧双边曲线道岔样机，在井陉三矿地面车场安装了一组 22kg/m 单开和一组 24kg/m 对称三开曲线道岔样机，进行工业性试验。经过几个月的运行，证明各项指标均达到设计要求。

在国外，如德国、波兰等，窄轨曲线道岔的应用十分广泛。

二、曲线道岔的特点

1）曲线道岔的曲尖轨、导曲线和曲线辙叉均采用同一圆线，保证了矿车过岔运行的圆顺性和平稳性。

2）在道岔号码相同的情况下，曲线道岔可以显著地增大导曲线半径，缩短道岔全长。

3）导曲线半径显著增大，可提高矿车侧向进岔速度。

4）曲尖轨尖端轨距加宽较直尖轨小，车轮对尖轨的冲击较小，矿车逆向或顺向进岔均较平顺。

5）曲线道岔不仅可用在直线线路上，而且在曲线线路上出岔时，比采用直线型道岔更方便更有利，无须插入连接段，能保持曲线平面的圆顺性和改善行车条件。

6）曲尖轨长度和尖轨削弱部分长度较直线尖轨长，刨切加工较困难。

7）单曲、同侧双边曲线道岔的曲尖轨、辙叉均无法左、右向互用，护轨亦需正、侧线各异，互换性较差。

8）对称三开曲线道岔结构复杂，矿车逆向通过道岔时须经过两根尖轨，对尖轨磨耗较大，两短尖轨尖端处轨距超宽，其后端两个辙叉不能安设正线护轨，不利于逆向进入正线。

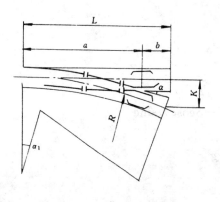

图 5-1-39 单开曲线道岔

三、曲线道岔的类型和系列

1. 类 型

1）单开曲线道岔见图 5—1—39。

2）同侧双边曲线道岔见图 5—1—40。

3）对称三开曲线道岔即一开三式曲线道岔见图 5—1—41。

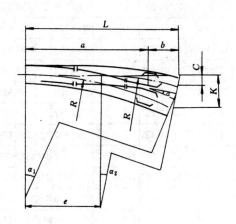 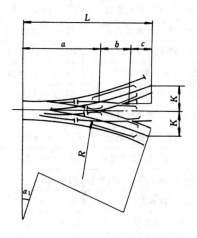

图 5—1—40 同侧双边曲线道岔   图 5—1—41   对称三开曲线道岔

2. 系 列

1）轨距：600mm、900mm。

2）轨型：旧轨型 18、24kg/m，新轨型 15、22、30kg/m。

3）辙叉号码：按导曲线半径划分：采用 9、12、15、20、25m 5 种曲线半径。

4）型号组成：DQ、SQ、DS 分别为"单曲"、"双曲"、"对称三开"道岔的代号，其余数字意义与标（66）道岔相同。单曲与双曲道岔有左、右向之分。

例如：

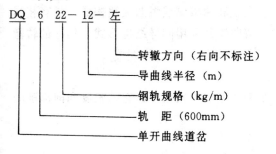 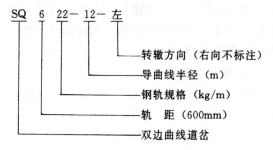

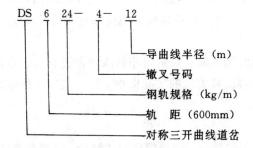

表 5-1-24　已设计的 600mm、900mm 轨距曲线道岔系列简表

序号	名 称	图 号	辙叉号	曲线半径(m)	主要尺寸 (mm)								
					α	α₁	α₂	a	b	c	L	K	e
1	DQ618-12 单开曲线道岔	ZT(2)-331(1)-00	12		21°13′50″	21°13′50″		3795	700		4495	814	
2	DQ618-15 单开曲线道岔	ZT(2)-331(2)-00	15		19°01′39″	19°01′39″		4243	782		5025	820	
3	DQ618-20 单开曲线道岔	ZT(2)-331(3)-00	20		16°21′51″	16°21′51″		4899	850		5749	810	
4	DQ624-9 单开曲线道岔	ZT(3)-331(2)-00	9		25°04′48″	25°04′48″		3286	712		3998	849	
5	DQ624-12 单开曲线道岔	ZT(3)-331(3)-00	12		21°41′47″	21°41′47″		3795	800		4595	850	
6	DQ624-15 单开曲线道岔	ZT(3)-331(4)-00	15		19°17′22″	19°17′22″		4243	852		5095	842	
7	DQ622-12 单开曲线道岔	ZT90(4)-331(1)-00	12		21°41′47″	21°41′47″		3795	800		4595	850	
8	SQ624-7.46(左)曲线道岔	JJT(3)-331(1)-00		7.46		37°17′25″	27°33′06″			8464	950	1525	1500
9	SQ624-12 同侧双边曲线道岔	ZT90(3)-331(11)-00	12	5	11°25′16″	24°46′10″	13°25′37″	4181	1104	3285	5285	1104	2500
10	一开三式曲线道岔	SD133-331(1)-00		7.46			27°19′05″	2094	898	628	3620	832	
11	DS624-4-12 对称三开道岔	ZT90(3)-331(21)-00	12	4	14°15′		21°12′42″	3359	1200	902	5461	813	
12	SQ924-20-左同侧双边曲线道岔	ZT92(3)-331(11)-00		20	11°10′58″	21°44′10″	10°42′14″	6539	1173	3487	7712		4000

注：1. 序号 8、9、12 的 α₁、α₂ 是根据 R、C、K 计算的；

　　2. 序号 10、11 的 α₂ 是根据 R、K 计算的。

5) 已设计的 600mm、900mm 轨距曲线道岔系列简表见表 5-1-24。

四、主要部件结构概述

（一）转辙器

单曲、双曲道岔的转辙器主要由一根正线直尖轨和一根侧线曲尖轨构成；对称三开曲线道岔转辙器则为一双转辙器，主要由两根正线长直尖轨和两根侧线短曲尖轨构成。具有相同轨距、轨型、导曲线半径和相同转辙方向的单曲、双曲道岔采用同样结构形式、尺寸的转辙器，以利于互换。

1. 曲尖轨平面形式

采用半切线型曲尖轨，跟切线型、割线型、半割线型曲尖轨比较，它的长度和前部削弱部分长度都较短，可显著地缩短道岔总长。

2. 转辙角的确定

按照道岔转辙角应与道岔曲线上的轮缘冲击角相适应的原则，取转辙角 α 等于冲击角 φ。α 值确定后，根据几何关系，求得半切线型曲尖轨前端直线段长度 q。

3. 尖轨长度

曲尖轨长度跟其摆开后与基本轨所成的最小轨缘槽位置有关，据此求出的为曲尖轨所需最小长度。长度值取整后，再反算尖轨的实际辙根支距。尖轨长度取整按保证其范围内岔枕布置合理、均匀的原则进行。

4. 贴合方式

直、曲尖轨与基本轨之间的贴合，均采用爬坡式结构，以避免基本轨的轨头、轨底刨切。

单曲、双曲道岔尖轨尖端与基本轨轨头侧面的贴合采用藏尖式，以避免车轮对尖轨尖端的撞击；对称三开曲线道岔双转辙器中，直尖轨尖端与基本轨间采用藏尖式，曲尖轨尖端与直尖轨之间的贴合采用外露式。实际上曲尖轨尖端已在直尖轨轨头之下，同样可免受车轮的撞击。

5. 尖轨根部结构

采用间隔铁式，其构造简单，加工方便，尖轨扳动灵活。

对称三开曲线道岔双转辙器结构复杂，两基本轨侧各有一直尖轨和一曲尖轨依次贴合。曲尖轨尖端角按上述步骤计算出后，直尖轨尖端角则由直、曲尖轨和基本轨间贴合的相互几何关系求出，其计算较繁琐。直、曲尖轨长度彼此要协调，既保证各自摆开后互不干涉，还都满足轮轨关系，同时使岔枕布置合理。

该双转辙器的转辙依靠两根拉杆和两根连杆来实现。两根连杆分别连接左侧曲尖轨和右侧直尖轨、右侧曲尖轨和左侧直尖轨；两根拉杆分别安装在左、右侧曲尖轨上，拉动拉杆实现转辙。两连杆的安装位置及长度，必须保证转辙时，一侧曲尖轨摆开到位，另一侧直尖轨则贴合到位，反之亦然。

双转辙器两正线直尖轨均紧贴基本轨时，则开通道岔的正线进路；左侧长直尖轨短曲尖轨均紧贴基本轨时，则开通道岔的右侧线进路；右侧长直尖轨短曲尖轨均紧贴基本轨时，则开通道岔的左侧线进路。因此转辙手续繁杂，应在道岔外部安装联锁装置，以保证进路开通的正确。

（二）辙　叉

辙叉采用整铸式，材质为 ZG28SiMnVCu。对曲线型辙叉而言，采用整铸式，免去了拼制式的弯折、刨切曲线等一系列困难，使其制作成为易事。此外，曲线辙叉因曲线矢度的缘故，为保证矿车运行条件，辙叉曲线工作边一侧的翼轨轮缘槽要适当加宽。当矿车直向通过道岔时使车轮在翼轨上的踏面减少，相应的减少了辙叉的承压面积，增加了心轨和翼轨的接触应力。但由于整铸曲线辙叉具有强度高等优点，故可弥补上述缺陷。

对称三开曲线道岔相当于两组异侧顺接的单开道岔，故有一个前端辙叉和两个后端辙叉。其前端辙叉采用曲线型，以保证导曲线的圆顺性；两后端辙叉采用直线型，直接选用标（66）直线道岔系列中同轨型同号码的单开道岔的辙叉，左、右向各放置一个，既便于互换，又简化了道岔部分类型，还为旧线路改造提供了方便。

（三）护　轨

护轨用间隔铁保持其与基本轨的间距。除单开曲线道岔正线护轨为直线型之外，其侧线护轨及其余道岔护轨均为曲线型。同样因为曲线矢度的影响，为保证正常运行，曲线护轨的轮缘槽也做了适当的加宽。加宽值跟辙叉翼轨轮缘槽的相同，由车辆走行部分的内接条件计算确定。

护轨缓冲角取与尖轨转辙角相近角度。

五、曲线道岔经济效益分析

（一）减少井口房及地面车场的长度

曲线道岔与同半径的直线道岔的长度及辙叉角的比较见表 5—1—25。

从表 5—1—25 中可以看出同半径的曲线道岔总长小于直线道岔而辙叉角又大于直线道

岔，由于辙叉是曲线，道岔与外部窄轨线路相联可省去直线段，这些特点使之用在井口房和井口车场这些速度不太高（$V = 2.5\text{m/s}$）的场合可有效地减少井口房和车场长度。而对于一些由于场地狭窄需要窄轨线路急转弯的场合，用直线道岔很困难，而曲线道岔的作用更加明显。

表 5-1-25　曲线道岔与直线道岔比较

道 岔 类 别	辙叉角 α	总长度（mm）	备 注
曲线道岔 DQ618-9 直线道岔 DK618-3-6	24°16′ 18°55′30″	3866 6100	直线道岔以 $R = 6\text{m}$ 列入
曲线道岔 DQ618-12 直线道岔 DK618-4-12	21°13′50″ 14°15′	4495 6800	
曲线道岔 DQ618-15 直线道岔 DK618-5-15	19°01′39″ 11°25′47″	5025 7400	
曲线道岔 DQ624-12 直线道岔 DK624-4-12	21°41′47″ 14°15′	4595 6900	
曲线道岔 DQ622-12 直线道岔 ZDK622-4-12	21°41′47″ 14°02′10″	4595 7050	

以开滦矿务局钱家营矿副井井口矸石环形车场为例（见图 5-1-42）：出车侧线路设计使用了对称三开曲线道岔（$R = 7.46\text{m}$）、内环为矸石自溜线。道岔总长仅 3.62m，辙叉沿自身曲线直接与环形车场相联，比用直线道岔节省了 4m 的井口房长度；采用对称三开曲线道岔比用两付单开道岔要缩短线路 10m 多（按 DK624-4-12、$L = 6.9\text{m}$ 计）。进车侧线路设计使用了一副 SQ624-7.26 左同侧双边曲线道岔，使矸石矿车自溜环线与外部材料进线在曲线上汇交，两股线间距仅 1.5m。如果用单开道岔汇交，这两股线间距至少要 3m，所以曲线道岔使进车侧井口房缩短了 1.5m，进、出车两侧共缩短了 5.5m，减少占地面积 $5.5 \times 19.2 = 105.6\text{m}^2$，井口房造价节省了 4.5 万元，井口车场也相应缩短了约 12m，从而节省线路占地。

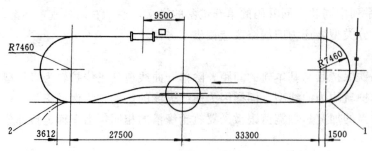

图 5-1-42　钱家营矿副井井口矸石环形车场

（二）减少井下交岔点工程量

曲线道岔用于井底车场能缩短交岔点的长度，尤其适用于由于岩石条件不好，水大等场合，还适用于采区顺槽与轨道上山连接处。由于采区服务年限短，对线路的行车速度要求不高，回转半径不大，用曲线道岔既可满足工作条件又可减少工程量。如以一个中型矿井为例按两个采区四个顺槽计，顺槽断面 $5\sim7m^2$，一副曲线道岔比直线道岔短 3m，则四个顺槽能缩短 12m 巷道工程量，在整个矿井的服务年限中能节省的工程量就很可观了。井下为解决通风、排水等，经常在煤巷、岩巷做些临时工程，用曲线道岔能节省交岔点工程量。

（三）减少井下部分硐室工程量

有些硐室如井底撒煤清理、水仓清理、机车库、消防材料库、主排水泵房通路与井底车场巷道交岔点、黄泥灌浆等这些场合对机车速度要求不高，又多为不太宽敞的场地，使用曲线道岔能节省硐室工程量。例如开滦矿务局钱家营矿主井井底撒煤清理硐室（见图 5-1-43）由于投产初期撒煤量大，需要在原有硐室内加大沉淀池的长度，从而减少了撒煤矿车运输线的长度，若用单开直线道岔无法在较短的硐室内使矿车拐弯，为此使用了单开曲线道岔（DQ624-9），因其总长短，起到了直线道岔起不到的作用。

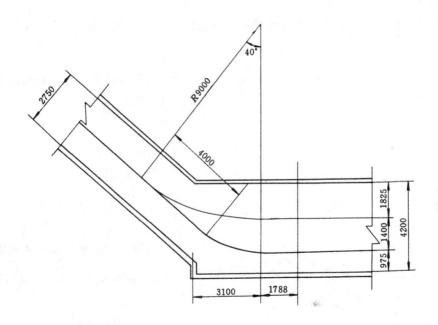

图 5-1-43 钱家营矿主井井底撒煤清理硐室

（四）节省钢材

一副曲线道岔比同半径的直线道岔要短约 $2\sim3m$ 长。以 DQ618-12 曲线道岔为例，比 DK618-4-12 直线单开道岔要少 240kg，若以一开三曲线道岔为例其总重 1294kg，比两副直线单开道岔（DK624-4-12，总重 2080kg）要少 786kg，一般来说曲线道岔重量减轻，节省了钢材，降低了原材料费，也便于运输和安装。

（五）加工性能好

采用整铸式辙叉，比组合式钢轨辙叉用钢量少，使用寿命长，加工性能好，维修量少。

曲线道岔的辙叉也采用了整铸式辙叉，该辙叉采用了 ZG28SiMnVCu，加工性能好，据广东煤矿设计院在大宝山、房山、王封等煤矿工业性试验数据考核，其使用寿命为组合式辙叉的四倍，以 DQ624-12 为例，整铸式辙叉 101kg 比组合式 157kg 要少 56kg。

由钢轨组合的辙叉要由几十个零件组成，其加工麻烦、铆焊零部件易松动或断裂，维护量大，安全性差，整铸式辙叉结构简单，耐冲击，寿命长，维护量小。

六、使用范围及应用前景

曲线道岔可以使用在煤矿及其它矿山窄轨运输线路上，凡是直线道岔可以铺设的线路，同类曲线道岔亦可铺设。直线道岔无法满足使用要求时，如狭窄场地出岔，可用曲线道岔，例如：大雁矿务局三矿北一采区轨道上山上部车场，采用一组 DQ622—15 手动单开曲线道岔。在曲线线路上出岔时，用曲线道岔更方便，行车条件更好。老矿车场、线路改建时，应用曲线道岔可更灵活，使改建方案更经济实用。若需要缩短线路长度、降低工程费用，采用曲线道岔更为有益。

曲线道岔缺点是计算繁杂，尖轨加工较复杂，在线路全长或线路上道岔全长无严格控制的条件下，可以优先采用直线道岔。

窄轨曲线道岔系列，作为对直线道岔系列的补充，将与直线道岔系列一起用于窄轨铁路运输。

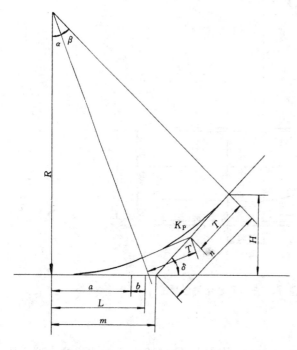

图 5—1—44   单开曲线道岔非平行线路联接

七、单开曲线道岔非平行线路联接

（图 5—1—44）

$$\beta = \delta - \alpha$$
$$T = R\tan (0.5\beta)$$
$$K_P = \pi\beta°R/180°$$
$$m = n = R\tan (0.5\delta)$$
$$H = n\sin\delta$$

八、同侧双边曲线道岔线路联接

1. 内侧线路加直线 K_1 时（图 5—1—45）

$$T_1 = R\tan (0.5\alpha_1)$$
$$\beta_1 = \delta - \alpha_1$$
$$t_1 = R\tan (0.5\beta_1)$$
$$K_{P1} = \pi\beta_1°R/180°$$
$$T_2 = R\tan (0.5\delta)$$
$$m = L + T_2$$

$$K_1 = (m - T_1 - S/\sin\delta) \sin\delta/\sin (\delta - \alpha_1) - T_1 - t_1$$
$$K_2 = S/\tan\delta + T_2 - t_1 - (m - T_1 - S/\sin\delta) \sin\alpha_1/\sin (\delta - \alpha_1)$$
$$H = T_2\sin\delta$$
$$\beta_2 = \delta - \alpha_2$$
$$K_{P2} = \pi\beta_2°R/180°$$
$$D = K_1 + K_{P1} + K_2 + K_{P2}$$

2. $S = e\sin\delta$ 时（图 $5-1-46$）

$$S = e\sin\delta \text{ 或 } \delta = \arcsin(S/e)$$

$$K_1 = e\cos\delta$$

$$\beta_1 = \delta - \alpha_1$$

$$T_1 = R\tan(0.5\beta_1)$$

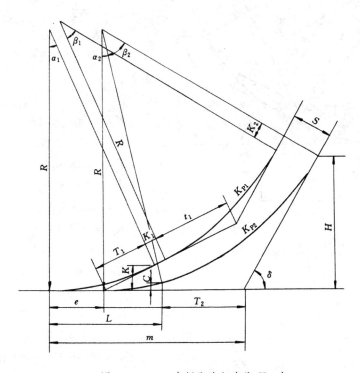

图 $5-1-45$　内侧线路加直线 K_1 时

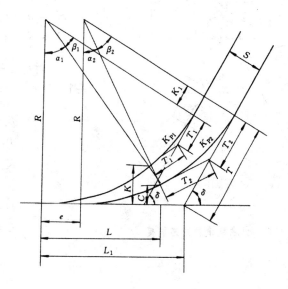

图 $5-1-46$　$S = e\sin\delta$ 时

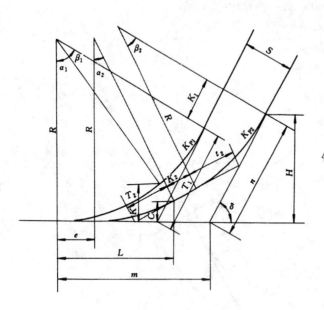

图 5-1-47　外侧线路加直线 K_2 时

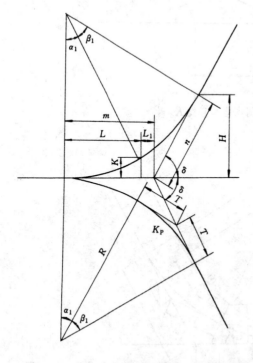

图 5-1-48　对称三开曲线道岔线路联接

$$K_{P1} = \pi\beta_1°R/180°$$

$$\beta_2 = \delta - \alpha_2$$

$$T_2 = R\tan(0.5\beta_2)$$

$$K_{P2} = \pi\beta_2°R/180°$$

$$T = R\tan(0.5\delta)$$

$$L_1 = e + T$$

$$D = K_{P1} + K_1 + K_{P2}$$

3. 外侧线路加直线 K_2 时(图 5-1-47)

$$\beta_1 = \delta - \alpha_1$$

$$K_{P1} = \pi\beta_1°R/180°$$

$$T_1 = R\tan 0.5\delta$$

$$T_2 = R\tan 0.5\alpha_2$$

$$\beta_2 = \delta - \alpha_2$$

$$t_2 = R\tan 0.5\beta_2$$

$$K_{P2} = \pi\beta_2°R/180°$$

$$m = S/\sin\delta + T_1$$

$$K_1 = (m - e - T_2)\sin\alpha_2/\sin(\delta - \alpha_2) - T_1 + S/\tan\delta + t_2$$

$$K_2 = (m - e - T_2)\sin\delta/\sin(\delta - \alpha_2) - T_2 - t_2$$

$$n = T_1 + K_1 - S/\tan\delta$$
$$= (m - e - T_2)\sin\alpha_2/\sin(\delta - \alpha_2) + t_2$$

$$H = n\sin\delta$$

$$D = K_{P1} + K_1 + K_2 + K_{P2}$$

九、对称三开曲线道岔线路联接(图 5-1-48)

$$\beta_1 = \delta - \alpha_1$$

$$T = R\tan 0.5\beta_1$$

$$K_p = \pi\beta_1°R/180°$$

$$m = n = R\tan 0.5\delta$$

$$H = n\sin\delta$$

$$L_1 = m - L$$

第二章 井底车场设计依据及分类

第一节 井底车场设计依据及要求

一、设计依据

(1) 矿井设计生产能力及工作制度：

①年产量、日产量。

②年工作日数、日工作班数、生产班数，班生产小时数。

(2) 矿井开拓方式：

①各井筒的位置、形式及相互关系，大巷、主石门与井筒的关系，车场附近大巷方位角。

②各翼大巷来煤情况（煤种及数量，产量波动值，分采分运的要求）。

③矿井水平数及水平高程，同时生产水平数及产量分布。

(3) 井筒及数目：

①井筒的用途及平、断面布置（斜井的倾角及铺轨的轨型）。

②提升容器的类型、特性、规格及有关尺寸。

③主提升的装载方式。

④斜井每次提升的矿车数。

(4) 矿井主要运输巷道运输方式：

①运输方式及其设备（电机车、矿车、带式输送机……）规格特征。

②通过设备的最大外缘尺寸。

③列车组成，矿车的连接方式，编组方式，进车规律。

④矸石运出量及处理方式。

⑤坑木及其他材料数量。

⑥掘进煤的处理方式，当采用底纵卸式、底侧卸式矿车时，在采区处理还是集中到井底车场用翻车机处理，要通过比较确定。

⑦井下人员的运送方式。

(5) 矿井瓦斯等级及通风方式：

①矿井瓦斯等级及瓦斯涌出量。

②井筒的进（出）风量。

③各翼的配风情况。

④井底车场各巷道通过的风量。

(6) 矿井地面及井下生产系统的布置方式：

①罐笼井筒与井底车场连接处的操车系统（距离、线路的平面布置及坡度）。

②翻车机（卸载站）能力、煤仓容量。

③翻车机或卸载站至井筒装载设备的距离。

④井筒卸载设备与地面生产系统的关系。

（7）各种硐室的有关资料。

（8）井底车场所处位置的地质条件、水文地质条件及矿井涌水情况：

①围岩性质、围岩的分层厚度及其倾角，有无泥化膨胀现象，坚固性、整体性和稳定性，以及邻近类似矿井井底车场巷道的支护情况。

②水文地质情况（岩层含水性、透水性和渗透性），受邻近含水层的影响情况。

③矿井正常涌水量、矿井最大涌水量。

④各翼来水情况（涌水、充填水、灌浆水等）。

二、设计要求

（1）井底车场富裕通过能力，应大于矿井设计生产能力的30％。当有带式输送机和矿车两种运煤设备向一个井底车场运煤时，矿车运输部分井底车场富裕通过能力，应大于矿车运输部分设计生产能力的30％。

（2）井底车场设计时，应考虑增产的可能性。

（3）尽可能地提高井底车场的机械化水平，简化调车作业，提高井底车场通过能力。

（4）在开拓方案设计阶段，应考虑井底车场的合理形式，特别要注意井筒之间的合理布置避免井筒间距过小而使井筒和巷道难于维护、地面绞车房布置困难。

（5）应考虑主、副井之间施工时便于贯通。

（6）在初步设计时，井底车场需考虑线路纵断面闭合，以免施工图设计时坡度补偿困难。

（7）在确定井筒位置和水平标高时，要注意井底车场巷道和硐室所处的围岩情况及岩层的含水情况，井底车场巷道和硐室应选择在稳定坚硬的岩层中，应避开较大断层、强含水层、松软岩层和有煤与瓦斯突出煤层。如为不稳定岩层时，则井底车场主要巷道应按正交于岩层走向，并且与岩层主节理组的扩展方向呈30°～70°的交角的条件设计。在此情况下，巷道与井筒相接的马头门应布置在较为稳定的岩层内。

（8）井底车场长度较大的直线巷道之间应保持一定的距离，避免相互之间的不利影响（表5－2－1），深井中相连接的巷道必须具有不小于45°的交角。

表5－2－1

第一开采水平的深度（m）	按岩石强度 σ（Pa）计算的巷道间容许距离（m）							
	沿 走 向				正 交 于 走 向			
	3×10^7	6×10^7	9×10^7	$\geqslant12\times10^7$	3×10^7	6×10^7	9×10^7	$\geqslant12\times10^7$
300	35/20	18/16	15/13	12/10	18	15	12	10
600	40/25	20/18	17/15	14/12	22	18	15	12
900	45/30	25/21	20/17	16/14	26	21	17	14
$\geqslant1200$	50/35	35/30	25/20	18/16	30	25	20	15

注：35/20中35为缓倾斜及倾斜煤层中巷道间容许间距；20为急倾斜煤层中巷道间容许间距。

（9）对于大型矿井或高瓦斯矿井在确定井底车场型式时，应尽量减少交岔点的数量和减小跨度。

（10）井底车场线路布置应结构简单，运行及操作系统安全可靠，管理使用方便，布局合理并注意节省工程量，便于施工和维护。

（11）井筒与大巷距离近、入井风量大的矿井，如果有条件应尽量与大巷结合在一起布置井底车场，以便缩短运距、减少调车时间、减少井巷工程。

（12）为了保护井底车场的巷道和硐室，在其所在处范围内应留有煤柱。

第二节　井底车场类型及形式选择

一、井底车场类型

1. 立井井底车场的基本类型

立井井底车场的基本类型见表5—2—2。

表5—2—2　立井井底车场的基本类型

类　型		图　示	结构特点	优　缺　点	适用条件
环形式	立式	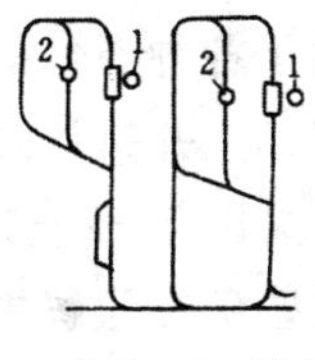 1—主井；2—副井	1. 存车线和回车线与主要运输大巷垂直； 2. 主、副井距主要运输大巷较远，有足够的长度布置存车线	1. 空、重车线基本位于直线上； 2. 有专用的回车线； 3. 调车作业方便； 4. 可两翼进车； 5. 弯道顶车； 6. 工程量大	1. 90～150万t/a的矿井； 2. 刀型车场适用于60万t/a的矿井，增加回车线能力可提高到90～120万t/a
	斜式	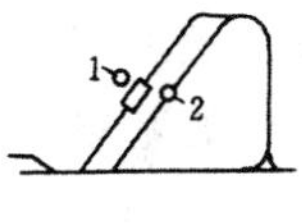 1—主井；2—副井	1. 存车线与主要运输大巷斜交； 2. 主要运输大巷可局部作回车线	1. 可两翼进车； 2. 工程量较小； 3. 存车线有效长度调整方便； 4. 弯道顶车； 5. 一翼调车方便，另一翼在大巷调车	1. 适用于60～90万t/a的矿井； 2. 地面出车方向受限制
	卧式	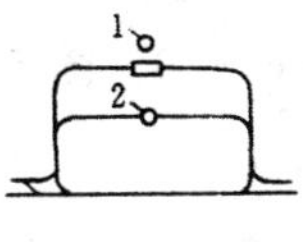 1—主井；2—副井	1. 存车线与主要运输大巷平行； 2. 主、副井距主要运输大巷较近	1. 空、重车线位于直线上； 2. 工程量小； 3. 调车方便； 4. 可两翼进车； 5. 弯道顶车； 6. 巷道内坡度较大	适用于60～90万t/a的矿井
折返式	梭式	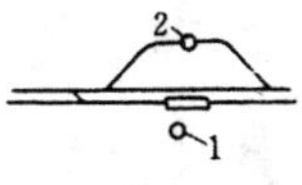 1—主井；2—副井	利用主要运输大巷作主井空、重车线、调车线和回车线	1. 工程量小，交岔点少、弯道少。 2. 可两翼进车	利用大型底纵卸式、底侧卸式矿车可用于大型矿井

续表

类 型		图 示	结构特点	优 缺 点	适用条件
折返式	尽头式	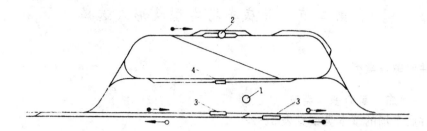　1—主井；2—副井	利用石门作主井空、重车线	1. 工程量小； 2. 调车方便	利用大型底纵卸式、底侧卸式矿车可用于大型矿井

注：适用条件中除指明使用大型底纵卸式、底侧卸式矿车外，其余均指使用1t矿车的情况，如采用大型矿车，能力可提高。

图 5-2-1　折返与环形结合井底车场
1—主井；2—副井；3—卸载站；4—翻车机；→重车；→空车

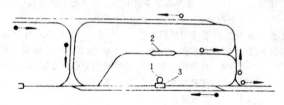

图 5-2-2　环形与尽头式接合井底车场
1—主井；2—副井；3—翻车机
→空车；→重车

表内所列井底车场形式为常见的基本型，在设计中由于各种条件的影响还有混合式车场，例如：主井折返式，副井环形式的井底车场，见图 5-2-1。

东北地区某些矿井为解决矿车调头问题（矿车一端与链环焊死），有时采用环形与尽头式结合形式的井底车场，见图 5-2-2。

2. 斜井井底车场的基本类型

斜井井底车场的基本类型见表 5-2-3。

3. 大巷采用带式输送机运煤时井底车场类型

大巷采用带式输送机运煤时，井底车场有折返式（图 5-6-1、图 5-6-2），环形式（图 5-6-21），及折返与环形相结合的形式（图 5-6-3、图 5-6-20、图 5-6-22、图 5-6-23）。

二、井底车场形式选择

1) 保证矿井生产能力，有足够的富裕系数，有增产的可能性。

2) 调车简单，管理方便，弯道及交岔点少。

3) 操作安全，符合有关规程、规范。

4) 井巷工程量小，建设投资省，便于维护，生产成本低。

5) 施工方便，各井筒间、井底车场巷道与主要巷道间能迅速贯通，缩短建井工期。

表 5-2-3　斜井井底车场的基本类型

类　型		图　示	结构特点	优　缺　点	适用条件
环形式	卧式	1—主井；2—副井	1.存车线和主要运输大巷平行； 2.主、副井距主要运输大巷较近	1.空、重车线位于直线上； 2.工程量小； 3.调车方便； 4.可两翼进车； 5.弯道顶车； 6.巷道内坡度较大	适用于单一水平的箕斗斜井或带式输送机斜井
	立式	1—主井；2—副井	1.存车线和回车线与主要运输大巷垂直； 2.主、副井距主要运输大巷较远，有足够的长度布置存车线	1.空、重车线基本位于直线上； 2.有专用的回车线； 3.调车作业方便； 4.可两翼进车； 5.弯道顶车； 6.工程量大	适用于单一水平的箕斗斜井或带式输送机斜井
折返式	折返式	1—主井；2—副井	主井空、重车线设于平行于大巷的顶板巷道内	1.可两翼进车； 2.一翼在调车线上调车； 3.弯道多，折返式的优点体现不出来	适用于单一水平的箕斗斜井
		1—主井；2—副井	主井空、重车线设于大巷内	1.工程量小； 2.可两翼进车； 3.调车作业均在直线上进行	适用于多水平的箕斗斜井或带式输送机斜井
	甩车场	1—主井；2—副井	主井空、重车线设于井筒的一侧	1.可两翼进车； 2.调车在调车线上进行	适用于多水平的串车斜井

图 5-2-3　王台铺煤矿井底车场运输线路

1—主井；2—副井；3——环卸载站；4—二环卸载站；5—装载站

→空车；　→重车

6）当大巷或石门与井筒的距离较大时，能够布置下存车线和调车线，可选择立式井底车场。大巷或石门与井筒的距离较近时，可选择卧式或斜式井底车场。

7）井底车场形式也取决于矿车的类型，当采用定向卸载的底纵卸式、底侧卸式矿车时，其卸载站（即主井车线）可布置为折返式，亦可布置为环形式，但其装车站的线路布置必须与其对应，即卸载站为折返式，采区装车站亦为折返式，见图5—2—3。卸载站为环形式时，采区装车站亦为环形式。当卸载站采用环形式布置、装载站采用折返式布置或卸载站采用折返式布置、装载站采用环形式布置时必须增设还原回车线路，这种形式比较复杂，需通过方案比较确定。

8）串车提升的斜井井底车场，井筒不延深的一般采用平车场，井筒延深的一般采用甩车场。双钩提升时，应考虑两个水平的过渡措施。

第三章　井底车场的平面布置

第一节　线路平面布置的基本要求

（1）井底车场线路主要由主井空、重车线，副井进、出车线和回车线组成。由于各井底车场的通过能力、列车编组和煤种数量不同，其各线路的数目和有效长度亦不相同。

（2）井底车场线路布置在满足通过能力和使用要求的前提下，结合主、副井系统各配套硐室的功能特点，协调布置与其相关的辅助线路，并应做到线路顺畅、紧凑合理。

（3）为保证运行安全，应尽量避免机车在曲线巷道顶车，各种推车机均需布置在直线段上。

（4）井底车场的工程量要小。根据生产发展，也可分期扩建，并注意缩短回车线。

（5）尽量减少道岔和交岔点。

（6）线路布置要有利于通风，线路上尽量不设风门，尤其是立井井底车场的副井空、重车线上应禁设风门。

（7）底纵卸式、底侧卸式矿车的井底车场设计时，要注意列车的装载与卸载方向的一致，即注意调头问题。

第二节　井底车场的平面布置

一、井底车场线路布置

（一）存车线有效长度的确定

1. 主井存车线有效长度的确定

1）运输大巷采用固定式矿车列车运输时：

（1）主井井筒采用箕斗或带式输送机提升单一牌号煤种时，其空、重车线有效长度应各容纳 1.5～2.0 列车。

（2）主井井筒采用箕斗或带式输送机提升多牌号煤种时，各牌号煤的空、重车线有效长度应各容纳 1.5 列车。

（3）主井井筒采用罐笼或串车提升时，其空、重车线有效长度应各容纳 1.0～1.5 列车。

2）运输大巷采用底纵卸式、底侧卸式矿车列车运输时，主井空、重车线有效长度视线路布置及调车方式确定：

（1）底纵卸式、底侧卸式矿车和掘进煤矿车不共用井底煤仓时，底纵卸式、底侧卸式矿车空、重车线有效长度应各容纳 1.0 列车。

（2）底纵卸式、底侧卸式矿车和掘进煤矿车共用井底煤仓，且掘进煤列车空、重车线长度大于底纵卸式、底侧卸式矿车空、重车线有效长度时，按掘进煤列车空、重车线有效长度确定空、重车线有效长度。

（3）掘进煤集中在井底煤仓用翻车机处理时，掘进煤列车空、重车线有效长度应各容纳1.0列车或1列混合列车的所有掘进煤矿车。

3）运输大巷采用无极绳运输时，主井空、重车线有效长度应根据井筒提升和大巷运输设备的能力确定：

（1）斜井井筒串车提升时，空、重车线有效长度应各容纳3～5钩串车长度；若大巷采用机车牵引，斜井空、重车线，应综合考虑。

（2）主井井筒采用罐笼或箕斗提升时，空、重车线有效长度应按20～30min驶入车线的矿车数量确定。

2. 副井进、出车线和材料车线有效长度的确定

1）辅助运输采用固定式矿车列车时：

（1）大型矿井副井进、出车线有效长度应各容纳1.0～1.5列车。

（2）中、小型矿井副井进、出车线有效长度，提升部分煤炭时，应各容纳1.0～1.5列车；不提升煤炭时，应各容纳0.5～1.0列车。

（3）生产能力在240万t/a及其以上的大型矿井设有专用提矸井时，副井和提矸井的进、出车线有效长度应各容纳1.0列车。

（4）副井出车线一侧应并列布置一条材料车线，作为材料车和设备车的编组和存车线。大型矿井材料车线有效长度应容纳15辆材料（设备）车或1.0列材料（设备）车。中、小型矿井材料车线有效长度应容纳5～15辆材料（设备）车。

2）辅助运输采用其他方式时，副井进、出车线和材料车线有效长度应根据矿井的辅助运输方式、辅助运输设备的类型等具体条件确定。

3. 采用混合提升的立井井底车场存车线有效长度的确定

采用混合提升的立井井底车场，其空、重车线有效长度，应根据井筒提升及大巷运输方式，并结合车场线路布置的具体情况确定。

4. 采用串车提升的斜井甩车场空、重车线有效长度的确定

采用串车提升的斜井甩车场空、重车线的有效长度，应根据大巷运输方式确定，但不小于一钩串车长度的2～3倍。空、重车线间的高差不宜大于0.8m。

（二）存车线有效长度计算

1）主井空、重车线、副井进、出车线：

$$L = mnL_K + NL_j + L_f \qquad (5-3-1)$$

式中　L——主井空、重车线，副井进、出车线有效长度，m；

　　　m——列车数目，列；

　　　n——每列车的矿车数，按列车组成计算确定，其一般值见表5-3-1，辆；

　　　L_K——每辆矿车带缓冲器的长度，m；

　　　N——机车数，台；

　　　L_j——每台机车的长度，m；

　　　L_f——附加长度，一般取10m。

当采用机车顶推底纵卸式矿车列车卸载时，机车不过卸载站，列车滑行进入空车线，空

列车的附加长度应根据列车自动滑行的制动距离要求通过计算确定，并增加 10~15m 的安全距离。当空车线终点附近线路采用反坡或设置机械阻车及制动装置时可不受此限制。

表 5-3-1　每列车的矿车数　　　　　　　　　　　　　　辆

机车粘重		固定式矿车（t）			底纵卸式、底侧卸矿车（t）	
		1.0	1.5	3.0	3.0	5.0
单机	7t 架线式	30~35	14~16			
	8t 蓄电池式	20~25	12~16	14	12~15	
	10t 架线式	34	17~19	15~17		
	14t 架线式		29~34	26~30		
双机	10t 架线式				20~30	20~22

2）井底车场调车线的有效长度可按（5-3-1）式计算确定，式中列车数量应取一列。

3）材料车线有效长度：

$$L = n_c L_c + n_s L_s \qquad (5-3-2)$$

式中　L——材料车线有效长度，m；

　　　n_c——材料车数，辆；

　　　L_c——每辆材料车带缓冲器的长度，m；

　　　n_s——设备车数，辆；

　　　L_s——每辆设备车带缓冲器的长度，m。

4）人车线有效长度：

$$L = m n_R L_R + L_j + L_f \qquad (5-3-3)$$

式中　L——人车线有效长度，m；

　　　m——列车数目，取 1.0 列；

　　　n_R——每列车的人车数，辆；

　　　L_R——每辆人车带缓冲器的长度，m；

　　　L_j——每台机车的长度，m；

　　　L_f——附加长度，一般取 10m。

计算后的车线有效长度 m 取整数，井底车场各种车线的起点、终点见图 5-3-1。

（三）轨型、道岔和曲线半径的选取

1）井底车场线路轨型、道岔和平曲线半径的选取：

（1）井底车场线路铺轨的轨型应根据运输设备类型、使用地点确定。

（2）道岔型号选择应根据轨距、轨型、机车或车辆的类型、运行速度、行车密度、运行方向及调车方式、曲线半径等因素确定。

（3）井底车场线路平曲线半径应根据机车、车辆最大固定轴距和运行速度确定，并应遵守下列规定：

①当运行速度小于或等于 1.5m/s 时，不得小于通过车辆的最大固定轴距的 7 倍；

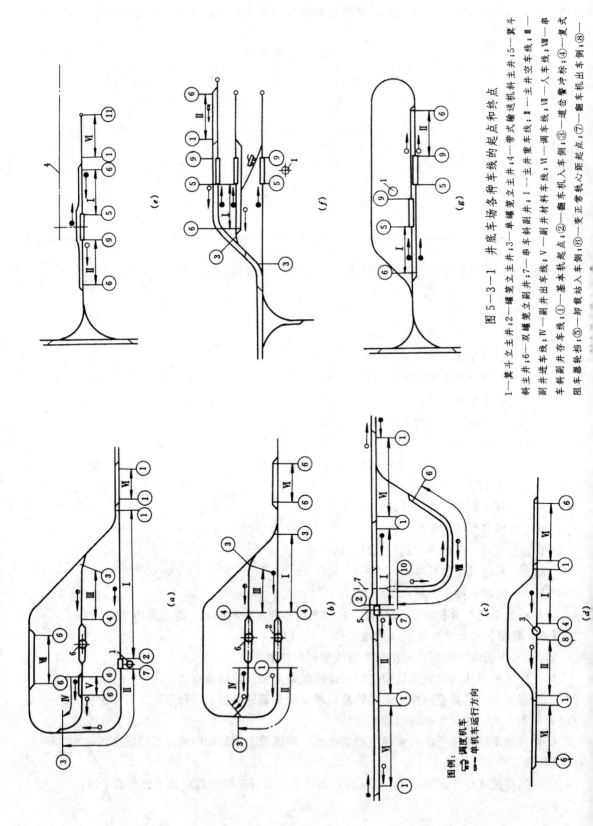

图 5—3—1　井底车场各种车线的起点和终点

1—箕斗立主井；2—罐笼立主井；3—单罐笼立主井；4—带式输送机斜主井；5—箕斗斜主井；6—双罐笼立副井；7—串车斜副井；Ⅰ—主井重车线；Ⅱ—主井空车线；Ⅲ—副井进车线；Ⅳ—副井出车线；Ⅴ—副井材料车线；Ⅵ—入车线；Ⅶ—人车线；Ⅷ—串车斜副井存车线；①—基本轨起点；②—翻车机入车侧；③—道岔警冲标；④—复式车斜副井存车线；①—基本轨起点；②—翻车机入车侧；③—道岔警冲标；④—复式阻车器轮挡；⑤—卸载站入车侧；⑥—支正常机车心距起点；⑦—翻车机出车侧；⑧—

图例：
调度机车
单机车运行方向

②当运行速度大于 1.5m/s，小于或等于 3.5m/s 时，不得小于通过车辆的最大固定轴距的 10 倍；

③当运行速度大于 3.5m/s 时，不得小于通过车辆的最大固定轴距的 15 倍；

④当运行 10t 及其以下机车时，600mm 轨距不宜小于 15m，900mm 轨距不宜小于 20m；运行 14t 及其以上机车时，不宜小于 25m；

⑤采用底卸式矿车时，3.0t 矿车不宜小于 25m；5.0t 矿车不宜小于 30m；

⑥单辆矿车运输不频繁时，1.0t、1.5t 矿车不应小于 9m；3.0t 矿车不应小于 12m。

井底车场线路轨型、道岔和平曲线半径可按表 5-3-2 选取。

表 5-3-2　井底车场线路轨型、道岔及平曲线半径

运 输 设 备		轨距 (mm)	轨型 (kg/m)	辙叉号码 (M)		平曲线半径 (m)
牵引设备类型	矿车类型			单开	对称	
20t 以上机车	5.0t 及其以上底纵（侧）卸式	762 900	38～43	6	4	40～50
14～20t 机车	3.0t 底纵（侧）卸式	762 900	30～38	5、6	4	30～35
	5.0t 底纵（侧）卸式	900	30～38	6	4	35～40
7～12t 机车	1.0t 固定式	600	30	4、5	3	15～20
	1.5t 固定式	600 762	30	4、5	3	15～20
	1.5t 固定式	900	30	4、5	3	20～25
	3.0t 固定式	900	30	5	4	20～25
	3.0t 底纵（侧）卸式	600 762	30	5	4	25～30
	5.0t 底纵（侧）卸式	600 900	30	5、6	4	30～40
7t 以下机车	1.0t 固定式	600	22	4	3	12～15
	1.5t 固定式	600 762 900	22～30	4、5	3	15～20
	3.0t 固定式	900	30	4、5	3	20～25
无极绳绞车	1.0t 固定式	600	15～22	4、5	3	30～50
非机械牵引	1.0t 固定式	600	15～22	2、3	3	9～12
	1.5t 固定式	600 900	15～22	3、4	3	9～12
	3.0t 固定式	900	30	3、4	3	12～15

注：1. 采用渡线道岔时可按表中单开道岔号码选取；
　　2. 中、小型矿井可取小值。

2）井底车场主要线路必须采用同一型号钢轨。在线路交岔点处与不同轨型连接时，道岔的钢轨型号应按主要线路的轨型选取。

3）采用 600mm 轨距 1.0t 或 1.5t 矿车的斜井井底车场平曲线半径可采用 12～15m，竖曲线半径宜采用 12～20m；采用 900mm 轨距 3.0t 矿车时，平曲线半径可采用 15～20m，竖曲线半径宜采用 15～25m。

采用其他车辆提升的井筒，其车场平、竖曲线半径应根据使用车辆的参数确定。

4）采用串车提升主井或辅助提升量较大的副井，其提升牵引角不宜大于 10°；提升量较小的副井，其提升牵引角不应大于 20°。

5）斜井甩车场及平车场的道岔型号可参照《煤矿矿井采区车场和硐室设计规范》中的规定选取，但单开道岔不宜小于 4 号。

二、井底车场硐室布置

1. 硐室布置的原则

1）符合《煤矿安全规程》及《煤炭工业矿井设计规范》的规定。

2）硐室的布置一般随井底车场型式的不同而变化。

3）硐室布置要考虑其用途，地质条件，设备安装尺寸，操作、检修和设备更换等因素。

4）尽量减少硐室外的工程量。

5）硐室布置必须满足技术经济合理的要求。

2. 主井系统硐室

主井系统硐室有推车机及翻车机硐室、底卸式矿车卸载站硐室、井底煤仓及箕斗胶带输送机装载硐室、清理撒煤硐室及水窝泵房等。

上述硐室布置主要取决于地质及水文地质条件。确定井筒位置时，要注意将箕斗装载硐室布置在坚硬稳定的岩层中，大型矿井大巷采用带式输送机运输时，可考虑箕斗装载硐室上提或半上提方式。矿车运输的井底车场，也有采用水平上部装载方式的，如龙口矿务局北皂矿井、莱芜矿务局鄂庄竖井、北票矿务局九道岭煤矿。其他硐室的位置则由线路布置所决定。清理井底撒煤斜巷的出口要尽量布置在主井的重车线侧。

3. 副井系统硐室

副井系统硐室有副井井筒与井底车场连接处、主排水泵硐室、水仓及清理水仓硐室、主变电所、副井井底操车设备硐室及等候室等。

主排水泵硐室和主变电所应靠近敷设排水管路的井筒，一般布置在副井井筒与井底车场连接处附近。水仓入口一般布置在空车线一侧井底车场高程最低点处。确定水仓入口时，应注意使水仓装满水。当副井井底较深时，一般采用泄水巷至主井清理井底撒煤斜巷排水。当副井井底较浅时，可设水窝泵房单独排水。

4. 其他硐室

其他硐室有调度室、急救站、架线电机车库及修理间、蓄电池电机车库及充电硐室、防水闸门硐室、井下爆炸材料库、消防材料库、人车站等。其位置应根据线路布置及各自的要求确定，例如：井下爆炸材料库及充电硐室要有单独的回风巷与总回风巷相通；井下爆炸材料库应选择在围岩坚固无淋水的干燥处；调度室应设在井底车场咽喉通路附近；人车站应设在靠近等候室或便于人员上、下井的直线处。

第三节　井底车场调车方式

井底车场型式确定以后，车场通过能力直接受调车方式的影响。井底车场调车作业应采用机械操作，并应辅以必要的自动滑行。下面分两种情况介绍几种常用的调车方式。

一、固定式矿车的列车调车方式

1. 顶推调车

电机车牵引重列车驶入车场调车线，电机车摘钩绕到列车尾部，将列车顶入主井重车线或副井进车线。这种作业方式调车时间较长，影响井底车场的通过能力，多用在立式车场。

三角点调车是顶推调车方式的另一种型式。电机车牵引重列车过三角点的两组道岔后，电机车将列车推至主井重车线或副井进车线。这种作业方式的缺点是电机车在弯道上顶车作业安全性差，多用在卧式车场与斜式车场，有时亦用在立式车场。

2. 专用设备调车

设置专用调车机车、调车绞车或钢丝绳推车机等专用调车设备，当电机车牵引重列车驶进调车线后，电机车摘钩，驶向空车线牵引空车，调车作业由专用设备完成。

3. 顶推拉调车

在调车线上始终存放一列重车，在下一列重车驶入调车线的同时将原重列车顶入主井重车线，新牵引进之重列车存放在调车线。这种方法避免了机车绕行至车尾顶车的麻烦，简化了调车作业，但造成了机车的短时过负荷，如顶推距离长会影响机车寿命。

4. 甩车调车

电机车牵引重列车行至分车道岔前10～20m进行减速，并在行进中电机车与重列车摘

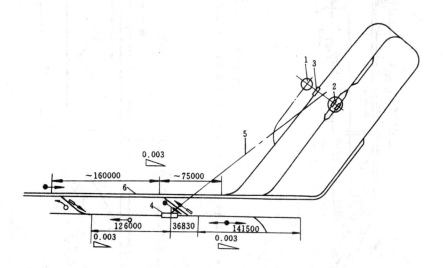

图5—3—2　山西阳泉三矿立井＋606m水平井底车场

1—主井；2—副井；3—原翻车机硐室；4—卸载站；

5—转载带式输送机中线；6—信号站位置

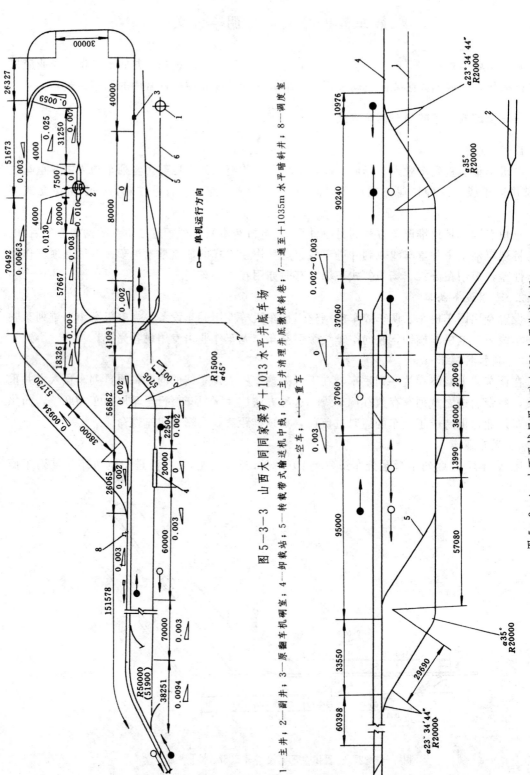

图 5—3—3　山西大同同家梁矿＋1013 水平井底车场

1—主井；2—副井；3—翻车机硐室；4—卸载站；5—转载带式输送机中线；6—主井清理井底撒煤斜巷；7—通至＋1035m 水平暗斜井；8—调度室

图 5—3—4　山西晋城凤凰山矿＋650 水平井底车场

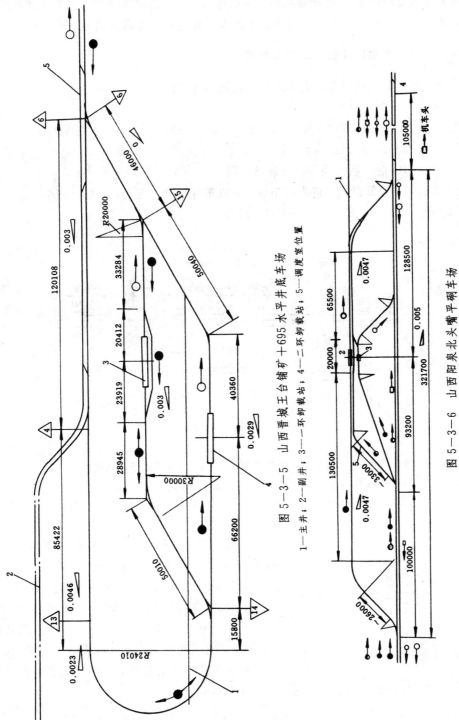

图 5－3－5 山西晋城王台铺矿＋695 水平井底车场

1—主井；2—副井；3—一环卸载站；4—二环卸载站；5—调度室位置

图 5－3－6 山西阳泉北头嘴平硐车场

1—到选煤楼的带式输送机斜道；2—卸载站；3—翻车机硐室；4—平硐口；5—煤矸混合列车矸石分车线

钩，电机车加速驶过分车道岔后，将道岔搬回原位，重列车借助惯性驶向重车线（与此类似的有：机车通过链环或钢丝绳牵引重列车驶向重车线）。

这样调车方式比较简单，可提高井底车场的通过能力。但要求司机必须要掌握减速、加速等技巧，否则，不安全。分车道岔的操纵方式有杠杆连动、电磁自动和手动三种。

二、底纵（侧）卸式矿车的列车调车方式

底纵（侧）卸式矿车的调车方式多为折返式调车方式。

1. 机车摘钩、顶列车过卸载站

机车摘钩、顶列车过卸载站见图5-3-2、图5-3-3，图5-3-4西翼列车。

2. 机车牵引列车过卸载站

1）双机牵引（一前一后）列车过卸载站见图5-3-5。

2）机车牵引列车过卸载站，进入调车线后，机车返至列车尾部，牵引空列车出井底车场（图5-3-6、图5-3-7、图5-3-8焦煤列车）。

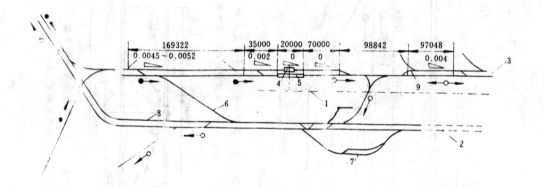

图5-3-7　山西阳泉二矿西四尺井+560水平井底车场一环线路

1—主井；2—副井；3—通副立井线；4—翻车机硐室；5—环卸载站；
6—混合列车矸石车分车线；7—材料车线；8—人车线；9—调度机车待避位置

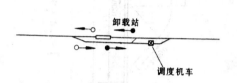

图5-3-8　折返式车场调度绞车调车方式

3）机车牵引列车过卸载站，进入调车线，机车摘钩，由调车机车牵引空列车出井底车场（图5-3-8右翼列车、图5-3-9肥煤及动力煤列车）。

4）机车牵引列车进入调车线，机车摘钩，由调车机车牵引列车过卸载站（图5-3-9左翼列车）。

3. 用牵引绳牵引列车过卸载站

机车摘钩进入通过线，用牵引绳牵引列车过卸载站，到列车卸载时就摘下牵引绳（图5-3-4东翼列车）。

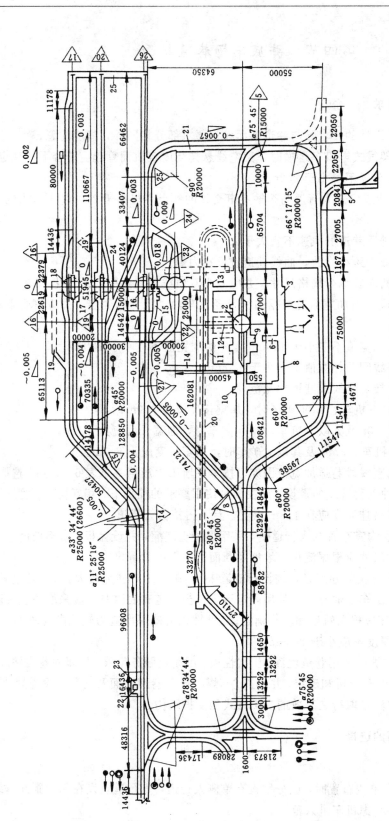

图 5－3－9　安徽宿县矿区海孜矿井底车场

1—主井；2—副井；3—主排水泵硐室；4—水仓；5—清理水仓绞车硐室；6—主排水硐室；7—人车站；8—主变电所；9—信号硐室；10—推车机硐室；11—等候室；12—副井泄水斜巷；13—工具备品保管室；14—通道；15—掘进煤推车机翻车机硐室；16—动力煤卸载站硐室及煤仓；17—肥煤卸载站硐室；18—焦煤卸载站硐室及煤仓；19—行人斜巷；20—主井清理井底装载煤斜巷；21—消防材料库；22—急救站；23—调度室；24—装载式输送机巷；25—联络巷

第四节 井底车场巷道断面

一、断面设计的要求

井底车场巷道断面设计的要求除与巷道断面设计要求部分相同外，尚应注意：

1）井底车场采用架线式电机车运输时，架空线悬挂高度自轨面算起应符合下列规定：

（1）从井底到乘人车场不得小于 2.2m；

（2）在车场行人的巷道内及人行道与运输巷道交叉的地点不得小于 2.0m；不行人的巷道内不得小于 1.9m。

2）井底车场主要进风巷道的风速不宜大于6m/s。

3）人行道设置宜减少跨线次数，曲线巷道宜设在内侧。

4）井底车场巷道断面宜减少规格尺寸，并应减少双轨线路轨道中心距变化。

5）井底车场曲线段巷道加宽值应根据曲线半径及车辆轴距计算确定，并应符合下列规定：

（1）单轨巷道内侧加宽值不应小于 100mm，外侧加宽值不应小于 200mm。

（2）双轨巷道中心线间距加宽值不应小于 300mm。

（3）与曲线巷道相接的直线段巷道加宽范围：

①行驶 5.0t 及其以下机车、1.0t 矿车时，加宽长度应为 3.0m；

②行驶 5.0t 以上、10t 及其以下机车、3.0t 矿车时，加宽长度应为 5.0m；

③行驶 10.0t 以上机车、5.0t 及其以上矿车时，加宽长度应为 6.0m。

与曲线巷道相接的直线段巷道加宽范围亦可按本手册第六篇第一章表 6—1—12 选取。

6）井底车场内各种工程管线的敷设，应在满足使用要求的前提下，相互协调，管线顺畅短捷、紧凑合理。管道吊挂高度应在 1.8m 以上，且不得挤占人行道。

7）井底车场巷道水沟宜布置在人行道侧，采用混凝土浇灌，并设盖板。水沟坡度宜与巷道坡度一致，水沟断面尺寸应根据流量、坡度及断面形状等因素确定。

8）井底车场有机车行驶的巷道必须铺设石碴道床。当矿井生产能力较大，机车粘重较大，或采用底纵（侧）卸式矿车运输时，宜采用固定道床。当巷道有底臌时，应采取防止底臌措施。道床铺设厚度及宽度应根据轨型和轨距确定；轨枕埋入道碴深度应为轨枕高度的 1/2～2/3，轨枕底面下的道碴厚度不应小于 100mm。

9）井底车场巷道支护应根据巷道埋深、围岩性质、用途及服务年限、相邻井巷岩柱尺寸、通风安全等因素，进行综合分析和确定，并应符合《煤矿矿井巷道断面及交岔点设计规范》有关规定，亦可采用类比法选取行之有效的支护方式和支护结构。

二、主要线路断面的选择

1. 主井线

1）主井空、重车线单线布置时，应分别设有单侧人行道，人行道宜设在靠近副井车线一侧，并应根据车辆类型考虑机车进入范围。

2）当主井空、重车线一侧设有通过线时，除在通过线一侧设有人行道外，在空、重车线一侧仍需设置人行道。

3）底纵卸式、底侧卸式矿车空、重车线和掘进煤固定矿车空、重车线并列布置时，设双侧人行道。

2. 副井线

1）副井井筒与井底车场连接处两侧巷道，均应设双侧人行道。

2）副井进车线单线布置，当做人员上、下班主要通道时，宜设双侧人行道；不做为人员上、下班主要通道时，宜设单侧人行道。

3）副井进、出车线双线布置时，宜设双侧人行道。

4）副井进、出车线三线布置时，除设双侧人行道外，在中间进、出车线一侧的摘挂钩处各约 20m 一段仍需设置人行道。

3. 回车线

回车线应设单侧人行道。

4. 乘人车场

应根据矿井规模及人员流向等具体情况，可设单侧人行道或双侧人行道。乘人车场设在回车线一侧时，做为人员上、下班主要通道的部分回车线设双侧人行道。

5. 辅助线路

通往井底车场有关硐室的辅助线路应设单侧人行道。

6. 有机车行驶的地点

凡有机车行驶的地点，在巷道一侧，从巷道道碴面起 1.6m 的高度内，必须留有宽度不小于 1.0m 的人行道。

7. 利用大巷或石门调车的调车线

除巷道一侧应设人行道外，在矿车摘挂钩地点，应在两列车车体最突出部分之间留有净宽 1.0m 及其以上人行道，小型矿井车场内只允许单机运行时可不受此限。

第五节　带式输送机立井井底车场的布置

一、概　述

随着矿井开采的集中化和带式输送机的发展，从兴隆庄矿井大巷煤流运输采用带式输送机使全矿井下全部连续运输开始，在全国大中型矿井中大巷采用带式输送机的越来越多，得到了推广应用。事实证明，大巷采用带式输送机运输，运输能力大、效率高、环节少、事故少、维护量小，连续运输易于实现自动化和集中控制，管理方便，能够保证矿井高产稳产高效。随着矿井规模大型化，开采综合机械化和高度集中化以及高产高效矿井的建设。在有条件的矿井，一个矿一个综采（综放）工作面的高产高效矿井将成为我国煤矿的发展方向，大巷采用带式输送机运输煤炭已成为我国大中型煤矿的发展趋势。带式输送机主井井底车场是连接井下煤炭运输和主井提升的枢纽，影响着井下煤炭运输和矿井提升，关系到矿井正常生产和安全生产。因此，带式输送机井底车场设计应引起重视。

二、车场及硐室设计依据和一般要求

1. 设计依据

除了前面讲到的井底车场设计依据之外，对于带式输送机井底车场及硐室的设计依据主要是：

(1) 主、副、风井的位置、相对关系；大巷或石门位置与井筒的关系。

(2) 各翼大巷（包括下水平）来煤方向、产量、服务年限、不均衡性，对配煤要求；煤质、煤类，对分采分运的要求。

(3) 主井井筒布置，提升容器规格、尺寸；提升容器套数，装载方式，装载设备特征，装载方向；井筒是进风还是回风。

(4) 井底煤仓的形式、容量、个数与主井的关系，与大巷的相对位置及关系。

(5) 带式输送机的规格特征（型号、宽度、运量、长度、带速、角度）；机电设备的规格特征（电动机型号、台数、功率、尺寸，减速箱的型号、尺寸）；拉紧装置的形式及规格特征；电控设备的形式及规格特征。

(6) 井筒及井底车场施工顺序，井筒是否改绞，临时巷道及硐室布置。

2. 一般要求

(1) 工艺系统要合理、顺畅，功能要灵活、齐全，要考虑增产的可能性，留有余地。

(2) 带式输送机及有关的机电设备硐室既要便于安装、操作、检修和更换，又要紧凑，节约工程量。

(3) 机电设备硐室必须有新鲜风流，并符合防火、防爆、防水等要求。

(4) 车场及硐室要尽量选择在岩层稳定，岩石坚硬，无断层，无淋水，易支护的地层中。

(5) 车场及硐室要便于施工，尽量利用永久井巷工程；岩柱要符合要求，有利于长久维护及安全。

三、车场及硐室的组成

带式输送机车场及硐室一般由带式输送机的机头硐室，驱动硐室、拉紧硐室、仓顶硐室、配煤机巷及硐室、机头硐室联络巷及相关的煤仓、给煤机硐室、装载输送机巷、机头变电所及电控硐室等以及为了通风、运输、行人、设备安装、检修、供电等相互联系的巷道组成。

有的矿井只有一个方向来煤卸到一个井底煤仓中，就没有配煤机巷及硐室，如济（宁）北矿区的唐口矿井。有两个或两个以上方向来煤卸到一个煤仓中也不需要配煤机巷，如济（宁）北矿区的岱庄矿井。两个或两个以上方向来煤卸到两个或两个以上的煤仓中，为了调节来煤的不均衡性，充分发挥井底煤仓的作用，需要增加配煤机巷，如兖州矿区的兴隆庄矿井是三个方向来煤分别卸到三个煤仓中，在三个煤仓上布置了一条配煤带式输送机。

四、车场的布置方式

按照清理撒煤硐室（或装载硐室）与辅助井底车场的关系可分为全上提式、半上提式和下放式三种方式。

(1) 全上提式：箕斗装载硐室在辅助井底车场水平以上，箕斗撒煤清理硐室与辅助井底

车场在同一水平。

全上提方式主要解决了煤矿箕斗撒煤清理的老大难问题，同时减少了井筒深度，缩短了井筒建设工期，相对增加了主井的提升能力。

全上提方式箕斗撒煤采用平巷清理，井筒淋水、煤流中的煤泥水经沉淀池自流进入井底车场水仓，撒煤采用漏斗、刮板输送机、耙斗等装入矿车，在井下或提到地面处理。清理撒煤劳动条件好、强度小，不会发生淹井底水窝影响生产的事故，比较受欢迎。

全上提式一般适用于井筒比较深、井筒底部受水威胁，井筒淋水比较大，煤泥水比较多、撒煤清理比较困难的矿井。有的矿井为减少井筒深度，加快矿井建设速度或将箕斗装载硐室等重要硐室放在比较好的岩层中也采用上提式。

（2）半上提式：箕斗装载硐室或装载输送机巷与辅助井底车场同在一个水平，带式输送机的机头硐室等在辅助井底车场水平之上，箕斗撒煤清理仍在辅助井底车场水平以下。

半上提式适用于井筒底部受水威胁，又不允许全上提的矿井。如山东新河煤矿，主井全下放时井筒接近奥灰，会有淹井的危险，若全上提时，带式输送机的机头硐室又接近第四系表土层，因此采用半上提式。又如济（宁）东矿区的济宁三号井，为了使主井井筒不穿过含水比较丰富的含水层，同时也不使西部带式输送机大巷提升高度过大，故采用半上提式。有的矿井是因为井底车场附近的岩层比较好，为了将箕斗装载硐室等主要硐室放在比较坚硬稳定的岩层中而采用半上提式。

（3）全下放式：箕斗装载硐室，装载输送机巷、井底煤仓均在辅助车场水平以下，带式输送机机头硐室与辅助车场在同一水平或基本在一个水平。

全下放式一般适用于井筒下部不受水、软岩、构造等影响，井筒淋水比较小，煤泥水不多，撒煤清理不太困难，井筒不是太深，井底车场水平以下煤量比较多，减少井筒深度对矿井建设工期影响不大的矿井。

五、带式输送机车场与辅助井底车场联络方式

大巷采用带式输送机的矿井，一般情况下，围绕副井形成辅助运输井底车场及硐室，车场巷道比较简单。围绕主井形成带式输送机井底车场及硐室，两个井底车场不可分割，互相联系，组成整个矿井的井底车场。

为了解决带式输送机车场的通风、运输、供电、行人及设备的安装、检修等问题，必须和辅助运输车场进行联系。全上提或半上提式带式输送机车场与辅助井底车场之间一般用斜巷联系，有的用副井井筒联系。全下放式一般用平巷联系。

（1）斜巷联系方式：这是全上提或半上提带式输送机车场与辅助井底车场之间联系的常用的联络方式。为了设备的安装、检修和更换，斜巷中一般都铺设轨道，上部安设有提升绞车，在斜巷的适当位置可通装载输送机巷和装载硐室。斜巷的角度一般不超过 25°为宜。由于全上提抬高的距离比较大，一般情况下用一条联络斜巷。半上提式由于抬高的距离比较小，根据带式输送机来煤的方向数及其它情况，经分析比较，联络斜巷也可是两条或多条。

（2）副井井筒联络方式：若带式输送机机头抬的比较高，为了节省工程量，人员、设备升降方便，利用副井井筒进行联系。如兖州矿区的兴隆庄矿井，在副井井筒−270m 开凿通往带式输送机车场的通道，形成−270m 辅助水平。带式输送机、装载输送机和装载硐室的操作人员，设备的检修、更换等，利用副井的提升设备进行升降，这样更方便、更可靠、更安全。

（3）平巷联络方式：全下放式由于带式输送机的机头硐室和井底车场同在一个水平，很自然的用平巷进行联络。装载输送机巷、装载硐室一般用斜巷联络。

六、实　例

（1）兖州矿区兴隆庄矿井井底车场，详见图5—3—10和表5—6—1中之图号5—6—20。

兴隆庄矿井设计年生产能力3.0Mt，开拓方式为立井单水平上下山开拓，在工业场地设主、副井，东、西两翼各设一个风井，采用对角式通风。主井净直径6.5m，装备两对并列12t长形箕斗。副井净直径7.5m，装备一对1.5t双层四车罐笼和一个带平衡锤的加宽双层四车罐笼。开采水平—350m，沿3煤层底板东、西两翼各布置两条运输大巷，一条带式输送机大巷，担负煤炭运输任务。另一条轨道运输大巷，担负人员、设备、材料和掘进煤、矸的辅助运输任务。

围绕副井布置的辅助运输井底车场在3煤层底板岩石中，采用斜式环形车场。该车场不担负煤炭的运输、分配、卸载、贮存、装载等工作，只担负井下矸石提升和人员、材料、设备的升降调运，运输调度量小，车场线路布置非常简单。

围绕主井布置的带式输送机井底车场相对辅助运输井底车场抬高80m（—270m水平）。设有三个煤仓，煤仓直径7.5m，高度（包括配煤机巷）28.0m，煤仓总容量1500t。东翼带式输送机大巷来煤卸入1号煤仓，西翼带式输送机大巷来煤卸入2号煤仓，中一采区带式输送机上山来煤卸入3号煤仓。为了充分发挥井底煤仓的作用，调节三个方向来煤的不均衡性，在三个煤仓上部布置了一条配煤机巷（图中未表示）。三个煤仓下有一条装载输送机巷，其内布置两条装载输送机，分别将煤装入两个12t的定量仓中，每个定量仓有两个装煤溜槽，通过分煤闸门装入箕斗提到地面。

为了操作人员升降，巷道通风，机电设备供电、检修、更换等方便，在副井井筒—270m水平开凿出车通道，将三个机头硐室连结起来，形成带式输送机井底车场。该车场设有变电所，供给各机电设备电源。从中一采区带式输送机上山开由通往装载输送机巷的联络斜巷。上部设有小绞车，便于设备检修和更换。

在—350m水平东翼轨道大巷中设有翻车机硐室，将掘进煤或箕斗清理撒煤等，通过转载输送机转到东翼带式输送机上运至1号煤仓。

主井箕斗撒煤在—350水平井底车场，采用通向主井井底的平巷进行清理，煤通过脱水刮板输送机装入矿车运至东翼翻车机或通过副井提到地面处理。

（2）济（宁）东矿区济宁三号矿井井底车场，详见图5—3—11和表5—6—1中之图5—6—1。

济宁三号矿井设计年生产能力5.0Mt，采用分区竖井倾斜大巷条带式开采的开拓方式。初期（东区）在工业场地设主井、副井和风井，采用中央并列式通风。主井净直径7.5m，装备两对22t长形箕斗。副井净直径8.0m，装备一对1.5t双层四车标准罐笼和一个带平衡锤的加宽（2.3m）罐笼。井底水平—518m，沿煤层东、西、北三个方向各布置一组（三条）倾斜大巷，一条带式输送机大巷，担负煤炭运输任务，一条辅助运输大巷，担负辅助运输任务，另一条回风大巷，专门用来回风。

围绕副井布置的辅助运输车场在3煤层底板岩石中，采用梭式折返式车场。该车场不担负矿井煤炭的运输、调配、卸载、贮存和装载等工作，只担负井下少量矸石提升和人员、材

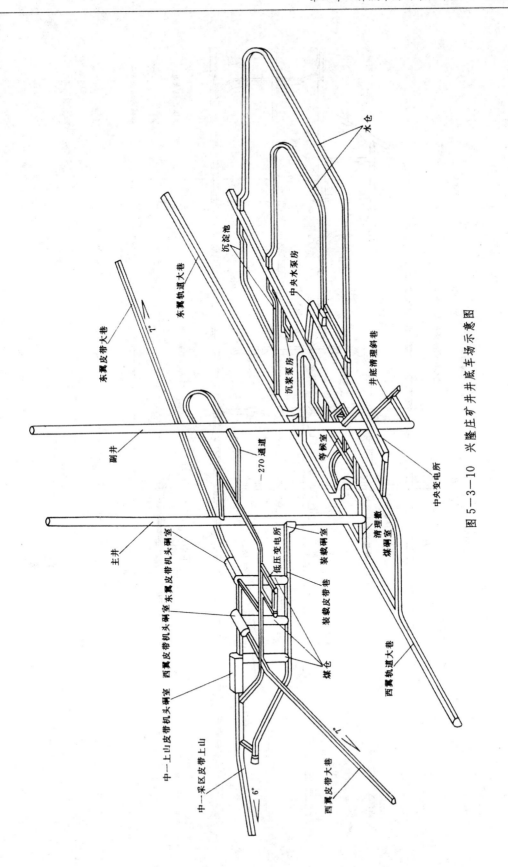

图 5—3—10 兴隆庄矿井井底车场示意图

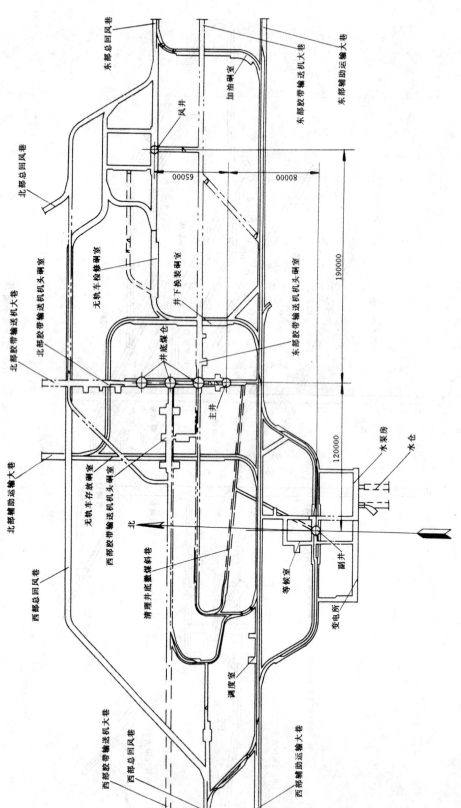

图 5—3—11 济宁三号矿井井底车场平面图

料、设备的升降调运。矿井辅助运输采用无轨胶轮车，3t 以下的材料、设备由 3t 无轨胶轮车从地面经大罐笼到井底车场不经转载，直接开到工作地点。3t 以上的材料、设备，装在有轨平板车上经大罐笼到井底车场换装站，换装到无轨胶轮车上直接运到工作地点。井底车场有轨和无轨相结合，线路布置比较简单。

围绕主井布置的带式输送机井底车场相对辅助运输井底车场抬高 25m（－403m）。设有三个煤仓，煤仓直径 10.0m，高度 25m，煤仓总容量 3000t。在三个煤仓下布置一条装载输送机巷，装载机巷和辅助井底车场同在－518m 水平，后部与车场巷道相通，通风、行人、设备检修和更换非常方便。装载输送机巷内平行布置两条带宽 1200mm 的带式输送机，每条通过分煤溜槽将煤装入两个 22t 定量仓中，经溜槽直接装入箕斗提到地面。

东、西、北三个机头硐室内都铺设有轨道及起重梁，便于设备的检修和更换，结合硐室的施工和通风，分别由联络斜巷与辅助井底相通。

在 1 号煤仓上设有前倾式翻车机，将掘进煤或箕斗清理撒煤通过斜巷提升到机头硐室－403m 水平，经前倾式翻车机卸入 1 号煤仓中。

主井箕斗撒煤在－518m 水平以下采用沉淀池—耙斗—斜巷清理方式。副井和主井共用一条斜巷，副井淋水通过泄水巷流入主井箕斗撒煤清理系统的水仓中和主井淋水一起排至－518m 井底车场水仓。

（3）兖州矿区东滩矿井井底车场，详见图 5—3—12。

东滩矿井设计年生产能力 4.0Mt，采用立井两水平上、下山开拓方式。在工业场地设主、副井，西、北、东翼各设风井，形成分区式通风。主井净直径 7.0m，装备两对四角布置的 16t 方形箕斗。副井净直径 8.0m，装备一对 1.5t 双层四车罐笼和一个带平衡锤的加宽双层四车罐笼。第一开采水平－660m，主要开采上组煤。在 3 煤层底板，西翼和北翼各布置两条运输石门，东翼各布置两条运输大巷，一条为带式输送机石门（大巷），担负煤炭运输任务，另一条轨道运输石门（大巷），担负人员、设备、材料和掘进煤、矸的辅助运输任务。

围绕副井布置的辅助运输井底车场在 3 煤层底板岩石中，采用环形车场。该车场不仅担负井下矸石提升和人员、材料、设备的升降调运任务，还在 1 号煤仓上设有通过式的翻、推车机硐室，担负掘进煤或箕斗清理撒煤的调运、翻卸和贮存任务。

围绕主井布置的带式输送机井底车场相对辅助运输井底车场高出 5.5m。设有三个煤仓，煤仓直径 8.0m，高度 21m，总容量 2000t。西翼带式输送机石门来煤卸入 2 号煤仓，北翼和东翼带式输送机石门（大巷）来煤卸入 3 号煤仓，1 号煤仓翻卸掘进煤。为了充分发挥井底煤仓的作用，调节来煤的不均衡性，在煤仓上部布置了一条配煤机巷，该巷高度 5.5m（正好是抬高的高度）。在每个煤仓下部有两台给煤机，将煤垂直给到两条装载机巷的带式输送机上，两条装载机巷的间距 14.5m，每条装载输送机将煤装入两个 16t 定量仓中，经溜槽装入箕斗提到地面。

为了装载输送机巷、装载硐室及带式输送机机头硐室人员通行方便和机电设备检修、更换和供电方便，在辅助运输车场通往北翼轨道石门的巷道中向下开一条联络斜巷与两条装载输送机巷尾部相通，向上另开一条斜巷与东翼机头硐室相连；从翻笼硐室的重车线开一条穿过西翼带式输送机石门的联络巷道与西翼、北翼机头硐室相通，东、西、北三翼机头硐室联络巷环起来，相互连系更为便利。

主井箕斗撒煤清理在－660m 车场水平以下，采用斜巷清理方式。

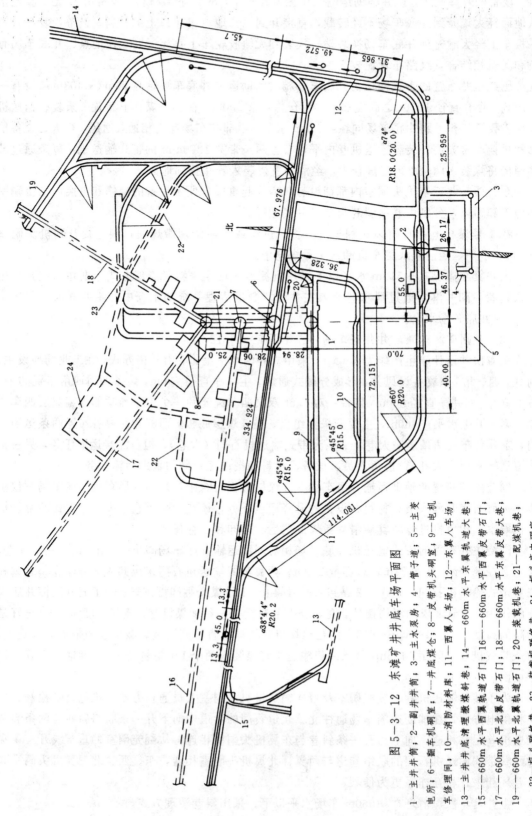

图 5—3—12　东滩矿井井底车场平面图

1—主井井筒；2—副井井筒；3—主水泵房；4—管子道；5—主变电所；6—翻车机硐室；7—井底煤仓；8—皮带机头硐室；9—电机车修理间；10—消防材料库；11—西翼人车场；12—东翼人车场；13—主井井底清理撒煤斜巷；14—660m 水平东翼轨道大巷；15—660m 水平西翼轨道石门；16—660m 水平西翼皮带石门；17—660m 水平北翼皮带石门；18—660m 水平东翼皮带大巷；19—660m 水平北翼轨道石门；20—装载机皮带大巷；21—配煤机硐室；22—机头联络巷；23—装载机联络巷；24—机头变电硐室

第四章 井底车场线路坡度设计

第一节 设 计 要 求

1) 井底车场线路坡度应根据车场形式、使用车辆类型、车辆运行阻力及运行条件、各线路对矿车滑行速度的限制要求、线路上所采用的调车或操车设备等因素计算确定。亦可根据生产矿井井底车场坡度的经验数据以类比方法选取。由于矿车的新旧程度、维护质量、线路铺设质量、维护状况以及各种自然因素对矿车运行的基本阻力系数有较大影响，所以设计坡度在试生产过程中仍需调整。

2) 线路内车辆的运行尽量利用自动滑行，以减少机械设备。

3) 底卸式矿车卸载站和推车机翻车机硐室联合布置且进车方向相同时，应使翻车机轨面稍高于卸载站轨面，以便布置两股空车线的合股道岔。

4) 排水沟的坡度尽量与车场巷道坡度一致，水仓入口一般设在空车线侧车场高程最低点处，确定水仓入口时，应尽量靠近水泵房，并注意能使水仓装满水。

5) 采用固定式矿车运输时：

(1) 主井重车线阻车器前装有推车机时，其坡度应小于重车运行阻力系数。若采用甩车调车进入井底车场时，在阻车器前 20～30m 处设平坡或 3‰下坡，以防止损坏阻车器和矿车。阻车器前不设推车机时，其坡度要稍大于重车运行阻力系数。阻车器至翻车机间的坡度，摘钩翻车有推车机时设平坡，不设推车机时设自动滑行坡；不摘钩翻车有推车机时靠近翻车机部分设上坡。

(2) 主井空车线一般采用三段坡度。第一段，翻车机出口后 15～25m，采用加速坡，使矿车得到足够的能量滑行到停车点，但要注意避免后车撞前车，引起脱轨。第二段，设置等速坡。第三段，机车挂钩点前 20～20m，设平坡或 3‰的下坡（也可在终点前设局部上坡）。

(3) 副井进车线机车摘钩点至复式阻车器段设置小于重车阻力系数的下坡。复式阻车器至单式阻车器间，设推车机时一般设下坡或平坡，不设推车机时设下坡。单式阻车器至罐笼入口段，装有推车机时设下坡或平坡，不设推车机时设下坡。

(4) 副井出车线与主井空车线大致相同。

6) 采用底卸式矿车运输时，主井空、重车线坡度应根据车场形式确定，但不宜大于 7‰，卸载站线路坡度宜采用平坡。

7) 回车线坡度不宜大于 10‰，空列车起车处应设平坡段。当有重列车行驶时，坡度不宜大于 7‰。

8) 当井底煤仓位于大巷水平以上，矿车卸载位置距井底车场较远时，翻车机或卸载站前、后的空、重车线坡度应视具体条件确定。

9) 各段坡度确定以后,通常以下列规定中的最低点为井底车场线路假定高程闭合计算的 ±0 点的基准面进行高程闭合计算:

(1) 立井井底车场,当井筒提升容器采用罐座承接时,应以罐笼轨面高程为基准面;当采用摇台承接时,应以进车侧摇臂转轴点轨面高程为基准面。

(2) 斜井井底车场应以副井提车竖曲线起点轨面高程为基准面。

(3) 主井重车线以翻车机或卸载站进车侧轨面高程为基准面。

第二节　线路坡度的确定

井底车场线路坡度可按本节公式计算,亦可按表 5—4—1 选用。

表 5—4—1　井底车场线路坡度

矿车类型	线路名称	线 路 区 段	矿车载重 (t)	坡 度 (‰)	适 用 条 件
固定式矿车	主井重车线	机车摘钩点至阻车器段		0~4	设列车推车机调车
			1~3	7	不设调车设备,顶车进入
				4~7	不设调车设备,甩车进入
		机车摘钩点至阻车器前 20~30m 段	1	3~4	顶车进入(翻车机前设推车机)
			3	2~3	
			1	4~5	甩车进入(翻车机前设推车机)
			3	3~4	
		阻车器前 20~30m 至阻车器段	1~3	0~3	
		阻车器至翻车机段	1~3	0	摘钩或不摘钩翻车,设推车机(不摘钩翻车时靠近翻车机部分为 2‰ 上坡)
			1	12~18	不设推车机,重车摘钩自动滑行
			3	7~12	
	主井空车线	翻车机出口至翻车机出口后 15~25m 加速段	1~3	12~15	摘钩翻车
				15~18	不摘钩翻车
		翻车机出口后 15~25m 至机车挂钩点前 20~30m 中间等速段	1	6~8	曲线段应增加 2‰ 坡度
			3	6~7	
		机车挂钩点前 20~30m 至机车挂钩点减速段	1~3	0~3	终点前可设局部上坡

续表

矿车类型	线路名称	线 路 区 段	矿车载重（t）	坡　度（‰）	适 用 条 件
固定式矿车	副井进车线	机车摘钩点至复式阻车器段	1～3	0～4	设列车推车机调车
			1	7～9	不设调车设备，顶车调车
			3	5～7	
			1	4～5	不设调车设备，甩车调车
			3	3～4	
		复式阻车器至单式阻车器	1～3	0	设推车机，亦可根据操车设备要求确定
			1	18～20	不设推车机，矿车自动滑行
			3	15～18	
		单式阻车器至罐笼入口段	1	12～15	设摇台
			1	10～12	不设摇台
			3	5～7	设摇台
	副井出车线	罐笼出口至罐笼出口后10～20m加速段	1	18～20	
			3	13～15	
		罐笼出口后10～20m至机车挂钩点前15～20m中间等速段	1	6～7	曲线段应增加2‰坡度
			3	4～7	
		机车挂钩点前15～20m至机车挂钩点减速段	1～3	0～3	
	回车线		1～3	＜10（上坡）	机车牵引或顶推空列车
				＜7（上坡）	机车牵引重列车
底卸式矿车	重车线		3	3～5	机车牵引底纵卸式矿车列
			5	3～4	车过坑或机车顶列车不过坑
			3～5	4～6	机车牵引或顶推底侧卸式矿车
	卸载站		3～5	0	
	空车线		3	3～5	底纵卸式矿车
			5	3～4	
			3～5	5～7	底侧卸式矿车

注：本表坡度栏内除注明上坡者外，其余均为下坡。

一、矿车运行阻力系数

1. 矿车运行的基本阻力系数

矿车运行的基本阻力系数 ω_1 与矿车的制造质量、新旧程度、维修保养状态、铺轨质量、线路结构及维护等因素有关，其值建议按表5—4—2选取。

表 5-4-2   矿车运行的基本阻力系数

矿车载重量 (t)	单 车		列 车	
	空 ω_K	重 ω_Z	空 ω_{KL}	重 ω_{ZL}
1	0.0095	0.0075	0.0110	0.0090
1.5	0.0090	0.0070	0.0105	0.0085
3	0.0075	0.0055	0.0090	0.0070
5	0.0060	0.0050	0.0070	0.0060

2. 矿车运行的附加阻力系数

$$\omega_2 = \frac{0.035K}{\sqrt{R}} \qquad (5-4-1)$$

$$\omega_3 = \frac{\pi R' \alpha \omega'}{180\ (a+b)} \qquad (5-4-2)$$

$$\omega' = 0.5\omega_1 + \frac{0.0525}{\sqrt{R'}} \qquad (5-4-3)$$

$$\omega_4 = \frac{20}{(G_0+G)\ (a+b)} \qquad (5-4-4)$$

式中 ω_2——矿车在曲线上运行时的附加阻力系数（表 5-4-3）；

K——外轨超高系数，当外轨超高时 $K=1.0$，不超高时 $K=1.5$；

R——曲线半径，m；

ω_3——矿车通过道岔时的附加阻力系数；

R'——道岔曲合轨半径，m；

α——道岔角，对称道岔取 $\alpha/2$，(°)；

ω'——曲合轨外侧未超高的附加阻力系数；

$a+b$——道岔长，m；

ω_4——矿车沿合岔或分岔方向通过一个自动（弹簧）道岔时，除应考虑 ω_3 外，还应考虑岔尖挤压系数；

表 5-4-3   矿车在曲线上运行时的附加阻力系数

R (m)	ω_2	
	$K=1.0$	$K=1.5$
6	0.0143	0.0214
8	0.0124	0.0186
9	0.0117	0.0175
12	0.0101	0.0152
15	0.0090	0.0136
20	0.0078	0.0117

续表

R（m）	ω_2	
	K=1.0	K=1.5
25	0.0070	0.0105
30	0.0064	0.0096
35	0.0059	0.0089

G_0——矿车自重，kg；

G——矿车载重，kg。

二、坡度计算的基本公式

$$a=g\ (i-\omega) \tag{5-4-5}$$

$$V_M=\sqrt{V_C^2+2gL\ (i-\omega)} \tag{5-4-6}$$

式中　a——加速度，m/s^2；

　　　g——重力加速度，m/s^2；

　　　i——线路坡度，下坡取正值，上坡取负值；

　　　ω——矿车运行的总阻力系数，等于矿车运行的基本阻力系数与矿车所通过区段的所有附加阻力系数之和；

　　V_M——末速度，m/s；

　　V_C——初速度，m/s；

　　　L——线路长度，m。

$$i_1=\frac{G_0\ (\omega_Z-\omega_K)\ +G\omega_Z}{2G_0+G} \tag{5-4-7}$$

$$i_2=\frac{(P+nG_0)\ (\omega_{ZL}-\omega_{KL})\ +nG\omega_{ZL}}{2P+n\ (2G_0+G)} \tag{5-4-8}$$

$$i_3=\frac{(2P+nG_0)\ (\omega_{ZL}-\omega_{KL})\ +nG\omega_{ZL}}{4P+n\ (2G_0+G)} \tag{5-4-9}$$

式中　i_1——非机车牵引矿车运输时的等阻坡度；

　　　G_0——矿车自重，kg；

　　　G——矿车载重，kg；

　　ω_Z——重车基本阻力系数，查表5-4-2；

　　ω_K——空车基本阻力系数，查表5-4-2；

　　　i_2——单机牵引列车运输时的等阻坡度；

　　　P——电机车粘重，kg；

　　　n——电机车牵引的矿车数；

　　ω_{ZL}——重列车基本阻力系数；查表5-4-2；

　　ω_{KL}——空列车基本阻力系数；查表5-4-2；

　　　i_3——双机牵引列车运输时的等阻坡度。

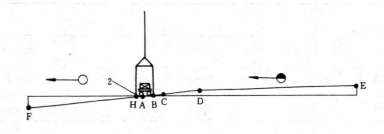

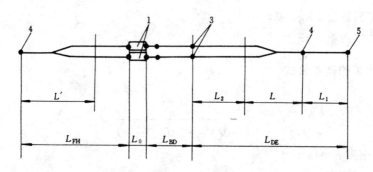

图 5—4—1　不设摇台双罐笼井筒与井底车场连接处线路布置

1—罐笼；2—罐笼内阻车器；3—单式阻车器；4—基本轨起点；5—复式阻车器

三、不设摇台双罐笼井筒与井底车场连接处矿车自动滑行计算（图 5—4—1）

重矿车进罐笼自动滑行计算公式：

$$V_{BG} = \sqrt{V_A^2 - 2gL_{AB}(i_0 - \omega_Z)} \qquad (5-4-10)$$

$$L_{AB} = (L_0 + S_b)/2 \qquad (5-4-11)$$

$$V_{BQ} = \sqrt{V_{BG}^2 + (2A_Z/m_Z)} \qquad (5-4-12)$$

$$m_Z = (G_0 + G)/9.81 \qquad (5-4-13)$$

$$V_{CG} = \sqrt{V_{BQ}^2 - 2gL_{BC}(i_{BC} - \omega_Z)} \qquad (5-4-14)$$

$$L_{BC} = L_K - L_{AB} \qquad (5-4-15)$$

$$V_{CQ} = (1 + \mu)V_{CG}/(1 - \mu K) \qquad (5-4-16)$$

$$\mu = G_0/(G_0 + G) \qquad (5-4-17)$$

$$L_{BD} = V_{CQ}^2/[2g(i_{CD} - \omega_Z)] + L_{BC} \qquad (5-4-18)$$

$$i_{DE} = V_D^2/(2gL_{DE}) + [(a+b)(\omega_3 + \omega_4) + (L-a-b)\omega_2]/L_{DE} + \omega_Z \qquad (5-4-19)$$

$$V_{AK} = V_{CG} + KV_{CQ} \qquad (5-4-20)$$

$$V_{HQ} = \sqrt{V_{AK}^2 - 2gL_{AH}(i_0 - \omega_K)} \qquad (5-4-21)$$

$$L_{AH} = (L_0 - S_b)/2 \qquad (5-4-22)$$

$$V_{HG} = \sqrt{V_{HQ}^2 + (2A_K/m_K)} \qquad (5-4-23)$$

$$m_K = G_0/9.81 \qquad (5-4-24)$$

$$i_{FH} = (V_F^2 - V_{HG}^2)/(2gL_{FH}) + [(a'+b')(\omega'_3 + \omega'_4) + (L'-a'-b')\omega'_2]/L_{FH} + \omega_K$$

$$(5-4-25)$$

式中　V_{BG}——重车过 B 点后的速度，m/s；

　　　V_A——重车到达罐笼内阻车器 A 点时的速度，等于 $0.75 \sim 1.0$m/s；

　　　g——重力加速度，m/s^2；

　　L_{AB}——重车沿罐笼底板运行的距离，m；

　　　i_0——罐笼底板坡度，一般 $i_0 = 0$；

　　　ω_Z——重车运行的基本阻力系数；

　　　L_0——罐笼底板长度，m；

　　　S_b——矿车轴距，m；

　　　V_{BQ}——重车到达罐笼与轨道接口处 B 点前的速度，m/s；

　　　A_Z——重车经过接口处 B 点所损耗的功，$A_Z = 20$kg·m；

　　　m_Z——重车的质量，kg·s^2/m；

　　　G_0——矿车自重，kg；

　　　G——矿车载重，kg；

　　V_{CG}——重车碰击了罐笼内空车以后（重车前轮在 C 点）的瞬时速度，m/s；

　　L_{BC}——B、C 点间距离，m；

　　　i_{BC}——B、C 点间坡度；

　　　L_K——矿车带缓冲器的全长，m；

　　V_{CQ}——重车碰击了罐笼内空车时（重车前轮在 C 点）的速度，m/s；

　　　μ——质量系数；

　　　K——碰击系数，$K = 0.5$；

　　L_{BD}——从单式阻车器的轮挡 D 点至罐笼边 B 点的距离，m；

　　i_{CD}——C、D 点间坡度，$i_{CD} = i_{BC}$；

　　i_{DE}——从复式阻车器 E 点至单式阻车器 D 点间之线路自动滑行坡度；

　　　V_D——矿车从 E 点起动后，到达 D 点的速度不超过 $0.75 \sim 1.0$m/s；

　　L_{DE}——D、E 点间距离，m；

　　$a+b$——进车对称道岔长度，m；

　$\omega_3 + \omega_4$——进车对称道岔（自动道岔）的附加阻力系数；

$L-a-b$——近似计算采用的长度，m；

　　　ω_2——进车对称道岔连接系统弯道附加阻力系数；

　　V_{AK}——空车在罐笼内受重车碰击所获的初速度，m/s；

　　V_{HQ}——空车到达罐笼与轨道接口处 H 点前的速度，m/s；

　　L_{AH}——空车沿罐笼底板运行的距离，m；

　　　ω_K——空车运行的基本阻力系数；

　　V_{HG}——空车过 H 点的速度，m/s；

　　　A_K——空车过 H 点所损耗的功，恢复罐笼内阻车器由空车进行时 $A_K = 40$kg·m，不

由空车进行时 $A_K=20\text{kg}\cdot\text{m}$;

m_K——空车的质量，$\text{kg}\cdot\text{s}^2/\text{m}$;

i_{FH}——从罐笼边 H 点至出车对称道岔基本轨起点 F 之间线路的自动滑行坡度;

V_F——空车出井筒与井底车场连接处在线路 F 点时要求具有的速度，m/s;

L_{FH}——F、H 点间距离，m;

$a'+b'$——出车对称道岔长度，m;

$\omega'_3+\omega'_4$——出车对称道岔（自动道岔）的附加阻力系数;

$L'-a'-b'$——近似计算所采用的长度，m;

ω'_2——出车对称道岔连接系统弯道附加阻力系数;

ω_K——空车运行的基本阻力系数。

四、线路坡度闭合计算

在各段坡度确定后，需进行坡度闭合计算，并且在闭合计算中再重新调整有关段的坡度，以使回车线坡度不超过控制值。

坡度闭合计算公式如下:

$$\Delta H_{AB}=\pm L_{AB}\cdot i_{AB} \tag{5-4-26}$$

$$Z_B=Z_A\pm\Delta H_{AB} \tag{5-4-27}$$

式中　ΔH_{AB}——A、B 两点间的高差，上坡取（＋），下坡取（－）;

L_{AB}——A、B 两点间的水平距离;

i_{AB}——A、B 两点间的坡度;

Z_B——未知点高程;

Z_A——已知点高程。

经过高程闭合计算的车场巷道，从闭路内任一点开始经环形线路再回到该点其高差为0。

第三节　斜井井底甩车场坡度及双钩串车提升时的游车操车方法

斜井井底甩车场分单钩提升和双钩提升。单钩甩车场和双钩甩车场形式相同，只是运转上有差别。

一、斜井井底单、双钩甩车场坡度计算

见第六篇。

二、双钩串车提升时的游车操车方法

1. 吉林延边松下坪矿游车操车方法（图 5-4-2a）

1）当右绳提的矿车车尾上升过地面 N_1 道岔时，左绳矿车已至井底摘钩地点摘空车，并挂上重车。

2）右绳开始下放进行地面甩、挂车时，左绳所提重车提出车场在井筒中游动。

主要缺点是井筒需要一段游车长度。

2. 辽宁阜新高德矿一号井与抚顺胜利矿三号井的游车操车方法（图5—4—2b）

当右绳往上左绳往下的情况：

1）左绳往下到甩车场高德矿一号井甩去大部分空车，留2个或3个空车作为游车；胜利矿三号井把整钩空车作为游车。

2）地面先摘去重车，再挂空车，左绳所留空车在空车线上游动。

3）地面挂空车完毕，左绳再甩去全部空车，然后挂上重车，开始提升。

主要缺点是游动的空车容易掉道。胜利矿三号井为防止掉道，设导向装置。

3. 游车方式选取

1）需要延深的井筒，可选松下坪矿的方式，见图5—4—2a。

2）不需要延深的井筒，可选抚顺胜利矿三号井的方式，并设导向装置，见图5—4—2b。

三、斜井双钩提升地面车场

斜井双钩提升地面车场有平车场和甩车场两种布置。当井口地形条件不太好或井口布置不开，采用甩车场比较有利。此外，与平车场相比，可节省人员。亦无阻车器失灵或滑行不满意等情况。

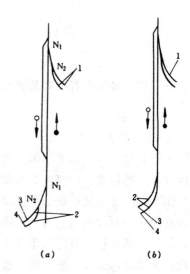

图5—4—2　双钩串车提升时的游车操车方法
1—地面甩车场；2—井底甩车场；
3—井下空车线；4—井下重车线

双道采用甩车方式，就必须应用压绳道岔。如图5—4—3所示。为使从帮道上提出来的重车能甩至对帮的车场，正道上的钢丝绳在出井口一段上必须置于沟槽中，并为压绳道岔所压。反之，当正道上提出的重车及下放的空车经过此段时，提前把压绳道岔搬开，等车通过后又闭合上。所有操纵装置均集中于一处，因此工作起来是方便的。

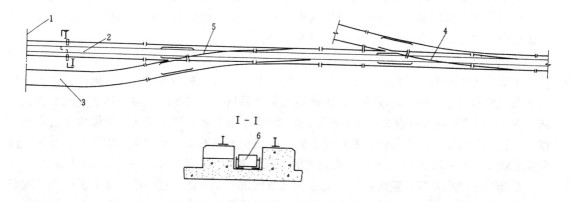

图5—4—3　压绳道岔
1—井口边界；2—正道；3—帮道；4—右侧可动曲合轨；5—左侧可动曲合轨；6—沟槽内托绳轮

采用甩车方式，其惟一的缺点，则在于矿车在地面周转时间较长。如果说用平车场时，矿车出井口到矿车入井口只需 30～45s，那么用甩车场时即要 1min30s 到 1min45s。因此，它的采用，要考虑绞车提升能力是否富裕。

第四节　双钩提升暗斜井上部平车场

一、车场线路布置型式及坡度选择

（一）三股道平车场

1. 车场线路布置

主提升暗斜井上部车场多采用三股道平车场。车场内铺设三股轨道，通过一组道岔与井筒内双轨线路相连，中间轨道为重车道，两旁为空车道，一般是顺向布置。

图5—4—4为某矿新水平主暗斜井的上部车场。井筒内两股道至车场水平经竖曲线变平后，利用三个对称道岔变为三股道。煤串车经过这一组道岔进入中间重车道，人工不停车摘钩，然后自动滚行至石门重车存车线。空车组在石门内靠机车顶车补偿损失的高差，然后自动滚行至车场两旁任一空车线。在两条空车线上设有阻车器和安全闸。下放空车时，先将钩头挂上空车组，然后打开阻车器和安全闸，空车自动滚行至井筒内。

图5—4—5为淮北某矿主暗斜井上部车场。中间为重车线，煤车拉上来过驼峰后，不停车自动摘钩，然后自动滚行。空车下放利用装在井口的调度绞车。

图5—4—6为某矿暗斜井上部平车场。其特点是空车下放利用推车机。

三股道平车场的共同特点是：由井内两股线路向车场内三股道过渡时，必须装一组道岔作为线路连接系统。这组道岔一般铺设在车场平段上，也可铺设在斜井坡度不大于7°的斜面上，然后接曲线再过渡到平段。这个连接系统通常由两个单开道岔（一左一右）和一个对称道岔组成，或由三个对称道岔组成。一般选用3号或相当3号道岔，个别车场单开道岔选4号。有些矿井采用现场自制的小角度道岔，道岔角相当于4号或5号，整个连接系统仅为8～10m，很好使用。

车场三股道转入两股道存车线的布置方式有三种：空车线在弯道外侧；空车线在弯道内侧；空车线分车单开道岔在转弯处。前两种方式车场线路直线段较长，第三种方式较短。

暗斜井上部车场多采用不停车自动或人工摘钩。空车送入井下可利用推车机，调度绞车或无极绳，也可设计为自滑坡度靠矿车自溜入井。

2. 线路坡度

车场空车线采用推车机或调度绞车时，设小于10‰的下坡或平坡。打开阻车器空车组进入井内主要利用推车机或调度绞车，因此阻车器至井口一段空车线一般采用下坡或平坡。为防止跑车，有的车场该段设2°～3°的反坡。此时，空车下井多采用上绳式无极绳推车机或调度绞车，将空车组一直拉入井内，并自动脱钩。车场空车线不设调车设备，则从井口至阻车器前空车组 1/2 长一段为 30‰～43‰ 或更大的下坡；其余空车线为 10‰～12‰ 的自溜坡。

车场重车线出井口经竖曲线变平处至中间对称道岔基本轨起点一段，多为上坡。过驼峰后一段重车线改为下坡或平坡。当自动摘钩、重车需滑行距离远、摘钩时重车运行速度不大时，则该段坡度取大些；反之，人工摘钩，则该段坡度取小些。通常1t矿车重车组按自溜取

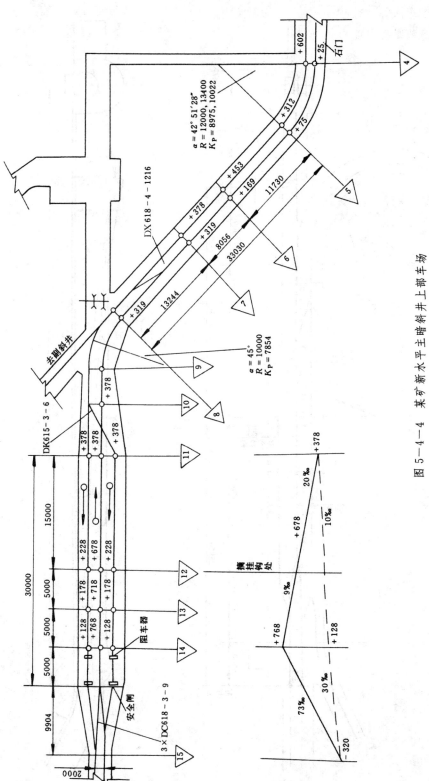

图 5—4—4　某矿新水平主暗斜井上部车场

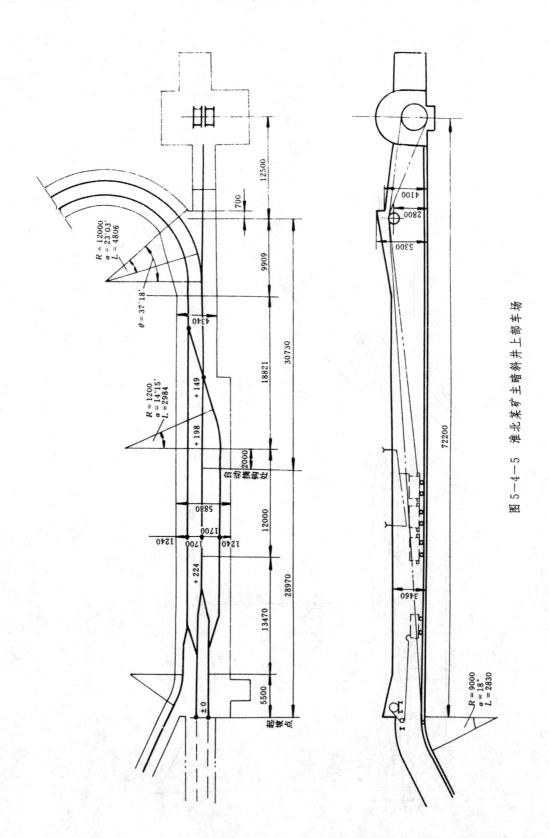

图 5—4—5 淮北某矿主暗斜井上部车场

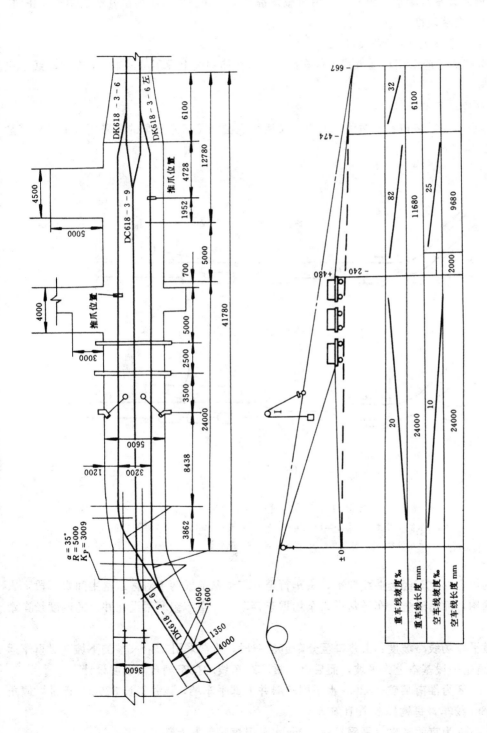

图 5—4—6　某矿暗斜井上部平车场

8‰～10‰为宜。

坡度设计时应考虑：

1) 大型矿井平车场空车组一般采用机械设备牵引下井。中、小型矿井缺乏调车设备时，空车下井采用自溜坡度。

2) 空重车道最大高差不应超过1m。

3) 重车摘钩后应采用自溜方式至停车线，同时在摘钩线上设不可逆车挡，在空车线上应设置阻车器。

（二）双股道平车场

双股道平车场线路布置有两种：采用交叉渡线道岔（花道）分车的和采用两个对称道岔分车（图5—4—7）。

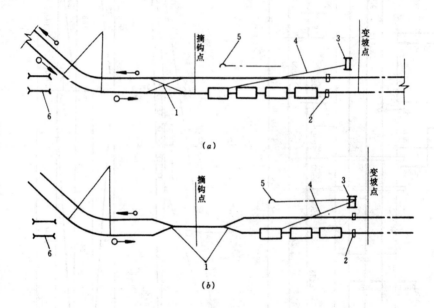

图5—4—7　双股道平车场线路布置

a—采用交叉渡线道岔分车的平车场；b—采用两副对称道岔分车的平车场

1—分车道岔；2—阻车器；3—调度绞车；4—钢丝绳；5—钩头；6—天轮

从井内提上的重车经竖曲线变平，头车行至分车道岔前或两个对称道岔中间直线段，人工或自动摘钩，而后通过分车道岔进入车场重车存车线。空车组利用设在井口的调度绞车牵引入井。

双股道平车场线路坡度：出井口至分车道岔一段，通常采用3‰～5‰的下坡（对重车运行）。分车道岔一段基本上为平坡，而后空、重车存车线均按车辆自溜坡度设计。

图5—4—8为淮南某矿—320m水平副暗斜井上部平车场，该井斜长825m，正常段倾角25°，采用3m绞车，每钩提5个1t矿车。

图5—4—9为京西某矿（平硐）—250m水平提煤暗斜井上部平车场。

京西某矿平硐斜坡亦采用这种双道平车场，每钩拉3个矿车，通过能力30万t/a。

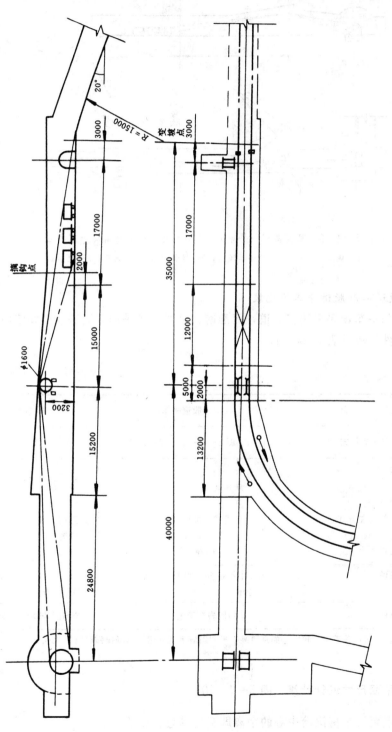

图 5-4-8　淮南某矿 -320m 水平副暗斜井上部平车场

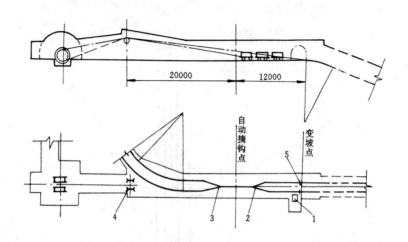

图 5—4—9　京西某矿（平硐）—250m 水平提煤暗斜井上部平车场
1—调度绞车；2—自动分车道岔；3—弹簧道岔；4—天轮；5—阻车器

（三）三股道和双股道平车场比较

暗斜井上部平车场多采用三股道，而淮南、京西等矿采用双股道也很好使用，它们的优缺点及适用条件比较见表 5—4—4。

表 5—4—4

项　　目		三股道平车场	双股道平车场
线路布置形式		图 5—4—4、图 5—4—5	图 5—4—7
优缺点	工程量	大	小
	施工	麻烦	简单
	车场线路	复杂	简单
	送空车组下井方式	自溜或用机械设备	用调度绞车
	车场内每钩操作时间	短（80～100s）	较短（90～120s）
	车场通过能力	>30 万 t/a	≤30 万 t/a
适用条件	生产条件	中型矿井主提升及大型矿井副提升	中、小型矿井主、副提升及大型矿井副提升
	地质条件	车场围岩较稳定	车场围岩较稳定或较差

注：车场内每钩操作时间，各矿出入较大，如京西某矿平硐斜坡上部双道平车场操作时间仅 28s。

二、车场平面尺寸设计计算（图 5—4—10）

井口变坡点至绞车房滚筒中心的距离即车场的总长度 L 为：

$$L = L_0 + L_1$$

式中　L_0——天轮中心至滚筒中心水平距离；

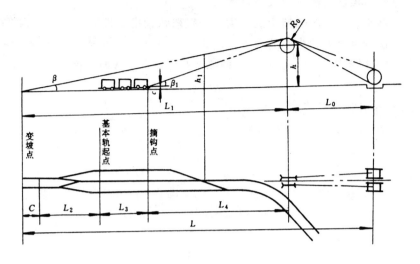

图 5—4—10 上部车场线路计算

L_1——井口变坡点至天轮中心水平距离。

L_0 和 L_1 的确定，以三股道车场为例（图 5—4—11）说明如下：

L_0 主要根据提升钢丝绳允许偏角来确定。天轮到滚筒上的钢丝绳，最大内、外偏角都不得超过 1°30′。作单层缠绕时，内偏角应保证不咬绳。根据允许最大偏角，即可求得天轮至滚筒间的钢丝绳最小弦长 L'。

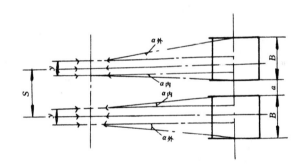

图 5—4—11 计算符号

对活天轮

$$L' = \frac{2B+a-S-y}{2\tan\alpha_{外}} \quad (B \geqslant S-a \text{ 时})$$

$$L' = \frac{S-a-y}{2\tan\alpha_{内}} \quad (B \leqslant S-a \text{ 时})$$

对固定天轮

$$L' = \frac{2B+a-S}{2\tan\alpha_{外}} \quad (B \geqslant S-a \text{ 时})$$

$$L' = \frac{S-a}{2\tan\alpha_{内}} \quad (B \leqslant S-a \text{ 时})$$

式中 y——天轮游动距离；

其它符号意义见图 5—4—11。

由于暗斜井平车场天轮很低，按以上求的最小弦长 L' 即可作为天轮中心至滚筒中心的水平距离 L_0。

为了缩短车场长度，井下一般采用活天轮。但活天轮易磨损、寿命短。

$$L_1 = C + L_2 + L_3 + L_4$$

式中 C——变坡点至道岔基本轨起点的距离，一般取 $C = 1\sim3\text{m}$；

L_2——井口道岔连接系统线路连接尺寸;

L_3——基本轨起点至摘挂钩点距离,一般取每钩串车长度的 1.2~1.5 倍;

L_4——摘钩点至天轮中心的水平距离。

井口道岔连接系统由两个单开道岔与一个对称道岔组成时(图 5—4—12a)

$$L_2 = L_K + C_0 + L_D$$

式中 L_K——单开道岔长度;

C_0——插入段长,一般取 $C_0 = 0 \sim 3m$;

L_D——对称道岔线路连接长度,

$$L_D = a + (S/2)\cot(\alpha/2) + R\tan(\alpha/4)$$

井口道岔连接系统由三个对称道岔组成时(图 5—4—12b)

$$L_2 = 2a + (S/2)\cot(\alpha/2)$$

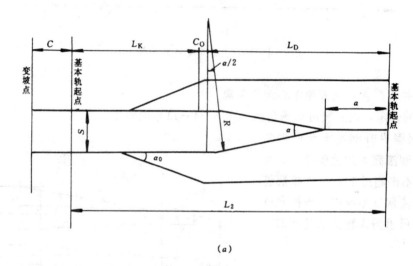

(a)

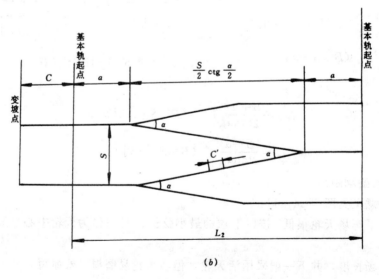

(b)

图 5—4—12 井口道岔连接系统线路尺寸

为便于道岔连接，使插入段 $C' \geqslant 0$，斜井井筒内临近道岔组一段线路轨道中心距应适当加大。如 600mm 轨距，三个 3 号道岔，轨道中心距 S 要加大到 $1.9 \sim 2.1$m。

为不使提升机侧钢丝绳悬垂过大，一般要求 $L_4 > 1.5L_0$，否则钢丝绳应设托辊。当用活天轮时，一般取 $L_4 = (2.0 \sim 4.0) L_0$。

为了摘钩时矿车不致掉道，天轮至摘钩点钢丝绳俯角 $\beta_1 \not> 16° \sim 20°$。

为利用交岔点空间作为天轮硐室，一般将天轮设在交岔点牛鼻子面处。

井口变坡点至天轮中心的水平距离 L_1，除按上述计算确定外，还应满足以下要求：

1）为了避免矿车在变坡点掉道，应使井口钢丝绳牵引角 $\beta \leqslant 6° \sim 9°$。

2）在空车线穿过重车线的花道外，提升钢丝绳离轨面标高 $h_1 \not< 2.0$m，以便矿车能通过。

3）车场空车停车直线段应不小于一钩提升串车长度的 $1.5 \sim 2.0$ 倍。

4）重车摘钩后应有 $8 \sim 10$m 以上的直线段，作为缓冲长度，以免摘钩、分车等操作过于紧张。

两股道平车场长度，仅井口无道岔连接系统，即 $L_2 = 0$（或取 $2 \sim 3$m），其他则与三股道平车场的计算基本相同。

车场宽度主要根据线路布置及车场内操车安全方便而定。由于车场内车辆来往频繁，故一般在车场两侧均留有人行道，对于三股道车场，在空重车线间也应留有人行道。

三、暗斜井上部平车场设计示例

淮北某矿新水平副暗斜井上部车场。

1. 已知条件

井筒用途：90 万 t/a 生产水平的全部辅助提升：

井筒倾角：18°；

井筒断面：1t 矿车、双轨、轨中距 $S = 1240$mm；

提升设备：XKT2×2×1-30 型双滚筒绞车，$B = 1000$mm，$a = 120$mm；

一次提升量：提矸：5 个 1t 矿车，提人：4 个人车；

天轮：直径 1.2m 的活动天轮，游动距离 $y = 630$mm，$S = 1370$mm；

采用三股道平车场如图 5-4-13。

2. 线路布置计算

1）天轮中心至滚筒中心的水平距离 L_0：

由于最小弦长 $L' = (S - a - y) / (2\tan\alpha_{内}) = (1370 - 120 - 630) / (2 \times \tan1°30') = 11838$mm，故取 $L_0 = 12000$mm。

2）井口道岔线路连接尺寸：

道岔组选择两个 DK618-4-12 和一个 DC618-3-9 组成（参见图 5-4-12），取 $C = 1000$mm，$C_0 = 1000$mm，则

$$L_D = a + (S/2)(\cot0.5\alpha) + R\tan0.25\alpha = 1952 + (1240/2)(\cot0.5 \times 18°55'30'')$$
$$+ 12000\tan0.25 \times 18°55'30'' = 6665\text{mm}$$

$$L_K = a_0 + b_0 = 3472 + 3328 = 6800\text{mm}$$

$$L_1 = L_K + C_0 + L_D = 6800 + 1000 + 6665 = 14465\text{mm}$$

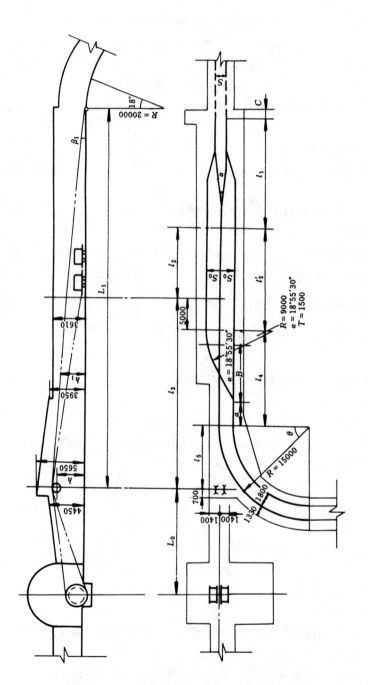

图 5—4—13   淮北某矿新水平副暗斜井上部车场线路计算草图

3）为保证空车线直线段为一列串车长的 2 倍，从中间重车线对称道岔基本轨起点至空车线 直线段起点 l'_2，取 15000mm，摘钩点距对称道岔基本轨起点取一列串车长，即 $l_2 = 10000$mm。

4）空车线分车单开道岔平行线路连接尺寸：

单开道岔选用 DK618−3−6，车场空、重车线轨中距 $S_0 = 1700$mm，

$$T = R\tan 0.5\alpha = 9000 \times \tan(0.5 \times 18°55'30'') = 1500\text{mm}$$
$$B = (S_0 + S_0)\cot\alpha = (1700 + 1700)\cot 18°55'30'' = 9916\text{mm}$$
$$l_4 = a + B + T = 3334 + 9916 + 1500 = 14750\text{mm}$$

5）空车线分车单开道岔基本轨起点至天轮中心线距离 l_5：

天轮设在牛鼻子面处，天轮中心线距牛鼻子面为 700mm，交岔点转角：

$$\theta = \arccos((R-500-1400)/(R+1330))$$
$$= \arccos((15000-500-1400)/(15000+1330)) = 36°39'32''$$

因此 $l_5 = (R+1330)\sin\theta - 700 = (15000+1330)\sin 36°39'32'' - 700$
$$= 9050\text{mm}$$

6）摘挂钩点至主天轮中心距离 l_3：

$l_3 = 5000 + l_4 + l_5 = 5000 + 14750 + 9050 = 28800\text{mm} > 1.5L_0 = 1.5 \times 12000 = 18000$mm

7）验算 β、h_1：

$$L_1 = C + l_1 + l_2 + l_3 = 1000 + 14465 + 10000 + 28800 = 54265\text{mm}$$

根据天轮安装图 $h = 2800$mm

$\beta = \arctan((h+R_0)/L_1) = \arctan((2800+600)/54265) = 3°35'07'' < 6°$

$h_1 = (C + l_1 + l'_2 + T + (B/2))\tan\beta$
$= (1000 + 14465 + 15000 + 1500 + (9916/2))\tan 3°35'07'' = 2313\text{mm} > 2000$mm

8）车场断面尺寸：

车场内两侧和中间人行道取 800mm，故两边空车道距边墙为 1240mm。车场高度见图 5−4−13 剖面图。绞车房前绳道宽取 2800mm。

9）车场线路坡度：

重车串车不停车自动摘钩，利用惯性出上部车场。空车利用设在起坡点处钢梁上调度绞车牵引下井。车场线路坡度都为零。

（三）根据以上计算结果绘制暗斜井上部车场施工图

见图 5−4−13。

第五章　井底车场通过能力

第一节　井底车场通过能力的确定方法

井底车场通过能力系指在单位时间内通过井底车场的货载数量，即为煤炭、矸石、材料、设备及人员的总和。通常在计算中，以年运输煤炭的总重量表示，单位为万 t/a。

井底车场通过能力，是选择井底车场形式的重要因素之一。其通过能力的确定方法与运输方式有关，采用各种机车牵引时，需要编制运行图表计算车流密度。

确定井底车场通过能力的步骤：首先应根据已绘制的井底车场线路平面布置图，按照井底车场调车作业程序进行区段划分；其次依据各种列车（专用列车或混合列车）在车场内运行所经过相关区段的线路长度及运行速度，计算其占用时间，并编制出各种机车（或列车）运行图；然后，再根据进入车场各种列车的设计配比（包括专用列车与混合列车及矿井各翼各种列车的配比），编制出井底车场在生产班进车情况重复出现形成周期部分的机车（或列车）运行图表。最后，再根据运行图表中一个周期的循环时间，计算出井底车场的通过能力。

一、机车在井底车场内运行图表的编制

1. 区段划分

为确定各种列车在井底车场内调车作业时间，首先应绘制井底车场线路平面图（通常可采用比例 1:1000），并在图中标出各主要线路的长度、曲线参数、道岔位置、类型及编号，然后，可按下列原则将车场线路划分为若干个称之为"闭塞区间"的区段（亦称为区间）：

1）在某段线路中，凡一台机车（或列车）尚未离开之前，另一台机车（或列车）不能进入的区间线路应划分为一个区段；

2）若某一线路中同时可容纳数台互不妨碍的机车（或列车），则该线路可划分为数个区段（如调车线路可划分为两个平行的区段）；

3）机车（或列车）在最大区段内调车作业时间应小于矿井设计能力所需要的平均进车间隔时间；

4）机车（或列车）频繁通过的道岔（即咽喉道岔）线路范围宜单独划分一个区段；

5）区段划分时必须考虑设置运输信号的地点，设有机车运输信号集中闭塞系统的应与其闭塞区间的划分协调一致。

除上述原则外，设计中还应注意两重倾向，一是不要将区段划分得过长，这样不仅增加了调车作业时间，而且影响后续列车的通行，因而降低了车场的通过能力；二是不要将区段划分的过短，过于密集，以便于实际应用。

井底车场的线路区段划分见图5-5-1、图5-5-2。

2. 计算各种列车在井底车场内的调车作业时间

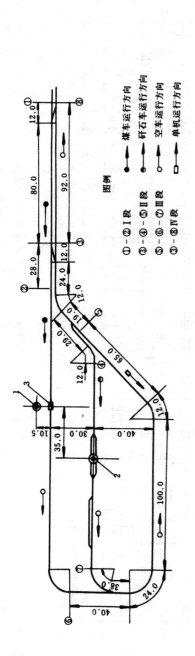

(a) 线路布置及区段划分

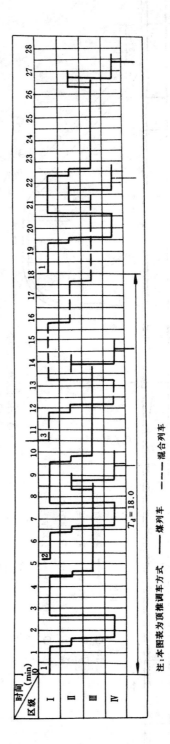

(b) 调度图表

注：本图表为顶推调车方式　——煤列车　----混合列车

图 5—5—1　井底车场区段划分及调度图表（立井）

1—主井；2—副井；3—翻车机

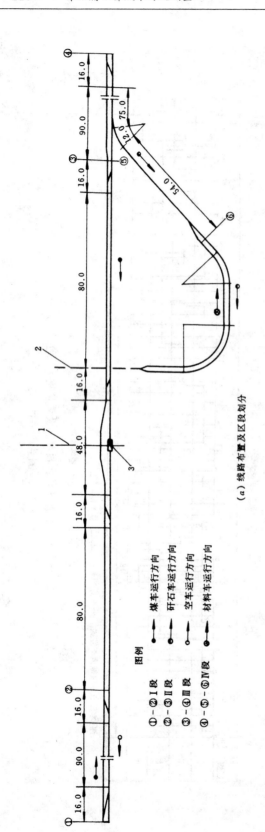

(a) 线路布置及区段划分

图例

① — ② Ⅰ段　　　　　●—— 煤车运行方向
② — ③ Ⅱ段　　　　　+—— 矸石车运行方向
③ — ⑤ Ⅲ段　　　　　○—— 空车运行方向
④ — ⑤ - ⑪Ⅳ段　　　⊗—— 材料车运行方向

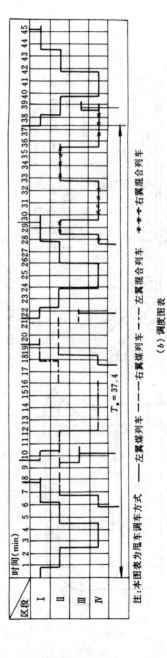

(b) 调度图表

注:本图表为甩车调车方式　——左翼煤车列车　———右翼混合列车
　　——右翼煤车列车　-----左翼混合列车　××× 右翼混合列车

图 5-5-2　井底车场区段划分及调度图表（斜井）

1—主井；2—副井；3—翻车机

　　根据设计确定的进入井底车场列车的种类，按照各种列车在车场所经过的线路长度和运行速度，即可计算出各种列车从进入井底车场至离开井底车场为止的全部调车时间，也就是列车在井底车场内的调车时间。机车（或列车）在井底车场内的运行速度及调车作业附加时间可按表5—5—1中的数据选取。

　　列车在井底车场的调车作业时间与列车运行速度有关，因此合理提高车速，可减少调车时间，有利于提高井底车场通过能力。

表 5—5—1　机车（或列车）运行速度及调车作业附加时间

作业名称	运行距离 （m）	运行速度 （m/s）	附加时间 （s）	备　　注
机车位于列车前、后	＜50	1.0		
机车位于列车前、后	50～150	1.5		
机车位于列车前	＞150	2.0		g—重力加速度，m/s²
机车单独运行	＜100	2.0		l—摘钩后滑行距离，m
机车单独运行	＞100	2.5		ω—矿车阻力系数
机车牵引底卸式矿车通过卸载坑		1.0		i—线路坡度，上坡取（+），下坡取（—）
机车摘钩、挂钩、转换运行方向、启动和通过手动道岔的时间			各取10	K—车轮转动惯性系数，取 1.03～1.05
采用甩车方式时列车自动滑行初速度按右式计算		$V_C = \dfrac{\sqrt{2gl(\omega \pm i)}}{K}$		

注：1. 机车单独在短距离（＜50m）非连续运行及调车作业时经过道岔的速度可取：1.0～1.5m/s。
　　2. 机车（或列车）在长距离连续运行时虽经过道岔但运行速度不变。
　　3. 机车（或列车）在曲线线路运行时其运行速度应根据曲线半径的大小可取1.5～2.0m/s。

　　3. 各种列车运行图表的编制

　　根据进入车场列车的种类（专用列车或混合列车）及各种列车的调车作业程序，将每种列车（或机车）运行经过的区段所需的调车作业时间（以单位长度表示）依次编制在透明方格坐标纸上，其横坐标表示时间，纵坐标表示车场线路的各个区段。格子内水平线长度即表示为每种列车（或机车）在某个区段中的运行时间。

　　按图5—5—1中的区段划分及表5—5—1中的数据要求，不同类型列车的调车作业时间计算见表5—5—2、表5—5—3，分别绘制不同类型列车的运行图表（煤矸混合列车时，矸石车在列车后部）。煤列车运行图表见表5—5—4，煤矸混合列车运行图表见表5—5—5。

表 5—5—2　煤列车调车作业时间

作业顺序	区段编号	作业名称	运行距离 （m）	运行速度 （m/s）	运行时间 （s）	区段作业时间 合计（s）
1		机车牵引列车至2号道岔停车	92	2.0	46	
2	I	摘钩，启动			20	
3		单机过2号道岔	17	1.5	11	77

作业顺序	区段编号	作 业 名 称	运行距离 (m)	运行速度 (m/s)	运行时间 (s)	区段作业时间合计 (s)
4	Ⅱ	单机换向运行至③	17	2.0	10＋9	19
5	Ⅳ	单机运行换向	92	2.0	46＋10	
6		单机过1号道岔	17	1.5	11	67
7	Ⅰ	单机运行	10	1.0	10	
8		机车顶列车运行	93	1.5	62	
9		单机换向运行	28	2.0	14＋10	
10		单机过2号道岔	12	2.0	6	102
11	Ⅱ	单机运行	55	2.5	22	22
12	Ⅲ	单机运行	241	2.5	96	
13		挂钩，换向启动			20	
14		机车牵引空列车运行	241	2.5	96	212
15	Ⅱ	机车牵引空列车运行	67	2.5	27	27
16	Ⅳ	机车牵引空列车运行	92	2.5	37	37
		合　　计	1074		563	563

表 5-5-3　煤矸混合列车调车作业时间

作业顺序	区段编号	作 业 名 称	运行距离 (m)	运行速度 (m/s)	运行时间 (s)	区段作业时间合计 (s)
1	Ⅰ	机车牵引列车至2号道岔停车	92	2.0	46	
2		摘钩，启动			20	
3		单机过2号道岔	17	1.5	11	77
4	Ⅱ	机车换向			10	
5		单机换向运行至③	17	2.0	9	19
6	Ⅳ	单机运行换向	92	2.0	46＋10	
7		单机过1号道岔	17	1.5	11	67
8	Ⅰ	单机运行	10	1.0	10	
9		挂钩、启动			20	
10		机车顶列车运行	93	1.5	62	
11		机车换向			10	
12		机车牵引矸石车运行	48	1.5	32	
13		机车顶矸石车运行	32	1.5	21	155
14	Ⅱ	机车顶矸石车运行	77	1.5	51	
15		摘钩换向启动			20	
16		单机运行	41	2.0	21	
17		机车换向			10	
18		单机运行	19	2.5	8	110
19	Ⅲ	单机运行	241	2.5	96	
20		挂钩，换向启动			20	
21		机车牵引空列车运行	241	2.5	96	212

续表

作业顺序	区段编号	作 业 名 称	运行距离 （m）	运行速度 （m/s）	运行时间 （s）	区段作业时间 合计（s）
22	Ⅱ	机车牵引空列车运行	67	2.5	27	27
23	Ⅳ	机车牵引空列车运行	92	2.5	37	37
		合　计	1196		704	704

二、井底车场调度图表的编制

井底车场调度图表是将各种不同类型列车在井底车场内调车作业程序按所需循环车次编排的总运行图表。

针对矿井具体的开采技术条件及矿井设计的采区布局，井底车场可以是单向来车（如环型刀式、尽头式车场）；也可能是两翼来车（如环型卧式、斜式、立式梭式车场等）；甚至可能是三翼来车。由于列车种类上又有专用列车与混合列车之分，因此，在编制井底车场调度图表时，应根据车场各翼各种列车的配比统筹安排。

各种列车的配比，为矿井按运量要求每一调度循环时间内所需进入井底车场的各翼各种列车（专用列车、混合列车）次数的比例，矿井各翼各种列车数量应根据各翼采区的生产能力，各种物料的运量比例及列车的净载重计算确定。

在实际生产当中，矿井掘进工作面的矸石运输，可能有两种方式：一种是采用单独运输矸石的专用列车；一种是采用煤矸混合编组运输的混合列车。前者多来自大巷掘进工作面，后者多来自采区。由于运矸石的专用列车较运煤矸混合列车调车时间短，所以，在设计中，通常应按煤矸混合列车调车作业时间来考虑。混合列车中装运煤炭与矸石车数的组成比例应根据运量比计算确定，列车的编组方式即煤车与矸石车的前后位置应根据车场调车方式及视其方便程度确定。

井底车场调度图表的编制，是将各种列车（或机车）的运行图按设计要求的配比及根据最小允许间隔时间所进行的组合，使同一区段内的各水平线在任何情况下都不彼此重合，即在任何时候，都不能有一台以上的机车（或列车）同时在同一区段内运行。同一区段内两水平线间的间隔距离，是表示一台机车（或列车）离开该区段另一台机车（或列车）进入该区段的间隔时间。即前后两机车（或列车）之间应保证有足够的安全距离，以防追尾。按上述方法将各种机车（或列车）的运行图表（表5—5—4煤列车运行图表、表5—5—5煤、矸混合列车运行图表）参差的绘制在一张图上，即为机车（或列车）在井底车场的调度图表，见图5—5—1、图5—5—2。从图表中可以看出在井底车场内，可同时容纳工作机车（或列车）的台数，各次列车进入车场间隔时间及各次列车所在区间的位置与运行作业情况。同时可根据调度图表计算出进入井底车场各次列车的调度循环时间。

在编制井底车场调度图表时，应结合矿井各翼主、辅运输的运量运距情况，尽可能使各列车入场的间隔时间相接近，并应兼顾矿井运输系统的综合能力，使提升、运输、装卸载、机车调度等环节工作得以均衡进行。

1）编制调度图表时，进入车场同一区段的前、后两机车（或列车）的间隔时间可按下列要求确定：

表 5-5-4　煤 列 车 运 行 图 表

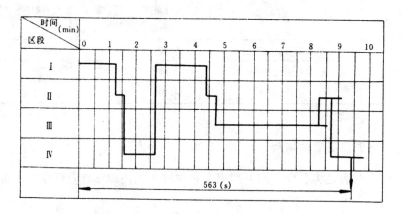

表 5-5-5　煤、矸混合列车运行图表

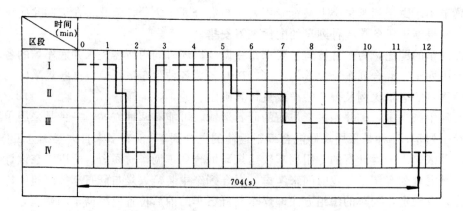

（1）当一台机车单独运行或顶列车运行的机车离开某一区段，另一台单独运行或牵引列车运行的机车随即进入该区段时，其间隔时间不小于30s。

（2）当一台单独运行或顶列车运行的机车离开某一区段，另一台顶列车运行的机车随即进入该区段时，其间隔时间应按下式计算：

$$t \geqslant \frac{S_d}{V_d} + 30(s)$$

（3）当一台牵引列车运行的机车离开某一区段，另一台单独运行或牵引列车运行的机车随即进入该区段时，其间隔时间应按下式计算：

$$t \geqslant \frac{S_q}{V_q} + 30(s)$$

（4）当一台牵引列车运行的机车离开某一区段，另一台顶列车运行的机车随即进入该区段时，其间隔时间应按下式计算：

$$t \geqslant \frac{S_q}{V_q} + \frac{S_d}{V_d} + 30(s)$$

式中　t——间隔时间，s；

S_d——顶列车车长度，m；

V_d——顶列车运行速度，m/s；

S_q——牵引列车长度，m；

V_q——牵引列车运行速度，m/s。

（5）当两台机车（或列车）在同一轨道同一方向行驶时，必须保持不小于100m的间隔距离；

（6）若前一台机车（或列车）刚离开某一区段，另一台机车（或列车）随即进入该区段，两机车（或列车）分别位于该区段的两端，且区段长度大于列车长度的情况下间隔时间可不受第1条限制。

当井底车场设有信集闭系统时，上述计算出的间隔时间应与机电专业机车信号设备要求相互协调。

2）采用机车运输时，凡符合下列条件的井底车场，设计中均应采用信集闭系统：

（1）设计生产能力为90万t/a及以上的新建和改扩建矿井；

（2）井底车场内经常有两台以上的机车调车作业时；

（3）井底车场主、副井空、重车线上经常换向使用的道岔多达四组以上时。

在编制井底车场调度图表时，场内各区段前、后两列车的间隔时间及场外各次列车进场的间隔时间计算，还应根据各种列车调车作业方式（牵引、顶推、甩车调车等）考虑到列车车体长度通过某一区段时所占用的时间。

编制调度图表是为了计算井底车场通过能力，实践证明：通过调度图表的编制，可预测到列车在车场内各个区段的运行状况，并从中找出调度紧张的薄弱区（或区间）。显然这对于合理选择车场形式及线路结构、调整车辆调度方式，提高井底车场通过能力，满足生产需要具有重要意义。

第二节 通过能力计算

一、井底车场通过能力计算

井下采用机车运输时，井底车场年通过能力按下式计算：

$$N = \frac{T_a Q}{1.15T}$$

式中 N——井底车场年通过能力，t；

Q——每一调度循环进入井底车场的所有列车的净载煤重，t；

T——每一调度循环时间，min；

T_a——每年运输工作时间等于矿井设计年工作日数与日生产时间（min）的乘积，min；

1.15——运输不均衡系数。

井底车场通过能力应考虑留有一定的备用（储备）能力，一般应大于矿井设计生产能力的30%。

当井下主要运输大巷煤炭运输采用带式输送机，辅助运输设备采用机车运输时，上述公式仍可适用，可将公式中 Q 的含义换成矸石重量或其他材料设备等重量即可。

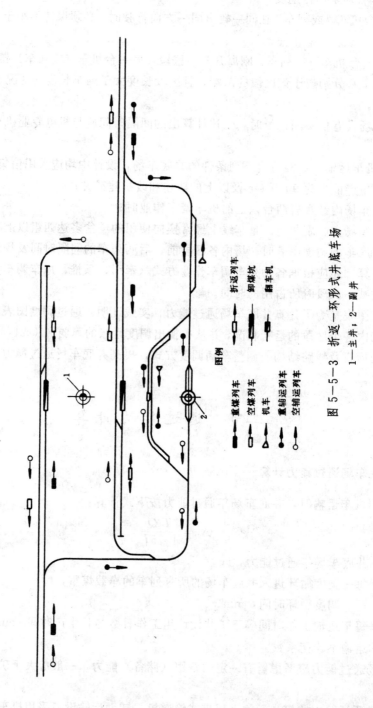

图例

重煤列车　　折返列车
空煤列车　　卸煤坑
机车　　　　前车机
重辅运列车
空辅运列车

图 5—5—3　折返—环形式井底车场
1—主井；2—副井

二、提高井底车场通过能力的措施

1）改进车场形式和线路结构：

如大型矿井的井底车场的形式可由单一环形（或折返式）车场改进为折返、环形相结合的车场（如图5—5—3）；将主运与辅运相联系的车场改进为主、辅运输相互独立运行的立交式井底车场形式（如图5—5—4）。

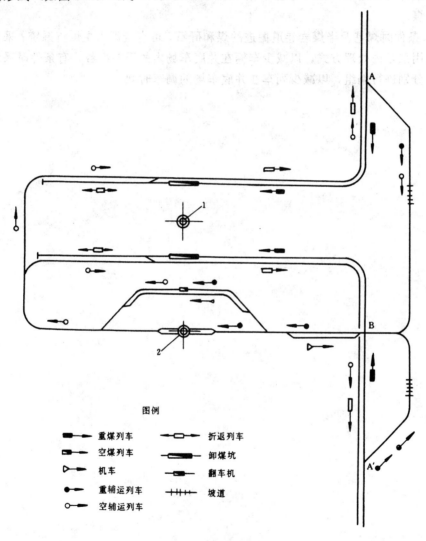

图5—5—4　立交式井底车场

1—主井；2—副井；A、A′—辅助运输线路分岔点；B—立交点

2）提高矿井运输装备标准，增大矿车载重量，改变卸载方式。如大型矿井可采用大粘重、高功率、大容积的底卸式列车；中、小型矿井可将固定式矿车改为底卸式矿车。

3）调整车场线路结构，增设复线，实现单向运行；改进调车作业方式，增设调车设备（如调度机车、列车推车机、爬车机、制动器、阻车器等），提高机械操车水平，减少辅助作业时间。

4）提高线路质量，调整线路坡度，增大轨型，加大曲线半径，降低行车阻力，提高机车运行速度；加强轨道维护及车辆检修，提高车辆的完好率。

5）建立完善、可靠的机车信号及运行系统，实现调车作业机械化。合理调配车辆，提高员工的管理效率。

6）有条件的邻近采区煤炭运输可采用带式输送机直接输入井底煤仓或大巷运输采用带式输送机运煤。

7）有条件时煤巷及半煤岩巷道掘进的煤和矸石，可直接汇入主煤流系统；采区掘进的煤矸亦可采用采区内处理方式，以减少车辆在井底车场内的周转次数。有条件时采区的煤、矸列车亦可分别进行编组，以减少列车在井底车场的调车时间。

例1：

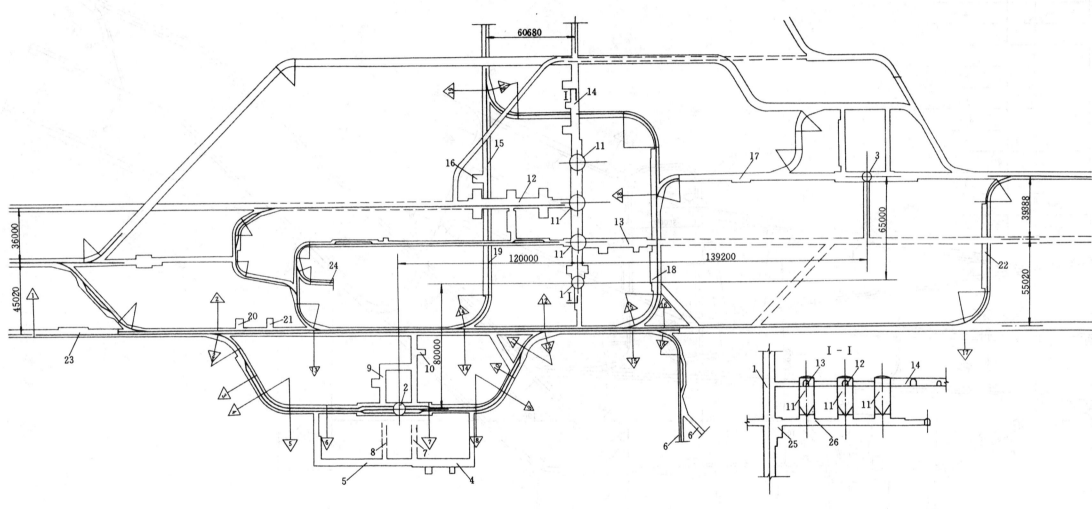

图 5-6-1　山东兖州济宁三号井井底车场

1—主井；2—副井；3—风井；4—主排水泵硐室；5—主变电所；6—水仓；7—管子道；8—电缆道；9—等候室；10—工具备品保管室；11—井底煤仓；12—西部带式输送机头硐室；13—东部带式输送机头硐室；14—北部带式输送机头硐室；15—无轨胶轮车存放硐室；16—转向硐室；17—无轨胶轮车检修加油硐室；18—北部材料换装站；19—消防材料库；20—调度室；21—急救站；22—东部无轨胶轮车存放硐室；23—西部材料换装站；24—主井清理撒煤斜巷；25—箕斗装载硐室；26—装载带式输送机巷

辅助运输大巷线路及水沟坡度

标桩号	线　路		水　沟	
	距离（mm）	坡度（‰）	距离（mm）	坡度（‰）
2—13	62685	＼ 7	62685	＼ 7
13—14	101336	＼ 7	101336	＼ 7
14—12	53366	＼ 6.93	53366	＼ 6.93
12—15	57434	— 0	57434	＼ 3
15—16	20530	— 0	20530	＼ 3
16—17	198795	／ 6.72	198795	／ 6.72

副井车线路及水沟坡度

标桩号	线　路		水　沟	
	距离（mm）	坡度（‰）	距离（mm）	坡度（‰）
1—2	120108	＼ 3	120108	＼ 3
2—3	36728	／ 4.33	36728	／ 4.33
3—4	11662	＼ 7	11662	＼ 7
4—5	20944	＼ 8	20944	＼ 8
5—6	24394	＼ 7	24394	＼ 7
6—7	69607			
7—8	30782	＼ 6	30782	＼ 6
8—9	20944	＼ 7	20944	＼ 7
9—10	11394	＼ 6	11394	＼ 6
10—11	20000	— 0	20000	＼ 3
11—12	16996	／ 3	16996	＼ 3

例 2：

副井车线线路及水沟坡度

标桩号	线路			水沟		
	距离（mm）	坡度（‰）		距离（mm）	坡度（‰）	
17—9	119878	\	3	119878	\	3
9—10	79698	\	3	79698	\	3
10—11	21000	\	2	21000	\	2
11—1	20425	—	0	20425	\	3
1—2	10270	—	0			
2—3	2500	\	5			
3—4	23051	\	8	23051	\	8
4—4′	55484	\	6	55484	\	6
4′—5	20484	\	3.4	20484	\	3.4
5—5′				9714	\	3
5—6	69419	/	1	59705	/	3
6—7	34410	/	3	34410	/	3
7—8	55399	/	3	55399	/	3
8—9	180834	/	3	180834	/	3

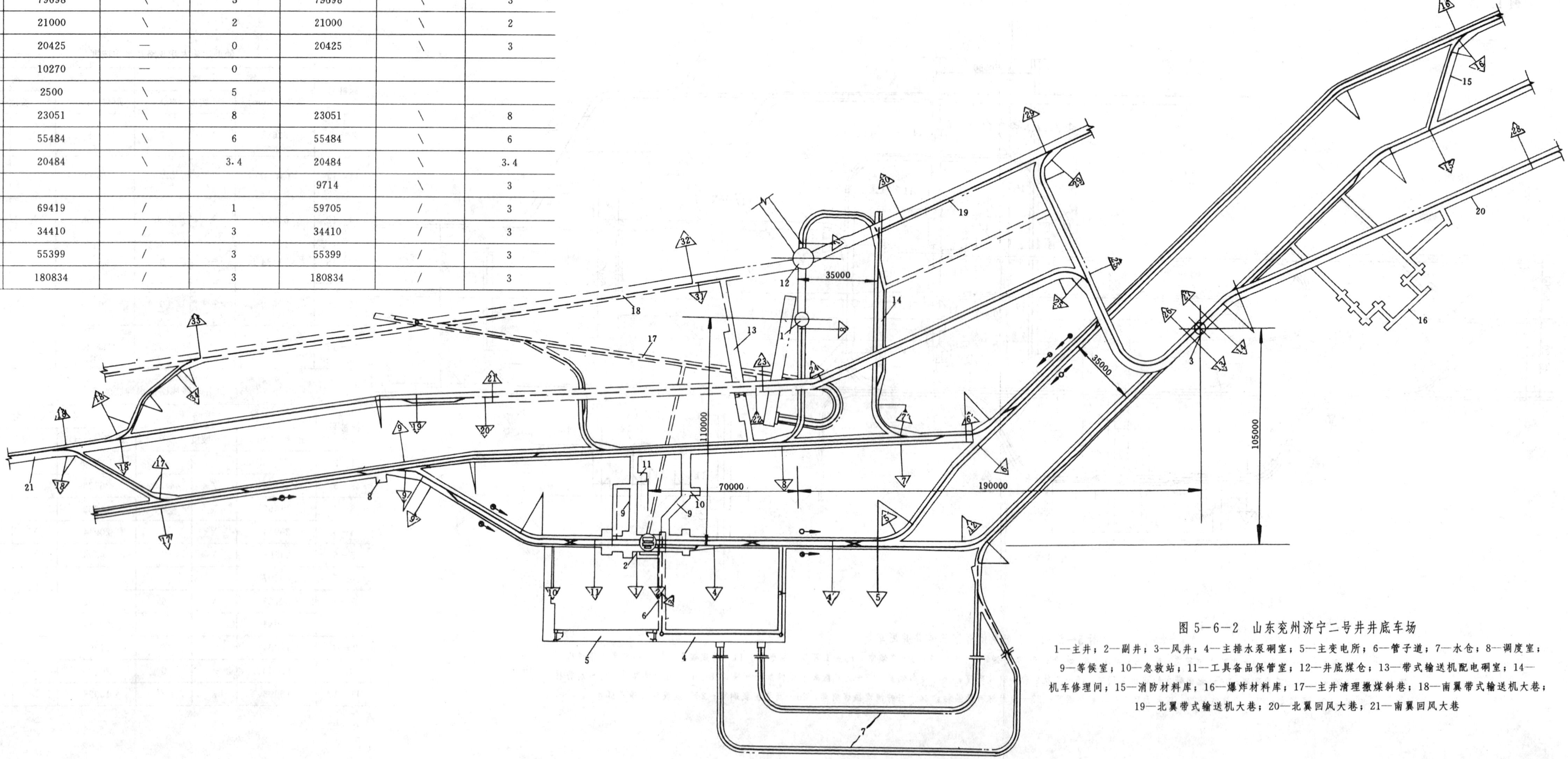

图 5—6—2　山东兖州济宁二号井井底车场

1—主井；2—副井；3—风井；4—主排水泵硐室；5—主变电所；6—管子道；7—水仓；8—调度室；9—等候室；10—急救站；11—工具备品保管室；12—井底煤仓；13—带式输送机配电硐室；14—机车修理间；15—消防材料库；16—爆炸材料库；17—主井清理撒煤斜巷；18—南翼带式输送机大巷；19—北翼带式输送机大巷；20—北翼回风大巷；21—南翼回风大巷

例 4：

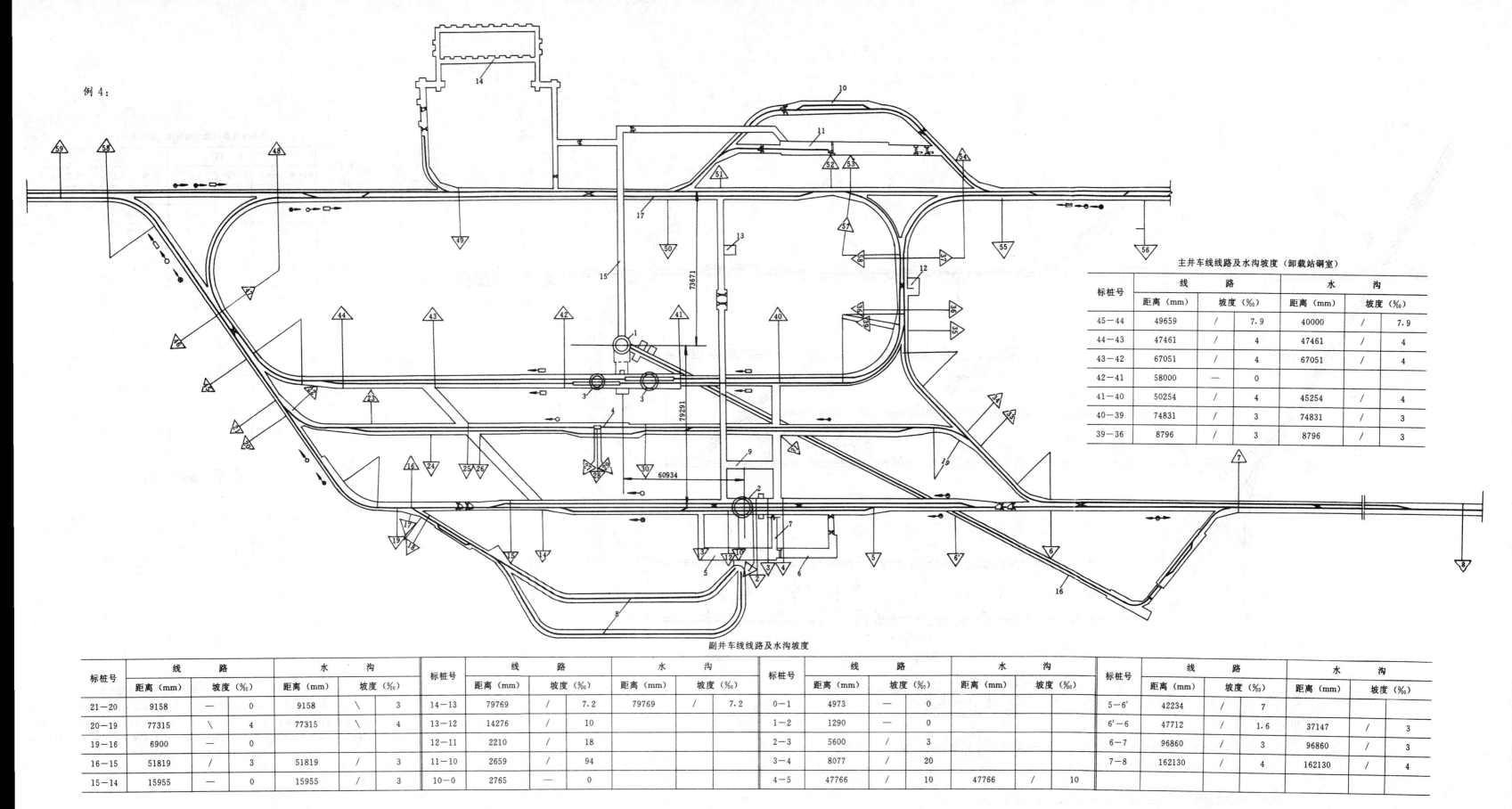

主井车线线路及水沟坡度（卸载站硐室）

标桩号	线 路		水 沟	
	距离（mm）	坡度（‰）	距离（mm）	坡度（‰）
45—44	49659	/ 7.9	40000	/ 7.9
44—43	47461	/ 4	47461	/ 4
43—42	67051	/ 4	67051	/ 4
42—41	58000	— 0		
41—40	50254	/ 4	45254	/ 4
40—39	74831	/ 3	74831	/ 3
39—36	8796	/ 3	8796	/ 3

副井车线线路及水沟坡度

标桩号	线 路		水 沟		标桩号	线 路		水 沟		标桩号	线 路		水 沟		标桩号	线 路		水 沟	
	距离（mm）	坡度（‰）	距离（mm）	坡度（‰）		距离（mm）	坡度（‰）	距离（mm）	坡度（‰）		距离（mm）	坡度（‰）	距离（mm）	坡度（‰）		距离（mm）	坡度（‰）	距离（mm）	坡度（‰）
21—20	9158	— 0	9158	\ 3	14—13	79769	/ 7.2	79769	/ 7.2	0—1	4973	— 0			5—6′	42234	/ 7		
20—19	77315	\ 4	77315	\ 4	13—12	14276	/ 10			1—2	1290	— 0			6′—6	47712	/ 1.6	37147	/ 3
19—16	6900	— 0			12—11	2210	/ 18			2—3	5600	/ 3			6—7	96860	/ 3	96860	/ 3
16—15	51819	/ 3	51819	/ 3	11—10	2659	/ 94			3—4	8077	/ 20			7—8	162130	/ 4	162130	/ 4
15—14	15955	— 0	15955	/ 3	10—0	2765	— 0			4—5	47766	/ 10	47766	/ 10					

图 5-6-4 辽宁铁法大兴矿井井底车场

1—主井；2—副井；3—井底煤仓及卸煤坑；4—翻车机硐室；5—主排水泵硐室；6—主变电所；7—管子道；8—水仓；9—等候室；10—机车修理间；11—充电室；12—调度室；13—急救站；14—爆炸材料库；15—回风巷；16—主井清理撒煤斜巷；17—人车站

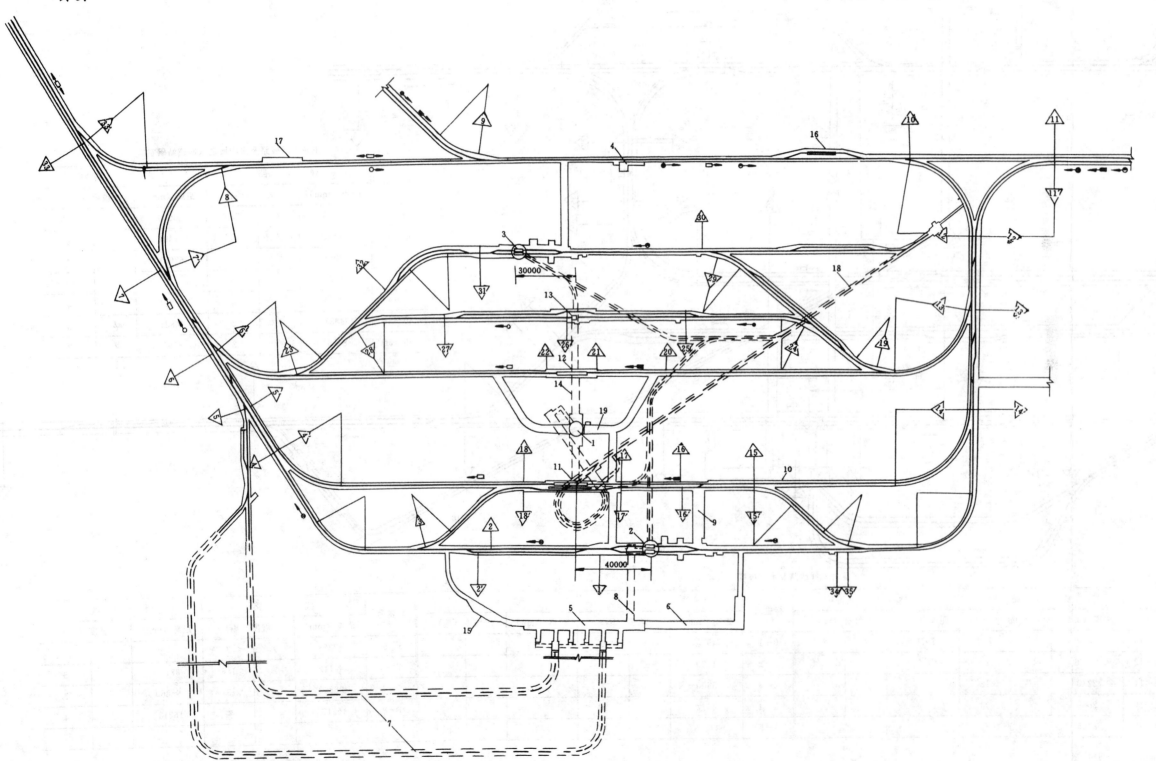

图 5—6—5　安徽淮南潘集三号井底车场

1—主井；2—副井；3—矸石井；4—调度室；5—主排水泵硐室；6—主变电所；7—水仓；8—管子道；9—等候室；10—人车站；11—一号卸煤坑；12—二号卸煤坑；13—翻车机硐室；14—装载带式输送机巷；15—通风机硐室；16—机车修理间；17—消防材料库；18—主井清理撒煤斜巷；19—工具备品保管室

例 5：

主井车线路及水沟坡度（南卸载坑）

标桩号	线　路		水　沟	
	距离（mm）	坡度（‰）	距离（mm）	坡度（‰）
6'—5	34900	\ 4	34900	\ 4
5—4'	27348	\ 4.2	27348	/ 1.3
4'—18	139530	\ 0.6	139530	/ 1.3
18—17	52500	— 0	52500	/ 1
17—16	32000	— 0	32000	/ 1
16—15	38959	/ 6.5	38959	3
15—14	138017	/ 6.5	138017	/ 6.1
14—13	53287	/ 7	53287	/ 7

主井车线路及水沟坡度（北卸载坑）

标桩号	线　路		水　沟	
	距离（mm）	坡度（‰）	距离（mm）	坡度（‰）
23—22	133241	/ 4.4	133241	/ 4.5
22—21	27500	— 0	27500	/ 1
21—20	38500	— 0	38500	/ 1
20—19	109688	/ 5	109688	/ 5

副井车线路及水沟坡度

标桩号	线　路		水　沟	
	距离（mm）	坡度（‰）	距离（mm）	坡度（‰）
4—3	109213	\ 8	109213	\ 5.2
3—2'	27989	5	27989	\ 5
2'—2	6707	— 0	6707	\ 1
2—1	59000	7	59000	\ 1
1—34	127000			
34—35	5655	/ 5.3	5655	/ 5.3
35—14'	129013	/ 5.3	129013	/ 5.3

第六章　井底车场设计实例

第一节　设计实例简图

井底车场设计实例简图图见表5-6-1及图5-6-1～图5-6-23。

表5-6-1　井底车场设计实例简图索引

图号	矿井名称	设计生产能力(万t/a)	开拓方式	提升方式 主井	提升方式 副井	图示	大巷运输 机车粘重(t)	矿车载重(t)	列车矿车数(辆)	调车方式	计算通过能力(万t/a)	断面形状及支护材料	车场巷道工程量 长度(m)	掘进体积(m³)	备注
5-6-1	山东兖州济宁三号井	500	立井	箕斗	罐笼	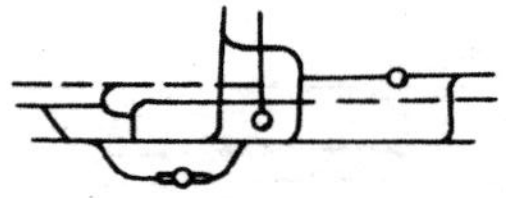	25(运煤采用带式输送机)	21.0				半圆拱锚喷网	1152.0	24822.3	辅助运输采用进口无轨胶轮机车装载硐室为半抬高式
5-6-2	山东兖州济宁二号井	400	立井	箕斗	罐笼	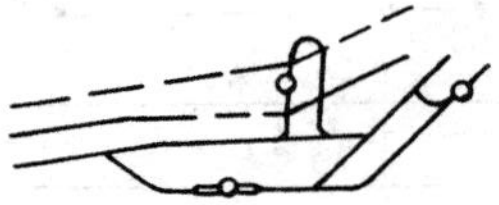	10(运煤采用带式输送机)	1.5	10				2601.6	53383.7	辅助运输采用齿轨机车装载硐室为半抬高式
5-6-3	山东兖州鲍店	300	立井	箕斗	罐笼	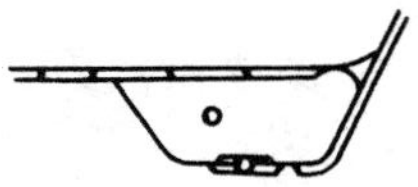	7(运煤采用带式输送机)	1.5	18(煤)12(矸)		82.6(矸)				车场水平清理撒煤装载硐室为全抬高式

续表

图号	矿井名称	设计生产能力(万 t/a)	开拓方式	提升方式 主井	提升方式 副井	图示	大巷运输 机车粘重(t)	大巷运输 矿车载重(t)	大巷运输 列车矿车数(辆)	大巷运输 调车方式	计算通过能力(万 t/a)	断面形状及支护材料	车场巷道工程量 长度(m)	车场巷道工程量 掘进体积(m³)	备注
5—6—4	辽宁铁法大兴	300	立井	箕斗	罐笼	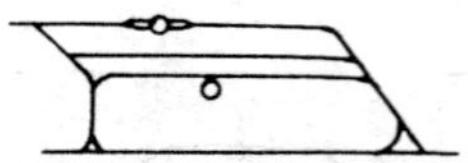	10	3.0	18	机车	402.2	半圆拱料石	2203.1	7414.7	3t 底卸式矿车
5—6—5	安徽淮南潘集三号井	300	立井	箕斗	罐笼	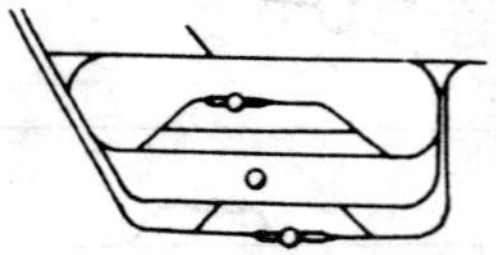	12×2	5.0	22	机车	479.6	锚喷及料石	2376.0	52863.0	蓄电池机车 5t 底卸式矿车
5—6—6	安徽淮北祁南	240	立井	箕斗	罐笼	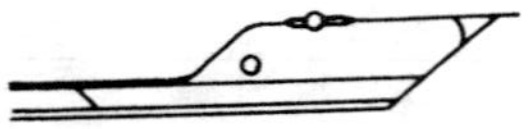	14	3.0	25	机车	335.0	半圆拱料石	1256.3	24199.6	3t 底卸式矿车
5—6—7	河北峰峰万年	150	斜井	带式输送机	串车	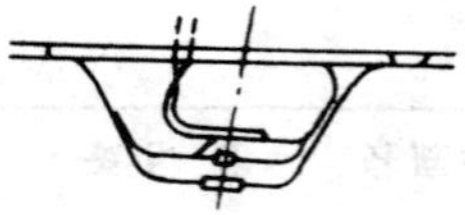	10×2	3.0(煤) 1.0(矸)	20(煤) 26(矸)	机车	229.0	半圆拱料石			3t 底卸式矿车
5—6—8	内蒙古海勃湾公乌素三井	120 (已停产)	斜井	带式输送机	串车	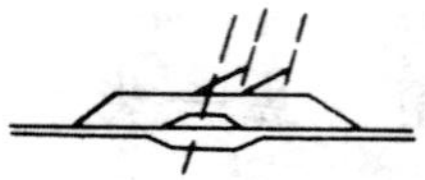	10	3.0(煤) 1.0(矸)	20(煤) 25(矸)	机车	284.0	半圆拱料石	1198.3	19908.4	3t 底卸式矿车
5—6—9	山西阳泉荫营贵石沟	400	斜井/立井	带式输送机	罐笼		10×2	5.0(煤) 1.5(矸)	22(煤) 30(矸)	机车	621.0	半圆拱料石	1305.0	22275.5	5t 底卸式矿车

续表

图号	矿井名称	设计生产能力 (万t/a)	开拓方式	提升方式 主井	提升方式 副井	图示	大巷运输 机车粘重 (t)	大巷运输 矿车载重 (t)	大巷运输 列车矿车数 (辆)	大巷运输 调车方式	计算通过能力 (万t/a)	断面形状及支护材料	车场巷道工程量 长度 (m)	车场巷道工程量 掘进体积 (m³)	备注
5-6-10	山西古交马兰	400	斜井/立井	带式输送机 (B=1400)	罐笼/串车	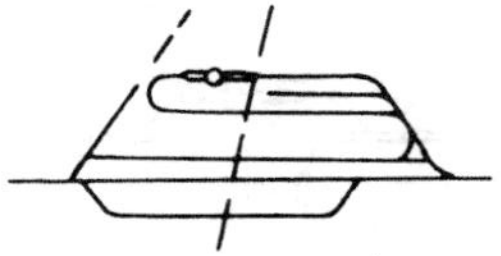	10×2	5.0 1.5	20(煤) 30(矸)	机车	730.4	半圆拱 料石	2300.5	45088.2	5t底卸式矿车
5-6-11	山西古交西曲	300	斜井/平硐	带式输送机	机车	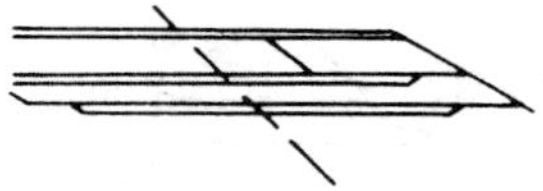	10×2	3.0 1.0	25(煤) 30(矸)	机车	547.9	半圆拱 料石	1027.3	16432.5	3t底卸式矿车
5-6-12	陕西韩城象山	120	暗斜井	带式输送机	串车	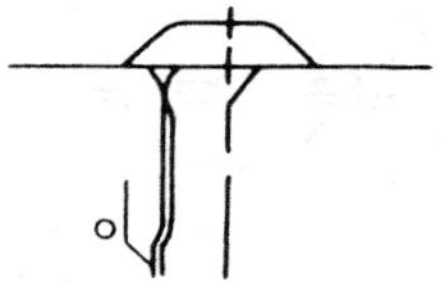	12	3.0 1.0	22(煤) 16(矸)	机车	202.0	半圆拱 料石	965.6	19381.6	蓄电池机车 3t底卸式矿车
5-6-13	山东滕南高庄	90	立井	罐笼 (混合井)		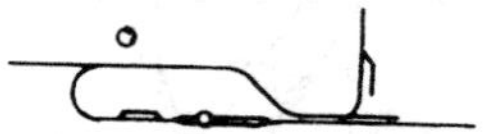	8	1.0	20(矸)	机车	94.3	半圆拱 锚喷	331.9	3960.0	水采矿机 水力运输
5-6-14	山西潞安五阳	90	立井	箕斗	罐笼	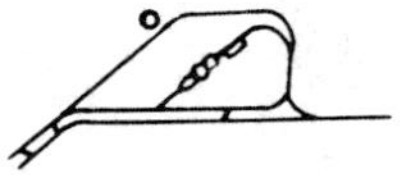	10	3.0	18	机车	111.0	三心圆拱 料石	994.5	10690.0	3t固定式矿车

续表

图号	矿井名称	设计生产能力(万t/a)	开拓方式	提升方式		图示	大巷运输				计算通过能力(万t/a)	断面形状及支护材料	车场巷道工程量		备注
				主井	副井		机车粘重(t)	矿车载重量(t)	列车矿车数(辆)	调车方式			长度(m)	掘进体积(m³)	
5-6-15	内蒙古包头五当沟一号	60(已报废)	立井	箕斗	罐笼	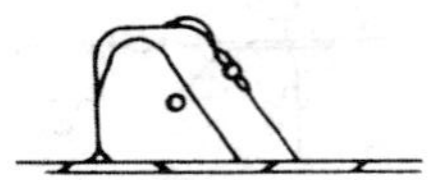	7	1.0		机车	93.1	三心圆拱料石拱片石墙	914.2	13008.7	
5-6-16	安徽淮北张大庄	60	立井	箕斗	罐笼		7	1.0	27	机车		毛料石	299.0	4388.6	
5-6-17	山东新汶禹村二井	45	立井	箕斗	罐笼	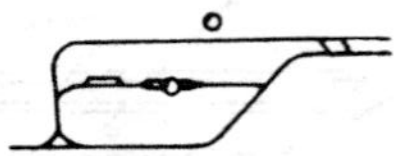	7	1.0	27	机车	70.0	料石	498.9	4152.9	
5-6-18	山东新汶良庄	30	斜井	箕斗	串车	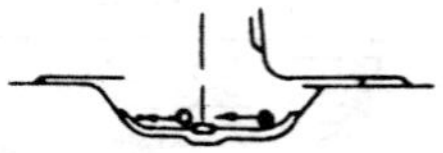	6.5	1.0	20	机车		料石混凝土木棚	427.0	5367.5	
5-6-19	吉林通化八宝	21	斜井	串车	串车	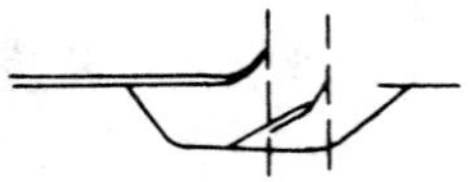	7	1.0	20	机车		混凝土木棚			

续表

图号	矿井名称	设计生产能力 (万 t/a)	开拓方式	提升方式 主井	提升方式 副井	图示	大巷运输 机车粘重 (t)	矿车载重量 (t)	列车矿车数 (辆)	调车方式	计算通过能力 (万 t/a)	断面形状及支护材料	车场巷道工程量 长度 (m)	掘进体积 (m³)	备注
5—6—20	山东兖州兴隆庄	300	立井	箕斗	罐笼	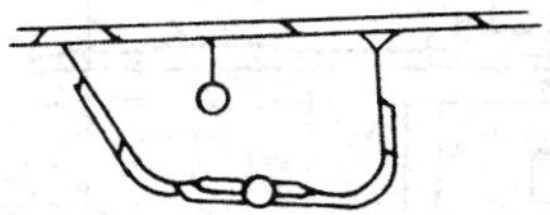	10 (运煤带采用式输送机)	1.5	16(矸)	机车	120.0	半圆拱锚喷	1004.3	20267.0	车场水平清理撒煤装载硐室为全拾高式
5—6—21	山东滕南付村	120	立井	箕斗	罐笼	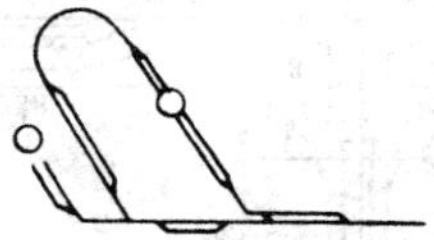	10 (运煤带采用式输送机)	1.0	30(矸)	机车	169.0 (一) 192.0 (二)	半圆拱锚喷	352.7 (一) 447.1 (二)	2690.8 (一) 7278.8 (二)	车场水平清理硐室载煤装为全拾高式 (一)、(二)、三水平
5—6—22	山西昌梁沙曲	300	立井/斜井	带式输送机	罐笼	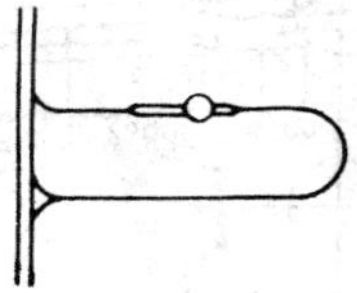	15 (运煤带采用式输送机)	1.5	12(矸)	机车		半圆拱料石	1048.6	22269.5	车场水平清理撒煤铺运为胶套轮齿轨机车
5—6—23	江苏大屯姚桥	120/300	立井	箕斗	罐笼	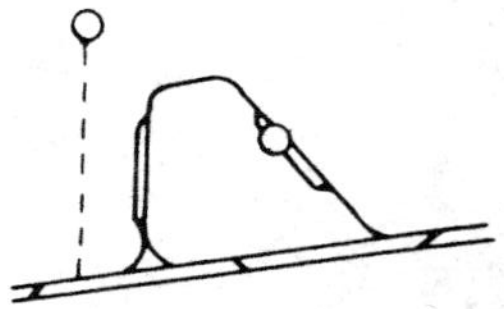	10 (运煤带采用式输送机)	1.0	20(矸)	机车	41.4	三心圆拱料石锚喷	990.6	18300.6	改扩建矿井 车场水平清理撒煤

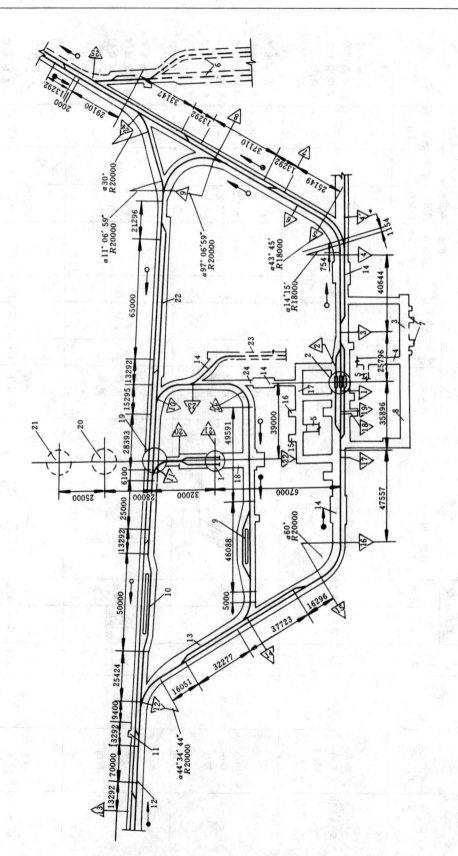

例 3:

车场绕道线路及水沟坡度

标桩号	线路 距离(mm)	线路 坡度(‰)	水沟 距离(mm)	水沟 坡度(‰)
12—11	119816	/	119816	4
11—10	35293	4.28	35293	4.28
10—9	112926	3	112926	3
9—8	33900	7.93	33900	7.93
9—24	42996	3	42996	3

主井井底清理系统线路及水沟坡度

标桩号	线路 距离(mm)	线路 坡度(‰)	水沟 距离(mm)	水沟 坡度(‰)
14—22	84261	3.24	84261	3.24
22—22'	37018	4.2	37018	4.2
22'—23	24925	4.2	24925	4.2
23—10	23127	4.2	23127	4.2
11—20	12958	3	12958	5
20—21	22300	3（硐室底板）		

副井车线线路及水沟坡度

标桩号	线路 距离(mm)	线路 坡度(‰)	水沟 距离(mm)	水沟 坡度(‰)
13—12	105984	3	105984	3
12—14	70789	0	70789	5.1
14—15	47119	0	47119	3
15—16	20944	2.06	20944	3
16—17	45009	0	45009	3
17—18	21000	15	21000	20.96
18—19	1500	10	1500	20
19—1	11000	0		
1—2	10368	/		
2—3	20372	20.6	20372	20.6
3—4	40644	7		
4—5	20129	12		
3—4'			52256	11.58
4'—5	11000	6	11000	1
5—6	15149	2	15149	1
6—7	10000	10	10000	2
7—8	40402	2.85	40402	10
8—24	49030	3	49039	2.24
24—25	30400	3		

图 5—6—3　山东兖州鲍店立井井底车场

1—主井；2—副井；3—主排水泵硐室；4—管子道；5—梯子间通道；6—沉淀池；7—水仓；8—主变电所；9—机车修理间；10—消防材料库；11—调度室；12—调车线；13—南翼入车站，14—防火门硐室；15—急救站，16—工具备品保管室；17—等候室管室；18—主井井底清理整煤硐室；19—一号煤仓，20—二号煤仓，21—三号煤仓，22—北翼入车站；23—副井井底清理斜巷；24—人行道

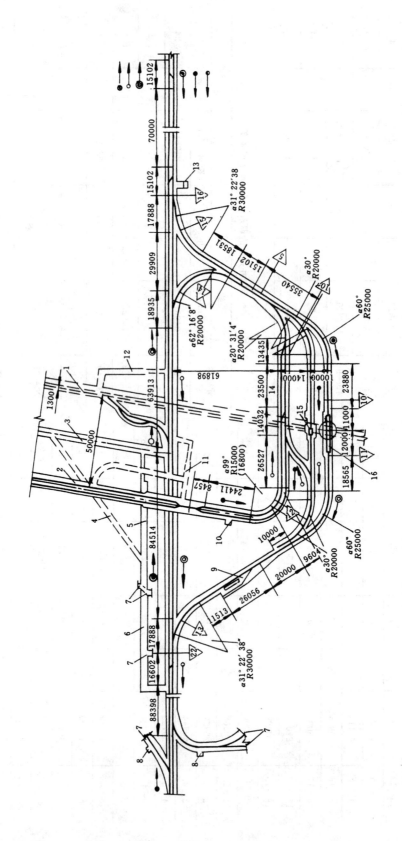

例 7：

主井线路及水沟坡度

标桩号	线路 距离（mm）	线路 坡度（‰）	水沟 距离（mm）	水沟 坡度（‰）
16—15	15616	5		
15—14	29348	3	29348	3
14—5	29288	3	29288	3
5—10′	24958	4	24958	4
10′—10	48055	4.5	48055	4.5

标桩号	线路 距离（mm）	线路 坡度（‰）	水沟 距离（mm）	水沟 坡度（‰）
10—11	27000	0	27000	3.2
11—12	46741	5	46741	3.2
12—13	83594	3.4	83594	3.4
13—22	15616	5		

图 5—6—7　河北峰峰万年矿井井底车场

1—主井；2—副井（下段）；3—进风斜井；4—管子道；5—主变电所；6—主排水泵硐室；7—水仓；8—清理水仓竖车房；9—机车修理间；10—信号硐室；11—等候室及通道；12—人行巷道；13—调度室、急救站；14—斜井人车停放处；15—翻车机硐室；16—卸载站

例 10：

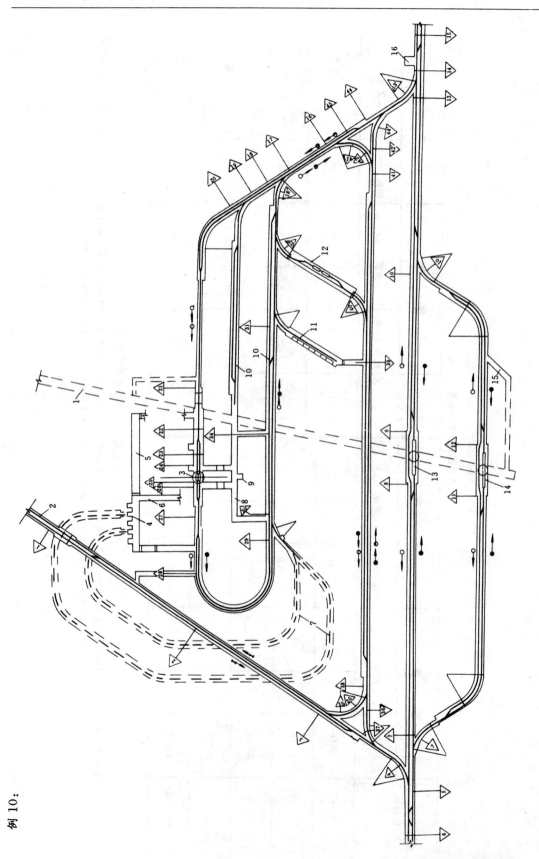

主井车线线路及水沟坡度 (1)

标桩号	线路 距离 (mm)	路 坡度 (‰)	水 距离 (mm)	沟 坡度 (‰)
5—4	16356	3	16356	3
4—7	16356	2	16356	2
7—8	147214	2	147214	2
8—9	31000	0	31000	0
9—10	129402	2.2	129402	2.2
10—13	105097	2.4	405097	2.4
13—14	16356	3	16356	3
14—15	20921	3	20921	3

续表

标桩号	线 距离 (mm)	路 坡度 (‰)	水 距离 (mm)	沟 坡度 (‰)
16—17	26110	2	26110	2
17—18	14694	2	14694	2
18—19	11722	2	11722	2
19—20	14694	2	14964	2
20—21	147107	1.9	147107	1.9
21—22	24000	0	24000	0
22—23	15290	20	15290	20
23—24	5600	5	5600	5
24—25	9659	0	9659	0
25—26	2659	94	2659	94
26—27	17576	18	17576	18
27—28	33052	7	33052	7
28—29	85818	6	85818	6
29—30	13768	0	13768	0
30—31	146830	9.5	146830	9.5
31—32	43768	9.5	43768	9.5
32—18'	34973	9.5	34973	9.5
18'—17	14694	2	14694	2

主井车线线路及水沟坡度 (2)

标桩号	线 距离 (mm)	路 坡度 (‰)	水 距离 (mm)	沟 坡度 (‰)
7'—11	157013	2	157013	2
11—12	31000	0	31000	0
12—10'	157013	1.7	157013	1.7

副井车线线路及水沟坡度

标桩号	线 距离 (mm)	路 坡度 (‰)	水 距离 (mm)	沟 坡度 (‰)
14—13'	16356	3	16356	3
13'—44	29757	2	29757	2
44—45	13388	2	13388	2
45—16	14694	2	14694	2

图 5—6—10 山西古交马兰矿井井底车场

1—主斜井; 2—副料井; 3—副立井; 4—主排水泵硐室; 5—主变电所; 6—管子道; 7—主水仓; 8—等候室; 9—急救站; 10—人车站; 11—消防材料库; 12—机车修理间; 13—一号卸煤坑; 14—二号卸煤坑; 15—主井清理撒煤斜巷; 16—调度室

例 11：

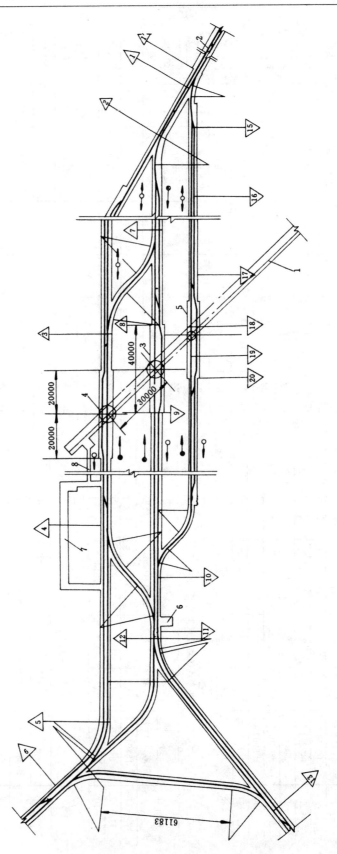

主井车线线路及水沟坡度 (2)

标桩号	线 距离 (mm)	路 坡度 (‰)	水 距离 (mm)	沟 坡度 (‰)
6—5	39984	3	39984	3
5—4	83721	3	83721	3
4—3	138566	3	138566	3
3—2	140938	3	140938	3
2—1	25484	3	25484	3
1—1'	7630	3	7630	3

主井车线线路及水沟坡度 (3)

标桩号	线 距离 (mm)	路 坡度 (‰)	水 距离 (mm)	沟 坡度 (‰)
10—19	156143	2		
19—18	14000	0		
18—17	23111	20		
17—16	70572	10		
16—15	40906	3		
15—1'	24816	0		
10—20			146767	2
20—1'			183405	5.9

主井车线线路及水沟坡度 (1)

标桩号	线 距离 (mm)	路 坡度 (‰)	水 距离 (mm)	沟 坡度 (‰)
14—13	19084	3		
13—12	96845	3		
12—11	2600	3		
11—10	23836	3		
10—9	125504	3		
9—8	40000	0		
14—8			307869	2.6
8—7	42244	2	42244	2
7—2	88211	2	88211	2
2—1	25484	3	25484	3
1—1'	7630	3	7630	3

图 5-6-11　山西古交西曲矿井井底车场

1—主斜井；2—副平硐；3—一号卸煤坑；4—二号卸煤坑；5—翻车机硐室；6—调度室；7—主变电所；8—联络巷

例 12：

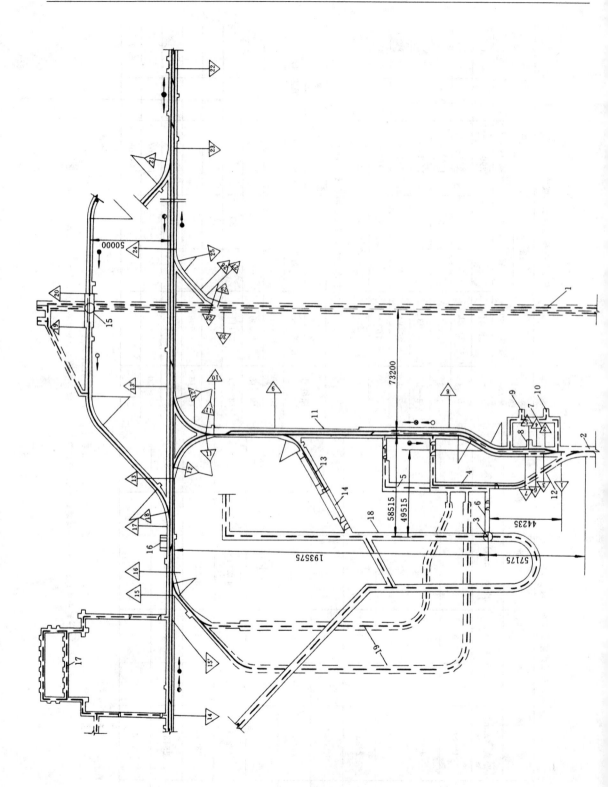

副井车线线路及水沟坡度

标桩号	线路 距离 (mm)	线路 坡度 (‰)	水沟 距离 (mm)	水沟 坡度 (‰)
8—9	106002	3	106002	3
9—10	36884	4.4	36884	4.4
10—11	5412	3	5412	3
11—12	29120	3	29120	3
12—13	7300	4	7300	4
13—13'	52536	4	52536	4
13'—12'	7300	4	7300	4
12'—11'	29120	2.2	29120	2
11'—10	5412	3	5412	3

井底车场通过线线路及水沟坡度

标桩号	线路 距离 (mm)	线路 坡度 (‰)	水沟 距离 (mm)	水沟 坡度 (‰)
14—15	56404	3	56404	3
15—15'	12533	3	12533	3
15'—16	12993	3	12993	3
16—17	26926	3	26926	3
17—13	27032	4	27032	4
13—13'	52536	4	52536	4
13'—24	78922	4.1	78922	4.1
24—23	90110	3.9	90110	3.9
23—22	108860	3	108860	3

主井车线线路及水沟坡度

标桩号	线路 距离 (mm)	线路 坡度 (‰)	水沟 距离 (mm)	水沟 坡度 (‰)
17—18	8300	4	8300	4
18—19	123390	3.7	123390	3.5
19—20	19810	0	19810	1
20—21	125700	3.7	125700	3.7
21—23	8300	4	8300	4

图5—6—12　陕西韩城象山矿副井井底车场

1—主暗斜井；2—副暗斜井；3—风井；4—主排水泵硐室；5—主变电所；6—管子道；7—等候室；8—把钩房；9—急救站；10—工具备品保管；11—人车站；12—人车库；13—消防材料库；14—机车修理间；15—井底煤仓及卸煤坑；16—调度室；17—爆炸材料库；18—回风石门；19—水仓

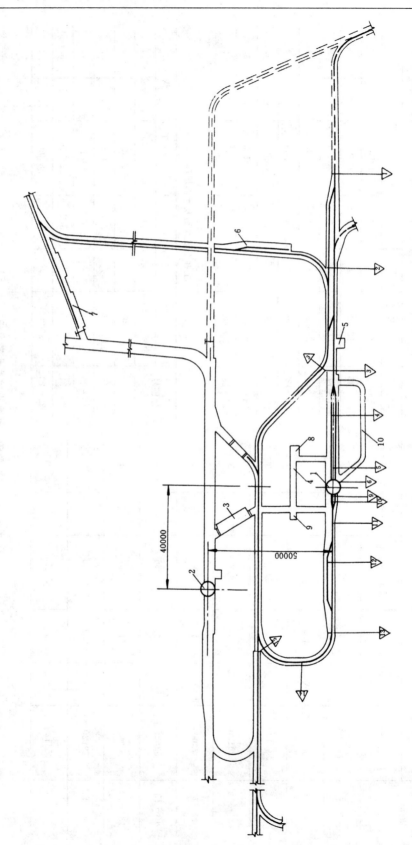

例 13：

副井车线线路及水沟坡度

标桩号	线路 距离(mm)	线路 坡度(‰)	水沟 距离(mm)	水沟 坡度(‰)
3-15	121651	5.38	121651	5.38
15-14	17489	5.38	17489	5.38
14-13	18850	3	18850	3
13-12	27763	6	27763	3
12-11	14939	15	14939	3
11-10	8449	15	7600	3
10-9	2210	18		

标桩号	线路 距离(mm)	线路 坡度(‰)	水沟 距离(mm)	水沟 坡度(‰)
9-8-7-6	5331			
6-5	6900	0		
5-4	19800	2	18500	3
4-3	18178	3	18178	3
3-2	38954	3	38954	3
2-1	36264	3	36264	3

图5-6-13 山东滕南高庄矿井井底车场

1—混合井；2—风井；3—主变电所；4—等候室；5—调度室；6—消防材料库；7—机车修理间及充电室；8—急救站；9—工具备品保管室；10—梯子间行人通路

例 14:

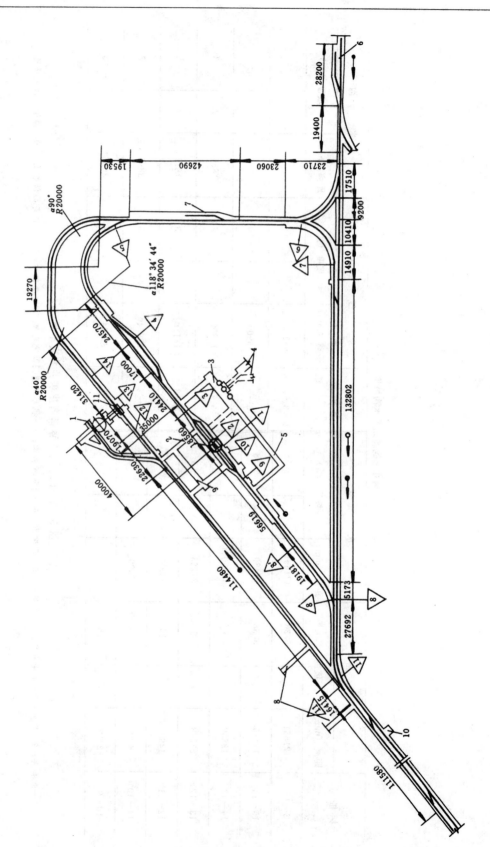

主井车线线路及水沟坡度

标桩号	线路 距离(mm)	线路 坡度(‰)	水沟 距离(mm)	水沟 坡度(‰)
8—11	34070	— 0	34070	— 0
11—12	139475	— 0	139475	/ 1
12—13	19070	— 0	—	/ —
13—14	15000	/ 30	15000	/ 30
14—5	94140	/ 6	94140	/ 5

副井车线线路及水沟坡度

标桩号	线路 距离(mm)	线路 坡度(‰)	水沟 距离(mm)	水沟 坡度(‰)
1—2	4000			
2—3	16560	/ 18		/ 18
3—4	41410	/ 5		/ 4
4—5	65954	/		/
5—6	81422	/ 1		/ 1
6—7	27024	/ 3		/ 4
7—8	146560	/ 6		/ 6
1—10	4000	/ 7		/ 7
10—9	16260	/ 10		/ 18
9—8'	34359	/ 6		/ 6
8'—8	30000	0	30000	— 0

图5—6—14 山西潞安五阳矿井井底车场

说明：本车场已投入生产（原设计900轨距，现改为600轨距），大巷与主井重车线在一直线上，直线顶车，两翼出车方便；主副井间岩柱较小，不利硐室布置。

1—主井；2—副井；3—主排水泵硐室；4—水仓；5—主变电所；6—机车修理间；7—消防材料库；8—井下爆炸材料库；9—等候室；10—调度室；11—翻车机硐室

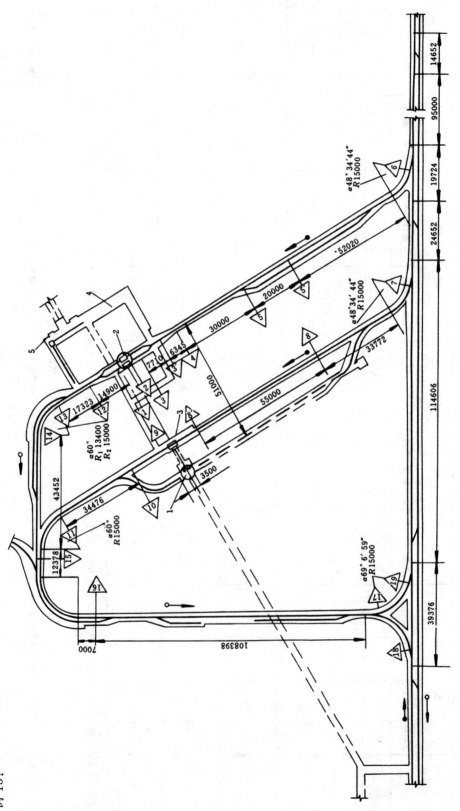

例 15：

主井车线线路及水沟坡度

标桩号	线 距离(mm)	路 坡度(‰)	水 距离(mm)	沟 坡度(‰)
6－7	44376	／ 4	44376	／ 4
7－8	46489	／ 4	46489	／ 4
8－8′	55000	— 0	55000	／ 0
8′－9	14728	— 0	14728	— —
9－10	15000	／ 30	15000	／ 30
10－11	34476	／ 8	34476	／ 8
11－15	21496	／ 16	21496	／ 16

副井车线线路及水沟坡度

标桩号	线 距离(mm)	路 坡度(‰)	水 距离(mm)	沟 坡度(‰)
6－5′	64737	／ 4	64737	／ 4
5′－5	20000	— 0	20000	— 0
5－4	30000	／ 11	30000	／ 11
4－3′	6345	／ 30	6345	／ 30
3′－3	7710	／ 25	7710	／ 25
3－2	4300	／ 12	4300	／ 12
2－1	3600	／ 10	3600	／ 10
1－12	14900	／ 25	14900	／ 25
12－13	17323	／ 15	17323	／ 15
13－14	14032	／ 15	14032	／ 15
14－15	49240	／ 1	49240	／ 1
15－16	37152	— 0	37152	— 0
16－17	112898	／ 6	112898	／ 6
17－18	18094	／ 5	18094	／ 5

图 5－6－15　内蒙古包头五当沟一号立井井底车场

1—主井；2—副井；3—翻车机硐室；4—主变电所；5—主排水泵硐室

说明：本车场已投产，运行情况良好，是斜式车场的基本形式，两翼出车方便，由于主井位置在内线，致使副井空车线过长，坡度偏小，矿车不能滑行。

例 16:

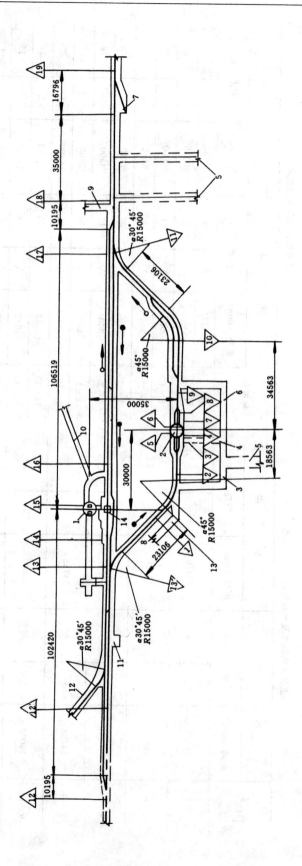

主井车线线路及水沟坡度

标桩号	线路距离 (mm)	路坡度 (‰)	水距离 (mm)	沟坡度 (‰)
12—12'	35195	3	35195	3
12'—13	55100	3	55100	3
13—14	11416	7.5	11416	
14—15	11995	0	11995	
15—16	15000	30	15000	
16—17	82211	7	82211	
17—18	18403	0	18403	3
18—19	51796	3	51796	3
进车线	120662			
13—17		8.6		

副井车线线路及水沟坡度

标桩号	线距离 (mm)	路坡度 (‰)	水距离 (mm)	沟坡度 (‰)
13'—1	26153	0	26153	3
1—2	19781	12	19781	12
2—3	9818	20	9818	20
3—4	2720	11	2720	11
4—5	1750	57	1750	
5—6	2550	0	2550	
6—7	1750	57	1750	
7—8	3320	0	3320	2
8—9	7218	25	7218	25
9—10	21000	6	21000	6
10—11	42937	3	42937	3

图 5—6—16　安徽淮北张大庄立井井底车场

1—主井；2—副井；3—主排水泵硐室；4—管子道；5—水仓；6—主变电所；7—机车修理间；8—溜煤眼；9—井下爆炸材料库；10—井下爆炸材料库回风道；11—调度室；12—轨道上山；13—链板输送机上山；14—翻车机硐室

说明：本车场已投入生产，并达到则设计能力，具有梭式车场调车方便、线路少的特点，但副井空重车线较短；该车场施工期间，从有利安全、增加线路出发，作了局部修改（图中虚线部分）。

例 17：

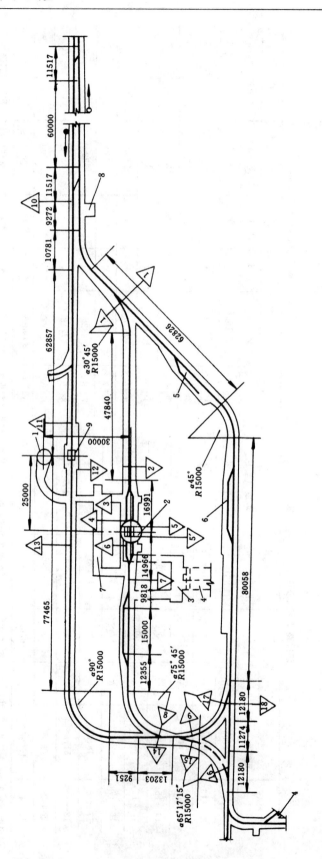

主井车线线路及水沟坡度

标桩号	线路 距离(mm)	坡度(‰)	水沟 距离(mm)	坡度(‰)
14—13	88127	6.8	88127	/ 6.8
13—12	25000	30	25000	/ 30
13—11	15035	—	15035	/ 0
11—10	71825	7	71825	/ 7

副井车线线路及水沟坡度

标桩号	线路 距离(mm)	坡度(‰)	水沟 距离(mm)	坡度(‰)
9—8	10793	2	10793	/ 2
8—7	57000	5.8	57000	/ 5.8
7—6	11941	20	11941	/ 20
6—5′	1750	/	1750	/
5′—5	2550	/	2550	/
5—4	1750	/	1750	/
4—3	6500	18	6500	/ 18
3—2	12466	20.8	12466	/ 20.8
2—1	50889	8.2	50889	/ 8.2

回车线线路及水沟坡度

标桩号	线路 距离(mm)	坡度(‰)	水沟 距离(mm)	坡度(‰)
8—9 15	10793	0	10793	/ 2
9—17 15—16	17351	0.7	17351	/ —
17—18 18—1	143429	9.7	143429	/ 9.7
1—10	41274	7	41274	/ 7

图5—6—17　山东新汶禹村二号立井井底车场

1—主井；2—副井；3—主排水泵硐室；4—水仓；5—机车修理间；6—消防材料库；7—等候室；8—调度室；9—翻车机硐室

说明：本车场已投入生产，充分利用大巷作调车线，调车时间短，主井为直线顶车，主、副井之间岩柱较小，左翼进车时，重车上坡（9.7‰），副井材料车线长度较短，两翼大巷不在一条直线上，因此，应用受到限制。

例 18:

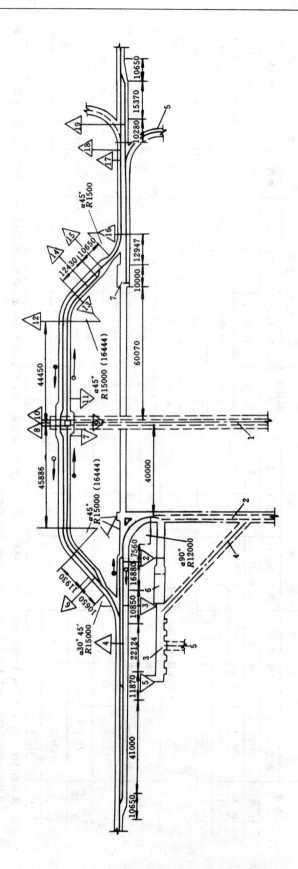

副井重车线及主井车线线路及水沟坡度

标桩号	线路 距离 (mm)	坡度 (‰)	水沟 距离 (mm)	坡度 (‰)
1—2	8567	— 0		
2—3	24327	/ 3	24327	/ 2.2
3—4	16911	/ 3	16911	/ 3
4—5	17083	/ 3	17083	/ 3
5—3	34097	/ 3	34097	/ 3
3—6	14350	— 0	14350	— 0
6—7	68897	/ 3		
7—8	4050	/ 20		
8—9	1100	/ 15		
9—10	1100	/ 15		
10—11	11922	/ 20		
11—12	31428	/ 7		
12—13	11779	/ 17		
13—14	5471	/ 7		
14—15	11308	— 0		
15—16	18183	/ 14	18183	— 0

副井空车线及回车线线路及水沟坡度

标桩号	线路 距离 (mm)	坡度 (‰)	水沟 距离 (mm)	坡度 (‰)
1—2	8567	— 0		
2—3	24089	/ 2		
3—4	16911	/ 2		
4—5	17083	/ 15		
5—3	34097	/ 3		
3—6	14350	— 0	14350	— 0
6—9	75186	/ 6.8	75186	\ 6.8
9—15	74250	/ 6.8	74250	\ 6.8
15—16	18183	/ 14	18183	— 0
16—17	21924	/ 3		
17—18	3669	/ 3		
18—19	6739	— 0	6739	— 0

图 5—6—18　山东新汶良庄斜井井底车场

1—主井；2—副井；3—主排水泵硐室；4—管子道；5—水仓；6—主变电所；7—电机车库

说明：本车场曾达到设计能力，断面，交岔点少，有利施工，利用大巷调车，但因井筒倾角限制，不能利用主要运输巷道作为车场线路，致使车场成弓背形，主井空重车线都布置在曲线上，副井重车线太短，影响调车。

例 19:

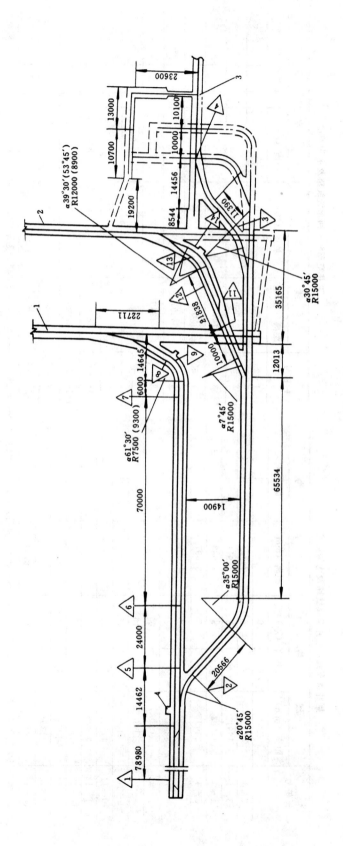

副井车线路及水沟坡度

标桩号	线路 距离（mm）	线路 坡度（‰）	水沟 距离（mm）	水沟 坡度（‰）
11—12	17500	— 0		
12—13	12744	／ 2		
11—14	31907	＼ 3	31907	＼ 2
1—2	93442	— 0	93442	＼ 1
2—3	144256	— 0	144256	＼ 2
3—4	26706	／ 4	26706	／ 4

主井车线路及水沟坡度

标桩号	线路 距离（mm）	线路 坡度（‰）	水沟 距离（mm）	水沟 坡度（‰）
空车线				
5—6	24000	— 0		
6—7	56000	／ 9		
7—8	11430	／ 13		
重车线				
5—6	24000	— 0	24000	＼ 2
6—9	69185	＼ 2	69185	＼ 1

图 5—6—19　吉林通化八宝斜井井底车场

1—主井；2—副井；3—北翼主要运输大巷；4—调度室

说明：本车场已达到设计能力，运行情况良好，通过能力富裕系数较大（100%）；井筒与大巷位置不受限制，但北翼材料车调车较为困难。

例 20:

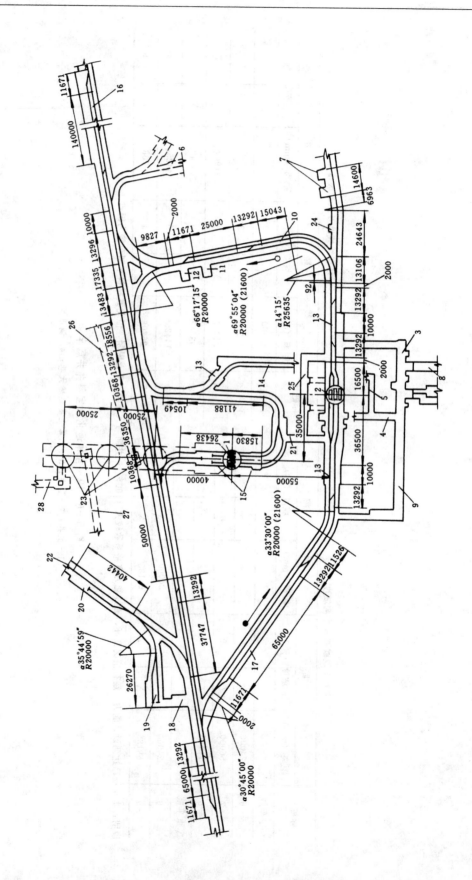

副井车线线路及水沟坡度（二）

标桩号	线路 距离(mm)	线路 坡度(‰)	水沟 距离(mm)	水沟 坡度(‰)
1—2	101863	3	101863	3
2—23	128535	4	128535	4
23—19	44886	4	44886	4
19—18	44848	4	44848	4
18—16	30314	4	30314	4
16—17	23000	4	23000	4

副井车线线路及水沟坡度（一）

标桩号	线路 距离(mm)	线路 坡度(‰)	水沟 距离(mm)	水沟 坡度(‰)
2—3	102697	2	102697	2
3—4	47512	10	47512	10
4—5	9373	20	2500	20
5—6	9846	12		
6—7	5840	20		
7—8	5870	12		
8—9—10	9700	—		
10—11	10446	18	6000	1
11—12	1925	10	1925	1
12—13	53102	7	53102	1
13—14	24406	2	24406	2
14—15	71844	6	71844	6
15'—16'	23138	2	23138	2
15—18	23138	7	23138	7

图5—6—20　山东兖州兴隆庄立井井底车场

1—主井；2—副井；3—主排水泵硐室；4—管子道；5—梯子间通道；6—沉淀池；7—泥浆泵硐室；8—水仓；9—主变电所；10—材料车线；11—急救站；12—调度室；13—防火门硐室；14—副井底清理斜巷；15—主井井底清理撒煤硐室；16—东翼人车站；17—西翼人车站；18—工具备品保管室；19—电机车库及修理间；20—消防材料库；21—主井西翼带式输送机巷道；22—去中一采区副井通路；23—煤仓；24—厕所；25—中一采区；26—东翼带式输送机巷道；27—西翼带式输送机巷道；28—中一采区带式输送机上山

例 21:

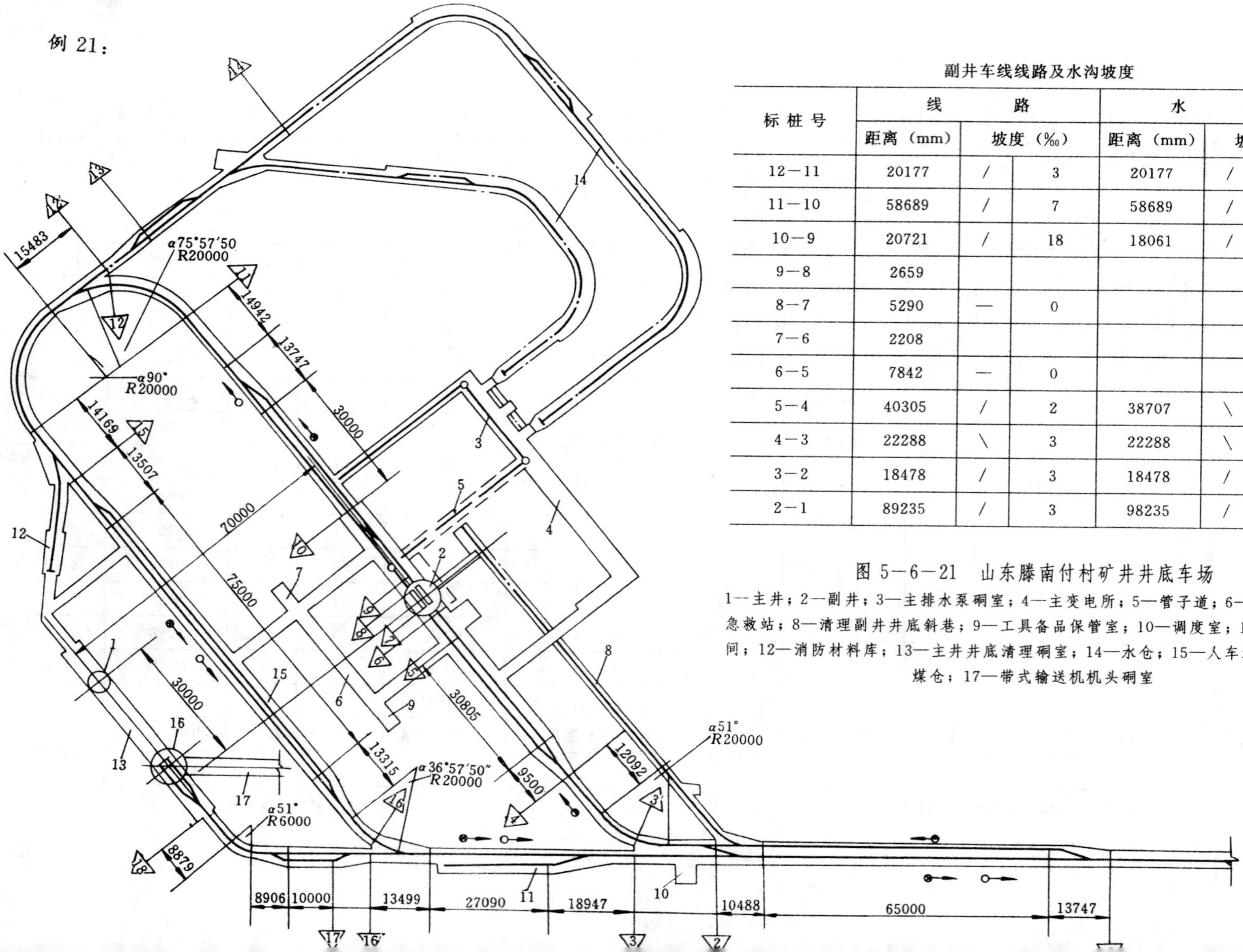

副井车线线路及水沟坡度

标桩号	线	路		水	沟	
	距离 (mm)	坡度 (‰)		距离 (mm)	坡度 (‰)	
12—11	20177	/	3	20177	/	3
11—10	58689	/	7	58689	/	7
10—9	20721	/	18	18061	/	18
9—8	2659	—	0			
8—7	5290	—				
7—6	2208	/	0			
6—5	7842	/				
5—4	40305	/	2	38707	/	3
4—3	22288	/	3	22288	/	3
3—2	18478	/	3	18478	/	3
2—1	89235	/	3	98235	/	3

图 5—6—21 山东滕南付村矿井井底车场

1—主井；2—副井；3—主排水泵硐室；4—主变电所；5—管子道；6—等候室；7—急救站；8—清理副井井底料巷；9—工具备品保管室；10—调度室；11—机车修理间；12—消防材料库；13—主井井底清理硐室；14—水仓；15—人车站；16—井底煤仓；17—带式输送机头硐室

第二节　设　计　示　例

一、例　一

1. 设计依据

1）矿井设计能力 90 万 t/a，年工作日 300d，两班生产，一班准备，每日净提升时间 14h。

2）立井开拓，井筒的相互位置如图 5—6—24，两翼大巷来煤量基本相等。

3）主井净直径 4.5m，装备一对 12t 箕斗，副井净直径 6.5m，装备一对 1t 双层四车加宽罐笼。

4）井下主要运输大巷采用 3t 底卸式矿车运煤，10t 架线式电机车牵引，每列车由 17 辆矿车组成。辅助运输采用 1t 固定式矿车，掘进煤列车由 37 辆矿车组成，煤矸混合列车由 28 辆矿车组成，其中煤车 9 辆，矸石车 19 辆。井底车场设 1t 翻车机处理掘进煤。

5）矸石量占矿井产量的 20%，由副井提升。掘进煤量占 5%，由翻车机翻入井底煤仓，由主井提升。

6）矿井为低瓦斯矿井，相对瓦斯涌出量为 $6.9m^3/t$，矿井总进风量 $90m^3/s$，副井进风，中央风井出风。

2. 主要原则问题的确定

1）车场形式，初步设计已确定为立式环行，南北两翼大巷来车均经主石门进入井底车场。

2）主、副井中心线间距离，南北 75m，东西 10m。主井卸载方位角 5°，副井出车方位角 275°。主井距北翼运输大巷 568.1m。

3）车线有效长度，主井空、重车线有效长度原则上按 1 列车长考虑，设计取 80m。副井进车线受主井重车线的影响，出车线受人车场的影响，都比较长，均可达 150m。因受地面布置的限制，副井位于主井西侧，致使副井进车顶车线路过长。材料车线，按 20 辆 1t 材料车考虑。

4）设计采用 22kg/m 钢轨。主井系统采用 5 号道岔，副井系统采用 4 号道岔。曲线半径为 20m。

5）车场巷道断面及支护方式主要依据井底车场巷道所通过的风量、运输设备、管线布置的要求，以及围岩状态确定。双轨巷道断面 $12.7m^2$，单轨巷道断面 $6.9m^2$，巷道采用锚喷支护，主要硐室及交岔点采用混凝土或荒料石砌碹。

6）经技术经济比较确定底卸式矿车卸载站与翻车机硐室联合布置。

3. 线路联接计算

1）单开道岔非平行线路联接（图 5—1—20）

已知：道岔 ZDK622—5—15，$a=3768mm$，$b=4232mm$，$\alpha=11°18'36''$，$R=20000mm$，$\delta=45°$。

求：m、n、H、T、K_p。

查《窄轨道岔线路联接手册》得：$m=11838mm$，$n=8909mm$，$H=6299mm$，$T=6056mm$，$K_p=11760mm$。

已知：道岔 ZDK622-4-12，$a=3462$mm，$b=3588$mm，$\alpha=14°02'10''$，$R=20000$mm，$\delta=60°$

求：m、n、H、T、K_p。

查《窄轨道岔线路联接手册》得：$m=13482$mm，$n=11862$mm，$H=10273$mm，$T=8482$mm，$K_p=16044$mm。

2）单开道岔平行线路联接（图 5-1-21）

已知：道岔 ZDK622-5-15，$a=3768$mm，$b=4232$mm，$\alpha=11°18'36''$，$R=20000$mm，$S=1600$mm。

求：L、c、n、D。

查《窄轨道岔线路联接手册》得：$L=13748$mm，$c=1946$mm，$n=6178$mm，$D=11642$mm。

3）渡线道岔线路联接（图 5-1-23）

已知：道岔 ZDX622-4-1216，$a=3462$mm，$b=3588$mm，$\alpha=14°02'10''$，$s=1600$mm。

求：c、L。

查《窄轨道岔线路联接手册》得：$c=1723$mm，$L=13324$mm。

各种轨道线路联接尺寸见《窄轨道岔线路联接手册》。

4.轨道线路平面布置

轨道线路平面布置见图 5-6-24。

1）已知条件：

（1）主、副井中线间距离，石门方向 10000mm 垂直石门方向 75000mm。

（2）副井井筒中线与提升中线相距 300mm，主井井筒中线与煤仓中线相距 23000mm，卸载站中线与煤仓中线相距 400mm，双轨直线轨心距 1600mm。

2）线路闭合计算：

根据副井出车线布置要求 A 点距副井 120m。副井出车线轨道中线至主井空车线轨道中线距离为 $(75000-300)+23000-(1600-400)=96500$mm

$$AB=\frac{96500}{\sin60°}=111429\text{mm}$$

B 点与主井中线距离为　　　$120000+10000+96500/\text{tg}60°=185714$mm

C 点与主井中线距离为　　　$80000+10000+13748+692=104440$mm

煤仓上口与卸载站跨度较大，井底车场进车绕道与进车线间距取 25m。

$$CD=\frac{25000}{\sin45°}=35355\text{mm}$$

F 点距主井中线距离，根据交岔点、硐室长度及调度机车存车安全线要求取 50m。

$$CF=104440+50000$$
$$=154440\text{mm}$$
$$DF=154440-2\times25000$$
$$=104440\text{mm}$$

5.通过能力计算

1）区段划分见图 5-6-25。

2）调车作业程序及时间见表 5-6-2、表 5-6-3。

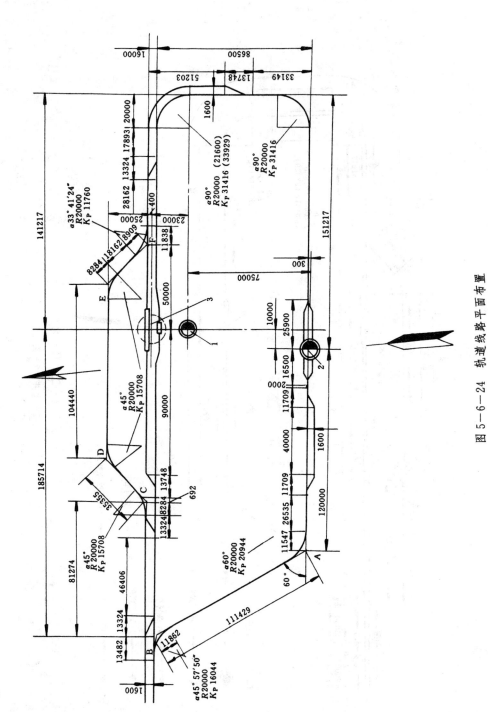

图 5—6—24 轨道线路平面布置

1—主井; 2—副井; 3—翻车机硐室及底卸式矿车卸载站

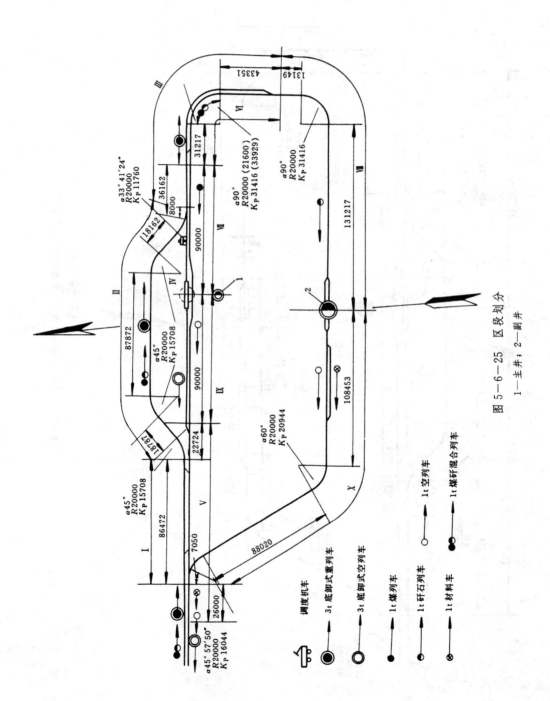

图 5—6—25   区段划分

1—主井；2—副井

表 5－6－2 3t 底卸式煤列车调车作业程序及时间

区段	作 业 名 称	运行距离（m）	运行速度（m/s）	运行时间（s）
I	牵引列车	86.3	2.0	43.2
II	牵引列车	191.1	2.0	95.5
III	牵引列车、摘钩、挂调度机车、转向	70.0	2.0	35.0＋30.0
IV	牵引列车、卸载	151.2	1.0	151.2
V	过道岔牵引空车出车场	135.0	2.0	10.0＋67.5＋35.0
	计			467.4

表 5－6－3 1t 煤矸混合列车调车作业程序及时间

区段	作 业 名 称	运行距离（m）	运行速度（m/s）	运行时间（s）
I	牵引列车	86.3	2.0	43.2
II	牵引列车	191.1	2.0	95.5
III	牵引列车	28.8	2.0	14.4
IV	牵引列车	80.0	2.0	40.0
	顶列车	80.0	1.5	53.3
VI	顶列车，煤车与矸石车摘钩	22.0	1.5	14.7＋10.0
	牵引列车	22.0	2.0	11.0
VII	牵引列车，摘钩	92.8	2.0	46.4＋10.0
III	机车过道岔，调头	108.5	2.5	10.0＋43.4
VI	机车过道岔，运行	54.8	2.0	10.0＋27.4
	顶列车，过道岔	55.2	1.5	36.8
VIII	顶列车	107.8	1.5	71.9
	机车转向，运行	107.8	2.5	10.0＋43.1
VI	机车运行	106.0	2.5	42.4
III	机车运行	28.8	2.5	11.5
II	机车运行	191.1	2.5	76.4
I	机车过道岔	13.2	2.0	10.0＋6.6
V	机车运行	35.9	2.0	18.0
IX	机车运行，挂空车	72.0	2.0	36.0＋10.0
	牵引空车	68.0	2.0	34.0
V	牵引空车	135.0	2.0	67.5
	转向，顶空车	26.0	1.5	10.0＋17.3
X	顶空车，挂空车或材料车	160.3	1.5	106.9＋10.0
	牵引空车	160.3	2.0	80.2
V	牵引空车出车场	26.0	2.0	13.0＋30.0
	计			1170.9

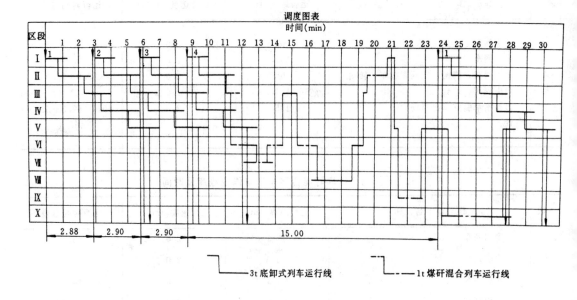

图 5—6—26   调度图表

3）调度图表见图 5—6—26。

每一调度循环进入井底车场的列车数的配比可用两种方法计算：

（1）按运量和净载重计算：

矿井日产煤 3000t；矸石量占 20%、日运量为 600t；掘进煤占 5%、日运量为 150t；3t 底卸式列车日运量占 95%、为 2850t；每日 3t 底卸式列车数＝2850/（3×17）＝55.9 列；每日 1t 煤矸混合列车数＝（150＋600）/（9×1＋19×1.7）＝18.2 列；列车数比＝55.9/18.2≈3/1。

（2）按运量比和净载重计算：

$$列车数比＝\frac{\dfrac{0.95}{3×17}}{\dfrac{0.05＋0.20}{9×1＋19×1.7}}≈\frac{3}{1}$$

每一调度循环时间＝2.88＋2.90＋2.90＋15＝23.68min；列车进入井底车场的平均间隔时间＝23.68/4＝5.92min；列车在井底车场平均运行时间＝（3×467.4＋1170.9）/4＝643s ＝10.72min。

4）通过能力计算：

按公式：

$$N＝\frac{T_aQ}{1.15T}＝\frac{25.2(3×3×17＋1×9×1)}{1.15×23.68}＝149.9 万 t/a$$

通过能力富余系数＝149.9/90＝1.67 满足设计规范要求。

6. 坡度计算

坡度划分见图 5—6—27。

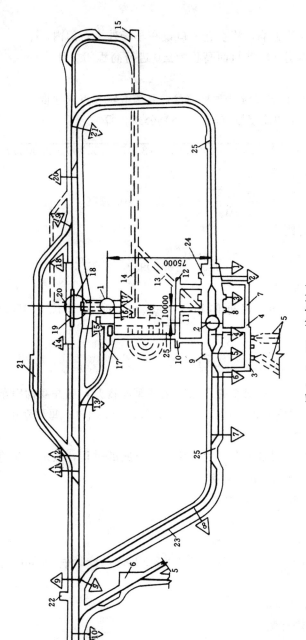

图 5—6—27 坡度划分

1—主井;2—副井;3—主排水泵硐室;4—管子道;5—水仓;6—清理水仓绞车硐室;7—主变电所;8—信号硐室;9—5t慢速绞车硐室;10—急救站;11—等候室;12—工具备品保管室;13—副井泄水巷;14—主井清理井底撒煤斜巷;15—清理井底撒煤绞车硐室;16—清理井底撒煤斜巷绞车硐室;17—电机车库及修理间;18—井底撒煤仓;19—翻车机硐室及底卸式矿车卸载站;20—带式输送机巷及人行通道;21—消防材料库;22—调度室;23—人车停车线;24—推车机硐室;25—防火门硐室

如前所述，本车场采用后进车、前出车方式；底卸式矿车的列车卸载站与翻车机硐室联合布置；翻车机硐室设链式推车机，副井进车线设绳式推车机；主井空车线和副井出车线均设较长的自动滑行段，并在 9 点开始设合股道岔。

为使主井两股空车线在 12 点会合，翻车机轨面高出卸载站轨面 295mm、翻车机前设 2‰ 上坡。

因受主排水泵吸水高度的影响，将水仓入口设在车场外主石门内。

本车场以停在车场内的副井罐笼轨面高程为 ±0 进行高程闭合计算。

副井空车线坡度计算：

空车从摇台出车以 24‰ 的下坡滑过对称道岔，至基本轨起点末速度为 1.42m/s。取 5～6 段坡度为 0.009，空车在 6 点的速度按 (5-4-6) 公式计算

$$V_m = \sqrt{V_c^2 + 2gl\,(i-w)} = \sqrt{1.42^2 + 2 \times 9.81 \times 13.671\,(0.009 - 0.005)} = 1.37\text{m/s}$$

为使空车滑行到 7 点，6-7 段坡度

$$i = \frac{0^2 - 1.37^2}{2 \times 9.81 \times 40} + 0.0095 = 0.0071$$

取 $i = 0.007$，空车滑行距离

$$l = \frac{0^2 - 1.37^2}{2 \times 9.81\,(0.007 - 0.0095)} = 38.3\text{m}$$

其余坡度计算见表 5-6-4。

本车场线路长度 1001.7m、掘进体积 14400.2m³，硐室长度 1545.0m、掘进体积 19334.9m³。

二、例 二

矿井年生产能力为 60 万 t；一对斜井开拓：主井箕斗提升，副井双钩串车提升；矸石系数 20%；井下使用 7t 架线式机车，1t 固定式矿车；22kg/m 钢轨；每列牵引 30 辆矿车。

（一）井底车场形式选择

影响选择井底车场形式的因素较多，为简化选择方案的过程，假定：井筒与运输大巷为主石门联系，采用图 5-6-28 的环行车场。

（二）主要线段有效长度及其线路布置

1. 调车线有效长度

按 (5-3-1) 公式计算

$$L_1 = mnL_k + NL_j + L_f = 1.0 \times 30 \times 2 + 1 \times 4.5 + 15 = 79.5\text{m}$$

取整数为 80m。

上式附加长度取 15m。

2. 主井空、重车线有效长度

按 (5-3-1) 公式计算

$$L = mnL_k + NL_j + L_f = 1.5 \times 30 \times 2 + 1 \times 4.5 + 10 = 105\text{m}$$

上式附加长度取 10m。

3. 副井空、重车线有效长度

按 (5-3-1) 公式计算

表 5—6—4　井 底 车 场 坡 度 计 算

车线名称	标桩号	距离(m)	轨　道		水　沟		
			坡度(‰)	轨面假定高程(m)	坡度(‰)	类型	水沟底面假定高程(m)
副井出车线	4			−0.290			−0.800
		9.255	−24		−24	Ⅰ	
	5			−0.512			−1.022
		13.671	−9		−9	Ⅰ	
	6			−0.635			−1.145
		40.000	−7		−7	Ⅰ	
	7			−0.915			−1.425
		60.901	0				
	8			−0.915	～−2.2	Ⅰ～Ⅲ	
		104.047	−1				
	9			−1.019			−1.779
副井进车线	3			±0.000			−0.510
		14.710	+19		+19	Ⅰ	
	2			+0.280			−0.230
		5.390	0		0	Ⅰ	
	1			+0.280			−0.230
		210.517	−25		−2.5	Ⅰ	
	21			−0.246			−0.756（Ⅰ）−0.806（Ⅱ）
		36.639	−3		−3	Ⅱ	
	20			−0.356			−0.916
底卸式列车空、重车线		36.183	−2		−2	Ⅱ	
	19			−0.428			−0.988
		24.275	−2		−2	Ⅱ	
	18			−0.477			−1.037
		54.039	0		～−2.8	Ⅱ～Ⅲ′	
	14			−0.477			−1.187
		78.681	−3		−3	Ⅲ′	
	12			−0.713			−1.423
		9.546	−3		−3	Ⅲ′	
	11			−0.741			−1.451
		79.381	−3.5		−3.5	Ⅲ′	
	9			−1.019			−1.729（Ⅲ′）−1.779（Ⅲ）
		37.399	−2		−2	Ⅲ	
	10			−1.094			−1.854
掘进煤列车空、重车线	20			−0.356			
		86.740	+2				
	17			−0.182			
		6.770	0				
	16			−0.182			
		11.335	−20				
	15			−0.409			
		48.758	−7				
	13			−0.750			
		39.575	～+0.9				
	12			−0.713			

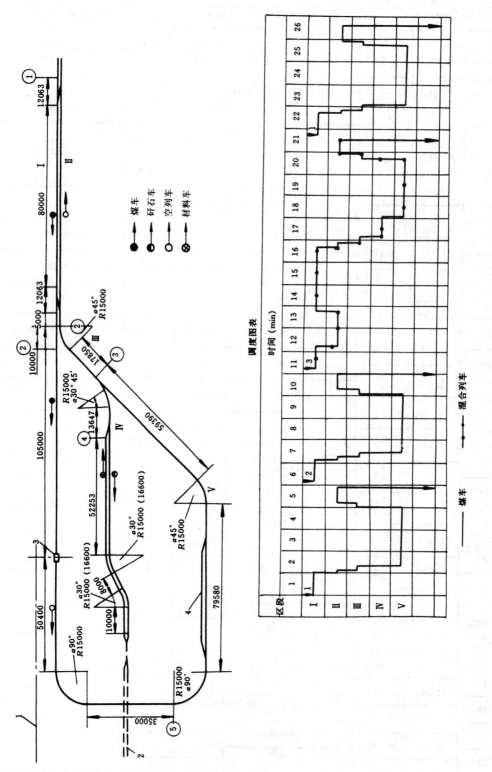

图 5—6—28　主要线段布置及调度图表

1—主井；2—副井；3—翻车机；4—人车站

煤车　—　—　混合列车

$$L = mnL_k + NL_j + L_f = 1.0 \times 30 \times 2 + 1 \times 4.5 + 10 = 75m$$

上式附加长度取 10m。

4. 回车线长度

回车线长度主要取决于坡度补偿的要求和巷道间的连接尺寸而定。

5. 线路布置

1）主井空、重车线坡度划分见图 5－6－29。

2）副井空、重车线坡度划分见图 5－6－29。

因副井为斜井甩车，空、重车采用自动滑行。根据（5－4－6）式，计算出自动滑行的各参数。

（三）通过能力计算

1. 调度图表的编制

根据图 5－6－28 编制的机车运行时间统计结果如下：

煤列车由入场到出场的运行时间为 291s，即约 4.9min。

混合列车由入场到出场的运行时间为 577s，即约 9.6min。

列车由入场到出场的平均运行时间为 6.4min。

每一调度循环时间 20.7min

2. 通过能力计算

按公式计算：

$$N = \frac{25.2(2 \times 30 \times 1 + 1 \times 9 \times 1)}{1.15 \times 20.7} = 73.0 \ \text{万 t/a}$$

富余系数为 73.0/60.0＝1.22，不满足设计规范要求，须采取提高通过能力的措施。

（四）线路坡度闭合计算

假定高程取翻车机轨面为±0，以此进行推算（以 m 为单位计算至 mm）。

3 点高程 $\qquad Z_3 = \pm 0.000$

2 点高程 $\qquad Z_2 = Z_3 + 0.002 \times 78.000 = +0.156$

1 点高程 $\qquad Z_1 = Z_2 + 0.003 \times 104.130 = +0.468$

4 点高程 $\qquad Z_4 = \pm 0.000$

5 点高程 $\qquad Z_5 = Z_4 - 0.015 \times 15.000 = -0.225$

6 点高程 $\qquad Z_6 = Z_5 - 0.009 \times 55.660 = -0.726$

7 点高程 $\qquad Z_7 = Z_6 - 0.005 \times 35.000 = -0.901$

8 点高程 $\qquad Z_8 = Z_7 - 0.003 \times 25.560 = -0.978$

8′ 点高程 $\qquad Z_{8'} = Z_8 + 0.003 \times 36.606 = -0.868$

9′ 点高程 $\qquad Z_{9'} = Z_{8'} + 0.003 \times 26.334 = -0.789$

9 点高程 $\qquad Z_9 = Z_{9'} + 0.003 \times 14.640 = -0.745$

9 点至 2 点坡度　$i = [+0.156 - (-0.745)]/105.800 \approx 0.0085$

10 点高程 $\qquad Z_{10} = Z_2 - 0.0085 \times 41.602 = -0.198$

11 点高程 $\qquad Z_{11} = Z_{10} = -0.198$

12 点高程 $\qquad Z_{12空} = Z_{11} + 0.002 \times 46.793 = -0.104$

$$Z_{12重} = Z_{11} - 0.002 \times 46.793 = -0.292$$

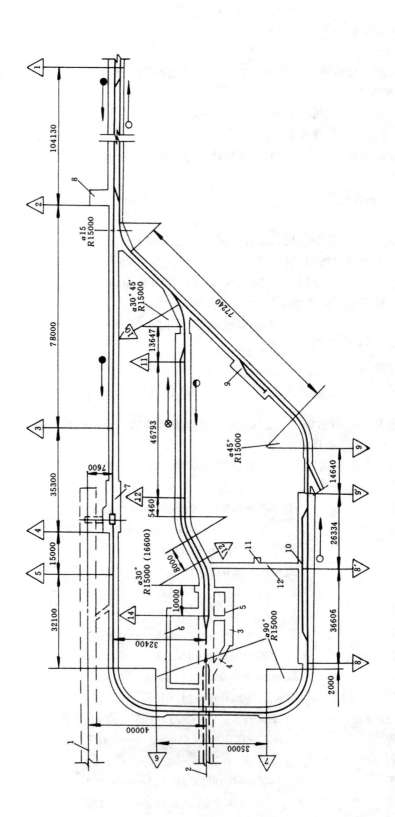

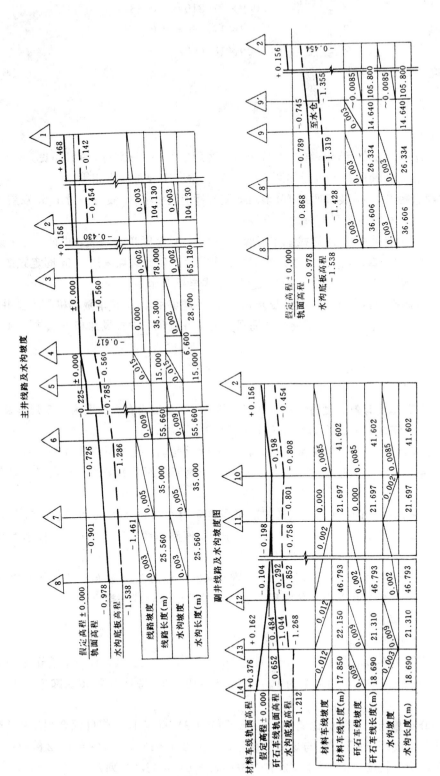

图 5-6-29 坡度划分

1—主井；2—副井；3—主排水泵硐室；4—管子道；5—主变电所；6—等候室；
7—翻车机硐室；8—调度室；9—机车修理间；10—人车站；11—工具备品保管室；12—通路

13 点高程
$$Z_{13空} = Z_{12空} + 0.012 \times 22.150 = +0.162$$
$$Z_{13重} = Z_{12重} - 0.009 \times 21.310 = -0.484$$

14 点高程
$$Z_{14空} = Z_{13空} + 0.012 \times 17.850 = +0.376$$
$$Z_{14重} = Z_{13重} - 0.009 \times 18.690 = -0.652$$

水沟坡度计算方法相同。

三、例 三

1. 设计依据

1) 矿井设计能力 300 万 t/a，年工作日 300d，两班生产，一班准备，每日净提升时间 14h。

2) 立井开拓，井筒的相互位置如图 5—6—30。两翼来煤量基本相等。

3) 主井净直径 7.5m，装备两对 16t 箕斗；副井净直径 8.0m，装备一对 1.5t 双层 4 车罐笼和一个 5t 双层 2 车罐笼带平衡锤的提升设备。

4) 主要运输大巷采用 5t 底卸式矿车运煤，每列车由 22 辆矿车组成，由两台 10t 架线式电机车一前一后牵引。卸载时，机车通过卸载站。辅助运输和掘进煤采用 1.5t 固定式矿车。煤矸混合列车由 22 辆 1.5t 矿车组成，一台 10t 架线式电机车牵引。

5) 矸石量占矿井产量的 15%，掘进煤量占 6%。掘进煤由 1.5t 矿车翻车机翻入主井煤仓。

6) 该井属于高沼气矿井。采用混合式通风，由副井进风、中央风井和东风井回风。矿井总进风量 350m³/s。

2. 主要原则问题的确定

1) 车场形式为卧式环行车场。

2) 主井空、重车线有效长度各为一列车长，副井空、重车线有效长度为 1.5 列车长，1.5t 矿车翻车机空、重车线有效长度为 0.5 列车长。

3) 调车方式如图 5—6—30 箭头所示。两翼来的煤列车，均为折返式调车。右翼来的矸石列车或煤矸混合列车，通过副井系统，空车可环行返回，而左翼来的矸石列车或混合列车为折返调车方式。

4) 设计采用 30kg/m 钢轨。5t 底卸式矿车线路采用 900mm 轨距 6 号道岔，线路曲线半径为 30m。1.5t 矿车线路采用 900mm 轨距 4 号道岔，线路曲线半径为 30m。其他辅助线路曲线半径为 15m。

5) 主井井底清理撒煤采用耙斗清理方式。清出来的煤泥由 1.5t 矿车经清理斜巷提升到井底车场水平，翻入主井煤仓。副井井底积水流入主井井底水仓统一排出。

3. 通过能力计算

1) 区段划分和调度图表见图 5—6—30。

矿井日产原煤 10000t，每日运出矸石量为 $10000 \times 0.15 = 1500t$，日产掘进煤为 $10000 \times 0.06 = 600t$。5t 底卸式矿车日运煤量为 $10000 \times 0.94 = 9400t$，每日需要 5t 底卸式矿车列车数为 $9400/(5 \times 22) = 85.5$（列）。

根据矿井矸石量与掘进煤的比例（15% : 6% ≈ 5 : 2），确定 1.5t 煤矸混合列车由 13 辆矸石车与 9 辆煤车组成。每列矸石车与煤车的载重之比为 $2.7 \times 13 : 1.5 \times 9 = 5 : 2$ 故符合要求。每日混合列车数为 $(1500 + 600) \div (2.7 \times 13 + 1.5 \times 9) = 43.2$（列）。

每日进入井底车场的 5t 底卸式矿车列车数与 1.5t 混合列车数之比为 85.5 : 43.2 ≈

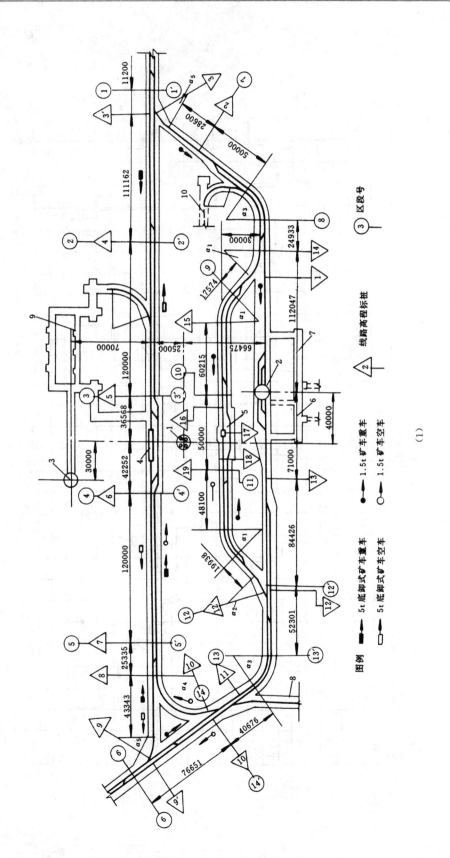

图例

━━━　5t 底卸式矿车重车
━━━　5t 底卸式矿车空车
●──　1.5t 矿车重车
○──　1.5t 矿车空车

△3　区段号
△2　线路高程标桩

(1)

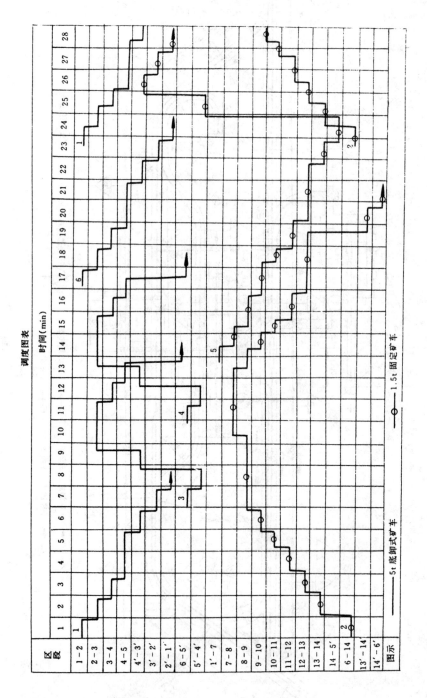

调度图表

5t 底卸式矿车线路及水沟坡度

标桩号	线路 距离(mm)	线路 坡度(‰)	水沟 距离(mm)	水沟 坡度(‰)
11—10	24600	/ 2	24600	/ 3
10—8	60461	/ 2	60461	/ 2
8—7	25335	/ 2	25335	/ 2
7—6	120000	/ 2	120000	/ 2
6—5	78820	— 0	78820	/ 2
5—4	120000	/ 2	120000	/ 2
4—3	111162	/ 2	111162	/ 2

1.5t 翻车机车线路及水沟坡度

标桩号	线路 距离(mm)	线路 坡度(‰)	水沟 距离(mm)	水沟 坡度(‰)
12—19	107701	\ 2.1	107701	— 0
19—18	10000	— 0	10000	— 0
18—17	20000	— 6	20000	/ 1
17—16	20000	— 0	20000	/ 1
16—15	70215	— 0	70215	/ 1
15—14	64698	\ 2	64698	/ 2
10—9	65451	\ 1.9	65451	/ 3
9—8	67151	— 0	67151	/ 3

线路曲线参数

回转角 α	曲线半径 (mm)	曲线长度 (mm)
$\alpha_1 = 45°$	30000	23562
$\alpha_2 = 30°45'$	30000	16101
$\alpha_3 = 55°$	30000	28798
$\alpha_4 = 115°28'22''$	30000	60461
$\alpha_5 = 45°28'22''$	30000	23809

副井车线线路及水沟坡度

标桩号	线路 距离(mm)	线路 坡度(‰)	水沟 距离(mm)	水沟 坡度(‰)
11—12	92505	/ 4	92505	/ 4
12—13	89096	/ 6	89096	/ 6
13—1	16300	/		
1—14	20067	/ 6	20067	/ 6
14—2	103731	/ 6	103731	/ 6
2—3	52409	/ 3	52409	/ 3

图 5—6—30　年产 300 万 t 矿井井底车场

1—主井；2—副井；3—中央风井；4—5t 底卸式矿车卸载站；5—1.5t 矿车翻车机硐室；6—主排水泵硐室；7—主变电所；8—水仓入口；9—爆炸材料库；10—主井清理撒煤煤巷

4：2。因此在井底车场的每一调度循环内有 4 列 5t 底卸式列车和 2 列 1.5t 煤矸混合列车进入井底车场。

每一调度循环时间为 22.5min。列车进入井底车场平均间隔时间为 22.5÷6＝3.75min。列车在井底车场平均运行时间为 11.2min；5t 底卸式矿车在井底车场平均运行时间为 7.6min；1.5t 混合列车在井底车场平均运行时间为 18min。

2）通过能力计算：

按公式计算：

$$N=\frac{T_aQ}{1.15\times T}=\frac{25.2Q}{1.15\times T}=\frac{25.2\times(4\times22\times5+2\times9\times1.5)}{1.15\times22.5}=455\ 万\ t/a$$

通过能力富余系数为 455÷300＝1.51，满足设计规范要求。

四、例 四

1. 设计依据

1）矿井设计生产能力 400 万 t/a，年工作日 300d，两班生产，一班准备，每日净提升时间 14h。

2）立井开拓。井筒的相互位置如图 5－6－31，两翼大巷来煤量基本相等。

3）主井净直径 7.8m，装备两对 20t 箕斗；副井净直径 8m，装备一个 5t 底卸式矿车双层 2 车罐笼带平衡锤（装 4 辆 1.5t 矿车）和一对 1.5t 矿车双层 4 车罐笼；矸石井净直径 6.6m，装备一对 1.5t 矿车双层 4 车罐笼，供提升矸石、材料用。

4）井下主要运输大巷采用 5t 底卸式矿车运煤。列车由 20 辆矿车组成，由一前一后两个 10t 架线式电机车牵引。卸煤时机车通过卸载站。辅助运输和掘进煤用 1.5t 矿车。掘进煤和矸石分别组成列车每列车由一台 10t 架线式电机车牵引 22 辆 1.5t 矿车。

5）井底车场内设两个卸载站及两个井底煤仓，其中一个卸载站与 1.5t 矿车翻车机联合布置。

6）主井井底清理撒煤的矿车经副井提升，存放到专用停车线路上。

7）矸石量占矿井产量的 20%，由矸石井提升。掘进煤量占 6.7%，由翻车机翻入主井煤仓。

8）矿井属于高瓦斯矿井，最大吨煤瓦斯涌出量为 12.28m³，有煤尘爆炸危险。矿井采用中央对角式通风系统，由副井和矸石井井筒进风，从两翼风井出风。矿井总进风量为 464 m³/s。

2. 主要原则问题的确定

1）车场形式为卧式环行井底车场，主井、副井、矸石井布置见图 5－6－31。

2）车线有效长度，主井空重车线有效长度各为一列车长，副井空、重车线有效长度各大于一列车长，矸石井空、重车线有效长度各大于一列车长。

3）调车方式，进入矸石井重车线的列车采用甩车方式推车机把矸石矿车推入罐笼；机车绕至矸石井空车线路牵引空列车驶出车场。进入副井重车线的列车，采用顶车方式将列车顶入副井重车线，由推车机推入罐笼；机车绕至副井空车线牵引空列车驶出车场。进入 1.5t 矿车翻车机重车线的列车采用甩车方式，列车由推车机不摘钩推入翻车机；机车绕至空车线路牵引空列车驶出井底车场。二台 10t 电机车牵引的 5t 底卸式煤列车过卸载站后，经专用的折返线路掉头驶出车场。井底清理撒煤的矿车经副井罐笼，进入副井空车线专用线路内存放，再

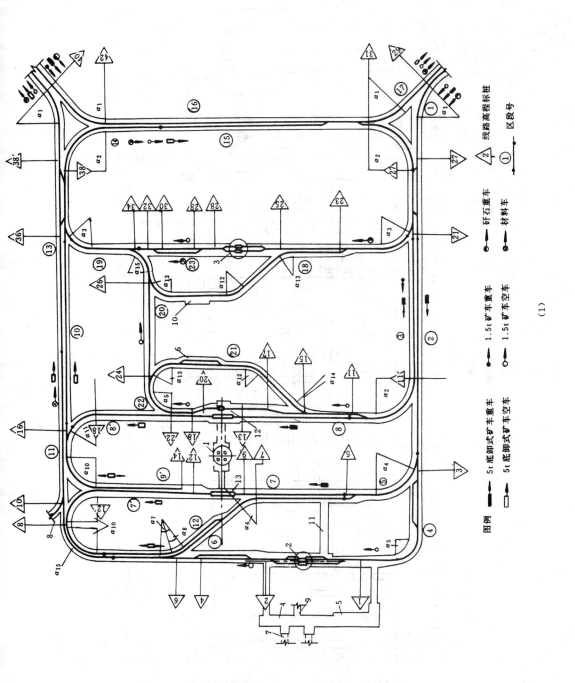

（1）

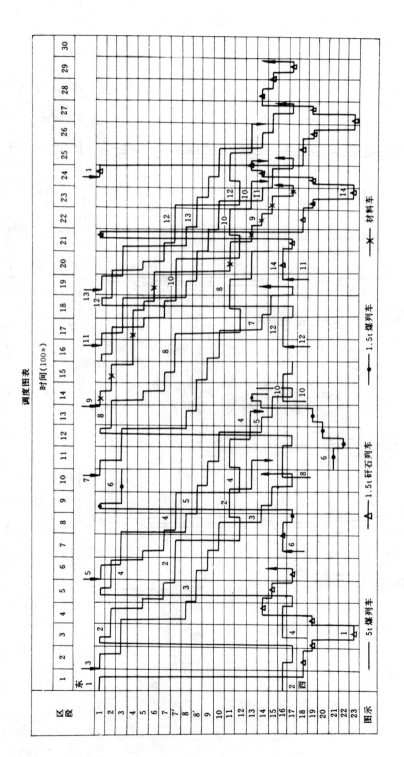

调度图表

矸石井车线路及水沟坡度

标桩号	线路 距离(mm)	线路 坡度(‰)	水沟 距离(mm)	水沟 坡度(‰)
42—38	62832	/ 9.4	62832	/ 9.4
38—36	47529	/ 9.5		
36—34	74796	/ 9.5	74796	/ 9.5
34—32	6033	/ ~9.5		
32—30	15000	/ 5	15000	/ 5
30—28'	50000	— 0	50000	/ 2
28'—28	15082	/ 3	15082	/ 3
25—23	59000	— 0	59000	/ 2
23—21	70268	/ ~3	70268	/ 3
21—27	47529	/ 2	47529	/ 2
27—31	62832	/ 2	62832	/ 2
31—42	249779	/ 2	249779	/ 2.6
42—40	65905	/ 2	65905	/ 2
31—29	65905	/ 3	65905	/ 3

线路曲线参数

回转角 α	曲线半径(mm)	曲线长度(mm)	回转角 α	曲线半径(mm)	曲线长度(mm)
$\alpha_1=45°$	40000	31416	$\alpha_9=14°15'$	35508	8831
$\alpha_2=90°$	40000	62832	$\alpha_{10}=90°$	30000	47124
$\alpha_3=75°45'$	30000	39663	$\alpha_{11}=80°28'22''$	30000	42135
$\alpha_4=80°28'22''$	40000	56181	$\alpha_{12}=45°$	20000	15708
$\alpha_5=90°$	20000	31416	$\alpha_{13}=75°45'$	20000	26442
$\alpha_6=40°$	30000	20944	$\alpha_{14}=30°45'$	20000	10734
$\alpha_7=40°$	35508	24789	$\alpha_{15}=90°$	31900	50108
$\alpha_8=25°45'$	37408	16812			

1.5t矿车车线路及水沟坡度

标桩号	线路 距离(mm)	线路 坡度(‰)	水沟 距离(mm)	水沟 坡度(‰)
34—26	35973	/ 2.5	35973	/ 2.5
26—24	152966	/ 2.5	152966	/ 2.5
24—22	41483	/ 3	41483	/ 3
22—20	45000	/ 5		
20—17	47885	— 0		
17—15	32538	/ 3		
15—11	46459	/ 3		
24—15	168118	/ 2.7	168118	/ 2.7
26—23	210691	/ 4.4	~140791	/ 4.4

副井车线路及水沟坡度

标桩号	线路 距离(mm)	线路 坡度(‰)	水沟 距离(mm)	水沟 坡度(‰)
40—38′	73273	9	73273	9
38′—38	6518	9.5	6518	9.5
38—36	47529	9.5	47529	9.5
36—16	262414	6.5	262414	6.5
16—10	56147	7	56147	7
10—8	21600	2	21600	2
8—6	126905	2	24264	~2
6—4	24264	~3	58082	6
4—2	58082	6	141293	2
1—3	141293	0	274184	2
3—21	274184	2	47529	2
21—27	47529	2	6518	2
27—27′	6518	2	73273	4
27′—29	73273	4		

5t底卸式矿车车线路线路及水沟坡度

标桩号	线路 距离(mm)	线路 坡度(‰)	水沟 距离(mm)	水沟 坡度(‰)
5—7	76285	3		
7—6	109895	6.8	109895	6.8
6—8	123404	2	123404	2
8—12′	49814	7	49814	7
12′—12	98694	6	98694	6
12—9	43882	0	43882	2
9—5	100000	3	100000	3
5—3	75528	7.6	75528	7.6
12—14			18694	4
14—16	140281	~4	140281	4
16—18′	42135	7	42135	7
18′—18	98000	5	98000	5
18—13	43882	0	43882	2
13—11	100000	3	100000	3
11—11′	80835	6.6	80835	6.6
11′—21	197471	2		

图5—6—31　年产400万t某矿井井底车场

1—主井；2—副井；3—杆石井；4—主排水泵硐室；5—主变电所；6—电机车修理间；
7—水仓；8—水仓入口；9—管子道；10—消防材料库；11—等候室；12—5t底卸式矿车翻车机硐室和1.5t底卸式矿车卸载站；13—5t底卸式矿车卸载站

由电机车牵引绕过空车线路进入 1.5t 翻车机重车线路，由翻车机翻入主井煤仓。

4）设计采用 30kg/m 钢轨。5t 底卸式矿车线路采用 900mm 轨距 6 号道岔，线路曲线半径为 30～40m；1.5t 矿车线路采用 900mm 轨距 4 号道岔，线路曲线半径为 20～30m。

3. 通过能力计算

区段划分和调度图表见图 5－6－31。每一调度循环时间为 2350s＝39.1min，列车进入井底车场的平均间隔时间为 39.1÷14＝2.78min，列车在井底车场平均运行时间为 14.79min。

按公式计算：

$$N=\frac{25.2Q}{1.15T}=\frac{25.2\times(5\times20\times10+1.5\times22\times1)}{1.15\times39.1}=578.9\ \text{万 t/a}$$

通过能力富余系数为 578.9÷400＝1.45，满足设计规范要求。

井底车场巷道总长度为 3764m。

第三节　国外部分煤矿矿井井底车场布置

世界主要产煤国井下机车运输技术正在向大功率、高速度、大容积的方向发展，机车粘重已达 30t 以上，功率为 300kW，矿车载重 10～20t，装载点能力 2000～2500t/h。井底车场调车作业机械化程度高。列车的编组，倒换罐笼内矿车及装载箕斗等项作业已实现遥控和局部自动化。

国外设计的井底车场通常采用单向行车方式，而且尽量少设自动滑行坡度、交叉点和支线。随着井下运输技术的不断改进，以及带式输送机的大量应用，井底车场的布置进一步趋于简化紧凑，管理集中、作业人员少。下面介绍国外部分煤矿矿井井底车场布置的概况。

一、采用矿车运煤的井底车场布置

1. 前苏联采用固定式矿车运输单向行车的井底车场

这类井底车场具有较大的通过能力，调车及卸车作业可实现高度机械化，这类车场布置方式规定只接纳专用列车，车场形式为刀形（图 5－6－32）。这类井底车场的箕斗井线路装备两台链式推车机和一台翻车机，第一台推车机按行车方向设于通向回车线的道岔外的翻车机前，第二台的位置紧接在翻车机后部。全部设备的运行均加以连锁。电机车牵引重列车进入刀形车场后，驶入箕斗井线路。将列车停在箕斗井重车线上的第一台推车机前，摘钩后经翻车机旁侧的回车线绕至箕斗井空车线侧，挂取空列车经回车线驶离车场，开往指定装车点。

电机车进入回车线后，摘下的重载列车立即由链式推车机自动推入翻车机，列车首部的矿车卸空驶入翻车机后的第二台推车机，该推车机配合着翻车机的卸车将整列列车推入空车线。第二台推车机开动后，第一台停止运转，因此列车驶入车场卸车和驶入空车线均无须与前次驶入的列车接挂。

电机车将材料列车牵引至井底车场后，绕经箕斗井矸石线的回车线，将列车顶入罐笼井的进车线，并将列车停放在钢丝绳推车机处。

电机车摘下列车后，经回车线绕行至罐笼井出车线侧，挂取罐笼井线路上的材料重车，离开井底车场驶向指定地点。电机车原先摘下并停放在进车线的材料列车，由钢丝绳推车机送至分车阻车器处，然后逐辆摘下矿车，令其自动滑行进入罐笼内，自罐笼中被顶出的材料车，

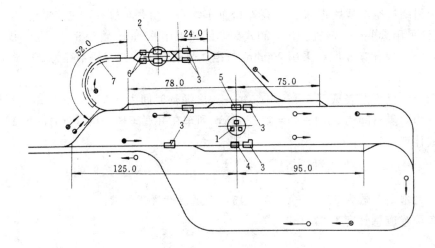

图 5-6-32　前苏联采用固定式矿车运输单向行车的井底车场

1—箕斗井；2—罐笼井；3—推车机；4—卸煤翻车机；5—卸矸翻车机；6—倒车设备；7—钢丝绳推车机

行经交叉渡线道岔进入罐笼井出车线，继之由推车机顶推运行。

2. 前苏联采用底卸式矿车运输单向行车的井底车场

这类井底车场由三条平行巷道（箕斗井巷道、罐笼井巷道及回车巷道）组成，箕斗装载硐室的位置低于车场水平（图 5-6-33）。这类井底车场，既能接纳混合列车，又能够接纳专用列车，同时可保证车场巷道内的单向行车。

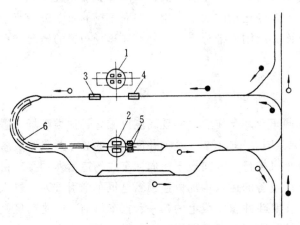

图 5-6-33　前苏联采用底卸式矿车
运输单向行车的井底车场

1—箕斗井；2—罐笼井；3—卸煤坑；
4—卸矸坑；5—倒车设备；6—钢丝绳推车机

箕斗井线路上设有 1 个卸煤坑、1 个卸矸坑，串连排列在同一线路上。卸载坑上设有开闭底卸式矿车车底的装置。

卸矸坑上开闭车底的装置配有遥控的驱动装置。当混合列车以低速（0.7m/s）行经卸矸坑上时，转载站的工人可用它选卸矸石车。纯矸石车以 1.0m/s 的运行速度在卸矸坑上卸车。

罐笼井在出车线侧和入车线侧各有两股线路。线路上设有摇台、停车阻车器和推杆式推车机。罐笼井进车线侧的对称道岔处设有一台分车阻车器及一台钢丝绳推车机。罐笼井进车线侧（于渡线道岔前后），依矿车运行方向，设有两台钢丝绳推车机，井筒的出车侧设有一台推杆式推车机。

为保证材料列车和从一旁通过的空列车的编组作业互不干扰，在对称道岔后的出车线上设一段可容纳包括电机车在内的半列材料车和设备车的线路。井底车场内列车只能单向行驶，即在井底车场任何巷道内只能按照同一方向行车，电机车牵引重列车进入车场后驶入箕斗井线路。低速在卸载坑上卸载，后经回车线巷道驶向主要运输巷道。

若重载列车挂有材料车，则在卸载坑上卸车后，机车须在罐笼井线路上按下述方式进行调车。

如材料车挂在列车"尾部"，则机车驶入罐笼井设有钢丝绳推车机的进车线，将材料车甩下，然后经渡线道岔进入罐笼井线路的回车线，继而驶向罐笼井出车线侧。并挂取材料重车后离场，驶向指定地点。

如材料车编在列车的"首部"，则机车将空车甩在设有钢丝绳推车机的罐笼井线路道岔的前方，只牵引材料车进入罐笼井线路、机车将材料车摘下后，经渡线道岔驶入回车线，返回到甩在道岔前方的空列车处将其牵引至罐笼井出车线侧。机车从一条罐笼井线路上牵出材料重车后离场，驶向指定地点。

被甩下的材料列车，由钢丝绳推车机推过渡线道岔送入罐笼井的进车线，然后由另一台推车机，将其送至分车阻车器处。矿车由钢丝绳推车机和推杆式推车机推入罐笼，罐笼内的矿车由推杆式推车机拉出后再推至罐笼井的出车线上，矿车在井底车场无须自动滑行，因而提高了操车作业的安全性。由于罐笼井出车线侧不设交叉渡线道岔，故发往各采区的材料车必须在地面进行编组。

3. 设有转车盘及尽头式折返线的井底车场

英国"A"矿井的井底车场即属于这种形式。井底车场仅布置两条巷道，巷道内铺设2～5股线路（图5—6—34）。

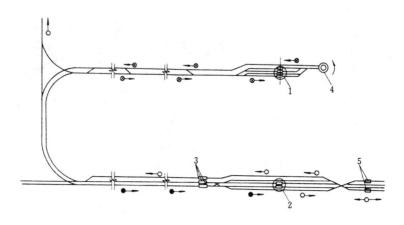

图5—6—34　英国"A"矿井的井底车场

1—1号罐笼井；2—2号罐笼井；3—推车机；4—转车盘；5—轨道闸

2号井筒为主提升井，装备两套四层罐笼，每层可顺序排列2辆容积0.9m³的矿车，电机车牵引重列车进入2号井的重车线后，立即沿回车线（图中的上部线路）用长链条将重车线上的列车牵送到停在推车机处的前次列车尾部。

新驶入的列车遂即挂在前次驶入的列车上，电机车则沿2号井旁的回车线绕行至空车线一侧，重车线可容纳120辆重车。

重车为两辆一组，自推车机处直接自动滑行至罐笼井的进车线、重车由链式推车机送入自动滑行线段。在罐笼前 7.6m 处的进车线上装有轨道闸,在靠近罐笼处装有阻车器及电动推车机。

每一个装罐循环需 32s,井筒的提升能力为 47 次/h,平均每班可提升 2000 辆矿车。从罐笼内推出的空车,靠自动滑行,穿经调度室旁的道岔驶入尽头线,尽头线长 137m,设有 4 股平行线路,坡度为 1∶100。中间的两股线路供空车使用,侧面两股线路供矸石车及材料车专用。调度员可在调度室内操纵道岔,将从罐笼内推出的矿车发往相应线路进行列车编组。

电机车将重列车送至推车机后,即经井筒旁侧的回车线从调度室旁通过,驶入尽头式折返线,此时调度员通知司机挂取列车的股道及牵引地点,机车司机则向调度员报告牵引列车的重车数,电机车从尽头式折返线内牵出空列车后,经回车线出场。

1 号井的调车方式基本上与 2 号井相同,不同之处是在空车线侧设有一部转车盘,用于矿车掉头,并在回车线上编组。采用转车盘可缩短车场巷道长度,减少机车摘挂空重列车的行走距离。这种车场优点是:单向行车,线路紧凑,巷道断面形式少,缺点是:全部车辆均需摘钩,故工作量大,须设自动滑行坡道,所需的设备数量较多。

英国的改建矿井,多数将工作面至井底车场间的煤炭运输改为带式输送机(如"安涅斯里"和"乌埃尔伯克"矿井)。

"安涅斯里"矿井的罐笼井筒装备两套双层罐笼,每层容纳一辆 2t 矿车,为调转矿车运行方向在空车线侧设有尽头式折返线,在重车线侧设有转车盘(图 5—6—35a)。为减缓矿车运行速度和补偿高度损失,采用按规定间距布置坡道推车机。

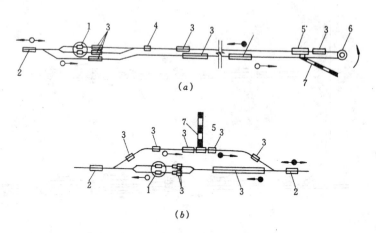

(a)

(b)

图 5—6—35　英国矿井采用输送机及矿车运煤的井底车场

a—"安涅斯里"矿井;b—"乌埃尔伯克"矿井

1—罐笼井;2—尽头式折返线;3—推车机;4—缓行器;5—装车站;6—转车盘;7—输送机

"乌埃尔伯克"矿井的罐笼井(图 5—6—35b)装备两套罐笼,罐笼为单层,可容纳一辆 7t 矿车,每昼夜生产能力 4000t。该矿井的井底车场是用重车线一侧的尽头式折返线来掉转矿车的运行方向,同时用一台链式坡道推车机来补偿高度损失,矿车自动滑行速度用缓行器(轨道闸)调节,周转车辆总计为 16 辆 7t 矿车。

4. 同时装两层罐笼的井底车场

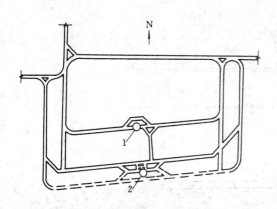

图5—6—36　德国"索菲亚—亚基比"
矿井井底车场
1—4号井筒；2—6号井筒

德国"索菲亚—亚基比"矿井的井底车场具有一定特色（图5—6—36）。6号井筒的井底车场内同时装两层罐笼，装罐方法是运煤重车通过两条巷道驶入井底车场后，分别进入上、下两个装车场，而这两条进车巷道的坡度应保证上、下两个装车场的高差为2.6m，井底车场内的空车线路亦按此要求铺设，东侧巷道是上坡，西侧巷道是下坡。坡度均为1：300。这种布置方式的优点是：井底车场空、重车线长度均不超过45m，这些巷道断面大，均采用砖碹支护，车场其他巷道全部采用金属拱形支架。

来自各采区的运煤重车分别驶入四条线路，即东侧巷道的两条线路和西侧巷道中的两条线路。发自每个采区的煤车均按规定的线路直接驶抵装车场，这种方法能够同时利用四个采区发来的煤车装载一个两层罐笼。

运输水平的巷道最大宽度为8m，下层装车场水平的巷道宽度为6.5～7.2m，井底车场每昼夜的通过能力为6250t。

井筒提升及井底车场中倒换矿车的作业均为自动控制，仅有两处自动滑行线段。矿车装罐，链式推车机推车，以及道岔、风门和信号控制等项作业，均由井下中央控制站集中管理，该站设于向罐笼装车侧的推车机上部。

二、采用带式输送机运煤的井底车场布置

前苏联这类井底车场的布置按辅助运输方式的不同，可分为：采用电机车运输材料和设备的井底车场，采用自行矿车运输材料和设备的井底车场和采用柴油机牵引的单轨吊车运输材料和设备的井底车场。

1. 采用电机车运输材料和设备的井底车场布置

这类井底车场的电机车与列车的调车作业与前述采用机车运输单向行车的井底车场调车作业方式相同，采用输送机运输的井底车场，具有布局简单，占用人员少等主要优点（图5—6—37）。

2. 采用自行矿车运输材料和设备的井底车场布置

这类井底车场内，自行矿车采用单向行车方式。因自行矿车可提到地面，故不在井下进行保养和检修工作（图5—6—38）。输送机大巷的位置可根据井田准备方式或高于主

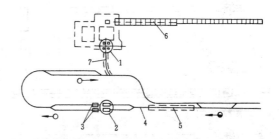

图5—6—37　采用电机车运输材料和
设备的井底车场

1—箕斗井；2—罐笼井；3—倒车设备；4—分车道岔；
5—钢丝绳推车机；6—输送机；7—清理井底撒煤巷道

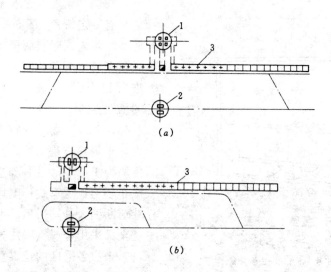

图 5—6—38   采用自行矿车运输材料及设备的井底车场

a—两翼进车；b—单翼进车

1—箕斗井；2—罐笼井；3—输送机

要巷道或与其同一水平。

3. 采用柴油机牵引的单轨吊车运输材料和设备的井底车场布置（图 5—6—39）

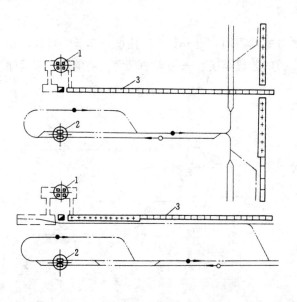

图 5—6—39   采用柴油机牵引的单轨吊车
运输材料和设备的井底车场

1—箕斗井；2—罐笼井；3—输送机

这类井底车场副井连接处的作业，直接由柴油机车完成。柴油机车加油及修理在地面进行。生产及辅助硐室均布置在各单独的巷道内。井底车场水平还设有通往爆炸材料库的支线。

全部巷道包括转载站、副井的单侧马头门，主副井与输送机大巷的联络巷道均布置在井底车场的上部。单轨吊车在清理主井井底水窝后，经联络巷及罐笼井驶入转载站水平将清理物卸入仓内。

为确保罐笼提升连续作业，罐笼井筒处必须经常备有一台调车用的柴油机车，用以更换罐笼内带集装设施的材料车。

井底车场内设有专用的错车道，用以停放来自采区及地面带集装设施的材料车。柴油机车从采区进入井底车场后，将空车停放在错车道，挂取重车后驶向指定地点。

第七章　主排水系统硐室

主排水系统硐室主要由主排水泵硐室、管子道和水仓组成。

按卧式水泵的吸水方式不同，主排水泵硐室布置有吸入式和压入式。另外还有采用潜水泵排水方式。目前，一般采用卧式水泵吸入式的排水方式。

第一节　吸入式主排水泵硐室

吸入式主排水泵硐室一般由水泵硐室、吸水井、配水巷道和硐室通道组成。

一、一般规定和要求

1) 为便于集中管理，维护检修，缩短供电距离和管路长度，主排水泵硐室与主变电所应联合布置，并宜靠近敷设排水管路的井筒。

2) 主排水泵硐室布置形式与具体位置应根据井筒位置、井底车场巷道布置及所处围岩条件确定。硐室与井筒垂直距离不宜小于 20m。

3) 主排水泵硐室应有两个出口通道，一个通过管子道至井筒，另一个与井底车场巷道或大巷相连，其通道长度宜大于 15m。

4) 斜井井底车场主排水泵硐室布置于井底车场一侧时，硐室应设在车场存车线的高道一侧，硐室地面应高于硐室通道与高道一侧巷道连接处的底板 0.5m。

5) 主排水泵硐室通道断面应满足最大设备通过、及行人和通风要求，并应与密闭门、栅栏门的规格相匹配。选用密闭门、栅栏门的规格时，应满足设备通过时，其最突出部位与门框的间隙不小于 200mm。

6) 主排水泵硐室的净宽、净高，应根据水泵与电机轮廓尺寸与安装间隙、通道、起重梁高度等确定。并应满足安装、检修时设备进出、排水管、电缆的悬挂以及行人方便等要求。

7) 当主排水泵硐室电缆采用地沟走线布置时，电缆沟宜设在轨道中间。当采用墙壁悬挂电缆时，电缆与电机接线段应在硐室底板设电缆沟，或预埋电缆钢套管。

8) 主排水泵硐室断面形状与支护型式应根据围岩稳定性确定，断面一般采用半圆拱。硐室的支护材料宜采用料石或混凝土砌碹，混凝土强度等级不低于 C20。当硐室所处的围岩较软弱时应采用可靠的复合支护。硐室的地面宜用强度等级不低于 C10 的混凝土铺底，其厚度 100mm。

9) 吸水井、配水巷道断面宜采用圆形、方形、半圆拱形，吸水井井底应低于配水巷，水仓与配（吸）水井连接处底板高差不小于 1.5m。吸水井顶部应设起吊环，吸水井井壁应设便于检修的爬梯，上口地面应铺设盖板。

10) 主排水泵硐室地面应向吸水井侧设有不小于 3‰ 的流水坡度，电缆沟亦应有不小于 3‰ 的流水坡度，以利于积水流入吸水井。电缆沟底和壁的砌厚不小于 100mm，电缆沟砌筑宜采用混凝土，其强度等级不低于 C15。

11) 主排水泵硐室内设备进出宜采用轨道运输，轨面应与硐室地面平齐；硐室内轨道转向方式宜采用标准转盘或经验收符合标准的自制转盘。

12) 主排水泵硐室通道与车场巷道相交处设备转运，宜采用起吊方式，在不影响车辆运行的线路上也可采用转盘或道岔连接。

二、主排水泵硐室布置

（一）硐室与相邻巷道的连接方式（图5—7—1）

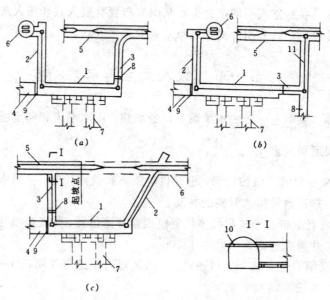

图5—7—1　主排水泵硐室与相邻巷道连接方式

1—主排水泵硐室；2—管子道；3—通道；4—主变电所；5—车场巷道；
6—井筒；7—水仓；8—密闭门；9—防火门；10—起重梁；11—井底车场联络巷道

设计时应根据井筒位置、井底车场布置、围岩状况等条件具体确定连接方式。通道与井底车场巷道直接相接，见图5—7—1a、c；通道与井底车场的联络巷道相接，见图5—7—1b。通道与井底车场之间设备运输的转运方式可通过道岔转运，见图5—7—1a；设转盘转运，见图5—7—1b；设起重梁转运，见图5—7—1c。管子道与立井连接时，管子道布置在井筒出车一侧，见图5—7—1a；布置在进车一侧，见图5—7—1b。管子道与斜井连接可采取与井筒直交或斜交的方式，斜交连接见图5—7—1c。

（二）吸水井、配水巷道的布置

吸水井、配水巷道的布置见表5—7—1。

（三）水泵硐室设备布置（图5—7—2）

设备选型及布置由机电专业确定。

1. 水　泵

水泵一般沿硐室纵向单排布置，以减少硐室宽度，其基础布置见图5—7—2a。当水泵数量较多，硐室围岩条件较好时，为便于管理，水泵也可双排布置，见图5—7—2b。双排布置硐室宽度约为单排布置的1.6倍。

表 5-7-1　吸水井、配水井的布置形式

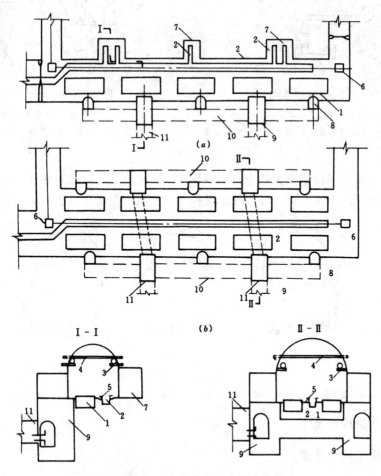

图　　　示	图　　注	优　　点	缺　　点
	1—吸水井; 2—配水巷道; 3—硐室; 4—水仓; 5—副水仓	配水方式灵活、简单,阀门少,易于控制,硐室宽度小,一般多采用此种布置形式	配水巷道与硐室平行,因靠近硐室,易造成硐室一侧基础松动
		配水巷道垂直硐室,水仓距硐室较远,施工时对硐室影响较小	配水巷道工程量较大,配水方式不灵活、吸水井两侧均须设阀门,清理一个水仓时,小井一侧所有阀门均须关闭,硐室宽度大

图 5-7-2　主排水泵硐室设备布置

1—水泵基础;2—电缆沟;3—托管梁;4—起重梁;5—轨道;6—转盘;
7—电器壁龛;8—吸水小井;9—配水井;10—配水巷道;11—水仓

2. 电 缆

电缆敷设有沿墙悬挂和设电缆沟两种方式。沿墙悬挂电缆，使用条件好，检修方便，但电缆长度增长，弯头多，有电气壁龛时悬挂不方便。一般多采用电缆沟敷设方式，电缆沟布置见图 5—7—2 中 2。电缆沟结构见图 5—7—3，沟中电缆托架材料，可用扁钢、圆钢或角钢。

3. 排水管

排水管一般设托管梁架设，见图 5—7—2 中 3，排水管较多时也可利用起重梁吊挂。

4. 电气设备

由于水泵电机容量较大，直接启动影响电网压降过大，一般须加电抗器启动水泵。电抗器启动柜可放在主变电所硐室或主排水泵硐室的壁龛内，放在主排水泵硐室时，可一台泵或两台泵设一壁龛，见图 5—7—2a 中 7。当硐室围岩条件较好时，这种布置方式更便于水泵启动操作。

5. 起吊运输设备

水泵硐室设起重梁和轨道，担负设备的起吊和运输。起重梁和轨道布置见图 5—7—2 中4、5。轨道固定方式见图 5—7—4。

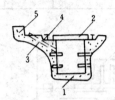

图 5—7—3 电缆沟结构

1—电缆托架，纵向间距 1m 左右，距沟底 0.1m 左右；
2—电缆沟盖板；3—穿电缆铁管；4—轨道；5—水泵基础

图 5—7—4 轨道固定方式

1—轨道；2—电缆沟盖板；
3—预埋螺栓；4—圆铁（与轨道焊接）

对于大容量水泵和检修量大的主排水泵硐室，必要时硐室内也可采用单梁手动起重机来起吊设备。起重机的支撑方式，可采用悬臂钢梁、钢架和混凝土牛腿等，其布置和支撑方式见图 5—7—5。

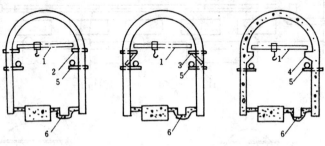

图 5—7—5 起重机的布置和支撑方式

1—起重机；2—悬臂钢梁；3—钢架；4—混凝土牛腿；5—托管梁；6—电缆沟

三、主排水泵硐室尺寸

主排水泵硐室尺寸见表 5—7—2。

四、水泵基础尺寸（图 5—7—6）

水泵机组（水泵和电动机）混凝土基础各部尺寸应按下列各条确定：

表 5-7-2 硐 室 尺 寸

图 示	符号	注 释	取 值
	B	硐室宽度	
	b_1	水泵基础与吸水井一侧墙壁间距	一般 800～1000mm
	b_2	水泵基础宽度	
	b_3	水泵基础与轨道一侧墙壁间距	一般不小于 1500mm
	H	硐室高度	
	h_1	水泵基础面到硐室地面高度	一般不小于 100mm
	h_2	水泵高度	
	h_3	闸板阀高度	
	h_4	逆止阀高度	
	h_5	四通接头高度	
	h_6	三通接头高度	
	h_7	三通接头到起重梁高度	一般 500mm
	h_8	起重梁到拱顶高度	按碹拱受力条件确定
	l	硐室长度	
	l_1	水泵和电动机基础长度	
	l_2	相邻水泵基础的间距	一般 1500～2000mm
	l_3、l_4	水泵基础到端墙距离	根据设备运输和消防材料、检修工具、备件的存放以及辅助设备等布置需要确定

1. 基础的平面尺寸

基础平面尺寸应根据水泵底座的外形尺寸确定,见图 5-7-6。

1)水泵机组底座周边与基础边缘的距离 b,一般不小于 100mm(通常取 150～200mm);

2)地脚螺栓轴线距基础边缘的最小距离 a,应不小于螺栓直径 d 的 4 倍;

3)预留螺栓孔壁至基础边缘距离 c,应不小于 100mm。

2. 基础立面尺寸

基础的立面尺寸应满足如下要求,见图 5-7-6。

1)设备基础二次浇灌层厚度 h_1,一般为 50～100mm;

2)螺栓埋设深度 h_0,按计算确定,计算时直钩式螺栓 h_0 一般为螺栓直径 d 的 20 倍,爪式螺栓 h_0 一般为直径 d 的 15 倍;

3)螺栓距孔底 h_2,一般为 50～100mm;

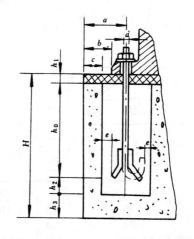

图 5-7-6 水泵基础尺寸

4) 螺栓孔底至基础底距离 h_3，不应小于 100mm；

5) 基础全高 H，应满足下式要求：

$$H = h_0 + h_1 + h_2 + h_3 \geqslant (2.0 \sim 2.5) G/\gamma \cdot s \tag{5-7-1}$$

式中 s——混凝土基础平面面积，m^2；

G——水泵机组总重量，kg；

γ——混凝土容重，$\gamma \approx 2200 \sim 2400 kg/m^3$。

3. 基础预留螺栓孔截面尺寸

预留螺栓孔截面尺寸 $A \times A$，一般为 80mm×80mm～150mm×150mm，螺栓距孔壁 e，应不小于 15mm，见图 5-7-6。

五、D 型、MD 型和 PJ 型水泵特征

（一）D 型水泵特征

由于 D 型多级分段式离心水泵的扬程、流量较大，效率较高，是目前使用较多的水泵，其技术特征见表 5-7-3。

（二）MD 型水泵特征

MD 型系列泵是近年开发的新产品。MD 型泵不仅效率高，汽蚀性能好，运行平稳可靠，而且采用合金耐磨铸铁材料（其耐磨性为普通铸铁 HT200 的 4～5 倍），适用煤矿输送固体颗粒含量不大于 1.5%，粒度小于 0.5mm 的矿井水，其技术特征见表 5-7-4。

（三）PJ 型水泵特征

PJ 型系列泵是高扬程多级离心泵。其结构合理，泵效率高，汽蚀性能好，振动小，运行平稳可靠，叶轮、密封环导叶套及导叶等零部件选用合金铸铁材料，耐磨性好，使用寿命长。该系列泵已在淮南、开滦、鸡西等十多个矿务局使用，其技术特征见表 5-7-5。

表 5-7-3   D 型多级分段式离心泵技术特征

型号	流量 (m³/h)	扬程 (m)	允许吸程 (m)	配带电机 型号	配带电机 容量 (kW)	水泵电机组合外形尺寸 长×宽×高 (mm)	排水管 直径 (mm)	排水管 层数	起重梁高 (mm)	断面高 (mm)	断面宽 (mm)
150D 30×4	119	124	7	JO₂-93-4	100	2327×725×630	d150	1	2700	3700	3600
	155	116	6.5								
	190	106	5.8					2	3200	4200	
150D 30×5	119	155	7	JS114-4	115	2025×1010×875	d150	1	2700	3700	3600
	155	145	6.5								
	190	133	5.8					2	3200	4200	
150D 30×6	119	186	7	JS115-4	135	2840×1010×875	d150	1	2700	3700	3600
	155	174	6.5								
	190	159	5.8					2	3200	4200	
150D 30×7	119	217	7	JS116-4	155	2955×1010×875	d150	1	2700	3700	3600
	155	203	6.5								
	190	186	5.8					2	3200	4200	

续表

型号	流量 (m³/h)	扬程 (m)	允许吸程 (m)	配带电机		水泵电机组合外形尺寸 长×宽×高 (mm)	所需断面尺寸（半圆拱）				
				型号	容量 (kW)		排水管		起重梁高 (mm)	断面高 (mm)	断面宽 (mm)
							直径 (mm)	层数			
150D 30×8	119 155 190	248 232 212	7 6.5 5.8	JS117－4	180	3120×1010×875	d150	1 2	2700 3200	3800 4200	3800
150D 30×9	119 155 190	279 261 239	7 6.5 5.8	JS117－4	180	3235×1010×875	d150	1 2	2700 3200	3800 4200	3800
150D 30×10	119 155 190	310 290 265	7 6.5 5.8	JS136－4	220	3565×1225×1125	d150	1 2	2700 3200	3800 4200	3800
200D 43×3	190 288 346	135.9 122.4 111.0	7.2 5.7 4.5	JS116－4	155	2570×1010×875	d200	1 2	2900 3500	4200 4600	3800
200D 43×4	190 288 346	181.2 163.2 148.0	7.2 5.7 4.5	JS137－4	260	2905×1225×1125	d200	1 2	2900 3500	4200 4600	3800
200D 43×5	190 288 346	226.5 204.0 185.0	7.2 5.7 4.5	JS138－4	300	3095×1225×1125	d200	1 2	2900 3500	4200 4600	3800
200D 43×6	190 288 346	271.8 244.8 222.0	7.2 5.7 4.5	JS138－4	300	3225×1225×1125	d200	1 2	2900 3500	4200 4600	3800
200D 43×7	190 288 346	317.1 285.6 259.0	7.2 5.7 4.5	JSQ147－4	360	3590×1395×1270	d200	1 2	2900 3500	4100 4700	4000
200D 43×8	190 288 346	362.4 326.4 296.0	7.2 5.7 4.5	JSQ148－4	440	3720×1395×1270	d200	1 2	2900 3500	4100 4700	4000
200D 43×9	190 288 346	407.7 367.2 333.0	7.2 5.7 4.5	JSQ148－4	440	3850×1395×1270	d200	1 2	2900 3500	4100 4700	4000
200D 65×6	190 280 336	411 369 339	7 6 5	JSQ1410－4	500	3833×1395×1270	d200	1 2	2900 3600	4200 4900	4200

型号	流量 (m³/h)	扬程 (m)	允许吸程 (m)	配带电机 型 号	容量 (kW)	水泵电机组合 外形尺寸 长×宽×高 (mm)	所需断面尺寸（半圆拱） 排水管 直径 (mm)	层数	起重梁高 (mm)	断面高 (mm)	断面宽 (mm)
200D 65×7	190 280 336	480 430 395	7 6 5	JSQ158-4	680	3999×1575×1435	d200	1 2	2900 3600	4200 4900	4200
200D 65×8	190 280 336	584 492 451	7 6 5	JSQ158-4	680	4128×1575×1435	d200	1 2	2900 3600	4200 4900	4200
200D 65×9	190 280 336	616 554 508	7 6 5	JSQ1510-4	850	4358×1575×1435	d200	1 2	2900 3600	4200 4900	4200
200D 65×10	190 280 336	685 615 565	7 6 5	JSQ1510-4	850	4488×1575×1435	d200	1 2	2900 3600	4200 4900	4200
250D 60×4	330 420 485	258 240 222	3.5	JSQ1410-4	500	3913×1395×1270	d250	1 2	3200 3800	4500 5100	4200
250D 60×5	330 420 485	322.5 300 277.5	3.5	JSQ158-4	680	4101×1575×1435	d250	1 2	3200 3800	4500 5100	4200
250D 60×6	330 420 485	387 360 330	3.5	JSQ158-4	680	4254×1575×1435	d250	1 2	3200 3800	4500 5100	4200
250D 60×7	330 420 485	451.5 420 388.5	3.5	JSQ1510-4	850	4507×1575×1435	d250	1 2	3200 3800	4500 5100	4200
250D 60×8	330 420 485	516 480 444	3.5	JSQ1510-4	850	4660×1575×1435	d250	1 2	3200 3800	4500 5100	4200
250D 60×9	330 420 485	580.5 540 499.5	3.5	JSQ1512-4	1050	4813×1575×1435	d250	1 2	3200 3800	4500 5100	4200
250D 60×10	330 420 485	645 600 555	3.5	JSQ1512-4	1050	4966×1575×1435	d250	1 2	3200 3800	4500 5100	4200

注：250D60×4 表示：250—泵吸入口直径（mm）；D—单吸、多级分段式离心清水泵；60—泵单级扬程（m）；4—泵叶轮级数。

表 5—7—4 MD 型多级分段式离心泵技术特征

型号	流量 (m³/h)	扬程 (m)	允许吸程 (m)	配带电机 型 号	配带电机 容量 (kW)	水泵电机组合 外形尺寸 长×宽×高 (mm)	所需断面尺寸（半圆拱）排水管 直径 (mm)	所需断面尺寸（半圆拱）排水管 层数	起重梁高 (mm)	断面高 (mm)	断面宽 (mm)
MD155 −30×4	119 155 191	129.9 120 109.7	8.0 7.7 6.6	Y280M−4	90	2399×755×755	d150	1 2	2700 3200	3700 4200	3600
MD155 −30×5	119 155 191	162.3 150 137.2	8.0 7.7 6.6	Y315S−4	110	2664×845×885	d150	1 2	2700 3200	3700 4200	3600
MD155 −30×6	119 155 191	194.8 180 164.6	8.0 7.7 6.6	JS115−4	135	2874×1010×875	d150	1 2	2700 3200	3700 4200	3600
MD155 −30×7	119 155 191	227.3 210 192.0	8.0 7.7 6.6	JS116−4	155	2989×1010×875	d150	1 2	2700 3200	3700 4200	3600
MD155 −30×8	119 155 191	259.7 240 219.5	8.0 7.7 6.6	JS117−4	180	3104×1010×875	d150	1 2	2700 3200	3700 4200	3600
MD155 −30×9	219 155 191	292.5 270 246.9	8.0 7.7 6.6	JS117−4	180	3219×1010×950	d150	1 2	2700 3200	3700 4200	3600
MD280 −43×3	190 280 346	142.5 129 115.5	7.2 6 4.5	JS116−4	155	2603×1070×950	d200	1 2	2900 3500	4200 4600	3800
MD280 −43×4	190 280 346	190 172 154	7.2 6 4.5	JS136−4	220	2733×1110×1005	d200	1 2	2900 3500	4200 4600	3800
MD280 −43×5	190 280 346	237.5 215 192.5	7.2 6 4.5	JS138−4	300	3078×1225×1125	d200	1 2	2900 3500	4200 4600	3800
MD280 −43×6	190 280 346	280 258 231	7.2 6 4.5	JS138−4	300	3118×1225×1125	d200	1 2	2900 3500	4200 4600	3800
MD280 −43×7	190 280 346	332.5 301 269.5	7.2 6 4.5	JSQ47−4	360	3593×1400×1130	d200	1 2	2900 3500	4100 4700	4000

型号	流量 (m³/h)	扬程 (m)	允许 吸程 (m)	配带电机		水泵电机组合 外形尺寸 长×宽×高 (mm)	所需断面尺寸（半圆拱）				
				型 号	容量 (kW)		排水管		起重 梁高 (mm)	断面高 (mm)	断面宽 (mm)
							直径 (mm)	层数			
MD280 −43×8	190 280 346	380 344 308	7.2 6 4.5	JSQ148−4	440	3723×1400×1130	d200	1 2	2900 3500	4100 4700	4000
MD280 −43×9	190 280 346	427.5 387 346.5	7.2 6 4.5	JSQ148−4	440	3853×1400×1130	d200	1 2	2900 3500	4100 4700	4000
MD280 −65×6	185 280 335	408 390 372	7.4 6.7 5.5	JSQ1410−4	500	3898×1400×1130	d200	1 2	2900 3600	4200 4900	4200
MD280 −65×7	185 280 335	476 455 434	7.4 6.7 5.5	JSQ158−4	680	4063×1580×1280	d200	1 2	2900 3600	4200 4900	4200
MD280 −65×8	185 280 335	544 520 496	7.4 6.7 5.5	JSQ158−4	680	4193×1580×1280	d200	1 2	2900 3600	4200 4900	4200
MD280 −65×9	185 280 335	612 585 558	7.4 6.7 5.5	JSQ1510−4	850	4423×1580×1280	d200	1 2	2900 3600	4200 4900	4200
MD280 −65×10	185 280 335	680 650 620	7.4 6.7 5.5	JSQ1510−4	850	4553×1580×1280	d200	1 2	2900 3600	4200 4900	4200
MD450 −60×4	400 450 500	246 240 228	6.5 6 5.5	JSQ148−4	440	3545×1400×1160	d250	1 2	3200 3800	4500 5100	4200
MD450 −60×5	400 450 500	307.5 300 285	6.5 6 5.5	JSQ158−4	680	3830×1580×1280	d250	1 2	3200 3800	4500 5100	4200
MD450 −60×6	400 450 500	369 360 342	6.5 6 5.5	JSQ158−4	680	3980×1580×1280	d250	1 2	3200 3800	4500 5100	4200
MD450 −60×7	400 450 500	430.5 420 399	6.5 6 5.5	JSQ1510−4	850	4230×1580×1280	d250	1 2	3200 3800	4500 5100	4200

型号	流量 (m³/h)	扬程 (m)	允许吸程 (m)	配带电机 型号	配带电机 容量 (kW)	水泵电机组合外形尺寸 长×宽×高 (mm)	所需断面尺寸（半圆拱）排水管 直径 (mm)	所需断面尺寸（半圆拱）排水管 层数	起重梁高 (mm)	断面高 (mm)	断面宽 (mm)
MD450 −60×8	400	492	6.5	JSQ1510−4	850	4410×1580×1280	d250	1	3200	4500	4200
	450	480	6								
	500	456	5.5					2	3800	5100	
MD450 −60×9	400	553.6	6.5	JSQ1512−4	1050	4560×1580×1280	d250	1	3200	4500	4200
	450	540	6								
	500	513	5.5					2	3800	5100	
MD450 −60×10	400	615	6.5	JSQ1512−4	1050	4710×1580×1280	d250	1	3200	4500	4200
	450	600	6								
	500	570	5.5					2	3800	5100	
MD450 −60×11	400	676.5	6.5	JSQ1512−4	1250	4860×1580×1280	d250	1	3200	4500	4200
	450	660	6								
	500	627	5.5					2	3800	5100	
MD500 −57×3	450	180	6	JSQ147−4	360	3395×1400×1160	d250	1	3200	4500	4200
	500	171	5.5								
	550	162	4.8					2	3800	5100	
MD500 −57×4	450	240	6	JSQ1410−4	500	3645×1400×1160	d250	1	3200	4500	4200
	500	228	5.5								
	550	216	4.8					2	3800	5100	
MD500 −57×5	450	300	6	JSQ158−4	680	3830×1580×1280	d250	1	3200	4500	4200
	500	285	5.5								
	550	270	4.8					2	3800	5100	
MD500 −57×6	450	360	6	JSQ158−4	680	3980×1580×1280	d250	1	3200	4500	4200
	500	342	5.5								
	550	324	4.8					2	3800	5100	
MD500 −57×7	450	420	6	JSQ1510−4	850	4230×1580×1280	d250	1	3200	4500	4200
	500	399	5.5								
	550	378	4.8					2	3800	5100	
MD500 −57×8	450	480	6	JSQ1512−4	1050	4410×1580×1280	d250	1	3200	4500	4200
	500	456	5.5								
	550	432	4.8					2	3800	5100	
MD500 −60×9	450	540	6	JSQ1512−4	1050	4560×1580×1280	d250	1	3200	4500	4200
	500	513	5.5								
	550	486	4.8					2	3800	5100	

型号	流量 (m³/h)	扬程 (m)	允许吸程 (m)	配带电机 型 号	容量 (kW)	水泵电机组合 外形尺寸 长×宽×高 (mm)	所需断面尺寸（半圆拱） 排水管 直径 (mm)	层数	起重梁高 (mm)	断面高 (mm)	断面宽 (mm)
MD500 −57×10	450 500 550	600 570 540	6 5.5 4.8	JSQ1512−4	1250	4710×1580×1280	d250	1 2	3200 3800	4500 5100	4200
MD500 −57×11	450 500 550	660 627 594	6 5.5 4.8	JSQ1512−4	1250	4860×1580×1280	d250	1 2	3200 3800	4500 5100	4200
MD280 −100×4	250 280 300	420 400 392	5.2 4.8 4.5	JK630	630	3780×1420×1125	d150	1 2	2900 3600	4200 4900	4200
MD280 −100×5	250 280 300	525 500 490	5.2 4.8 4.5	JK630	630	3900×1420×1125	d150	1 2	2900 3600	4200 4900	4200
MD280 −100×6	250 280 300	630 600 588	5.2 4.8 4.5	JK800	800	4020×1420×1125	d150	1 2	2900 3600	4200 4900	4200
MD280 −100×7	250 280 300	735 700 686	5.2 4.8 4.5	JKZ1000	1000	4706×1250×1290	d150	1 2	2900 3600	4200 4900	4200
MD280 −100×8	250 280 300	840 800 784	5.2 4.8 4.5	JKZ1250	1250	4946×1250×1290	d150	1 2	2900 3600	4200 4900	4200
MD280 −100×9	250 280 300	945 900 882	5.2 4.8 4.5	JKZ1250	1250	5066×1250×1290	d150	1 2	2900 3600	4200 4900	4200
MD280 −100×10	250 280 300	1050 1000 980	5.2 4.8 4.5	JKZ1250	1250	5186×1250×1290	d150	1 2	2900 3600	4200 4900	4200

注：MD280—100×4 表示：MD—耐磨矿用排水泵；280—流量（m³/h）；100—泵单级扬程（m）；4—泵级数。

表 5-7-5　PJ 型高扬程多级离心泵技术特征

型号	流量 (m³/h)	扬程 (m)	允许吸程 (m)	配带电机 型号	配带电机 容量 (kW)	水泵电机组合外形尺寸 长×宽×高 (mm)	排水管 直径 (mm)	排水管 层数	起重梁高 (mm)	断面高 (mm)	断面宽 (mm)
PJ80×4	100	132	7.4	Y280S—4	75	2380×765×755	d80	1 2	2700 3200	3700 4200	3600
PJ80×5	100	165	7.4	Y280S—4	75	2470×765×755	d80	1 2	2700 3200	3700 4200	3600
PJ80×6	100	198	7.4	Y280M—4	90	2608×765×755	d80	1 2	2700 3200	3700 4200	3600
PJ80×7	100	231	7.4	Y315S—4	110	2847×845×780	d80	1 2	2700 3200	3700 4200	3600
PJ80×8	100	264	7.4	Y315M₁—4	132	2988×955×905	d80	1 2	2700 3200	3700 4200	3600
PJ80×9	100	297	7.4	Y315M₁—4	132	3077×955×905	d80	1 2	2700 3200	3700 4200	3600
PJ80×10	100	330	7.4	Y315M₂—4	160	3166×955×905	d80	1 2	2700 3200	3700 4200	3600
PJ80×11	100	363	7.4	Y315M₂—4	160	3225×955×905	d80	1 2	2700 3200	3700 4200	3600
PJ80×12	100	396	7.4	Y315M₂—4	185	3344×955×905	d80	1 2	2700 3200	3700 4200	3600
PJ150×3	300	187.5	6.8	JS127—4	230	3243×1200×1190	d150	1 2	2900 3500	4200 4600	3800
PJ150×4	300	253.3	6.8	JS137—4	350	3549×1200×1255	d150	1 2	2900 3500	4200 4600	3800
PJ150×5	300	319.1	6.8	JS138—4	410	3675×1200×1255	d150	1 2	2900 3500	4200 4600	3800
PJ150×6	300	384.9	6.8	JSQ1410—4	500	4121×1200×1210	d150	1 2	2900 3500	4200 4600	3800
PJ150×7	300	450.7	6.8	JSQ158—4	680	4282×1260×1300	d150	1 2	2900 3500	4100 4700	4000
PJ150×8	300	516.5	6.8	JSQ158—4	680	4408×1260×1300	d150	1 2	2900 3500	4100 4700	4000

型号	流量 (m³/h)	扬程 (m)	允许吸程 (m)	配带电机		水泵电机组合外形尺寸 长×宽×高 (mm)	所需断面尺寸（半圆拱）				
				型 号	容量 (kW)		排水管		起重梁高 (mm)	断面高 (mm)	断面宽 (mm)
							直径 (mm)	层数			
PJ150×9	300	582.3	6.8	JSQ158−4	680	4534×1260×1300	d150	1	2900	4100	4000
								2	3500	4700	
PJ150×10	300	648.1	6.8	JSQ1510−4	850	4760×1260×1300	d150	1	2900	4100	4000
								2	3500	4700	
PJ150×11	300	713.9	6.8	JSQ1510−4	850	4886×1260×1300	d150	1	2900	4100	4000
								2	3500	4700	
PJ150×12	300	779.7	6.8	JSQ1512−4	1050	5012×1260×1300	d150	1	2900	4100	4000
								2	3500	4700	
PJ200×3	420	260.3	6.7	JSQ148−4	440	3949×1423×1285	d200	1	2900	4200	4200
								2	3600	4900	
PJ200×4	420	356.7	6.7	JSQ158−4	680	4226×1513×1375	d200	1	2900	4200	4200
								2	3600	4900	
PJ200×5	420	453.1	6.7	JSQ1510−4	850	4468×1513×1375	d200	1	2900	4200	4200
								2	3600	4900	
PJ200×6	420	549.5	6.7	JSQ−1512−4	1050	4610×1513×1375	d200	1	2900	4200	4200
								2	3600	4900	
PJ200×7	420	645.9	6.7	JSQ−1512−4	1050	4752×1513×1375	d200	1	2900	4200	4200
								2	3600	4900	
PJ200×8	420	742.3	6.7	JSQ−1512−4	1250	4894×1513×1375	d200	1	2900	4200	4200
								2	3600	4900	
PJ200×9	420	838.7	6.7	Y5004−4	1400	5569×1510×1335	d200	1	2900	4200	4200
								2	3600	4900	
PJ200×10	420	935.1	6.7	Y5601−4	1600	5876×1695×1355	d200	1	3200	4500	4200
								2	3800	5100	
PJ200×11	420	1031.5	6.7	Y5602−4	1800	6018×1695×1355	d200	1	3200	4500	4200
								2	3800	5100	
PJ200×12	420	1127.9	6.7	Y5603−4	2000	6160×1695×1355	d200	1	3200	4500	4200
								2	3800	5100	

注：PJ200×4表示：PJ—高扬程多级泵；200—泵出口直径为200mm；4—泵的级数为4级。

六、不同规格硐室断面特征

以下各种硐室断面特征可供矿井方案和初步设计时计算硐室工程量用。表中 T—支护厚度（按普氏系数 4～6 确定），S—净断面，S_1—掘进断面，V—拱、墙、基础材料消耗量。

（1）主排水泵硐室断面特征（表 5—7—6）

表 5—7—6　主排水泵硐室断面特征

图　示	B (mm)	H (mm)	h (mm)	T (mm)	S (m²)	S_1 (m²)	V (m³/m)
	3600	3700	2700	300	11.9	15.9	3.19
		4200	3200	300	13.7	18.0	3.49
	3800	3800	2700	300	12.9	17.0	3.28
		4300	3200	300	14.8	19.2	3.58
		4200	2900	300	13.7	17.9	3.40
		4600	3500	300	15.9	20.6	3.76
	4000	4100	2900	300	14.7	19.0	3.50
		4700	3500	300	17.1	21.8	3.86
	4200	4200	2900	350	15.7	20.8	4.22
		4900	3600	350	18.7	24.3	4.71
		4500	3200	350	17.0	22.3	4.43
		5100	3800	350	19.5	25.3	4.85

料石

注：$d_0 = T$。

（2）吸水井断面特征（表 5—7—7）
（3）配水巷道断面特征（表 5—7—8）
（4）各种壁龛断面特征（表 5—7—9）
（5）通道断面特征（表 5—7—10）

表 5—7—7　吸水井断面特征

图　示	图　注	B(D) (mm)	A (mm)	T (mm)	S (m²)	S_1 (m²)	V (m³/m)
配水井	1—配水巷道；2—水仓；3—吸水管	2000	3000	250	6.0	9.4	3.4
		2000	3500	250	7.8	10.7	3.7
		2500	3500	250	8.8	12.7	3.91
		2500	4000	250	10.0	14.3	4.3
		3000	4000	250	12.0	16.6	4.6
		3000	4500	250	13.5	18.4	4.9

续表

图　　示	图　注	B (D)(mm)	A(mm)	T(mm)	S(m²)	S₁(m²)	V(m³/m)
吸水井		D1200		200	1.1	2.3	1.2
		D1400		200	1.5	2.8	1.3
		D1600		200	2.0	3.5	1.5
		D1800		200	2.5	4.2	1.7
		D2000		200	3.1	5.3	2.2
	1—配水巷道；2—水仓；3—吸水管	1200	1200	200	1.4	2.9	1.5
		1400	1400	200	2.0	3.6	1.6
		1600	1600	200	2.6	4.4	1.8
		1800	1800	200	3.2	5.3	2.1
		2000	2000	200	4.0	6.3	2.3
		1200	1200	200	1.3	2.6	1.3
		1400	1400	200	1.8	3.2	1.4
		1600	1600	200	2.3	3.9	1.6
		1800	1800	200	2.9	4.7	1.8
		2000	2000	200	3.6	5.5	2.0

表 5-7-8 配水巷道断面特征

图　　示	B(mm)	H(mm)	T(mm)	S(m²)	S₁(m²)	V(m³/m)
	1000	1800	200	1.7	3.0	1.31
	1000	2000	200	1.9	3.3	1.41
	1200	1800	200	2.0	3.3	1.34
	1200	2000	200	2.3	3.7	1.44
	1500	1800	200	2.5	3.9	1.39
	1500	2000	200	2.8	4.3	1.49

注：$d_0 = T$。

表 5—7—9　各种壁龛断面特征

名称	图示	B (mm)	H (mm)	T (mm)	S (m²)	S₁ (m²)	V (m³/m)
配水井壁龛	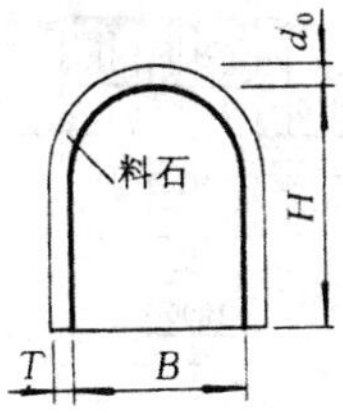	2000	2500	200	4.6	6.2	1.29
		2500	2700	250	6.1	8.3	1.80
		3000	2900	250	7.7	10.1	1.98
吸水井壁龛		1200	2000	200	2.3	3.5	1.00
		1400	2000	200	2.6	3.9	1.02
		1600	2500	200	3.7	5.3	1.25
		1800	2500	200	4.2	5.8	1.27
		2000	2500	200	4.6	6.2	1.29
电器壁龛	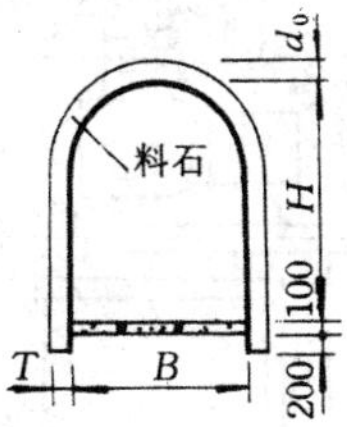	2200	3000	250	6.1	8.7	2.03
		3500	4100	300	13.0	17.2	3.35

表头B、H、T单位mm，S、S₁单位m²，V单位m³/m。图示中标注"料石"、d₀、H、T、B。电器壁龛图另标100、200、250。

注：$d_0=T$。

表 5—7—10　通道断面特征

图示	B (mm)	H (mm)	T (mm)	S (m²)	S₁ (m²)	V (m³/m)
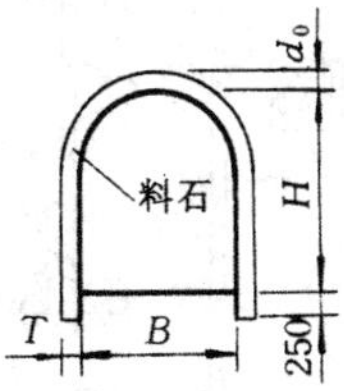	2100	2550	250	4.9	6.9	1.79
	2400	3200	250	6.6	8.9	2.18

注：$d_0=T$。

七、吸入式主排水泵硐室设计实例

（1）河南义马甘豪矿主排水泵硐室（图5—7—7）

（2）兖州济宁三号矿井－520m水平主排水泵硐室（图5—7—8）

（3）开滦荆各庄矿暗斜井延伸－475m水平主排水泵硐室（图5—7—9）

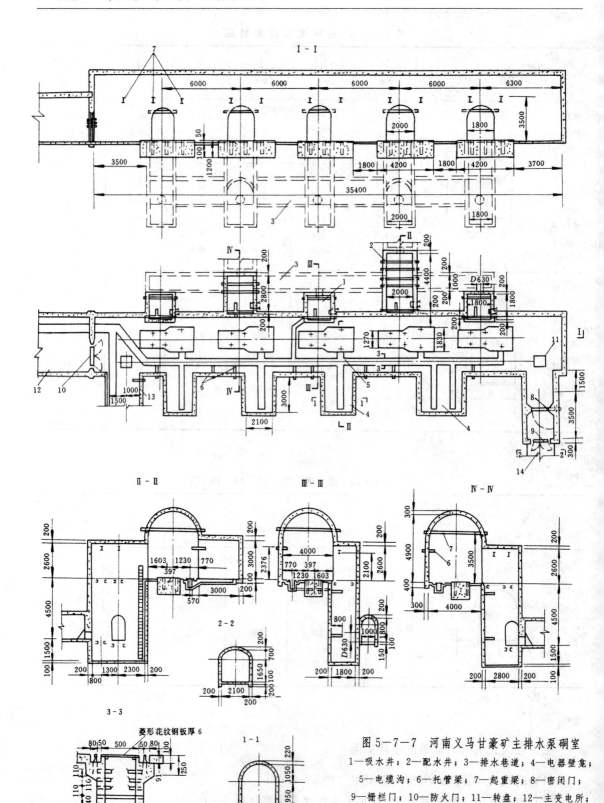

图5-7-7　河南义马甘豪矿主排水泵硐室

1—吸水井；2—配水井；3—排水巷道；4—电器壁龛；
5—电缆沟；6—托管梁；7—起重梁；8—密闭门；
9—栅栏门；10—防火门；11—转盘；12—主变电所；
13—管子道；14—通道

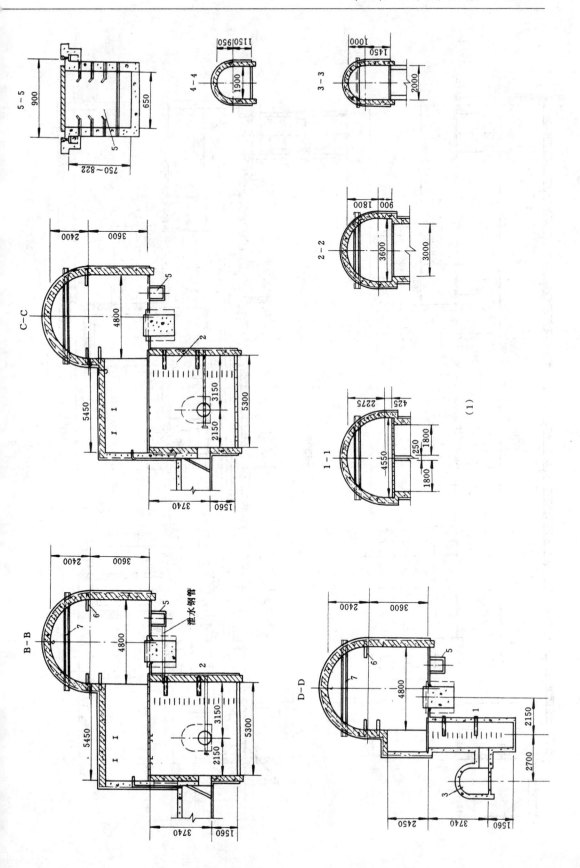

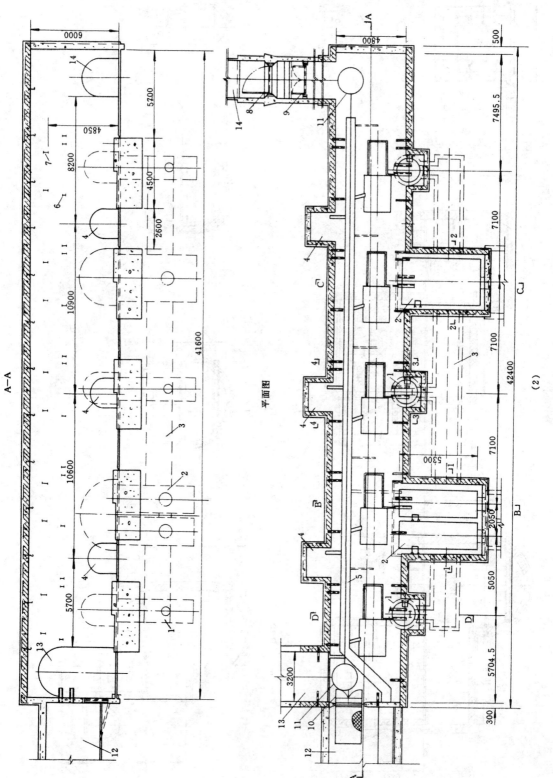

图 5-7-8　兖州济宁三号矿井-520m 水平主排水泵硐室

第二节　压入式主排水泵硐室

一、水泵硐室布置特点

压入（潜没）式水泵硐室的特点是水泵硐室低于水仓和大巷，水泵利用水仓自然水头进水，不需灌水启动，可避免水泵气蚀。还便于自动控制和有利于延长水泵的寿命。由于水泵低于水仓水位、无底阀，故水泵效率高，电耗较少。

由于水泵硐室低于水仓和大巷，硐室的通风条件稍差、积水不便排除，设备运输不方便。同时水泵硐室通道（斜巷、管子道、控制分水阀的通道等辅助巷道）工程量较吸入式水泵硐室大。因此，这种布置方式目前采用不多。但当矿井排水选用高转数（每分钟达3000转以上）、高扬程、大流量的水泵时，由于这种水泵的吸入性能难以满足吸入式的水泵硐室布置要求时，可采用压入式布置方式。当矿井使用的排水泵吸程较低，不能适应吸入式水仓布置时，也可采用压入式布置方式。水采矿井的煤水泵提升，由于工艺要求，有的煤水泵硐室也采用压入式布置。

二、一般规定和要求

水泵硐室位置、尺寸、温度、出口通道数量、各种硐室断面等有关规定和要求，与吸入式水泵硐室相同。

三、水泵硐室有关的安全措施

1）为防止车场积水流入水泵硐室，硐室与车场连接的斜通道上口的巷道底板，应高于连接处车场巷道底板0.5m，或采取其他阻水措施。

2）水泵硐室与车场或大巷相通的所有通道，均应设防水密闭门。

3）为便于水患时关闭通道密闭门的情况下亦可控制分水阀，水泵硐室内应有连通分水阀门操作巷道的通道，见图5—7—11中16。

4）水泵硐室支护和吸水巷的密闭墙，应能防止水仓和围岩渗水。水仓与水泵硐室高差较大时，应考虑其间围岩的坚固性。

5）水泵硐室中应设有安全水仓或水窝，并应配备两台小水泵（一台工作，一台备用），用于排除水仓、水泵、管道漏水等进入水泵硐室的积水，积水可排到吸水巷内。

6）管子道上部平台的高程应高于井底车场轨面7m以上。

7）为便于水患时增加排水设备，吸水巷密闭墙上应预留带闸门的吸水管，以备紧急时使用。

四、压入式水泵硐室布置实例

1）抚顺老虎台矿—580m水平水泵硐室（图5—7—10）

2）焦作王封矿硫铁区新水泵硐室（图5—7—11）

3）凡口铅锌矿压入式水泵硐室（图5—7—12）

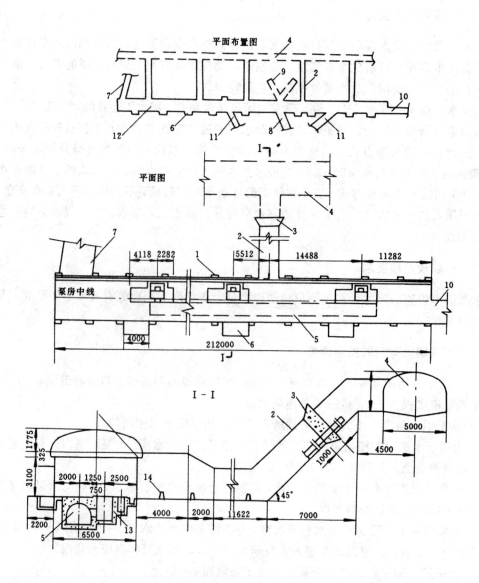

图 5-7-10　抚顺老虎台矿-580m 水平水泵硐室

1—起重机基础；2—调水联络道；3—挡水墙；4—清水仓（配水巷道）；5—风沟；6—开关壁龛；
7—西部管子道；8—东部管子道；9—安全水仓；10—通道；11—变电所；12—水泵硐室；
13—12GD200×5 型水泵 JKZ2500-2 型电动机基础；14—管墩

平面布置图

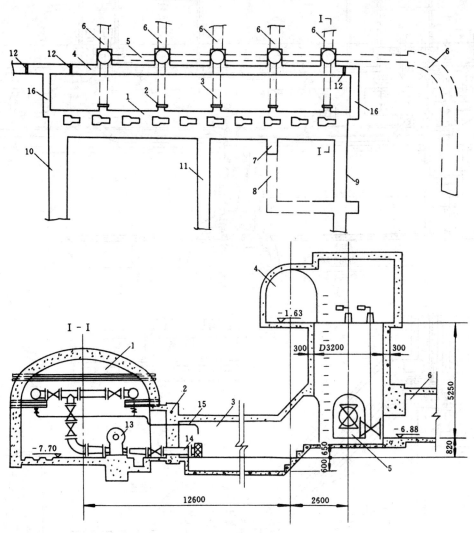

图5-7-11　焦作王封矿硫铁区新水泵硐室

1—新水泵硐室；2—密闭墙；3—吸水巷道；4—分水阀操作巷道；5—配水巷道；6—水仓；7—安全泵房；
8—安全水仓；9—通道；10—变电所；11—管子道；12—密闭门；13—水泵10DK-9×2型；
14—吸水管；15—清理吸水巷的喷水管；16—硐室到分水阀操作巷通道

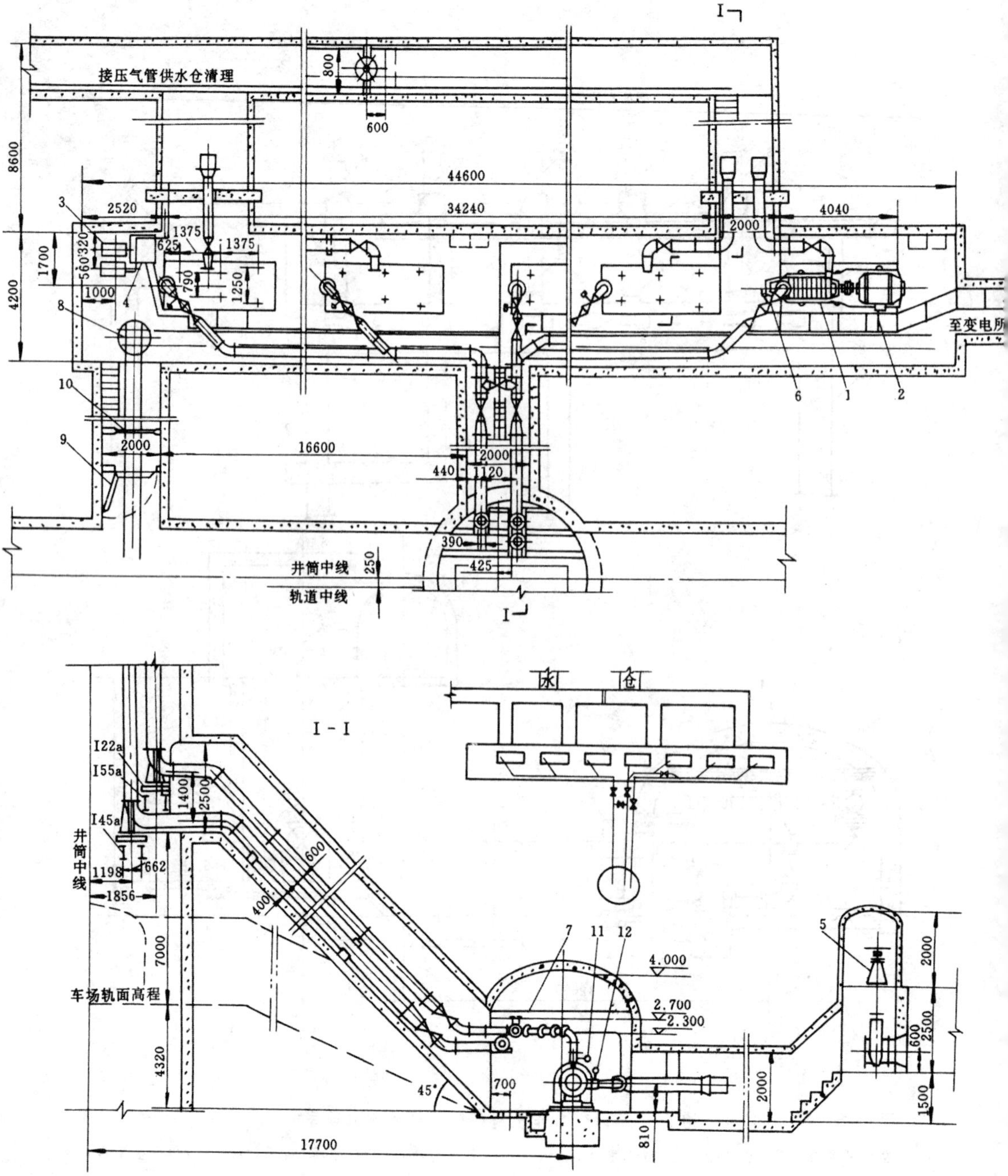

图 5—7—12 凡口铅锌矿压入式水泵硐室

说明：水泵硐室内没有连接分水阀操作巷的通道，管子道未考虑运输设备

1—8DA—8×9型水泵；2—电动机；3—安全小水泵；4—集水水窝；5—d750分水阀；

6—电动闸门；7—手动葫芦；8—转盘；9—防水门；10—栅栏门；11、12—压力表

第三节　潜水泵主排水泵硐室

　　潜水泵是将泵体潜入水中工作的水泵，它既可在井下控制也可在地面控制。潜水泵用于井下排水，近十多年来在国外已被推广应用。在国内大型潜水泵用于被淹矿井的抢险排水，已有成功经验，如开滦吕家坨矿等。当遭水患时潜水泵不受淹没的威胁，可延缓矿井被淹的时间，有利于进行排水抢救工作。它具有不需要灌水启动，易于自动控制，系统构成简单，维护量小，安全性、可靠性高，效率高等优点。

　　峰峰矿务局九龙口矿井选用潜水泵排水，自 1991 年 4 月投产至今已正常运行 7 年多。该矿井设计生产能力 120 万 t/a，矿井正常涌水量 1300m³/h，矿井最大涌水量 1690m³/h，采用立井开拓，第一水平垂深 717m。主排水泵选用石家庄水泵厂生产的 6825×16 型潜水泵 2 台及合肥水泵厂生产的 QKSG－D－100－275/800 型潜水泵 2 台。排水管采用 D426 无缝钢管，初期设 3 趟排水管，排水能力 2700m³/h。设计 2 个直径 5.5m 的泵井，每个泵井可安装 4 台潜水泵。为满足潜水泵排水的要求，井下设置了矿井水澄清净化系统，该系统首次在煤矿井

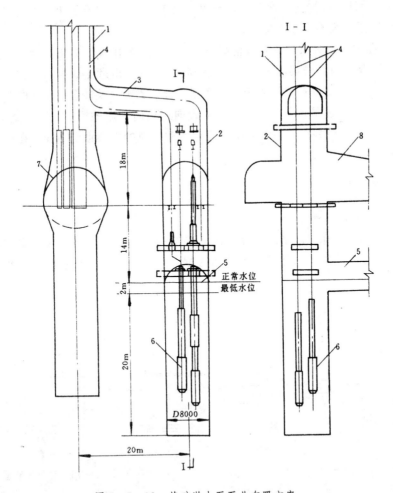

图 5-7-13　某矿潜水泵泵井布置方案

1—提升井；2—泵井；3—管子道；4—排水管；5—水仓；6—潜水泵；7—井底车场巷道；8—通道

下生产中采用，达到了国内领先水平。

某矿潜水泵泵井布置方案，见图5—7—13。

第四节 管 子 道

一、一般规定和要求

1）管子道为排水泵硐室通至井筒的斜通道，一般宜布置在主排水泵硐室端部，除敷设排水管道外，还应是主排水泵硐室内的一个安全出口。矿井发生水患时，可由此运送设备。井筒设有梯子间时，管子道必须有通往梯子间的通道。

2）管子道倾角应不大于30°并铺设轨道，上下竖曲线半径宜采用6~12m。管子道通往井筒连接处应设平台，平台应高出水泵硐室地面7.0m以上。

3）管子道与主排水硐室、井筒联接的平面与斜面尺寸，必须进行闭合计算。

4）管子道的净断面应满足敷设排水管路、排水设备的运送、检修人员上下的要求。当斜巷段倾角大于16°时，人行道应设台阶，当倾角大于25°时，应设扶手。当人行道布置于巷道一侧时，人行道宽度宜不小于500mm。

5）管子道宜采用半圆拱粗料石或混凝土支护。排水管托管梁梁窝深度应超过墙外缘边界线，即稍大于墙厚。当托管梁高度超过拱基线时，应以不超过1/3拱高为宜。

6）管子道应根据设备布置要求敷设托管梁、管墩、轨道及转盘。当有电缆通过时还应敷设电缆沟（架）。管子道平台与井筒连接处应设向通道内开启的栅栏门以防坠落。

7）在管子道平台与井筒连接处，应设固定活动短轨的钢梁或起重梁。在与斜井连接处应设道岔或起吊梁。

二、管子道布置

1. 管子道的平面布置

管子道一般只设一条，常见的布置形式见图5—7—1。当井筒设有两个管子间，或敷设排水管道的井筒不止一个时，管子道的数量可根据需要确定。特殊布置形式的管子道布置，见图5—7—14。

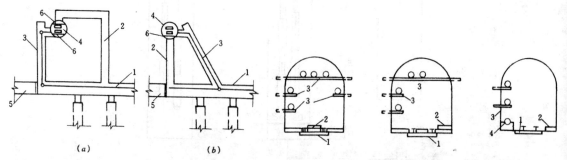

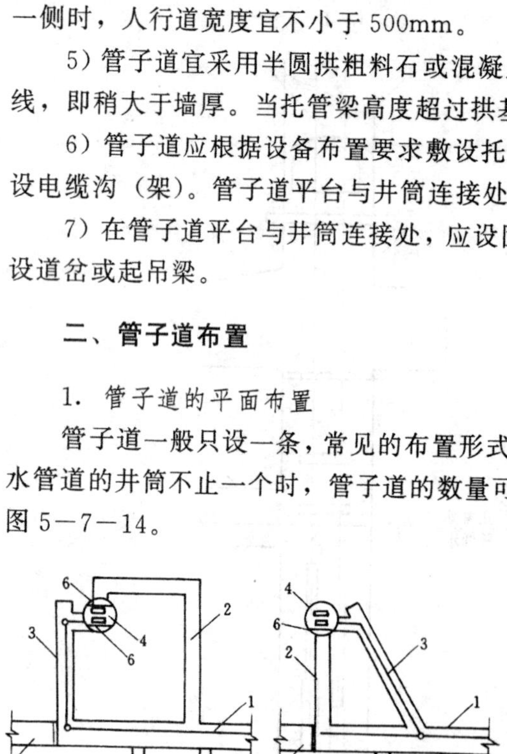

图5—7—14 特殊布置形式的管子道布置
1—主排水泵硐室；2—管子道；3—设备运输通道；
4—井筒；5—主变电所；6—管子间

图5—7—15 管子道断面布置
1—轨枕；2—阶梯；3—托管梁；
4—托管座

图5-7-14a 为立井罐笼两侧均设管子间时,两条管子道的布置方式。图5-7-14b 为排水管数目较多,且围岩不适宜布置断面较大的管子道时,将排水管道和设备运输通道分开布置的方式。

2. 管子道断面布置

管子道中排水管、轨道、人行阶梯的布置方式,见图5-7-15。

3.管子道平台与井筒之间设备转运方式

为了便于管子道平台与井筒内罐笼之间的设备转运,一般采用设起重梁起吊或设托轨梁通过轨道转运。设托轨梁时,梁与提升容器之间应留有安全间隙。起重梁和托轨梁的布置见图5-7-16a、b。当与斜井井筒连接时,管子道的轨道可通过道岔与井筒轨道连接,见图5-7-1c,这种连接方式对井筒提升不利。还可采取加设起重梁起吊的方式转运,见图5-7-16c。

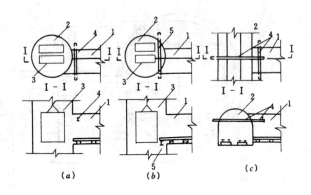

图5-7-16 管子道平台与井筒之间设备转运方式
1—管子道平台;2—井筒;3—罐笼;4—起重梁;
5—托轨梁(或利用罐道梁)

三、不同规格管子道断面特征

管子道断面特征见表5-7-11,可供矿井方案和初步设计时计算工程量用。表中 T—支护厚度(按普氏系数4~6确定), S—净断面积, S_1—掘进断面积(充填厚度按50mm计算), V—拱、墙、基础材料消耗量。

表5-7-11 管 子 道 断 面 特 征

图　　　示	B (mm)	H (mm)	T (mm)	S (m²)	S_1 (m²)	V (m³/m)
	2000	2500	200	4.6	6.2	1.39
	2400	2700	250	5.9	8.0	1.91
	2400	3200	250	7.1	9.5	2.16
	2800	2900	250	7.3	9.1	2.07
	2800	3900	250	10.1	12.5	2.57
	3200	3100	300	8.8	11.8	2.70
	3200	4100	300	12.0	15.7	3.30

注: $d_0 = T$。

四、管子道的设计实例

河南义马甘豪矿管子道如图 5—7—17 所示。

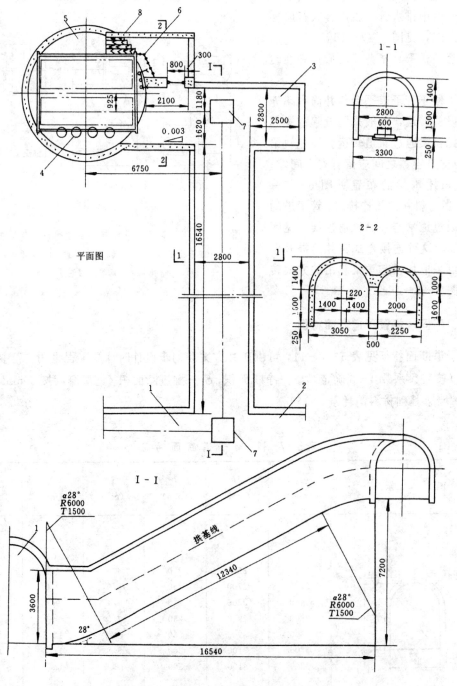

图 5—7—17　河南义马甘豪矿管子道

1—主排水泵硐室；2—主变电所；3—稳车硐室；4—排水管；5—井筒；6—铁栅栏；

7—转盘；8—连接梯子间平台

第五节 排 水 钻 孔

通过钻孔下钢制排水管排水与在斜井井筒内敷设管路排水相比，管路短、电耗低、维修量小，常用于斜井开拓的矿井。也可用于涌水量很大、离井筒较远的排水泵硐室，可减少水沟断面，硐室分散便于通风。目前受钻机能力限制，钻孔偏斜也不易掌握，排水高度和排水管径不能很大。

焦作矿务局自 1957 年开始使用钻孔排水，至今已有几十个排水钻孔。该局水文队 1980 年在中马村矿利用旧石油钻机施工，排水钻孔孔径 394mm，深达 400m。

焦作矿务局排水钻孔统计资料见表 5-7-12。

辽宁八道壕矿 1975 年也施工了两个排水钻孔，该矿为斜井开拓，施工后涌水量增大，在斜井中敷设管路困难，后改为钻孔排水，孔深 289.38m、286.62m，孔径 375mm，管径 219mm，最终偏斜 2°50′、3°40′。

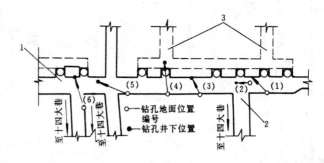

图 5-7-18 焦作王封矿 71 号水泵硐室排水钻孔平面布置
1—水泵硐室；2—通道；3—水仓

一、设计时应注意的问题

1) 钻机的最大钻探深度、孔径和钻孔的偏斜度。

2) 孔位不设在受岩层移动影响地方。

3) 孔位在井下的位置应布置在与水泵硐室保持一定距离的管子道中，便于管子安装。在地面两孔中心距离应在 4m 以上，便于钻孔施工。

4) 孔径要比排水管外径大 20~30mm，便于下管子和壁后注浆。

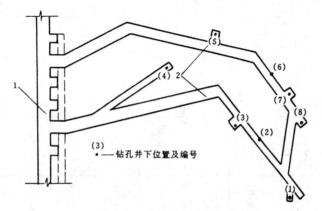

图 5-7-19 焦作小马村矿井下水泵硐室排水钻孔平面布置
1—水泵硐室；2—管子道

表 5—7—12　焦作矿务局排水钻孔统计资料

序号	矿井名称	使用地点	使用孔号	施工日期 钻探作业 起止日期	钻探作业 总日数	施工日期 下管、注浆、其他 起止日期	下管、注浆、其他 总日数	孔深 (m)	孔径 (mm)	管径 (mm)	终孔斜度	终孔水平偏移距离 (m)	钻探效率 (m/台月)	总费用 (万元)	成本 (元/m)	备 注
1	朱村矿	店后纸厂院内	排补1	96年5月27日至96年7月2日	37	96年7月3日至96年7月8日	6	262.43	440	377	1°12′	0.855	212.8	27.55	1050	钻探月效率包括钻探辅助时间在内，如搬家、安装料等，不包括事故处理停钻、与钻探作业无关的停钻时间
2	朱村矿	店后纸厂院内	补排2	96年4月25日至96年5月18日	24	96年5月19日至96年5月23日	5	261.08	440	377	1°30′	2.562	326.35	27.41	1050	
3	九里山矿	矿内	排水1号(矿外)	85年9月24日至85年11月3日	41	85年11月4日至85年11月8日	5	316.29	410	377	1°48′	1.316	231.43	33.21	1050	
4	九里山矿	矿内	排水2号(矿外)	85年11月9日至85年12月16日	38	85年12月17日至85年12月22日	6	316.54	410	377	1°	0.272	249.9	33.24	1050	
5	九里山矿	工业场地内	排1(矿内)	86年9月12日至86年10月11日	30	86年10月12日至86年10月14日	3	310	480	426	18′	0.87	310.0	32.55	1050	
6	九里山矿	矿内	排5	86年3月26日至86年5月22日	44	86年5月23日至86年5月28日	6	314.18	480	426	1°06′	0.525	214.21	32.99	1050	
7	九里山矿	矿内	排水3	86年4月10日至86年5月22日	43	86年5月23日至86年5月26日	4	314.02	480	426	0°	0.14	219.1	32.97	1050	
8	九里山矿	矿内	排4	86年5月27日至86年7月18日	53	86年7月19日至86年7月20日	2	313.84	480	426	48′	0.833	177.65	32.95	1050	
9	朱村矿	朱村矿西	朱排1号	87年12月7日至88年1月20日	45	88年1月21日至88年1月23日	3	227	411	377	1°06′	1.41	151.33	23.84	1050	
10	朱村矿	朱村矿东北	朱排4号	85年11月4日至85年11月22日	18	85年11月23日至85年11月24日	2	235.16	430	394	2°24′	1.39	391.93	24.69	1050	

5）钻孔施工和排水管的安装应在井下管子道施工之前完成。

6）由于钻孔偏斜和孔底坐标不易测准，须在井下找孔，故巷道工程量不易控制，设计时应留有一定的余量。

二、排水钻孔平面布置实例

图5－7－18～图5－7－20是焦作王封矿、小马村矿、焦东矿钻孔排水井下实测示意图，三个水泵硐室均是远离井筒，管子道是平的，图5－7－21是辽宁八道壕矿水泵硐室在副斜井附近时钻孔布置情况。

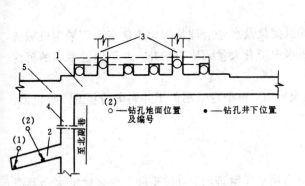

图5－7－20　焦作焦东矿北区水泵
硐室排水钻孔平面布置
1—水泵硐室；2—管子道；3—水仓；
4—通道；5—变电所

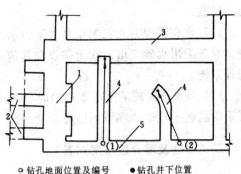

图5－7－21　辽宁八道壕矿井下水
泵硐室排水钻孔平面布置
1—主排水泵硐室；2—水仓；3—变
电所；4—管子道；5—通道

第六节　水　　仓

水仓是矿井涌水的贮水巷道，还起着澄清污水的沉淀作用。

一、一般规定和要求

1）井下水仓布置应根据井底车场形式、水泵硐室位置和围岩条件确定。水仓应避开松软、破碎的岩层和断层带。水仓入口应设在井底车场或大巷最低点或靠近最低点。

2）水仓必须由主仓和副仓两条（或两组）独立且互不渗漏的巷道组成，在清理时交替使用。

3）根据水仓与车场巷道的联接方式，应采用主排水泵硐室一侧的单面布置方式，即水仓在主排水泵硐室一侧。

4）根据水仓不同的容量和布置条件也可布置成多条或多组式。片盘斜井当正常涌水量小于100m³/h时，宜在井底设置简易或临时排水系统。

5）水仓入口通道内的水沟，应设铁箅子与闸板。清理水仓斜巷内应设人行台阶，斜巷坡度不应大于20°，竖曲线半径宜为9～12m，水仓可不设水沟，水仓应向吸水井方向设1‰～2‰的上坡。

6）水仓有效容量应根据矿井涌水量，按现行的《煤矿安全规程》有关条文规定确定。

7）水仓长度应根据水仓容量、围岩条件和清仓设备确定，并应在水仓断面优化计算的基础上尽量压缩水仓长度。

8）水仓最高存水面处应低于水仓入口水沟底面高程和主排水泵硐室电缆沟底板高程，水仓高度不宜小于2m。

9）水仓支护方式宜采用混凝土或防渗混凝土砌碹，亦可根据围岩软硬、稳定性及有无渗水情况采用锚喷支护或料石砌碹。在水仓与吸水井及配水巷连接处应采用混凝土或钢筋混凝土支护。如有渗水可在支护材料中加入一定数量的防水剂，底板应采用强度等级为C10的混凝土铺底。

10）水仓清理方式根据矿井井下污水的沉淀量及水仓清理量的大小确定，宜采用机械清理。对于采用水砂充填、水力采煤和其他污水中带有大量杂质的矿井，井下应设专门的沉淀清理系统。

11）当水仓清理采用矿车运输时，应铺设轨道，轨型宜采用低于井底车场巷道一级轨型。可采用混凝土轨枕，亦可铺设临时轨道。

二、水仓及清仓绞车房布置

水仓的布置形式见表5-7-13图示栏，当用矿车清理时，可按不同条件来确定水仓及清理绞车房的布置形式。一般水仓的绕行巷道与车场主要巷道方向平行，使布置更加紧凑。当矿井涌水量较大，增加水仓长度又受到限制时，也可将水仓增加到4条或更多，这时可将水仓分成两组，组间相互独立便于轮流清理。根据水仓所在的围岩稳定性，确定主、副水仓之

表 5-7-13　水仓及清仓绞车房布置形式

图　　示	图　　注	布　置　特　点
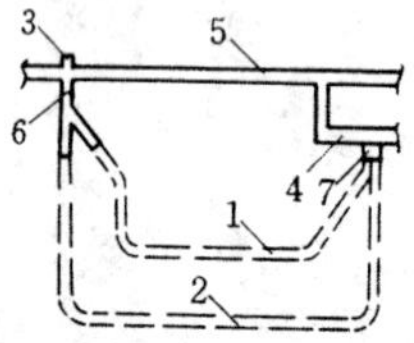		主、副水仓合用一个配水井，两水仓合并处隔墙容易漏水。清理水仓绞车房布置在大巷另一侧，可缩短水仓通道，但清理水仓时影响大巷运输
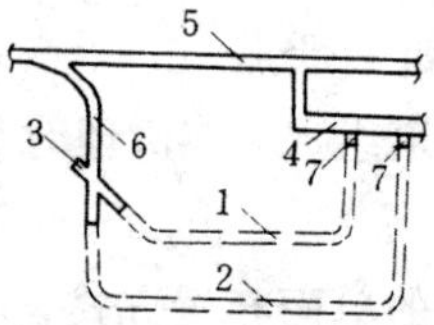	1—副水仓； 2—主水仓； 3—清仓绞车房； 4—主排水泵硐室； 5—车场巷道； 6—水仓通道； 7—配水井	主、副水仓有各自的配水井，水仓之间不易漏水。清理水仓绞车房设在水仓通道内，通道较长，但清理水仓时不影响大巷运输
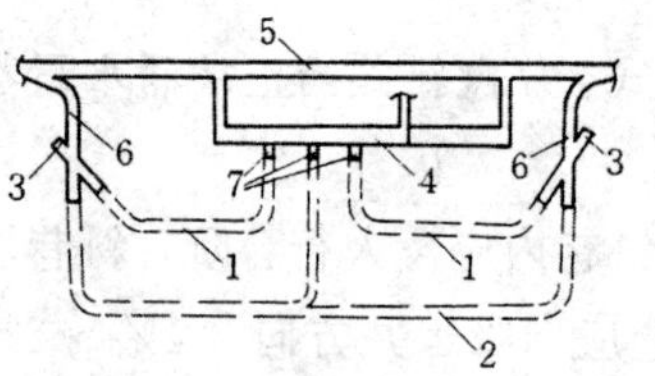		水仓入口分别设在大巷或车场两翼，水仓由两个副水仓和一个主水仓组成。当井底车场线路坡度与水沟坡度不相适应时，这种布置形式可较好地解决两翼水沟排水

间的距离，一般取 $15\sim20$ m。水仓与车场巷道立交时，立交处水仓宜用混凝土砌碹，并用混凝土充填水仓顶部。必要时还可增加钢轨或钢梁或缩小立交处水仓断面，以增强水仓支护的承载力。

三、水仓设计

水仓长度、断面的确定，通常分两步进行。首先，按《煤矿安全规程》有关条文的规定计算出水仓的有效容量，并预定水仓断面，之后依据所需的水仓容量和预定的水仓断面，计算水仓的总长，进行水仓平面布置。其次，按水仓平面布置，进行闭合计算，计算出水仓的实际长度，再行校正水仓的断面。

（一）水仓长度的计算

经过平面闭合计算后，每个水仓的长度将在立面闭合计算后确定。见表5−7−14水仓立面闭合计算表。从表中可见，水仓坡度 β_2 很小，水仓斜长 AC 与水平长度 l 相差极少，可用 l 作为一个水仓的长度。

表 5−7−14　水仓立面闭合计算

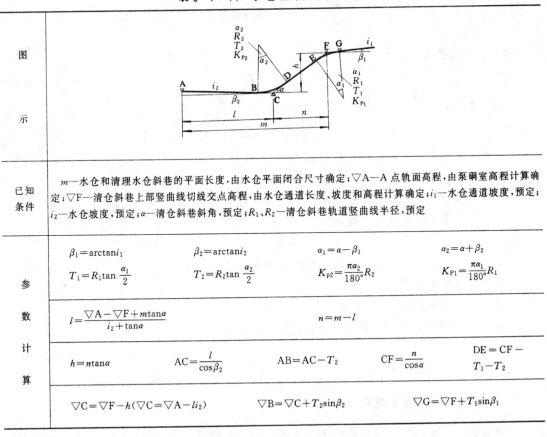

图示	
已知条件	m—水仓和清理水仓斜巷的平面长度，由水仓平面闭合尺寸确定；$\triangledown$A—A 点轨面高程，由泵硐室高程计算确定；$\triangledown$F—清仓斜巷上部竖曲线切线交点高程，由水仓通道长度、坡度和高程计算确定；i_1—水仓通道坡度，预定；i_2—水仓坡度，预定；α—清仓斜巷斜角，预定；R_1、R_2—清仓斜巷轨道竖曲线半径，预定
参数计算	$\beta_1=\arctan i_1$　　$\beta_2=\arctan i_2$　　$\alpha_1=\alpha-\beta_1$　　$\alpha_2=\alpha+\beta_2$ $T_1=R_1\tan\dfrac{\alpha_1}{2}$　　$T_2=R_2\tan\dfrac{\alpha_2}{2}$　　$K_{p2}=\dfrac{\pi\alpha_2}{180^\circ}R_2$　　$K_{P1}=\dfrac{\pi\alpha_1}{180^\circ}R_1$ $l=\dfrac{\triangledown A-\triangledown F+m\tan\alpha}{i_2+\tan\alpha}$　　$n=m-l$ $h=n\tan\alpha$　　$AC=\dfrac{l}{\cos\beta_2}$　　$AB=AC-T_2$　　$CF=\dfrac{n}{\cos\alpha}$　　$DE=CF-T_1-T_2$ $\triangledown C=\triangledown F-h(\triangledown C=\triangledown A-li_2)$　　$\triangledown B=\triangledown C+T_2\sin\beta_2$　　$\triangledown G=\triangledown F+T_1\sin\beta_1$

因此，水仓总长 L：

$$L=l_1+l_2+\cdots\cdots+l_n \qquad (5-7-2)$$

式中　l_1、l_2、l_n——分别为每个水仓长度。

（二）水仓的断面确定

一个水仓，按其出口高程，其容积可分为有效容积 V_1 和无效容积 V_2 两部分。见图 5－7－22，从水仓顶、底板的高程变化可见，一个水仓长度中点处的有效断面 S_1 为这个水仓的平均有效断面，该处无效断面 S_2 为水仓的平均无效断面。

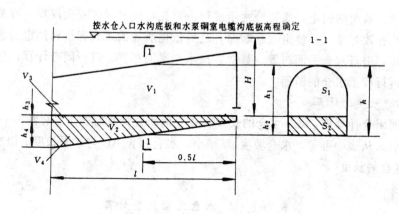

图 5－7－22　水仓纵剖面

因此，水仓断面 S：

$$S = S_1 + S_2 \tag{5-7-3}$$

$$S_1 = \frac{V}{L}$$

$$S_2 = (0.5h_4 + h_3)B$$

式中　V——水仓有效容积（即水仓有效容量），m^3；

　　　L——水仓总长度，m；

　　　h_3——水仓与吸水井连接处配水阀到水仓底板的高度，m；

　　　h_4——由水仓坡度形成的高差，m；

$$h_4 = l \times i$$

　　　l——一个水仓的长度，取长度大的一个水仓长度，m；

　　　i——水仓坡度，‰；

　　　B——水仓断面净宽度，m。

为使水仓容积充分利用，断面 S_1 的高度 h_1 应满足：

$$h_1 + 0.5li \leqslant H \tag{5-7-4}$$

式中　H——最大有效存水高度（见图 5－7－22）。

四、提高水仓利用率的措施

在铺设轨道的水仓中，因水仓坡度、水阀布置、泥砂沉积等因素的影响，水仓容积不能完全利用。为了提高水仓容积的利用率，可采取以下措施：

1. 减少水仓坡度所形成的无效容积

图 5－7－22 中，水仓坡度形成的无效容积 $V_4 = 0.5lh_4B = 0.5l^2iB$。可见 V_4 与 l^2 成正比，

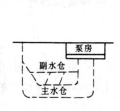

图5-7-23　水仓分组布置

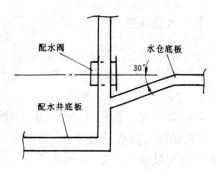

图5-7-24　配水阀布置

所以主要应采取缩短水仓长度,即在可能的条件下加大水仓断面,或采取分组布置的方式达到缩短水仓的长度。分组布置方式见图5-7-23中副水仓。此外还应适当地选取水仓的坡度。对于容量大的水仓,分组布置不但可减少坡度所形成的无效容积,还可加快水仓施工。

2. 改进配水阀布置

从图5-7-22可见,将配水阀布置低于水仓底板标高时,$h_3=0$,则配水阀所形成的无效容积$V_3=0$。为便于配水阀的安装,可采取图5-7-24的布置方式。

3. 减少泥砂沉积

为保证水仓有效容积,对泥砂沉淀量应进行控制并定期进行清理。对沉淀量较大的水仓,在污水入仓前,应设置沉淀池。

4. 预埋泄压管和改变水仓的立面布置

设计中,水仓都采用同一断面,其顶板高程随底板坡度变化而逐步上抬,使顶部空间不能充分利用。存水时,当水位高程升至入口处顶板高程时,水仓顶部便形成封闭容积,见图5-7-25。

该封闭容积在与外部大气完全隔绝时,其中充满空气只能被压缩,不能消除。为消除这个充满空气的封闭容积,施工时可在水仓顶部预埋一泄压铁管通到水泵硐室,使封闭容积中的空气可以外泄,这样水仓顶部空间即可充分利用。此外,还可将水仓顶板按水平布置,这样可以加大水仓有效断面,见图5-7-26。

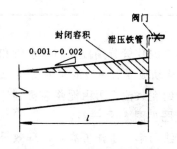

图5-7-25　水仓的封闭容积

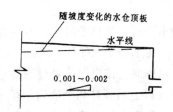

图5-7-26　水仓顶板按水平布置纵剖面

当水仓顶板高程按最大有效存水高度设计时,可最大限度地加大水仓有效断面。这种布置方式因水仓墙高将随着底板坡度变化而变化,对施工技术要求高一些。

五、水仓清理

一般矿井水仓清理方式采取人工或机械清理和矿车运输。机械清理有如下几种方式：

（一）射流泵（水抽子）清仓和泥浆泵排泥

1. 清理水仓和排泥方法

射流泵清理，是利用高压水通过射流泵喷嘴形成高速射流，产生的负压将泥浆吸入射流泵，泥浆随同高压水一起排出。高压水可利用主排水泵的高压水，或用高位水池的高压水。射流泵结构和尺寸见表5-7-15。

表5-7-15 射流泵结构尺寸

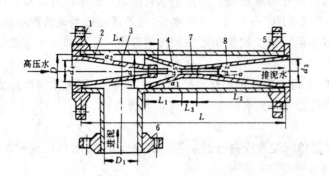

1、5、6—法兰盘；
2—喷嘴；
3—套管；
4—收缩器；
7—混合室；
8—扩散器

矿区名称	型号	收缩器				扩散器				喷嘴				混合室		套管		吸水管	排水管
		L_1	d_1	d_2	α_1	L_2	d_2	d_3	α	L_4	d_5	d_4	α_2	L_3	d_2	L	D	D_1	d_3
抚顺	7号	65	40	21	8°45′	10	21	38	4°21′	45	3～7	33		26	21	115	58	19	38
抚顺	10号	208	62	21	5°38′	295	21	60	4°	150 157	10	50	9°33′	40	32	166	75	31	60
抚顺	20号	140	97	32	13°04′	355	32	90	4°41′	185	13	60	7°14′	40	32	692	105	50	105
辽源	20号	141	50	32		404	25	75		150	7.5	45		30	25			62	75
新汶	20号	112	48	25		430	25	75		150	8	43						62	75

（结构尺寸）

清理水仓时，先排干清水，然后将射流泵的进水和排泥软管分别接到高压水管和排泥管上。先用高压水冲洗（稀释）沉泥，射流泵则在泥浆中移动吸泥。一般泥浆浓度在40～50％时较好，由排泥管排出泥浆经过滤筛进入泥浆泵硐室中的泥浆池，再由泥浆泵排到地面，筛出2～4mm以上的颗粒和杂物后用矿车运出。排泥系统图见图5-7-27。

这种清理方式原用于水砂充填矿井的水仓清理，方法简单，工作可靠，清理效果好，所需的设备和增加的工程量不大（一般只增加一个泥浆泵硐室即可）。与人工清理相比，效率提高7～14倍。有少数非水砂充填矿井也采用这种清理方式。

2. 设计中的有关问题

1）采用射流泵清理时，水仓和沉淀池须敷设高压水管和排泥管各一趟，为便于射流泵吸泥，水仓底板可设一集泥沟，水仓横向底板可设适当坡度，水仓纵向可不设坡度。

2）为保证射流泵有一定的排泥效率，连接射流泵的软管长度一般为 7～10m，最大不超过 30m，因此，水仓中高压水管和排泥管可每隔 30m 设一法兰接头。

3）排泥管直径一般为 d100mm，射流泵有效扬程一般为 30m 左右，泥浆泵硐室与水仓高差不宜过大，泥浆泵硐室一般设在水仓通道附近，不但有利于提高射流泵排泥效率，也便于矿车运输，见泥浆泵硐室布置，图 5－7－28。

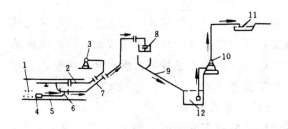

图 5－7－27　射流泵清仓，泥浆泵排泥系统

1—水仓沉淀物；2—d75mm 高压水管；3—高压水泵；4—
鸭嘴型龙头；5—d75mm 胶皮软管；6—射流泵；7—d100mm
排泥管；8—过滤筛；9—泥浆自流管；10—往复式泥浆泵；
11—地表沉淀池；12—泥浆池

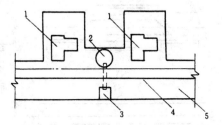

图 5－7－28　泥浆泵硐室平面布置

1—泥浆泵基础；2—泥浆池；3—过滤筛；
4—轨道中心；5—水仓通道

4）高压水管直径一般 d75～100mm，射流泵吸泥所需压力一般 10～30kg/cm²，压力过大时应采取减压措施。

5）泥浆泵事故较多，设计中应考虑有备用泥浆泵。

6）泥浆池的容积可按射流泵 0.5～1.0h 的排泥量确定，一般为 20～30m³。为防止泥浆沉淀，可采用压气或高压水进行搅动。

但这种清理方式工作效率较低，高压水消耗量大，喷嘴磨损严重以及需用人工操作等缺点。同时，目前泥浆泵的扬程较低，适用条件还受一定限制。

（二）高压水冲搅沉泥，主排水泵排泥

吉林通化松树二井和贵州老鹰山矿采用此方法。松树二井的做法是从主排水泵逆止阀上方引出一段 d100mm 的水管，装中压闸板阀和压力表后，接上 d75mm 水管，水管穿过吸水井进入水仓，沿水仓距底板 300mm 的高度敷设，从吸水井开始，每隔 3m 设一喷嘴，喷嘴可拆卸，以防堵塞。喷嘴孔径以 d7mm 为宜，射程 2.8～3.5m，每天进行清理。清理水仓前将仓内水排到距仓底 300mm 高度时，接通高压水冲搅 10min 后，即可将泥浆水由主排水泵排出。松树二井正常涌水量 72m³/h，最大 225m³/h，水中泥量较少，为减少水泵磨损，进入水仓的颗粒粒度预先经过五道篦网过滤。老鹰山煤矿用 d50mm 的高压水管从水仓通道接入水仓，沿底板敷设，每隔一定距离接一喷嘴，喷嘴用 d25mm 和 d15mm 水管做成。清仓时接通高压水，将沉泥冲搅成泥浆，然后由泵房内的 8DA8×9 型水泵排出。随着 MD 型、PJ 型等耐磨水泵的出现，水泵磨损问题得到缓解，这种清理水仓方式的适用性还要广些。

（三）装岩机清理

阜新高德矿一号井曾用过装岩机清理，使用情况比较好。但这种方式对不同粘性的煤泥清理，其效果相差较大。同时，要求水仓的高度须适应装岩机工作高度，一般很少采用这种方式。

（四）履带式螺旋清理机清理

原河北煤矿设计院设计的履带式螺旋清理机，该机由螺旋清扫部、装车部、行走部、传动部和调节部五个部分组成，适合在仓宽3.1m、3.6m、4.1m，曲线半径≥13m的水仓使用。

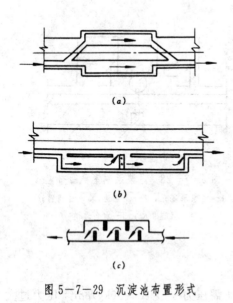

图5-7-29　沉淀池布置形式

六、沉淀池的布置、计算和清理

涌水中含泥砂量大的矿井，污水入仓前经沉淀池预先沉淀，不仅可以减少水仓的清理量，同时沉淀池还可控制进入水仓的泥砂粒度，满足某些清仓设备对固体颗粒粒度的要求。

1. 沉淀池布置形式

沉淀池可按需要分别设在采区、大巷和井底车场，一般布置形式见图5-7-29。

其中c图布置形式，在池中设有隔板，可加大水流通过的距离，但因水迂回流动，增加了水的紊流程度而不利于沉淀，也不便于清理。采用这种布置形式，应控制好水流速度。沉淀池也有同水仓联合布置的。见图5-7-30。

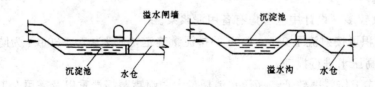

图5-7-30　沉淀池与水仓联合布置

2. 沉淀池尺寸计算

沉淀池多采用流水沉淀方式。流水沉淀也叫溢水沉淀，是污水在流动状态下进行沉淀的。采用这种沉淀方式，一般可在水仓中设挡水墙，进行边溢流，边沉淀。矿井水仓通道中的沉淀池，属流水沉淀。流水沉淀一般能够沉淀大于或等于0.1mm的固体颗粒。

水仓（流水沉淀池）的尺寸计算，见图5-7-31。

（1）预定水仓（沉淀池）的平均水流速度

要使0.1mm以上的颗粒沉淀，其水流速度须小于100mm/s。

（2）水仓（沉淀池）的宽度

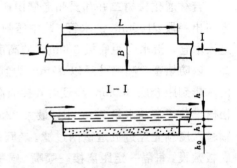

图5-7-31　流水沉淀池

B—沉淀池宽度；L—沉淀池长度；h—流水层深度；h_0—泥仓高度；h_1—缓冲层高度，取0.5m

$$B = 0.278 \frac{Q_{max}}{Vh} \tag{5-7-5}$$

式中　B——沉淀池宽度，或是几个同时使用的沉淀池总宽度，m；

　　Q_{max}——矿井最大涌水量，m^3/h；

　　V——沉淀池的平均水流速度，mm/s；

　　h——流动层深度，m，可取它等于进水沟的水流深度。

（3）水仓（沉淀池）长度

$$L = \alpha \frac{V}{V_0 - \omega} h \tag{5-7-6}$$

式中　L——沉淀池长度，m；

　　V_0——固体颗粒在静水中的平均沉降速度，mm/s；当固体颗粒粒度在0.2~0.1mm时，可取 $V_0 = 9.6$ mm/s；

　　α——系数，考虑有各种不同粒度的水力混合物的存在，

$$\alpha = \frac{1.5 V_0}{0.75 + V_0}$$

　　　　当 $V_0 = 9.6$ 时，$\alpha = 1.4$；

　　ω——V 的垂直分速度，当速度 $V < 90$ mm/s 时，$\omega = 0.1V$，当 $V = 90 \sim 130$ mm/s 时，$\omega = (0.03 \sim 0.05)V$。

（4）水仓（沉淀池）下部集泥仓容量和泥仓高度

$$V_0 = 1.5 g_{TB} Q_c \tag{5-7-7}$$

$$h_0 = \frac{V_0}{LB}$$

式中　V_0——集泥仓容积，m^3；

　　g_{TB}——污水中的固体浓度，当缺少实验数据时，其值可取 $g_{TB} = 0.0015 \sim 0.003$；

　　Q_c——清理周期内通过的水量，m^3；

　　h_0——泥仓高度，m。

为保证污水沉淀，水仓一般由使用仓（包括沉淀仓、清理仓、清水仓）和备用仓组成。

3. 沉淀池的清理

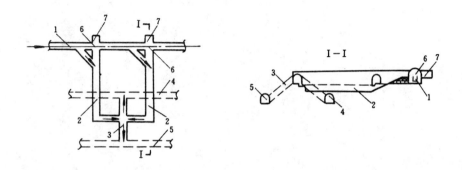

图5-7-32　电耙清理布置方式

1—水仓通道；2—沉淀池；3—分水巷道；4—内水仓；5—外水仓；6—电耙装车点；7—电耙操作硐室

　　沉淀池的清理，目前一般采用人工或机械清理。机械清理方式中有电耙清理，即用电耙将沉泥耙人矿车，由矿车运出，其清理布置方式见图 5—7—32。

　　沉淀池与水仓联合布置时，沉淀池清理方式也可同水仓清理方式，如采用射流泵清理、高压水冲搅沉泥主排水泵排泥和履带式螺旋清理机清理等。

第八章 水砂充填矿井水仓的沉淀和清理

水砂充填矿井中，充填水夹带的泥砂较多，为减少水泵磨损和保证水仓的正常使用，充填水的沉淀和泥砂清理是排水系统的重要环节。

第一节 水仓的沉淀方式

水砂充填矿井一般利用水仓来沉淀污水，沉淀的方式有流水沉淀和静水沉淀。

一、流水沉淀及计算

流水沉淀是污水在流动状态下进行沉淀的方式。这种沉淀方式及其计算，详见本篇第七章第六节沉淀池尺寸计算部分。

二、静水沉淀及水仓数量

静水沉淀是污水在静止状态下的沉淀方式，沉淀前先关闭水仓或沉淀池的出口，放进污水后关闭入口，使污水在静止状态下沉淀，澄清以后，放出清水，然后进行清理。这种沉淀方式效果比较理想，沉淀所需要的时间，应通过试验确定。如抚顺老虎台矿，通过试验得出该矿污水在 2.2m 的深度需要 6h 澄清。

静水沉淀水仓应由使用水仓和备用水仓组成。老虎台矿−580m 水平共 16 条水仓，按沉淀需要，其中 14 条使用，2 条备用。备用水仓用于突然停泵事故时贮水，使用水仓是进行沉淀清理用的水仓，每条水仓循环使用的间隔时间 t 由以下时间确定：

$$t = (t_1 + t_2 + t_3 + t_4) K \qquad (5-8-1)$$

式中　t_1——一条水仓进水所需时间，h；

　　　t_2——沉淀所需时间，h；

　　　t_3——一条水仓放出清水所需时间，h；

　　　t_4——清理一条水仓所需的时间，h；

　　　K——时间不均衡系数。

使用水仓的数量 Z 应为：

$$Z = \frac{t}{t_1}$$

第二节 水 仓 清 理

水砂充填矿井水仓清理量大，一般用机械清理，常用的机械清理有射流泵清理、泥浆泵排泥和压气罐清理、密闭泥仓排泥两种方式。

一、射流泵清理、泥浆泵排泥

用射流泵清理、泥浆泵排泥方式清理水仓，详见本篇第七章第六节水仓清理部分。

二、压气罐清理、密闭泥仓排泥

1. 清理水仓和排泥方法

压气罐和密闭泥仓是分别利用压风和高压水，置换罐内和仓内的泥浆来完成对泥浆的清理和排泥的。

清理水仓（或沉淀池）时，沉淀的泥浆自流入设置在底板下的压气罐中。罐满后，送入压风将泥浆压出送入密闭泥仓。泥仓满后，由仓上部输入高压水，高压水将仓内泥浆压出，经排水管排到地面。高压水可利用主排水泵排出的高压水，或用高位水池的高压水。其清理排泥系统，见图5-8-1。

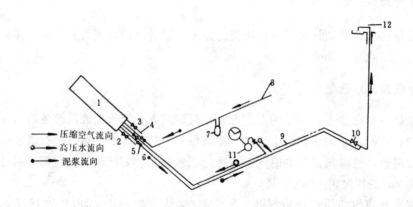

图5-8-1　压气罐清理水仓密闭泥仓排泥系统

1—密闭泥仓；2—放水阀；3—放气阀；4—进水阀；5—排泥阀；6—进泥阀；

7—压气罐；8—压气管；9—排水管；10—排水阀；11—水泵；12—井口

2. 压气罐结构和工作原理

压气罐结构见图5-8-2。压气罐制作材料有钢筋混凝土制（图5-8-2a）和钢制（图5-8-2b）两种。钢制压气罐工作可靠，使用时间长，但钢材消耗多，成本较高。钢筋混凝土制压气罐，节省钢材，成本低，但施工质量要求严格，使用前须经8个大气压的耐压试验。罐底做成斜面时，可提高罐体排泥效率。

压气罐的工作原理，见图5-8-3。

压气罐工作时，先关闭闸阀7、9，打开闸阀6、8，使气缸2进气打开锥形进泥阀，泥浆即流入罐中。排泥时，关闭闸阀8，打开闸阀9使气缸2排气关闭锥形进泥阀，之后再关闭闸阀10，打开闸阀7，使罐体进气进行排泥，排完泥，关闭闸阀7，打开闸阀10使罐体排气。老虎台矿压气罐清理水仓排泥的主要技术指标见表5-8-1。

3. 压气罐清理水仓的一般要求

1)压气罐设于水仓和沉淀池的底板间距一般20～30m,设计时可按水仓的长度具体确定。

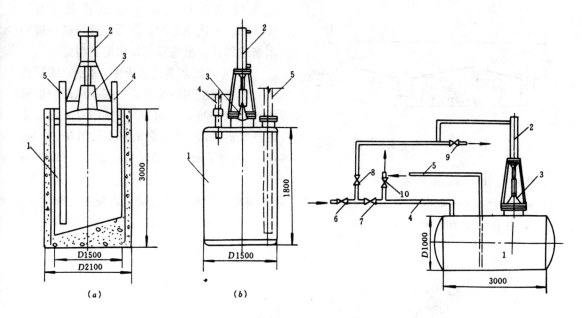

图 5-8-2　压气罐结构

1—罐体；2—气缸；3—锥形进泥阀；

4—进风管；5—排泥管

图 5-8-3　压气罐（卧式）工作原理

1—罐体；2—气缸；3—锥形进泥阀；4—进风管；5—排泥管；6—压风管总闸阀；7—罐体进风管闸阀；8—气缸进风管闸阀；9—气缸排风管闸阀；10—罐体排风管闸阀

表 5-8-1　老虎台矿压气罐清理水仓排泥主要技术指标

项　　　目		单　位	−430 水平		−330 水平		
			单　罐	双　罐	1 号罐	5 号罐	7 号罐
生产能力		m³/h	23	26	28	34	25
一次循环工作时间		s	247	219	216.5	372	202.1
压气罐	容　积	m³	1.968	1.968	1.98	3.505	1.55
	利用系数	%	80.7	80.7	90	84.1	81.5
煤泥状态	沉泥浓度	%	20～32	20～32	20	26～39	26～39
	沉泥容重	t/m³	1.22～1.32	1.22～1.32	1.234	1.15～1.29	1.15～1.29
泥管尺寸	长　度	m	513.27	513.27	387.73	335.8	310.6
	直　径	mm	150	150	150	175	175
排泥高度		m	13.25	13.25	3.5	3.5	3.5
风　压	最　小	大气压	4～4.5	4～4.5	4～4.5	4～4.5	4～4.5
	正　常	大气压	5.5～6.3	5.5～6.3	5.5～6.3	5.5～6.3	5.5～6.3
单位排泥耗风量		m³/m³	13.6	10.3	5.68	6	6

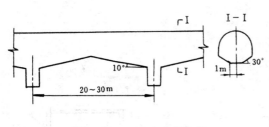

图 5—8—4　水仓底板布置

压气罐进泥口应比水仓底板低 100～200mm。采用钢罐时，应用经过防腐处理的木楔或用其它措施将钢罐固定在罐窝中。

2）为使泥浆能进入罐中，水仓（或沉淀池）的底板应用砂浆抹面，底板纵向坡度采用 10°，横向坡度采用 30°，中间留 1m 左右宽的平底流泥沟。水仓底板布置见图 5—8—4。

3）为了便于清扫死角，在水仓（或沉淀池）内应设置可移动的冲洗水管。

4）一个水仓中如有几个压气罐同时工作，每个罐应单独敷设排泥管，以免相互影响。

4. 密闭泥仓的结构（图 5—8—5）

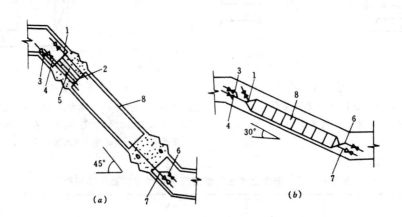

图 5—8—5　密闭泥仓结构

1—放气管；2—密闭铁门；3—进泥管；4—高压进水管；

5—安全检查孔；6—放水管；7—排泥管；8—仓体

密闭泥仓主要由仓体、安全检查孔、密闭铁门、进泥管、排泥管、高压进水管、放水管和放气管组成。仓体结构有岩石泥仓（图 5—8—5a）和钢板泥仓（图 5—8—5b）。

表 5—8—2　密闭泥仓排泥主要技术指标

项　目	单　位	指　标	项　目	单　位	指　标
生产能力	m³/h	18.5	煤泥容重	kg/cm³	1.13～1.21
泥仓容积	m³	115	管路效率	%	97.7
一次循环时间	h	4.27	水泵效率	%	44.9
高压泵流量	m³/min	4.9～5.25	泥仓效率	%	79.4
高压泵压头	mH₂O	118～135	泥仓全效率	%	34.8
排泥高度	m	95.7	单位泥耗水量	m³/m³	1.2
煤泥浓度	%	12～20			

　　钢板泥仓工作可靠，但泥仓容积小、钢材消耗多、成本高。岩石泥仓容积大、节省钢材、成本低，但因其承受高压，对施工质量要求严格。密闭泥仓排泥主要技术指标见表 5—8—2。

　　5. 密闭泥仓设计有关问题

　　1）密闭泥仓一般布置在水泵房和井筒附近，采用岩石密闭泥仓时，泥仓应置于较稳定、且节理不发育的岩层中。

　　2）密闭泥仓应设 2 个，以便检修和备用。

　　3）泥仓倾角不应小于 30°，以防高压水穿透泥浆影响排泥。

　　4）钢板泥仓容积较小，为提高清仓排泥能力，在密闭泥仓上部应加设贮泥仓（泥库），由贮泥仓向钢板泥仓喂泥，贮泥仓容积应等于或大于密闭泥仓的容积。

　　5）岩石泥仓多为圆形断面，直径一般为 2.5m，容积 65～250m³，倾角 45°。

　　6）为防止泥仓壁受高压作用后掉块堵塞排泥管，岩石泥仓应进行支护。按围岩条件，可采用喷射混凝土或混凝土、钢筋混凝土砌碹，一般多采用 C15～C20 混凝土砌碹。仓体两端应用钢筋混凝土封口，封口长度应按防水密闭公式计算。检查孔的密闭门可为方形或圆形，其抗压和密闭性能应按防水门要求设计。

　　6. 密闭泥仓实例

　　1）抚顺老虎台—580m 水平密闭泥仓（图 5—8—6）。

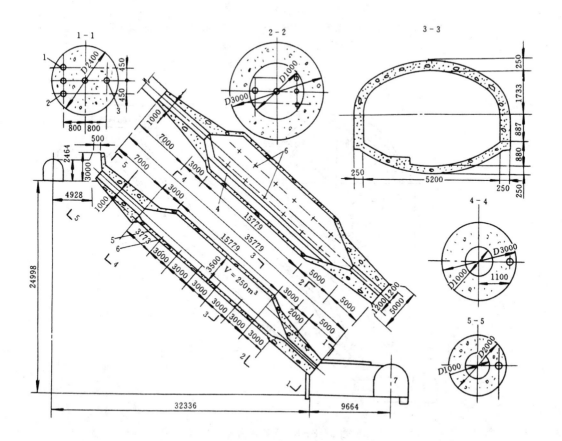

图 5—8—6　抚顺老虎台—580m 水平密闭泥仓

1—d350mm 排泥管；2—来水管；3—d350mm 水管；4—踏步；5—底板；6—托管支架位置；7—水仓联络巷

2) 抚顺龙凤矿某密闭泥仓（图5—8—7）。

3) 某矿密闭泥仓（图5—8—8）。

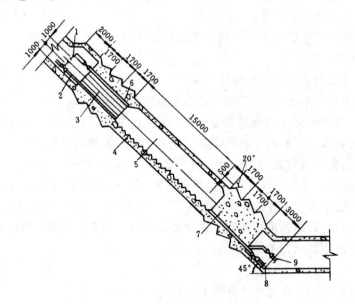

图5—8—7   抚顺龙凤矿某密闭泥仓

1—检查孔拉紧梁；2—输泥管；3—检查孔；4—踏步；5—排泥罐；6—通风管；

7—密闭；8—排泥管；9—放水管

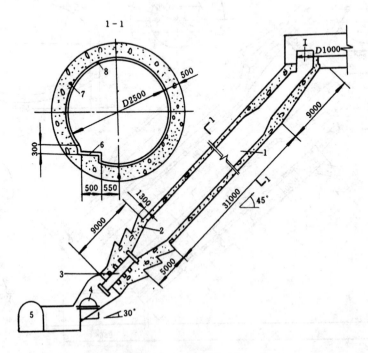

图5—8—8   某矿密闭泥仓

1—泥仓；2—混凝土楔形密闭；3—d14″排水管；4—起重梁；

5—水仓车场；6—人行台阶；7—钢筋 φ9@350；8—钢筋 φ16@300

三、两种清理方式的优缺点（表 5—8—3）

表 5—8—3　两种清理方式优缺点

清理方式	射流泵清理水仓泥浆泵排泥	压气罐清理水仓密闭泥仓排泥
优　点	射流泵构造简单，工作可靠、造价低，可清理 5mm 以下的软泥，清理排泥系统简单，设备少，开凿工程量小	清理水仓工作效率高，能力大，成本低，使用时间长，清理水仓工作易于实现机械化和自动化，对较坚硬的泥砂颗粒适应性强
缺　点	射流泵工作效率低，高压水消耗量大，需人工操作，泥砂颗粒较硬时，喷嘴磨损较快，成本高，泥浆泵流量小，扬程低，磨损严重	清理水仓排泥系统开凿工程量大，压气排泥管线多，密闭泥仓结构复杂，施工质量严格，围岩要求稳定
适用条件	泥砂颗粒软，清理量小，排泥高度在 250m 以内的矿井	泥砂颗粒较坚硬，清理水量大，水仓服务年限较长的矿井

第三节　排水系统巷道布置

一、巷道布置特点

水砂充填矿井排水系统巷道布置有以下特点：

1. 水　仓

1）根据水仓沉淀、清理、备用的需要，水仓一般分多组进行布置，每组水仓分沉淀仓和清水仓两部分。采用静水淀淀时，清水仓可用配水巷道（仓）代替。

2）为便于沉淀仓和清水仓单独清理，两个仓采取阶梯式布置，中间设输水巷道联系，沉淀仓的清水通过输水巷道的水沟流入清水仓。输水巷道除输水外，还可以兼作敷设清仓管道用。

2. 水泵硐室

由于沉淀仓和清水仓采取阶梯式布置，加大了清水仓底板与井底车场巷道底板的高差，因此，水泵硐室地面高程受吸水高度限制，往往要低于井底车场巷道。低于井底车场的水泵硐室，其与井底车场巷道相连接的通道应采取防水措施，如在通道中设置挡水墙或将连接处通道底板高于车场巷道底板。

3. 清理设备硐室

根据不同清理水仓排泥的方式，排水系统须增加有关的清理设备硐室。采用压气罐清理密闭泥仓排泥时，须增加压风机硐室、密闭泥仓硐室和电动阀门控制硐室。采用射流泵清仓泥浆泵排泥时，须增加泥浆泵硐室。以上硐室布置在水泵硐室和水仓附近。

二、排水系统巷道布置实例

1. 抚顺龙凤矿－620m 水平排水系统巷道布置（图5－8－9）

该矿水仓采用流水沉淀，水仓清理采用压气罐清理密闭泥仓排泥。水仓共分四组，其中两组进行沉淀，一组清理，一组备用。水泵硐室低于大巷约13m，采用吸入式水泵硐室布置方式。

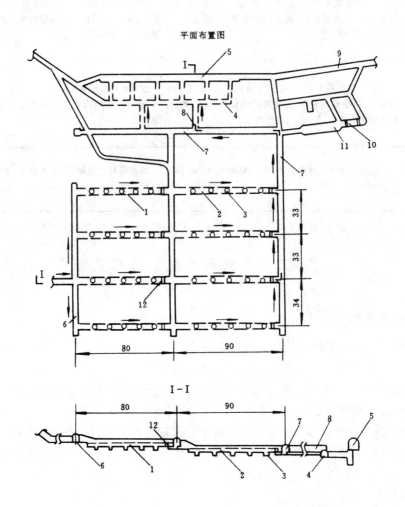

图5－8－9   抚顺龙凤矿－620m 水平排水系统巷道布置

1—沉淀池；2—净水池；3—压气罐；4—配水巷道；5—水泵硐室；6—来水巷道；

7—水仓输水巷道；8—配水巷联络道；9—管子道；10—泥库；11—金属密闭泥仓硐室；12—挡水墙

2. 抚顺老虎台矿－580m 水平排水系统巷道布置（图5－8－10）

该矿水仓采用静水沉淀，用配水巷道代替清水仓，水仓清理采用压气罐和岩石密闭泥仓排泥。水仓共分16条，其中14条分别进行沉淀和清理，两条备用，水泵硐室低于大巷19m左右，采用压入式水泵硐室布置方式。

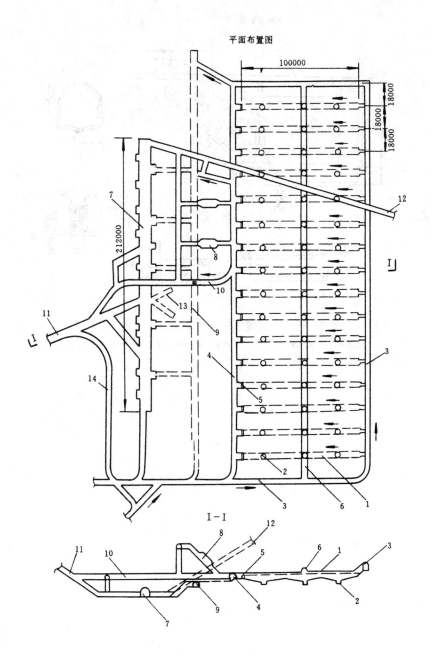

图 5-8-10　抚顺老虎台矿-580m 水平排水系统巷道布置

1—水仓（沉淀池）；2—压气罐；3—来水巷道；4—联络巷道；5—挡水墙；6—排泥巷道；
7—水泵硐室；8—密闭泥仓；9—清水仓（配水巷）；10—排泥管子道；11、12—管子道；
13—事故水仓；14—压风机硐室

3. 辽源西安矿-290m 水平水仓布置（图 5-8-11）

水仓共分四组，采用流水沉淀，射流泵清理，泥浆泵排泥。

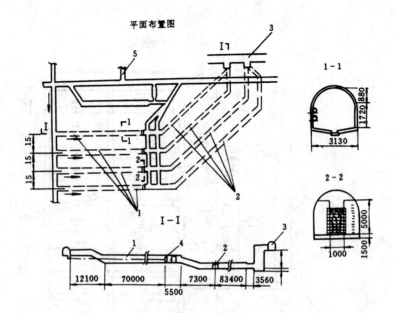

图 5-8-11　辽源西安矿-290m 水平水仓布置

1—沉淀池；2—清水仓；3—水泵硐室；4—挡水墙；5—泥浆泵硐室通道

第九章 主 变 电 所

一、一般规定及要求

1）主变电所由变压器室、配电室及通道等组成。主变电所宜靠近敷设电缆的井筒，与主排水泵硐室联合布置。

2）主变电所硐室长度超过 6m 时，必须在硐室两端各设一个通道出口，当与主排水泵硐室联合布置时，一个出口应通到井底车场或大巷，另一个出口应通到主排水泵硐室。当主变电所硐室长度大于 30m 时，应在中间增设一个出口。通道断面应能通过主变电所硐室内最大设备，并满足密闭门、栅栏门安设要求。

3）通往井底车场通道中，应设置向井底车场一侧开启、容易关闭的既能防火又能防水的密闭门，门内设置不妨碍密闭门关闭的栅栏门。当无被水淹没可能时，应只设置防火栅栏两用门。门外 5m 内巷道应砌碹或用其它不燃性材料支护。

4）主变电所硐室与主排水泵硐室之间，应设置防火栅栏两用门，并向主排水泵硐室一侧开启。当采用油浸变压器时，主变电所的变压器室与配电室之间，应设置隔墙并应装有向配电室方向开启的防火门，防火门下应加设高出硐室地面 0.1m 的混凝土门槛。

5）主变电所硐室地面高程应高于通道与井底车场或大巷连接处的底板高程 0.5m。出口若在三个以上，此时可以按中间出口（见《矿山电力设计规范》第 3.4.1 条条文说明）或最高出口为准，以确定硐室室内高程。主变电所与主排水泵硐室联合布置时，其地面高程不应低于主排水泵硐室。

6）主变电所硐室内各种设备同墙壁之间，应留出 0.5m 以上的通道，各种设备之间，应留出 0.8m 的通道。如果不从两侧或后面进行检修，可不留通道。硐室尺寸应根据设备安装、设备规格、数量、检修和行人安全距离等因素确定，并应留有人员值班和存放消防器材的位置。

7）主变电所硐室断面形状应根据围岩情况确定，一般采用半圆拱、三心拱和圆弧拱支护。当主变电所与主排水泵硐室联合布置时，主变电所硐室与主排水泵硐室支护形式、材料宜一致。

8）主变电所硐室一般采用料石或混凝土砌碹。当硐室所处围岩坚固、稳定、无淋水时亦可采用锚喷支护。

9）主变电所硐室地面及电缆沟应采用强度等级不低于 C15 的混凝土砌筑，其厚度不小于 100mm。电缆沟底板应向主排水泵硐室侧设有不小于 3‰ 的流水坡度。

10）主变电所硐室内不应有滴水现象。

11）主变电所硐室应通风良好，空气温度不得超过 30℃。

二、设计依据

1）井底车场施工图（平面、坡度、断面图）。

2）主变电所所在围岩条件。

3）主排水泵硐室施工图。

4）供电专业提供的主变电所所需资料。

（1）主变电所布置平、剖断面图。

（2）各种门门框预埋电缆管规格、数量及位置。

（3）硐室高度要求。

三、主变电所设计应注意的问题

1）对供电专业提供的资料应进行校核。

2）根据有关专业资料进行平面和坡度闭合。

四、主变电所布置

1. 主变电所与相邻巷道连接方式

主变电所布置应考虑便于供电维护、管理、线路短，并考虑主排水泵硐室、管子道的布置，一般布置在副井井筒附近，主变电所通道与副井进车线或回车线相接，见图5—9—1。

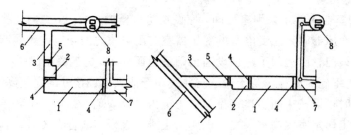

图5—9—1　主变电所与相邻巷道的连接方式

1—配电室；2—变压器室；3—通道；4—防火门；5—密闭门；
6—井底车场巷道；7—主排水泵硐室；8—井筒

2. 主变电所硐室尺寸确定

主变电所硐室内主要电气设备有动力变压器、高压开关柜、低压配电箱和架线电机车的整流器等。设备的选型和布置由机电专业确定。

动力变压器属带油设备，一般单独设在变压器室中。当电机车整流变压器与整流柜分开布置时，整流变压器也设于变压器室中。为减小硐室宽度，变压器一般沿硐室纵向单排布置。

为确保人身安全，变压器处应设栏杆与人行道隔开。

高压开关柜、低压配电箱、整流柜均设在配电室中。为减小硐室宽度，一般沿硐室纵向单排布置；当设备容量大、开关柜台数多，硐室围岩和布置条件允许时，也可双排布置。主变电所硐室设备布置和硐室尺寸组成见图5—9—2和表5—9—1。

硐室内电缆沟的设置应根据设备数量、型号及布置要求确定。

3. 主变电所通道尺寸确定

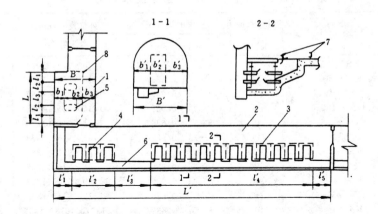

图 5—9—2　主变电所设备布置硐室尺寸组成

1—变压器室；2—配电室；3—高压开关柜；4—低压开关柜和整流柜；
5—动力变压器；6—电缆沟；7—固定开关柜槽钢；8—安全隔栏

表 5—9—1　主变电所设备硐室尺寸计算

项　目	变压器室尺寸			配电室尺寸		
	长　度	宽　度	高度	长　度	宽　度	高度
计算公式	$L=2l_1+nl_2+(n-1)l_3$	$B=b_1+b_2+b_3$	H	$L'=l'_1+l'_2+l'_3+l'_4+l'_5$	$B'=b'_1+b'_2+b'_3$	H'
符 号 注 释	L—变压器室长度,mm； l_1—变压器至端墙距离,一般≥500mm； l_2—变压器宽度,mm； l_3—两变压器之间的距离,一般≥800mm； n—变压器台数,型号不同时应分别计算； B—变压器室宽度,mm； b_1—非行人侧变压器至墙间距,一般≥500mm； b_2—变压器长度,mm； b_3—人行道侧变压器至墙间距离,一般≥1200mm； H—变压器室高度,根据设备及行人高度确定			L'—配电室长度,mm； l'_1—低压配电箱至端墙距离,一般≥500mm； l'_2—低压配电箱和整流柜布置的长度,mm； l'_3—低压配电箱与高压开关柜的间距,一般≥800mm； l'_4—高压开关柜布置长度,mm； l'_5—高压开关柜至端墙的距离,一般≥700mm； B'—配电室宽度,mm； b'_1—非行人侧设备距墙间距,一般≥500mm； b'_2—高压开关柜宽度,mm； b'_3—行人侧高压开关柜距墙间距,一般≥1200mm； H'—配电室高度,根据设备及行人高度确定		

　　通往井底车场的通道长度应大于主变电所硐室与井底车场巷道间需要保留的岩柱尺寸,经闭合计算确定。通道断面宽度一般为 2.1～2.5m,高度为 2.5～3.0m。

五、动力变压器技术特征（表 5—9—2）

表 5—9—2   动 力 变 压 器 技 术 特 征

名 称	序号	型 号	额定容量 (kVA)	额定电压(kV)		外型尺寸(mm) 长×宽×高	质量 (kg)	轨距 (mm)
				高 压	低 压			
矿用 电力 变压器	1	KS7—50/6	50	6	0.639/0.4	1216×773×1073	3200	600/630
	2	KS7—50/10	50	10	0.639/0.4	1216×803×1053	3200	600/630
	3	KS7—100/6	100	6	0.639/0.4	1246×803×1188	3200	600/630
	4	KS7—100/10	100	10	0.639/0.4	1246×803×1188	3200	600/630
	5	KS7—200/6	200	6	0.639/0.4	1451×916×1278	3450	600/630
	6	KS7—200/10	200	10	0.639/0.4	1436×916×1278	3450	600/630
	7	KS7—250/6	250	6	0.639/0.4	1451×916×1368	3500	600/630
	8	KS7—250/10	250	10	0.639/0.4	1451×916×1368	3500	600/630
	9	KS7—315/6	315	6	0.639/0.4	1529×974×1393	3550	600/630
	10	KS7—315/10	315	10	0.639/0.4	1529×974×1393	3550	600/630
	11	KS7—400/6	400	6	0.639/0.4	1377×1078×1453	3800	600/630
	12	KS7—400/10	400	10	0.639/0.4	1377×1078×1453	3800	600/630
	13	KS7—500/6	500	6	0.639/0.4	2045×1170×1350	3800	600/630
	14	KS7—500/10	500	10	0.639/0.4	2045 1170 1350	3800	600/630
矿用隔 爆干式 变压器	1	KBSG—30/6	30	6	0.639~0.4	2200×600×1050	1008	600
	2	KBSG—50/6	50	6	0.639~0.4	2200×600×1050	1250	600
	3	KBSG—80/6	80	6	0.639~0.4	2200×720×1020	1300	600
	4	KBSG—100/6	100	6	0.639~0.4	2200×720×1020	1400	600
	5	KBSG—160/6	160	6	0.639~0.4	2380×815×1200	1500	600
	6	KBSG—200/6	200	6	0.639~0.4	2380×815×1200	2000	600
	7	KBSG—200/10	200	10	0.639~0.4	2660×1100×1520	2870	600~900
	8	KBSG—315/6	315	6	1.2/0.639	2400×1040×1330	3541	600~900
	9	KBSG—500/6	500	6	1.2/0.639	2550×1040×1430	3541	600~900
	10	KBSG—500/10	500	10	1.2/0.639	3000×1120×1530	5000	600~900
	11	KBSG—630/6	630	6	1.2/0.639	2740×1040×1500	4300	600~900
	12	KBSG—800/6	800	6	1.2	2860×1100×1530	4940	600~900
	13	KBSG—1000/6	1000	6	1.2	2860×1100×1530	5400	600~900
	14	KBSG—1000/10	1000	10	1.2/0.639	3100×1120×1640	6140	600~900
	15	KBSG—1250/6	1250	6	1.2	3100×1120×1620	6400	600~900

六、不同规格硐室断面特征（表 5—9—3）

下述硐室断面特征表可供编制方案和初步设计时计算硐室工程量用。表中符号：T—支护厚度，按普氏系数 4～6 确定；S—净断面；S_1—掘进断面；V—拱、壁、基础材料消耗量。

七、设计实例（图 5—9—3）

表 5—9—3   主变电所硐室断面特征

图 示	B (mm)	H (mm)	T (mm)	S (m²)	S_1 (m²)	V (m³/m)
	3000	3300	250	8.9	11.6	2.35
	3200	3300	300	9.5	12.6	2.85
	3400	3300	300	10.0	13.2	2.89
	3600	3300	300	10.5	13.7	2.92
	3800	3400	300	11.4	14.7	3.02
	4000	3500	300	12.3	15.6	3.11
	4200	3600	350	13.2	17.3	3.75

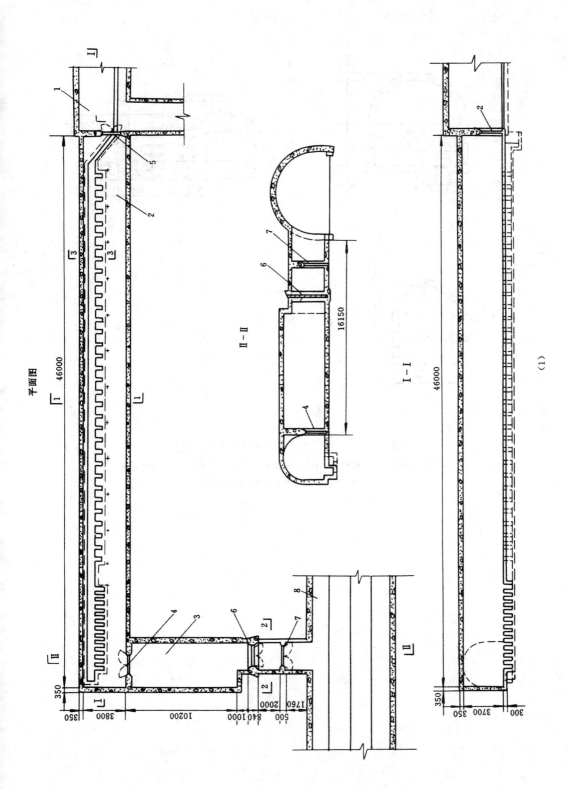

平面图

Ⅱ—Ⅱ

Ⅰ—Ⅰ

(1)

1-1

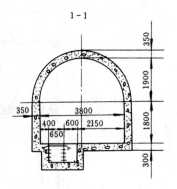

3-3

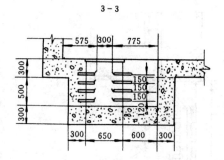

2-2

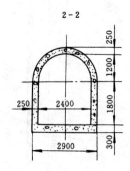

(2)

图 5-9-3 铁法矿务局三台子二井主变电所

1—主排水泵硐室；2—配电室；3—变压器室；4—防火门；5—防火栅栏两用门；

6—密闭门；7—栅栏门；8—副井进车线

第十章　运　输　硐　室

第一节　井下机车修理间、变流室及其他硐室

一、一般规定及要求

1. 井下架线式电机车修理间及变流室

1）主要运输大巷采用架线式电机车运输时，应设架线式电机车修理间及变流室。架线式电机车修理间应设在井底车场或其附近的运输大巷一侧，且进出车方便、围岩稳定的地点。变流室宜靠近主变电所或与主变电所联合布置，不宜与机车库和修理间联合布置。变流室进出口应设向外开启的防火门。

2）架线式电机车工作台数在 10 台及 10 台以下时，修理间内可设一个检修坑；布置一个机车出口，但应有人行通道作为第二出口。工作电机车在 10 台以上，应设两个检修坑；布置两个机车出口，不另设人行通路。两个出口均设置栅栏门。每个检修坑上均应设起重梁或吊环。修理间内还应设有钳工工作台、工具保管架、手摇台钻等。

3）架线式电机车修理间硐室的尺寸，当只设一个检修坑时，其长度一般取 10m；当设两个检修坑时，其长度一般取 17m。单侧式通道长度根据平行线路联接而定。通道与修理间之间应设向外开启双扇栅栏门，修理间尽头与运输大巷间应设向里开启的单扇栅栏门。

硐室两侧与机车之间，行人兼检修侧一般取 1400mm，非行人检修侧一般取 1000mm，硐室墙高不小于 1800mm。

4）机车检修坑净深为 1500mm，净宽为 800mm，并设出入坑台阶。检修坑砌筑分坑壁、地板两次浇筑，并加防水剂。在检修坑底端头应设集水坑，集水坑尺寸一般长为 400mm，宽为 800mm，深为 300～400mm。坑上设铁箅子式窨井盖，排水方式视水量大小，采用潜水泵或人工将水排至硐室水沟。检修坑内地板向集水坑有 3‰ 的下坡。

5）硐室断面宜采用半圆拱，采用混凝土或粗料石砌碹。硐室内宜采用固定道床，地面宜采用混凝土铺底，其厚度为 100mm。架线式电机车修理间应设由内向外 3‰ 坡度的水沟。

2. 井下蓄电池式电机车修理间、变流室及充电室

1）主要运输大巷采用蓄电池式电机车运输时，应设蓄电池式电机车修理间、变流室及充电室。一般三者采用联合布置。如不能联合布置时，变流室与充电室的距离不宜超过 100m。采用平硐或斜井开拓的矿井，机车修理间、变流室及充电室可设在地面；或井下不设变流室和充电室，仅设电机车修理间。

2）井下充电室的通风管理应遵守《煤矿安全规程》有关条文规定。充电室应选择在井底车场或采区下部车场附近有新鲜风流进入，且有独立回风条件围岩稳定的地点。当采用独立

回风时，回风风流应引入回风巷，回风巷应与充电室顶部连接。充电室与变流室串联通风时，充电室应布置在下风位置。

在同一时间内，对于 5t 及其以下的电机车充电电池的数量不超过三组，或 5t 以上的电机车充电电池的数量不超过一组时，可不采用独立的风流通风，但必须设在新鲜风流中。

井下充电室风流中以及局部积聚处的氢气浓度，不得超过 0.5%。

3）充电室设置 1～6 个充电台时，可布置一个机车出口通道；当设置 6 个以上充电台时，应布置两个电机车出口通道。充电室内充电台通常为单排布置；当充电台（包括工作、备用和检修）大于 8 台且硐室围岩条件较好时，可采用双排布置。

4）修理间、变流室、充电室分别采用通道相连，各进出口应设向外开启不妨碍运输、安全的栅栏门。当变流室有变压器时，变流室的进出口通道应增设向外开启的防火门。

5）充电室内的起重设备宜采用起重梁或吊环。

6）修理间内应设置更换电池箱的存放台。

7）修理间硐室尺寸应满足设备进出、起吊、检修、安装及行人所需的安全间隙的要求。通常单检修坑时长为 8.5m，设两个检修坑时长为 15m〔检修坑尺寸同上述 1 之 4）条架线式电机车检修坑相同〕。

8）变流室尺寸根据整流设备的规格、数量及其布置来确定。整流器间的间隙一般为 800mm，整流器与硐室墙壁的间隙不小于 200mm，人行侧不小于 800mm。

9）充电室的宽度应根据电机车宽度、充电台上的电池箱宽度、电池箱与机车之间的间隙（不小于 100mm）、电池箱与硐室墙壁间的间隙（不小于 500mm）确定。

充电室的长度应根据充电台个数、每个充电台的长度（一般为 2800mm）、充电台之间的间隙（一般为 800mm）及充电台与硐室端墙的间隙（不小于 1500mm）确定。

10）硐室内宜采用固定道床，地面宜采用混凝土铺底，硐室地面向外部巷道应有 3‰ 下坡。

3. 井下防爆柴油机机车修理间、加油站及加水站硐室

1）主要运输大巷采用柴油机机车运输时，应设柴油机机车修理间、加油站及加水站硐室。一般三者采用联合布置，修理间应至少设两个机车进出口。机车出入口应设置防火门和栅栏门。联合布置的加油站宜布置在修理间回风通道内，加油站两端应加设栅栏门和有混凝土门槛的向外开启的防火防爆门。如加油站设在井上时，应满足《建筑防火规范》要求。

2）柴油机机车修理间、加油站及加水站设在地面时，应选择在井口附近，且距井口有一定的安全距离。设在井下时，应选择在井底车场、采区车场附近有新鲜风流进入，有独立回风条件、围岩稳定的地点，且距主要巷道应有一定的安全距离。严禁将其设在有煤与瓦斯突出、冲击地压及有自燃危险的煤层里。加油站应采取防水措施，严禁有滴水现象。

3）井下加油站必须有单独的新鲜风流进入，回风风流直接引入矿井总回风巷或主要回风巷。对于存油量少，独立通风有困难的加油站，也可采用串联通风方式。

4）修理间内检修坑尺寸可参照上述 1 之 4）条架线式电机车检修坑，检修坑上应设起重梁或吊环。

5）修理间及加油站内应装备能扑灭突发性火灾的器材。

6）加油站内地面必须水平，地板四周应有围坎，使撒落的柴油不会流出站外。

7）硐室内宜采用固定道床，地面宜采用混凝土铺底，厚度不小于 100mm。

二、井下架线式电机车修理间及变流室

1. 架线式电机车主要技术规格

见第一篇。

2. 修理间的布置形式

架线式电机车修理间布置形式分为硐室式和巷道加宽式两种。当围岩属中等稳定以下时，宜采用硐室式布置；当围岩属中等稳定，且运输巷道及修理间为单道时，宜采用巷道加宽式布置，其隔墙可为砖石结构或铁栅栏相隔。根据备用电机车存放的要求，又有存车式和不存车式。见图 5—10—1，图中 a 为硐室式不存车，b 为硐室式存车，c 为巷道加宽式不存车，d 为巷道加宽式存车。

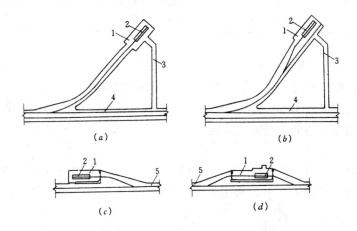

图 5—10—1 架线式电机车修理间布置形式

1—修理间；2—检修坑；3—人行通路；4—双轨巷道；5—单轨巷道

3. 修理间及变流室尺寸的确定

1) 修理间尺寸的确定：

架线式电机车修理间宽度、高度和长度的确定见表 5—10—1。硐室的宽度应满足机车检

表 5—10—1 架线式电机车修理间硐室尺寸确定

项目	不存车的硐室式及加宽式修理间的净宽度 B	有存车线的硐室式修理间的净宽度 B	修理间的净高度 H	修理间的净长度 L
图示				

项目	不存车的硐室式及加宽式修理间的净宽度 B	有存车线的硐室式修理间的净宽度 B	修理间的净高度 H	修理间的净长度 L
计算公式	$B=b_1+b_2+b_3\,mm$	$B=2b_1+b_2+b_3+900\,mm$	$H=h_1+h_2+h_3+h_4+h_5\,mm$	$L=L_1+L_2+L_3+L_4\,mm$
符号注释	b_1—电机车宽度，mm； b_2—行人检修侧间隙，一般为1400mm； b_3—非行人检修侧间隙，一般为1000mm	b_1—电机车宽，mm； b_2—行人检修侧间隙，一般为1400mm； b_3—非行人检修侧间隙，一般为1000mm； 900—两机车间的间隙，mm	h_1—电机车的起吊高度，一般600～800mm； h_2—电机车的高度，mm； h_3—手拉葫芦的高度，一般取650mm； h_4—起重梁高度，mm； h_5—起重梁至拱顶的高度，一般取600～800mm	L_1—电机车车箱长度，mm； L_2—材料车进入修理间的长度，一般取3000～4000mm； L_3—检修坑踏步长度，标准设计取1280mm； L_4—踏步至端墙的间隙，一般取720mm

修和行人的要求，行人兼检修侧一般取1400mm；非行人检修侧一般取1000mm；硐室式有存车线的修理间，两机车间的间隙一般为900mm。硐室墙高不小于1800mm。当只设一个检修坑时，硐室的长度一般取10m；设两个检修坑时，硐室长度一般取17m。设一个机车进出口时，通道的长度根据线路的联接方式确定。

2）变流室尺寸的确定：

根据整流设备的规格、数量和布置，确定其长、宽、高。整流器间的间隙一般为800mm，整流器与硐室墙壁的间隙不小于200mm，人行侧不小于800mm。变流室内电缆沟的尺寸由机电专业确定。

4．主要技术特征

1）架线式电机车修理间主要技术特征，见表5—10—2。

2）锚喷支护架线式电机车修理间实例的主要技术特征，见表5—10—3。

3）变流室的主要技术特征，见表5—10—4。

5．修理间内检修坑

检修坑一般担负对机车进行检修、冲洗和上油等。机车检修坑净深为1500mm，净宽为800mm，长度根据机车车体长度确定，一般取5000mm。并设出入坑台阶。在检修坑底端头应设集水坑，集水坑长为400mm，宽为800mm，深为300～400mm。坑上设铁算子式窨井盖，排水方式视水量大小，采用潜水泵或人工将水排至硐室水沟。检修坑砌筑分坑壁、地板两次浇筑，并加防水剂。

检修坑上钢轨的架设方法有两种：一种是将钢轨直接架设在已预埋螺栓的钢筋混凝土上，此种方法较常用。架设方法见图5—10—2a；一种是将钢轨点焊在工字钢上，工字钢敷设在检修坑上。7t和10t电机车可选28a工字钢，架设方法见图5—10—2b。

另外，徐州庞庄矿、大黄山矿、新河庄矿和大屯的姚桥矿、孔庄矿的修理间均不设修理坑，以解决坑内积水或修理坑比较狭窄，检修不方便的问题，在检修机车时，须将机车吊起800mm左右，机车两端用垫木垫住检修。

6．修理间起重设备的布置与选择

修理间内一般安装三根同一型号的承重梁，见图5—10—4，其中两根横跨检修坑之上（承

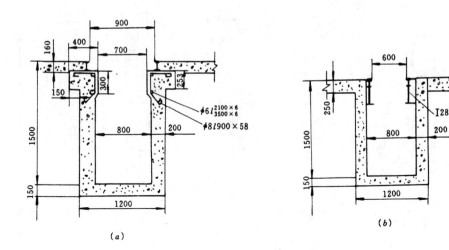

图 5—10—2　检修坑钢轨架设方式

a—预埋螺栓固定；b—焊接在工字钢上

表 5—10—2　架线式电机车修理间主要技术特征

布置形式		轨距 (mm)	断　面　特　征						每米材料消耗	
			形　状	净宽 (mm)	净高 (mm)	壁　厚 (mm)	净断面 (m²)	掘进断面 (m²)	混凝土 (m³)	料石 (m³)
硐 室 式	不存车	600	三心圆拱	3400	3380	300	10.7	14.6	0.51	3.07
	不存车	600	半圆拱	3400	3450	300	10.5	14.3	0.51	3.03
	不存车	600	三心圆拱	3460	3360	230/300	10.8	14.4	2.06	1.57
	存两台车	600	三心圆拱	4720	3420	270/415	14.5	19.6	3.26	1.87
	存四台车	600	三心圆拱	4920	3490	270/415	15.4	20.6	3.39	1.87
	存两台车	900	三心圆拱	5440	3660	465	17.8	26.0	0.82	5.94
	存两台车	900	半圆拱	5490	3645	415	16.7	24.2	0.82	5.11
	不存车	900	三心圆拱	3900	3540	350	12.7	18.5	0.59	3.98
	不存车	900	半圆拱	4000	3620	300	12.7	17.9	0.60	3.37
加 宽 式	不存车	600	三心圆拱	6015	3373	250/300	16.6	23.4	0.44	5.82
	不存车	600	半圆拱	6015	3440	250/300	15.9	22.8	0.44	5.18
	存四台车	600	三心圆拱	5935	3360	330/465	15.8	25.2	4.68	3.89
	不存车	900	三心圆拱	6765	3550	515	19.1	30.7	0.59	9.38
	不存车	900	半圆拱	6915	3620	465	19.3	30.2	0.60	8.70

注：1. 表内 230/300 代表混凝土拱料石壁支护形式，其中拱厚为 230mm，墙厚为 300mm，其它均为全料石支护形式。

2. 表内断面净宽均采用原华东煤矿设计院 1966 年编制的标准设计，因此巷道断面净宽偏小，仅供设计对照参考。

表 5—10—3　锚喷支护架线式电机车修理间实例的主要技术特征

矿井名称	硐室型式	轨距(mm)	断面特征 形状	净宽(mm)	净高(mm)	喷厚(mm)	净断面(m²)	掘进断面(m²)	掘进工程量(m³)	主要材料消耗 混凝土(m³)	锚杆(根)	钢材(kg)	图示
山东滕南蒋庄矿井	硐室式设有存车线	600	直墙半圆拱	5200	4050	120	18.3	21.7	618.5	68.70	567	1856.9	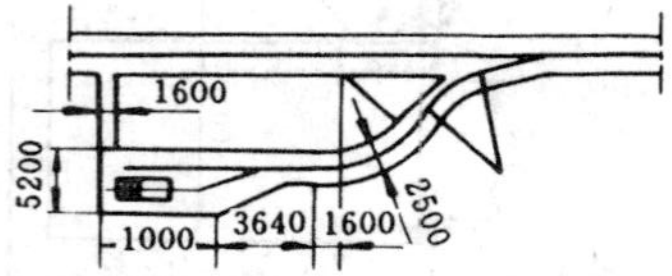
兖州兴隆庄矿井		600	直墙半圆拱	5490	3645	150	16.8	22.0	458.0	51.39	431	1906.8	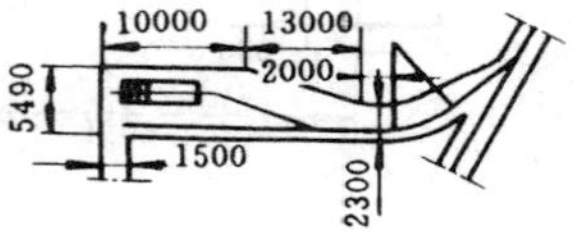
河南朝川矿井	加宽式设两个机车入口存修车坑，存两台车	600	直墙半圆拱	6120	3700	100	19.5	22.8	916.1	95.50	606	1230.8	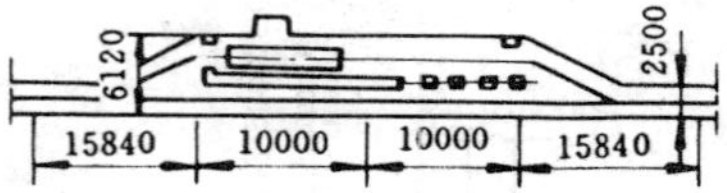
淮南潘集二号矿井	加宽式设两个机车入口双修车坑，存两台车	900	直墙半圆拱	5200	4050	150	21.9	24.9	1059.2	114.30	1166	2170.4	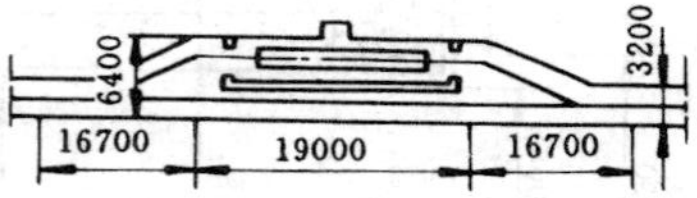
七台河龙湖矿井	加宽式设两个机车入口双修车坑，不存车	600	直墙半圆拱	6400	4400	120	21.6	26.5	1141.9	88.13	916	2248.1	

注：1. 蒋庄矿和潘集二号井修理间同宽分别按3t底纵卸和5t底纵卸式矿车宽度考虑；

2. 钢材消耗不包括锚杆重量；

3. 表内数字均取自施工图设计。

表 5-10-4 变流室的主要技术特征

矿井名称	硐室位置	断面特征						主要材料消耗		备注
		形状	净宽 (mm)	净高 (mm)	壁厚 (mm)	净断面 (m²)	掘进断面 (m²)	混凝土 (m³)	料石 (m³)	
东胜乌兰木伦矿井	靠近变电所	直墙半圆拱	4000	3700	350	13.0	17.1	6.23	69.60	
晋城凤凰山矿井	单独布置	直墙半圆拱	4000	3800	350	13.4	17.6	4.76	172.84	
七台河龙湖矿井	与变电所联合	直墙半圆拱	4000	3200	300	11.0	14.2	73.45		

注:表内数字均取自施工图设计。

重梁上另安装一根起重梁),作为起吊检修电机车用。另一根作为起吊部件装至材料车上之用。承重梁敷设高度为 2700～3000mm。起重梁和承重梁的规格、位置由机电专业确定,也可通过计算选择或参照表 5-10-5 选择钢梁规格。

表 5-10-5 钢 梁 规 格

硐 室 形 式	电 机 车 型 号					
	ZK3	ZK7	ZK10	ZK3	ZK7	ZK10
	承重梁(工字钢)			起重梁(工字钢)		
巷道加宽式及无存车线硐室式	20a	25b	25b	20a	32a	32a
有存车线硐室式		32a	32a		32a	32a

7. 实 例

1)巷道加宽式架线式电机车修理间 (图 5-10-3)。
2)硐室式架线式电机车修理间 (图 5-10-4)。
3)七台河龙湖矿井井下巷道加宽式架线式电机车修理间 (图 5-10-5)。
4)晋城凤凰山矿井井下变流室 (图 5-10-6)。
5)七台河龙湖矿井井下变流室 (图 5-10-7)。

三、井下蓄电池式电机车修理间、变流室及充电室

1. 蓄电池式电机车主要技术规格
见第一篇。

2. 硐室的布置形式
布置形式见图 5-10-8,图中 a 为单翼进车,b 为双翼进车,c 为采区下部车场处单翼进车。

除图中所示的几种布置形式外,一些小型矿井在井下不设变流室和充电室,仅设机车修理间,而在修理间内布置更换电池箱的放置台。也有专设更换电池箱的硐室,硐室内设部分电池箱的放置台和起吊设备,但一般较少采用。

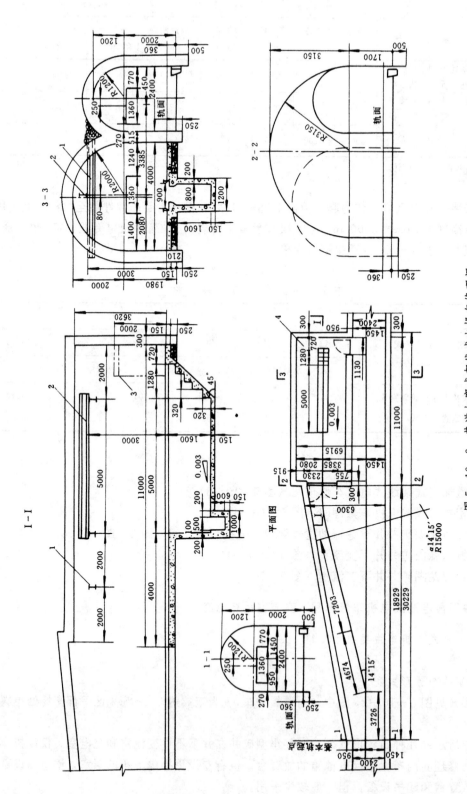

图 5—10—3　巷道加宽式架线式电机车修理间

1—承重梁（I 25a，三根）；2—起重梁（I 32a）；3—旧钢轨；4—工作台

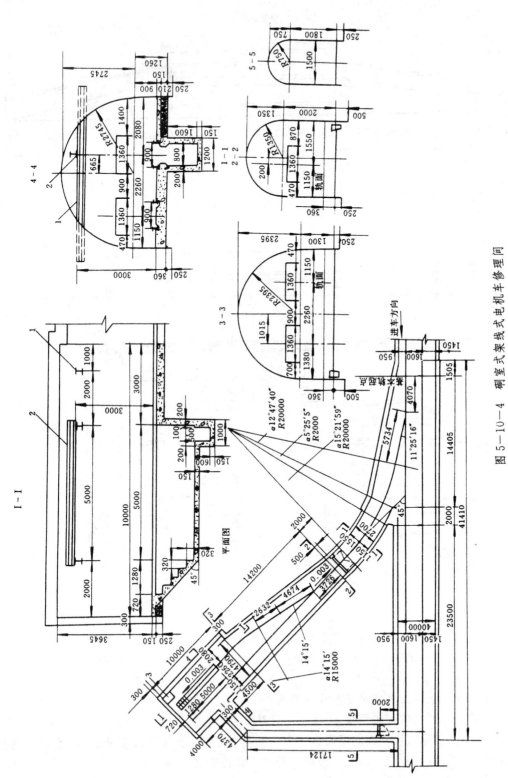

图 5—10—4 硐室式架线式机电电机车修理间

1—承重梁（I 32a，三根）；2—起重梁（I 32a）；3—工作台

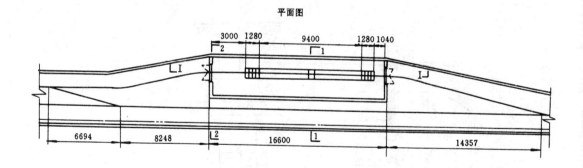

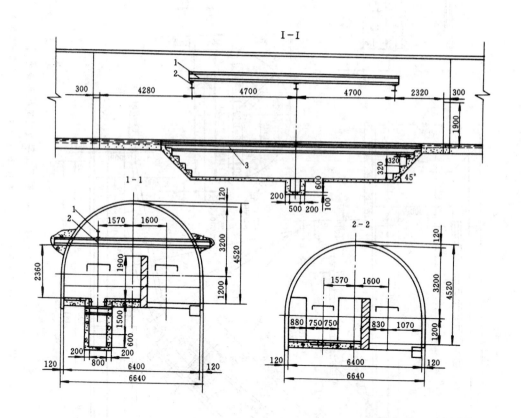

图 5—10—5　七台河龙湖矿井井下巷道加宽式架线式电机车修理间

1—起重梁（I 32a）；2—承重梁（I 32a，3 根）；3—检修坑承重梁（I 28a）

3. 修理间、变流室及充电室尺寸的确定

1）修理间尺寸的确定参照表 5—10—1 计算。

电机车修理间硐室尺寸应满足设备进出、起吊、检修、安装及行人所需的安全间隙的要求。通常单检修坑时长度取 8.5m，设两个检修坑时长度取 15m。

2）变流室尺寸的确定：

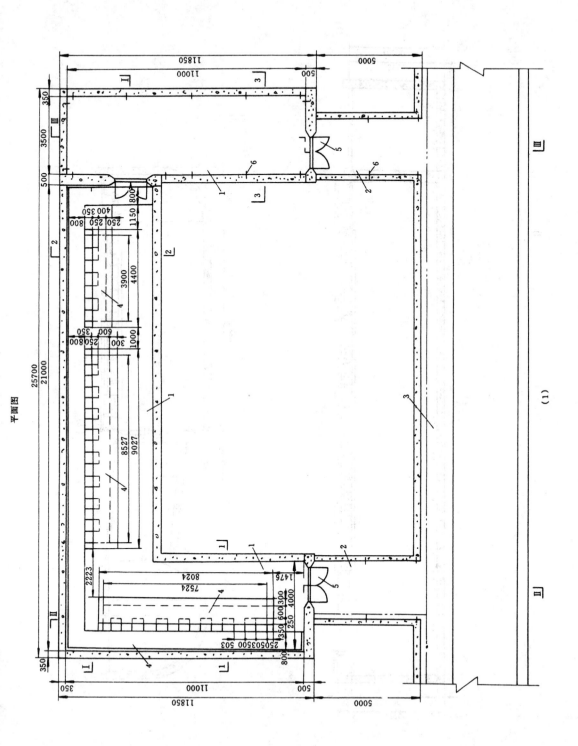

平面图

(1)

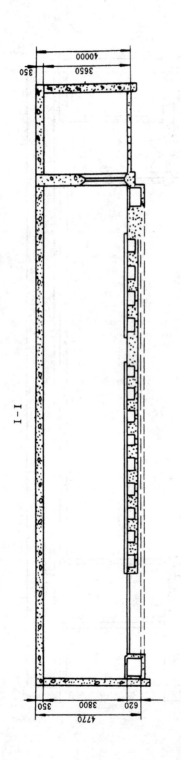

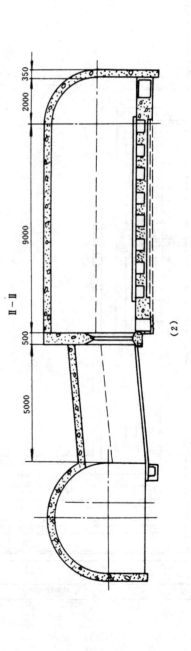

（2）

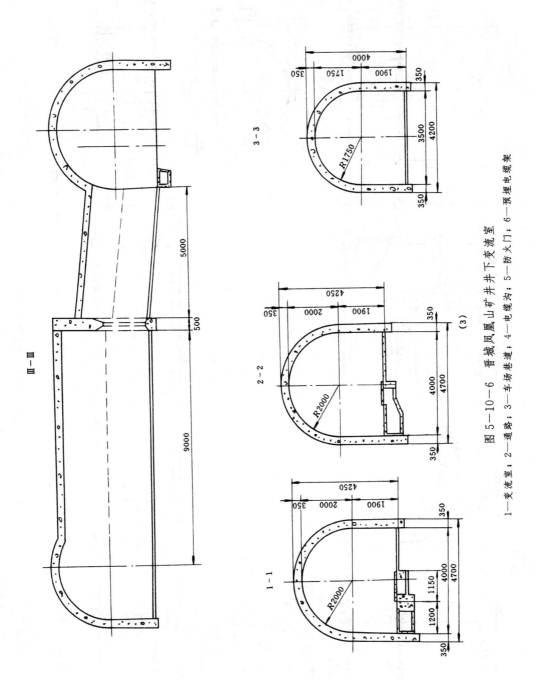

图 5—10—6 晋城凤凰山矿井井下变流室

1—变流室；2—通路；3—车场巷道；4—电缆沟；5—防火门；6—预埋电缆架

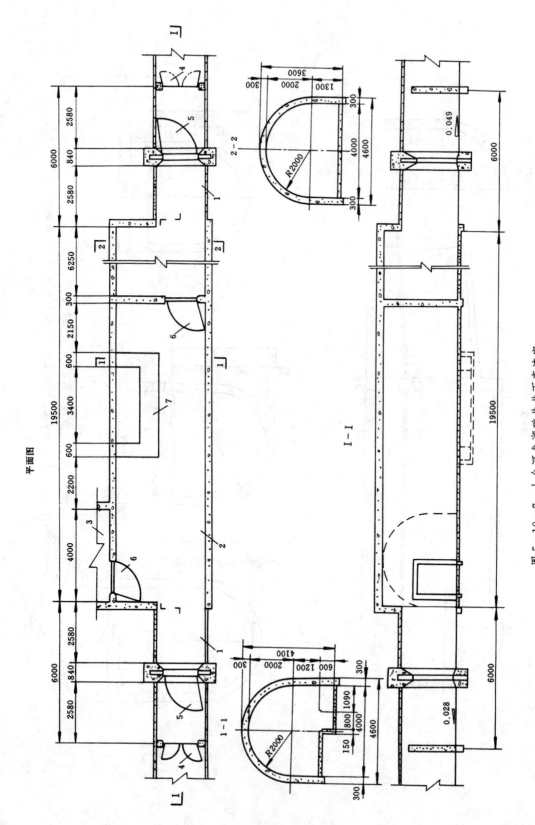

图 5—10—7 七台河龙湖矿井井下变流室

1—通路；2—变流室；3—主变电所；4—双扇栅栏门；5—密闭门；6—防火栅栏两用门；7—电缆沟

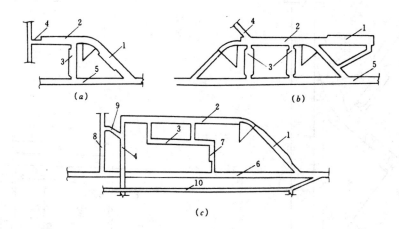

图 5—10—8　蓄电池式电机车修理间、充电室及变流室布置形式

1—修理间；2—充电室；3—变流室；4—回风巷道；5—井底车场巷道；6—采区下部车场；

7—变电室；8—爆炸材料库通道；9—爆炸材料库回风巷道；10—轨道上山

根据整流设备的规格、数量和布置确定其长、宽、高。整流器间的间隙一般为 800mm，整流器与硐室墙壁的间隙不小于 200mm，人行侧不小于 800mm。变流室内电缆沟的尺寸由机电专业确定。

3）充电室尺寸的确定见表 5—10—6。

表 5—10—6　蓄电池电机车充电室尺寸确定

项目	长 度（L）	宽 度（B）	高 度（H）
图示		充电台单列布置　　　充电台双列布置	
计算公式	1. 充电台单排布置时 $L = lN + a(N-1) + 2b$ 2. 充电台双排布置时 $L = \dfrac{lN + a(N-2)}{2} + 2b$ 式中　L—充电室长度，mm； 　　　l—一个充电台长度，mm； 　　　N—充电台个数； 　　　a—充电台之间的间隙，一般取 800～1000mm； 　　　b—巷道端墙与充电台之间的空隙，一般取 1500mm	1. 充电台单排布置时 $B = b_1 + b_2 + b_3 + b_4 + b_5$ 2. 充电台双排布置时 $B = b_1 + 2b_3 + 2b_4 + 2b_5$ 式中　B—充电室宽度，mm； 　　　b_1—电机车宽度，mm； 　　　b_2—机车与人行道一侧墙的距离不小于 700mm； 　　　b_3—充电台上电池箱与巷道墙的距离不小于 500mm； 　　　b_4—电池箱的宽度，mm； 　　　b_5—充电台上电池箱与电机车之间的间隙为 60～100mm	$H = h_1 + h_2$ 式中　H—充电室高度，mm； 　　　h_1—起重梁底面至底板高度不小于 3000mm，若采用吊车梁，导轨支承梁底面至轨面高度不小于 1800mm； 　　　h_2—梁的底面至巷道拱顶的高度，mm

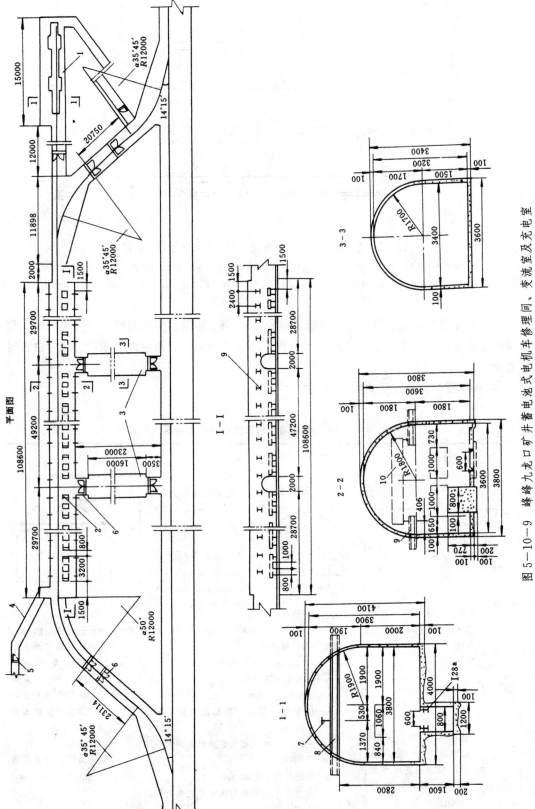

图 5—10—9 峰峰九龙口矿井蓄电池式电机车修理间、变流室及充电室

1—修理间;2—充电室;3—变流室;4—回风斜巷;5—调节风门;6—防火门;7—起重梁(工 25a);8—起重梁(工 28b);9—吊车托架(工 20b);10—3t 手动吊车

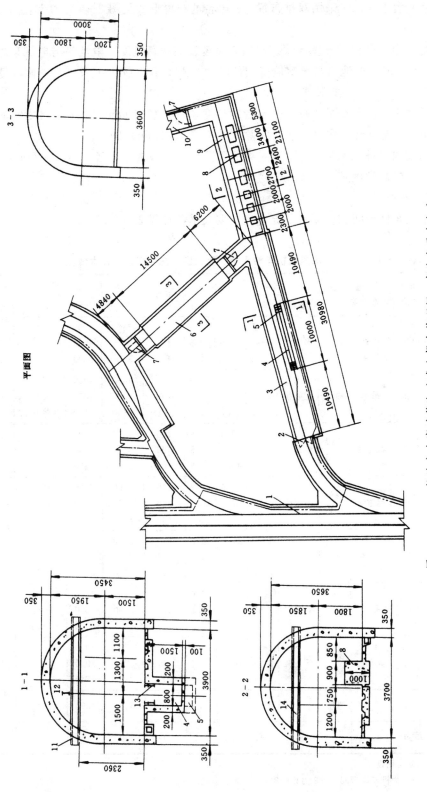

图 5—10—10 长治市南寨矿蓄电池式电机车修理间、变流室及充电室

1—井底车场巷道;2—栅栏门;3—电机车修理间;4—整修间;5—集水坑(300mm×800mm×300mm);6—变流室;7—防火栅栏两用门;8—充电台;9—充电室;10—总回风巷;11—承重梁(I 32a);12—起重梁(I 32a);13—托机梁(I 32a);14—起重梁(I 28a)

充电室内充电台的布置形式有单排、双排两种，一般采用单排布置；当充电台（包括工作、备用和检修）大于 8 台时采用双排布置。充电台的布置形式见图 5－10－9 和图 5－10－11。

充电室的宽度由充电台的布置形式、电机车宽度、电池箱宽度、电池箱与电机车之间的间隙（不小于 100mm）、电池箱与硐室墙壁间的间隙（不小于 500mm）及人行一侧的宽度确定。

充电室的长度由充电台个数、每个充电台的长度（一般为 2800mm）、充电台之间的间隙（一般为 800mm）及充电台与硐室端墙的间隙（不小于 1500mm）确定。

充电室的高度由设备的起吊方式、起重梁底面至巷道底板的高度（不小于 3000mm）、梁的底面至巷道拱顶的高度确定。

4. 主要技术特征

蓄电池式电机车修理间、变流室及充电室主要技术特征见表 5－10－7。

表 5－10－7　蓄电池式电机车修理间、变流室及充电室主要技术特征

矿井名称	电机车粘重(t)	充电台布置形式	充电室起重方式	支护材料	断面特征(m²)				支护厚度(mm)	净宽(mm)	净高(mm)	每米材料消耗(m³)	
					形状	编号	净	掘进				料 石	混凝土
峰峰九龙口矿井	8t	单排	3t 手动吊车	锚喷	半圆拱	1－1	13.3	15.1	100	3800	3900		1.58
						2－2	11.6	13.6	100	3600	3600		1.50
						3－3	9.6	11.5	100	3400	3200		1.35
四川松藻石碓矿井	8t	双排	吊车	喷浆	三心拱	1－1	18.8	21.5	30	4800	4000	砂浆 0.34	0.60
						2－2	17.5	19.7	30	4800	4000	砂浆 0.34	0.60
						3－3	12.7	14.3	30	4500	3100	砂浆 0.28	0.45
铁法晓南竖井	3t	单排	起重梁	混凝土碹	半圆拱	1－1	13.6	18.8	400	4200	3700		5.02
						2－2	10.2	14.8	400	3500	3300		4.47
						3－3	10.2	14.8	400	3500	3300		4.36
铁法大兴竖井	8t	双排	起重梁	混凝土碹	半圆拱	1－1	14.6	18.8	300	4400	3800		4.46
						2－2	17.8	22.4	350	5000	4100		4.84
						3－3	17.3	22.4	400	5200	3900		5.40
长治南寨煤矿	3t	单排	起重梁	料石	半圆拱	1－1	11.8	15.6	350	3900	3450	3.69	
						2－2	12.0	15.9	350	3700	3650	3.79	
						3－3	9.4	12.8	350	3600	3000	3.26	
淮北海孜矿井	8t	双排	吊车	料石	半圆拱	1－1	18.6	26.4	415	5400	4120	5.51	2.71
						2－2	19.0	26.8	415	5600	4000	5.42	2.77
						3－3	13.2	17.3	350	4200	3500	3.73	1.06
中梁山煤矿北井	8t	双排	5t 手动单轨行车	喷混凝土	三心拱	1－1	18.3	20.2	100	5200	3900		1.93
						2－2	18.3	20.2	100	5200	3900		1.93
						3－3	9.2	10.3	100	3730	2740		1.21
古交西曲矿井	2.5t	单排		锚喷	三心拱	2－2	20.5	22.4	150	5500	4330		1.80
平顶山八矿	2.5t	单排		混凝土碹	半圆拱	2－2	8.0	9.0	300	3300	3150		2.52

注：1. 表内数字均取自施工图设计；
　　2. 表中断面编号 1－1 为机车修理间，2－2 为充电室，3－3 为变流室。

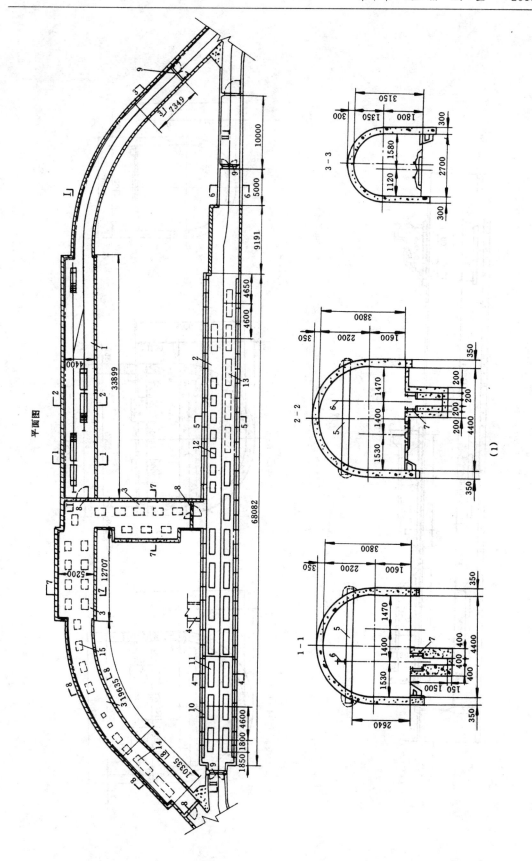

平面图

(1)

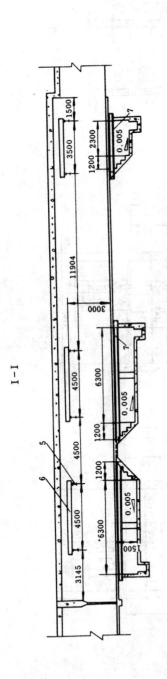

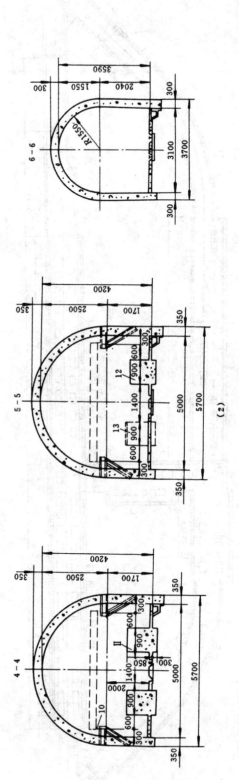

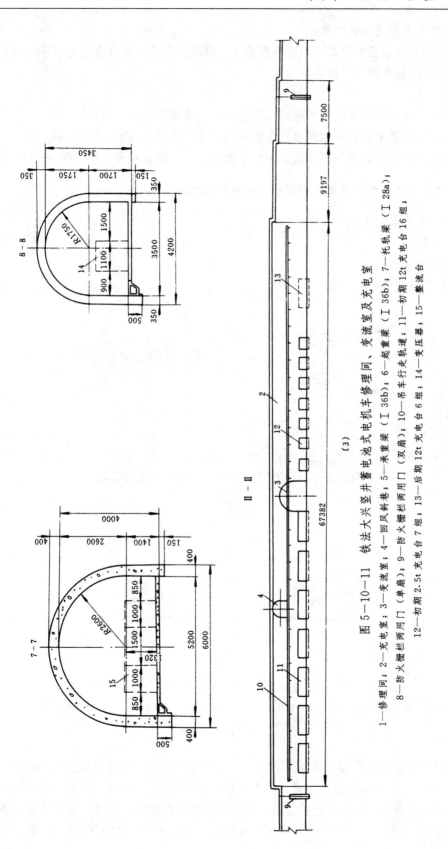

图 5—10—11 铁法大兴竖井蓄电池式电机车修理间、变流室及充电室

1—修理间；2—一充电室；3—变流室；4—回风斜巷；5—承重梁（I 36b）；6—起重梁（I 36b）；7—托机梁（I 28a）；
8—防火栅栏两用门；9—防火栅栏两用门（单扇）；10—吊车行走机道（双扇）；11—初期 12t 充电台 16 组；
12—初期 2.5t 充电台 7 组；13—后期 12t 充电台 6 组；14—变压器；15—整流台

5. 充电室内起重设备的选择

充电室内起吊设备，目前采用的有起重梁、吊环、手动葫芦（带行走小车）和电动葫芦等，一般多采用起重梁和手动葫芦。

6. 实　　例

1）峰峰九龙口矿井蓄电池式电机车修理间、变流室及充电室（图5-10-9）。

2）长治市南寨矿井蓄电池式电机车修理间、变流室及充电室（图5-10-10）。

3）铁法矿务局大兴竖井蓄电池式电机车修理间、变流室及充电室（图5-10-11）。

四、井下防爆柴油机机车修理间、加油站及加水站

1. 柴油机机车主要技术规格

见第一篇。

2. 硐室布置形式

布置形式见图5-10-12。

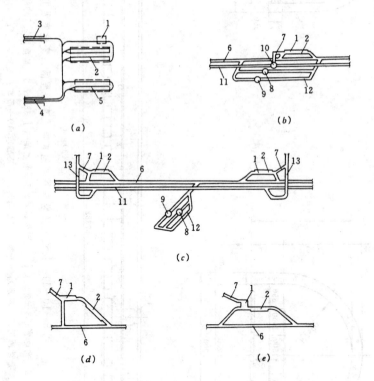

图5-10-12　柴油机车修理间、加油站及加水站布置形式

1—加油站；2—修理间及加水站；3—副斜井；4—行人斜井；5—材料转载站；6—运输大巷；7—回风巷；
8—主井；9—副井；10—风井；11—回风大巷；12—井底车场；13—回风上山

　　柴油机机车修理间、加油站及加水站一般采用联合布置，按设置地点分为地面和井下两种，图5-10-12a为地面集中布置；图5-10-12b、c、d、e为井下布置。采用斜井或平硐开拓，且由地面至井下作业点连续运输，机车进出井较方便时，硐室应设在地面；柴油机车进出井不方便时，应设在井下。井下硐室按布置方式分为集中布置和分散布置，图5-10-12b

为井下集中布置；c 为井下分散布置。按进出车方式分为单侧进出车和双侧进出车，图5—10—12d 为井下单侧进出车布置；e 为井下双侧进出车布置。

3. 硐室尺寸的确定

柴油机机车修理间及加水站的尺寸应根据机车、检修坑、配件柜架、工作台、水池、水箱、风包的外形尺寸和布置形式以及设备所需的安全间隙来确定。行人兼检修侧不小于1400mm；非人行检修侧不小于1000mm。修理间内检修坑尺寸应根据机车检修的要求确定，一般宽为800mm，深为1500mm。并设出入坑台阶。检修坑底端头应设集油坑。检修坑底面向集油坑有5‰的下坡。集油坑的尺寸一般为宽800mm，长500mm，深600mm。

加油站的尺寸根据防爆加油装置、贮油罐及开关的外形尺寸和布置形式以及设备所需的安全间隙确定。井下加油站设施宜采用1辆专用油罐车，油罐容量宜按井下工作机车8小时耗油总量确定。

4. 主要技术特征

柴油机机车修理间、加油站及加水站的主要技术特征见表5—10—8。

表 5—10—8 柴油机机车修理间、加油站及加水站的主要技术特征

矿井名称	机车类型	设置地点	断 面 特 征						掘进工程量 (m³)	主要材料消耗	
			形状	净宽 (mm)	净高 (mm)	壁厚 (mm)	净断面 (m²)	掘进断面 (m²)		混凝土 (m³)	锚杆 (根)
兖州济宁二号矿井	齿轨机车	井下	直墙半圆拱	6800 (4500)	4540 (3730)	150 (150)	25.8 (14.6)	30.3 (17.2)	1640.5	212.60	2145
兖州兴隆庄矿井	单轨吊车	井下	直墙半圆拱	5500	3350	500	15.2	21.1	780.6	223.14	36

注：1. 表内数字均取自施工图设计；
2. 括号内数字为加油站断面。

5. 修理间起吊设备的布置与选择

每个检修坑的上方应设起重梁或手拉葫芦。起重梁的规格可通过计算选取。

6. 实 例

1）济宁二号矿井柴油机式齿轨机车修理间、加油站及加水站（图5—10—13，该井已投产，柴油机式齿轨机车已下井）。

2）潞安常村矿井柴油机式单轨吊机车修理间、加油站及加水站（图5—10—14）。

3）滕南矿区付村矿付村井柴油机式齿轨机车修理间、加油站及加水站（图5—10—15）。

4）济宁三号井井下换装站（图5—10—16）。

五、硐室断面形状及支护

选择硐室断面形状和支护方式时，应考虑硐室的服务年限、布置形式及所处的岩性等条件，采用三心拱、半圆拱或圆弧拱，支护材料采用混凝土、粗料石或锚喷支护，地面加油站采用砖或混凝土砌碹。

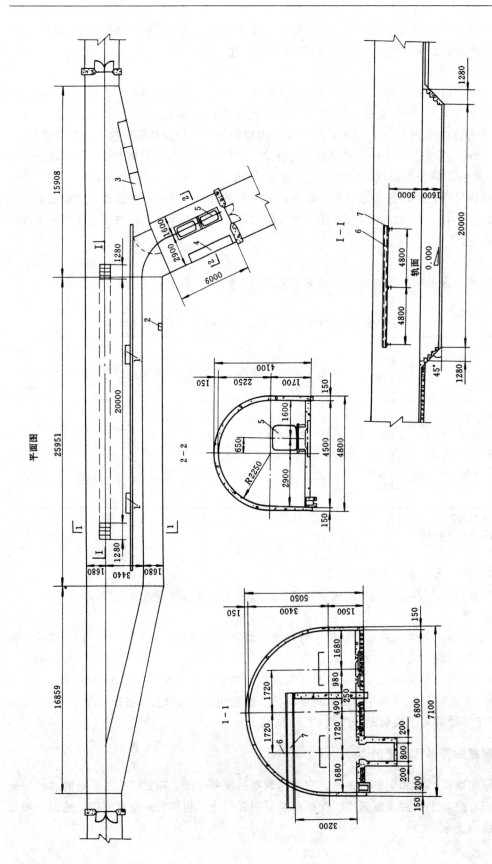

图 5—10—13 济宁二号矿井柴油机齿轮油轨机车修理间、加油站及加水站

1—工作台；2—水箱；3—工具备件柜；4—油脂柜；5—油罐车；6—起重梁（I 32a）；7—承重梁（I 32a，3根）

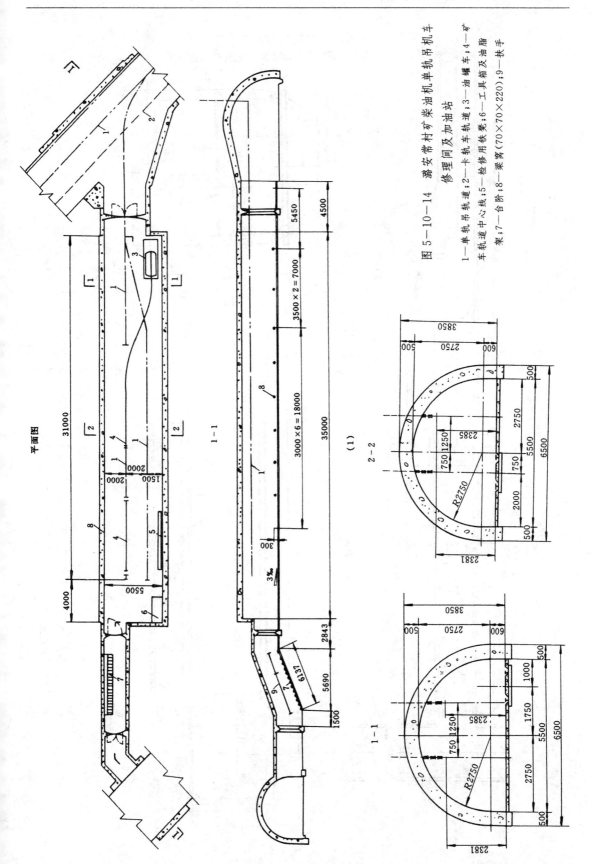

图 5—10—14　游安常村矿柴油机车单轨吊机车
修理间及加油站

1—单机吊轨道；2—卡轨车轨道；3—油罐车；4—矿
车轨道中心线；5—检修用铁凳；6—工具箱及油脂
架；7—台阶；8—梁窝（70×70×220）；9—扶手

平面图

（1）

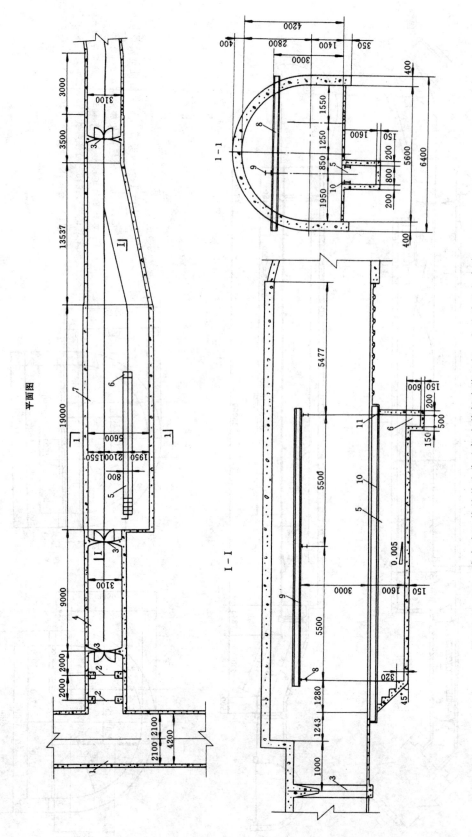

图 5-10-15　滕南矿区付井柴油齿轮机车修理间，加油站及加水站

1—回风大巷；2—调节风门；3—防火栅栏两用门；4—加油站；5—检修坑；6—集水坑；
7—修理间及加水站；8—承重梁（Ⅰ 32c）；9—起重梁（Ⅰ 32c）；10—托轨梁（Ⅰ 32c）；11—槽钢（[20]）

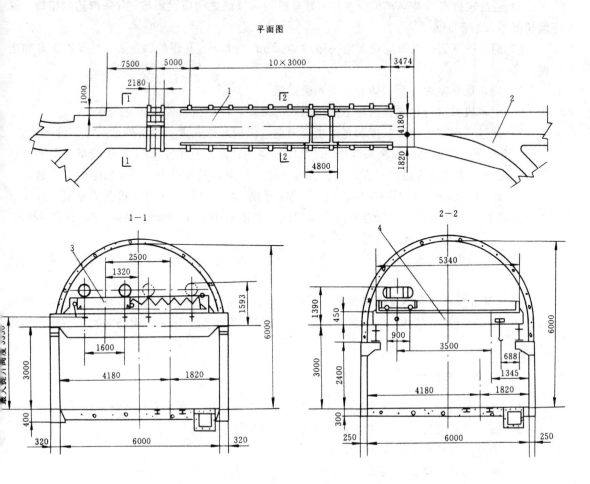

图 5—10—16 济宁三号井井下换装站

1—井下换装站；2—Ⅷ号交岔点；3—2×15t 吊车；4—2×10t 吊车

第二节 推车机及翻车机硐室

一、概 述

推车机及翻车机硐室位于井底车场的煤仓上口，是由推车机将重载的固定式矿车推入翻车机内，将煤翻入煤仓的硐室。

二、一般规定及要求

1）推车机及翻车机硐室的布置形式应根据井底车场线路布置、调车方式及相关的转载运输系统确定。硐室分机车通过式和非通过式。

2）非通过式必须避免水沟水流入煤仓。通过式推车机及翻车机硐室水沟应设在通过线一侧，并采用防漏水措施。

3）通过式推车机及翻车机硐室，在翻车机与通过线之间应设隔墙，并采取防尘措施，隔墙长度不宜小于 10m。

4）翻车机下煤仓上口应设倾向一侧的 300mm×300mm 孔眼的铁箅子，并设操作室和通路。

5）翻车机硐室内应采取防止瓦斯积聚措施。

6）翻车机硐室与相连接的巷道顶板出现的高差，应避免台阶式的连接方式。

7）通过式翻车机硐室长度和宽度主要根据过渡段线路长度及设备外形尺寸、设备安装、检修、操作等所需的安全间隙来确定。过渡段线路的转角不宜大于 15°，平曲线半径应满足列车运行要求。通过线两曲线间直线段长度可由计算得出，但不得小于机车轴距的 1.5 倍。

8）推车机及翻车机硐室的壁龛一般布置在同侧。翻车机硐室中翻车机两侧分别设置人行道、检修道，人行道应与车场巷道人行道同侧，宽度不小于 1000mm，另一侧检修道不小于 700mm。硐室的高度应满足起吊设备高度要求。

9）翻车机硐室应设置喷雾洒水降尘装置或除尘设备。硐室内应备有灭火器材并设存放位置。

10）硐室断面宜采用直墙半圆拱，用粗料石或混凝土砌碹。硐室设备基础应采用强度等级大于 C20 的混凝土整体浇注。翻车机地坑与煤仓相联部位，应采用钢筋混凝土结构连续浇注。

三、设计基础资料

1）井底车场平、断面图及坡度图（包括运输线路系统、调车方式和硐室位置等）。

2）翻车机硐室与煤仓及井底装载系统的相对位置。

3）推车机及翻车机设备平、剖面图。

4）地沟规格的要求（包括设备基础、地脚螺栓孔的关系尺寸及深度）。

5）结构梁的平、断面图（包括所有结构梁的型号、规格及梁窝的位置和尺寸）。

6）铺设盖板的梁窝位置和要求。

7）起重梁的型号、长度、数量及其在硐室内安设的位置、高度等关系尺寸。

8）电器设备的布置及对壁龛规格的要求。

9）硐室内除尘洒水装置的安装及对硐室设计的要求。

四、硐室的布置形式

1. 推车机及翻车机类型及特征

1）推车机及翻车机类型见表 5—10—9。

表 5—10—9 推车机、翻车机类型

项 目 名 称	推车机			翻车机		
固定式矿车吨位及型号	1t	1.5t	3t	1t	1.5t	3t
	MG1.1	MG1.7	MG3.3	MG1.1	MG1.7	MG3.3

续表

项 目 名 称	推 车 机	翻 车 机	
一次翻矿车数	/	单车、双车	单车
推车翻车方式	列车式	不摘钩	
传动形式	绳式、链式	电 动	
操纵位置	/	左侧操纵、右侧操纵	
传动装置位置	左侧、右侧	/	

2）推车机及翻车机特征见第一篇。

2. 硐室位置选择

推车机及翻车机硐室位置，要根据转载系统及煤仓、并筒定量装载仓的布置，结合井底车场形式确定，应尽量避开含水层。

3. 硐室的布置形式

按照硐室内翻车机旁有无通过线路，将硐室形式分为非通过式和通过式两种。

非通过式推车机及翻车机硐室见图5—10—17（a）。

通过式推车机及翻车机硐室见图5—10—17（b）。

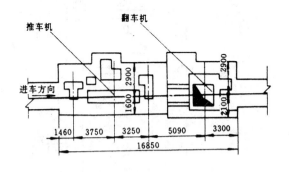

图5—10—17（a）　（非通过式左侧操纵）
推车机、翻车机硐室

通过式硐室的通过线路，位于翻车机进矿车方向的左侧为左侧通过式，反之为右侧通过式。

根据硐室中安设翻车机台数，非通过式又分为单台翻车机硐室和双台翻车机硐室。

推车机及翻车机的操纵手把位置，设在矿车进翻车机方向的左侧即为左侧操纵，反之为右侧操纵。由于操纵手把操作需要一定的空间，为避免硐室全面加宽，可在操纵手把位置设操作壁龛。

一般形式的推车机及翻车机硐室，见图5—10—17。

现将一些特殊型式的翻车机硐室列举如下：

1）非通过式1吨绳式推车机及单车两台翻车机硐室。

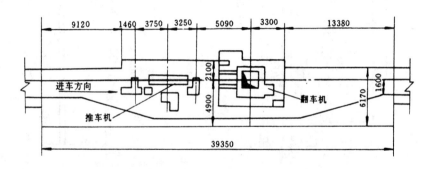

图5—10—17（b）　（通过式右侧操纵）推车机、翻车机硐室

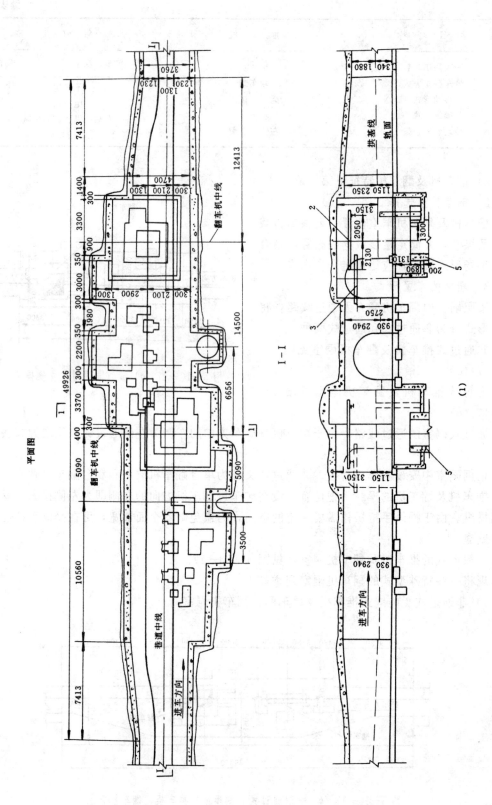

平面图

I—I

(1)

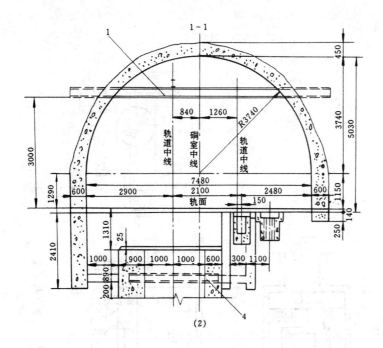

图 5—10—18 平顶山十一矿 1t 绳式推车机及翻车机硐室
（非通过式、两台翻车机）

1—Ⅰ25a（L=8700）；2—Ⅰ25a（L=5180）；3—Ⅰ25a（L=3800）；

4—Ⅰ25a（L=3000）；5—泄水孔（预埋 φ152）

图 5—10—18 为平顶山十一矿 1t 绳式推车机及单车两台翻车机硐室（非通过式、双台翻车机）。

平顶山十一矿生产能力为 60 万 t/a。1t 固定式矿车翻车机作为井下转载设备。两种煤质牌号，要求分装分运，分别卸入两个煤仓内。因此，确定在硐室内设置两台翻车机，并前后错开一定距离，铺设两股翻车机转载线路。进车方向相同，但两台翻车机分别在左右两侧操作。

2）非通过式 1t 绳式推车机及双车单台翻车机硐室。

图 5—10—19 为淮北刘桥矿 1t 绳式推车机及双车单台翻车机硐室（非通过式左侧操纵）。

刘桥矿生产能力为 60 万 t/a。1t 固定式矿车翻车机作为井下转载设备，选用双车翻车机是根据生产能力的需要。

3）非通过式 1.5t 链式推车机及单车单台翻车机硐室：

图 5—10—20 为龙口北皂矿 1.5t 链式推车机及单车单台翻车机硐室（非通过式、左侧操纵）。

北皂矿生产能力为 90 万 t/a（生产褐煤 60 万 t，油页岩 30 万 t），要求分装分运。煤经 1.5t 固定式矿车翻车机翻入煤仓，油页岩从副井提升。

翻车机硐室围岩为粘土泥页岩，遇水膨胀，因此，在运输系统、硐室布置形式以及支护

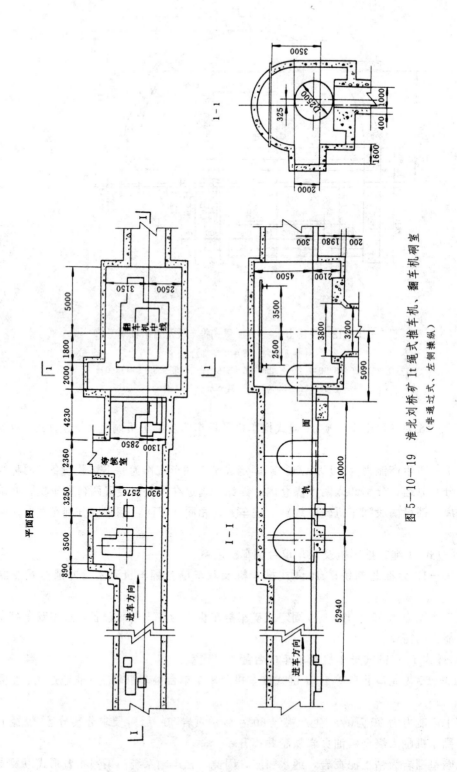

图 5—10—19 淮北刘桥矿 1t 绳式推车机、翻车机硐室
（非通过式、左侧操纵）

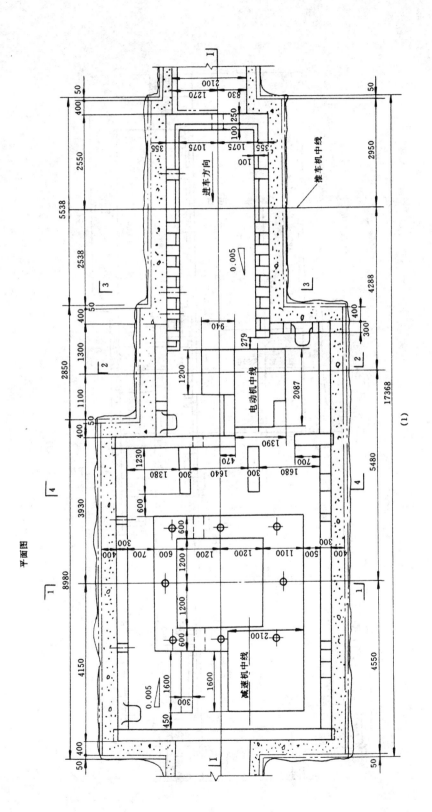

平面图

(1)

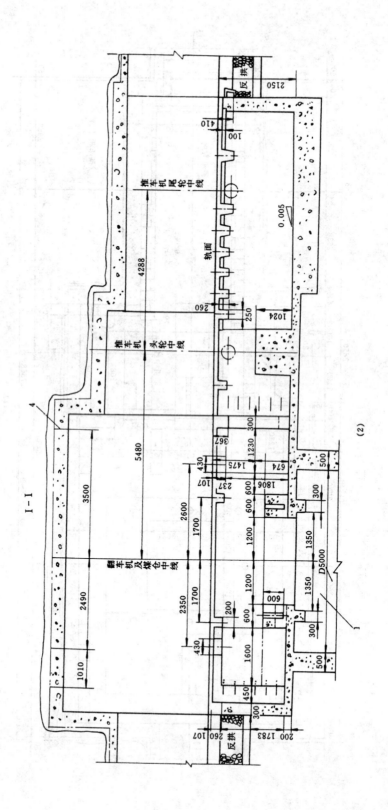

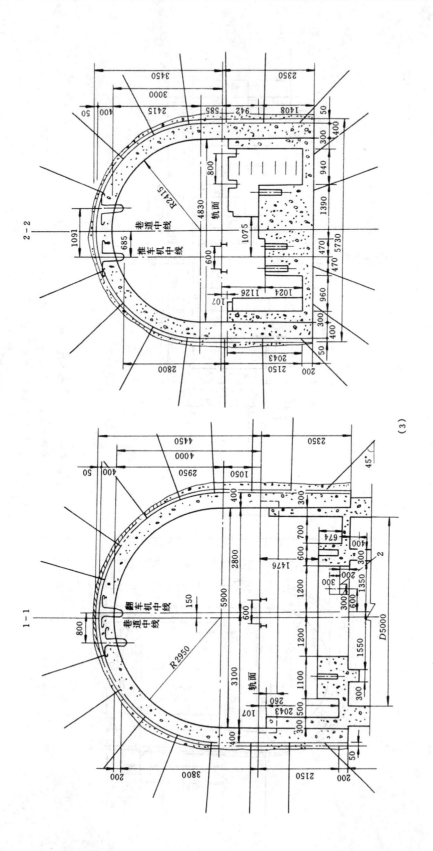

（3）

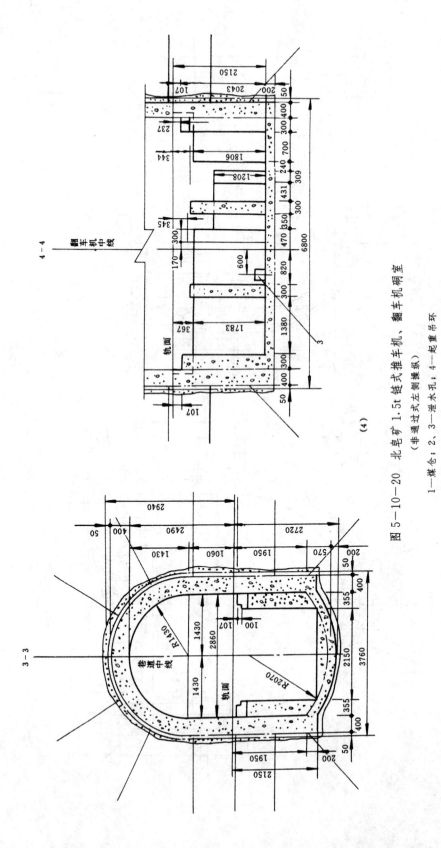

图 5—10—20　北皂矿 1.5t 链式推车机、翻车机硐室

（非通过式左侧操纵）

1—煤仓；2、3—泄水孔；4—起重吊环

结构上均作了相应考虑，确定采用非通过式翻车机硐室形式。

4）通过式 1.5t 链式推车机及单车单台翻车机硐室

图 5—10—21 为兖州兴隆庄矿 1.5t 链式推车机及单车单台翻车机硐室（左侧通过式、右侧操纵）。

兴隆庄矿生产能力为 300 万 t/a，井下采用胶带运输，1.5t 固定式矿车翻车机作为翻掘进煤用。翻车机旁的通过线路，供矿井辅助运输使用，硐室采用有隔墙形式。

5）非通过式 3t 绳式推车机及翻车机硐室

图 5—10—22 为宿县朱仙庄矿 3t 绳式推车机及翻车机硐室（右侧进车）。

朱仙庄矿生产能力为 120 万 t/a。3t 固定式矿车翻车机作为井下转载设备。

翻车机地坑下方有溜煤道通过，溜下的煤直接进入煤仓，溜煤道旁的人行道，可直通翻车机设备检查孔进出口。

6）通过式 1.5t 绳式推车机及翻车机硐室：

图 5—10—23 为淮南潘集三号井 1.5t 绳式推车机及翻车机硐室（右侧通过式）。

淮南潘集三号井生产能力为 300 万 t/a。1.5t 固定式矿车翻车机作为井下转载掘进煤用。硐室围岩为花斑状泥岩，岩性较差，因此支护结构上作了相应考虑。

4. 翻车机地坑布置

翻车机底架安设在煤仓上口，翻车机、减速器、电动机的混凝土基础浇注成整体。如果翻车机地坑与圆筒煤仓直接相连的硐室，必须架设支承地梁。梁、板一般采用钢筋混凝土结构，与翻车机基础整体浇注，混凝土强度等级不小于 C20。

图 5—10—24 为兖州兴隆庄矿 1.5t 翻车机硐室翻车机基础及地板配筋图。

兴隆庄矿掘进煤转载仓，为一直径 5000mm 圆筒煤仓，翻车机直接安设在煤仓上口。

设计规范要求，在翻车机下煤仓上口设铁算子。为了便于清除坑木等杂物，生产单位也有在翻车机上，煤的倾泻口设一算子，经翻滚后，大件物仍然掉回矿车内，避免在翻车机下面处理。

五、硐室尺寸的确定

（一）硐室平面尺寸

硐室的平面尺寸主要根据过渡段线路长度及设备外形尺寸、设备安装、检修、操作等所需的安全间隙来确定。过渡段线路的转角不宜大于 15°，平曲线半径应满足列车运行要求。通过线两曲线间直线段长度可由计算得出，但不得小于机车轴距的 1.5 倍。

通过式翻车机硐室，两线路间应留有隔墙厚度尺寸，隔墙两侧距翻车机和电机车间隙不小于 300mm。

（二）硐室高度

硐室高度的确定，主要根据起吊设备高度的要求。安装和修理翻车机时，起吊后可左右滑动。硐室内应设起重梁或锚杆吊环。

在推车机及翻车机硐室设计中，翻车机轨面至起重梁底面的高度：1t 翻车机一般为 3000mm，3t 翻车机一般为 3500mm。起重梁底面距硐室顶，通常取 800mm 左右。选用工字钢起重梁时，1t 翻车机起重梁型号为 工 24，3t 翻车机起重梁型号为 工 30；推车机起重梁为 工 24。

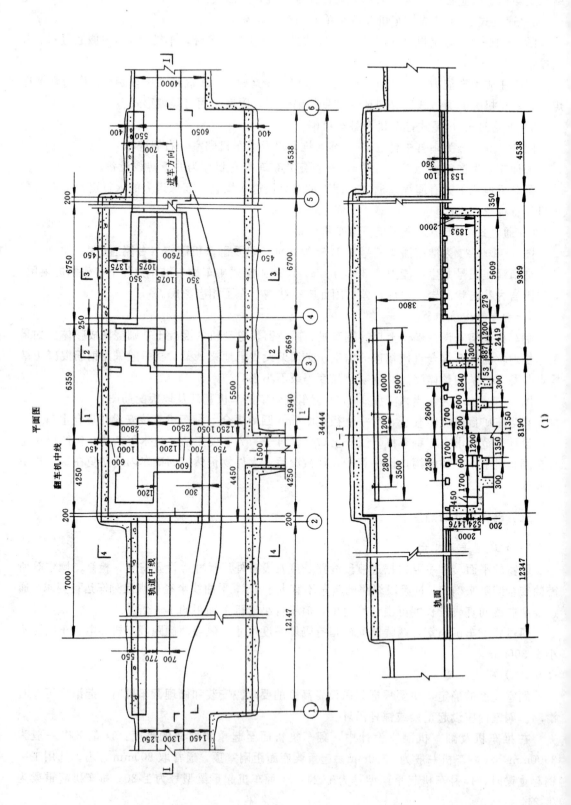

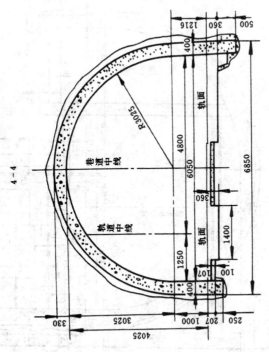

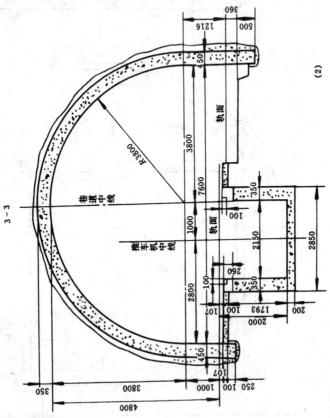

(2)

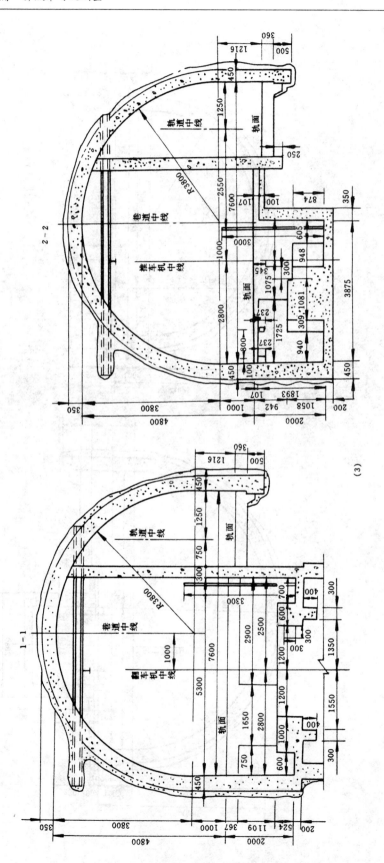

(3)

断面工程量及材料消耗量

序号	断面编号	普氏系数	面积 (m²)			地坑	材料消耗量		混凝土 (m³)			充填	隔墙
			净	掘	基础		拱	墙	基础	地坑	地板		
1	1—1	4～6	30.0	38.8	0.3	13.2	5.05	1.2	0.25	2.55		1.36	1.64
2	2—2	4～6	30.0	38.8	0.3	10.2	5.05	1.2	0.25	2.45		1.38	1.64
3	3—3	4～6	31.5	39.5	0.47	6.0	5.05	1.24	0.36	1.9	0.2	1.27	
4	4—4	4～6	22.0	28.8	0.47		3.7	1.19	0.36		0.12	0.78	
5	5—5	4～6	2.8	4.1	0.23		0.69	0.5	0.15			0.36	

工程量及材料消耗量

序号	名称	掘进断面 (m²)	掘进基础 (m²)	地坑 (m²)	长度 (m)	掘进体积 (m³)	混凝土 (m³)						钢材 (kg)						
							拱	墙	基础	地坑	地板	充填	工字钢	垫圈	螺母	螺栓	φ6	φ12	φ20
1	①—②⑤—⑥	28.8	0.47		16.685	488.3	61.73	19.86	6.00		1.86	13.01					77.44	896.05	3255.32
2	②—③	38.8	0.3	13.2	8.39	437.0	42.37	25.76	8.66	21.90		11.79					24.63	285.05	1035.57
3	③—④	38.8	0.3	10.2	2.669	131.84	13.48	5.54	4.51	8.09	0.37	3.62	I32a 1602.08	1.44	1.49	3.35			
4	④—⑤	39.5	0.47	6.0	6.7	301.75	33.84	10.21	2.49	12.33	1.39	8.61					54.94	643.89	2383.19
合计						1358.89	151.32	61.37	21.66	42.32	3.62	37.03	1602.08	1.44	1.49	3.35	157.01	1824.9	6674.08

图 5—10—21　冀州兴隆庄矿 1.5t 链式推车机、翻车机硐室
(左侧通过式右侧暴纵)

近年来硐室设计,选用起重梁型号及安设高度均有适当加大的趋势,见表 5—10—10。

起重梁选型一般由机制专业确定,因受跨度和起吊件重量等因素的影响,必要时可按简支梁验算。其计算方法如下:

根据推车机及翻车机起吊件最大重量和起重梁的跨度,计算梁的最大弯矩和挠度,合理选用钢梁型号。

1. 按简支梁计算最大弯矩

$$M_{max}=PL/4 \qquad\qquad (5-10-1)$$

式中　M_{max}——最大弯矩,N·m;

　　　P——起吊荷重,N;

　　　L——梁的计算跨度,m。

当两端支座宽度大于 0.05 倍净跨度时,取计算跨度等于 1.05 倍净跨度。

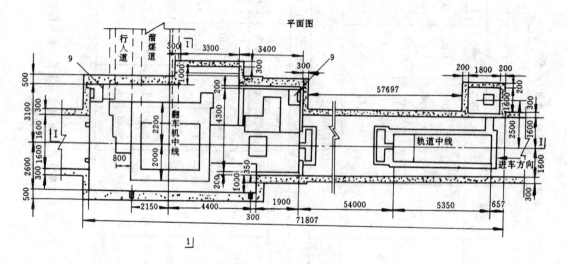

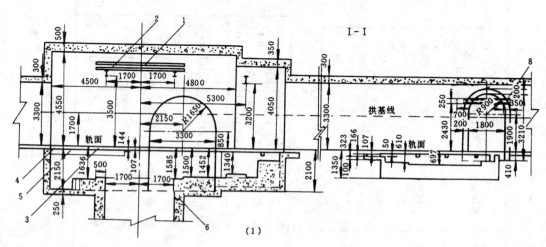

(1)

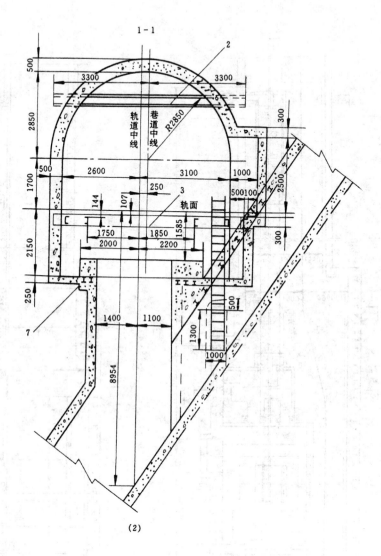

(2)

图 5—10—22　宿县朱仙庄矿 3t 绳式推车机及翻车机硐室

（非通过式右侧操纵）

1—I 30b（$L=4500$）；2—I 30b；3—I 32c；4—[22；5—[20；6—I 14（$L=4200$，4 根）；

7—I 14（$L=6500$，5 根）；8—[20（$L=2200$）；9—行人孔

2. 钢梁的断面选择

按容许应力计算钢梁所需净截面系数

$$W = M_{\max} / [\sigma] \qquad (5-10-2)$$

式中　W——净截面系数，mm^3；

　　　$[\sigma]$——工字钢容许弯曲应力，N/mm^2。

按计算的 W 值，可直接从型钢表中选出梁的型号和断面尺寸。

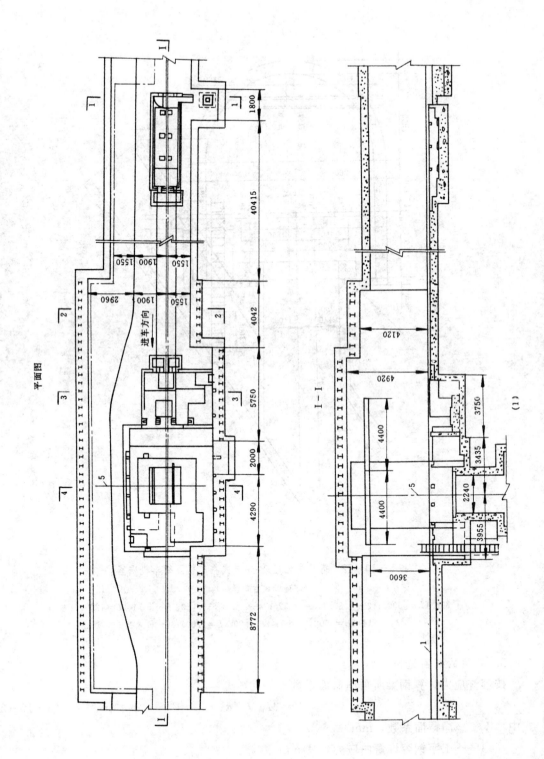

平面图

进车方向

1—1

（1）

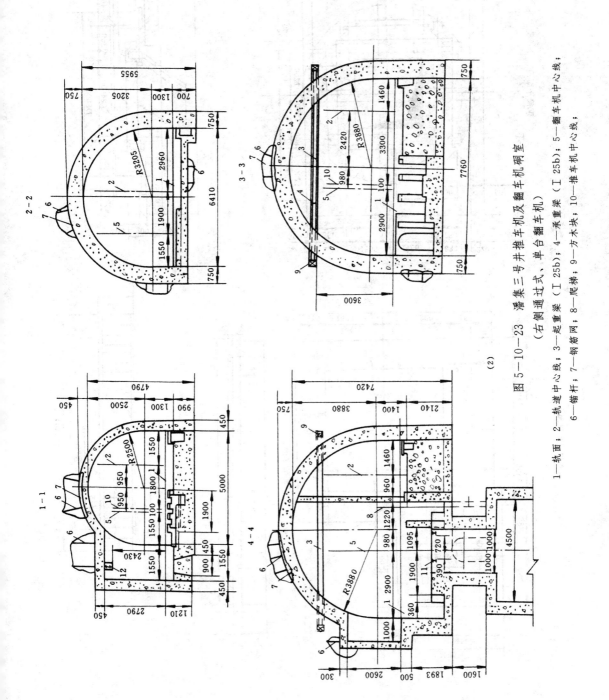

图 5—10—23 潘集三号井推车机及翻车机硐室
（右侧通过式，单台翻车机）
(2)

1—轨面；2—轨道中心线；3—起重梁（Ⅰ25b）；4—承重梁（Ⅰ25b）；5—翻车机中心线；
6—锚杆；7—钢筋网；8—爬梯；9—方木夹；10—推车机中心线；

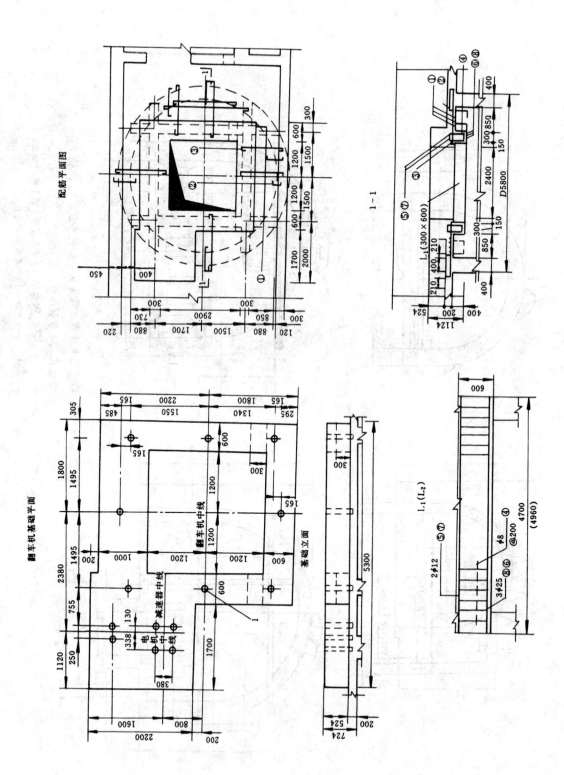

钢筋明细表

构件名称	钢筋编号	型式	直径(mm)	长度(mm)	数量 部分	数量 累计	总长(m)
板(200厚)	①	1475~4395	Φ8	平均3035		18	54.7
	②	170 410~1910 170	Φ8	平均1500		72	108
	③	1435~1910	Φ8	平均1772		72	128.0
L₁、L₂	④	250 550	Φ8	1750	12	48	84
L₁	⑤	4700	Φ12	4850	2	2	9.7
	⑥	4700	Φ25	4700	3	3	14.1
L₂	⑦	4960	Φ12	5110	2	6	30.7
	⑧	4960	Φ25	4960	3	9	44.6

钢筋 汇总表			
直径(mm)	Φ8	Φ12	Φ25
长度(m)	378	40.4	35.9
重量(kg)	148	58.7	226
总重(kg)	410		

混凝土 (m³)

图5-10-24 兖州兴隆庄矿1.5t翻车机硐室翻车机基础及地板配筋
1—14个预埋地脚螺栓孔径150×150×600

表 5—10—10　推车机及翻车机硐室（实例）的主要技术特征

矿井名	生产能力(万 t/a)	推车机翻车机类型	布置形式	翻车机作用	断面特征					起重设施		设计日期	备注
					断面形状	支护方式	拱厚(mm)	墙厚(mm)	掘进体积(m³)	型号	梁底面距轨面(m)		
平顶山十一矿	60	1t绳式	非通过式、双台翻车机	全矿主要转载工具	半圆拱	混凝土拱料石墙	450	600		I25a	3.0	1975年11月	二个煤仓单独储存二种牌号。围岩砂质页岩
淮北刘桥矿	60	1t绳式	非通过式、单台车机、左侧进车	全矿主要转载工具	半圆拱	混凝土砌碹	450	450	647.8	I28a	3.5	1978年2月	围岩中硬
龙口北皂矿	90	1.5t链式	非通过式、左侧进车	60万t进翻车机	半圆拱	锚喷加钢筋混凝土砌碹	50 400	50 400	575.5	φ25起重吊环	3.8	1979年7月	粘土质泥岩，遇水膨胀，普氏系数f<3。煤仓上口设有支承平台
兖州兴隆庄矿	300	1.5t链式	通过式、右侧进车	辅助转载掘进煤	半圆拱	混凝土砌碹	350	450	1358.9	I32a	3.8	1979年4月	围岩普氏系数f=4~6，硐室内有隔墙，煤仓上口设有支承平台
宿县朱仙庄矿	120	3t绳式	非通过式、右侧进车	全矿主要转载工具	半圆拱	混凝土砌碹	500	500	1376.3	I30b	3.5	1976年8月	围岩普氏系数f=4。砂质页岩，较破碎
宿县矿区祁南矿井	240		通过式、右侧进车	辅助转载掘进煤	半圆拱	混凝土砌碹	400	400	962.1	φ25起重吊环	3.1	1994年7月	围岩中硬
淮南潘集三号井	300	1.5t绳式	通过式、左侧进车	辅助转载掘进煤	半圆拱	锚喷加钢筋混凝土砌碹	150 600	150 600	2287.0	I25b	3.6	1982年9月	花斑状泥岩，岩性较差

注：表内数字均取自施工图设计。

3. 钢梁的最大挠度计算

$$f_{max} = PL^3/48EI \qquad (5—10—3)$$

式中　f_{max}——钢梁的最大挠度，m；

　　　E——弹性模量，一般采用3号钢为 $E=2.1 \times 10^5$，N/mm²；

　　　I——惯性矩，mm⁴（由型钢特征表中查得）。

4. 挠度验算

按钢梁的最大挠度与相对挠度来验算

$$f_{max}/L \leqslant [f/L] \qquad (5—10—4)$$

式中　$[f/L]$——相对容许挠度。

梁的相对容许挠度 $[f/L]$ 按设计规范规定为 1/400。

六、硐室断面形状及支护

根据围岩性质、硐室跨度和高度的要求，确定断面形状及支护方式。推车机及翻车机硐室一般采用直墙半圆拱，用混凝土或粗料石砌碹。在围岩稳定性较差时，硐室可采用锚喷加混凝土砌碹双层支护。如果硐室位于坚固、稳定、无裂隙和不淋水的围岩内，也可采用锚喷支护。

七、实　例

推车机及翻车机硐室实例的主要技术特征见表5—10—10。

第三节　自卸式矿车卸载站硐室

一、概　述

自卸式矿车卸载是整列车连续通过卸载坑，具有卸载速度快、人员少和管理方便等优点。

目前普遍采用MDC型底纵卸式和CDC型底侧卸式矿车。底卸式矿车的卸载过程是，当矿车进入卸载站时，车箱支承在卸载坑两侧的支承轮上向前移动，矿车底盘的卸载轮则沿卸载曲轨的倾斜直线移动，车底门逐渐张开，并开始卸载。当卸载轮移过曲轨拐点时，煤已卸净，底盘开始向上闭合，直至复位。卸载时间等于列车通过卸载坑的时间。

二、一般规定及要求

1）卸载站硐室应根据底卸式矿车型号、井底车场调车方式及线路布置，确定进出车方向和线路坡度。

2）硐室布置应保证使用方便、结构简单和便于施工等要求。卸载站两侧分设人行道和检修道，并设高度1000mm以上的护栏。采用底纵卸式矿车的卸载站硐室从地面起1800mm的高度内，宽度由边梁外侧面至墙面不小于700mm。边梁外侧面至无隔墙的通过线路列车最突出部分的距离不小于400mm。边梁外侧面至翻车机设备最突出部分的距离不小于700mm。硐室顶部应设固定起重梁。

3）卸载坑两端，应铺设护轮轨或引轨，并设固定道床，以利安全。出车处有时为便于调坡，也可设普通道床。

4）硐室内安装设备的混凝土基础及预埋件预留梁窝、螺栓孔位置，应与机制专业提供的资料相吻合。

5）硐室内除卸载坑上口外，巷道内的孔洞均应加盖板，以保证行人安全。

6）采用底纵卸式矿车时，卸载曲轨水平段始点位置，应与卸载仓中心线重合，以有效利用煤仓容量。采用底侧卸式矿车时，如列车单侧进入卸载站，煤仓中心线可比卸载站中心线超前1500～2000mm；如列车双侧进入卸载站，二者必须重合。

7）煤仓内应有煤位满载信号和空载信号装置，避免一列车尚未卸完而煤仓已满，或仓内全部放空。

8）卸载曲轨支承梁必须保证水平，曲轨与支撑梁间紧密贴合无间隙。矿车支承托轮必须保证水平，两侧必须对称。底纵卸式矿车的卸载曲轨与两侧支承托轮必须保持等距离平行，以免矿车向一侧偏斜，使两侧支承托轮受力不一致。

9）通过式硐室防尘隔墙长度应大于卸载段长度。

10）卸载站硐室与相邻巷道连接处高差较大时，应避免顶部出现台阶式连接。

11）对于分煤种需要布置两个卸载站硐室时，两者安全岩柱应不小于 20m。

12）卸载站与翻车机联合布置的硐室，应满足以下几点要求：

（1）翻车机地坑与底卸式矿车卸载坑之间，卸载坑与煤仓之间，应采取全部开挖的方法施工，用钢筋混凝土梁和板承重，将翻车机基础座落在上面。

（2）固定式矿车空车存车线末端与底纵卸式矿车线路之间设有道岔相接时，底纵卸式矿车离开卸载坑后的线路坡度不超过 0‰～5‰，而固定式矿车离开翻车机后，一般设计为自动滑行至空车存车线末端，平均坡度在 8‰～10‰ 范围内。为了补偿高差，一般将翻车机出车轨面高程高出卸载坑中心轨面 300mm 左右。如不设道岔相连，翻车机轨面与卸载坑轨面可设在同一高程。

（3）井底车场水沟必须避免流经翻车机线路一侧。要求翻车机线路进车方向为上坡，出车方向为下坡，尽量使进出车两头的水不流入翻车机地沟，只允许翻车机地沟内微量渗水流入煤仓。

（4）有关翻车机部分，应符合推车机、翻车机硐室的一般规定及要求，详见本章第二节。

13）非通过式与联合布置式硐室的进车一侧水沟，应采取反坡防止水流入煤仓。

14）硐室内应保持通风良好，设置喷雾洒水降尘装置或除尘设备。还必须采取防灭火等综合措施。

三、设计的基础资料

1）矿井井底车场平、断面图及坡度图（包括运输线路、调车方式及硐室位置）。

2）机车及矿车型号。

3）卸载站硐室与煤仓以及井底装载系统的相对位置。联合布置时，卸载站与翻车机的相互关系。

4）卸载站装备布置图（包括曲轨布置、曲轨半径、弧度关系尺寸等）。

5）卸载曲轨支承梁结构、位置高程、长度等。

6）卸载曲轨与煤仓上口中心线的关系尺寸。

7）矿车支承托轮支座布置、结构、螺栓孔的位置及关系尺寸。

8）卸载站与翻车机联合布置时，还需推车机及翻车机设备布置图（包括基础及螺栓孔关系尺寸，结构梁的型号及安装位置，硐室内地沟规格和要求）。

9）硐室内铺设盖板的位置和要求。

10）起重梁的型号、长度和位置等关系尺寸。

11）联合布置的硐室，对翻车机检修坑硐室以及人员上下孔洞的要求。

12）硐室内电气开关、照明、机车架线、煤位信号装置等对硐室的要求。

13）卸载站硐室除尘洒水装置的安装对硐室的要求。

四、底卸式矿车的类型、特征及卸载站硐室的布置形式

（一）底卸式矿车的类型及特征

见第一篇。

底卸式矿车按底盘卸载方式分为底纵卸式矿车和底侧卸式矿车两种类型。按矿车容量分为 3t 和 5t 两种。按矿车轨距又分为 600mm 轨距和 900mm 轨距两种。

卸载曲轨已有几种规格定为煤矿通用设计：用于 MDC3.3 型和 MDC5.5 型底纵卸式矿车、CDC3.3 型和 CDC5.5 型底侧卸式矿车，均有曲轨型号；另外卸载一般原煤或粘结性较大的原煤，曲轨又分为两种型号。因卸载曲轨规格不一，因此，曲轨的弧度、半径以及直线段长度等也不同。在卸载坑上口的长度及曲轨支承梁安设的位置、高程也有差别。但不影响硐室布置形式，只需在具体设计中注意有上述情况，尺寸上作相应调整。

（二）硐室的布置形式

根据井底车场运输系统的要求，底卸式矿车卸载站硐室有 2 种形式。

1. 无通过线式底卸式矿车卸载站硐室

1）单线卸载站硐室：

图 5—10—25 为韩城桑树坪矿 3t 底纵卸式矿车单线式卸载站硐室。该矿井生产能力 300 万 t/a，井下设两套卸载站装置。因围岩松散，为便于施工及维护，减小硐室宽度，避免硐室直接落在煤仓上口。因此，采取分散布置方式，即在煤仓上口两侧各设一个非通过式卸载站硐室，分别有各自的溜煤道进入直径为 10m 的圆筒煤仓。一列煤车 16～18 辆，速度一般为 1.5～2m/s，通过卸载坑的时间为 30～40s，但溜煤通道的断面较小。

这种布置在卸载时不互相干扰，便于维修，灵活性好。在设计中注意处理好溜煤要求、煤仓有效容积以及两个卸载站硐室间岩柱尺寸三者之间的关系。

2）双线卸载站硐室：

图 5—10—26 为平顶山八矿 5t 底纵卸式矿车双线式卸载站硐室。该矿生产能力 300 万 t/a，井下有三套卸载装置。设有两套装置的双线卸载站硐室。两条卸载线分别卸载二种牌号煤，煤仓净直径 7.5m，从中线用隔墙隔成二格，按煤种分装。

2. 有通过线式底卸式矿车卸载站硐室

硐室内通过线路位于卸载线进车方向的左侧为左侧通过线式卸载站硐室。反之为右侧通过线式卸载站硐室。

图 5—10—27 为汾西柳湾矿 3t 底纵卸式矿车左侧通过线式卸载站硐室。该矿生产能力 120 万 t/a。井下卸载站左侧设有通过线路，右面有通往斜煤仓一侧的人行通道。卸载坑与斜煤仓直接相通，开挖口较小，联接紧凑。

图 5—10—28 为邢台东庞矿 3t 底纵卸式矿车右侧通过线式卸载站硐室（左侧设有溜煤口通道）。该矿生产能力 180 万 t/a，采用 3t 底纵卸式矿车，卸载站右侧的通过线路以隔墙分隔，左侧设有溜煤筒位置，采区来煤可直接溜入煤仓。卸载站硐室坐落在净直径 7.2m 煤仓上方，硐室一侧的墙与仓壁直线相接。硐室跨度较大，但围岩较好，因此主要断面采用圆弧拱形状。

硐室与煤仓直接联接，结构简单，便于施工。但是，硐室内隔墙面至卸载坑边梁外侧面的距离太小，没有足够的位置来观测检查卸载坑一侧矿车支承轮的运转情况。

3. 底卸式矿车卸载站与翻车机联合布置硐室

1）卸载站左侧设翻车机联合布置硐室：

图 5—10—29 为铁法小青矿 3t 底纵卸式矿车卸载站及 1t 翻车机联合布置硐室。该矿井生产能力 120 万 t/a，主要运输采用 3t 底纵卸式矿车，辅助运输为 1t 矿车，两种卸载设备联合布置，硐室下部为直径 8m 的煤仓。

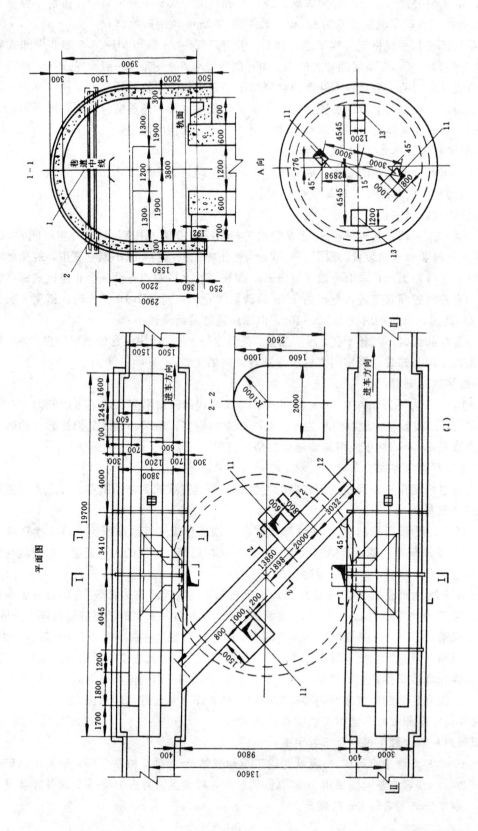

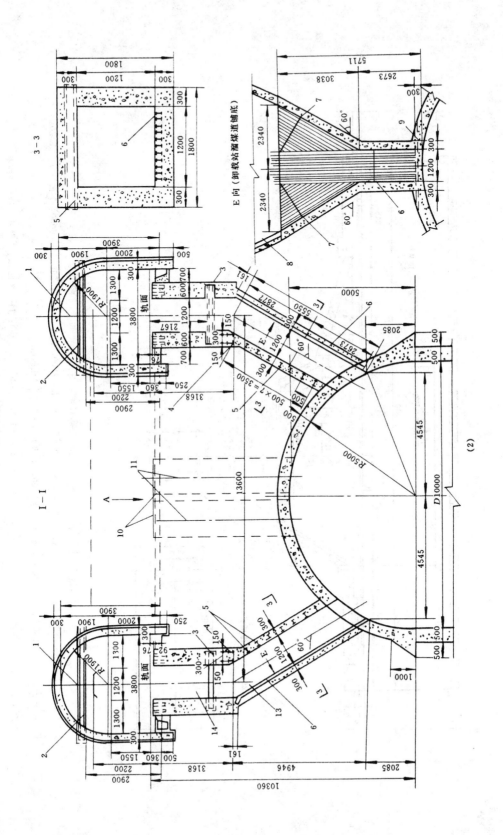

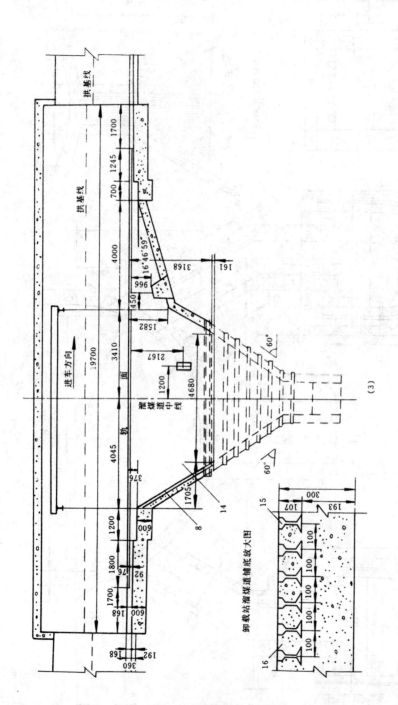

图 5—10—25　桑树坪矿 3t 底卸式矿车单线式卸载站硐室

1—Ⅰ 25b（L=7800，2 根）；2—Ⅰ 25b（L=4300，6 根）；3—Ⅰ 25b（L=2100，2 根）；4—Ⅰ 25b（L=6000，4 根）；5—Ⅰ 20a（L=4200~1900/3050，14 根）；6—钢轨（24kg/m，L=5700，26 根）；7—钢轨（24kg/m，L=3000~400/1700，52 根）；8—钢轨（24kg/m，L=3200，22 根）；9—钢轨（24kg/m，L=3200，2 根）；10—钢板（1300×1100×5，2 块）；11—煤位信号安装孔，12—联络巷，13—溜煤口，14—卸煤坑；15—钢轨（24kg/m）；16—铁屑混凝土

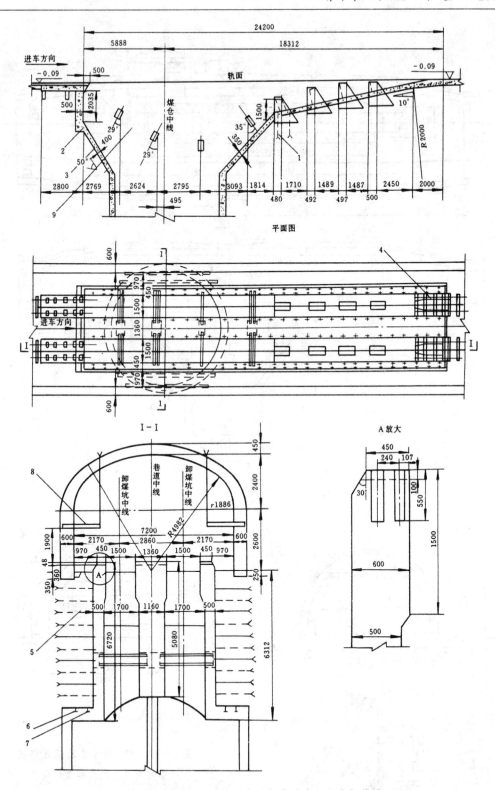

图 5—10—26　平顶山八矿 5t 底纵卸式矿车双线式卸载站硐室

1—砂浆锚杆（φ14，4×1500）；2—［12.8（L=2300）；3—砂浆锚杆（φ14，5×3×500）；4—护轮轨（［12.6）；
5—砂浆锚杆（φ14，L=1700）；6—Ⅰ20a（L=5500，2根）；7—Ⅰ20a（L=6500，2根）；8—人行平台；9—卸煤坑

平面图

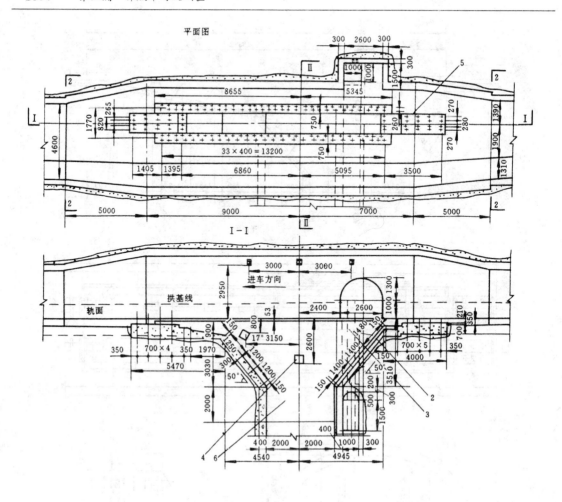

1-1

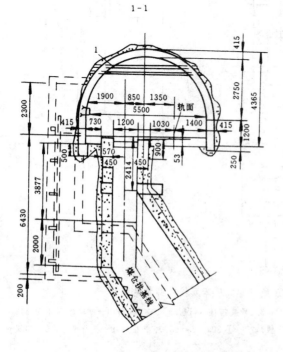

2-2

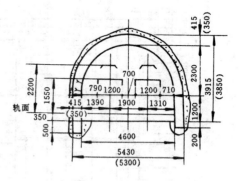

图 5—10—27 柳湾矿 3t 底纵卸式
矿车左侧通过线式卸载站硐室

1—Ⅰ 32a（L＝4760，1 根）；2—钢板（d＝10）；3—
［14a（L＝1180）；4—梁窝（450×450）；5—预留孔（100
　　×100×550）；6—卸煤坑

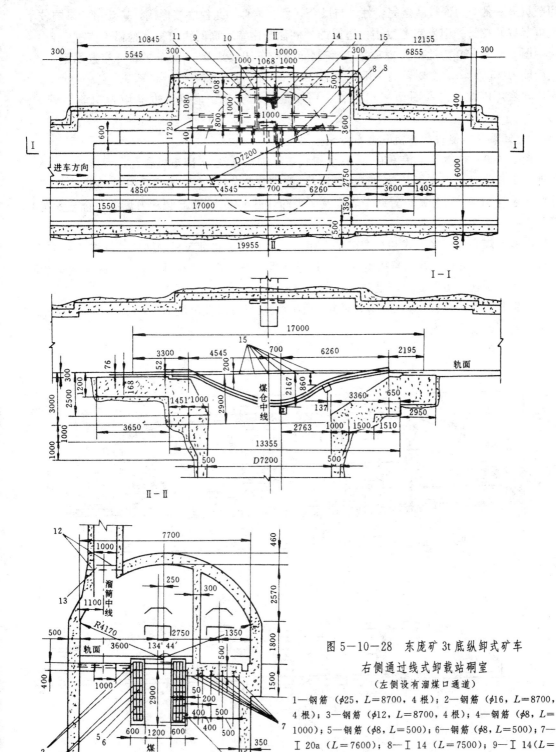

图 5—10—28 东庞矿 3t 底纵卸式矿车
右侧通过线式卸载站硐室
（左侧设有溜煤口通道）

1—钢筋（$\phi25$，$L=8700$，4 根）；2—钢筋（$\phi16$，$L=8700$，4 根）；3—钢筋（$\phi12$，$L=8700$，4 根）；4—钢筋（$\phi8$，$L=1000$）；5—钢筋（$\phi8$，$L=500$）；6—钢筋（$\phi8$，$L=500$）；7—Ⅰ 20a（$L=7600$）；8—Ⅰ 14（$L=7500$）；9—Ⅰ 14（$L=4800$）；10—Ⅰ 10（$L=2600$）；11—Ⅰ 10（$L=1880$）；12—[20（$L=2000$）；13—[20（$L=1000$）；14—溜煤口；15—预留孔（100×100）

卸载坑和翻车机地坑位于煤仓上口，与煤仓之间采取全部开挖，并各自架设边梁和地梁。卸载坑另一侧，为保持围岩完整性，与煤仓间留有岩体。此种联接形式，基础相互影响较小，并可节省开挖量。但硐室宽度小，边梁的外侧面与硐室墙面间距较窄，检修不方便。

图5—10—30为沈阳大桥竖井3t底侧卸式矿车卸载站及1t翻车机联合布置硐室。该矿生产能力75万t/a，主要运输采用3t底侧卸式矿车，辅助运输为1t矿车。硐室跨度大，地压大，软岩，因此，主要断面采用钢轨、钢筋混凝土支护。地梁、边梁均为钢筋混凝土结构。

2）卸载站右侧设翻车机联合布置硐室：

图5—10—31为淮北海孜矿3t底纵卸式矿车卸载站及1t翻车机联合布置硐室。该矿生产能力150万t/a，产焦煤及动力煤两种牌号。要求分装分运，主要运输采用3t底纵卸式矿车，辅助运输为1t矿车，分别设置两个煤仓及两个卸载站硐室。此为卸载动力煤的联合布置硐室，其下为直径7.2m的煤仓。

硐室与煤仓的联接方式和小青矿基本相似，但设计中将翻车机的两根地梁搭接在卸载站的边梁上，翻车机设备基础直接由卸载站边梁承重，增大了边梁荷载，但可不改变边梁断面，只增加边梁配筋。由于受力较复杂，边梁计算较繁。

在翻车机下须设有铁箅子。落在铁箅子上的大块矸石以及废坑木等，由人工操作检出，工作条件差，劳动强度大。

平面图

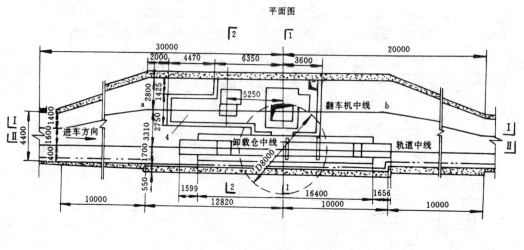

I－I

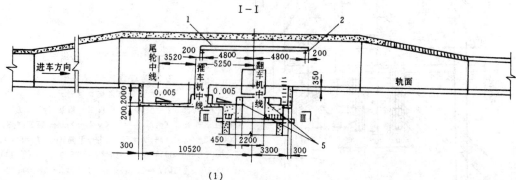

(1)

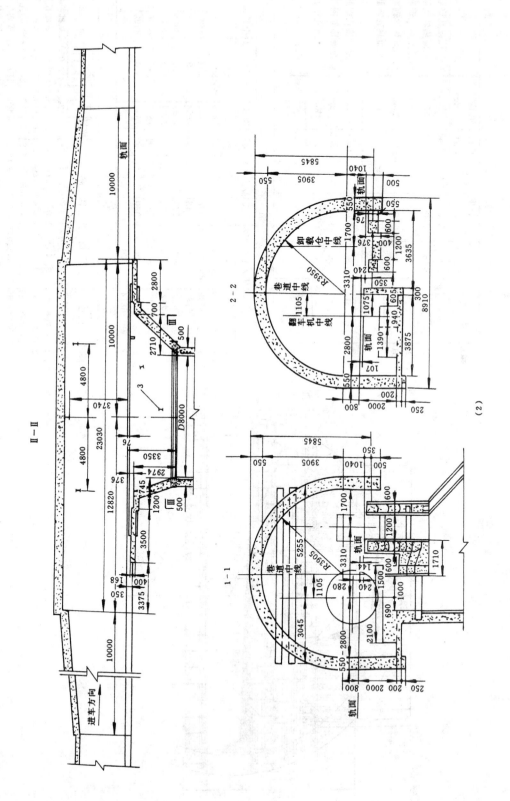

2374　第五篇　井底车场及硐室

配 筋 表

编号	钢筋型式	单个长度 (mm)	直径 (mm)	个数	总长 (m)	钢筋重量 (kg)	备注
①		3660	9	27	98.82	49.41	t₃ 光面热轧钢筋
②		7700	16	6	46.2	73.00	t₃ 光面热轧钢筋
③		520	9	54	28.08	14.04	t₃ 光面热轧钢筋
④		1300	9	39	50.7	25.35	t₃ 光面热轧钢筋
	合计					161.8	
⑤		7200	9	44	316.8	158.4	光面热轧钢筋
⑥		650	9	220	459.8	229.9	光面热轧钢筋
⑦		8800	16	24	211.2	333.7	光面热轧钢筋
	合计					722.0	
	总计					883.8	

钢 梁 长 度 表

序号	梁号	净长	插入长度×2	全长	序号	梁号	净长	插入长度×2	全长	备注
1	①	1506	800	2306	10	⑩	6980	800	7780	A₃,基础托梁
2	②	1410	800	2210	11	⑪	7236	800	8036	A₃,基础托梁
3	③	1292	800	2092	12	⑫	7452	800	8252	A₃,基础托梁
4	④	1148	800	1948	13	⑬	7628	800	8428	A₃,基础托梁
5	⑤	977	800	1777	14	⑭	7768	830	8568	A₃,基础托梁
6	⑥	772	800	1572	15	⑮	7874	800	8674	A₃,基础托梁
7	⑦	527	800	1327	16	⑯	7876	800	8676	A₃,基础托梁
8	⑧	230	800	1030	17	⑰	7692	800	8492	A₃,基础托梁
9	⑨	6874		7474						

钢 材 名 称 表

序号	代号	规 格 名 称	数量	单重 (kg)	总重 (kg)	备注
1	GB706—65	I 32_a,320×130×9.5,l=2306	2	121.5	243.0	A₃,基础托梁
2	GB706—65	I 32_a,320×130×9.5,l=2210	2	116.5	232.9	A₃,基础托梁
3	GB706—65	I 32_a,320×130×9.5,l=2092	2	110.3	220.5	A₃,基础托梁
4	GB706—65	I 32_a,320×130×9.5,l=1948	2	102.7	205.3	A₃,基础托梁
5	GB706—65	I 32_a,320×130×9.5,l=1777	2	93.7	187.8	A₃,基础托梁
6	GB706—65	I 32_a,320×130×9.5,l=1572	2	82.8	165.7	A₃,基础托梁
7	GB706—65	I 32_a,320×130×9.5,l=1327	2	69.9	139.9	A₃,基础托梁
8	GB706—65	I 32_a,320×130×9.5,l=1030	2	54.3	108.6	A₃,基础托梁

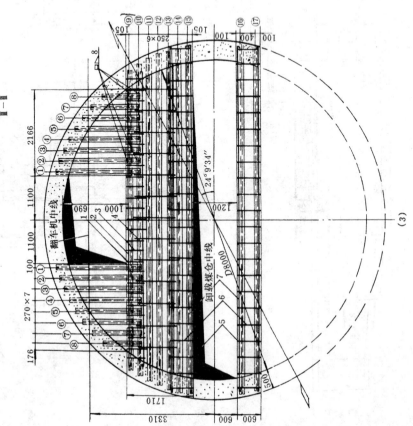

图 5—10—29　小青矿 3t 底纵卸式矿车卸载站及 1t 翻车机联合布置硐室

1—起重梁（I 32a，L=100000）；2—起重梁（I 32a，L=8300，3根）；
3—托梁（I 25b，L=2100，2根）；4—推车机地沟；5—泄水孔（100×100）

(3)

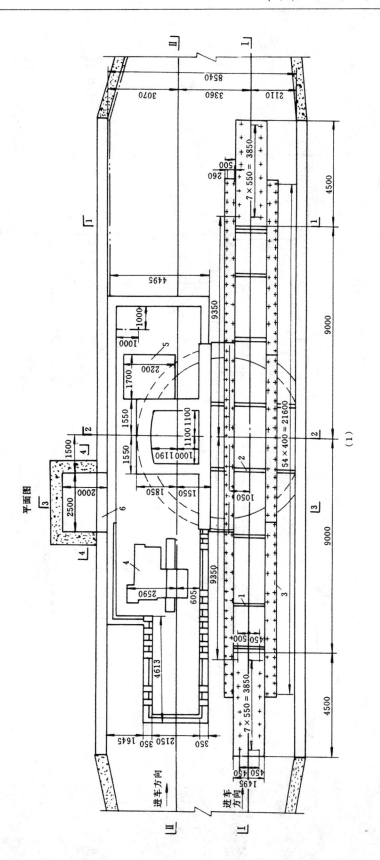

平面图

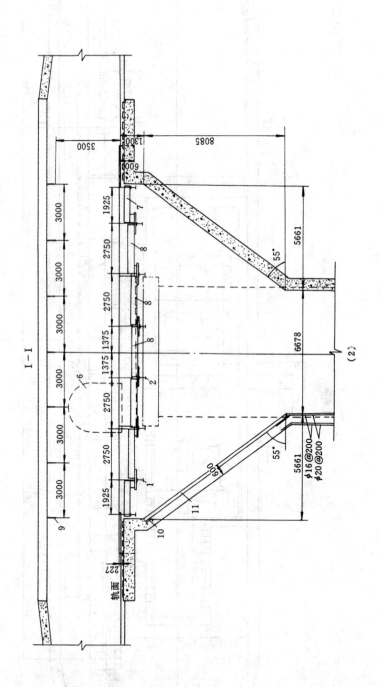

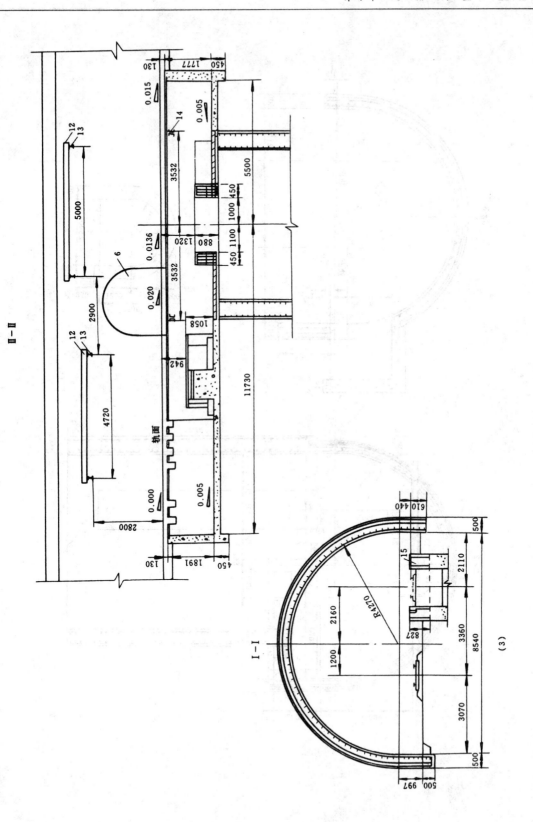

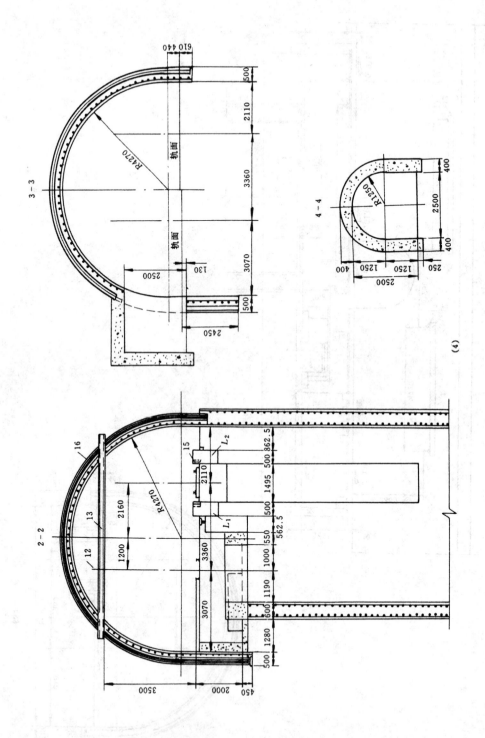

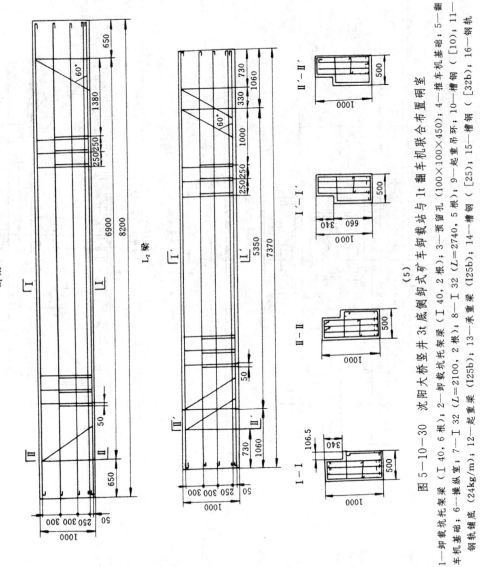

图 5-10-30 沈阳大桥竖井 3t 底侧卸车矿式卸车载站与 1t 翻车机联合布置硐室

1—卸载坑托架梁（I 40, 6 根）; 2—卸载坑托架梁（I 40, 2 根）; 3—顶留孔（100×100×450）; 4—推车机基础; 5—翻车机基础; 6—操纵室; 7—I 32（L=2100, 2 根）; 8—I 32（L=2740, 5 根）; 9—起重吊环（[10）; 11—钢轨铺底（24kg/m）; 12—起重梁（I25b）; 13—承重梁（I25b）; 14—槽钢（[25）; 15—槽钢（[32b）; 16—钢轨（5）

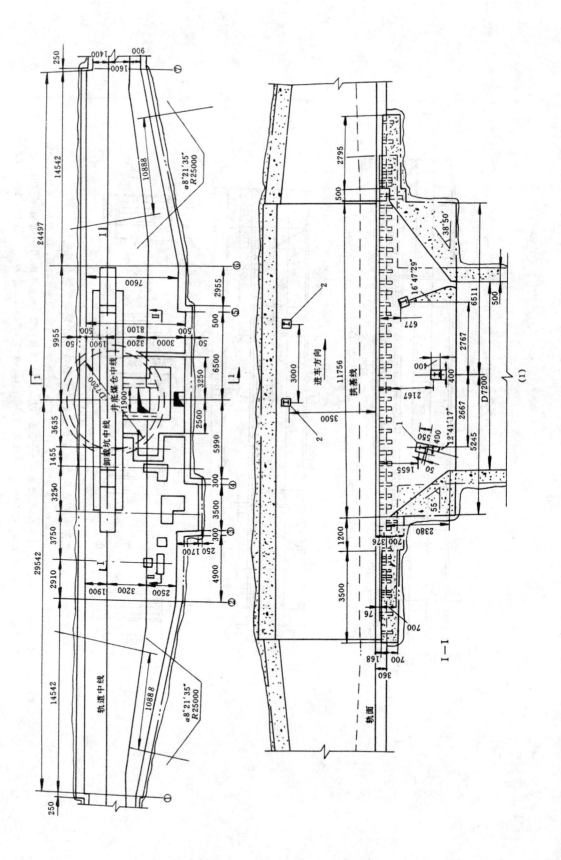

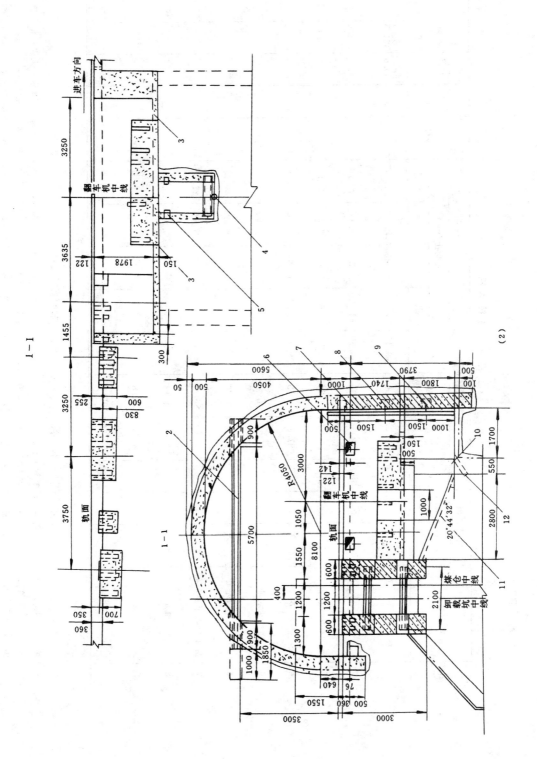

工程量及材料消耗量

顺序	项目名称	掘进面积 巷道(m²)	掘进面积 基础(m²)	长度(m)	掘进体积(m³) 巷道	掘进体积(m³) 基础	掘进体积(m³) 合计	混凝土(m³) 拱	混凝土(m³) 墙	混凝土(m³) 基础	混凝土(m³) 合计	钢材	铺轨(m)	水沟(m)	粉刷面积(m²)	备注
1	①—② ⑥—⑦	38.2/20.1	0.5	29.6	862.32	14.80	879.12	168.42	40.85	15.10	224.37		66.4	30.6	331.5	
2	②—③ ⑤—⑥	38.2	0.5	8.7	332.34	4.35	336.69	61.25	9.57	4.44	75.26		8.7	8.7	104.8	
3	③—④	12.1	0.2	1.2	14.52	0.24	14.76	2.64	4.69	0.73	7.96				9.4	仅指小峒室
4	④—⑤	42.2	0.5	18.3	687.88	8.15	698.01	121.76	17.93	8.31	148.0	1171.6	14.2	18.3	281.4	
5	卸载站基础					70.34	70.34			26.71	26.71	1575.7				
6	卸载坑仓口基础					8.76	8.76			8.69	8.69	494.8				
7	翻车机阻车器基础					86.46	86.46			27.98	27.98	220.2				
8	推车机基础					4.18	4.18			5.87	5.87	292.7				
9	直墙				8.76	2.28	11.04		8.76	2.28	11.04					
	合 计			55.8	1907.8	199.56	2107.36	353.97	81.80	100.11	535.88	3755.0	89.3	55.6		

图 5—10—31　海孜矿 3t 底纵卸式矿车卸载站及 1t 翻车机联合布置硐室

1—托梁（工 25b，L=2100）；2—翻车机起重梁（工 24a，L=7500，2 根）；3—进水管木煤气输送管（φ100，L=150，2 根）；4—泄水管木煤气输送管（φ100，L=850）；5—预埋钢板（250×200×10，2 块）；6—顶留孔（400×400×300）；7—顶留孔（300×100×300）；8—顶留孔（150×100×250）；9—顶埋角钢（40×40×4，L=390，外露 190，6 根）；10—顶埋槽钢（[25b，L=1400）；11—预埋钢轨（15kg/m，L=3550，7 根）；12—顶埋泄水钢管（φ102×8.5）

该卸载坑边梁外侧面离隔墙面的宽度较小，对矿车支承轮运转情况的观测及检修不方便。

图5-10-32为沈阳红阳四井3t底侧卸式矿车卸载站及1t翻车机联合布置硐室。该矿生产能力75万t/a，主要运输采用3t底侧卸式矿车，辅助运输为1t矿车。主要断面采用钢筋混凝土支护。地梁和边梁为钢筋混凝土结构。起重梁为工32c。

海孜矿3t底卸式矿车左侧通过线式卸载站硐室见图5-10-33。

潘集二号井5t底纵卸式矿车右侧通过线式卸载站硐室见图5-10-34。

五、卸载站硐室与煤仓上口的联接布置

（一）硐室与煤仓的联接形式

1. 直接联接形式

1）不留有岩体式联接：

硐室宽度与煤仓净直径相同时联接方式，如邢台东庞矿3t底纵卸式矿车右侧通过线式卸载站硐室，见图5-10-28。

硐室宽度小于煤仓净直径时联接方式，如公乌素三井3t底纵卸式矿车单线式卸载站硐室，见图5-10-37。

以上情况，卸载坑必须采用架梁跨越煤仓上口，边梁均架空在煤仓上面。此种方式联接简单，施工方便。

2）留有岩体式联接：

为减少开挖量，卸载站硐室与煤仓之间，可留有岩体。因此，其联接方式分为一侧留有岩体和两侧留有岩体。

淮北海孜矿3t底纵卸式矿车左侧通过线式卸载站硐室为一侧留有岩体，见图5-10-33。

本硐室是海孜矿焦煤卸载站硐室，中间设有隔墙与通过线路隔开。硐室与煤仓之间，在卸载站一侧，采取收口留有岩体的形式，边梁须贴着岩面。通过线一侧，采取开挖方式，边梁架空在煤仓上方。通过线路及隔墙基础，均单独设置地梁，梁的两端架在煤仓壁上，与卸载站边梁分开。

潘集二号井5t底纵卸式矿车右侧通过线式卸载站硐室为两侧留有岩体，见图5-10-34。

该矿生产能力为300万t/a，硐室内设有隔墙与通过线路隔开，并有人行孔通向煤仓一侧。硐室下面为一直径8m的圆筒煤仓。硐室与煤仓之间，边梁两侧均留有岩体，并用锚杆加固围岩，边梁紧贴在岩体上面。

2. 溜道联接形式

一种是卸载坑通过溜道与煤仓联接。两侧边梁紧贴围岩。溜道尺寸根据卸载坑的要求确定。

此种联接方式用于围岩不稳定，避免卸载站硐室直接位于煤仓顶上，要求保持一定岩柱距离。如韩城桑树坪矿3t底纵卸式矿车单线式卸载站硐室，见图5-10-25。

一种是运输转载系统要求装载硐室与卸载硐室在平面上保持一定间距，有条件设溜煤道或斜煤仓。如汾西柳湾矿3t底纵卸式矿车左侧通过线式卸载站硐室，见图5-10-27。

（二）设备基础布置

底卸式矿车卸载坑的净宽：3t底纵卸式矿车为1200mm；3t底侧卸式矿车为1495mm；5t

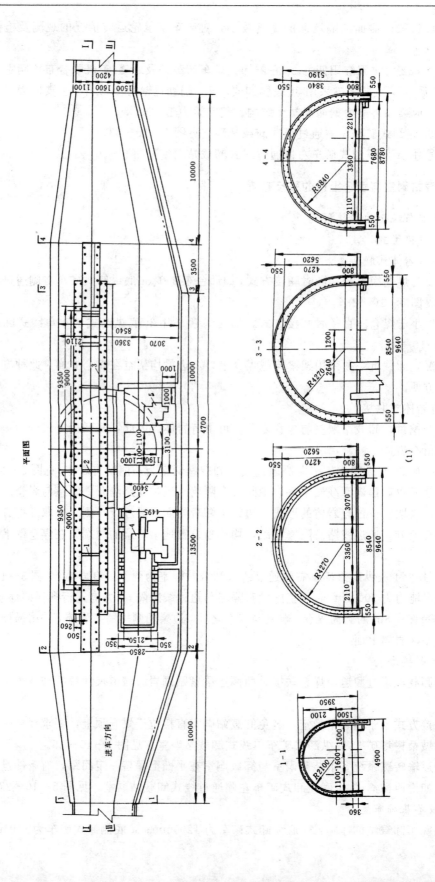

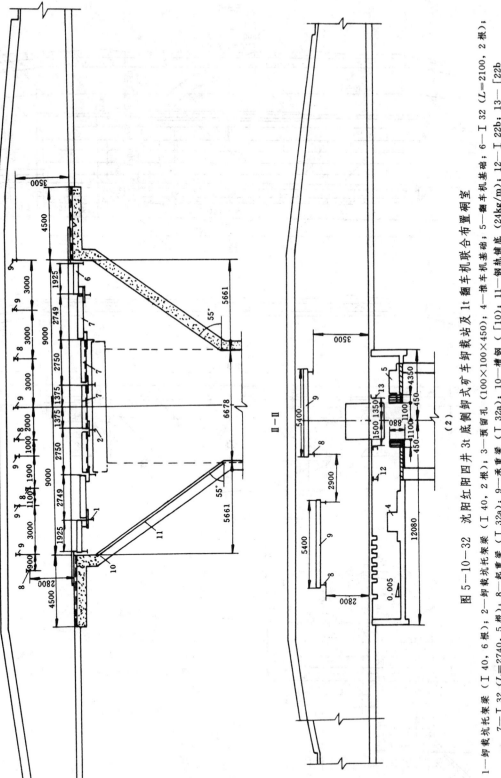

图5-10-32　沈阳红阳四井四井3t底侧卸式矿车卸车载站及1t翻车机联合布置硐室

1—卸载坑托架梁（Ⅰ40，6根）；2—卸载坑托架梁（Ⅰ40，2根）；3—预留孔（100×100×450）；4—翻车机基础；5—推车机基础；6—Ⅰ32（L=2100，2根）；7—Ⅰ32（L=2740，5根）；8—起重梁（Ⅰ32a）；9—承重梁（Ⅰ32a）；10—槽钢（[10]）；11—钢轨铺底（24kg/m）；12—Ⅰ22b，13—[22b

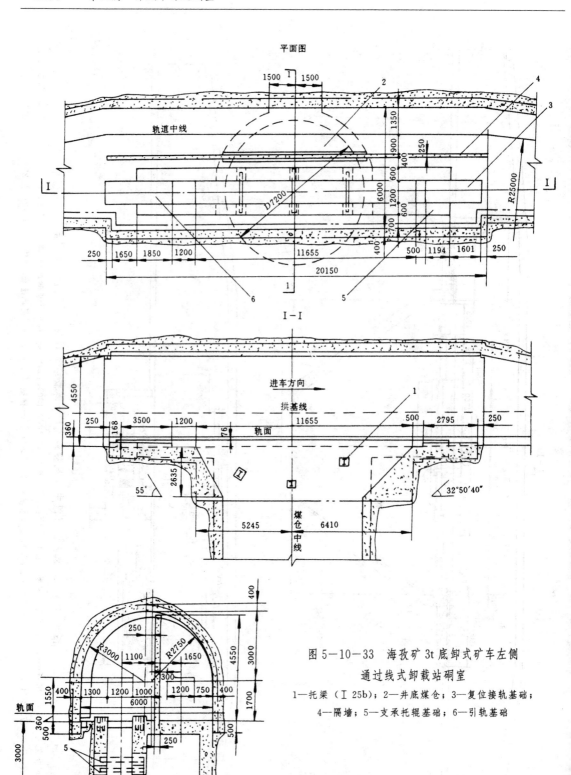

图 5—10—33　海孜矿 3t 底卸式矿车左侧
通过线式卸载站硐室

1—托梁（Ⅰ 25b）；2—井底煤仓；3—复位接轨基础；
4—隔墙；5—支承托辊基础；6—引轨基础

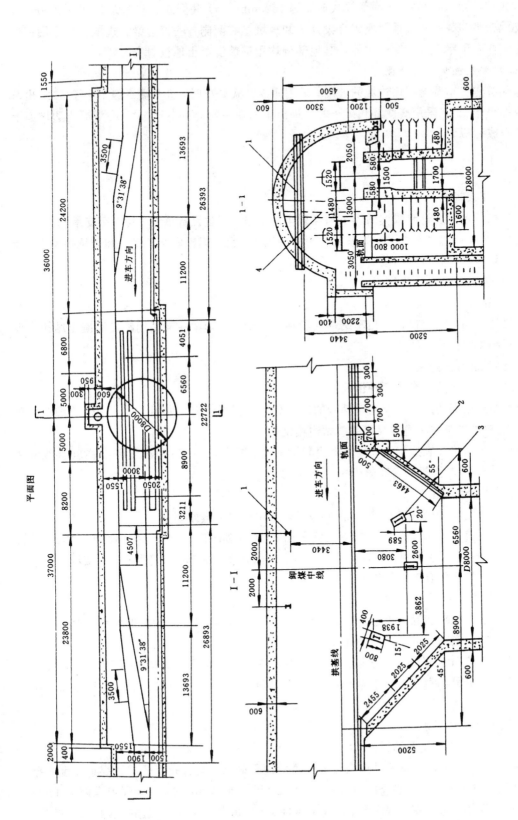

图 5—10—34 潘集二号井 5t 底纵卸式矿车右侧通过线式卸载站硐室

1—起重梁（I 28a，L=6000，2 根）；2—钢轨铺底；3—支承梁（I 50a，L=2500，3 根）；4—隔墙

底纵卸式矿车为1500mm；5t底侧卸式矿车为1525mm；7m³底侧卸式矿车为1800～2200mm。矿车支承轮与卸载曲轨支承梁座组合设计为卸载坑左右两侧各一根边梁。边梁一般采用钢筋混凝土结构。硐室底板除卸载坑外，其他部分均用钢筋混凝土地板封实。

（三）卸载坑两端的处理

卸载坑进出车两端溜煤边坡的坡度，采用底纵卸式矿车时，进车端一般不小于50°，出车端一般不小于35°，采用底侧卸式矿车时，进出车两端一般均不小于55°。在混凝土边坡面上铺有铸石或钢板。

六、边 梁

（一）边梁载荷

边梁载荷包括通过卸载坑的机车和煤列车的重量、卸载设备重量（其中有支承轮、曲轨、曲轨支承梁等）以及边梁自重。如系联合布置的硐室，且翻车机地梁搭接在卸载坑边梁上，尚需增加由翻车机地梁传来的载荷。

（二）边梁的形式与结构

1. 架空式边梁

边梁架空在煤仓上口，进出车两端支承在煤仓壁上。边梁一般采用钢筋混凝土结构，也有采用钢结构的。

1）钢筋混凝土边梁：

钢筋混凝土边梁一般有两种情况：

卸载站边梁与通过线路及隔墙基础的地梁分开，互不传力。如图5—10—35为淮北海孜矿3t底纵卸式矿车左侧通过线式卸载站边梁结构。

翻车机地梁搭接在边梁上，直接由边梁承重。如图5—10—36为淮北海孜矿3t底纵卸式矿车卸载站及1t翻车机联合布置硐室边梁结构。

2）钢结构边梁：

图5—10—37为公乌素三井3t底纵卸式矿车单线式卸载站硐室。

该矿井生产能力120万t/a，井下运输采用3t底纵卸式矿车，生产两个煤种，要求分装分运，分别设置两个卸载站硐室及两个煤仓。硐室下面有直径6.5m圆筒煤仓，卸煤坑与煤仓直接联接，边梁采用组合工字钢结构。

2. 贴岩式边梁

边梁全部采用钢筋混凝土结构，其外侧紧贴围岩，起到了支护围岩的作用。为了改善侧向压力对边梁的影响，也有采用锚杆加固围岩。

平顶山八矿5t底纵卸式矿车双线式卸载站硐室两侧边梁紧贴围岩，中间为承重两套卸载装置的架空式中梁，两侧边梁用锚杆加固，卸载站硐室见图5—10—26，卸载坑边梁及中梁结构见图5—10—38。

3. 设计边梁的要求

1）边梁长度、宽度及高度：

边梁有效长度根据边梁跨越煤仓或溜煤道的间距确定，与煤仓直径或溜煤道宽度直接有关。采用底卸式矿车，圆筒煤仓的直径在5～10m时，一般为8m左右，溜煤道宽度为4～6m。由于井下受围岩和地压等因素的影响，施工条件又差，因此边梁实际配筋一般超出有效长度，

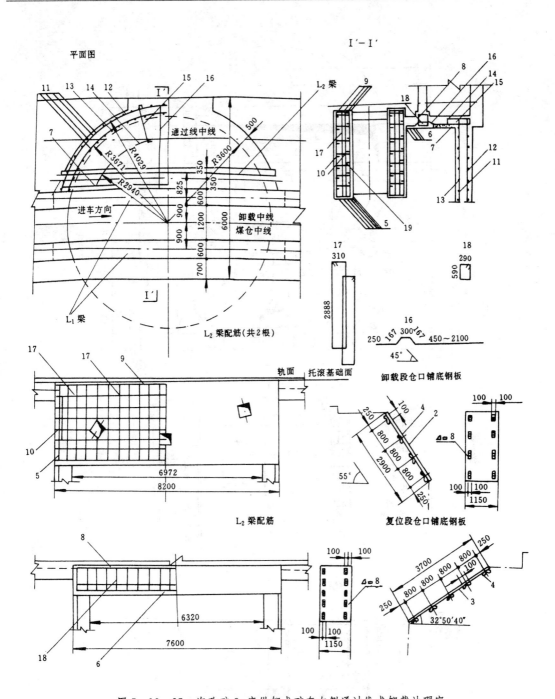

图 5—10—35 海孜矿 3t 底纵卸式矿车左侧通过线式卸载站硐室

1—托梁（I 25b, $L=2100$）；2—钢板（2900×1150×8）；3—钢板（3700×1150×8）；4—钢板（300×100×8）；5—L_1 梁受力钢筋（$\phi28$, $L=7840$）；6—L_2 梁受压钢筋（$\phi28$, $L=7500$）；7—楼板梁受拉钢筋（$\phi24$, @120, $L=4020\sim7840$）；8—L_2 梁受压钢筋（$\phi20$, $L=7500$）；9—L_1 梁架立钢筋（$\phi20$, $L=8100$）；10—L_1 梁构造钢筋（$\phi14$, $L=8100$）；11—煤仓壁竖向钢筋（$\phi14$, $L=2686$）；12—煤仓壁环向钢筋（$\phi14$, $L=10220$, 外侧）；13—煤仓壁环向钢筋（$\phi14$, $L=9088$, 内侧）；14—楼板上层钢筋（$\phi12$, $L=6764$）；15—$\phi12$（@330, $L=2000$）；16—楼板分布钢筋（$\phi12$, $L=1334\sim2984$）；17—L_1 梁钢箍（$\phi12$, $L=6696$）；18—L_2 梁钢箍（$\phi10$, $L=2020$）；19—L_1 梁联系钢筋（$\phi6$, @100, $L=636$）

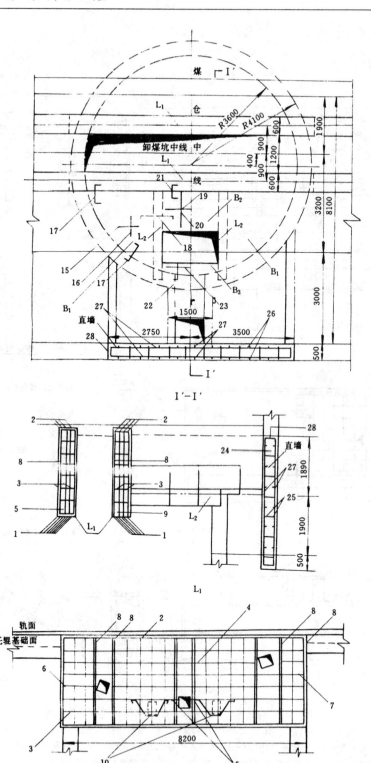

I'—I'

L₁

构件名称	编号	型　式	直径(mm)	长度(mm)	根数(根) 单件	根数(根) 合计	总长(m)	重量(kg) 单重	重量(kg) 总重
L₄(600×300) 二 根	1	8100	φ28	8100	6	12	97.2	4.83	469.5
	2	8100	φ20		4	8	64.8	2.47	160.1
	3	8100	φ14		6	12	97.2	1.21	117.6
	4	6500	φ14	6500	4	8	52.0	1.21	62.9
	5	3800	φ14	3800	4	8	30.4	1.21	36.8
	6	1100	φ14	1100	2	4	4.4	1.21	5.3
	7	800	φ14	800	2	4	3.2	1.21	3.9
	8	320 ⌷ 2000 80	φ12	6600	50	100	660.0	0.89	587.4
	9	40 ⟨ 500 40	φ6	580	114	228	132.2	0.22	29.1
	10	180 400 180 90 600 600 90	φ14	2140	4	8	12.3	1.21	14.9
L₂(300×500) 二 根	11	3300	φ14	3300	4	8	26.4	1.21	31.9
	12	400 1000	φ20	1400	4	8	11.2	2.47	27.7
	13	3300 65 65	φ10	3430	2	4	13.7	0.62	8.5
	14	200 ⌷ 400 40	φ6	1280	16	32	41.0	0.22	9.0
B₁	15	50 445~2745 50	φ8		19	38	57.7	0.40	23.1
	16	50 487~2500 50	φ8		21	42	78.3	0.40	31.3
	17	150 600 150	φ8	900	43	86	77.4	0.40	31.0
	18	150 1100 150	φ8	1400	12	24	33.6	0.40	13.4
B₂	19	40 2080 40	φ6	2160	8		17.3	0.22	3.8
	20	40 1365 40	φ6	1445	15		21.8	0.22	4.8
	21	150 400 150	φ10	700	17		11.9	0.62	7.4
B₃	22	150 600	φ10	750	23		17.3	0.89	15.4
	23	80 2080 80	φ12	2160	5		10.8	0.89	9.6
直 墙	24	6150	φ14	6150	16		98.4	1.21	119.1
	25	1400	φ14	1400	12		16.8	1.21	20.3
	26	2190	φ14	2190	30		65.7	1.21	79.5
	27	4590	φ14	1590	12		55.1	1.21	66.7
	28	400 40 40	φ6	480	67		32.2	0.22	7.1

图 5—10—36 海孜矿 3t 底纵卸式矿车卸载站及 1t 翻车机联合硐室边梁结构

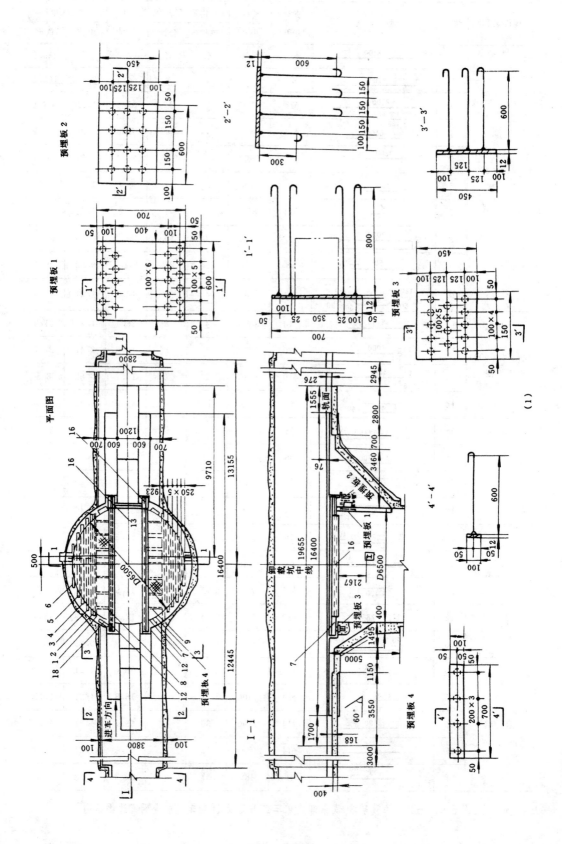

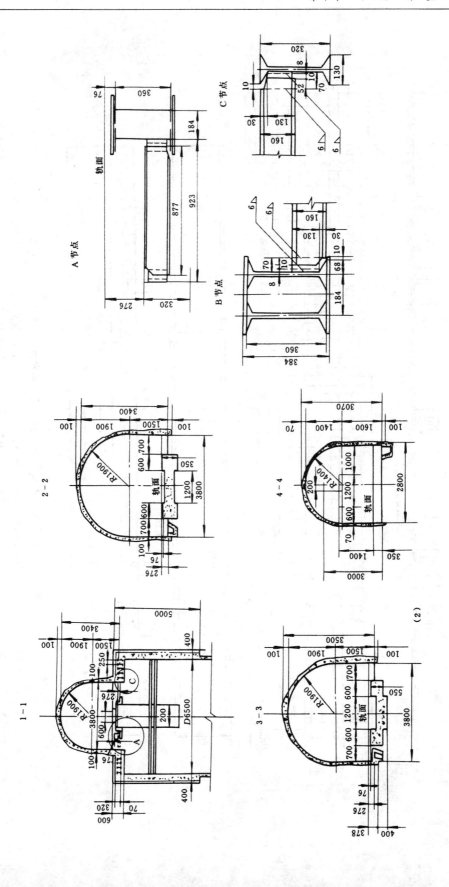

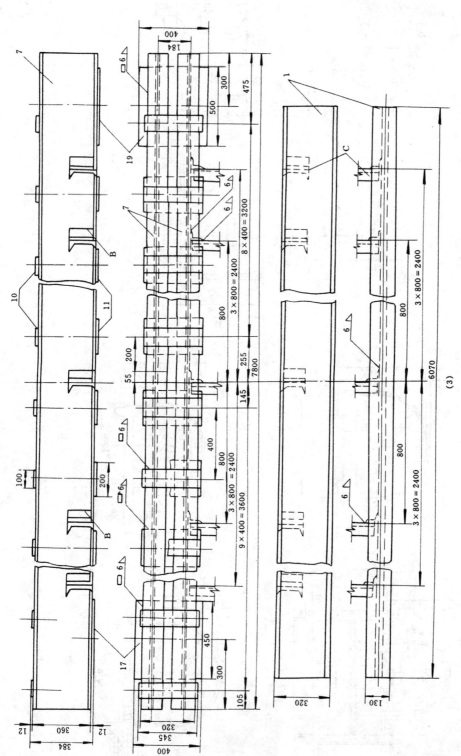

图 5-10-37　公乌素三井 3t 底纵卸式矿车单线式卸载站硐室

(3)

1—托梁（Ⅰ 32a，L=6070）；2—托梁（Ⅰ 32a，L=5670）；3—托梁（Ⅰ 32a，L=5180）；4—托梁（Ⅰ 32a，L=4560）；5—托梁（Ⅰ 32a，L=3730）；6—托梁（Ⅰ 36a，L=2700）；7—托梁（Ⅰ 32a，L=7800）；8—铺板次梁（[16a，L=877）；9—角钢（[70，L=130）；10—厚钢板（345×100×12）；11—厚钢板（345×200×12）；12—厚钢板（500×450×12）；13—厚钢板（500×450×20）；14—钢筋（ϕ20）；15—花纹钢板（6×1.5×1000）；16—厚钢板（600×450×12）；17—厚钢板（450×400×12）；18—厚钢板（700×100×12）；19—厚钢板（500×400×12）

将两端延长至溜煤边坡段，做成台阶形基础，使边梁牢固地嵌入在煤仓上口的两端基岩内。

边梁宽度按照支承轮螺栓孔的要求，采用底纵卸式矿车时，一般取 600mm。采用底侧卸式矿车时，一般取 500mm。

边梁高度根据计算及构造两方面需要确定，一般将曲轨支承梁搁置在边梁上。同时，进出车两端溜煤边坡要求一定角度。因此边梁高度按构造要求，3t 底纵卸式矿车卸载站一般为 3m 左右，5t 底纵卸式矿车卸载站一般为 5m 左右。如实际载荷计算其高度小于构造高度，那么边梁在取构造高度的条件下，适当配筋，即可满足要求。

2) 当边梁紧贴围岩，由此同时承受侧向压力，须计算侧向压力引起的横向弯矩及切力，然后与竖向荷载引起的弯矩及切力叠加计算其配筋。

3) 边梁可按简支梁计算，应符合《钢筋混凝土结构设计规范》的要求。由于井下施工及使用条件差，质量不易达到要求，又有围岩地压等因素的影响，计算受力配筋时，建议另增加一安全系数 $k=1.3\sim1.5$。

4) 边梁混凝土强度等级不小于 C20。

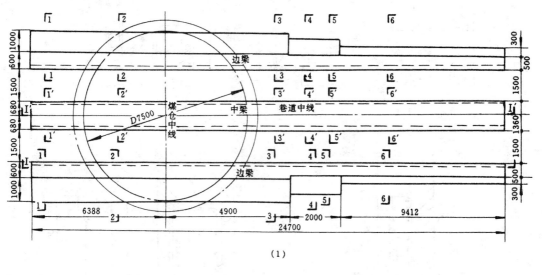

(1)

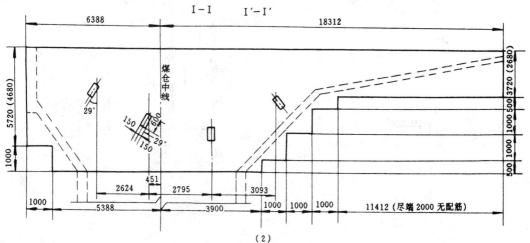

(2)

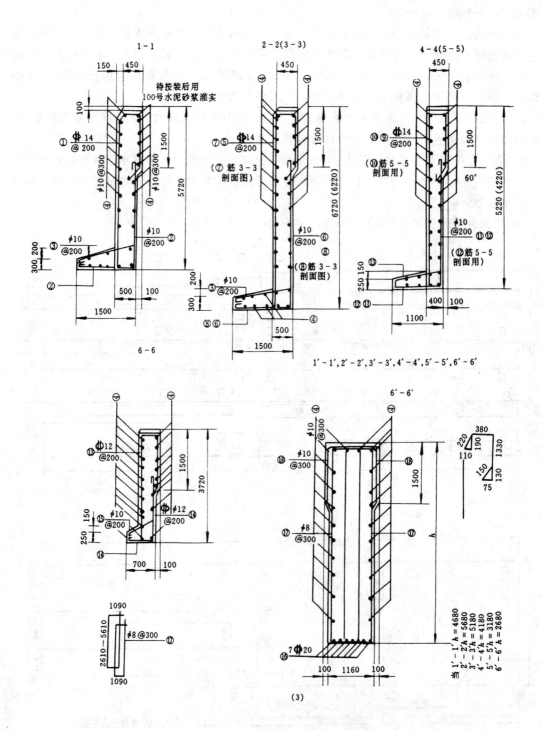

构件名称	编号	钢筋形式	直径(mm)	数量	单根长度(mm)	总长(m)
边梁 (二根)	1	380 330 150 220 5360	Φ14	6	7220	43
	2	4220 1430	φ10	6	5780	35
	3	1400	φ10	56	1530	86
	4	8720~22130	φ10	41	15555	637
	5	380 1330 150 220 6360	Φ14	45	8220	370
	6	5220 1430	φ10	45	6780	305
	7	380 1330 150 220 5860	Φ14	6	7720	46
	8	4720 1430	φ10	6	6280	38
	9	380 1330 150 5050	Φ14	6	7040	42
	10	380 1330 150 4050	Φ14	6	6040	36
	11	3720 1430	φ10	6	5280	32
	12	2720 1430	φ10	6	4280	26
	13	380 1330 150 3550	Φ12	49	8540	418
	14	2220 1430	φ10	49	3780	185
	15	710	φ10	49	840	41
中梁 (一根)	16	8720	Φ20	7	8720	427
	17	2610~5610 1080	φ8	150	10500	1572
	18	300 1330 150	φ10	150	1910	286
	4	8720~22130	φ10	41	15425	624

图 5-10-38 平顶山八矿 5t 底纵卸式矿车双线式卸载坑边梁及中梁结构

七、硐室尺寸的确定

1. 硐室的长度

卸载站硐室的长度包括主体硐室和两端变断面巷道长度。

　　主体硐室长度由卸载设备布置确定。目前国内矿井，3t 底纵卸式矿车卸载站主体硐室长为 20m 左右；3t 底侧卸式矿车卸载站主体硐室长为 27m 左右；5t 底纵卸式矿车卸载站主体硐室长为 24m 左右；5t 底侧卸式矿车卸载站主体硐室长为 27m 左右；联合布置的硐室还须考虑推车机及翻车机设备的布置，3t、5t 底卸式矿车卸载站与翻车机联合布置主体硐室长一般为 23～25m。

　　两端变断面巷道长度。由原有正常的轨道中心距，加宽到设计要求的卸载坑与通过线路或翻车机轨道中心距所需要的最小长度而确定。一般将卸载线保持直线不变，而将通过线或翻车机线的中线平行移动一个距离，加宽到设计所要求的中心距，被平移的线路用平曲线联接，通过式硐室的过渡段线路的转角不宜大于 15°，平曲线半径应满足列车运行要求。采用底纵卸式矿车，平曲线半径一般为 25～40m；采用底侧卸式矿车，平曲线半径应不小于 12m，两平曲线间直线段不小于 2m。同时考虑由于弯道外轨抬高所需的递增或递减的距离。由此算出轨道中心距加宽所需的最小长度，一般为 5～15m 左右。

　　2. 硐室的宽度

　　非通过式硐室的宽度，简单算法由卸载坑宽度、各侧边梁宽度、两侧人行道宽度所确定。3t 底纵卸式矿车卸载站单线式主体硐室宽度一般不小于 3.8m。

　　通过式硐室的宽度，还包括通过车辆宽度及另一侧人行道宽度。3t 底纵卸式矿车卸载站通过式主体硐室宽度一般不小于 5.5m。如有隔墙，须增加隔墙厚度及墙与通过线车辆间隙，硐室宽度不小于 6.3m。

　　联合布置硐室的宽度，还要考虑推车机及翻车机基础的布置、操作翻车机的要求。3t 底卸式矿车卸载站及 1t 翻车机联合布置时，主体硐室宽度一般不小于 8m。

　　3. 硐室的高度

　　硐室高度主要根据起吊设备高度的要求确定。起重梁底面至轨面的高度，3t 底卸式矿车卸载硐室一般为 3m。5t 底卸式矿车卸载硐室一般为 3.5m。联合布置的硐室一般取 3.5m。

　　起重梁选型、验算及起重梁顶面距硐室顶部的间距，参阅推车机及翻车机硐室的有关资料。

　　如果卸载站硐室围岩稳定，也可采用起重吊环代替起重梁。

八、硐室断面形状及支护

　　根据围岩性质、硐室跨度和高度确定断面的形状及支护方式

　　硐室断面形状一般采用直墙半圆拱，围岩稳定时也可采用三心拱或圆弧拱。

　　支护方式一般采用混凝土或粗料石砌碹，混凝土强度等级不小于 C20。在硐室与卸载坑连接处应采用锚杆加固围岩，硐室基础与地沟、卸载坑相连接的局部应采用钢筋混凝土结构处理。在围岩条件差的矿井采用锚喷加混凝土砌碹、钢筋混凝土砌碹或工字钢加钢筋混凝土砌碹双层支护。在围岩条件适宜的地方也可采用锚喷支护。如公乌素三井 3t 底纵卸式矿车单线式卸载站硐室，采用了锚喷支护。

九、实　例

　　底卸式矿车卸载站硐室的主要技术特征见表 5—10—11。

表5—10—11 底卸式矿车卸载站硐室的主要技术特征

矿井名称	生产能力 (万t/a)	硐室布置形式	矿井卸载站 (个)	断面形状	支护方式	硐室特征					边梁		起重设施		备注
						硐室宽度(m)	拱厚(mm)	墙厚(mm)	硐室全长(m)	掘进体积(m³)	型式	结构	型号	梁底至轨面高(m)	
桑树坪矿	300	3t底卸纵式矿车单线式	2	半圆拱	锚喷加钢筋混凝土砌碹	3.80	300	300	39.4	678.1	两侧贴岩式	钢筋混凝土	I 25b	2.79	地压大，有膨胀，混合支护
平顶山八矿	300	5t底卸纵式矿车双线式	3	三心拱	混凝土砌碹	7.20	450	600	26.0	1645.0	两侧贴岩式中梁架空式	钢筋混凝土			围岩采用锚杆加固
汾西柳湾矿	120	3t底卸纵式矿车左侧有通过线	1	半圆拱	荒料石砌碹	5.50	415	415	26.0	735.7	两侧贴岩式	钢筋混凝土	I 32a	2.95	
邢台东庞矿	180	3t底卸纵式矿车右侧有通过线	1	圆弧拱	混凝土砌碹	7.70	460	500	230		两侧架空式	钢筋混凝土	起重吊环		硐室内有隔墙
铁法小青矿	120	3t底卸纵式矿车和1t翻车机(链)联合布置	1	半圆拱	混凝土砌碹	7.81	550	550	42.8	1749.2	一侧贴岩式一侧架空式	钢筋混凝土	I 32a	3.50	
淮北海孜矿	150	3t底卸纵式矿车和1t翻车机	2	半圆拱	混凝土砌碹	8.10	500	500	55.8	2107.4	一侧贴岩式一侧架空式	钢筋混凝土	I 24a	3.50	
淮北海孜矿	150	3t底卸纵式矿车左侧通过线	2	半圆拱	混凝土砌碹	6.00	400	400	20.2	745.8	一侧贴岩式一侧架空式	钢筋混凝土	起重吊环		硐室内有隔墙
潘集二号井	300	5t底卸纵式矿车右侧通过线	2	半圆拱	锚喷加钢筋混凝土砌碹	6.60	600	600	26.0	587.7	两侧贴岩式	钢梁 I 36a×2	I 28a	3.44	围岩采用锚杆加固，有隔墙
公乌素三井	120	3t底卸纵式矿车单线式	1	半圆拱	锚喷	3.80	100	100	25.6		两侧贴岩式	钢梁	起重吊环		
沈阳红阳四井	75	3t底卸纵式矿车和1t翻车机(绳)联合布置	1	半圆拱	钢筋混凝土砌碹	8.54	550	550	47.0	2710.9	一侧贴岩式一侧架空式	钢筋混凝土	I 32c	3.50	
沈阳大竖井	75	3t底卸侧卸式矿车和1t翻车机(绳)联合布置	1	半圆拱	混凝土砌碹	6.0	400	400	20.2	745.8	一侧贴岩式一侧架空式	钢筋混凝土	起重吊环		硐室内有隔墙

第四节　带式输送机机头硐室

一、概　述

带式输送机机头硐室是驱动和控制带式输送机的主要硐室,具有安装设备多、硐室高、跨度大和服务时间长等特点。

二、一般规定及要求

1)电气硐室、操作硐室气温不得超过 30°。

2)电气硐室两端应设防火门。

3)电气硐室应采取防水措施,不应有滴水现象。

4)电气硐室长度超过 6000mm 时,必须在硐室的两端各设一个出口。

5)采用滚筒驱动的带式输送机,机头硐室里驱动滚筒周围,应设防护栏。

6)机头硐室内安装设备的混凝土基础及预埋螺栓、预留梁窝、螺栓孔位置,应与机电专业提供的资料相吻合。

7)机头硐室内应铺设混凝土地板,厚度不小于 100mm。

三、设计的基础资料

1)矿井井底车场平、断面图(包括带式输送机与井底车场巷道的关系)。

2)带式输送机驱动机构及基础布置图。

3)带式输送机电气设备布置图。

4)带式输送机控制设备布置图。

四、机头硐室的组成及布置形式

1. 机头硐室的组成

机头硐室由驱动机构硐室、电气硐室、操作硐室等组成。

2. 机头硐室的布置形式

机头硐室布置应根据驱动设备、电气设备、控制台、通风、卸载方式以及硐室与相邻的巷道关系综合考虑。

驱动机构硐室布置形式根据电动机、减速器和驱动轮的排列方式分为单侧和双侧布置。

电气硐室应尽量靠近驱动机构硐室,且互相连通;操作硐室应布置在驱动机构硐室一侧,或与驱动机构硐室联合布置。

五、硐室尺寸的确定

驱动机构硐室尺寸应根据驱动轮传动装置的外形尺寸、布置形式、设备的安装、拆卸、起吊、维修和行人等所需的安全间隙来确定。硐室内应设起吊梁,起吊梁选型一般由机制专业确定,可按简支梁验算。

电气硐室尺寸根据电气设备的外形尺寸、布置形式、设备的安装、维修、行人等所需的安全间隙来确定。

操作硐室尺寸应根据控制台的外形尺寸、布置形式、司机操作、检修和行人等所需的安全间隙来确定。

机头硐室内机头与墙壁之间不得小于 0.7m，其他设备与墙壁之间，一般应留出 0.5m 以

平面图

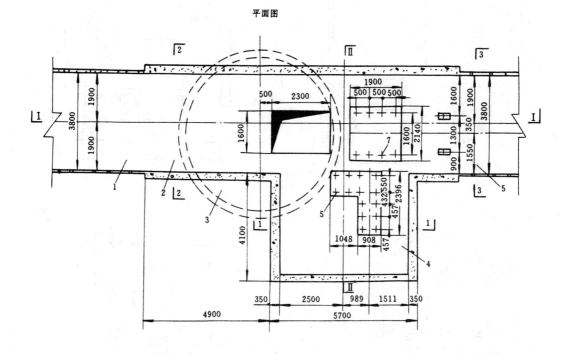

I－I

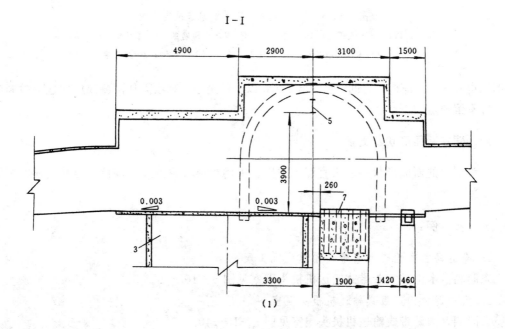

(1)

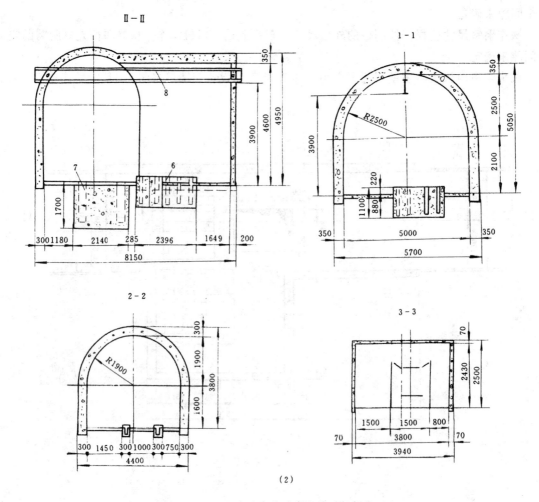

图 5—10—39 乌兰木伦矿带式输送机机头硐室

1—通路；2—电气硐室；3—井底煤仓；4—驱动机构硐室；5—带式输送机大巷；

6—预留孔（130×130×1000）；7—预留孔（160×300×1500）；8—起重梁（Ⅰ 50c）

上的通道，各种设备相互之间，应留出 0.8m 以上的通道。对不需从两侧或后面进行检修的设备，可不留通道。

六、硐室断面形状及支护

机头硐室的断面形状一般为直墙半圆拱。采用粗料石或混凝土砌碹。混凝土强度等级不低于 C20。

七、实 例

1．东胜乌兰木伦矿大巷带式输送机机头硐室

东胜乌兰木伦矿大巷带式输送机机头硐室见图 5—10—39。

2．大同四台沟矿带式输送机机头硐室

大同四台沟矿带式输送机机头硐室见图 5—10—40。

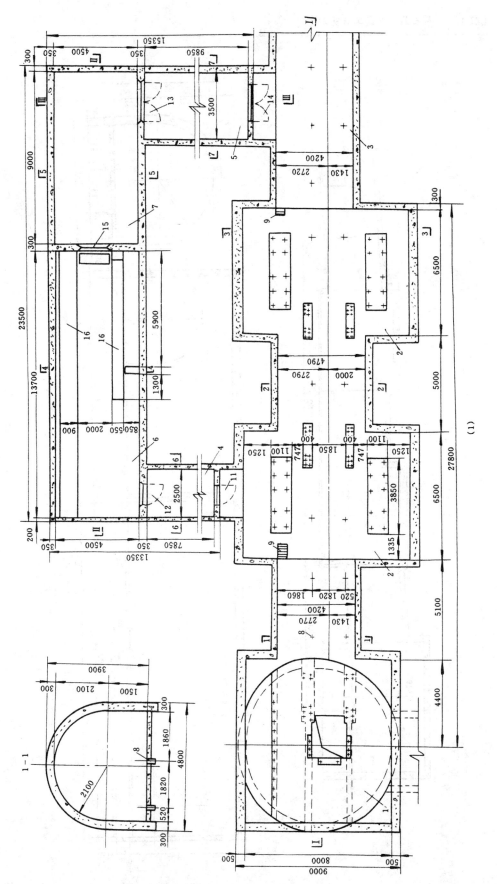

平面图

(1)

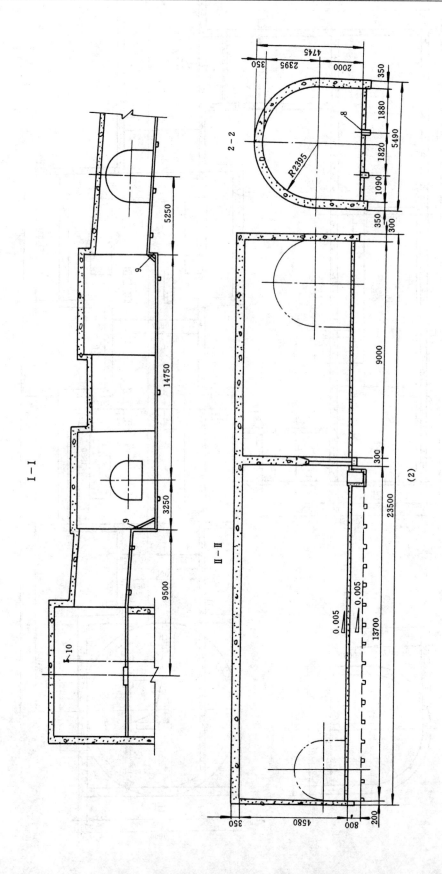

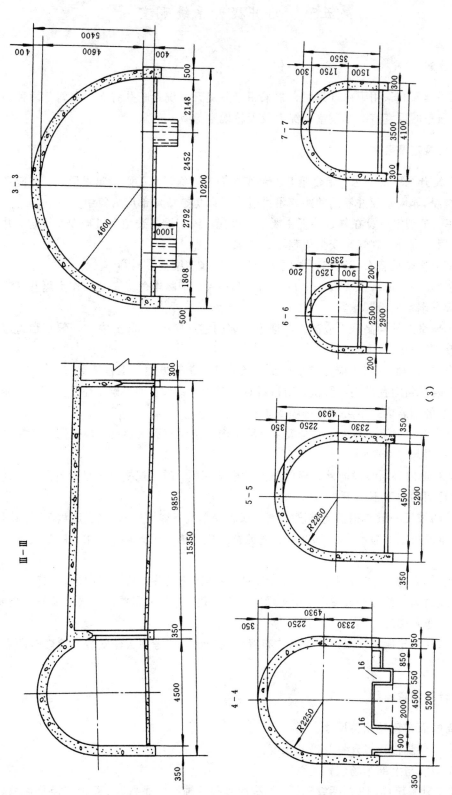

图 5—10—40　大同四台沟矿带式输送机机头硐室

1—井底煤仓；2—驱动机构硐室；3—带式输送机大巷；4—运输机大巷；5—通路 2；6—电气硐室；7—变压器室；8—顶留孔；

9—铁梯子；10—起重梁（Ⅰ 25b）；11—单扇栅栏门；12—单扇防火门；13—双扇防火门；14—双扇栅栏门；15—防火栅栏门两用门；16—电缆沟

第五节　暗井提升系统硐室

一、概　述

矿井水平延深和采用下山开采时，常采用暗井提升系统。暗井有立井和斜井两种。为暗井提升系统服务的硐室有绞车硐室、绳道及天轮硐室等。

二、一般规定及要求

1）根据提升系统的要求，结合暗井上部车场布置，确定有关硐室布置形式。并应选在围岩稳定地段。相邻硐室或井巷间的距离不可过小，以免造成局部应力集中。

2）暗井绞车硐室应设在靠近井下主要进风巷道。绞车设备选型由机械专业确定，井下电气设备的选用，应符合《煤矿安全规程》的要求。

3）硐室应根据设备布置确定，要便于操作、检修和维护。

滚筒直径在 2000mm 及 2000mm 以上的绞车硐室，应将电气设备与操作室隔开（液压绞车除外）。绞车硐室内设起重梁。

4）绞车硐室内地面高程，应高出与通道相邻的巷道底板 500mm 左右。硐室和通道向外有不小于 3‰ 的下坡。

5）绞车硐室断面形状，应力求结构受力条件好，施工方便，工程量省。

6）绞车硐室断面宜采用半圆拱，用粗料石或混凝土砌碹。如果硐室位于坚固、稳定、无裂隙和不淋水的围岩内，也可采用锚喷支护。

7）硐室应符合防水、防火等安全要求。硐室内必须设有灭火器材。要保证有良好的通风条件，气温不得超过 30°。

8）硐室通道内必须装设向外开启的防火栅栏两用门。门的规格应满足设备通过，其最突出部位与门框间的间隙不小于 200m。

9）绳道的坡度一般与钢丝绳坡度一致（双筒绞车按下绳坡度）。绳道底板距下绳不小于 500mm，绳道顶板距上绳不小于 300mm。绳道宽度应考虑运送天轮的要求，以及人行台阶及扶手的位置。

10）暗立井天轮硐室应设起重梁。硐室高度根据天轮安装、检修时起吊要求确定。天轮支承梁应与罐道固定梁分开设置。天轮支承梁一般采用钢梁，其布置形式根据提升系统要求，结合井筒断面布置确定。

11）暗斜井天轮硐室，根据天轮结构布置形式确定，应考虑天轮安装及检修时所需的空间位置。

三、设计基础资料

1）井筒断面布置及相关尺寸。

2）提升容器规格、提升量及提升长度。

3）绞车硐室与上部车场位置关系。

4）暗井提升系统详图（包括绞车型号、滚筒直径及轴心中线高程，天轮直径及轴线高程，

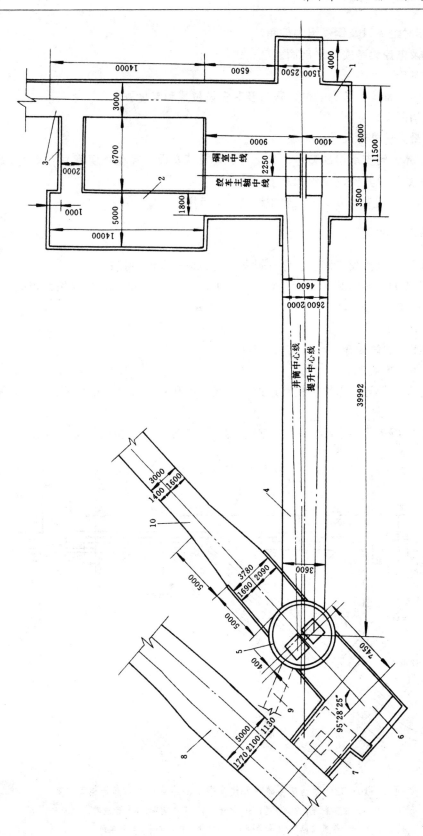

图5－10－41　中梁山矿北井主暗立绞车硐室、井筒、上部车场相互位置

1—绞车硐室；2—电气设备硐室；3—通道；4—绳道；5—立井井筒（D5800）；

6—煤仓及通道；7—给煤机硐室；8—车场大巷；9—回风斜巷；10—运焦斗巷道

滚筒与天轮相对距离以及钢丝绳的仰角）。

5）绞车及电控设备安装平剖面。

6）绞车基础。

7）硐室内起重梁型号、长度、数量及其安设位置和高度。

8）电缆沟断面。

9）设备最大件外形尺寸。

10）暗立井天轮支承梁的型号、长度、数量及其安设位置和高度等关系尺寸。起重梁的型号、长度、数量及其安设位置和高度。

11）暗斜井天轮支承方式，天轮中线及游动范围。

四、绞车硐室布置

暗井绞车硐室包括绞车硐室、电气设备硐室、通道及绳道接口。

本节只包括 $D2500\sim3500$mm 绞车硐室，$D2000$mm 以下绞车硐室见第六篇。

（一）绞车型号及特征

见表 5-10-12。

（二）硐室位置的选择

1. 暗立井绞车硐室

为避免上部车场与绞车硐室相距过近，一般将提升中线与上部车场进出车方向间夹角布置成 35°～45°。

四川中梁山煤矿北井主暗立井绞车硐室、井筒、上部车场互相位置关系，见图 5-10-41。

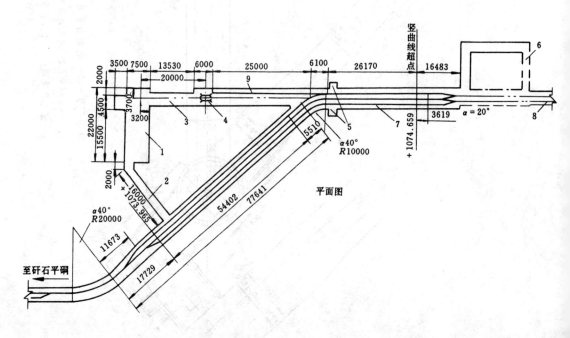

图 5-10-42　西曲矿主暗斜井绞车硐室、井筒、上部车场相互位置

1—绞车硐室；2—通道；3—绳道；4—天轮硐室；5—躲避硐；

6—等候室；7—上部车场；8—斜井井筒；9—人车停车线

表 5-10-12　绞 车 型 号 及 特 征

序号	绞车型号	滚筒 个数(个)	滚筒 直径(mm)	滚筒 宽度(mm)	负荷(KN) 钢丝绳最大静张力	钢丝绳最大静张力差	钢丝绳最大直径(mm)	所有钢丝绳破断力总和(kN)	最大提升长度及运输长度 一层(m)	二层(m)	三层(m)	钢丝绳最大速度(m/s)	电动机额定转速(r/min)	电动机最大近似功率(kW)	外形尺寸 长×宽×高(m)	提升机旋转部分变位重量(不包括电机天轮)(kN)	提升机总重量(电气除外)(kN)
1	JK-2.5/20A	1	2500	2000	90	90	31	608.5	386	803	1253	3.80/4.70	580/730	364/458	13.0×9.5×2.9	209.62	527.24 ~ 537.04
2	JK-2.5/30A								403	843	1324	2.53/3.19	580/730	243/306		202.57	
3	2JK-2.5/11.5A	2	2500	1200	90	55	31	608.5	205	435	700	5.52/6.60/8.31	485/580/720	324/387/487	13.3×9.5×2.9	173.07	521.36 ~ 539.00
4	2JK-2.5/20A								215	460	745	3.80/4.78	580/730	223/280		202.96	
5	2JK-2.5/30A											2.53/3.19	580/730	148/187		231.67	
6	2JK-3/11.5A	2	3000	1500	130	80	37	876.0	262	551	875	6.62/7.92/9.97	485/580/730	565/675/850	14.5×10.0×2.9	266.85	695.80 ~ 726.18
7	2JK-3/20A								282	596	955	4.56/5.73	580/730	388/489		273.81	
8	2JK-3/30A											3.04/3.82	580/730	259/326		268.91	
9	2JK-3.5/11.5A	2	3500	1700	170	115	43	1190.3	310	648	—	7.73/9.24/11.63	485/580/730	947/1136/1420	15.0×10.5×2.9	303.41	965.40 ~ 974.51
10	2JK-3.5/20A								329	690		4.45/5.39/6.69	485/580/730	545/650/820		337.12	

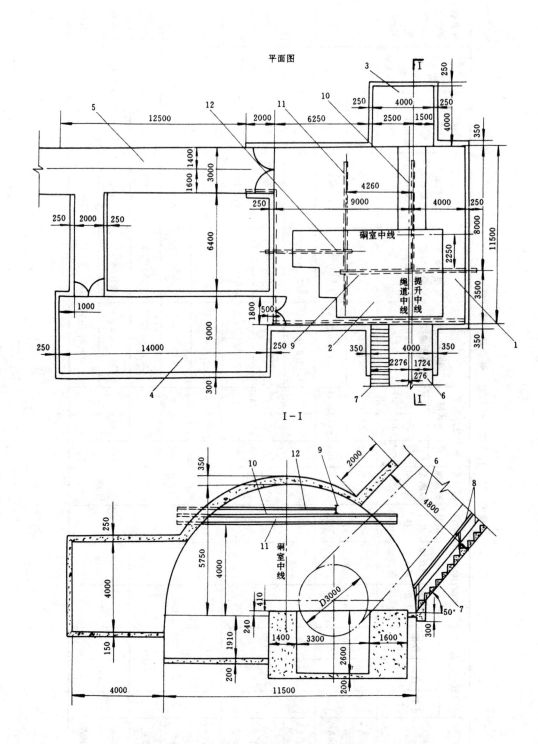

图 5-10-43   中梁山矿北井延深工程绞车硐室

1—绞车硐室；2—绞车基础；3—操作壁龛；4—电气硐室；5—通道；
6—绳道；7—台阶；8—拦杆扶手；9—I 40 (L=9480)；10—I 24a
(L=7380)；11—I 40 (L=10262)；12—I 24a (L=5720)

2. 暗斜井绞车硐室

暗斜井绞车硐室提升中线应与斜井提升中线相一致。上部车场进出车方向与提升线间，一般布置成 35°～90°角，尽量使绞车硐室远离运输巷道，以避免造成应力集中。

西曲矿主暗斜井绞车硐室、井筒、上部车场相互位置关系，见图 5—10—42。

（三）绞车硐室平面布置

其平面布置主要根据绞车基础、电气设备布置来确定，并考虑操作、检修、安装和通风的要求。

硐室平面布置有三种类型。

1. 硐室碹拱中线与提升中线成垂直布置

由于电气设备与绞车相对位置的布置不同，又分为三种形式。

1）电气设备设单独硐室：

如四川中梁山煤矿北井延深工程绞车硐室，见图 5—10—43。

中梁山煤矿北井的主暗立井装备一对箕斗，2JK3×1.5—20 绞车硐室设在＋290m 水平的茅口灰岩内，提升高度 150m，矿井有煤和瓦斯突出。

布置形式是把电气设备设在单独硐室内，一端与通道相接，另一端接绞车硐室。绞车硐室

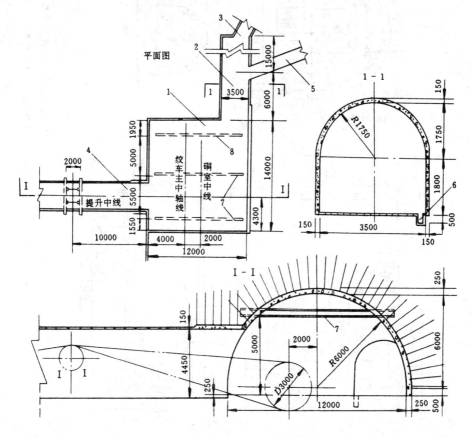

图 5—10—44 平顶山一矿暗斜井绞车硐室

1—绞车硐室；2—电气硐室；3—通道；4—绳道；5—回风道；6—电缆沟；

7—Ⅰ 45（L=10500）；8—Ⅰ 30

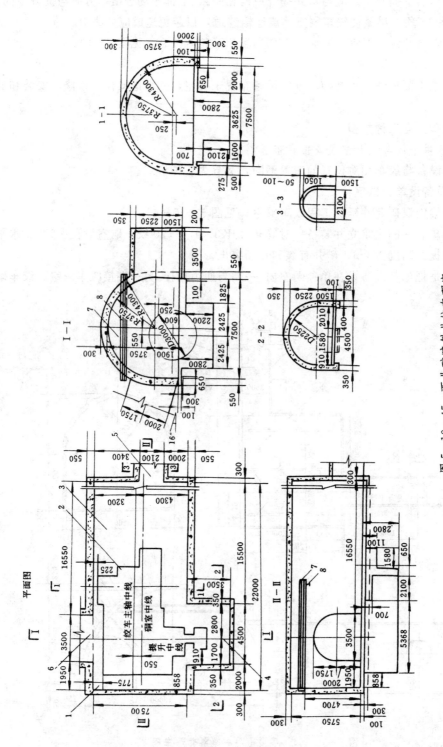

图 5-10-45　西曲矿暗斜井绞车硐室

1—绞车硐室；2—绞车基础；3—电气间；4—操作硐室；5—通道；6—绳道；7、8—工 40

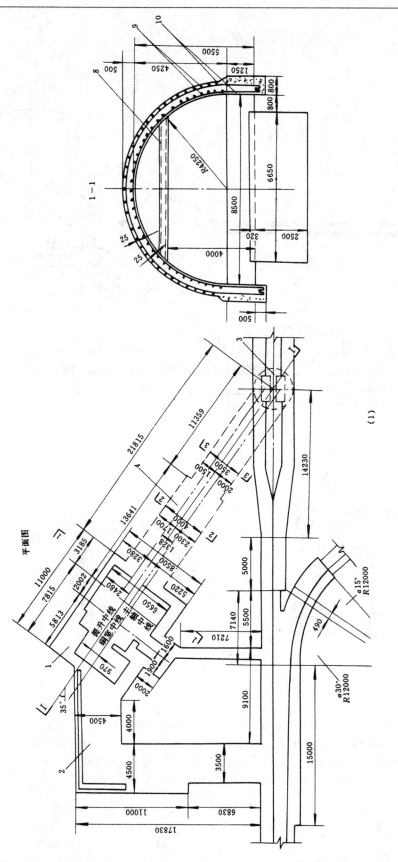

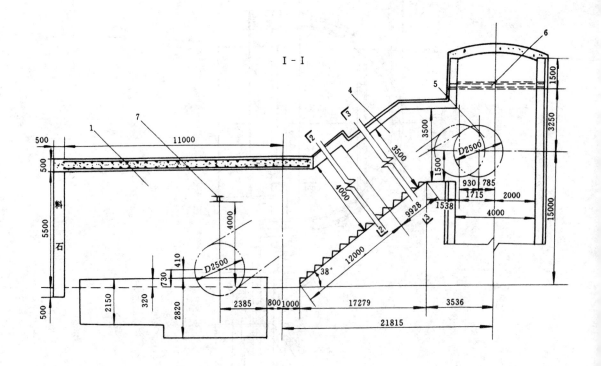

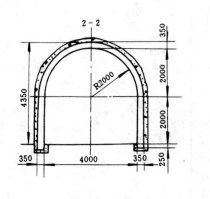

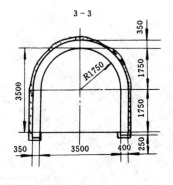

(2)

图5—10—46 沈村矿暗立井绞车硐室

1—绞车硐室；2—电气硐室；3—暗立井井筒（D4000）；4—绳道；5—天轮（D2500）；
6—起重梁（I 16，L=4700）；7—起重梁（I 24，L=7400）；8—起重梁（I 24a，L
=74mm）；9—结构筋（φ6，间距250）；10—受力筋（φ10，间距300）

内设有操作壁龛。

进风风流由通道分别进入绞车硐室和电气设备硐室，改善了通风条件，且设备搬运互不干扰。但操作壁龛较深，不利于扩散通风。

2）加宽通道作为电控设备硐室：

如平顶山一矿暗斜井绞车硐室，见图5－10－44。

平顶山一矿暗斜井用于上下人员及辅助提升，井筒坡度20°，平车场。XKT 2×3×1.5B型绞车硐室位于砂岩和页岩层内。硐室采用锚喷支护，不设操作壁龛，电气设备设在靠近绞车硐室的通道加宽部位。

该矿井为压入式通风，为改善硐室通风条件，在电气设备硐室中，另开掘一条回风道，构成独立的通风系统。

3）电气设备布置在绞车硐室内：

一般用于绞车型号较小的硐室。如古交西曲矿暗斜井绞车硐室，见图5－10－45。

西曲矿井生产能力120万t/a，暗斜井承担提升矸石及上下人员，井筒坡度20°。XKT2×2.5×1.2型绞车硐室围岩较稳定，为缩小绞车硐室跨度，另设操作壁龛。

缺点是绞车硐室与电气设备间未经隔墙隔开，根据要求应加设隔墙，绞车基础距硐室前墙太近，行人宽度太窄，开挖基础坑时对墙基有影响。

2. 硐室碹拱中线平行绞车提升中线

绞车宽度较小时采用这种布置。如河南宜洛沈村矿暗立井绞车硐室，见图5－10－46。该矿生产能力45万t/a，暗立井中设有一对1t双层单车罐笼，采用2БМ2500/1220型绞车，硐室位于太原统灰岩内。利用加宽通道设置电气设备，另设电动机壁龛。为改善电动机散热条件和疏水，壁龛有小断面通道与车场大巷相通。此种布置形式的通道和电气设备硐室合一，转弯多，设备搬运不便。

3. 绞车硐室与电气设备硐室环状布置

此种方式布置紧凑，干扰小，硐室拱顶暴露面大，适用于坚硬稳定围岩。如老虎台矿人车暗斜井绞车硐室，见图5－10－47。

老虎台矿井生产能力280万t/a，人车暗斜井与下部水平间运送人员，选用XKT2×3×1.5B型绞车。硐室位于－430水平，井筒坡度30°，人员沿斜坡上下，两侧设甩车道。

硐室位置选在岩性致密、坚硬的安山岩层位。电气设备硐室与绞车硐室采取环状布置。操作室与电气设备硐室之间虽无隔墙，但中间有转折的通道，且有岩柱相挡。缺点是绞车中线距左侧墙太近，电动机搬运较困难。

(四) 绞车硐室布置特殊要求和处理

1. 通风要求

1）绞车硐室与电气设备硐室各自有单独风流，互不影响。如唐山矿南翼十一水平八号暗立井绞车硐室，见图5－10－48。

唐山矿八号暗立井是由十一水平延伸至十三水平的罐笼提升井，绞车硐室与电气设备硐室并联布置，通风、运输互不干扰。

2）绞车硐室与电气设备硐室合用一条回风道。如平顶山一矿暗斜井绞车硐室与电气设备硐室均有独立的进风巷道，回风经共用回风道排出，见图5－10－44。

3）绞车硐室与电气设备硐室均有独立的进风巷道，但电气设备硐室回风渗入绞车硐室。

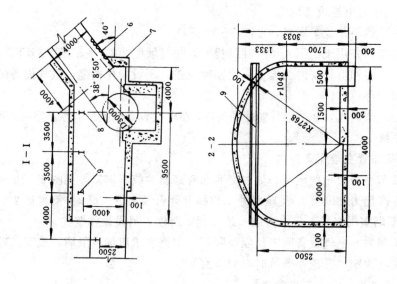

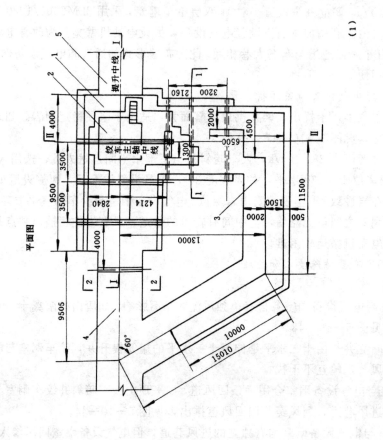

（1）

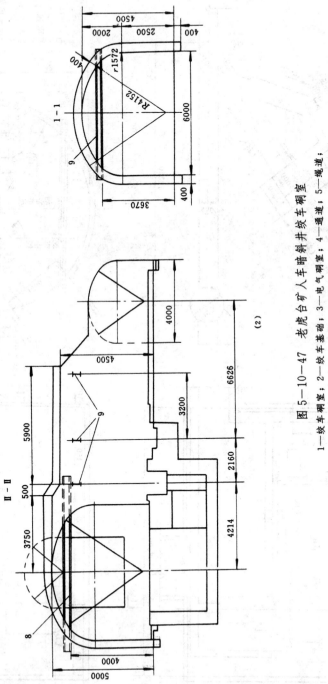

图 5—10—47 老虎台矿人车暗斜井绞车硐室

1—绞车硐室；2—绞车基础；3—电气硐室；4—通道；5—绳道；

6—台阶（250×210）；7—钢筋爬梯（φ19）；8—起重梁（Ⅰ40a）；9—起重梁（Ⅰ33a）

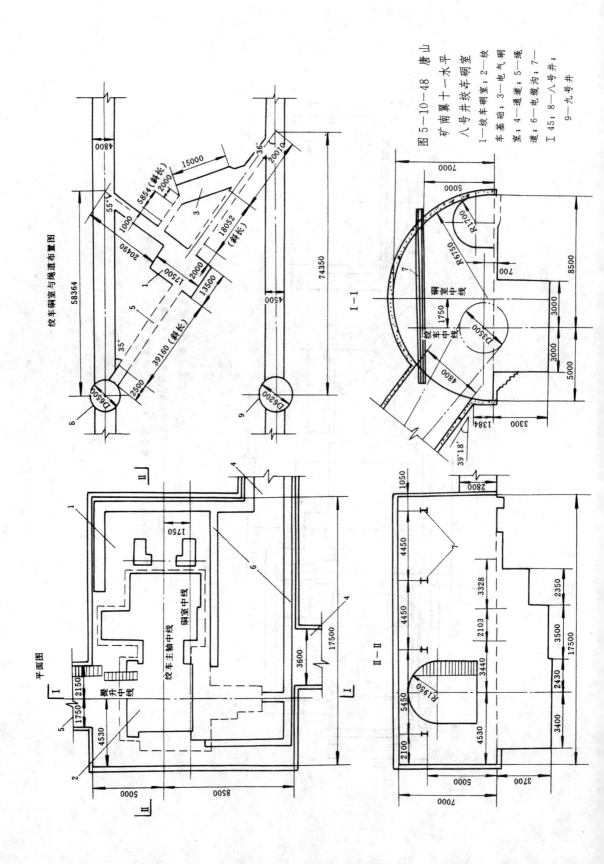

图 5—10—48　唐山矿南翼十一水平八号井绞车硐室

1—绞车硐室；2—绞车基础；3—电气硐室；4—通道；5—绳道；6—电缆沟；7—Ⅰ 45；8—八号井；9—九号井；

绞车硐室与绳道布置图

平面图

平面图

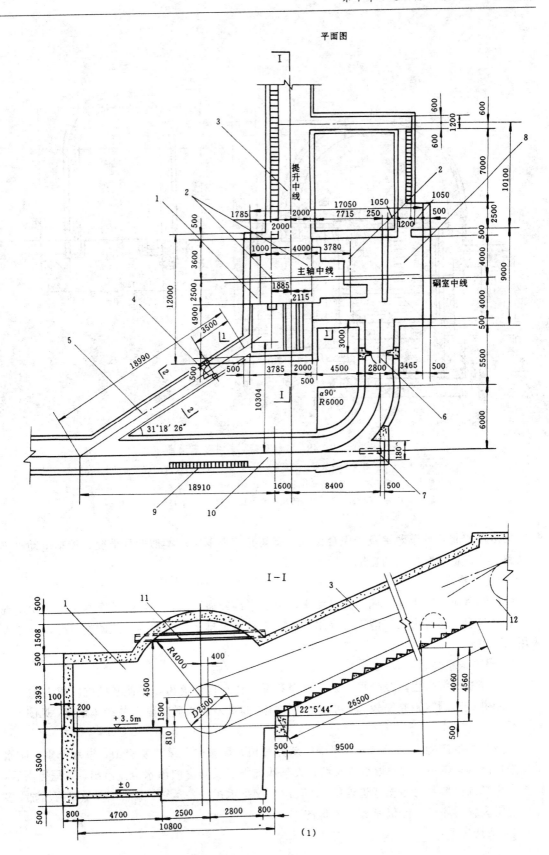

（1）

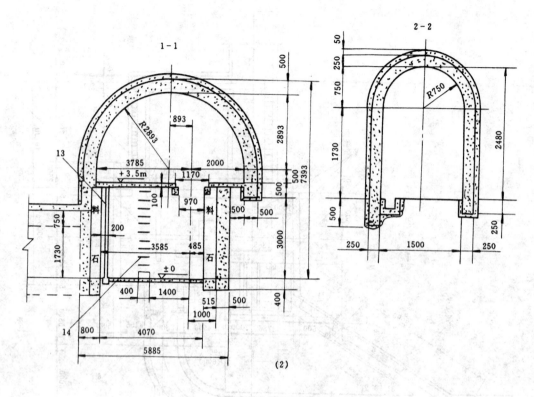

图 5—10—49　六枝矿暗副斜井绞车硐室

1—绞车硐室；2—起重梁中线；3—绳道；4—防火门（1100×1710）；5—流水巷；
6—防火门（1500×1710）；7—小绞车位置；8—电气硐室；9—台阶；10—斜巷；
11—起重梁（L=6300）；12—天轮硐室；13—下水管（D150）；14—爬梯

如中梁山煤矿北井绞车硐室及老虎台矿人车暗斜井绞车硐室均类似此种情况，绞车电动机仍然受到电控设备硐室回风的影响。

2. 排水要求

绞车硐室应保持干燥，偶有少量渗水，可由水沟经通道流出。但在绞车基坑内，积水现象一般较普遍，通常由人工清理，渗水严重时需设水泵排水，一般为避免此类情况，可考虑采用以下措施。

1）提高硐室高程：

提高绞车硐室高程，改变提升系统立面布置，让水自动流出，不使基础坑内积水。

暗斜井绞车硐室距井筒较远，可用此种措施。如贵州六枝矿暗副斜井绞车硐室，见图 5—10—49。

六枝矿井生产能力 60 万 t/a，平硐暗斜井开拓，硐室位于茅口灰岩中，淋水严重。防水措施是提高绞车硐室高程，设泄水小巷，绞车基坑积水及硐室内渗水自流泄出。高程提高后，绞车硐室必须设斜巷与运输巷道连接，并安设小绞车承担设备运输，虽然工程量略有增加，多一个短距离提运环节，但仍是经济合理的。

2）钻孔排水：

暗立井绞车硐室一般距井筒较近，可打泄水钻孔，将绞车基础坑内的渗水由钻孔导入井筒。如唐山矿八号井绞车硐室，采用钻孔排水法，将基坑内的积水排入附近的九号井井筒内。

3. 电气设备、通道及操作室等壁龛位置的处理

1）电气设备硐室：

电气设备布置在靠近绞车电动机一侧，线路短直，不使电气设备硐室与绞车硐室串联通风，可有效地改善通风条件。见图5—10—46和图5—10—49，这两种布置形式现场反映较好。

如湖南土硃矿主暗斜井绞车硐室，见图5—10—50。土硃矿井生产能力45万t/a，平硐开拓，主暗斜井坡度25°，双钩串车提升，平车场，采用2JK×2.5×1.2型绞车，硐室位于石凳子灰岩中，岩质坚硬。硐室虽布置较紧凑，工程量较少，但通道位于绞车硐室后端左侧，兼作电气设备硐室。此种布置对通风、运输、电缆出线均不太合理。

2）通道：

通道内应装设向外开的防火栅栏两用门，通道断面必须满足绞车最大件运输要求，通道应经常畅通，并具有良好的通风条件。

3）操作室壁龛及电动机壁龛：

平面图

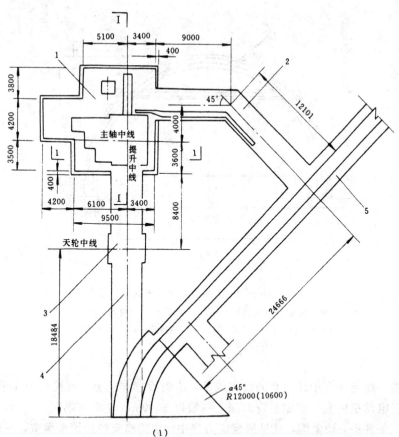

（1）

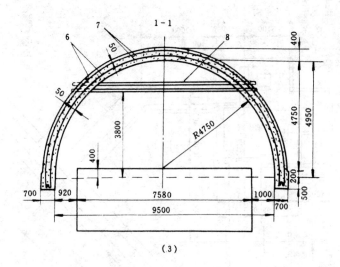

图 5—10—50　土硃矿主暗斜井绞车硐室

1—绞车硐室；2—电气硐室；3—天轮硐室；4—绳道；5—平硐；

6—受力筋（φ12，间距300）；7—结构筋（φ6，间距250）；

8—起重梁（Ⅰ24a，L=7500）

　　硐室碹拱中线与提升中线垂直的绞车硐室，有时设操作壁龛。与提升中线平行的绞车硐室，经常设有电动机壁龛。壁龛不宜太深，一般以 3000mm 左右为限。

　　壁龛通风条件差，较潮湿，且易形成应力集中，故锚喷支护的绞车硐室，一般不设壁龛。如平顶山一矿暗斜井绞车硐室以及唐山矿暗立井绞车硐室，见图 5—10—44、图 5—10—48。

　　将硐室位置选在坚硬岩层，改进绞车硐室布置，取消壁龛改善通风和操作条件，如老虎台矿人车暗斜井绞车硐室，见图 5—10—47。

五、绳道及天轮硐室布置

（一）暗立井绳道及天轮硐室

1. 天轮硐室

该硐室位于暗立井顶部，系井筒向上延长段，二者平面尺寸相同。天轮安设在绳道与井筒接口处的天轮平台上，在天轮上方设起重梁，井筒顶端收口处称为井帽。

1）天轮平台：

井筒与绳道连接处的天轮硐室平台，由天轮支承梁及主托梁等组成。

天轮支承梁与钢丝绳罐道固定梁应分开设置。天轮支承梁一般采用钢梁，并进行防腐处理。梁的选型按简支梁计算。

暗立井提升中线和提升容器进出车方向之间有一个夹角，因此形成两天轮位置一前一后，天轮轴心不在一条线上。

天轮支承梁的布置结构，取决于井筒直径和天轮直径的大小及天轮的布置要求。常用的布置形式有以下 4 种。

（1）支承梁一端搁在井壁内，另一端搁在硐室平台上。如河南宜洛沈村矿主暗立井绳道及天轮硐室，见图 5—10—51。

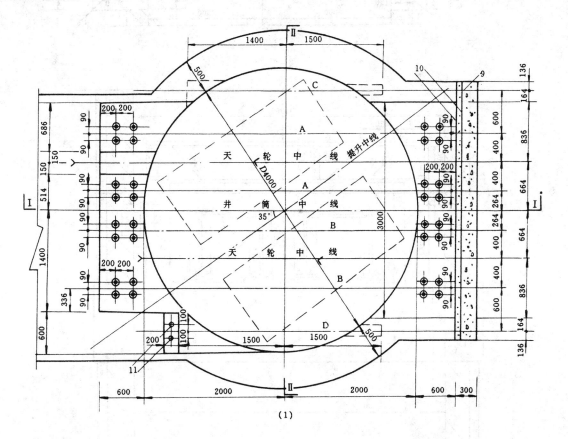

(1)

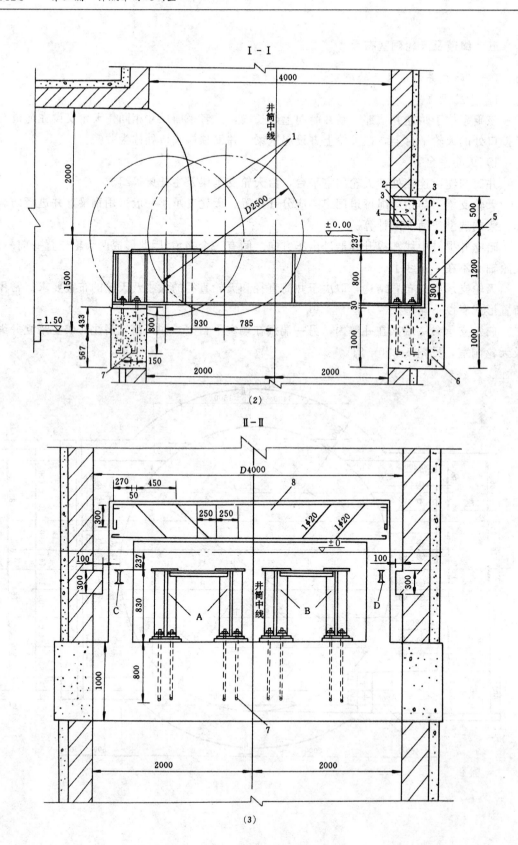

I - I

(2)

II - II

(3)

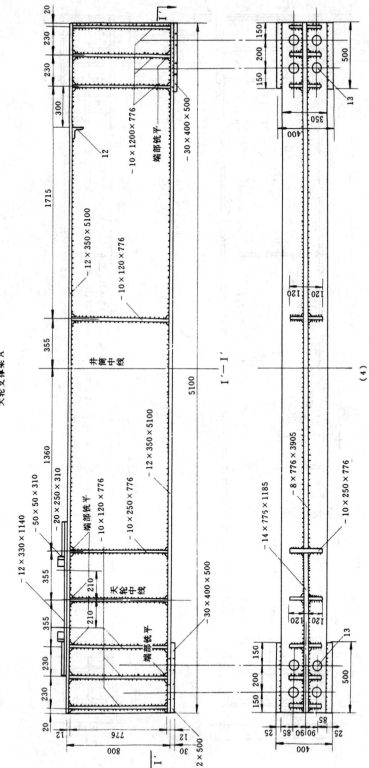

天轮支撑梁 A

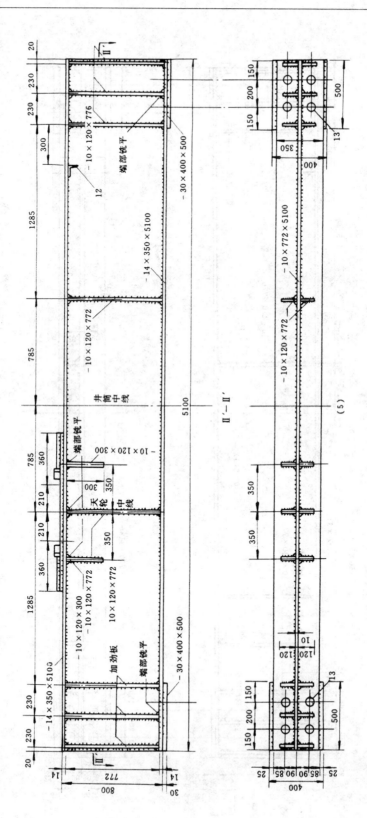

图 5—10—51　沈村矿主暗立井绳道及天轮硐室

1—天轮（D2500）；2—φ10（2 根弯成弧形）；3—φ6（@250，沿弧长）；4—φ20（弯成弧形）；5—φ6（@300，L=3550）；6—φ10（@200）；7—
锚固螺栓（M35，L=1100，配 200×200×20 垫板）；8—弧形梁；9—φ6（@300，L=3550）；10—φ10（@200，L=2800）；11—锚固螺栓；12—角钢（[65×65×8，L=750）；13—螺栓孔（φ60）
（M20，2 根）

平面图

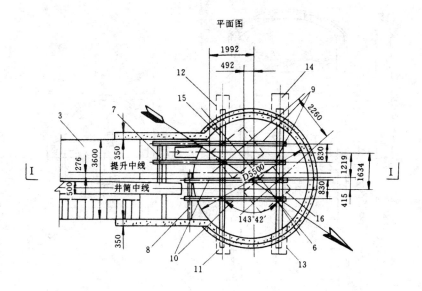

I-I

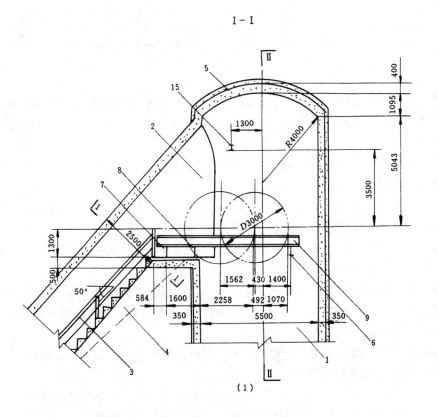

（1）

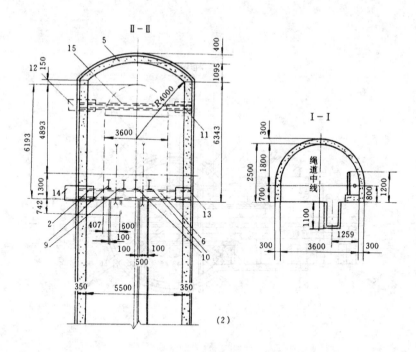

图 5-10-52 中梁山矿暗立井绳道及天轮硐室

1—暗立井;2—天轮平台;3—绳道;4—绳沟;5—井帽;6—承重梁(Ⅰ50,L=6100,2根);
7—承重梁(Ⅰ50,L=2150);8—承重梁(Ⅰ50,L=2400);9—Ⅰ50(L=6300,2根);10—
Ⅰ50(L=4850,2根);11—梁窝(400mm×350mm×750mm);12—梁窝(600mm×350mm×
1200mm);13—梁窝(500mm×650mm×750mm);14—梁窝(800mm×650mm×1200mm);15—
起重梁(Ⅰ22a,L=6100);16—箕斗

沈村矿主暗立井直径4000mm,天轮直径2500mm,支承梁的一端搁在硐室平台上,另一端搁在井壁内,梁在井壁的支座处加固了井壁,二端均用预埋螺栓固定。此种形式一般在跨度较大时采用。

(2) 天轮支承梁一端搁在主托梁上,另一端搁在硐室平台的卧地梁上。如四川中梁山矿暗立井绳道及天轮硐室,见图5-10-52。

中梁山矿主暗立井直径5500mm,天轮直径3000mm,外侧设有一根主托梁,硐室平台处铺有卧地梁,天轮支承梁搁在二端梁上,并用螺栓固定。

主托梁二端,井壁设有梁窝,用预埋螺栓固定。因计算求得主托梁断面已超过现有型钢规格,故一般采用钢板焊接的组合工字型钢梁。

此种形式的卧地梁只起垫高天轮中心高程的作用。因绳道坡度大,靠近天轮平台处的钢绳擦着底板,垫高后只是略有改善,其中一根钢绳尚需在绳道底板开挖绳沟来解决。为此,要求暗立井绞车出绳仰角不宜过大。

(3) 天轮支承梁一端平接在主托梁上,另一端搁在硐室平台上。如开滦唐山矿八号暗立井绳道及天轮硐室,见图5-10-53。

八号暗立井直径6500mm,天轮直径3500mm,天轮支承梁的一端平接在外侧的一根主托梁上,另一端搁在硐室平台上,并用槽钢顶住,以防天轮支承梁滑动。两端均用螺栓固定。

（4）设有铺板梁的天轮平台。如淮南新庄孜矿暗立井绳道及天轮硐室，见图5-10-54。

新庄孜矿暗副立井天轮支承平台在井壁上留有铺板梁梁窝及架有钢梁，便于使用时铺板。该矿天轮支承梁布置形式与唐山矿八号暗立井相似。

天轮平台硐室须用混凝土砌碹。天轮支承平台由两组天轮支承梁组成，一般采取在检修、更换天轮时临时铺板搭台。

2）井帽：

井帽位于天轮硐室顶端，硐室高度应满足安设起重梁后，安装、检修天轮时的起吊要求。

按经验公式

$$D_t + 0.5 \leqslant H_t$$

式中　D_t——天轮直径，mm；

H_t——起重梁底面至安装后天轮中心的高度，mm。

天轮起重梁配置见表5-10-13。

起重梁与井帽之间，须考虑安装起重梁时对高度的要求。

井帽一般采用圆弧拱，根据经验

$$h_m = (1/5 \sim 1/10)\, D$$

式中　h_m——拱顶净矢高，mm；

D——井筒直径，mm。

如中梁山矿混凝土砌碹井帽，拱顶矢高为（1/5）D。唐山矿八井锚喷支护井帽，拱顶矢高为（1/10）D。

井帽支护，唐山矿八井井帽，围岩普氏系数 $f=8$，采用吊挂预制钢架锚喷支护。

锚杆为 $d10 \sim 12$ 的圆钢，$l = 1800\text{mm}$，外露100mm，每圈锚杆间距1000mm，杆与杆的

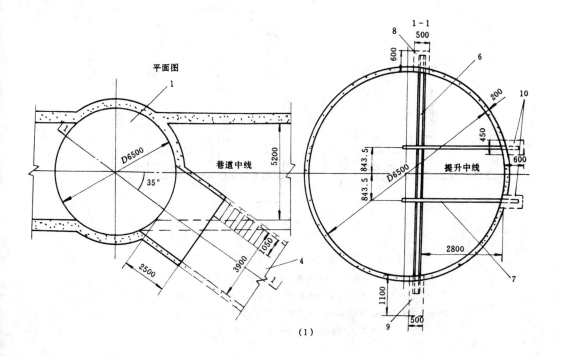

（1）

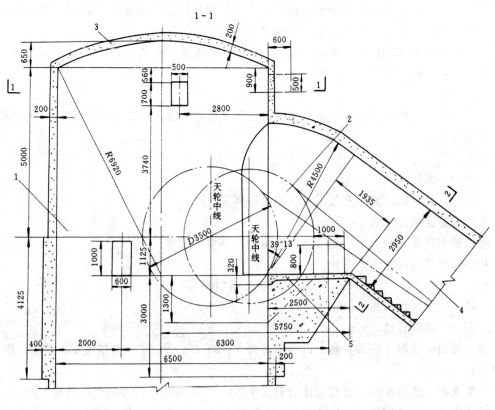

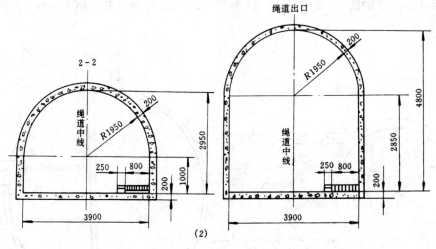

图 5—10—53 唐山矿八号暗立井绳道及天轮硐室

1—八号暗立井；2—天轮；3—井帽；4—绳道；5—天轮平台；6—起重梁
（Ⅰ 36，$L=7500$，1 根）；7—承重梁（Ⅰ 50，$L=3800$，2 根）；8—梁窝
（500mm×700mm×600mm）；9—梁窝（500mm×700mm×1100mm）；10—
梁窝（450mm×500mm×600mm，2 个）

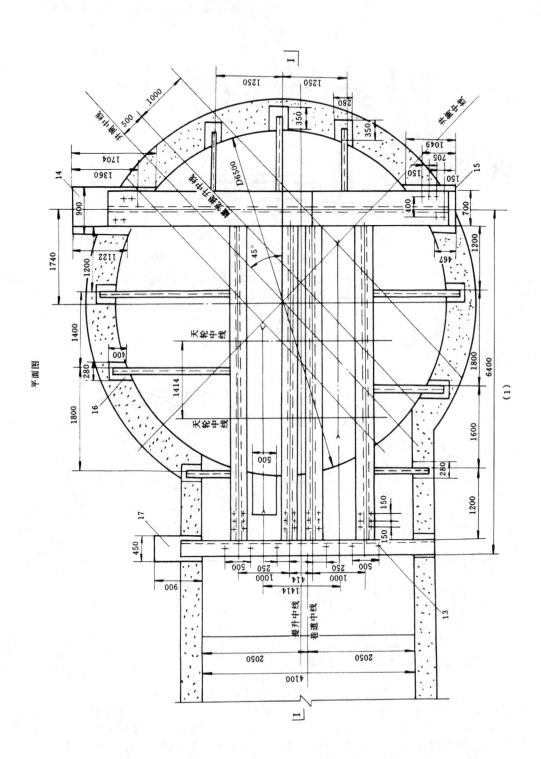

平面图

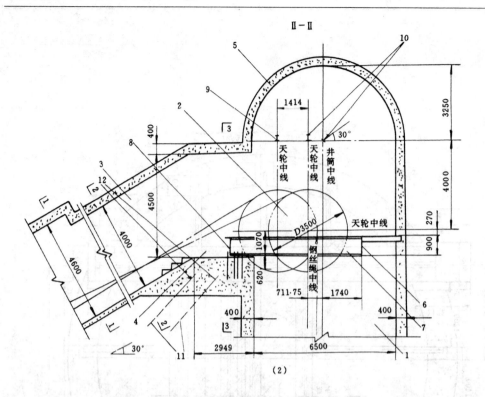

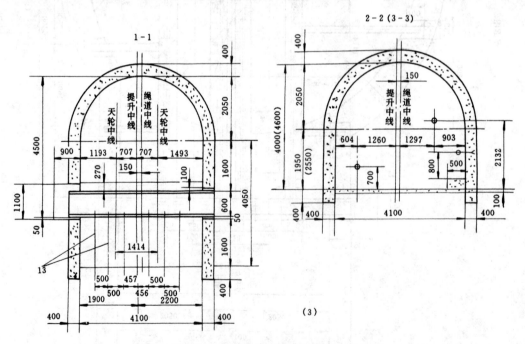

图 5—10—54 新庄孜矿暗立井绳道及天轮硐室

1—暗副立井;2—天轮;3—绳道;4—天轮平台;5—井帽;6—托梁(Ⅰ 90,L=700);7—天轮横梁(Ⅰ 90,L=6100,4 根);8—槽钢(自制,[80,L=4900);9—起重梁(Ⅰ 32c,L=5800);10—起重梁(Ⅰ 32c,L=7300,2根);11—钢筋锚杆(ϕ 16,L=2600,间距 500,14 根);12—钢筋(ϕ 16,L=3500,2 根);13—螺栓(M30,L=1000);14—梁窝(900mm×1250mm×1360mm);15—梁窝(900mm×1050mm×750mm);16—梁窝(280mm×370mm×400mm);17—梁窝(450mm×1100mm×900mm)

表 5-10-13 天轮起重梁配置参考

矿 井 名 称	暗立井天轮直径 (m)	天轮中心至起重梁底高度 (m)	起重梁型号及数量		
			型 号	长 度 (m)	根 数 (根)
宜洛沈村矿	2.5	3.25	工 16	4.7	1
中梁山矿	3.0	3.5	工 22a	6.1	1
唐山矿八号井	3.5	4.1	主工 36	7.5	1
			次工 25	1.9	2
淮南新庄孜矿	3.5	4.0	工 32c	7.3	2

间距1000mm。

吊挂钢架采用三根14号槽钢，弯成内径为1300mm的圆圈，用螺栓连接后，吊挂在井帽正中的锚杆尾部；由10根12号工字钢成36°等分组成钢架，一头顶住圆圈，另一端插入岩壁内300mm；在井帽顶壁与钢架之间，铺上200mm×200mm的$d8$钢筋网，然后喷200mm厚混凝土，形成井帽永久支护。

绞车硐室内因需风量不大，风速较小，天轮硐室顶部易积聚瓦斯，故井帽不宜太高，有利于扩散通风。

当暗立井为箕斗提升，不作进出风用时，在井帽处开掘回风斜巷，接入总回风系统，解决天轮硐室的瓦斯积聚，见图5-10-41。

2. 绳　道

用图解法绘制提升系统的平、剖面图，根据对绳道的一般规定和要求，结合绳道的弧垂大小和偏角，确定绳道的宽度和高度，以及绳道下端与绞车硐室前墙相交处的顶、底高程。

立井的一对固定天轮虽轴心高程相同，但位置一前一后，绞车出绳一上一下，两绳的仰角也不同。为避免下绳在接近天轮平台段易擦着底板，应尽量将绞车上绳架在离绞车较远的天轮上。如唐山等矿的暗立井钢丝绳，一般都按此布置。但也要考虑绞车司机便于肉眼观察绳上标记，要求靠近电动机一侧的绞车滚筒由上部出绳。

暗立井绳道内应按斜井的规定设置人行台阶和扶手。绳道侧帮距钢丝绳不应小于300mm，人行道一侧距钢丝绳不应小于700mm。绳道宽度应满足天轮运搬要求，可以上下一致，绳道高度可以由下而上逐步降低墙高，如唐山矿八号井绳道。也可以分段将断面缩小，如宜洛沈村矿暗立井绳道。绳道断面变化可根据井筒直径、天轮大小、钢丝绳运动范围，以及绳道支护方式、施工条件等因素综合考虑。

（二）暗斜井绳道及天轮硐室

1. 天轮硐室

暗斜井提升钢丝绳在天轮上围抱角较小，一般常采用直径小于绞车滚筒直径的游动天轮。

斜井天轮硐室一般不设起重梁，硐室高、宽，仅须满足安装、检修和更换天轮的要求，硐室内架设天轮常用的方法有两种。

1）架起式天轮架：

主梁二端插在硐室二侧墙内，两组天轮支承梁固定在主梁上，天轮架在支承梁上面。如平顶山一矿暗斜井绳道及天轮硐室，见图5－10－55。

平顶山一矿暗斜井为平车场。为保证滚筒出绳仰角，并考虑提升过程中减少钢丝绳摆动和摘钩后钢丝绳回缩，共设三组天轮。靠近滚筒的两组为游动天轮，可适应提升偏角需要。最前的一组是固定天轮，有利于钢丝绳在提升过程中平稳运行，使用中效果较好。

2）落地式天轮架：

天轮支承在底板混凝土支墩上，稳定性好。如抚顺老虎台矿人车暗斜井绳道及天轮硐室，见图5－10－56。

老虎台矿暗斜井承担运送人员。为改善提升条件，采用固定天轮和落地天轮架，天轮直径与绞车滚筒直径相等。天轮硐室在斜井与绞车绳道交会处，天轮平台上设有起重梁。

2．绳　道

暗斜井绳道有平式和斜式两种。

1）平绳道：

平绳道与一般平巷一样，天轮直接安设在绳道内，如平顶山一矿暗斜井绳道。

2）斜绳道：

斜绳道形式与暗立井绳道相似，一般要求也相同。

六、绞车硐室尺寸确定

（一）硐室平面尺寸

绞车硐室平面尺寸应按照绞车设备外形尺寸确定。为了操作安全与使用方便，绞车设备与墙壁间通道不小于1000mm。

滚筒中心线至硐室前墙的尺寸和提升中线至硐室左侧墙面的尺寸，根据绞车型号合理选取。另外两侧的尺寸，除根据设备布置外，须留有一定的设备检修空间。按照有关规定，确定硐室平面尺寸。

（二）硐室高度

绞车硐室高度应满足绞车安装和检修时起吊的要求。在硐室内设置起重梁，硐室地面至起重梁底面的高度可根据绞车滚筒直径选取。

起重梁底面至绞车硐室地面的高度：

$$H_j \geqslant D_j + 1.5$$

式中　D_j——绞车滚筒直径，mm。

起重梁顶面至硐室拱顶间距，可结合所选用的硐室断面形状确定。

（三）硐室的主要尺寸

1．绞车硐室主要尺寸配置

绞车硐室主要尺寸配置见图5－10－57。

2．绞车硐室定位参考尺寸

绞车硐室定位参考尺寸见图5－10－14。

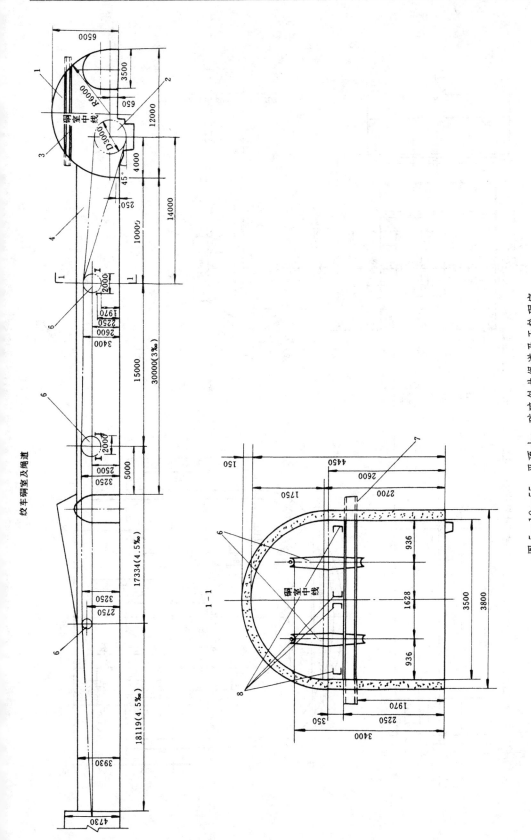

图 5—10—55 平顶山一矿暗斜井绳道及天轮硐室

1—绞车硐室; 2—XKT2×3×1.5 型绞车; 3—起重梁 (Ⅰ 30, L=10500, 1 根; Ⅰ 45, L=10500, 2 根); 4—绳道; 5—天轮 (D1500); 6—固定天轮 (D1000); 7—Ⅰ 28 (L=4500, 2 根); 8—槽钢 (Ⅰ 20, L=2300, 4 根)

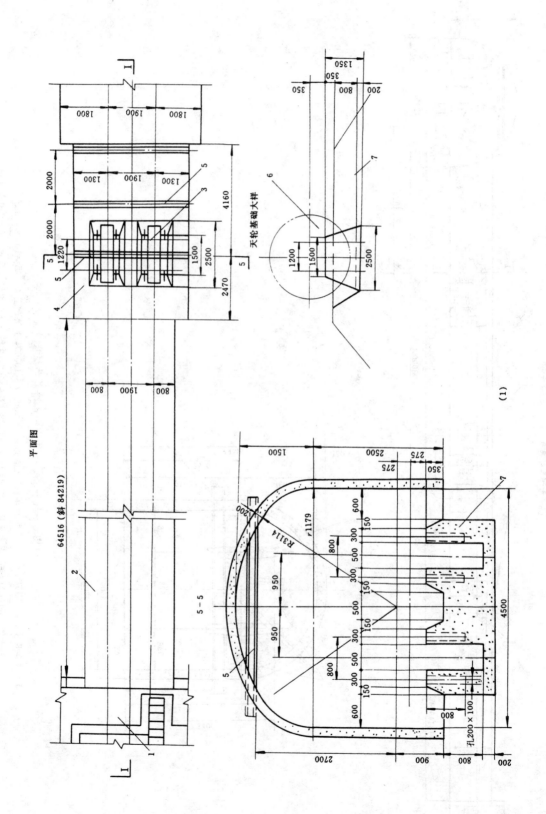

平面图

天轮基础大样

5－5

(1)

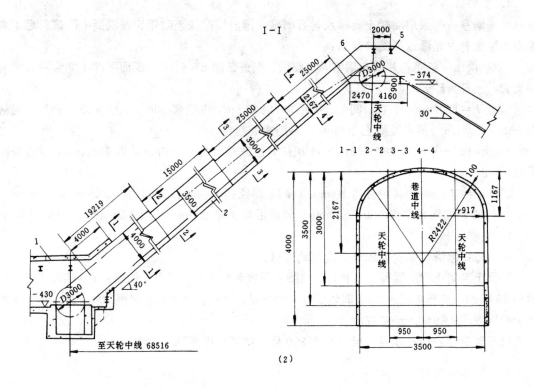

图 5—10—56 老虎台矿人车暗斜井绳道及天轮硐室

1—绞车硐室；2—绳道；3—天轮架；4—天轮平台；5—起重梁

(43kg/m 钢轨，L=4100，2 根)；6—天轮 (D3000)；7—天轮基础

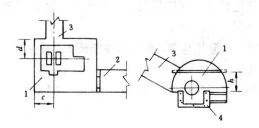

图 5—10—57 绞车硐室主要尺寸

1—绞车硐室；2—通道及电器设备硐室；

3—绳道；4—绞车基础

表 5—10—14 绞车硐室定位参考尺寸

绞 车 型 号	主 要 尺 寸 (mm)		
	c	d	h
JK×2.5×2A	3600	3800	4000
2JK×2.5×1.2A	3800	4000	4000
2JK×3×1.5A	4300	4400	4500
2JK×3.5×1.7A	4600	5000	5000

注：表中主要尺寸见图 5—10—57。

七、绞车硐室断面形状及支护

(一) 硐室断面形状

根据硐室的尺寸，结合围岩条件、地压情况确定硐室断面形状。

绞车硐室断面形状，按绞车尺寸的宽、高比考虑，可采用直墙半圆拱和半圆落地拱。这些形状有利于维护。

(二) 硐室支护方式及材料

1. 支护方式

绞车硐室一般采用混凝土砌碹或料石砌碹，围岩情况较差时用钢筋混凝土砌碹。近年来绞车硐室也有用光爆锚喷支护，如：

1）平顶山一矿暗斜井绞车硐室，半圆拱，掘进断面 $67.61\mathrm{m}^2$，断面下部 1/3 为炭页泥岩和页岩，上部为砂岩。

锚杆 $L=2200\mathrm{mm}$，$\phi16$，间距、排距均为 $800\mathrm{mm}$，先喷浆 $50\mathrm{mm}$，挂 $\phi10$ 钢筋网，网格 $200\mathrm{mm}\times200\mathrm{mm}$，再喷混凝土 $200\mathrm{mm}$，不用速凝剂。

2）唐山矿八号暗立井绞车硐室，半圆拱，掘进断面宽 $14000\mathrm{mm}$，高 $7250\mathrm{mm}$，围岩普氏系数 $f=8$。

锚杆 $L=1800\mathrm{mm}$（其中外露 $100\mathrm{mm}$），$\phi12$ 螺纹钢，间距、排距均为 $1000\mathrm{mm}$，先喷 $50\mathrm{mm}$，挂 $\phi10\sim12$ 钢筋网，网格 $500\times500\mathrm{mm}$，外喷混凝土厚 $200\mathrm{mm}$，加速凝剂 $3\%\sim4\%$。

2. 支护材料

材料选择除满足强度要求外，应就地取材。

混凝土砌碹或钢筋混凝土支护时，混凝土强度等级不低于 C20。钢筋一般采用 3 号、5 号钢和 16 锰钢，主筋 $\phi12\sim\phi18$，间距 $200\sim300\mathrm{mm}$。副筋 $\phi8\sim\phi12$，间距 $200\sim250\mathrm{mm}$。立架筋 $\phi6\sim\phi8$，间距 $50\mathrm{mm}$ 左右。

料石砌碹时，料石标号一般不低于 300 号，砂浆强度等级为 M10。

八、绞车硐室支护计算

（一）概　述

硐室支护计算的依据是围岩压力和物理力学参数。影响围岩压力的因素很多，如岩层性质，赋存条件，水文等条件，以及硐室形状和尺寸，相邻井巷间岩柱，施工方法等。由于围岩的不均质，物理力学参数变化范围大，按照理论精确计算围岩压力比较困难，通常用近似计算。

绞车硐室一般位于深度较大的井底车场附近，周围井巷多，硐室本身断面大，长度短，又必须与壁龛紧接相连，使硐室围岩受力状况复杂化。

绞车硐室在设计中，主要采用工程类比法来确定硐室断面形状、支护方式、支护厚度、支护材料及施工方法等。

（二）支护计算示例

为在设计硐室时便于应用支护计算，下举演算示例以供参考。图 5—10—58 为暗井绞车硐室支护计算断面。

硐室内安装一台 $2\mathrm{JK}\times3\times1.5\mathrm{A}$ 型绞车，断面净宽为 $12\mathrm{m}$，硐室地面以上为半圆拱，岩石普氏系数 $f=4$，内摩擦角 $\phi=70°$。

1. 计算方法与假定

硐室采用钢筋混凝土支护，计算内容以反映计算过程为主，因此加以必要的说明和假设。

1）绞车基础系在硐室支护完成后施工，绳道一侧的拱趾在基坑开挖时可能引起下沉，因此应采取有侧墙的结构。

2）因侧墙较低、岩性较差，故岩石对侧墙的侧压力值，取拱部侧压力同一数值。

3)不考虑因拱部变形而引起的围岩抗力,侧墙按以文克尔假设为计算依据的弹性地基梁计算。

4)基础嵌入岩体,按固定端处理。

5)用角变位移法计算。

2. 确定支护结构尺寸

根据经验公式、经验数据估计结构尺寸,然后用结构内力分析方法分析内力,再确定配筋,或调整。

硐室断面支护计算示例演算用表全附于此,可供查用。支护断面选择参考,见表5—10—15。

跨度与矢高比,见表5—10—16。

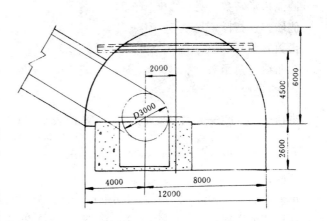

图5—10—58 暗井绞车硐室支护计算断面

表5—10—15 支护断面选择参考表

岩石抗压强度 $\left(\frac{1}{10}\text{N/mm}^2\right)$	衬砌种类	$\dfrac{d_0}{l_0}$	$\dfrac{d_n}{d_0}$	$\dfrac{f}{l}$
$R_岩=600\sim800$	钢筋混凝土	$\dfrac{1}{25}\sim\dfrac{1}{40}$	$1.0\sim1.25$	$\dfrac{1}{4}\sim\dfrac{1}{6}$
	混 凝 土	$\dfrac{1}{15}\sim\dfrac{1}{30}$	$1.0\sim1.5$	
$R_岩=400\sim600$	钢筋混凝土	$\dfrac{1}{20}\sim\dfrac{1}{35}$	$1.0\sim1.25$	$\dfrac{1}{3}\sim\dfrac{1}{5}$
	混 凝 土	$\dfrac{1}{12}\sim\dfrac{1}{25}$	$1.0\sim1.5$	
$R_岩=200\sim300$	钢筋混凝土	$\dfrac{1}{15}\sim\dfrac{1}{30}$	$1.0\sim1.5$	$\dfrac{1}{2}\sim\dfrac{1}{4}$
	混 凝 土	$\dfrac{1}{10}\sim\dfrac{1}{20}$	$1.0\sim2.0$	

注:1. 当 $R_岩>80\text{N/mm}^2$ 时,多采用喷射混凝土及单拱圈薄侧墙等非整体薄支护形式;

2. d_0—拱顶厚度;l_0—净跨度;d_n—拱脚厚度;f—拱部矢高;$f=f_0+\frac{1}{2}d_0$,f_0—拱净矢高;$l=l_0+d_{cm}$,d_{cm}—墙厚。

表5—10—16 跨 度 与 矢 高 比 表

岩石硬度系数 f	$0.3\sim0.5$	$0.6\sim0.8$	1	1.5
$\beta=\dfrac{l_0}{f_0}\leqslant$	2.5	3	3.5	4
岩石硬度系数 f	2	$3\sim4$	$5\sim6$	$\geqslant8$
$\beta=\dfrac{l_0}{f_0}\leqslant$	4.5	5	5.5	6

注:l_0—净跨度;f_0—拱净矢高。

岩体综合折减系数,见表5—10—17。

各种岩石物理力学性能参数,见表5—10—18。

按岩石计算抗压强度($R_岩$),选取的岩石物理力学参数,见表5—10—19。

圆弧拱形常数载常数,见表5—10—20。

圆弧拱形常数，见表 5—10—21。

侧墙弹性指标，见表 5—10—22。

函数 α_1、α_2、α_3、α_4、α_5、α_6，见表 5—10—23。

双曲线三角函数 φ_1、φ_2、φ_3、φ_4，见表 5—10—24。

1）按经验公式计算：

拱顶厚度：d_0 一般为净跨的 $\frac{1}{15}\sim\frac{1}{30}$，按表 5—10—15，本例应为 $\frac{1}{20}\sim\frac{1}{35}$，本例取 $\frac{1}{25}$；

$d_0=\frac{1}{25}\times12=0.48\text{m}$，取 0.5m，等厚拱；

墙厚： $d_{cm}=1.5d_0=1.5\times0.5=0.75\text{m}$

单侧墙高： $2.6+1.5\times0.75=3.725\text{m}$

计算侧墙高度： $2.6+0.5\times1.5\times0.75=3.16\text{m}$

2）按国外经验公式估算：

拱顶厚度：$d_0=0.06\sqrt{\beta}\left[1+\frac{\sqrt{l_0}}{f}\right]$，式中 f 为普氏系数；

拱趾厚度： $d_n=(1.25\sim1.5)\,d_0$

边墙厚度： $d_{cm}=(1\sim2)\,d_0$

底拱厚度： $d_s=(0.5\sim0.8)\,d_0$

基础宽度： $h_x=(1\sim1.5)\,d_{cm}$

$\beta=\left(\frac{l_0}{f_0}\right)$，采用表 5—10—16 中的数值。

本例岩石硬度系数 $f>4$，$\beta=5$。

$d_0=0.06\sqrt{5}\left[1+\sqrt{\frac{12}{4}}\right]=0.37\text{m}$

$d_n=1.5\times0.37=0.56\text{m}$

取 0.5m，等厚拱。

3. 荷载（图 5—10—59）

拱部垂直荷载 $g=\frac{200}{R_{岩体}}\left(\frac{1}{10}\text{N/mm}^2\right)$

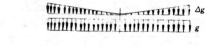

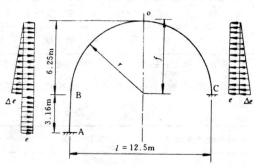

式中 $R_{岩体}$——岩体综合抗压极限强度，

$R_{岩体}=\Psi R_{岩块}$

$R_{岩块}$——取岩石试块进行单轴抗压试

验的抗压极限强度，

$\left(\frac{1}{10}\text{N/mm}^2\right)$；

图 5—10—59 拱部荷载

Ψ——综合考虑岩石节理、层理、风化程度、裂隙水等岩石构造特征折减系数，见表 5—10—17。

$R_{岩体}=400\times0.4=160\left(\frac{1}{10}\text{N/mm}^2\right)$ $g=\frac{200}{160}=1.25\left(\frac{1}{10}\text{N/mm}^2\right)=125\text{kN/m}^2$

拱趾垂直荷载 $\Delta g=\left(\frac{d_n}{d_0}-1\right)g=0$

表5—10—17　岩体综合折减系数

类别	完整性	地质构造特征	结构面特征 节理	结构面特征 层理	风化状况	地下水情况	山体压力 $\left(\frac{1}{10}\text{N/mm}^2\right)$	岩体物理力学性指标 $\left(\frac{1}{10}\text{N/mm}^2\right)$	岩层举例	综合折减系数 ψ
I	坚硬完整良好的	欠明显的断层褶曲	没有节理,完整,没有裂开现象,节理间距在10m以上。有一些零星的节理,或呈有一、二组,但节距很大:线裂隙率有1~3条/m,隙宽从密附至2mm,几乎看不到张开节理	巨厚层:大于100cm,单独层厚常>0.4m或呈巨厚层,层层面胶结良好,没有何物理软弱层	未经风化,岩石新鲜完整,没有任何物理或化学变化。风化极轻微而且不易风化	没有地下水或有少量裂隙水	拱墙均无明显的山体压力	岩体的压切强度≥7.50,混凝土与岩体间的粘着力>0.60	砂岩(非均质)、石灰岩、花岗岩、片麻岩等	0.7~0.8
II	较坚硬完整的	只有个别小断层或平缓的小褶曲	节理很少:有少数节理,一般是整齐的、封闭的,间距在1m以上。多半有二组节理,节距为0.3~1m(平均0.5m左右),隙宽1~3mm,超过2mm者较少,节理面较粗糙,多为硅质、钙质充填,有个别张开节理,裂隙率为0.3%~0.8%	厚层:50~100cm单独层厚0.3~1.0m偶尔<0.3m者,层间胶结较紧密,仅有极个别的软弱夹层	风化轻微:岩石表面有风化现象、颜色不鲜、强度减弱,风化轻微,亦不易风化	只有微量滴(渗)水,或虽有少量裂隙水不致引起岩体软化	拱部法向压力0.05~0.15,端部侧向压力0.05~0.08	岩体的压切强度≥6.5,混凝土与岩体间的粘着力为0.6	砂岩、砂岩为主的砂岩层、页岩互层、石灰岩、花岗岩、片麻岩、玄武岩	0.6
III	中等坚硬的	构造作用明显,有较明显的局部小型的断层或褶曲	节理较多:有二组或多组,间距0.3m左右,部分张开的宽度可达5mm左右。常有二、三组发育的节理,节距为0.2~0.8m(平均0.4m左右),隙宽多在2~4mm以内,部分为砂质、钙质、泥质充填,有少数张开节理,裂隙率为0.3%~0.8%	中等层厚:10~50cm单独层厚0.2~0.8m,少数者<0.2m者,层间胶结较好,间或有软弱夹层	风化较重:岩性有显著变化,造岩矿物失去光泽,岩石强度减弱,略现破碎现象,可以采取防护措施防止风化	有少量地下水但岩体不易软化	拱部法向压力0.15~0.33,端部侧向压力0.07~0.15	岩体的压切强度≥5.5,混凝土与岩体间的粘着力0.5	砂岩、砂岩为主的砂岩层、页岩互层、石灰岩、花岗岩、片麻岩、玄武岩	0.5
IV	中等坚硬不太坚硬的	有褶曲和断层,但规模较小但不剧烈	节理发达:有三组或多组,间距0.1m左右,部分是张开的,宽度可达20mm左右,已成破碎状。多为三组较发育的节理,节距为0.1~0.6m(平均0.3m左右),隙宽可达3~6mm填充的均有,张开节理不太多,体裂隙率为0.5%~0.1%,有时见有少量风化节理	薄层:2~10cm单独层厚0.1~0.5m,有时<0.1m,层间胶结一般,也有软弱夹层,层间或软弱夹层占优势	风化严重:岩性发生剧烈变化,造岩矿物显著改变,强度显著减弱,岩石破碎	有些地方裂隙水较大或虽有地下水易于排除	拱部法向压力0.33~0.50,端部侧向压力0.10~0.20	岩体的压切强度≥4.5,混凝土与岩体间的粘着力0.4	砂岩、砂岩为主的砂岩层、页岩互层、花岗岩、片麻岩、石灰岩、玄武岩及较好的硅质钙质片岩等	0.4

续表

类别	完整性	地质构造特征	结构面特征 节理	结构面特征 层理	风化状况	地下水情况	山体压力 $\left(\frac{1}{10}\text{N/mm}^2\right)$	岩体物理力学性指标 切向粘着力 $\left(\frac{1}{10}\text{N/mm}^2\right)$	岩层举例	综合折减系数 ψ
V	较软的	断层褶曲频繁剧烈	节理极发达,节理错乱,没有一定方向,间距很密并发生较宽的裂隙或呈倾斜状态.有三组或更多的节理,节距平均在0.3m以下,缝宽5~10mm或更多.节理面多有填充,有时很密节理导致岩体十分破碎,体裂隙率>1.0%,有时风化节理相当多	片状层:0.2~2cm及0.2cm以下.单独层厚<0.3m,且一0.1m的较多,层间胶结不均,软弱层较多,软质岩互层,硬质岩软岩占优势	风化极严重,岩性及造岩矿物均有剧烈变化.完全失去原有特性或产生次生矿物,强度大大减弱,变软或成粘土状	多有地下水活动	拱部法向压力0.5~1.0,墙部侧压力0.15~0.3	岩石的压切强度<4.5,混凝土与岩体的粘着力≤0.3	断层糜破带,泥灰岩,页岩,千枚岩,片岩及煤系地层	0.3

表 5—10—18　各 种 岩 石 物 理 力 学 性 能 参 数

岩石名称	重度 γ (10N/m³)	抗压强度 $R_{压}$ $\left(\frac{1}{10}\text{N/mm}^2\right)$	抗拉强度 $R_{拉}$ $\left(\frac{1}{10}\text{N/mm}^2\right)$	抗剪强度 $\tau_{剪}$ $\left(\frac{1}{10}\text{N/mm}^2\right)$	抗弯强度 $R_{弯}$ $\left(\frac{1}{10}\text{N/mm}^2\right)$	泊桑比 μ	波速 C (m/s)	内摩擦角 φ (°)	地基系数 κ (10^4kN/m³)	容许应力 [σ] $\left(\frac{1}{10}\text{N/mm}^2\right)$	动力弹性模量 $E_{动}$ $\left(\frac{1}{10}\text{N/mm}^2\right)$	静弹性模量 E_0 $\left(\frac{1}{10}\text{N/mm}^2\right)$
安山岩玄武岩	2500~2700	1200~1600	34~45	81~108	102~135	0.2~0.16	3900~7500	75~85	120~200	40~50	$(7.1{\sim}8.6)\times10^5$	$(4.3{\sim}10.6)\times10^5$
安山岩玄武岩	2700~3300	1600~2500	45~71	108~170	135~213	0.16~0.02	3900~7500	87	200~500	50~60	$(8.6{\sim}11.4)\times10^5$	
千枚板岩	2500~3300	1200~1400	34~40	81~95	102~120	0.16	3000~6500	75~87	120~200	40~50	$(7.1{\sim}7.8)\times10^5$	$(2.2{\sim}3.4)\times10^5$
流纹凝灰岩	2500~3300	1200~2500	34~71	81~170	102~313	0.16~0.02	3000~6800	75~87	120~500	40~60	$(7.1{\sim}11.4)\times10^5$	$(2.2{\sim}11.4)\times10^5$
辉绿岩	2700	1600~1800	45~51	108~120	135~153	0.15~0.1	5200~5800	85	200~500	40~50	$(8.6{\sim}9.1)\times10^5$	$(6.7{\sim}7.9)\times10^5$
辉绿岩	2900	2000~2500	57~71	135~170	171~213	0.1~0.02	5800~6800	87	200~500	50~60	$(9.4{\sim}11.4)\times10^5$	$(2.2{\sim}11.4)\times10^5$
闪长岩	2500~2900	1200~2000	34~57	81~135	102~171	0.25~0.1	3000~6000	75~87	120~500	40~60	$(7.1{\sim}9.4)\times10^5$	
闪长岩	2900~3300	2000~2500	57~71	135~170	171~213	0.1~0.02	6000~6800	87	200~500	60	$(9.1{\sim}11.4)\times10^5$	$(0.6{\sim}7.0)\times10^5$
斑岩	2800	1600	54	103	160	0.16	5200	85	120~200	40~50	8.6×10^5	
砂质粘土	1400~2150					0.29~0.21	100~300	15~33	0.1~20	1.0~4.0		100~600

续表

岩石名称	重 度 γ (10N/m³)	抗压强度 R压 ($\frac{1}{10}$N/mm²)	抗拉强度 R拉 ($\frac{1}{10}$N/mm²)	抗剪强度 τ剪 ($\frac{1}{10}$N/mm²)	抗弯强度 R弯 ($\frac{1}{10}$N/mm²)	泊桑比 μ	波 速 C (m/s)	内摩擦角 φ (°)	地基系数 κ (10⁴kN/m³)	容许应力 [σ] ($\frac{1}{10}$N/mm²)	动力弹性模量 E动 ($\frac{1}{10}$N/mm²)	静弹性模量 E0 ($\frac{1}{10}$N/mm²)
砾石及碎石	2000~2250					0.17~0.12	600~3300	40	0.5~10	5.0~6.0		500~700
黄　　土	1500~1800					0.4	500~900	25~30	0.1~5.0	1.5~2.5		100~700
粘　　土	1650~2000					0.3~0.4	200~500	12~37	2.2~12	1.0~6.0		100~2000
粗　　砂	1890~2250					0.24~0.17	100~300	30~37	0.5~5.0	3.5~4.5		500~600
中　　砂	1600~2150					0.24~0.17	100~300	25~33	0.5~5.0	2.5~4.0		400~500
细　　砂	1500~2100					0.24~0.17	100~300	22~33	0.5~5.0	1.5~3.0		100~400
自然状复土层	1000~1800					0.4~0.3	100~200	20~40	0.1~0.5	1.0~2.0		145~511

表5—10—19　按岩石计算抗压强度（R岩）选取的岩石物理力学参数

R岩 ($\frac{1}{10}$N/mm²)	γ (10kN/m³)	φ (°)	E0 (10kN/mm²)	μ	κ (10⁶kN/m³)	σ ($\frac{1}{10}$N/mm²)	R拉 ($\frac{1}{10}$N/mm²)	τ剪 ($\frac{1}{10}$N/mm²)
2000	3.0~3.3	87	>1400	0.1~0.15	4.0~5.0	100~200	50~70	100~160
1500	2.8~3.0	85	1000~1400	0.15~0.18	3.0~4.0	75~150	40~50	80~120
1000	2.7~3.0	82.5	500~1000	0.16~0.20	2.0~3.0	50~100	25~35	60~80
800	2.7~2.8	80	200~500	0.18~0.20	1.2~2.0	40~80	20~30	40~60
600	2.6~2.8	75	100~200	0.18~0.20	0.8~1.2	30~60	15~25	30~50
500	2.5~2.7	72.5	60~120	0.20~0.22	0.6~0.8	25~50	10~20	25~45
400	2.5~2.7	70	30~60	0.20~0.22	0.4~0.6	20~40	7~17	20~40
300	2.4~2.6	67.5	10~30	0.20~0.22	0.3~0.4	15~30	5~15	15~25
200	2.2~2.5	65	4~10	0.20~0.25	0.2~0.3	10~20	2~10	10~20

注：1. 支护侧墙回填时κ值用下限，跨度 $l_0>5$m 时 κ值用下限。
2. 支护与原岩浇注一起时 κ值用上限；火成岩 κ值用上限。

表5—10—20　圆弧拱形常数载常数

$$\frac{f}{l}=\frac{1}{5}\quad\left(r=\frac{29}{40}l\right)\qquad \varphi_n=43°36'10''$$

$\frac{d_0}{l_0}$	$\frac{d_n}{d_0}$	$S'_{BC}=K_S\frac{EJ_0}{r}$	$J'_{BC}=K_J\frac{EJ_0}{r^3}$	$T'_{BC}=K_T\frac{EI_0}{r^2}$	$M^F_{BC}=K_{M1}gr^2+K_{M2}\Delta gr^2+K_{M3}er^2+K_{M4}\Delta er^2$				$H^F_{BC}=K_{H1}gr+K_{H2}\Delta gr+K_{H3}er+K_{H4}\Delta er$			
		K_S	K_J	K_T	K_{M1}	K_{M2}	K_{M3}	K_{M4}	K_{H1}	K_{H2}	K_{H3}	K_{H4}
$\frac{1}{25}$	1	7.4919	186.3095	33.9263	0.0041	−0.0077	−0.00922	−0.00501	0.8570	0.2732	−0.1603	−0.1060
	1.25	12.5817	277.7148	54.8023	0.0031	−0.0092	−0.01040	−0.00551	0.8545	0.2653	−0.1667	−0.1088
	1.5	18.2143	372.7270	77.5351	0.00223	−0.01061	−0.01155	−0.00601	0.8518	0.2584	−0.1724	−0.1112
$\frac{1}{20}$	1	7.4025	183.6152	33.4356	0.0018	−0.0084	−0.00952	−0.00508	0.8446	0.2693	−0.1620	−0.1065
	1.25	12.3783	272.4926	53.7718	−0.0001	−0.0102	−0.01080	−0.00562	0.8384	0.2603	−0.1688	−0.1093
	1.5	17.8491	364.2873	75.7794	−0.0018	−0.0119	−0.01208	−0.00614	0.8325	0.2526	−0.1746	−0.1118
$\frac{1}{15}$	1	7.2249	178.2563	32.4598	−0.0029	−0.0099	−0.01012	−0.00526	0.8199	0.2614	−0.1653	−0.1074
	1.25	11.9826	262.3304	51.7664	−0.0060	−0.0121	−0.01160	−0.00583	0.8071	0.2508	−0.1728	−0.1104
	1.5	17.1524	348.1880	72.4304	−0.0093	−0.0142	−0.01298	−0.00638	0.7958	0.2414	−0.1791	−0.1129
$\frac{1}{12}$	1	7.0205	172.0928	31.3375	−0.0078	−0.0115	−0.01084	−0.00545	0.7916	0.2524	−0.1691	−0.1084
	1.25	11.5401	250.9678	49.5242	−0.0131	−0.0142	−0.01243	−0.00627	0.7722	0.2398	−0.1772	−0.1116
	1.5	16.3928	330.6326	68.7786	−0.0178	−0.0168	−0.01398	−0.00664	0.7556	0.2293	−0.1839	−0.1142
$\frac{1}{10}$	1	6.7991	165.4160	30.1217	−0.0133	−0.0132	−0.01157	−0.00565	0.7609	0.2426	−0.1733	−0.1096
	1.25	11.0744	239.0080	47.1643	−0.0203	−0.0164	−0.01338	−0.00631	0.7354	0.2283	−0.1819	−0.1128
	1.5	15.6127	312.6068	65.0288	−0.0264	−0.0193	−0.01502	−0.00691	0.7144	0.2168	−0.1890	−0.1155

续表

$$\frac{f}{l}=\frac{1}{4}\quad\left(r=\frac{5}{8}l\right)\qquad \phi_n=53°7'50''$$

$\dfrac{d_0}{l_0}$	$\dfrac{d_n}{d_0}$	$S'_{BC}=K_S\dfrac{EJ_0}{r}$ K_S	$J'_{BC}=K_J\dfrac{EJ_0}{r^3}$ K_J	$T'_{BC}=K_T\dfrac{EJ_0}{r^2}$ K_T	$M^F_{BC}=K_{M1}gr^2+K_{M2}\Delta gr^2+K_{M3}er^2+K_{M4}\Delta er^2$				$H^F_{BC}=K_{H1}gr+K_{H2}\Delta gr+K_{H3}er+K_{H4}\Delta er$			
					K_{M1}	K_{M2}	K_{M3}	K_{M4}	K_{H1}	K_{H2}	K_{H3}	K_{H4}
$\dfrac{1}{25}$	1	6.1211	73.0562	19.1937	0.0146	-0.0065	-0.0186	-0.01017	0.8138	0.2623	-0.2300	-0.1527
	1.25	10.3874	109.7721	31.2952	0.0141	-0.0083	-0.0210	-0.01112	0.8169	0.2565	-0.2386	-0.1561
	1.5	15.2181	148.7095	44.7734	0.0135	-0.0099	-0.0232	-0.01219	0.8195	0.2516	-0.2464	-0.1597
$\dfrac{1}{20}$	1	6.0779	72.4300	19.0292	0.0126	-0.0071	-0.0190	-0.01035	0.8068	0.2600	-0.2315	-0.1531
	1.25	10.2867	108.5338	30.9454	0.0118	-0.0092	-0.0215	-0.01129	0.8077	0.2536	-0.2404	-0.1566
	1.5	15.0327	146.6635	44.1574	0.0109	-0.0109	-0.0238	-0.01235	0.8082	0.2481	-0.2485	-0.1602
$\dfrac{1}{15}$	1	5.9904	71.1622	18.6961	0.0089	-0.0083	-0.0198	-0.01056	0.7927	0.2556	-0.2344	-0.1539
	1.25	10.0863	106.0688	30.2426	0.0063	-0.0108	-0.0225	-0.01156	0.7893	0.2478	-0.2440	-0.1576
	1.5	14.6693	142.6556	42.9506	0.0048	-0.0130	-0.0251	-0.01268	0.7861	0.2413	-0.2526	-0.1613
$\dfrac{1}{12}$	1	5.8871	69.6657	18.3030	0.0046	-0.0098	-0.0207	-0.01082	0.7760	0.2501	-0.2379	-0.1549
	1.25	9.8550	103.2226	29.4311	0.0003	-0.0127	-0.0237	-0.01187	0.7681	0.2412	-0.2482	-0.1587
	1.5	14.2583	138.1208	41.5853	-0.0030	-0.0153	-0.0266	-0.01300	0.7611	0.2337	-0.2573	-0.1626
$\dfrac{1}{10}$	1	5.7719	67.9965	17.8645	-0.0004	-0.0113	-0.0217	-0.01111	0.7575	0.2441	-0.2418	-0.1560
	1.25	9.6027	100.1190	28.5462	-0.0060	-0.0147	-0.0250	-0.01222	0.7451	0.2339	-0.2528	-0.1600
	1.5	13.8191	133.2750	40.1265	-0.0112	-0.0177	-0.0280	-0.01343	0.7344	0.2255	-0.2623	-0.1639

续表

$$\frac{f}{l}=\frac{1}{3}\quad\left(r=\frac{13}{24}l\right)\qquad \phi_n=67°22'50''$$

$\dfrac{d_0}{l_0}$	$\dfrac{d_n}{d_0}$	$S'_{BC}=K_S\dfrac{EJ_0}{r}$	$J'_{BC}=K_J\dfrac{EJ_0}{r^3}$	$T'_{BC}=K_T\dfrac{EJ_0}{r^2}$	$M^F_{BC}=K_{M1}gr^2+K_{M2}\Delta gr^2+K_{M3}er^2+K_{M4}\Delta er^2$				$H^F_{BC}=K_{H1}gr+K_{H2}\Delta gr+K_{H3}er+K_{H4}\Delta er$			
		K_S	K_J	K_T	K_{M1}	K_{M2}	K_{M3}	K_{M4}	K_{H1}	K_{H2}	K_{H3}	K_{H4}
$\dfrac{1}{25}$	1	4.7315	24.2193	9.6953	0.0125	0.0000	-0.0427	-0.02363	0.7269	0.2395	-0.3500	-0.2334
	1.25	8.1738	36.8594	16.0609	0.0427	-0.0010	-0.0473	-0.02558	0.7367	0.2367	-0.3626	-0.2387
	1.5	12.2222	50.6816	23.4039	0.0455	-0.0021	-0.0524	-0.02767	0.7450	0.2343	-0.3737	-0.2434
$\dfrac{1}{20}$	1	4.7154	24.1192	9.6552	0.0380	-0.0003	-0.0430	-0.02373	0.7239	0.2385	-0.3511	-0.2337
	1.25	8.1350	36.6551	15.9719	0.0412	-0.0017	-0.0479	-0.02573	0.7326	0.2354	-0.3640	-0.2391
	1.5	12.1477	50.3324	23.2426	0.0430	-0.0029	-0.0529	-0.02790	0.7399	0.2327	-0.3753	-0.2439
$\dfrac{1}{15}$	1	4.6825	23.9137	9.5729	0.0355	-0.0012	-0.0440	-0.02398	0.7177	0.2365	-0.3533	-0.2343
	1.25	8.0565	36.2413	15.7916	0.0372	-0.0027	-0.0491	-0.02603	0.7244	0.2328	-0.3669	-0.2399
	1.5	11.9988	49.6339	22.9201	0.0382	-0.0044	-0.0545	-0.02832	0.7296	0.2295	-0.3787	-0.2448
$\dfrac{1}{12}$	1	4.6428	23.6662	9.4739	0.0325	-0.0022	-0.0449	-0.02428	0.7103	0.2340	-0.3560	-0.2351
	1.25	7.9635	35.7514	15.5781	0.0332	-0.0042	-0.0505	-0.02653	0.7146	0.2296	-0.3702	-0.2408
	1.5	11.8252	48.8200	22.5442	0.0330	-0.0063	-0.0562	-0.02877	0.7176	0.2257	-0.3825	-0.2458
$\dfrac{1}{10}$	1	4.5976	23.3838	9.3608	0.0290	-0.0033	-0.0462	-0.02463	0.7018	0.2312	-0.3591	-0.2359
	1.25	7.8591	35.2017	15.3386	0.0282	-0.0055	-0.0523	-0.02693	0.7036	0.2261	-0.3740	-0.2418
	1.5	11.6336	47.9213	22.1292	0.0265	-0.0081	-0.0582	-0.02932	0.7044	0.2215	-0.3868	-0.2469

续表

$$\frac{f}{l}=\frac{1}{2}\quad\left(r=\frac{1}{2}l\right)\qquad \phi_n=90°$$

$\dfrac{d_0}{l_0}$	$\dfrac{d_n}{d_0}$	$S'_{BC}=K_S\dfrac{EJ_0}{r}$ K_S	$J'_{BC}=K_J\dfrac{EJ_0}{r^3}$ K_J	$T'_{BC}=K_T\dfrac{EJ_0}{r^2}$ K_T	$M^F_{BC}=K_{M1}gr^2+K_{M2}\Delta gr^2+K_{M3}er^2+K_{M4}\Delta er^2$				$H^F_{BC}=K_{H1}gr+K_{H2}\Delta gr+K_{H3}er+K_{H4}\Delta er$			
					K_{M1}	K_{M2}	K_{M3}	K_{M4}	K_{H1}	K_{H2}	K_{H3}	K_{H4}
$\dfrac{1}{25}$	1	3.3536	6.7040	4.2679	0.1060	0.0280	-0.1066	-0.0610	0.5587	0.1949	-0.5613	-0.3760
$\dfrac{1}{20}$	1	3.3499	6.6947	4.2620	0.1050	0.0279	-0.1071	-0.0610	0.5579	0.1946	-0.5619	-0.3762
$\dfrac{1}{15}$	1	3.3412	6.6755	4.2498	0.1045	0.0275	-0.1084	-0.0610	0.5560	0.1940	-0.5631	-0.3765
$\dfrac{1}{12}$	1	3.3326	6.6521	4.2349	0.1030	0.0271	-0.1091	-0.0610	0.5543	0.1934	-0.5647	-0.3770
$\dfrac{1}{10}$	1	3.3217	6.6251	4.2176	0.1020	0.0265	-0.1106	-0.0611	0.5521	0.1926	-0.5664	-0.3775

表 5—10—21 圆 弧 拱 形 常 数

$$\frac{d_0}{l_0} = \frac{1}{10}$$

f/l	$\frac{d_n}{d_0}$	K_S	K_J	K_T	C_{BC}
1/2	1	2.2974	3.3126	2.1088	−0.4458
1/3	1	3.3366	11.6919	4.6804	−0.3779
	1.25	5.6247	17.6008	7.6693	−0.3972
	1.50	8.1704	23.9606	11.0646	−0.4239
1/4	1	4.3170	33.9981	8.9322	−0.3370
	1.25	7.1018	50.0590	14.2731	−0.3521
	1.50	10.0550	66.6380	20.0633	−0.3742
1/5	1	5.2175	82.7080	15.0609	−0.3031
	1.25	8.4404	119.5040	23.5822	−0.3121
	1.50	11.7507	156.3034	32.5144	−0.3287

$$\frac{d_0}{l_0} = \frac{1}{12}$$

f/l	$\frac{d_n}{d_0}$	K_S	K_J	K_T	C_{BC}
1/2	1	2.3029	3.3261	2.1175	−0.4471
1/3	1	3.3592	11.8331	4.4369	−0.3821
	1.25	5.6770	17.8757	7.7891	−0.4028
	1.50	8.2662	24.4100	11.2721	−0.4305
1/4	1	4.3747	34.8329	9.1515	−0.3457
	1.25	7.2280	51.6113	14.7106	−0.3634
	1.50	10.2757	69.0604	20.7927	−0.3876
1/5	1	5.3283	86.0404	15.6688	−0.3176
	1.25	8.6733	125.4889	24.7621	−0.3305
	1.50	12.1407	165.3163	34.3893	−0.3502

$$\frac{d_0}{l_0} = \frac{1}{15}$$

f/l	$\frac{d_n}{d_0}$	K_S	K_J	K_T	C_{BC}
1/2	1	2.3076	3.3373	2.1249	−0.4483
1/3	1	3.3791	11.9567	4.6875	−0.3858
	1.25	5.7235	18.1207	7.8958	−0.4076
	1.50	8.3530	24.8170	11.4600	−0.4365
1/4	1	4.4263	35.5811	9.3481	−0.3534
	1.25	7.3437	53.0344	15.1212	−0.3755
	1.50	10.4812	71.3278	21.4753	−0.3996
1/5	1	5.4305	89.1281	16.2299	−0.3304
	1.25	8.8945	131.1652	25.8832	−0.3472
	1.50	12.5205	174.0940	36.2152	−0.3699

$$\frac{d_0}{l_0}=\frac{1}{20}$$

f/l	$\frac{d_\mathrm{n}}{d_0}$	K_S	K_J	K_T	C_BC
1/2	1	2.3116	3.3474	2.1310	−0.4492
1/3	1	3.3955	12.0596	4.8276	−0.3887
	1.25	5.7627	18.3276	7.9841	−0.4117
	1.50	8.4275	25.1662	11.6213	−0.4414
1/4	1	4.4651	36.2150	9.5146	−0.3590
	1.25	7.4439	54.2669	15.4730	−0.3819
	1.50	10.6629	73.3318	22.0789	−0.4098
1/5	1	5.5193	91.8076	16.7178	−0.3412
	1.25	9.0924	136.2463	26.8859	−0.3614
	1.50	12.8689	182.1437	37.8897	−0.3870

$$\frac{d_0}{l_0}=\frac{1}{25}$$

f/l	$\frac{d_\mathrm{n}}{d_0}$	K_S	K_J	K_T	C_BC
1/2	1	2.3134	3.3520	2.1340	−0.4496
1/3	1	3.4036	12.1097	4.8477	−0.3902
	1.25	5.7821	18.4297	8.0305	−0.4136
	1.50	8.4647	25.3408	11.7020	−0.4439
1/4	1	4.4917	36.5281	9.5969	−0.3628
	1.25	7.4942	54.8861	15.6476	−0.3861
	1.50	10.7556	74.3548	22.3867	−0.4149
1/5	1	5.5639	93.1548	16.9632	−0.3465
	1.25	9.1941	138.8574	27.4012	−0.3685
	1.50	13.0515	186.3635	38.7676	−0.3956

表 5—10—22 侧 墙 弹 性 指 标

βx	ϕ_{11}	ϕ_{12}	βx	ϕ_{11}	ϕ_{12}
0	0.1667	0.5000	1.4	0.1621	0.4897
0.1	0.1667	0.5000	1.5	0.1609	0.4860
0.2	0.1667	0.5000	1.6	0.1592	0.4813
0.3	0.1666	0.4999	1.7	0.1572	0.4781
0.4	0.1666	0.4999	1.8	0.1551	0.4730
0.5	0.1665	0.4998	2.0	0.1498	0.4605
0.6	0.1664	0.4997	2.2	0.1431	0.4451
0.7	0.1663	0.4991	2.4	0.1354	0.4271
0.8	0.1661	0.4987	2.6	0.1269	0.4068
0.9	0.1657	0.4980	2.8	0.1177	0.3851
1.0	0.1654	0.4972	3.0	0.1080	0.3628
1.1	0.1648	0.4961	3.5	0.0851	0.3090
1.2	0.1640	0.4946	4.0	0.0660	0.2635
1.3	0.1631	0.4923			

表 5-10-23   函数α_1，α_2，α_3，α_4，α_5，α_6

βx	α_1	α_2	α_3	α_4	α_5	α_6
0.1	10.00	150.00	3000.0	5.00	150.00	3000.00
0.2	5.00	37.50	375.0	2.50	37.50	375.0
0.3	3.3224	16.595	111.21	1.655	16.663	111.06
0.4	2.4946	9.353	46.876	1.2437	9.3414	46.675
0.5	2.0023	6.0185	21.173	1.0000	5.9878	23.923
0.6	1.6656	4.1743	14.091	0.8288	4.1504	13.791
0.7	1.4312	3.0848	9.0025	0.7113	3.0452	6.6531
0.8	1.2539	2.3745	6.1529	0.6205	2.3232	5.7540
0.9	1.1246	1.8988	4.4560	0.5542	1.8332	4.0073
1.0	1.0099	1.5531	3.3720	0.4933	1.4703	2.8748
1.1	0.9213	1.3020	2.6589	0.4448	1.2019	2.1132
1.2	0.8502	1.1177	2.1800	0.4051	0.9985	1.5865
1.3	0.7902	0.9754	1.8438	0.3697	0.8371	1.2038
1.4	0.7399	0.8662	1.6061	0.3383	0.7069	0.9205
1.5	0.6977	0.7811	1.4354	0.3103	0.6003	0.7057
1.6	0.6610	0.7147	1.3139	0.2821	0.5113	0.5450
1.7	0.6323	0.6631	1.2222	0.2613	0.4360	0.4094
1.8	0.6073	0.6229	1.1573	0.2367	0.3717	0.3058
1.9	0.6022	0.5915	1.1102	0.2192	0.3161	0.2225
2.0	0.5687	0.5669	1.0761	0.2000	0.2675	0.1550
2.1	0.5542	0.5483	1.0520	0.1817	0.2335	0.0694
2.2	0.5422	0.5340	1.0350	0.1644	0.1875	0.0566
2.3	0.5325	0.5233	1.0233	0.1634	0.1550	-0.0116
2.4	0.5247	0.5155	1.0155	0.1323	0.1255	-0.0094
2.5	0.5184	0.5099	1.0104	0.1175	0.0999	-0.0325
2.6	0.5135	0.5059	1.0072	0.1035	0.0774	-0.0504
2.7	0.5098	0.5033	1.0054	0.0905	0.0579	-0.0641
2.8	0.5069	0.5017	1.0044	0.0783	0.0409	-0.0739
2.9	0.5048	0.5007	1.0039	0.0669	0.0264	-0.0807
3.0	0.5033	0.5002	1.0038	0.0565	0.0141	-0.0847
3.1	0.5023	0.5001	1.0038	0.0470	0.0038	-0.0864
3.2	0.5016	0.5001	1.0038	0.0384	-0.0048	-0.0863
3.3	0.5010	0.5001	1.0037	0.0305	-0.0117	-0.0846
3.4	0.5007	0.5003	1.0036	0.0238	-0.0171	-0.0817
3.5	0.5005	0.5005	1.0035	0.0177	-0.0212	-0.0780
3.6	0.5004	0.5005	1.0032	0.0124	-0.0242	-0.0732
3.7	0.5004	0.50077	1.0030	0.00786	-0.0262	-0.0683
3.8	0.5004	0.50078	1.0027	0.00399	-0.0274	-0.0628
3.9	0.5004	0.50077	1.0024	0.00076	-0.0279	-0.0573
4.0	0.5004	0.50075	1.0022	-0.0019	-0.0277	-0.0516
4.1	0.5004	0.5007	1.0015	-0.00404	-0.0271	-0.0463
4.2	0.5004	0.5007	1.0015	-0.00573	-0.0262	-0.0409
4.3	0.5004	0.5006	1.0013	-0.00700	-0.0249	-0.0348
4.4	0.5003	0.5005	1.0010	-0.00790	-0.0234	-0.0309
4.5	0.5003	0.5005	1.0008	-0.0085	-0.0217	-0.0264
4.6	0.5003	0.5004	1.0006	-0.0089	-0.0200	-0.0223

续表

βx	α_1	α_2	α_3	α_4	α_5	α_6
4.7	0.5002	0.5003	1.0005	−0.0090	−0.0182	−0.0184
4.8	0.5002	0.5003	1.0004	−0.0089	−0.0164	−0.0150
4.9	0.5002	0.5002	1.0003	−0.0087	−0.0146	−0.0119
5.0	0.5002	0.5002	1.0002	−0.0084	−0.0130	−0.0091
5.1	0.5001	0.5001	1.0001	−0.0080	−0.0113	−0.0067
5.2	0.5001	0.5001	1.0001	−0.0075	−0.0097	−0.0046
5.3	0.5001	0.5001	1.0001	−0.0069	−0.0083	−0.0028
5.4	0.5001	0.5001	1.0000	−0.0064	−0.0069	−0.0026
5.5	0.5001	0.5000	1.0000	−0.0058	−0.0058	0.000026
5.6	0.5000	0.5000	1.0000	−0.0052	−0.0047	0.0011
5.7	0.5000	0.5000	1.0000	−0.0046	−0.0037	0.0019
5.8	0.5000	0.5000	1.0000	−0.0941	−0.0028	0.0025
5.9	0.5000	0.5000	1.0000	−0.0036	−0.0020	0.0030
6.0	0.5000	0.5000	1.0000	−0.0031	−0.0014	0.0034
6.1	0.5000	0.5000	1.0000	−0.0026	−0.0008171	0.003504
6.2	0.5000	0.5000	1.0000	−0.0022	−0.0003373	0.003708
6.3	0.5000	0.5000	1.0000	−0.0018	0.0006174	0.003734
6.4	0.5000	0.5000	1.0000	−0.0015	0.0003873	0.003688
6.5	0.5000	0.5000	1.0000	−0.001145	0.0006469	0.003583
6.6	0.5000	0.5000	1.0000	−0.000869	0.0008476	0.003433
6.7	0.5000	0.5000	1.0000	−0.0006276	0.0009973	0.003250
6.8	0.5000	0.5000	1.0000	−0.0003932	0.001101	0.003038
6.9	0.5000	0.5000	1.0000	−0.0002391	0.001166	0.002810
7.0	0.5000	0.5000	1.0000	−0.000884	0.001198	0.002573

表 5−10−24 双曲线三角函数 ϕ_1、ϕ_2、ϕ_3、ϕ_4

βx	ϕ_1	ϕ_2	ϕ_3	ϕ_4	βx	ϕ_1	ϕ_2	ϕ_3	ϕ_4
0	1.0000	0.0000	0.0000	0.0000	1.8	−0.7060	2.3578	2.8652	3.6947
0.1	1.0000	0.2000	0.0100	0.0006	1.9	−1.1049	2.1776	3.0928	4.2908
0.2	0.9997	0.4000	0.0400	0.0054	2.0	−1.5656	1.9116	3.2980	4.9301
0.3	0.9987	0.5998	0.0900	0.0180	2.1	−2.0923	1.5470	3.4718	5.6078
0.4	0.9957	0.7994	0.1600	0.0427	2.2	−2.6882	1.0702	3.6036	6.3162
0.5	0.9895	0.9980	0.2498	0.0833	2.3	−3.3562	0.4670	3.6816	7.0457
0.6	0.9784	1.1948	0.3596	0.1439	2.4	−4.0976	−0.2772	3.6922	7.7842
0.7	0.9600	1.3888	0.4888	0.2284	2.5	−4.9128	−1.1770	3.6210	8.5170
0.8	0.9318	1.5782	0.6372	0.3406	2.6	−5.8003	−2.2472	3.4512	9.2260
0.9	0.8931	1.7608	0.8042	0.4845	2.7	−6.7565	−3.5018	3.1654	9.8898
1.0	0.8337	1.9336	0.9890	0.6635	2.8	−7.7759	−4.9540	2.7442	10.4832
1.1	0.7568	2.0930	1.1904	0.8811	2.9	−8.8471	−6.6158	2.1676	10.9772
1.2	0.6561	2.2346	1.4070	1.1406	3.0	−9.9669	−8.4970	1.4138	11.3384
1.3	0.5272	2.3534	1.6366	1.4448	3.1	−11.1119	−10.6046	0.4606	11.5292
1.4	0.3656	2.4434	1.8766	1.7959	3.2	−12.2656	−12.9425	−0.7148	11.5076
1.5	0.1664	2.4972	2.1240	2.1959	3.3	−13.4048	−15.5098	−2.1356	11.2272
1.6	−0.0753	2.5070	2.3746	2.6458	3.4	−14.5008	−18.3014	−3.8242	10.6356
1.7	−0.3644	2.4644	2.6236	3.1451	3.5	−15.5198	−21.3050	−5.8028	9.6780

续表

β_X	ϕ_1	ϕ_2	ϕ_3	ϕ_4	β_X	ϕ_1	ϕ_2	ϕ_3	ϕ_4
3.6	−16.4218	−24.5016	−8.0918	8.2940	5.4	70.2637	−15.2880	−85.5454	−155.8096
3.7	−17.1622	−27.8630	−10.7088	6.4196	5.5	86.7044	0.3802	−86.3186	−173.0228
3.8	−17.6875	−31.3522	−13.6686	3.9876	5.6	104.8687	19.5088	−85.3550	−190.2232
3.9	−17.9387	−34.9198	−16.9818	0.9284	5.7	124.7352	42.4398	−82.2908	−207.0252
4.0	−17.8498	−38.5048	−20.6530	−2.8292	5.8	146.2448	69.5128	−76.7280	−222.9716
4.1	−17.3472	−42.0320	−24.6808	−7.3568	5.9	169.2837	101.0406	−68.2396	−237.5220
4.2	−16.3505	−45.4110	−29.0548	−12.7248	6.0	193.6813	137.3156	−56.3624	−250.0424
4.3	−14.7722	−48.5338	−33.7546	−19.0004	6.1	219.2004	178.5894	−40.6086	−259.8072
4.4	−12.5180	−51.2746	−38.7486	−26.2460	6.2	245.5231	225.0498	−20.4712	−265.9924
4.5	−9.4890	−53.4894	−43.9918	−34.5160	6.3	272.2487	276.8240	4.5772	−267.6700
4.6	−5.5791	−55.0114	−49.4234	−43.8552	6.4	298.8909	333.9444	35.0724	−263.7944
4.7	−0.6812	−55.6548	−54.9646	−54.2928	6.5	324.7861	396.3274	71.5426	−253.2420
4.8	5.3164	−55.2104	−60.5178	−65.8416	6.6	349.2554	463.7602	114.5056	−234.7480
4.9	12.5239	−53.4478	−65.9628	−78.4928	6.7	371.4244	535.8748	164.4510	−206.9720
5.0	21.0504	−50.1130	−71.1550	−92.2100	6.8	390.2947	612.1116	221.8174	−168.4760
5.1	30.9997	−44.9322	−75.9238	−106.9268	6.9	404.7145	691.6650	286.9854	−117.7327
5.2	42.4661	−37.6114	−80.0700	−122.5384	7.0	413.3762	773.6144	360.2382	−53.1368
5.3	55.5317	−27.8402	−83.3652	−138.8984					

拱顶侧向压力　　　$e=\dfrac{\mu}{1-\mu}g=\dfrac{0.2}{1-0.2}\times125=31.2\text{kN/m}^2$

式中　μ——泊松比，取 0.2。

拱趾侧向压力　　　$\Delta e=\left(\dfrac{d_n}{d_0}-1\right)e=0$

4. 拱和侧墙的固端力矩及推力——载常数（图 5-10-60）

取 1m 长硐室进行计算

1）拱：由 $\dfrac{f}{l}=\dfrac{1}{2}$，$\dfrac{d_n}{d_0}=1$，$\dfrac{d_0}{l_0}=\dfrac{1}{25}$，查表 5-10-20，

得　$K_{M1}=0.1060$，$K_{M3}=-0.1066$，

$K_{H1}=0.5587$，$K_{H3}=-0.5613$；

$M_{BC}^F=K_{M1}gr^2+K_{M2}\Delta gr^2+K_{M3}er^2+K_{M4}\Delta er^2$

$=0.1060\times125\times6.25^2+(-0.1066)\times$

$\quad 31.2\times6.25^2$

$=387.7\text{kN·m}=-M_{CB}^F$

$H_{BC}^F=K_{H1}gr+K_{H2}\Delta gr+K_{H3}er+K_{H4}\Delta er$

$=0.5587\times125\times6.25+(-0.5613)\times31.2\times6.25$

$=327.0\text{kN}=-H_{CB}^F$

2）侧墙：

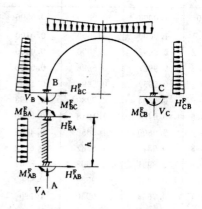

图 5-10-60　拱和侧墙的载常数

$M_{BA}^F=\dfrac{eh^2}{2}\cdot\phi_{11}=\dfrac{1}{2}\times31.2\times3.16^2\times0.1491=23.2\text{kN·m}=-M_{AB}^F$

$H_{BA}^F=-\dfrac{eh}{2}\cdot\phi_{12}=-\dfrac{1}{2}\times31.2\times3.16\times0.4589=-22.6\text{kN}=H_{AB}^F$

式中的 ϕ_{11} 和 ϕ_{12} 查表 5-10-22。

表中 β_x 为侧墙弹性指标，岩石的地基系数 κ 取 $0.6 \times 10^6 kN/m^3$。

则　$K = 1 \times 0.6 \times 10^6 = 0.6 \times 10^6 kN/m^2$

侧墙的断面惯性矩　$I_0 = \dfrac{1}{12} \times 1.0 \times 0.75^3 = 0.03516 m^4$

侧墙混凝土强度等级为 C20　$E_C = 2.55 \times 10^4 N/mm^2 = 2.55 \times 10^7 kN/m^2$

$$\beta = \sqrt[4]{\frac{\kappa}{4E_C I_0}} = \sqrt[4]{\frac{0.6 \times 10^6}{4 \times 2.55 \times 10^7 \times 0.03516}} = 0.6396 \quad 1/m$$

$$\beta_x = 0.6396 \times 3.16 = 2.021 < \pi \text{ 属有限长梁。}$$

5. 拱和侧墙的形常数

1）拱的形常数计算（图5−10−61）：

抗弯刚度：

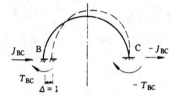

图 5−10−61　拱的形常数

$$E_C I_0 = 2.55 \times 10^7 \times \frac{1}{12} \times 1 \times 0.5^3$$
$$= 0.266 \times 10^6 kN \cdot m^2$$

抗挠劲度：拱 BC 的 C 端固定，B 端拱绕顺时针方向角变 $\theta_B = 1$，无位移，在 B 端施加的力矩，用 S_{BC} 表示。

$$S_{BC} = K_S \frac{E_C I_0}{r} = 2.3134 \times \frac{0.266}{6.25} \times 10^6$$
$$= 0.0985 \times 10^6 kN \cdot m$$

抗移劲度：拱 BC 的 C 端固定，B 端向右位移 $\Delta_B = 1$，无角变；B 端需施加的推力，用 J_{BC} 表示。

$$J_{BC} = K_J \frac{E_C I_0}{r^3} = 3.3520 \times \frac{0.266}{6.25^3} \times 10^6 = 0.00365 \times 10^6 kN/m$$

相干系数：拱 BC 的 C 端固定，B 端单位顺时针方向角变（无位移时），B 端所引起的水平推力；或者 B 端右移单位侧移时，在 B 端所引起的力矩。根据马氏互等原理，此二值相等。相干系数用 T_{BC} 表示。

$$T_{BC} = K_T \frac{E_C I_0}{r^2} = 2.1340 \times \frac{0.266}{6.25^2} \times 10^6$$
$$= 0.01453 \times 10^6 kN$$

传递系数：拱 BC 的 C 端固定，B 端单位顺时针方向角变位；C 端力矩与 B 端力矩的比值，用 C_{BC} 表示，$C_{BC} = -0.4496$。

K_S、K_J、K_T、C_{BC} 查表 5−10−21。

2）墙的形常数计算（图5−10−62）：

当二端固定时，α 系数查表 5−10−23。

抗挠劲度：

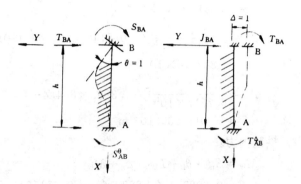

图 5−10−62　墙的形常数

$$S_{BA}=\alpha_1\frac{\kappa}{\beta^3}=0.5672\times\frac{0.6\times10^6}{0.6396^3}=1.3007\times10^6\text{kN}\cdot\text{m}$$

抗移劲度：

$$J_{BA}=\alpha_3\frac{\kappa}{\beta}=1.0736\times\frac{0.6\times10^6}{0.6396}=1.0071\times10^6\text{kN/m}$$

相干系数：

$$T_{BA}=-\alpha_2\frac{\kappa}{\beta^2}=-0.5649\times\frac{0.6\times10^6}{0.6396^2}=-0.8285\times10^6\text{kN}$$

6. 角变位移及拱端和侧墙的内力计算

用跨变刚构角度位移法原理求结点 B 角度位移及拱端和侧墙的内力。结点 B 的平衡力矩及推力，对杆端弯矩顺时针为正，推力向右为正。

1）拱趾变位：

$$\Sigma M_B^F=M_{BC}^F+M_{BA}^F=387.7+23.2=410.9\text{ kN}\cdot\text{m}$$

$$\Sigma H_B^F=H_{BC}^F+H_{AC}^F=327.0-22.6=304.4\text{ kN}$$

设角度 θ 以顺时针转动为正，位移 Δ 以向右为正，立解结点 B 的 θ 和 Δ 的平衡方程如下：

$$\theta_B\Sigma S_B+\Delta_B\Sigma T_B+\Sigma M_B^F=0$$

$$\theta_B\Sigma T_B+\Delta_B\Sigma J_B+\Sigma H_B^F=0$$

解出结果为：

$$\theta=\frac{\Sigma T_B}{D}\Sigma H_B^F-\frac{\Sigma J_B}{D}\Sigma M_B^F$$

$$\Delta_B=-\frac{\Sigma S_B}{D}\Sigma H_B^F+\frac{\Sigma T_B}{D}\Sigma M_B^F$$

式中 $D=\Sigma S_B\Sigma J_B-(\Sigma T_B)^2$

将数据代入上式，得

$$\Sigma S_B=(0.0985+1.3007)\times10^6=1.3992\times10^6\text{ kN}\cdot\text{m}$$

$$\Sigma T_B=(0.01453-0.8285)\times10^6=-0.8140\times10^6\text{ kN}$$

$$\Sigma J_B=(0.00365+1.0071)\times10^6=1.0108\times10^6\text{ kN/m}$$

$$D=[1.3992\times1.0108-(-0.8140)^2]\times10^{12}$$
$$=0.7517\times10^{12}\text{kN}^2$$

$$\theta_B=\frac{1}{0.7517\times10^{12}}(-0.8140\times304.4-1.0108\times410.9)\times10^6$$
$$=-882.16\times10^{-6}$$

$$\Delta_B=\frac{1}{0.7517\times10^{12}}[-1.3992\times304.4+(-0.8140)\times410.9]\times10^6$$
$$=-1011.56\times10^{-6}\text{m}$$

2）拱趾内力：

$$M_{BC}=S_{BC}\cdot\theta_B+T_{BC}\cdot\Delta_B+M_{BC}^F$$
$$=0.0985\times(-882.16)+0.01453\times(-1011.56)+387.7$$
$$=286.1\text{ kN}\cdot\text{m}$$

$$M_{BA}=S_{BA} \cdot \theta_B + T_{BA} \cdot \Delta_B + M_{BA}^F$$

$$=1.3007 \times (-882.16) + (-0.8285) \times (-1011.56) + 23.2$$

$$=-286.1 \text{ kN} \cdot \text{m}$$

$$H_{BC}=T_{BC} \cdot \theta_B + J_{BC} \cdot \Delta_B + H_{BC}^F$$

$$=0.01453 \times (-882.16) + 0.00365 \times (-1011.56) + 327.0$$

$$=310.5 \text{ kN}$$

$$H_{BA}=T_{BA} \cdot \theta_B + J_{BA} \cdot \Delta_B + H_{BC}^F$$

$$=(-0.8285) \times (-882.16) + 1.0071 \times (-1011.56) + (-22.6)$$

$$=-310.5 \text{kN}$$

$$M_{BC}=-M_{BA}, \quad H_{BA}=-H_{BC} \quad \text{B点平衡}$$

根据位移及角变方程:

$$M_{CB}=C_{BC} \cdot S_{BC} \cdot \theta_B - T_{BC} \cdot \Delta_B + M_{CB}^F$$

$$=(-0.4496) \times 0.0985 \times 10^6 \times (-882.16) \times 10^{-6}$$

$$-0.01453 \times 10^6 \times (-1011.56) \times 10^{-6} + (-387.7)$$

$$=-333.9 \text{ kN} \cdot \text{m}$$

$$H_{CB}=-J_{BC} \cdot \Delta_B - T_{BC} \cdot \theta_B + H_{CB}^F$$

$$=(-0.00365) \times 10^6 \times (-1011.56) \times 10^{-6} - 0.01453 \times 10^6$$

$$\times (-882.16) \times 10^{-6} + (-327.0)$$

$$=-310.5 \text{ kN}$$

取拱为脱离体 $\Sigma X=0$,平衡。

由 $\Sigma M_B=0$ $V_C \times 12.5 - \dfrac{1}{2} \times 125 \times 12.5^2 - 286.1 - (-333.9) = 0$

$$V_C = 777.4 \text{ kN}$$

由 $\Sigma Y=0$ $125 \times 12.5 - 777.4 = V_B$

$$V_B = 785.1 \text{kN}$$

3) 拱中内力 (图 5—10—63):

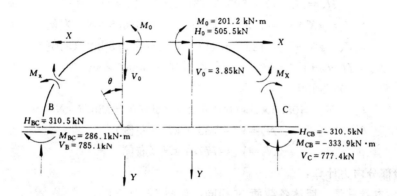

图 5—10—63 拱中内力

取右侧半拱脱离体，$\Sigma M_0 = 0$

$$-M_0 + V_C \times 6.25 + H_{CB} \times 6.25 - M_{CB} - \frac{1}{2} \times g \times 6.25^2 - \frac{1}{2} \times e \times 6.25^2 = 0$$

$$M_0 = 777.4 \times 6.25 + (-310.5) \times 6.25 - (-333.9) - \frac{1}{2} \times 125$$

$$\times 6.25^2 - \frac{1}{2} \times 31.2 \times 6.25^2$$

$$= 201.2 \text{ kN} \cdot \text{m}$$

弯矩方向与图一致。

$$\Sigma X = 0 \qquad H_0 = 310.5 + 31.2 \times 6.25 = 505.5 \text{ kN}$$

$$\Sigma Y = 0 \qquad V_0 = 125 \times 6.25 - 777.4 = 3.85 \text{ kN}$$

4）拱部各截面内力：

内力计算弯矩符号内缘受拉者为正，轴向力以截面受压为正。

几个主要截面上的弯矩 M_x 计算结果见表 5-10-25。

表 5-10-25　拱部内力 M_x 计算

θ	$X = r \cdot \sin\theta$ (m)	$Y = r(1 - \cos\theta)$ (m)	左　侧 $M_x = M_0 + H_0 \cdot Y - V_0 \cdot X - 0.5X^2 \times 125 - 0.5Y^2 \times 31.2$ (kN·m)	右　侧 $M_x = M_0 + H_0 \cdot Y - V_0 \cdot X - 0.5X^2 \cdot 125 - 0.5Y^2 \cdot 31.2$ (kN·m)
30°	3.125	0.837	−9.01	15.05
45°	4.419	1.831	−163.0	−129.0
60°	5.413	3.125	−223.6	−181.9
90°	6.25	6.25	285.7 ≈ 286.1	333.9 = 333.9

轴向力 N_x：　$\theta = 0°$ 时，　　　　　$N_x = H_0 = 505.5$ kN

$\theta = 60°$ 时，　　　　$X = 5.413$m，$Y = 3.125$m

$$H_x = H_0 - eY = 505.5 - 31.2 \times 3.125 = 408.0 \text{ kN}$$

$$V_x = gX + V_0 = 125 \times 5.413 + 3.85 = 680.5 \text{ kN （左侧）}$$

$$V_x = gX - V_0 = 125 \times 5.413 - 3.85 = 672.8 \text{ kN （右侧）}$$

左侧　　$N_x = H_x \cos\theta + V_x \sin\theta = 408.0 \times \cos 60° + 680.5 \times \sin 60°$

　　　　　$= 793.3$ kN

右侧　　　　$N_x = 408.0 \times \cos 60° + 672.8 \times \sin 60° = 786.7$ kN

$\theta = 90°$ 时，　　$N_x = V_B = 785.1$ kN （左侧）

　　　　　　　　$N_x = V_C = 777.4$ kN （右侧）

5）侧墙部分内力计算：

忽略墙体本身重量，墙体各截面 N 相同，如图 5-10-64。

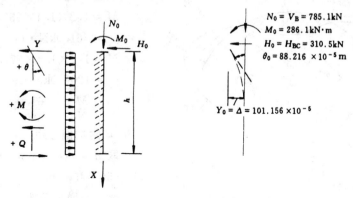

图 5-10-64 侧墙内力计算

由弹性地基梁初参数方程：

$$M_x = -Y_0 \frac{K}{2\beta^2}\varphi_3 + \theta_0 \frac{K}{4\beta^3}\varphi_4 + M_0\varphi_1 + H_0\frac{1}{2\beta}\varphi_2 - \frac{e}{2\beta^2}\varphi_3$$

$$= -101.156 \times 10^{-5} \times \frac{0.6 \times 10^6}{2 \times 0.6396^2} \times \varphi_3 + 88.216 \times 10^{-5} \times \frac{0.6 \times 10^6}{4 \times 0.6396^3} \times \varphi_4$$

$$+ 286.1 \times \varphi_1 + 310.5 \times \frac{1}{2 \times 0.6396} \times \varphi_2 - 31.2 \times \frac{1}{2 \times 0.6396^2} \times \varphi_3$$

式中的 Y_0、θ_0、M_0、H_0 为墙顶作用的初参数：变位、角变、弯矩、剪力；φ_1、φ_2、φ_3、φ_4 为弹性地基梁计算参数随 β_x 而变，查表 5-10-24。

图中所示方向均为正方向。

墙部内力 M_x 计算结果，见表 5-10-26。

表 5-10-26 墙部内力 M_x 计算

编号	X (m)	β_x	φ_1	φ_2	φ_3	φ_4	$M_x = 286.1\varphi_1 + 242.7\varphi_2 - 779.9\varphi_3 + 505.7\varphi_4$ (kN·m)
1	0.469	0.3	0.9987	0.5998	0.0900	0.0180	370.2
2	0.938	0.6	0.9784	1.1948	0.3596	0.1439	362.2
3	1.407	0.9	0.8931	1.7608	0.8042	0.4845	300.7
4	1.876	1.2	0.6561	2.2346	1.4070	1.1406	209.5
5	2.345	1.5	0.1664	2.4972	2.1240	2.1959	107.6
6	3.16	2.021	-1.6762	1.8350	3.3345	5.0724	-69.7

7. 截面强度校核和配筋计算

弯矩图见图 5-10-65。这里的内力值是按标准荷载求出的，用于计算配筋的内力设计值尚应乘以荷载分项系数 1.4 和附加系数 1.2。

1）拱：

拱的弯矩值有正有负，可按对称配筋计算。

配筋计算按《混凝土结构设计规范》(GBJ10—89)，钢筋采用Ⅱ级。

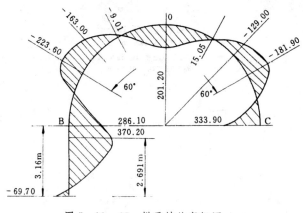

图5—10—65 拱及墙的弯矩图

拱趾C处：

$M = 1.2 \times 1.4 \times 333.9$
$= 561.0 \text{kN} \cdot \text{m}$

$N = 1.2 \times 1.4 \times 777.4$
$= 1306.0 \text{kN}$

$e_0 = \dfrac{M}{N} = \dfrac{561.0}{1306.0} = 0.430\text{m} >$

$0.3h_0$，附加偏心距 $e_a = 0$

取 $a = a' = 50\text{mm}$，$h_0 = h - a = 500 - 50 = 450\text{mm}$

偏心距增大系数 $\eta = 1$，

$e = \eta(e_0 + e_a) + \dfrac{h}{2} - a' = 430 + \dfrac{1}{2} \times 500 - 50 = 630 \text{ mm}$

结构的重要性系数 $\gamma_0 = 1.0$

$\xi = \dfrac{\gamma_0 N}{f_{cm}bh_0} = \dfrac{1306 \times 10^3}{11 \times 1000 \times 450} = 0.264 < \xi_b$（Ⅱ级钢筋 $\xi_b = 0.544$）

$X = \xi h_0 = 0.264 \times 450 = 119\text{mm} > 2a' = 100\text{mm}$

$A_s = A_s' = \dfrac{\gamma_0 Ne - f_{cm}bh_0^2\xi(1 - 0.5\xi)}{f_y'(h_0 - a')}$

$= \dfrac{1306 \times 10^3 \times 630 - 11 \times 1000 \times 450^2 \times 0.264(1 - 0.5 \times 0.264)}{310 \times (450 - 50)} = 2519 \text{ mm}^2$

选用 Φ 25 @ 200mm，$A_s = 2454 \text{ mm}^2$。

用拱中其他断面内力校核此配筋的计算从略。

2）墙：

也按对称配筋计算。

$M = 1.2 \times 1.4 \times 370.2 = 621.9 \text{ kN} \cdot \text{m}$

$N = 1.2 \times 1.4 \times 785.1 = 1319.0 \text{ kN}$

$e_0 = \dfrac{M}{N} = \dfrac{621.9}{1319.0} = 0.471\text{m} > 0.3h_0$

$e = 471 + \dfrac{1}{2} \times 750 - 50 = 796 \text{ mm}$

$h_0 = 750 - 50 = 700\text{mm}$

$\xi = \dfrac{\gamma_0 N}{f_{cm}bh_0} = \dfrac{1319.0 \times 10^3}{11 \times 1000 \times 700} = 0.171 < \xi_b$

$X = \xi h_0 = 0.171 \times 700 = 120\text{mm} > 2a'$

$A_s = A_s' = \dfrac{\gamma_0 Ne - f_{cm}bh_0^2\xi(1 - 0.5\xi)}{f_y'(h_0 - a')}$

$= \dfrac{1319.0 \times 10^3 \times 796 - 11 \times 1000 \times 700^2 \times 0.171(1 - 0.5 \times 0.171)}{310 \times (700 - 50)}$

$= 1027\text{mm}^2$

选用 Φ 20 @ 250mm，$A_s = 1256 \text{ mm}^2$

配筋见图 5－10－66。

受力钢筋通常每米不少于 3 根，对大跨度硐室受力钢筋直径应不小于 14～18mm。

由于地压的方向和大小往往与假设并不完全一致，结构的柔性越大，沿结构轴线弯矩图的变化也越大。因此，除了能完全确定弯矩方向的位置外，一般应尽量考虑对称配筋，以增加结构的安全储备，对于拱中位置，施工质量不易保证，尤应注意。

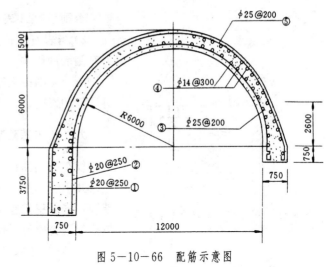

图 5－10－66　配筋示意图

8. 对称结构及侧墙为弹性约束时的计算

1）当结构对称、荷载对称时，前述计算过程仅需将拱的形常数，S　T　J 作相应调整，查表 5－10－20 或按下式计算：

$$S'_{BC}=S_{BC}\ (1-C_{BC})$$
$$J'_{BC}=2J_{BC}$$
$$T'_{BC}=2T_{BC}$$

这里，S'_{BC} 为拱两端有对称角变 $\theta_B=1$，$\theta_C=-1$ 时，在 B 端需加的力矩。J'_{BC} 为拱 B 端向右位移 $\Delta_B=1$，C 端向左位移 $\Delta_C=1$ 时，在 B 端施加的推力。T'_{BC} 则为拱两端有对称单位角变时 B 端所引起的推力，或两端有对称单位位移时 B 端所引起的弯矩。此时左半拱墙的内力与右半拱墙的内力完全相同。

2）在墙基不是嵌入岩体而是弹性约束时，应在调整侧墙的形常数之后，方可按前述步骤计算：

$$S'_{BA}=\frac{K}{\beta^3}\left(\alpha_1-\frac{\alpha_4^2}{A}\right)$$

$$J'_{BA}=\frac{K}{\beta}\left(\alpha_3-\frac{\alpha_5^2}{A}\right)$$

$$T'_{BA}=-\frac{K}{\beta^2}\left(\alpha_2-\frac{\alpha_4\alpha_5}{A}\right)$$

式中的 $A=1.25J_b\beta^3+\alpha_1$

且墙顶弯矩和侧力调整为：

$$M^{F'}_{BA}=\left(1+\frac{\alpha_4}{A}\right)M^F_{BA}\quad(\text{仅适用于均布载荷})$$

$$H^{F'}_{BA}=H^F_{BA}+\frac{\alpha_5\beta}{A}M^F_{BA}$$

J_b 为墙基断面的惯矩，且 $\dfrac{K_{\text{墙侧}}}{K_{\text{墙基}}}=\dfrac{1}{1.25}$；

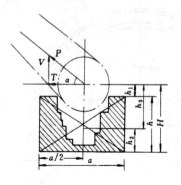

图 5-10-67　绞车基础计算示意图

否则系数 A 表达式中的 1.25 应作相应调整。

3）当岩石比较坚硬的情况下，可以忽略侧向岩石压力对侧墙的影响。

$\beta x \geqslant \pi$ 则按无限长梁计算，不再计入墙基约束状态对计算的影响。

九、绞车基础验算

绞车基础须根据设备安装的基础尺寸确定。

井下绞车基础在岩层中开挖，四周与围岩相接，基础嵌入岩层稳定程度远比地面条件优越。基础验算内容包括耐压力验算、倾覆稳定验算、滑动验算。

（一）验算依据

绞车基础计算示意如图 5-10-67。

1）绞车型号及绞车基础图；

2）设备总重 ΣW_i；

3）基础总重 ΣQ_i；

4）绞车主轴至基础面高度 h_1；

5）全基础重心至基础底的距离 h_2；

6）绞车主轴至基础重心的距离 h_3；

7）钢丝绳破断力 P，夹角 α，水平分力 T，垂直分力 V；

8）地基耐压力 R。

（二）校核验算

可不做动力验算。

1. 耐压力验算

最大压应力

$$\sigma_{\max} = \frac{N}{A} + \frac{M}{W}$$

式中　N——设备和基础总重，$N = \Sigma W_i + \Sigma Q_i$；

　　　A——基础底面积，$A = a \times b$；

　　　M——水平弯矩，$M = T \times (h + h_1)$；

　　　W——截面模量，$W = \dfrac{ab^2}{6}$。

地基的计算强度 $R_{地}$

$$R_{地} = \alpha R$$

式中　α——动力影响的地基折减系数（$\alpha = 1$）；

　　　R——地基耐压力；

　　　$R_{地} > \sigma_{\max}$ 符合要求。

最小压应力 $= \dfrac{N}{A} - \dfrac{M}{W}$，一般宜大于零。

表5-10-27　暗井绞车硐室实例

矿井名称	井筒类型	井筒坡度	绞车型号	上车场形式	绳道坡度	断面形状	支护方式	墙(mm)	拱(mm)	长(m)	宽(m)	掘进总体积(m³)	绞车轴中线至前墙(m)	提升中线至侧墙左侧端(m)	起重设施型号	梁底面至地板面距(m)	图号	设计日期	备注
四川中梁山北井延深	立井	90°	$2JK3×1.5-20$	箕斗卸载	50°	半圆拱	混凝土砌碹	350	350	13.0	11.5	1390.5	3.5	4.0	I40	4.4	图5-10-43	1975年12月	茅口灰岩
平顶山一矿	斜井	20°	$XKT_2×3×1.5B$	平车场	0°	半圆落地拱	锚喷加金属网	50 200	50 200	14.0	12.0	1302.6	4.0	4.3	I45	5.0	图5-10-44	1976年10月	硐室下部2m为炭质页岩上部为砂岩
山西古交西曲矿	斜井	20°	$XKT_2×2.5×1.2$	平车场	0°	半圆拱	混凝土砌碹	550	300	22.0	7.5	1155.0	3.2	3.7	I40	4.7	图5-10-45	1979年9月	砂岩
河南宜洛沈村矿	立井	90°	$2БM\frac{2500}{1220}$	罐笼矿车进出	38°	半圆拱	钢筋混凝土	800	500	11.0	8.5	900.0	3.185	3.280	I24a	4.0	图5-10-46	1959年4月	围岩普氏系数 f=4~6
抚顺老虎台矿	斜井	30°	$XKT_2×3×1.5B$	电车场	40°	三心圆拱	混凝土砌碹	400	400	6.5	13.5	1233.8	4.0	3.25	I40	4.0	图5-10-47	1976年5月	安山岩
开滦唐山矿南翼十一水平	立井	90°	$2JK3.5×1.7-11.5$	罐笼矿车进出	39°13′	半圆落地拱	锚喷加金属网	50 200	50 200	17.5	13.5	—	5.0	4.53	I40	5.0	图5-10-48	1979年3月	围岩普氏系数 f=8
贵州六枝矿	斜井	28°	$2JK2.5×1.2$	平车场	22°5′44″	半圆拱	混凝土砌碹	500	500	17.05	8.0	—	3.6	3.785	I40	4.5	图5-10-49	1972年5月	茅口灰岩
湖南金竹山土碌矿	斜井	25°	$2JK2.5×1.2$	平车场	36°	半圆落地拱	钢筋混凝土	400	400	9.5	11.5	899.3	3.6	3.4	I24a	3.8	图5-10-50	1967年1月	石凳子灰岩
本溪彩屯矿	斜井	8°27′	$XKT_1×2.5×2-20$	甩车场	13°57′	三心圆拱	钢筋混凝土	400	400	12.0	8.75	—	4.2	3.21	—	4.2		1979年9月	围岩普氏系数 f=4~6
淮南新庄孜矿	立井	90°	$XKT_2×3.5×1.7B-11.5$	罐笼矿车进出	50°29′20″41″	半圆拱	料石墙混凝土拱	—	—	16.5	9.7	—	4.9	4.08	起重机	6.5		1980年4月	

2. 倾复稳定验算

$$K_{倾} = \frac{\Sigma M_i}{\Sigma M_p} > [K_{倾}]$$

式中 $\Sigma W_i = \Sigma W_i \dfrac{a}{2} + \Sigma Q_i \dfrac{a}{2}$ —— 稳定力矩

$\Sigma M_p = TH + V \dfrac{a}{2}$ —— 倾覆力矩

$[K_{倾}]$ —— 倾覆允许稳定安全系数，一般取 1.5。

3. 滑动验算

防止滑动的力，主要是基础底面与地基间的摩擦力。

$$\Sigma P_f = f_x (N - V)$$

滑动力 $\qquad\qquad \Sigma P_t = T$

滑动稳定可由滑动稳定系数 K_n 表示。

$$K_n = \frac{\Sigma P_f}{\Sigma P_t} = \frac{f_x (N - V)}{T} > [K_{滑}]$$

式中 $[K_{滑}]$ —— 滑动允许稳定安全系数，一般取 $1.3 \sim 1.5$；

f_x —— 摩擦系数；

V —— 钢丝绳破断力之垂直分力。

十、实 例

暗井绞车硐室实例见表 5—10—27。

第六节 井下调度室

一、一般规定及要求

1）井下调度室是井下运输的总调度站。井下大巷采用矿车运输的大型矿井或工作机车数在 5 台以上的矿井，一般应设井下调度室。

2）当井底车场运输信号须设置"光电显示"或"光点显示"的电气集中联锁装置时，其电气集中联锁装置应设在调度室内。

3）调度室应设在井底车场咽喉通路附近或平硐中运输车辆频繁的地方，并应避开岩性松软破碎地段。

4）调度室采用扩散通风，其长度不应大于 6000mm，否则应设回风巷道。当信号监控设备室与调度室分开设置时，隔墙应设 ϕ400mm 通风孔并预埋电缆管。

5）硐室长度超过 6000mm 时，必须在硐室的两端各设一个出口。

6）调度室进出口应设向内开启的单扇带窗木门、顶侧部留设直径 ϕ300mm 通风孔；当信号监控设备室与调度室分开设置时，隔墙应设向内开启的单扇带窗木门、顶侧部留设直径 ϕ400mm 通风孔并预埋电缆管。

7）调度室内应考虑防潮措施，硐室内应用混凝土铺底，厚度不小于 100mm，硐室地面应比大巷底板高 200mm，并向大巷有 3‰的下坡。

8）调度室一般采用半圆拱，采用粗料石或混凝土砌碹。当围岩坚固稳定时，也可采用锚喷支护。

二、硐室的布置形式

见表 5—10—28。

表 5—10—28 井下调度室布置形式

形 式	图 示	图 注	工 程 特 征	适 用 范 围
非隔开式	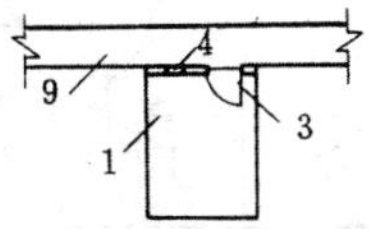	1—调度室； 2—信号设备室；	室内装备电讯设备较少，仅将硐室布置成一个开间	适用于年产能力 60 万 t 以下的中小型矿井，且不采用信集闭系统的矿井
隔开式	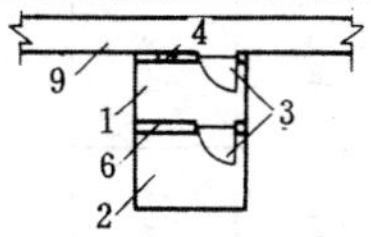	3—带窗木门； 4—通风孔； 5—栅栏门；	室内装备电讯设备较多，需将硐室布置成两个开间	适用于年产能力 90 万 t 以上的大型矿井和采用信集闭系统的矿井
加宽式	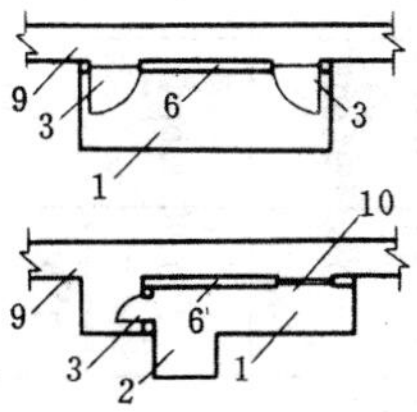	6—隔墙； 7—急救站； 8—通道； 9—车场巷道； 10—玻璃窗	将车场巷道加宽用隔墙隔开布置硐室	适用于硐室所处位置岩层稳定条件较好的矿井
联合布置	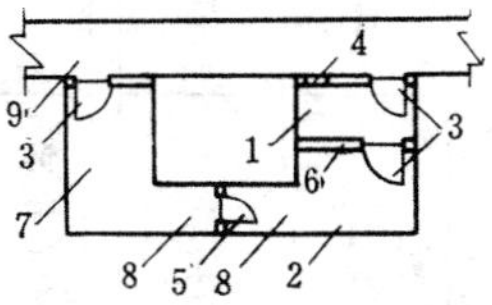		调度室和急救站联合布置	各类矿井均可采用

硐室布置形式应根据井型、设备布置和围岩条件确定。可采用非隔开式、隔开式或加宽式，也可根据井底车场巷道布置及围岩条件，与等候室、保健站联合布置。

三、硐室尺寸的确定

调度室尺寸应根据调度设备的布置确定。

调度室（不包括信号设备室）净尺寸长×宽一般为 3000mm×3000mm 或 2500mm×3000mm，净高不小于 3000mm。

隔开式调度室净尺寸长一般为 6000mm，宽一般为 3000～4000mm，净高不小于 3000mm。

四、实 例

（一）井下调度室主要技术特征

见表 5—10—29。

（二）兴隆庄矿井井下调度室

见图 5—10—68。

（三）甘豪矿井井下调度室

表 5—10—29　井 下 调 度 室 主 要 技 术 特 征

矿井名称	生产能力（万 t/a）	硐室布置形式	断面 形状	断面 净（m²）	断面 掘进（m²）	支护材料	支护厚度 拱（mm）	支护厚度 墙（mm）	净宽度（mm）	净高度（mm）	净长度（mm）	掘进工程量（m³）	主要材料消耗 料石（m³）	主要材料消耗 混凝土（m³）	主要材料消耗 锚杆（根）	主要材料消耗 隔墙（m³）
义马甘豪矿	60	非隔开式	半圆拱	6.5	8.1	锚喷	100	100	3000	2500	4.0	33.2		4.83	40.0	
*平顶山七矿	90	非隔开式	三心拱	10.8	14.4	混凝土拱料石墙	250	350	4000	2950	7.0	103.7	9.94	14.78		
*平顶山八矿	300	非隔开式	三心拱	10.8	14.4	混凝土拱料石墙	250	350	4000	2950	7.0	103.7	9.94	14.78		
淮北海孜矿井	150	隔开式	半圆拱	11.4	15.7	料石拱墙	350	350	4000	3300	6.0	94.2	27.86	7.26		2.77
兖州兴隆庄矿井	300	隔开式	半圆拱	10.4	12.0	锚喷	150	150	4000	3047	6.0	74.9		11.54		84.0
兖州鲍店矿井	300	加宽式	半圆拱	9.1	13.0	混凝土	300	300	3200	3200	10.0	137.8		46.30		
东胜乌兰伦矿	30	隔开式	半圆拱	8.3	11.5	料石拱墙	350	350	3500	2750	5.3	63.2	18.66	2.01		3.03
*长治南寨煤矿	90	非隔开式	半圆拱	10.4	13.3	混凝土	300	300	4000	3065	4.0	57.9		17.22		2.69
沈阳大桥竖井	75	隔开式	半圆拱	10.3	13.4	料石拱墙	300	300	4000	3000	6.2	85.0	20.87	2.21		4.09
淮南潘集三号井	300	加宽式	半圆拱带反拱	16.0	32.5	锚喷加料石拱墙	150 400	150 400	5550	6650	20.1	622.8	139.11	83.39		16.8

注：表内数字均取自施工图设计。
*表示该矿井调度室设有回风道。

见图 5—10—69

（四）淮南潘集三号井井下调度室

见图 5—10—70。

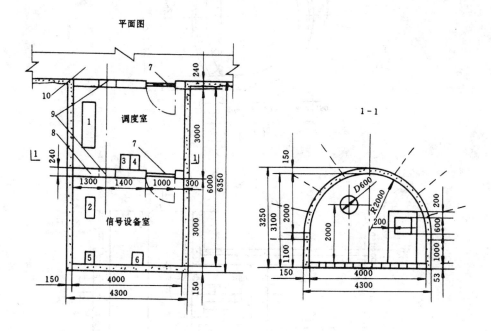

图 5—10—68　兴隆庄矿井井下调度室

1—模拟操纵台；2—主机柜；3—调度总机；4—载波电话总机；5—防爆手动开关；

6—变压器；7—带窗木门；8—砖隔墙；9—通风孔（$D600$mm）；10—车场巷道

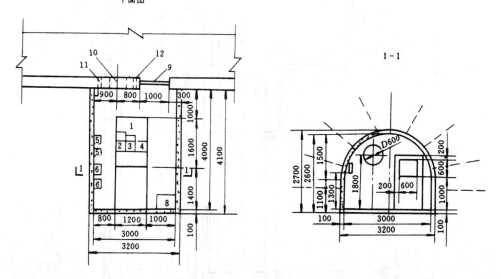

图 5—10—69　甘豪矿井井下调度室

1—办公桌；2—调度总机；3—通话装置；4—载波电话；5—电缆引入盒；6—电缆分线盒；7—引入配电盘；

8—药品箱；9—带窗木门；10—通风孔（$D600$mm）；11—预留电缆孔；12—照明电缆孔

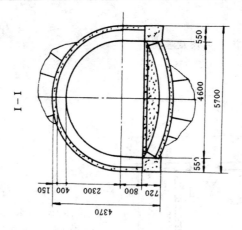

I—I

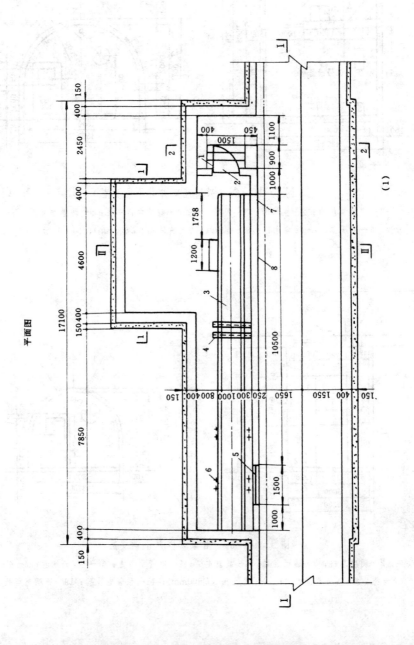

平面图

(1)

I—I

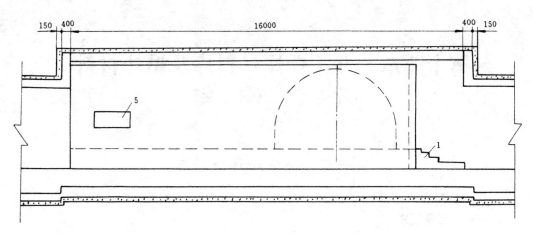

II—II

2-2

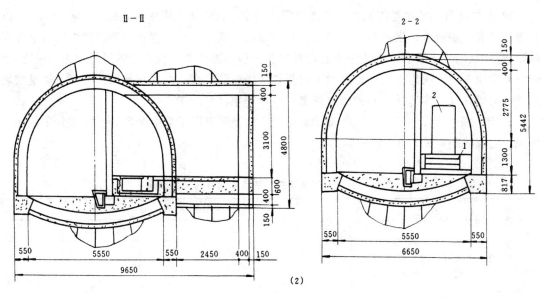

(2)

图 5—10—70　潘集三号井井下调度室

1—行人台阶；2—栅栏门；3—电缆沟；4—槽钢（[8，2 根）；5—通风窗；6—预埋地脚螺栓；

7—泄水孔；8—砖隔墙

第十一章　井下爆炸材料库及爆炸材料
发　放　硐　室

第一节　井下爆炸材料库

一、一般规定及要求

1）爆炸材料库的位置应根据独立通风需要确定。当矿井采用中央并列式通风方式时，可布置在井底车场附近；当矿井采用中央分列式通风方式时，可布置在初期投产采区的下部车场附近，可利用采区岩石上山或用不燃性材料支护和不燃性背板背严的煤层上山作回风道。爆炸材料库应布置在围岩稳定的岩层内，避开含水层和破碎带。并力求通风距离短，尽量缩短罐笼井向爆炸材料库运送炸药的线路长度，尽量简化机车调车方式。

2）库房距井筒、井底车场、主要运输巷道、主要硐室以及影响全矿井或大部分采区通风的风门的直线距离见表5—11—1。

表5—11—1　库房距主要井巷及硐室的安全距离

库房距井巷、硐室及设施名称	法线距离（m）	
	硐　室　式	壁　槽　式
井筒、井底车场、主要运输巷道、主要硐室以及影响全矿井或大部分采区通风的风门	≥100	≥60
行人巷道	≥35	≥20
库房距地面或上下巷道	≥30	≥15

3）井下爆炸材料库应采用硐室式或壁槽式。同一种类爆炸材料库应采用同一种形式即硐室式或壁槽式，不得在同一爆炸材料库内即设硐室式库房又设壁槽式库房。壁槽式库房的壁槽宜设在库房的一侧，壁槽设在库房两侧时，两侧壁槽应相互错开。井下爆炸材料库的炸药和电雷管必须分别贮存，并不得插花贮存。

4）库房和外部巷道之间，应用三条互成直角的连通巷道相连。连通巷道的相交处必须延长2m，断面积不得小于4m²，在尽头巷道内，还必须设置缓冲砂箱隔墙，尽头巷道不得兼作辅助硐室使用。库房两端的通道与库房连接处必须设置齿型阻波墙。

5）每个爆炸材料库必须有两个出口：一个出口作为发放爆炸材料及行人，出口的一端必须装有一道自动关闭的抗冲击波活门，门内设栅栏门；另一出口布置在爆炸材料库回风侧，可铺设轨道运送爆炸材料，这个出口与库房连接处，必须装有一道自动关闭的抗冲击波密闭门，另一端安设栅栏门。

6）井下爆炸材料库必须有单独的新鲜风流，回风风流必须直接引入矿井的总回风道或主要回风道。并必须保证爆炸材料库每小时能有其总容积 4 倍的风量。空气温度不得超过 30°。爆炸材料库通向回风道的出口应设置调节风门。

7）有煤尘爆炸危险的矿井，在爆炸材料库的通道内应设置岩粉棚，岩粉应定期更换。当设有隔爆水棚或有其他隔绝煤尘爆炸措施并位于潮湿巷道中时，可不设岩粉棚。

8）井下爆炸材料库的库房地面应高于连接巷道地面 0.2m 以上，库房巷道地面和库房通道一侧的水沟应有向外大于 7‰ 的下坡。

9）井下爆炸材料库必须砌碹或用非金属的不燃性材料支护，爆炸材料库内不得有渗漏现象，并应采取防潮措施。爆炸材料库出口两侧的巷道，也必须砌碹或用其他的不燃性材料支护，其长度都不得小于 5m。库房必须备有足够数量的消防器材。

10）井下爆炸材料库库房的断面尺寸，应符合炸药和电雷管的堆放要求。库房地面应铺混凝土，并铺设木地板。

11）井下爆炸材料库出口所设置的抗冲击波活门和抗冲击波密闭门的门框基础，包括预留排水管、电缆孔及拱端部预留通风孔应连续砌筑，混凝土强度等级不低于 C25。

12）井下爆炸材料库的最大贮藏量，不得超过矿井 3d 的炸药需要量和 10d 的电雷管需要量。每个硐室贮存的炸药量不得超过 2t，电雷管不得超过 10d 的需要量；每个壁槽贮存炸药量不得超过 400kg，电雷管不得超过 2d 的需要量。库房的发放爆炸材料硐室允许存放当班待发的炸药，但其最大存放量不得超过 3 箱。

13）井下爆炸材料库必须采用矿用防爆型（矿用增安型除外）的照明设备，照明线必须使用阻延燃电缆，电压不得超过 127V。

不设固定式照明设备的爆炸材料库，可使用带绝缘套的矿灯。

二、设计依据

1）井下爆炸材料库所在的井底车场或采区下部车场平面图、坡度图。

2）井下爆炸材料库相关巷道关系图。

3）井下爆炸材料库围岩资料。

4）矿井机械化程度，日炸药消耗量和雷管消耗量，可参照本矿区或开采技术条件相近的生产矿井的指标确定。

三、井下爆炸材料库布置形式和殉爆安全距离

（一）形　式

1. 壁槽式

壁槽式爆炸材料库的壁槽布置在库房通道的同侧或对侧。图 5—11—1、图 5—11—2 为沈阳红阳三井 1920kg 壁槽式爆炸材料库及岩粉棚的布置。

2. 硐室式

炸药和雷管分别存放在库房巷道内或在库房巷道一侧专用硐室内。

炸药和雷管硐室的尺寸，应按规定的贮存量，以炸药和雷管包装箱的最大外形尺寸设计，并符合炸药和雷管的堆放要求。图 5—11—3 为开滦范各庄矿二水平硐室式爆炸材料库，自发

平面图

(1)

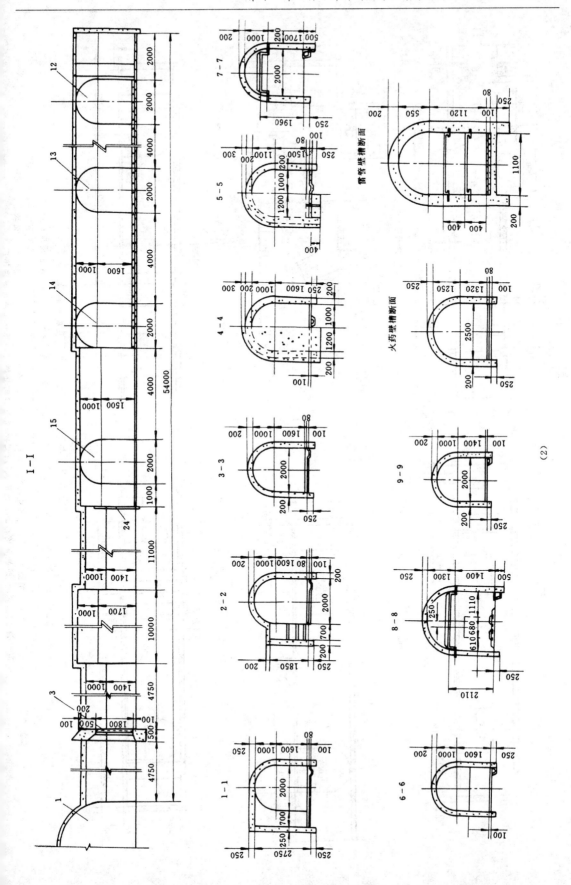

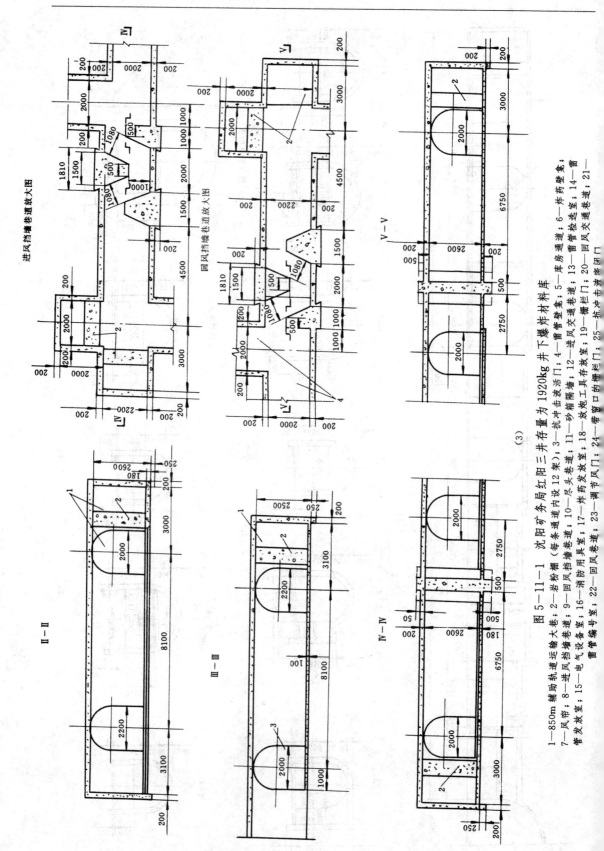

图 5—11—1　沈阳矿务务局红阳三井存量为 1920kg 井下爆炸材料库

1—850m 辅助轨道运输大巷；2—岩粉棚（每条通道内设 12 架）；3—抗冲击波活门；4—喇叭喇叭室；5—库房通道；6—炸药警室；7—风帘；8—进风挡墙巷道；9—回风挡墙巷道；10—尽头巷道；11—砂精隔墙；12—进风交通巷道；13—喇叭检选室；14—喇叭喇叭发放室；15—电气设备室；16—消防用具室；17—炸药发放室；18—放炮工具存放室；19—栅栏门；20—回风交通巷道；21—喇叭喇叭编号室；22—回风巷道；23—调节风门；24—带喇叭口的栅栏门；25—抗冲击波密闭门

（3）

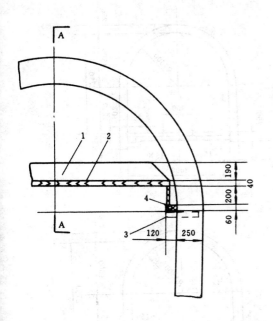
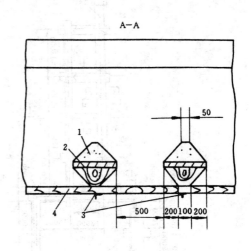

图 5—11—2　沈阳矿务局红阳三井井下爆炸材料库岩粉棚布置

（局部放大）

1—岩粉；2—岩粉木托板；3—角钢（∟60×60×6mm）；4—方木

放硐室起往里的硐室通道应铺木地板,进药通道的轨道只应铺至第一直角弯雷管加工室处,应加大库房距主要运输巷的法线距离,使其符合不小于 100m 的要求。图 5—11—4 为河南朝川矿三里寨一号井硐室式爆炸材料库（由于设计较早,未在通道中设抗冲击波活门和抗冲击波密闭门）。

（二）爆炸材料库殉爆安全距离

井下爆炸材料库硐室之间或壁槽之间的安全距离,按殉爆安全距离的经验公式计算:

$$R = k_1 \sqrt{Q} \qquad (5—11—1)$$

$$R = k_2 \sqrt{N} \qquad (5—11—2)$$

$$R = k_3 \sqrt{N} \qquad (5—11—3)$$

式中　R——殉爆安全距离,m;

Q——硐室或壁槽允许的最大贮存炸药量,kg;

N——硐室或壁槽内允许贮存的电雷管数量,个;

k_1——贮存炸药的硐室之间或壁槽之间的殉爆安全距离计算系数,硝铵类炸药一般取0.25;

k_2——贮存电雷管的硐室之间或壁槽之间的殉爆安全距离计算系数,一般取 0.06;

k_3——贮存电雷管与炸药的硐室之间或壁槽之间的殉爆安全距离计算系数,一般取0.1。

贮存煤矿许用导爆索硐室之间或壁槽之间的安全距离与贮存雷管硐室之间或壁槽之间的

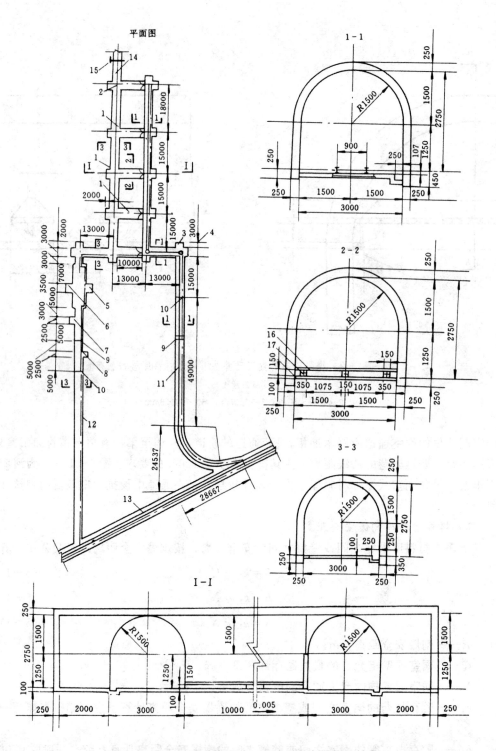

图 5—11—3 开滦范各庄矿二水平硐室式爆炸材料库

1—炸药存放硐室；2—雷管存放硐室；3—雷管检查室；4—雷管加工室；5—放炮工具室；6—炸药发放室；

7—消防器材室；8—电气设备室；9—防火门；10—栅栏门；11—进药通道；12—发放通道；

13—运输巷；14—回风巷；15—调节风门；16—木地板；17—方木（150mm×150mm）

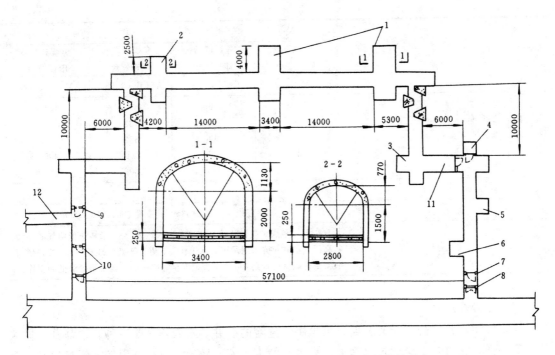

图5—11—4 河南朝川矿三里寨一号井硐室式爆炸材料库

1—炸药贮存硐室；2—雷管贮存硐室；3—雷管检选室；4—放炮工具室；5—消防用具室；6—电气设备室；
7—防火门；8—栅栏门；9—防火栅栏两用门；10—风门；11—火药发放处；12—回风巷

安全距离计算方法相同。长1m的煤矿许用导爆索按相当于10个电雷管计算。

四、库容量及库房布置

1．炸药、雷管的种类、性能及包装规格

1）炸药：我国目前矿用炸药有硝铵、水胶、乳化炸药及为适应小断面岩石巷道掘进的全断面爆破用的小药卷。

（1）硝铵炸药：

煤矿硝铵炸药是供有沼气、煤尘爆炸危险的矿井中使用的炸药。该炸药主要由硝酸铵、梯恩梯、木粉、沥青、石蜡组成。其组成、性能和使用范围见表5—11—2。

表5—11—2 煤矿用硝铵炸药的组成、性能和使用范围

项　　目		炸 药 名 称			
		2号煤矿硝铵炸药	3号煤矿硝铵炸药	2号煤矿抗水硝铵炸药	3号煤矿抗水硝铵炸药
		AM I —2	AM II —3	AM I —2（K）	AM II —3（K）
性　能	水分（%），不小于	0.3	0.3	0.3	0.3
	密度（g/cm³）	0.95~1.10	0.95~1.10	0.95~1.10	0.95~1.10
	猛度（mm），不小于	10	10	10	10
	爆力（mL），不小于	250	240	250	240
	殉爆（cm）浸水前不小于	5	4	4	4
	浸水（深1m，1h）后，不小于			3	2
	爆速（m/s）	3600	3262	3600	3397

续表

项 目		炸 药 名 称			
		2号煤矿硝铵炸药	3号煤矿硝铵炸药	2号煤矿抗水硝铵炸药	3号煤矿抗水硝铵炸药
		AM I −2	AM II −3	AM I −2（K）	AM II −3（K）
爆炸参数计算值	氧平衡（%）	1.28	1.86	1.48	1.12
	比容（L/kg）	782	735	783	734
	爆热×10⁴J	332	306	332	314
	爆温（℃）	2230	2056	2244	2098
	爆压（kgf/cm）	33061	27145	33061	29438
保证期（月）		4			
规 格		药卷直径 32、35、38mm，质量 100、150、200g			
使用范围		2号、3号煤矿硝铵炸药及相应的抗水炸药，分别适应于低沼气矿井和高沼气矿井；抗水型用于有水工作面。沼气等级高的工作面，禁止使用安全等级低的炸药，但也不宜把安全等级高的炸药用于等级低的工作面			

（2）水胶炸药：

煤矿许用水胶炸药用于有瓦斯、煤尘爆炸危险的矿井。水胶炸药是一种含水炸药。同浆状炸药一样，它也是以氧化剂（硝酸铵为主）的水溶液、敏感剂（硝酸甲铵、铝粉等）和凝胶剂等基本成分组成的混合炸药。其性能、规格和使用范围见表5−11−3。

表5−11−3 煤矿许用水胶炸药性能、规格和使用范围

项 目		炸 药 品 种 （型号）						
		T330 炸药	T320 炸药	T300 炸药	T310 炸药	PT473 炸药	PT505 炸药	PT910 炸药
		SM II −1	SM II −2	SM II −3	SM II −4	SM III −1	SM III −2	SM III −3
性能	密度（g/cm³）	1.25	1.13	1.02	0.87	1.02	1.02	1.02
	爆速（m/s）	4200	4138	4018	3556	3453	3384	2792
	爆炸能（J/g）	3379	3174	2943	2914	2286	2010	1842
	有毒气体含量（L/kg）	69.97	22.36	29.33	33.10	53.34	49.98	
	抗水性	在水中浸泡24h，不影响爆炸性能						
	起爆性	一发标准6号雷管可以起爆。炮眼装药长度不受管道效应影响						
	耐寒性	5℃以上可正常起爆。冻结后再升高到5℃以上仍可正常起爆，不影响爆炸性能和沼气安全性						
保证期（月）		12						
规 格		药卷直径分为 25、32、35、45mm，长度可在 200mm 以上						
使用范围		高沼气、煤尘矿井的硬岩爆破工程	高沼气矿井的硬煤夹岩爆破工程	高沼气矿井的硬煤爆破工程	高沼气矿井的软煤爆破工程	沼气、煤尘、突出矿井的软煤爆破工程	沼气、煤尘、突出矿井的软煤爆破工程	沼气、煤尘、突出矿井的软煤爆破工程

（3）乳化炸药：

乳化炸药是七十年代发展起来的一种新型抗水工业炸药。煤矿许用乳化炸药用于有瓦斯、

煤尘爆炸危险矿井。乳化炸药是通过乳化剂的作用，使氧化剂水溶液的微细液滴，均匀地悬浮在含有分散气泡或玻璃、塑料等空心微球的可燃剂油类中，形成一种油包水型的乳化体系。氧化剂水溶液主要为硝酸铵、硝酸钠、高氯酸钠等的水溶液；可燃剂组分为柴油和石蜡等。加入少量化学发泡剂或添加一定数量的空心微球的目的，是为了调节炸药的密度和提高炸药起爆感度。乳化剂的作用是使互不相溶的油水两类物资，在大量无机盐存在的条件下，形成一种贮存稳定的体系。其性能和使用范围见表5—11—4。

表5—11—4　煤矿用乳化炸药性能和使用范围

项　目		岩石乳化炸药	煤矿许用乳化炸药
性能	密度（g/cm³） 殉爆（cm） 爆速（m/s） 起爆性能 抗水性能	名义值±0.05 ≥3 ≥3100 −20℃以上雷管能直接起爆 	名义值±0.05 ≥2 ≥2500 −20℃雷管能直接起爆 在压力98kPa水中浸泡2h完全爆轰
保证期（月）		6	4
使用范围		无沼气或煤尘爆炸危险的矿井	有沼气或煤尘爆炸危险矿井

（4）小药卷炸药：

小药卷炸药系指装药直径为25mm、27mm的岩石炸药和煤矿许用炸药，适用于煤矿井下小断面中硬以下岩石巷道掘进的全断面爆破工程。其性能和使用范围见表5—11—5。

表5—11—5　小药卷炸药性能和使用范围

项　目		岩石炸药	煤矿许用炸药
性能	密度（g/cm³） 殉爆（cm） 爆速（m/s） 猛度（mm） 作功能力（mL） 熄爆直径（mm） 抗间隙效应 抗水性	名义值±0.005 ≥2 ≥3100 ≥12 ≥280 ≤18 在内径32mm钢管中的爆轰长度不小于2m 在98kPa水压下浸泡2h后能完全爆轰	名义值±0.005 ≥1 ≥2500 ≥10 ≥220 ≤18 在内径32mm钢管中的爆轰长度不小于2m 在98kPa水压下浸泡2h后能完全爆轰
药卷直径（mm）		25±1、27±1	
保证期（月）		6	4
有毒气体		符合MT60第1.2条规定	符合MT60第1.2条规定
沼气安全性			符合MT61第2.2条规定
适应范围		小断面、中硬以下岩石巷道掘进的全断面爆破工程	小断面、中硬以下岩石巷道掘进的全断面爆破工程

2）雷管：煤矿常用的雷管为煤矿许用电雷管和煤矿安全电雷管。瓦斯矿井用的电雷管分为瞬发电雷管和毫秒电雷管。在有瓦斯、煤尘爆炸危险的煤层中的采掘工作面都必须使用煤

矿安全炸药和瞬发电雷管，使用毫秒电雷管时，最后一段的延期时间不得超过130ms。

在岩层中开凿井巷或延深井筒时，无瓦斯的工作面中，可以使用非煤矿安全炸药和延期电雷管，但这些井巷必须距离有瓦斯的煤层10m以外。如接近地质破碎带时，矿总工程师应根据具体情况，还应加大这个距离。如工作面发现有瓦斯，禁止使用非煤矿安全炸药及秒或半秒延期雷管。延期电雷管第一段同瞬发电雷管不得互相代替使用。

电雷管的发火参数不同时，不得掺混使用。

秒延期电雷管和毫秒电雷管的延期时间和标志，见表5—11—6和表5—11—7。

3）炸药和雷管包装箱规格见表5—11—8。

表5—11—6 秒延期电雷管延期时间和标志

规　格	段　　　　別						
	1	2	3	4	5	6	7
延期时间（s）	≤0.1	1.0	2.0	3.1	4.3	5.6	7.0
脚线颜色	灰、红	灰、黄	灰、蓝	灰、白	绿、红	绿、黄	绿、白

表5—11—7 毫秒延期电雷管延期时间和标志

段別	延期时间（ms）		脚线颜色（或挂段号牌）	段別	延期时间（ms）		脚线颜色（或挂段数牌）
	第一系列	第二系列			第一系列	第二系列	
1	≤13	≤4	灰、红	11	460		挂段数牌
2	25	13	灰、黄	12	550		挂段数牌
3	50	25	灰、蓝	13	650		挂段数牌
4	75	38	灰、白	14	760		挂段数牌
5	110	50	绿、红	15	880		挂段数牌
6	150	63	绿、黄	16	1020		挂段数牌
7	200	75	绿、白	17	1200		挂段数牌
8	250	93	黑、红	18	1400		挂段数牌
9	310	110	黑、黄	19	1700		挂段数牌
10	400		黑、白	20	2000		挂段数牌

表5—11—8 炸药和雷管包装箱规格

序号	生产单位名称	炸药箱外形规格 长×宽×高（mm）	雷管箱外形规格 长×宽×高（mm）
1	大同矿务局	580×390×240	582×275×245
2	北京矿务局	600×350×240	670×300×280
3	抚顺矿务局	566×406×222	690×370×250
		566×426×222	700×370×260
4	阜新矿务局	566×386×232	505×382×283
5	淄博矿务局	630×380×225	760×240×300
		540×370×190	748×272×364
6	来水化工厂		600×420×205
7	华丰化工厂		605×320×315
8	井陉矿务局	560×380×240	
		540×300×215	
9	西山矿务局	700×400×250	
		600×390×220	
10	江　西	580×390×280	
11	湖北红卫化工厂	530×340×220	

爆炸材料库容量必须按本章第一节一般规定及要求中第 12 条执行。

4）部分矿井的炸药及雷管消耗量见表 5-11-9。

表 5-11-9 部分矿井的炸药及雷管消耗量表

矿井名称	炸药消耗(kg/万t)	雷管消耗(个/万t)	采煤机械化程度(%)	备 注	矿井名称	炸药消耗(kg/万t)	雷管消耗(个/万t)	采煤机械化程度(%)	备 注
抚顺矿务局					韩桥矿	6760		45.31	
龙凤矿	2948	8640			旗山矿	1120		90.5	
开滦矿务局					庞庄矿	1500		62.3	
唐山矿	1094	3201			淮南矿务局				
范务庄矿	580	2966			李一矿	3358		0.8	
本溪矿务局					新庄孜矿	3053		5.6	
彩屯矿	910	2499			涟邵矿务局				
大同矿务局					利民矿	3133	11245		1980年统计数
同家梁矿	2581	5186	80.35		斗笠山矿	3380	8271		1980年统计数
晋华宫矿	4623	7028	12.22		资兴矿务局				
邯郸矿务局					唐洞矿	2804	11173		1980年统计数
王凤矿	2752	7128	64.16		杨梅山矿	3284	7232		1980年统计数
郭二庄矿	2364	6760	3.76		合山矿务局	3194			
铜川矿务局					黄石矿务局	2679			
金华山矿	2003	5679	67.1	1980年上半年统计数	松宜矿务局	4834			
王石凹矿	3570	9882	39.9	1980年上半年统计数	平顶山矿务局	2266	7298		1980年6月统计数
西山矿务局					一 矿	2015	6005	39.5	1980年6月统计数
白家庄矿	3449	5752	14.3	1980年1～8月统计数	四 矿	1239	3169	64.1	1980年6月统计数
杜儿坪矿	2315	5811	74.3	1980年1～8月统计数	大庄矿	2623	8720	38.3	1980年6月统计数
官地矿	1595	3750	69.2	1980年1～8月统计数	焦作矿务局				
新汶矿务局					王封矿	734		81.69	1980年11月统计数
孙村矿	3263		17.87		李封矿	2582		22.6	1980年11月统计数
良庄矿	1940		84.2		冯营矿	1802		13.6	1980年11月统计数
协庄矿	2513		87.8						

注：1. 表内凡未注明统计时间的均为 1979 年统计数；

2. 本表仅供设计爆炸材料库时参考。

（二）炸药、雷管的堆放要求

1. 炸药的堆放要求

1）性质不同的炸药必须分别贮存。

2）硝化甘油类炸药，炸药箱应放在木架上，木架宽度不得超过两箱炸药宽度。木架每格只准堆放一层炸药箱，其他类炸药箱可放置在木架上，也可堆放在木地板上，但木地板下应垫不小于 100mm 厚的垫木。

3）木架和炸药箱距墙壁应留有不小于 1.3m 的人行通道，箱堆高度不得超过 1.8m。硐室式爆炸材料库内箱堆的长度不得超过 5m，各箱之间要有不小于 300mm 的间隙。

4）炸药箱有标志的一面应朝外，以便查验。

2. 雷管箱的堆放要求

1）雷管箱应堆放在木架上，木架每格只准堆放一层雷管箱，木架宽度不得超过一箱雷管箱的宽度。硐室式爆炸材料库内的雷管箱可一部分堆放在木架上，一部分堆放在木地板上。雷管堆放在木架上时，最上层格板的高度不得高于1.5m，箱盖与上层格板留300mm的间隙，格板上应铺设不小于3mm厚的胶皮板。堆放在木地板上时，箱堆高度不得超过1.2m。

2）木架和箱堆距离墙壁应有200mm的间隙，木架或箱堆之间应留有不小于1.3m的人行通道。

3）雷管硐室的木地板上应铺不小于3mm厚的胶皮板。

（三）辅助硐室的布置

1. 发放室

发放炸药、雷管的硐室。发放室一般设在第二个直角弯处的延长巷道内，在通道内加设一道带有发放窗口的栅栏门，门内作为发放硐室。靠窗口放置一张四周带有突起边缘的桌子。室内木地板上应铺设胶板。发放硐室存放当班待发的炸药和雷管。炸药一般堆放在巷道一侧的地板上，雷管则需在发放室附近的专用硐室内的雷管架上存放。

2. 管理人员办公（兼休息）室

管理人员收发结算爆炸器材并兼休息的硐室。一般布置在发放室的一侧。

3. 雷管检选室

对雷管进行导电性能检验，按电阻大小分组及对各段雷管按放炮员名单进行编号的硐室。一般布置在发放室的一侧或尽头巷道内。

4. 放炮工具存放室

存放放炮员所需的工具和放炮器材的硐室。一般设置在发放室前面等候室附近或尽头巷道内。

5. 消防器材室

室内存放砂箱、水龙带（或水池）、消防桶、锹、灭火器等用具的硐室。一般设置在发放室前面等候室处附近或利用尽头巷道。

6. 电器设备室

安设变压器、防爆开关的硐室。一般设在抗冲击波活门与栅栏门之间的通道一侧。

辅助硐室的布置见图5－11－1。其平面布置尺寸见表5－11－10。

表5－11－10 辅助硐室平面尺寸

序号	硐 室 名 称	平面尺寸（m）		
		长 度	宽 度	高 度
1	发放室	2.0～2.5	2.0	2.5～2.8
2	管理人员办公（兼休息）室	2.0～2.2	1.8～2.2	2.5～2.8
3	雷管检选室	2.0～2.5	1.8～2.2	2.5～2.8
4	放炮工具存放室	2.0～3.0	1.8～2.2	2.5
5	消防器材室	2.0～3.0	1.5～1.8	2.5
6	电器设备室	2.0	1.8～2.0	2.5

（四）爆炸材料库通道布置

爆炸材料库通道长度按安全距离要求确定。宽度按安装抗冲波密闭门和抗冲击波活门要求确定。如果通道中铺轨，则按矿车及行人安全要求确定。一般宽度为 1.8～2.0m，高度为 2.5～2.8m。搬运炸药、雷管的通道，可铺轨，铺轨长度不能超过抗冲击波密闭门。有煤尘爆炸危险的矿井每条通道内应设 12 架岩粉棚。

五、硐室的断面形状及支护方式

1. 断面形状

硐室的断面形状一般采用半圆拱。

2. 支护方式

根据围岩性质，采用混凝土或料石砌碹。对于硐室掘进后有严重滴水时，应采用防水混凝土（其配合比可参考表 5—11—11），并在砌碹后铺两层以上油毡和充填一层 100mm 以上的沥青砂浆。硐室砌碹混凝土强度等级不得低于 C20，料石标号不低于 300 号。

表 5—11—11　防水混凝土配合比

（400 号水泥）

水泥（kg）	砂（m³）	碎（卵）石 13～25 25～38（m³）	松香（kg）	氯化钙（kg）
360	0.54	0.95	3.23	0.51

库房内地面应铺 100mm 厚的混凝土。有渗水现象时，在混凝土地板上还应铺两层以上的油毡或以沥青砂浆抹面。

六、使用中存在的问题

1）壁槽式爆炸材料库中，炸药、雷管均存放在壁槽内，通风较差，堆放搬运频繁，多有不便。

2）壁槽式及一些硐室式爆炸材料库通道中设置的锯齿状混凝土防护墙，施工困难，运送炸药、雷管不便。

第二节　井下爆炸材料发放硐室

一、一般规定及要求

1）在多水平生产的矿井内、井下爆炸材料库距爆炸工作地点超过 2.5km 的矿井内、井下没有爆炸材料库的矿井内，可设置井下爆炸材料发放硐室。

2）爆炸材料发放硐室的位置，应选择在岩层稳定、干燥、运输方便和距回风道最近的地方。一般布置在采区下部车场附近。

3）爆炸材料发放硐室，必须符合下列要求：

（1）发放硐室必须设在有独立风流的专用巷道内，距使用的巷道法线距离不得小于 25m；

（2）发放硐室爆炸材料的贮存量不得超过 1d 的供应量，其中炸药量不得超过 400kg；

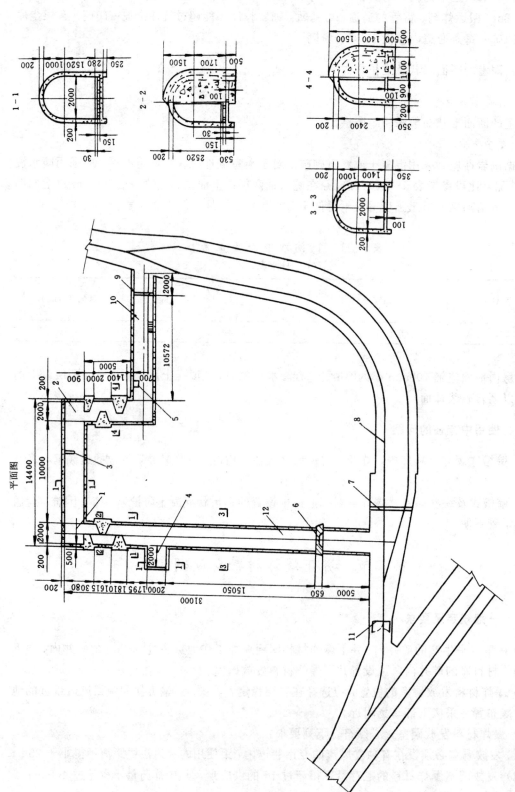

图 5—11—5　大雁三矿西二采区井下爆炸材料发放硐室

1—炸药存放库；2—雷管存放库；3—隔墙；4—炸药发放室；5—积水坑；6—抗冲击波活门；7—木调节风门；
8—采区下部车场；9—铁制调节风门；10—回风调节风门；11—防火栅栏两用门；12—通道

（3）炸药和电雷管必须分别贮存，并用不小于 240mm 厚的砖墙或混凝土墙隔开；

（4）发放硐室应有单独的发放间，发放硐室出口处必须设有一道自动关闭的抗冲击波活门，门内设栅栏门。回风道处要设置铁制调节风门。

（5）管理制度必须与井下爆炸材料库相同。

4）在有煤尘爆炸危险的矿井，发放硐室通道内应设置岩粉棚。

5）硐室内炸药和雷管堆放及防潮要求与井下爆炸材料库相同。

6）硐室断面尺寸，应符合炸药和雷管的堆放要求。断面形状应根据围岩稳定条件确定。应用不燃性材料支护，可采用料石或混凝土支护。硐室应防潮、防渗，在硐室混凝土地面上应铺设木地板，在存放炸药、雷管的木架或木地板上应铺一层胶皮。

7）硐室通道应有 7‰ 的向外下坡，通道入口处地板高程应等于外部巷道的轨面高程，硐室向出口端应有 3‰ 以上的下坡，硐室及通道应用混凝土铺底，厚度为 100mm。

二、硐室的布置形式

井下爆炸材料发放硐室布置形式一般为硐室式，库房巷道内设炸药和雷管存放间，中间用隔墙隔开，库房巷道长 9.5～12.5m，宽 2.0～2.45m，用于一昼夜炸药消耗量在 150kg 以下的矿井。

井下爆炸材料发放硐室要在进风通道内设置炸药发放间，其平面尺寸为 2.0m×2.0m。

图 5－11－5 为大雁三矿西二采区井下爆炸材料发放硐室。

第十二章　安全设施硐室

第一节　井下消防材料库

一、一般规定及要求

1）矿井井下必须设置消防材料库。井下消防材料库一般应设在每一个生产水平的井底车场或主要运输大巷中，其位置应使车辆出入方便并应装备消防列车。

2）采用平硐和片盘斜井开拓的矿井，当井下运距较近时，亦可将消防材料库设在地面井口附近，并有轨道与井口相连。

3）井下消防材料库可分为硐室式和加宽式，加宽式又分为机车进入和机车不进入两种（当井下采用无轨胶轮车辅助运输系统时，井下消防材料库宜采用机车不进入的加宽式）。

4）硐室式库房应设两个出口，并安设向外开启的栅栏门，其中必须有一个出口应满足消防列车进入。

5）加宽式库房可只设一个出入口，并安设向外开启的栅栏门，库内设置消防列车时其出口应满足消防列车出入要求；当采用机车不进入库房布置形式时，可将消防列车存入附近其他巷道中。

6）库房出入口及通道巷道高度，当有车辆进入时应符合运输巷道布置要求，仅人员、材料进出时其巷道高度不应小于 2.0m。

7）井下消防材料库存放砂子、粘土、水泥、砖、原木、板材、灭火器、钢丝绳等井下消防材料和必要工具，其种类、数量应根据井下灾害防治主要对象，因地制宜的确定。亦可参照《矿井防灭火规范》有关规定确定。

8）库房内应设置材料堆放平台，平台一般高出轨面 0.5～0.8m，宽度 0.8～1.0m。平台宜采用砖、石砌筑，台面应用 M10 水泥砂浆抹面。

9）硐室内应设水沟，其坡度不小于 3‰。

10）硐室支护方式应根据岩层稳定条件选择，断面一般采用半圆拱、三心拱或圆弧拱。应用不燃性材料支护，并应采取防潮、防滴水措施。

二、设计依据

1）井底车场或与消防材料库布置相关的巷道布置图（平面、坡度、断面图）。

2）井下消防材料库所处位置岩性，含水情况。

3）矿井自燃发火等级。

三、井下消防材料库材料种类、数量

消防材料库主要存放密闭材料、灭火器材、消防工具等，其数量见表 5-12-1。

库房内消防材料及器材的贮存量，一般考虑采掘工作面、采空区、旧巷道、顺槽、带式输送机机头、机尾等地点，同时只有一个失火地点，并适当考虑全矿井井下各点的备用。不足时，由井上消防材料库补给。

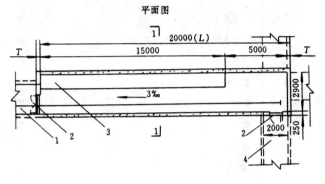

井下消防材料库密闭材料的贮存量，只考虑一个回采工作面失火时，同时封闭上、下顺槽所需要的材料消耗量。上、下顺槽净断面之和：综采面以 22m² 计算，高档普采工作面和炮采工作面以 14m² 计算。密闭嵌入围岩内时，密闭木板和砖墙厚度分别以 50mm 和 70mm 计算。

井下消防材料库消防工具的配备数量以满足一个点失火使用为准。打密闭工具的配备数量以满足一个回采工作面失火时，同时封闭上、下顺槽两个作业点使用为准，并适当留有备用。

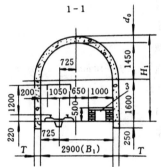

图 5-12-1　井下消防材料库
（硐室式）

1—运输道；2—栅栏门；3—材料平台；4—通道

四、井下消防列车的装备

布置综采回采的矿井，按 8 个 1.5t 标准固定式矿车配备；布置有普采和炮采面回采的矿井，按 8 个 1t 标准固定式矿车配备。如果一个矿井既有综采又有高档普采或炮采面，则按综采面考虑。消防列车的编组（从前至后）如下：各种灭火器 2 个车，装水用 2 个车（两个车箱底部用管子连通），小型手动水泵和水龙带一个车，各种消防工具、各种水管和砂子 2 个车，消防人员乘坐 1 个车。车内所装消

表 5-12-1　消防器材及工具一览表

序号	名　称	规　格	单位	数量	附　注
1	圆　木	ϕ160mm 长 12.5~3.5m	m³	1.5	
2	木　板	厚 15~30mm	m³	1.5	亦可用板皮
3	粘　土		m³	4.0	用 50kg 袋装
4	细　砂		m³	4.0	用 50kg 袋装
5	水　泥		t	2.0	用 50kg 塑料袋装，并定期更换

续表

序号	名　称	规　格	单位	数　量	附　注
6	砖	240mm×115mm×53mm	块	4500	
7	灭火器		个	12	其中 2 个大型号，10 个小型号的根据各矿具体情况确定
8	小型水泵		台	1	
9	橡胶水管	ϕ35mm	m	100	
10	水龙带		m	60	
11	水桶		个	5	
12	切管钳		把	1	
13	铁锹		把	5	
14	撬杠		根	4	
15	木工横锯		把	2	
16	切管锯		把	2	
17	斧子		把	2	
18	大锤		把	2	
19	钢丝绳	ϕ8～10mm	m	40	
20	瓦工工具		套	2	
21	铁钉	75～100mm	kg	15	
22	铁镐		把	2	
23	连指手套		双	12	
24	橡皮手套		双	2	
25	急救包		个	20	
26	铁工具箱	1000mm×600mm×500mm	个	2	
27	矿车	1.5t 标准固定矿车	辆	8	当采用 1t 固定式矿车时，可配备 9 辆

注：1986 年煤炭工业部武汉设计研究院编制的通用设计。

防器材的品种和数量，只考虑用于直接灭火，不考虑打密闭所需材料。如需打密闭，可再组装第二列消防列车。

五、硐室的布置形式及尺寸确定

硐室的布置形式应根据硐室围岩条件、进出车方式、消防列车装备标准及消防器材种类、数量综合考虑。库房的尺寸依布置形式确定，见表 5－12－2。

六、井下消防材料库设计实例

井下消防材料库通用设计为硐室式和加宽式两种，见图 5－12－1、图 5－12－2。技术特征见表 5－12－3，井下消防材料库栅栏隔墙安装见图 5－12－3。

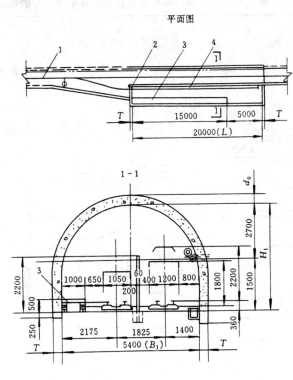

平面图

图 5-12-2　井下消防材料库（加宽式）

1—运输道；2—栅栏门；3—材料平台；4—栅栏隔墙

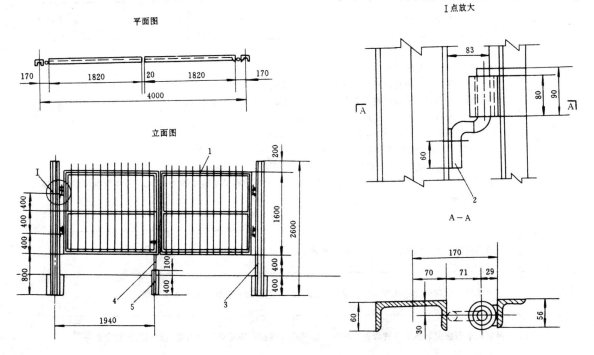

图 5-12-3　井下消防材料库栅栏隔墙安装

1—栅栏；2—轴（φ25 圆钢）；3—立柱（[14b）；4—轴销（φ16 钢筋）；5—钢管（φ22）

表 5-12-2　消防材料库布置形式与硐室尺寸的确定

形　式	硐　室　式	加宽式（机车不进入）	加宽式（机车进入）
图 示			
	1—消防材料库；2—岩柱；3—隔墙；4—运输巷		
计算公式	$B=b_1+b_2+b_3+y$	$B=b_1+b_2+b_3+b_4+y+T$	$B=2b_1+b_2+b'_3+b_4+b_5+y+T$

符 号 注 释	B—消防材料库宽度，mm； b_1—电机车宽度（硐室式机车不进入时，为矿车宽度）； b_2—电机车与巷道壁的距离：综采不小于 1000mm，非综采不小于 800mm； b_3—材料堆放平台与隔墙的距离不小于 500mm； b'_3—材料堆放平台与消防列车的距离不小于 500mm； b_4、b_5—电机车与隔墙的距离不小于 300mm； y—材料堆放平台宽度，根据材料体积计算，一般取 800～1000mm； T—隔墙厚度，采用砖结构砂浆抹面厚度 250mm，采用槽钢插板结构厚为 50mm，采用槽钢钢筋结构厚为 60mm

长　度	应根据贮存消防材料的品种和数量多少来确定，一般为 20～30m
高　度	应考虑材料堆放平台的高度（一般取 1.0m 左右），尽量和单轨运输大巷高度相同
适用条件	硐室式适用在围岩稳定条件较差的情况，加宽式适用在运输巷道为单轨巷道和围岩较稳定条件下

表 5—12—3　消防材料库主要技术特征

硐室形式	通用设计图号	栅栏门图号	岩石硬度系数 f	岩石分类	断面 形状	断面 净 (m²)	断面 掘进 (m²)	支护材料	支护厚度 (mm)	净宽 (mm)	净高 (mm)	硐室长 (m)	掘进工程量 (m³)	混凝土 (m³)	料石 (m³)	锚杆 (根)	适用条件
	T86—139.1—1	B78—374.2	7~10		半圆拱	18.4	23.2	混凝土	300	5400	4000	20	478.5	84.02			7~10t架线电机车，3t底卸式矿车，库内存放1.0或1.5t矿车
			4~6			18.4	23.9		350	5400	4000	20	496.0	98.91			
			2~3			18.4	24.6		400	5400	4000	20	511.7	114.13			
	T86—139.1—2	B78—374.2	7~10		半圆拱	17.8	22.6	混凝土	300	5200	4000	16	375.1	67.92			7~10t架线电机车，库内存放1.0t矿车
			4~6			17.8	23.3		350	5200	4000	16	389.1	79.96			
			2~3			17.8	23.9		400	5200	4000	16	511.6	92.47			
加	T86—139.1—3	B78—374.2	7~10		半圆拱	18.4	24.0	粗料石	350	5400	4000	20	501.4		98.45		7~10t架线电机车，3t底卸式矿车，库房存放1.0或1.5t矿车
			4~6			18.4	24.8		415	5400	4000	20	515.0		118.29		
			2~3			18.4	25.5		465	5400	4000	20	531.9		133.89		
宽	T86—139.1—4	B78—374.2	7~10		半圆拱	17.8	23.3	粗料石	350	5200	4000	16	388.4		79.65		7~10t架线电机车，库内存放1.0t矿车
			4~6			17.8	24.1		415	5200	4000	16	405.0		95.77		
			2~3			17.8	24.9		465	5200	4000	16	420.0		108.61		
	T86—139.1—5	B78—374.2		I	半圆拱	18.4	19.8	锚喷	30	5400	4000	20	398.2				7~10t架线电机车，3t底卸式矿车，库内存放1.0或1.5t矿车
				II		18.4	20.9		120	5400	4000	20	422.6	31.78			
				III		18.4	20.9		120	5400	4000	20	422.6	31.78		369.7	
式				IV		18.4	21.2		150	5400	4000	20	431.0	39.94		669.9	
				V		18.4	21.2		150	5400	4000	20	431.0	39.94		968.3	
	T86—139.1—6	B78—374.2		I	半圆拱	17.8	19.2	锚喷	30	5200	4000	16	309.3				7~10t架线电机车，库内存放1.0t矿车
				II		17.8	20.2		120	5200	4000	16	327.5	25.58			
				III		17.8	20.2		120	5200	4000	16	327.5	25.58		293.2	
				IV		17.8	20.6		150	5200	4000	16	336.3	32.24		533.0	
				V		17.8	20.6		150	5200	4000	16	336.3	32.24		771.0	
	T86—139.1—7	B78—374.2	7~10		圆弧拱	16.7	21.4	混凝土	300	5400	3600	20	440.8	79.50			7~10t架线电机车，3t底卸式矿车，库内存放1.0或1.5t矿车
			4~6			16.7	22.1		350	5400	3600	20	456.5	93.40			
			2~3			16.7	22.7		400	5400	3600	20	472.1	107.85			

续表

硐室形式	通用设计图号	栅栏门图号	岩石硬度系数 f	岩石分类	断面 形状	断面 净 (m²)	断面 掘进 (m²)	支护材料	支护厚度 (mm)	净宽 (mm)	净高 (mm)	硐室长 (m)	掘进工程量 (m³)	混凝土 (m³)	料石 (m³)	锚杆 (根)	适用条件
加宽式	T86-139.1-8	B78-374.2	7~10		圆弧拱	15.8	20.4	混凝土	300	5200	4533	16	339.4	63.20			7~10t 架线电机车,库内存放1.0t矿车
			4~6			15.8	21.1		350	5200	4533	16	352.4	74.40			
			2~3			15.8	21.7		400	5200	4533	16	364.5	86.23			
	T86-139.1-9	B78-374.2	7~10		圆弧拱	16.7	22.1	粗料石	350	5400	3600	20	457.5		92.94		7~10t 架线电机车,3t底卸式矿车,库内存放1.5t矿车
			4~6			16.7	22.9		415	5400	3600	20	476.3		111.77		
			2~3			16.7	23.6		465	5400	3600	20	493.3		126.37		
	T86-139.1-10	B78-374.2	7~10		圆弧拱	15.8	21.1	粗料石	350	5200	3533	16	352.4		74.09		7~10t 架线电机车,库内存放1.0t矿车
			4~6			15.8	21.9		415	5200	3533	16	362.9		89.15		
			2~3			15.8	22.5		465	5200	3533	16	380.3		101.12		
	T86-139.1-11	B78-374.2		I	半圆拱	16.7	18.1	锚喷	30	5400	3600	20	364.0				7~10t 架线电机车,库内存放1.0t矿车
				II		16.7	19.1		120	5400	3600	20	386.1	30.04			
				III		16.7	19.1		120	5400	3600	20	386.1	30.04		349.5	
				IV		16.7	19.5		150	5400	3600	20	396.4	38.71		635.4	
				V		16.7	19.5		150	5400	3600	20	396.4	38.71		919.6	
	T86-139.1-12	B78-374.2		I	半圆拱	15.8	17.2	锚喷	30	5200	3533	16	277.1				有普采、炮采工作面的矿井,7~10t架线电机车,1.0t矿车
				II		15.8	18.2		120	5200	3533	16	295.1	23.76			
				III		15.8	18.2		120	5200	3533	16	295.1	23.76		273.8	
				IV		15.8	18.5		150	5200	3533	16	302.1	29.84		498.8	
				V		15.8	18.5		150	5200	3533	16	302.1	29.84		722.1	
硐室式	T86-139.2-1	TS0403(2)-376-00	7~10		半圆拱	7.9	9.7	混凝土	200	2900	3050	20	197.9	37.19			有综采工作面的矿井,库内存放1.0或1.5t矿车
		TS0403(4)-376-00	4~6			7.9	10.1		250	2900	3050	20	207.1	47.32			
			2~3			7.9	10.1		250	2900	3050	20	207.1	47.32			

续表

硐室形式	通用设计图号	栅栏门图号	岩石硬度系数 f	岩石分类	断面 形状	断面 净 (m²)	断面 掘进 (m²)	支护材料	支护厚度 (mm)	净宽 (mm)	净高 (mm)	硐室长 (m)	掘进工程量 (m³)	主要材料消耗 混凝土 (m³)	主要材料消耗 料石 (m³)	主要材料消耗 锚杆 (根)	适用条件
硐室式	T86-139.2-2	TS0403(2)-376-00	7~10		半圆拱	7.2	9.0	混凝土	200	2700	2950	16	147.6	28.88			有普采、炮采工作面的矿井,库内存放1.0t矿车
		TS0403(4)-376-00	4~6			7.2	9.5		250	2700	2950	16	156.8	36.73			
			2~3			7.2	9.5		250	2700	2950	16	156.8	36.73			
	T86-139.2-3	TS0403(2)-376-00	7~10		半圆拱	7.9	9.7	粗料石	200	2900	3050	20	197.9		31.19		有综采工作面的矿井,库内存放1.5t矿车
		TS0403(4)-376-00	4~6			7.9	10.1		250	2900	3050	20	207.1		47.32		
			2~3			7.9	10.6		300	2900	3050	20	212.6		57.55		
	T86-139.2-4	TS0403(2)-376-00	7~10		半圆拱	7.2	8.9	粗料石	200	2700	2950	16	145.2		28.88		有普采、炮采工作面的矿井,库内存放1.0t矿车
		TS0403(4)-376-00	4~6			7.2	9.3		250	2700	2950	16	153.3		36.73		
			2~3			7.2	9.7		300	2700	2950	16	161.5		44.67		
	T86-139.2-5	TS0403(2)-376-00		Ⅰ	半圆拱	7.9	7.9	喷锚		2900	3050	20	158.0				有综采工作面的矿井,库内存放1.5t矿车
		TS0403(4)-376-00		Ⅱ		7.9	8.5		70	2900	3050	20	171.1	12.64		245.2	
				Ⅲ		7.9	8.5		70	2900	3050	20	171.1	12.64		448.4	
				Ⅳ		7.9	8.7		100	2900	3050	20	176.1	17.94		452.5	
				Ⅴ			8.9		120	2900	3050	20	180.2	21.50			
	T86-139.2-6	TS0403(2)-376-00		Ⅰ	半圆拱	7.2	7.2	喷锚		2700	2950	16	115.2				有普采、炮采工作面的矿井,库内存放1.0t矿车
		TS0403(4)-376-00		Ⅱ		7.2	7.7		70	2700	2950	16	124.2	9.90		188.4	
				Ⅲ		7.2	7.7		70	2700	2950	16	124.2	9.90		346.7	
				Ⅳ		7.2	7.9		100	2700	2950	16	128.0	14.03		348.5	
				Ⅴ			8.1		120	2700	2950	16	131.5	16.88			
	T86-139.2-7	TS0403(2)-376-00	7~10		圆弧拱	7.2	9.0	混凝土	200	2900	2767	20	183.6	35.60			有综采工作面的矿井,库内存放1.5t矿车
		TS0403(4)-376-00	4~6			7.2	9.2		250	2900	2767	20	192.7	45.04			
			2~3			7.2	9.4		250	2900	2767	20	192.7	45.04			
	T86-139.2-8	TS0403(2)-376-00	7~10		圆弧拱	6.6	8.3	混凝土	200	2700	2700	16	136.1	27.86			有普采、炮采工作面的矿井,库内存放1.0t矿车
		TS0403(4)-376-00	4~6			6.6	8.7		250	2700	2700	16	143.6	35.31			
			2~3			6.6	8.7		250	2700	2700	16	143.6	35.31			

续表

硐室形式	通用设计图号	栅栏门图号	岩石硬度系数 f	岩石分类	断面形状	断面 净 (m²)	断面 掘进 (m²)	支护材料	支护厚度 (mm)	净宽 (mm)	净高 (mm)	硐室长 (m)	掘进工程量 (m³)	混凝土 (m³)	料石 (m³)	锚杆 (根)	适用条件
	T86-139.2-9	TS0403(2)-376-00	7～10		圆弧拱	7.2	9.0	粗料石	200	2900	2767	20	183.6		35.07		有综采工作面的矿井、库内存放 1.0 或 1.5t 矿车
		TS0403(4)-376-00	4～6			7.2	9.4		250	2900	2767	20	192.7		44.51		
			2～3			7.2	9.8		300	2900	2767	20	201.9		54.24		
硐	T86-139.2-10	TS0403(2)-376-00	7～10		圆弧拱	6.6	8.3	粗料石	200	2700	2700	16	136.1		27.33		有普采、炮采工作面的矿井、库内存放 1.0t 矿车
		TS0403(4)-376-00	4～6			6.6	8.7		250	2700	2700	16	143.6		34.78		
			2～3			6.6	9.1		300	2700	2700	16	151.0		42.31		
室	T86-139.2-11	TS0403(2)-376-00		I	半圆拱	7.2	7.2	喷	70	2900	2767	20	144.0	10.4			有综采工作面的矿井、库内存放 1.5t 矿车
				II		7.2	7.8		70	2900	2767	20	157.0	10.4		231.2	
		TS0403(4)-376-00		III		7.2	7.8	锚	100	2900	2767	20	157.0	12.5		422.2	
				IV		7.2	8.0		120	2900	2767	20	162.0	14.0		426.2	
				V		7.2	8.1			2900	2767	20	165.0				
式	T86-139.2-12	TS0403(2)-376-00		I	半圆拱	6.6	6.6	喷	70	2700	2700	16	105.6	9.33			有普采、炮采工作面的矿井、库内存放 1.0t 矿车
				II		6.6	7.1		70	2700	2700	16	114.3	9.33		178.7	
		TS0403(4)-376-00		III		6.6	7.1	锚	100	2700	2700	16	114.3	13.22		327.2	
				IV		6.6	7.3		120	2700	2700	16	118.3	15.89		330.5	
				V		6.6	7.5			2700	2700	16	121.5				

第二节 防水闸门硐室

一、一般规定及要求

1）水文地质条件复杂或有突水淹井危险的矿井，必须在井底车场周围及其他需要防突水巷道中，设置防水闸门硐室。

设置防水闸门硐室，必须编制专门设计。

2）防水闸门硐室应设于坚硬、稳定、完整致密的岩层中，并避开岩溶、断层、节理、裂隙发育的破碎地带，不宜设在煤层中。硐室四周必须留有保护煤、岩柱，严禁受采动影响，硐室应尽量设在小断面和直线巷道中。

3）防水闸门硐室前、后一段巷道，必须用混凝土砌碹，其各段长度一般不得小于5m。防水闸门硐室及巷道应采用强度等级不低于C25混凝土砌碹。硐室与巷道进行混凝土砌筑时，应连续浇注并预埋注浆管，砌筑完毕，应对其壁后反复进行注浆，不得少于三次，其最终注浆压力应大于设计水压的1.5倍，以保证围岩抗压强度不低于混凝土抗压强度。当硐室承受水压值为高、中压时，应在硐室的迎水面、背水面、门框接触传递段及硐室过水巷等属局部受力段配置一定数量钢筋。

4）防水闸门竣工后，应进行注水耐压试验，水闸门内巷道的长度不得大于15m，注水压力应达到防水闸门的设计压力，稳定时间应连续保持24h以上。其漏水量应小于$10m^3/24h$。试验全过程的各种数据，必须有详细记录。

5）防水闸门硐室所承受最大水压值，应根据矿井的水文地质资料和巷道的防水条件确定，其泄水方式可根据通过硐室所处巷道的水沟流量确定，可采用水管泄水或水沟泄水，后一种方式多在泄水管不能满足需要时采用，水沟泄水需设置水沟闸门，水沟位置必须与过车的门洞错开布置，不得上下重叠。

6）防水闸门前应设置安装检修防水闸门的起重梁或起重吊环。

7）通过防水闸门的轨道、电机车架空线、带式输送机等必须灵活易拆，在关闭防水闸门时，能迅速拆卸、断开。通过硐室墙体的压风管、洒水管等应采用适应水压的高压管并在门外侧安设相应的高压闸阀，所有预埋通过硐室的钢管，应采取防止滑动、位移措施，并与设计压力一致；通过防水闸门墙内的电缆、管线、管道，安装后必须封堵严密，不得漏水。

8）闸门向来水方向开启，门框与硐室必须紧密结合，闸门必须关闭严密，不得漏水。

9）防水闸门必须安设观测水压的装置，并有放水管和放水闸阀。

10）防水闸门来水一侧15～25m处，应加设一道挡杂物的铁箅子。

11）防水闸门必须采用定型设备和由持有许可证的厂家制造。

二、设计依据

1）最大静水压力和来水方向。

2）防水闸门硐室所处位置的岩石物理力学性质（岩性、抗压强度、节理裂隙发育情况等）及水文地质条件（围岩有无渗漏现象、通过防水闸门硐室的水质及正常涌水量等）。

3）防水闸门硐室所处巷道平面和断面图；防水闸门和水沟闸门的安装图纸及计算资料（受力情况及大小）。

4）防水闸门预埋件（管路、电缆、门框等）的规格、数量、位置及安装要求。

5）通过防水闸门硐室的设备的最大外形尺寸、巷道通过的最大风量和风速。

三、结构形式

1）按结构分为圆柱形、楔形和倒截锥形三种，见表5—12—5。

2）按巷道中轨道数目分为单轨巷道单门硐室和双轨巷道双门硐室。

3）按防水闸门硐室结构分为一段、二段、三段三种结构形式。

四、设计参数的确定

1. 水　压

应根据矿井的水文地质资料，确定防水闸门和硐室承受的最大水压值，并报上一级机关批准。

最大水压的确定方法，应根据矿井的具体条件分别考虑：

1）对水文地质复杂又未疏干降压的新井，可采用主要含水层最大静水位与开采水平的高差，作为最大水压。

2）经疏干降压的矿井，主要含水层静止水位与开采水平的高差作为最大水压。

3）矿井延深水平的防水闸门和硐室所承受最大水压，当保持原水平的排水能力时，可考虑取原有水平与延深水平间的标高差为最大水压，并应留有一定的余地。

4）有水力联系的矿井群，井群综合涌水量与综合排水能力保持相对平衡。在设计井群中某一矿井的防水闸门和硐室时，应考虑不存在井群同时淹井的可能。当某矿井排水设备受水害影响停排时，相邻矿井仍继续排水，根据当时综合排水能力，该矿井的水位会稳定在一定高度，其水位可通过水文计算求得。该稳定水位与开采水平的高差即作为最大水压值。

5）少数矿井的浅层含水丰富，建井时，常用浅部截水措施。当建井期内在回风水平或浅部某水平有强大排水设施时，亦可考虑以该水平标高与开采水平高差作为最大水压值。

2. 混凝土强度设计值

防水闸门硐室混凝土强度设计值，采用《混凝土结构设计规范（GBJ10—89）》中规定的混凝土强度设计值见表5—12—4。

表 5—12—4　混凝土强度设计值　　　　N/mm²

强度种类	符号	混凝土强度等级											
		C7.5	C10	C15	C20	C25	C30	C35	C40	C45	C50	C55	C60
轴心抗压	f_c	3.7	5.0	7.5	10.0	12.5	15.0	17.5	19.5	21.5	23.5	25.0	26.5
弯曲抗压	f_{cm}	4.1	5.5	8.5	11.0	13.5	16.5	19.0	21.5	23.5	26.0	27.5	29.0
抗拉	f_t	0.55	0.65	0.9	1.1	1.3	1.5	1.65	1.8	1.9	2.0	2.1	2.2

表 5-12-5　防水闸门门洞室墙体长度计算公式及适用范围

结构形式	圆柱形	楔形	倒锥形
计算简图			
计算公式	$r=\dfrac{B}{2\sin\alpha}$ $L_0=\dfrac{r}{\dfrac{nf_{cc}}{\gamma_0\gamma_f\gamma_d P}-1}$ $L=nL_0$	$L=\dfrac{H+B}{4\tan\alpha}\left(\sqrt{1+\dfrac{4\gamma_0\gamma_f\gamma_d HBP}{(B+H)^2 f_{cc}}}-1\right)$	$L_1=[\ln(\gamma_0\gamma_f\gamma_d P)-\ln(f_t)]/0.3986$ $L=L_1+L_0$ $S_2=(\gamma_0\gamma_f\gamma_{sd}P+f_{cc})\,S/f_{cc}$ $E=\dfrac{(\pi B+2B+4h_3)+\sqrt{(\pi B+2B+4h_3)^2-4(4+\pi)(2Bh_3+0.25\pi B^2-2S_2)}}{2(4+\pi)}$
符号注释	r——闸门墙体圆柱内侧半径,m; B——闸门墙体前、后巷道净承宽,m; α——凸缘基座支承面与闸门墙体中心线夹角,一般取 $\alpha=20°\sim30°$; L_0——一段闸门墙体长度,m; n——闸门墙体分段段数; f_{cc}——素混凝土的轴心抗压强度设计值,取以表 5-12-4 规定的混凝土的轴心抗压强度设计值 f_c 值乘以重要性系数 0.95 确定,N/mm²; γ_0——结构的重要性系数,取 1.1; γ_f——作用的分项系数,取 1.3; γ_d——结构系数,取 1.20~1.75,闸室净断面大时取大值; P——防水闸门闸室设计承受的水压,N/mm²; H——闸门墙体前、后巷道净高,m; L——闸门墙体长度,m。		L_1——闸门墙体应力衰减设计计算长度,m; $\ln$——自然对数符号; γ_d——取 1.2~2.0,水压大、闸室净断面积大时取大值; f_t——混凝土轴心抗拉强度设计值,N/mm²; L_0——闸门墙体应力回升段长度,取 1.0~2.0m; S_2——防水闸门闸室最大掘进断面积,m²; γ_{sd}——作用不定性系数,取 1.2~2.0,水压大、围岩抗压强度较低者取大值; S——闸门墙体前、后巷道净断面积,m²; E——闸门墙体嵌入围岩深度(含砌壁厚),m; h_3——闸门墙体前、后巷道净高,m; β——不小于 50°; γ——一般取 20°; L——围岩较软时所设的平直段,其值为 0.5~1.0m,闸门墙体长度短时取小值,墙体长度净时取大值; $\gamma_0,\gamma_f,f_t,P,L,f_{cc},B$ 同左栏。
适用范围	适用于承受的水压不大于 1.6MPa 的防水闸门闸室		适用于承受的水压大于 1.6MPa 的防水闸门闸室

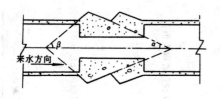

图 5—12—4 防水闸门
硐室支承面 α 与 β 角

防水闸门硐室一般采用混凝土砌筑，当水压较高时，在门框周边及硐室均应加构造钢筋或配置工字钢框架。配置宽度大于门框底面。

3. 防水闸门硐室支撑面与巷道中心线夹角 α 和 β

α 和 β 见图 5—12—4。α 值的大小应根据围岩性质确定，一般普氏硬度系数 $f<6$ 时，$α=20°$；$f>6$ 时，$α=30°$。β 值是确保硐室受力后的稳定性，一般 $β=60°\sim70°$。

五、防水闸门硐室墙体长度计算公式及适用范围

防水闸门硐室墙体长度计算公式及适用范围见表 5—12—5。

六、防水闸门硐室泄水方式的选择

防水闸门硐室常用的泄水方式可分为水管泄水，水沟泄水和泄水巷放水三种方式。

（一）水管泄水

当矿井涌水量不大时，一般采用水管泄水方式。水管泄水方式是在硐室的侧下方，埋设 1～2 趟高压钢管，并在出水口处装设高压闸阀控制放水量。

放水管管径应根据放水管的最大流量确定，可查表 5—12—6 求得。也可按表 5—12—7 中闸门开启时管路计算的排水能力公式计算管径。

表 5—12—6 圆管（非满流，$n=0.014$）水力计算

i	$\dfrac{h}{d}$	圆管直径 d（mm）												备 注
		250		300		350		400		450		500		
		Q	V	Q	V	Q	V	Q	V	Q	V	Q	V	
0.007	0.6	0.0310	1.01	0.0505	1.14	0.0761	1.26	0.1087	1.38	0.1488	1.49	0.1971	1.60	Q—流量，m^3/s；
	0.7	0.0387	1.05	0.0629	1.19	0.0949	1.32	0.1355	1.44	0.1855	1.56	0.2456	1.67	V—流速，m/s；
	0.75	0.0421	1.07	0.0685	1.20	0.1033	1.34	0.1475	1.46	0.2020	1.58	0.2675	1.69	d—直径，mm；
0.008	0.6	0.0332	1.08	0.0540	1.22	0.0814	1.35	0.1162	1.48	0.1591	1.60	0.2107	1.71	i—坡度；
	0.7	0.0414	1.13	0.0672	1.27	0.1014	1.41	0.1448	1.54	0.1983	1.67	0.2626	1.79	h—充水高度，mm
	0.75	0.0450	1.14	0.0732	1.29	0.1105	1.43	0.1577	1.56	0.2159	1.69	0.2860	1.81	
0.009	0.6	0.0352	1.14	0.0572	1.29	0.0863	1.43	0.1233	1.57	0.1687	1.69	0.2235	1.82	管子充满度：一般按 d
	0.7	0.0439	1.20	0.0713	1.35	0.1076	1.50	0.1536	1.63	0.2103	1.77	0.2785	1.90	值不同选取；
	0.75	0.0478	1.21	0.0777	1.37	0.1172	1.51	0.1673	1.65	0.2290	1.79	0.3033	1.92	$d=150\sim300$，
0.010	0.6	0.0371	1.21	0.0603	1.36	0.0910	1.51	0.1299	1.65	0.1779	1.79	0.2356	1.92	$\dfrac{h}{d}=0.6$；
	0.7	0.0462	1.26	0.0752	1.42	0.1134	1.58	0.1619	1.72	0.2217	1.86	0.2936	2.00	$d=350\sim450$，
	0.75	0.0504	1.28	0.0819	1.44	0.1235	1.60	0.1763	1.74	0.2414	1.89	0.3197	2.02	$\dfrac{h}{d}=0.7$；
0.011	0.6	0.0389	1.27	0.0633	1.43	0.0954	1.58	0.1363	1.73	0.1865	1.87	0.2471	2.01	$d=500\sim900$，
	0.7	0.0485	1.32	0.0789	1.49	0.1189	1.65	0.1698	1.81	0.2325	1.95	0.3079	2.10	$\dfrac{h}{d}=0.75$
	0.75	0.0528	1.34	0.0859	1.51	0.1295	1.67	0.1850	1.83	0.2532	1.98	0.3353	2.12	

注：本表摘自《给、排水设计手册》第一册，中国建筑工业出版社 1986 年 7 月第一版。

表 5-12-7　放 水 管 及 水 沟 断 面 计 算

放　　水　　管			水沟断面
闸门开启时管路 计算的排水能力	闸门关闭时管路 计算的排水能力	管壁厚、试验 压力及埋深	
$Q' = \eta Q = \eta AV \, \mathrm{m^3/s}$ 式中　Q—通过硐室的最大流量 $\mathrm{m^3/s}$； 　　　η—富裕系数，一般取 $1.1\sim1.2$； 　　　A—过水断面积，$\mathrm{m^2}$，全断面满流时，$A = \dfrac{\pi d^2}{4}$ 　　　部分充水时，$A = \dfrac{\pi r^2}{180°}\arccos\left(1-\dfrac{h}{r}\right)$ 　　　d—放水管直径，m； 　　　r—放水管半径，m； 　　　h—充水深度，m； 　　　V—流速，m/s，$V = C\sqrt{Ri}$； 　　　C—流速系数，查表 5-12-8； 　　　i—管路坡度，一般取 $0.007\sim0.01$； 　　　R—水力半径，m，全断面满流时，$R=0.25d$ 或 $R=\dfrac{A}{\rho}$； 　　　ρ—湿周，m； 根据上面公式 $d = \left(\sqrt{\dfrac{4Q'}{\pi V}}\right)$， 　　　π—常数	$Q' = \mu A \sqrt{2gH} \, \mathrm{m^3/s}$ 式中　μ—流量系数，一般取 $0.6\sim0.62$； 　　　A—放水管断面积，$\mathrm{m^2}$； 　　　g—重力加速度 $9.81\mathrm{m/s^2}$； 　　　H—静水压力水头高度，可按小于 50m 考虑	1. 管壁厚度： $\delta = 0.5d\left(\sqrt{\dfrac{R_2+0.4P}{R_2-1.3P}}-1\right)+d_\triangle$ 式中　δ—管壁厚度，cm； 　　　d—放水管内径，cm； 　　　P—水压力，MPa； 　　　R_2—管材许用压力，MPa，普通焊接钢管 $R_2=40$，加厚钢管 $R_2=60$，无缝钢管 $R_2=80$； 　　　$d_\triangle$—附加厚度，cm，铸铁管取 $0.7\sim0.9$，钢管取 $0.1\sim0.2$。 2. 管材试验压力 P_c： 普通焊接钢管 2.0MPa；加厚钢管 2.5MPa；无缝钢管 $3.2\sim7.0$MPa； 其中工作压力 $P_g = \dfrac{P_c}{1.5}$ MPa， 放水管一般选用无缝钢管。 3. 承压管埋深： 管面表面距混凝土表面不小于 100mm	$A = \dfrac{Q\eta}{V}$ $V = C\sqrt{Ri}$ 式中　A—水沟有效流水断面积，$\mathrm{m^2}$； 　　　Q—最大流量，$\mathrm{m^3/s}$； 　　　η—富裕系数，一般取 $1.1\sim1.2$； 　　　V—流速，m/s； 　　　C—流速系数，查表 5-12-8； 　　　i—水沟坡度，‰； 　　　R—水力半径，m，$R = \dfrac{A}{\rho}$ 　　　ρ—湿周，m 水沟断面经计算后，考虑水沟内有沉淀物，深度可加 $50\sim100$mm

计算求得的管径对于低水压（1.57MPa 以下）一般不大于 500mm；对于中、高水压（中压 $1.67\sim3.82$MPa；高压值 3.92MPa 以上）一般不大于 400mm。如计算的管径大于 500 或 400mm 时，按两趟管路重新计算。

（二）水沟泄水

当矿井涌水量大，放水管闸阀流量受到限制，不能满足放水要求时，可采用水沟泄水方式。在放水闸门硐室处按正常巷道水沟规格设置水沟，并在入口处加设水沟闸门。水沟闸门的结构有平板型和薄壳型两种，常用薄壳型，其布置方式见图 5-12-5。

表 5-12-8　流　速　系　数　表

R	n					
	0.012	0.013	0.014	0.015	0.017	0.02
0.10	60.33	54.46	49.43	45.07	38.00	30.85
0.12	61.92	56.00	50.86	46.47	39.29	32.05
0.14	63.25	57.30	52.14	47.74	40.47	33.10
0.16	64.50	58.46	53.29	48.8	41.53	34.05
0.18	65.58	59.46	54.29	49.80	42.47	34.9
0.20	66.50	60.46	55.21	50.74	43.35	35.65
0.22	67.42	61.31	56.07	51.54	44.11	36.4
0.24	68.23	62.08	56.86	52.34	44.88	37.05
0.26	69.00	62.85	57.75	53.00	45.53	37.70
0.28	69.75	63.54	58.29	53.67	46.17	38.25
0.30	70.42	64.23	58.93	54.34	46.82	38.85
0.36	72.25	66.00	60.64	56.07	48.47	40.35
0.40	73.33	67.08	61.72	57.27	49.41	41.25
0.45	74.5	68.23	62.86	58.2	50.53	42.30
0.50	75.67	69.31	63.3	59.27	51.59	43.25
0.55	76.77	70.41	65.2	60.46	52.83	44.40
0.60	77.78	71.42	66.0	61.34	53.71	45.20
0.65	78.72	72.28	66.9	62.16	54.5	45.90
0.70	79.45	73.00	67.6	62.93	55.2	46.6

注：1. 本表摘自《给、排水设计手册》，1974 年建筑工业出版社出版。

2. 流速系数 $C = \frac{1}{n} R^y$；式中：R—水力半径，m；y—指数；n—圆管及水沟粗糙度，查表 5-12-9。

$$y = 2.5 \sqrt{n} - 0.13 - 0.75 \sqrt{R} \left(\sqrt{n} - 0.10 \right)。$$

表 5-12-9　圆 管 及 水 沟 粗 糙 度 n

圆管品种及水沟性质	n	$\frac{1}{n}$	圆管品种及水沟性质	n	$\frac{1}{n}$
圆管及极良好的混凝土面	0.012	83.3	粗劣的砖砌，块石干砌	0.015	66.7
铸铁管及极良好的砖砌	0.013	76.9	乱砖砌筑，粗劣的混凝土浇筑	0.017	58.8
中等砖砌，中等条件混凝土浇筑	0.014	71.4	粗糙的块石砌筑	0.020	50.0

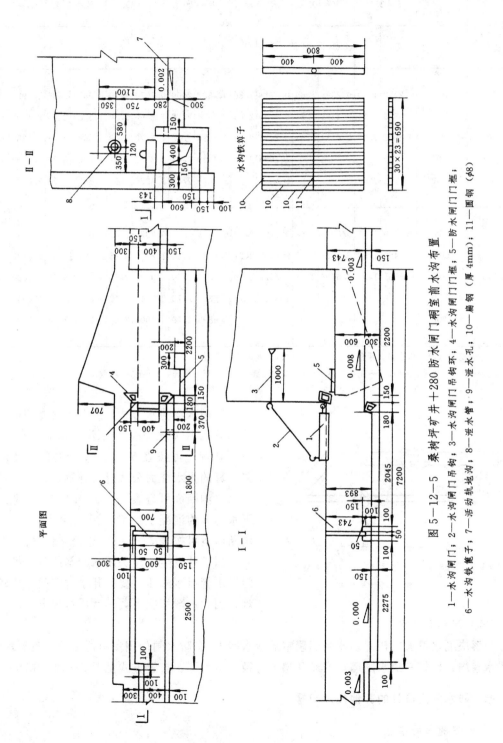

图 5-12-5　桑树坪矿井十280 防水闸门硐室前水沟布置

1—水沟闸门；2—水沟闸门吊钩；3—水沟闸门吊钩环；4—水沟闸门门框；5—防水闸门门框；
6—水沟铁算子；7—活动轨地沟；8—泄水管；9—泄水孔；10—扁钢（厚 4mm）；11—圆钢（φ8）

表 5－12－10　矩形断面水力计算

i	h	B=350		B=400		B=500		B=600		B=800		B=1000		B=1200	
		Q	V	Q	V	Q	V	Q	V	Q	V	Q	V	Q	V
0.008	400	0.2222	1.60	0.2696	1.69	0.3711	1.86	0.4827	2.00	0.7070	2.20	0.9393	2.36	1.1990	2.49
	600	0.3585	1.71	0.4395	1.84	0.6100	2.04	0.7958	2.20	1.2060	2.50	1.6380	2.73	2.1000	2.90
	800	0.4969	1.77	0.6064	1.91	0.7423	2.14	1.1280	2.32	1.7170	2.68	2.3630	2.94	3.0380	3.18
	1000					1.1070	2.20	1.4640	2.43	2.2520	2.81	3.0900	3.09	4.0120	3.35
	1200					1.7870	2.48	2.7920	2.90	3.8830	3.23	5.0500	3.50		
0.010	400	0.2479	1.77	0.3014	1.88	0.4163	2.07	0.5403	2.24	0.7878	2.46	1.0540	2.65	1.3430	2.79
	600	0.3409	1.90	0.4928	2.05	0.6847	2.27	0.8888	2.44	1.3430	2.80	1.8280	3.05	2.3380	3.23
	800	0.5565	1.98	0.6817	2.14	0.8312	2.39	1.2540	2.60	1.9080	2.98	2.6360	3.28	3.4030	3.54
	1000					1.2320	2.46	1.6360	2.73	2.5040	3.13	3.5650	3.49	4.4940	3.74
	1200					1.9890	2.79	3.1000	3.23	4.3530	3.62	5.6500	3.92		

注：1. 本表摘自《给、排水设计手册》2，1973 年建筑工业出版社出版；

　　2. 表中：B—宽度，mm；h—充水高度，mm；Q—流量，m³/s；V—流速，m/s；i—坡度。

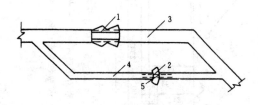

图 5－12－6　泄水巷放水方式

1—防水闸门硐室；2—水闸墙；3—井底车场巷道；
4—泄水巷；5—放水管

采用水沟泄水方式，还要另设专门的泄水管和高压闸阀，作为打开水沟闸门前泄水之用。泄水管管径可按表 5－12－7 中闸门关闭时管路计算的排水能力公式进行计算。

水沟断面可查表 5－12－10 求得，考虑井下水沟多为混凝土砌筑，故修正系数为 1.0，水沟断面也可按表 5－12－7 中公式计算。

当矿井发生水患关闭水沟闸门后，虽经专门泄水管泄水降压，要打开水沟闸门也比较困难，因此一般情况下，不常用这种方式。

（三）泄水巷放水

为解决涌水量大的矿井防水闸门硐室的泄水能力，在防水闸门硐室附近另开一条泄水巷，在泄水巷内，修筑一道水闸墙，安设几趟大直径放水钢管。布置方式见图 5－12－6。

七、防水闸门设计的其他技术问题

1. 硐室的加固措施

1）为增加硐室端部的抗压与抗剪强度，当水压超过 3.0MPa 时，可在门框或门框底面背

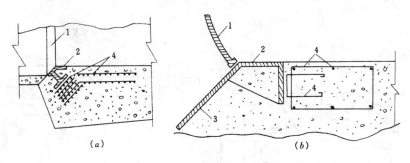

图5－12－7 硐室端部加固方式

1—水闸门；2—水闸门门框；3—护面钢板；4—加固钢筋网

后加布钢筋网或工字钢，其宽度可大于和等于门框底面积。布置方式见图5－12－7和图5－12－8。

2）加大门框护面，在门框迎水面端部焊一块4～8mm厚的钢板插至巷道壁内。

当采用水沟闸门时，不论水压大小，在门框四周应设护面钢板和门框牢固的焊在一起，见

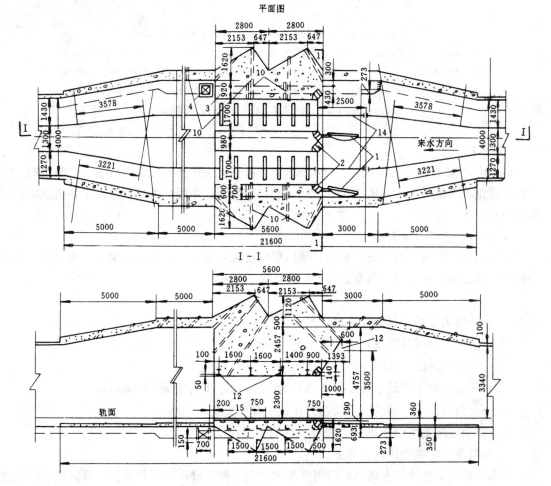

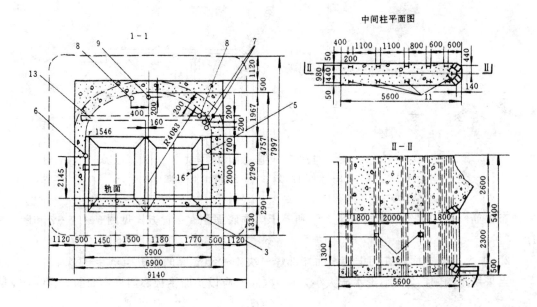

图5-12-8　义马矿务局观音堂矿甘豪井防水闸门硐室

1—水闸门 (1.7×2.3m)；2—水闸门框；3—放水管 (d402)；4—闸阀；5—压风管 (d108)；
6—洒水管 (d108)；7—高压电缆管 (d70)；8—通讯电缆管 (d70)；9—照明电缆管 (d70)；
10—注浆管 (d63.5)；11—Ⅰ 20b；12—Ⅰ 22a；13—Ⅰ 22b；14—活动钢轨；
15—轨枕槽；16—拉紧梁窝 (孔 140×150，深 700mm)

图5-12-7。

3）为了保证整个硐室的刚度，当水压大时，可在硐室顶部和边墙内配置一定数量的工字钢或配置钢筋来进行加固，见图5-12-7。双门布置时，中间柱可采取加设工字钢或配置钢筋加固（图5-12-8）。

2. 闸门前巷道布置要求

闸门前巷道应满足闸门安装要求，闸门前应设置两根起重梁，起重梁型号可根据起吊重量按单跨简支梁计算确定，其安装高度应满足以下条件：

$$h=h_1+h_2+h_3+h_4$$

式中　h——巷道底板至起重梁高度，mm；

　　　h_1——闸门的起吊高度，一般为 360～500mm；

　　　h_2——闸门高度，mm；

　　　h_3——起吊设备的最小高度（3t 葫芦为 710mm，5t 葫芦为 1000mm）；

　　　h_4——门和葫芦、葫芦和梁间隙之和，一般取 200～400mm。

巷道拱顶至起重梁面距离为 200～400mm。

3. 电机车活动架空线的安设方法

电机车活动架空线应在防水闸门硐室来水方向一侧安设，其安设长度，以保证不影响防水闸门的关闭为原则，一般长度为 3m 左右（不包括与固定架线的搭接长度）。

　　防水闸门处活动架线的布置多采用将圆钢制作的活动架线 1 焊接在角钢托梁 2 上，角钢托梁两端各焊一块楔形钢板 6，将楔形板插入固定在架线托梁 3 和硐室顶部的插板套 7 内，关闭水闸门时将角钢托梁打出即可。布置方法见图 5—12—9，其材料用量见表 5—12—11。

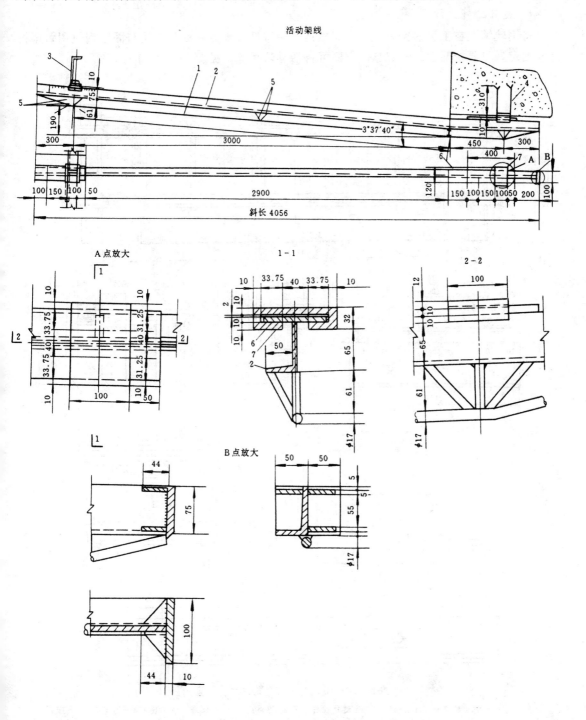

图 5—12—9　肥城矿务局陶阳煤矿井下防水闸门活动架线布置

4. 活动轨的铺设方法

活动轨道铺设在防水闸门硐室来水方向一侧，其铺设长度，应以不影响防水闸门的关闭，大于防水闸门宽度为原则，一般长度为 3m 左右。活动轨的铺设有以下几种方法：

1）支座拉杆式：

将钢轨铺设在工字钢支座 1 上，两根钢轨用拉杆 2 固定，活动钢轨与固定钢轨用鱼尾板螺栓固定，只要松开固定轨端螺栓，即可将活动轨拆除，见图 5-12-10。

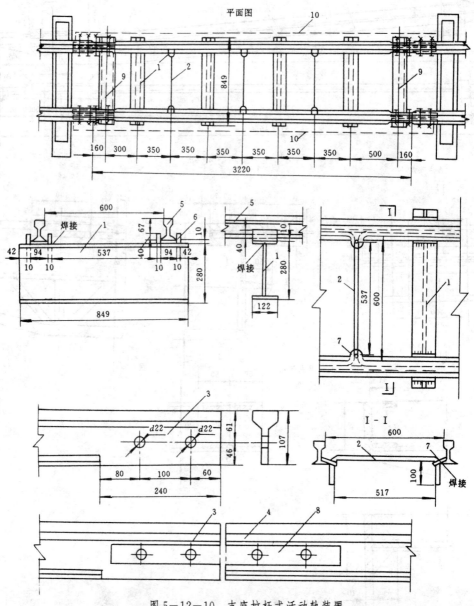

图 5-12-10　支座拉杆式活动轨装置

1—活动轨支座（Ⅰ28a）；2—活动轨拉杆（圆钢 ϕ20）；3—活动轨端头加工图；4—固定轨；

5—钢轨；6—钢板（122mm×10mm×50mm）；7—U 型钩（圆钢 ϕ16）；8—鱼尾板；

9—角钢垫（140mm×140mm×10mm）；10—预埋钢轨联结导线（圆钢 ϕ20）

表 5-12-11　防水闸门硐室活动架线材料消耗量

序号	名　称	材料	规　格	单位	数　量	质量（kg）	
						每米重	总重
1	活动架线	圆钢	φ17	m	4.06	1.78	7.23
2	活动架线托梁	角钢	75×50×6	m	4.056	5.699	23.12
3	固定架线托梁	槽钢	20a L=4.0m 3根	m	12.0	22.63	271.56
4	锚固架线线夹	圆钢	φ12 L=0.7m 4根	m	2.8	0.888	2.49
5	固定活动架线	圆钢	φ12 13根	m	1.12	0.888	0.99
6	活动架线插板	钢板	(120+100)/2mm×400mm×10mm	块	2.0		
7	活动架线插板套	钢板	187mm×100mm×10mm	块	2.0		
8	活动架线端头挡板	钢板	100mm×75mm×10mm	块	1.0		
9	固定端头挡板	钢板	(44+44)/2mm×5mm	块	3.0		

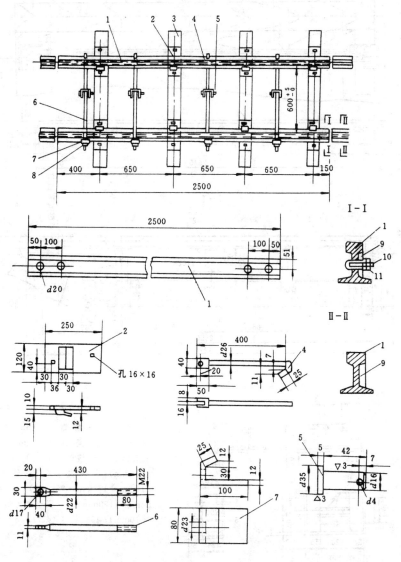

图 5-12-11　支拉杆式活动轨装置

1—钢轨；2—支板；3—枕木；4—母拉杆；5—销子；6—拉杆；
7—卡板；8—螺母（M22）；9—鱼尾夹板；10—螺栓（M16）；11—螺母（M16）

2) 支拉杆式：

用支板拉杆固定钢轨，将支板 2 固定在枕木上，钢轨设置在支板上（只能向外侧移动），两根钢轨以活动拉杆 4、5、6 固定。活动轨两端仅外侧上鱼尾板，基本轨端不加螺栓，当拉杆销子打开后，活动轨能与支板脱离，将其钢轨拆除，见图 5—12—11。

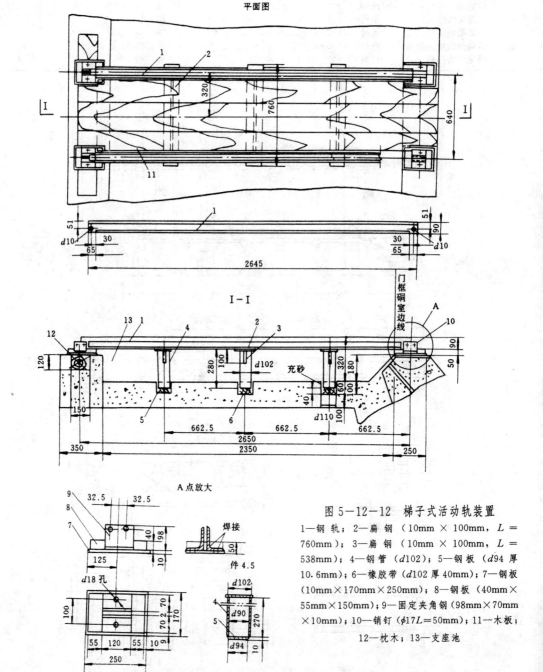

图 5—12—12　梯子式活动轨装置
1—钢轨；2—扁钢（10mm × 100mm，$L = 760$mm）；3—扁钢（10mm × 100mm，$L = 538$mm）；4—钢管（$d102$）；5—钢板（$d94$ 厚 10.6mm）；6—橡胶带（$d102$ 厚 40mm）；7—钢板（10mm×170mm×250mm）；8—钢板（40mm×55mm×150mm）；9—固定夹角钢（98mm×70mm×10mm）；10—销钉（$\phi17 L=50$mm）；11—木板；12—枕木；13—支座池

3）梯子式：

将钢轨焊接在钢板 2 上，钢板两端焊有短钢板 3，将其插入钢管支座 4 内固定钢轨，钢管支座放入加沙和抗震橡胶垫的座窝内。活动轨两端插入固定夹 9，这样活动轨即构成梯子形整体结构。关闭闸门时可将活动轨整体拆除，见图 5－12－12。

除以上三种拆除活动轨关闭防水闸门的方法外，还有抚顺老虎台矿不拆除钢轨，采用在防水闸门轨道处加设密封装置（橡胶充气袋）关闭防水闸门的方法。

将充气袋 1 悬吊在防水闸门门扇底部槽钢之中，将充气胶管 2 引到防水闸门与气源 3 接通。气源可用压风、小氧气瓶的储气或脚踏打气筒。平时由于张紧装置橡胶条 4 的作用整个袋体不会露出门扇底部槽钢之外，关、开门正常。

轨道的密封是靠粘在充气袋上的轨道沟橡胶条 5 来完成。该防水闸门从关闭到充完气袋只需 5min 即可完成，见图 5－12－13。

5．防水闸门前篦子门的安装（图 5－12－14）

八、实 例

（1）钢制井下水闸门代表性总成结构示例（图 8－10－40～图 8－10－44）。

（2）国内几种钢制井下水闸门设计特征（一）（表 8－10－40）。

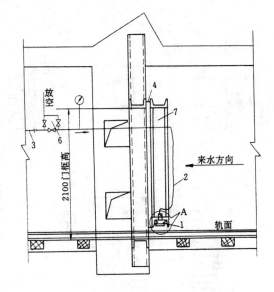

A 放大图

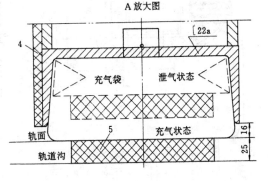

图 5－12－13 抚顺老虎台矿井下防水闸门
底部封闭装置

1—充气袋；2—充气胶管；3—气源；4—橡胶条；
5—充气袋上轨道沟橡胶条；6—放气阀门；7—闸门

（3）国内部分井下防水闸门硐室设计特征（二）（表 8－10－41）。

（4）肥城矿务局陶阳煤矿井下防水闸门硐室（图 5－12－15）和霍州矿务局辛置矿井东区＋440m 水平运输大巷防水闸门硐室（图 5－12－16）。

九、计算实例

（一）例 一

1．某矿原始资料

1）硐室所处位置为砂岩，普氏系数 $f=5\sim6$。

2）水压 1.5N/mm²。

3）水闸门迎水端巷道净宽 5.9m，净高 5.047m，墙高 2.3m，拱壁厚 0.50m。

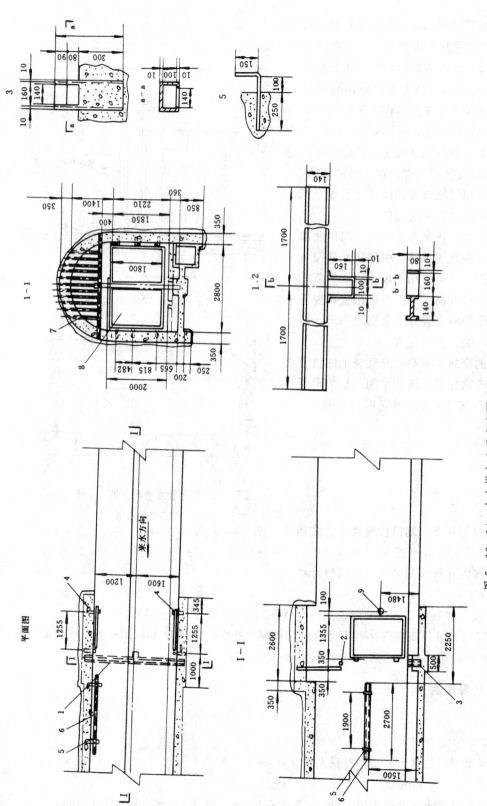

图 5—12—14　大屯煤电公司龙东煤矿井下防水闸门硐室笆子门安装

1—工字钢（Ⅰ14）；2—扁钢（80mm×10mm）；3—厚钢板（560mm×460mm×10mm）；4—托门梁（L40mm×40mm×5mm）；5—圆钢（φ20）；6—工字钢（Ⅰ12.6）；7—圆钢（φ20）；8—笆子门；9—挂钩

4）涌水量 50t/min。

5）硐室右下部设有 $d402mm$ 放水管一趟。

6）采用强度等级为 C25 的混凝土。

2. 防水闸门墙体长度计算

1）按圆柱形公式计算

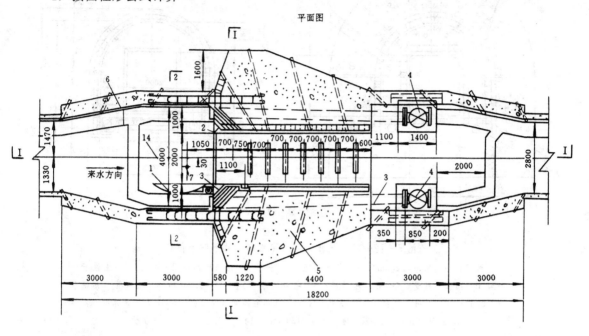

平面图

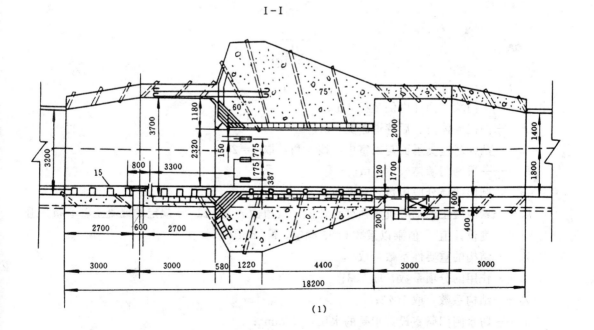

I—I

(1)

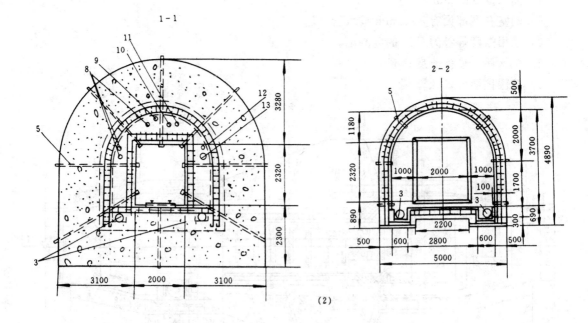

图 5－12－15 肥城矿务局陶阳煤矿井下防水闸门

1—水闸门（2.32m×2.0m）；2—水闸门框；3—排水管（φ350mm）；4—闸阀；5—注浆管（φ75mm）；6—箅子；7—闸门起吊环；8—电力电缆管（内径 φ80mm）；9—测压管（内径 φ25mm）；10—照明电缆管（内径 φ25mm）；11—通讯电缆管（内径 φ25mm）；12—洒水管（内径 φ10mm）；13—压风管（内径 φ150mm）；14—活动轨道；15—木轨枕

$$r = \frac{B}{2\sin\alpha}$$

$$L_0 = \frac{r}{\dfrac{nf_{cc}}{\gamma_o \gamma_f \gamma_d P} - 1}$$

$$L = nL_0$$

式中 r——闸门墙体圆柱内侧半径，m；

B——闸门墙体前、后巷道净宽，m；

α——凸缘基座支承面与硐室中心线夹角，取 $\alpha = 20°$；

L_0——一段闸门墙体长度，m；

n——闸门墙体分段段数，取 2 段；

f_{cc}——素混凝土的轴心抗压强度设计值，其值由表 5－12－4 规定的混凝土轴心抗压强度设计值 f_c 值乘以系数 0.95 确定，N/mm²；

γ_o——结构的重要性系数，取 1.1；

γ_f——作用的分项系数，取 1.3；

γ_d——结构系数，取 1.75；

P——防水闸门硐室设计承受的水压，N/mm²；

L——闸门墙体长度，m。

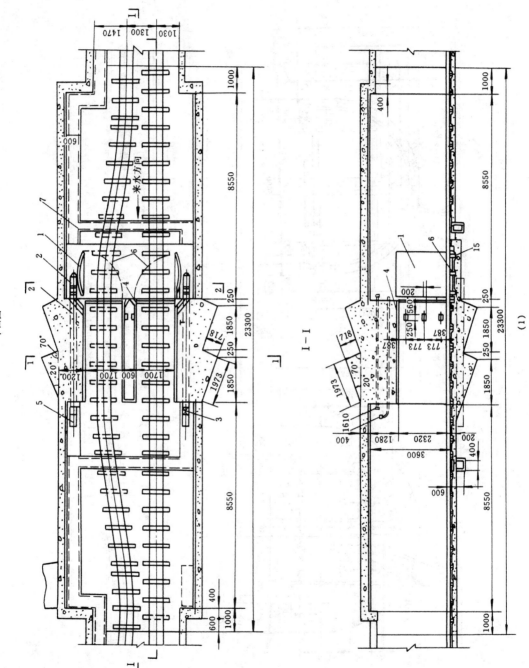

平面图

I—I

(1)

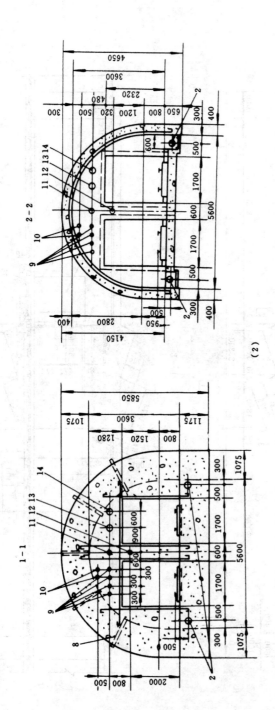

图 5—12—16　霍州矿务局辛置矿井东区＋440m 水平运输大巷防水闸门峒室

1—水闸门（2.32×1.7m）；2—滤水器；3—闸阀；4—水闸门框；5—排水管延长管；6—活动轨道；7—水沟盖板；8—注浆管（φ57mm）；9—动力电缆管（φ57mm）；10—通讯电缆管（φ57mm）；11—照明电缆管（φ57mm）；12—水压表用管（φ57mm）；13—压风管（φ57mm）；14—酒水管（φ325mm）；15—木轨枕；16—压力表

代入公式

$$r=\frac{5.9}{2\sin20°}=8.625m$$

$$L_0=\frac{8.625}{\dfrac{2\times12.5\times0.95}{1.1\times1.3\times1.75\times1.5}-1}=1.619m$$

$$L=2\times1.619=3.238m$$

2）按楔形公式计算

$$L=\frac{H+B}{4\tan\alpha}\left[\sqrt{1+\frac{4\gamma_o\gamma_f\gamma_dHBP}{(B+H)^2f_{cc}}}-1\right]$$

式中　L——闸门墙体长度，m；

　　　H——闸门墙体前、后巷道净高，m；

　　　B——闸门墙体前、后巷道净宽，m；

　　　α——凸缘基座支承面与硐室中心线夹角，取 $\alpha=20°$；

　　　γ_o——结构的重要性系数，取 1.1；

　　　γ_f——作用的分项系数，取 1.3；

　　　γ_d——结构系数，取 1.75；

　　　P——防水闸门硐室设计承受的水压，N/mm²；

　　　f_{cc}——素混凝土的轴心抗压强度设计值，其值由表 5-12-4 规定的混凝土轴心抗压强度设计值 f_c 值乘以系数 0.95 确定，N/mm²。

代入式中

$$L=\frac{5.047+5.9}{4\tan20°}\left[\sqrt{1+\frac{4\times1.1\times1.3\times1.75\times5.047\times5.9\times1.5}{(5.9+5.047)^2\times12.5\times0.95}}-1\right]$$

$$=1.101m$$

3）根据以上计算，取 $L=3.500m$。

（二）例　二

1. 某矿原始资料

1）硐室所处位置为砂岩，普氏系数 $f=5\sim6$。

2）水压 3.2N/mm²。

3）水闸门迎水端巷道净宽 4.7m，净高 3.833m，墙高 2.3m，拱壁厚 0.50m，硐室前后巷道净断面为 16.6m²。

4）涌水量 50t/min。

5）硐室下部设有 1.0m×1.0m 的方形水沟，采用 d250mm 放水管一趟，作为关闭水闸门后放水之用。

6）采用强度等级为 C25 的混凝土。

2. 防水闸门墙体长度计算

按倒截锥形公式计算

$$L_i = \left[\ln \left(\gamma_o \gamma_f \gamma_d P \right) - \ln \left(f_t \right) \right] / 0.3986$$

$$L = L_i + L_0$$

$$S_2 = \left(\gamma_o \gamma_f \gamma_d \gamma_{sd} P + f_{cc} \right) S / f_{cc}$$

$$E = \frac{-\left(\pi B + 2B + 4h_3 \right) + \sqrt{\left(\pi B + 2B + 4h_3 \right)^2 - 4 \left(4 + \pi \right) \left(2Bh_3 + 0.25\pi B^2 - 2S_2 \right)}}{2 \left(4 + \pi \right)}$$

式中　L_i——闸门墙体应力衰减段计算长度，m；

$\ln$——自然对数符号；

γ_o——结构的重要性系数，取 1.1；

γ_f——作用的分项系数，取 1.3；

γ_d——取 2.0；

P——防水闸门硐室设计承受的水压，N/mm^2；

f_t——混凝土轴心抗拉强度设计值，N/mm^2；

L——闸门墙体长度，m；

L_0——闸门墙体应力回升段长度，取 1.5m；

S_2——防水闸门硐室最大掘进断面积，m^2；

γ_{sd}——作用不定性系数，取 2.0；

f_{cc}——素混凝土的轴心抗压强度设计值，其值由表 5-12-4 规定的混凝土轴心抗压强度设计值 f_c 值乘以系数 0.95 确定，N/mm^2；

S——闸门墙体前、后巷道净断面积，m^2；

E——闸门墙体嵌入围岩深度（含砌壁厚），m；

B——闸门墙体前、后巷道净宽，m；

h_3——闸门墙体前、后巷道墙高，m。

代入公式

$$L_i = \left[\ln \left(1.1 \times 1.3 \times 2.0 \times 3.2 \right) - \ln \left(1.3 \right) \right] / 0.3986 = 4.896\text{m}$$

$$L = 4.896 + 1.5 = 6.396 \approx 6.400\text{m}$$

$$S_2 = \left(1.1 \times 1.3 \times 2.0 \times 2.0 \times 3.2 + 12.5 \times 0.95 \right) 16.6 / \left(12.5 \times 0.95 \right) = 42.187\text{m}^2$$

$$E = \frac{1}{2(4+\pi)} \left[-(\pi \times 4.7 + 2 \times 4.7 + 4 \times 2.3) + \right.$$

$$\left. + \sqrt{(\pi \times 4.7 + 2 \times 4.7 + 4 \times 2.3)^2 - 4(4+\pi)(2 \times 4.7 \times 2.3 + 0.25\pi \times 4.7^2 - 2 \times 42.187)} \right]$$

$$= 1.101 \approx 1.110\text{m}$$

第三节　井下密闭门硐室

一、一般规定及要求

1）井下主变电所和主排水泵硐室在通往井底车场或大巷通道内，应设置容易关闭既防水又防火的密闭门并砌筑密闭门硐室。

2）根据密闭门所在通道铺轨与否，密闭门硐室可分为铺轨和不铺轨两种形式。当硐室铺轨时，在密闭门开启一侧的一节轨道，应设便于拆装的活动轨。

3）硐室长度应按防水闸门硐室圆柱形、楔形结构形式计算公式计算，一般为 0.6m。水压可按管子道平台标高与主排水泵硐室地面的高差确定。

4）硐室宽度应按密闭门框的宽度和电缆管的布置尺寸确定，硐室高度应按密闭门框的高度和硐室结构要求确定。

5）根据所处位置围岩条件密闭门硐室一般采用半圆拱、三心拱、圆弧拱形断面。硐室采用混凝土砌筑，混凝土强度等级不低于 C20。采用 100mm 厚混凝土铺底，混凝土强度等级为 C10。

6）在密闭门门框上应装设两端带丝扣的电缆管，其数量根据需要确定。使用的电缆管内应注入绝缘胶、沥青或用树脂将缝隙填实。暂不使用的电缆管需要封堵严密。

7）密闭门外 5m 内巷道必须砌碹或采用不燃性材料支护。

二、密闭门硐室设计所需资料

1）密闭门处围岩资料。
2）密闭门安装处巷道断面图。
3）密闭门门框预埋的管线位置、数量、长度及安装要求资料。
4）密闭门通过的最大设备外形尺寸。

三、硐室尺寸参数

1. 硐室加固部分厚度

井下密闭门硐室通用设计水压为 7×10^4Pa，加固厚度为 0.45m。结合密闭门安装需要，将加固厚度定为 0.60m。

2. 硐室尺寸

1）长度 根据密闭门开关时所需地沟长度及加固部分的长度确定，1986 年通用设计长度分别为 4.5m 和 4.5m。
2）宽度 根据密闭门的宽度和两边各加安装电缆管的宽度确定。
3）高度 根据密闭门的高度与硐室结构要求确定。

3. 密闭门规格

密闭门门框规格考虑通过井下主变电所与主排水泵硐室的最大设备。通用设计单扇密闭门有以下两种规格：

900mm 轨距为 1800mm×2000mm（宽×高）；
600mm 轨距为 1500mm×1800mm（宽×高）。

四、实 例

（1）密闭门结构及安装关系（图 5—12—17）。
（2）井下密闭门硐室（图 5—12—18、图 5—12—19）。
（3）井下密闭门硐室主要技术特征（表 5—12—12）。

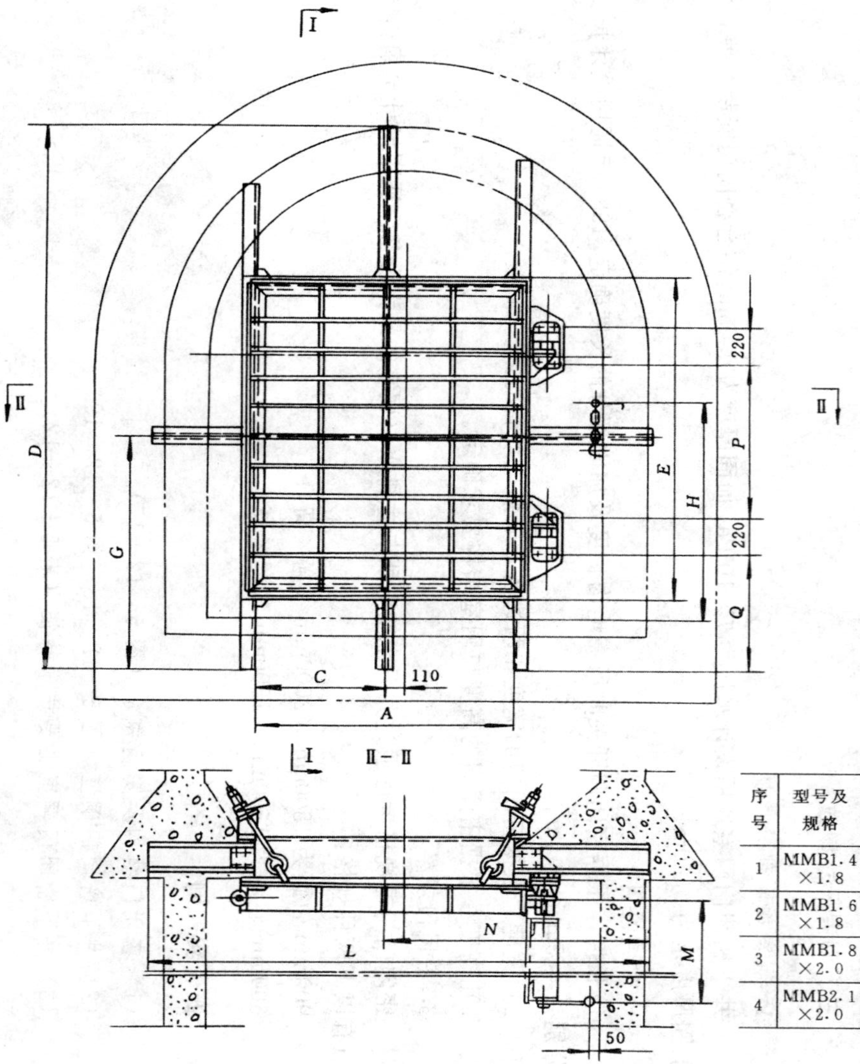

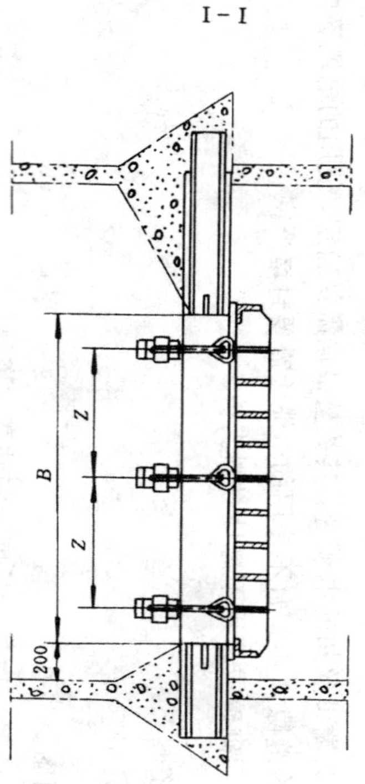

说明：
1. 本密闭门设于井下水泵硐室和变电所的通道中，以防止水的突然涌入。
2. 本密闭门最大承受压力为 98kPa。

序号	型号及规格	图号	主要尺寸 (mm)													重量 (kg)
			A	B	C	D	E	G	H	L	M	N	P	Q	Z	
1	MMB1.4 ×1.8	B85—373 (1)	1500	1800	750	3300	1960	1400	1300	2900	1760	1550	1000	680	720	1123
2	MMB1.6 ×1.8	B85—373 (2)	1700	1800	850	3400	1960	1400	1300	3100	1960	1650	1000	680	720	1194
3	MMB1.8 ×2.0	B85—373 (3)	1900	2000	950	3600	2160	1500	1400	3300	2160	1750	1120	715	800	1319
4	MMB2.1 ×2.0	B85—373 (4)	2200	2000	1100	3750	2160	1500	1400	3600	2460	1900	1120	715	800	1430

图 5—12—17　密闭门结构及安装关系

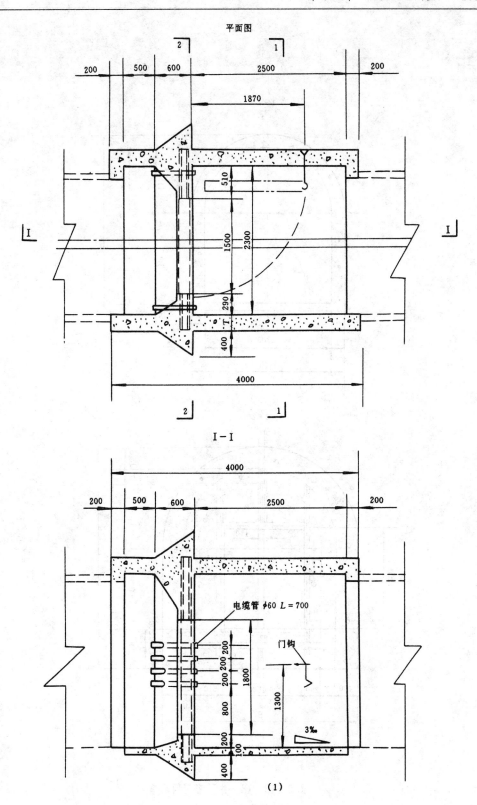

平面图

I - I

电缆管 φ60 L = 700

门钩

3‰

(1)

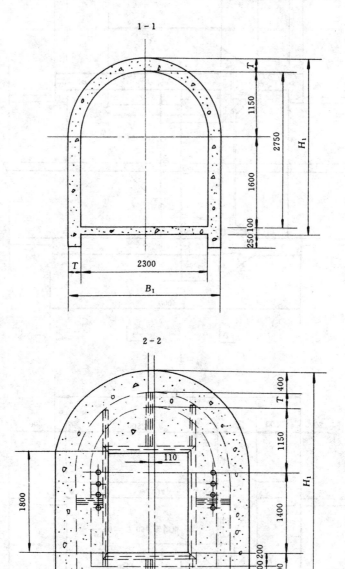

图 5—12—18 井下密闭门硐室

(1.5m×1.8m,不铺轨)

(1986 年煤炭工业部武汉设计研究院编制的通用设计)

平面图

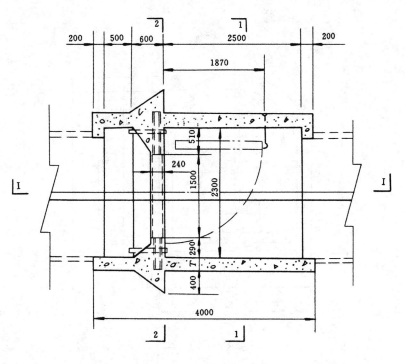

I - I

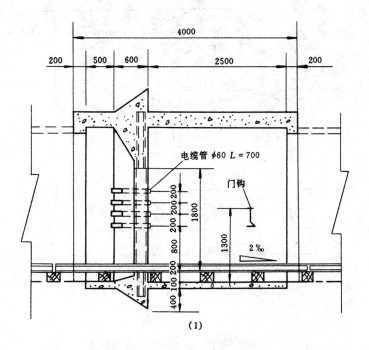

(1)

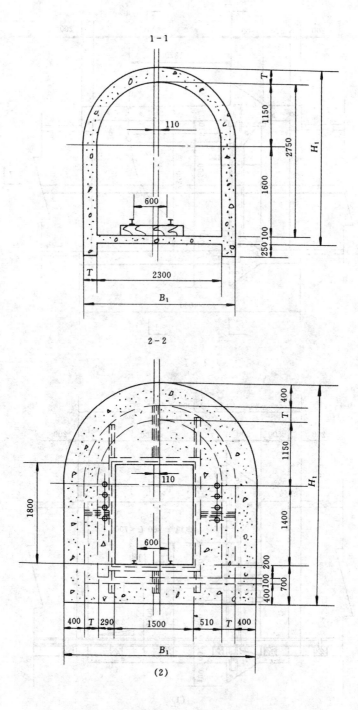

图 5—12—19 井下密闭门硐室

(1.5m×1.8m 铺轨)

(1986 年煤炭工业部武汉设计研究院编制的通用设计)

表 5—12—12 井下密闭门硐室主要技术特征

通用设计图号	密闭门图号	岩石硬度系数 f	断面 (m²)			支护材料	硐室长度 (m)	掘进工程量 (m³)	混凝土消耗量 (m³)	适用范围
			形状	净	掘进					
T86—142.1—1	B85—373 (1)—00	2~3	半圆拱	5.8	7.9	混凝土	4.0	33.1	11.83	不铺轨巷道 (1.5m×1.8m)
		4~10	半圆拱	5.8	7.6	混凝土	4.0	31.7	10.13	
T86—142.1—2	B85—373 (2)—00	2~3	半圆拱	6.5	8.7	混凝土	4.0	36.3	12.47	不铺轨巷道 (1.7m×1.8m)
		4~10	半圆拱	6.5	8.3	混凝土	4.0	34.6	10.74	
T86—142.1—3	B85—373 (3)—00	2~6	半圆拱	7.5	9.9	混凝土	4.5	46.2	14.60	不铺轨巷道 (1.9m×2.0m)
		7~10	半圆拱	7.5	9.5	混凝土	4.5	44.3	12.53	
T86—142.1—4	B85—373 (4)—00	2~6	半圆拱	8.6	11.2	混凝土	4.5	52.1	15.76	不铺轨巷道 (2.2m×2.0m)
		7~10	半圆拱	8.6	10.2	混凝土	4.5	47.7	13.60	
T86—142.2—1	B85—373 (1)—00	2~3	半圆拱	5.8	7.9	混凝土	4.0	33.1	11.83	600mm 轨距巷道 (1.5m×1.8m)
		4~10	半圆拱	5.8	7.6	混凝土	4.0	31.7	10.13	
T86—142.2—2	B85—373 (2)—00	2~3	半圆拱	6.5	8.7	混凝土	4.0	36.3	12.47	600mm 轨距巷道 (1.7m×1.8m)
		4~10	半圆拱	6.5	8.3	混凝土	4.0	34.6	10.74	
T86—142.2—3	B85—373 (3)—00	2~6	半圆拱	7.5	9.9	混凝土	4.5	46.2	14.6	600mm 轨距巷道 (1.9m×2.0m)
		7~10	半圆拱	7.5	9.5	混凝土	4.5	44.3	12.53	
T86—142.2—4	B85—373 (4)—00	2~6	半圆拱	8.6	11.2	混凝土	4.5	52.1	15.76	600mm 轨距巷道 (2.2m×2.0m)
		7~10	半圆拱	8.6	10.2	混凝土	4.5	47.7	13.60	

注：1986 年煤炭工业部武汉设计研究院编制的通用设计。

第四节 井下防火门、防火栅栏两用门硐室

一、一般规定及要求

1）为防火需要，下列地点应设置带风窗的防火门及防火门硐室：

（1）主变电所内带油变压器室与配电室之间。

（2）蓄电池电机车充电硐室与变流室之间。

（3）井下储油库通道。

（4）其他需要防火的地点。

2）下列地点应设置防火栅栏两用门：

（1）主变电所与主排水泵硐室之间。

（2）采区变电所通路内。

（3）带式输送机、绞车配电电气设备和变压器硐室等通道内。

3）硐室设计必须满足防火门、防火栅栏两用门的规格尺寸和安装要求。门应向外开启，当门敞开时，不应妨碍设备的进出。

4）硐室出口防火门、防火栅栏两用门外 5m 内的巷道应砌碹或用不燃性材料支护。门框

必须用强度等级不低于 C20 混凝土砌筑并用 M10 砂浆充填，断面宜采用半圆拱。

5）门框预埋电缆管时，应注入绝缘胶或沥青、树脂等将管内缝隙封闭。若有管道通过防火门时，可将门框上端铁板开口解决。

6）设于机电设备硐室出口通道中的防火栅栏两用门，当硐室存在带油设备时防火门下应加混凝土门槛。

二、实　例

1．井下防火门、防火栅栏两用门结构及安装关系
见图 5－12－20、图 5－12－21、图 5－12－22。

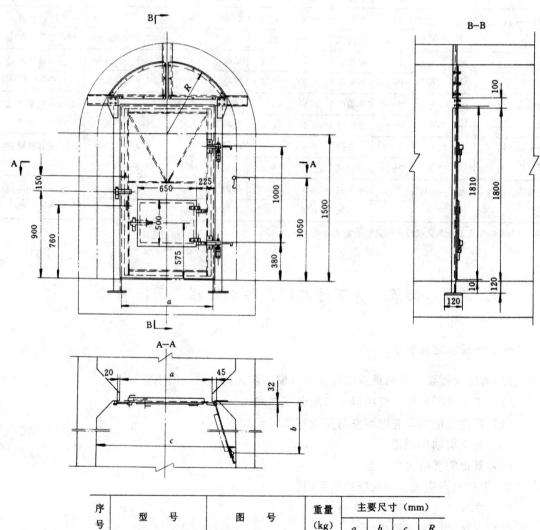

序号	型　号	图　号	重量(kg)	主要尺寸（mm）			
				a	b	c	R
1	MFHT－0.9×1.8	B85－372.1－00	178	1000	1000	1500	750
2	MFHT－1.4×1.8	B85－372.2－00	238	1500	1500	2000	1000

图 5－12－20　防火门结构及安装关系

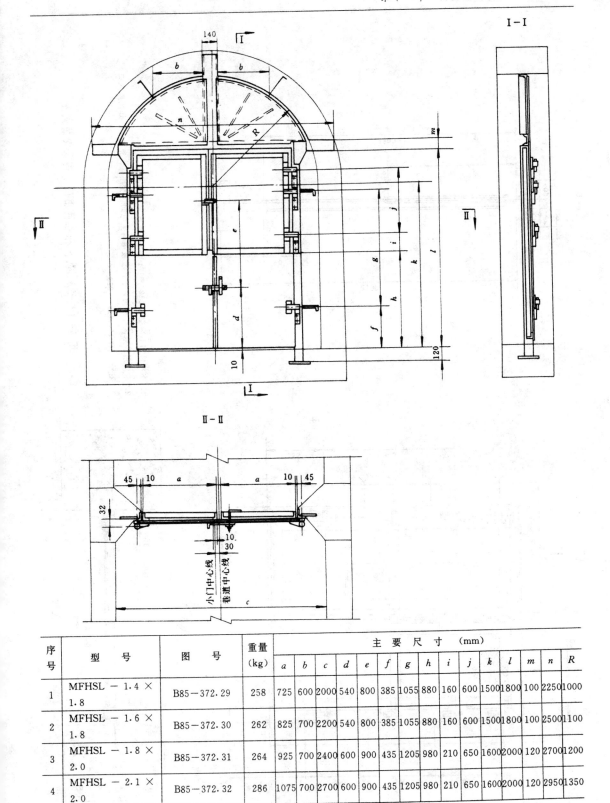

序号	型号	图号	重量 (kg)	主要尺寸 (mm)														
				a	b	c	d	e	f	g	h	i	j	k	l	m	n	R
1	MFHSL - 1.4 × 1.8	B85-372.29	258	725	600	2000	540	800	385	1055	880	160	600	1500	1800	100	2250	1000
2	MFHSL - 1.6 × 1.8	B85-372.30	262	825	700	2200	540	800	385	1055	880	160	600	1500	1800	100	2500	1100
3	MFHSL - 1.8 × 2.0	B85-372.31	264	925	700	2400	600	900	435	1205	980	210	650	1600	2000	120	2700	1200
4	MFHSL - 2.1 × 2.0	B85-372.32	286	1075	700	2700	600	900	435	1205	980	210	650	1600	2000	120	2950	1350

图 5-12-21 防火栅栏两用门结构及安装关系

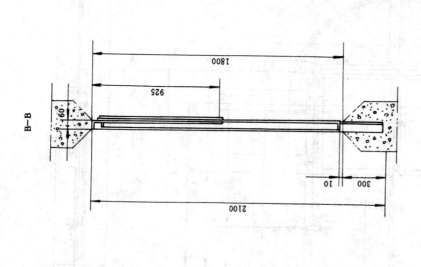

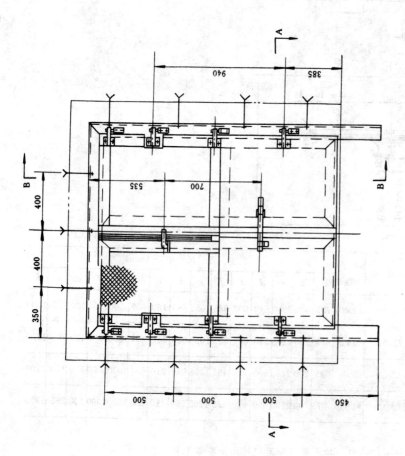

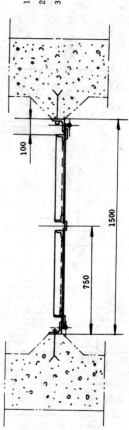

说明：
1. 本构件门框净空为 1320×1710mm，重叠为 183kg。
2. 本门用于采区变电所通道、水泵房与变电间、变流室、充电室、炸药库入口。
3. 图号：TS0415（1）—376—00。

图 5—12—22　防火栅栏两用门结构及安装关系

2. 井下防火门、防火栅栏两用门硐室

见图 5—12—23、图 5—12—24、图 5—12—25。

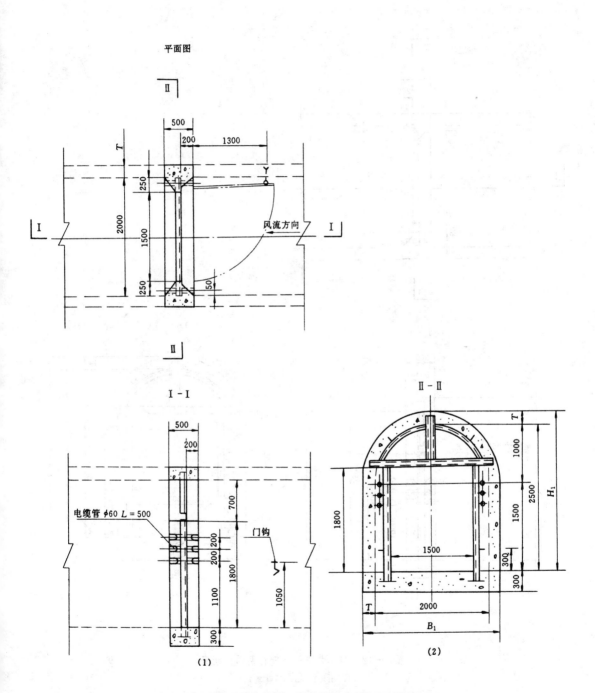

图 5—12—23　井下防火门硐室

（1.5m×1.8m，不铺轨）

（1986 年煤炭工业部武汉设计研究院编制的通用设计）

平面图

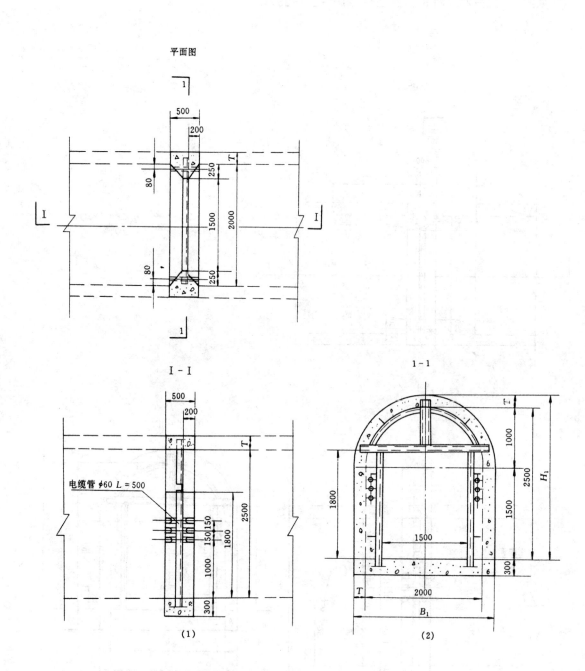

图 5—12—24 井下防火栅栏两用门硐室

(1.5m×1.8m，不铺轨)

(1986 年煤炭工业部武汉设计研究院编制的通用设计)

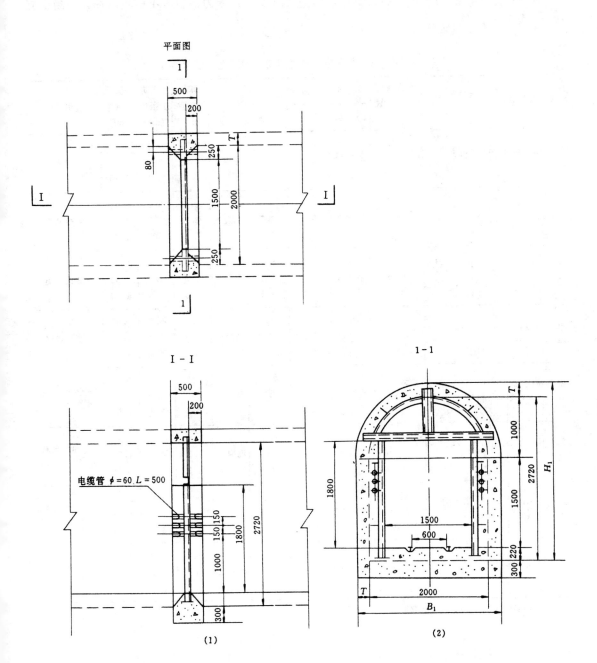

图 5—12—25 井下防火栅栏两用门硐室

(1.5m×1.8m，铺轨)

(1986 年煤炭工业部武汉设计研究院编制的通用设计)

3. 井下防火栅栏两用门硐室主要技术特征

井下防火栅栏两用门硐室通用设计采用半圆拱断面，分为铺轨和不铺轨两种，混凝土支护，见表5—12—13。

表5—12—13　井下防火栅栏两用门硐室主要技术特征

通用设计图号	防火栅栏两用门图　号	岩石硬度系　数 f	断　面（m²）			支护材料	硐室长度（m）	掘进工程量（m³）	混凝土消耗量（m³）	适用范围
			形状	净	掘进					
T86—141（2）1—1	B85—372.29—00	2～3 4～6 7～10	半圆拱	4.6 4.6 4.6	6.6 6.6 6.6	混凝土	0.5 0.5 0.5	3.4 3.4 3.4	1.15 1.15 1.15	不铺轨巷道
T86—141（2）1—2	B85—372.30—00	2～3 4～6 7～10	半圆拱	5.2 5.2 5.2	7.7 7.7 7.7	混凝土	0.5 0.5 0.5	3.9 3.7 3.7	1.41 1.21 1.21	不铺轨巷道
T86—141（2）1—3	B85—372.31—00	2～3 4～6 7～10	半圆拱	6.1 6.1 6.1	8.8 8.4 8.4	混凝土	0.5 0.5 0.5	4.4 4.2 4.2	1.51 1.30 1.30	不铺轨巷道
T86—141（2）1—4	B85—372.32—00	2～3 4～6 7～10	半圆拱	7.2 7.2 7.2	10.1 10.1 9.6	混凝土	0.5 0.5 0.5	5.2 5.2 4.9	1.61 1.61 1.40	不铺轨巷道
T86—141（2）2—1	B85—372.29—00	2～3 4～6 7～10	半圆拱	4.6 4.6 4.6	7.1 7.1 7.1	混凝土	0.5 0.5 0.5	3.6 3.6 3.6	1.64 1.64 1.64	600mm 轨距巷道
T86—141（2）2—2	B85—372.30—00	2～3 4～6 7～10	半圆拱	5.2 5.2 5.2	8.3 7.9 7.9	混凝土	0.5 0.5 0.5	4.2 4.0 4.0	1.94 1.74 1.74	600mm 轨距巷道
T86—141（2）2—3	B85—372.31—00	2～3 4～6 7～10	半圆拱	6.1 6.1 6.1	9.5 9.0 9.0	混凝土	0.5 0.5 0.5	4.7 4.5 4.5	2.10 1.88 1.88	600mm 轨距巷道
T86—141（2）2—4	B85—372.32—00	2～3 4～6 7～10	半圆拱	7.2 7.2 7.2	10.8 10.8 10.8	混凝土	0.5 0.5 0.5	5.4 5.4 5.2	2.27 2.27 2.05	600mm 轨距巷道

注：1986年煤炭工业部武汉设计研究院编制的通用设计。

第五节　抗冲击波活门、抗冲击波密闭门硐室

一、一般规定及要求

1) 为了防止井下爆炸材料库和爆炸材料发放硐室内的炸药爆炸产生的火焰、浓烟、有毒气体向外扩散，井下爆炸材料库及爆炸材料发放硐室，在人员领取爆炸材料的行人通道中，必

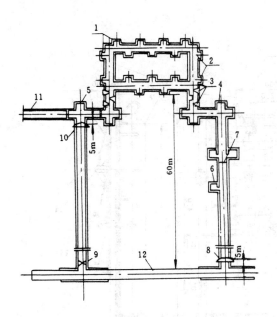

图 5—12—26　壁槽式爆炸材料库结构

1—贮存炸药壁槽；2—贮存雷管的壁槽；3—齿状阻波墙；
4—尽头巷道；5—雷管检验室；6—放炮员等候及消防硐室；
7—炸药发放处；8—抗冲击波活门；9—栅栏门；10—抗
冲击波密闭门；11—通至总回风道斜巷或回风暗井；12—大巷

须安装有自动关闭的抗冲击波活门。抗冲击波活门 8 安设在连接巷道内壁距抗冲击波活门中心 5m 处。井下爆炸材料库的另一出口必须安装有抗冲击波密闭门，抗冲击波密闭门 10 安设在距连接巷道内壁距抗冲击波密闭门中心 5m 处（图 5—12—26）。

2）抗冲击波活门、抗冲击波密闭门的型号选择，应根据井下爆炸材料库库内发放炸药硐室距离确定。在库内发放炸药硐室距设置抗冲击波活门的距离不小于 35m 的条件下，可选用抗力为 1.5MPa 型的抗冲击波活门和抗冲击波密闭门；在库内发放炸药硐室距设置抗冲击波活门的距离不小于 15m 的条件下，选用抗力为 2.5MPa 型的抗冲击波活门和抗冲击波密闭门；井下爆炸材料发放硐室内的炸药发放硐室距设置抗冲击波活门的距离不小于 15m 的条件下，可选用抗力为 2.5MPa 型的抗冲击波活门。

3）抗冲击波活门和抗冲击波密闭门的门框基础，应连续砌筑，混凝土强度等级不低于 C20。

4）抗冲击波活门、抗冲击波密闭门硐室一般采用半圆拱形断面，根据围岩情况配置一定数量的钢筋。

5）抗冲击波活门、抗冲击波密闭门硐室门框预留的电缆孔等应封堵严密。

二、结构与功能

（一）抗冲击波活门的结构与作用

1. 结　构

抗冲击波活门门扇上部装有三组通风活门装置（图 5—12—27），总风量为 6000m³/h，每组通风量为 2000m³/h，可供不同容量的爆炸材料库选用，风速 8m/s。抗冲击波活门结构是在活门底板开有三组共 18 个直径 122mm 的通风孔，活门板外部装有自动张开 12°角的活门悬板。当库内一旦发生爆炸，冲击波通过拐三道直角弯及延长 2m 的尽头巷道衰减之后，余压只要大于 20kPa 时，活门悬板受压在 3～8s 内自动关闭，与外部隔离，阻止爆炸冲击波及爆炸产生的火焰、有毒气体向外部巷道扩散，由总回风道排出。抗冲击波活门通常是关闭的，为防止活门人为长期敞开，在库房炸药发放室内，装有防爆光电开关、信号电笛及信号灯和报警装置。其作用原理：利用装在抗冲击波活门门框上的金属遮光板，通过报光器和受光器之间，使防爆光电开关给出一组常开接点断开，电笛和信号不显示信号。当抗冲击波活门敞开

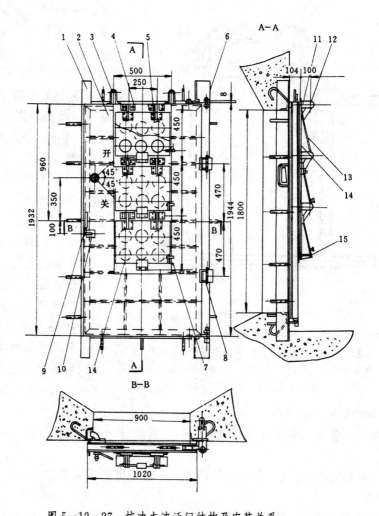

图 5—12—27　抗冲击波活门结构及安装关系

1—门框；2—门扇；3—吊环；4—悬板铰座；5—铰页板；6—油环；7—定位销；8—弹簧折页；
9—门把手；10—紧急闭锁装置；11—支座；12—销轴；13—悬板；14—通风孔；15—限位座

时，报光器和受光器之间被检测物体，使防爆光电开关给出一组常开接点闭合，电笛、信号显示报警信号，值班人员关闭抗冲击波活门。

2. 作　用

抗冲击波活门有三个作用：一是抗冲击波作用；二是二组 18 个通风孔调节库房所需风量作用；三是库房内发生火情，关闭通风孔，起隔离作用。

（二）抗冲击密闭门的结构与作用

1. 结　构

抗冲击密闭门的结构见图 5—12—28。

2. 作　用

抗冲击波密闭门的作用主要是起隔离作用。

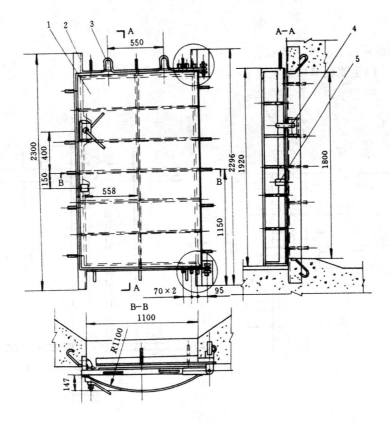

图 5-12-28　抗冲击波密闭门结构及安装关系

1—门扇；2—门框；3—吊钩；4—手柄；5—紧急闭锁装置

三、硐室尺寸参数

根据煤炭工业部通用设计 T86-FH2500/918-J1 等系列设计，抗冲击波活门、抗冲击波密闭门硐室门框墙混凝土厚度为 350～650mm，见图 5-12-29。门框墙混凝土厚度可按下列公式计算：

$$d = \frac{k_a k_d P B h}{2(B+h)[\tau]}$$

式中　d——门框墙混凝土厚度，m；

k_a——门硐结构安全系数，取 1.2；

k_d——结构动力系数，取 2.0；

P——冲击波压力，MPa；

B——门硐宽度，m；

h——门硐高度，m；

$[\tau]$——混凝土设计抗剪强度，MPa。

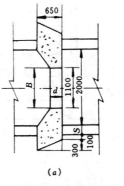 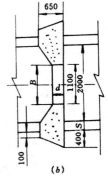

图 5-12-29　防护门框墙端结构

四、实　例

1. 抗冲击波活门主要技术特征

抗冲击波活门主要技术特征见表5—12—14。

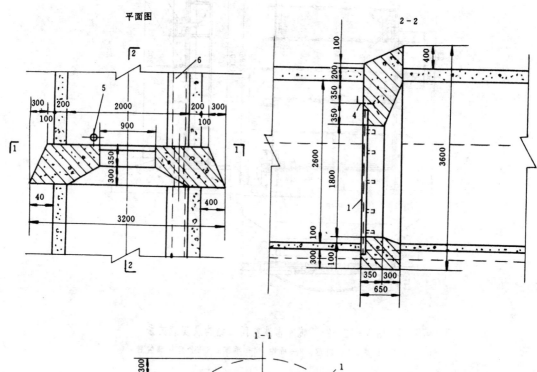

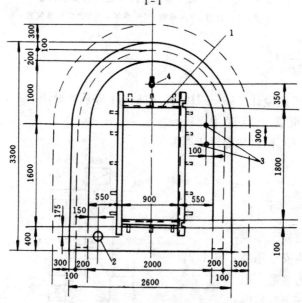

图 5—12—30　沙曲矿井＋440m 水平井下爆炸材料库抗冲击波活门硐室

1—抗冲击波活门门框；2—泄水管（φ150mm）；3—照明、通讯电缆孔（φ32mm）；

4—吊钩；5—门框窝（φ100mm）；6—水沟

表 5-12-14　抗冲击波活门主要技术特征

图　　号	技　术　特　征					适用硐室图号
	门孔尺寸 （mm）	抗冲击波 超压值 ΔP（kPa）	通风量 （m³/h）	悬板最大 张面角度 （°）	质　量 （kg）	
T86-FH2500/918-00A	1800×900	2500	6000	12	555	T86-FH2500/918-J1
T86-FH1500/918-00A	1800×900	1500	6000	12	500	T86-FH1500/918-J1

注：根据1986年徐州矿务局设计处编制的通用设计摘录，制造厂：徐州煤矿安全设备制造有限公司。

2. 沙曲矿井＋440m 水平井下爆炸材料库抗冲击波活门硐室

沙曲矿井＋440m 水平井下爆炸材料库抗冲击波活门硐室见图 5-12-30。

3. 沙曲矿井＋440m 水平井下爆炸材料库抗冲击波活门硐室配筋（图 5-12-31）

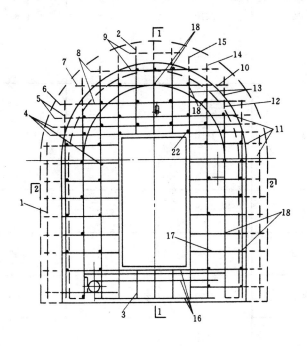
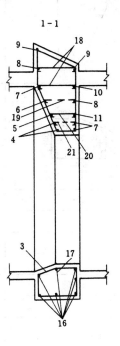
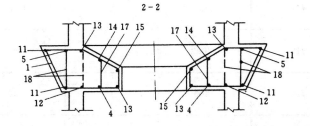

图 5-12-31　沙曲矿井＋440m 水平井下爆炸材料库抗冲击波活门硐室配筋

（参见表 5-12-15）

4. 沙曲矿井＋440m 水平井下爆炸材料库抗冲击波活门硐室钢筋消耗量（表 5－12－15）

表 5－12－15   钢 筋 明 细 表

编号	形 状	直径（mm）	单长（mm）	数量（根）	总长（m）
①		φ12	2890	18	52.02
②		φ12	3210	3	9.63
③		φ12	1950	5	9.75
④	2900	φ12	2900	4	11.60
⑤	2800	φ12	2800	3	8.40
⑥	2600	φ12	2600	1	2.60
⑦	2300	φ12	2300	3	6.90
⑧	1800	φ12	1800	2	3.60
⑨	700	φ12	700	2	1.40
⑩	1400	φ12	1400	1	1.40
⑪	2200	φ12	2200	5	11.00

续表

编号	形　状	直径（mm）	单长（mm）	数量（根）	总长（m）
⑫	2700	$\phi12$	2700	2	5.40
⑬	3100	$\phi12$	3100	4	12.40
⑭	3300	$\phi12$	3300	2	6.60
⑮	3400	$\phi12$	3400	2	6.80
⑯	1700	$\phi12$	1700	8	13.60
⑰	410	$\phi8$	510	19	9.69
⑱	550	$\phi8$	650	30	19.50
⑲	470	$\phi8$	570	4	2.28
⑳	380	$\phi8$	480	1	0.48
㉑	330	$\phi8$	430	2	0.86
㉒	270	$\phi8$	370	2	0.74

5. 抗冲击波密闭门主要技术特征（表 5—12—16）

表 5—12—16　抗冲击波密闭门主要技术特征

图　号	技　术　参　数			适用硐室图号
	门孔尺寸（mm×mm）	抗冲击波超压值 ΔP（kPa）	质量（kg）	
T86 — FM2500/1118 — 00A	1800×1100	2500	554	T86—FM2500/1118—J1
T86 — FM1500/1118 — 00A	1800×1100	1500	476	T86—FM1500/1118—J1

注：根据 1986 年徐州矿务局设计处编制的通用设计摘录，制造厂：徐州煤矿安全设备制造有限公司。

6. 沙曲矿井＋440m 水平井下爆炸材料库抗冲击波密闭门硐室（图 5—12—32）

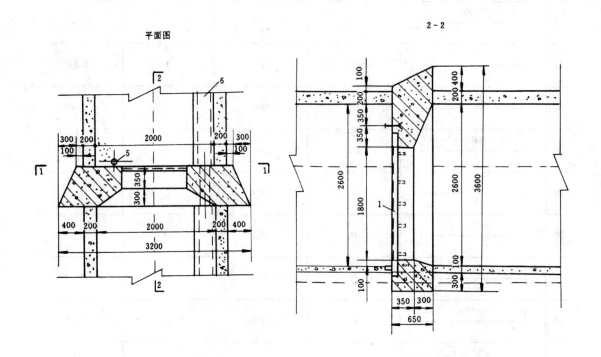

平面图

2-2

1-1

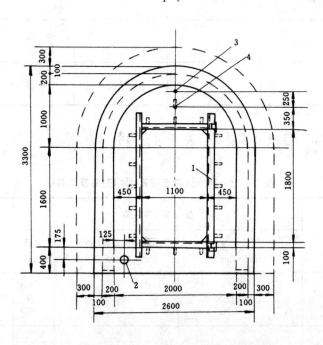

图 5—12—32   沙曲矿井＋440m 水平井下爆炸材料库抗冲击波密闭门硐室

1—抗冲击波密闭门门框；2—泄水管（φ150mm）；3—照明电缆孔（φ32mm）；

4—吊钩；5—门框窝（φ100mm）；6—水沟

7. 沙曲矿井＋440m 水平井下爆炸材料库抗冲击波密闭门硐室配筋（图 5—12—33）

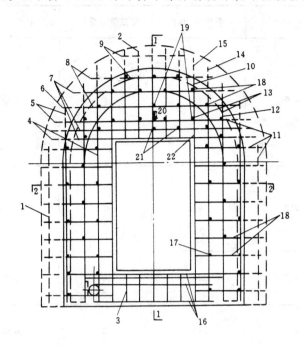
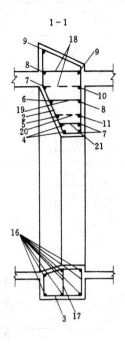
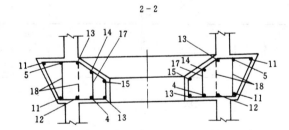

图 5—12—33　沙曲矿井＋440m 水平井下爆炸材料库抗冲击波密闭门硐室配筋

（参见表 5—12—17）

8. 沙曲矿井＋440m 水平井下爆炸材料库抗冲击波密闭门硐室钢筋消耗量（表 5—12—17）

表 5—12—17　钢 筋 明 细 表

编号	形　状	直径（mm）	单长（mm）	数量（根）	总长（m）
①	510 65° 146° 500 610 124° 270 115° 670	φ12	2710	18	48.78

编号	形 状	直径（mm）	单长（mm）	数量（根）	总长（m）
②		ϕ12	3210	5	16.05
③		ϕ12	1950	7	13.65
④	2900	ϕ12	2900	4	11.60
⑤	2800	ϕ12	2800	3	8.40
⑥	2600	ϕ12	2600	1	2.60
⑦	2300	ϕ12	2300	3	6.90
⑧	1800	ϕ12	1800	2	3.60
⑨	900	ϕ12	900	2	1.80
⑩	1400	ϕ12	1400	1	1.40
⑪	2200	ϕ12	2200	5	11.00
⑫	2700	ϕ12	2700	2	5.40
⑬	3100	ϕ12	3100	4	12.40

续表

编号	形 状	直径（mm）	单长（mm）	数量（根）	总长（m）
⑭	3300	ϕ12	3300	2	6.60
⑮	3400	ϕ12	3400	2	6.80
⑯	1700	ϕ12	1700	8	13.60
⑰	410	ϕ8	510	19	9.69
⑱	550	ϕ8	650	31	20.15
⑲	470	ϕ8	570	7	3.99
⑳	380	ϕ8	480	2	0.96
㉑	330	ϕ8	430	3	1.29
㉒	270	ϕ8	370	2	0.74

第十三章 其 他 硐 室

第一节 井 下 急 救 站

一、一般规定及要求

1) 大型矿井应在井下设置急救站，急救站的位置应选在人员提升井附近，交通方便、人流集中、通风条件良好、空气新鲜的地方。一般可布置在调度室附近，如平面布置与围岩条件允许时可与调度室和等候室联合布置。

2) 急救站内必须设有电话、急救药品、止血设备、骨折固定用具、担架和盖毯等保暖物品。还应有简易病床、桌椅和其他卫生设备。

3) 硐室单独布置时，在满足设施布置情况下，一般硐室长 4.0～6.0m，宽 3.0～4.0m，高 3.0m，面积 20.0m² 左右。

4) 硐室断面及支护方式可与调度室或等候室相同。

5) 硐室底板面应高出相邻的大巷底板 300mm 左右，向大巷设 3‰ 左右下坡。硐室底板应铺 100mm 厚混凝土，地面要抹光。

6) 硐室与外部巷道的联接处用隔墙分隔，隔墙一侧设向内开启的单扇门，隔墙顶部设 $\phi 400mm$ 通风孔。硐室采用扩散通风时，硐室与外部巷道之间隔墙上栅栏门宽度不小于 1.5m。

二、井下急救站平面布置形式（图 5-13-1）

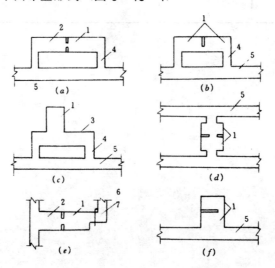

图 5-13-1 井下急救站平面布置形式

1—急救站；2—调度室；3—等候室；4—通道；5—巷道；6—回风巷；7—调节风门

三、井下急救站主要技术特征（表5—13—1）

表5—13—1　井下急救站主要技术特征

矿井名称	断　面　（m²）			支护材料	支护厚度（mm）		净宽（mm）	净高（mm）	净长度（mm）	主要材料消耗		
	形状	净	掘进		拱	壁				混凝土（m³）	料石（m³）	锚杆（根）
晋城凤凰山矿井	半圆拱	10.2	13.4	荒料石	300	300	4000	3000	8133	3.52	23.63	
大屯姚桥矿井	半圆拱	10.2	13.5	荒料石	300	300	4000	3000	5750	2.30	20.66	
韩城象山矿井	半圆拱	9.1	12.2	料石	300	300	3800	2800	5800	2.88	20.56	
华晋沙曲矿井	半圆拱	7.7	8.8	锚喷	100	100	3000	3000	6000	5.72		12.3
淮南新集矿井	双拱	8.7	11.6	料石	300	300	3300	3000	6240	2.06	17.38	
滕南高庄矿井	半圆拱	8.0	10.4	料石	250	250	3000	3000	4000	1.20	11.00	
大雁三矿	半圆拱	10.2	13.4	混凝土	300	300	4000	3000	5000	23.64		
沈阳红阳三井	半圆拱	8.8	10.8	混凝土	200	200	3500	2900	5000	13.33		

第二节　井下等候室

一、一般规定及要求

1）采用机械升降人员的矿井，在井下应设置等候室。布置等候室，应满足人员进出方便，不影响井下主变电所、主排水泵硐室的布置，不妨碍井底车场的运输和通风的要求。立井井下等候室应有两条通道分别与井筒两侧井底车场巷道相连接。斜井等候室亦应有两个通道，一个通往车场巷道或大巷，另一个通往井筒上、下人车场。

2）等候室内应通风良好，空气新鲜，无滴、漏水现象。

3）等候室与井筒间的岩柱尺寸应根据岩石稳定程度确定，一般为12～15m。等候室应高于相连接的车场巷道。

4）等候室通道宽度不得小于1.5m，高不得小于2.0m。

5）硐室地板应向相邻大巷设3‰下坡，并铺100mm厚的混凝土，混凝土强度等级不低于C10。

6）硐室和通道断面形状应根据围岩稳定程度确定，支护方式宜采用砌碹或锚喷支护。

二、井下等候室平面布置形式

井下等候室平面布置形式见图5—13—2。

三、硐室尺寸确定

井下等候室尺寸应按最大班下井人员的等候需要确定。

1. 长　度

等候室长度一般为15～30m，也可按下式计算：

$$L=\frac{lQ}{N}\tag{5-13-1}$$

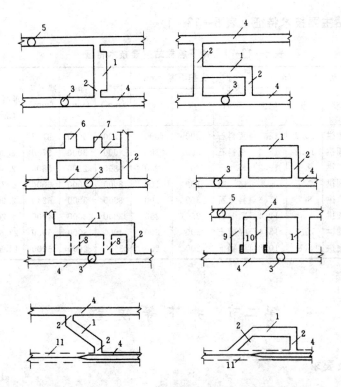

图 5—13—2　井下等候室平面布置形式

1—等候室；2—通道；3—立井井筒；4—车场巷道；5—卸煤坑；6—急救站；

7—工具备品保管室；8—下层通道；9—上层等候室；10—下层等候室；11—斜井井筒

式中　L——等候室的净长度，m；

　　　l——等候室内每个座位所需长度，可取 0.5m/人；

　　　N——沿等候室纵向所设凳子排数；

　　　Q——等候室内可容纳最少人数，人。建议按容纳一个生产班内井下工人最多人数的
40%计算（前苏联采用的计算方法）。也可参考以下计算方法确定。

　1）大巷采用机械运送人员时：

$$Q=\frac{t_1}{t_2}Q_1 k \qquad (5-13-2)$$

式中　t_1——井下人车进入井底车场的平均间隔时间，s；

　　　t_2——罐笼或斜井人车一次提升人员时间，s；

　　　Q_1——罐笼或斜井人车一次提升人数，人；

　　　k——人员升降同时系数，取 1.5～1.6。

　2）大巷无机械运送人员时：

$$Q=\frac{V t_2 k}{l_1} \qquad (5-13-3)$$

式中　V——井下人员步行速度 m/s，一般为 0.9m/s；

　　　t_2——罐笼或斜井人车一次提升人员时间，s；

l_1——井下人员步行时的前后间距，可取 1.0m；

k——人员升降同时系数，可取 1.5～1.6。

2. 宽 度

等候室宽度可按下式计算：

$$B=aN+bN' \qquad (5-13-4)$$

式中 B——等候室宽度，m；

a——凳子的宽度，一般取 0.45m；

N——凳子排数；

b——人行道宽度，一般取 1.0m；

N'——人行道数。

3. 高 度

等候室高度一般不得小于 2.2m。

等候室常用规格见表 5-13-2。

表 5-13-2 等候室常用规格

类 型	硐室净尺寸（mm）			可容纳人数（人）
	长	宽	高	
二排长凳	15000	2000	2300	60
	23000	2000	2300	92
四排长凳	15000	3800	2300	120
	23000	3800	2300	182

四、设计实例

1. 兖州鲍店矿井井下等候室、工具备品保管室及急救站

兖州鲍店矿井井下等候室、工具备品保管室及急救站见图 5-13-3。

2. 井下等候室主要技术特征

井下等候室主要技术特征见表 5-13-3。

表 5-13-3 井下等候室主要技术特征

矿井名称	生产能力（万 t/a）	断面（m²）			支护材料	支护厚度（mm）		净宽（mm）	净高（mm）	长度（m）	掘进工程量（m³）	主要材料消耗		
		形状	净	掘进		拱	壁					混凝土（m³）	料石（m³）	锚杆（根）
晋城凤凰山矿井	400	半圆拱	10.2	13.5	荒料石	300	300	4000	3000	8.9	119.0		25.14	
开滦唐山矿十号井（B区13水平）	300	半圆拱	8.0	10.5	荒料石	250	250	3000	2500	40.9	674.7		151.23	
华晋沙曲矿井	300	半圆拱	8.9	12.0	料 石	300	300	3000	2770	6.7	58.8	5.40		82.4
偃师夹沟井			5.4	7.4	料 石	250	250	2400	2500	20.0	148.0		37.60	
韩城象山矿井	120	半圆拱	9.4	12.6	料 石	300	300	3800	2900	30.0	385.4		90.06	
焦作古汉山矿井	120	半圆拱	5.7	7.8	混凝土	250	250	2400	2600	38.9	304.74	88.05		
井陉元氏矿井	60	半圆拱	5.5	7.4	料 石	250	250	2500	2450	31.3	232.2	9.02	552.48	

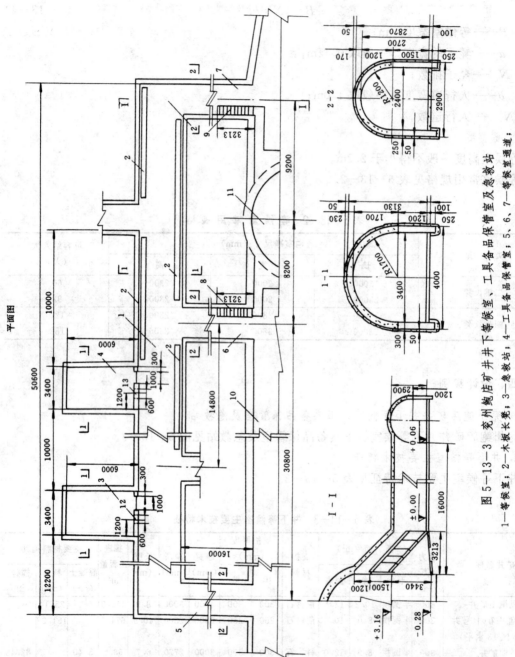

图 5-13-3 兖州鲍店矿井井下等候室、工具备品保管室及急救站

1—等候室；2—木板长凳；3—急救站；4—工具备品保管室；5、6、7—等候室通道；
8、9—铁梯；10—副井底连接巷道；11—副井井筒；12、13—通风孔

第三节 井下工具备品保管室

一、一般规定及要求

1）井下工具备品保管室的设置应根据矿井生产的具体情况确定，大型矿井可设井下工具备品保管室。硐室一般设在井底车场等候室附近或与等候室联合布置。也可设在矿井两翼，距工作地点较近，工人上下班存取工具方便的地方。

2）硐室断面形状和等候室相同，支护必须采用不燃性材料，硐室不应有渗、漏水现象。底板铺设 100mm 厚强度等级为 C10 的混凝土，硐室地面应向外有 3‰ 的下坡。

3）硐室内应配备工具存放架或工具柜。工具架（柜）之间的安全通道，一般不小于 1.3m。

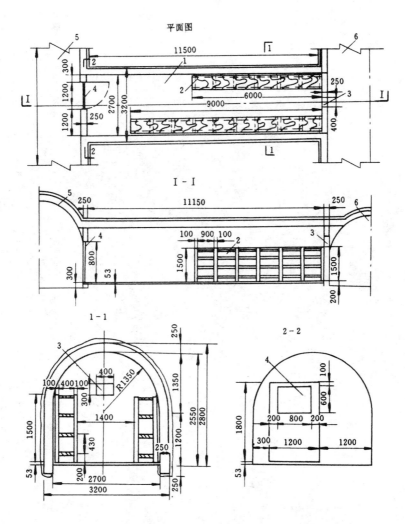

图 5-13-4　兖州南屯矿井井下工具备品保管室

（掘进工程量 91.56m³）

1—工具备品保管室；2—工具架；3—通风孔；4—带窗木门；5—乘人车场巷道；6—运输石门

4）硐室尺寸应根据工具备品种类、规格和数量来确定。硐室尺寸一般宽 2.4m，高 2.3m，长 3.0～6.0m。

5）硐室的支护方式应根据围岩情况确定。

二、实例（图 5−13−4）

主 要 参 考 资 料

1.《煤矿矿井采矿设计手册》编写组. 煤矿矿井采矿设计手册下册. 煤炭工业出版社，1984

2. 北京煤炭设计研究院. 窄轨铁路道岔图册. 1996

3. 武汉煤矿设计研究院. 窄轨道岔线路联接手册. 1993

4. 西北冶金设计院. 井巷工程设计. 1973

5. 沈阳煤矿设计研究院二队采矿组. 线路联结与交岔点设计资料. 1967

6. 煤炭工业部石家庄设计研究院. 窄轨曲线道岔鉴定材料. 1992

7. 鸡西矿务局编. 片盘斜井. 中国工业出版社，1966

8. 淮南煤炭学院《井巷设计》编写组. 井巷设计. 煤炭工业出版社，1983

9. Я. И. 丘丘尼克等著、王石民、尉振民译. 矿井井底车场的设计与施工. 煤炭工业出版社，1990

10. Г. Я. 佩萨霍维奇、И. П. 勒米佐夫等著、吴锦甫等译. 矿井运输手册. 煤炭工业出版社，1983

11. 李世华编. 矿井轨道运输设备使用维修. 机械工业出版社，1990

12. 杨勇翔编著. 煤矿井下现代化辅助运输. 1992

13. 国家煤矿安全监察局制定. 煤矿安全规程. 煤炭工业出版社，2001

14. 中华人民共和国煤炭工业部主编. 煤炭工业矿井设计规范. 中国计划出版社，1995

15. 中国矿业大学等编. 采煤学. 煤炭工业出版社，1992

16. 中国市政工程西南设计院主编. 给水排水设计手册第 1 册. 中国建筑工业出版社，1986 年版

17. 中华人民共和国原城乡建设环境保护部主编. 混凝土结构设计规范. 中国建筑工业出版社，1989

18. 沈季良等编著. 建井工程手册第一卷. 煤炭工业出版社，1986

19. 煤炭工业部武汉设计研究院主编. 煤矿矿井井底车场硐室设计规范. 煤炭工业出版社，1999

20. 原中国统配煤矿总公司基建局主编. 煤矿井巷工程质量检验评定标准. 煤炭工业出版社，1994

21. 煤炭工业部沈阳设计研究院主编. 煤矿矿井井底车场设计规范. 煤炭工业出版社，1999

22. 煤炭工业部西安设计研究院主编. 煤矿矿井巷道断面及交岔点设计规范. 煤炭工业出版社，1999